GEOGRAFIE DER WELT

EINE ENZYKLOPÄDIE

UMWELT – KULTUR – WIRTSCHAFT – POLITIK

HERAUSGEGEBEN VON GRAHAM BATEMAN & VICTORIA EGAN

GEOGRAFIE DER WELT
EINE ENZYKLOPÄDIE

Herausgeber Graham Bateman (Fachberatung)

Victoria Egan (Projektleitung)

Beratende Lektorin Susan Kennedy

Lektorat Fiona Gold, Lauren Bourque, James Bates, Michael March, Hilary McGlynn, Mike Brown, Patricia Chapman, Helen McCurdy Lin Thomas

Künstlerischer Leiter Steve McCurdy

Design Chris Munday Isobel Gillan

Kartografie Richard Watts Olive Pearson

Kartografische Umsetzung Tim Williams, Polly Senior, Clare Cuthbertson, Sarah Phibbs, Pauline Morrow

Bildauswahl Jo Rapley Alison Renney Martin Anderson

Bildbeschaffung Linda Proud David Pratt

Satz Brian Blackmore Niki Moores

Herstellung Clive Sparling Aleeta Cliff

Titel der Originalausgabe:
The Enzyclopedia of World Geography

9–15 The Vineyard, Abingdon
Oxfordshire, OX14 3 PX, England

Redaktion und Satz der deutschen Ausgabe:
b–k selbig, Berlin
Übersetzung aus dem Englischen:
Klaus Funk, Chris Hirte,
Laila Kämpf, Maria Wolf
Umschlaggestaltung: Zero Werbeagentur, München,
unter Verwendung folgender Bildmotive:
Steinmonument in Utah (The Stockmarket/Mastrorillo),
Bill Clinton (dpa), indische Tänzerin
(Picture Finders/Bavaria), Schiff beim Beladen in
Edinburgh (Malcolm Five/Bavaria)
Gesamtherstellung: Vereinigte Offset Druckereien GmbH
Printed in Germany
ISBN 3-86047-603-3

AUTOREN

Philip Gardner, Allan Scott, Michael Scott Rohan,
Andrew Shackleton

GESAMTBERATUNG

Professor Peter Haggett, University of Bristol, UK

BERATUNG ZU DEN EINZELNEN REGIONEN

Dr. W. Robert Wightman, University of Western Ontario, Kanada
Kanada und die Arktis

Professor James Fisher, Florida Atlantic University, USA
Vereinigte Staaten von Amerika

Dr. Thomas D. Boswell, University of Miami, USA
Mexiko, Mittelamerika und die Karibik

Professor Mariana Miranda, Universität von Rio de Janeiro, Brasilien
Südamerika

Professor Ezekiel Kalipeni, Colgate University, New York, USA
Das nördliche Afrika, Zentralafrika, das südliche Afrika

Dr. Kurt Viking Abrahamsson, Universität von Umeå, Schweden
Die nordischen Länder

Professor Eric Brown, University College London, UK
Die britischen Inseln

Professor J. Beaujeu-Garnier, Universität Paris, Frankreich
Frankreich und seine Nachbarn

Dr. H. Meijer, Informations- und Dokumentations-Zentrum für Niederländische Geografie, Utrecht, Niederlande
Professor Dr. Modest Goossens, Katholische Universität von Louvain, Belgien
Die Benelux-Staaten

Professor Blanca Tello, Unabhängige Universität Madrid, Spanien
Spanien und Portugal

Professor P. Landini, Wissenschaftliches Institut Pescara, Italien
Italien und Griechenland

Professor Dr. A. Karger, Eberhard-Karls-Universität Tübingen, Deutschland
Mitteleuropa, Osteuropa

Dr. Tatjana Wlassowa, Akademie der Wissenschaften Moskau, Russland
Dr. Mike Bradshaw, University of Birmingham, UK
Russland und das nördliche Eurasien

Professor Peter Beaumont, University of Wales, Lampeter, UK
Der Mittlere Osten

Professor D. K. Singh, Utkal Universität, Indien
Der indische Subkontinent

Professor Meie Ren, Nanking Universität, China
China und seine Nachbarn

Victor R. Savage, Nationale Universität von Singapur, Singapur
Südostasien

Professor David H. Kornhauser, University of Hawaii, USA
Japan und Korea

INHALT

DIE NORDISCHEN LÄNDER
210

DIE BRITISCHEN INSELN
232

FRANKREICH UND SEINE NACHBARN
248

DIE BENELUXSTAATEN
262

SPANIEN UND PORTUGAL
276

ITALIEN UND GRIECHENLAND
290

MITTELEUROPA
308

OSTEUROPA
326

RUSSLAND UND NORDEURASIEN
352

NAHER UND MITTLERER OSTEN
382

DER INDISCHE SUBKONTINENT
408

CHINA UND SEINE NACHBARN
424

SÜDOSTASIEN
438

JAPAN UND KOREA
460

AUSTRALASIEN, DIE PAZIFISCHEN INSELN UND DIE ANTARKTIS
474

EINLEITUNG

Politische Weltkarte. Obwohl in den Augen der Vereinten Nationen alle souveränen Staaten der Welt gleichen Ranges sind, gibt es enorme Unterschiede, was die Größe, die Einwohnerzahl und den Wohlstand bzw. die Armut der einzelnen Länder betrifft.

NOCH NIE ZUVOR IN DER GESCHICHTE DER MENSCHHEIT haben sich Veränderungen so schnell vollzogen wie heute. Auf politischer Ebene hat der Zusammenbruch der Sowjetunion und Osteuropas den Kalten Krieg beendet und zur Änderung der Regierungsform vieler Staaten geführt. Grenzen wurden neu gezogen, neue Länder entstanden und totgesagte Staaten wurden wiedergeboren. An die Stelle der Sowjetunion sind 15 Republiken getreten, Jugoslawien ist zersplittert, die Tschechoslowakei zweigeteilt und Deutschland wiedervereinigt. Obwohl die meisten Veränderungen friedlich abliefen, haben die politischen Anpassungsprozesse und die wirtschaftlichen Umstrukturierungsmaßnahmen neue Spannungen hervorgerufen. Mancherorts, so auf dem Balkan und in einigen der früheren Sowjetrepubliken, sind uralte Feindseligkeiten zwischen den ethnischen Gruppen wieder aufgeFlammt und in blutige Bürgerkriege ausgeartet. Auch in Umweltfragen sind wir an einem Scheideweg angelangt; die Geschwindigkeit und das Ausmaß des Abbaus der Ressourcen haben in den vergangenen Jahrzehnten weltweit dramatisch zugenommen – in dem Maße, dass die Zukunft unseres Planeten auf dem Spiel steht. In einigen Fällen hat dieser Missbrauch bereits irreparable Schäden angerichtet, deren Folgen kaum abzuschätzen sind.

Gleichzeitig wird unsere Welt immer kleiner: Moderne Kommunikationsmittel ermöglichen eine rasante Verbreitung der Bilder eines Ereignisses, wie die eines Erdbebens oder einer Revolution, auf die Fernsehbildschirme rund um die Welt. Dieses Kommunikationsnetz hat die Finanzmärkte in aller Welt unauf -löslich miteinander verbunden. Das hat zu einer Globalisierung der Wirtschaft geführt, in der keine Währung oder Börse mehr wirklich unabhängig ist.

Trotz der täglich über uns hereinbrechenden Informationsflut müssen wir zunehmend feststellen, dass viele von uns nur sehr wenig über die Welt jenseits unserer unmittelbaren geografischen Grenzen wissen. Obwohl die Begegnung mit anderen Kulturen durch den Fortschritt im Kommunikationsbereich erheblich leichter geworden ist, sind uns die Sitten, Religionen, Sprachen, der Reichtum und das Leben der Menschen in anderen Ländern der Welt nicht greifbarer geworden. All das wird geprägt durch die geografische Struktur, den Einfluss anderer Staaten und das Handeln Einzelner, der Militärs und Politiker, der religiösen Führer, der Künstler, Wissenschaftler und Industriellen, die auf ihre Weise zur Entwicklung der einzelnen Länder beigetragen haben. Die *Geografie der Welt – Enzyklopädie der Erde* bietet in einem Band umfassende Porträts der Staaten der Erde unter besonderer Berücksichtigung der Merkmale wie Klima, geografische Struktur, Flora und Fauna, wichtige historische Ereignisse, die Lebensweise der Bevölkerung sowie eine Übersicht der Industrie und Wirtschaft. Der Leser erhält dadurch einen besseren Überblick über die Welt als aus einem Atlas bzw. Almanach und erfährt so mehr als aus einem allgemeinen Lexikon.

AUFBAU DER ENZYKLOPÄDIE

Die Enzyklopädie bietet detaillierte Porträts aller 192 Nationalstaaten der Welt und ihrer politisch abhängigen Gebiete. Das Buch ist zunächst nach 22 Regionen gegliedert, die entweder nach geografischen (z. B. Südamerika, Nordamerika, Zentralafrika und südliches Afrika) oder nach politischen Kriterien (Vereinigte Staaten von Amerika, Britische Inseln, Italien, Griechenland, Frankreich usw.) definiert wurden.

Politisch abhängige Gebiete werden wie folgt erfasst: Befindet sich ein abhängiges Gebiet oder Inselgebiet in derselben Region wie der zugehörige Staat, wird es als Sondereintrag im Rahmen des Ländereintrags aufgeführt. So finden Sie Korsika als Sondereintrag unter Frankreich. Befindet sich das Schutzgebiet allerdings in einer anderen Region, dann wird es am

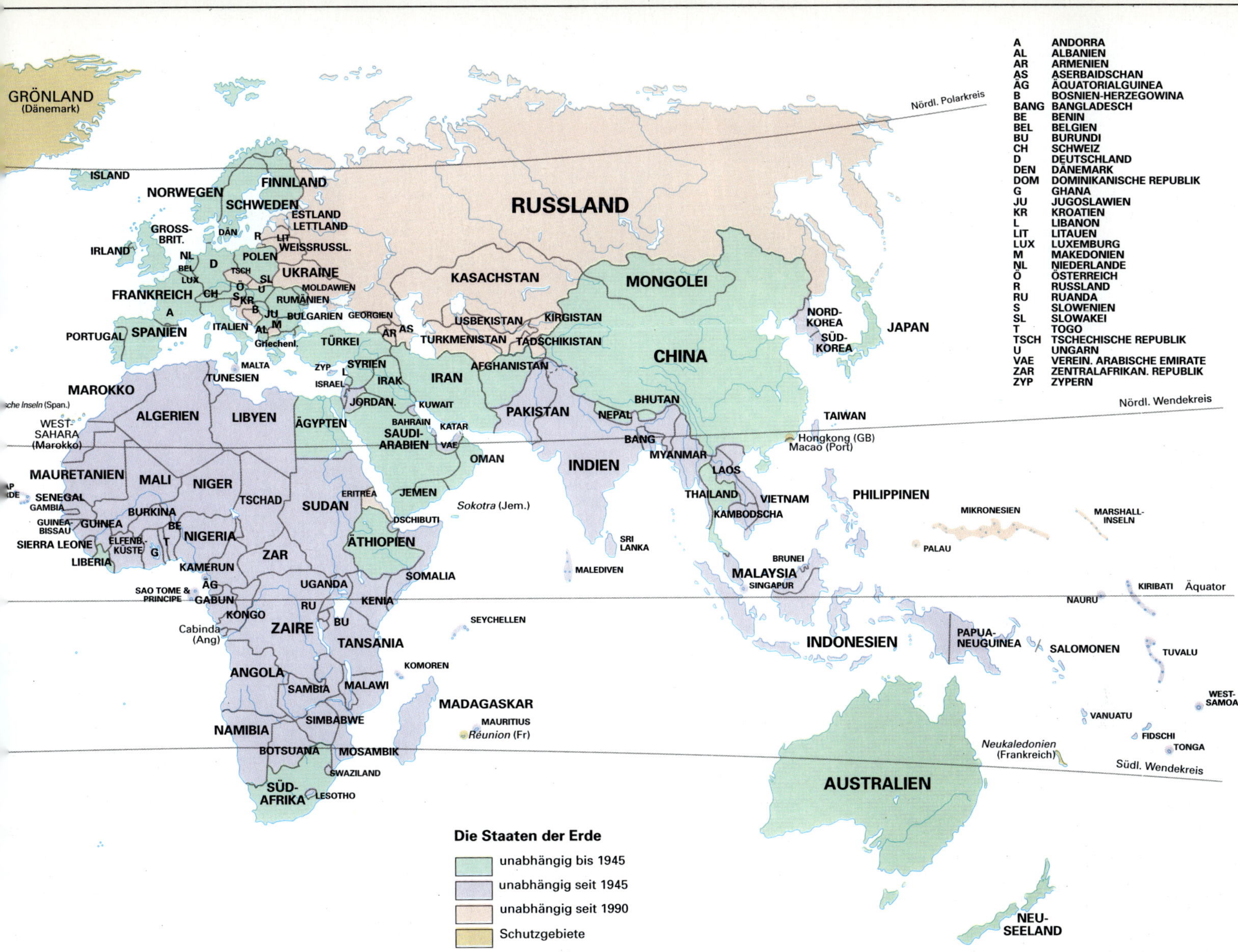

Ende des Kapitels über diese Region aufgeführt. Zum Beispiel wird Französisch-Guayana am Ende des Kapitels Südamerika behandelt und nicht innerhalb des Ländereintrags Frankreich.

Jede Region wird zunächst auf einer präzisen topografischen Karte vorgestellt, auf der die wichtigsten geografischen Bezugspunkte (z. B. Flüsse, Berge, Seen) sowie die Namen der Staaten, der Grenzen und der wichtigsten und größten Städte angegeben sind. Die anschließenden Darstellungen der Staaten beziehen sich auf diese Landkarten.

PORTRÄTS DER STAATEN

Der Kern der *Enzyklopädie* umfasst Einzeleinträge über jedes Land der Welt, wobei der Umfang von einer Seite (oder weniger für kleine Staaten) bis zu 50 Seiten wie für die Vereinigten Staaten von Amerika reichen kann. Der Abschnitt über die Vereinigten Staaten von Amerika gliedert sich in zwei Teile: Umfassende Angaben zur Nation und Beschreibung der einzelnen Bundesstaaten. Unabhängig von der Länge des Beitrages wurde der Text so gestaltet, dass die zusammenhängenden und logisch aufgebauten Informationen dem Leser einen Vergleich zwischen einzel-

Das Kapitel GEOGRAFIE beschreibt die Landschaft mit ihren wichtigsten Gebirgen, Wüsten, Ebenen und Gewässern und gibt einen Überblick über die klimatischen Bedingungen sowie die Pflanzen- und Tierwelt.

Das Kapitel KULTUR UND GESELLSCHAFT stellt den Kontext zwischen den Menschen und ihrer Umwelt her. Zunächst wird die Geschichte des Landes von den Anfängen bis zur Gegenwart dargestellt. Der historische Rückblick ist wichtig für das Verständnis des Landes in seiner heutigen Form. Unterabschnitte beschreiben die aktuelle Regierungsform, die ethnische Zusammensetzung der Bevölkerung, deren Religionen und andere kulturelle Merkmale.

Das Kapitel WIRTSCHAFT beschreibt die Form der Nutzung des Landes und seiner Ressourcen zum Aufbau einer Volkswirtschaft, die die Bedürfnisse des Landes und seiner Bevölkerung zu decken vermag (oder daran scheitert). Hier werden die Hauptmerkmale der Landwirtschaft und der Industrie aufgezeigt, die Funktionsweise von Handel und Handwerk erläutert und die Verkehrs- und

Δ 1. Seite eines Kapitels (mit topografischer Karte und Lokalisierung innerhalb des Kontinents).

▻ Ein typischer, zweiseitiger Ländereintrag.

1 Der volkstümliche Name des Landes, die offizielle Staatsbezeichnung in kleinerer Schriftgröße.

2 Landkarte mit den großen Städten, Flüssen, Seen, Meeren sowie einer Orientierungskarte und der Nationalflagge.

3 Informationstext, gegliedert in drei Kapitel: Geografie, Kultur und Gesellschaft und Wirtschaft.

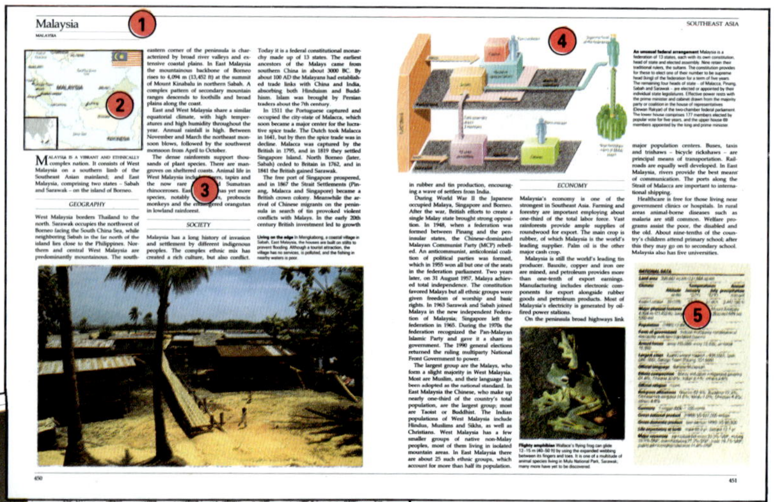

4 Schematische Darstellung der Regierungsform.

5 Tabellarische Übersicht mit aktuellen statistischen Daten über Bevölkerung, Geografie, Wirtschaft und Regierung.

6 Hervorhebung bedeutender Persönlichkeiten, besonderer geschichtlicher Ereignisse und Inselgebiete.

Δ Seiten aus einem längeren Eintrag über ein Land.

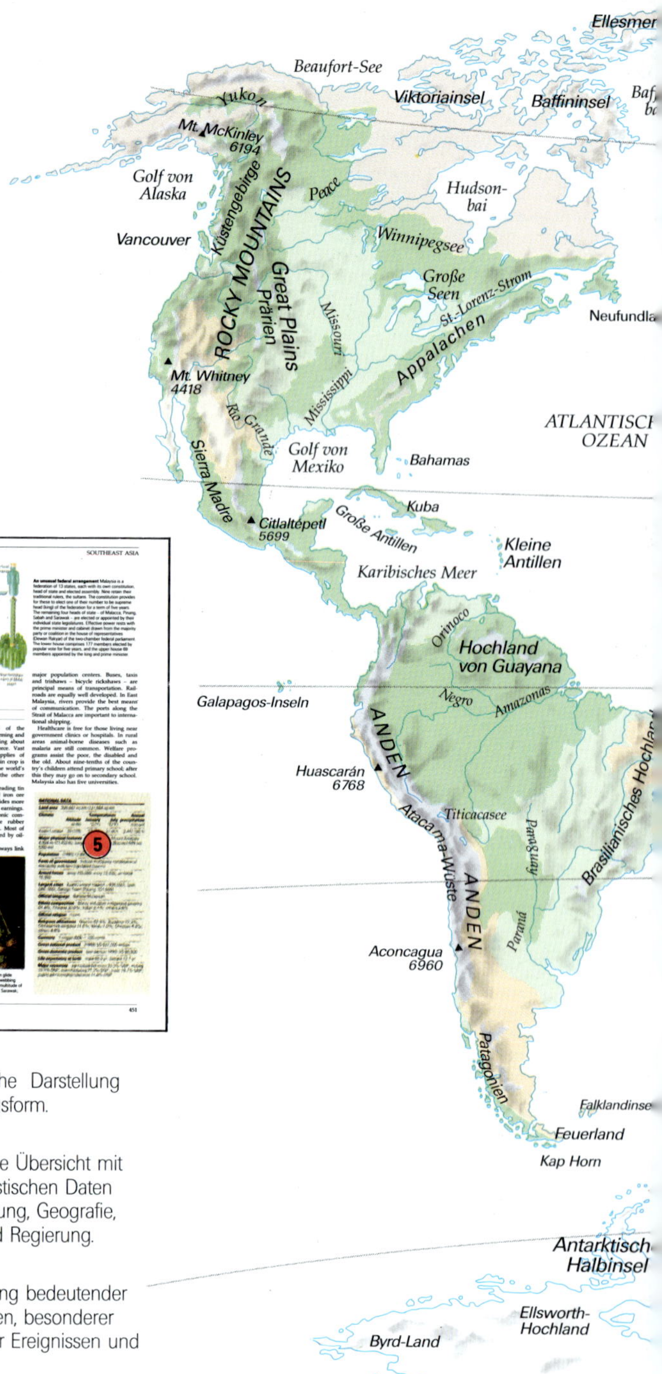

MARKANTE MERKMALE

Zahlreiche Einträge enthalten eingerahmte Sonderartikel, Meilensteine der Geschichte oder besondere Ereignisse, die den „Charakter" des Landes, kulturelle oder geografische Merkmale hervorheben und damit zu einem besseren Verständnis des Landes beitragen. Zu diesen markanten Merkmalen gehören: Expeditionen wie der Wettlauf Pearys zum Nordpol (Kanada), Kulturdenkmäler wie Florenz (Italien), verschwundene Kulturen wie die Inkakultur (Peru), technologische Errungenschaften wie das Weltraumprogramm (USA) und Biografien von Persönlichkeiten, die fest mit der Geschichte oder dem Erbe ihres Landes verbunden sind – z. B. Lincoln (USA), Shakespeare (Großbritannien) oder Erich der Rote (Kanada). Die Auswahl geografischer Besonderheiten umfasst auch abgelegene Gebiete wie die Osterinsel (Chile), einzigartige Kulturlandschaften wie Madeira (Portugal) und strategische Knotenpunkte wie den Suezkanal in Ägypten.

DATEN UND FAKTEN

Die Erläuterungen, Landkarten und Grafiken im Text ermöglichen einen schnellen Zugriff auf Bezugsdaten. Darüber hinaus wurde für jedes Land eine statistische Übersicht mit länderspezifischen Daten erstellt, deren Reihenfolge dem Aufbau der einzelnen Länderporträts entspricht. Die Übersicht enthält aktuelle Angaben über die Landesgröße, die wichtigsten Städte, Klima, geografische Merkmale, Bevölkerung, Regierungsform, Zusammensetzung der Streitkräfte, Amtssprachen, ethnische Zusammensetzung und Religionszugehörig-

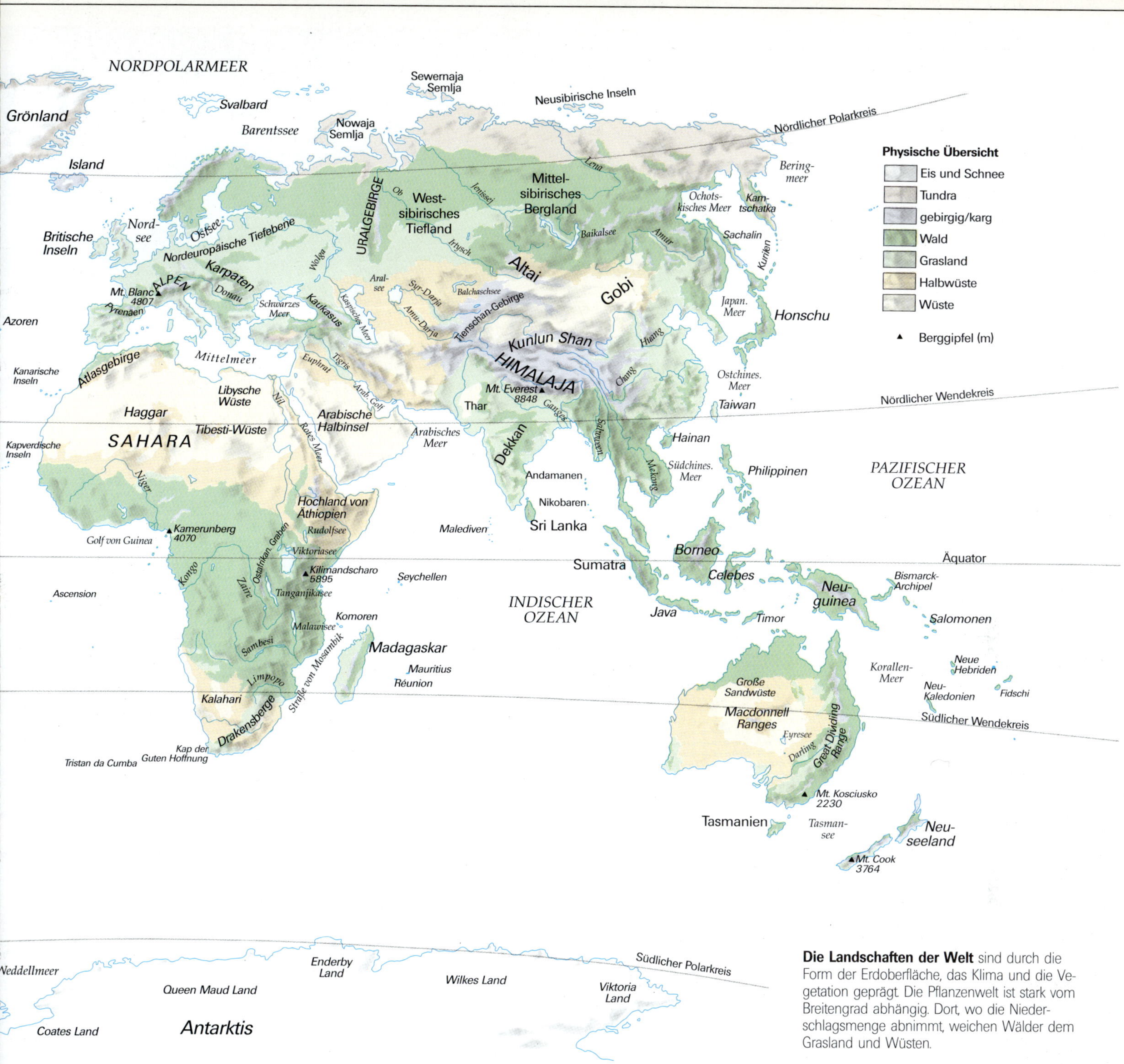

Die Landschaften der Welt sind durch die Form der Erdoberfläche, das Klima und die Vegetation geprägt. Die Pflanzenwelt ist stark vom Breitengrad abhängig. Dort, wo die Niederschlagsmenge abnimmt, weichen Wälder dem Grasland und Wüsten.

keit, Währung, Bruttoinlands- und Pro-Kopf-Bruttosozialprodukt, die durchschnittliche geschlechtsspezifische Lebenserwartung, die wirtschaftlich genutzten natürlichen und landwirtschaftlichen Ressourcen. Diese aus einer Vielzahl von Quellen zusammengestellten Informationen stellen damit für jeden Leser ein einzigartiges Informationsangebot dar.

BILDER UND LANDKARTEN

Ein Geografiebuch wäre ohne Landkarten, die Orte und Lage der beschriebenen Merkmale aufzeigen, nicht denkbar. Das gilt auch für die vorliegende *Enzyklopädie*. Die ersten Seiten des Werks zeigen Karten sämtlicher Nationalstaaten und ihrer wichtigsten geografischen Merkmale. Zusätzlich zur

(darunter die Hauptstadt), Flüsse und Seen, Nachbarstaaten, Ozeane und Meere zeigt. Die Lage des jeweiligen Staates innerhalb des Kontinents wird auf einer Nebenkarte verdeutlicht. Darüber hinaus ist die jeweilige Nationalflagge abgebildet. Weitere Karten zeigen gegebenenfalls die Aufteilung in Bundesstaaten.

Diese Enzyklopädie enthält nicht nur trockene Informationen, sondern veranschaulicht mit zahlreichen Bildern den Abwechslungsreichtum der Landschaften und die Vielfalt der Völker der Erde. Hunderte von sorgfältig ausgewählten Farbfotografien präsentieren ein atemberaubendes Panorama, das die Schönheit der Landschaften hervorhebt und das Leben vor Ort anschaulich macht. Die

Kanada und die Arktis

LÄNDER DER REGION

KANADA

SCHUTZGEBIETE IN DER REGION

GRÖNLAND · ST. PIERRE UND MIQUELON

Das Ahornblatt. Kanadas Nationalsymbol schmückte ursprünglich die Garagentore in Saskatchewan. 1965 wurde es offiziell als Symbol in die Mitte der Nationalflagge eingefügt. Der Zuckerahorn, dessen Blätter sich im Herbst blutrot färben, wächst in den Mischwäldern im Osten des Landes. Aus seinem süßlichen Harz wird Ahornsirup gewonnen.

Kanada

KANADA

Kanada erstreckt sich über den größten Teil der Nordhälfte des amerikanischen Kontinents. Wirtschaft und Kultur sind denen der USA sehr ähnlich, sodass man oft versucht ist zu glauben, es handle sich um ein Anhängsel der USA. Weit gefehlt: Es hat seinen ureigenen Charakter und eine reiche ethnische Vielfalt. Da Frankreich und Großbritannien an der Gründung Kanadas beteiligt waren, spricht die Bevölkerung heute noch zwei Sprachen und hat zwei Kulturen.

LANDESDATEN – KANADA

Fläche 9 976 140 km²

Klima	**Höhe** m	**Temperaturen** Januar °C	Juli °C	**Jährlicher Niederschlag** mm
Resolute	64	-32	4	136
Vancouver	0	2	17	1068
Winnipeg	248	-18	20	535
Montreal	30	-9	22	999
Halifax	30	-4	18	1381

Geografische Merkmale höchster Berg: Mount Logan 5951 m; längster Fluss: Mackenzie 4240 km, größter See: Oberer See (Teil) 4240 km²

Einwohnerzahl (1994) 28,1 Millionen

Staats- und Regierungsform Mehrparteiensystem; föderative, parlamentarische Monarchie; zwei gesetzgebende Organe

Streitkräfte Heer 20 000; Marine 12 500; Luftwaffe 20 600; sonstige 25 000

Größte Städte Toronto (3,9 Mio. Einw.); Montreal (3,1 Mio.); Vancouver (1,6 Mio.); Ottawa (Hauptstadt – 921 000); Edmonton (840 000); Calgary (754 000); Winnipeg (625 000); Quebec (646 000)

Offizielle Landessprachen Englisch, Französisch

Bevölkerungsgruppen Briten 40,0%; Franzosen 27,0%; andere Europäer 20,0%; Indianer und Eskimos 1,5%; sonstige 11,5%

Religionen Katholiken 46,5%; Protestanten 41,2%; Griechisch-Orthodoxe 1,5%; Juden 1,2%; sonstige 9,6%

Währung 1 Kanadischer Dollar (Can$) = 100 Cents (c)

Bruttosozialprodukt (pro Kopf 1993) US-$ 19 970

Bruttoinlandsprodukt (1993) US-$ 447,468 Mrd.

Lebenserwartung Männer 74,7; Frauen 81,7 Jahre

Ressourcen Erdöl, Erdgas, Kohle, Weizen, Nickel, Zink, Fischereiprodukte, Holz, Kupfer

GEOGRAFIE

Kanadas Landesfläche ist viel größer als die der USA. Das riesengroße, bergige Land ist der zweitgrößte Flächenstaat nach der ehemaligen Sowjetunion, allerdings mit einer sehr viel niedrigeren Bevölkerungszahl.

Das Land

Kanada lässt sich in mehrere geografische Gebiete einteilen, von denen der so genannte Kanadische Schild das Größte ist und fast die Hälfte des Landes bedeckt. Die geologischen Formationen und Gebirge dieses kesselförmigen Gebiets, in dessen Mitte die Hudsonbai liegt, entstanden vor langer Zeit durch tektonische Bewegungen. Der Kanadische Schild reicht vom St.-Lorenz-Golf im Osten bis zu den Ebenen des Großen Bären- und des Großen Sklavensees im Nordwesten.

Südöstlich des Kanadischen Schilds liegt die Tiefebene der Großen Seen und des St.-Lorenz-Stroms, die sich über den Süden der Provinz Ontario und den Südwesten der Provinz Quebec erstreckt. Dieses sehr viel kleinere Gebiet ist der am dichtesten bevölkerte Teil Kanadas. Rund um die sanft auslaufenden Hügel der Bruce-Halbinsel liegen der Huronsee und die Georgianbai, der Eriesee und der Ontariosee. Durch das Hügelland verläuft die Niagara-Schichtstufe, über die die Niagarafälle in die Tiefe stürzen. Die Ebene von Ontario bis zum Nordosten

Kicking Horse River (*oben*). Ein Kanu folgt dem Weg, den die ersten Kundschafter durch die Rocky Mountains in British Columbia nahmen. Heute liegen fünf Nationalparks in dieser atemberaubenden Landschaft.

Der Klondike-Highway (*links*). Wald und schneebedeckte Berge kennzeichnen den romantischen äußeren Norden Kanadas. In nur zwei Jahren (1897-1899) zogen etwa 30 000 Menschen auf der Suche nach Gold durch diese Landschaft.

der Schichtstufe ist eine alte, mit vielen Moränen durchzogene Gletscherebene. Weiter im Nordosten liegt die Talebene von Ottawa und des südlichen Quebec.

Östlich von Quebec befindet sich die Appalachenregion Kanadas, zu der die Provinzen am Atlantik, New Brunswick, die Prinz-Eduard-Insel, Neuschottland und die Insel Neufundland gehören. Die einst durch tektonische Bewegungen aufgefalteten, stark zerklüfteten Berge sind durch Wettereinflüsse und Gletscher stark verwittert. Zu den höchsten Bergketten gehören die Nôtre-Dame-Berge im Nordosten von Quebec und die Long-Range-Bergkette auf Neufundland.

ges, dreieckiges, etwa ein Fünftel der Landesfläche bedeckendes Flachlandgebiet. Die Manitoba-Ebene ist von einer Seenkette umsäumt. Viele Seen sind Überreste eines einzigen gewaltigen Sees, der während der letzten Eiszeit das gesamte Gebiet bedeckte und eine tiefe Sedimentschicht hinterließ, die heute ausgezeichnetes Ackerland ist.

Im Westen erhebt sich das Land über die zerklüftete Kante der Manitoba-Schichtstufe, hinter der sich die hügelige Hochebene von Saskatchewan anschließt. Hier hat die reißende Schmelzwasserflut der Eiszeitgletscher weite Flusstäler mit steilen Ufern in die

Im Westen der Großen Ebene liegen die Kanadischen Kordilleren, die bis an die Pazifikküste Kanadas reichen. Von Alaska über das Gebiet des Yukon, das westliche Alberta und British Columbia erstreckt sich eine etwa 800 km breite, große Gebirgskette. Das Küstengebirge bildet den westlichsten Kamm der Kordilleren. Dahinter zieht sich von Norden nach Süden, unterbrochen von Hochebenen, der Ostkamm mit der Mackenzie-Gebirgskette und den Rocky Mountains. Die Gipfel des relativ jungen Gebirges sind teilweise über 3000 m hoch.

Im Norden Kanadas, parallel zur Westküste, liegt die noch höhere Gebirgskette der St.-Elias-Berge, zu denen der höchste Berggipfel Kanadas, der fast 6 000 m hohe Mount Logan, gehört. Das südwärts verlaufende Küstengebirge wird von tiefen Fjorden oder Meeresbuchten durchbrochen. Die Vancouverinsel und die Königin-Charlotte-Inseln sind die Gipfel eines weiteren, parallel verlaufenden Gebirgszugs, der jedoch unter dem Meeresspiegel liegt. Im Norden reicht der Kanadische Schild bis in die Arktis.

Im Nordwesten grenzt das weitläufige Archipel der arktischen Inseln an das

Landgebiete zur Hälfte eisfrei. Die im Nordwesten eher flachen Inseln werden in Richtung der Ellesmereinsel im Nordosten und der Baffininsel im Osten immer höher und bergiger. Die kahlen, felsigen Inseln sind auch fast das ganze Jahr über mit Schnee und Eis bedeckt. Große Gletschergebiete umgeben die Berggipfel.

Klima

In der nördlichen Hälfte Kanadas herrscht subarktisches Klima mit kühlen Sommern und extrem kalten Wintern, die oft kälter sind als in der Arktis selbst, wo die großen Temperaturextreme durch das eisbedeckte Wasser des Nordpolarmeeres ausgeglichen werden. Im Polar-Gebiet beginnt der Winter im August. Bis Dezember fallen die Temperaturen steil ab und steigen vor März nicht wieder an. Die gleichmäßigeren Wassertemperaturen des Atlantischen Ozeans tragen beim Übergang ins Nordpolarmeer zu einer Mäßigung des Klimas bei und sorgen für wärmere Winter, kühlere Sommer und höhere Niederschlagsmengen. In der Arktis herrschen normalerweise die gleichen Sommertemperaturen. Einige Festlandgebiete haben kurzzeitig fast mediterrane Temperaturen.

Weiter südlich herrscht typisches Kontinentalklima mit heißen Sommern und kalten Wintern. Am wärmsten sind die Sommer an den Großen Seen im südlichen Ontario, dafür haben die Südostküste und vor allem die Westküste die mildesten Winter. Seewinde sorgen im Küstengebirge für heftige Niederschläge und Schneefall, doch im Landesinneren bleibt es vor allem im Winter trocken. Im Sommer tragen die berühmten Präriegewitter zu einer gleichmäßigen Verteilung der Niederschläge in der Großen Ebene bei. Weiter östlich halten die Großen Seen die Feuchtigkeit hoch, und die Ostküste erhält reichlich Niederschläge durch die feuchte Luft vom Atlantik, die im Winter auch für die höchste Schneefallquote sorgt.

Flora

Die nördliche Baumgrenze verläuft von der Ostküste Labradors über die Ungava-Halbinsel Richtung Süden entlang des Ostufers der Hudsonbai und setzt sich anschließend schlangenlinienförmig Richtung Nordwesten zum Unterlauf des Mackenzie und weiter nach Alaska fort. Nördlich der Baumgrenze gibt es kaum oder gar keinen fruchtbaren Boden. Daher ist der Großteil dieser Landfläche auch als Tundra (Barren Grounds) bekannt.

Die Vegetation der vom Nordpol am weitesten entfernten Tundragebiete besteht aus niedrigem Buschwerk, Gräsern und Riedgras. Die nördlichsten Gebiete sind noch nicht einmal zu einem Zehntel mit den für die Polarwüste typischen Moosen bedeckt. Südlich der Baumgrenze, über den gesamten Norden Kanadas von Alaska bis Neufundland, schließt sich eines der größten Nadelwaldgebiete der Welt an.

Im Osten, von den Großen Seen bis zu den Küsten, wachsen hauptsächlich Mischwälder mit Zuckerahornbäumen, Buchen, Birken, Kiefern und Hemlocktannen. Die Tiefebenen im äußersten Süden sind jedoch mit reinen Laubwäldern bedeckt: Hier gedeihen neben Hickorybäumen, Eichen und Ulmen Kastanien, Ahorn- und Walnussbäume.

In den westlichen Berggebieten sind die gemeine Fichte, Douglasfichte und Lodgepole-Kiefer am weitesten verbreitet, in Hochebenen wachsen außerdem Zitterpappel und Gelbkiefer. An der niederschlagsreichen Pazifikküste gibt es äußerst eindrucksvolle Wälder mit dichten, turmhohen Douglasfichten, westlichen Rot-Zedern und Hemlocktannen.

Das Prärieland ist zu trocken, um mehr als vereinzelte Baumgruppen hervorzubringen. Vom ursprünglich weiten, hügeligen Grasland ist heute nur noch wenig übrig. Die fruchtbare schwarze Erde wurde umgepflügt und in den heute berühmten Weizengürtel Kanadas umgewandelt.

Fauna

Die arktischen Gewässer bieten Nahrung für Wale, Walrosse, Seehunde und für den halbaquatilen Polarbären. In der Tundra gibt es Moschusochsen, Karibus, Wölfe, Polarfüchse und Lemminge; auch viele Zugvögel verbringen hier den Sommer, darunter Alke, Enten, Möwen, Seeschwalben und andere Seevögel.

Montreal im eisigen Griff des Winters. Obwohl Montreal auf demselben Breitengrad wie Florenz liegt, herrschen hier bitterkalte Winter und 150 Tage im Jahr sinken die Temperaturen unter null Grad. Celsius.

Die Wälder im Norden sind ein idealer Lebensraum für Karibus und Elche, Luchse, Schwarz- und Braunbären. Biber, Marder, Bisamratten, Nerze sind auch heute noch weitgehend Grundlage des Pelzhandels.

Weiter im Süden findet man viele Wapitis, während es in dichter besiedelten Landstrichen vor allem kleinere Säugetiere, wie graue und rote Eich-, Backenhörnchen, Wiesel und Otter gibt. Zur artenreichen und gesangsstarken Vogelwelt zählen der Cardinal, der Waldsänger, der Baltimore-Pirol und die Spottdrossel.

In den Präriegebieten leben kleinere Tiere, wie Präriehasen, Taschenratten und das spitzschwänzige Raufußhuhn sowie die letzten Bisons und Pronghornantilopen. In den westlichen Bergen gibt es sehr gut angepasste Tierarten wie das Bighorn-Schaf und die Bergziege.

Robert Peary und der Wettlauf zum Nordpol

Bereits 1607 begab sich Henry Hudson mit dem Schiff auf die Suche nach einer Route über den Nordpol nach China. Er segelte nordwärts entlang der Ostküste Grönlands. Als er auf das arktische Packeis stieß, wandte er sich ostwärts. Es dauerte fast 300 Jahre, bevor jemand den Nordpol erreichte. Viele vergebliche Versuche wurden unternommen. 1895-1896 konnte der norwegische Forscher Fridtjof Nansen (1861-1930) auf einer Expedition mit einem speziell dafür konstruierten Schiff, der Fram, erstmals beweisen, dass das Nordpolarmeer völlig mit Eis bedeckt ist. Sein Versuch, den Nordpol mit dem Hundeschlitten zu erreichen, scheiterte. Zu diesem Zeitpunkt hatte der amerikanische Marineoffizier Robert Edwin Peary (1856-1920) mit den Vorbereitungen einer Expedition zum Pol begonnen. Sein „pyramidenförmiger" Stufenplan sah vor, mit einer größeren Gruppe aufzubrechen und Depots einzurichten, zu denen jedes Mal Versorgungsschlitten zurückkehren sollten. Nach einigen gescheiterten Versuchen erreichte er 1908 das Ziel. Die Expedition führte ihn vom Cape Columbia auf der Ellesmereinsel bis zum Nordpol. Fünf Mitglieder der Expedition erreichten den Pol: Peary, drei Inuit und sein Hundeschlittenführer Matthew Henson (1866-1955).

Als er 1909 zurückkehrte, erfuhr Peary, dass sein früherer Mitstreiter, Frederick Albert Cook (1865-1940), behauptete, den Nordpol vor ihm erreicht zu haben. Zwar konnte Cook seine Behauptung nur unzureichend beweisen, doch ist die Beurteilung des Sachverhalts nicht leicht. Die Debatte, wer der Erste gewesen ist, dauert bis heute an.

Robert Pearys Expedition 1905 (*oben*). Das Werk eines zeitgenössischen Künstlers zeigt die Mannschaft, die bis 87° 6′ N vorstieß. Es sollte noch drei Jahre dauern, bevor Peary sein Ziel erreichte.

Nansens Schiff, die Fram (*links*), auf einer Karte der Zigarettenmarke Wills. Es wurde dafür konstruiert, um dem Druck des Packeises standzuhalten.

KULTUR UND GESELLSCHAFT

Die demokratische Regierungsform lehnt sich an die der ehemaligen Kolonialmacht Großbritannien an, bewahrt aber auch französisches Erbe. Kanadas Verantwortung gegenüber der Urbevölkerung wird zunehmend bewusster. Der jahrhundertelange Einwandererstrom erzeugte eine bunte Mischung unterschiedlicher Bevölkerungsgruppen.

Geschichte

wa 30 000 Jahren, die erst vor 10 000 Jahren endete, von Sibirien aus über die Beringstraße und Alaska nach Amerika. Im Lauf von Jahrtausenden breiteten sie sich langsam südwärts aus und drangen in das reiche, unbewohnte Landesinnere vor. Die Vorfahren der heutigen Inuit waren das letzte Volk, das um etwa 4 000 v. Chr. von Asien nach Nordamerika kam und etwa 2 500 v. Chr. Grönland erreichte. In der westlichen Arktis wird noch heute die traditionelle Jagd in kleinen Familiengruppen praktiziert, ...

fang die Harpune verdrängt und die modernen Boote der Inuit werden mit Außenbordmotoren angetrieben. Ihre Sommerzelte und Winteriglus wurden durch moderne Gebäude ersetzt, und die Inuit haben große Siedlungen gegründet. Die ersten Europäer waren Wikinger, wie Leif Eriksson aus Grönland und der Isländer Thorfinn Karlsefni, die das Land etwa 1000 n. Chr. betraten. Sie ließen sich allerdings nicht nieder; möglicherweise wichen sie vor der Feindseligkeit der indianischen Urbevölkerung zurück.

1497 landete eine englische Expedition unter der Leitung des italienischen Seefahrers John Cabot (1450-1498) auf der Suche nach neuen Ländern in Neufundland. Im 16. Jh. begannen Kundschafter einen Vorstoß ins Landesinnere. Unter ihnen befanden sich der Engländer Henry Hudson (um 1550-1611), Jacques Cartier (1491-1557), der Kanada seinen Namen gegeben haben soll, und sein französischer Landsmann Samuel de Champlain (1567-1635), der Gründer der Kolonie Neufrankreich, die sich am St.-Lorenz-Strom entlang von Quebec bis Montreal ausbreitete.

Durch die Besiedlung erreichte die französische Kultur die Küstenprovinzen und breitete sich durch den Pelzhandel vom Kerngebiet am St.-Lorenz-Strom über die Großen Seen bis zu den Wasserscheiden des Mississippi und des Saskatchewan aus. Allerdings entwickelte sich der Pelzhandel im Norden und Westen immer stärker zu einem Interessenskonflikt zwischen Frankreich und der 1670 gegründeten britischen Hudsonbai-Kompany. Die wachsenden Spannungen zwischen England und Frankreich führten im Jahre 1759 zur Besetzung Quebecs und Montreals durch die Briten unter Führung von General James Wolfe (1727-1759). 1763 folgte der Vertrag von Paris, durch den Neufrankreich sowie die Kolonie Quebec samt Küstengebiet an Großbritannien abgetreten wurde.

Im amerikanischen Unabhängigkeitskrieg (1775-1783) erhoben sich die nordamerikanischen Kolonien gegen die britische Herrschaft. Während des Krieges und in den folgenden Jahren flohen Tausende britischer Loyalisten nach Kanada, vor allem nach Neuschottland und Quebec. Durch den Gründungserlass von 1791 wurden die Einzelkolonien von Upper Canada („Oberkanada“, Ontario) und Lower Canada („Unterkanada“, Quebec) gegründet. 1837 kam es durch die Unzufriedenheit mit der britischen Wirtschaftspolitik in Ober- und Unter-Kanada sowie aufgrund der weiterhin stark eingeschränkten Selbstverwaltung zu einer offenen Revolte. Der Aufstand wurde zwar niedergeschlagen, brachte jedoch einige politische Reformen und die Wiedervereinigung der beiden Kanadas. 1849 wurde die Zwergkolonie Victoria auf der Vancouverinsel im äußersten Südwesten gegründet. Die Gründung der Kolonie British Columbia im Jahre 1858 war das Ergebnis des Goldrausches im Frasertal im Südwesten Kanadas.

Das britische Nordamerikagesetz von 1867 schuf das Dominion Kanada, das die Provinzen Quebec, Ontario, Neuschottland und New Brunswick vereinigte. Die Regierung des Dominion kaufte die Ländereien der Hudsonbai-Kompanie, aus denen die Nordwestgebiete entstanden. 1870 trat Manitoba dem Dominion bei, 1871 British Columbia, 1873 die Prinz-Eduard-Insel, 1898 Yukon Territory und Saskatchewan und 1905 Alberta. Neufundland blieb bis 1949 formell unabhängig. Das heutige Kanada setzt sich aus 10 Provinzen und zwei Territorien zusammen. 1991 einigte man sich mit den Inuit der Nordwestgebiete auf die Schaffung des von ihnen beanspruchten Gebiets Nunavut.

Mit der zunehmenden Getreideproduktion im neubesiedelten Präriegebiet, der Holzfällerei in den Wäldern des Nordens, der Herstellung von Holzschliff und Zellstoff sowie der Erschließung anderer natürlicher Ressourcen wuchs der Wohlstand Kanadas. Die Entdeckung von Goldvorkommen entlang des Klondike-Creek in Yukon löste 1896 den berühmten Goldrausch aus. Diese Entwicklungen störten das traditionelle Leben der Urbevölkerung weit mehr als der Rückgang des Pelzhandels oder die Ausrottung des Bisons. Es kam zu einem bewaffneten Aufstand der Métis – eines in abgelegenen Gebieten lebenden Volkes französisch-indianischer Abstammung. Ihr Anführer, Louis Riel (1844-1885), wurde 1885 gehängt.

Nachdem Kanada im Ersten Weltkrieg die Alliierten (Großbritannien, Frankreich, Italien, Russland und die Vereinigten Staaten von Amerika) tatkräftig unterstützt hatte, räumte Großbritannien dem Dominion durch das Statut von Westminster 1931 größere Autonomie ein. Erst 1982 erhielt Kanada eine eigene Verfassung und völlige Autonomie.

Seit den 60er Jahren streben franko-kanadische Nationalisten die Abspaltung der Provinz Quebec von Kanada an. 1976 gewann die Parti Québecois die Oberhand in der Provinzregierung. 1980 lehnte die Wählerschaft Quebecs in einem Referendum die nationalistischen Freiheitsbestrebungen mit klarer Mehrheit ab. 1995 wurde ein weiteres Referendum abgehalten, bei dem den Separatisten bei einer Wahlbeteiligung von immerhin 90 % der fünf Millionen Wahlberechtigten jedoch nur knapp 50 000 Stimmen zum Sieg fehlten.

Regierungsform

In den Grundzügen ist Kanada heute die Staatenkonföderation, die 1867 durch das britische Nordamerikagesetz geschaffen wurde. Als konstitutionelle Monarchie ist Kanadas Staatsoberhaupt ein Monarch, der nun ausdrücklich Staatsoberhaupt von Kanada und nicht Staatsoberhaupt der Britischen Inseln genannt wird. Die Macht der Krone wird durch einen Generalgouverneur ausgeübt, der gewöhnlich auf Empfehlung des kanadischen Premierministers für eine Amtszeit von sechs Jahren ernannt wird. Ohne die Zustimmung des Generalgouverneurs im Name der Krone erlangen Gesetzesentwürfe keine Rechtsgültigkeit. Vor Einholung seiner Zustimmung muss ein Gesetzentwurf beiden Häusern des Bundesparlaments, dem Senat (das Oberhaus) und dem House of Commons (Unterhaus), zur Abstimmung vorgelegt werden. Sie haben das Recht zur Gesetzesinitiative, doch nur das Unterhaus darf über neue Steuern oder Ausgaben beschließen. Das Bundesparlament ist für die internationalen und alle wichtigen nationalen Angelegenheiten zuständig. Jede der 10 Provinzen hat eine Regierungsstruktur, die der nationalen weitgehend gleicht. Ein vom Generalgouverneur ernannter Vizegouverneur beruft eine gewählte, aus einer Kammer bestehende, gesetzgebende Versammlung ein, in der der Vorsitzende der Mehrheitspartei Premier wird und ein Kabinett ernennt. In die Zu-

Die kanadischen Provinzen (*unten*). Quebec wurde ab 1534 von Franzosen besiedelt, 1763 wurde das gesamte Gebiet an Großbritannien abgetreten. Namen wie Saskatchewan spiegeln das Erbe der indianischen Urbevölkerung Kanadas wider.

Francis McClintocks Arktisexpedition (*unten*) bahnte im Jahre 1859 Wege für Hundeschlitten durch hohe Schneewehen im Queens Channel im äußersten Nordwesten Kanadas. McClintocks Expedition fand das Logbuch des britischen Forschers John Franklin, das Einzelheiten über die Krankheiten preisgab, an denen die Mitglieder der Expedition 1845 gestorben waren.

Kanadas Regierungssystem verband den Föderalismus der benachbarten USA mit dem britischen Parlamentssystem. Das Zweikammerparlament setzt sich aus dem Senat, dessen 104 Mitglieder auf Lebenszeit ernannt werden, und dem 282 Abgeordnete zählenden Unterhaus zusammen, dessen Mitglieder für die Amtszeit von maximal fünf Jahren gewählt werden. Gesetzentwürfe müssen von beiden Kammern verabschiedet werden, um rechtskräftig zu werden.

ständigkeit der Provinzregierungen fallen die Bereiche Zivil-, Bodenrecht, Besteuerung, Handel und Handwerk, Krankenhäuser, Gesundheits-, Sozial- und Bildungswesen. Die Gebiete des Yukon und des Nordwestens unterstehen der Bundesregierung direkt.

Bevölkerung

Die größte ethnische Gruppe sind Kanadier britischer Abstammung, die etwas weniger als die Hälfte der Gesamtbevölkerung aus-

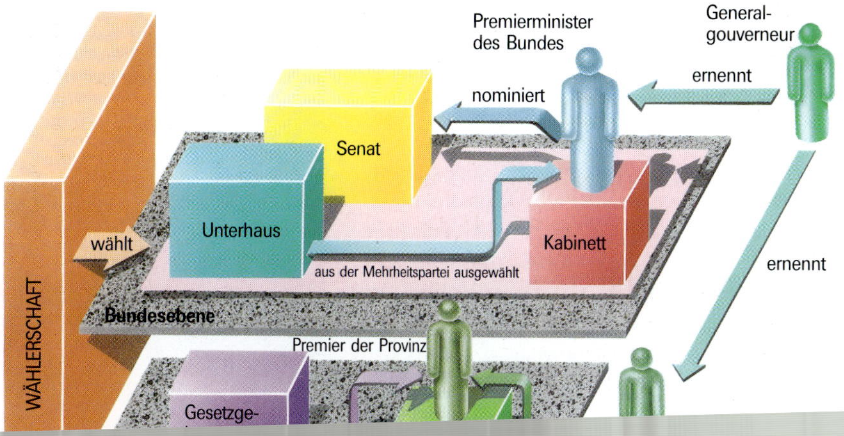

machen. Die Frankokanadier stellen etwa 25 % der Gesamtbevölkerung des Landes und 80 % der Bevölkerung Quebecs. 10 % sind gemischter Abstammung, größtenteils Métis. Die restlichen Prozent setzen sich aus Nachkommen europäischer Einwanderer, vor allem aus Deutschland, Italien, der Ukraine und den Niederlanden zusammen. Der Anteil der indianischen Urbevölkerung und der Inuit liegt unter 2 %. Die Muttersprache der meisten Kanadier ist Englisch. Die Ausnahme bildet Quebec, dessen große Mehrheit der Bevölkerung Französisch spricht. Strenge Gesetze schützen und fördern die französische Sprache und Kultur. In der christlichen Bevölkerung Kanadas gibt es gegenwärtig etwas mehr Katholiken als Protestanten. Durch den asiatischen Zuwanderungsstrom ist die Religionslandschaft in den letzten Jahrzehnten vielfältiger geworden.

WIRTSCHAFT

Kanada verfügt über große Mineralvorkommen, riesige, holzwirtschaftlich nutzbare Waldgebiete und ausgedehnte Ackerbauflächen. Diesem Ressourcenreichtum verdanken die Kanadier ihren hohen Lebensstandard, der zu den höchsten der Welt zählt.

Land- und Forstwirtschaft
Obwohl die Landwirtschaft einer der größten Wirtschaftszweige Kanadas ist, sind nur 5 % der Erwerbstätigen dort beschäftigt. Der größte Teil der landwirtschaftlich genutzten Fläche liegt im Süden. In den nördlicheren Breitengraden ist die jährliche Wachstumsperiode zu kurz. Die großflächig künstlich bewässerte Hochebene im Süden und das Fraser-Delta in British Columbia dienen fast ausschließlich dem Obstanbau, während weiter nördlich, im Landesinneren, Rinder- und Schafhaltung vorherrschen. Fast 20 % des kanadischen Ackerlands liegen zwischen den Rocky Mountains und den Großen Seen. In den Prärieland-Provinzen wird hauptsächlich Hartweizen angebaut; zunehmend werden auch andere Getreidesorten kultiviert.

In Alberta werden in trockeneren Gebieten und am Fuße der Rocky Mountains Rinder, Schweine und Schafe gezüchtet. Auch in den Randgebieten von Manitoba überwiegt die Viehzucht. Das südwestliche Ontario ist der Mais- und Soja-Gürtel, aber auch Hauptanbaugebiet für Tabak, Obst und Gemüse. Wichtige landwirtschaftliche Exportprodukte sind neben Weizen Futtergetreide, Ölsaaten, Obst, Kartoffeln und Ahornsirup.

Kanada ist weltweit führender Exporteur von Holzprodukten. Die Produktion von Bau-, Sperrholz, Holzschliff und Zellstoff für die Druckindustrie macht mehr als 10 % der Exporte aus und könnte noch gesteigert wer-

den. Die meisten Holzprodukte stammen aus British Columbia. Der Großteil der Provinz ist von Wäldern bedeckt, die vor allem durch große, multinationale Firmen genutzt werden. Die enormen Waldflächen Quebecs sind noch nicht vollständig genutzt. Die meisten Provinzen an der Atlantikküste verfügen über eine gut entwickelte Holzindustrie.

Fischerei und Pelzhandel

Ursprünglich konzentrierte sich die Fisch verarbeitende Industrie auf Neufundland. Heute gehen große Trawler innerhalb der 1977 von der kanadischen Regierung festgelegten 400-km-Zone auf Fischfang. An Land wird der Fisch eingefroren oder zum Export eingedost. Die Einschränkungen von 1977 und die darauf folgende Einführung von Fangquoten lösten heftige Auseinandersetzungen mit Frankreich über die Fischereirechte rund um die Inseln St. Pierre und Miquelon aus. Die für ihren Lachs berühmte, krisenbelastete Pazifikfischerei erhielt dadurch neuen Auftrieb. Auch die großen Süßwasserseen Kanadas werden für die kommerzielle Fischerei und die Sportfischerei genutzt. Pelze aus Quebec, Saskatchewan, den Nordwestgebieten und dem Yukon-Gebiet sind nach wie vor wichtige Exportartikel.

Industrie und Energie

Kanada verfügt über reiche Mineralvorkommen, die auch einen Großteil des Gesamtexportvolumens des Landes ausmachen. Die größten und bekannten Lagerstätten fossiler Brennstoffe, wie Erdöl, Erdgas und Kohle,

Torontos Innenstadt (*links*) und der CN-Tower. Im unteren Teil der Stadt ersetzten moderne Gebäude jene, die 1904 einer Feuersbrunst zum Opfer fielen.

Ein Baseballspieler schlittert bäuchlings zur Base (*rechts*). Baseball ist einer der weniger umstrittenen „Importe" aus den USA, deren wirtschaftliche Vorherrschaft in Kanada teilweise immer noch als Bedrohung empfunden wird.

Der französische Einfluss in Montreal (*unten*), dem Haupthandelszentrum der Provinz Quebec, in der die französische Sprache und Kultur gesetzlich geschützt und gefördert werden.

liegen in den westlichen Provinzen, vor allem in Alberta. Weiterhin wurden Erdgas- und Kohlevorkommen in der Mackenzie-Bucht und unter der Beaufortsee entdeckt. Im Norden Ontarios und Quebecs gibt es reiche Eisenerzvorkommen, die schon in der Vergangenheit abgebaut wurden. Diese Bergwerke erschließen einige der weltgrößten, noch ungenutzten Vorkommen an minderwertigem Eisenerz. Andere Vorkommen sind Zink (in New Brunswick), Nickel, Kupfer, Blei, Uran (im Norden Quebecs, in Ontario und Manitoba), Pottasche (in Saskatchewan) und Molybdän (in British Columbia).

Die verarbeitende Industrie erwirtschaftet fast 20 % des Bruttosozialprodukts und beschäftigt rund ein Sechstel der erwerbstätigen Bevölkerung. Die wichtigsten Industrien sind die erdölverarbeitenden Bereiche und die Automobilindustrie. Weitere Industriezweige sind die Zellstoff- und Papierherstellung, die Fleischverarbeitung, die Eisen- und Stahlproduktion. Die bedeutendsten Industrieansiedlungen hat Ontario. Die Prärieprovinzen produzieren Nahrungsmittel, Getränke, Petroleum und Chemikalien. Maschinenbau und Chemie sind in British Columbia angesiedelt. Neben der Wasserkraft als wichtigste Energiequelle werden auch Wärme- und Kernkraftwerke betrieben.

Handel und Handwerk

Kanadas Volkswirtschaft ist stark vom Handel abhängig. Etwa zwei Drittel des Volumens werden mit den USA umgesetzt. Der Einbruch der Erdöl-, Erdgas- und Weizenpreise auf dem Weltmarkt führte zu einem Werteverlust der wichtigsten Exportgüter. Zusätzlich schadeten Dürreperioden der Weizenernte.

Verkehr und Kommunikation

Viele Gemeinden im Norden sind nur mit Geländefahrzeugen und Flugzeugen erreichbar. Air Canada und Canadian Airlines wickeln den Inlands- und den internationalen Flugverkehr ab. Zwei Eisenbahnnetze überspannen das gesamte Festland: die private Canadian Pacific Railway und die staatliche Canadian National Railway. Die der Provinzregierung unterstehende British Columbia Railway verbindet das Zentrum mit dem Norden der Provinz. Eine weitere Eisenbahnlinie führt von Moosonee an der James Bay (an der Südspitze der Hudsonbai) zum südlichen Ontario.

Drehscheibe des Verkehrssystems ist Montreal, das sowohl mit dem Westen Kanadas als auch mit dem Mittleren Westen der USA, New York, den Städten an der Küste und den Häfen der Provinzen am Atlantik verbunden ist. Wichtige Verbindungen für den Straßen-, Schienen- und Passagierverkehr in diesen Provinzen sind Fähren. Die Häfen von Halifax in Neuschottland und St. John in Neufundland sind besonders im Winter bedeutende Lade- und Löschstationen für den Außenhandel. Kanadas ganzjährig offene Häfen an der Pazifikküste sind Vancouver und Prinz Rupert. Der St.-Lorenz-Kanal verbindet den Schiffsverkehr auf dem Atlantik direkt mit den Häfen der Großen Seen, wie Chicago und Thunder Bay im Zentrum des Kontinents.

In British Columbia drängt sich zwischen der Vancouverinsel und dem Festland eine der größten Fährenflotten der Welt, die Passagiere und Fracht aus Vancouver zu den Küstenhäfen im Nordwesten transportiert. Im Nordwesten verbindet der Mackenzie-Schifffahrtsweg das Nordpolarmeer mit dem Mackenziestrom, dem Großen Sklavensee und dem Athabascasee. Die Great Slave Lake Railway und der Mackenzie-Highway sorgen für den Anschluss an den Süden. Die Hälfte des 885 000 km langen Straßennetzes verläuft durch die Prärieprovinzen. Der Trans-Kanada-Highway verbindet die Hauptstädte der vier Atlantikprovinzen mit Toronto, Montreal, den Präriegebieten und Vancouver. Breite, gut ausgebaute Autobahnen schließen den Korridor Windsor-Quebec und andere große Zentren im Westen an.

Das Fischerdorf Peggys Cove an der Ostküste Kanadas. Die Europäer ließen sich ursprünglich in Kanada dauerhaft nieder, da sie die Möglichkeit, das ganze Jahr über fischen zu können, in Neufundland nutzen wollten.

Medienlandschaft

Die Zeitungen sind in Privatbesitz und gehören im Wesentlichen drei Verlagsketten. Es gibt keine Zensur, jedoch unterliegen Rundfunk und Fernsehen der Aufsicht eines Regierungsorgans, der Kommission für Rundfunk, Fernsehen und Telekommunikation. Die Canadian Broadcasting Corporation (CBC) gehört dem Staat und unterhält zwei landesweite Fernsehsender, von denen einer in englischer, der andere in französischer Sprache sendet. Richtfunk-, Glasfaser- und Satellitentechnik sichern die Nachrichtenübertragung von der Ost- bis zur Westküste.

Gesundheits- und Sozialwesen

Die Bundesregierung ist für die Rentenzahlung, die Arbeitslosenversicherung und das Kindergeld zuständig; alles andere fällt in die Zuständigkeit der Provinzen. Es gibt eine bundesweite Krankenkasse (federal medical insurane program) und zusätzlich Provinzkrankenversicherungen, bei denen ein Großteil der Bevölkerung versichert ist.

Jede Provinz verfügt über ein eigenes Bildungssystem. Die Kinder besuchen normalerweise erst die Vorschule, kommen dann in die Grundschule und danach in die weiterführende Schule, deren erfolgreicher Abschluss zum Studium an einem College oder an einer der etwa 60 Universitäten berechtigt. Der Schulbesuch ist in der Regel kostenlos; Schulpflicht besteht ab dem 6. Lebensjahr bis zum Abschluss einer Sekundarschule.

Ein Triumph der Ingenieure

Der St.-Lorenz-Strom diente seit den ersten Tagen der Besiedlung als Handelsroute. Heute befahren diesen Wasserweg hochseetaugliche Frachter, über das einst Pelzjäger ihre Kanus steuerten. Auf seinem 1200 km langen Weg vom Ontariosee zum Meer fließt der St.-Lorenz-Strom durch das landschaftlich reizvolle Gebiet der Tausend Inseln, ehe er sich verengt und vor Montreal über eine Reihe wilder Wasserfälle zu Tal stürzt. Hinter Montreal wird er wieder breiter und fließt in den Saint-Francis-, den Saint-Louis- und den Saint-Pierre-See. Im letzten Abschnitt verläuft er in sanften Mäandern, bevor er sich bei der Halbinsel Gaspé zum St.-Lorenz-Golf verbreitert und in den Atlantik mündet.

Bis 1950 war es aufgrund der Wasserfälle nur kleinen Flussbooten möglich, von den Großen Seen zum Meer zu gelangen. 1954 nahmen die USA und Kanada zusammen das ehrgeizige Projekt in Angriff, den Strom für Hochseeschiffe schiffbar zu machen. Die Kosten beliefen sich auf über 340 Millionen Dollar für Kanada und 130 Millionen Dollar für die USA. Insgesamt wurden 16 Schleusen errichtet, ein Kanalnetz gebaut und Fahrrinnen ausgebaggert. Nordwestlich des St.-Lorenz-Stroms sind der Huronsee und der Obere See durch den Sault-Sainte-Marie-Kanal mit seinen vier Schleusen verbunden. Der Welland-Schiffskanal zwischen Ontario- und Eriesee hat acht Schleusen und umgeht die Niagarafälle. Der Hauptschifffahrtsweg zwischen dem Ontariosee und Montreal, der 1959 eröffnet wurde, hat sieben Schleusen.

Schiffe, die diese Verbindung befahren, zahlen dafür Gebühren. Sie sollen neben den Baukosten (die bis 2009 getilgt werden müssen) auch die Zinsen für die Baukredite und die laufenden Betriebskosten sowie die notwendigen Wartungsarbeiten decken. Der Schifffahrtsweg ist für alle Hochseeschiffe, mit Ausnahme der größten, befahrbar. Die Strecke von Montreal bis zu den Großen Seen ist nunmehr für etwa 80 % der weltweiten Handelsflotte schiffbar.

Von Mitte Dezember bis Anfang April, also ungefähr 115 Tage im Jahr, ist der Schifffahrtsweg wegen Eis gesperrt. Während der restlichen Zeit bietet er zahlreichen Städten im Inland Kanadas und

Zugang zum Atlantik. Insgesamt liegen 66 amerikanische und 12 kanadische Häfen an diesem Schifffahrtsweg.

Die Westeuroparouten sind von diesen Häfen aus kürzer als von der Ostküste

Ein Eisbrecher bahnt zu Beginn des Frühjahrs mühsam seinen Weg durch den St-Lorenz-Schifffahrtsweg, um die Fahrrinne freizuhalten. Von Mitte Dezember bis April ist er wegen Eis geschlossen.

Schutzgebiete in der Region

GRÖNLAND
DÄNEMARK

Grönland, die größte Insel der Welt, liegt im Polarkreis. Etwa 85 % der Landesfläche sind mit der größten Eiskappe der nördlichen Hemisphäre bedeckt. Im Zentrum ist sie über 3 km dick, ihr tiefster Punkt befindet sich etwa 300 m unter dem Meeresspiegel. An ihren Rändern, den Küsten entlang, haben Gletscher eine abwechslungsreiche Landschaft mit tiefen Fjorden und Inseln geschaffen. Im Westen und im Osten ist die Eiskappe teilweise von Bergen umgeben, dazu zählt der höchste Gipfel Grönlands, der Gunnbjørn.

Das Klima ist arktisch. Der Süden ist unter dem Einfluss der wärmeren Nordatlantikströmung erheblich niederschlagsreicher. Das Klima der Ostküste wird durch den Labradorstrom abgekühlt, der vom Nordpolarmeer in den Atlantik fließt. Flora und Fauna in den eisfreien Gebieten sind typisch für die arktische Tundra. In Flüssen und Strömen leben Lachs und Forelle, vor der Küste gibt es Kabeljau, Lachs, Heilbutt, Flunder und Kapelan.

Zwischen 4000 v. Chr. und 1000 n. Chr. erreichten mehrere Inuit-Gruppen Grönland, deren Nachfahren bis heute dort leben. Im 10. Jh. gründeten Wikinger-Siedler aus Norwegen zwei Kolonien, die etwa 500 Jahre später den Kontakt mit Skandinavien verloren. Die Kolonisierung setzte sich erst im Jahre 1721 fort, als Grönland eine Kolonie Dänemarks wurde. Der norwegische Missionar Hans Egede gründete in der Nähe von Godthåb (der heutigen Hauptstadt) einen Handelsposten. Ab 1776 hatte Dänemark ein Handelsmonopol mit Grönland. Erst 1951 wurde der Handel wieder freigegeben. Während der deutschen Besetzung Dänemarks im Zweiten Weltkrieg schützten die USA die Interessen Dänemarks in Grönland. Nach dem Krieg kam Dänemark der Forderung der Bevölkerung nach umfassenden Reformen nach und gliederte Grönland 1953 als gleichberechtigten Teil dem Königreich ein. 1979 wurde Grönland das Recht auf eine eigene Regierung eingeräumt. Dennoch regelt Dänemark weiterhin Grönlands Außenpolitik. Die Grönländer haben die dänische Staatsbürgerschaft. Das Parlament, das Landsting, hat 21 Sitze. Den Vorsitz führt der Präsident der Mehrheitspartei. Es herrscht allgemeines Wahlrecht. Grönland stellt zwei Abgeordnete des dänischen Parlaments. 80 % der Bevölkerung sind gebürtige Grönländer, in erster Linie Nachfahren der Inuit und der frühen europäischen Einwanderer. Die restlichen 20 % sind überwiegend Dänen. Amtssprachen sind Grönländisch (die Sprache der Eskimos) und Dänisch. Der Großteil der Bevölkerung gehört der dänisch-lutherischen Kirche an.

Siedlungen gibt es nur an den Küstenstreifen. Im Süden ist die Schaf- und Rentierzucht vorherrschend. Gemüse wird im Süden und an der etwas wärmeren Westküste angebaut. Stärkster Industriezweig ist heute die Fischerei. Sie wird wie die Fisch verarbeitenden Konservierungs- und Tiefkühlbetriebe staatlich subventioniert. Im Norden werden Häute für den Export produziert.

Grönland verfügt über große, jedoch schwer zugängliche Mineralvorkommen. Der Abbau der weltgrößten Kryolithvorkommen unter Tage wurde 1963 aufgrund seiner Unwirtschaftlichkeit eingestellt. Neueste Forschungen ergaben, dass Grönland auch über wertvolle Erzvorkommen verfügt, von denen Zink und Blei unter Tage abgebaut werden. Energie wird in Wärmekraftwerken mit importierten Brennstoffen erzeugt. Importiert

Die bunten Wellblechhäuser von Jakobshavn (*oben*) an der Westküste Grönlands. Haupterwerbszweig ist die Fischerei. Am Ufer der Bucht steht eine große Fischverarbeitungs- und Konservenfabrik.

Die zugefrorene See (*unten*) beim Handelsposten Ammassalik an der Ostküste Grönlands, knapp südlich des Polarkreises, blockiert den Frachtverkehr.

Der Schulbesuch ist kostenlos. Es besteht Schulpflicht für eine 9-jährige Schulbildung. Der Besuch einer weiterführenden Schule steht jedem frei. Zur beruflichen Ausbildung oder zum Universitätsstudium müssen die Grönländer nach Dänemark gehen.

ST. PIERRE UND MIQUELON

FRANKREICH

Die winzige Inselgruppe liegt vor der Südküste Neufundlands. Die größere der beiden Inseln, Miquelon, besteht aus zwei Inseln, die durch einen schmalen Isthmus miteinander verbunden sind. Die Mehrzahl der Bewohner lebt auf St. Pierre, der kleineren Insel im Südosten. Die Landschaft ist nahezu baumlos und besteht überwiegend aus weiten Torfmooren. Die steilen Klippen und kleinen Felsinseln sind der Lebensraum vieler Seevögel.

Die ersten Siedler waren Fischer aus Westfrankreich, die sich im 17. Jh. dort niederließen. Die Bevölkerung ist seither überzeugt französisch geblieben. 1976 erhielten die Inseln den Status eines Übersee-Départements Frankreichs. 1985 wurden sie in eine Gebietskörperschaft umgewandelt. Die Inselbewohner sind bei französischen Regional- sowie Parlamentswahlen stimmberechtigt. Der Präfekt wird von Frankreich ernannt.

Abgesehen vom Gemüseanbau für den Eigenbedarf wird kaum Landwirtschaft betrieben. Die Wirtschaft beruht vor allem auf der Nutzung der fischreichen Küstengewässer. Die meisten Nahrungsmittel werden aus Kanada und Frankreich importiert. Die Inselbewohner genießen die Vorteile der französischen Staatsbürgerschaft, wie die kostenlose Schulbildung und ein gut entwickeltes Gesundheits- und Sozialwesen.

werden Maschinen, Fahrzeuge und Transportmittel, Industrieprodukte und Nahrungsmittel. Eisenbahnen gibt es nicht. Das kleine Straßennetz ist gut ausgelastet. Hauptverkehrsmittel über Land sind nach wie vor Hundeschlitten. Die meiste Fracht wird auf dem Seeweg transportiert, doch auch die In- und Auslandsflugverbindungen sind gut ausgebaut. Dem Großteil der Bevölkerung steht ein hochentwickeltes Telekommunikationssystem zur Verfügung. Rundfunk und Fernsehen senden auf Grönländisch und Dänisch; die einzige Zeitung mit Sitz in Godthåb erscheint ebenfalls zweisprachig

Die dänische Regierung finanziert ein umfassendes Sozialversorgungssystem. Das Ge-

Erich der Rote – der Wikinger

Ungefähr 982 n. Chr. brach der Wikinger Erich der Rote von Island aus zu einer gefährlichen Atlantikreise auf. Eine Sage aus dem 13. Jh. berichtet, dass Erich ein gewalttätiger Mann war, der wegen „einiger Morde" zu drei Jahren Exil verurteilt worden war. Er war allerdings auch ein mutiger Mann. Sein Ziel war eine kaum bekannte Insel weit im Westen Islands – ein Ort, der nur wenige Jahre zuvor Tod und Verderben über eine Gruppe isländischer Kolonisten gebracht hatte.

Erich segelte westwärts, bis er nahe eines großen Gletschers Land sichtete. Er erinnerte sich an Berichte über das Scheitern der früheren Expedition eines anderen Kundschafters, sodass er beschloss, nach Süden abzudrehen. Nachdem er das Kap umrundet hatte, entdeckte er an der Westküste, versteckt zwischen Gletschern, fruchtbare Täler, und er nannte das Land Grönland (Grünland), da er dachte, dass „die Menschen eher geneigt sind, sich dort niederzulassen, wenn der Ort einen wohlklingenden Namen trägt".

Etwa vier Jahre nach seiner ersten Reise setzte er wieder die Segel und nahm von Island 300 Kolonisten auf 25 Schiffen mit. Aber nur 14 Schiffe erreichten den Fjord, den Erich für sich selbst bestimmt hatte – das heutige Tunugdliarfik. Auf einem steilen

tigt werden. Eine Splittergruppe gründete später etwas weiter an der Küste eine Westliche Siedlung.

Im 10. Jh. war das Klima in Grönland um einiges wärmer als heute. Die Wikinger züchteten im Süden Rinder und Schafe, drangen aber auch in den Norden vor, um Karibus, Wale, Robben und Bären zu jagen. Eisbären waren damals an den europäischen Höfen als Kuriosität sehr gefragt. Eine Zeit lang blühte und gedieh die Kolonie. Dokumente berichten von etwa 280 Bauernhöfen. Archäologen gehen sogar von einer größeren Anzahl aus. Um das Jahr 1000 n. Chr. brachte der Wikinger Leif Eriksson auf seiner Rückkehr vom kurz zuvor christianisierten Norwegen das Christentum nach Grönland. In den darauf folgenden zwei Jahrhunderten wurden fast 20 Kirchen, ein Nonnen- und ein Mönchskloster gebaut. Die Reste einer Kathedrale aus dem 12. Jh. sind heute noch in Gardar zu besichtigen.

1261 fiel Grönland, wie auch Island, an Norwegen. Innerhalb eines Jahrhunderts löste sich die Westliche Siedlung auf, und der Niedergang der Östlichen Siedlung begann. Die Gründe dafür sind nicht bekannt, allerdings weiß man von Klimaverschlechterungen im späten Mittelalter, die möglicherweise eine Rolle gespielt haben können. Die Überlieferung der Inuit berichtet von Kämpfen zwischen ihren Vorfahren und den Wikinger-Siedlern. 1406 gab es die letzten

Vereinigte Staaten

LÄNDER DER REGION

VEREINIGTE STAATEN VON AMERIKA

Die Fackel der Freiheit. „Gebt mir eure Menschenmassen, die sich müde, arm und zusammengepfercht nach Freiheit sehnen" – diese Zeilen stehen auf der Freiheitsstatue im Hafen von New York. Errichtet 1886 und zum Teil von Frankreich als Sinnbild seiner Freundschaft mit den USA gestiftet, begrüßte die Freiheitsstatue Generationen europäischer Einwanderer und verhieß ihnen ihre wohlbehaltene Ankunft im Land der unbegrenzten Möglichkeiten.

Vereinigte Staaten

VEREINIGTE STAATEN VON AMERIKA

Das Kerngebiet der Vereinigten Staaten umfasst 48 der 50 Bundesstaaten. Es erstreckt sich über den größten Teil Nordamerikas und grenzt im Norden an Kanada, im Süden an Mexiko und den Golf von Mexiko, im Osten an den Atlantik und im Westen an den Pazifik. Die beiden anderen Bundesstaaten sind Alaska am nordwestlichen Zipfel Nordamerikas und die Inselgruppe Hawaii im Pazifik. Schutzgebiete der Vereinigten Staaten sind Puerto Rico und die Amerikanischen Jungferninseln, Guam, der amerikanische Teil der Samoainseln und das Treuhandgebiet der Pazifischen Inseln.

Die Vereinigten Staaten von Amerika sind hinter Kanada, China und der ehemaligen Sowjetunion der viertgrößte Flächenstaat und werden nach der Einwohnerzahl nur von Indien, China und der früheren Sowjetunion übertroffen. Doch was den wirtschaftlichen, politischen und kulturellen Einfluss angeht, sind die Vereinigten Staaten die führende Nation der Welt. Diesen Erfolg verdanken sie dem Reichtum ihrer natürlichen Ressourcen, der kulturellen Vielfalt und einem ausgeprägten Nationalbewusstsein.

GEOGRAFIE

Das Landschaftsbild der Vereinigten Staaten von Amerika ist sehr abwechslungsreich. Die hoch aufragenden Gipfel des Westens weichen unvermutet der Steppe. Die zentrale Ebene geht allmählich in die reizvollen Landschaften des Ostens über. Das Klima umfasst die gesamte Bandbreite vom arktischen Klima im nördlichen Alaska bis zu den Subtropen im Südosten. In den wärmsten Gebieten gibt es wiederum die trockene Hitze der Wüsten Arizonas und die feuchten Sümpfe in Florida.

Das Land

Die USA setzen sich aus fünf topografischen Gebieten zusammen. Im Osten und Südosten, entlang der Atlantik- und Golfküste, steigt eine breite Ebene landeinwärts langsam bis zu den Appalachen an und geht im Westen in die Kordilleren, die Fortsetzung der kanadischen Rocky Mountains, über. Ihr östlicher Zug bildet die Flanke der zentralen Ebene, der westliche verläuft parallel zur Pazifikküste, und zwischen den beiden Gebirgskämmen liegt eine Landschaft mit einer abwechslungsreichen Mischung aus Hochebenen, Talkesseln und niedrigeren Bergketten.

Die östliche und südöstliche Küstenebene ist breit und erhebt sich kaum über den Meeresspiegel. Deshalb gibt es hier zahlreiche Sumpfgebiete. Der nördliche Teil liegt fast vollständig unterhalb des Meeresspiegels, nur einige Inseln, vor allem Long Island im Bundesstaat New York und die Halbinsel Cape Cod in Massachusetts, ragen aus dem Meer. Im Süden von Long Island verbreitert sich die Ebene und erreicht in den Bundesstaaten an der südlichen Küste ihre größte Ausdehnung.

Parallel zur Ostküste verläuft eine fast 1700 km lange Kette von vorgelagerten Inseln

Big Sur, Kalifornien, *(oben)* auf der Halbinsel von Monterey. Durch das schmale Tal zwischen dem Santa-Lucia-Gebirge und dem Küstengebirge führt die wichtigste Eisenbahnlinie zwischen San Francisco und Los Angeles.

Vermont im Herbst *(links)*. Die ersten Siedler rodeten einen Großteil der Wälder Neuenglands, um Ackerland zu gewinnen. Um 1850 wurden etwa 50 % der Fläche bestellt. Heute dienen noch 12 % davon dem Ackerbau.

und Sandbänken. Im Landesinneren ist das Meer in die Unterläufe vieler Flüsse eingedrungen, wodurch sich große Buchten, wie z. B. die Chesapeake Bay an der Küste Virginias gebildet haben. Dagegen spülte der Mississippi große Mengen von Schwemmsand an und schuf so das breite Delta bei New Orleans. Im Bundesstaat Florida erhob sich ein Teil des Kontinentalschelfs vor der Küste und bildete eine lange, flache, sumpfige Halbinsel.

von Kanada bis ins nordöstliche Alabama erstrecken. Sie bilden eine größtenteils niedrige, aber fast ununterbrochene Gebirgskette, die vor allem mit Laubwäldern bewachsen ist. Wendet man sich Richtung Südosten, so erheben sich hier steil die Blue Ridge Mountains über der Hügellandschaft des Piedmont, das einst ein äußerst produktives Landwirtschaftsgebiet war. Der höchste Gipfel der Blue Ridge Mountains ist der Mount Mitchell in North Carolina. Nordwestlich der geologisch älteren Blue-Ridge-Formation befinden sich eine Reihe von parallel verlaufenden Tälern, die durch Bergketten getrennt sind. Das größte dieser Täler ist Cumberland Valley, das Teil eines großen Grabensystems ist, das über den Hauptkamm der Appalachen verläuft, in Virginia auf das Shenandoah Valley stößt, sich weiter durch Pennsylvania und den Staat New York bis ins Tal von Vermont in Neuengland zieht.

Westlich der Appalachen befindet sich ein

LANDESDATEN – VEREINIGTE STAATEN VON AMERIKA

Fläche 9 166 600 km²

Klima	Höhe	Temperaturen Januar	Juli	Jährlicher Niederschlag
	m	°C	°C	mm
Barrow	42	–27	4	110
San Francisco	5	9	17	475
New Orleans	9	12	27	1369
Chicago	190	–3	24	843
Washington D.C.	22	1	25	1064

Geografische Merkmale höchster Berg: Mount McKinley 6194 m; längster Fluss: Mississippi–Missouri 6020 km; größter See: Oberer See (Teil) 83 270 km²

Einwohnerzahl (1994) 261 Millionen

Staats- und Regierungsform Mehrparteiensystem; Bundesrepublik; zwei gesetzgebende Organe

Streitkräfte Heer 528 000; Marine 446 000; Luftwaffe 409 000; Marine-Korps 172 000

Größte Städte/Ballungsgebiete* (in Mio., 1992) New York (7,3/19,7); Los Angeles (3,5/15); Chicago (2,8/8,4); Houston (1,7/3,9); Philadelphia (1,5/5,9); San Diego (1,1/2,6); Dallas (1,0/4,2); Phoenix (1,0/2,3); Detroit (1,0/5,2); San Francisco (0,7/6,4); Washington D.C. (Hauptstadt – 0,6/6,9); Boston (0,5/5,4)

Offizielle Landessprache Englisch

Bevölkerungsgruppen Weiße 83,4%; Schwarze 12,4%; Asiaten 3,3%; indianische Ureinwohner 0,8%

Religionen Protestanten 56%; Katholiken 28%; Juden 2%; sonstige 4%; nicht Religiöse 10%

Währung 1 US-Dollar (US $) = 100 Cents (c)

Bruttosozialprodukt (pro Kopf 1993) US-$ 24 740

Bruttoindlandsprodukt (1993) US-$ 6,26 Billionen

Lebenserwartung Männer 72,6; Frauen 79,4 Jahre

Ressourcen Kohle, Erdöl, Erdgas, Holz, Kupfer, Blei, Molybdän, Phosphate, Uran, Bauxit, Gold, Eisen, Quecksilber, Nickel, Kaliumkarbonat, Silber

von Mexiko. Die großen Flusssysteme von Mississippi/Missouri und Ohio nehmen das Wasser aus dem gesamten Gebiet auf. Im Norden dehnt sich der Kanadische Schild aus und bildet z. B. die Hügel am Rande des Oberen Sees. Die östliche Seite des Beckens, die zentrale Ebene, grenzt im Süden an die niederen Hochebenen von Kentucky und Tennessee und im Westen an die einsame Ozark Hochebene. Im Westen des Beckens befinden sich die semiariden Grasländer (Prärien), die von Osten nach Westen langsam ansteigen und dort an die westlichen Kordilleren stoßen.

Die westlichen Kordilleren bedecken fast ein Drittel des nordamerikanischen Kontinents. In den Vereinigten Staaten von Amerika bilden sie zwei Hauptgebirgsketten, die von der kanadischen Grenze südwärts verlaufen. Auf der Ostseite blicken die Rocky Mountains über die Prärien. Im Norden stellen sie eigentlich eine Verlängerung der kanadischen Rocky Mountains dar. Weiter im Süden ist das Becken von Wyoming der Hauptkorridor durch die Rocky Mountains, durch den die Trecks der Siedler, die heutigen Interstate-Autobahnen verlaufen. Hier befinden sich auch die Nationalparks Grand Teton und Yellowstone, die spektakuläre Landschaften bieten. Blickt man wieder in Richtung Süden, nach Colorado und New Mexico, steigen die Rocky Mountains steil über den Prärien an und bieten vielerorts ein atemberaubendes Bild.

Westlich der Rocky Mountains, im Nordwesten, liegt das Columbia-Becken mit seinem Lavagestein, das viele ältere Landschaftsmerkmale überlagert. In das Gestein des Beckens haben sich tiefe Flusstäler und die Schmelzwasserfluten der Gletscher der Eiszeit eingegraben. Die südliche Landschaft ist von niedrigen Bergketten, durchbrochen von Wüstenbecken mit Schwemmlandböden, geprägt. In Utah füllt der Große Salzsee eines dieser Becken. Östlich und südlich davon erstreckt sich das Colorado Plateau nach Süden bis nach Arizona mit beeindruckenden Landschaften von Tafelbergen, Ablaufbergen und Canyons. Der durch den Colorado geschaffene Grand Canyon ist nur einer der vielen Nationalparks in dieser Region.

Der westliche Zug der Kordilleren hat zwei Hauptkämme: die Küstenberge und die Kaskadenkette entlang der Sierra Nevada. Dazwischen liegt ein Teil eines durchbrochenen Grabens, der sich an der ganzen Pazifikküste Nord- und Südamerikas entlang zieht. Teile dieses Grabens sind der Puget-Sund in Washington, Willamette Valley in Oregon und das Central Valley in Kalifornien.

Die Kaskadenkette, zu der auch eine Reihe hoher Vulkane gehört, erstreckt sich von Washington über Oregon bis zum Lassen

Der Weißkopf-Seeadler (*oben*). Das amerikanische Wappentier steht unter strengem Artenschutz.

Der schneebedeckte Mount Tom (*links*) mit dem für junge Gebirge typischen rauen, schroffen Profil gehört zur Sierra Nevada Kaliforniens.

Die schlichte Schönheit Utahs (*unten*). Aufeinander geschichtete Gesteinsformationen umgeben den Powellsee. Das Bild der Tafel- und Ablaufberge kennt man aus vielen Western.

Peak in Kalifornien. Einer dieser Vulkane ist der Mount St. Helens, der 1980 ausbrach und große Schäden anrichtete. Zur Sierra Nevada Kaliforniens, die von malerischen Gletschertälern durchzogen ist, gehört der Mount Whitney, der zweithöchste Berg der Vereinigten Staaten von Amerika. Während man an der Ostseite der Sierra Nevada vor allem Steilhänge findet, fällt die Westseite sanft zum zentralen Tal Kaliforniens ab.

Die nördlichen Ausläufer des Küstengebirges sind die gletscherbedeckten Olympic Mountains des westlichen Washington. Ein niedriger Teil im westlichen Oregon steigt zur kalifornischen Grenze hin steil an, und seine Felsnasen erreichen extreme Höhen. Von hier bis nach Point Conception an der Küste Südkaliforniens folgt die niedriger werdende Bergkette einer geraden Linie. Parallel dazu verlaufen tiefe tektonische Gräben. Ein Erdbeben im St.-Andreas-Graben zerstörte 1906 große Teile San Franciscos. Ein kleineres Erdbeben 1989 erweckte schmerzliche Erinnerungen an die Katastrophe. Das hier von zahlreichen Tälern durchbrochene Küstengebirge wird in Südkalifornien wieder etwas höher.

Klima

Das Hauptgebiet der Vereinigten Staaten liegt in einer Region vorherrschend westlicher Winde, mit der Landmasse Kanadas im Norden, einem warmen, flachen Meer im Süden und großen Ozeanen im Osten und Westen. Bedingt durch die Größe des nordamerikanischen Kontinents herrscht in einem Großteil des Landes ein kontinentales Klima, gekennzeichnet durch kalte Winter, warme bis heiße Sommer und erhebliche Temperaturschwankungen zwischen Tag und Nacht.

Bedingt durch die Meereslage sind die Winter an der Westküste mild. Die kühlen und feuchten Winde vom Pazifik verlieren beim Anstieg über das Küstengebirge einen erheblichen Teil ihrer Feuchtigkeit. Von allen Bundesstaaten weisen Oregon und Washington die meisten Niederschläge auf, die vor allem im Herbst fallen. Infolge der geringen Niederschlagsmengen sind die Sommer Kaliforniens meist heiß und sehr trocken, vor allem im Central Valley. Die Landwirtschaft ist daher von künstlicher Bewässerung abhängig. Im äußersten Süden gibt es kaum Niederschläge. Im Landesinneren fällt ein erheblicher Teil der verbleibenden Feuchtigkeit in Form von Regen oder Schnee über der Kaskadenkette und der Sierra Nevada. Die Westwinde werden an den Ostabhängen warm und trocken und erzeugen so das Wüstenklima in Nevada und Arizona.

Östlich der Rocky Mountains liegen die Prärien. Die sich östlich anschließende zentrale Ebene erhält im Sommer Niederschläge durch die heiße, feuchte Luft aus dem Golf von Mexiko. Ungünstig wirken sich diese Wetterlagen im Zentrum der Vereinigten Staaten aus. Durch das Aufeinandertreffen der feuchten Luft aus dem Süden mit der kühleren Luft von den westlichen Kordilleren entstehen Gewitter, Tornados, Hagelschlag und Blizzards. Daher überrascht es nicht, dass das Herzstück Amerikas extremen jahreszeitlichen Temperaturschwankungen ausgesetzt ist. Oft ändert sich die Wetterlage innerhalb weniger Stunden. Frühjahr und Herbst sind angenehm, aber sehr kurz, und je weiter man nach Norden kommt, desto länger dauern die Winter.

In der Nähe des Golfs von Mexiko sind die Winter sehr viel kürzer, und im Spätsommer entstehen häufig Hurricans. Auch die an Florida grenzenden Staaten im Südosten, in denen das ganze Jahr über ein feuchtwarmes Klima herrscht, bleiben davon nicht verschont. In den Appalachen fallen heftige Niederschläge. Im Nordosten herrscht ein überwiegend kontinentales Klima, das der nahe Ozean wegen der ablandigen Westwinde kaum ausgleicht. Niedrige Temperaturen im Winter und instabile Luftströmungen sorgen für beeindruckende Schneefälle, vor allem in den Bergen und entlang der Küste.

Flora

Die ersten europäischen Siedler im östlichen Teil der USA fanden ein Land vor, das von riesigen Laubwäldern bedeckt war, darunter Hartholz wie Hickory, Eiche und Walnuss. Obwohl es noch alte Ulmen, Ahornbäume und Buchen gibt, sind die meisten Waldbestände nachgewachsen. In den kälteren Gebieten im Norden und in höheren Lagen wachsen Koniferen.

Etwa in der Mitte des zentralen Beckens weicht der Baumbestand allmählich der Steppe. Ein großer Teil dieser Fläche wird heute landwirtschaftlich genutzt. Aufgrund der geringeren Niederschläge im Westen

Die Suche nach Gold

Einer der ersten Goldsucher aus Minnesota. George Northrup posiert auf einer Daguerreotypie (eine frühe Art der Fotografie, um 1860) mit Werkzeugen, Waffen und einem Sack voll Goldstaub. Wert: 90 000 $. Damit war Northrup mehr als ein gemachter Mann.

Es liegt vor allem an Hollywoods Filmindustrie, dass man mit dem Wort „Goldrausch" sogleich eine Reihe bekannter Bilder assoziiert: Bärtige, langhaarige Goldsucher, echte Männer, bahnen sich hoch im Norden ihren Weg durch den Schnee, waschen in den eiskalten Flüssen Alaskas Gold, verhungern in einsamen Blockhütten oder verspielen ihren Lohn in den Goldgräberstädten. Die ganze Welt kennt das Goldfieber, und der Krankheitsverlauf ist stets derselbe. Für Amerikas reale Geschichte wie für seine Legende ist die Suche nach dem Gold deshalb so bedeutend, weil in kürzester Zeit ein Goldrausch den anderen jagte.

Der erste, der so genannte 49er Goldrausch, brach jenseits der Sierra Nevada im Herzen Kaliforniens aus, wo John Augustus Sutter (1803-1880), der wegen seines Bankrotts aus der Schweiz ausgewandert war, die neue Handelskolonie Nueva Helvetia (Neue Schweiz, später Sakramento) gegründet hatte. 1848 fand einer seiner Arbeiter Goldpartikel im Auslauf des mit Wasserkraft betriebenen Sägebetriebs. Sutter versuchte vergeblich, diese Entdeckung geheim zu halten. Ein Jahr später schürften bereits über 80 000 Goldsucher in dem Gebiet, das mittlerweile als „Sutters Säge" in aller Munde war. Sie suchten verzweifelt nach der „Mother Lode", der Hauptader, von der, so nahm man an, sich weitere Adern abzweigten.

Das Land konnte den Ansturm der Goldsucher nicht verkraften. Viele litten Not und starben unter unvorstellbaren Bedingungen. Sutters Handelsgesellschaft wurde zerschlagen, sein Land verwüstet, sein Vermögen und sein Vieh gestohlen. Abermals ging er Bankrott und kehrte 1851 in den Osten zurück. Bis zu seinem Tod versuchte er vergebens, eine Wiedergutmachung von der Regierung zu erhalten. Zumindest moralisch hatte er einen Anspruch darauf, denn durch den Goldrausch wurde das Gebiet erst richtig besiedelt und die wohlhabende Stadt Sakramento gegründet.

Es folgten weitere Goldfieber in Colorado (1858) und in Süd-Dakota (1876). Die Goldgräber verließen die hastig erbauten Städte, sobald die Goldvorkommen zur Neige gingen, und hinterließen viele, über das Land verstreute Geisterstädte. Diese Städte wurden später berühmt und einige von ihnen, z. B. Deadwood am Fuß der Black Hills, wurden restauriert und sind heute Touristenattraktionen.

Den „wahren" Goldrausch erlebte jedoch Alaska. Er begann 1886, als man am Fortymile Creek am Yukon auf Gold stieß, und er wurde durch weitere Funde am Yukon und im äußersten Westen, wo heute Nome liegt, weiter geschürt. Mittlerweile gab es in den USA nicht mehr allzu viel zu entdecken. Es gab kaum noch unbesiedelte Gebiete und auch nicht mehr so viele Möglichkeiten, innerhalb kurzer Zeit reich zu werden. Für die rastlosen Pioniere des Westens und unzufriedenen Wanderarbeiter aus dem Osten war Alaska die

letzte Hoffnung. Nur wenige konnten sich die gefährliche Seereise nach Alaska um Südamerika herum leisten und die meisten wählten den Landweg. Auch dieser barg vielerlei Gefahren, die in den Büchern, herausgegeben von Verlegern im Osten, die ein gutes Geschäft witterten, jedoch kaum erwähnt wurden. Tausende machten sich auf den Weg, doch viele ließen bei der Überquerung der schneebedeckten Berge ihr Leben. Wer das Ziel erreichte, sah sich vor nicht weniger harte Bedingungen gestellt. Viele verhungerten, einige hatten das Glück, in ihre früheren Berufe zurückkehren zu können. Einer von ihnen war der Bankangestellte Robert William Service (1874-1958), dessen Balladen die Atmosphäre und das Leben der Goldsucher schildern.

Gegen 1900 schürften die Goldsucher jährlich Gold im Wert von etwa 22 Millionen Dollar, mussten jedoch teuer dafür bezahlen. Nur wenige wurden reich und bereits 1911 gingen die Funde zurück. Solange der Goldrausch anhielt, förderte er allerdings die Besiedlung des unwirtlichen Alaskas, die sonst wohl kaum stattgefunden hätte. Weitere wertvolle Bodenschätze Alaskas wären wahrscheinlich noch heute ungenutzt und die Last Frontier, die letzte Grenze, wohl noch lange Zeit nicht ü...

geht das lange Präriegras nach und nach in kürzeres, dünneres Steppengras über.
Die westlichen Gebirgsketten weisen eine alpine Vegetation auf, die trockenen Gebiete dazwischen eine Wüstenvegetation. Die Flora hier ist überraschend artenreich: Es gibt eine Vielzahl unterschiedlicher Kakteen und Sukkulenten. Weiter westlich, an den Küsten Oregons und Kaliforniens, wachsen Douglasfichten und die letzten Bestände der Redwoods (Mammutbaum). Diese höchsten Bäume der Welt können bis zu 90 m hoch und mehrere tausend Jahre alt werden.

Das zentrale und südliche Kalifornien ist durch eine Chaparral-Vegetation gekennzeichnet. Das dickichtartige Buschwerk ist in der Lage, lange Trockenperioden im Sommer zu überstehen. Palmen sind in Kalifornien und Florida heimisch, werden jedoch auch in anderen Gebieten angepflanzt.

Fauna

Die Fauna ist von den dramatischen Auswirkungen der menschlichen Besiedlung geprägt. Mit den ersten europäischen Siedlern kamen Pferde, Rinder, Schafe und andere europäische Tierarten wie Spatzen und Stare ins Land. Im 19. Jh. wurden die riesigen Büffel- und Pronghornantilopenherden der Prärien nahezu ausgerottet. Von diesen mittlerweile geschützten Tierarten leben nur noch wenige Exemplare. Heute ist sogar der ...

Prächtige Büffel im Yellowstone Nationalpark, Wyoming. Einst lebten überall im Land Büffelherden, die so groß waren, dass sie den „Horizont bedeckten". Da sie nahezu vollständig ausgerottet wurden, gibt es heute nur noch kleine Herden, deren Bestand durch Inzucht gefährdet ist.

Säugetiere wie beispielsweise Wapitis, amerikanische Schwarzbären, Luchse, Waschbären, Stinktiere, Opossums, Biber und Bisamratten sind noch weit verbreitet.

In den nördlichen Nadelwäldern leben Elche, Rotfüchse, Otter und Vielfraße. Die Flüsse in den Wäldern im Osten und Südosten bieten Lebensraum für eine Vielzahl von Fischarten, und in den Appalachen gibt es sieben Salamanderarten. In den Wüsten Südkaliforniens, Nevadas und Arizonas sind zahlreiche Reptilien zu Hause, darunter auch das giftige Gila-Monster. In den weitläufigen Prärien finden Präriehunde (in großen Verbänden lebende Nagetiere) ideale Lebensbedingungen, während es in den Rocky Mountains Murmeltiere, Bergziegen und Pfeifhasen gibt. Die beiden Küsten sind die Heimat von Seehunden, doch Seelöwen gibt es nur am Pazifik und den Lamantin, die amerikanische Seekuh, nur in den größeren Flüssen im Südosten.

Natur- und Landschaftsschutz

In den Vereinigten Staaten von Amerika besteht ein spürbarer Kontrast ...

Zum Kampf gerüstet *(oben)*. Während der Brunftzeit benutzen Pronghornböcke ihr Geweih zum Kampf mit ihren Rivalen. Einst gab es in den Ebenen etwa 35 Millionen Pronghorns, doch sie wurden – wie die Büffel – durch die europäischen Siedler nahezu ausgerottet.

Ein Lamantin, eine Seekuh *(oben)*, „weidet" in einem Fluss in Florida. Sie ist vom Aussterben bedroht: Abwässer verschmutzen ihre Süßwasserlebensräume, und viele werden durch die Propeller von Schnellbooten verletzt.

Im Zickzack so weit das Auge reicht *(rechts)*. Die Keys in Florida, eine küstennahe Inselkette, sind durch den Overseas Highway verbunden, der 1938 fertig gestellt wurde und vom Inland über den Card Sund bis zu den Hauptinseln Key Largo und Key West verläuft.

Die ersten beiden Nationalparks in Kalifornien wurden 1890 gegründet. Im Sequoia Nationalpark mit seinem sehenswerten Sequoiabaumbestand liegen über 300 Seen und einige der höchsten Gipfel der Sierra Nevada. Im Yosemite-Nationalpark befindet sich der Half Dome, ein Berg, der durch einen Gletscher gespalten wurde. Weitere Nationalparks sind beispielsweise der Mount Rainier in Washington, der Yellowstone im nordwestlichen Wyoming und der Great Smoky Mountains Nationalpark, der an der Grenze zwischen Tennessee und North Carolina in den südlichen Appalachen liegt.

Viele andere Gebiete stehen ebenfalls unter Naturschutz, doch lassen sich zunehmende Auswirkungen von Millionen Besuchern nicht leugnen; weiterhin bedrohen Luftverschmutzung, übersteigerter Einsatz von Düngemitteln und Pestiziden die noch unberührte Natur. Der Bestand an Mammutbäumen ist rückläufig. Verschmutzungsgrenzwerte, wie sie in Oregon eingeführt wurden, könnten das Blatt vielleicht noch wenden, doch nicht einmal die Nationalparks sind vor den Auswirkungen der hoch industrialisierten Gesellschaft heute geschützt.

Alaska

Der Bundesstaat Alaska befindet sich im äußersten Nordwesten Nordamerikas. Er grenzt im Osten an Kanada und im Westen an die Beringstraße, die ihn von Russland trennt.

Panhandle (Pfannenstiel) – so nennt sich der südlichste Teil Alaskas, ein schmaler, bergiger Landstreifen, der südwärts entlang der Nordpazifikküste bis zur kanadischen Grenze reicht. Vor der Küste liegen mehrere Inseln. Entlang der Küste am Golf von Alaska verläuft eine fast durchgehende Gebirgskette mit Gletschern und Vulkanen, ein erdbebengefährdetes Gebiet. Die Gebirgskette erstreckt sich von der Boundarykette auf dem Panhandle über die Wrangellberge und die Alaskakette bis zur südwestlich verlaufenden Aleutenkette.

Nördlich der Alaskakette befindet sich die weite zentrale Hochebene, deren Tafellandschaft sanft vom Yukon und seinen Nebenflüssen unterbrochen wird. Im Norden verläuft die Brookskette quer durch den Bundesstaat, von der kanadischen Grenze bis zur Beringstraße. Die anschließende Küstenebene mit ihrer Tundravegetation grenzt ans Nordpolarmeer.

Obwohl das Klima im Allgemeinen kalt ist, gibt es abhängig vom Längen- und Breitengrad große Unterschiede. In den trockeneren Gebieten im Landesinneren und im Norden herrschen extreme Temperaturschwankungen. An der Südküste ist der Winter etwas milder, jedoch gibt es auch hier heftige Regen- und Schneefälle.

Hawaii

Die Inseln von Hawaii sind nur die aus dem Meer ragenden Gipfel einer Vulkankette, die sich in einem weiten Bogen über den Pazifischen Ozean erstreckt. Die größten der acht Hauptinseln sind Hawaii und Maui, daneben gibt es noch etwa 124 kleinere Inseln. Das Klima ist warm und feucht, insgesamt fällt wenig Regen. Allerdings sorgen die heftigen Regenfälle der nordöstlichen Passatwinde für eine üppige Vegetation an den Berghängen. Es gibt keine heimischen Reptilien oder Säugetiere, jedoch eine erstaunlich artenreiche

GESELLSCHAFT

Im Laufe des 20. Jh. wurden die USA zunehmend zum kulturellen Vorreiter der übrigen Welt. Durch die Verbreitung der Massenmedien fand die amerikanische Lebensweise und Kultur Nachahmung in aller Welt und Englisch wurde zur meistgesprochenen Sprache. Die Amerikaner genießen den höchsten Lebensstandard der Welt und ihr Grundsatz der persönlichen Freiheit findet weltweit Bewunderung. Dennoch hat das Land mit beträchtlichen sozialen und wirtschaftlichen Problemen zu kämpfen. Das organisierte Verbrechen, korrupte Politiker und die Verschwendung von Ressourcen kennzeichnen ebenso die amerikanischen Gesellschaft wie ihr überragendes Können und ihr ausdauernder Arbeitseifer, die so fantastische Ergebnisse wie die Landung auf dem Mond, das Philadelphia Orchestra, Hollywood oder Mickey Mouse hervorgebracht haben.

Geschichte

Archäologische Funde lassen darauf schließen, dass die ersten Siedler Amerikas wohl während der Eiszeiten, vor etwa 30 000 bis 10 000 Jahren v.u.Z., von Sibirien über die Beringstraße nach Alaska kamen und sich von dort aus rasch auf dem ganzen Kontinent ausbreiteten. Ihre Nachfahren, die Ureinwohner Amerikas, entwickelten unterschiedliche Gesellschaftsformen und Kulturen. Im Südwesten lebten Pueblo-Indianer in Wohnhöhlen, die Irokesen im Nordosten wohnten in einfachen Holzhütten, die hochentwickelten Stämme an der Nordwestküste bauten reich verzierte und große Holzhäuser.

Die Frage, welche europäischen Völker als erste Amerika erreichten, ist umstritten. Stichhaltige Beweise deuten auf Leif Eriksson (um 1000 n. Chr.), einen Wikinger-Seefahrer aus Grönland, der sich mit einer Gruppe von Wikingern für kurze Zeit in einem Gebiet, das sie Vinland nannten, niederließ. Funde an der Nordostküste von Labrador (Kanada) bis New Jersey stützen die These der Wikinger-Besiedlung. Christoph Kolumbus (1451-1506), der fast 500 Jahre später, 1492, an Land ging, wollte ursprünglich eine Westroute nach Indien finden. Daher taufte er die karibischen Inseln Westindische Inseln und deren Bewohner Indianer. Bald darauf stellte sich heraus, dass diese Gebiete keineswegs zum asiatischen Kontinent gehörten, sondern zu einem neuen Kontinent, der seinen Namen von Amerigo Vespucci (1454-1512), der Kolumbus' Route nach Westen folgte, erhielt.

Die ersten Siedlungen wurden von den Spaniern und Portugiesen errichtet. Nach mehreren fehlgeschlagenen Versuchen – so auch der von Sir Walter Raleigh (1552-1618) in Roanoke (Virginia) – gründete die Virginia Company die erste englische Siedlung 1607 in Jamestown. Plymouth, die erste Kolonie in Neuengland, folgte 1620. Ihre Gründer, die Pilgerväter, streng religiöse Puritaner, hofften, in Amerika als Gemeinschaft ohne politische Verfolgung leben zu können. Die große Kolonie Massachusetts Bay, der Plymouth später angegliedert wurde, war von noch strenggläubigeren Puritanern gegründet worden. Die Kolonien Maine und New Hampshire waren ursprünglich Ableger dieser Kolonie, während die Siedlungen in New Haven und auf Rhode Island von Gegnern des in Massachusetts Bay herrschenden strikten

Christoph Kolumbus (*oben*), Entdecker und Visionär. Sein Flaggschiff, die Santa Maria, sank im Jahre 1492 vor der Insel Hispaniola und wurde 1968 entdeckt.

Regimes etabliert wurden. Im Gegensatz dazu wurde Maryland in den 30er-Jahren des 17. Jh. von Katholiken besiedelt. Gleichzeitig hatten 1624 die Holländer um die Insel Manhattan die wohlhabende Kolonie Neu Amsterdam aufgebaut. 1664 nahmen die Briten diese ein und benannten es in New York um; 1665 spaltete sich New Jersey davon ab. In vielerlei Hinsicht war Pennsylvania die erfolgreichste der frühen britischen Kolonien. Es wurde 1682 durch den Engländer William Penn (1644-1718), einem Quäker gemäßigter religiöser Haltung, geschaffen. Die Ausnahme bestand in diesem Fall darin, dass man gute Beziehungen mit der indianischen Bevölkerung unterhielt, obwohl dies schließlich von Penns Sohn zunichte gemacht wurde, der mit einem betrügerischen Geschäft, das als „Walking Purchase" bekannt ist, die Delaware-Indianer um einen Großteil ihres Landes brachte. Ein Teil Pennsylvanias wurde später die Kolonie Delaware. 1663 gründeten englische Investoren Nord- und Süd-Carolina. 1732 folgte Georgia. Hier sollten sich verschuldete Briten niederlassen, um ihnen die Haft im Schuldturm zu ersparen.

Aus der Notwendigkeit, sich gegen die Franzosen und die indianische Bevölkerung, in deren Gebiete die Kolonisten eindrangen, zur Wehr zu setzen und ihre Niederlassungen auszubauen, blieben die Kolonien im 18. Jh. von Großbritannien abhängig. Schließlich wurden die Franzosen 1763 besiegt. Aus den britischen Kolonien waren nahezu selbstverwaltete Republiken geworden, die sich gegen die von Großbritannien erhobenen Steuern zur Wehr setzten. Das Verbot Großbritanniens, die Kolonien über die Appalachen hinaus in die Gebiete der Indianer auszudehnen, und die schlechte Wirtschaftslage führten zu wachsender Unzufriedenheit. Kritik im Mutterland veranlasste die britischen Behörden, noch strengere Kontrollen zu verhängen. Dies allerdings war nur Wasser auf die Mühlen der radikalen separatistischen Minderheit in den Kolonien. Ereignisse wie das Massaker in Boston 1770, bei dem britische Truppen fünf Menschen töteten, wurden propagandistisch ausgenutzt. 1776 erklärte der Zweite Kontinentalkongress die 13 Kolonien für unabhängig und verkündete stolz die neue Nation, die Konföderation der USA.

Im folgenden Unabhängigkeitskrieg bekämpfte die amerikanische Kontinentalarmee, unterstützt durch staatliche Milizen, die britischen Garnisonen, die später durch deutsche Söldner verstärkt wurden. Die schlecht ausgerüstete amerikanische Armee konnte Niederlagen oft nur durch die herausragenden Führungsqualitäten ihrer Generäle, besonders George Washington (1732-1789), vermeiden. Die Wende kam, als zur Zeit der Französischen Revolution Frankreich in den Krieg eintrat, den Rebellen militärische und finanzielle Hilfe schickte, die britischen Versorgungsrouten über den Atlantik angriff und Großbritannien selbst bedrohte. Obwohl der Krieg bis 1783 andauerte, beendete die Kapitulation der britischen Streitkräfte unter dem Kommando des britischen Generals Lord Cornwallis (1738-1805) 1781 in Yorktown die Herrschaft Großbritanniens über die USA. Der Sieg der Amerikaner war geprägt von grausamen Vergeltungsmaßnahmen gegen die Loyalisten, viele flohen nach Norden ins britische Kanada.

George Washington, erster Präsident der USA. Er ist oft mit einem geschlossenen, ja verkniffenen Mund abgebildet. Das lag an seinem schlecht sitzendem Gebiss, durch das sein Zahnfleisch immer geschwollen war. Die aus Holz und Elfenbein geschnitzten Gebisse sind erhalten.

Noch während des Krieges hatte die große Expansion Amerikas begonnen. In den Folgejahren traten Vermont, Kentucky, Tennessee und Ohio der Union bei. Durch den Louisiana Purchase im Jahre 1803 kamen weite, jedoch kaum besiedelte französische Gebiete im Westen und Süden hinzu und bildeten das Kernland des heutigen Amerika. Ein Jahr später sandte Thomas Jefferson (1743-1826), der dritte Präsident der USA, die amerikanischen Forscher Meriwether Lewis (1774-1809) und William Clark (1770-1838) auf eine Expedition zur Erforschung neuer Gebiete. Sie folgten dem Lauf des Missouri bis zur Quelle, überquerten die Rocky Mountains und waren so die ersten Europäer, die die Strecke

Werftarbeiter in Virginia (*oben*). Nach dem Bürgerkrieg 1865 schafften der 13., 14. und 15. Zusatz zur Verfassung der USA die Sklaverei ab und sprachen den ehemaligen Sklaven die amerikanische Staatsbürgerschaft zu.

Die Schlacht von Kennesaw Mountain, Georgia (*links*), im Juni 1864 war eine der größten des Bürgerkriegs. Auf Unionsseite fielen 3000, die Konföderation verlor 600 Soldaten.

Abraham Lincoln und der gesunde Menschenverstand

„In der gegenwärtigen Situation des Bürgerkriegs ist es sehr wohl möglich, dass weder die eine noch die andere Kriegspartei den wirklichen Zweck Gottes verfolgt. Dennoch ist der Mensch als Gottes Werkzeug in seiner Funktion am besten darauf angelegt, seinem Zweck zu dienen", schrieb Abraham Lincoln (1809-1865) 1862, im zweiten Jahr seiner Amtszeit als Präsident. Diese Worte gewähren einen Einblick in den wahren Charakter des Mannes, der aus der Geschichte als der große Befreier der Sklaven bekannt ist.

Abraham Lincoln wurde am 12. Februar 1809 in Kentucky geboren und war sechs Jahre alt, als seine Familie nach Indiana zog. Drei Jahre später starb seine Mutter, und sein Vater heiratete erneut. 1830 verzog die Familie nach Illinois, dort übte Lincoln verschiedene Berufe aus. 1832 zog er als Freiwilliger in den Black-Hawk-Krieg, in dem die Sauk- und Foxindianer ihre Gebietsstreitigkeiten mit der Miliz von Illinois austrugen. Nachdem er 1834 zum ersten Mal ins Parlament von Illinois gewählt worden war (er wurde noch dreimal wiedergewählt), begann er Jura zu studieren. 1836 erhielt er die Zulassung als Rechtsanwalt und seine Kanzlei begann bald zu florieren; er erwarb sich einen guten Ruf aufgrund seiner Geradlinigkeit und seines gesunden Menschenverstands. Aus der 1842 geschlossenen Ehe gingen vier Kinder hervor.

Abraham Lincoln (Foto von 1860) gehörte zur ersten Generation bedeutender Persönlichkeiten der Geschichte, deren Porträt auf einer Fotografie und nicht mehr auf Gemälden für die Nachwelt festgehalten wurde.

Während seiner Amtszeit als Kongressabgeordneter (1847-1849) schlug Lincoln vor, den Sklaven mehr Rechte einzuräumen. Er fand kein Gehör. 1854 setzte Stephen Arnold Douglas (1813-1861) im Kongress das Kansas-Nebraska-Gesetz durch, das den Siedlern in Kansas und Nebraska die Option eröffnete, in ihren Gebieten die Sklavenhaltung zu erlauben. Lincoln und weitere Republikaner vertraten dagegen die Ansicht, dass die Territorien freies Land sein sollten, auf dem alle, ob schwarz oder weiß, besser leben könnten. 1858 machte Lincoln Douglas seinen Sitz im Senat streitig und führte heftige öffentliche Debatten. Er gewann das Mandat nicht, wurde aber im Mai 1860 als Kandidat für die Präsidentschaftswahlen aufgestellt und am 6. November in dieses Amt gewählt. Kurz darauf trat Süd-Carolina aus der Union aus.

Lincoln blieb seinen Prinzipien und der Verfassung treu und verweigerte sich allen Versuchen, ihn zu einem Kompromiss in der Sklavenfrage zu bewegen. Vor seinem Amtsantritt am 4. März 1861 hatten weitere sechs Staaten die Union verlassen und sich mit Süd-Carolina zu den Konföderierten Staaten Amerikas vereinigt. Am 12. April dieses Jahres gaben die Konföderierten Schüsse auf Fort Sumter im Hafen von Charleston an der Küste von Süd-Carolina ab. Der amerikanische Bürgerkrieg hatte begonnen. Im Krieg setzte Lincoln wieder seinen gesunden Menschenverstand ein, sein geschicktes Vorgehen als oberster Kommandeur brachte ihm schließlich den Sieg ein. Sein Hauptziel war es immer, den Fortbestand der Union zu sichern. 1863 erklärte er alle Sklaven in den aufständischen Gebieten zu freien Bürgern. Lincoln betonte stets, dass die Freiheitserklärung eine reine Kriegsmaßnahme gewesen sei, tatsächlich war sie der erste Schritt zur vollständigen Abschaffung der Sklaverei. Nach seinem Wahlversprechen, der Verfassung einen Zusatz anzufügen, der die Sklaverei für immer verbieten würde, wurde Lincoln 1864 erneut zum Präsidenten gewählt. Ein Bundesstaat nach dem anderen ratifizierte den Zusatz, die Verabschiedung erlebte er jedoch nicht mehr, denn am 15. April 1865 wurde Lincoln ermordet. Der 13. Verfa-

zum Pazifik auf dem Landweg zurücklegten. 1806 kehrten sie auf dem Mississippi nach Saint Louis zurück, und ihr Reisebericht trug dazu bei, dass sich die Vorstellung von der „Manifest Destiny", der offenkundigen Vorsehung, durchsetzte, der Antriebsfeder für die Besiedlung des Westens.

1812 brachten antibritische Ressentiments den Kongress der USA dazu, Großbritannien erneut den Krieg zu erklären. Trotz des militärischen Erfolgs Amerikas führte der Krieg 1814 fast zur Spaltung des Landes. Großbritannien war allerdings nicht gewillt, einen weiteren Krieg zu führen, und ließ sich auf gütliche Friedensbedingungen ein. In den folgenden Friedensjahren festigte sich der Osten der USA; New York, Boston, Philadelphia und Charleston wuchsen zu Großstädten heran. Gleichzeitig trieb man die Erforschung des Westens und seine Besiedlung weiter voran. 1848 wurden Texas und zusätzliche Gebiete von Mexiko erworben, gefolgt von weiteren Landgewinnen durch den Gadsden Purchase 1853; 1867 kauften die USA Alaska von Russland. Gleichzeitig wuchs der Konflikt über das innerstaatliche Gesetzgebungsrecht, in dem sich die Südstaaten gegen die zentrale Autorität des Nordens zur Wehr setzten. Die Wirtschaft im Süden, vor allem durch Plantagen geprägt, war von Sklavenarbeit abhängig, wohingegen die religiösen Idealisten im Norden die Sklavenhaltung strikt ablehnten. Unter der Präsidentschaft Abraham Lincolns (1809-1865) erreichte der Konflikt 1860 seinen Höhepunkt. Die Südstaaten traten aus der Union aus und gründeten die Konföderation. Durch den Bürgerkrieg (1861-1865) wurde der Süden verwüstet und hatte nach der Ermordung Lincolns 1865 unter Entbehrungen zu leiden. Die Sklaverei wurde abgeschafft, doch bodenlose Armut führte zu einem gegenseitigen Rassenhass, der weit über ein Jahrhundert anhielt.

Die Expansion nach Westen machte mit Hilfe des Ausbaus der großen Eisenbahnnetze erhebliche Fortschritte. Um die landwirtschaftliche Erschließung hier voranzutreiben, kamen zahllose Einwanderer aus Europa. Der Zug nach Westen wurde durch den Traum von Freiheit, die Hoffnung auf unbegrenzte Möglichkeiten, auf Goldfunde an der Westküste verstärkt. Obwohl die Realität den Menschen oft auf grausame Weise diese Illusionen nahm, blieb die Legende über den Wilden Westen bestehen. Die indianische Bevölkerung wurde in dieser Zeit oft brutal behandelt, was zu Gräueltaten auf beiden Seiten führte. Im Nordosten schuf die fortschreitende Industrialisierung die ersten T

Einschlagen des Goldenen Nagels (Driving the Golden Spike), das Gemälde H. Charles McBarrons, erinnert an die Verbindung der Union Pacific- mit den Central Pacific-Eisenbahnen im Mai 1869 in Promontory, Utah.

hebliche soziale Probleme. Infolge der Monroe-Doktrin (1823), die Europa jegliches Interventionsrecht in der Neuen Welt untersagte, wurden die USA zur vorherrschenden Macht. Sie förderten Revolutionen in lateinamerikanischen Kolonien, so auch in Kuba, wo amerikanische Invasionstruppen direkte Unterstützung leisteten. Dies führte 1898 zum Krieg mit Spanien, den die USA gewannen. Dadurch kamen weitere spanische Gebiete, wie Puerto Rico und die Philippinen unter amerikanischen Einfluss. In diese Zeit fällt auch die Annexion Hawaiis.

Als in Europa der Erste Weltkrieg wütete, verpflichtete Präsident Woodrow Wilson (1856-1924) die USA zur Neutralität, doch 1917 zwang ihn der Angriff deutscher U-Boote auf zivile amerikanische Schiffe, in den Krieg einzutreten. Nach dem Krieg verfielen die USA in eine isolationistische Haltung, die ihren Beitritt zum Völkerbund verhinderte.

Die 1920 verabschiedete Prohibition verbot den Verkauf von Alkohol. Das Verbot erwies sich als nicht durchsetzbar, führte zu einem noch nie da gewesenen Anwachsen des organisierten Verbrechens und schuf eine weitere amerikanische Legende – die Prohibitionszeit. Der scheinbare Wohlstand dieser Jahre fand mit dem Börsenkrach von 1929 ein jähes Ende. Der Zusammenbruch rief die „Große Depression" hervor, eine Talfahrt der Wirtschaft, die durch die Finanzkrise in Europa 1931 noch verstärkt wurde. Als 1932 Franklin D. Roosevelt (1882-1945) zum Präsidenten gewählt wurde, führte er Notmaßnahmen ein, um dieser Entwicklung entgegenzuwirken. Trotzdem war seine Politik des New Deal nur begrenzt erfolgreich. Erst der bevorstehende Zweite Weltkrieg bewirkte einen industriellen Aufschwung.

Die politischen Unruhen in Europa verstärkten die isolationistische Haltung der USA. Als der Zweite Weltkrieg ausbrach, belieferten sie zunächst nur Großbritannien und Frankreich mit Waffen. Ein Kriegseintritt war umstritten, bis Ende 1941 Japan Pearl Harbour auf Hawaii angriff und die USA zwangen, in den Krieg einzugreifen. Die industrielle Macht der USA war am Ende für den Sieg entscheidend und gipfelte im Abwurf der ersten Atombomben, der zur Kapitulation Japans führte. In der Zeit nach dem Krieg wurden die USA zur führenden Nation des Westens als Gegenpol zur Sowjetunion. Finanzhilfeprogramme wie der Marshall-Plan bauten Westeuropa und Japan als Puffer gegen den Kommunismus wieder auf. Als während des Kalten Krieges die Spannungen zwischen der Sowjetunion und den USA wuchsen, wurde eine Ausbreitung des Kommunismus zum Schreckgespenst der amerikanischen Gesellschaft. Daher kam es Anfang der 50er-Jahre durch das Wirken Senator Joseph McCarthys (1909-1957) zu politischen Säuberungsaktionen gegen Kommunisten. Im Namen der Vereinten Nationen übernahmen die USA im Koreakrieg die Führung und schlugen die in Südkorea einmarschierten kommunistischen Truppen wieder zurück.

Es folgte eine Zeit des Wohlstands, die den liberalen Bestrebungen Präsident John F. Kennedys (1917-1963) den Weg ebneten.

Außenpolitisch ließ er zunächst die Invasion Kubas zu. Sie schlug jedoch fehl, und es gelang, den Versuch der Sowjetunion, dort Raketenabschussrampen zu errichten, abzuwehren. Er verpflichtete die USA auch zum Schutz Südvietnams gegen die kommunistische Unterwanderung aus dem Norden. Nach der Ermordung Kennedys 1963 eskalierte die Situation in Vietnam. Erst 1974 konnte dieser Krieg mit einer politischen Nie-

Ein Opfer der Weltwirtschaftskrise *(oben)* mit einem handgeschriebenen Plakat, das auf seine Arbeitslosigkeit hinweist. 1932, als dieses Foto entstand, hatte die Wirtschaft ihren absoluten Tiefpunkt erreicht. In den USA war jeder Vierte arbeitslos.

Gesetzestreue *(oben)* – geschmuggelter Whiskey wird in den Gully gekippt. Der Schwarzhandel mit Alkohol war eine Folge der Prohibition. Das organisierte Verbrechen blühte auf und führte zu brutalen Bandenkriegen.

Ein Stadtviertel *(links)*. Feuerleitern aus Eisen zieren die Mietshäuser in der Delancey Street in der Lower East Side New Yorks, einem baufälligen Viertel mit Bars, Hotels, kleinen, altmodischen Geschäften. Es spiegelt die ethnische Vielfalt der städtischen Gesellschaft wider.

derlage der USA und dem Rückzug der Streitkräfte beendet werden.

Moralisch angeschlagen und durch den Watergate-Skandal der Korruption beschuldigt, sah sich Präsident Richard Nixon (1913-1994) 1974 zum Rücktritt gezwungen. Trotz der politischen Missstände, behielten die USA die Führung in Wissenschaft und For-

Bürgerrechtsbewegung unter Martin Luther King (1929-1968) setzte sich vehement für die soziale und politische Gleichberechtigung der schwarzen Bevölkerung ein.

Während der 70er-Jahre litt das internationale Ansehen Amerikas unter der beginnenden wirtschaftlichen Rezession, die

werden, sondern wurden durch die Unruhen im Nahen Osten verstärkt. Die Eskalation der Auseinandersetzungen zwischen Irak und Kuwait veranlasste die USA 1990 zu einem militärischen Eingriff. Ein kurzer, heftiger Krieg führte Anfang 1991 zum

Regierungsform

Das Regierungssystem der USA entstand aus der britischen Regierungsform des 18. Jh., ohne sie jedoch zu kopieren. Das neu entstandene föderative System überträgt nur einen Teil der staatlichen Befugnisse auf die Bundesregierung, alle anderen bleiben in der Hand der Bundesstaaten.

Abweichend vom britischen Modell, das sich sowohl auf Statuten wie auf juristische Gepflogenheit stützt, bestand man darauf, die neu definierten Rechte in einer schriftlich niedergelegten Verfassung fest zu verankern. Die Verfassung lässt Zusätze, so genannte Amendments, zu. Sie können durch eine Zweidrittelmehrheit in beiden Häusern des Parlaments eingebracht und durch eine Dreiviertelmehrheit der Regierungen der Bundesstaaten ratifiziert werden. Dieser Weg wurde bei allen 26 bisher verabschiedeten Zusätzen eingeschlagen. Auf Antrag von zwei Dritteln der Bundesstaaten kann eine verfassunggebende Versammlung einberufen werden. Die ersten zehn Zusätze – Bill of Rights – wurden 1791 verabschiedet. Sie garantieren ausdrücklich das Recht auf freie Meinungsäußerung, die Religions- und Pressefreiheit und das Recht auf ein rasches und gerechtes Gerichtsverfahren. Der zehnte Zusatz überträgt alle Regierungskompetenzen, die nicht ausdrücklich in der Verfassung aufgeführt sind, den Bundesstaaten oder dem Volk.

Nach dem Bürgerkrieg kamen drei Zusätze (Nr. 13, 14, 15) hinzu, um die Rechte der schwarzen Amerikaner durch die Abschaffung der Sklaverei, die Einführung der Bürgerrechte für gebürtige und eingebürgerte Amerikaner und die Anerkennung des Wahlrechts für Schwarze zu garantieren. Der 14. Zusatz gewährt allen Amerikanern gleichen Schutz durch das Gesetz.

Später verabschiedete Zusätze erweiterten die politischen Rechte aller Amerikaner und dienten dazu, veraltete und verwirrende Klauseln der ursprünglichen Verfassung zu präzisieren. Der 19. Zusatz (1919 verabschiedet) räumte Frauen das Wahlrecht bei nationalen Wahlen ein, einige Bundesstaaten hatten dem bereits vorgegriffen. Zusatz Nr. 20 verkürzte die Übergangszeit nach Präsidentschaftswahlen von einer Regierung zur nächsten, und der Zusatz Nr. 25 regelte die Nachfolge im Fall des Todes oder Rücktritts des Präsidenten während dessen Amtszeit.

Die Väter der Verfassung bemühten sich, die Macht der nationalen Regierung einzuschränken, um den einzelnen Bundesstaaten soviel Freiraum wie möglich zu gewähren. Sie führten das Konzept der Gewaltenteilung ein, durch die Legislative, Exekutive und Judikative strikt getrennt werden. Ein Monarch als Staatsoberhaupt schied dadurch aus und daher musste ein Präsident gewählt werden.

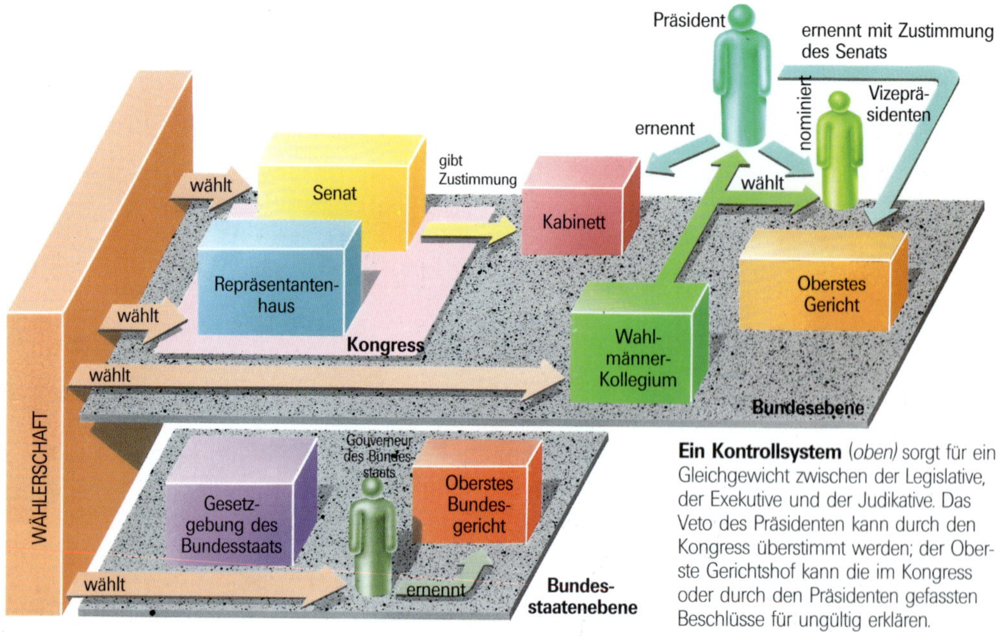

Ein Kontrollsystem *(oben)* sorgt für ein Gleichgewicht zwischen der Legislative, der Exekutive und der Judikative. Das Veto des Präsidenten kann durch den Kongress überstimmt werden; der Oberste Gerichtshof kann die im Kongress oder durch den Präsidenten gefassten Beschlüsse für ungültig erklären.

Dies sollte mittels eines Wahlmänner-Kollegiums geschehen, dessen gewählte Vertreter frei einen Präsidenten ihrer Wahl ernennen konnten, denn man befürchtete, dass ein bloßes Werben um die Gunst des Volkes leicht zu Korruption und zur Wahl von Demagogen führen könnte. In der Praxis allerdings verkam das Wahlmänner-Kollegium bald zu einer reinen Formalität, und böse Zungen behaupten sogar, dass die schlimmsten Befürchtungen der Schöpfer der Verfassung wahr geworden seien.

Der Präsident muss mindestens 35 Jahre alt, ein in den USA geborener US-Bürger sein und seit mindestens 14 Jahren dort gelebt haben. Er muss vermögend sein und über große politische Unterstützung verfügen. Theoretisch ist er nur das Oberhaupt der Exekutive, in der Praxis jedoch erstrecken sich seine Befugnisse auch auf die Außenpolitik und, als Parteivorsitzender, auf die Gesetzesvorlagen für den Kongress. Durch die Gewaltenteilung verfügt der Präsident allerdings manchmal nicht über eine direkte Weisungsbefugnis um Entscheidungen durchzusetzen, vor allem, wenn seine Partei im Kongress die Minderheit stellt. Er verfügt über ein aufschiebendes Vetorecht, das entweder zu einem Kompromiss oder zu einem Scheitern des Gesetzentwurfs führen kann.

Nur der Kongress hat die Befugnis, Gesetze zu verabschieden, Steuern zu erheben und Krieg zu erklären und bestimmt auch seine eigene Vorgehensweise. Im Extremfall kann er den Präsidenten seines Amtes entheben. Der Kongress besteht aus zwei Kammern: dem Repräsentantenhaus und dem Senat. Die Abgeordneten werden durch die einzelnen Bundesstaaten für eine Amtszeit von zwei Jahren gewählt. Die Anzahl der Abgeordneten pro Bundesstaat richtet sich nach dessen Größe und beträgt maximal 43 Mitglieder. Abgeordnete des Repräsentantenhauses müssen mindestens 25 Jahre alt sein, ihren Wohnsitz in dem Bundesstaat haben, den sie vertreten und seit mindestens sieben Jahren US-Bürger sein. Senatoren müssen mindestens 30 Jahre alt sein, ihren Wohnsitz in dem durch sie vertretenen Bundesstaat haben und seit mindestens neun Jahren die amerikanische Staatsbürgerschaft besitzen. Jeder Bundesstaat wählt zwei Senatoren für eine Amtszeit von sechs Jahren. Alle zwei Jahre wird ein Drittel der Senatoren neu gewählt. Der Senat verfügt über weiterreichende Kompetenzen und einen höheren Status als das Unterhaus; die 16 ständigen Ausschüsse sind inzwischen zu mächtigen Regierungsorganen geworden.

Polizistin in Miami *(oben)*. Die Polizei setzt sich aus den Polizeibehörden der Städte und Bundesstaaten zusammen und wird aus lokalen Steuern finanziert. Das Fernsehen vermittelt ein romantisches Bild von der Polizeiarbeit, sodass Bewerber aus allen Bevölkerungsschichten kommen.

An der Spitze der Judikative steht der Oberste Gerichtshof. Als höchstes Bundesgericht ist er zuständig für die Auslegung der Gesetze und der Verfassung und als höchstes

Ein Leben lang die Sonne genießen (*oben*). Ein Beach-Volleyballturnier am Strand von Santa Barbara, Kalifornien, lockt junge Leute in Scharen an. Gelassenheit und Wohlstand der Westküste Amerikas locken auch heute immer noch viele, vor allem junge Einwanderer, nach Kalifornien.

Fast-Food (*rechts*). Ein Straßenverkäufer in New York versorgt Arbeiter mit Mittagessen. Speisen wie Brezeln (die hier „pretzels" heißen), Hot Dogs und Knish brachten ursprünglich deutsche oder jüdische Einwanderer aus Osteuropa mit; sie gelten mittlerweile als typisch amerikanisch.

Berufungsgericht (Appellationsgericht) für alle Urteile der einzelnen Gerichte und Obersten Gerichtshöfe der Bundesstaaten zuständig. Die neun Richter werden vom Präsidenten mit Zustimmung des Senats auf Lebenszeit ernannt. Ein Mehrheitsbeschluss des Obersten Gerichtshofs ist bindend, bei Stimmengleichheit bleibt das Urteil eines nachgeordneten Gerichtes wirksam. Die Ernennung der Richter ist häufig durch politische Erwägungen beeinflusst.

Die Strukturen der Regierungen der einzelnen Bundesstaaten folgen im Allgemeinen denen der Bundesregierung. Jeder Bundesstaat hat seine eigene Verfassung, der Gouverneur steht an der Spitze der Regierung, die ...

teilt. Wie die meisten Staatsbeamten werden die Richter und die Gouverneure gewählt. In den größeren Städten stehen an der Spitze der Kommunalverwaltung der Bürgermeister und der Stadtrat. Andere Kommunen werden von einem gewählten Ausschuss oder einem professionellen Manager, der von einem gewählten Gremium ernannt wird, regiert.

Es gibt nur zwei bedeutende Parteien, denn die enorme Größe der Wählerschaft macht es einer dritten Partei schwer, auf Bundesebene Fuß zu fassen. Grob gesagt, sind die Republikaner konservativ und die Demokraten liberal. Beide Parteien stehen für ein breites Meinungsspektrum, wobei allerdings ...

Indianische Kultur. Die Pueblo-Indianer New Mexicos leben in den gleichen terrassenförmig errichteten Dörfern wie ihre präkolumbianischen Vorfahren. Ihre traditionelle Lebensweise haben sie größtenteils bewahrt, aber auch moderne Errungenschaften übernommen wie z. B. das Fernsehen.

Bevölkerung

Die USA mit ihren Millionen von Einwanderern aus aller Welt sind ein Schmelztiegel verschiedener Völker und Kulturen. Doch diese Bezeichnung ist in mancherlei Hinsicht irreführend. In den Jahren der Einwanderungswellen galt Anpassung als das einzig wirksame Mittel, um einen Arbeitsplatz zu finden und sich den „American dream" zu erfüllen. Als die Gesellschaft homogener geworden war, kehrte sich dieser Prozess um: Der Stolz auf die ethnische Herkunft ist nun ein legitimes Mittel der Selbstbehauptung, vor allem bei diskriminierten Minderheiten.

Unter den indianischen Urvölkern Amerikas herrschte eine reiche sprachliche und kulturelle Vielfalt, doch die Invasion durch die Europäer hatte so starke Auswirkungen, dass die meisten ihre eigene kulturelle Identität verloren. Die ersten Siedler aus der Alten Welt kamen aus Nordwesteuropa, vor allem aus Großbritannien, Irland, den Niederlanden, Deutschland, Frankreich und Spanien. Die Afrikaner, vornehmlich von der afrikanischen Westküste, wurden als Sklaven für die Arbeit auf den Plantagen ins Land geholt.

Nach dem Bürgerkrieg erreichten die USA mit Hilfe eines Immigrationsprogramms die Masseneinwanderung von Italienern, Skandinaviern, Osteuropäern und Russen, die den wirtschaftlichen Problemen im eigenen Land entfliehen wollten. Viele Einwanderer waren Juden, die vor Armut und Verfolgung flohen. Die Neuankömmlinge ließen sich auf unterschiedliche Art und Weise nieder: viele Italiener und Juden blieben in den großen Städten und gründeten ihre eigenen Viertel, wie Little Italy in New York; Skandinavier und A-

Der wirtschaftliche Zusammenbruch des Südens infolge des Bürgerkriegs ließ die Klasse der so genannten „armen Weißen" stark anwachsen. Diese Menschen lebten größtenteils unter denselben Bedingungen wie die nun befreiten schwarzen Sklaven, dadurch bildete sich ein Nährboden für Rassenhass heraus. Im landwirtschaftlich geprägten Süden wie auch im eher industriellen Norden wuchs eine große Zahl zumeist armer Schwarzer heran, die einen niedrigen Bildungsstand besaßen und als billige Arbeitskräfte ausgebeutet wurden. Im Süden wurden ihnen oft die grundlegenden Bürgerrechte vorenthalten. Eine durch die Gesetzgebung unterstützte, schrittweise Veränderung, vor allem nach dem Zweiten Weltkrieg, hob diese Unterschiede auf, häufig in Form der so genannten positiven Diskriminierung der Schwarzen. Noch heute leben Tausende der Afroamerikaner von den Weißen getrennt in eigenen Stadtvierteln oder Ghettos.

Gegen Ende des 19. Jh. bildete sich vor allem an der Westküste durch die Einwanderung chinesischer Arbeitskräfte eine große asiatische Bevölkerungsgruppe. Ihre Ansiedlung beschränkte sich nicht nur auf Chinatown in San Francisco, sondern breitete sich durch die Zuwanderung aus Südostasien, vor allem aus den Philippinen und Korea, auch in anderen Gegenden aus. Hinzu kamen Hispanoamerikaner aus Mittel- und Südamerika, die sich vor allem in den großen Städten an beiden Küsten niederließen. Viele dieser Einwanderer kamen illegal ins Land, wodurch sich ernst zu nehmende soziale Probleme ergaben. Trotz gesetzlicher Beschränkung haben die USA nach wie vor die höchste Einwanderungsrate in der Welt. Auch Flüchtlinge aus Kuba und Vietnam werden aufgenommen.

In ihren lokalen Gemeinschaften sprechen viele Einwanderer nur ihre Muttersprache. Aber um Arbeit zu finden und am täglichen Leben, Sport, Kultur und Fernsehen teilhaben zu können, müssen sie Englisch lernen.

Die Verfassung garantiert jedermann das Recht der freien Religionsausübung. Es überrascht daher nicht, dass es ebenso viele Religionen wie ethnische Gruppierungen gibt. Die größte Religionsgruppe stellen die Protestanten. Hier gibt es mehr praktizierende Christen, Baptisten, Methodisten, Lutheraner und Mitglieder der Episkopalkirche als in Europa.

Bei der Verbreitung der Konfessionen steht die römisch-katholische Kirche an zweiter Stelle, vor allem durch Amerikaner irischer, italienischer und hispanoamerikanischer Herkunft. Nur ein kleiner Bruchteil der Gesamtbevölkerung sind Juden, die überwiegend in New York und anderen Großstädten leben. Auch die anderen Weltreligionen sind vertreten, darüber hinaus gibt es unzählige Sekten und Kulte, von den Schwarzen Moslems bis zu Scientology und der amerikanisch-indianischen Kirche. Einige Religionen werden häufig mit den Gebieten assoziiert, in denen sich ihre Anhänger ursprünglich niederließen, wie z. B. die Mormonen Utahs.

Der Fernsehprediger Jimmy Swaggart (*oben*), in seiner Family Worship Center Church, ist einer von mehreren beliebten Predigern, die sich offen dazu bekannt haben, in ihrem Privatleben nicht immer der eigenen Botschaft zu folgen. Dennoch hat die „neugeborene" christliche Bewegung weiterhin großen Zulauf.

Musikalisches Intermezzo (*unten*). Auf den großen Rasenflächen vor den turmhohen Glas- und Betongebäuden des Chicagoer Handelszentrums entspannen sich die Fans beim Bluesfestival der Stadt.

Die Volkswirtschaft bietet den Amerikanern nach Japan den zweithöchsten Lebensstandard der Welt. Trotzdem können nicht alle an den Reichtümern des Landes teilhaben. Die Wirtschaft des Landes ist vor allem durch Industrie und Handel geprägt; die Landwirtschaft ist zwar ebenfalls ein wichtiger Faktor, spielt jedoch auf der Einnahmenseite nur eine untergeordnete Rolle. In den letzten Jahren trat der Dienstleistungssektor immer mehr an die Stelle der traditionellen, verarbeitenden Industrie. Der Verfall in den hoch industrialisierten nordöstlichen Bundesstaaten wurde durch das Aufkommen neuer Industrien und Technologien im Süden und Südwesten wieder ausgeglichen.

Die USA verfügen über einen enormen Reichtum an natürlichen Ressourcen. Energie und Rohstoffe reichen dennoch bei weitem nicht für die Industrieproduktion und die aussenwirtschaftlichen Verpflichtungen aus. Obwohl das Wirtschaftswachstum auch in den letzten Jahrzehnten anhielt, ist ein Zuwachs bei den Importen und ein Exportdefizit zu verzeichen.

Landwirtschaft

Etwa die Hälfte der Landfläche wird landwirtschaftlich genutzt. Die Produktion ist um einiges höher als die Nachfrage im eigenen Land, daher sind die USA eines der führenden Nahrungsmittelexportländer. Da die Landwirtschaft hochmechanisiert ist und wissenschaftliche Methoden zum Einsatz kommen, ist nur noch ein geringer Prozentsatz der erwerbstätigen Bevölkerung dort beschäftigt.

Obwohl nur knapp 50 % der landwirtschaftlichen Fläche für den Ackerbau genutzt wird, zählen die USA zu den größten Nahrungsmittelproduzenten der Welt. Die Ernteerträge sind gestiegen, das Gleiche gilt jedoch für den Einsatz von Düngemitteln, Pestiziden und Herbiziden. Durch die Umstrukturierung staatlicher Subventionen und Zuschüsse wollte man dieses Verhältnis ändern, doch die Umsetzung dieser Maßnahmen verzögerte sich aufgrund der Dürre Ende der 80er Jahre. Viele Gebiete haben mit erheblicher Bodenerosion zu kämpfen.

Wegen der großen klimatischen und topografischen Unterschiede werden unterschiedliche Feldfrüchte angebaut. Das Hauptackerbaugebiet ist das zentrale große Becken zwischen den Appalachen und den Rocky Mountains. Dieses Gebiet umfasst den Weizengürtel der westlichen Präriegebiete und den Maisgürtel der zentralen Tiefebene. An-

Riesige Orangenbaumplantagen. Kaliforniens mediterranes Klima ist ideal für den Obst-, Gemüse- und Salatanbau. Dank künstlicher Bewässerung kann fast das ganze Jahr über angepflanzt werden. Die Ernte wird auf dem Luft- oder Landweg in alle Städte des Bundesstaates transportiert.

Baumwollplantagen gibt es nicht nur im Mississippidelta, sondern durch künstliche Bewässerung auch weiter westlich. Im Süden gedeihen Erdnüsse, Zuckerrohr und Tabak.

Obst- und Gemüseanbau findet man im ganzen Land. Das milde, trockene Klima Kaliforniens sorgt auch im Winter für frischen Nachschub. Hier entwickelte sich auch ein expandierender Weinanbau.

Große Unterschiede gibt es in der Tierzucht. Im Norden und im überwiegend

mischtwirtschaft betrieben, während im Westen Milchwirtschaft die wichtigste Rolle spielt. Vom südlichen Nevada bis zu den Rocky Mountains braucht die Landwirtschaft künstliche Bewässerung. Die Milchwirtschaft produziert erhebliche Überschüsse, die zum Teil exportiert, im Wesentlichen aber mit Hilfe staatlicher Subventionen eingelagert werden. Durch politische Maßnahmen soll diese Überschussproduktion eingedämmt werden.

Forstwirtschaft und Fischerei

Etwa ein Drittel des Landes ist von Wäldern bedeckt, davon werden etwa zwei Drittel kommerziell genutzt. Die

Ölbohrung (*oben*). Die Ölindustrie der Vereinigten Staaten steht bei der Entwicklung neuer Technologien zum Auffinden und zur Erschließung von Öl- und Erdgasvorkommen an vorderster Position.

Der massive Hoover-Damm (*unten*), auch als Boulder-Damm bekannt, wurde an der Grenze zwischen Arizona und Nevada über dem Colorado errichtet. Er versorgt Arizona, Nevada und Kalifornien mit Strom.

übersteigt die rasch wachsende Nachfrage häufig das Angebot. Daher zählen die USA zu den Nettoimporteuren der Holzindustrie.

Die amerikanischen Fischfangflotten konzentrieren sich in erster Linie auf die Hochseefischerei im Golf von Mexiko, im Pazifik und im Atlantik. Die USA zählen zu den fünf größten Fischereinationen der Welt. Die Bestände erholen sich langsam wieder von der Überfischung in den 70er-Jahren, die Verschmutzung ist aber nach wie vor eine ständige Bedrohung. 1989 verwüstete ein riesiger Ölteppich aus dem verunglückten Tanker Exxon Valdez einen großen Teil der Küste Südalaskas.

Industrie und Bodenschätze

Die USA verfügen über reiche Mineralvorkommen, vor allem Kupfer, Blei, Silber, Gold und Zink. Die großen Eisenerzvorkommen an den Großen Seen, besonders am Oberen See, sind leicht erschließbar. In mehreren westlichen Bundesstaaten wird Kupferbergbau im großen Stil betrieben. Blei wird vor allem im südlichen Missouri gefördert, während Zink sehr verstreut vorkommt. Gold und Silber werden nur in geringen Mengen, andere Mineralien, vor allem Uran, in beachtlichen Mengen abgebaut.

Die USA verfügen über etwa ein Drittel der abbaubaren, hochwertigen Kohlevorkommen und ein Achtel der Braunkohlevorkommen der Welt. Die Vorkommen konzentrieren sich vor allem auf die Appalachen-Staaten West Virginia, Kentucky und Pennsylvania, auch Illinois und Ohio verfügen über ergiebige Flöze. Die wichtigsten Erdgas- und Erdölvorkommen befinden sich im nördlichen Alaska, in Texas und Louisiana sowie vor der Küste Kaliforniens und in einigen Bundesstaaten entlang der Rocky Mountains.

Aber die Vorkommen reichen nicht aus, um den Energiebedarf zu decken, obwohl der Großteil der Elektrizität in Heizkraftwerken erzeugt wird. Da praktisch alle Möglichkeiten der Wasserkraft ausgeschöpft sind und die Atomenergie seit dem schweren Störfall im Kernkraftwerk Three Mile Island (Pennsylvania) 1979 in Verruf gekommen ist, gibt es kaum Alternativen. Es waren die

Die Raumfahrt

„Ich bin der Überzeugung, dass die Nation sich dem Ziel verschreiben sollte, vor Ende dieses Jahrzehnts die erste bemannte Landung auf dem Mond durchzuführen und die Astronauten wohlbehalten wieder zur Erde zurückzuholen. Kein Raumfahrtprojekt wird in dieser Zeit aufregender sein, die Menschheit mehr beeindrucken oder für die langfristige Erforschung des Weltraums bedeutender sein. Es wird auch kein kostspieligeres oder schwierigeres Projekt als dieses geben."

John F. Kennedys dramatische Ankündigung im Mai 1961 war der offizielle Beginn des Wettkampfes um die Erforschung des Weltalls. Dieser begann schon 1957, als die Sowjetunion den ersten künstlichen Satelliten, Sputnik 1, in den Weltraum geschossen hatte. Er war zwar nicht viel mehr als ein kugelförmiges Behältnis, das ein einfaches, elektronisch erzeugtes Signal entsandte, dennoch war die Motivation für das Mondlandeprogramm der USA auch die Angst, die Sowetunion könne eine Vormachtstellung im Weltraum erringen. Gewaltige Investitionen und der Bau der riesigen Saturn-V-Abschussrampe führten das Programm bald von Testläufen, eine Erdumlaufbahn oder den Mond zu erreichen, zur dramatischen Apollo-II-Mission 1969. Im Juli dieses Jahres konnte die Welt beobachten, wie Neil Alden Armstrong (*1930) als erster Mensch den Mond betrat. Die Mission der Apollo II war der erste von sieben weiteren Flügen, von denen jedoch nur der beinahe gescheiterte Flug der Apollo 13 öffentliches Aufsehen erregte. Die Sowjetunion hatte in der Zwischenzeit offensichtlich keinen Versuch unternommen, gleichfalls auf dem Mond zu landen. Statt dessen wurde ein Konzept von Weltraumstationen in einer Erdumlaufbahn entwickelt und die Entwicklung entsprechender Stationen begonnen. Skylab, die einzige Weltraumstation der USA, zum Teil mit Resten des abgebrochenen Mondlandeprogramms ausgestattet, wurde im Mai 1973 in ihre Umlaufbahn gebracht. Man nutzte sie nie so intensiv wie die sowjetischen Stationen, und sie stürzte 1979, also nach fünf Jahren, zurück auf die Erde. Mittlerweile arbeitete man im amerikanischen bemannten Weltraumprogramm an wiederverwendbaren Raumschiffen. Die

und bremsten das Entwicklungstempo. Erst am 12. April 1981 wurde das erste Space Shuttle gestartet. Nach vier erfolgreichen Testflügen hatte es seine Bewährungsprobe als Plattform für den Abschuss von Satelliten, als Ausgangsbasis für Reparaturarbeiten, als Versuchsstation und als militärisches Raumschiff bestanden. Am 28. Januar 1986 fand der 25. Shuttle-Start statt, doch die Challenger, die in eine Erdumlaufbahn gebracht werden sollte, explodierte nur 75 Sekunden nach dem Start. Es gab keine Überlebenden, und der nächste Shuttle-Start fand erst wieder im September 1988 statt.

Heute sorgen Kommunikations- und Beobachtungssatelliten für die weltweite Fernsehübertragung und für topaktuelle Informationen – z. B. von Wetterinformationen über Weltraumaufnahmen der Erde, die auch Aufschlüsse über die Verteilung von Land, Wasser und Mineralvorkommen geben, bis zu Informationen für die Land- und Forstwirtschaft sowie Militärmanöver. Die Daten finden auch in der Städteplanung, in der Vorhersage von Erdbeben und der Bemessung ihrer Stärke, in der Kartografie und Forschung, in der Beobachtung und Erforschung des Weltraums Verwendung.

Auch das Sonnensystem wird erforscht. Mittlerweile haben Raumsonden des Typs Mariner die Planeten mit einer engeren Sonnenumlaufbahn erforscht, und die Missionen Viking 1 und 2 sind auf dem Mars gelandet. Zwar fanden sie keinen Hinweis auf Leben, brachten aber neue Erkenntnisse über die geologischen und geografischen Strukturen des Planeten. Mit Hilfe der Voyager-Missionen wurden Ringe um Jupiter und Saturn entdeckt, konnten die Saturnringe untersucht und neue Erkenntnisse über die Monde der äußeren Planeten gewonnen werden. Diese Daten sind wohl auf lange Sicht die wichtigsten Ergebnisse des amerikanischen Weltraumprogramms. In der Zukunft wird die bemannte Raumfahrt mehr denn je von der internationalen Zusammenarbeit und Finanzierung abhängen.

Ein Traum wird Wirklichkeit Beim Start des Space Shuttle steigt eine Abgaswolke von der Abschussrampe in Cape Canaveral, Florida, auf.

Wähler in Kalifornien, die zehn Jahre nach dem Störfall erstmals für die Schließung eines Kernkraftwerks stimmten. Die Endlagerung des radioaktiven Abfalls stellt noch immer ein ungelöstes Problem dar. Von Gezeiten-, Solar und Windenergie abgesehen, ist nur noch Erdwärme eine Energieform, die bisher kaum genutzt wurde.

Die verarbeitende Industrie erwirtschaftet einen großen Teil des Bruttoinlandprodukts. In den vergangenen Jahrzehnten wurden die traditionellen Schwerindustrien – die Produktion von Aluminium, Eisen und Stahl, Maschinen, Zement und Baustoffen – durch die Entwicklung neuer Industriezweige, wie der Elektronik, auf eine harte Probe gestellt. Die neuen Branchen stehen mittlerweile an zweiter Stelle. Dank der so genannten Mikrochip-Revolution weisen Elektronik und Telekommunikation die höchsten Zuwachsraten auf. Silicon Valley in Kalifornien ist das bekannteste High-tech-Center, das sich in den letzten Jahren langsam wieder von der Rezession Anfang der 90er-Jahre erholt.

Die Raumfahrttechnik und die Rüstungsindustrie haben durch die finanziellen Kürzungen des Raumfahrtprogramms, durch das Ende des Kalten Krieges und andere Faktoren spürbare Einbußen hinnehmen müssen, obwohl der Golfkrieg 1991 für ein kurzes Zwischenhoch sorgte. Das Rückgrat der verarbeitenden Industrie ist und bleibt die Produktion von Transportmitteln, vor allem von Pkw, Lkw, Sattelschleppern und Bussen. Heute wird ein Großteil dieser Erzeugnisse ebenso wie Raffinerieöl, Papier, Zigarretten und Pharmazeutika, von wenigen großen Unternehmen hergestellt. Gummi- und Kunststoffprodukte, Textilien und Kleidung spielen ebenfalls eine wichtige Rolle. Für den Ausbau und den Erhalt des ausgedehnten Straßennetzes ist der expandierende Bausektor lebenswichtig.

Handel

Das Handelsvolumen der Vereinigten Staaten ist das Größte der Welt. In den vergangenen Jahren verschob sich der Außenhandel zunehmend von Westeuropa auf den pazifischen Raum, vor allem auf Japan, Südkorea und Taiwan. Japan hat mittlerweile auch Kanada als größter Importeur amerikanischer Erzeugnisse überrundet, trotz des Freihandelsabkommens, das die USA 1989 mit Kanada schlossen. Im Januar 1994 trat das Nordamerikanische Freihandelsabkommen (NAFTA) zwischen Kanada, den USA und Mexiko in Kraft. Seine Kritiker argumentieren, dass dadurch in den USA Arbeitsplätze verloren gehen, da sich die Produktion allmählich nach Mexiko verlagert.

Obwohl die USA zu den größten Produzenten von Kraft-, Treib- und Rohstoffen zählen, sind die Importe fünfmal höher als die Exporte. Das liegt vor allem an der ungewöhnlich hohen Industrieproduktion und Nachfrage durch die Verbraucher. Den Löwenanteil an den Exporten wie an den Importen haben der Maschinenbau, die Fahrzeugindustrie sowie Telekommunikation.

Das anhaltende Defizit in der Industrieproduktion und der Exporteinbruch landwirtschaftlicher Produkte durch die Verschärfung des internationalen Wettbewerbs haben zu einem Anwachsen des Handelsdefizits geführt.

Handel und Finanzen sind gleichermaßen die Eckpfeiler und die Wachstumsfaktoren der amerikanischen Volkswirtschaft, die die

Das verworrene Geflecht eines Autobahnkreuzes (*oben*). Die Vereinigten Staaten sind mehr als jedes andere Land der Erde vom Auto abhängig. Der Preis dafür sind Staus, Luftverschmutzung und hohe Kosten.

Zwei Banner (*rechts*). Die Wall Street, das größte Finanzzentrum der Vereinigten Staaten, symbolisiert die Stärke der amerikanischen Handelsmacht, die Nationalflagge repräsentiert die nationale Identität.

USA zum wichtigsten Kapitalgeber machen und damit den starken wirtschaftlichen Einfluss der Vereinigten Staaten auf die Weltwirtschaft sichern. Vor allem Kanada, Mittel- und Südamerika sind von diesen Investitionen abhängig.

Der Tourismus mit seinen Küstenbädern und Bergkurorten, den eindrucksvollen Großstädten, Nationalparks und Denkmälern zieht eine wachsende Zahl Besucher an und stellt eine wichtige Einnahmequelle dar. Weltbekannt sind Attraktionen wie Disney-World, Disneyland und Hollywood. Auch der Dienstleistungssektor gewinnt an Bedeutung. Städte wie Washington D. C. und Denver (Colorado) stehen hier an erster Stelle. Riesige Supermärkte und Einkaufszentren in den Vororten haben das Kaufverhalten der Verbraucher verändert und die Expansion der Vororte beschleunigt.

Verkehr

Startvorbereitungen. Flugzeuge haben schon lange die Eisenbahnen als Transportmittel für den Langstreckenpersonenverkehr abgelöst.

sächlich von einem reibungslos funktionierenden Verkehrswesen über weite Strecken abhängig. Daher ist der Ausbau der Infrastruktur ein wichtiger Faktor für den wirtschaftlichen Erfolg des Landes.

Das nationale Straßennetz ist das längste der Welt. Die meisten Großstädte und Städte sind durch ein sorgfältig geplantes Netz der „interstate highways" miteinander verbunden. Das Auto regiert den Verkehr, nahezu jeder Haushalt verfügt über mindestens ein Auto. Die meisten Erwerbstätigen erreichen ihren Arbeitsplatz aus den oft weit entfernten Vororten nur mit dem Auto, zu Stoßzeiten herrscht Stau auf den Pendler-Autobahnen. Die Luftverschmutzung durch Fahrzeugabgase zwingt viele Bundesstaaten dazu, dem Beispiel Oregons zu folgen und gesetzlich festgelegte Abgashöchstwerte einzuführen. Die öffentlichen Nahverkehrssysteme haben angesichts der wachsenden Zahl privater Kraftfahrzeuge kaum eine Überlebenschance.

Auch das Eisenbahnnetz ist in seiner Größe einmalig, musste jedoch seit den 20er-Jahren starke Einbußen in der Reichweite und der Zahl der Fahrgäste hinnehmen. Dennoch wird ein wesentlicher Teil des Frachtverkehrs für Schüttgut und Container und der gesamte Huckepackverkehr auf dem Schienennetz befördert. In den älteren Städten, wie Chicago, Illinois und New York, nehmen viele Pendler die U-Bahn, um zur Arbeit zu fahren, da immer mehr Städten und Großstädten der so genannte „Verkehrsinfarkt" droht. Beispiele für praktikable Alternativen sind das BART (Bay Area Rapid Transit)

Den Langstreckenpersonenverkehr innerhalb der USA übernehmen vorrangig die Fluggesellschaften, obwohl das umfassende Busliniennetz eine günstige und leicht zugängliche Alternative wäre. Die Eisenbahnen sind kaum eine Konkurrenz, da die transkontinentalen Personenzüge der Vergangenheit angehören. Die beiden Drehscheiben des Luftverkehrs sind Atlanta, Bundesstaat Georgia, und Chicago. Über 800 Flughäfen werden von den Fluglinien angeflogen. Für den lokalen Flugverkehr gibt es über tausend weitere kleinere Flughäfen, die von privaten Fluggesellschaften und Flugzeugen großer Unternehmen genutzt werden. In den letzten Jahren gerieten die großen Fluggesellschaften zunehmend unter finanziellen Druck, doch dürfte dies ihre Bedeutung kaum schmälern.

Die weit reichenden Binnengewässer, Flüsse, Kanäle und Schifffahrtswege, über die ein beträchtlicher Teil der Güter und Rohstoffe transportiert werden, verbinden mehr als 50 Häfen. Am stärksten befahren ist der Mississippi, während die größten Häfen New York und New Orleans in Louisiana sind. Die Großen Seen im Norden sind durch einen Kanal direkt mit New York verbunden und über den kanadischen St.-Lorenz-Schifffahrtsweg Hochseeschiffen zugänglich.

Medien und Kommunikation

Die amerikanische Medienlandschaft unterliegt keinerlei staatlicher Kontrolle und stand in strittigen Angelegenheiten schon oft der Regierungspolitik kritisch entgegen. Die Berichterstattung der Medien über den Vietnamkrieg trug mit zum Rückzug der amerikanischen Truppen bei. Die Ermittlungen der Medien im Watergate-Skandal

sender programmbeherrschend. Einnahmen aus der Werbung decken den größten Teil ihrer Kosten, daher neigt man dazu, den Erfolg der Sendungen allein an den Einschaltquoten zu messen. Man ist aber bemüht, die Programmvielfalt zu erweitern. Eine reichere Auswahl bietet das Kabelfernsehen, das die Interessen der Minderheiten und lokale Informationen stärker berücksichtigt. Durch Satellitenübertragung erreicht inzwischen fast jeder Sender, unabhängig vom Telekommunikationsnetz, ein internationales Publikum.

Das Fernsehen hat längst die Zeitungen als Hauptinformationsquelle verdrängt. Generell konzentrieren sich Zeitungen auf eine regionale oder lokale Leserschaft, und es gibt eine wachsende Zahl an Vorstadtzeitungen in den neu entstandenen Satellitenstädten. Drei große Zeitungen decken das gesamte nationale Spektrum ab und sind im ganzen Land erhältlich. Auch der Rundfunk ist lokal geprägt, das Programmmangebot umfasst Musik, Talkshows und Nachrichten. Das nationale Telefonnetz wird von sieben regionalen Telefongesellschaften betrieben; 1700 private Gesellschaften übernehmen die lokalen Dienste. Der überwiegende Teil der Geräteherstellung, der Technologie und der Forschung wird von der American Telephone and Telegraph Company (AT&T) getragen, die an der Spitze der rasant wachsenden Telekommunikationsindustrie steht.

Gesundheits- und Sozialwesen

Das Sozialversicherungssystem wird noch heute von Armut und Rassenfragen bestimmt. Die Kluft zwischen Arm und Reich hat sich in den letzten Jahren spürbar vertieft. 1988 ging die Regierung davon aus, dass mehr als ein Achtel der Bevölkerung unter der Armutsgrenze lebt. Das betrifft ein Drittel der schwarzen Bevölkerung. In den meisten Gegenden ist die medizinische Versorgung gut und ebenso der allgemeine Gesundheitszustand der Bevölkerung.

Die Bundesregierung gewährt in Teilbereichen Zuschüsse, doch die meisten Amerikaner müssen für ihre medizinische Versorgung selbst aufkommen. Die Sterblichkeitsrate ist bei schwarzen Säuglingen doppelt so hoch wie bei weißen; viele schlechter gestellte Amerikaner können sich überhaupt keine Krankenversicherung leisten. 1988 war Massachusetts der erste Bundesstaat, der eine umfassende Krankenversicherung für alle Bürger anbot; ein Jahr später legte Washington einen Unterstützungsplan für Familien mit niedrigem Einkommen vor.

Das Gesundheitswesen wird durch den wachsenden Drogenmissbrauch und die hohe Zahl der AIDS-/HIV-Infizierten (die höchste außerhalb Afrikas) stark belastet, insbesondere auch deshalb, weil viele HIV-Infizierte keine Krankenversicherung haben.

Das Sozialwesen unterstützt Arbeitslose, Opfer von Arbeitsunfällen, Kranke, Behinderte, Rentner, Mütter und Witwen. Die Leistungen werden teils privat, teils durch die Regierung finanziert und umfassen Barzahlungen und andere Formen der Hilfe für finanziell schwache, kinderreiche Familien. Die Höhe der Leistungen ist in den einzelnen Bundesstaaten sehr unterschiedlich. Jeder Bürger, der einmal in einem Arbeitsverhältnis stand, hat Anspruch auf eine Rente durch die staatliche Sozialversicherung. Aufgrund der hohen finanziellen Belastung ist ihr Fortbestand aber ungewiss. Oft bieten Arbeitgeber Zuschüsse zu einer Renten-, Kranken- und Lebensversicherung an. Die Arbeitnehmer haben dann nur noch einen geringen Beitrag zu leisten.

Bildungswesen

Für das Bildungswesen sind im Wesentlichen die lokalen und bundesstaatlichen Behörden verantwortlich, obwohl es auch Schulen in privater oder kirchlicher Trägerschaft gibt. In den meisten Staaten ist die Schulbildung kostenlos, es herrscht Schulpflicht von 6 bis 16 Jahren. Die Mehrzahl der Schüler bleibt an der weiterführenden Schule bis zum Abschluss mit 17 oder 18 Jahren. Viele Universitäten und Hochschulen genießen weltweiten Ruf. Sie werden größtenteils durch die Bundesstaaten finanziert, während die Bundesregierung Kredite an Studenten vergibt, um die Studiengebühren und andere Kosten abzudecken. Sie stellt auch Geldmittel zur Beschaffung von Lehrmaterial, zur Finanzierung von Schulessen, für die Forschung und Bildungsprogramme für indianische Kinder zur Verfügung. Die Bundesgesetzgebung hatte weit reichende Auswirkungen auf das Schulsystem. So verpflichtete 1964 das Bürgerrechtsgesetz die Schulen zur Aufhebung der Rassentrennung.

American Football war ursprünglich ein Amateursport, in dem Colleges gegeneinander antraten. Heute ist es die größte amerikanische Profisportart. Die Football-Stars der College- und Universitätsmannschaften von heute sind in der Regel die Helden der Profiliga von morgen.

Die Welten des Walt Disney

„Ich möchte, dass die Menschen die Welt, in der sie leben, nicht sehen ... ich möchte, dass sie sich wie in einer anderen Welt vorkommen."

Am Morgen des 17. Juli 1955 gab es einen elf Kilometer langen Stau auf dem Santa Ana Freeway in Los Angeles. Der Grund für dieses Verkehrschaos war ein Mann mit Fantasie und Entschlossenheit: Walter Elias Disney (1901-1966), der an diesem Tag Disneyland eröffnete. Anfang der 50er Jahre war Disney dafür bekannt, dass er den Zeichentrickfilm zu einer einträglichen Kunstform entwickelt hatte. Doch Disney wollte mehr. Er begann Vergnügungsparks, Zoos, Zirkusvorstellungen, Museen und Ausstellungen zu besuchen und sammelte Ideen für ein „neues Unterhaltungskonzept". Es war nicht leicht, das notwendige Geld aufzutreiben, doch schließlich verschaffte ihm eine Disney-Fernsehserie ausreichendes Kapital.

Als die ersten Gäste 1955 ins Disneyland strömten, fanden sie all das, was Disney ihnen versprochen hatte, und noch viel mehr. Im Abenteuerland konnten sie eine Bootsfahrt durch eine Dschungellandschaft mit mechanisch gesteuerten Tieren unternehmen. Das Frontierland (Wildwestland) nahm sie mit auf eine Reise in die Zeit des Wilden Westens und zeigte Szenen aus dem Leben des Volkshelden Davy Crockett (1786-1836), der im Kampf um die texanische Unabhängigkeit bei Fort Alamo gefallen war. Und über allem erhob sich Dornröschens Schloss, das Herz des Fantasylands. Im Tomorrowland (Land von Morgen) konnte man zum Mond reisen.

Obwohl der Eröffnungstag durch einige entmutigende Pannen getrübt wurde, war der erste Themenpark der Welt ein Riesenerfolg. Ein Jahr später kamen Storybook Land (Bilderbuchland) und Tom Sawyers Insel hinzu. Die erste Einschienenbahn der USA wurde 1959, zusammen mit einer Nachbildung des Matterhorns, das man besteigen konnte, und einer fantasievollen Unterwasserfahrt in Anlehnung an Jules Vernes (1828-1905) Buch „Zwanzigtausend Meilen unter dem Meer" eröffnet. Disneyland war allerdings nur der Anfang. Als Disney 1966 starb, war die Planung für ein weiteres Projekt in Florida bereits weit vorangeschritten. Walt Disney World öffnete 1971 nahe Orlando seine Pforten. Die erste Bauphase wurde 1975

Walt Disney (*oben*) wurde mit Mickey Mouse, seiner ersten und rund um den Erdball bei den Kindern beliebtesten Figur, berühmt.

Märchenzauber (*rechts*). Der angestrahlte Turm von Cinderellas Schloss versetzt den Besucher in die romantische Märchenwelt von Disneyland.

abgeschlossen. In Disney World gab es eine Vielzahl neuer Fahrgeschäfte und Attraktionen, darunter die Galerie amerikanischer Präsidenten, die sich, elektronisch gesteuert, bewegten und sprachen.

1982 wurde im nahen Lake Buena Vista die Experimental Prototype Community of Tomorrow (EPCOT) eröffnet. Disney wollte eine „Gesellschaft der Zukunft, die sich ständig fortentwickelt" schaffen, „eine lebendige Vorstellung von der Zukunft, in die hineinversetzt die Menschen ein Leben führen können, das sie heute nirgendwo anders vorfinden". Was am Ende dabei herauskam, war eine Mischung aus Unterhaltung, Information und Technologie. In der Future World (Zukunftswelt) gibt es Pavillons, die einzelnen Themenfeldern zugeordnet sind, darunter eine Reise in die Zeit der Dinosaurier und eine Fahrt durch die Geschichte des Verkehrswesens. Das World Showcase (Schaufenster der Welt) bietet Pavillons, die ihrem Baustil und ihrer Einrichtung nach den Ländern der Erde nachempfunden sind, und mit dem Spaceship Earth (Raumschiff Erde) können die Besucher eine Reise durch die Geschichte der Kommunikation antreten.

1983 wurde ein dritter Disney-Themenpark in Tokio eröffnet, der alle bisherigen Besucherzahlen in den Schatten stellte. 1992-1993 öffnete Euro-Disneyland in der Nähe von Paris seine Tore. Jedes dieser Projekte verwirklichte ein Stückchen mehr der Träume Disneys von „einem Ort, an dem die Menschen sich freuen und etwas lernen können ... voll der Errungenschaften, der Freude und der Hoffnung der

Die Bundesstaaten

DIE VEREINIGTEN STAATEN VON AMERIKA

Sonnenuntergang am Grand Canyon, der bizarren Schlucht, die der Colorado in die Berge des nordwestlichen Arizona grub. Jedes Jahr zieht seine majestätische Schönheit Millionen von Besuchern an.

Pazifische Küste
Alaska
Washington
Oregon
Kalifornien
Hawaii

Gebirgsregion
Idaho
Nevada
Montana
Wyoming
Utah
Colorado

Der Südwesten
Arizona
New Mexico
Oklahoma
Texas

Der mittlere Westen
Norddakota
Süddakota
Nebraska
Kansas
Minnesota
Iowa
Missouri
Wisconsin
Illinois
Michigan
Indiana
Ohio

Neuengland
Maine
New Hampshire
Vermont
Massachusetts
Connecticut
Rhode Island

Mittlere Atlantik-Region
New York
Pennsylvania
New Jersey
Delaware
Maryland
District of Columbia

Der Süden
Arkansas
Louisiana
Kentucky
Tennessee
Mississippi
Alabama
West Virginia
Virginia
Nordkarolina
Südkarolina
Georgia
Florida

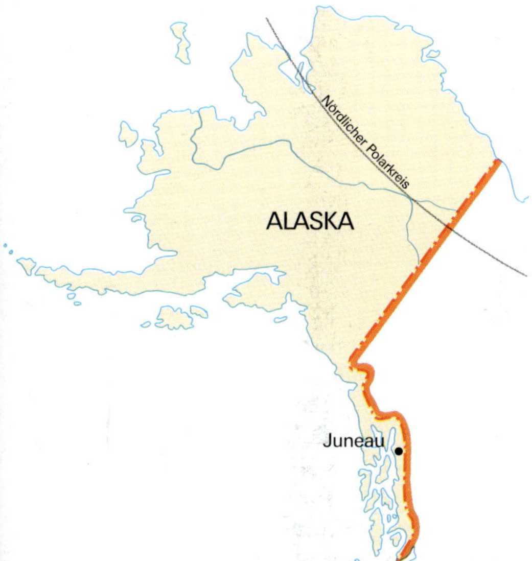

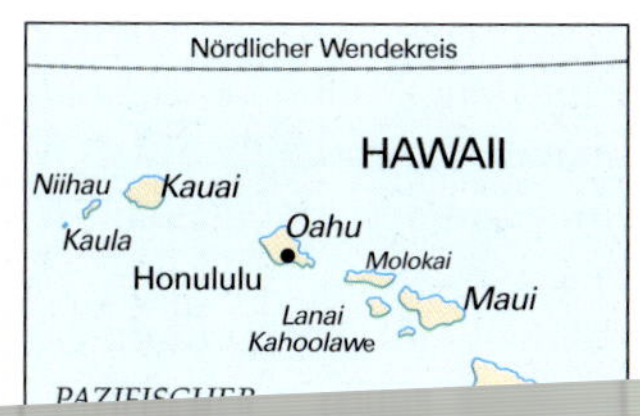

ALASKA

Spitzname	The Last Frontier
Beitritt zur Union	1959
Hauptstadt	Juneau
Fläche	1 530 693 km²
Einwohnerzahl	599 000
Sehenswürdigkeiten	Mount McKinley, Glacier-Bay-Nationalpark
Industrieschwerpunkte	Erdgas, Erdöl, Tourismus, Fischfang

Alaska ist der größte Bundesstaat der USA und, abgesehen von Hawaii, auch der jüngste. Das wilde und weitgehend bergige Land liegt an der nordwestlichen Spitze des Kontinents, gegenüber von Russland und davon nur getrennt durch die Beringstraße.

Vermutlich gelangten die ersten Menschen vor etwa 30 000 Jahren über die Beringstraße in den nördlichen Teil des amerikanischen Kontinents. Ihre Nachfahren, die Völker der Inuit und der Aleut, bewohnen noch heute die abgelegenen Gebiete Alaskas. Im 18. Jh. kamen die ersten europäischen Siedler über Russland nach Alaska. Alaska gehörte bis 1867 der Russisch-Amerikanischen Gesellschaft und wurde nach erfolgreichen Verhandlungen des damaligen Außenministers der USA, William Henry Seward (1801-1872), an die USA verkauft.

Angelockt durch reiche Mineralvorkommen und die großen Projekte wie die Transalaska-Ölpipeline, riss der Zustrom der Einwanderer nicht mehr ab. Städte wie Anchorage und Fairbanks wuchsen zu großen Ballungszentren an. Dennoch bleibt der größte Teil Alaskas eine riesengroße Wildnis.

WASHINGTON

Spitzname	Evergreen State
Beitritt zur Union	1889
Hauptstadt	Olympia
Fläche	176 479 km²
Einwohnerzahl	5 255 000
Sehenswürdigkeiten	Mount Rainier (Kaskadengebirge), Puget-Sund
Industrieschwerpunkte	Luftfahrt, Holz und Papier, Nahrungsmittel

Im 16. Jh. suchten europäische Seefahrer die Nordwestroute nach Asien. Ihre Suche blieb erfolglos – doch sie entdeckten die nordwestliche Pazifikküste Amerikas. Zunächst gehörte die Fläche des heutigen Bundesstaats Washington zu Oregon Country, das sich über die ganze nordwestliche Pazifikküste erstreckte und dessen Grenzen 1846 dort festgelegt wurden, wo die heutige kanadische Grenze verläuft. Von etwa 1830 bis in die 50er-Jahre des 19. Jh. zogen weiße Siedler aus dem Mittleren Westen den Oregon Trail entlang in das Gebiet. Washington wurde 1853 ein unabhängiger Staat, der von der großen Nachfrage nach Baumaterial während des Goldrausches in Kalifornien profitierte.

Der Eisenbahnbau in den 80er-Jahren des 19. Jh. führte zu einem schnellen Bevölkerungswachstum. In den 90er-Jahren diente Washington den Bergleuten und Goldsuchern, die diesmal nach Alaska zum Klondike aufbrachen, als Zwischenstation. Im 20. Jh. wurde der Columbia River zur Energieerzeugung, Bewässerung und für den Schiffsverkehr durch einen Damm aufgestaut.

Die Wirtschaft hängt heute wesentlich von der Nutzung natürlicher Ressourcen ab, wie z. B. die Forstwirtschaft. 1980 wurde ein großer Teil der Waldbestände durch den Ausbruch des Vulkans St. Helens vernichtet. Washington ist auch ein Zentrum der US-Raumfahrtindustrie, und am Puget-Sund liegen zahlreiche Militärcamps und -anlagen.

OREGON

Spitzname	Sunset State
Beitritt zur Union	1859
Hauptstadt	Salem
Fläche	251 418 km²
Einwohnerzahl	3 032 000
Sehenswürdigkeiten	Mount Hood (Kaskadengebirge), Kratersee-Nationalpark, Columbia-Schlucht
Industrieschwerpunkte	Nutzholz, Maschinenbau, Nahrungsmittel

Die Landschaft Oregons ist eine Augenweide: hohe, dicht bewaldete Bergketten, Hochebenen und Plateaus, durchzogen von tiefen Tälern und Schluchten. Die Wälder im Westen und Nordosten bilden die Grundlagen für den Wohlstand des Bundesstaates; der Osten ist größtenteils Wüstengebiet.

Im 16. Jh. erklärten sowohl Großbritannien als auch Spanien Oregon zu ihrem Staatsgebiet. Trotzdem blieb die aus einer Vielzahl von Stämmen und Kulturen bestehende indiani-

Mächtige Berge (*oben*). Die Flanken der Kaskadengebirgskette im Bundesstaat Washington mit ihren vielen Vorsprüngen und Kanten wurden durch Bewegungen der Erdkruste aufgefaltet. Die Verschiebungen lösen entlang der Pazifikküste stets neue Erdbeben und Vulkanausbrüche aus.

Die Wildnis im Norden (*links*). Die Seen und Sümpfe Alaskas, Oasen einer artenreichen Tier- und Pflanzenwelt, gehören zu den letzten „wilden Gebieten" der Erde. Im Hintergrund erscheint der McKinley, Nordamerikas höchster Berg, im Denali-Nationalpark.

sche Urbevölkerung überwiegend ungestört, bis 1792 Robert Gray (1755-1806) von Westen aus über den Columbia River in das Gebiet kam. Bald erschienen Pelzhändler aus dem Osten. 1811 bereitete John Jacob Astor (1763-1848) mit der Gründung des Handelspostens Astoria den Weg für die Besiedlung durch die Weißen. In der Folgezeit kamen immer mehr Siedler über den Oregon-Trail, um sich hauptsächlich in Williamette Valley zwischen der Kaskadenkette und dem Küstengebirge niederzulassen. 1842 gab Großbritannien seinen Anspruch auf Oregon auf, das später der 33. Bundesstaat wurde.

Der Wohlstand beruht hier auf dem Ackerbau und der Forstwirtschaft. Oregon war einer der ersten Bundesstaaten, der strenge Richtwerte für die Abgasnorm für Kraftfahrzeuge einführte. 1980 verursachte der während des Ausbruchs des Vulkans St. Helens im benachbarten Washington aufgetretene Aschenregen gewaltige Umweltschäden. Da sich in den letzten Jahrzehnten auch andere Industriezweige in Oregon niedergelassen haben, litt die Wirtschaft weniger unter den Schäden als zu erwarten gewesen wäre.

Portland ist Oregons größte Stadt ...

KALIFORNIEN

Spitzname	Golden State
Beitritt zur Union	1850
Hauptstadt	Sacramento
Fläche	411 047 km²
Einwohnerzahl	31 211 000
Sehenswürdigkeiten	Yosemite-Nationalpark (Sierra Nevada), Death Valley, Tahoesee
Industrieschwerpunkte	Nahrungsmittel, Luftfahrt, Mikroelektronik, Tourismus

Kalifornien ist der bevölkerungsreichste Bundesstaat. Seine Wirtschaft kann sich heute durchaus mit den Volkswirtschaften der größten Staaten der Welt messen. Bis zum Ende des 18. Jhs. war Kalifornien noch eine unberührte Wildnis.

Kalifornien hat nicht nur die weltweit größte Autodichte, es verfügt auch über das größte gebührenfreie Autobahnnetz, leidet allerdings auch stark unter der daraus resultierenden Umweltbelastung.

1542 sichtete der spanische Seefahrer Juan Rodríguez Cabrillo (†1543) als erster Europäer die Küste Kaliforniens. Die erste königlich-spanische Expedition landete 1769. Noch im gleichen Jahr gründete der spanische Priester Junípero Serra (1713-1784) die Mission des Franziskanerordens in Monterey an der Küste im Zentrum des heutigen Bundesstaats. 1821 erlangte Mexiko die Unabhängigkeit von Spanien. In den darauf folgenden 20 Jahren übernahmen mexikanische Siedler die zu der Mission gehörigen Ranches und vertrieben die indianische Bevölkerung bzw. beuteten sie ...

lich von Sakramento Gold und es begann ein weiterer, massiver Zustrom von Goldsuchern und Siedlern. Während des Bürgerkriegs stand Kalifornien auf der Seite der Unionsstaaten. Immigrationswellen aus dem Osten brachten Bauern in die Täler im Landesinneren und Industrieansiedlungen in die wachsenden Städte. Hollywood avancierte zur Film- und Fernseh-Metropole der Welt. Die Bevölkerung, die sich zwischen 1860 und 1960 im Schnitt alle 20 Jahre verdoppelte, setzt sich aus einer Vielzahl ethnischer Gruppen zusammen. Es gibt Kalifornier, deren Muttersprache Spanisch, Chinesisch, Vietnamesisch, Indianisch und afroamerikanischen Ursprungs ist. Mehr als 90 % der Bevölkerung lebt in den Städten.

Heute ist Kalifornien nicht nur wichtigster Produzent landwirtschaftlicher Erzeugnisse, sondern verfügt auch über Erdölvorkommen, eine blühende Industrie und einen einträglichen Tourismus. In der Mikroelektronik errang Silicon Valley Weltruhm. Da nördlich von San Francisco der St.-Andreas-Graben verläuft, ist dieses Gebiet stark erdbebengefährdet. Die tektonischen Verschiebungen entlang des Grabens verursachten 1906 das katastrophale Erdbeben in San Francisco und das vom Januar 1994 in Südkalifornien.

HAWAII

Spitzname Aloha State

Beitritt zur Union 1959

Hauptstadt Honolulu

Fläche 16 760 km²

Einwohnerzahl 1 172 000

Sehenswürdigkeiten Mauna Kea, Mauna Loa

Industrieschwerpunkte Tourismus, Nahrungsmittel, Rüstungsgüter

Hawaii ist der vom Zentrum der USA am weitesten entfernte und vielleicht auch der ungewöhnlichste Bundesstaat. Er besteht aus einer Kette steil aufsteigender Vulkaninseln, die etwa 3800 km südwestlich vor der kalifornischen Küste im Pazifik liegen. Die größte Insel gab dem Bundesstaat seinen Namen.

Die ersten Einwohner waren Polynesier, die vor ungefähr 1500 Jahren die Inseln besiedelten. Der erste europäische Entdecker war 1778 James Cook (1728-1779), der die Inseln Sandwich-Inseln taufte. Gegen 1795 wurden sie erstmals unter dem berühmten Kriegsfürsten Kamehameha I (1758-1819) vereinigt. Trotzdem siedelten sich immer mehr Europäer an. 1851 stellte Kamehameha III (1814-1854) die Inseln unter den Schutz der USA. Die Urbevölkerung, unter anderem durch eingeschleppte Krankheiten stark dezimiert, wurde durch Siedler, vor allem aus Ostasien, zahlenmäßig überflügelt. Heute leben auf Hawaii

Die Golden Gate Brücke in San Francisco *(oben)* ist ein malerischer Rahmen für Freizeitsegler. Im Hintergrund die Skyline San Franciscos, Symbol geballter Wirtschaftskraft und des kalifornischen Lebensstils.

Ikonen Hollywoods *(oben)*. Die Hand- und Fußabdrücke eines Filmstars im berühmten Gehsteig vor Graumann's Chinese Theater in Los Angeles.

Die goldenen Strände Hawaiis *(rechts)* verlocken die Urlauber zum Schwimmen, Surfen oder Sonnenbaden. Das Inland bietet weitere Attraktionen wie aufsehenerregende Lavaformationen und ein buntes, tropisches Vogelparadies.

mehr Bewohner japanischer als polynesischer Abstammung.

Der amerikanische Einfluss nahm stetig zu, bis die Inseln um 1900 endgültig annektiert wurden. In Pearl Harbor wurde ein riesiger Marinestützpunkt errichtet. Als dieser 1941 von den Japanern angegriffen wurde, traten die Vereinigten Staaten in den Zweiten Weltkrieg ein. Hawaii war mittlerweile so amerikanisiert, dass eine Eingliederung als 50. US-Bundesstaat unumgänglich war.

Auf Hawaii gibt es mehrere Industriezweige, unter anderem die Zuckerraffination. Basis der wichtigsten Einnahmequelle ist jedoch die zauberhafte Natur. Das Klima ist eine Kombination aus tropischer Sonne und milden, gemäßigten Temperaturen. Heftige Niederschläge versorgen die üppigen Wälder an den Flanken der Vulkangebirge mit Wasser. Viele Vulkane sind auch heute noch aktiv. Die saubere Luft und der wolkenlose Himmel machen die höheren Berglagen zu idealen Standorten für Sternwarten. Alljährlich locken die Inseln tausende Touristen an und vermitteln Millionen von Festland-Amerikanern einen Hauch von Polynesien.

IDAHO

Spitzname Gem State

Beitritt zur Union 1890

Hauptstadt Boise

Fläche 216 430 km²

Einwohnerzahl 1 099 000

Sehenswürdigkeiten Hell's Canyon, Mondkrater, National-Monument, Shoshonen-Fälle

Industrieschwerpunkte Nahrungsmittel, Holzverarbeitung, Chemiekalien

Idaho liegt im Nordwesten der USA. Der nördliche Zipfel grenzt an Kanada. Im Herzen Idahos beherrschen die Gebirgszüge der Rocky Mountains die Landschaft; der Süden ist von den seltsam anmutenden Lavaformationen der Ebene des Snake River geprägt.

Mindestens 10 000 Jahre war das Gebiet von indianischen Urvölkern bewohnt, deren Nachfahren heute hier leben. Ursprünglich gehörte Idaho zu Oregon Country und wurde 1846 vertraglich von England an die USA abgetreten. Die ersten weißen Siedler waren Goldsucher; nach dem Bürgerkrieg kamen Flüchtlinge aus der Konföderation hinzu. Auch die Mormonen, vor religiöser Verfolgung im Osten geflohen, ließen sich hier nieder und leisteten einen großen Beitrag beim Aufbau des Landes. Die Wirtschaft wird von einer kleinen, aber aufstrebenden Industrie geprägt, die vor allem landwirtschaftliche Erzeugnisse verarbeitet. Wichtigste Produkt

Spielerparadies. Mitte des 19. Jh. gründeten Mormonen die Siedlung Las Vegas, und es entwickelte sich zu einer kleinen, von der Landwirtschaft geprägten Stadt in der Wüste. Heute kommen durch die liberale Gesetzgebung Nevadas jährlich Millionen Besucher in die Spielkasinos.

NEVADA

Spitzname Silver State

Beitritt zur Union 1864

Hauptstadt Carson City

Fläche 286 352 km²

Einwohnerzahl 1 389 000

Sehenswürdigkeiten Boundary, Carson-Senke, Meadsee (Boulder Canyon)

Industrieschwerpunkte Tourismus, Gold- und Erzabbau, Elektrotechnik, Chemie

Nevada liegt im Osten der Sierra Nevada, daher auch sein Name. Das Land ist in großen Teilen trocken, unwirtlich und dünn besiedelt, und dennoch ist Nevada einer der reichsten Bundesstaaten der USA.

Mehr als 20 000 Jahre lebten hier Indianer. Als erste europäische Siedler kamen im 18. und 19. Jh. spanische Missionare und kanadische Pelzhändler. Danach folgten amerikanische Kundschafter wie John Charles Frémont (1813-56), die den Westen für die Siedler und Goldsucher öffneten. 1848 wurde Nevada von Mexiko an die USA abgetreten. Die Entdeckung der Comstock-Ader führte 1859 zum Silberrausch, der viele Siedler anlockte.

Die Währungsreformen in den 70er-Jahren des 19. Jh. verursachte einen drastischen Einbruch der Silberindustrie. Kurzzeitig wich man auf die Rinderzucht aus, doch auch mit dieser ging es wenig später wieder bergab. Zurück blieben die verlassenen Geisterstädte. Zu Beginn des 20. Jh. erlebten der Bergbau und die Rinderzucht einen erneuten Aufschwung, der jedoch durch die Weltwirtschaftskrise von 1929 wieder zunichte gemacht wurde. Zu Beginn der 30er-Jahre verabschiedete die Regierung des Bundesstaats G

auf ein Minimum reduzierten. Dadurch flossen große Investitionsmittel aus allen Teilen der USA nach Nevada. In den landschaftlich reizvollen Gebieten um Las Vegas im Süden und Reno im Westen entstanden große Touristenzentren mit Luxushotels, schillerndem Nachtleben und teuren Spielkasinos. Durch den Tourismusboom wurde Nevada schlagartig reich. Mit dem Bau des Hoover-Damms, der den Colorado staut, konnte Wasserkraft zur billigen Energieerzeugung genutzt werden, und auch die einheimische Industrie erlebte einen Aufschwung. Darüber hinaus wurden neue Mineralvorkommen entdeckt. Die Mehrheit der Bevölkerung lebt im Einzugsgebiet von Las Vegas und Reno, deshalb sind große Gebiete unbewohnt, die als Standorte für militärische und zivile Verteidigungsanlagen sowie als Atomtestgelände genutzt werden.

MONTANA

Spitzname Treasure State

Beitritt zur Union 1889

Hauptstadt Helena

Fläche 380 847 km²

Einwohnerzahl 839 000

Sehenswürdigkeiten Granitgipfel (Rocky Mountains), Glacier-Nationalpark

Industrieschwerpunkte Landwirtschaftliche Produkte, Kupfer, Erdöl, Holz

Eine stolze Vergangenheit *(oben).* Die Rekonstruktion einer Wild-West-Stadt in Montana vermittelt einen Eindruck von der Autarkie der Pioniergemeinden, in denen das öffentliche Bad neben der Bar zu finden war.

Gespiegelte Schönheit *(rechts).* Dunkle Kiefern und golden leuchtende Zitterpappeln reichen bis an die Schneegrenze der Maroon Bells heran, die sich über dem Maroonsee nahe des berühmten Skiorts Aspen, Colorado, erheben.

das Gebiet aufmachte. Zwei Jahre später wurde das Montana Territory gegründet und die ersten Rinderzüchter rückten nach, um ihre Herden auf den weiten, hügeligen Ländereien im Osten des Territoriums grasen zu lassen. Die ansässigen Indianer führten einen harten Kampf um ihre Jagdgründe. Stämme wie die der Sioux oder Cheyenne sind zur Legende geworden, genauso wie die Namen der Schlachtfelder, auf denen sie ihre letzten Siege errangen: Little Big Horn (1876) im südöstlichen Montana oder das Bighole-Becken (1877) im Südwesten. Wenig später unterlagen die Indianer jedoch der Übermacht der amerikanischen Armee und mussten den weißen Siedlern weichen.

Die USA hatten das Territorium 1803 im Rahmen des Louisiana Purchase erworben, das jedoch bis zum Goldrausch 1862 kaum erschlossen war. Als die indianische Bevölkerung sich stark verringert hatte, ließen die weißen Siedler vom Gold ab und begannen sich für die großen Kupfervorkommen zu interessieren. Von 1909 an lockte ein günstiges Landangebot der Regierung neue Einwanderer vor allem aus Nordeuropa nach Montana, doch die schweren Dürreperioden der 20er-Jahre trieben viele Farmer in den Ruin.

Hauptzweige der Wirtschaft sind auch heute die Landwirtschaft und der Bergbau. Es werden vor allem Weizen, Gerste und Zuckerrüben angebaut. Der Bergbau fördert neben Kupfer vor allem Blei, Silber und Phosphate. Die atemberaubende Landschaft sowie die historischen Schlachtfelder ziehen zunehmend die Touristen an.

WYOMING

Spitzname	Equality State
Beitritt zur Union	1890
Hauptstadt	Cheyenne
Fläche	253 324 km²
Einwohnerzahl	470 000
Sehenswürdigkeiten	Yellowstone- und Grand-Teton-Nationalpark
Industrieschwerpunkte	Erdöl, Erdgas, Kohle, Tourismus, Nahrungsmittel

Als dieses Gebiet durch den Louisiana Purchase von den USA aufgekauft wurde, war es noch eine wilde, von Indianern bevölkerte Berggegend. Viele Jahre lang schreckten die trockenen Prärien und die Berge die Siedler ab – Wyoming war nicht viel mehr als ein Stützpunkt auf dem Weg nach Westen, über den Oregon- und den Overland-Trail. Der Bau der ersten Telegrafenverbindungen und Eisenbahnstrecken führte zu Vergeltungsangriffen der Arapaho und Shoshonen, die ihrer Gebiete beraubt und deren Jagdgründe zerstört wurden. Bis 1869 hatte man sie in das Wind-River-Reservat am östlichen Fuß der Rocky Mountains zurückgedrängt.

Kaum waren die ersten Eisenbahnverbindungen fertig gestellt, rückten die Rinderzüchter nach. Große Gebiete dienen noch heute als Weideland. Der Hauptindustriezweig ist jedoch die Förderung fossiler Brennstoffe. Durch die leicht zugänglichen Uranvorkommen und die Wasserkraft wurde Wyoming zu einem führenden Energieproduzenten. Er war der erste Bundesstaat, der Nationalparks einrichtete, die vor allem den Tourismus förderten. Außerdem räumte man als erster US-Bundesstaat Frauen das Wahlrecht ein, daher stammt auch der Spitzname „Gleichberechtigungsstaat".

UTAH

Spitzname	Beehive State
Beitritt zur Union	1896
Hauptstadt	Salt Lake City
Fläche	219 887 km²
Einwohnerzahl	1 860 000
Sehenswürdigkeiten	Großer Salzsee, Canyonland-Nationalpark, Powellsee
Industrieschwerpunkte	Rüstungsgüter, Elektronik, Nahrungsmittel, Tourismus

Die Landschaft Utahs ist in großen Teilen karg, trocken und nicht gerade einladend. Dennoch hat sie einige den Widrigkeiten trotzende Völker und einzigartige Kulturen hervorgebracht. Die Anasazi- oder Pueblo-Völker des 4. und 5. Jh. n. Chr. gehören zu den ält-

18. Jh. ausgestorben. Ihre beeindruckenden Felsdörfer, ihre Keramik und Felsmalereien sind erhalten. An ihre Stelle traten die Navajo und Ute, von denen heute noch viele in Utah leben.

1848 annektierten die USA das bis dahin zu Mexiko gehörige Gebiet. Etwa zur gleichen Zeit begann die Verfolgung der Mormonen aufgrund ihrer religiösen Praktiken, insbesondere die der Vielehe. 1847 fühlte sich Brigham Young (1801-1877) von Gott berufen, die Wüste in ein Paradies zu verwandeln und führte die Wagenzüge der Mormonen ins Tal des Großen Salzsees. Durch harte Arbeit und missionarischen Eifer wurde das Land künstlich bewässert – in weniger als 15 Jahren war die Vision Wirklichkeit geworden.

Die Indianer griff man zunächst kaum

die Indianer in Reservaten untergebracht. Bis in die 90er-Jahre des 19. Jh. entwickelten sich die Mormonen zu einer stabilen Gemeinschaft, die von der Landwirtschaft und kleinen Genossenschaftsbetrieben lebte. Der ihnen nicht gerade wohlgesinnte USA-Kongress wies mehrere Anträge zur Gründung eines Bundesstaat zurück, bis die Mormonen 1896 die Polygamie offiziell abschafften und die Kirche ihren politischen Status aufgab. Ihr gesellschaftlicher Einfluss blieb weiter bestehen, und der traditionelle Arbeitseifer ihrer Mitglieder sowie das Prinzip der Nachbarschaftshilfe wurden zu den wesentlichen Faktoren des Industrie- und Wirtschaftswachstums.

Der Einfluss der Kirche hat bis heute nicht nachgelassen. Die pragmatischen „Offenbarungen" wurden aber liberalisiert, so dürfen z. B. schwarze Amerikaner der Kirche beitreten. Die beliebten Touristenzentren und der Wohlstand der Hauptstadt Salt Lake City sind Ausdruck ihres weltlichen Erfolgs.

COLORADO

Spitzname	Centennial State
Beitritt zur Union	1876
Hauptstadt	Denver
Fläche	269 594 km²
Einwohnerzahl	3 566 000
Sehenswürdigkeiten	Mount Elbert (Rocky Mountains), Black Canyon, Gottesgarten
Industrieschwerpunkte	Mikroelektronik, Maschinenbau, Nahrungsmittel

Colorado liegt auf dem Kamm der Rocky Mountains und ist ein typischer Staat des amerikanischen Westens. Hier lebten einst zahlreiche Indianerstämme, von den Mesa-Verde- in ihren Felsdörfern bis zu den Cheyenne- und Arapahoindianern der Prärie. Sie wurden von den Spaniern ausgerottet, die das Gebiet wegen des rötlichen Gesteins Colorado tauften.

Der östliche Teil, den zuerst die Franzosen annektiert hatten, ging durch den Louisiana Purchase an die USA. Der westliche Teil kam 1848 von Mexiko an die USA. Der Goldrausch von 1859 lockte tausende Siedler ins Land. Der Nahrungsmittelbedarf förderte die Entwicklung einer künstlich bewässerten Landwirtschaft. Rinder- und Schafherden traten an die Stelle der inzwischen ausgerotteten Büffel. Gegen Ende des 19. Jh. wurde Colorado durch die Entdeckung großer Mineralvorkommen zu einem bedeutenden Industriezentrum. In den letzten Jahren steckte die traditionelle Industrie in der Krise und wurde zum Teil von der Computer- und Raum

ARIZONA

Spitzname Grand Canyon Staat

Beitritt zur Union 1912

Hauptstadt Phoenix

Fläche 295 259 km²

Einwohnerzahl 3 936 000

Sehenswürdigkeiten Grand Canyon, Paintedwüste, Petrified-Forest-Nationalpark

Industrieschwerpunkte Elektronik, Tourismus, Kupfer

Arizona ist einer der jüngsten, jedoch auch der am frühesten besiedelte Bundesstaat. Indianervölker wie die Anasazi und Hohokam lebten mindestens 25 000 Jahre lang in diesem trockenen, wunderschönen Land. Kurz bevor die Spanier kamen, lebten hier Apachen und Navajos.

Das Gebiet blieb bis 1848 spanisch und wurde dann an die USA abgetreten. Weitere Ländereien kamen 1853 durch den Gadsden Purchase hinzu. In Arizona entstanden viele der Legenden über den Wilden Westen; so fand in Tombstone z. B. die berühmtberüchtigte Schießerei am OK Corral statt.

Während der 70er-Jahre wuchs die Bevölkerung durch den Zuzug aus anderen Bundesstaaten fast auf das Doppelte an. Das warme Klima und neue Arbeitsplätze in Städten wie Tucson und Phoenix lockten die „Einwanderer" an. Dennoch ist Arizona größtenteils dünn besiedelt. Es leben hier mehr Indianer als in den meisten anderen Bundesstaaten, allerdings werden sie heute zahlenmäßig von den Hispanoamerikanern weit übertroffen.

Die Landschaft mit hohen, abrupt aus der Ebene aufsteigenden Bergen ist eine Besonderheit des Bundesstaats. Die zahlreichen Nationalparks sorgen für einen wachsenden Tourismus.

NEW MEXICO

Spitzname Land of Enchantment

Beitritt zur Union 1912

Hauptstadt Santa Fe

Fläche 314 924 km²

Einwohnerzahl 1 616 000

Sehenswürdigkeiten Wheeler-Gipfel (Rocky Mountains), Carlsbad-Höhlen

Industrieschwerpunkte Erzbergbau, Tourismus, Nahrungsmittel

New Mexico hat eine lange Geschichte. Die Ruinen der Felsdörfer sind historische Zeugnisse der Ackerbau betreibenden Pueblo-Indianer. Die Nomadenvölker der Navahos und Apachen kamen wahrscheinlich nur wenige Jahrhunderte vor den Spaniern in das Gebiet. 1540 suchte Francisco Vásquez de Coronado (1510-1554) hier die legendären „sieben Städte aus Gold", kehrte jedoch mit leeren Händen zurück. Zu Beginn des 17. Jh. gründete Juan de Oñate (1550-1630) die ersten europäischen Siedlungen, darunter 1610 Santa Fe. Später wurde die Kolonie von den Indianern zerstört. Im 18. Jh. kam das Gebiet wieder unter spanische Herrschaft und fiel 1821 an Mexiko.

1845 annektierten die USA den östlichen Teil des heutigen New Mexico. Während des Kriegs gegen Mexiko wurde das gesamte Gebiet durch die Armee des Westens besetzt, bis Mexiko es 1848 formell an die USA abtrat. Die kriegerischen Auseinandersetzungen mit den Navaho- und Apachen-Indianern boten den Stoff für viele Legenden. Der Bau der ersten Eisenbahnverbindungen 1880 löste eine große Einwanderungswelle weißer Siedler aus.

Während des Zweiten Weltkriegs entwickelten Wissenschaftler in Los Alamos nordöstlich von Santa Fe die erste Atombombe. Die wissenschaftliche Forschung ist noch heute ein wichtiger Wirtschaftszweig. Bedingt durch die geringen Niederschlagsmengen wird nur wenig Landwirtschaft, dafür aber mehr Rinderzucht betrieben. Über ein Drittel der Bevölkerung sind spanischer Abstammung, die Hälfte davon stammt aus Mexiko, weshalb auch Spanisch die zweite Amtssprache ist. Der florierende Tourismus förderte die Nachfrage nach indianischem und mexikanischem Kunsthandwerk. Keramik, Decken und Silberschmuck sind heute beliebte Souvenirs.

OKLAHOMA

Spitzname Sooner State

Beitritt zur Union 1907

Hauptstadt Oklahoma City

Fläche 181 185 km²

Einwohnerzahl 3 231 000

Sehenswürdigkeiten Black Mesa , Wichitagebirge

Industrieschwerpunkte Maschinenbau, Erdölraffinerien, Eisen und Stahl

Die USA erwarben das Gebiet Oklahomas durch den Louisiana Purchase von Frankreich. Im Jahre 1828 schuf der Kongress hier ein Gebiet, das nur von Indianern bewohnt

Monument Valley, Arizona (*links*). Seine Ablauf- und Tafelberge aus rotem Sandstein sind ein Wunderwerk der Natur. Dieses harte, wunderschöne Land ist die Heimat der Navajos, die hier noch ihr Reservat haben.

Fort Alamo (*rechts*) in San Antonio, Texas: Ein kleiner Schrein für eine berühmte Legende. 1836 ließ hier eine kleine Gruppe Freiwilliger, darunter der berühmte Davy Crockett (1786-1836) ihr Leben im Kampf um die Unabhängigkeit Texas'.

Die reich verzierte Fassade (*unten links*) der Missionskirche von San Xavier del Bac in Tucson, Arizona. 1700 gründeten spanische Jesuiten die Mission, die bis heute den Pagago-Indianern dient.

werden und aus fünf Republiken oder Nationen bestehen sollte. Man nannte es Oklahoma, was in der Sprache der Choctaw-Indianer „Rothaut" bedeutet. Da die Indianer mit der Bundesregierung unzufrieden waren, kämpften sie im Bürgerkrieg auf der Seite der Konföderation und teilten entsprechend deren Leid. 1889 erlaubte der Kongress Siedlern, das Land des Indianerterritoriums landwirtschaftlich zu nutzen, was eine Flut von „land runs" auslöste – Farmer stürmten los, um sich schnell ein Stück Land zu sichern. Die Indianer sind heute in der Minderheit, aber in Oklahoma wahrscheinlich besser integriert als in anderen Bundesstaaten.

Durch den Bergbauboom kam eine weitere Siedlerwelle ins Land. Die Landwirtschaft blieb jedoch der wichtigste Erwerbszweig. Viele Farmer verloren in den Dürreperioden der 30er Jahre ihr Land und damit auch ihre Erwerbsgrundlage. Kurz darauf wurden riesige Ölfelder entdeckt, die dem Bundesstaat neuen Wohlstand bescherten. Das heutige Oklahoma ist vor allem ein Industriestaat, doch nicht mehr allein von den großen Mineralvorkommen abhängig.

TEXAS

Spitzname	Lone Star State
Beitritt zur Union	1845
Hauptstadt	Austin
Fläche	691 027 km²
Einwohnerzahl	18 031 000
Sehenswürdigkeiten	Mont Livermore, Guadalupe, Big-Bend-Nationalpark
Industrieschwerpunkte	Erdöl, Maschinenbau, Textilien, Nahrungsmittel

Texas ist der größte der 48 Bundesstaaten im Kerngebiet der USA. Seine Größe und ... steigt vom Golf von Mexiko langsam an und trifft im Norden auf die Prärien. Der Rio Grande fließt durch die trockene Hügellandschaft im Westen und bildet die Südwestgrenze zu Mexiko.

Die ersten Spanier fanden ein nur dünn von Indianervölkern besiedeltes Land vor. Im Gefolge des Louisiana Purchase erhoben die USA Anspruch auf das Gebiet, das allerdings unter spanischer Herrschaft blieb. Die Texaner nahmen einen Staatsstreich in Mexiko 1833 zum Anlass, sich unter der Führung angloamerikanischer Siedler zu erheben und ihre Unabhängigkeit zu erklären. 1836, nach der legendären Belagerung des Forts Alamo bei San Antonio, gelang es den Texanern bei San Jacinto, die Mexikaner zu besiegen. Neun Jahre später wurde die Republik Texas durch die USA annektiert und die mexikanische Opposition 1847 endgültig zerschlagen.

Texas spaltete sich 1861 von der Union ab und stand auch lange nach dem Bürgerkrieg unter Kriegsrecht. In den 70er- und 80er-Jahren des 19. Jh. wurde die indianische Bevölkerung gewaltsam vertrieben. Der Eisenbahnbau ebnete den Weg für eine rasche Besiedlung. Der Erfolg der Rinderzucht festigte das Image des typischen „Wildweststaats".

Die Entdeckung von Erdölvorkommen 1901 zeitigte einen noch größeren Aufschwung, der dazu beirug, daß sich Houston und Dallas im Osten zu den zwei reichsten Städten der Welt entwickelten. Bald ließen sich eine Vielzahl anderer Industriezweige nieder und es entstand eines der führenden Zentren der verarbeitenden Industrie. Die Landwirtschaft ist nach wie vor ein bedeutender Wirtsschaftsbereich; an erster Stelle steht weiterhin der Anbau von Baumwolle und die Viehzucht. Auch an der texanischen Wirtschaft gingen die wirtschaftlichen Rezessionen nicht spurlos ...

NORDDAKOTA

Spitzname Flickertail State

Beitritt zur Union 1889

Hauptstadt Bismarck

Fläche 183 117 km²

Einwohnerzahl 635 000

Sehenswürdigkeiten Norddakota-Ödland, Missouri, Sakakaweasee

Industrieschwerpunkte Nahrungsmittel, Erdölverarbeitung, Landmaschinen

Die nördliche Lage, das kühle, halbtrockene gemäßigte Klima sind ideale Voraussetzungen für den Anbau von Winterweizen und für die Viehzucht, deshalb ist Norddakota einer der führenden Agrarstaaten der USA.

Der erste Europäer, der um 1740 Norddakota betrat, war der Frankokanadier Pierre Gaultier de Varennes, Sieur de La Vérendrye (1685-1749). Bald suchten kanadische Händler regelmäßig das Gebiet auf. 1803 verkaufte Frankreich seinen Anspruch auf Norddakota im Louisiana Purchase an die USA. Die weißen Händler fanden schnell Mittel und Wege, die indianische Bevölkerung auszubeuten. Die Indianer gerieten in immer größere Abhängigkeit und wurden durch Krankheiten wie z. B. die Röteln, die die Weißen einschleppten, dezimiert. Goldsucher, die den Missouri entlang nordwestwärts zogen, drangen in Indianerland ein, was zu weiteren schweren Konflikten führte. Mit dem Bau der Eisenbahn 1871 kamen weitere Siedler massenweise ins Land. Die Landwirtschaft erlebte einen Aufschwung. 1889 wurde das Dakota-Territorium in Nord- und Süddakota geteilt, die beide der Union beitraten. Die Landwirtschaft blieb Hauptsäule der Wirtschaft und wurde zunächst durch staatliche Subventionen, später durch die Gründung von Genossenschaften geschützt. Auch heute noch ist die Landwirtschaft vorherrschend und bestimmt die verarbeitende Industrie. Norddakota ist eines der führenden Ölförderländer und Stromerzeuger durch Wasserkraft in den USA.

SÜDDAKOTA

Spitzname Coyote State

Beitritt zur Union 1889

Hauptstadt Pierre

Fläche 199 730 km²

Einwohnerzahl 715 000

Sehenswürdigkeiten Mount Rushmore, Ödland-Nationalpark

Industrieschwerpunkte Nahrungsmittel, Maschinenbau, Elektronik

Süddakota wurde 1889 von Norddakota abgespalten, und zwar 15 Jahre später, nachdem man im Westen des heutigen Bundesstaats Gold gefunden hatte. Die Fundstelle lag in den Black Hills, einem Gebiet, das vertraglich den Teton-Dakota-Indianern zugesichert worden war und zu dem Weiße keinen Zugang hatten. Der Krieg gegen die Indianer ließ nicht lange auf sich warten, sie wurden vertrieben und 1877 gezwungen, das Gebiet abzutreten. Auf den neuen Verkehrsverbindungen kamen weitere Goldsucher und Siedler aus dem Osten nach Rapid City. Zwischen 1878 und 1887 vervierfachte sich die Einwohnerzahl, woraufhin Süddakota die Eigenstaatlichkeit beantragte und schließlich auch zugesprochen bekam. Die Black Hills boten neben den Goldvorkommen auch ausreichend neues Weideland. 1889 wurde im Westen noch mehr Land hinzugewonnen. Anfang des 20. Jh. wurde das Land Siedlungsgebiet, wodurch den Indianern weitere Gebiete entrissen wurden. Seitdem haben Dürreperioden und Wirtschaftskrisen ihren Tribut gefordert, trotzdem ist der Ackerbau noch die Haupterwerbsquelle. Heute sind vor allem die verarbeitende Industrie und der Tourismus im Wachstums begriffen.

KANSAS

Spitzname Sunflower State

Beitritt zur Union 1861

Hauptstadt Topeka

Fläche 213 096 km²

Einwohnerzahl 2 531 000

Sehenswürdigkeiten Castle Rock, Horse Thief Canyon

Industrieschwerpunkte Nahrungsmittel, Luftfahrt, Landmaschinenbau

Kansas liegt im Zentrum der USA. In den Urzeiten der Dinosaurier war das Gebiet von einem flachen Binnenmeer bedeckt, deshalb ist die Landschaft weitgehend eben.

Bis zur Ankunft der Europäer lebten die Indianer vor allem von der Büffeljagd. In den 50er-Jahren des 19. Jh. wurden die Büffel von den weißen Siedlern so gut wie ausgerottet, einmal um die Indianer auszuhungern, zum anderen, um die Felle im Osten zu verkaufen. Kansas kam ebenfalls durch den Louisiana Purchase von 1803 an die USA und wurde während des Bürgerkriegs wegen der Sklavenfrage zum Schlachtfeld.

Zunächst war die Rinderzucht vorherrschend, doch neue widerstandsfähige Weizensorten, die die Mennoniten (Einwanderer aus Russland) mitgebracht hatten, ermöglichten einen großflächigen Weizenanbau. Große Teile der Anbauflächen zählten in den 30er-Jahren zu den berüchtigten überbewirtschafteten „dustbowls" – Gebieten, in denen während langanhaltender Dürre nichts mehr wuchs. Dennoch ist Kansas auch heute der größte Weizen- und einer der führenden Fleischproduzenten der USA.

Die Erdzeitalter (*oben*) sind in den Gesteinsschichten des Ödlands Süddakotas genau nachvollziehbar. Die faszinierenden Felsformationen und tiefen Schluchten dieses weitläufigen, hochgelegenen und trockenen Gebietes entstanden durch von Zeit zu Zeit auftretende sintflutartige Regenfälle.

Im Mount Rushmore (*rechts*) in den Black Hills, Süddakota, sind die Porträts von vier amerikanischen Präsidenten als Monument in den Granitfels gehauen: (*von links nach rechts*) der 1., George Washington (1732-1799), der 3., Thomas Jefferson (1743-1826), der 26., Theodore Roosevelt (1858-1919) und der 16. Präsident, Abraham Lincoln (1809-1865).
Jedes Porträt ist etwa 18 m hoch.

MINNESOTA

Spitzname Gopher State

Beitritt zur Union 1858

Hauptstadt Saint Paul

Fläche 224 329 km²

Einwohnerzahl 4 517 000

Sehenswürdigkeiten Woodssee, Minnehaha-Fälle (Minneapolis)

Industrieschwerpunkte Nahrungsmittel, Rüstungsgüter, Eisenerzabbau, Maschinenbau

Einst wurde die Landschaft von Gletschern bedeckt, die eine Vielzahl verstreuter Seen und ein weitläufiges Prärieland mit fruchtbaren Böden hinterließen.

Ursprünglich lebten in dem Gebiet, das ebenfalls mit dem Louisiana Purchase an die USA fiel, die Chippewa und die Sioux. In den 20er-Jahren des 19. Jh. setzte der Zustrom der ersten Siedler ein, von denen die meisten aus Neuengland kamen und die der Reichtum der riesigen Hartholzwälder lockte. Die beiden Hauptsiedlungen an den gegenüberliegenden Ufern des Mississippi wuchsen später zu den großen „Zwillingsstädten" Minneapolis und Saint Paul.

Spätere Einwanderer, vor allem aus Skandinavien und Deutschland, begannen, das fruchtbare Prärieland zu bestellen. Die Kohlebergwerke im Nordosten bildeten die Grundlage für die Industrialisierung. Im 20. Jh. wurden neue Anbaumethoden zur Bewirtschaftung landwirtschaftlicher Flächen eingeführt; so entstanden die großen Kornfelder, die den Wohlstand Minnesotas begründeten. Handel und verarbeitende Industrie konzentrieren sich im Umfeld von Saint Paul und Minneapolis, die mit ihren Parks, Hochschulen und Museen auch die Zentren des kulturellen Lebens und des Tourismus sind.

IOWA

Spitzname Hawkeye State

Beitritt zur Union 1846

Hauptstadt Des Moines

Fläche 145 752 km²

Einwohnerzahl 2 814 000

Sehenswürdigkeiten Okobojisee, Effigy Mounds National Monument

Industrieschwerpunkte Nahrungsmittel, Landmaschinen, Elektronik

Iowa liegt im Mittleren Westen, zwischen dem Mississippi und dem Missouri, im Herzen des nordamerikanischen Kontinents. Die ge-

sammen, deren Kulturen nach der Einführung des Pferdes durch die Europäer ihren Höhepunkt erlebten. Zunächst erhob Frankreich Anspruch auf das Land, es wurde dann aber ebenfalls als Bestandteil Louisianas an die USA verkauft. Der östliche Teil wurde in den 30er-Jahren des 19. Jh. den Indianern abgekauft. Dadurch eröffnete sich der Weg für die Siedler aus dem Osten und aus Mitteleuropa. Die deutsch- und tschechischstämmigen Bevölkerungsgruppen haben bis heute viele Elemente ihrer ursprünglichen Identität erhalten.

Iowa ist in erster Linie ein Agrarstaat und produziert jährlich große Mengen an Vieh und Futterpflanzen. Die Behauptung, man lebe in Iowa hinter dem Mond, hat keine Berechtigung: Des Moines und Sioux City sind moderne Städte, und die Universität von Iowa genießt einen ausgezeichneten Ruf.

NEBRASKA

Spitzname Cornhusker State

Beitritt zur Union 1867

Hauptstadt Lincoln

Fläche 200 349 km²

Einwohnerzahl 1 607 000

Sehenswürdigkeiten Missouri

Industrieschwerpunkte Nahrungsmittel, Maschinenbau, Elektronik

Nebraska, mitten in der Prärie gelegen, ist nicht nur ein wichtiger Agrarstaat, sondern auch der Verkehrsknotenpunkt zwischen Ost und West.

Das Gebiet kam 1803 durch den Louisiana Purchase an die USA. Bald kamen die ersten amerikanischen Kundschafter den Missouri entlang und bereiteten den Weg für den Pelzhandel. In den 40er-Jahren des 19. Jh. war das Tal des Plate-Flusses für tausende von Pionieren das Tor zum Westen. Die Eisenbahngesellschaften erkannten sehr schnell das landwirtschaftliche Potential Nebraskas. 1869 wurde die Union Pacific Railroad fertig gestellt.

Nachdem Nebraska zum Bundesstaat erklärt wurde, breitete sich seine Bevölkerung gegen den Widerstand der indianischen Bevölkerung weiter nach Westen aus. In den 80er-Jahren des 19. Jh. stagnierte die Landwirtschaft, von der sie sich erst zu Beginn des 20. Jh. wieder erholte, um sich kurz darauf, während der Weltwirtschaftskrise, erneut auf Talfahrt zu begeben. Heute ist die Landwirtschaft wieder der führende Erwerbszweig und liefert Rohstoffe für die Industrie

MISSOURI

Spitzname Show Me State

Beitritt zur Union 1821

Hauptstadt Jefferson City

Fläche 180 514 km²

Einwohnerzahl 5 234 000

Sehenswürdigkeiten Ozarkhochebene, Missouri

Industrieschwerpunkte Nahrungsmittel, Luftfahrt, Automobilbau, Tourismus

Im Verlauf seiner Geschichte hat Missouri stets einen Mittelweg eingeschlagen, um die Kluft der Gegensätze zwischen Waldland und Prärie, Kornfeldern und Baumwollanbau, Gegnern und Befürwortern der Sklaverei, zwischen Ost und West, zu überwinden.

Der Name Missouri stammt von einem einheimischen Indianervolk. Die erste europäische Siedlung St. Genevieve am Westufer des Mississippi wurde 1735 von französischen Jägern und Bleiminenarbeitern gegründet. 1803 kam der Bundesstaat durch den Louisiana Purchase an die USA. Die Bevölkerung war zunächst rein französisch, doch bald setzten sich die amerikanischen Siedler durch. Als der Kongress den umstrittenen Missouri-Kompromiss ausgehandelt hatte, um der Verbreitung der Sklavenhaltung im Westen Einhalt zu gebieten, trat Missouri 1821 der Union bei. Missouri wurde für viele Pioniere das Tor zum Westen. Offiziell stand der Bundesstaat während des Bürgerkriegs auf Unionsseite, aber viele Bürger kämpften auch auf der Seite der Konföderierten. 1865 wurde die Sklaverei abgeschafft, die Diskriminierung der farbigen Bevölkerung hielt jedoch bis in die 60er-Jahre des 20. Jh. an.

Dank der vielfältigen Ressourcen – einschließlich des Erzabbaus, der Intensivierung der Forst- und Landwirtschaft – wächst die Wirtschaft seit Ende des 19. Jh. stetig. In den letzten Jahrzehnten gewannen der Finanz-, der Dienstleistungssektor sowie die Raumfahrtindustrie verstärkt an Bedeutung.

WISCONSIN

Spitzname Badger State

Beitritt zur Union 1848

Hauptstadt Madison

Fläche 171 496 km²

Einwohnerzahl 5 038 000

Sehenswürdigkeiten Winnebagosee, Door-Halbinsel (Michigansee), Apostelinsel (Oberer See)

Industrieschwerpunkte Nahrungsmittel, Maschinenbau, Eisen und Stahl, Holz und Papier

Urwald bedeckte einst das Land Wisconsin, in dem Indianerstämme wie die Winnebago lebten. Heute ist Wisconsin ein moderner, industrialisierter und urbanisierter Bundesstaat. Der französische Forschungsreisende Jean Nicolet (1598-1642) betrat als erster Europäer 1634 das Land, doch erst 1717 wurden feste Siedlungen errichtet. 1763 fiel das gesamte Gebiet an Großbritannien. Die Briten wiederum traten es 1783 an die USA ab. Nur vier Jahre später wurde das heutige Wisconsin Teil des Nordwest-Territoriums und 1800 fiel es an Indiana.

Zu Beginn des 19. Jh. kamen zunehmend Einwanderer aus Nordwest- und Mitteleuropa, um sich in Wisconsin niederzulassen. Die Macht der ansässigen Indianervölker wurde im Black-Hawk-Krieg 1832 gebrochen. 1836 entstand das Territorium von Wisconsin und 12 Jahre später wurde der Bundesstaat gegründet.

Hauptwirtschaftsfaktor ist die Milchproduktion, doch die verarbeitenden und veredelnden Industriezweige gewannen an Bedeutung. Zuwachsraten erreichten in den letzten Jahren vor allem der Dienstleistungssektor und der Tourismus.

ILLINOIS

Spitzname Prairie State

Beitritt zur Union 1818

Hauptstadt Springfield

Fläche 149 885 km²

Einwohnerzahl 11 697 000

Sehenswürdigkeiten Illinois und Mississippi

Industrieschwerpunkte Metallwaren, Elektroerzeugnisse, Elektronik, Chemie

In vielerlei Hinsicht besteht Illinois eigentlich aus zwei Staaten: Chicago am Ufer des Michigansee unterscheidet sich stark von den landwirtschaftlich geprägten Präriegebieten im Süden und Westen. Dieser Kontrast hängt eng mit Chicagos Geschichte zusammen.

Die ersten französischen Abenteurer kamen 1673 ins Land und stießen auf die Algonkins, die eigentlichen Bewohner des Gebiets. Schon bald gründeten die Franzosen entlang des Illinois Stützpunkte für die Erforschung des Südens. 1763 ging das Gebiet an Großbritannien über. Der Eingriff der Briten in das Leben der Indianer führte zu erheblichen Spannungen. Das Fehlen einer bürgerlichen Ordnung hatte den Rückgang der europäischen Siedlungen zur Folge. Während des Unabhängigkeitskrieges fiel das Gebiet an Amerika, und um 1790 gründete einer der ersten schwarzen Händler, Jean-Baptiste-Point du Sable (1750-1818) Chicago. 1809 spaltete man einen Teil des Territoriums von Indiana ab und schuf das Territorium von Illinois. Daraufhin setzte eine Siedlungswelle ein.

Mit dem Black-Hawk-Krieg von 1832 endeten die Auseinandersetzungen mit den Indianern. Die Verfassung von 1848 verbot die Sklavenhaltung. Obwohl man im Süden von Illinois mit den Konföderierten sympathisierte, blieb der Bundesstaat im Bürgerkrieg auf der Seite der Union.

Nach dem Bürgerkrieg blühte Chicago durch den industriellen Aufschwung auf. Scharen europäischer Einwanderer kamen auf Grund der neuen Arbeitsplätze und gründeten eigene Stadtviertel. Die Stadt zog die befreiten Sklaven aus den Südstaaten an. Bis weit in das 20. Jh. hinein war Chicago ein Zentrum der militanten Arbeiterbewegung. In der Prohibitionszeit der 20er- und 30er-Jahre wurde Chicago wegen den Rivalitäten unter den Schmugglerbanden zum Synonym für die kriminelle Gewalt, die die gesellschaftlichen und kulturellen Errungenschaften der Stadt überschattete. In dieser Zeit beteiligte sich der landwirtschaftlich geprägte Süden an Gewalttaten des Ku-Klux-Klans gegen schwarze Bürger.

Es bestehen bis heute große Unterschiede zwischen dem Norden und dem Süden. Die Landwirtschaft spielt nach wie vor eine wichtige Rolle, doch Steigerungsraten erzielen die Industrie, der Handel, das Versicherungswesen und der Verkehr. Chicagos O'Hare-Flughafen ist einer der größten Flughäfen der Welt.

MICHIGAN

Spitzname Wolverine State

Beitritt zur Union 1837

Hauptstadt Lansing

Fläche 251 493 km²

Einwohnerzahl 9 478 000

Sehenswürdigkeiten Dünen des Michigansees, Hurongebirge

Industrieschwerpunkte Automobil-, Maschinenbau, Tourismus, Metallwaren

Michigan besteht aus zwei großen Landzungen, die in die Großen Seen ragen. Mit „Michigan" verbindet man in erster Linie die Automobilindustrie der Vereinigten Staaten, doch der Norden verfügt über große, naturbelassene Wälder und der Süden zählt bereits zur hügeligen, fruchtbaren Kornkammer der USA.

Ursprünglich war das Gebiet von Indianerstämmen der Ojibwa und der Ottawa bewohnt. Die Zuwanderung französischer Pelzhändler und Missionare begann im 17. Jh. 1760 fiel das Gebiet an Großbritannien, das es bis Ende des Unabhängigkeitskriegs als Hauptstützpunkt nutzte. Im Krieg von 1812 besetzten die Briten erneut vorübergehend Detroit und zeigten, wie wichtig schnelle Verbindungen zum Osten waren. Wenig später wurden Straßen- und Eisenbahnnetze gebaut. Die Fertigstellung des Eriekanals 1825 eröffnete eine neue Schifffahrtsroute, die bis nach New York führte. Das im Südwesten liegende Detroit diente den nach Westen ziehenden Siedlern als Stützpunkt. Viele von ihnen ließen sich in den fruchtbaren Ackerbaugebieten im Umkreis der Stadt nieder.

Die gewaltigen Erzvorkommen, die nun über die Großen Seen zugänglich waren und das Angebot an Arbeitsplätzen förderten den Aufschwung der Industrie. Als 1899 die Oldsmobile-Autofabrik und 1903 Ford und General Motors gegründet wurden, verfügte Detroit bereits über eine solide industrielle Grundlage. Die Weltwirtschaftskrise von 1929 ließ den Wohlstand der Stadt schnell dahin schmelzen, nach dem Zweiten Weltkrieg konnte sich die Industrie jedoch wieder erholen.

Heute leidet die Industrie noch immer unter den Folgen der Rezessionen der letzten Jahre. Weiterhin bereiteten die Absatzprobleme der Automobilindustrie Schwierigkeiten. Außerdem führten soziale Spannungen zwischen den Weißen und der großen, stetig anwachsenden, schwarzen Bevölkerung während der 40er- und 60er-Jahre zu schweren Unruhen.

Die Umweltverschmutzung durch die Industrie, vor allem die starken Belastungen der Großen Seen, wurde zu einem gravierenden Problem und führte zu einer ernsten Gefährdung des Tourismus, der ausschließlich von den Seen und den Wäldern im Seengebiet lebt.

„Die Windige Stadt" (*links*). Chicago ist nach New York und Los Angeles die drittgrößte Stadt in den USA.

Vorstadtflair im Zentrum Detroits, Michigan (*unten*). Als großer Industriehafen und eines der Zentren der Automobilproduktion wuchs Detroit schnell, aber dennoch städtebaulich geordnet.

INDIANA

Spitzname Hoosier State

Beitritt zur Union 1816

Hauptstadt Indianapolis

Fläche 94 309 km²

Einwohnerzahl 5 713 000

Sehenswürdigkeiten Indianer-Dünen (Michigansee)

Industrieschwerpunkte Metallwaren, Verkehrsausrüstungen, Maschinenbau, Elektronik

Indiana erstreckt sich quer über den Mittleren Westen, vom Michigansee bis zum Ohio, und vereinigt in sich viele Eigenschaften sowohl der Nord- als auch der Südstaaten. Die Landschaft ist überwiegend eben, mit sanften Hügeln und fruchtbaren Böden, die die Gletscher der Eiszeit hinterlassen haben.

Ursprünglich war Indiana von den Algonkins bevölkert, die, um ihr Land vor Übergriffen der Irokesen zu schützen, die so genannte Konföderation von Miami gründeten. Die ersten europäischen Siedler waren Franzosen, später ging das Gebiet an Großbritannien und 1783 an die USA über. Als der Ausbau der Verkehrsverbindungen den Zugang erleichterte, setzte ein Zustrom von Siedlern aus dem Osten ein, die das fruchtbare Land für den Ackerbau erschlossen. Der Bürgerkrieg brachte dem Norden die Industrialisierung und eine Welle von Flüchtlingen aus dem Süden. Sie führten die Sklaverei ein und übertrugen ihr Misstrauen gegenüber der Politik der Bundesregierung auf die Bevölkerung im Norden.

Heute ist Indiana hauptsächlich ein Industriestaat. Es gibt ein gut ausgebautes Verkehrsnetz, zu dem auch der schiffbare Ohio zählt. Die Dichte des Eisenbahn- und Straßennetzes liegt über dem amerikanischen Durchschnitt. Große Teile des Landes, vor allem der von der Landwirtschaft geprägte Süden, sind weiterhin ländlich und wenig erschlossen.

OHIO

Spitzname	Buckeye State
Beitritt zur Union	1803
Hauptstadt	Columbus
Fläche	115 998 km²
Einwohnerzahl	11 091 000
Sehenswürdigkeiten	Sandusky Bay (Eriesee), Miami (Fluss)
Industrieschwerpunkte	Verkehrsausrüstungen, Maschinenbau, Metallwaren

Ohio bildet eine Brücke zwischen den Gründerstaaten der Union und dem Mittleren Westen und wurde als 17. Staat in die Union aufgenommen.

In prähistorischer Zeit war Ohio der Lebensraum der Hopewell-Völker. Ausgrabungen ihrer Hügelgräber und Erdwälle sind Zeugnisse ihrer hochentwickelten Kultur und Lebensweise. Im 18. Jh. beanspruchten sowohl Frankreich als auch Großbritannien das Land für sich. Als Ohio zum Bundesstaat erklärt wurde, folgte eine rasche Besiedlung, vor allem durch Schotten, Iren und deutschsprachige Immigranten. Fluss-, Kanal- und Eisenbahnverbindungen machten das Land vom Osten her leichter zugänglich, und so setzte sich, vor allem nach dem Bürgerkrieg, im bis dahin landwirtschaftlichen Ohio schnell die Industrialisierung durch. Im Zuge dieser Entwicklung wuchsen bald Großstädte wie Cleveland am Ufer des Eriesees und das im Süden am Ohio gelegene Cincinnati.

Auch heute stellt Ohios Wirtschaft eine Kombination aus landwirtschaftlicher Nutzung des fruchtbaren Hügellands und der verarbeitenden Industrie dar. Die Flugpioniere Orville und Wilbur Wright (1871-1948 und 1867-1912) stammten aus Dayton – seither ist Ohio mit der Flugzeugindustrie verbunden. Die traditionellen Industrien wie der Kohlebergbau gehen stark zurück und werden zunehmend durch andere Industriezweige wie den Elektromaschinenbau ersetzt.

Der Leuchtturm von Portland Head (*oben*) steht an der Spitze der Casco Bay an der Küste von Maine, dem größten Bundesstaat Neuenglands. Die kleinen Inseln und Felsbuchten an der Küste stellen für die Fischer eine besondere Gefahr dar.

MAINE

Spitzname	Pine Tree State
Beitritt zur Union	1820
Hauptstadt	Augusta
Fläche	86 156 km²
Einwohnerzahl	1 239 000
Sehenswürdigkeiten	Mount Katahdin, Mosseheadsee
Industrieschwerpunkte	Forstwirtschaft, Fischerei, Papier

Maine liegt an der Atlantikküste Neuenglands, an der kanadischen Grenze. Etwa im 10. Jh. steuerten als Erste Wikinger, aus Grönland kommend, die zerklüftete Küste an, verweilten aber nur kurz hier. Vom 15. Jh. an stritten England und Frankreich um das Gebiet, wobei die englischen und französischen Siedler auf die äußerst feindseligen Völker der Penobscot- und Passamaquoddy-Indianer stießen. 1763 setzten sich die Engländer schließlich durch, das Gebiet gehörte aber bis zum Krieg von 1812 zu Massachusetts. 1820 wurde der Missouri-Kompromiss geschlossen und Maine erhielt zum Ausgleich der Aufnahme des Sklavenstaates Missouri in die Union die Eigenstaatlichkeit.

Die Landschaft ist felsig und waldreich; man kann nur kleinere Flächen landwirtschaftlich nutzen, auf denen hauptsächlich Kartoffeln angebaut werden. Mit der Verbesserung der Verkehrsverbindungen im 19. Jh. siedelten sich große Industrien wegen reichhaltiger Ressourcen wie Holz, Gestein und Fisch an. Die preiswerte Stromerzeugung durch Wasserkraft zog weitere Industrie an. Maine ist auch heute nicht sehr reich, verfügt aber zur Freude der Tourismusbranche über noch unberührte, reizvolle Landschaften.

NEW HAMPSHIRE

Spitzname Granite State

Beitritt zur Union 1788

Hauptstadt Concord

Fläche 24 032 km²

Einwohnerzahl 1 125 000

Sehenswürdigkeiten Mount Washington, Winnipesaukee-See

Industrieschwerpunkte Maschinenbau, Elektronik, Kunststoffe, Tourismus

Im 17. Jh. besiedelten die ersten Europäer New Hampshire im nördlichen Teil Neuenglands. Die englischen Protestanten tauften ihre neue Heimat nach der heimatlichen Grafschaft Hampshire. Zu den ersten, in den 20er-Jahren des 17. Jh. gegründeten Siedlungen zählen Portsmouth, Exeter und Dover, alle nach ihren englischen Vorbildern benannt. Ab 1719 setzte ein weiterer Zustrom schottisch-irischer Presbyterianer ein, die die Städte Londonderry und Dublin gründeten.

1679 wurde New Hampshire zur eigenständigen britischen Kronkolonie, doch die Grenzstreitigkeiten mit den Nachbarkolonien zogen sich über ein weiteres Jahrhundert hin. 1774 leisteten die Bürger New Hampshires den Briten in New Castle mutig Widerstand und eroberten Fort William and Mary.

New Hampshire war eine der stärksten Stützen des Unabhängigkeitskriegs und verkündete schon Wochen vor der nationalen Unabhängigkeitserklärung der Vereinigten Staaten 1776 die Unabhängigkeit von England.

Noch heute pflegt New Hampshire traditionelle demokratische Einrichtungen, wie die Jahr für Jahr in den Städten abgehaltenen „town meetings" (Zusammenkunft aller Bürger). In den letzten Jahrzehnten ließen sich zahlreiche neue Industriezweige hier nieder, wie die Elektrotechnik, Elektronik, Kunststoffindustrie und Dienstleistungsbereiche. Die durch die „alte Welt", d. h. europäisch geprägten Dörfer, die üppigen Wälder und herrlichen Skigebiete bieten beste Voraussetzungen für die Hochkonjunktur des Tourismus.

Herbst in Vermont (*unten*). In Newfane, der Hauptstadt des Bezirks Windham, beginnen die Blätter der Bäume sich zu verfärben. Die herbstliche Farbenpracht der riesigen Laubwaldgebiete Vermonts locken Besucher aus allen Bundesstaaten an.

VERMONT

Spitzname Green Mountain State

Beitritt zur Union 1791

Hauptstadt Montpelier

Fläche 24 900 km²

Einwohnerzahl 576 000

Sehenswürdigkeiten Mount Mansfield, Champlainsee

Industrieschwerpunkte Tourismus, Möbel, Werkzeugmaschinen, Mikroelektronik

Vermont hat eine ereignisreiche Geschichte und zählt zu den landschaftlich schönsten Bundesstaaten. Seine bunten, herbstlichen Wälder sind zu Recht berühmt. Vermont war das Jagdgebiet vieler Indianerstämme, als die ersten französischen Kundschafter kamen, der bekannteste war Samuel de Champlain (1567-1635). Wegen der dichten, immergrünen Wälder an den zerklüfteten Berghängen nannten die Franzosen das Gebiet Verts Monts, grüne Berge.

Die ersten Außenposten errichteten die Franzosen; im 18. Jh. ließen sich Holländer und Briten hier nieder. Nach dem Krieg gegen Frankreich und die Indianer (1754-1763) wanderten Siedler aus Connecticut und Massachusetts ein, und die Nachbarkolonien New York und New Hampshire stritten um den Besitz dieser Ansiedlungen. 1770 rief Ethan Allen (1738-89) eine Truppe bewaffneter Rebellen zusammen, die sich Green Mountain Boys nannten, um sich den Landansprüchen der New Yorker zu widersetzen. Sie unterstützte zunächst den Unabhängigkeitskampf gegen England, kämpfte dann jedoch mit gleicher Vehemenz gegen die Schaffung der neuen Union. 1777 erklärten sie Vermont zu einem unabhängigen Staat und verteidigten ihn bis 1791 erfolgreich. Zahllose Siedler folgten. Sie rodeten große Waldflächen, doch das Land erwies sich als steinig und wenig fruchtbar. Deshalb zogen sie in den 30er-Jahren des 19. Jh. weiter nach Westen; der Waldbestand erholte sich wieder. Im Bürgerkrieg wurde nördlich von Pennsylv

Neben dem Abbau von Granit und Marmor ist in Vermont wenig Industrie angesiedelt. Zu nennen ist die Leichtindustrie, hier insbesondere die Möbelherstellung, und in letzter Zeit die Präzisions- und Computertechnik. Die Kleinstädte und der ländliche Charakter blieben erhalten, zum Vorteil der Bewohner der stärker besiedelte Bundesstaaten, die an Vermont grenzen. Sie nutzen es als beliebtes Feriengebiet, das im Sommer Ruhe und Beschaulichkeit und im Winter ausgezeichnete Schneeverhältnisse für den Winterport bietet. Das kulturelle Leben Vermonts wird von keinem anderen Bundesstaat übertroffen. Zahlreiche Künstler und Literaten leben und arbeiten hier. Berühmt sind die Colleges von Middlebury, Bennington, Marlboro und die Universität von Vermont in Burlington.

MASSACHUSETTS

Spitzname Bay State

Beitritt zur Union 1788

Hauptstadt Boston

Fläche 21 455 km²

Einwohnerzahl 6 012 000

Sehenswürdigkeiten Cape Cod, Martha's Vineyard

Industrieschwerpunkte Elektrotechnik, Elektronik, Feinmechanik

Massachusetts an der Atlantikküste Neuenglands gelegen, kann auf eine lange und wechselvolle Geschichte zurückblicken. Bereits der Wikinger Leif Eriksson landete um 1003 in Massachusetts, also Jahrhunderte vor den ersten Europäern, unter denen sich die Seefahrer Bartholomäus Gosnold (1572-1605) und Samuel de Champlain befanden, die 1602 bzw. 1605 diese Küste erreichten. 1620 ging eine Gruppe religiöser Freidenker aus Südwestengland in der Nähe von Provincetown vor Anker. Später brachten sie ihr Schiff, die berühmte Mayflower, zu ihrer neugegründeten Siedlung nach Plymouth. Anfangs knüpften sie freundschaftliche Kontakte mit der indianischen Bevölkerung, doch bald kam es zu Feindseligkeiten, die mit den Massakern des König-Philipp-Krieges (1675-1676), benannt nach dem Sohn eines Indianerhäuptlings, ihren Höhepunkt erreichten.

Von Anfang an lebte Massachusetts mehr vom Handel und der Industrie als von seiner Landwirtschaft. Die Briten versuchten, den Handel einzuschränken. Dies ließ die Kolonisten zu einer treibenden Kraft in der Unabhängigkeitsbewegung werden. Es kam zu Zusammenstößen wie dem Massaker von Boston (1770) und der Boston Tea Party (1773). Viele

Verfassung der USA ratifiziert wurde. Im 19. Jh. siedelten sich hier zunehmend Gewerbeunternehmen an, die vornehmlich irische Einwanderer beschäftigten. Die Zahl der Gegner der Sklavenhaltung wuchs zusehends, und so stand Massachussetts im amerikanischen Bürgerkrieg unerschütterlich auf der Seite der Union.

Massachusetts bewahrt die Vermächtnisse seiner Vergangenheit, würdigt den Reichtum und den Einfluss der alteingesessenen Familien (die „Proper Bostonians"), das irische Erbe und seine historischen Stätten und Denkmäler. Durch die Einwanderer aus aller Welt entstand hier eine kosmopolitische Gesellschaft.

Die traditionsreiche Textilindustrie verzeichnet seit einigen Jahrzehnten einen Niedergang, doch durch die Nähe zu den renommierten Hochschulen wie der Harvard Universität, der Bostoner Universität und dem Massachusetts Institute of Technology (MIT) ist Massachussetts ein interessanter Standort für die neuen „High-tech"- Unternehmen.

Das Old State House in Boston, Massachusetts *(unten)* steht inmitten der Stadt, von Wolkenkratzern umgeben. Das alte Regierungshaus erinnert an vergangene Kolonialzeiten. Heute stammen die Bevölkerungsgruppen Bostons größtenteils aus Irland, Italien, Schwarzafrika und Puerto Rico.

CONNECTICUT

Spitzname Constitution State

Beitritt zur Union 1788

Hauptstadt Hartford

Fläche 12 997 km²

Einwohnerzahl 3 277 000

Sehenswürdigkeiten Connecticut (Fluss), Long Island Sound

Industrieschwerpunkte Militär-, Elektroausrüstungen, Versicherungen

Connecticut, an der Küste Neuenglands zwischen den Ballungszentren New York und Boston gelegen, ist ein alter und stolzer Bundesstaat.

Die erste Kolonie gründeten in den 30er-Jahren des 17. Jh. britische Puritaner, die ihre ursprüngliche Siedlung an der Bucht von Massachusetts aufgaben. Die Kolonisten unterhielten gute Beziehungen zu den dortigen Algonkinstämmen und siedelten vor allem im Flusstal des Connecticut (1633-1635) und entlang des Küstenstreifens zwischen Saybrook und New Haven (1635-1638). 1662 wurde Connecticut durch einen Erlass des englischen Königs das Recht auf eine eigene Regierung eingeräumt. Im Unabhängigkeitskrieg kam mehr als die Hälfte der Armee, die unter dem Kommando George Washingtons (1732-1799) in New York stationiert war, aus Connecticut. Nach dem Sieg Amerikas übernahm Connecticut noch im gleichen Jahr den Erlass von 1662 als eigene Staatsverfassung. 1814-1815 verbündete sich Connecticut mit vier weiteren Staaten Neuenglands zur so genannten Hartford-Konvention mit dem Ziel, die Bundesverfassung neu zu gestalten. Während des Bürgerkrieges erhielt die Union dennoch große Unterstützung durch Connecticut.

Das 19. Jh. stand im Zeichen des Wandels: In den 40er-Jahren setzte ein starker Zustrom irischer Einwanderer ein, der in der zweiten Hälfte des Jahrhunderts noch durch die Zuwanderung der Frankokanadier und anderer europäischer Immigranten verstärkt wurde. Textilfabriken entstanden und schon nach kurzer Zeit bildete die Industrie den wichtigsten Erwerbszweig.

Heute trägt die Landwirtschaft nur noch einen geringen Anteil zur Wirtschaft bei. Einige ältere Industriezweige expandieren nach wie vor: die Waffen- und Uhrenproduktion und die Herstellung von Silberwaren und Nähmaschinen. Die Textilindustrie ging zurück, der Dienstleistungsbereich hat zugelegt. Die Urwälder, die einst fast ganz Connecticut bedeckten, sind längst abgeholzt und wurden durch Mischwälder ersetzt. Entlang der großen Verkehrsadern wachsen die Städte und Dörfer allmählich zusammen, ein Großteil der Bevölkerung lebt dort. Großstädte gibt es kaum. Wert wird auf die lokale Selbstbestimmung, die Pflege des kulturellen Erbes, der historischen Gebäude und der historisch bedeutsamen Stätten und Denkmäler gelegt.

Unberührte Schönheit (*oben*) im Norden des Bundesstaates New York, im Adirondack-Naturschutzgebiet.

Der Big Apple (*links*). Manhattans Wolkenkratzer drängen sich auf der knapp 20 km langen Insel im Herzen New Yorks zusammen. Der Central Park – die „grüne Lunge" der Stadt – ist gleichsam eine Oase für die New Yorker.

RHODE ISLAND

Spitzname Little Rhody

Beitritt zur Union 1790

Hauptstadt Providence

Fläche 3 139 km²

Einwohnerzahl 996 000

Sehenswürdigkeiten Narragansett Bay

Industrieschwerpunkte Edelsteine, Maschinenbau, Textilien, Elektronik

Rhode Island an der Atlantikküste Neuenglands ist der kleinste Bundesstaat. Sein Name stammt von einer der Inseln in der Narragansett-Bucht. Die erste europäische Siedlung war Providence, 1636 gegründet durch den puritanischen Priester Roger Williams (1603-1683), der aus Massachusetts ausgewiesen worden war. Williams war zwar ein Anhänger strenger Disziplin, gegenüber den anderen Religionen jedoch tolerant und pflegte aufrichtige Beziehungen zu den Indianern. Diese Haltung brachte zwar die Kolonie schnell gegen die britische Herrschaft auf, verzögerte aber auch den Beitritt zum neuen Staatenbund. Rhode Island war die letzte der 13 britischen Kolonien, die die Verfassung der USA ratifizierten und das allgemeine Wahlrecht einführten. 1842 führte das zögerliche Verhalten zur so genannten „Dorr's Rebellion" ...

dem sich die industrielle Revolution durchsetzte; auch heute lebt die Wirtschaft von der Leichtindustrie und dem Dienstleistungssektor. Das ausgeprägte Geschichtsbewusstsein bewirkt, dass in den alten Hafenstädten Providence und Newport ganze Stadtviertel, in denen die ältesten Gebäude der USA stehen, liebevoll gepflegt und erhalten werden.

NEW YORK

Spitzname Empire State

Beitritt zur Union 1788

Hauptstadt Albany

Fläche 136 583 km²

Einwohnerzahl 17 761 000

Sehenswürdigkeiten Mount Marcy (Adirondack Mountains), Long Island, Niagarafälle

Industrieschwerpunkte Verlagswesen, Bekleidung, Pharmazie, Maschinenbau, Finanzen

Der Bundesstaat New York gehörte zu den ersten 13 britischen Kolonien in Amerika und spiegelt wie die Stadt New York selbst die unterschiedlichsten Kulturen der Einwanderer aus aller Welt wider. Die größten Gruppen stammen aus Italien, Deutschland, Russland, Polen, Irland und Puerto Rico.

Der erste Europäer in New York war de...

derlanden und gründeten die Kolonie Neu Amsterdam auf der Insel Manhattan. 1664 nahmen die Briten die Kolonie ein und benannten sie in New York um. Es folgten bewegte Zeiten: Die Gebietsstreitigkeiten zwischen Frankreich und Großbritannien wurden durch die Rivalitäten zwischen den Indianerstämmen noch komplizierter, bis der Vertrag von Paris 1763 schließlich eine gewisse Ordnung schuf. Während des Unabhängigkeitskriegs standen die meisten Kolonisten auf Seiten Großbritanniens. Bis zum Schluss blieb New York City in britischer Hand, wurde dann jedoch 1789 die Hauptstadt der neu gegründeten USA. Die bunt zusammengewürfelte Bevölkerung wuchs durch den Zustrom neuer Einwanderer unaufhaltsam an. Auch nach dem Bürgerkrieg führte man keine Einwanderungsbeschränkungen ein, und so verdoppelte sich die Bevölkerung der Stadt von 1880-1890. Heute ist New York ein extrem dicht besiedeltes Ballungsgebiet und das amerikanische Finanz- und Kunstzentrum. Der Hafen von New York ist der größte Seehafen der Vereinigten Staaten von Amerika, außerdem verfügt die Stadt über drei internationale Flughäfen.

New York City ist so übermächtig, dass man den Rest des Bundesstaats beinahe vergisst. Im Norden stößt man auf abwechslungsreiche Landschaften, von den Großen Seen und den Niagarafällen im Westen über die Berge und Seen der Appalachen bis zum Tal des Hudson im Osten. Von Buffalo im Westen bis Albany im Osten verläuft der Eriekanal, der die Hauptschifffahrtsverbindung zwischen den ...

PENNSYLVANIA

Spitzname Keystone State
Beitritt zur Union 1787
Hauptstadt Harrisburg
Fläche 19 251 km²
Einwohnerzahl 12 048 000
Sehenswürdigkeiten Mount Davis (Allegheny Mountains), Susquehanna
Industrieschwerpunkte Stahl und Eisen, Nahrungsmittel, Maschinenbau

Pennsylvania, einer der ältesten und bevölkerungsreichsten Bundesstaaten, erstreckt sich vom Delaware-Fluss westwärts bis an den Eriesee. Sein offizieller Name, Commonwealth of Pennsylvania, (demokratisches Land mit gleichem Recht für alle), geht auf den Idealismus seines Gründers William Penn zurück.

1681 wurde William Penn als Rückzahlung einer Schuld des britischen Monarchen Penns Vater gegenüber ein großes Landgebiet in Amerika zugesprochen. Im Jahr darauf gründete er am Delaware-Fluss, und zwar an der Stelle, an der heute Philadelphia liegt, eine Quäker-Niederlassung, in der Toleranz und Demokratie herrschen sollten. Penn war auch gegenüber den Indianern freundlich, und die Toleranz der Quäker überzeugte auch andere religiöse Minderheiten, sich in der Kolonie anzusiedeln. Hauptsächlich waren es Deutsche, die heute noch als „Pennsylvania dutch" bekannt sind, aber auch andere Religionsgemeinschaften wie die Mennoniten und Amish waren darunter. Im Kampf um die Unabhängigkeit spielte Pennsylvanien eine zentrale Rolle. Die Unabhängigkeitserklärung wurde in Philadelphia, der ersten Hauptstadt und dem späteren Regierungssitz der USA, unterzeichnet. Auch im Bürgerkrieg wurde in Pennsylvania gekämpft; 1863 errangen die Unionsstaaten in Gettysburg den entscheidenden Sieg.

Das weitläufige, fruchtbare Ackerland verschaffte Pennsylvania den ersten Wohlstand, doch große Kohle- und Mineralvorkommen machten es zu einem Zentrum der Schwer- und verarbeitenden Industrie. Das gilt vor allem für die Gegend um Pittsburgh, in der „Stahlgiganten" wie Andrew Carnegie (1835-1919) riesige Werke errichteten. Diese traditionelle Industrie verliert allmählich an Boden, trotzdem ist Pennsylvania in erster Linie ein Industriestandort. Ein großer Teil des Bodens dient dem Ackerbau. Es gibt Landstriche mit herrlichen Feldern und Wäldern.

Philadelphia ist mit seinen großartigen Kunstsammlungen, den Orchestern und Museen ein weltbekanntes Kulturzentrum, aber auch Pittsburgh, dessen industrielles Umfeld sich durch die „Deindustrialisierung" stark verändert hat, zieht nach.

Elfreth's Alley (*oben*), die historische Enklave im britischen Baustil im Zentrum Philadelphias.

Ländliche Beschaulichkeit in Maryland (*rechts*). Im milden Klima des Hügellands, in dem vor allem Milchwirtschaft und Geflügelzucht betrieben wird, geht alles seinen gemütlichen Gang.

NEW JERSEY

Spitzname Garden State
Beitritt zur Union 1787
Hauptstadt Trenton
Fläche 20 168 km²
Einwohnerzahl 7 879 000
Sehenswürdigkeiten Kittatinny-Gebirge, Pine Barrens (Heideland, Dünen, Waldland)
Industrieschwerpunkte Chemie, Elektromaschinen, Wissenschaftliche Forschung

New Jersey liegt an der Atlantikküste zwischen New York und Pennsylvania. Der Bundesstaat nennt sich selbst „Gartenstaat", doch auf der Durchfahrt über eine der Autobahnen bekommt der Reisende eher den Eindruck, dass der Bundesstaat vor allem mit Umweltverschmutzung, organisiertem Verbrechen und dem Verfall der Städte zu kämpfen hat. Beide Eindrücke sind richtig, denn New Jersey, ein kleiner aber bevölkerungsreicher Staat, ist ein „Staat der Kontraste".

Europäische Kundschafter stießen auf die Lenni-Lenape-Indianer. Schweden und Holländer gründeten die ersten Siedlungen, 1664 fiel das Gebiet an die Briten. New Jersey, das 1702 aus Ost- und Westjersey entstanden war, wurde 1738 als eigenständig erklärt. Im Unabhängigkeitskrieg spaltete sich die Kolonie in vehemente Befürworter und absolute Gegner Großbritanniens. Einige der blutigsten Schlachten wurden hier geschlagen, so in Trenton (1776) und im nahen Princetown (1777). In New Jersey nahm die industrielle Revolution schnell ihren Lauf. 1791 entstand die erste Industriestadt der USA (auch wenn sie sich nicht lange hielt). Der Kanal- und Schiffbau und später der Eisenbahnbau waren in New Jersey zu Hause. Der nördliche und mittlere Teil entwickelte sich zur größten Transportdrehscheibe an der Ostküste. Im südlichen Teil wurden Salat und Gemüse angebaut, mit Lkw belieferte man die Märkte in den Städten. Nach dem Bürgerkrieg führten liberale Handelsgesetze zur Gründung großer Unternehmen und zur ausufernden Industrialisierung, der erst 1913 durch die Bundesgesetzgebung teilweise Einhalt geboten werden konnte. Während der Weltkriege profitierten die USA von den Industriekapazitäten.

Bald wurde der nordöstliche Teil zu einer Art Überlaufbecken für das benachbarte New York City, so dass heute die Mehrheit der Bevölkerung in einem Radius von etwa 50 Kilometern um New York lebt und über Autobahnen den Nachbarstaat erreicht, die wohl das größte Verkehrsaufkommen der Welt haben. Hier gibt es kaum noch freie Flächen für den Ackerbau, aber der Süden mit seiner Landwirtschaft und der Norden mit üppigen Weidegründen bestätigen, dass New Jersey seinen Spitznamen doch zu Recht trägt. Die langen Sandstrände am Atlantik ziehen Tausende von Besuchern an. Atlantic City ist ein weltberühmtes Seebad.

MARYLAND

Spitzname Old Line State
Beitritt zur Union 1788
Hauptstadt Annapolis
Fläche 27 091 km²
Einwohnerzahl 4 965 000
Sehenswürdigkeiten Chesapeake Bay, Backbone Mountain
Industrieschwerpunkte Elektro- und Elektronikausrüstungen, Nahrungsmittel, Chemie

1632 sprach Karl I. von England (1600-1649) Cecil Calvert, Lord Baltimore (1605-1675), Land in der Chesapeake-Bucht zu. Calvert nannte die neue Kolonie Maryland, nach Henrietta Maria (1609-1669), der römisch-katholischen Königin Englands, und machte sie zu einem Zufluchtsort für Katholiken, die in England religiöser Verfolgung ausgesetzt waren. Die Kolonie stand aber auch Nichtkatholiken und allen jenen Christen offen, die an die heilige Dreifaltigkeit glaubten.

Calverts Bruder Leonard (1606-1647) gründete 1634 die erste Hauptstadt, St. Mary's City. Durch die schnelle Verbreitung des Tabakanbaus verlagerten sich die Schwerpunkte jedoch nach Nordwesten, und so wurde 1694 Annapolis zur Hauptstadt ernannt. 1729 wurde Baltimore gegründet. Obwohl auf vielen Plantagen Sklaven arbeiteten, belegte man 1783 den Sklavenhandel mit einer Strafsteuer, aber erst 1864 wurde die Sklaverei ganz abgeschafft.

Streitigkeiten zwischen den Calverts und den Penns fanden in den 60er-Jahren des 18. Jh. durch die „Mason and Dixon Line" ein Ende, die fortan die Grenze zwischen Maryland und Pennsylvania bildete. Maryland beteiligte sich aktiv am Unabhängigkeitskrieg; 1783 wurde in Annapolis der Vertrag von Paris ratifiziert, der die Unabhängigkeit der Kolonien festschrieb. 1814 konnte ein britischer Angriff auf Baltimore zurückgeschlagen werden. In den folgenden Jahrzehnten entstanden die ersten großen Straßen- und Eisenbahnverbindungen über die Appalachen. Während des Bürgerkrieges stand das Land auf der Seite der Unionsstaaten, obwohl Teile der Bevölkerung auch die Konföderierten unterstützten. In Maryland besaßen die Farbigen schon immer das Wahlrecht, deshalb setzte ein stetiger Zustrom schwarzer Amerikaner vor allem aus den Südstaaten ein.

Maryland verfügt heute über eine starke industrielle Basis, zu der auch die neuen Industrien gehören. Daher zählt der Hafen von Baltimore nach wie vor zu den größten Häf…

DELAWARE

Spitzname First State
Beitritt zur Union 1787
Hauptstadt Dover
Fläche 5 294 km²
Einwohnerzahl 700 000
Sehenswürdigkeiten Delaware (Fluss), Delaware Bay
Industrieschwerpunkte Chemie, Textilien, Bekleidung

Das heutige Delaware ist hoch industrialisiert und dicht bevölkert. Der Norden des Bundesstaates zählt zum Ballungsgebiet an der Atlantikküste, jenem großstädtischen Korridor, der sich von Washington bis Boston erstreckt. Der Unterschied zu den primitiven Blockhütten, die die schwedischen Siedler einst errichteten, als sie im Jahre 1638 Fort Cristina, das heutige Wilmington, gründeten, könnte nicht größer sein.

Obwohl die erste holländische Siedlung von den Indianern zerstört wurde, beanspruchten 1655 die Holländer der Kolonie Neu-Amsterdam (das spätere New York) das Gebiet für sich, mussten es aber 1664 an die Briten abtreten. 1682 wurde es William Penn zugespro…

Meer zu verschaffen. Delaware erhielt 1704 das Recht auf ein eigenes Parlament. Der Name stammt aus dem Jahr 1776, geht aber ursprünglich auf die Anfangsjahre der Kolonialzeit zurück. Der Delaware-Bucht gab 1610 Thomas West (1577-1617), der 12. Baron De la Warr, ihren Namen, als dieser zum Gouverneur von Virginia ernannt wurde.

Im Unabhängigkeitskrieg wurde Delaware durch die britische Armee besetzt und vom Meer ständig durch die britische Flotte bedroht. Nach der Unabhängigkeitserklärung nahm Delaware am 7. Dezember 1787 die Verfassung an und wurde so zum ersten US-Bundesstaat. Delaware war eigentlich ein Sklavenstaat, doch schon vor Ausbruch des Bürgerkriegs wurden viele Sklaven freigelassen, und es unterstützte, wenn auch nur zögerlich, die Union.

Die Herausbildung der Industrie hatte einen starken Einfluss auf die Bevölkerungsverteilung: Heute ist ihre Dichte im landwirtschaftlich geprägten Süden, vor allem in den früh erschlossenen, ländlichen Gegenden um Dover und Georgetown noch immer relativ gering, während im industriellen Norden …

Das Zentrum der Macht Amerikas – die eleganten Balkone des Weißen Hauses in Washington D. C., des Amtssitzes des Präsidenten der Vereinigten Staaten. Das Gebäude wurde weiß gestrichen, um die Brandschäden aus dem Krieg von 1812-1814 zu überdecken.

DISTRICT OF COLUMBIA

Bundesstaatlich autorisiertes Gebiet 1790
Festgelegte Hauptstadt der USA Washington D. C.
Fläche 179 km²
Einwohnerzahl 578 000
Sehenswürdigkeiten Potomac
Industrieschwerpunkte Bundeseinrichtungen, Tourismus

Der District of Columbia wurde vom ersten Präsidenten der USA, George Washington, als das Gebiet bestimmt, in dem die Hauptstadt – die erste ihrer Art in der ganzen westlichen Welt – entstehen sollte. Der französische Militäringenieur Pierre-Charles L'Enfant (1754-1825) entwarf dafür den einzigartigen Plan, der auf französischen Grundsätzen der Landschaftsplanung beruhte. Breite Durchgangsstraßen verlaufen sternförmig vom Capitol und dem Amtssitz des Präsidenten (der nach der Renovierung aufgrund der Kriegsschäden von 1814 als das Weiße Haus bekannt wurde). Das Stadtzentrum besteht aus beeindruckenden Gebäuden und Denkmälern, u. a. der Kongressbibliothek, dem Obersten Bundesgericht, dem Smithsonian Institut, dem Washington Monument, dem Lincoln Memorial.

Der Distrikt genießt nahezu alle bundesstaatlichen Rechte, ist aber doch nur Teil eines städtischen Ballungsraums. Pompöse Villen, in denen Botschaften oder hohe Regierungsbeamte untergebracht sind, grenzen an Slums, die in den 60er-Jahren von schweren Rassenunruhen erschüttert wurden. Einige Stadtviertel wurden im Zuge eines städtischen Erneuerungsprogramms abgerissen.

ARKANSAS

Spitzname Land of Opportunity
Beitritt zur Union 1836
Hauptstadt Little Rock
Fläche 137 754 km
Einwohnerzahl 2 424 000
Sehenswürdigkeiten Boston Mountains, Hot Springs Nationalpark
Industrieschwerpunkte Nahrungsmittel, Chemie, Elektronische Ausrüstungen

Arkansas erstreckt sich vom Westufer des Mississippis bis zum bewaldeten Hochland der Ozark Hochebene und an die Ouachita Mountains.

Bereits 500 n. Chr. gab es hier indianische Kulturen. Die ersten europäischen Siedler waren Franzosen, die sich im 17. Jh. niederließen. Sie verkauften das Land im Zuge des Louisiana Purchase an die USA. Die Ebenen am Unterlauf des Mississippi wurden in riesige Baumwollplantagen verwandelt, auf denen afrikanische Sklaven arbeiteten. Von 1820 bis zur Erklärung der Eigenstaatlichkeit 1836 bezeichnete man das Gebiet südlich der durch den Missouri-Kompromiss verlaufenden Grenzlinie zwischen Sklavenstaaten und freien Staaten als Arkansas Territory.

Arkansas trat 1861 aus der Union aus und schloss sich den Konföderierten Staaten an. Der Bürgerkrieg hinterließ Armut, eine starke Abhängigkeit vom Baumwollanbau und die Probleme der Rassentrennung, die erst in den 60er-Jahren des 20. Jh. gelöst wurden. Zwar ist der Staat heute wohlhabend, doch der ländliche Charakter blieb weitgehend erhalten. An Stelle der Baumwolle sind eine breit gefächerte Landwirtschaft und neue Industriezweige getreten. Das Hochland ist ein beliebter Ruhesitz für Pensionäre und erfreut sich eines zunehmenden Tourismus.

LOUISIANA

Spitzname Pelican State
Beitritt zur Union 1812
Hauptstadt Baton Rouge
Fläche 123 677 km²
Einwohnerzahl 4 295 000
Sehenswürdigkeiten Mississippi-Flusslandschaft
Industrieschwerpunkte Erdölraffinerien, Nahrungsmittel, Chemie

Als René-Robert de La Salle (1643-1687) im Jahre 1682 den Mississippi stromabwärts segelte und das gesamte Gebiet zum Eigentum Ludwigs XIV. von Frankreich (1638-1715) erklärte, bevölkerten indianische Stämme dieses Gebiet bereits seit etwa 16 000 Jahren.

1718 gründete Jean-Baptiste Le Moyne, Sieur de Bienville (1680-1768), New Orleans am Mississippidelta. 1731 entstand die Kronkolonie Louisiana. Immer neue Siedler ließen sich nieder. Zu ihnen gehörten auch französischsprachige Einwanderer, die die Briten aus Neuschottland vertrieben hatten. 1762 fiel Louisiana an die Spanier, in deren Besitz es bis 1800 blieb, bevor Napoleon Bonaparte (1769-1821) es für Frankreich zurück erwarb. Der französische und spanische Einfluss spiegelt sich besonders deutlich in der Verfassung Louisianas wie auch in der Architektur und Kultur New Orleans wider.

Die zweite Phase des französischen Besitzes währte jedoch noch kürzer als die erste. 1803 erwarben die USA die Kolonie im Zuge des Louisiana Purchase. Mit diesem Gebietserwerb vergrößerte sich die Fläche um über zwei Millionen Quadratkilometer, und zwar zu einem Preis von weniger als drei Cents pro Morgen.

Wie in anderen Südstaaten hing auch der Wohlstand Louisianas von der Arbeit der schwarzen Sklaven auf den Baumwollplantagen ab. Interessenskonflikte zwischen den reichen Plantagenbesitzern und den übrigen Bauern über die Bodennutzung und das Wahlrecht ließen nicht lange auf sich warten.

Mardi Gras (*oben*). Ein Teilnehmer der berühmten Parade in New Orleans schaut unter einer bunten Tigermaske hervor. Neben dem Jazz gehört der Karneval karibischen Stils zu den Höhepunkten des afroamerikanischen Kulturlebens in Louisiana.

Krabbenkutter (*links*) drängen sich entlang der Kais des kleinen Fischerhafens Delcambre, Louisiana. Die Schlick-Ablagerungen, die der Mississippi anschwemmt, verändern die Küstenlandschaft.

Kentucky-Derby (*unten*). Das Pferderennen findet jährlich im Mai auf der Churchill Downs Rennbahn in Louisville statt. Zusammen mit den Großen Preisen von Preakness und Belmont gehört das Derby zu den begehrten Triple Crown.

1861 trat Louisiana, trotz heftigen Widerstands von Teilen der Bevölkerung, aus der Union aus. Es dauerte nicht einmal ein Jahr, bis Unionstruppen New Orleans zurückeroberten. 1868 wurde Louisiana wieder in die Union aufgenommen, doch ein bitterer Nachgeschmack blieb. Die Verfassung von 1898 verweigerte den meisten Schwarzen das Wahlrecht. Diese Politik hielt bis zu den Bürgerrechtskampagnen in den 60er-Jahren des 20. Jh. an.

Heute dominiert in Louisiana nach wie vor die Landwirtschaft, auch wenn der Baumwollanbau nicht mehr die Hauptrolle spielt; dafür werden jetzt vorrangig Soja, Reis und andere landwirtschaftliche Erzeugnisse angebaut sowie Rinderzucht betrieben. In den charakteristischen Bayous bzw. den Nebenläufen des Mississippi entlang der Küste herrscht subtropisches Klima. New Orleans und Baton Rouge sind wichtige Hafenstädte. Touristen strömen in die französischen Viertel New Orleans, angezogen von der faszinierenden Kolonialarchitektur und dem traditionsreichen

KENTUCKY

Spitzname Bluegrass State

Beitritt zur Union 1792

Hauptstadt Frankfort

Fläche 104 659 km

Einwohnerzahl 3 789 000

Sehenswürdigkeiten Black Mountain, Land der 10 000 Senken

Industrieschwerpunkte Kohle, Maschinenbau, Nahrungsmittel

Kentucky vereint wie kaum ein anderes Bundesland der Vereinigten Staaten das Traditionsbewusstsein der Weststaaten mit dem modernen, industriellen Süden.

Das Gebiet zählte einst zu den Jagdgründen der Irokesen und Cherokee. Daniel Boone (1734-1820) kartografierte ab 1767 das Territorium und eröffnete den Weg für die Siedler nach Westen. Viele Sklaven kamen ins Land. Die Regierung war zwar gegen die Abschaffung der Sklaverei, dennoch trat Kentucky nicht der Konföderation bei. Die Mehrzahl der Soldaten kämpfte im Bürgerkrieg auf der Unionsseite. Im kargen, durch feste Klanstrukturen gekennzeichneten Hochland Kentuckys wurden die Fehden aus dem Bürgerkrieg bis ins 20. Jh. hinein ausgetragen. Die Wirtschaft Kentuckys basiert auf dem Agrarsektor; weltbekannt ist sein Tabak, die Pferdezucht und der Bourbon Whiskey. Ende des 19. Jh. begann man die großen Kohlevorkommen abzubauen, und bis zu den 1966 eingeführten Einschränkungen hatte der Tagebauvortrieb bereits große Landgebiete in mondähnliche Landschaften verwandelt. Berühmt ist Kentucky auch für kulturelle Traditionen wie das jährliche Kentucky Derby und die Countrymusik mit der Stilrichtung des Bluegrass.

TENNESSEE

Spitzname Volunteer State

Beitritt zur Union 1796

Hauptstadt Nashville

Fläche 109 152 km

Einwohnerzahl 5 099 000

Sehenswürdigkeiten Clingmans Dome (Smoky Mountains), Großes Appalachen-Tal

Industrieschwerpunkte Chemie, Nahrungsmittel,

1784 bot Nordkarolina an, seinen Westteil an den Kongress abzutreten. Verärgerte Siedler reagierten mit der Gründung eines eigenen Staates, der sich Franklin nannte, aber nicht lange bestand. 1789 wurde das Gebiet formell von Nordkarolina abgespalten, und 7 Jahre

Country- und Westernmusik begeistert die Zuschauer bei der Opryland Park Country Music Show in Nashville, Tennessee, der Wiege dieser Musikrichtung. In der Grand Ole Opry, der Musikshow der 20er- und 30er-Jahre, traten viele legendäre Sänger zum ersten Mal auf.

Bürgerkrieg stand Tennessee fest auf Unionsseite, doch kurz bevor der Konflikt eskalierte, brachen große Unstimmigkeiten aus. Nach Virginia erlebte Tennessee die blutigsten Schlachten des Krieges. Glücklicherweise kam es nach dem Bürgerkrieg nicht zu rassistischen Ausschreitungen. Dennoch wurde 1865 in Pulaski (südlich von Nashville) der Ku-Klux-Klan, die Organisation weißer Rassisten, gegründet. Von den 70er-Jahren des 19. Jh. bis in die 60er-Jahre des 20. Jh. herrschte eine strikte Rassentrennung.

Seit den 40er-Jahren des 20. Jh. trieb die durch das Tennessee-Valley-Wasserkraftprojekt erzeugte Elektrizität die Industrialisierung voran. Heute gewinnen der Handel, der Dienstleistungsbereich und der Tourismus an Bedeutung. Nashville, das Zentrum der Country- und Westernmusik, lockt seit jeher die musikbegeisterten Besucher an.

MISSISSIPPI

Spitzname	Magnolia State
Beitritt zur Union	1817
Hauptstadt	Jackson
Fläche	123 514 km
Einwohnerzahl	2 643 000
Sehenswürdigkeiten	Mississippi
Industrieschwerpunkte	Bekleidung, Nahrungsmittel, Holz

Der Bundesstaat Mississippi liegt inmitten des Baumwollgürtels der USA und diese Lage spiegelt sich auch in seiner Geschichte wider. Die ersten Kolonisten, Frankokanadier, errichteten 1699 Fort Maurepas an der Küste. Es folgten weitere französische Siedlungen, doch 1763 fiel das Land an die Engländer. Während des Unabhängigkeitskriegs wurde der Süden durch die Spanier besetzt und blieb umkämpft, bis er 1795 durch den Vertrag von San Lorenzo den USA zugesprochen wurde.

Das Territorium Mississippi erstreckte sich von Tennessee im Norden bis zur Golfküste im Süden. 1817 wurde der westliche Teil zum Bundesstaat erklärt. Man vertrieb die Indianer gewaltsam, und Mississippi entwickelte sich zu einem wohlhabenden Baumwollstaat. Wegen der Sklavenhaltung trat Mississippi 1861 aus der Union aus. Im Bürgerkrieg wurde das Land völlig verwüstet, 1890 sprach man der schwarzen Bevölkerung das Wahlrecht ab.

Der Agrarsektor ging in der Weltwirtschaftskrise stark zurück, erholte sich aber nach dem Zweiten Weltkrieg. Zu dieser Zeit begann ein langer, schleppender Prozess der Integration und Anerkennung der Bürgerrechte der schwarzen Bevölkerung. Die Industrie hinkt heute teilweise den modernen Entwicklungen hinterher, die von den Nachbarstaaten besser genutzt wurden.

ALABAMA

Spitzname	Cotton State
Beitritt zur Union	1819
Hauptstadt	Montgomery
Fläche	133 915 km²
Einwohnerzahl	4 187 000
Sehenswürdigkeiten	Cheaha-Gebirge, Mobile Bay
Industrieschwerpunkte	Zellulose, Papier, Chemie, Elektronik

Alabama hat eine wechselvolle Geschichte: Zuerst kam es zu den Gebietsstreitigkeiten zwischen den europäischen Kolonisten und den Indianern, im 19. Jh. waren es die Auseinandersetzungen über notwendige gesellschaftliche Reformen, und in den 60er-Jahren des 20. Jh. die Proteste der Bürgerrechtsbewegung.

Die ersten Europäer, die das Land betraten, waren Spanier unter der Führung von Hernando de Soto (1500-1542) auf der Suche nach Gold. Sie fanden kein Gold, erschlossen jedoch das Gebiet für die Besiedlung, die tausenden von Indianern das Leben kostete. In den nächsten drei Jahrhunderten stritten sich Spanien, Frankreich und Großbritannien um den Besitz und Einfluss. Eine französische Expedition, die die Gebiete des Mississippi erkundete, gründete 1702 die erste dauerhafte Siedlung auf der Dauphin-Insel an der Mündung des Alabama-Flusses. 17 Jahre später ging die erste Schiffsladung schwarzer Sklaven in Port Dauphin an Land.

1763 gewannen die Briten über den größten Teil des Gebiets die Oberhand, und die Spanier mussten alle Kräfte aufbieten, wollten sie nicht auch noch die restlichen Gebiete an der Küste verlieren. 1817 entstand das Territorium Alabama und wurde zwei Jahre später zum Bundesstaat erklärt. Die indianische Bevölkerung siedelte man weiter westlich nach Oklahoma um, und damit war der Weg für eine weitere Einwanderungswelle europäischer Siedler frei. Alabama wurde nicht zuletzt durch die Sklavenarbeit zu einem wohl-

habenden Baumwollstaat. 1860 bestand die Bevölkerung zur Hälfte aus schwarzen Sklaven, und der Austritt aus der Union 1861 war unvermeidlich. Alabama schloss sich der Konföderation an. Während des Bürgerkriegs hatte das Land unzählige Opfer zu beklagen und wurde nach dem Zusammenbruch der Konföderation von 1867 bis 1868 unter Kriegsrecht gestellt. Während des Wiederaufbaus (1868-1874) vertiefte sich die Kluft zwischen Schwarz und Weiß, und der Ku-Klux-Klan gewann an Zulauf. Auch in Alabama musste die farbige Bevölkerung bis in die 60er-Jahre des 20. Jh. auf die Anerkennung der Bürgerrechte warten. Selbst danach wurden schwarze Wähler weiter diskriminiert und der Integrationsprozess stagnierte. In den 50er- und 60er-Jahren war Alabama das Zentrum der Bürgerrechtsproteste. Zu erwähnen ist u. a. der Marsch von Montgomery 1965 unter der Führung von Martin Luther King (1929-1968).

Auch heute ist die Landwirtschaft ein wichtiger Wirtschaftszweig, deren Hauptprodukte Baumwolle und Erdnüsse sind. Zur Eisen-, Stahl- und Nahrungsmittelindustrie kamen im verarbeitenden Sektor noch die Textil- und die Elektronikbranche hinzu.

Der Mississippi, hier in einer Luftaufnahme, windet sich an der Westgrenze des nach ihm benannten Staats durch dicht bewaldetes Gebiet. Der Strom teilt sich bisweilen auf, mäandert immer stärker, bis seine Flussarme wieder aufeinander treffen und dort Inseln und tote Nebenarme bilden.

WEST VIRGINIA

Spitzname Mountain State

Beitritt zur Union 1863

Hauptstadt Charleston

Fläche 62 758 km²

Einwohnerzahl 1 820 000

Sehenswürdigkeiten Spruce Knob (Allegheny Mountains), Ohio

Industrieschwerpunkte Erzbergbau, Chemie, Maschinenbau, Steinbrüche

West Virginia erstreckt sich entlang des Gebirgszugs der Appalachen, an den auch der Norden und Westen Virginias angrenzen. Während Virginia ein reiner Südstaat ist, hatte West Virginia schon seit jeher mit den Nordstaaten vieles gemeinsam.

West Virginias Naturraum ist im wesentlichen bergig und dicht bewaldet, durchzogen von vielen Flussläufen. Das „wilde Land" war die Heimat verschiedener Indianerstämme; hauptsächlich lebten hier die Hopewell, deren prähistorische Erdwallanlagen noch heute in der Nähe von Charleston zu besichtigen sind. Ihre Nachfahren, der Stamm der Irokesen, setzten der Ankunft der ersten europäischen Siedler, die zu Beginn des 18. Jh. über die Appalachen aus Virginia kamen, erbitterten Widerstand entgegen.

Die Kolonisten führten eine vom Sklavenhalterstaat Virginia völlig verschiedene Gesellschaftsordnung ein. Der Ackerbau in den Bergen beschränkte sich auf kleine Bauernhöfe, es gab kaum Sklaven. Unter den Siedlern in den Bergen machte sich bald eine große Unzufriedenheit mit der Politik der Regierungsbehörden im Osten breit, und ihre ablehnende Haltung gegenüber der Sklaverei führte 1859 zur Besetzung des Waffenarsenals in Harper's Ferry. Diese Besetzung war einer der Faktoren, die den Bürgerkrieg auslösten. Als Virginia 1861 aus der Union austrat, verweigerten die Bürger im Nordwesten die Gefolgschaft. So bildeten diese 40 Counties einen selbständigen Staat – West Virginia –, der 1863 als 35. Bundesstaat in die Union aufgenommen wurde .

Nach dem Krieg führte der Ausbau des Eisenbahnnetzes zu einer raschen Industrialisierung des Landes. Mit dem Abbau der reichen Salz-, Kalkstein- und Kohlevorkommen werden die Nachbarstaaten mit Rohstoffen und Energie versorgt, allerdings zog die Industrialisierung auch häufig mit ihr verbundene soziale Spannungen und Umweltprobleme nach sich. Die Landwirtschaft und der Bergbau erleben seit einiger Zeit eine kon-

VIRGINIA

Spitzname The Old Dominion

Beitritt zur Union 1788

Hauptstadt Richmond

Fläche 105 586 km²

Einwohnerzahl 6 491 000

Sehenswürdigkeiten Mount Rogers (Blue Ridge), Chesapeake Bay

Industrieschwerpunkte Textilien, Verkehrsausrüstungen, Elektronik

Virginia, zwischen Delaware und Nordkarolina an der Atlantikküste gelegen, hat wohl die bewegendste Geschichte aller Bundesstaaten, weshalb das Land in der Geschichte der Vereinigten Staaten stets eine Schlüsselrolle einnahm.

Virginia, nach Elisabeth I. von England (1533-1603), benannt, war die erste britische Kolonie in Amerika, die 1607 an der Stelle des heutigen Jamestown (südöstlich von Richmond) gegründet wurde. Die Siedler führten einen harten Überlebenskampf, wurden durch Hunger, Krankheit und häufige Überfälle der Indianer, die ihr Land gegen die Eindringlinge verteidigten, geschwächt. Die Tabakpflanzungen sorgten jedoch bald für wachsenden Wohlstand, auf dessen Grundlage eine Kultur- und Bildungstradition entstand, die noch heute in renommierten Institutionen wie z. B. dem William and Mary College in Williamsburg gepflegt wird.

Schon lange vor dem Unabhängigkeitskrieg war die Kolonie im Begriff, die britische Herrschaft abzuschütteln. In dieser Zeit spielten George Washington (1732-1799) und Thomas Jefferson eine führende Rolle. 1774 fand der „Erste Kontinental-Kongress" statt.

Williamsburg, Virginia. In der 1632 gegründeten Stadt wurden durch umfangreiche Restaurierungsarbeiten über 400 Gebäude im Kolonialstil erhalten. Gleichzeitig wurden die Handwerksberufe des 18. Jh., wie z. B. die Garnspinnerei wiederbelebt, die nun der Öffentlichkeit vorgeführt werden.

1781 mussten die Briten in Yorktown (östlich von Williamsburg) ihre entscheidende Niederlage hinnehmen.

1778 wurde in Virginia der Sklavenhandel zwar abgeschafft, jedoch blieb die Sklavenhaltung auf den Plantagen weiterhin bestehen. 1861 avancierte Virginia zum führenden Staat der Konföderation mit der Hauptstadt Richmond. Der nordwestliche Teil spaltete sich daraufhin ab und wurde zu West Virginia. 1865 endete der amerikanische Bürgerkrieg, nachdem die Truppen der Südstaaten in Appomattox (westlich von Richmond) kapituliert hatten. Die Wirtschaft Virginias erholte sich erst nach Jahren. Bis zum Ersten Weltkrieg war die Landwirtschaft der Hauptwirtschaftszweig, vor allem der Tabakanbau, und in der Folgezeit gewann die verarbeitende Industrie zunehmend an Bedeutung.

Der Zweite Weltkrieg brachte großen Wohlstand, denn an der Küste Virginias wurden Militäreinrichtungen und große Schiffswerften errichtet. Heute ist die Bundesregierung einer der größten Arbeitgeber des Landes. Doch Virginias „kostbarster Besitz" sind die Zeugnisse seiner Geschichte, die in Williamsburg und Mount Vernon (südlich von Washington D. C.) sorgfältig erhalten werden und viele Touristen anziehen.

NORDKAROLINA

Spitzname Tar Heel State

Beitritt zur Union 1789

Hauptstadt Raleigh

Fläche 136 412 km²

Einwohnerzahl 6 945 000

Sehenswürdigkeiten Mount Mitchel (Blue Ridge), Cape Hatteras, Cape Lookout

Industrieschwerpunkte Textilien, Tabak, Elektronik

1663 übertrug König Karl II. von England (1630-1685) das Gebiet zwischen dem 31. und dem 36. Längengrad an acht „Lords Proprietors" (die auf der Roanoke-Insel gegründete Kolonie hielt sich nicht lange). Die Kolonie nannte sich zu Ehren des Königs Carolina und wurde 1665 nordwärts auf Gebiete, die bis dahin zu Virginia gehört hatten, ausgedehnt. 1712 wurde Nordkarolina eine eigenständige Kolonie, an deren Spitze ein Gouverneur stand. 1729 geriet sie wieder unter die direkten Herrschaft des Königs, die 1781 mit der Schlacht am Gericht von Guilford endete.

In den 30er-Jahren des 19. Jh. wurde der Großteil der Cherokee-Indianer gewaltsam in Gebiete westlich des Mississippi verdrängt. 1861 trat Nordkarolina aus der Union aus und musste dafür teuer bezahlen. Die Verfassung von 1868 war zwar etwas liberaler als die anderer Bundesstaaten, aber der schwarzen Bevölkerung wurden bis in die 60er-Jahre des 20. Jh. keinerlei Bürgerrechte zugestanden. Heute hat die verarbeitende Industrie die Landwirtschaft als Haupterwerbszweig verdrängt, doch bleibt Nordkarolina Zentrum der nordamerikanischen Tabakindustrie.

Captain Sam (*oben*) vor einem alten Schaufelraddampfer, mit dem er in Savannah, Georgia, Hafenrundfahrten durchführt.

Klassische Eleganz (*rechts*) in Charleston, Südkarolina, wo noch heute viele Villen ehemaliger Plantagenbesitzer stehen. Hier ist auch die Wiege des Charleston, dem Modetanz der 20er-Jahre, der von Amerika aus seinen Siegeszug rund um die Welt antrat.

SÜDKAROLINA

Spitzname Palmetto State

Beitritt zur Union 1788

Hauptstadt Columbia

Fläche 80 582 km²

Einwohnerzahl 3 643 000

Sehenswürdigkeiten Sassafras Mountain, Sea Islands

Industrieschwerpunkte Tourismus, Textilien, Chemie, Maschinenbau

1670 errichteten britische Kolonisten Charles Town nahe der Mündung des Ashley-Flusses. Die nach König Karl II. von England benannte Siedlung, war damit die erste europäische Siedlung in Südkarolina, die Bestand hatte. Zehn Jahre später wurde Charleston am gegenüberliegenden Ufer des Flusses gegründet. Durch Handel mit Reis, Fellen und Indigo gelangte die Siedlung bald zu Wohlstand. Die englische Krone beanspruchte sehr bald Kontrollrechte über die Finanzen. Südkarolina unterstützte daher entschlossen die Unabhängigkeitsbestrebungen. 1780 nahm eine britische Flotte Charleston ein. Viele Schlachten wurden in Südkarolina ausgetragen.

Die Sklavenhaltung zwang Südkarolina 1861 zum Austritt aus der Union. Im gleichen Jahr löste ein Gefecht mit Regierungstruppen in Fort Sumter im Hafen von Charleston den Bürgerkrieg aus. In der Nachkriegszeit wuchsen die Spannungen zwischen Schwarzen und Weißen, die sich auch in der Verfassung von 1895 widerspiegelten. Die schwarzen Amerikaner erhielten erst in den 60er-Jahren des 20. Jh. die Bürgerrechte. Heute ist Südkarolina mehr ein Industrie- als ein Agrarland und die Textilindustrie hat ihre einstige Vormachtstellung eingebüßt. Das warme Klima und die an die „Alte Welt" erinnernde Atmosphäre der Küstenstädte fördern den Tourismus.

GEORGIA

Spitzname Empire State of the South

Beitritt zur Union 1788

Hauptstadt Atlanta

Fläche 152 576 km²

Einwohnerzahl 6 917 000

Sehenswürdigkeiten Brasstown Bald (Blue Ridge), Okefenokee Swamp (Sumpflandschaft)

Industrieschwerpunkte Nahrungsmittel, Textilien, Bekleidung, Elektroausrüstungen

James Edward Oglethorpe (1696-1785) wurde 1732 durch einen Erlass Georges II. von England (1683-1760) beauftragt, eine neue Kolonie in Nordamerika aufzubauen. Ihm zu Ehren nannte Oglethorpe sie Georgia. Damit entstand die letzte der 13 englischen Kolonien, in denen den Armen Großbritanniens ein Neuanfang in der Neuen Welt ermöglicht werden sollte . Die Versuche, Seide, Wein und Gewürze anzubauen, scheiterten schnell. 1752 wurde Georgia wieder direkt der Krone unterstellt.

Vor dem Unabhängigkeitskrieg ließen sich weitere Siedler an den Ufern des Savannah-Flusses nieder. Bald war der Zustrom so groß, dass die indianische Urbevölkerung gewaltsam in Gebiete jenseits des Mississippi zurückgedrängt wurde. Später wurden Sklaven für die schnell wachsenden Baumwollplantagen ins Land geholt.

Die Sklavenarbeit bereitete Georgias Führung einiges Kopfzerbrechen, deshalb stimmte der Staatskonvent im Januar 1861 mit großer Mehrheit für den Austritt aus der Union. Nach der Belagerung und den anschließenden Invasionen zerstörten 1864 die Unionstruppen unter Führung des Generals William Tecumseh Sherman (1820-1891) Atlanta und rückten, Verwüstung hinter sich lassend, weiter zur Küste vor. 1865 wurde der Präsident der Konföderation, Jefferson Davis (1808-1889) in Georgia gefangen genommen.

Auch nach Kriegsende sträubten sich die Politiker Georgias, der schwarzen Bevölkerung das Wahlrecht einzuräumen – und das sollte noch ein Jahrhundert so bleiben. Die Integration von schwarzen und weißen Schülern in Schulen war bis 1967 ein heiß umstrittenes Thema. Seitdem sind die Farbigen gesellschaftlich wesentlich aktiver geworden: Atlanta war 1973 die erste Großstadt der Südstaaten, in der ein schwarzer Bürgermeister gewählt wurde.

Haupterzeugnis der Landwirtschaft ist längst nicht mehr die Baumwolle. Vorrangig werden Erdnüsse und Mais angebaut. Neben der traditionsreichen Textilindustrie sind die neuen Industriezweige, wie z. B. die Elektronik, führende Wirtschaftsbereiche. Die militärischen Einrichtungen des Bundes sind ebenfalls ein wichtiger Wirtschaftsfaktor. Atlanta wuchs zu einem großen Flugverkehrsknotenpunkt, und Coca Cola hat hier seinen nationalen Hauptsitz. Durch das rasche Wirtschaftswachstum in den letzten Jahren entwickelte sich die Stadt nicht nur zum Handels- und Finanzzentrum des Südostens der Vereinigten Staaten, sondern auch zu einer der führenden Städte des Landes.

Miami, Florida, ein Ort großer kultureller Vielfalt: Das Strandleben zieht Urlauber aus aller Welt an. Miami ist auch ein beliebter Altersruhesitz und tausende Immigranten aus Kuba, Haiti, Mexiko und Südamerika beginnen hier ein neues Leben.

FLORIDA

Spitzname	Sunshine State
Beitritt zur Union	1845
Hauptstadt	Tellahassee
Fläche	151 939 km²
Einwohnerzahl	13 679 000
Sehenswürdigkeiten	Everglades, Florida Keys
Industrieschwerpunkte	Tourismus, Elektronik, Elektromaschinen, Nahrungsmittel

Der Bundesstaat Florida im äußersten Südosten der USA steht auf der Wunschliste der Sonne, Entspannung und Unterhaltung suchenden Touristen ganz oben und ist auch ein beliebter Altersruhesitz für Pensionäre aus den Städten des Nordens. Um Ostern 1513 kam der spanische Soldat und Kundschafter Juan Ponce de León (1460-1521) auf der Suche nach der Quelle der ewigen Jugend in Florida an. Diese Quelle hat er wohl nicht gefunden, aber mit seiner Ankunft begannen 250 Jahre andauernde Konflikte, in deren Verlauf fast die ganze indianische Urbevölkerung ausgerottet wurde.

1565 machte eine spanische Expedition unter Führung von Pedro Menéndez de Avilés (1519-1574) eine Kolonie der Hugenotten am St.-Johns-Fluss dem Erdboden gleich. Menéndez gründete daraufhin in der Nähe die neue Kolonie St. Augustine. 200 Jahre lang stritten sich Großbritannien, Frankreich und Spanien um die Herrschaft über Florida, bis es nach dem Krieg gegen die Franzosen und die Indianer 1763 an England fiel. Während des Unabhängigkeitskrieges blieb Florida ein treuer Verbündeter Großbritanniens, bis es 1781 von den Spaniern eingenommen wurde.

Im Krieg von 1812 besetzte eine amerikanische Truppe Fernandina, um die Briten davon abzuhalten, Florida als Militärstützpunkt zu nutzen. Aufgrund des spanischen Protests zog sich die Truppe wieder zurück, woraufhin die Briten einmarschierten und einen Guerillakrieg gegen amerikanische Siedlungen begannen. 1818 eroberte Andrew Jackson Pensacola für die USA, und ein Jahr später trat Spanien Florida an die Staaten ab. Die Beziehungen zu den Indianervölkern verschlechterten sich zusehends. 1842, nach einem siebenjährigen Krieg, wurde die Mehrzahl vertrieben. Im Bürgerkrieg eroberten die Unionstruppen schnell die Küstenstädte, das Landesinnere leistete jedoch einen erbitterten Widerstand. Nach dem Krieg kamen mit dem Bau der Eisenbahn neue Siedler, die Bevölkerungszahl wuchs, ein Prozess, der das 20. Jh. über anhielt. Nach der Revolution in Kuba 1959 ließen sich viele kubanische Flüchtlinge in Florida, vornehmlich in Miami, nieder.

Einen Großteil des Naturraums in Florida nehmen Wälder, Seen und militärische Sperrgebiete ein. Es gibt große Ackerbaugebiete, darunter riesige Zitrusplantagen, doch die Bevölkerung lebt hauptsächlich in den Städten. Haupterwerbsquelle ist der Tourismus. Der Everglades Nationalpark im Süden und Disney World nahe Orlando im Herzen Floridas erfreuen sich hoher Besucherzahlen. Weiterhin finden viele Sportveranstaltungen statt, darunter Footballspiele im Orange Bowl Stadium in Miami, Golfturniere und

Mexiko, Mittelamerika und die Karibik

LÄNDER DER REGION

MEXIKO · GUATEMALA · BELIZE · EL SALVADOR
HONDURAS · NICARAGUA · COSTA RICA · PANAMA
KUBA · BAHAMAS · HAITI · JAMAIKA ·
DOMINIKANISCHE REPUBLIK · ST. KITTS UND NEVIS
ANTIGUA UND BARBUDA · DOMINICA · ST. LUCIA
ST. VINCENT UND DIE GRENADINEN · BARBADOS
GRENADA · TRINIDAD UND TOBAGO

SCHUTZGEBIETE IN DER REGION

TURKS UND CAICOINSELN · BERMUDA
KAIMANINSELN · PUERTO RICO
AMERIKANISCHE JUNGFERNINSELN
BRITISCHE JUNGFERNINSELN · ANGUILLA
MONSERRAT · ARUBA · NIEDERLÄNDISCHE
ANTILLEN · GUADELOUPE · MARTINIQUE

Ein Fischer aus Haiti wirft sein Netz aus. Der verarmte Staat beansprucht das westliche Drittel der von Christoph Kolumbus 1492 entdeckten karibischen Insel Hispaniola, jener Stelle, an der die ersten Europäer ihren Fuß auf amerikanischen Boden setzten.

Great Abaco
Grand Bahama
New Providence
Eleuthera
Nassau
Andros
BAHAMAS
Golf von Mexiko
ATLANTISCHER OZEAN
Long Island
Caicosinseln
Acklins Island
Turksinseln
Havanna
KUBA
Great Inagua
Camagüey
Hispaniola
Puerto Rico
Jungferninseln
Barbuda
ANTIGUA UND BARBUD
Antigua
St. John's
Guadelupe
DOMINICA
Roseau
Martinique
ST. LUCIA
Castries
BARBA
Bridget
ST. VINCENT UND DIE GRENADINEN
Kingstown
GRENADA
St. George's
Tobago
Port of Spain
TRINIDAD UND TOBA
Trinidad
Basseterre
ST. KITTS UND NEVIS
Kleine Antillen
DOMINIKAN. REPUBLIK
San Juan
HAITI
Santo Domingo
Port-au-Prince
Jacmel
Große Antillen
Guantánamo
Santiago de Kuba
Isla de la Juventud
Kaimaninsel
Montego Bai
Kingston
JAMAIKA
Golf von Campeche
Mérida
Yucatán
Veracruz
Isthmus von Tehuantepec
Golf von Tehuantepec
Belmopan
BELIZE
GUATEMALA
Guatemala
San Salvador
EL SALVADOR
San Pedro Sula
HONDURAS
Tegucigalpa
NICARAGUA
Managua
Sierra Madre
Kap Gracias a Dios
Karibisches Meer
Kleine Antillen
Aruba
Curaçao
Bonaire

Mexiko

DIE VEREINIGTEN MEXIKANISCHEN STAATEN

MEXIKO IST EINER DER GRÖSSTEN STAATEN Lateinamerikas und zeichnet sich durch eine bunte kulturelle Vielfalt aus. Rohstoffreichtum und schnellem Wirtschaftswachstum steht ein rasantes Anwachsen der Bevölkerung gegenüber.

GEOGRAFIE

Mexiko schiebt sich als breite, bergige Landzunge zwischen den Pazifischen Ozean und den Golf von Mexiko. Die landschaftlich abwechslungsreiche südliche Hälfte des Landes reicht bereits bis in die Tropen hinein.

Das Land

Mexiko liegt in einem geologisch instabilen Erdteil und viele Gebiete werden häufig von Erdbeben und Vulkanausbrüchen heimgesucht. So verwüstete 1985 ein größeres Erdbeben Mexiko-Stadt.

Die Nordgrenze zu den USA verläuft größtenteils entlang des Río Bravo del Norte (Rio Grande), schwenkt dann südostwärts nach Guatemala und Belize. Die flache Halbinsel Yucatán schließt sich nordwärts an Belize an, und die bergige Halbinsel Baja California liegt parallel zur Westküste des mexikanischen Festlandes. Etwa 500 km vor der mexikanischen Küste befindet sich die vulkanische Inselgruppe Islas de Revillagigedo.

Sümpfe, Lagunen und Sandbänke säumen im Gegensatz zu der engen und zerklüfteten Pazifikküste die breiten Küstenebenen des Golfs von Mexiko. Dazwischen erstreckt sich das zentrale Hochland (Mesa Central), das sich nach Süden erhebt und von gewaltigen Vulkanen, u. a. dem Citlaltépetl und dem Popocatépetl, durchzogen wird. Die Gebirgszüge der Sierra Madre begrenzen die Hochebene nach Osten, Westen und Süden. Jenseits der Sierra Madre, im Süden, verbindet der Isthmus von Tehuantepec das Hochland mit den Bergen an der Grenze zu Guatemala.

Klima

Das Klima ist je nach Breiten- und Längengrad unterschiedlich. Im Norden herrscht bedingt durch die geringen Niederschläge und extremen Temperaturen ein wüstenartiges Klima. In den tropischen Gebieten des Südens ist von Mai bis August die niederschlagsreichste Zeit. Die Niederschlagsmengen nehmen nach Südosten hin zu und erreichen an der Golfküste und im Süden ihre höchsten Werte.

Das Küstenflachland und die Ausläufer der Sierra Madre nennt man auch wegen ihrer gleichbleibend heißen Temperaturen *tierra caliente* („heiße Zone"). Von August bis Oktober werden sie häufig von Wirbelstürmen (Hurrikanen) heimgesucht, die vom Golf von Mexiko und vom Pazifik herüberziehen. Gebiete, die über 1000 m liegen und den Großteil des zentralen Hochlands ausmachen, bezeichnet man als *tierra templada* („gemäßigte Zone"). Sie gehen häufig in die die 2000 m Grenze durchbrechende *tierra fria* („kalte Zone") über. In den Gebieten über 4000 m, der *tierra helada* („eisige Zone"), fallen die Temperaturen stets unter 10° C.

Flora und Fauna

Die typische Vegetationsform der nördlichen Wüsten sind Wüstengräser, Sträucher und Sukkulente. Der Urwald im Süden wurde durch die Siedler weitgehend zerstört, nur an den höheren Hanglagen der westlichen Berge findet man noch kleine Nadelholzbestände; das zentrale Hochland dagegen besteht überwiegend aus Grasland. Durch die höheren Niederschlagsmengen im Osten gedeiht dort tropischer, in höheren Lagen ein gemäßigter Regenwald. Für die südwestliche Pazifikküste ist die Feucht- und Buschsavanne typisch.

In den südlichen Regenwäldern leben Affen, Papageien, Jaguare, Tapire und Ameisenbären. Im Norden und in den besiedelten zentralen Hochlandgebieten verdrängten die vom Menschen eingeführten Haustiere die einheimische Tierwelt. Dagegen konnten sich in den Wüsten und Steppen einheimische Arten wie Gürteltiere, Hirsche, Pumas und Kojoten weiter behaupten. Die Küstengewässer sind der Lebensraum zahlreicher Fischarten.

Ein letzter Schluck für den Weg (*oben*). Bauern in klassischen Ponchos erfrischen sich mit einer Tasse Pulque, einem milchig-weißen Bier aus dem Saft der Agave.

Reichtümer aus der Kolonialzeit (*links*). Aufgrund der Gold- und Silberminen war das malerische Guanajuato mit seinen Barockkirchen und Kolonialbauten Jahrhunderte lang die wohlhabendste mexikanische Stadt. Heute ist die Universitätsstadt ein bedeutendes Kulturzentrum.

KULTUR UND GESELLSCHAFT

Die kulturelle und ethnische Vielfalt Mexikos ist im Wesentlichen das Resultat seiner wechselvollen und häufig blutigen Geschichte.

Geschichte

Die Geschichte Mexikos kennzeichnet auch eine Aufeinanderfolge früher Hochkulturen. Die Olmeken erreichten zwischen 900 und 400 v. Chr. ihre kulturelle Blüte, deren imposante religiöse Stätten, kunstvoll geschmückt mit Mosaiken und Reliefs, noch heute Zeugnis davon ablegen. Gegen 300 n. Chr. breiteten sich die ursprünglich aus Guatemala stammenden Mayas in den südöstlichen Wäldern Mexikos aus. Zu den archäologischen Überresten ihrer hochentwickelten Kultur gehören nicht nur die majestätischen Monumente und Stufenpyramiden, sondern auch Schmuck,

Die Azteken lebten ursprünglich als Nomaden im kargen nördlichen Hochland und ließen sich etwa um 1200 in Zentralmexiko nieder. Sie erlangten hier bald die Vorherrschaft und bauten ihre Hauptstadt Tenochtitlán dort, wo heute Mexiko-Stadt liegt und errichteten ein gewaltiges Imperium. Von besonderer Art waren ihre Architektur, ihr Schmuck und ihre Stoffe. Berühmt wurde auch ihr Kalenderwesen, und um sich die Gunst ihrer Götter zu erwerben, brachten sie rituelle Menschenopfer dar. Im 16. Jh. wurde ihr Reich weitgehend durch den spanischen Eroberer Hernán Cortés (1485-1547) zerstört, 1521 fiel Tenochtitlán. 1535 gaben die Spanier dem Gebiet den Namen Neuspanien. Die spanischen Herrscher waren grausam, besonders im 18. Jh., und erst 1821 erlangte das Land die Unabhängigkeit. Mit der Verabschiedung der föderativen Verfassung von 1824 wurde Mexiko eine Republik.

1845 kämpfte Mexiko vergeblich gegen die Annektierung von Texas durch die USA und der folgende Krieg führte zu weiteren Gebietsabtretungen, die der Frieden von Guadalupe-Hidalgo 1848 sanktionierte. Die Einführung der neuen Verfassung von 1857 entfachte einen Bürgerkrieg, den die Liberalen unter Benito Pablo Juárez (1806-1872) siegreich beendeten.

Mit dem Sturz des Diktators Porfirio Díaz (1830-1915) 1910, begann ein 10 Jahre anhaltender Bürgerkrieg zwischen den revolutionären Gruppen, die sich 1929 zur Nationalen Revolutionspartei zusammenschlossen. 1946 bildete sich daraus die

LANDESDATEN – MEXIKO

Fläche 1 958 201 km²

Klima	**Höhe**	**Temperaturen Januar**	**Juli**	**Jährlicher Niederschlag**
	m	°C	°C	mm
Mexico-Stadt	2306	12	16	726

Geografische Merkmale höchster Berg: Citlaltépetl 5699 m; längster Fluss: Rio Grande (Teil) 2100 km

Einwohnerzahl (1994) 92,2 Millionen

Staats- und Regierungsform Mehrparteiensystem; Bundesrepublik, zwei gesetzgebende Organe

Streitkräfte Heer 130 000; Marine 37 000; Luftwaffe 8 000

Größte Städte Mexico-Stadt (Hauptstadt – 13,6 Mio. Einw.); Guadalajara (2,8 Mio.); Monterrey (2,5 Mio.); Puebla (1 Mio.); León (872 000)

Offizielle Landessprache Spanisch

Bevölkerungsgruppen Mestizen 55,0%; Indianer 29,0%; Weiße 15,0%; Schwarze 0,5%; sonstige 0,5%

Religionen Katholiken 92,6%; Protestanten 3,3%; nicht Religiöse 3,1%; Juden 0,1%; sonstige 0,9%

Währung 1 New Mexikanischer Peso (Mex $) = 100 Centavos (cts)

Bruttosozialprodukt (pro Kopf 1993) US-$ 3610

Bruttoinlandsprodukt (1993) US-$ 343,472 Mrd.

Lebenserwartung Männer 69,4; Frauen 76,7 Jahre

Ressourcen

Regierungsform

Seit der Einführung der Verfassung von 1917 besteht Wahlpflicht für alle Erwachsenen über 18 Jahre. Der Präsident wird für sechs Jahre gewählt und kann nicht für eine zweite Amtszeit kandidieren. Die Legislative liegt beim Kongress, der aus dem Abgeordnetenhaus mit 500 und dem Senat (den Vertretern der Einzelstaaten) mit 64 Mitgliedern besteht. Die Abgeordneten werden für eine Amtszeit von drei Jahren gewählt, 300 Abgeordnete ziehen über ein Direktmandat und 200 entsprechend der Stimmverteilung für die einzelnen Parteien ins Abgeordnetenhaus ein. Die 31 Einzelstaaten und der Bundesdistrikt entsenden je zwei Senatoren für eine Amtszeit von sechs Jahren. Jeder Einzelstaat wählt einen Gouverneur und sein Parlament. Der Gouverneur des Bundesdistrikts (Gebiet der Hauptstadt) wird durch den Präsidenten ernannt.

Bevölkerung

Etwa ein Drittel aller Mexikaner sind Indianer, während über die Hälfte der Mestizen aus der Verbindung zwischen Europäern und Einheimischen abstammt. Daneben gibt es noch kleinere Minderheiten. Neben Spanisch als Amtssprache werden etwa 50 indianische Sprachen gesprochen. Der Großteil der Bevölkerung ist römisch-katholisch.

Über zwei Drittel der Bevölkerung leben in den drei größten Städten: Mexiko-Stadt, Guadalajara und Monterrey oder in deren Umgebung. Die Hauptstadt Mexiko-Stadt ist wahrscheinlich die Stadt mit der höchsten Einwohnerzahl weltweit. Auswanderungswellen führten zu großen Spannungen zwischen Mexiko und den USA.

WIRTSCHAFT

Mexiko verfügt über wenig fruchtbares Ackerland, deshalb müssen große Nahrungsmittelmengen importiert werden. Der Verfall der Erdölpreise, das Erdbeben in Mexiko-Stadt 1985 und eine massive Auslandsverschuldung behinderten den wirtschaftlichen Aufschwung. Die Inflationsrate ist weiterhin sehr hoch, und alle Schritte zur Modernisierung der Wirtschaft zeigten bislang nur mäßigen Erfolg, deshalb verabschiedete die Regierung 1995 drastische Sparmaßnahmen.

Landwirtschaft

Auch wenn im Norden durch Bewässerungsprojekte neues Ackerland entstanden ist, liegt das Zentrum der Landwirtschaft, die seit 1910 als Subsistenzwirtschaft betrieben wird, noch immer im zentralen Hochland. Es werden vor allem Kaffee, Zuckerrohr und Baumwolle sowie Fischereierzeugnisse wie Thunfisch, Sardellen, Sardinen und Garnelen exportiert. Wichtige Grundnahrungsmittel sind Mais, Kürbis und Kidneybohnen. Im Norden überwiegt die Viehwirtschaft.

Etwa ein Fünftel der Gesamtfläche ist bewaldet; die größten Waldgebiete befinden sich im Osten und Süden. In den Wäldern werden Edel- und Riechhölzer sowie Chicle, der Grundstoff für die Kaugummiherstellung, gewonnen. Große Waldgebiete sind auch heute von der Großflächenrodung für die landwirtschaftliche Nutzung bedroht.

Industrie

Mexiko ist der weltweit führende Silberlieferant und verfügt darüber hinaus über große Vorkommen von Zink, Kupfer und Blei. Die

Wiederbelebung der Kultur (*oben*). Ein Mitglied einer aztekischen Tanzgruppe sorgt für die Überlieferung alter Traditionen. Viele Künstler, Bildhauer und Architekten lassen sich heute von der indianischen Kultur inspirieren.

Der Monte Albán (*links*), Zentrum der alten Zapotec-Kultur, wurde auf einem abgeflachten Berggipfel 300 m über den umliegenden Tälern gebaut. Die Stätte ist ein klassisches Denkmal der hochentwickelten Bau- und Handwerkskunst mexikanischer Kulturen.

Erze aus Durango im Westen des Landes werden in Monterrey im Norden zu Eisen und Stahl verarbeitet, der dafür notwendige Koks stammt aus den Kohlelagerstätten des nahe gelegenen Sabinas. Die reichen Erdöl-

geber, kontrolliert die gesamte Förderung, die Weiterverarbeitung und die Vermarktung von Erdgas und Erdölprodukten.

Hauptenergiequelle ist weiterhin das Erdöl, jedoch werden in

Maschinenbau und Fahrzeugherstellung) ist überwiegend in und um Mexiko-Stadt angesiedelt.

Verkehr und Kommunikation

Heute ist der Tourismus eine wichtige Deviseneinnahmequelle und gleichzeitig ein Katalysator beim Ausbau des Verkehrsnetzes. Das weit gespannte Eisenbahnnetz gilt als langsam und unzuverlässig; das Straßennetz wurde seit den 40er-Jahren nahezu verdoppelt und wird weiter ausgebaut. Die beiden staatlichen Fluglinien, Aeroméxico und Mexicana, fliegen von über 75 Flughäfen aus alle internationalen Flugziele an.

In Mexiko herrscht Pressefreiheit; täglich erscheinen einige hundert Tageszeitungen.

Gesundheits- und Bildungswesen

Das Gesundheitswesen wird staatlich subventioniert, steht aber nicht allen zur Verfügung. Insbesondere auf dem Lande ist die medizinische Versorgung unzureichend; dort sind die Sterblichkeitsrate und die Erkrankungshäufigkeit (Malaria) höher als in den Städten.

Der Schulbesuch ist kostenlos und wurde in der Vergangenheit durch breit angelegte

Guatemala

REPUBLIK GUATEMALA

DIE REPUBLIK GUATEMALA SCHLIESST im Südwesten an Mexico an und erstreckt sich mit seiner Atlantik- und Pazifikküste Richtung Osten, grenzt im Nordosten an Belize, im Osten an Honduras und im Südosten an El Salvador.

GEOGRAFIE

Zwei große Bergketten ziehen sich quer durch das Zentrum des Landes: die ältere, kargere ist die Sierra de los Cuchumatanes im Norden, die jüngere ist die Sierra Madre im Süden mit 33 Vulkanen, von denen noch drei aktiv sind. Sie verläuft parallel zur Pazifikküste vom Süden Mexikos bis El Salvador und überragt die schmale Küstenebene. Der mit Vulkanasche angereicherte Boden ist das fruchtbarste Gebiet des Landes. Im Norden fällt das Hochland zu einem weiten, flachen Waldgebiet, dem Petén, und zum Tiefland an der Küste des Golfs von Honduras hin ab.

Es herrscht überwiegend tropisches Klima mit gemäßigten Niederschlägen in der Regenzeit, wobei die Berggebiete kühler und feuchter sind. Die Regenwälder des Tieflands sind reich an tropischen Harthölzern und Kautschukbäumen. In höheren Lagen wachsen Eichen und Nadelhölzer, entlang der Küsten auch Mangrovenwälder. Hier leben noch Jaguare, Pekaris, Affen und in den Flüssen Krokodile und Lamantine.

KULTUR UND GESELLSCHAFT

Über viele Jahrhunderte war das heutige Guatemala Zentrum der alten Maya-Kultur, die ihre Blütezeit zwischen 300 und 900 n. Chr. hatte. Danach begann der Zerfall des Reiches. Noch heute findet man in den entlegenen nördlichen Tieflandgebieten Ruinen alter Maya-Städte. 1523 wurde das Land von spanischen Konquistadoren unter der Führung von Pedro de Alvarado (ca. 1485-1541) erobert. Die Spanier errichteten große landwirtschaftliche Güter, auf deren Felder die Indianer arbeiten mussten. Zwischen 1821 und 1847 bereiteten die Landbesitzer die Unabhängigkeit Guatemalas vor, und ihr Führer, Rafael Carrera (1841-1865), wurde zum ersten Präsidenten ernannt. Ihm folgten einige Diktatoren, darunter auch liberalere Reformer, die die Modernisierung des Landes anstrebten. Der in den 30er Jahren amtierende Präsident Jorge Ubico (1878-1946) setzte sich besonders für den Schutz der Indianer ein.

Die Auswirkungen des Zweiten Weltkriegs lösten eine Wirtschaftskrise aus, und in den folgenden Jahrzehnten führten politischer Extremismus und Militärputsche zu einer tiefen Spaltung des Landes. 1986 wurde das demokratische Bürgerrecht wieder eingeführt. Eine Reihe fehlgeschlagener Putschversuche und Attentate verdeutlichen aber, dass die Demokratie auf wackligen Füßen steht. 1994 wurde eine neue Verfassung ratifiziert.

Über 50 % der Bevölkerung sind Mischlinge indianisch-spanischer Abstammung. Die Mehrheit der Bevölkerung ist römisch-katholisch.

WIRTSCHAFT

Die Wirtschaft basiert auf der Landwirtschaft. Wichtigste Exportprodukte sind Kaffee, Bananen, Baumwolle, Zuckerrohr und Mais. Viehwirtschaft wird hauptsächlich an der Pazifikküste betrieben. In den Regenwäldern werden Holz und Chicle gewonnen. An Ressourcen verfügt Guatemala nur über geringe Mengen Erdöl, Kupfer und wenige andere Erze. Die Industrie beschränkt sich im Wesentlichen auf die Verarbeitung von Holz, Zucker und Tabak. Der Schulbesuch ist kostenlos, jedoch fehlen die finanziellen Mittel für eine ausreichende Versorgung der ländlichen Gebiete mit angemessenen schulischen und medizinischen Einrichtungen.

LANDESDATEN – GUATEMALA

Fläche 108 889 km²

Klima	**Höhe** m	**Temperaturen Januar** °C	**Juli** °C	**Jährlicher Niederschlag** mm
Guatemala	1480	17	21	1316

Geografische Merkmale höchster Berg: Tajumulco 4220 m

Einwohnerzahl (1994) 10,7 Millionen

Staats- und Regierungsform Mehrparteiensystem; Republik, ein gesetzgebendes Organ

Streitkräfte Heer 42 000; Marine 1500; Luftwaffe 1000

Größte Städte Ciudad de Guatemala (Hauptstadt – 2 Mio. Einw.); Puerto Barrios (338 000); Quezaltenango (246 000)

Offizielle Landessprache Spanisch

Bevölkerungsgruppen Latinos 56,0%; Indianer 44,0%

Religionen Katholiken 75,0%; Protestanten 25,0%

Währung 1 Quetzal (Q) = 100 Centavos (cts)

Bruttosozialprodukt (pro Kopf 1993) US-$ 1100

Bruttoinlandsprodukt (1993) US-$ 11,309 Mrd.

Lebenserwartung Männer 61,9; Frauen 67,1 Jahre

Ressourcen Kaffee, Zucker, Bananen, Kardamom, Rindfleisch, Edelhölzer, Fisch, Chiclegummi

Die blühende Maya-Kultur *(oben)*. Guatemala ist berühmt für die farbenprächtigen Folklorekleider, für seine Handwerkskunst, die Märkte und religiösen Feste, in denen sich Tradition und christliches Brauchtum vermischen.

Der Atitlán-See *(rechts)*, umringt von drei Vulkanen, ist eine der landschaftlichen Sehenswürdigkeiten Guatemalas. An Markttagen strömen Menschen aus der näheren und weiteren Umgebung herbei, um ihre Waren in den Dörfern am Ufer des Sees feilzubieten.

Belize

BELIZE

BELIZE, EHEMALS BRITISCH HONDURAS, IST ein kleines Land an der karibischen Küste Mittelamerikas, umgeben von Mexiko und Guatemala.

GEOGRAFIE

Der nördliche Teil ist eine überwiegend flache, meist sumpfige Ebene, die die Flüsse Belize und Hondo entwässern. Der Hondo bildet die Grenze zu Mexiko. Steil erhebt sich der Süden von Belize von einem schmalen Küstenstreifen auf zu den Maya Mountains, der zerklüfteten Hochebene mit zackigen Bergketten, deren höchster Gipfel der Victoria Peak ist. Die Küste liegt im Schutz einer Kette kleiner Koralleninseln, und das Riff ist nach dem Großen Barrier-Riff vor Australiens Küste das zweitlängste der Welt.

Es herrscht subtropisches Klima mit einer ausgeprägten Regenzeit von Juni bis November. Die Küstenregion ist stark wirbelsturmgefährdet. 1961 zerstörte ein Wirbelsturm Belize City, woraufhin Belmopan im Landesinneren zur neuen Hauptstadt erklärt wurde. Etwa die Hälfte des Landes bedecken tropische Regenwälder. Kennzeichnend für die trockeneren Gebiete sind offene Wälder und Savannen, in denen Pumas, Jaguare, Krokodile und Lamantine leben.

KULTUR UND GESELLSCHAFT

Belize war einst Teil des alten Maya-Reiches, deren Baukunst noch in einigen eindrucksvollen Zeugnissen erhalten ist. Die spanischen Siedler kamen nicht bis in diese Gegend. Die ersten europäischen Kolonisten waren britische Holzfäller, die im 17. Jh. an der Küste landeten und weiter ins Landesinnere vordrangen. Dort stießen sie mit der indianischen Bevölkerung zusammen und mussten sich auch spanischer Übergriffe aus

duras zur Kronkolonie ernannt, jedoch erhob Guatemala, das seine Unabhängigkeit erlangt hatte, Gebietsansprüche. 1981 wurde die Kolonie unabhängig und England gab 1993 auch die militärische Zuständigkeit ab.

Das parlamentarische System ist nach britischem Muster aufgebaut. Amtssprache ist Englisch. Die Mehrheit der Bevölkerung spricht einen kreolischen Dialekt. Die größte Bevölkerungsgruppe sind die Nachkommen der afrikanischen Sklaven; weiterhin leben hier Maya-Indianer, schwarze Kariben von gemischt schwarzer und indianischer Abstammung sowie Europäer und Nordamerikaner, darunter Mennoniten.

WIRTSCHAFT

Haupterwerbszweig ist die Landwirtschaft, in der mehr als ein Viertel der Bevölkerung beschäftigt ist und die mit hohem Einsatz weiter ausgebaut wurde. Hauptanbauprodukte sind Zuckerrohr, Zitrusfrüchte, Bananen sowie die Grundnahrungsmittel Mais, Reis, Kidneybohnen und Süßkartoffeln. Der Viehbestand ist geringfügig, mit Ausnahme der Rinderbestände auf den mennonitischen Bauernhöfen.

Die Forstwirtschaft hat erheblich an Bedeutung verloren, stellt aber weiterhin hochwertiges Rosenholz, Mahagoni und Chicle bereit. Der größte Teil des Holzeinschlages deckt

Bodenschätze und Brennstoffe, außer Holz, sind rar und werden importiert. Die verarbeitende Industrie steht noch am Anfang, produziert aber bereits Nahrungsmittel, Möbel und Textilien. Es fehlen Eisenbahnverbindungen, dafür ist das Straßennetz im Norden relativ gut ausgebaut. Obwohl das Bildungswesen staatlich finanziert wird, stehen die meisten Einrichtungen unter der Leitung der römisch-katholischen Kirche. Die Analphabetenquote ist relativ niedrig. Neben einer kostenlosen medizinischen Versorgung gibt es ein umfassendes Sozialversorgungsnetz.

LANDESDATEN – BELIZE

Fläche 22 965 km²

Klima	Höhe mm	Temperaturen Januar °C	Juli °C	Jährlicher Niederschlag mm
Belmopan	41	23	27	1890

Geografische Merkmale höchster Berg: Victoria Peak 1122 m

Einwohnerzahl (1994) 208 949

Staats- und Regierungsform Mehrparteiensystem, konstitutionelle Monarchie, zwei gesetzgebende Organe

Streitkräfte insgesamt 950

Größte Städte Belize City (40 000); Orange Walk (8400) Dangriga (6627); Belmopan (Hauptstadt 5000)

Offizielle Landessprache Englisch

Bevölkerungsgruppen Mestizen 44,0%; Kreolen 30,0%; Manja 11,0%; Garifuna 7,0%; sonstige 8,0%

Religionen Katholiken 61,7%; Protestanten 28,9%; Baha'i 2,5%; Juden 1,2%; andere christliche Religionsgemeinschaften 1,0%; sonstige 4,7%

Währung 1 Belize-Dollar (Bz$) = 100 Cents (c)

Bruttosozialprodukt (pro Kopf 1993) US-$ 2050

Lebenserwartung Männer 66,1; Frauen 70,1 Jahre

El Salvador

REPUBLIK EL SALVADOR

EL SALVADOR, DER KLEINSTE STAAT MIT der höchsten Bevölkerungsdichte in Mittelamerika, grenzt im Westen an Guatemala und im Nordosten an Honduras.

GEOGRAFIE

Im Süden erhebt sich die schmale Ebene der Pazifikküste zu einer Bergkette mit über 20 Vulkanen. Hinter der von den Flusstälern des Lempa geteilten zentralen Ebene liegen die Bergketten Metapán und Chalatenango nahe der Grenze zu Honduras. Heiße Temperaturen und eine Regenzeit vom Mai bis Oktober kennzeichnen das Klima, das nur in den Bergen kühler, dafür aber niederschlagsreicher ist.

Die Küstenebenen und Bergausläufer sind mit Savannengras bzw. Berg- und Nebelwäldern bewachsen. In den Tälern und zentralen Ebenen geht der Baumbewuchs allmählich zurück, und in den Bergen gibt es Grasland mit vereinzelten Kiefern- und Laubwäldern. Weite Teile des Landes werden landwirtschaftlich genutzt, deshalb ist die Tierwelt weniger artenreich als in anderen Gebieten Mittelamerikas.

LANDESDATEN – EL SALVADOR

Fläche 21 041 km²

Klima	Höhe mm	Temperaturen Januar °C	Juli °C	Jährlicher Niederschlag mm
San Salvador	682	22	24	1775

Geografische Merkmale höchster Berg: Izalco 2386 m; längster Fluss: Lempa 320 km

Einwohnerzahl 5,7 Millionen

Staats- und Regierungsform Mehrparteiensystem; Republik, ein gesetzgebendes Organ

Streitkräfte Heer 28 000; Marine 700; Luftwaffe 2000

Größte Städte San Salvador (Hauptstadt – 1,5 Mio. Einw.); Santa Ana (239 000); San Miguel (192 000)

Offizielle Landessprache Spanisch

Bevölkerungsgruppen Mestizen 94,0%; Indianer 5,0%; Weiße 1,0%

Religionen Katholiken 75,0%; sonstige 25,0%

Währung 1 Colón = 100 Centavos

Bruttosozialprodukt (pro Kopf 1993) US-$ 1320

Bruttoinlandsprodukt (1993) US-$ 7,625 Mrd.

Lebenserwartung Männer 64,4; Frauen 69,7 Jahre

Ressourcen Kaffee, Baumwolle, Getreide (Mais), Zuckerrohr, Wasserkraft

KULTUR UND GESELLSCHAFT

Zwischen 1524 und 1539 stürzten spanische Eroberer das Königreich der Pipil-Indianer von Cuzcatlán und gründeten die Territorien San Salvador und Sonsonate. 1821 erhielt das Gebiet als Teil des mexikanischen Reiches die Unabhängigkeit, und nach dem Zusammenbruch 1823 wurden beide Gebiete zum Staat El Salvador vereinigt. Nach der Unabhängigkeit hielten die Spannungen weiter an, und nach einer kurzen demokratischen Periode folgten ab 1931 wechselnde Militärdiktaturen.

Von 1979 bis 1992 setzte die linksgerichtete Befreiungsbewegung Farabundo Martí (FLMN) die Regierungen stark unter Druck, und die Kampfhandlungen forderten unzählige Todesopfer. Die Verfassung von 1983 sah zwar die Direktwahl eines 60 Mitglieder umfassenden Parlaments vor, doch führte das nicht zum Ende des Bürgerkriegs. Der Wahlboykott von 1989 durch die FLMN verschaffte der rechtsgerichteten Arena-Partei die parlamentarische Mehrheit. Nach dem erfolgreichen Abschluss der im Januar 1992 einberufenen und von den USA unterstützten Friedenskonferenz in Mexiko, gab die FLMN die Waffen ab, und die regulären Truppen wurden um die Hälfte reduziert.

Die Mehrheit der Salvadorianer sind Mestizen indianisch-europäischer Abstammung und römisch-katholisch. Die Kirche spielte Anfang der 80er-Jahre im Kampf um demokratische Rechte eine wesentliche Rolle. Die offizielle Landessprache ist Spanisch.

WIRTSCHAFT

Salvador lebt von der Landwirtschaft, wobei das Land im Besitz einer kleinen weißen Oberschicht ist. Kaffee ist neben Baumwolle, Mais und Zuckerrohr wichtigstes Exportprodukt, doch der langanhaltende Bürgerkrieg beeinträchtigte erheblich die landwirtschaftliche Produktion. Obwohl große Waldgebiete für neue Anbauflächen gerodet wurden, müssen Nahrungsmittel importiert werden.

El Salvador verfügt nur über wenige Bodenschätze. Hauptenergieerzeuger ist das Wasserkraftwerk an der Lempa östlich der Hauptstadt San Salvador. In den letzten Jahren entstanden durch umfangreiche Investitionen neue Industriezweige, die durch die Auswirkungen des Bürgerkriegs stark zurückgeworfen wurden. Zerstört wurden Straßen und Brücken. Die nationale Eisenbahn-Gesellschaft betreibt ein Schmalspur-Eisenbahnnetz. Am Pazifik gibt es drei Häfen; eine Straßen- und Eisenbahnverbindung führt nach Puerto Barrios in Guatemala.

Die Sozialversorgung schützt die Lohnempfänger, aber nicht die vielen Arbeitslosen. Die medizinische Versorgung ist unzureichend, vor allem auf dem Land. Es besteht allgemeine Schulpflicht und der Grundschulbesuch ist kostenlos. Auch hier hat der Bürgerkrieg seine Spuren hinterlassen, denn nur etwa die Hälfte aller Schüler konnte der Schulpflicht nachkommen und die Analphabetenquote ist entsprechend hoch.

Honduras

REPUBLIK HONDURAS

DAS BERGIGE HONDURAS LIEGT ZWISCHEN Guatemala und El Salvador im Westen und Nicaragua im Südosten.

GEOGRAFIE

Vom zentralen Hochland im Südwesten verlaufen tiefe Flusstäler zur karibischen Küste im Norden, gegen Osten wird die Küstenebene breiter. Südlich der Berge säumt ein schmaler Tieflandstreifen den kurzen Teil der Pazifikküste.

Das heiße, feuchte Klima wird durch die Höhenlage des Landesinneren etwas gemäßigt. Die Niederschlagsmenge nimmt von Nord nach Süd ab, und in den Sommermonaten suchen Wirbelstürme die Nordküste heim.

Im Osten lösen sandige Buchten, Kiefernsavannen und dichter Regenwald in der Nähe der nicaraguanischen Grenze die Mangroven und Palmen an der Küste ab. Das Hochland weist Grasland und Laubwälder auf, die zur Pazifikküste hin in Savannen- und Mangrovenwälder übergehen. Obwohl viele Waldgebiete für die landwirtschaftliche Nutzung gerodet wurden, ist eine üppige Wildnis erhalten, die der Lebensraum vieler Insekten, Vogel- und Reptilienarten sowie für Pekaris, Pumas, Jaguare und Tapire ist.

KULTUR UND GESELLSCHAFT

Honduras war einst ein bedeutendes Zentrum der Maya-Kultur. Die ersten Europäer siedelten sich 1522 an, und die Spanier gliederten nach einem brutalen Krieg gegen die Indianer Honduras Guatemala ein. 1821 wurde Honduras als Teil des mexikanischen Reiches unabhängig, erlangte aber die staatliche Unabhängigkeit erst 1838. Anfang des 20. Jh. wuchs die politische Instabilität des Landes, und die USA schickten Truppen zum Schutz ihrer Investitionen, insbesondere der Bananenplantagen, nach Honduras. Die Wahlen von 1932 brachten General Tiburcio Carlos Andino (1876-1969) an die Macht, der das Land bis 1949 diktatorisch regierte; die darauf folgenden Regierungen überlebten nicht lange, meistens übte das Militär die Kontrolle aus. Bis 1989 gewährte Honduras den Contra-Rebellen, die mit militärischer Unterstützung der USA gegen die nicaraguanische Regierung kämpften, Schutz.

Die honduranische Verfassung wurde nach 1821 etwa 16 Mal umgeschrieben. Die Verfassung von 1982 sieht zwar ein in direkter Wahl zu wählendes Parlament mit 128 Sitzen und einen Präsidenten vor, aber praktisch übt die Armee die Macht aus. Die überwiegend ländliche Bevölkerung besteht aus Mestizen indianisch-europäischer Abstammung. Amtssprache ist Spanisch; die Mehrheit der Honduraner sind römisch-katholisch.

WIRTSCHAFT

Etwa zwei Drittel der Arbeitskräfte arbeiten in der Landwirtschaft. Exportiert werden hauptsächlich Bananen, Kaffee und Mais. Bohnen und Reis sind die Grundnahrungsmittel der Bevölkerung, die in der Mehrheit immer noch an Unterernährung leidet. Die Auslandsverschuldung hat schwindelerregende Höhen erreicht. Honduras ist zwar reich an Bodenschätzen, deren Abbau jedoch bisher ungenügend vorangetrieben wurde. Energie wird durch Wasserkraft gewonnen, und nur ein geringer Teil der Brennstoffe wird durch Importe gedeckt. Industrielle Kleinbetriebe produzieren Möbel, Textilien, Schuhe, Chemikalien und Zement.

Es gibt kaum Eisenbahnverbindungen; der Fracht- und Personenverkehr wird im Wesentlichen auf dem gut ausgebauten Straßennetz abgewickelt. Das Sozialversorgungsnetz kommt überwiegend der arbeitenden Bevölkerung in den Städten zu gute. Die medizinische Versorgung ist allgemein unzureichend. Es besteht Schulpflicht, und der Schulbesuch ist kostenlos. Es herrscht Lehrermangel, insbesondere auf dem Lande, weshalb die Analphabetenquote relativ hoch ist.

LANDESDATEN – HONDURAS

Fläche 112 088 km²

Klima	Höhe m	Temperaturen Januar °C	Juli °C	Jährlicher Niederschlag mm
Tegucigalpa	1004	19	23	1621

Geografische Merkmale höchster Berg: Cerro Las Minas 2827 m; längster Fluss: Coco (Teil) 685 km

Einwohnerzahl (1994) 5,3 Millionen

Staats- und Regierungsform Mehrparteiensystem; Republik; ein gesetzgebendes Organ

Streitkräfte Heer 14 000; Marine 1000; Luftwaffe 1800

Größte Städte Tegucigalpa (Hauptstadt – 679 000 Einw.); San Pedro Sula (461 000)

Offizielle Landessprache Spanisch

Bevölkerungsgruppen Mestizen 89,9%; 6,7% Indianer; Schwarze 2,1%; Weiße 1,3%

Religionen Katholiken 97,0%; sonstige 3,0%

Währung 1 Lempira (L) = 100 Centavos (cts.)

Bruttosozialprodukt (pro Kopf 1993) US-$ 600

Bruttoinlandsprodukt (1993) US-$ 2,867 Mrd.

Lebenserwartung Männer 65,2; Frauen 70,1 Jahre

Nicaragua

REPUBLIK NICARAGUA

Der mittelamerikanische Staat Nicaragua grenzt im Nordwesten an Honduras und im Süden an Costa Rica.

GEOGRAFIE

Die östlichen Ebenen der Karibikküste bestehen aus Lagunen und Sümpfen, auch Moskito-Küste genannt. Gegen Westen steigt das Land zu einem dreieckigen Hochlandgebiet an der Grenze zu Honduras an. Im westlichen Teil, vor einer weiteren schmalen Gebirgskette mit etwa 40 Vulkanen, an deren Flanke sich im Westen die Nicaragua-Senke anschließt, liegen der Nicaragua- und der Managuasee. Einige Vulkane sind noch aktiv, und das Gebiet wird oft von schweren Erdbeben erschüttert, von denen eines 1992 über 16 000 Menschen obdachlos machte.

Nicaraguas tropisches Klima ist an der Pazifikküste mit einer Regenzeit von Mai bis November heißer und trockener als an der karibischen Küste, wo die Regenzeit neun Monate andauert. Dort treten häufig Hurrikane auf. In den Bergen im Norden sind die Temperaturen niedriger. Die Westhälfte des Landes besteht aus Savanne, die Osthälfte ist von tropischem Regenwald bedeckt.

KULTUR UND GESELLSCHAFT

Nicaragua wurde ebenfalls im 16. Jh. von den Spaniern erobert und erlangte 1838 seine volle Unabhängigkeit. Danach bestimmten die Konservativen (Kaffee- und Zuckerrohrplantagenbesitzer) und die Liberalen (Handwerker und kleinere Landbesitzer) die Politik des Landes. Sowohl Großbritannien als auch die USA meldeten strategisches Interesse an, so unterstützten z. B. die Vereinigten Staaten gleich zweimal militärisch die konservativen Regime. 1934-1979 herrschte ein Militärregime unter der Somoza-Familie. 1979 stürzten die Sandinisten Somoza und bildeten eine linksgerichtete Regierung. Bis 1990 unterstützten die USA die Contras, die in Honduras von US-Beratern ausgebildet wurden. 1990 fanden freie Wahlen statt, durch die die oppositionelle Koalition, die Nationale Oppositionsunion (UNO), an die Macht gelangte. Der Präsident wird mehrheitlich gewählt, und die 92 Sitze der Nationalversammlung werden nach dem Verhältniswahlrecht besetzt. Als 1994 der Präsident weitere Reformen, die die Nationalversammlung beschlossen hatte, blockierte, stand das Land erneut vor einer kritischen Situation.

Die größte Bevölkerungsgruppe in Nicaragua sind Mestizen indianisch-europäischer Abstammung. Die Amtssprache ist Spanisch. Die Mehrheit der Nicaraguaner gehört der römisch-katholischen Kirche an.

WIRTSCHAFT

Zu den Hauptnutzpflanzen gehören Baumwolle und Kaffee; Mais, Reis und Bohnen sind Grundnahrungsmittel. Die Ressourcen der Forstwirtschaft und der Fischerei werden noch nicht voll ausgeschöpft, das betrifft auch die reichen Bodenschätze, von denen bisher nur Gold und Kupfer intensiv abgebaut werden. Die wenigen Industriebetriebe stellen Gebrauchsgüter auf der Basis importierter Rohstoffe her, greifen aber zunehmend auch auf eigene Rohstoffe zurück.
Die Verkehrsverbindungen sind mit Ausnahme des westlichen Landesteils schlecht, und selbst dort ist die Hälfte der Straßen während der Regenzeit unpassierbar. Eisenbahnstrecken sind nur im Westen vorhanden; der Osten ist ausschließlich auf den Luftverkehr und auf Wasserwege angewiesen.

Das Gesundheits- und Sozialwesen steht noch auf schwachen Füßen; tropische Krankheiten sind weit verbreitet. Trotz sandinistischer Reformen reicht die medizinische Versorgung nicht aus. Es fehlt vor allem medizinisches Personal. Die Grundschulbildung ist kostenlos und erfreut sich eines starken Zuspruchs; aber es gibt nur wenige, die die weiterführenden Schulen besuchen können. Die Anzahl der Menschen, die lesen und schreiben können, nimmt beständig zu.

Ein fruchtbares Land. Feldfrüchte gedeihen auf den reichhaltigen vulkanischen Böden Nicaraguas. Einige Vulkane sind noch aktiv, doch bedrohlicher sind die Erdbeben. 1972 wurde die Hauptstadt Managua fast völlig zerstört.

LANDESDATEN – NICARAGUA

Fläche 120 349 km²

Klima	**Höhe** m	**Temperaturen Januar** °C	**Juli** °C	**Jährlicher Niederschlag** mm
Managua	55	26	30	1140

Geografische Merkmale höchster Berg: Cerro Mogotón 2107 m

Einwohnerzahl (1994) 4,1 Millionen

Staats- und Regierungsform Mehrparteiensystem, Republik, ein gesetzgebendes Organ

Streitkräfte Heer 13 500; Marine 500; Luftwaffe 1200

Hauptstadt Managua (682 000 Einw.)

Offizielle Landessprache Spanisch

Bevölkerungsgruppen Mestizen 69,0%; Weiße 17,0%; Schwarze 9,0%; Indianer 5,0%

Religionen Katholiken 95,0%; Protestanten 5,0%

Währung 1 Gold-Córdoba (C$) = 100 Centavos (c, cts)

Bruttosozialprodukt (pro Kopf 1993) US-$ 340

Bruttoinlandsprodukt (1993) US-$ 1,8 Mrd.

Lebenserwartung Männer 61,2; Frauen 66,9 Jahre

Ressourcen Baumwolle, Kaffee, Gold, Silber, Kupfer, Blei, Wolfram, Zink, Holz, Fisch

Costa Rica

REPUBLIK COSTA RICA

COSTA RICA LIEGT IM SÜDLICHEN ABschnitt der mittelamerikanischen Festlandbrücke zwischen Nicaragua im Norden und Panama im Osten.

GEOGRAFIE

Das Land schwingt sich sanft von der karibischen Tiefebene im Nordosten auf zur Cordillera de Guanacaste mit ihren vier Vulkanen, die sich wie ein Rückgrat von der nicaraguanischen Grenze südostwärts bis zu den höheren Zentralkordilleren zieht. Zwischen dieser Kette und der vulkanischen Cordillera de Talamanca im Südosten liegt die Meseta oder das Valle Central mit der Hauptstadt San José. Das Gebiet ist sowohl erdbeben- als auch eruptionsgefährdet. Den schmalen pazifischen Küstengürtel und die karibische Küste säumen Mangrovensümpfe und weiße Sandstrände.

Das Klima ist heiß und regnerisch, an der Pazifikküste gibt es eine deutlich abgegrenzte Trockenzeit, während es auf der karibischen Tieflandseite das ganze Jahr über regnet. Beide Gebiete sind dicht bewaldet und bieten dem Artenreichtum an Insekten, Vögeln und Reptilien sowie u. a. Jaguaren, Pumas und Affen den idealen Lebensraum. In den höheren Lagen des Zentralgebirges und der Cordillera de Talamanca herrscht ein warmes und gemäßigtes Klima mit Trockenzeiten in den südlichen Hanglagen.

KULTUR UND GESELLSCHAFT

Erst 1570 fiel Costa Rica ganz unter spanische Herrschaft und seine Geschichte bis zur Unabhängigkeit 1838 gleicht der anderer mittelamerikanischer Staaten. Der Kaffee-Export sorgte für eine solide Grundlage der Staatsfinanzen, und die isolationistische Politik schützte den Staat vor turbulenten Ereignissen, wie sie sich in den Nachbarländern abspielten. Mit der Wahl José Joaquin Rodríguez zum Präsidenten 1890 begann eine demokratische Entwicklung, die auch die Revolutionen von 1917 und 1948 schadlos überstand. Die Verfassung von 1949 löste die Armee auf, um Militärdiktaturen auszuschließen. Der Präsident und die 57 Mitglieder des Nationalkongresses werden in direkter Wahl für vier Jahre gewählt. In den letzten Jahren litt Costa Rica vor allem unter Erdbeben, fallenden Welt-Kaffeepreisen, einer steigenden Auslandsverschuldung und unter Flüchtlingsströmen aus den angrenzenden Krisengebieten. Costa Rica ist das einzige Land Mittelamerikas mit einer überwiegend weißen Bevölkerung zumeist spanischer Herkunft. Nur eine Minderheit sind Mestizen indianischer, europäischer und afrikanischer Abstammung, und der Großteil der Bevölkerung ist römisch-katholisch. Spanisch ist die Amtssprache.

WIRTSCHAFT

Exportiert werden vor allem Kaffee und Bananen; zu den Grundnahrungsmitteln zählen Mais, Bohnen und Reis, doch die meisten Lebensmittel werden importiert. Die Forstwirtschaft wie die Bauxitvorkommen sind ein enormes wirtschaftliches Potential und die Energieversorgung durch Wasserkraft wird weiter ausgebaut. Die verarbeitende Industrie stellt Arzneimittel, Papierprodukte, Bleche und Elektrogeräte her. Das Straßennetz Costa Ricas ist auf das Valle Central beschränkt, das auch durch eine Eisenbahnlinie mit den Häfen der pazifischen und karibischen Küst

Inlandsflüge werden kleinere Flughäfen genutzt. Es gibt einen Fernsehsender und fünf Tageszeitungen. Zensur findet nicht statt.

Arbeitnehmer sind in ein soziales Netz eingebunden, und es existiert ein Gesundheitsvorsorgeprogramm, doch auch hier ist der ländliche Raum benachteiligt. Es herrscht Schulpflicht, der Schulbesuch ist kostenlos, und die Analphabetenquote ist niedrig.

LANDESDATEN – COSTA RICA

Fläche 51 100 km²

Klima	**Höhe** m	**Temperaturen Januar** °C	**Juli** °C	**Jährlicher Niederschlag** mm
San José	1146	19	21	1793

Geografische Merkmale höchster Berg: Chirripó 3820 m

Einwohnerzahl (1994) 3,3 Millionen

Staats- und Regierungsform Mehrparteiensystem; Republik; ein gesetzgebendes Organ

Streitkräfte Zivilwacht 4300

Hauptstadt San José (245 000 Einw.)

Offizielle Landessprache Spanisch

Bevölkerungsgruppen Europäer 87,0%; Mestizen 7,0%; Schwarze/Mulatten 3,0%; Ostasiaten 2,0%; Indianer 1,0%

Religionen Katholiken 95,0% (Staatsreligion); andere 5,0%

Währung 1 Costa-Rica-Colón = 100 Centimos

Bruttosozialprodukt (pro Kopf 1993) US-$ 2150

Bruttoinlandsprodukt (1993) US-$ 7,5 Mrd.

Lebenserwartung Männer 75,8; Frauen 79,8 Jahre

Ressourcen Kaffee, Bananen, Holz, Wasserkraft

Panama

REPUBLIK PANAMA

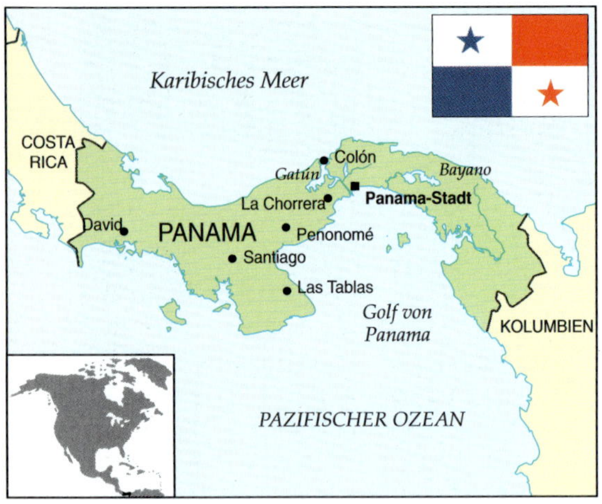

PANAMA UMFASST DAS SCHMALSTE S-FÖRmige Verbindungsstück zwischen Mittel- und Südamerika und ist strategisch von besonderer Bedeutung.

GEOGRAFIE

Der Panamakanal, an der engsten Stelle des Landes gelegen, verbindet das Karibische Meer mit dem Pazifischen Ozean. Westlich des Kanals flankieren schmale Küstenebenen zu beiden Seiten die Serranía de Tabasará, im Südosten steigt das Land noch einmal zu den Bergen der Azuero-Halbinsel an. Auf der anderen Kanalseite schließen sich, ostwärts parallel zur pazifischen und karibischen Küste verlaufend, zwei weitere Bergketten an.

In Panama herrscht tropisches Klima mit hohen Temperaturen und einer hohen Luftfeuchtigkeit. Im Bergland ist es kühler, und hier setzt entlang der Pazifiküste von Januar bis April eine Trockenzeit ein. Den Großteil des Landes bedeckt tropischer Regenwald, und außerhalb der Kanalzone gibt es eine artenreiche Tier- und Pflanzenwelt.

LANDESDATEN – PANAMA

Fläche 77 082 km²

Klima	Höhe	Temperaturen Januar	Juli	Jährlicher Niederschlag
	m	°C	°C	mm
Panama-Stadt	36	26	27	1770

Geografische Merkmale höchster Berg: Volcán Barú 3475 m; größter See: Gatún 430 km²

Einwohnerzahl (1994) 2,6 Millionen

Staats- und Regierungsform Mehrparteiensystem; Republik; ein gesetzgebendes Organ

Streitkräfte das Heer wurde abgeschafft; Nationaler Seedienst 300

Hauptstadt Panama-Stadt (853 000 Einw.)

Offizielle Landessprache Spanisch

Bevölkerungsgruppen Mestizen 62,0%; Schwarze 14,0%; Weiße 10,0%; Indianer 6,0%; sonstige 8,0%

Religionen Katholiken 84,0%; Protestanten 4,8%; Muslime 4,5%; sonstige 6,7%

Währung 1 Balboa (B) = 100 Centimos (c)

Bruttosozialprodukt (pro Kopf) US-$ 2600

Bruttoinlandsprodukt (pro Kopf 1993) US-$ 6,565 Mrd.

Lebenserwartung Männer 72,3; Frauen 77,6 Jahre

Ressourcen Bananen, Zuckerrohr, Kaffee, Holz (Mahagoni), Shrimps, Kupfererz, Tourismus

KULTUR UND GESELLSCHAFT

Nach 300 Jahren spanischer Herrschaft erlangte Panama 1821 seine Freiheit und schloss sich zunächst der Republik Groß-Kolumbien an. Der kalifornische Goldrausch von 1849 gab den Anstoß für den Bau des Panamakanals, weil man damit den mühsamen Landweg von den Ost- zu den aufstrebenden Weststaaten der USA vereinfachen und abkürzen wollte. Das Projekt wurde erst 1879 begonnen und nach zehn Jahren wieder aufgegeben. 1903 unterstützten die USA die Unabhängigkeitsbestrebungen Panamas von Kolumbien und erhielten als Gegenleistung dafür das ständige Kontrollrecht über die 16 km breite Kanalzone. 1914 wurde der Kanal schließlich für den Verkehr freigegeben, und erst 1977 erhielt Panama stufenweise das formale Kontrollrecht zurück. Festgelegt wurde auch, dass die Rückgabe endgültig bis zum Jahr 2000 erfolgen soll.

Die Verfassung von 1983 regelt die Wahl eines Präsidenten, der beiden Vize-Präsidenten und der gesetzgebenden Versammlung mit 72 Sitzen für eine Amtszeit von fünf Jahren. Dennoch dauerten die politischen Unruhen weiter an, bis 1989 General Manuel Noriega (* 1940) den USA, die ihm Drogenhandel und Wahlmanipulation vorwarfen, den „Krieg" erklärte. Eine amerikanische Invasion führte im gleichen Jahr zu seiner Absetzung. In Miami wurde er 1990 des Drogenhandels angeklagt, 1992 für schuldig befunden und zu einer Gefängnisstrafe verurteilt.

Die meisten Panamaer sind Mestizen oder Mulatten indianischer, europäischer und afrikanischer Abstammung. Die Amtssprache ist Spanisch. Panamas Geburtenrate ist die niedrigste in ganz Mittelamerika, allerdings wächst die Wirtschaft langsamer als die Bevölkerung.

WIRTSCHAFT

Exportiert werden vor allem Bananen, Kaffee und Zucker; Grundnahrungsmittel sind Reis, Bohnen und Mais. Panama verfügt über reiche Viehbestände und ist dadurch auf dem Nahrungsmittelsektor weitgehend autark. Durch staatliche Förderungsmaßnahmen entwickelte sich der Garnelenfang zu einem wichtigen Exportsektor. Mit Ausnahme von Kupfererz sind weitere Bodenschätze nur spärlich vorhanden, Energie wird vorwiegend durch Wasserkraft erzeugt. Die Industrie konzentriert sich im Großraum von Panama-Stadt, stellt Konsumgüter, Baustoffe und seit der Fertigstellung der Transpanama-Erdölpipeline auch Erdölprodukte her.

Der Dienstleistungssektor, u. a. die Finanzwirtschaft, der Handel und der Tourismus, erwirtschaftet den Großteil der Staatsfinanzen. Großverdiener sind die Panamakanalzone und die Freihafenzone Colóns , die zu den größten Handelszentren der Welt zählt. Panama verfügt über ein ausgedehntes Straßennetz und eine Eisenbahnlinie entlang des Kanals, die Hafenstädte an beiden Küsten besitzen moderne Hafenanlagen.

Das Sozialversicherungssystem ist gut ausgebaut und die medizinische Versorgung im allgemeinen zufrieden stellend, dennoch ist in den städtischen Slums die Tuberkulose noch weit verbreitet. Es besteht Schulpflicht bei kostenlosem Schulbesuch, weiterführende Schulen sind vorhanden.

Kuba

REPUBLIK KUBA

KUBA LIEGT IN DER KARIBIK SÜDLICH VON Florida. Vor seiner Südküste ersteckt sich die kleinere Isla de la Juventud (Insel der Jugend).

GEOGRAFIE

Die Hauptinsel besteht aus weiten Tiefebenen, die von drei Gebirgen durchzogen werden. Das größte Gebirge im Osten umfasst die Sierra del Cristal und die erdbebenreiche Sierra Maestra an der Südostküste, mit dem höchsten Gipfel, dem Pico Turquino. Die etwas niedrigere Zentralbergkette zieht sich östlich von Cienfuegos quer durch die Insel, und die Sierra de Los Organos verläuft nordwestlich hinter Havanna über den Westteil des Landes. Mangroven, Strände und Korallenriffe säumen die zerklüfteten Küsten.

Es herrscht wechselfeuchtes Klima und im Juni und Oktober fallen die meisten Niederschläge. Wirbelstürme gefährden die Insel. Die Flüsse führen jahreszeitlich bedingt Wasser und sind kaum schiffbar. Obwohl viel Wald abgeholzt wurde, finden sich örtlich noch größere Waldbestände und Regenwald.

KULTUR UND GESELLSCHAFT

Kuba gehört zu den ersten spanischen Siedlungsgebieten, die nach der Landung von Christoph Kolumbus 1492 entstanden. Bereits im frühen 16. Jh. teilte man Kuba in große Landgüter auf, auf denen zunächst indianische, später afrikanische Sklaven arbeiteten, bis 1886 die Sklaverei endgültig abgeschafft wurde. Die heutige Bevölkerung ist überwiegend spanischer und afrikanischer Abstammung. Nach zwei Aufständen (1868-1878; 1895-1899) erlangte Kuba 1899 die Unabhängigkeit. In den zweiten Aufstand unter Führung von Jose Martí (1853-1895) wurden auch Truppen der USA einbezogen, die Kuba erst 1902 wieder verließen. Danach regierten korrupte Diktatoren das Land. 1959 stürzte die kommunistische Revolutionsbewegung unter Fidel Castro (*1927) den Diktator Fulgencío Batista (1901-1973). Castro formte den Staat zu einer Personaldiktatur nach sowjetischem Vorbild um und konnte den Lebensstandard der armen Bevölkerung erheblich verbessern. Die USA verhängten ein Handelsembargo und unterstützten 1961 den Putschversuch von Exil-Kubanern gegen das Regime in der Schweinebucht an der Südküste Kubas, der scheiterte. Von diesem Zeitpunkt an geriet Kuba in immer größere Abhängigkeit von der Sowjetunion. Die ersten direkten Wahlen fanden 1994 statt, bei der jedoch nur von der Kommunistischen Partei genehmigte Kandidaten aufgestellt worden waren.

WIRTSCHAFT

Glasnost und Perestroika in der Sowjetunion, sowie die Auflösung des COMECON Anfang der 90er-Jahre stürzten Kuba in eine tiefe Wirtschaftskrise, denn die landwirtschaftlichen Hauptanbauprodukte Zuckerrohr, Tabak, Zitrusfrüchte und Kaffee wurden in staatlichen Großbetrieben überwiegend für den Export in die Sowjetunion angebaut. Die Wirbelstürme 1993/94 richteten auf den Zuckerrohrplantagen große Schäden an. Die Grundnahrungsmittel Reis und Bohnen werden hauptsächlich in Subsistenzwirtschaft erzeugt, und trotz erhöhter Fleischproduktion kann die Nachfrage nach Nahrungsgütern nur durch deren Import befriedigt werden. Die staatlich unterstützte Fischereiwirtschaft betreibt vor allem Thunfischfang.

Kuba verfügt über bedeutende Kupfer-, Chrom- und Eisenerzvorkommen, Hauptexportprodukt ist Nickel. Zu den traditionellen Industriezweigen gehören die Tabak- und Nahrungsmittelindustrie, hinzugekommen sind die Produktion von Stahl, von Elektrogeräten und von Düngemitteln sowie der Maschinenbau. Das Verkehrsnetz ist gut ausgebaut, wobei der Schwerpunkt auf dem öffentlichen Verkehr liegt. Sozialleistungen und medizinische Versorgung stehen zur Verfügung, die Analphabetenrate ist niedrig.

Um die Revolution am Leben zu erhalten (*oben*), hält Fidel Castro – ein altgedienter und charismatischer Führer dieser Region – feurige Reden vor einer großen Menschenmenge.

Geld zum Ausgeben (*links*) [illegible]

LANDESDATEN – KUBA

Fläche 110 861 km²

Klima	Höhe m	Temperaturen Januar °C	Juli °C	Jährlicher Niederschlag mm
Havanna	49	21	27	1167

Geografische Merkmale höchster Berg: Turquino 2005 m; längster Fluss: Cauto 249 km

Einwohnerzahl (1994) 11 Millionen

Staats- und Regierungsform Einparteiensystem; Sozialistische Republik; ein gesetzgebendes Organ

Streitkräfte Heer 85 000; Marine 8000; Luftwaffe 15 000

Größte Städte Havanna (Hauptstadt – 2 Mio. Einw.); Santiago de Cuba (405 000); Camagüey (283 000); Guantánamo (200 000); Santa Clara (194 000)

Offizielle Landessprache Spanisch

Bevölkerungsgruppen Mulatten 51,0%; Weiße 37,0%; Schwarze 11,0%; Chinesen 1,0%

Religionen nicht Religiöse 55,1%; Katholiken 39,6%; Afro-Kubaner 1,6%, Protestanten 3,3%

Währung 1 Kubanischer Peso (KuP) = 100 Centavos (c)

Bruttosozialprodukt (pro Kopf 1991) US-$ 1000

Lebenserwartung Männer 74,7; Frauen 79,2 Jahre

Bahamas

BUND DER BAHAMAS

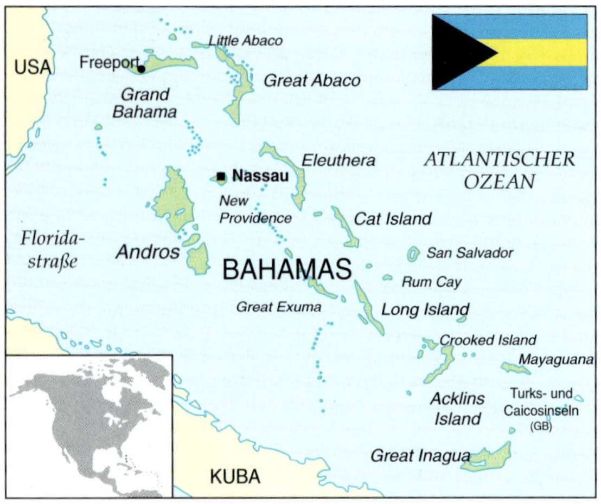

DIE BAHAMAS SIND EIN LANG GESTRECKter Archipel mit etwa 700 Inseln und unzähligen Korallenriffen im Karibischen Meer, südöstlich von Florida und nördlich von Kuba.

GEOGRAFIE

Die – von wenigen hügeligen Sandverwehungen abgesehen – flachen Inseln sind Segmente einer durchgängigen Korallen-Kalksteinplatte. Ihre Küsten umsäumen Mangroven, Lagunen und Korallenriffen. Auf den Bahamas herrscht ein feuchtes und mildes Klima, und das poröse Kalkgestein lässt die Niederschläge schnell versickern. Auf den größeren Inseln wächst über weite Flächen karibischer Kiefernwald. Die artenreiche Vogel- und die bunte Unterwasserwelt locken viele Touristen an, jedoch verursacht der Fremdenverkehr auch beträchtliche Umweltprobleme.

LANDESDATEN – BAHAMAS

Fläche 13 939 km²

Klima	**Höhe** m	**Temperaturen Januar** °C	**Juli** °C	**Jährlicher Niederschlag** mm
Nassau	4	22	27	1179

Geografische Merkmale höchster Berg: Cat Island 63 m; größte Insel: Andros 5 957 km²

Einwohnerzahl (1994) 273 005

Staats- und Regierungsform Mehrparteiensystem; konstitutionelle Monarchie, zwei gesetzgebende Organe

Streitkräfte Paramilitärische Küstenwacht 830

Hauptstadt Nassau (135 000 Einw.)

Offizielle Landessprache Englisch

Bevölkerungsgruppen Schwarze 72,3%; Mischlinge 14,2%; Weiße 12,9%; sonstige 0,6%

Religionen Baptisten 32,1%; Anglikaner 20,1%; Katholiken 18,8%; Methodisten 6,1%; andere christliche Religionsgemeinschaften 17,0%; sonstige 5,9%

Währung 1 Bahama-Dollar (B$) = 100 Cents (c)

Bruttosozialprodukt (pro Kopf 1993) US-$ 11,420 Mrd.

Lebenserwartung Männer 67,0; Frauen 74,0 Jahre

Ressourcen Tourismus, Salz, Holz

KULTUR UND GESELLSCHAFT

Ende des 15. Jh. verschleppten spanische Sklavenhändler die einheimische Arawak-Bevölkerung zum Arbeiten auf die Insel Hispaniola. Im 17. Jh. ließen sich hier britische Siedler aus Bermuda nieder, doch die zunächst friedliche Kolonie entwickelte sich bald zu einem Piratenstützpunkt. Die Einwohnerzahl nahm durch die Zuwanderung der Loyalisten zu, die dem Amerikanischen Unabhängigkeitskrieg zu entkommen suchten. Während des amerikanischen Bürgerkriegs und in der Prohibitionszeit erlebte die Insel durch den Schwarzhandel mit den USA vorübergehend einen Wirtschaftsaufschwung. Wohlstand erlangte das Land nach dem Zweiten Weltkrieg erst mit dem Tourismus. 1967 gewährte England den Bahamas die innenpolitische Selbstverwaltung und 1973 die volle Unabhängigkeit. Der Staat ist nach britischem Muster aufgebaut, ein Generalgouverneur vertritt als Landesoberhaupt die Krone.

WIRTSCHAFT

Die Salzgewinnung gehört neben der Raffination von importiertem Erdöl für den Export zu den größten Industriezweigen der Bahamas, darüber hinaus werden Pharmaka hergestellt, Rum destilliert und Obst zu Konserven verarbeitet. Eine bedeutende Rolle spielt das internationale Bankgeschäft, die tragende Säule der Wirtschaft ist aber der Tourismus.

Bildungseinrichtungen, Sozialversicherung und medizinische Grundversorgung stehen ausreichend zur Verfügung.

Haiti

REPUBLIK HAITI

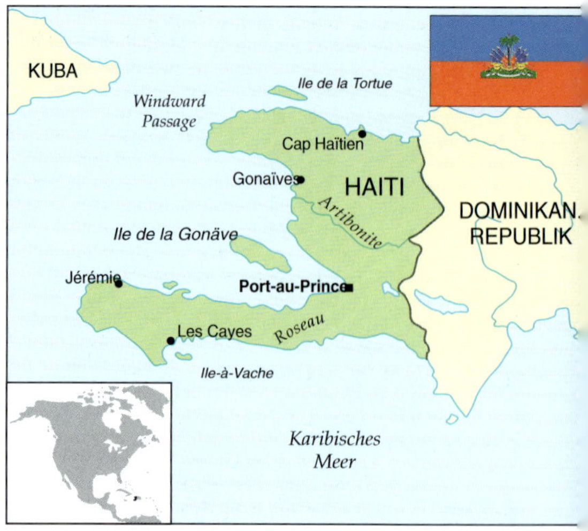

HAITI, EINES DER ÄRMSTEN LÄNDER DER Welt, umfasst das westliche Drittel der im Herzen der Karibik und östlich von Kuba liegenden Insel Hispaniola.

GEOGRAFIE

Zwei gebirgige Halbinseln umschließen die zentrale Ebene des Artibonite. Die nördliche Gebirgskette des Massif du Nord zieht sich bis ins Zentrum der Dominikanischen Republik, wo sie in die Cordillera Central übergeht. Das Klima ist heiß und die Temperaturen und Niederschlagsmengen weichen in einigen Landesteilen stark von einander ab. So finden sich auch wüstenähnliche Gebiete.

Über 90 Prozent der Haitianer sind Nachkommen afrikanischer Sklaven. 1804 wurde Haiti die erste schwarze Republik der Welt. Das Sozial- und Gesundheitswesen ist unzureichend. Obwohl Schulpflicht besteht und der Unterricht unentgeltlich ist, ist die Ausbildung auf dem Lande mangelhaft.

KULTUR UND GESELLSCHAFT

Die ersten spanischen Konquistadoren rotteten die einheimische Arawak-Bevölkerung durch Versklavung und eingeschleppte Krankheiten aus. Im 17. Jh. wurde aus dem westlichen Teil der Insel die französische Kolonie St. Domingue. Hunderttausende Sklaven wurden zur Plantagen-Arbeit ins Land geholt. Die Mehrheit der heutigen Bevölkerung sind kreolsprachige Nachkommen dieser Sklaven. Aus der Vermischung ihrer animistischen Religion mit dem römisch-katholischen Glauben entstand der Voodoo-Kult.

1804 wurden die Franzosen aus dem Land gejagt und danach erlebte Haiti ein Jahrhundert blutiger Revolutionen und brutaler Diktaturen, bis die USA 1915-1934 das Land besetzten. Es folgten wechselnde Diktaturen, bis 1957 François Duvalier, „Papa Doc", (1907-1971) zum Präsidenten gewählt wurde und einen Polizeistaat errichtete. 1986 wurde sein Sohn durch einen Militärputsch gestürzt. Die Militärrevolten von 1988 und 1989 annullierten die Ergebnisse der allgemeinen Wahlen. Der 1991 gewählte Präsident Jean-Bertrand Aristide mußte nach einem erneuten Militärputsch das Land verlassen und wurde mit amerikanischer Unterstützung 1994 wieder in sein Präsidentenamt eingesetzt.

WIRTSCHAFT

Haitis Bevölkerung lebt von der Subsistenzlandwirtschaft, und kleinere Mengen Kaffee und Zuckerrohr werden für den Export angebaut. Bauxit, Kupfer und andere Metalle baut man in geringer Größenordnung ab.

LANDESDATEN – HAITI

Fläche 27 400 km²

Klima	**Höhe** m	**Temperaturen Januar** °C	**Juli** °C	**Jährlicher Niederschlag** mm
Port-au-Prince	37	25	29	1321

Einwohnerzahl (1994) 6,5 Millionen

Staats- und Regierungsform Mehrparteiensystem; Republik; zwei gesetzgebende Organe

Streitkräfte Heer 7000; Marine 150; Luftwaffe 150

Hauptstadt Port-au-Prince (1,4 Mio. Einw.)

Offizielle Landessprachen Französisch, Kreol

Bevölkerungsgruppen Schwarze 95,0%; Mulatten 4,9%; Weisse 0,1%

Religionen Katholiken 80,3%; Protestanten 15,8%; sonstige 3,9% (ein großer Teil praktiziert Voodoo)

Währung 1 Gourde (Gde.) = 100 Centimes (cts.)

Bruttosozialprodukt (pro Kopf 1993) US-$ 370

Lebenserwartung Männer 43,4; Frauen 46,8 Jahre

Ressourcen Kaffee, Zuckerrohr, Bauxit, Kupfer

Jamaika

JAMAIKA

DER TROPISCHE INSELSTAAT LIEGT IN DER Karibik südlich von Kuba und westlich von Haiti.

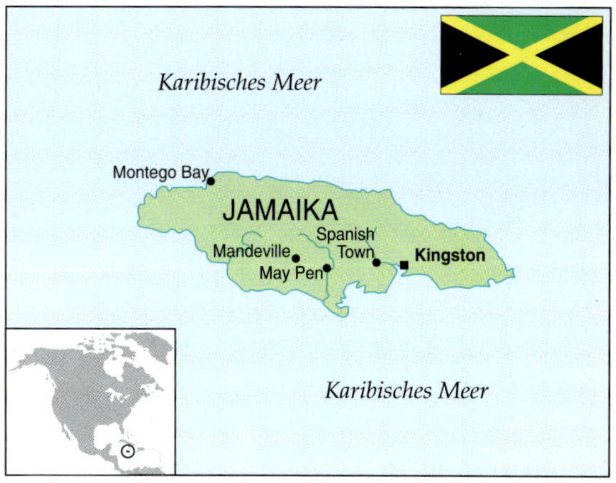

GEOGRAFIE

Von unregelmäßigen Küstenebenen und einigen, im Süden und Westen des Landes gelegenen fruchtbaren Flussbecken abgesehen, steigt das Land steil zu einem stark erodierten Karstplateau an. Besonders beeindrucken die typischen kahlen Kalksteinformationen und unterirdischen Höhlensysteme im nordwestlichen Cockpit Country. Auf dem Plateau erheben sich einige Gebirgsketten, wovon die höchste, die Blue Mountains, im Osten des Landes liegt.

Das Klima ist überwiegend tropisch mit ganzjährig gleichbleibenden Temperaturen. In der Regenzeit fallen besonders an den Nordosthängen heftige Niederschläge. Hier befindet sich der Restbestand des tropischen Regenwalds, der einst nahezu die ganze Insel bedeckte. Das südliche Tiefland, das im Regenschatten der Berge liegt, ist mit Savannenbüschen bewachsen.

KULTUR UND GESELLSCHAFT

Spanische Siedler rotteten die einheimische Arawak-Bevölkerung aus und holten afrikanische Sklaven ins Land. 1655 eroberten Engländer die Insel, und bald diente sie den Piraten als Basislager für ihre Kaperfahrten gegen die spanische Flotte. Die Spanier wiederum unterstützten die sich im Cockpit Country versteckten entlaufenen Sklaven (Maroons), die fast zwei Jahrhunderte lang den Briten zusetzten. Durch die Sklavenarbeit auf den Zuckerrohrplantagen entwickelte sich Jamaika zu einer lukrativen Kolonie, doch der Wohlstand endete 1833 abrupt mit der Abschaffung der Sklaverei. 1866 erhielt Jamaika den Status einer Kronkolonie, und man begann mit dem Bananenanbau.

Nach dem Zweiten Weltkrieg wurde Jamaika zuerst die Autonomie zugesprochen und 1962 die vollständige Unabhängigkeit. Heute ist es eine konstitutionelle Monarchie und Mitglied des Commonwealth. Der Generalgouverneur vertritt die britische Krone, die Regierung und das Zweikammerparlament entsprechen dem britischen Muster.

Die überwiegend englischsprachige Bevölkerung ist afrikanischer Abstammung, daneben gibt es ethnische Minderheiten indischer und chinesischer Herkunft. Große Teile der Bevölkerung existieren am Rande des Hungers, erbärmlichste Slums und wohlhabende Touristenzentren wechseln einander ab. Die religiös-politische Rasta-Bewegung, die Äthiopien als die spirituelle Heimat betrachtet, hat hier ihre Wurzeln.

WIRTSCHAFT

Obwohl die Landwirtschaft rückläufig ist, spielt sie nach wie vor eine wesentliche Rolle. Jamaika produziert neben Zuckerrohr und Bananen auch Kaffee, Kakao und Obst für den Export; weitere Exportprodukte sind Pfeffer und Ingwer; die Subsistenzlandwirtschaft erzeugt die Grundnahrungsmittel. Zunehmend gewinnt die Fischereiwirtschaft an Bedeutung. Jamaika hat reiche Bauxitvorkommen und steht als Bauxitproduzent weltweit an dritter Stelle. Weiterhin werden Textilien, Nahrungsmittel, Rum und Zucker exportiert, die beste Einnahmequelle ist jedoch der Tourismus. Das Verkehrsnetz ist im Allgemeinen gut ausgebaut, das Gesundheitswesen, die Sozialversorgung und der Wohnungsbau haben Prioritäten in der Regierungspolitik. Der Schulbesuch ist kostenlos und die notwendigen Einrichtungen sind für alle Bildungsstufen weiträumig vorhanden.

LANDESDATEN – JAMAIKA

Fläche 10 991 km²

Klima	**Höhe** m	**Temperaturen Januar** °C	**Juli** °C	**Jährlicher Niederschlag** mm
Kingston	34	24	27	800

Geografische Merkmale höchster Berg: Blue Mountain Peak 2256 km

Einwohnerzahl (1990) 2,5 Millionen

Staats- und Regierungsform Mehrparteiensystem; konstitutionelle Monarchie; zwei gesetzgebende Organe

Streitkräfte Heer 3000; Küstenwacht 150; Luftwaffe 170

Hauptstadt Kingston (588 000 Einw.)

Offizielle Landessprache Englisch

Bevölkerungsgruppen Schwarze, 76,3%; Afro-Europäer 15,1%; Indianer 3,4%; Weiße 3,2%; sonstige 2,0%

Religionen Protestanten 55,9%; Katholiken 5,0%; nicht Religiöse 17,7%; sonstige 10,2%; nicht angegeben 11,2%

Währung 1 Jamaika-Dollar (J$) = 100 Cents (c)

Bruttosozialprodukt (pro Kopf 1993) US-$ 1440

Bruttoinlandsprodukt (1993) US-$ 3,825 Mrd.

Lebenserwartung Männer 72,2; Frauen 76,7 Jahre

Ressourcen Zuckerrohr, Tourismus, Bananen, Rum, Kaffee, Kakao, andere tropische Früchte, Bauxit

Dominikanische Republik

DOMINIKANISCHE REPUBLIK

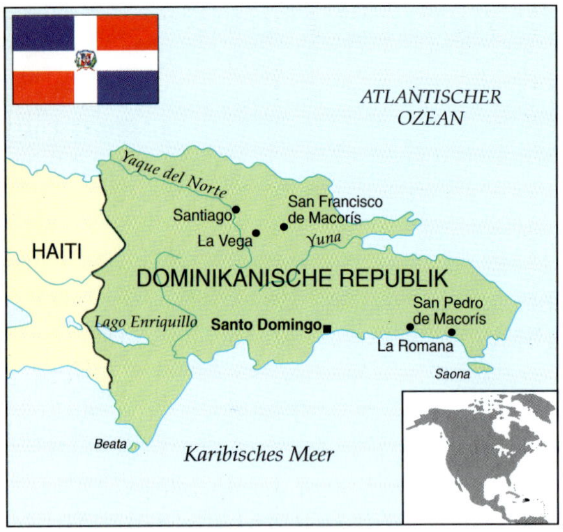

Die Dominikanische Republik liegt im Ostteil der Antilleninsel Hispaniola und ist doppelt so groß wie ihr westlicher Nachbar Haiti.

GEOGRAFIE

Die abwechslungsreiche Gebirgslandschaft mit der mächtigen Cordillera Central, deren höchster Gipfel Pico Duarte zugleich der höchste Punkt der Karibischen Inseln ist, geht im Westen in das haitianische Massif du Nord über. Entlang der Nordküste, im Osten und Südwesten an der Grenze zu Haiti, trennen niedrigere Gebirgsketten die Tiefebenen wie das lang gezogene Cibao Valley im Norden und weite Teile der Südküste, von der Hauptstadt Santo Domingo bis zum östlichsten Zipfel der Insel. Es herrscht überwiegend tropisches Klima mit sehr unterschiedlichen Temperaturen und Niederschlägen aufgrund der geografischen Verhältnisse So fallen im Norden und im Osten hohe Niederschlagsmengen, finden sich fruchtbare Böden und üppige immergrüne Wälder. In den fast wüstenähnlichen Tieflandgebieten im Süden wachsen Savannengräser und -büsche.

LANDESDATEN – DOMINIKANISCHE REPUBLIK

Fläche 48 443 km²

Klima	**Höhe** m	**Temperaturen Januar** °C	**Juli** °C	**Jährlicher Niederschlag** mm
Santo Domingo	17	24	27	1400

Geografische Merkmale	höchster Berg: Pico Duarte 3175 m
Einwohnerzahl	(1994) 7,6 Millionen
Staats- und Regierungsform	Mehrparteiensystem; Republik; zwei gesetzgebende Organe
Streitkräfte	Heer 15 000; Marine 4000; Luftwaffe 5500
Größte Städte	Santo Domingo (Hauptstadt – 1,6 Mio. Einw.); Santiago (308 000); La Romana (91 600)
Offizielle Landessprache	Spanisch
Bevölkerungsgruppen	Mulatten 73,0%; Weiße 16,0%; Schwarze 11,0%
Religionen	Katholiken 91,9%
Währung	1 Dominikanischer Peso (dom$) = 100 Centavos (cts)
Bruttosozialprodukt	(pro Kopf 1993) US-$ 1230
Bruttoinlandsprodukt	(1993) US-$ 9,510 Mrd.
Lebenserwartung	Männer 66,2; Frauen 70,6 Jahre
Ressourcen	Zuckerrohr, Tabak, Kakao, Kaffee, Bauxit, Salz, Nickel, Tourismus

KULTUR UND GESELLSCHAFT

Hispaniola war zuerst spanische Kolonie, bis die Spanier im 17. Jh. den westlichen Teil an Frankreich abtreten mussten. Der Rest unter dem Namen Santo Domingo blieb spanisch. Später fiel auch dieser Teil den Franzosen zu, die für die Plantagenwirtschaft afrikanische Sklaven ins Land holten. 1821 erklärte sich Santo Domingo für unabhängig und rief die Republik aus, die aber unmittelbar danach von Haiti besetzt wurde, bis 1844 unter Juan Pablo Duarte (1813-1876) erneut die Unabhängigkeit der Dominikanischen Republik erkämpft wurde. In den 60er-Jahren des 19. Jh. geriet das Land nochmals für kurze Zeit unter spanische Herrschaft. In der Folgezeit regierten überwiegend Diktatoren. Von 1916-1924 besetzten die USA die Republik und trugen erheblich zur Modernisierung des Landes bei. 1930 riss Rafael Trujillo Molina (1891-1961) die Macht an sich, doch die gnadenlose Unterdrückung der Oppositionsbewegungen führte 1961 zu seiner Ermordung. 1978 kam erstmals in der Geschichte des Landes eine Regierung durch demokratische Wahlen an die Macht; es herrscht Demokratie, begleitet von politischen Unruhen.

Unter den verschiedenen Bevölkerungsgruppen bilden die Mestizen europäischer und afrikanischer Abstammung die Mehrheit der schnell wachsenden Bevölkerung.

WIRTSCHAFT

Wichtigster Wirtschaftszweig ist die Landwirtschaft. Exportprodukte wie Kakao, Kaffee, Tabak und Zuckerrohr werden auf größeren Plantagen angebaut. Grundnahrungsmittel wie Reis und Mais kommen überwiegend aus einer wenig produktiven Subsistenzlandwirtschaft, und Viehwirtschaft wird im östlichen Flachland betrieben. Nur der Abbau von Salz, Bauxit, Nickel, Gold, Silber und Gips erfolgt in größeren Mengen. Verarbeitet bzw. hergestellt werden Zucker, Textilien und Düngemittel. Starke Förderung erfährt der Tourismus. Das Sozialversicherungssystem bietet Grundleistungen an, die medizinische Versorgung ist hingegen begrenzt. Der Schulbesuch ist kostenlos, aber in den abgelegenen ländlichen Gebieten sind entsprechende Einrichtungen kaum vorhanden.

St. Kitts und Nevis

FÖDERATION ST. KITTS UND NEVIS

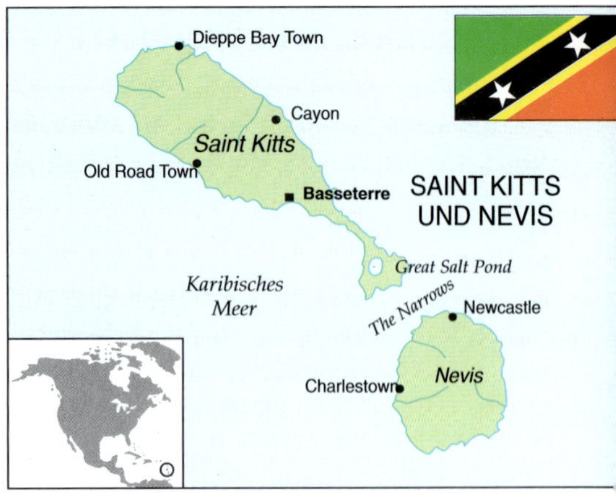

Die St. Kitts- und Nevis-Inseln sind Teil der Westkette der Leewardinseln im Osten der Karibik.

GEOGRAFIE

Die beiden Inseln sind vulkanischen Ursprungs und von Korallenriffen umgeben. Die Hauptstadt Basseterre liegt auf St. Kitts (St. Christopher), deren höchster Punkt der Mount Misery ist. Die Nordost-Passate kühlen das warme, feuchte Klima ab. Im Landesinneren gedeiht eine üppige Vegetation und tropischer Regenwald findet sich an vereinzelten Berghängen. Die tieferliegenden Hänge sind weitgehend gerodet und werden landwirtschaftlich genutzt.

Die Vulkaninsel St. Kitts (*unten*) mit ihrer üppigen Vegetation zog die ersten Zuckerrohrbauern magisch an. Eine wichtige Einnahmequelle ist heute auch der Tourismus.

KULTUR UND GESELLSCHAFT

1623 gründete Sir Thomas Warner die britische Kolonie St. Kitts, doch Frankreich erhob bis 1783 Besitzansprüche. 1882 vereinigten sich St. Kitts und Nevis sowie Anguilla zu einem Bundesstaat, doch Anguilla war mit der Verwaltung durch St. Kitts unzufrieden und erklärte 1967 einseitig wieder seine Unabhängigkeit. 1983 erlangte St. Kitts und Nevis 1983 die vollständige Unabhängigkeit. Staatsoberhaupt ist der Generalgouverneur, der die britische Krone vertritt; der Premierminister steht an der Spitze des Parlaments mit 15 Abgeordneten. Die meisten Parlamentsmitglieder werden gewählt, einige auch ernannt. Nevis genießt eine gewisse Autonomie. Die Mehrzahl der Einwohner sind Schwarze oder Mischlingsnachkommen der ehemaligen Sklaven. Offizielle Landessprache ist Englisch. Die Anglikaner und die Methodisten bilden hier die beiden größten Religionsgruppen.

WIRTSCHAFT

Auf St. Kitts wächst vor allem Zuckerrohr, auf Nevis werden Baumwolle und Kokosnüsse angebaut. Weitere Ausfuhrprodukte sind Lederwaren, Stoffe und Elektrogeräte. Lukrative Einnahmen erzielt der Tourismus. Die Inseln verfügen über gut ausgebaute Straßen- und Eisenbahnverbindungen sowie Flughäfen. Zudem hat Basseterre einen Seehafen. Es besteht Schulpflicht, und der Unterricht ist kostenlos. Die Analphabetenquote ist niedrig.

LANDESDATEN – SAINT KITTS UND NEVIS

Fläche 269 km²

Klima	Höhe m	Temperaturen Januar °C	Juli °C	Jährlicher Niederschlag mm
Basseterre	15	24	27	1375

Geografische Merkmale höchster Berg: Mount Misery 1156 m

Einwohnerzahl (1994) 40 671

Staats- und Regierungsform Mehrparteiensystem; konstitutionelle Monarchie; ein gesetzgebendes Organ

Streitkräfte keine (paramilitärische Polizei 80)

Hauptstadt Basseterre (15 000 Einw.)

Offizielle Landessprache Englisch

Bevölkerungsgruppen Schwarze 90,5%; Mulatten 5,0%; Inder 3,0%; Weiße 1,5%

Religionen Anglikaner 32,6%; Methodisten 28%; andere protestantische Religionsgemeinschaften 21,3%; Katholiken 7,2%; sonstige 10,1%

Währung 1 Ostkaribischer Dollar (EC$) = 100 Cents (c)

Bruttosozialprodukt (pro Kopf 1993) US-$ 4410

Bruttoinlandsprodukt (1993) US-$ 185 Mio.

Lebenserwartung Männer 63,1; Frauen 69,3 Jahre

Ressourcen Zuckerrohr, Kokosnüsse, Baumwolle, Salz, Fisch, Tourismus

Antigua und Barbuda

ANTIGUA UND BARBUDA

Zeitvertreib (*oben*). Nach dem arbeitsreichen Leben auf den Zuckerrohrfeldern genießt der alte Mann seinen Ruhestand und beobachtet das Treiben der Stadt. Die Zuckerindustrie, einst die wirtschaftliche Basis Antiguas, ist heute bedeutungslos und wurde durch den Tourismus abgelöst.

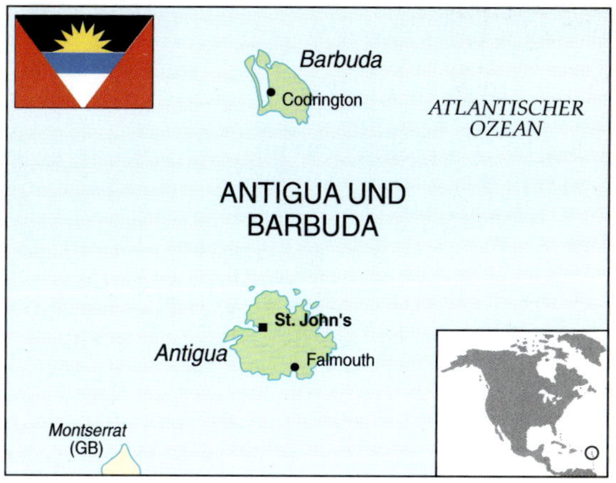

DER INSELSTAAT ANTIGUA UND BARBUDA gehört zu den Leewardinseln im Osten der Karibik und hat für die USA, die auf der Insel zwei Militärstützpunkte unterhalten, eine strategische Bedeutung.

GEOGRAFIE

Der Waldbestand auf der flachen Insel Antigua wurde nahezu völlig abgeholzt. In der Umgebung des Boggy Peak im Südwesten der Insel kommt Vulkangestein vor. Die weiter nördlich gelegene, überwiegend flache Koralleninsel Barbuda bedeckt dichter Wald, und die winzige Insel Redonda im Südwesten ist steil und unbewohnt. Es herrscht tropisches Klima; die Inseln sind süßwasserarm und werden im Spätsommer häufig von Wirbelstürmen heimgesucht.

KULTUR UND GESELLSCHAFT

Barbuda wurde 1628 von den Engländern kolonialisiert, vier Jahre später folgte Antigua. 1685 pachtete die Familie Codrington Barbuda von den Engländern zu einem jährlichen Preis eines Mastschweins. Im 19. Jh., nach der Abschaffung der Sklaverei, gaben sie die Insel an England zurück. 1967 erhielt Antigua den autonomen Status und 1979 die volle Unabhängigkeit. Zur gleichen Zeit hegte Barbuda Sezessionsbestrebungen gegenüber Antigua, und 1981 erhielten beide Inseln ihre Unabhängigkeit. Staatsoberhaupt ist der Generalgouverneur als Vertreter der britischen Krone. Das Parlament besteht aus zwei Kammern, dem ernannten Senat und dem gewählten Unterhaus. Der größte Teil der Bevölkerung lebt auf Antigua und gehört der anglikanischen Kirche an. Amtssprache ist Englisch.

WIRTSCHAFT

Haupteinnahmequelle der Inseln ist der Fremdenverkehr. Als touristische Attraktionen gelten die weißen Strände unter Palmen, die Spielcasinos, die Hauptstadt St. John's mit ihren architektonischen Sehenswürdigkeiten aus dem 18. Jh., die gotische Kathedrale und der Tiefseehafen. Die Straßen sind gut ausgebaut und zwei Flughäfen stehen zur Verfügung. Die medizinische Versorgung funktioniert gut; ein Sozialversicherungssystem ist vorhanden. Es besteht Schulpflicht und der Unterricht ist kostenlos; zudem können höhere Schulen besucht werden. Die Analphabetenquote ist relativ niedrig.

LANDESDATEN – ANTIGUA UND BARBUDA

Fläche 442 km²

Klima	Höhe m	Temperaturen Januar °C	Juli °C	Jährlicher Niederschlag mm
St John's	10	25	28	1118

Geografische Merkmale höchster Berg: Boggy Peak 405 m; größte Insel: Antigua 280 km²

Einwohnerzahl (1994) 64 762

Staats- und Regierungsform Mehrparteiensystem; konstitutionelle Monarchie; zwei gesetzgebende Organe

Streitkräfte 700

Hauptstadt St. John's (36 000 Einw.)

Offizielle Landessprache Englisch

Bevölkerungsgruppen Schwarze 94,4%; Mulatten 3,5%; Weiße 1,3%; sonstige 0,8%

Religionen Anglikaner 44,5%; andere protestantische Religionsgemeinschaften 41,6%; Katholiken 10,2%; Rastafarier 0,7%; sonstige 3,0%

Währung 1 Ostkaribischer Dollar (EC$) = 100 Cents (c)

Bruttosozialprodukt (pro Kopf 1993) US-$ 6540

Lebenserwartung Männer 71,0; Frauen 75,0 Jahre

Ressourcen Tourismus

Dominica

DOMINICANISCHER BUND

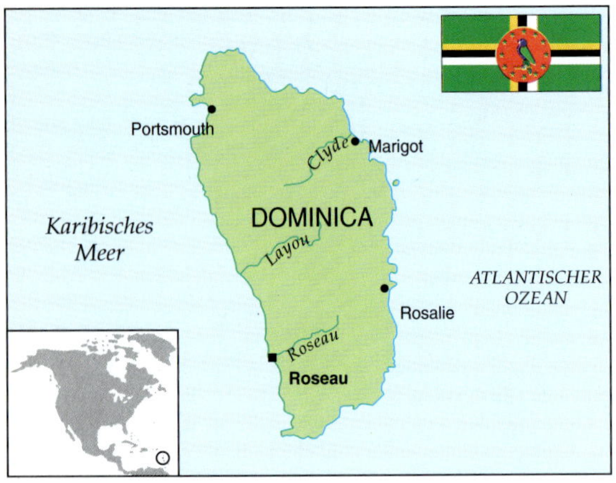

DIE INSEL DOMINICA, EINE UNABHÄNGIGE Republik in der östlichen Karibik, ist die drittgrößte der Kleinen Antillen und liegt zwischen Guadeloupe und Martinique.

GEOGRAFIE

Wie das Rückgrat der Insel erheben sich die steilen Berge zum Gipfel Morne Diablotin; die Schluchten und heißen Quellen erinnern an den vulkanischen Ursprung. Das Klima ist warm und feucht; die Regenzeit, in der gelegentlich Wirbelstürme auftreten, reicht von Juni bis Oktober. Die Niederschlagsmengen sind in den Bergen höher als an der Küste. Eine üppige, tropische Vegetation bedeckt die Insel, die eine artenreiche Tierwelt besitzt. Der Morne-Trois-Pitons-Nationalpark ist ein Anziehungspunkt für Touristen.

LANDESDATEN – DOMINICA

Fläche 750 km²				
Klima	**Höhe** m	**Temperaturen Januar** °C	**Juli** °C	**Jährlicher Niederschlag** mm
Roseau	16	24	27	1956

Geografische Merkmale	höchster Berg: Morne Diablotin 1447 m
Einwohnerzahl	(1994) 87 696
Staats- und Regierungsform	Mehrparteiensystem; Republik; ein gesetzgebendes Organ
Streitkräfte	keine (paramilitärische Polizei 300)
Hauptstadt	Roseau (21 000 Einw.)
Offizielle Landessprache	Englisch
Bevölkerungsgruppen	Schwarze 91,2%; Mulatten 6,6%; Indianer 1,5%; Weiße 0,5%; sonstige 0,2%
Religionen	Katholiken 76,9%; Protestanten 15,5%; sonstige 7,6%
Währung	1 Ostkaribischer Dollar (EC$) = 100 Cents (c)
Bruttosozialprodukt	(pro Kopf 1993) US-$ 2720
Lebenserwartung	Männer 74,1; Frauen 79,9 Jahre
Ressourcen	Bananen, Zitrusfrüchte, Kokosnüsse, Kakao, Lorbeerblätter, Gemüse, Vanille, Tourismus

Unberührte Schönheit. Aus den Wolken, die die Bergwipfel verhüllen, stürzen Regengüsse und verwandeln Bäche in reißende Flüsse und Wasserfälle. Manche Waldgebiete sind noch unerforscht.

KULTUR UND GESELLSCHAFT

Über viele Jahre kämpften Engländer und Franzosen um den Besitz Dominicas. 1738 fiel die Insel an England und wurde 1771 eine eigenständige Kolonie; das Selbstverwaltungsrecht erhielt sie 1967, und 1978 erlangte Dominica die vollständige Unabhängigkeit. Kurze Zeit später verwüsteten mehrere Wirbelstürme die Insel. Abgesehen von zwei gescheiterten Putschversuchen, standen die 80er-Jahre im Zeichen des Wiederaufbaus.

Staatsoberhaupt ist ein Präsident, der vom Parlament ernannt wird, das sich mehrheitlich aus gewählten Abgeordneten zusammensetzt. Den Premierminister stellt die Mehrheitspartei. Die Bevölkerung stammt größtenteils von den afrikanischen Sklaven ab; auch einige hundert Kariben (die Nachkommen der indianischen Urbevölkerung) leben auf der Insel. Amtssprache ist Englisch; es wird auch ein französischer Dialekt gesprochen. Die Mehrheit der Bewohner gehört der römisch-katholischen Kirche an, die Protestanten folgen an zweiter Stelle.

WIRTSCHAFT

Hauptexportprodukte sind Bananen, Zitrusfrüchte und Kokosnüsse; weiter werden Kakao, Lorbeerblätter und Vanille ausgeführt. Die Tourismusbranche verzeichnet enorme Zuwachsraten. Importiert werden Lebensmittel, Brennstoffe, Maschinen und Fahrzeuge. Die Straßen sind in einem guten Zustand; Roseau hat einen bedeutenden Seehafen und zwei Flughäfen. Die medizinische Versorgung ist relativ gesichert, trotz allem gibt es viele Probleme. Der Schulbesuch ist kostenlos; die Zahl der Analphabeten ist sehr gering.

St. Lucia

ST. LUCIA

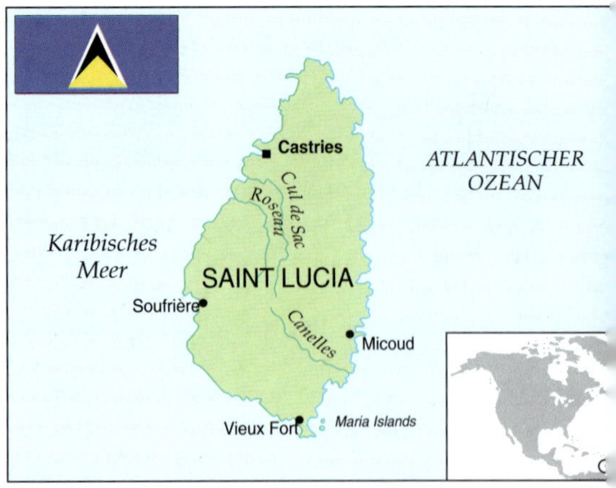

ST. LUCIA IST EIN KLEINER INSELSTAAT IN der östlichen Karibik und gehört zu den Kleinen Antillen, die von Puerto Rico bis Venezuela reichen.

GEOGRAFIE

Ihre bizarre Landschaft verdankt die Insel heftiger Vulkantätigkeit. Der höchste Berg im Zentrum der Insel ist der Mount Gimie. Nahe der Westküste liegt der Vulkan Qualibou, der zuletzt 1766 aktiv war. Noch heute speit die Erde Gase aus und sprudeln Schwefelquellen aus ihr hervor, und so gab der noch aktive Vulkan Soufrière der Nachbarstadt (Soufrière) ihren Namen. Es herrscht ein warmes und feuchtes Klima, und die vulkanischen Böden sind fruchtbar. Der einst üppige Regenwald wurde nahezu vollständig abgeholzt.

LANDESDATEN – ST. LUCIA

Fläche 617 km²				
Klima	**Höhe** m	**Temperaturen Januar** °C	**Juli** °C	**Jährlicher Niederschlag** mm
Castries	3	25	28	1500

Geografische Merkmale	höchster Berg: Mount Gimie 959 m
Einwohnerzahl	(1994) 145 000
Staats- und Regierungsform	Mehrparteiensystem; konstitutionelle Monarchie; zwei gesetzgebende Organe
Streitkräfte	keine (paramilitärische Polizei 80)
Hauptstadt	Castries (56 000 Einw.)
Offizielle Landessprache	Englisch
Bevölkerungsgruppen	Schwarze 87,0%; Mulatten 9,1%; Inder 2,6%; Weiße 1,3%
Religionen	Katholiken 90,0%; Protestanten 7,0%; sonstige 3,0%
Währung	1 Ostkaribischer Dollar (EC$) = 100 Cents (c)
Bruttosozialprodukt	(pro Kopf 1993) US-$ 3380
Bruttoinlandsprodukt	(1993) US-$ 433 Mio.
Lebenserwartung	Männer 67,1; Frauen 71,8 Jahre
Ressourcen	Holz, Bananen, Mineralquellen, Bimsstein, Tourismus

KULTUR UND GESELLSCHAFT

Kariben vertrieben die einheimische Arawak-Bevölkerung, bevor sie ihrerseits durch die von französischen Siedlern im 17. Jh. eingeschleppten Krankheiten ausgerottet wurden. Die Insel wechselte häufig den Besitzer, gehörte einmal zu Frankreich und dann wieder zu England, bis sie 1814 endgültig an England abgetreten wurde. Die Bevölkerung stammt überwiegend von afrikanischen Sklaven ab. St. Lucia erhielt 1967 den Autonomie-Status und 1979 die Unabhängigkeit. Zwar steht das Oberhaupt der britischen Krone an der Spitze des Staates, aber die Regierungsgewalt liegt in den Händen des Premierministers und seines Kabinetts, die einem Zweikammerparlament verantwortlich sind.

WIRTSCHAFT

Der Tourismus und die Landwirtschaft bestimmen im Wesentlichen die Wirtschaft. Die Ausfuhr von Bananen ist auf etwa zwei Drittel des Gesamtexports angewachsen. Für den Eigenbedarf werden Maniok und Süßkartoffeln angebaut. Die sich entwickelnde Industrie profitiert vor allem von der Nutzung der Erdwärme. Es besteht Schulpflicht und die Grundschulbildung ist kostenlos.

Die Pitons (*unten*) sind die Zwillingsgipfel an der Südwestküste von St. Lucia. Wildromantisch ragen die erkalteten Vulkanpfropfen 750 m hoch über den Meeresspiegel.

St. Vincent und die Grenadinen

ST. VINCENT UND DIE GRENADINEN

ST. VINCENT UND DIE GRENADINEN GEHÖREN zu den Windwardinseln der Kleinen Antillen und umfassen die Insel St. Vincent und die Inseln des nördlichen Teils der Grenadinen.

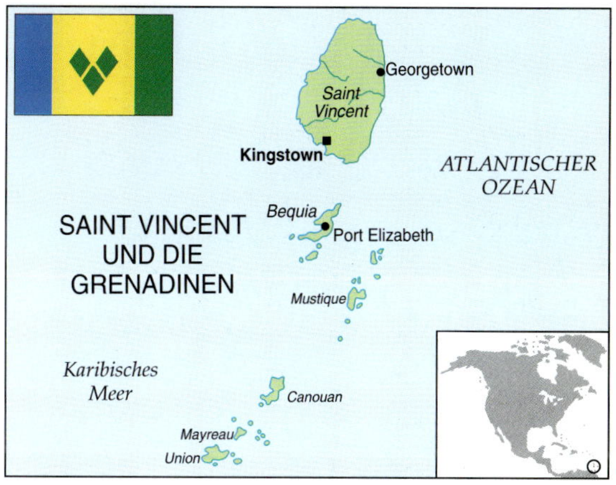

GEOGRAFIE

Die Hauptinsel St. Vincent besteht aus einer dicht bewaldeten Vulkangruppe, deren höchste Erhebung der aktive Vulkan Soufrière ist. 1891 und 1902 verursachten Ausbrüche große Schäden auf der Insel, und erst 1979 stellte er seine Aktivität ein. Die Grenadinen sind eine Kette flacher Koralleninseln, die sich südlich von St. Vincent Richtung Grenada fortsetzt. Das Klima ist heiß mit jahreszeitlich begrenzten Niederschlägen und bisweilen alles vernichtenden Wirbelstürmen.

KULTUR UND GESELLSCHAFT

Als Kolumbus am St.-Vinzenz-Tag 1498 auf der Insel landete, empfingen ihn die wilden Kariben, die sich einer europäischen Besiedlung bis ins 18. Jh. erfolgreich widersetzten. Nach kurzer französischer Herrschaft kam St. Vincent 1783 unter britische Kontrolle. Für die Arbeit auf den Plantagen wurden afrikanische Sklaven eingesetzt, und nach Abschaffung der Sklaverei kamen indonesische und portugiesische Arbeiter auf die Plantagen.

1958 schloss sich St. Vincent der Westindischen Föderation an und wurde 1979 eine unabhängige konstitutionelle Monarchie, regiert von einem Generalgouverneur, dem Vertreter der britischen Krone. Das Amt des Premierministers übt der Führer der Mehrheitspartei aus.

WIRTSCHAFT

Der wichtigste Wirtschaftsbereich ist die Landwirtschaft. Hauptexportprodukte sind Bananen sowie die zur Herstellung von Medikamenten, feinem Mehl und Computerpapier verwendete Pfeilwurz. 1979/80 richteten Naturkatastrophen auf der Insel verheerende Schäden an. Inzwischen haben sich der Agrarsektor und die Tourismusbranche von den Rückschlägen wieder erholt. Die Industrie beschränkt sich auf die Verarbeitung landwirtschaftlicher Erzeugnisse.

LANDESDATEN – ST. VINCENT UND DIE GRENADINEN

Fläche 389 km²

Klima	Höhe m	Temperaturen Januar °C	Juli °C	Jährlicher Niederschlag mm
Kingstown	1	26	28	1524

Geografische Merkmale höchster Berg: Soufrière 1234 m; größte Insel: St. Vincent 347 km²

Einwohnerzahl (1994) 115 000

Staats- und Regierungsform Mehrparteiensystem; konstitutionelle Monarchie; ein gesetzgebendes Organ

Streitkräfte keine (paramilitärische Polizei 80)

Hauptstadt Kingstown (27 000 Einw.)

Offizielle Landessprache Englisch

Bevölkerungsgruppen Schwarze 74,0%; Mulatten 19,0%; Weiße 3,0%; Schwarze (Kariben) 2,0%; Inder 2,0%

Religionen Anglikaner 36,0%; Methodisten 20,4%; andere protestantische Religionsgemeinschaften 20,9%; Katholiken 19,3%; sonstige 3,4%

Währung 1 Ostkaribischer Dollar (EC$) = 100 Cents (c)

Bruttosozialprodukt (pro Kopf 1993) US-$ 2120

Lebenserwartung Männer 70,8; Frauen 73,8 Jahre

Ressourcen Bananen, Tourismus, Pfeilwurz

Barbados

BARBADOS

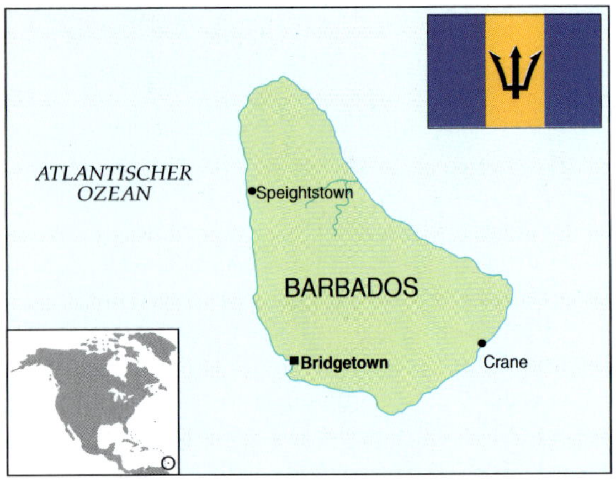

BARBADOS IST DER ÖSTLICHSTE INSELSTAAT der Kleinen Antillen vor der Küste Venezuelas.

GEOGRAFIE

Die Insel sitzt auf einem untermeerischen Felsrücken. Die Landschaft steigt allmählich zu einem Hügelgebiet im Norden und in der Mitte an. Lange Sandstrände säumen die West- und Südküste, das Klima ist heiß mit jahreszeitlich begrenzten Niederschlägen und zuweilen auftretenden Wirbelstürmen. Es gibt vereinzelte Bäume, vorwiegend Mahagonibäume, Palmen und andere tropische Baumarten, aber kaum Wälder, und außer einigen Vogelarten keine nennenswerte Tierwelt.

KULTUR UND GESELLSCHAFT

Möglicherweise lebten früher Arawak-Indianer auf Barbados. Die Besiedlung begann im 17. Jh., als englische Zuckerrohrbauern auf die Insel kamen. Die heutige Bevölkerung sind Nachkommen der Sklaven, die in den 30er-Jahren des 19. Jh. freikamen. Die Kultur ist stark britisch beeinflußt. In den 30er-Jahren des 20. Jh. erhielt Barbados schrittweise seine Autonomie. Vor der Unabhänigkeit 1966 war die Insel der führende Staat der Westindischen Föderation. Die britische Krone wird durch den Generalgouverneur vertreten, die Legislative übt das Zweikammerparlament, das nach britischem Vorbild aufgebaut ist, aus, und an der Spitze der Regierung steht ein Premierminister.

Kolonialstil und Moderne (*oben*). In der Hauptstadt Bridgetown, dem Hafen- und Fremdenverkehrszentrum von Barbados, stehen Häuser im Kolonialstil und moderne Büros sowie Hotels in enger Nachbarschaft.

WIRTSCHAFT

Zuckerrohr wird auf weiten Teilen des Flachlandes angebaut und ist nach wie vor das Hauptausfuhrprodukt der Landwirtschaft, auch wenn die Nachfrage in jüngster Zeit weltweit gesunken ist; Zuckerrohr und seine Nebenprodukte, wie Melasse und Rum, werden ebenfalls auf der Insel verarbeitet. Um sich aus der Abhängigkeit von der Monokultur zu lösen, fördert der Staat den Anbau von Zitrusfrüchten und Baumwolle sowie die Fischereiwirtschaft. Ferner werden in geringem Umfang Erdöl- und Erdgasvorkommen abgebaut. Die Leichtindustrie produziert u. a. elektronische Bauteile, Textilien sowohl für den Export als auch für den Binnenmarkt. In den letzten Jahren erzielte insbesondere die Tourismusbranche größere Zuwachsraten. Schulpflicht besteht bis zum Alter von 14 Jahren und die Ausbildung ist bis zum Universitätsstudium kostenlos. Eine soziale und medizinische Versorgung ist vorhanden.

LANDESDATEN – BARBADOS

Fläche 430 km²

Klima	Höhe m	Temperaturen Januar °C	Juli °C	Jährlicher Niederschlag mm
Bridgetown	55	24	27	1275

Geografische Merkmale höchster Berg: Mount Hillaby 336 m

Einwohnerzahl (1994) 255 827

Staats- und Regierungsform Mehrparteiensystem; konstitutionelle Monarchie; zwei gesetzgebende Organe

Streitkräfte paramilitärische Streitkräfte 154

Hauptstadt Bridgetown (7000 Einw.)

Offizielle Landessprache Englisch

Bevölkerungsgruppen Schwarze 91,9%; Weiße 3,3%; Mulatten 2,6%; Inder 0,5%; sonstige 1,7%

Religionen Anglikaner 39,7%; andere protestantische Religionsgemeinschaften 25,6%; nicht Religiöse 20,2%; Katholiken 4,4%; sonstige 10,1%

Währung 1 Barbados-Dollar (BDS$) = 100 Cents (c)

Bruttosozialprodukt (pro Kopf 1993) US-$ 6230

Lebenserwartung Männer 71,7; Frauen 76,8 Jahre

Ressourcen Zuckerrohr, Zitrusfrüchte, Baumwolle, Tourismus

Grenada

GRENADA

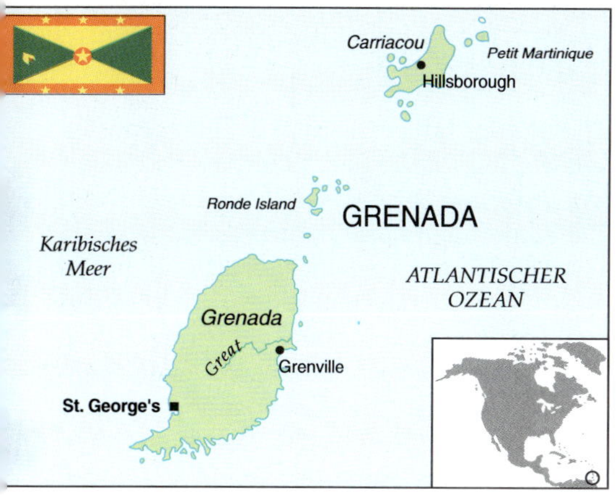

GRENADA IST EIN INSELSTAAT DER KLEINEN Antillen am südlichsten Zipfel der Windwardinseln und liegt vor der Küste Venezuelas. Zum Territorium gehören auch die südlichsten Inseln der benachbarten Grenadinen.

GEOGRAFIE

Grenada besteht zu weiten Teilen aus einem Höhenzug vulkanischer Bergspitzen, deren Hänge und Ausläufer wegen des heißen und feuchten Klimas und fruchtbarer Vulkanböden dicht bewaldet sind. An den Küsten im Süden sind viele kleine Buchten sowie Häfen, darunter der der Hauptstadt St. George's.

KULTUR UND GESELLSCHAFT

Die ersten Bewohner Grenadas waren Arawak-Indianer, die von kriegerischen Kariben ausgerottet wurden. 1650 besiedelten Franzosen die Insel; im 18. Jh. fiel sie an England. Die heutigen Bewohner sind größtenteils Nachkommen der afrikanischen Sklaven, einige sprechen noch einen französischen Dialekt. 1974 erhielt Grenada die vollständige Unabhängigkeit als parlamentarische Demokratie nach britischem Vorbild. 1979 gelangte die JEWEL-Bewegung unter Maurice Bishop (1944-1983) durch einen linksgerichteten Putsch an die Macht. Unter Bishop erreichte das Land wirtschaftliche Fortschritte und knüpfte Beziehungen zu Kuba, Libyen und Algerien an. Nach inneren Machtkämpfen wurde er 1983 von Angehörigen der Armee ermordet. Nach einer militärischen Intervention der USA und sechs weiterer Karibikstaaten wurde die Demokratie auf der Insel wieder hergestellt. Der neue Generalgouverneur führte freie Wahlen zum Unterhaus des Zweikammerparlaments ein. 1995 verließen die letzten US-Truppen das Land.

WIRTSCHAFT

Grenadas Wirtschaft hängt von der Landwirtschaft und dem Tourismus ab. Von wenigen Genossenschaften abgesehen besteht die Landwirtschaft aus bäuerlichen Kleinbetrieben. Haupthandels- und Exportprodukte sind Bananen, Kakao und Gewürze wie die Muskatnuss. Die Muskatnussblüte verlieh der Insel einst den Namen „Gewürzinsel". Industrie ist nur wenig angesiedelt. Der nach dem Putsch von 1979 rückläufige Tourismus erholt sich langsam. Es stehen ein funktionierendes Gesundheitswesen und kostenlose Bildungseinrichtungen zur Verfügung.

St. George's. Grenadas Hauptstadt, an den bewaldeten Hängen rund um die hufeisenförmige Bucht liegend, bietet ein malerisches Bild. Der Hafen ist noch heute Umschlagplatz für die traditionellen Produkte des Landes.

LANDESDATEN – GRENADA

Fläche 345 km²

Klima	Höhe m	Temperaturen Januar °C	Juli °C	Jährlicher Niederschlag mm
St. George's	1	25	27	1560

Geografische Merkmale höchster Berg: Mount St. Catherine 840 m

Einwohnerzahl (1994) 94 109

Staats- und Regierungsform Mehrparteiensystem; konstitutionelle Monarchie; zwei gesetzgebende Organe

Streitkräfte keine (paramilitärische Polizei 80)

Hauptstadt St. George's (29 000 Einw.)

Offizielle Landessprache Englisch

Bevölkerungsgruppen Schwarze 84,0%; Mulatten 12,0%; Inder 3,0%; Weiße 1,0%

Religionen Katholiken 64,4%; Anglikaner 20,7%; andere protestantische Religionsgemeinschaften 13,8%; sonstige 1,1%

Währung 1 Ostkaribischer Dollar (EC$) = 100 Cents (c)

Bruttosozialprodukt (pro Kopf 1993) US-$ 2380

Lebenserwartung Männer 68,0; Frauen 72,8 Jahre

Ressourcen Kakao, Bananen, Holz, Tourismus, Muskatnüsse

Trinidad und Tobago

TRINIDAD UND TOBAGO

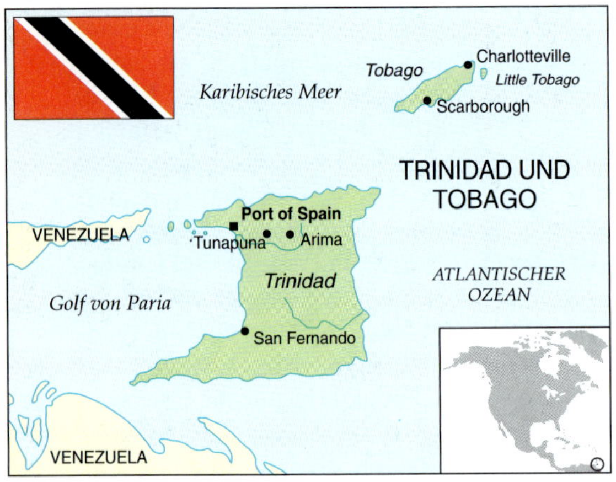

DER INSELSTAAT TRINIDAD UND TOBAGO liegt nicht weit vor der Küste Venezuelas zwischen dem Karibischen Meer und dem Atlantischen Ozean.

GEOGRAFIE

Trinidads nördliche Bergkette und Tobagos Hauptrippe sind eigentlich die Fortsetzung der venezuelanischen Küstenkordilleren, die steil zum Cerro del Aripo aufsteigen, und dessen Flüsse oft in beeindruckenden Wasserfällen talwärts stürzen. Ansonsten ist die Landschaft Trinidads eher hügelig bzw. flach und besitzt viele Sumpfgebiete entlang der Küste. Südlich von Tobagos Hauptrippe schließt sich eine Korallenplatte mit Riffen von außergewöhnlicher Schönheit an. Das Klima ist heiß und feucht, und ein Großteil Trinidads ist mit dichtem Regenwald bedeckt. Auf beiden Inseln leben zahlreiche Vogelarten, darunter Flamingos und Ibisse.

LANDESDATEN – TRINIDAD UND TOBAGO

Fläche 5128 km²

Klima	**Höhe** m	**Temperaturen Januar** °C	**Juli** °C	**Jährlicher Niederschlag** mm
Port of Spain	20	25	26	1631

Geografische Merkmale höchster Berg: Cerro del Aripo 940 m

Einwohnerzahl (1994) 1,3 Millionen

Staats- und Regierungsform Mehrparteiensystem; Republik; zwei gesetzgebende Organe

Streitkräfte Heer 2600; Küstenwacht 600

Hauptstadt Port of Spain (58 000 Einw.)

Offizielle Landessprache Englisch

Bevölkerungsgruppen Schwarze 43,0%; Inder 40%; Mulatten 14,0%; sonstige 3,0%

Religionen Katholiken 32,2%; Protestanten 27,6%; Hindus 24,3%; Muslime 5,9%; sonstige 10,0%

Währung 1 Trinidad-und-Tobago-Dollar (TT$) = 100 Cents (c)

Bruttosozialprodukt (pro Kopf 1993) US-$ 4487

Bruttoinlandsprodukt (1993) US-$ 4,487 Mrd.

Lebenserwartung Männer 68,0; Frauen 73,0 Jahre

Ressourcen Erdöl, Erdgas, Zuckerrohr, Kakao, Kaffee, Zitrusfrüchte, Tourismus

KULTUR UND GESELLSCHAFT

Die Urbevölkerung, der Stamm der Arawak-Indianer, wurde von den Kariben ausgerottet. Während der spanischen und französischen Kolonialisierung fiel die Bevölkerung der Sklavenarbeit auf den Tabak- und Zuckerrohrplantagen und den eingeschleppten Krankheiten zum Opfer; afrikanische Sklaven kamen ins Land. Anfang des 19. Jh. gingen beide Inseln an England. Nach Beendigung der Sklaverei rekrutierte man die Arbeiter aus Asien. 1962 erlangten die Inseln die Unabhängigkeit, und beide Staaten schlossen sich 1976 zu einer föderativen Republik zusammen, die auch 1980 einem missglückten Putschversuch standhielt. Die kulturelle und ethnische Vielfalt spiegelt sich u. a. im Karneval und der Kalypsomusik wider. Eine der großen ethnischen Gruppen sind Inder.

WIRTSCHAFT

Die Inseln zählen zu den wohlhabendsten der Karibik, denn die Wirtschaft basiert im Wesentlichen auf der Erdölindustrie, obwohl die Förderung rückläufig ist. Als Folge davon entstanden weitere Industriezweige. Die Landwirtschaft konzentriert sich hauptsächlich auf den Anbau von Zuckerrohr, Kakao und Kaffee, und erst an zweiter Stelle steht die Erzeugung von Grundnahrungmitteln wie Reis und Gemüse. Durch den wachsenden Tourismus kommen Devisen ins Land. Sowohl die Bildungseinrichtungen als auch die medizinische Versorgung gelten als gut.

Tropische Mischung. Trinidad ist voller Überraschungen: Industriegebiete und fruchtbares Ackerland wechseln sich ab. In den Städten stößt man auf Moscheen, Tempel, englische Kirchen, Kalypsoklänge und Steel Bands – alles, was eine pulsierende, kosmopolitische Gesellschaft auszeichnet.

Die Schutzgebiete in der Region

TURKS UND CAICOSINSELN

GROSSBRITANNIEN

Die britische Kolonie Turks und Caicosinseln besteht aus 30 kleinen Inseln am Südzipfel der Bahamas, die ähnliche klimatische und geografische Verhältnisse aufweisen. Größere Niederschlagsmengen fallen nur, wenn Wirbelstürme über die Inseln fegen. Der Boden ist trocken und bis auf die Salzsumpfgebiete an der Küste mit Strauchwerk bewachsen.

Die Bewohner sind Nachkommen der von den Briten im 17. Jh. für die Arbeit in den Salzpfannen geholten afrikanischen Sklaven. Die Inseln wurden mehrmals von den Bahamas bzw. Jamaika annektiert. 1976 gewährte ihnen die britische Krone das Selbstverwaltungsrecht, verschob aber Verhandlungen über die Unabhängigkeit auf unbestimmte Zeit.

Die Salzgewinnung ist inzwischen unwirtschaftlich geworden, und die Wasserknappheit beeinträchtigt die Landwirtschaft. Die Wirtschaft hängt im Grunde von der Fischerei sowie vom Ausbau des Tourismus ab. Darüber hinaus haben viele Offshore-Finanzunternehmen, angelockt durch steuerliche Vergünstigungen, ihren Sitz auf die Inseln verlegt. Bildung und medizinische Versorgung – Prioritäten, die die Regierung setzt – haben im Allgemeinen einen guten Standard.

BERMUDA

GROSSBRITANNIEN

Die britische Kolonie Bermuda umfasst eine Reihe von Koralleninseln im Nordatlantik, von denen etwa zwanzig bewohnt sind; die größte Insel ist Great Bermuda. Das Klima ist warm, mild und feucht mit mäßigen Niederschlägen. In der üppigen Vegetation finden sich „flüsternde" Kiefern und ein Blütenmeer verschiedenster Blumen; Echsen sind die einzigen Reptilien auf der Insel, auf der sonst keine einheimischen Säugetiere leben.

1609 strandete an der Küste die Mannschaft eines englischen Schiffes, und 1612 wurde Bermuda eine Kolonie der Britisch Virginia-Kompanie, die sie aber schon 1684 der britischen Krone übergab; trotz allem blieb der Inselstaat autonom. 1941 verpachtete Bermuda Luft- und Marinebasen an die USA. Die Verfassung von 1968 gewährte zusätzliche Autonomierechte. Die 40 Mitglieder des Repräsentantenhauses werden direkt gewählt, die 11 Senatoren ernennt der Gouverneur, der seinerseits von der britischen Krone berufen wird. Die Mehrzahl der Bewohner, die der protestantischen Kirche angehören, stammen von ehemaligen afrikanischen Sklaven ab, der andere Teil sind die Nachkommen britischer oder portugiesischer Siedler. Neben Englisch als Amtssprache wird auch Portugiesisch gesprochen.

Die britische Kolonie Bermuda ist nicht nur ein Anziehungspunkt für Touristen. Liberale Steuergesetze holen ausländische Investoren, die die Wirtschaft ankurbeln, ins Land.

Der Inselstaat besitzt wenige Möglichkeiten, die Landwirtschaft bzw. die Industrie auszubauen. Nahrungsmittel und Brennstoffe werden importiert. Die Kolonie finanziert sich größtenteils aus den Einnahmen des Fremdenverkehrs und hängt auch von den militärischen und finanziellen Interessen anderer Staaten ab. Der Verkehr wird über das gut ausgebaute Straßennetz abgewickelt, das die Inseln über Brücken und Fähren miteinander verbindet. Der Haupthafen Hamilton ist an den internationalen Schifffahrtsverkehr angebunden. Der amerikanische Militärflughafen in Kindley Field wird auch für den zivilen Flugverkehr genutzt. In die medizinische Versorgung sowie das Sozialversicherungssystem sind alle Bürger einbezogen. Es besteht Schulpflicht bei kostenlosem Schulbesuch, für eine weiterführende Ausbildung werden Überseestipendien gewährt, die Analphabetenquote ist niedrig.

KAIMANINSELN

GROSSBRITANNIEN

Die Kaimaninseln nordwestlich von Jamaika sind eine britische Kolonie. Grand Cayman, Cayman Brac und Little Cayman sind flache Koralleninseln auf felsigem Untergrund, weiße Strände und Riffe säumen ihre Küsten. Das tropische Klima wird durch eine leichte Meeresbrise angenehm abgekühlt.

Obwohl Kolumbus (1451-1506) die Inseln entdeckt hatte, dienten sie lange Zeit nur als Piratenstützpunkt, bis sie 1670 zusammen mit Jamaika an England übergingen. Die späteren Siedler aus Jamaika lebten überwiegend von der Schildkrötenfischerei. Nach der Unabhängigkeit Jamaikas 1962 wurden die Kaimaninseln eine eigenständige Kolonie, die zwar eine gewisse Autonomie unter der Führung eines Gouverneurs besitzt, jedoch die vollständige Unabhängigkeit noch nicht erlangt hat. Außer einigen Schildkrötenzuchtbetrieben ist kaum Landwirtschaft bzw. Industrie vorhanden. Wichtige Einnahmequellen sind der Tourismus und das Offshore-Finanzwesen, das von freizügigen Steuergesetzen und dem Schutz des Bankgeheimnisses profitiert. Heute haben die wichtigsten Finanzunternehmen auf den Inseln eine Niederlassung, wodurch ein hoher Lebensstandard, eine gute medizinische Versorgung und Ausbildungsmöglichkeiten geschaffen wurden.

PUERTO RICO

VEREINIGTE STAATEN VON AMERIKA

Puerto Rico ist Teil der Westindischen Inseln und ein mit den USA assoziierter autonomer Freistaat.

Die Insel besteht überwiegend aus einem Hochland, das von den schmalen Ebenen der Südküste zur Cordillera Central aufsteigt, einer Bergkette, die sich wie ein Rückgrat über die ganze Insel zieht und deren höchster Gipfel der Cerro del Punta ist. Im Norden fällt es zu einer Hügellandschaft ab, durch die Flüsse ihren Lauf zu den Ebenen der Nordküste nehmen.

Es herrscht überwiegend warmes und feuchtes Klima mit unregelmäßigen Niederschlägen über das ganze Jahr. Der Norden mit seinem Sumpfland, den kleinen Seen und Mangrovensümpfen hat die höchsten Niederschläge. Der im Regenschatten der Berge lie-

gende Süden ist ohne künstliche Bewässerung zu trocken für eine landwirtschaftliche Nutzung. Der einst auf der gesamten Insel wachsende tropische Hartholzregenwald ist inzwischen so weit gerodet worden, dass nur noch Teile davon in der Caribbean National Forest Enklave zu finden sind. Hier leben überwiegend kleine Reptilien und Vögel.

El Morro (*oben*), die Festungen aus dem 16. Jh. auf den Klippen San Juans auf Puerto Rico, sind eindrucksvolle Zeugnisse aus der Zeit der spanischen Herrscher.

Traumurlaub (*rechts*). Klares blaues Wasser und Sandstrände lassen den Tourismus auf den amerikanischen Jungferninseln aufblühen. Der Hafen von St. Thomas, einst beliebter Piratenhafen, ist heute Anlegeplatz der Luxusschiffe.

Als Kolumbus Puerto Rico erreichte, war die Insel von Arawak-Indianern und Kariben bewohnt. Beide Völker starben aufgrund der von den spanischen Siedlern eingeschleppten Krankheiten sowie der Versklavung auf den Plantagen aus. Bis zur Beendigung der Sklaverei wurden immer neue afrikanische Sklaven auf die Insel gebracht. Puerto Rico blieb bis ins 19. Jh. in spanischem Besitz. 1897 erhielt die Insel das Selbstverwaltungsrecht. 1898 besetzten amerikanische Truppen zunächst die Insel, um sie dann ganz zu annektieren. 1919 erhielten die Inselbewohner die amerikanische Staatsbürgerschaft. Auch die verschiedenen Unabhängigkeitsbewegungen erreichten aufgrund von Uneinigkeiten nicht die vollständige Unabhängigkeit bzw. die Umwandlung in einen US-Bundesstaat. Trotz des starken amerikanischen Einflusses blieb die Kultur überwiegend spanisch geprägt.

1948 wurde das Amt des Gouverneurs ein Wahlmandat, und 1952 trat Puerto Rico als Commonwealth of Puerto Rico den USA bei, auch dieser Schritt beendigte nicht die heftigen Debatten über den Status der Insel. Die Bevölkerung wählt einen nicht stimmberechtigten Vertreter ins amerikanische Repräsentantenhaus, einen eigenen Gouverneur, der wiederum das Kabinett aufstellt.

Durch die engen Beziehungen zu den USA entwickelte sich Puerto Rico zu einem der wohlhabendsten Länder der Karibik. Seit dem Zweiten Weltkrieg hat die Industrie die Landwirtschaft von ihrer Spitzenposition verdrängt. Vorwiegend werden Zuckerrohr, Kaffee und Tabak angebaut sowie Milchprodukte und Fleisch erzeugt. Trotzdem müssen große Nahrungsmittelmengen eingeführt werden. Abgesehen von einigen Kupfer- und Nickelvorkommen, kommen auf der Insel kaum Bodenschätze vor. Die Industrie stellt petrochemische, pharmazeutische und Kunststoffprodukte sowie Textilien, Maschinen und Elektrogeräte her. Hauptabnehmer sind die USA. Der Tourismus entwickelt sich zu einer wichtigen Einnahmequelle.
Das Sozialwesen hat amerikanischen Standard, und die medizinische Versorgung ist auf dem besten Wege, diesen zu erreichen. Schulische Ausbildung hat Vorrang und wird kostenlos auf allen Ebenen, bis hin zu Universitätsniveau, angeboten.

AMERIKANISCHE JUNGFERNINSELN

VEREINIGTE STAATEN VON AMERIKA

Die amerikanischen Jungferninseln sind ein nicht inkorporiertes Territorium der USA, zu dem St. Croix, St. John und St. Thomas sowie 50 kleinere Inseln der Gruppe der Jungferninseln im Osten Puerto Ricos gehören. Es sind lediglich die Bergspitzen eines Unterwassergebirges, die als wilde Landschaften aus dem Wasser ragen.

Kolumbus benannte die Inseln nach der Märtyrerin St. Ursula. Zuerst besiedelten Spanier und Franzosen die Gebiete, bis Dänemark im 17. und 18. Jh. sie erwarb. Auf den Zuckerrohrfeldern arbeiteten afrikanische Sklaven. 1917 kauften die USA die Inseln, und 1981 wurde durch einen Volksentscheid eine Verfassung angenommen, die die Selbstverwaltung durch einen gewählten Gouverneur und einen Senat vorsieht.

Die Landwirtschaft wurde von der Monokultur Zuckerrohr auf die Nahrungsmittelproduktion und die Viehzucht, vornehmlich

für den eigenen Bedarf, umgestellt. Die Produktpalette der verarbeitenden Industrie reicht von der Rumdestillation bis zur Erdölraffinerie. Der Tourismus und vor allem die Sportfischerei als die Hauptattraktion, hat sich nach 1945 zum Hauptwirtschaftzweig entwickelt. Bildung und medizinische Versorgung werden in breitem Umfang gewährleistet und sind ein Ausdruck des relativ hohen Lebensstandards der Inseln.

BRITISCHE JUNGFERNINSELN

GROSSBRITANNIEN

Die Inselgruppe, die aus den Bergspitzen eines Unterwassergebirges besteht, ist eine britische Kolonie, zu der Tortola, Anegada, Virgin Gorda, Jost Van Dyke und über 30 weitere kleine Inseln gehören. Auf allen Inseln herrschst suptropisches Klima. Charakterisch sind die hügelige Landschaft, die Sandstrände und die Korallenriffe vor den Küsten. Nur die Insel Anegada ist ganz flach.

Ursprünglich lebten hier Arawak-Indianer, die jedoch von den Kariben vertrieben wurden. Später rotteten die Spanier die Kariben aus. Die Inseln dienten zunächst Piraten als Unterschlupf, bis Engländer sie im 17. Jh. annektierten. Heute haben sie eine autonome Regierung mit einem gewählten Rat und einem ernannten Gouverneur. Der Tourismus expandiert zum Hauptwirtschaftszweig; die ruhigen Gewässer rund um die Inseln sind ein beliebtes Segelrevier. Die Landwirtschaft konzentriert sich auf die Fleischproduktion für den Eigenbedarf und auf den Bananen- und Zuckerrohranbau für den Export wie für den Binnenmarkt; darüber hinaus spielt die Fischerei eine wichtige Rolle. Verarbeitende Industrie gibt es kaum. Trotz der Wasserknappheit ist das Gesundheitswesen ausgezeichnet, ebenso die Grundschulbildung.

ANGUILLA

GROSSBRITANNIEN

Anguilla ist eine lange, schmale Koralleninsel mit einer kahlen Buschlandschaft und vereinzelten Obstplantagen am nördlichsten Zipfel der Leewardinseln im Osten der Karibik. Wirbelstürme gefährden oft die Insel, auf der ein warm-feuchtes Klima herrscht.

Anguilla, seit 1650 britische Kolonie, gehörte später einige Jahre zum Bundesstaat St.-Kitts-Nevis-Anguilla, wurde aber 1980 abhängiges Territorium von Großbritannien. Die britische Krone ernennt den Gouverneur; die Innenpolitik bestimmt eine gewählte Versammlung. Die Mehrheit der heutigen Bewohner sind Nachkommen der afrikanischen Sklaven und überwiegend anglikanische oder methodistische Christen. Die Verkehrssprache ist Englisch. Ausgeführt werden vor allem Fisch, Salz und Vieh. Anguilla verfügt zudem über beträchtliche Salpetervorkommen. Auch der Tourismus und das Verkehrsnetz werden weiter ausgebaut. Sowohl der Wohnungsbau als auch das Gesundheits- und Bildungswesen haben einen hohen Standard erreicht.

MONTSERRAT

GROSSBRITANNIEN

Die britische Kolonie Montserrat gehört zu den Leewardinseln im Osten der Karibik. Über die bergige Weidelandschaft und üppige Vegetation erheben sich Vulkankegel, die z. T. noch aktiv sind. Das Klima ist warm und feucht mit von der Jahreszeit abhängigen Wirbelstürmen.

Montserrat wurde im 17. Jh. von irischen Siedlern der Nachbarinsel St. Kitts kolonisiert. Von 1958-1962 gehörte es der Westindischen Föderation an. Heute erstrebt das Land die vollständige Unabhängigkeit von Großbritannien. Der von der britischen Krone ernannte Gouverneur ist Vorsitzender des Exekutiv- und des teilweise gewählten gesetzgebenden Rates. Mehrheitlich stammen die Bewohner von den ehemaligen afrikanischen Sklaven ab und gehören verschiedenen christlichen Konfessionen an. Verkehrssprache ist vorrangig Englisch. Hauptexporterzeugnisse sind Gemüse und Baumwolle. Auch der Tourismus, wachsender Wirtschaftszweig, erzielt höhere Einnahmen. Die Straßen sind gut ausgebaut. Plymouth ist Haupt- und Hafenstadt und hat eine Flugverbindung zum benachbarten Antigua. Die medizinische Versorgung wird ständig verbessert; Schulpflicht besteht nur für die Grundschule, weiterführende Schulen können besucht werden.

ARUBA

DIE NIEDERLANDE

Aruba liegt am südwestlichen Zipfel der Kleinen Antillen vor der Küste Venezuelas. Über die vorwiegend flache Landschaft sind vulkanische Felsbrocken verstreut, das Klima ist warm und feucht mit geringen Niederschlägen. Von einigen Kakteenarten und Sukkulenten abgesehen, ist die Vegetation karg.

1634 wurde Aruba Teil der Niederländischen Antillen, spaltete sich jedoch 1986 ab und regelt seitdem seine inneren Angelegenheiten selbst. Es untersteht aber weiterhin den Niederlanden. Ein Gouverneur vertritt die Krone, die 21 Mitglieder der Nationalversammlung werden direkt gewählt. Die Arubaner sind afrikanischer, europäischer oder asiatischer Abstammung und mehrheitlich römisch-katholisch. Amtssprache ist Niederländisch, daneben wird auch Papiamento, ein spanisches Kreol, gesprochen. Das Land lebt fast ausschließlich vom Tourismus und verfügt über gut ausgebaute Straßen, Hochseehäfen sowie einen internationalen Flughafen. Das Trinkwasser wird überwiegend in Meerwasserentsalzungsanlagen gewonnen. Es besteht keine Schulpflicht, dennoch ist die Analphabetenquote niedrig.

NIEDERLÄNDISCHE ANTILLEN

DIE NIEDERLANDE

Die Niederländischen Antillen bestehen aus zwei Inselgruppen innerhalb der Kleinen Antillen. Zur südlichen Gruppe vor der Küste Venezuelas gehören Curaçao und Bonaire, früher auch Aruba; zur nördlichen, die Teil der Leewardinseln ist, zählen die Inseln St. Eustatius, Saba und die südliche Hälfte von St. Martin, deren Nordhälfte zu Frankreich gehört. Die Südinseln sind meist flach, die Nordinseln bergig und vulkanisch, das Klima ist warm und feucht. In Curaçao und Bonaire fallen wenig Niederschläge, und in der Regenzeit suchen Wirbelstürme die Nordinseln heim. Abgesehen von einigen Kakteenarten

und Sukkulenten ist die Vegetation spärlich. Spanische Siedler rotteten im 16. Jh. nahezu die gesamte indianische Urbevölkerung aus. Im frühen 17. Jh. erhoben die Niederländer Anspruch auf die Inseln, und Curaçao und Bonaire wurden zu Plantagenkolonien der Niederländisch-Westindischen Handelskompanie. St. Eustatius war bis ins späte 18. Jh. zentraler Umschlagplatz für den Sklavenhandel. 1868 erhielt Bonaire einen eigenen politischen Status. 1954 wurden die Inseln autonome Staaten innerhalb der Niederlande. Den Gouverneur ernennt die niederländische Krone, die 22 Mitglieder der Nationalversammlung werden direkt gewählt. Die Bewohner sind afrikanischer oder europäischer Abstammung und überwiegend römisch-katholisch. Die Amtssprache ist Niederländisch, auch wenn im Norden Englisch und auf Bonaire und Curaçao Papiamento, ein spanisches Kreol gesprochen wird.

Seitdem in Curaçao Erdöl gefördert wird, stellen das „flüssige Gold“ und seine Nebenprodukte den Großteil des Exports. Auch der Tourismus und das Bankwesen entwickeln sich vielversprechend. In geringfügigen Mengen wird Obst und Gemüse für den Eigenbedarf angebaut, u. a. die Orangen für den Curaçao-Likör. Die meisten Nahrungsmittel werden eingeführt. Curaçao ist mit einem ausgezeichneten Straßennetz ausgestattet, und beide Inseln besitzen einen internationalen Flughafen. Das Trinkwasser wird größtenteils in Meerwasserentsalzungsanlagen gewonnen. Die medizinische Versorgung ist gut, eine Schulpflicht besteht nicht, trotzdem ist die Analphabetenquote relativ gering.

Bescheidener Luxus (*oben*). Ein Strandhäuschen, zurückhaltend in die idyllische Landschaft Guadeloupes eingebettet.

Der Montagne Pelée (*rechts*). Der Vulkan brach zum letzten Mal 1929 aus. Er überragt die üppige tropische Landschaft der Insel Martinique.

Routinearbeiten (*unten*). Ein Fischer kontrolliert sein Netz. Die Fischerei, die Landwirtschaft und der Tourismus auf Martinique hängen stark von französischen Subventionen ab.

GUADELOUPE

FRANKREICH

Das französische Übersee-*Département* besteht aus zwei Inselgruppen innerhalb der Kleinen Antillen im Osten der Karibik. Die Hauptinseln sind Basse-Terre und Grande-Terre, die durch einen schmalen Kanal voneinander getrennt sind. Unweit davon entfernt liegen die Inseln Marie Galante, La Désirade und die Iles des Saintes. Eine weitere Inselgruppe nordwestlich umfasst St. Barthélemy und St. Martin, dessen südliche Hälfte zu den Niederlanden gehört.

Basse-Terre ist eine bergige Insel, deren höchster Punkt der Soufrières ist. Grande-Terre ist überwiegend flach, und die Landschaft von St. Barthélemy und St. Martin ist wild und zerklüftet. Es herrscht ein warmes und feuchtes Klima mit jahreszeitlich bedingten Niederschlägen und Wirbelstürmen. Eine üppige Vegetation zieht sich von den Man-

grovensümpfen nahe Pointe-à-Pitre auf Grande-Terre zu den dichten Wäldern der Basse-Terre. Auf den kleineren Inseln wachsen eher Kakteenarten und Trockenwald.

1626 verdrängten die Franzosen kleine Gruppen spanischer Siedler. 1674 fiel die Kolonie ganz an Frankreich. Zwischendurch bemächtigten sich immer wieder die Briten der Kolonie, bis sie 1816 endgültig in französischen Besitz überging. 1946 wurde Guadeloupe ein französisches Verwaltungsgebiet. Trotz Ausweitung der Autonomierechte nahmen die Gewaltakte separatistischer Gruppen seit den 70er-Jahren zu. Der Präfekt wird von der französischen Regierung ernannt, die 36 Mitglieder des Rats der Vertreter des Départements werden gewählt. Guadeloupe ist in beiden Kammern des französischen Parlaments vertreten. Die Mehrheit der Bevölkerung ist römisch-katholisch und sind Nachkommen der schwarzen Sklaven sowie Mischlinge. Amtssprache ist Französisch, Verkehrssprache jedoch Kreolisch. Da die Einnahmen aus Landwirtschaft, Industrie und Tourismus nicht ausreichen, um das Staatsdefizit auszugleichen, hilft Frankreich mit Subventionen. Das Straßennetz auf den Hauptinseln ist hervorragend ausgebaut und zwischen den Inseln besteht ein regelmäßiger Fährverkehr. Häfen gibt es auf Basse-Terre in Pointe-à-Pitre (nahe des internationalen Flughafens) und in Marigot auf St. Martin. Das Bildungs-, Sozial- und Gesundheitswesen entsprechen französischem Standard.

MARTINIQUE

FRANKREICH

Martinique, eine karibische Insel der Kleinen Antillen, ist eingebettet zwischen Dominica und St. Lucia. Einst französische Kolonie, ist sie heute ein Übersee-Département Frankreichs. Die bergige Insel vulkanischen Ursprungs wird von dem auf dem nördlichsten Zipfel der Insel gelegenen, gewaltigen und noch aktiven Vulkan Montagne Pelée überragt. Das Flussbecken des Lézarde ist das einzige größere Tieflandgebiet. Das heiße, feuchte Klima und die fruchtbaren Vulkanböden sind ideale Bedingungen für eine üppige Vegetation mit tropischen Regenwäldern und Mangrovensümpfen an den Küsten.

Als Kolumbus Martinique 1493 entdeckte, traf er auf Kariben-Indianer, die die einheimische bereits Arawak-Bevölkerung ausgerottet hatten. Im 17. Jh. besiedelten französische Zuckerrohrbauern die Insel und holten afrikanische Sklaven ins Land, die erst 1848 ihre Freiheit erlangten. Nach dem Zweiten Weltkrieg wurde Martinique französisches *Département* und nahm trotz wirtschaftlicher Probleme und einer Unabhängigkeitsbewegung, die auch für Terrorakte im französischen Mutterland verantwortlich war, eine positive Entwicklung. Aber die einseitige wirtschaftliche Abhängigkeit von Frankreich hemmt auch die Unabhängigkeitsbestrebungen. Die Wirtschaft basiert auf der Landwirtschaft und dem Tourismus. Hauptausfuhrprodukte sind Zuckerrohr, Bananen und exotische Blumen. Die Grundnahrungsmittel Süßkartoffeln und Maniok werden weitgehend in Subsistenzlandwirtschaft erzeugt. Noch weitgehend unausgeschöpft sind die Ressourcen der Forst- und Fischereiwirtschaft. Mit französischer Unterstützung wurde eine nahrungsmittelverarbeitende Industrie aufgebaut. Weitaus lukrativere Einnahmen bringen die Touristenströme aus dem Mutterland und den USA. Es bestehen gute Flugverbindungen zu beiden Ländern von der Hauptstadt Fort-de-France aus. Schulen sind flächendeckend vorhanden, und das Ausbildungsniveau ist hoch. Das Sozialversicherungssystem entspricht dem französischen Standard.

Südamerika

LÄNDER DER REGION

KOLUMBIEN · VENEZUELA · GUAYANA · SURINAME
BOLIVIEN · ECUADOR · PERU · BRASILIEN · PARAGUAY
CHILE · ARGENTINIEN · URUGUAY

SCHUTZGEBIETE IN DER REGION

FALKLANDINSELN · FRANZÖSISCH-GUAYANA

Südamerikanische Besonderheiten. Vikunjas im Lauca Nationalpark, Chile. Das Vikunja ist das kleinste der südamerikanischen Kamele, zu denen das Lama, das Guanako und das Alpaka gehören. Der Artenreichtum der Pfanzen- und Tierwelt in Südamerika ist einzigartig auf der ganzen Welt.

Kolumbien

REPUBLIK KOLUMBIEN

KOLUMBIEN LIEGT IM NORDWESTEN SÜDamerikas und verdankt seinen Namen Christoph Kolumbus (1451-1506). Das Land blickt auf ein reiches Kolonialerbe zurück, leidet aber unter ständigen inneren Unruhen.

GEOGRAFIE

Kolumbiens kurze Landesgrenze zu Panama im Nordwesten des Landes trennt die Pazifik- im Westen von der Karibikküste im Norden. Der schneebedeckte Pico Cristóbal Colón gehört zum isolierten Gebirgsmassiv Sierra Nevada de Santa Marta, an dessen Fuß sich im Norden die Karibik und im Westen ein sumpfiges Becken anschließen.

Kolumbiens bedeutendster Fluss, der Rio Magdalena, dessen Hauptzufluss der Rio Cauca ist, fließt von Süden zwischen den drei Hauptketten der Anden und mündet in das Karibische Meer. Die drei Gebirgsketten der Anden, die Cordillera Occidental entlang der schmalen Pazifikküstenebene, die vulkanische Cordillera Central östlich des Río Caucas und die Cordillera Oriental jenseits des breiteren Magdalenatals, verlaufen etwa parallel zueinander von der ecuadorianischen Grenze im Südosten nordostwärts in Richtung Venezuela. An der Grenze zu Venezuela teilt sich die Cordillera Oriental nochmals in zwei Gebirgszüge. Das Gebiet ist tektonisch sehr aktiv, was verheerende Erdbeben der jüngsten Vergangenheit und der Vulkanausbruch von 1985 zeigten.

Über die Hälfte des Landes nimmt eine spärlich besiedelte Ebene ein, die von den Andengipfeln sanft südostwärts zur peruanischen und brasilianischen Grenze abfällt. Die nördlichen Tieflandebenen, die *Llanos*, entwässern zum Orinoco, der im Westen die Grenze zu Venezuela bildet. Das südliche Tiefland ist Teil des Amazonasbeckens.

Kolumbien hat ein sehr unterschiedliches Klima. Das karibische Tiefland ist, abgesehen von zwei Regenzeiten, relativ trocken und wirbelsturmanfällig. Die höchsten Niederschlagsmengen fallen in den tropischen Regenwaldgebieten der Pazifikküste, der zentralen Täler und des Amazonasbeckens, die in die Savannengebiete der *Llanos* und der nördlichen Täler übergehen. Entsprechend abwechslungsreich ist auch die Vegetation, so gibt es in den höheren Berglagen sowohl Nebelwälder als auch Tundragebiete.

Weite Teile des Urwaldes fielen den Siedlungen und der Landwirtschaft zum Opfer. In den feuchten Bergwäldern wachsen jedoch viele Orchideen- und Epiphytenarten sowie der Balata, aus dessen Saft man unelastisches Gummi gewinnt, weiterhin die Elfenbeinpalme, deren Samen, die Steinnüsse, für Verzierungen verwendet werden. Die Fauna ist artenreich. Zu den typischen Tierarten gehören Tapir, Faultier, Ameisenbär, Jaguar, Brüllaffen und Kolibris. In den Flüssen leben Kaimane und Capybaras (Wasserschweine).

KULTUR UND GESELLSCHAFT

Im frühen 16. Jh. unterwarfen spanische Invasoren die hochentwickelte Ackerbau- und Handelskultur der Chibcha. Die spanischen Siedler gründeten 1538 die Villa de la Santa Fe, das heutige Bogóta, in der Cordillera Oriental, und Kolumbien wurde das Zentrum des Vizekönigreichs Neugranada. Nach dem Sieg über die Spanier bei Boyacá 1819 erhielt Kolumbien die Unabhängigkeit und verblieb bis 1830 in der von Simón Bolívar (1783-1830) gegründeten Republik Großkolumbien, die das heutige Ecuador, Venezuela und Panama umfasste.

Kolumbiens jüngere Geschichte ist von ständigen Unruhen gekennzeichnet, die 1840 mit einem Aufstand und der Spaltung in die beiden politisch verfeindeten Lager der Liberalen und Konservativen begannen. Der Aufstand der Liberalen 1899 löste den bis 1903

Die Schönheit der Anden (*links*). Durch die Täler und Schluchten hoher Berge schlängelt sich der Río Cauca auf seinem Weg nordwärts zur Karibik.

Die beeindruckende Architektur der kolumbianischen Städte – ein Erbe aus der Kolonialzeit – verdeckt die Arbeitslosigkeit und Wohnungsnot. Die mit dem illegalen Drogenhandel auftretende Kriminalität und Gewalt überschattet das Leben der einfachen Menschen.

Vorkolumbianische Statue (*unten*) aus dem Hochland der Anden. Die Fangzähne und die kleine Figur verweisen auf die sakrale Bedeutung der Statue.

währenden verlustreichen Tausend-Tage-Krieg aus. 1948 brach La Violencia, der lang andauernde Kampf zwischen den politischen Gruppierungen aus, der 1958 zur Gründung der Nationalen Front (FTN) führte. In einer instabilen Koalition wurden die Präsidenten durch ein Rotationsverfahren zwischen den liberalen und konservativen Kandidaten ausgehandelt. Zwar hat die demokratische Entwicklung nach den Wahlen von 1974 dem Land einen gewissen Wohlstand gebracht, aber es herrscht kein Frieden. Die zahlreichen Angriffe der Guerillagruppen und die Zunahme der Macht und Gewalt lokaler Drogenkartelle haben die Lage verschärft. Zwischen 1989 und 1995 gelang es der Regierung, mit einigen Guerillagruppen Friedensverhandlungen aufzunehmen und einen Waffenstillstand zu vereinbaren.

Die Legislative liegt beim Kongress, der aus dem Senat und dem Repräsentantenhaus besteht, deren Mitglieder jeweils für vier Jahre direkt gewählt werden. Staatsoberhaupt ist der Präsident, der einmalig für eine Amtszeit von vier Jahren gewählt werden kann; er ernennt auch die Kabinettsmitglieder.

Kolumbiens koloniale Vergangenheit spiegelt sich auch in der Zusammensetzung der Bevölkerung wider. Die Mestizen europäischer und indianischer Abstammung bilden die größte Gruppe; die Küstenbewohner sind größtenteils Mulatten europäisch-afrikanischer Herkunft. Weiterhin gibt es eine größere weiße und eine kleinere schwarze Minderheit. Die Nachfahren der indianischen Urbevölkerung gliedern sich in etwa 400 unterschiedliche Gruppen. Neben der Amtssprache Spanisch werden viele indianische Sprachen gesprochen. Der Katholizismus ist die vorherrschende Glaubensrichtung.

WIRTSCHAFT

Kolumbiens Wirtschaft stützt sich wesentlich auf privates Unternehmertum. Überwiegt zwar der Agrarsektor, so schreitet andererseits die Industrialisierung des Landes voran. Es wird nur ein Bruchteil der Fläche landwirtschaftlich genutzt, doch sind die Erträge ein wichtiger Wirtschaftsfaktor. Die Klima- und Bodenverhältnisse begünstigen die Viehwirtschaft und den Anbau vielfältiger Kulturen, von Bananen und Kassawa im Tiefland bis hin zu Mais und Kartoffeln im Hochland. Der Kaffee-Export erzielt etwa ein Drittel der Deviseneinnahmen. Der Anbau von Kannabis und Koka, Ausgangsprodukte für Kokain, verschaffen den Drogenkartellen allerdings doppelt so hohe Einnahmen. Die nahezu die Hälfte der Landesfläche bedeckenden Wälder sind die Basis für eine aufstrebende Holzindustrie. Die Flussfischerei leidet unter der wachsenden Verschmutzung und Verschlammung der Gewässer, und das Potential der Hochseefischerei wird bislang kaum ausgeschöpft. Kolumbien besitzt reiche Erdölvorkommen (eines der Hauptexportprodukte), Erdgas, Kohle und hochwertige Eisenerze, deren Nutzung die Regierung kontrolliert. Den Großteil des Energiebedarfs decken Wasserkraft-, den Rest Wärmekraftwerke. Zwar haben die staatlichen Investitionen die verarbeitende Industrie stärker diversifiziert, doch nach wie vor dominiert die Konsumgüterproduktion auf dem Binnenmarkt. Der wachsende Tourismus ist eine lukrative Deviseneinnahmequelle.

Schwierige geografische Bedingungen erschweren den Ausbau der Infrastruktur. Nur wenige Straßen sind asphaltiert, das Eisenbahnnetz ist nur begrenzt ausgebaut. Die einst bedeutende Flussschifffahrt ist rückläufig. Der Luftverkehr auf den sechs internationalen Flughäfen erfreut sich einer regen Nachfrage.

Zeitungen dominieren nach wie vor die Medienlandschaft. Im Allgemeinen wird keine staatliche Zensur ausgeübt, aber Rundfunk und Fernsehen unterliegen einer strengen staatlichen Kontrolle.

Die Sozialversorgung unterstützt Arbeitslose, Schwangere und Behinderte und regelt die Altersrenten. Medizinische Versorgungseinrichtungen sind begrenzt vorhanden, für die Gesundheitsaufklärung und die Verbesserung der hygienischen Verhältnisse wird viel getan. Die Schulpflicht beträgt fünf Jahre bei kostenloser Grundschulbildung; die Analphabetenquote ist relativ niedrig.

LANDESDATEN – KOLUMBIEN

Fläche 1 141 748 km²

Klima	Höhe m	Temperaturen Januar °C	Juli °C	Jährlicher Niederschlag mm
Bogotá	2645	14	14	1052

Geografische Merkmale	höchster Berg: Pico Cristóbal Colón 5800 m
Einwohnerzahl	35,6 Millionen
Staats- und Regierungsform	Mehrparteiensystem; Republik; zwei gesetzgebende Organe
Streitkräfte	Heer 121 000; Marine 10 000; Luftwaffe 6500
Größte Städte	Bogotá (Hauptstadt – 4,9 Mio. Einw.); Medellín (1,6 Mio.); Cali (1,6 Mio.); Barranquilla (1 Mio.)
Offizielle Landessprache	Spanisch
Bevölkerungsgruppen	Mestizen 58,0%; Weiße 20%; Mulatten 14,0%; Schwarze 4,0%; Mischlinge (zwischen Schwarzen und Indianern) 3,0%; Indianer 1,0%
Religionen	Katholiken 95,0%; sonstige 5,0%
Währung	1 Kolumbianischer Peso (Kol$) = 100 Centavos (cvs)
Bruttosozialprodukt	(pro Kopf 1993) US-$ 1400
Bruttoinlandsprodukt	(1993) US-$ 54,1 Mrd.
Lebenserwartung	Männer 69,3; Frauen 74,9 Jahre
Ressourcen	Erdöl, Erdgas, Kohle, Eisenerz, Kaffee, Gold, Kupfer, Smaragde

Venezuela

REPUBLIK VENEZUELA

VENEZUELA LIEGT AN DER KARIBISCHEN Nordküste Südamerikas und grenzt im Westen an Kolumbien, im Süden an Brasilien und im Osten an Guyana. Mit der Entdeckung gewaltiger Erdölfelder veränderte sich die wirtschaftliche Situation des Landes grundlegend, obwohl nicht alle Teile der Bevölkerung am neuen Wohlstand teilhaben.

GEOGRAFIE

Die Landschaft im Nordwesten bestimmen die beiden Nordausläufer der Anden. Die westliche Kette, die Sierra de Perijá, bildet einen Teil der Grenze zu Kolumbien. Die östlich gelegene Cordillera de Mérida mit dem höchsten Gipfel Venezuelas, dem Pico Bolívar, kommt vom Süden her und zieht sich weiter nordostwärts zur inselreichen Karibikküste. Dazwischen liegt die sumpfige Maracaibo-Senke mit dem breiten, seichten Maracaibo-See, als Fortsetzung des Golfs von Venezuela im Zentrum.

Ostwärts der Küste entlang zweigen weitere Gebirgsketten von der Cordillera de Mérida ab. In ihren Becken und Tälern liegen die wichtigsten Städte, so auch die Hauptstadt Caracas. Weiter im Süden befinden sich weite Tieflandebenen, die *Llanos* des Orinocobeckens, die von Kolumbien bis zum Orinocodelta an der Grenze zu Guyana reichen. Daran schließt sich weiter südlich das weite, ungleichmäßige Bergland von Guayana mit dem Quellgebiet des Orinocos an.

Das Klima ist wechselfeucht-tropisch mit einer Regenzeit von April bis Oktober. In den Bergen herrschen kühlere Temperaturen mit stark schwankenden Niederschlägen. In der Regenzeit sind die *Llanos* in der Regel überflutet, außerhalb der Regenzeit herrscht dort Trockenheit und Dürre.

Weite Teile des Landes nehmen die immergrünen tropischen Regenwälder ein, die in den nördlichen Bergen, im Orinocodelta und im Süden zu finden sind. Andere Gebiete, z. B. die ausgedehnten *Llanos*, das Bergland von Guayana und die Hochweiden der Anden, sind weitläufig mit wildem Grasland bedeckt.

Die Pflanzen- und Tierwelt verdankt ihre wunderbare Artenvielfalt den unterschiedlichen Höhenlagen. Durch die Besiedlung des Landes wurden viele Tierarten in dünner besiedelte Gebiete zurückgedrängt, trotzdem blieb der Artenreichtum erhalten. So sind in Venezuela noch Bären, Kaimane, Ozelote, Opossums und Pekaris beheimatet. Zu den erwähnenswerten Vogelarten gehört der höhlenbewohnende Fettvogel. In den Küstengewässern leben Delphine und Lamantine. Zum Schutz der gefährdeten Tierarten wurde ihre Jagd untersagt. Da die Jagd ihre Existenzgrundlage ist, betrifft dieses Verbot nicht die Indianer-Völker.

KULTUR UND GESELLSCHAFT

Als im 15. Jh. die ersten Europäer in Venezuela landeten, lebten dort verschiedene Indianer-Stämme. So existierte im Andenhochland eine hochentwickelte Ackerbaukultur. 1523 gründeten Spanier bei Cumaná die erste europäische Siedlung, und in der Folgezeit bildete sich durch den Einsatz einheimischer Sklaven eine Kolonialwirtschaft heraus.

Venezuela verblieb bis zum Beginn des 19. Jh. unter dem Einfluss spanischer Verwalter und Priester, als unter Francisco Miranda (1750-1816) und seinem Nachfolger Simón Bolívar (1783-1830) der südamerikanische Unabhängigkeitskampf begann. Nach der entscheidenden Niederlage der Spanier bei Carabobo 1821 schlossen sich Venezuela, Kolumbien und Ecuador für kurze Zeit zur Republik Großkolumbien zusammen. Doch schon 1829 verließ Venezuela den Bund, und über ein Jahrhundert lang herrschten dann wechselnde Militärdiktaturen.

Mit dem Aufbau der Erdölindustrie in den 20er-Jahren brach eine Zeit des wirtschaftlichen Wachstums und des Wohlstands an. Zwischen 1945 und 1948 bereitete Rómulo Betancourt (1908-1981) den Weg für eine radikal-demokratische Regierung, die sich jedoch nur kurz im Amt hielt. Nach einer 11 Jahre herrschenden Militärdiktatur begann ab 1959 die zweite, gemäßigtere Amtsperiode Betancourts, in der der Grundstein für eine dauerhafte Demokratie gelegt wurde. 1990 stimmte die Regierung der Vermittlung durch die Vereinten Nationen in Venezuelas Ansprüchen auf Teile des benachbarten Guyanas zu. 1994 kündigte die Regierung Sparmaßnahmen an.

Venezuela ist ein föderaler Staatenbund mit 20 Bundesstaaten, dem Bundesdistrikt der Hauptstadt Caracas, zwei Bundesterritorien und bundesunmittelbaren Gebieten (72 Inseln in der Karibik). Die Legislative liegt in

Bergland von Guayana, Venezuela (*oben*). Das weite, hügelige Savannen- und Sandsteinfelsengebiet, das ein Großteil des Landes einnimmt, ist weitgehend unbewohnt und unerforscht. Venezuela ist das am dünnsten besiedelte Land Südamerikas.

Die Erdölindustrie (*unten*) bildet die Grundlage der Wirtschaft Venezuelas und erlöst rund 75 Prozent der Staatseinnahmen. Die größten Erdölfelder liegen im Maracaibosee, dem seichten Binnensee an der Nordwestküste.

den Händen eines Zweikammerparlaments, dessen Mitglieder unterschiedlichen politischen Parteien angehören. Der Präsident, die 49 Senatoren und die 201 Abgeordneten werden alle fünf Jahre direkt gewählt.

Über zwei Drittel der Bevölkerung sind Mestizen europäisch-indianischer Abstammung; weiterhin gibt es zwei große Minderheiten von Weißen und Schwarzen. Obwohl nur noch wenige Nachkommen der Indianer in Venezuela leben, haben sich 25 einheimische Sprachen erhalten. Neben Spanisch als Amtssprache wird sowohl Englisch als auch Italienisch gesprochen. Die Verfassung garantiert den Bürgern Venezuelas Religionsfreiheit, die überwiegende Mehrheit bekennt sich zum Katholizismus.

WIRTSCHAFT

Grundlage der Wirtschaft sind die reichen Erdölvorkommen und die Ausbeutung der Bodenschätze, die den Großteil der Exporteinnahmen ausmachen. Die weltweit sinkende Nachfrage nach Erdöl und seinen Nebenprodukten zwang die Regierung, die Wirtschaft stärker zu diversifizieren. Die Wasserkraft des Orinocos und seiner Nebenflüsse, das einheimische Erdöl und Erdgas decken in ausreichendem Maße den Energiebedarf der Industrie und der Privathaushalte ab. Die verarbeitende Industrie wurde mit Hilfe staatlicher und ausländischer Investitionen entwickelt. Geografisch ist die Erdölindustrie um Morón, im Westen von Caracas, nahe des Golfs von Venezuela und des Maracaibo-Sees angesiedelt. Die Stadt Maracaibo am Westufer des Sees ist ein wichtiger Standort der Nahrungsmittel-, der Pharmazeutischen Industrie, des Maschinenbaus und der Elektrotechnik. Die im Osten des Landes liegende Stadt Ciudad Guayana ist das Zentrum der Eisenerzverarbeitung. Darüber hinaus werden beachtliche Mengen Diamanten und Gold gefördert. Nur ein geringer Teil der Fläche wird landwirtschaftlich genutzt, und trotz Agrarreformen, Modernisierungsprogrammen und großflächiger Bewässerung in den *Llanos* müssen Nahrungsmittel importiert werden. Angebaut werden hauptsächlich Bananen, Mohrenhirse, Mais, Kaffee, Zuckerrohr und Tabak. Die Viehwirtschaft ist im Wesentlichen auf die Rinderzucht ausgerichtet; die *Llanos* bieten gutes Weideland.

Venezuela verfügt über ein beträchtliches Fischereipotential, das jedoch kaum ausgeschöpft wird; nur vor der Küste wird lokaler Sardellen-, Sardinen- und Schellfischfang betrieben. Der Großteil der Waldgebiete ist in staatlichem Besitz.

Mit drei Autobahnen im Norden ist das Straßennetz gut ausgebaut. Die Eisenbahnstrecken dienen dem Transport von Rohstoffen und Fertigerzeugnissen der Eisen- und Stahlindustrie. Der Überseehandel wird per Schiff abgewickelt. Der Maracaibo-See und der Orinoco sind durch ausgebaggerte Fahrrinnen für die Schifffahrt gut befahrbar. Venezuela hat drei staatliche Fluglinien und etwa 30 Flughäfen mit regelmäßigem Linienverkehr, die vor allem die Gebiete anbinden, die sonst kaum erreichbar sind. Presse, Rundfunk und Fernsehen werden privatwirtschaftlich betrieben, eine staatliche Zensur gibt es nicht.

Venezuela verfügt über ein öffentliches Gesundheitswesen und ein funktionierendes Sozialsystem, das ältere Menschen, Behinderte und Arbeitslose unterstützt. Der Standard der medizinischen Versorgung ist gut. Bevölkerungswachstum und die Zuwanderung in die Städte ließen Slums mit unzureichenden Lebens- und Hygienebedingungen entstehen. Es besteht Schulpflicht; die Grundschulbildung ist kostenlos, aber die Sekundarschulen reichen nicht aus. Die Analphabetenquote bei Erwachsenen ist niedrig. Studenten können die Universitäten, die Hochschule für Lehramtskandidaten und die polytechnischen Institute gleichfalls kostenlos besuchen.

LANDESDATEN – VENEZUELA

Fläche 912 050 km²

Klima	**Höhe** m	**Temperaturen Januar** °C	**Temperaturen Juli** °C	**Jährlicher Niederschlag** mm
Caracas	1042	18	21	833

Geografische Merkmale höchster Berg: Pico Bolívar 5007 m; längster Fluss: Orinoco 2060 km

Einwohnerzahl (1994) 20,5 Millionen

Staats- und Regierungsform Mehrparteiensystem; Bundesrepublik; zwei gesetzgebende Organe

Streitkräfte Heer 34 000; Marine 14 000; Luftwaffe 7000

Größte Städte Caracas (Hauptstadt – 3,3 Mio. Einw.); Maracaibo (1,3 Mio.); Valencia (1,1 Mio.); Maracay (857 000); Barquisimeto (718 000)

Offizielle Landessprache Spanisch

Bevölkerungsgruppen Mestizen 69,0%; Weiße 20,0%; Schwarze 9,0%; Indianer 2,0%

Religionen Katholiken 91,7%; sonstige 8,3%

Währung 1 Bolívar (B, Plural: Bs) = 100 Centimos (c, cts)

Bruttosozialprodukt (pro Kopf 1993) US-$ 2840

Bruttoinlandsprodukt (1933) US-$ 59,995 Mrd.

Lebenserwartung Männer 70,1; Frauen 76,0 Jahre

Ressourcen Erdöl, Erdgas, Gold, Diamanten, Eisenerz, Bauxit, Viehzucht

Guyana

KOOPERATIVE REPUBLIK GUYANA

GUYANA, FRÜHER BRITISCH GUIANA, IST EIN kleiner Staat an der Nordküste Südamerikas und liegt zwischen Venezuela im Nordwesten, Brasilien im Westen und Süden und Suriname im Osten jenseits des Courantyne Flusses. Sein Name ist indianischen Ursprungs und bedeutet „Land des Wassers".

GEOGRAFIE

Abgesehen von der schmalen Küstenebene, die überwiegend dem Meer abgerungenes, durch Deiche geschütztes und von Kanälen durchzogenes Land ist, besteht Guyana aus einem dicht bewaldeten, ungleichmäßigen Plateau. An beiden Seiten der Westgrenze ziehen sich die Pakaraima Mountains mit dem Monte Roraima, die den britischen Schriftsteller Sir Arthur Conan Doyle (1859-1930) zu seinem berühmten Roman *Die vergessene Welt* anregten. Das Rupununigebiet im Südwesten ist ein von niedrigen Hügelketten unterbrochenes Savannengrasland.

Es herrscht ein heißes, meist feuchtes Klima. Da das Wasser im Boden schlecht versickert, führen die heftigen Niederschläge in der Regenzeit häufig zu Überschwemmungen. Die Wälder bestehen großenteils aus tropischen Harthölzern. An wild lebenden Tieren gibt es Lamantine und Capybaras in und an den Flussläufen, Faultiere und Jaguare in den Wäldern, Ameisenbären und Gürteltiere in den Savannen. Zur vielfältigen Vogelwelt gehören Tukane und Kolibris.

LANDESDATEN – GUYANA

Fläche 215 083 km²

Klima	**Höhe** m	**Temperaturen Januar** °C	**Juli** °C	**Jährlicher Niederschlag** mm
Georgetown	2	26	27	2175

Geografische Merkmale höchster Berg: Monte Roraima 2810 m; längster Fluss: Essequibo 1040 km

Einwohnerzahl (1994) 729 425

Staats- und Regierungsform Mehrparteiensystem; Republik; ein gesetzgebendes Organ

Streitkräfte Heer 1400; Marine 200; Luftwaffe 100

Hauptstadt Georgetown (188 000 Einw.)

Offizielle Landessprache Englisch

Bevölkerungsgruppen Inder 51,4%; Schwarze 30,5%; Mulatten und Mestizen 11,0%; Indianer 5,3%; Chinesen 0,2%; Weiße 0,1%; sonstige 1,5%

Religionen Christen 57,0%; Hindus 33,0%; Muslime 9,0%; sonstige 1,5%

Währung 1 Guayana-Dollar (G$) = 100 Cents (c)

Bruttosozialprodukt (pro Kopf 1993) US-$ 290

Lebenserwartung Männer 66,7; Frauen 68,3 Jahre

Ressourcen Bauxit, Zucker, Kokosnüsse, Garnelen, Holz, Gold, Diamanten

KULTUR UND GESELLSCHAFT

Ursprünglich bewohnten Arawak-Indianer und Kariben das Gebiet. Die ersten Siedler waren Holländer, die tausende afrikanischer Sklaven für die Arbeit auf den Zuckerrohrfeldern ins Land brachten. Während der napoleonischen Kriege (1796-1815) besetzten die Briten das Gebiet um den Demerara-Fluss und eigneten sich 1814 den Großteil des heutigen Guyana an. Nach der Abschaffung der Sklaverei wurden Lohnarbeiter aus Asien rekrutiert. 1899 konnte ein Grenzstreit mit Venezuela beigelegt werden und 1923 wurde Britisch Guiana eine Kronkolonie. 1953 erhielt sie das Selbstverwaltungsrecht und 1966 die volle Unabhängigkeit. 1970 wurde Guyana unter Premierminister Forbes Burnham (1923-1985), der 1980 zum regierenden Präsidenten ernannt wurde, eine Republik.

Guyana zeichnet eine kulturelle und ethnische Vielfalt aus. Die Mehrheit der Bevölkerung ist asiatisch-indianischer und afrikanischer Abstammung. Heute leben nur noch wenige Nachkommen der Arawak-Indianer zurückgezogen im dünn besiedelten Landesinneren. Darüber hinaus gibt es kleinere europäische und chinesische Gruppen. Auch das religiöse Leben und die Sprachen spiegeln diese Vielfalt wider. Englisch wird am häufigsten gesprochen, weiterhin Kreol und Hindi. Hier leben gleichermaßen Hindus, Muslime und Christen.

WIRTSCHAFT

Guyana hat in den letzten Jahren verstärkt versucht, die Abhängigkeit von den instabilen Auslandsmärkten zu verringern. Ein bedeutender Wirtschaftszweig ist die Landwirtschaft, die vor allem in den Küstengebieten betrieben wird. Hauptsächlich werden Zuckerrohr, Reis und Kokosnüsse angebaut. Im südwestlichen Rupununital überwiegt die Rinderzucht. Die Industrie Guyanas wird wesentlich vom Abbau der reichen Bauxitvorkommen bestimmt, dessen Produkt weltweit exportiert wird. Weiterhin spielen die Zuckerverarbeitung und die Diamantengewinnung eine Rolle. Hauptimportprodukte sind Brennstoffe und Verarbeitungsgüter. Wasserkraft zur Energiegewinnung wäre ausreichend vorhanden, doch die schlechte Infrastruktur verhindert den Ausbau. Leichtflugzeuge sind ein wichtiges Verkehrs- und Transportmittel im Inland. Der allgemeine Gesundheitszustand der Bevölkerung ist gut und endemische Krankheiten sind unter Kontrolle. Es gibt ein umfassendes Sozialversicherungssystem. Aber es herrscht Wohnungsnot. Im Allgemeinen stehen gute Ausbildungsmöglichkeiten zur Verfügung und die Analphabetenquote liegt niedrig.

Die Kaieteur-Wasserfälle im zentral-westlichen Hochland Guayanas im Kaieteur-Nationalpark. Über eine Breite von 110 m stürzt der Río Potaro 230 m in die Tiefe.

Suriname

REPUBLIK SURINAME

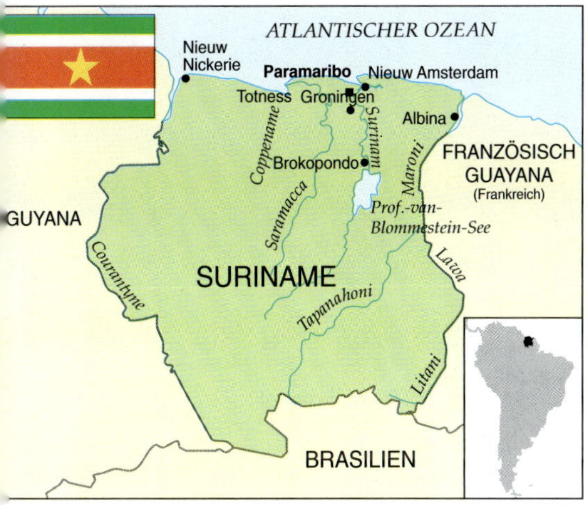

SURINAME, DAS EHEMALIGE NIEDERLÄNDISCH-Guayana, ist ein kleiner Staat an der Nordostküste Südamerikas und grenzt im Westen an Guyana, im Osten an Französisch-Guayana und im Süden an Brasilien.

GEOGRAFIE

Surinames Landschaft unterteilt sich in drei Hauptgebiete: Die schmale, flache und sumpfige Küstenebene besteht im Wesentlichen aus künstlich entwässertem bzw. dem Meer abgerungenem, fruchtbarem Land. Hier lebt die Mehrheit der Bevölkerung. Das Hinterland steigt langsam zu einer flachen Savannenhochebene an, die im Süden höher und wilder mit niedrigen Bergen und dichten Wäldern ist. An der brasilianischen Grenze entspringen mehrere Flüsse, die nordwärts zum Meer abfließen. Der Corantijn bildet die Grenze zu Guyana, der Marowijne und der Litani die Grenze zu Französisch-Guayana.

Das heiße und sehr feuchte Klima wird nur durch eine leichte Meeresbrise gemäßigt. In der Regenzeit fallen sehr hohe Niederschlagsmengen. Im Landesinneren wachsen überwiegend tropische Hartholz-, an der Küste vereinzelt Mangrovenwälder. Die artenreiche Tierwelt umfasst u. a. Tapire, Faultiere, Ozelote, viele seltene Fledermausarten sowie Schlangen und Vögel.

KULTUR UND GESELLSCHAFT

Einheimische Völker hatten die Surinen, nach denen der Staat benannt ist, schon verdrängt, als die ersten europäischen Siedler ins Land kamen. 1667 übernahmen die Niederländer von den Briten die Kolonie im Tausch gegen Neu-Amsterdam. Ab 1682 brachte die Niederländisch-Westindien-Kompanie afrikanische Sklaven für die Arbeit auf den Tee- und Kaffeeplantagen ins Land. 1954 erhielt Suriname die Autonomie und 1975 die volle Unabhängigkeit. Rassenunruhen gipfelten 1980 in einem Militärputsch unter Führung von Desi Bouterse. Nach dem Putsch stellte

Surinames größter See, der Van-Blommestein-Stausee bei Afobaka, staut das Wasser des Suriname-Flusses. Die vielen kleinen Inseln im See sind mit den für den Norden des Landes typischen tropischen Hartholzwäldern bedeckt.

das Ausland die Finanzhilfen ein, die Wirtschaft brach zusammen. Daraufhin begann die von Ronnie Brunswijks (*1961) angeführte Buschneger-Organisation (Jungle Commandos) einen Guerillakrieg. Bouterse kandidierte bei den Wahlen 1988 erneut und verlor. Die neue bürgerliche Regierung schloss einen vorläufigen Frieden mit den Jungle Commandos. 1990 versuchte Bouterse wieder durch einen Militärputsch an die Macht zu gelangen; daraufhin schränkte 1992 die Regierung des Präsidenten Ronald Venetiaan den Einfluss des Militärs drastisch ein. Auch die Parteienlandschaft Surinames spiegelt die unter den ethnischen Gruppen bestehenden Spannungen wider. Im Landesinneren bilden die Buschneger die Mehrheit, daneben gibt es eine kleine indianische Minderheit. Inder und Mestizen sind die beiden größten Bevölkerungsgruppen, weitere Minderheiten bilden Javaner und Chinesen. Amtssprache ist Niederländisch; unter der Sprachenvielfalt ist die Verkehrssprache Sranan von Bedeutung. Hauptreligionen sind das Christentum, der Hinduismus und der Islam.

WIRTSCHAFT

Die landwirtschaftliche Nutzfläche Surinames ist auf die Küstenebenen beschränkt. Hauptanbauprodukte sind Reis, der auch exportiert wird, Zuckerrohr und Bananen. Viehzucht wird nur in kleinem Umfang betrieben; die Forst- und Fischereiwirtschaft produziert sowohl für den Binnemarkt als auch für den Export. Wichtigster Exportartikel ist Bauxit, das unter Nutzung der lokalen Wasserkraft zu Aluminium verarbeitet wird. Das Straßennetz konzentriert sich auf die Küstenregion; in den übrigen Landesteilen benutzt man die Luft- und Wasserwege, wichtigster Hafen ist Paramaribo. Das Gesundheits- und Sozialwesen ist relativ gut ausgebaut. Der Schulbesuch ist unentgeltlich, und es werden weiterführende Ausbildungen bis zum Universitätsstudium angeboten.

LANDESDATEN – SURINAME

Fläche 163 820 km²

Klima	**Höhe** m	**Temperaturen Januar** °C	**Temperaturen Juli** °C	**Jährlicher Niederschlag** mm
Paramaribo	4	27	27	2225

Geografische Merkmale höchster Berg: Juliana Top 1230 m

Einwohnerzahl (1994) 423 000

Staats- und Regierungsform Mehrparteiensystem; Republik; ein gesetzgebendes Organ

Streitkräfte Heer 1400; Marine 240; Luftwaffe 100

Hauptstadt Paramaribo (200 000 Einw.)

Offizielle Landessprache Niederländisch

Bevölkerungsgruppen Inder 37%; surinamesische Kreolen 31,3%; Javaner 14,2%; Buschneger (Maroons) 8,5%; Indianer 3,1%; Chinesen 2,8%; Niederländer 1,4%; sonstige 1,7%

Religionen Hindus 27,4 %; Katholiken 22,8%; Muslime 19,6%; Protestanten 18,8%; sonstige 11,4%

Währung 1 Suriname-Gulden (Sf) = 100 Cents (cts)

Bruttosozialprodukt (pro Kopf 1991) US-$ 3610

Lebenserwartung Männer 67,1; Frauen 72,1 Jahre

Ressourcen Bauxit, Holz, Fisch

Bolivien

REPUBLIK BOLIVIEN

Die Teufelsmaske (*oben*) drückt die Verschmelzung römisch-katholischer und vorkolumbianischer Traditionen aus.

Ein Pferdegespann (*links*) bahnt sich den Weg durch La Paz, die mit 3627 m höchstgelegene Hauptstadt der Welt.

BOLIVIEN LIEGT IM HERZEN SÜDAMERIKAS und hat keinen Zugang zum Meer. Das Land verfügt über eine reiche kulturelle Tradition und große Ressourcen, aber seine geografische Lage erschwert die wirtschaftliche Entwicklung.

GEOGRAFIE

Drei Viertel der Bevölkerung leben im Gebiet von Altiplano, der Hochebene zwischen den beiden Andenketten im Westen des Landes. In den Ostkordilleren an der Grenze zu Chile befinden sich mehrere aktive Vulkane. Die Cordillera Oriental hingegen sind dicht bewaldet. Am nördlichen Ende der Altiplano liegt der Titicacasee. Der südliche Teil ist ein arides Tafelland mit verstreuten Salztonebenen. Im Nordosten fallen die Cordillera Oriental steil über die Klippen und Nebelwälder der Yungas zur Tiefebene Oriente im Norden und Osten des Landes ab. Das tropische Klima ist regional sehr unterschiedlich. Während der Regenzeit fallen in den Regenwäldern im Norden der Oriente hohe Niederschläge, um den Titicacasee sind sie geringer und im Süden des Landes regnet es kaum.

LANDESDATEN – BOLIVIEN

Fläche 1 098 581 km²				
Klima	**Höhe** m	**Temperaturen Januar** °C	**Juli** °C	**Jährlicher Niederschlag** mm
La Paz	4103	9	8	555
Geografische Merkmale höchster Berg: Sajama 6542 m; größter See: Titicacasee (Teil) 8340 km²				
Einwohnerzahl (1994) 7,7 Millionen				
Staats- und Regierungsform Mehrparteiensystem; Republik; zwei gesetzgebende Organe				
Streitkräfte Heer 25 000; Marine 4500; Luftwaffe 4000				
Größte Städte La Paz (Regierungssitz – 1,13 Mio. Einw.); Santa Cruz (696 000); Cochabamba (413 000); Oruro (208 000); Sucre (verfassungsmäßige Hauptstadt – 101 000)				
Offizielle Landessprachen Spanisch, Ketschua, Aimará				
Bevölkerungsgruppen Ketschua 30,0%; Aimará 25,0%; Mestizen (Mischlinge zwischen Europäern und Indios) 25-30%; Europäer 5,0-15%)				
Religionen Katholiken 92,5%; Baha'i 2,6%; sonstige 4,9%				
Währung 1 Boliviano (Bs) = 100 Centavos (cts)				
Bruttosozialprodukt (pro Kopf 1993) US-$ 760				
Bruttoinlandsprodukt (1993) US-$ 5,382 Mrd.				
Lebenserwartung Männer 60,9; Frauen 65,9 Jahre				
Ressourcen Metallerze (Bronze, Wolfram, Antimon, Zink), Erdgas, Kaffee, Zucker, Holz, Baumwolle				

KULTUR UND GESELLSCHAFT

Im 7. Jh. n. Chr. entwickelte sich Tiahuanaco im Süden des Titicacasees zum Zentrum des ersten großen Anden-Imperiums, des Aimará-Reiches. Die Aimará-Kultur überlebte sowohl die im 13. Jh. angreifenden ketschuasprachigen Inkas als auch die im 16. Jh. vordringenden Spanier. 1545 wurden im Südwesten bei Potosí die weltweit größten Silbervorkommen entdeckt. Die Aufstände von 1809 in Chuquisaca und La Paz leiteten den Unabhängigkeitskampf in Südamerika ein. 1824 besiegte die Befreiungsbewegung unter Führung der Revolutionäre Simón Bolívar (1783-1830) und Antonio José de Sucre (1795-1830) die Spanier bei Ayacucho in Peru, und Sucre rief die Unabhängigkeit des Landes unter dem Namen Bolivia (nach Simón Bolívar benannt) aus. Erster Präsident wurde Simón Bolivar. Zwischen 1836 und 1839 schlossen sich Bolivien und Peru zu einem Staatenbund zusammen, der jedoch wieder auseinanderbrach, als Chile den Krieg erklärte. Spätere Streitigkeiten um den Abbau von Nitrat führten zum Pazifischen Krieg (1879-1884) und Bolivien verlor die Provinz Atacama, den einzigen Zugang zum Meer. Um die Jahrhundertwende löste Zinn das Silber als Hauptexportprodukt ab und es kam Auslandskapital ins Land. Mit der Niederlage im Krieg gegen Paraguay in den 30er-Jahren verlor Bolivien weitere Gebiete im Südwesten. 1943 begann eine Serie blutiger Militärputsche. Nach dem Sturz der Militärregierung 1952 setzte die Regierung unter Paz Estenssoro Sozialreformen durch. Erstmals erhielten die Indianer das Wahlrecht. Es folgten wechselnde Militärregimes, bis 1982 wieder eine zivile Regierung die Macht übernahm. Die Verfassung sieht ein Zweikammer-Mehrparteienparlament vor; der Präsident, die 27 Senatoren und 130 Abgeordneten werden direkt gewählt, für eine Amtszeit von vier Jahren. In Bolivien treffen verschiedene Kulturen aufeinander; die größte Bevölkerungsgruppe bilden die Mestizen spanischer und indianischer Abstammung, die jedoch den Ketschua- und Aimará-Indianern zusammengenommen zahlenmäßig unterlegen ist.

WIRTSCHAFT

Etwa die Hälfte der Erwerbstätigen arbeitet in der Landwirtschaft, die zum großen Teil als Subsistenzlandwirtschaft betrieben wird. Hauptausfuhrprodukte sind Kaffee und Zucker. Koka wird vor allem in der Yungas angebaut und weltweit exportiert, und obgleich der Handel illegal ist, hat er in den letzten Jahren zum Aufschwung der angeschlagenen Wirtschaft beigetragen. Bolivien ist reich an Bodenschätzen, darunter an Zinn, Wolfram, Zink und Antimon, aber legaler Hauptexportrohstoff ist das Erdgas. Die Erdölförderung deckt den nationalen Bedarf ab. Energie wird größtenteils durch Wasserkraft gewonnen.

Das Straßennetz ist im Wesentlichen auf die Altiplano beschränkt und nur über wenige Strecken gut ausgebaut. Der Rohstofftransport aus den Anden erfolgt mit der Eisenbahn über Peru und Chile zu den Pazifikhäfen. La Paz und Santa Cruz verfügen über internationale Flughäfen. Eine angemessene medizinische Versorgung gibt es nur in den Städten. Im Oriente-Gebiet sind Malaria und die Chagas-Krankheit weit verbreitet. In der Regel besteht Schulpflicht, die aber nicht überall eingehalten wird; die Grundschulbildung ist unentgeltlich.

Ecuador

REPUBLIK ECUADOR

ECUADOR, SO DEUTET BEREITS DER NAME an, liegt an Südamerikas Westküste in Höhe des Äquators, umgeben von Kolumbien im Norden und Peru im Süden und Osten. Zu Ecuador gehören auch die etwa 1000 km vor der Küste im Pazifik liegenden Galapagos-Inseln.

GEOGRAFIE

Das Festlandgebiet mit seinen hohen Bergen wird häufig von Erdbeben erschüttert. Das Flachland entlang der Küste besteht in weiten Teilen aus fruchtbarem flachen Schwemmland, aus dem sich vereinzelt vulkanische Hügel erheben. Weiter östlich ziehen sich durch das Landesinnere von Norden nach Süden die Anden wie eine gewaltige Mauer, und teilen sich in zwei parallel verlaufende Hauptketten. Dazwischen liegen die Hochtäler, in die auch die Hauptstadt Quito gebettet ist. Viele Gipfel sind vulkanischen Ursprungs, so z. B. der Cotopaxi, der weltweit höchste aktive Vulkan. Die Osthänge der Anden versinken in den undurchdringlichen Regenwäldern des Amazonasbeckens. Der genaue Grenzverlauf zu Peru in diesem wenig erforschten Gebiet ist strittig.

Das Klima ist im Osten heiß und feucht und in den Bergen erheblich kühler. Über das Küstentiefland weht der erfrischende Wind des Humboldtstroms, der dort auch für geringere Niederschläge sorgt. Hier gibt es weniger Wälder als an den Berghängen und im Osten, wo üppige Wildnis wuchert.

Das Archipel der Galapagos-Inseln besteht aus jungen Vulkankegeln und nur die Vulkanspitzen sind bewaldet. Der kalte Humboldtstrom, der die Ufer umspült, sorgte für die einzigartige Tierwelt mit Meeresechsen, Riesenschildkröten, flugunfähigen Kormoranen und den 13 Darwinfinkenarten, die Charles Darwin (1809-1882) zu seiner Evolutionstheorie anregten. Die Inseln sind vorrangig Forschungszwecken vorbehalten und für Touristen nur bedingt zugänglich.

KULTUR UND GESELLSCHAFT

Im 15. Jh. unterwarfen die Inkas, die Oberschicht Perus, die Urbevölkerung Ecuadors. Später schwächte ein Bürgerkrieg das Inka-Reich, sodass es in den 30er-Jahren des 16. Jh. die spanischen Konquistatoren ohne nennenswerte Gegenwehr überrannten. Spanische Siedler teilten das Land in große Landgüter auf, auf denen indianische Landarbeiter bzw. die Peons (Landlosen) arbeiteten. Diese Struktur blieb unverändert, bis im 19. Jh. die Unabhängigkeitsbewegung im aufstrebenden Mittelstand auf fruchtbaren Boden fiel. Nach vielen kriegerischen Auseinandersetzungen erreichte Ecuador 1830 die Unabhängigkeit. Die tiefe Kluft zwischen den konservativen Landbesitzern und den liberaleren Kaufleuten der Hafenstadt Guayaquil blieb jedoch unüberbrückbar. Die daraus erwachsende Instabilität führte zu einer Folge blutiger Diktaturen, die bis zum Zweiten Weltkrieg andauerten und in deren Verlauf Ecuador an Peru Gebiete abtreten musste. Die Nachkriegszeit stand ganz im Zeichen des Präsidenten José María Velasco Ibarra (1893-1979), dessen unbeständige Politik aber nicht den wirtschaftlichen Aufschwung brachte. Den Militärregierungen in den 70er-Jahren folgte eine Reihe bürgerlich-liberaler Präsidenten. 1995 kam es zu einem vierwöchigen Krieg mit Peru, der jedoch zu keiner Entscheidung führte.

Die Verfassung von 1976 sieht einen regierenden Präsidenten und einen Vize-Präsidenten über eine Amtszeit von vier Jahren vor. Das gilt ebenso für die Legislative, dem Repräsentantenhaus mit 77 Abgeordneten.

Verkehrssprache ist Spanisch, obwohl ein großer Teil der Bevölkerung ketschuasprachige Indianer sind. Die anderen Gruppen bilden Mestizen gemischter Abstammung und eine kleine europäische sowie afrikanische Minderheit. Die Mehrheit der Einwohner bekennt sich zum Katholizismus; trotzdem blieben viele Elemente der indianischen Kultur und Naturreligion erhalten.

Frauen in Quito (*oben*) tragen Lastenbündel auf dem Rücken. Die ecuadorianische Hauptstadt, die das Flair einer spanischen Kolonialstadt bewahrt hat, liegt in einem Hochtal etwa 3000 m über dem Meeresspiegel fast am Äquator.

WIRTSCHAFT

Basis der ecuadorianischen Wirtschaft ist die Landwirtschaft. Vorrangig werden Bananen, Zuckerrohr, Kaffee und Kakao, Reis und Kartoffeln angebaut. Trotz Landreformen wird der Großteil der Nahrungsmittel auf den riesigen Landgütern (Haziendas) erzeugt. Viehzucht wird sowohl in der Küstenregion als auch in den Bergtälern betrieben. Die Fischereiindustrie ist eine der größten Südamerikas. Die Ausfuhr der Hauptbodenschätze Erdöl und Erdgas hat den Bananen- und Garnelenexport längst übertroffen.

Aufgrund der geografischen Bedingungen gibt es nur wenige Straßen und Eisenbahnlinien; das zuverlässigste Transportmittel ist weiterhin das Maultier. Es existiert zwar ein Sozialversicherungssystem, doch auf dem Land herrscht weithin Armut. Auch die medizinische Versorgung der Landbevölkerung ist unzureichend. Bildungseinrichtungen bis zu den Hochschulen sind vorhanden.

LANDESDATEN – ECUADOR

Fläche 269 178 km²

Klima	Höhe m	Temperaturen Januar °C	Juli °C	Jährlicher Niederschlag mm
Quito	2879	15	14	1115

Geografische Merkmale höchster Berg: Chimborazo 6310 m; längster Fluss: Río Napo (Teil) 1100 km

Einwohnerzahl (1994) 10,7 Millionen

Staats- und Regierungsform Mehrparteiensystem; Republik, ein gesetzgebendes Organ

Streitkräfte Heer 50 000; Marine 4500; Luftwaffe 4000

Größte Städte Guayaquil (1,5 Mio. Einw.); Quito (Hauptstadt – 1,1 Mio.); Cuenca (195 000); Ambato (124 000)

Offizielle Landessprache Spanisch

Bevölkerungsgruppen Mestizen 55,0%; Indianer 25,0%; Spanier 10%; Schwarze 10%

Religionen Katholiken 95,0%; sonstige 5,0%

Währung 1 Sucre (S/.) = 100 Centavos (Ctvs)

Bruttosozialprodukt (pro Kopf 1993) US-$ 1200

Bruttoinlandsprodukt (1993) US-$ 14,421 Mrd.

Lebenserwartung Männer 67,5; Frauen 72,6 Jahre

Ressourcen Erdöl, Erdgas, Bananen, Kakao, Zuckerrohr, Kaffee, Garnelen

Peru

REPUBLIK PERU

PERU LIEGT GEWISSERMASSEN AUF DEM Rücken der Anden an der Westküste Südamerikas. Der Name entstammt der Ketschuasprache und bedeutet „Üppigkeit". Er erinnert an die einstige Pracht und den Glanz des Inka- und des spanischen Reiches. Die schwierigen geografischen Bedingungen behindern die Entwicklung Perus zu einem modernen Staat.

GEOGRAFIE

Peru besteht aus drei geografischen Zonen: Die schmale Küstenebene (Costa) zieht sich über die gesamte Pazifikküste von Ecuador im Nordwesten bis hin zur chilenischen Grenze im Süden. Die meisten Gebiete sind zwar Wüstengebiete, doch die Flüsse der Anden haben immer wieder fruchtbaren Schlamm angeschwemmt. Ein Großteil der peruanischen Bevölkerung lebt in diesem Landesteil.

Die Anden (Sierra) ziehen sich vom Norden der Grenze zu Ecuador langsam breiter werdend südostwärts und enden an der bolivianischen und chilenischen Grenze. Besonders beeindrucken die Berge im Zentrum Perus mit ihrem höchsten Gipfel, dem Nevado Huascarán. Im Süden umspannen die zwei Hauptketten ein weites Hochplateau, das Altiplano, in dessen Mitte, an der Grenze zu Bolivien, der Titicacasee liegt. Das Land ist Erdbebengebiet, im Süden befinden sich einige nicht erloschene, d. h. „schlafende" Vulkane.

Im Nordosten fallen die Anden zur Montaña ab, einer Gegend mit tiefen, bewaldeten Tälern, die in die grünen Regenwälder des Amazonasbeckens übergehen. Dieses wilde, hügelige Gebiet an der Grenze zu Kolumbien und Brasilien ist nahezu unbewohnt.

Das Klima im Amazonasbecken ist in diesen Breitengraden heiß und feucht, in den Bergen ist es erheblich kühler. Entsprechend der Jahreszeit fällt Regen oder Schnee, und die kalten Meeresströme sorgen an der Küste für ein trockenes Klima. Bewölkung und Nebelbildung sind normal, es fallen aber wenige Niederschläge. Der gelegentlich auftretende Umschwung von kalten zu warmen Meeresströmungen – bezeichnet als El Niño – führt zu Flutkatastrophen, zur Planktonreduzierung und damit auch zu einem drastischen Rückgang des Fisch- und Seevogelbestandes.

Flora und Fauna sind unglaublich artenreich. Die Küstenvegetation reicht von Kakteen bis zu winterharten Dornensträuchern, das Hochland ist mit Gras und Puna-Heiden bewachsen. Im Osten gedeihen die typischen Harthölzer (Mahagoni- und Kautschukbäume). Die Wälder sind die Heimat von Tapiren und Faultieren; in den Bergen leben Chinchilla, Vikunja und Kondor. Die Küsten-

gewässer sind der Lebensraum reicher Fischpopulationen, die den Vogelarten wie Pelikanen und Tölpeln reichliche Nahrung bieten.

KULTUR UND GESELLSCHAFT

Typische Mestizen-Architektur (*oben*) bei Juli am Westufer des Titicacasees in Peru. Die ornamentalen Schnitzereien sind vom Stil her indianisch, aber das Wappen rechts über der Tür sowie die Blumenmotive zeigen die Einflüsse aus der Kolonialzeit.

Das Erbe des Inkareiches (*links*) in einem peruanischen Flusstal. Terrassenfelder ermöglichen eine Subsistenzlandwirtschaft an den steilen Berghängen. Die Straße am Flusslauf war einst Teil des hochentwickelten Verkehrsnetz der Inkas.

Chavín-Kultur, die in den Tälern angesiedelte Nazca-, die Chimú- und die Huari-Kultur. Im 15. Jh. eroberten ketschuasprachige Inkas das gesamte Land. Sie errichteten Städte aus Stein, darunter Cusco, die zur Hauptstadt und zum Zentrum ihrer auf Sonnenanbetung beruhenden Religion wurde, und die Gipfelstadt Machu Picchu. Doch das bürgerkriegsgeschwächte Inka-Reich wurde 1531 von dem spanischen Abenteurer Francisco Pizarro (um 1475-1541) zerschlagen, und es begann eine lange Periode der Ausbeutung der Indianer.

Für etwa drei Jahrhunderte blieb Peru mit seinen Bodenschätzen die Schatzkammer Spaniens, bis 1821 der argentinische General José de San Martín (1778-1850) das Land befreite. Der kurzfristige Zusammenschluss mit Bolivien zerfiel 1839. Nach der liberalen Präsidentschaft des Generals Ramón Castilla (1797-1867) wechselten sich Militär- und zivile Regierungen ab, doch es gelang weder der einen noch der anderen Seite, die Wirtschaft zu stabilisieren. Der Pazifische Krieg, in dem Peru wichtige Gebiete an Chile verlor, spitzte

einige Reformen durch, doch eine 1968 an die Macht gelangte Militärjunta beendete diese Entwicklung. 1980 gewann Belaúnde Terry erneut die Wahl, aber wirtschaftliche Schwierigkeiten, ein verheerender El Niño und die aufflammende Guerillatätigkeit der Tupac-Amarú-Bewegung sowie die neo-maoistische Sendero Luminoso (Leuchtender Pfad) behinderten seine Reformpolitik.

LANDESDATEN – PERU

Fläche 1 285 216 km^2

Klima	**Höhe**	**Temperaturen Januar**	**Juli**	**Jährlicher Niederschlag**
	m	°C	°C	mm
Lima	120	23	17	48

Geografische Merkmale höchster Berg: Nevado Huascarán 6768 m;

Einwohnerzahl (1994) 23,6 Millionen

Staats- und Regierungsform Mehrparteiensystem; Republik

Streitkräfte Heer 75 000; Marine 25 000; Luftwaffe 15 000

Größte Städte Lima (Hauptstadt – 6,4 Mio. Einw.); Arequipa (635 000); Trujillo (532 000); Callao (515 000); Chiclayo (426 000)

Offizielle Landessprachen Spanisch; Ketschua

Bevölkerungsgruppen Ketschua 45,0%; Mestizen 37,0%; Weiße 15,0%; sonstige 3,0%

Religionen Katholiken 92,4% (Staatsreligion); sonstige 7,6%

Währung 1 Nuevo Sol (S/.) = 100 Céntimos (cts)

Bruttosozialprodukt (pro Kopf 1993) US-$ 1490

Bruttoinlandsprodukt (1993) US-$ 41,061 Mrd.

Lebenserwartung Männer 63,4; Frauen 67,9 Jahre

Ressourcen Gold, Silber, Kupfer, Uran, Erdöl, Holz, Fisch, Eisenerz, Kohle, Phosphat

Schilfrohrernte an den Ufern des Titicacasees. Die Urus, ein altes indianisches Volk, leben in schwimmenden Dörfern auf riesigen Flößen aus Totara, dem schilfähnlichen Papyrus. Die sichelförmigen Boote sind ebenfalls aus Schilf gefertigt.

Seinem Nachfolger, dem 1985 gewählten Präsidenten Alan García, erging es nicht besser und er verlor 1990 die Wahl an seinen Mitbewerber Alberto Kenya Fujimori (*1938). Fujimori löste 1992 mit Unterstützung des Militärs das Parlament auf und verlieh sich diktatoriale Macht. Im November 1992 wurde Fujimori wiedergewählt, damit endete auch seine kurzzeitige Diktatur. 1995 wurde er erneut im Amt bestätigt. Die Guerillabewegung ist bis heute aktiv. 1995 verbündeten sich die Sendero Luminoso mit dem organisierten Drogenhandel mit dem Ziel, sich Finanzmittel zu beschaffen.

Die politische Instabilität Perus ist auch eine Folge der ethnischen Zusammensetzung der Bevölkerung und der krassen sozialen Unterschiede zwischen den wohlhabenden spanischsprachigen Mestizen der Costa und den ketschuasprachigen Indianern der Sierra. Darüber hinaus leben in Peru Weiße, Aimará-Indianer und weitere indianische Minderheiten. Über 90 % der Bevölkerung sind römisch-katholisch, doch sind die traditionellen indianischen Naturreligionen und kulturellen Werte tief in den Völkern Perus verwurzelt.

WIRTSCHAFT

Perus Wirtschaft hängt vom Export der Boden- und Naturschätze ab. Ackerbau ist aufgrund kleiner kulturfähiger Anbauflächen nur beschränkt möglich und wird hauptsächlich in der Küstenregion (Reis und Zuckerrohr) auf bewässerten Böden betrieben. Im Hochland wird in Subsistenzlandwirtschaft Weizen, Kartoffeln und Koka (für den illegalen Kokainhandel) angebaut. Die Viehwirtschaft (Schafe, Lamas und Alpakas), dient vorwiegend der Wollproduktion.

Forstwirtschaft ist im Osten angesiedelt, jedoch wegen der Unzugänglichkeit der Gebiete und aus Naturschutzgründen nur begrenzt leistungsfähig. Als Folge des verheerenden El Niños in den 80er-Jahren erlitt die Fischindustrie einen schweren Rückschlag. Die unterstützenden Maßnahmen der Regierung trugen inzwischen zur Verbesserung der Situation bei.

Den Energiebedarf der Industrie deckt überwiegend die Wasserkraft. Wichtigstes Mineral ist Kupfererz, daneben gewinnt die Erdölförderung zunehmend an Bedeutung, gefolgt vom Uran-, Eisen- und Silberabbau. Die verarbeitende Industrie ist vorwiegend um die Hauptstadt Lima und nahe Callao, dem Haupthafen, angesiedelt. Viele Fertigungsgüter müssen jedoch importiert werden.

Die zerklüftete Landschaft und das Klima beeinträchtigen den Gütertransport und den Personenverkehr. Die Straßen sind im Landesinnern häufig unbefahrbar, und es gibt nur wenige Eisenbahnstrecken. Die Küstenzone ist verkehrstechnisch besser angebunden. Der Ausbau des Flugnetzes scheiterte bisher an den Schwierigkeiten, die der Bau von Landebahnen in sumpfigen Waldgebieten und an steilen Berghängen mit sich bringt.

Nur in den Städten steht eine soziale und medizinische Versorgung zur Verfügung. Die unzureichenden Wohnverhältnisse sowie die schlechten Lebensbedingungen beschränken sich nicht nur auf den ländlichen Raum. Auch Städte wie Lima sind davon betroffen. Wo Schulen existieren, besteht Schulpflicht bei kostenlosem Schulbesuch. Peru verfügt über mehrere Universitäten.

Die Inkas

Das Bild des Inka-Reiches, der letzten einheimischen Hochkultur Südamerikas, ist das einer Zivilisation, die ebenso beständig und geheimnisvoll erscheint, wie ihre erhalten gebliebenen mächtigen Festungen. Dabei war das Reich der Inka nur von relativ kurzer Dauer, erreichte seine Blütezeit um die Wende vom 15. zum 16. Jh. und bestand nur etwas mehr als 300 Jahre. Das wahre Geheimnis aber liegt in der Frage, wie die Inkas in so kurzer Zeit so Großartiges vollbringen konnten.

Eine Gruppe Bergbewohner der Anden verließ ihr kleines Dorf und gründete im

Die Gipfelstadt Machu Picchu (*oben*). Die wohl bekannteste Inka-Stätte entstand wahrscheinlich im 15. Jh. und liegt hoch über dem Urubambatal auf der Ostflanke der Anden.

Inka-Kunst (*links*). Ein Inka-Trinkgefäss in Form eines Jaguars, der sich über seine Beute hermacht, und eine Sakralfigur aus Gold, eines der wenigen Kunstwerke, die die Plünderungen der spanischen Eroberer überlebten.

heutigen Süden Perus die Stadt Cusco. Diese entwickelte sich zu einem starken Stadtstaat, der in ständigem Streit mit seinen Nachbarn lag. Die Häuptlinge, die Inkas, nach denen das Reich später benannt wurde, waren der Mittelpunkt eines Götterkults.

Unter der Herrschaft des achten Inkas, Vi-

sierung der Nachbarreiche. Cusco wurde die Hauptstadt des expandierenden Inka-Reiches. Yupanqui, Viracochas Sohn (1438-1471), der später den Namen Pachacuti annahm, vergrößerte das Reich. Zur Verwaltung des riesigen Territoriums schuf er den Inka-Adel, und er begann mit dem Bau der wohl erstaunlichsten Hinterlassenschaft der Inkas, des ausgefeilten Straßensystems mit Tunneln und Hängebrücken. An den Straßen wurden in regelmäßigen Abständen Stationen errichtet, von denen aus wichtige Nachrichten über Entfernungen bis zu 250 km innerhalb eines Tages übermittelt werden konnten. Dafür benutzten die Inkas weder das Rad noch das Pferd, sondern Boten liefen von Station zu Station und übermittelten mündlich ihre Nachricht, da die Inkas kein Schriftsystem hatten. Den Boten diente dabei als einzige Gedächtnisstütze eine Knotenschnur, die so genannte *quipu*.

Pachacuti und sein Nachfolger Topa (1471-1493) eroberten in der Folgezeit weitere Gebiete im Westen Südamerikas, die vom heutigen Ecuador im Norden bis nach Chile und Argentinien im Süden reichten. Überall wurden Straßen, Städte, Kanäle, Rasthäuser sowie Bewässerungsanlagen, die die Erhöhung der landwirtschaftlichen Erträge steigerten, angelegt.

Topas Nachfolger, Huayna Cápac (1493-1525), führte diese Politik fort und errichtete eine modernere, prachtvollere Hauptstadt an der Stelle, wo heute Quito, die Hauptstadt Ecuadors, liegt. Aber all das konnte nur mit der Arbeitskraft aller Untertanen verwirklicht werden. Während der Regierungszeit Huaynas hatte das Inka-Reich etwa eine Bevölkerungszahl von 12 Millionen. Jede Provinz musste dem Inka Tribut zollen und Soldaten und Arbeiter zur Verfügung stellen. Der Dienst war nicht nur eine religiöse sondern auch eine soziale Pflicht, die vielleicht sogar gern erfüllt wurde. – Das Ergebnis war überwältigend. Die Gipfelstadt Machu Picchu war von breiten Terrassenfeldern umgeben, für deren Anlage die Arbeiter die Erde auf dem Rücken den Berg hochtragen mussten.

Jedem Mann wurde auferlegt, den Beruf des Vaters zu erlernen; niemand litt Not. Großzüg war die Unterstützung bei Hungersnöten, die vollen Speicher halfen zu überbrücken. Die Gesellschaft schien stabil, wenn auch autoritär. Dennoch löste Huaynas plötzlicher Tod einen Krieg zwischen seinen beiden Söhnen aus. Kaum zeichnete sich der Sieger ab, ließen spani-

Brasilien

FÖDERATIVE REPUBLIK BRASILIEN

BRASILIEN IST DAS GRÖSSTE LAND SÜDAMERIKAS, das fünftgrößte der Welt und nimmt Rang sechs in der Weltbevölkerungszahl ein. 7400 km Atlantikküste säumen den Nord- und Südosten Brasiliens. Landeinwärts im Westen grenzt es an nahezu alle anderen südamerikanischen Staaten. Das Land des Wohlstands und vieler Möglichkeiten lockte Siedler aus aller Welt an. Die Entwicklung zu einem modernen Industriestaat hat einen hohen Preis, wie die große Auslandsverschuldung, die Überbevölkerung und die Umweltverschmutzung.

GEOGRAFIE

Brasilien unterteilt sich in zwei Hauptgebiete, das breite Amazonasbecken im Norden mit dem weltweit größten Flusssystem und in das dicht besiedelte Hochlandgebiet im Süden und Osten.

Das Land

Brasiliens Nordgrenze verläuft durch das Bergland von Guayana, einem Gebiet mit vielen Plateaus, das sich über Venezuela, Guyana, Suriname und Französisch-Guayana erstreckt. Hier befinden sich auch Brasiliens höchste Berge, darunter der erst 1962 entdeckte höchste Gipfel, der Pico da Neblina.

Im Süden des Berglands schließt sich das gewaltige Amazonasbecken an und nimmt fast den gesamten Norden des Landes ein. Das Becken ist, abgesehen von den Randhügeln, flach, und einige Gebiete werden alljährlich überflutet. Der Amazonas ist etwa 6570 km lang und nach dem Nil der zweitlängste Fluss der Welt. Etwa 1000 Nebenflüsse, die meistens weiter westlich in den Nachbarländern Kolumbien, Peru und Bolivien entspringen, münden in ihn ein. Im Osten fließt der Amazonas über ein breites Delta in den Atlantik. Das Tiefland verläuft weiter ostwärts der Nordküste folgend.

Den übrigen Landesteil nimmt das brasilianische Hochland ein, das sanft vom Amazonasbecken entlang der Linie zwischen Bolivien und Cape São Roque, dem nordöstlichsten Punkt Brasiliens, aufsteigt. Es besteht im Wesentlichen aus weiten Hochebenen, durch die Flüsse tiefe Täler gegraben haben. Entlang der Ostküste fallen die Berge in steilen Stufen zu einem schmalen, flachen Küstenstreifen ab. Einer der höchsten Gipfel des Hochlands ist der Pico das Agulhas Negras nahe Rio de Janeiro und São Paulo, den beiden größten Städten. Die meisten Flüsse fließen südwestwärts ins benachbarte Paraguay, Argentinien und Uruguay. Über atemberaubende Wasserfälle fließen die Flüsse Paraná und Uruguay durch das Hochplateau und folgen dem Grenzverlauf zu Paraguay und Uruguay. Das einzige größere Tieflandgebiet, abgesehen vom Amazonasbecken, befindet sich im Westen an der Grenze zu Bolivien und Nordparaguay, wo sich die sumpfigen Ebenen des Pantanal an den Norden des Gran Chaco anschließen.

Klima

Es herrscht ein überwiegend warmes und feuchtes tropisches Klima mit ausgeprägten Regenzeiten. Im Amazonasbecken liegen die Temperaturen höher und sind über das Jahr gleichbleibend. Ähnlich ist das Klima an der Ostküste, während im brasilianischen Hochland und im Süden niedrigere Temperaturen und auch teilweise Frost auftreten können.

Das São-Francisco-Becken im Nordosten weist ein eigenes Mikroklima auf. In diesem Dürregebiet (Dürrepolygon) fällt in der Trockenzeit kein Tropfen Regen und auch sonst fallen erheblich weniger Niederschläge als in den umliegenden Gebieten. Das Amazonasbecken und Bergflanken im Osten sind die Gebiete mit den größten Niederschlagsmengen.

Flora

Weite Teile Brasiliens werden von Wäldern bedeckt, und die tropischen Regenwälder des Amazonasbeckens sind die artenreichsten Gebiete der Erde. Ähnliche Wälder nehmen auch die Gebiete entlang der Südostküste ein. Auf den Höhen der Schichtstufe wachsen Nadelwälder, und weiter landeinwärts finden sich Savannen und Laubwälder im Hochland und wildes Grasland weit im Süden. Charakteristisch für die Nordostgebiete ist die *Caatinga*, eine Art dorniger Trockenwald.

Die großflächige Abholzung der Regenwälder am Amazonas wird international mit großer Sorge beobachtet. Zwar bemüht sich Brasilien, die unkontrollierte Ausbeutung einzudämmen; soll jedoch das empfindliche Ökosystem erhalten bleiben, müssen wirksame Maßnahmen ergriffen werden.

Die gewaltigen Wassermassen des Amazonas (*oben*). Die üppige Vegetation zeigt, welche fruchtbaren Schlammmengen das größte Flusssystem der Welt, das jährlich bis zu einem Viertel der gesamten Frischwassermenge der Erde transportiert, anschwemmt.

Die berühmte Erlöserstatue (*unten*) mit den zum Segnen ausgestreckten Armen hoch über der Stadt Rio de Janeiro. Die Statue steht auf dem 787 m hohen Pico Corcovado und schaut hinüber zu dem unverkennbaren „Zuckerhut", dem Pão de Açúcar.

Fauna

Die Tierwelt des Amazonasbeckens ist ebenso bunt und artenreich wie die Pflanzenwelt. Zahlreiche Affen-, Schlangen- und Laubfroscharten sowie hunderte verschiedener Vogelarten bevölkern die Regenwälder. In den Flüssen tummeln sich Kaimane, Capybaras, Flussdelphine und etwa 1500 Fischarten.

Außerhalb des Amazonasbeckens ist die einstige Vielfalt der Tierwelt kaum noch vorhanden. Wildvögel gibt es noch im Marschland des Pantanal; Nandus und die trappenähnlichen Seriemas durchstreifen die Hochebenen. Schlangen, Echsen und Gürteltiere gibt es im Überfluss; Ameisenbären ernähren sich von den in turmähnlichen Bauten lebenden Termiten. Die beiden Raubtierarten der brasilianischen Savanne, der Ozelot und der Jaguar, wurden durch Jäger nahezu völlig ausgerottet.

KULTUR UND GESELLSCHAFT

Mit der Kolonisierung durch die Portugiesen begannen sich in Brasilien Strukturen herauszubilden, die den heutigen erstaunlich ähneln. Man benannte das Land nach dem ers-

manten und die Kultivierung der Kaffeepflanze. Seit dem Ende des Zweiten Weltkriegs ist Brasilien im Wandel von einem Agrar- zu einem städtisch orientierten Industrieland begriffen, der mit all den Problemen verbunden ist, die in vielen Entwicklungsländern auftreten.

Geschichte

Pedro Álvares Cabral (1467/68-1520), ein portugiesischer Flottenkommandant, war wahrscheinlich der erste Europäer, der Brasilien entdeckte und dies um 1500 dokumentierte. Doch erst 1532 gründete Martim Afonso de Sousa (ca. 1500-1564) die erste portugiesische Siedlung, São Vicente, die auch die erste der 15 erblichen Ländereien war. Die Siedler errichteten große Landgüter, auf denen zunächst Indianer, dann afrikanische Sklaven arbeiteten.

1549 ernannte König Johann III. von Portugal (1502-1557) einen Generalgouverneur, der von Bahia (dem späteren Salvador) aus die Ländereien regierte. Aber auch andere Kolonialstaaten meldeten ihre Ansprüche an. 1555 errichteten die Franzosen eine Siedlung bei Rio de Janeiro, und die Portugiesen benötig-

Niederländer kurzzeitig die Stadt Bahia und siedelten sich 1630 bei Pernambuco (dem heutigen Recife) an. Sie wurden erst 1654 durch brasilianische Truppen vertrieben.

Im 17. und 18. Jh. brachen zahlreiche Expeditionen von São Paulo aus auf, um Indianer als Sklaven zu erbeuten und die Schätze im Landesinnern zu heben. 1789 begann der erste Aufstand gegen die portugiesische Herrschaft, doch die Unabhängigkeit ließ noch drei weitere Jahrzehnte auf sich warten. Als 1808 die Franzosen in Portugal einfielen, flüchtete der Prinzregent Dom Johann (1767-1826) nach Brasilien. Von dort rief er 1815 das Vereinigte Königreich von Portugal, Brasilien und Algarve aus, und ein Jahr später wurde er zum König Johann VI. gekrönt. 1821 kehrte er nach Portugal zurück und ernannte seinen Sohn Dom Pedro (1798-1834) zum Regenten. Die Versuche des portugiesischen Hofs, in Brasilien den alten Kolonialstatus wieder einzuführen, wurden von der Bevölkerung mit Unmut aufgenommen, weshalb Dom Pedro 1822 die Unabhängigkeit Brasiliens erklärte und zum Kaiser gekrönt wurde.

Seine Regierungszeit verlief nicht ungetrübt. Der Krieg gegen Argentinien (1825-1828) führte zum Verlust von Uruguay, und 1831 dankte er zugunsten seines 5-jährigen Sohnes ab. 1840 bestieg Pedro II. (1825-1891)

LANDESDATEN – BRASILIEN

Fläche 8 456 508 km²

Klima	Höhe m	Temperaturen Januar °C	Juli °C	Jährlicher Niederschlag mm
Manaus	83	26	27	2102
Brasília	1006	22	18	1600
Rio de Janeiro	61	26	21	1082

Geografische Merkmale höchster Berg: Pico da Neblina 3014 m; längster Fluss: Amazonas (Teil) 6570 km

Einwohnerzahl (1994) 158,7 Millionen

Staats- und Regierungsform Mehrparteiensystem; Bundesrepublik; zwei gesetzgebende Organe

Streitkräfte Heer 219 000; Marine 58 500; Luftwaffe 59 400

Größte Städte São Paulo (9,6 Mio. Einw.); Rio de Janeiro (5,4 Mio.); Belo Horizonte (2 Mio.); Salvador (2 Mio.); Fortaleza (1,7 Mio.) Brasília (Hauptstadt – 1,6 Mio.)

Offizielle Landessprache Portugiesisch

Bevölkerungsgruppen Mulatten 22,0%; Portugiesen 15,0%; Mestizen 12,0%; Italiener 11,0%; Schwarze 11,0%; Spanier 10,0%; Deutsche, 3,0%; andere Weiße 14,0%; Japaner 0,8%; Indianer 0,1%; sonstige 1,1%

Religionen Katholiken 87,8%; 9,0%; Protestanten 6,1%; Spiritisten 3,7%; nicht Religiöse 1,4%; sonstige 1,0%

Währung 1 Real = 100 Centavos

Bruttosozialprodukt (pro Kopf 1993) US-$ 2930

Bruttoinlandsprodukt (1993) US-$ 444,205 Mrd.

Lebenserwartung Männer 57,4; Frauen 67,3 Jahre

Ressourcen Gold, Diamanten, Erdöl, Wasserkraft, Kaffee, Zuckerrohr, Sojabohnen, Rindfleisch, Holz, Eisen, Aluminium,

schließlich den Thron, den er etwa 50 Jahre innehatte. Seine ständige Einmischung in die inneren Angelegenheiten Uruguays zog Brasilien in den verlustreichen Krieg der Dreierallianz (1865-1870). Ein Militärputsch 1889 führte zu seiner Abdankung und zur Ausrufung der Republik. 1891 wurden die Vereinigten Staaten von Brasilien gegründet.

Zwischen 1895 und 1909 konnten mehrere Grenzstreitigkeiten zugunsten Brasiliens friedlich beigelegt werden. Der Export von Kaffee und Gummi brachten neuen Wohlstand ins Land. Nach dem Ersten Weltkrieg brachen innenpolitische Unruhen aus, die 1930 mit einem erfolgreichen Aufstand endeten. Präsident Getúlio Vargas (1883-1954) ließ die Verfassung zweimal überarbeiten, verlieh sich aber damit zugleich diktatoriale Macht. 1942 trat Brasilien an der Seite der Alliierten in den Zweiten Weltkrieg ein. Nach dem Krieg verlor Vargas zeitweilig die politische Macht, holte sie sich jedoch 1950 wieder zurück. Er kämpfte mit mäßigem Erfolg gegen die steigende Inflation an. Als ihm Mord und Korruption nachgewiesen werden konnten, beging er 1954 Selbstmord. 1960 erhielt an Stelle Rio de Janeiros die neu erbaute Stadt Brasília im Herzen des Landes den Status der Hauptstadt. Diese Entscheidung war der Höhepunkt einer Kampagne zur Entwicklung des Binnenlandes. Obwohl Produktivitätssteigerungen in der Wirtschaft und materieller Fortschritt sich einstellten, erreichten die Inflation und die Auslandsverschuldung Rekordhöhen. Diese Instabilität führte 1964 zu einem Militärputsch, und erst 1985 konnte eine zivile Regierung das Militär ablösen. Zwar wurde 1992 der Präsident Fernando Collor (*1949) der Korruption beschuldigt, trotzdem wurde er 1994 wiedergewählt.

Regierungsform

Brasilien ist eine föderative Republik, und die Verfassung von 1988 sieht einen Nationalkongress mit zwei Kammern vor. Die Senatoren werden für 8 Jahre, die Abgeordneten für 4 Jahre und der Präsident für 5 Jahre gewählt. Das Land besteht aus 26 Bundesstaaten und dem Bundesdistrikt (Brasília). Jeder Staat sowie der Distrikt wählt mindestens drei Senatoren. Die Zahl der Abgeordneten hängt jedoch von der Einwohnerzahl ab. Jeder Bundesstaat hat eigene Gesetze, eine eigene Verfassung und ist in Gemeinden unterteilt, die von Räten regiert werden.

Bevölkerung

Die Zusammensetzung der brasilianischen Bevölkerung spiegelt die verschiedenen Einwanderungswellen und gleichzeitig die erfolgreiche Integration der verschiedenen Gruppen wider. Die Spaltungen in der Gesellschaft sind nicht ethnisch, sondern sozial und wirtschaftlich bedingt. Über die Hälfte der Bevölkerung ist europäischer Abstammung, große Teile sind Mischlinge europäischer, afrikanischer und indianischer Abstammung. Die Indianer leben meist in abgelegenen Gebieten des Amazonasbeckens. In jüngster Zeit wanderten viele Japaner ein. Ein verbindendes Element ist die portugiesische Sprache, die von nahezu allen Einwanderern gesprochen wird. Daneben entwickelte sich das „brasilianische Portugiesisch" unter dem Einfluss der indianischen sowie anderer Einwanderersprachen zu einer eigenen Sprache. Vorherrschende und verbindende Religion ist der Katholizismus; dem Protestantismus gehören etwa 6 % der Brasilianer an. Unter den afrikanischen Religionen hat besonders der *Candomblé*-Kult eine große Anhängerschaft.

WIRTSCHAFT

Brasilien ist reich an natürlichen Ressourcen, verfügt aber nicht über das notwendige Kapital, um sie wirtschaftlich zu nutzen. Viele wichtige Industriezweige werden vom Staat kontrolliert – die dafür notwendigen Finanzmittel sind Auslandsanleihen. Alle Regierungen hatten mit der steigenden Staatsverschuldung und der außergewöhnlich hohen Inflationsrate zu kämpfen. Dieser Prozess vertieft die Kluft zwischen Arm und Reich.

Landwirtschaft und Fischerei

Brasiliens Landwirtschaft produziert ausreichend Nahrungsmittel für den Eigenbedarf und liefert darüber hinaus Erzeugnisse für den Export. Trotz der Ausweitung der landwirtschaftlichen Nutzfläche nimmt die Zahl der benötigten Arbeitskräfte weiter ab.

Die Hauptanbaugebiete liegen in Küstennähe und im Süden des Landes. Hauptexportprodukte sind Sojabohnen (als Futtermittel), Zuckerrohr und Kaffee. Brasilien ist der weltweit größte Kaffeeproduzent. Aus Zuckerrohr wird vorrangig Gasohol, ein Kraftstoffgemisch aus Äthanol und Gasolin, hergestellt – hier leistet Brasilien eine Pionierarbeit. Grundnahrungsmittel sind Mais, Reis und Weizen. Die Weidelandgebiete konzentrieren sich vor allem im Süden, dort ist auch das Zentrum der Fleisch verarbeitenden In-

Unberührter Regenwald (*links*). Unter dem wirren Baumkronengeflecht lebt eine für den Menschen höchst wertvolle Pflanzen- und Tiervielfalt. Dennoch wird der Regenwald rasant zerstört. Das Gebiet in Rondonia im Westen Brasiliens soll mit einem von 60 vorgesehenen Stauwehren geflutet werden.

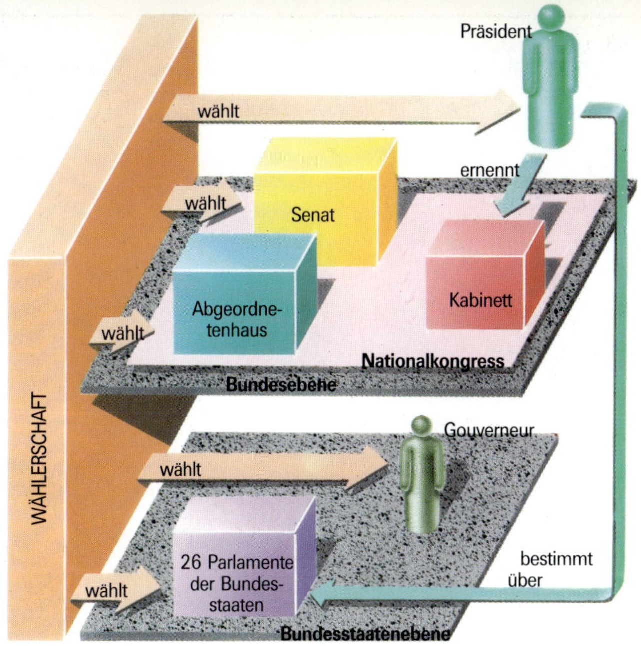

Bundesverfassung (rechts). Brasilien ist mit seinen 26 Bundesstaaten und einem Bundesdistrikt (Brasília) die einzige föderative Republik in ganz Südamerika.
Der Nationalkongress besteht aus zwei Kammern: Die 81 Mitglieder des Senats werden für acht Jahre, die 517 Mitglieder des Abgeordnetenhauses für vier Jahre gewählt. Das Kabinett wird vom Präsidenten benannt.

dustrie. Der Viehbestand (vorrangig Rinder- und Schweinezucht) zählt zu den größten der Welt. Die Ansiedlung der Viehzuchtbetriebe im Amazonasgebiet führte zur großflächigen Zerstörung der Wälder und zu Auseinandersetzungen mit den Kautschuksammlern. Die Brandrodungen führen zur Bodenverarmung und Erosion.

Etwa zwei Drittel des Landes ist bewaldet. Das Holz der Wälder im Norden wird im Allgemeinen als Brennholz verwendet; die Nutzhölzer kommen von den Eukalyptus- und Kiefernplantagen im Süden und Südosten und werden überwiegend zu Zellulose und Papier verarbeitet. Brasilien besitzt große Fischgründe, die bislang kaum genutzt werden. Das Amazonasbecken und die staatlichen Fischreservoire im Nordosten sind das Revier der Süßwasserfischerei; Küstenfischerei wird im Süden und im Nordosten betrieben, die vor allem Hummer und Garnelen für den Export fangen.

Mangan und Eisenerz, die vorrangig exportiert werden. Im Süden liegen meist minderwertige Kohlevorkommen. Erdöl und Erdgas wird an der Südostküste sowohl an Land als auch vor der Küste gefördert. Aus den Ölquellen im Camposbeckens vor Rio de Janeiro stammt etwa die Hälfte der gesamten Erdölproduktion Brasiliens. Die Erschließung neuer Bodenschätze hat bereits verheerende Auswirkungen auf die Natur. Die multinationalen Unternehmen lassen für die Erschließung neuer Abbaugebiete den Regenwald des Amazonas mit Bulldozern niederwalzen. Der Goldrausch Ende der 80er-Jahre führte durch den Einsatz von Quecksilber beim Waschen des Goldes zur Vergiftung der Flüsse, was gesundheitliche Schäden bei den dort lebenden Indianern hervorrief.

Der größte Teil der Energie wird durch Wasserkraft erzeugt. Die Mehrzahl der Wasserkraftwerke befindet sich im Süden und Südosten des Landes. 1982 nahm in der Nähe von Rio de Janeiro das erste Kernkraftwerk seinen Betrieb auf. Die weiter expandierende verarbeitende Industrie nutzt den Reichtum der einheimischen Rohstoffe und reicht von der Eisen- und Stahlerzeugung, den Erdölraffinerien, der Nahrungsmittel-, Papier-, Textil- und Schuhfabrikation bis zur Herstellung von Düngemitteln, Fördermitteln, Waffen, Baumaterialien und Erzeugnissen der Mikroelektronik. Auch der Dienstleistungssektor wächst, und das tropische Klima, reizvolle Landschaften, die weißen Sandstrände sowie das schillernde Nachtleben an der Ostküste locken immer mehr Touristen ins Land. Brasiliens berühmtestes Hotel ist das Copacabana Beach in Rio de Janeiro.

Verkehr und Kommunikation

Brasiliens Straßennetz wurde in den letzten Jahren erheblich ausgebaut und asphaltierte Straßen verbinden die größeren Siedlungsge-

kaum weitere Eisenbahnverbindungen. Die meisten Gebiete im Norden sind nur über den Wasser- oder Luftweg zu erreichen.

Der Amazonas ist über weite Strecken für Schiffe befahrbar und der Handelsflotte stehen Liegeplätze an der Küste zur Verfügung. Der Luftverkehr sichert die Verbindung zu den weit verstreuten und oft isolierten Dörfern Brasiliens. Der Großteil der Städte verfügt über einen Flughafen und selbst kleine Dörfer haben oft eine unbefestigte Landebahn. Die Mehrzahl der internationalen Flüge gehen über Rio de Janeiro und São Paulo, und in beiden Städten erscheinen auch die wichtigsten überregionalen Zeitungen. Mit der Rückkehr zur Demokratie lockerte sich auch die staatliche Zensur. Die Tageszeitung *O Globo* und das Magazin *Manchete* halten enge Verbindung zu den großen, landesweiten Medienanstalten des Landes.

Gesundheits- und Bildungswesen

In den Städten ist die medizinische Versorgung gut, aber auf dem Lande nach wie vor unzureichend, weshalb dort Malaria, Gelbfieber und andere Tropenkrankheiten weit verbreitet sind. Viele Kinder leiden an Unterernährung. Die Wohnungsnot in den Städten zwingt die Menschen, die auf der Suche nach Arbeit zu tausenden hereinströmen, in erbärmliche Slums. Die schlechten sanitären Verhältnisse in diesen Armenvierteln fördern zusätzlich die Ausbreitung von Krankheiten.

Alle Arbeitnehmer zahlen Beiträge an das Nationale Sozialversicherungs-Institut, das die Kranken-, Arbeitslosen- und Rentenversicherung gewährleisten soll. Für viele ist dieses Versicherungssystem jedoch zu teuer.

Der Schulbesuch ist unentgeltlich und Schulpflicht besteht für das Alter von 7 bis 14 Jahren. Weiterführende Schulen sind ebenfalls kostenlos, aber nur ein geringer Teil der Jugendlichen kann diese Angebote wahrneh-

Paraguay

REPUBLIK PARAGUAY

PARAGUAY, DER KLEINE BINNENSTAAT IM Zentrum Südamerikas, grenzt im Süden an Argentinien, im Nordwesten an Bolivien und im Nordosten an Brasilien. Der Fluss Paraguay fließt von Norden nach Süden und teilt das Land in zwei sehr unterschiedliche Gebiete. Der Fluss Paraná bildet einen Teil der Landesgrenze zu Argentinien.

GEOGRAFIE

Die Westregion (Occidental) ist Teil des Gran Chaco, des flachen Andenvorlands, das sich über Bolivien und Argentinien erstreckt. Die Ostregion (Oriente) steigt sanft aus den Überschwemmungsgebieten des Paraguays und Paranás an zu den niedrigen Bergketten, den Ausläufern des brasilianischen Hochplateaus.

LANDESDATEN – PARAGUAY

Fläche 406 752 km²

Klima	**Höhe**	**Temperaturen Januar**	**Temperaturen Juli**	**Jährlicher Niederschlag**
	m	°C	°C	mm
Asunción	139	30	18	1316

Geografische Merkmale höchster Berg: Cordillera de Caaguazú 700 m

Einwohnerzahl (1994) 5,2 Millionen

Staats- und Regierungsform Mehrparteiensystem; Republik; zwei gesetzgebende Organe

Streitkräfte Heer 12500; Marine 3700; Luftwaffe 1000

Größte Städte Asunción (Hauptstadt – 729 000 Einw.); Ciudad del Este (110 000); Pedro Juan Caballero (80 000); Encarnación (31 500)

Offizielle Landessprache Spanisch

Bevölkerungsgruppen Mestizen 90,8%; Indianer 3,0%; Deutsche 1,7%; sonstige 4,5%

Religionen Katholiken 90,0% (Staatsreligion); Protestanten und sonstige 10,0%

Währung 1 Guaraní (G) = 100 Céntimos (cts)

Bruttosozialprodukt (pro Kopf 1993) US-$ 1510

Bruttoinlandsprodukt (1993) US-$ 6,825 Mrd.

Lebenserwartung Männer 71,7; Frauen 74,9 Jahre

Ressourcen Holz, Wasserkraft, Sojabohnen, Zuckerrohr, Baumwolle, Kaffee, Fleisch

Asunción, die Hauptstadt Paraguays, wurde 1537 von spanischen Siedlern als Fort errichtet. Seit dieser Zeit herrschten Kirche und Militär über das Land. Hier stehen Militärpolizisten Wache vor dem Bürogebäude der Erzdiözese Asunción.

An der Ostgrenze stürzt der Paraná über mehrere Wasserfälle vom Hochplateau.

Es herrscht subtropisches Klima mit einer ausgeprägten Regenzeit, die dem Osten heftige Niederschläge beschert, sodass dort häufig Überschwemmungen auftreten. Dagegen ist der Westen niederschlagsarm. Die östlichen Berge sind vorrangig mit tropischen Hartholzwäldern bewachsen, das Gebiet des Gran Chacos hat offene Savannenwälder. Zur artenreichen Tierwelt gehören Pekaris, Jaguare, Gürteltiere und Ameisenbären.

KULTUR UND GESELLSCHAFT

Als die ersten Euroäer das Land betraten, trafen sie auf das freundliche Volk der Guaranís. Sowohl die spanischen Siedler als auch die Missionare des Jesuitenordens lebten mit ihnen in friedlicher Eintracht. Das änderte sich, als die Sklavenhändler ins Land kamen. 1776 wurde Paraguay Teil des Vizekönigreichs La Plata, mit Buenos Aires als Machtzentrum. 1811 erklärte sich Paraguay unabhängig und bildete unter dem Diktator José Gaspar Rodríguez de Francias (1766-1840), bekannt auch als El Supremo, einen wirtschaftlich und politisch isolierten Freistaat.

In den folgenden Jahrzehnten regierten teilweise brutale Diktatoren das Land. Carlos Antonio Lopez (1790-1862) und sein Sohn Francisco Solano Lopez (1827-1870) beendeten die isolationistische Politik und brachten die Modernisierung Paraguays auf den Weg. Allerdings verwickelten sie es in kriegerische Auseinandersetzungen mit seinen Nachbarn. Der Krieg der Dreierallianz endete mit der Verwüstung und Besetzung des Landes durch brasilianische Truppen. In der Zeit des Wiederaufbaus begannen sich auch demokratische Prinzipien durchzusetzen. Von 1932 bis 1935 kämpfte Paraguay im Gran-Chaco-Krieg (1932-1935) gegen Bolivien. 1954 riss General Alfredo Stroessner (* 1912) die Macht an sich. Seine Politik beförderte den wirtschaftlichen Aufschwung, aber sein rüder Umgang mit Kritikern rief bald den Widerstand der Kirche und anderer oppositioneller Kräfte hervor. 1989 löste General Andrés Rodríguez Pedotti (* 1923) Stroessner ab und ließ sich später durch Wahlen in seinem Präsidentenamt bestätigen. 1993 stürzte Juan Carlos Wasmosy die Regierung Pedottis und verbannte den General ins Exil. Die Paraguayer sind stolz auf ihre Abstammung von den Guaraní-Indianern, auch wenn inzwischen die spanischen Einflüsse stärker betont werden. Amtssprache ist Spanisch und Guaraní die meistgesprochene Sprache. Die Mehrzahl der Paraguayer ist römisch-katholisch.

WIRTSCHAFT

Die Landwirtschaft – nach wie vor ein wichtiger Erwerbszweig – bestimmte stets Paraguays Wirtschaftskraft. Dabei lag das Schwergewicht auf der Viehwirtschaft, doch der Anbau von Baumwolle, Zuckerrohr und Sojabohnen gewinnt an Bedeutung. Paraguay hat keine nennenswerten Bodenschätze bzw. Energievorkommen, verfügt aber über enorme Wasserreserven sowie -kraftwerke, die den Energiebedarf der einheimischen Industrie decken. Heute zählt Paraguay zu den führenden Energieexporteuren. Das Straßen- und Schifffahrtsnetz ist gut ausgebaut. Die medizinische Versorgung und die hygienischen Verhältnisse sind nur in der Hauptstadt Asunción ausreichend. Es gibt im Allgemeinen gute Ausbildungsangebote und die Analphabetenquote ist relativ niedrig.

Chile

REPUBLIK CHILE

CHILE ERSTRECKT SICH IN EINEM LANGEN, schmalen und bergigen Streifen entlang der Südwestküste Südamerikas von Peru im Norden südwärts vorbei an Bolivien im Nordosten und an Argentinien im Osten. Chile war eines der ersten südamerikanischen Länder, das demokratische Strukturen in Politik und Wirtschaft aufwies, es stand aber in jüngster Zeit auch unter der Diktatur einer Militärregierung, die die bürgerlichen Freiheiten stark einschränkte.

GEOGRAFIE

Chile hat eine ungewöhnliche geografische Form: Die durchschnittliche Ost-West-Breite des Landes beträgt etwas über 160 km. Es reicht aber in Nord-Süd-Richtung von den Tropen bis etwa 1000 km an die Antarktis heran. Deshalb herrschen im Land erhebliche Klimaunterschiede.

Das Land

Es überrascht, dass sich die schmale, langgezogene Landesfläche nicht quer, sondern längs in drei unterschiedliche Zonen teilt: in die Küstengebirgs-, in die Andenkette und in eine lange Senke dazwischen. Das gesamte Gebiet ist stark erdbebengefährdet; so wurde die Stadt Concepción an der Westküste schon viermal von einem Erdbeben zerstört und eben so oft wieder aufgebaut. Das Küstengebirge ist geologisch älter und nicht so steil wie die Anden. Es beginnt nahe der Grenze zu Peru und zieht sich entlang der Küste bis zum Golf von Ancud im mittleren Süden Chiles. Es setzt sich unter dem Meer fort und bildet mit seinen Gipfeln eine lange Inselkette.

Die mittlere Senke verläuft von den Salztonebenen der Atacama-Wüste im Norden bis zum Golf von Ancud. Im mittleren Süden, dem Zentraltal zwischen den Flüssen Aconcagua und Bío-Bío – dem Gebiet mit der größten Bevölkerungsdichte – liegt auch die Hauptstadt Santiago. Zum Gebirgsmassiv der Anden gehören viele Vulkane, von denen einige noch aktiv sind. Die Mehrzahl liegt im Norden und in der Mitte des Landes, wo auch die höchsten Gipfel zu finden sind. Die Landschaft der südlichen Anden mit ihren Seen und Fjorden wurde von Gletschern geformt. Der Süden besteht aus unzähligen kleinen Inseln, dazu gehören auch der westliche Teil von Feuerland und der südlichste Zipfel, das Kap Horn.

Klima

Chiles Klima ist durch die Nähe zum Meer überwiegend gemäßigt, doch treten auch extreme Unterschiede auf, die vom tropischen bis zum antarktischen Klima reichen. In den Anden herrschen niedrigere Temperaturen, die Niederschlagsmenge nimmt gegen Süden hin zu. In der Atacama-Wüste fällt nahezu kein Niederschlag und im mittleren Teil Chiles regnet es hauptsächlich im Winter. Im Süden weht das ganze Jahr über ein starker Westwind und die Niederschlagsmengen gehören zu den höchsten außerhalb der Tropen.

Flora und Fauna

Die Pflanzenwelt ist entsprechend den Klima- und geografischen Verhältnissen artenreich. Im Norden hat sich der Tamarugobaum an die Wüstenbedingungen angepaßt, während in den Anden hauptsächlich Hoch-

Eine Lamaherde auf Futtersuche in der rauen Berglandschaft im Norden von Chile am Fuße des schneebedeckten Parinacota-Vulkans. Das dicke Wollfell erlaubt diesen in der Neuen Welt lebenden Verwandten des Kamels im eisigen Andenhochland zu überleben.

LANDESDATEN – CHILE

Fläche 756 626 km²

Klima	**Höhe**	**Temperaturen Januar**	**Temperaturen Juli**	**Jährlicher Niederschlag**
	m	°C	°C	mm
Santiago de Chile	520	19	8	375

Geografische Merkmale höchster Berg: Nevado Ojos del Salado 6863 m

Einwohnerzahl (1994) 13,95 Millionen

Staats- und Regierungsform Mehrparteiensystem; Republik; zwei gesetzgebende Organe

Streitkräfte Heer 54 000; Marine 25 000; Luftwaffe 14 000

Größte Städte Santiago de Chile (Hauptstadt – 5,3 Mio. Einw.); Concepción (312 000); Viña del Mar (312 000); Valparaíso (296 000)

Offizielle Landessprache Spanisch

Bevölkerungsgruppen Mestizen 91,6%; Indianer 6,8%; sonstige 1,6%

Religionen Katholiken 80,7%; Protestanten 6,1%; Juden 02%; nicht Religiöse 12,8%; sonstige 0,2%

Währung 1 Chilenischer Peso (chil$) = 100 Centavos

Bruttosozialprodukt (pro Kopf 1993) US-$ 3170

Bruttoinlandsprodukt (1993) US-$ 43,684 Mrd.

Lebenserwartung Männer 71,5; Frauen 77,6 Jahre

Ressourcen Kohle, Öl, Erdgas, Kupfer, Eisenerz, Edelmetalle, Nitrate, Holz, Fisch, Fleisch

landgras wächst. Der Nebel entlang der Küste versorgt die Kakteen und Sträucher mit Feuchtigkeit.

Weiter im Süden und im Zentraltal gedeihen winterharte Algarrobas, Harthölzer und Büsche. An den Flanken des Andengebirges wachsen Tannenwälder. Die Hanglagen des südlichen Seengebiets, wie überhaupt den bergigen Süden, durchziehen große Wälder. Dem raueren Klima des Südens und der Tierra del Fuego können nur noch Zwergbäume und winterharte Gräser widerstehen.

Die Tierwelt ist nicht so artenreich wie in anderen südamerikanischen Ländern; es gibt keine giftigen Spinnen und Schlangen, dafür aber Guanakos, Vikunjas, Sumpfbiber, Pumas, Andenkatzen sowie eine abwechslungsreiche Vogelwelt. Die hohen Berge der Anden sind der Lebensraum des Kondors.

KULTUR UND GESELLSCHAFT

Die Chilenen haben ein ausgeprägtes nationales Zusammengehörigkeitsgefühl und blicken mit Stolz auf eine lange Geschichte von Freiheit und Demokratie zurück, die in den 70er- und 80er-Jahren durch eine Militärdiktatur unterbrochen, aber nicht beendet wurde.

Geschichte

Einzelheiten über die vorkoloniale Geschichte sind kaum bekannt. Im 15. Jh. errichteten Inkas im Norden ein festes Lager. Ihr weiteres Vordringen nach Süden scheiterte aber am heftigen Widerstand der Arauca-Indianer.

Unter Führung Diego de Almagros (1475-1538) kamen 1536 die ersten Spanier über Peru nach Chile, wandten sich aber schon ein Jahr darauf wieder dem Norden zu, da sie nicht den erwarteten Reichtum fanden, auf den sie bei ihren Raubzügen in Peru gestoßen waren. 1541 errichtete Pedro de Valdivia (1500-1553) eine Siedlung bei Santiago. Die Siedlung wuchs, obwohl ihre Ausweitung in Richtung Süden bis ins 19. Jh. hinein am Widerstand der Indianer scheiterte. Während der spanischen Kolonisation war Chile relativ isoliert und direkt von Spanien abhängig. Die Wirtschaft stützte sich im Wesentlichen auf den Ackerbau, der Boden war größtenteils in ausgedehnte Landgüter aufgeteilt und befand sich im Besitz einiger weniger wohlhabender Familien.

Der chilenische Unabhängigkeitskampf begann 1810 und verlief in der Anfangsphase friedlich. Die Schlacht bei Rancagua (1814) stärkte jedoch den Widerstand der Chilenen. 1817 überquerte eine Armee unter Führung José de San Martíns aus Argentinien kommend die Anden und schlug die Spanier bei Chacabuco. Bernardo O'Higgins (1776-1842), ein chilenischer Patriot, der an der Seite San Martíns gekämpft hatte, wurde zum ersten Staatspräsidenten gewählt und verkündete 1818 Chiles Unabhängigkeit. 1830 konnte der Zwist zwischen der Armee und den reichen Landbesitzerfamilien beigelegt werden. Es folgte eine Ära der Demokratie, die bis 1973 währte. Im Pazifischen Krieg (1879-1884) erbeutete Chile große Gebiete von Peru und Bolivien und sicherte sich damit die reichen Salpeterlagerstätten in der Atacama-Wüste.

Nach dem Ersten Weltkrieg sank die Nachfrage nach reinem Salpeter, dem alleinigen Ausgangsstoff für die Düngemittelherstellung, da man inzwischen Ammoniak synthetisch herstellen konnte – und die Wirtschaft brach zusammen. Obwohl die chilenische Regierung 1964 Landreformen durchgeführt hatte, nahm die politische Instabilität weiter zu. Nach der Wahl des Marxisten Salvador Allende Gossens (1908-1973) 1970 zum Präsidenten verhängten die USA einen Wirtschaftsboykott. 1973 stürzte ein Militärputsch

Die Geburt eines neuen Vulkangipfels in den chilenischen Anden kündigt sich mit einer gewaltigen Rauchfahne, die aus dem Vulkankegel aufsteigt, an. Vulkanausbrüche sind hier relativ häufig zu beobachten. Im Hintergrund säumen schneebedeckte Gipfel den Horizont.

Osterinsel

Die kleine abgelegene Vulkaninsel liegt 3780 km westlich vor der Küste Südamerikas und wurde 1888 von Chile annektiert.

Sie wurde nach dem holländischen Admiral Jacob Roggeveen (1659-1729) benannt, weil er am Ostersonntag des Jahres 1722 dort landete. Lange bevor die Europäer auf die Insel aufmerksam wurden, existierte hier eine blühende polynesische Kultur; die Bewohner bezeichnete man später als „Menschen einer vergessenen Kultur". Sie hinterließen beeindruckende historische Monumente, zumeist monolithische Statuen mit riesigen Gesichtern, die aus Tuffstein, einem weichen Vulkangestein, gefertigt sind. Einige der Statuen sind über 20 m hoch und wiegen fast 50 Tonnen. Die ältesten Figuren sollen etwa 1000 Jahre alt sein, die jüngsten stammen aus dem 17. Jh.

unter Führung des General Augusto Pinochet Ugarte (* 1915) die Allende-Regierung. Das Militärregime blieb bis zur Wahl Patricio Aylwin Azócar 1990 und dessen Nachfolger Eduardo Frei 1993 zum chilenischen Präsidenten an der Macht.

Regierungsform

Die Verfassung von 1981 bereitete den Weg für die Bildung eines Mehrparteienparlaments mit zwei Kammern im Jahre 1989. Der Präsident, die Mehrheit der Senatoren sowie die 120 Abgeordneten werden für eine Amtszeit von sechs Jahren gewählt. Die Ernennung konservativer Senatoren durch die politisch weiter aktiv eingreifende Militärführung verhinderte jedoch eine Mehrheit für die Regierung im Parlament.

Bevölkerung

Die Bevölkerung Chiles besteht zum Großteil aus Mestizen. Ihre Kultur ist auch Ausdruck der Verbindung des spanischen Erbes mit indianischen Elementen. Selbst innerhalb der indianischen Minderheiten wird überwiegend Spanisch gesprochen. Die Mehrheit der Bevölkerung ist römisch-katholisch.

WIRTSCHAFT

Chile ist reich an Bodenschätzen, doch die schwankenden Weltrohstoffpreise haben das Land wirtschaftlich verwundbar gemacht. Deshalb wird sich Chile in Zukunft verstärkt auf den weiteren Ausbau der verarbeitenden Industrie konzentrieren.

Landwirtschaft und Industrie

Obwohl die Landwirtschaft ein blühender Wirtschaftszweig ist, müssen große Mengen an Nahrungsmitteln importiert werden. Die Anbauflächen für Weizen, Kartoffeln und Reis liegen vor allem im Zentraltal. Obst, darunter auch Äpfel, Gemüse und Wein werden exportiert. Die meisten Viehzuchtbetriebe halten vor allem Schafe und Rinder.

Die reichhaltigen Fischgründe vor der Küste verhelfen der Fischwirtschaft zu hohen Wachstumsraten. Dabei werden in erster Linie Sardinen und Sardellen gefangen. Nebenprodukte wie Fischöl und Fischmehl sind dem Export vorbehalten. Die überwiegend im Süden angesiedelte Forstwirtschaft exportiert Holz und Papier. Chile ist der weltgrößte Kupferlieferant. Zudem werden Eisenerze und Molybdän gefördert. Der Energiebedarf wird hauptsächlich durch Wasserkraftwerke, aber auch durch Kohle, Erdöl und Erdgas der Tierra del Fuego gedeckt. Die verarbeitende Industrie, vorwiegend in Mittelchile angesiedelt, umfaßt die Eisen- und Stahlerzeugung, die Erdölraffinerien, die petrolchemische sowie die Fisch verarbeitende Industrie. Trotz der Wachstumsraten in der verarbeitenden Industrie gehören Fertigungsgüter zu den Hauptimporten des Landes.

Verkehr und Kommunikation

Historisch gesehen war die Verbindung Chiles zur Außenwelt stets der Seeweg. Die Inseln der südlichen Provinzen sind nur über den See- bzw. Luftweg erreichbar. Abgesehen von der „Panamericana", die im Süden bis zum Golf von Ancud führt, sind nur wenige Straßen außerhalb des Zentraltals asphaltiert. Das Eisenbahnnetz ist im Zentraltal gut ausgebaut, aber in den übrigen Landesteilen nur begrenzt vorhanden. Zwei größere Fluglinien bieten Inlandsflüge an; der internationale Flugverkehr führt nur über Santiago. Die Medien erholen sich nur langsam von der Militärzensur. Fernseh- und Radiostationen werden oft von Universitäten betrieben.

Sozial- und Bildungswesen

Chile besitzt ein gut funktionierendes medizinisches Versorgungssystem, das sich auf dezentralisierte lokale Einrichtungen stützt. 1980 wurde zusätzlich zur öffentlichen eine private Versorgung eingerichtet. Ähnlich umfassend ist das Sozialversicherungssystem. Die 1973 eingeführte Sozialpflichtversicherung wurde stufenweise in ein von Privatunternehmen getragenes System umgewandelt. Der Schulbesuch ist unentgeltlich. Zwischen 6 und 13 Jahren besteht Schulpflicht. Danach kann für weitere vier Jahre eine weiterfüh-

Nur wenige Nachfahren des Steinmetzvolkes leben heute noch auf der Insel. Die Raubzüge peruanischer Sklavenjäger 1862/63 und Epidemien rotteten die Polynesier nahezu aus. Christliche Missionare trugen im 19. Jh. zusätzlich zum Verschwinden der polynesischen Kultur bei. Als die Insel dann Chile angegliedert wurde, besiedelten spanischsprachige Bewohner vom Festland die Insel.

Heute lebt die Mehrzahl der 1400 Einwohner in dem Dorf Hanga Roa an der geschützten Westküste. Sie verdienen ihren Lebensunterhalt durch die Landwirtschaft, insbesondere mit der Schafzucht und dem Wollexport. Seit Mitte der 80er-Jahre bildete sich zunehmend der Tourismus zu einer tragenden Säule der Wirtschaft heraus.

Argentinien

ARGENTINISCHE REPUBLIK

ARGENTINIEN IST VON LAT. ARGENTUM abgeleitet und bedeutet so viel wie „Silberland". Schon in der kolonialen Frühzeit wurden deshalb wohlstand- und reichtumsuchende Siedler magisch angezogen. Auch wenn das Land heute dank der natürlichen und menschlichen Ressourcen ein moderner Staat ist, so wurde seine soziale und wirtschaftliche Entwicklung stets durch politische Instabilität gebremst.

GEOGRAFIE

Argentinien hat die Form eines länglichen, schmalen Dreiecks, das fast den gesamten Südzipfel Südamerikas einnimmt. Nicht allein zwischen Norden und Süden finden sich sehr unterschiedliche Landschaften, auch die endlos weiten Ebenen im Osten bilden einen starken Kontrast zu den hohen Berggipfeln des Westens.

Das Land

Die massive Wand der Andenkette erhebt sich über die gesamte Länge der chilenischen Grenze im Westen und verläuft in Bolivien nordwestwärts weiter. Einige Berge sind vulkanischen Ursprungs, darunter auch Südamerikas höchster Gipfel, der Cerro Aconcagua. Das Gebiet ist stark erdbebengefährdet.

Im Norden, an der Grenze zu Paraguay, schließen sich die Ebenen des regenarmen, mit dornigem, subtropischem Strauchwerk bewachsenen Gran Chaco an. Südöstlich davon, zwischen dem Paraná im Westen und dem Fluss Uruguay im Osten, liegt das Tiefland Mesopotamia (griech.: „Zweistromland"). Der Fluss Uruguay bildet die Grenze zu Brasilien und Uruguay.

Im Süden Mesopotamias schließen sich die weiten, flachen und fruchtbaren Ebenen der Pampa an, die südöstlich vom La-Plata-Strom bis an die Atlantikküste reicht. Sie ist die am dichtesten bevölkerte Region des Landes, vor allem in der unmittelbaren Umgebung von Buenos Aires.

Ganz im Süden des Landes liegt Patagonien, ein unfruchtbares, arides Plateau, aber reich an Mineralvorkommen. Die gesamte patagonische Küste besteht aus Klippen, die nach Süden hin immer rauer werden, besonders auf der Insel Feuerland, deren Osthälfte zu Argentinien gehört.

Klima

Fast das gesamte Land liegt in der südlichen gemäßigten Klimazone. Lediglich im Tiefland im Nordosten herrscht feuchtes, subtropisches und im äußersten Süden ein subpolares Klima. Die Niederschläge halten sich in Grenzen. Es regnet überwiegend über Mesopotamia, dem Ost-Chaco-Gebiet und der Pampa, wo es im Winter feucht und kalt werden kann. Hier kommt es häufig zu Gewittern, und gelegentlich schneit es auch. Über das kältere und trockene Patagonien fegen oft stürmische, von den Anden kommende Stürme, die Staub und Sand mitführen.

Flora und Fauna

Das Land weist sehr unterschiedliche Vegetationen auf. Das Strauchland besteht vorwiegend aus Zwergbüschen, während in den Regenwäldern Riesenzedern und Lorbeerbäume wachsen. Die Quebrachobäume, aus denen das Tannin gewonnen wird, sind in Mesopotamia heimisch. Zu der für Südamerika typischen, artenreichen Tierwelt gehören u. a. Lama, Jaguar, Gürteltier, Affen und Schlangen. Weiterhin gibt es den Tukan, Kolibris, Papageien und den Pampasstrauß (Nandu). In den fischreichen Flüssen leben auch Piranhas. Die Küste bietet Seelöwen gute Lebensbedingungen. Die heute in Patagonien wild lebenden Schweinerassen stammen vom Hausschwein ab, das europäische Siedler einst ins Land brachten.

KULTUR UND GESELLSCHAFT

Argentiniens Gesellschaft ist seit dem 16. Jh. durch die europäische Kultur geprägt.

Geschichte

Die Indianer Argentiniens waren überwiegend Jäger, auch wenn sich im Nordwesten einige ackerbauende Kulturen herausbildeten.

Im 16. Jh. begannen die vorwiegend aus Peru, Chile und Paraguay kommenden spanischen Siedler den argentinischen Norden zu besiedeln. Asunción im benachbarten Paraguay entwickelte sich zum ersten kolonialen Zentrum. 1535 wurde Buenos Aires gegründet, kurz darauf wieder aufgegeben und erst 1580 erneut aufgebaut. Es folgten weitere Stadtgründungen, doch blieb die Kolonie zwei Jahrhunderte lang Teil von Peru. 1776 wurde das Vizekönigreich La Plata mit Buenos Aires als Hauptstadt gegründet. 40 Jahre später vertrieb Argentinien den Vizekönig und erklärte die Unabhängigkeit von Spanien. Das 19. Jh. stand dann im Zeichen eines großen wirtschaftlichen Aufschwungs; im Land herrschte jedoch – mit Unterstützung der reichen Viehzüchter – eine Militärregierung.

Das Künstlerviertel in Buenos Aires (*oben*). Häuser in hellen Farben und italienische Restaurants säumen das Viertel La Boca, in dem einst die ersten Siedler wohnten.

Die Masten eines der ersten Dampfschiffe (*links*) in Buenos Aires. Spanische Seeleute nannten den Hafen Santa María del Buen Aire, was etwa heißt „Heilige Maria der guten Winde".

Wachestehen vor der Casa Rosada (*unten*), dem Präsidentenpalast in Buenos Aires. Die Uniform hat sich seit den Zeiten des Wohlstands im 19. Jh. nicht verändert.

Von 1916 bis 1930 hatte Argentinien eine gemäßigte, demokratische Regierung, bis ein Militärputsch diese Ära abrupt beendete. Das Chaos der folgenden Jahre brachten Juan Domingo Perón (1895-1974), der 1946 zum Präsidenten gewählt wurde, an die Macht. Er setzte soziale Reformen durch und sorgte für wirtschaftliche Stabilität. 1955 wurde auch er gestürzt. Nach Jahren großer politischer In-

nahm das Amt des Präsidenten. 1976 putschte das Militär und stürzte das peronistische Regime. Nun folgten sieben Jahre Diktatur unter einer Militärjunta.

1982 besetzte Argentinien die britische Kolonie der Falklandinseln (auch Malwinen), deren Besitz es seit 1820 beanspruchte. Nach der Niederlage im militärischen Konflikt mit Großbritannien legte der Präsident General

der zahlreiche soziale und wirtschaftliche Reformen einleitete. 1989 löste ihn der Peronist Carlos Saúl Menem (*1930) im Präsidentenamt ab.

Regierungsform

Argentinien ist eine föderative Republik mit einem Präsidenten als Staatsoberhaupt, der für eine Amtszeit von sechs Jahren gewählt wird, weitreichende Vollmachten hat, jedoch im Anschluss an seine Amtszeit nicht sofort wieder kandidieren kann. Die Legislative, der Bundeskongress, besteht aus dem Senat, der sich aus je drei Vertretern jeder Provinz und jedes Territoriums zusammensetzt, und dem Abgeordnetenhaus. Die 72 Senatoren werden für neun Jahre, die 259 Abgeordneten für vier Jahre gewählt.

LANDESDATEN – ARGENTINIEN

Fläche 2 780 092 km²

Klima	Höhe m	Temperaturen Januar C	Juli C	Jährlicher Niederschlag mm
Buenos Aires	25	24	11	1027

Geografische Merkmale höchster Berg: Cerro Aconcagua 6960 m; längster Fluss: Rio Paraná (Teil) 4500 km

Einwohnerzahl (1994) 33,9 Millionen

Staats- und Regierungsform Mehrparteiensystem; Bundesrepublik; zwei gesetzgebende Organe

Streitkräfte Heer 40 400; Marine 20 500; Luftwaffe 8900

Größte Städte Buenos Aires (Hauptstadt – 11,3 Mio. Einw.); Cordoba (1,2 Mio.); Rosario (1,1 Mio.); Mendoza (775 000)

Offizielle Landessprache Spanisch

Bevölkerungsgruppen Europäer 85,0%; Mestizen/Indianer 15,0%

Religionen Katholiken 90,0% (Staatsreligion); Protestanten 2,0%; Juden 2,0%; sonstige 6,0%

Währung 1 Argentinischer Peso ($) = 100 Centavos (c)

Bruttosozialprodukt (pro Kopf 1993) US-$ 7220

Bruttoinlandsprodukt (1993) US-$ 255,595 Mrd.

Lebenserwartung Männer 68,0; Frauen 74,8 Jahre

Ressourcen Wasserkraft, Öl, Erdgas, Blei, Zink, Eisen

Highlife (*oben*). Buenos Aires, eine der einwohnerreichsten Städte der Welt, bietet Eleganz und Wohlstand für eine reiche Minderheit.

Fußballfans (*links*) aus der Provinz Jujuy im Nordwesten des Landes verkaufen Nationalfahnen vor dem Stadion. Fußball hat in Südamerika fast den Stellenwert einer Religion.

Es gibt 22 Provinzen, die ihre eigenen Parlamente und Regierungen haben, sowie den Bundesdistrikt Buenos Aires, und sie werden alle von gewählten Gouverneuren verwaltet.

Bevölkerung

Die Argentinier stammen überwiegend von Europäern ab. Sie sind die Nachkommen spanischer und italienischer Einwanderer, die etwa ab 1870 ins Land kamen. Weiter gibt es große Bevölkerungsgruppen deutscher, russischer, französischer und britischer Herkunft. Amtssprache ist Spanisch, wobei auch andere Sprachen weit verbreitet sind, wie z. B. Walisisch in der Gegend von Trelew, einer großen walisischen Siedlung in Patagonien, die im 19. Jh. entstand.

Europa übt seit jeher auf alle Bereiche der argentinischen Gesellschaft einen großen Einfluss aus, was sich nicht nur in der Kunst, Musik und Literatur zeigt, sondern auch in der Begeisterung für den Fußball und den Polosport. Die große Mehrheit der Bevölkerung ist römisch-katholisch, daneben existieren kleinere protestantische und jüdische Minderheiten. In Buenos Aires lebt Südamerikas größte jüdische Gemeinde.

WIRTSCHAFT

In Argentinien herrscht freie Marktwirtschaft. Es verfügt über reiche Ressourcen, aber politische Instabilität, hohe Inflationsraten und die enorme Auslandsverschuldung haben die Entwicklung der Wirtschaft stark gehemmt.

Landwirtschaft und Fischerei

Über 50 % der Landesfläche wird landwirtschaftlich, vorrangig als Weideland, genutzt. Die Mastviehwirtschaft, von jeher der wichtigste Erwerbszweig der Landwirtschaft, konzentriert sich auf die Zuchtbetriebe in der Pampa. Rindfleisch ist nach wie vor eines der Haupterzeugnisse; daneben ist die Schaf-, Schweine- und Ziegenfleischproduktion gestiegen und Wolle zählt zu den wichtigen Exportprodukten Argentiniens.

Haupthandelsprodukte sind Weizen, Mais, Sojabohnen und Zuckerrohr, wobei Weizen, Sojabohnen und Futtermittel einen bedeutenden Exportanteil erzielen. Ferner wird Wein für den Binnenmarkt angebaut. Obwohl mehr als ein Fünftel der Gesamtfläche Argentiniens bewaldet ist, kann die Forstwirtschaft den Eigenbedarf nicht decken. Abgesehen von den Quebrachobäumen, aus denen das für die Gerberei wichtige Tannin gewonnen wird, findet das meiste Holz nur als Bauholz Verwendung. Das Fischfangvolumen ist zwar relativ gering, dennoch sind Fisch und Fischöl wichtige Ausfuhrprodukte.

Industrie und Bodenschätze

Argentinien deckt seinen Energiebedarf nahezu aus eigenem Aufkommen. Hauptenergiequellen sind die Wasserkraft und das Erdöl, das vor allem in Patagonien und in der Gegend von Mendoza am Fuß der Zentralanden gefördert wird. Darüber hinaus nutzt es Erdgasvorkommen und besitzt mehrere Kernkraftwerke. Zwar wird in Patagonien Kohle abgebaut, dennoch muss der Großteil des Kohlebedarfs importiert werden. Andere Minerale, hauptsächlich Eisenerze, sind weit verstreut und nur schwer zu erschließen. Etwa ein Fünftel der Bevölkerung ist in der verarbeitenden Industrie beschäftigt, in der nach wie vor die Nahrungsmittelindustrie einen bedeutenden Platz einnimmt. In erster Linie wird Rindfleisch für den Eigenbedarf und für den Export verarbeitet. Produziert werden Dosenfleisch, Fleischextrakte, Talg und Häute. Um Mendoza und Buenos Aires sind Erdölraffinerien und die petrochemische Industrie angesiedelt. Unter den Industriezweigen entwickelt sich eine leistungsfähige Eisen- und Stahlindustrie; spezielle Eisen- und Stahlprodukte werden aber weiterhin eingeführt.

Verkehr und Kommunikation

Argentinien hat das beste Verkehrssystem Südamerikas. Sowohl das Straßen- als auch das staatliche Eisenbahnnetz sind gut ausgebaut, vor allem in Zentralargentinien. Der Großteil des Güterverkehrs erfolgt über das Straßensystem; der andere Teil wird per Bahn oder auf kleinen Schiffen, die zwischen den Küstenhäfen pendeln oder die Hauptwasserstraßen befahren, transportiert. Binnen- und Auslandsflugverkehr funktionieren hervorragend. Alle größeren Städte verfügen über einen Flughafen. Die Mehrzahl der Rundfunk- und Fernsehstationen befindet sich in privater Hand, trotzdem gab es zeitweise eine strenge staatliche Kontrolle. Es erscheinen über 200 Tageszeitungen.

Sozial- und Bildungswesen

Das Sozialversicherungssystem wurde unter Perón eingeführt. Nach wie vor gibt es große soziale Probleme; alarmierend ist das Wohnungsproblem in den Städten, deren Aufnahmekapazitäten durch den Zustrom der Landbevölkerung längst überschritten sind. Die Gesundheitsversorgung übernehmen öffentliche und private Einrichtungen mit landesweit erheblichen Unterschieden.

Bis zum 13. Lebensjahr herrscht Grundschulpflicht. Der Besuch der Grund-, Sekundar- und Hochschulen ist unentgeltlich. In Buenos Aires befindet sich die größte der 50 Universitäten Argentiniens. Die Analphabetenquote ist relativ niedrig.

Uruguay

REPUBLIK ÖSTLICH DES URUGUAY

URUGUAY IST EIN KLEINER STAAT AN DER Ostküste Südamerikas, begrenzt von Brasilien im Norden und Argentinien im Westen jenseits des Flusses Uruguay. Das Land wird auch heute oft Banda Oriental, die „Ostseite" des Flusses Uruguay, genannt.

GEOGRAFIE

Abgesehen von zwei Bergketten, die sich aus Brasilien nach Uruguay herüberziehen, ist Uruguay ein überwiegend flachwelliges Hügelland. Es herrscht ein mildes und gemäßigtes Klima mit gleichmäßigen Niederschlägen über das Jahr. Uruguay ist größtenteils mit dichtem, baumlosen Grasland bedeckt. Lediglich an den Flussufern wachsen Bäume. Die ursprüngliche Vegetation besteht aus hohem Pampasgras, vereinzelten Blumen und Sträuchern. Die Tierwelt ist artenreich, der Tierbestand nimmt jedoch ab. Beheimatet sind hier Gürteltiere, Rotwild und eine vielfältige Vogelwelt, darunter die grabende Pampaseule. An den Flüssen leben Wildvögel.

KULTUR UND GESELLSCHAFT

Die Ureinwohner Uruguays, die Charrúa-Indianer, schlugen im 16. Jh. die ersten spanischen Kundschafter in die Flucht. Die ersten Siedler, Portugiesen aus dem Norden, ließen sich um 1680 nieder. 1726 gründeten Spanier Montevideo, vertrieben die Portugiesen und rotteten die Charrúa aus. 1776 wurde das Land dem spanischen Vize-Königreich La Plata angegliedert. Um 1811 begann der Unabhängigkeitskampf, der in einem Aufstand gipfelte. Wenig später besetzten Brasilianer und Portugiesen das Land. Mit militärischer Unterstützung Argentiniens und Großbritanniens wurden 1828 die Besatzer vertrieben und Uruguay erhielt die Unabhängigkeit. Danach erschütterten Kriege und innere Unruhen das Land, bis schließlich ein Militärregime die Macht übernahm. Das Zwischenspiel einer bürgerlichen Regierung (1890-1903) endete wieder im Bürgerkrieg, bis 1903 der Sozialreformer José Batlle y Ordóñez (1856-1929) das Land befriedete. Es folgte eine Zeit des Wohlstands, die jedoch durch die Wirtschaftskrise der 30er-Jahre beendet wurde und eine neue Diktatur einleitete. Im Zweiten Weltkrieg verhielt sich Uruguay neutral und sorgte so für einen neuen Wirtschaftsaufschwung. Zunehmende wirtschaftliche Probleme begünstigten in den 70er-Jahren die terroristischen Aktivitäten der Stadtguerillas (Tupamaros) und die Machtübernahme durch das Militär. Erst in den 80er-Jahren kam wieder eine bürgerliche Regierung an die Macht. Der Staatspräsident ist zugleich Staatsoberhaupt und Regierungschef und wird alle fünf Jahre direkt vom Volk gewählt. Die Legislative besteht aus dem Senat (30 Sitze) und dem Abgeordnetenhaus (99 Sitze). Die meisten Einwohner sind Nachkommen spanischer und italienischer Einwanderer. Verkehrssprache ist Spanisch.

WIRTSCHAFT

Stütze der Wirtschaft ist die Viehzucht, die heute vorrangig als Schaf- und Rinderhaltung betrieben wird. Exporterzeugnisse sind Fleisch, Wolle, Häute und Fleischextrakte. In geringerem Umfang werden Flachs, Reis und Zuckerrüben angebaut. Bodenschätze sind nur spärlich vorhanden, doch mit Hilfe von Rohstoff- und Brennstoffimporten entstand eine viel versprechende Industrie. Zu den wichtigsten Zweigen zählen die Nahrungsmittel-, Textil- und chemische Industrie. Das Straßennetz ist gut ausgebaut. Der Tourismus verzeichnet hohe Zuwachsraten. Uruguay hat das älteste Wohlfahrtssystem in Südamerika. Im Bildungs-, Sozial- und Gesundheitsbereich war es seinen Nachbarn stets voraus.

LANDESDATEN – URUGUAY

Fläche 175 016 km²

Klima	**Höhe**	**Temperaturen Januar**	**Juli**	**Jährlicher Niederschlag**
	m	°C	°C	mm
Montevideo	22	22	10	950

Geografische Merkmale höchster Berg: Cerro de las Ánimas 501 m

Einwohnerzahl (1994) 3,2 Millionen

Staats- und Regierungsform Mehrparteiensystem; Republik; zwei gesetzgebende Organe

Streitkräfte Heer 17 200; Marine 5400; Luftwaffe 3000

Größte Städte Montevideo (Hauptstadt – 1,3 Mio. Einw.); Salto (71 880); Paysandú (62 412); Rivera (49 000); Melo (38 300)

Offizielle Landessprache Spanisch

Bevölkerungsgruppen Spanier/Italiener 88,5%; Mestizen 3,0%; Mulatten 1,2%; sonstige 7,3%

Religionen Katholiken 59,5%; nicht Religiöse 35,1%; sonstige 5,4%

Währung (seit 1993) Peso Uruguayo

Bruttosozialprodukt (pro Kopf 1993) US-$ 3830

Bruttoinlandsprodukt (1993) US-$ 13,144 Mrd.

Lebenserwartung Männer 70,9; Frauen 77,5 Jahre

Ressourcen Fleisch, Felle, Wolle

Schutzgebiete in der Region

FALKLANDINSELN
GROSSBRITANNIEN

Die Falklandinseln sind eine britische Kolonie mit Selbstverwaltungsstatus. Sie liegen im Süden des Atlantiks vor der Südostküste Südamerikas. Die Kolonie verwaltet zusätzlich einige Schutzgebietsinseln, darunter die vulkanischen Süd-Sandwich-Inseln und das größte Schutzgebiet, Süd-Georgien, eine Walfangsiedlung etwa 1300 km südöstlich der Falklandinseln.

Die Inseln Ost- und Westfalkland nehmen den größten Teil der Landesfläche ein. Die hügeligen, stark zerklüfteten Inseln werden häufig von kalten Westwinden heimgesucht. Baumlose Torfmoore mit niedrigem Grasbewuchs und Buschvegetation überziehen das Land. Die Tierwelt umfasst See-Elefanten, Seelöwen und Pinguine.

Die unbewohnten Inseln wurden 1592 von britischen Seefahrern entdeckt. 1765 wurde hier eine britische Garnison stationiert und bereits 1774 wieder abgezogen. Von nun an betrachteten die Briten die Inseln als ihren Besitz. Bis 1811 existierte eine spanische Siedlung, und 1820 erhob Argentinien Anspruch auf die Gebiete unter Berufung auf den vorausgegangenen spanischen Besitzanspruch. So alt ist der Streit um die Inseln zwischen Argentinien und Großbritannien. 1832 scheiterte der argentinische Versuch, die Inseln zu besiedeln. 1833 besetzten die Briten erneut die Inseln, und daraus erwuchs eine durchweg britisch beeinflusste Gesellschaft, deren Wirtschaftstätigkeit sich heute wie damals im Wesentlichen auf die Fischerei und die Schafzucht stützt. 1892 wurde eine Kolonialverwaltung eingerichtet, an deren Spitze ein von der britischen Krone ernannter Gouverneur stand. Argentinien beharrte weiter auf seinem Besitzanspruch. Durch Vermittlung der Vereinten Nationen fanden 1964 Gespräche statt, in denen Großbritannien forderte, die Souveränitätsfrage durch die Inselbewohner selbst entscheiden zu lassen, die bereits vorher für die britische Staatsbürgerschaft votiert hatten. 1982 besetzte ein argentinisches Truppenkontingent die Inseln, woraufhin britische Streitkräfte in das Gebiet verlegt wurden. Nach sechs Wochen verlustreicher Kämpfe mußten die Argentinier abziehen. 1989 stellte man die Feindseligkeiten formell ein, doch Argentinien hält seinen Anspruch weiterhin aufrecht. Die Inselbewohner haben stark unter dem Krieg und den wirtschaftlichen Folgeschäden gelitten. Um die Inseln vor Überfischung zu bewahren, wurde die Schutzzone erweitert. Inzwischen ist die Vergabe der Fischfanglizenzen die Haupteinnahmequelle der Inseln. 1993 errichtete man eine 320-km-Erdölförderungszone.

Port Stanley (*oben*) auf Ostfalkland, der größten Falklandinsel. In den letzten Tagen des kurzen Krieges, der auch wegen vermuteter reicher Erdölvorkommen auf dem Falklandschelf begonnen wurde, lieferten sich im Juni 1982 um die kleine Stadt (Hauptsiedlung und wichtigster Hafen) britische und argentinische Soldaten schwere, verlustreiche Kämpfe.

Sonnenschirme im Dschungel (*rechts*). Diese Kinder sind Angehörige des Hmong-Volk aus Laos, dem früheren französischen Protektorat in Südostasien. Die Hmongs kamen in den 70er-Jahren als Kriegsflüchtlinge aus Indochina und fanden in Französisch-Guayana eine neue Heimat.

Tropisches Idyll (*ganz rechts*). Französisch-Guayana war einst Standort einer der berüchtigtsten Strafkolonien – der Teufelsinsel. Frankreich schickte bis 1945 zur Zwangsarbeit verurteilte Schwerverbrecher dorthin. Heute entwickelt sich die tropische Insel zu einem Touristenzentrum.

FRANZÖSISCH-GUAYANA
FRANKREICH

Französisch-Guayana ist ein Übersee-*Département* Frankreichs und liegt nördlich des Äquators an der Nordostküste Südamerikas. Im Westen grenzt es an Suriname, im Süden und im Osten an Brasilien. Geografisch zerfällt das Land in zwei Gebiete: in das Küstentiefland und das bewaldete Inlandplateau, das an der Südgrenze zu einem Hochland ansteigt. Es herrscht subtropisches Klima mit heftigen Niederschlägen in der Regenzeit. Der Großteil der Bevölkerung lebt in Küstennähe, wo die Böden ertragreich, aber auch oft sumpfig sind. Im Westen schließt sich ein Savannengebiet an. Weite Teile des Landes sind mit Hartholzwäldern bedeckt, die der artenreichen Tierwelt einen idealen Lebensraum bieten. Cayenne, die heutige Hauptstadt, wurde 1643 von französischen Kauf-

leuten gegründet; weitere Kolonialisierungsversuche scheiterten am Widerstand anderer europäischer Siedler. Erst gegen Ende des 17. Jh. fassten die Franzosen Fuß und brachten afrikanische Sklaven zur Plantagenarbeit ins Land. Die Abschaffung der Sklaverei Mitte des 19. Jh. führte zum Zusammenbruch der Plantagenwirtschaft, obwohl Vertragsarbeiter

ten Strafkolonien, darunter die berüchtigte Teufelsinsel, wurden erst nach dem Ende des Zweiten Weltkriegs abgeschafft. 1848 erhielten die Einwohner Französisch-Guayanas die französische Staatsbürgerschaft, und ab 1870 einen Sitz in der Nationalversammlung. Die Unabhängigkeitsbestrebungen hatten keinen Erfolg. Die meisten Einwohner sind Mischlin-

das *Département* von Frankreich abhängig. Die Landwirtschaft konzentriert sich auf die Küstengebiete; angebaut werden neben Grundnahrungsmitteln vor allem Bananen und Zuckerrohr. Ausgeführt werden Gold, Bauxit und Fischereiprodukte. Die Europäische Raumfahrt-Agentur unterhält in Kourou

Das Nördliche Afrika

LÄNDER DER REGION

MAROKKO · ALGERIEN · TUNESIEN · LIBYEN · ÄGYPTEN
MAURETANIEN · MALI · NIGER · TSCHAD · SUDAN
ÄTHIOPIEN · ERITREA · DSCHIBUTI · SOMALIA

Eine Oase in der Wüste. Umgeben von der vorrückenden Sahara ist in dieser südalgerischen Oase eine Siedlung aus sonnengebrannten Lehmziegeln entstanden. Unterirdische Quellen sind die Lebensader für Dattelpalmen und andere Obstbäume.

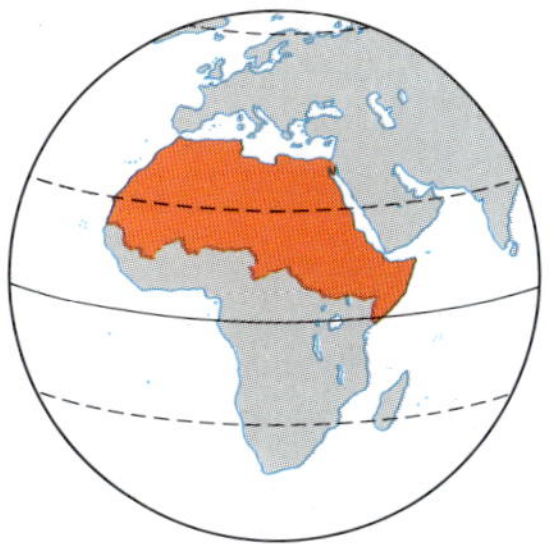

Marokko

KÖNIGREICH MAROKKO

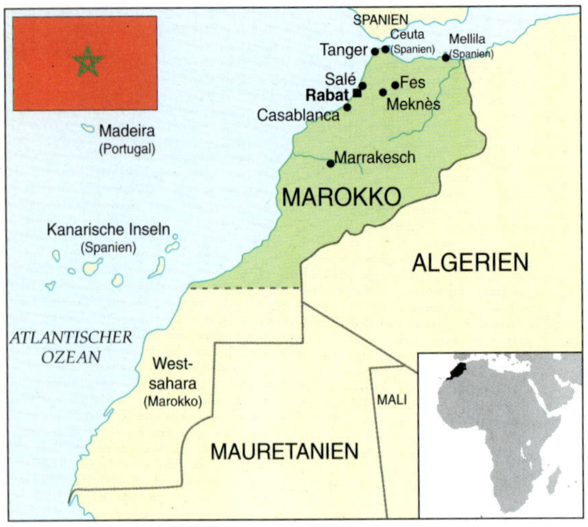

MAROKKO, IN NORDWESTAFRIKA GELEgen, ist eine der wenigen fortbestehenden Monarchien der arabischen Welt. Der Teilstaat Westsahara (früher Spanisch-Sahara) befindet sich unter marokkanischer Verwaltung, sein politischer Status ist umstritten.

GEOGRAFIE

Marokko besteht hauptsächlich aus Gebirgen und Hochebenen. Im Nordosten bildet das bogenförmige Kalksteingebirge Rif die Mittelmeerküste; westlich des Rif breitet sich der Rharb aus, eine Tiefebene aus Schwemmland.

Das Atlasgebirge durchzieht Marokko von Südwesten in nordöstlicher Richtung wie ein Rückgrat und fächert sich zur algerischen Grenze hin in verschiedene Hochebenen auf.

LANDESDATEN – MAROKKO

Fläche 458 703 km²

Klima		**Temperaturen**		**Jährlicher**
	Höhe	**Januar**	**Juli**	**Niederschlag**
	m	°C	°C	mm
Rabat	65	13	22	564

Geografische Merkmale höchster Berg: Jebel Toubkal 4165 m; längster Fluss: Moulouya 515 km

Einwohnerzahl (1994) 28,6 Millionen

Staats- und Regierungsform Mehrparteiensystem; konstitutionelle Monarchie; ein gesetzgebendes Organ

Streitkräfte Heer 175 000; Marine 7000; Luftwaffe 13 500

Größte Städte Casablanca (2,4 Mio. Einw.); Rabat (Hauptstadt – 893 000); Marrakesch (549 000)

Offizielle Landessprache Arabisch

Bevölkerungsgruppen Araber/Berber 99,1%; Juden 0,2 %; sonstige 0,7 %

Staatsreligion Islam

Religionsgemeinschaften sunnitische Muslime 98%; Christen 1,1%; sonstige 0,2%

Währung 1 Dirham (DH) = 100 Centimes (C)

Bruttosozialprodukt (pro Kopf 1993) US-$ 1040

Bruttoinlandsprodukt (1993) US-$ 26,635 Mrd.

Lebenserwartung Männer 66,4; Frauen 70,2 Jahre

Ressourcen Phosphate, Eisenerz, Blei, Mangan, Zink, Salz, Kohle, Fischereiprodukte, Tourismus

In nordwestlicher Richtung fällt es stufenweise zur Atlantikküste ab. Hier finden sich die fruchtbarsten Regionen und die bedeutendsten Städte des Landes. Das Atlasgebirge gliedert sich in drei Ketten mit dem Hohen Atlas in der Mitte, dem Mittleren Atlas im Nordwesten und der wesentlich flacheren, dem Anti-Atlas im Südwesten, der nach Süden hin in den Wüstenplateaus Algeriens und der Westsahara ausläuft. Die bedeutenden Wasserläufe sind Gebirgsflüsse; einige, wie der Loukoa, entspringen im Rif, die meisten aber im Atlasgebirge. Einige fließen nord- oder westwärts in den Atlantik (mit Ausnahme des Moulouya, der nordöstlich verläuft und ins Mittelmeer mündet), andere, wie der Ziz oder Rheris, fließen durch tiefe Schluchten südwärts in die Sahara, wo sie etliche Oasen bewässern und allmählich versiegen.

Vorherrschend in Marokko ist ein gemäßigtes Mittelmeerklima mit heißen Sommern und milden, feuchten Wintern. Im südlichen Landesinneren wird das Klima zunehmend trocken und extrem. Die Niederschläge sind unregelmäßig, Dürren und Überschwemmungen wechseln sich ab. Einige südliche Flüsse wie der Drâa führen nur jahreszeitlich Wasser.

Die Tiefebenen bestehen vor allem aus Busch- und Grasland, das nach Süden hin karger und dorniger wird. In den Wüstenoasen gedeihen Dattelpalmen. An den nördlichen Gebirgshängen finden sich ausgedehnte Wälder aus immergrünen Eichen und Zedern, in den tiefergelegenen Gebieten herrschen Thuja, Wacholder und Ginster vor. Im Rharb und im Rif sind weite Regionen mit Korkeichen bewachsen. Die Tierwelt Marokkos ist weitgehend mediterran, wird aber bereichert durch Cuvier-Gazellen und Berberaffen (Magots). Der Fennek (Großohrfuchs) lebt als Wüstentier im Süden, Mufflons (Wildschafe) gibt es in den Schluchten der Gebirge.

KULTUR UND GESELLSCHAFT

Wie auch die anderen nordafrikanischen Mittelmeerländer war Marokko ursprünglich eine karthagische, später eine römische Provinz. Im 7. Jh. wurde es von Osten her durch muslimische Araber erobert. Im 11. Jh. gründeten die bodenstämmigen Berber eigene Dynastien, die Almoraviden und Almohaden, die auf dem Höhepunkt ihrer Machtentfaltung auch große Teile Spaniens beherrschten. In den späteren Sultanaten verfiel die Machtstellung Marokkos; der letzte bedeutende Herrscher war Mulai Ismail (1645-1727). Im Interesse der Einigung des Landes vertrieb er britische und spanische Siedler und begünstigte seine französischen Verbündeten.

Das 19. Jh. war eine Periode der politischen Schwäche und der Regionalkriege. Währenddessen griff der französische Einfluss von Algier aus auf Marokko über. 1896 brachte sich Spanien in den Besitz großer Teile der marokkanischen Sahara und 1912 wurde Marokko in ein französisches Protektorat verwandelt, obwohl Spanien an einigen nördlichen und südlichen Regionen festhielt. Der erbitterte Widerstand der Berber und der Rif-Kabylen hielt bis in die 30er-Jahre an. Im Zweiten Weltkrieg, in dem Sultan Mohammed V. (1909-1961) sich auf die Seite der Alliierten stellte, erhielt die nationalistische Bewegung neuen Auftrieb. Als Marokko 1956 von Frankreich in die Unabhängigkeit entlassen wurde, regierte Mohammed V. als König weiter und wurde 1961 durch seinen Sohn Hassan II. (* 1929) abgelöst. Die Herrschaft König Hassans ist geprägt durch die Politik der behutsamen internationalen Annäherung. Trotz verschiedener Putschversuche in der Periode der Alleinherrschaft Hassans erwies sich seine Popularität im überwältigenden Wahlsieg von 1977. Dieser war z. T. seiner Kampagne zur Rückgewinnung der an Bodenschätzen reichen Spanischen Sahara zu ver-

Der Soukh der Färber in Marrakesch, Westmarokko, (*oben*). Einst ein bedeutendes Zentrum des Islam, ist die Stadt mit ihren Palästen und Moscheen heute ein beliebtes Touristenziel.

Die Kasba von Tifoultoute in der Stadt Ouarzazate im Herzen Marokkos (*links*). Das Wort *Kasba* ist eine französische Verballhornung des arabischen Wortes für *Festung*.

danken. Nachdem er 1975 beim so genannten Grünen Marsch etwa 350 000 unbewaffnete Freiwillige in die umstrittene Region entsandt hatte, zog sich Spanien zurück und unterstellte die Westsahara marokkanischer und mauretanischer Hoheit. Die von Algerien gestützte nationalistische Bewegung Polisario begann daraufhin einen erbitterten Guerillakrieg gegen die mauretanische und marokkanische Herrschaft, zwang Mauretanien zum Rückzug und ihre Aktionen belasteten auch die marokkanische Wirtschaft. Die Polisario verfiel in den 80er-Jahren, und 1989, nachdem Marokko weite Teile der Westsahara besetzt hatte, suchte die Bewegung eine politische Einigung. Eine endgültige Lösung ist nicht in Sicht. Die Mittelmeerstädte Ceuta und Melilla sind spanische Enklaven.

Marokko ist eine konstitutionelle Monarchie mit großen Machtbefugnissen für den König. Er ernennt den Premierminister und das Oberste Gericht. Die Regierung ist dem

rell stark arabisch beeinflusst. In den Bergregionen hat sich jedoch die berberische Eigenart weitgehend behauptet. Etwa ein Drittel der Bevölkerung spricht noch Berber-Dialekte, obwohl die meisten Marokkaner auch Arabisch sprechen und die Kenntnis des Französischen verbreitet ist. Staatsreligion ist der Islam, doch es gibt auch eine historisch bedeutsame jüdische Bevölkerungsgruppe.

WIRTSCHAFT

Ein Drittel der marokkanischen Exporterlöse werden in der Landwirtschaft erzeugt, in der etwa die Hälfte der Erwerbstätigen beschäftigt ist. Aus den kolonialen Formen der Landwirtschaft haben sich kleine Familiengüter entwickelt, daneben gibt es staatlich geförderte Kooperativen. In weiten Landesteilen beruht die Landwirtschaft auf den meist lokal betriebenen Bewässerungssystemen. Hauptanbau-

angebaut, bei den Nomaden wird vereinzelt Kamelzucht betrieben. Die Viehwirtschaft – Ziegen, Schafe und Rinder – ist durch den Mangel an Weideland begrenzt. In der Westsahara gibt es kaum Landwirtschaft. Marokko ist reich an Phosphatvorkommen; im Phosphatabbau ist das Land in der Welt führend. Die Bodenschätze der Westsahara sind durch den Krieg noch immer weitgehend unerschlossen. Neben Phosphaten werden Steinkohle, Eisen- und Zinkerz und andere Metallvorkommen abgebaut. Auch Erdgas wurde gefunden, jedoch kaum Erdöllagerstätten. Die Industrie stützt sich weitgehend auf die Verarbeitung von Phosphaten und von landwirtschaftlichen Produkten für den Export. Daneben sind Zementproduktion, Fahrzeugherstellung, Reifen- und Textilindustrie von untergeordneter Bedeutung. Letztere ist aber ein wichtiger Exportfaktor.

Das Straßen- und Schienennetz ist gut ausgebaut, ebenso die Hafen- und Luftverkehrseinrichtungen in Casablanca und in der Hauptstadt Rabat. Die Fähre zwischen Tanger und Gibraltar soll einmal durch eine Brücke über die Straße von Gibraltar ersetzt werden. Für 7- bis 13-Jährige besteht Schulpflicht, wofür Marokko ein Viertel des Nationaleinkommens aufwendet. In Folge ist das Analphabetentum weit zurückgegangen. Die Gesundheits- und Sozialfürsorge bleibt je-

Algerien

DEMOKRATISCHE VOLKSREPUBLIK ALGERIEN

ALGERIEN, DAS ZWEITGRÖSSTE LAND AFRIKAS, erstreckt sich von der Mittelmeerküste bis tief in die Sahara.

GEOGRAFIE

Durch das Atlasgebirge wird das Land in zwei völlig gegensätzliche Klimaregionen zerschnitten. Die Gebirgskette ist Teil des großen und zerklüfteten, relativ jungen Ost-West-Massivs in Nordafrika, das beim Aufeinanderprall der europäischen und der afrikanischen Kontinentalplatten entstanden ist. Die Küstenregion nördlich des Atlasgebirges heißt Tell (arab. „Hügel"). Deren Westhälfte, bestehend aus Tälern und Ebenen, ist relativ trocken, doch fruchtbar. Östlich von Algier, im Umkreis der Städte Constantine und Annaba, wird das Land hügelig und geht bald in Gebirge über, dessen Flussläufe diesen Landstrich zum fruchtbarsten von Algerien machen. Im Norden herrscht gemäßigtes Mittelmeerklima, doch im Winter ist nur an der Küste mit regelmäßigen Niederschlägen zu rechnen.

Südlich des Atlas-Gebirges erstreckt sich die Sahara mit ihrem heißen Wüstenklima und bedeckt etwa vier Fünftel des algerischen Territoriums. Sie ist das größte Wüstengebiet der Erde und fast so groß wie Europa. Die Sand- und Steinwüste ist durchsetzt mit flachen Felsformationen. Abgesehen von den Flüssen am Nordrand und wenigen, weit gestreuten Oasen weiter südlich hat das riesige Gebiet kaum natürliche Wasservorkommen, und manche Gegenden bleiben viele Jahre lang ohne Regen.

Insgesamt ist nur ein Dreißigstel des Landes bewässert und landwirtschaftlich genutzt. Eichenwälder und subtropische Gehölze sind fast ausschließlich auf Gebirgslagen beschränkt. Viele Bestände, besonders die Korkeichenwälder, sind dem Raubbau zum Opfer gefallen, doch haben Aufforstungsprogramme etwas Abhilfe geschaffen.

Das Freiland ist meist mit Gesträuch bewachsen (und häufig überweidet), während auf den trockenen Hochebenen in Gebirgsnähe eine typische Steppenvegetation mit Espartogras und Wermutgewächsen vorherrscht. Zum Wildbestand des Gebietes zählen Wildschweine und Gazellen; vom Aussterben bedroht sind Leoparden und Geparden. In den Wüstenregionen gibt es eine hochspezialisierte Vegetation, die nur nach den seltenen Regenfällen kurz auflebt. Neben Kleinreptilien und Insekten leben in der Sahara auch einige Säuger wie Wüstenspringmaus und Wüstenhase.

Zwei Gesichter Algeriens (*oben*). Die Moscheen und Minarette einer typisch islamischen Stadt vor dem Hintergrund der Wanderdünen, die die Tuareg-Nomaden auf der Suche nach Weideplätzen durchstreifen.

Prähistorische Felszeichnungen (*rechts*) aus dem Tassili-oua-n-Ahaggar im Süden Algeriens und nordöstlich vom Ahaggar-Massiv. Die Zeichnungen wurden im 19. Jh. entdeckt; eine genaue Datierung ist den Archäologen noch nicht gelungen.

KULTUR UND GESELLSCHAFT

Die römischen Niederlassungen an der Mittelmeerküste wurden im 7. Jh. von den umayadischen Moslems überrannt und später dem maurischen Almoraviden-Reich einverleibt. Im 16. Jh. wurde die Region Teil des Osmanenreichs. Algier war ein halb unabhängiger osmanischer Stadtstaat und Stützpunkt der berüchtigten Berberpiraten, die auf dem Mittelmeer Handelsschiffe überfielen und ausraubten.

Im Kampf gegen das Osmanenreich begannen die Franzosen 1830 einen Feldzug in Nordafrika und errichteten schließlich ihre eigene Herrschaft. Die militärische und politische Stoßrichtung zielte jedoch auf die Gründung eines Kolonialstaats ab, der den Namen Algerien erhielt und fortan europäisch besiedelt wurde. Zu Beginn des 20. Jh. war die europäische, eng mit Frankreich verflochtene Oberschicht auf über eine Million angewachsen.

Im Zweiten Weltkrieg erhielt die muslimische Unabhängigkeitsbewegung durch die Stationierung britischer und amerikanischer Soldaten neuen Aufschwung. Eine Reihe von Zwischenfällen führte 1954 zum Ausbruch des acht Jahre dauernden Algerienkriegs, der von muslimischen Aufständen ausgelöst und von den französischen Kolonialtruppen fortgeführt wurde. 1962 entschied sich eine gewaltige Bevölkerungsmehrheit Algeriens für die Unabhängigkeit, und noch während der Massenabwanderung der Europäer kam die Regierung unter Achmed Ben Bella (*1916) an die Macht. 1965 wurde Ben Bella durch seinen Verteidigungsminister General Houari Boumedienne (1927-1978) abgesetzt und inhaftiert. Die wirtschaftlichen Schwierigkeiten des Landes haben stets für soziale Unruhe gesorgt und das Wachstum militanter Moslemgruppen begünstigt. Im Juni 1992 bekannte sich die verbotene Islamische Heilsfront (FIS) zum Attentat auf den Präsidenten Muhammad Boudiaf. Seit 1995 bemüht sich Präsident Liamine Zeroual (*1941) bisher erfolglos um eine politische Einigung mit der FIS.

Der algerischen Verfassung zufolge wird der Präsident in demokratischer Wahl bestimmt; doch solange das Land von einem Einparteiensystem beherrscht wurde, stellte sich jeweils nur ein Kandidat zur Wahl. 1988 und 1989 führten die Massenunruhen zur Verfassungsänderung. Der Präsident musste einen großen Teil seiner Machtbefugnisse an den Premierminister abtreten; die Abschaffung des Einparteiensystems führte zur Gründung mehrerer politischer Volksparteien.

Die algerische Bevölkerung ist heute überwiegend arabisch, doch eine bedeutsame Minderheit – besonders in den ländlichen Gebieten – stammt von den ehemals vorherrschenden Berbern ab. Vereinzelt gibt es noch Nomaden, z. B. die Tuaregs in der Sahara. Die europäische Bevölkerung – Franzosen, Spanier, Italiener – ist auf eine kleine Minderheit geschrumpft; vorherrschende Religion ist der Islam.

WIRTSCHAFT

Etwa die Hälfte der Erwerbstätigen ist in der Landwirtschaft tätig, doch kann Algerien nicht einmal ein Drittel des Eigenbedarfs an Nahrungsmitteln decken, sodass es auf den Import von Nahrungsgütern angewiesen ist. Angebaut werden Weizen, Gerste, Kartoffeln, Tomaten, Zitrusfrüchte, Wein und Datteln. Dürreperioden und Heuschreckenplagen haben der Landwirtschaft in den letzten Jahren schwere Verluste zugefügt. Algerien ist einer der weltgrößten Korklieferanten. Der Viehbestand ist durch klimatische Gegebenheiten begrenzt und beschränkt sich auf Schafe, Ziegen und in geringer Zahl auch Rinder. Dazu kommt die Aufzucht von Lasttieren wie Eseln und Kamelen. Es bestehen Pläne zur Modernisierung der Küstenfischerei.

Die Bodenschätze, vor allem Erdöl und Erdgas, sind zur Hauptstütze der algerischen Wirtschaft geworden. Gegenwärtig werden neue Vorkommen erschlossen. Zu den bedeutsamen Bodenschätzen zählen weiterhin Eisen, Phosphate, Zink, Blei und Steinkohle. Im Ahaggar-Gebirge in Südalgerien ist man auf Uranerz gestoßen. Stahl- und Erdölindustrie bilden den Hauptanteil der Industrieproduktion. Algerien plant die Modernisierung und den Ausbau des Verkehrsnetzes, insbesondere der Schienenwege. Das gegenwärtige Eisenbahnnetz verläuft entlang der Mittelmeerküste und verbindet die wichtigen Hafenstädte miteinander. Das Straßennetz ist im Norden gut ausgebaut, doch es gibt nur wenige Straßen in die südlichen Berg- und Wüstenregionen. Die Fluggesellschaft Air Algérie bedient in- und ausländische Flugrouten.

Markttreiben in Ghardaia. Dieser Hauptort der Mzab-Oase in der Nordsahara wurde im 11. Jh. nahe der Höhle der heiligen Daïa gegründet. Die Arkaden der Lehmbauten umgeben den geschäftigen Hauptplatz.

kostenlos. Alle medizinischen Kräfte müssen in den staatlichen medizinischen Einrichtungen und Apotheken einen zeitlich begrenzten Pflichtdienst absolvieren. Das Schulsystem hat besonders in den dünn besiedelten Regionen mit Schwierigkeiten zu kämpfen; Rundfunk und Fernsehen werden deshalb für Bildungszwecke genutzt. Die meisten Kinder erhalten eine Grundschulbildung, doch der Analphabetismus ist noch weit verbreitet.

LANDESDATEN – ALGERIEN

Fläche 2 381 741 km²

Klima	**Höhe**	**Temperaturen Januar**	**Juli**	**Jährlicher Niederschlag**
	m	°C	°C	mm
Algier	50	12	24	762

Geografische Merkmale höchster Berg: Tahat 2918 m;

Einwohnerzahl (1994) 27,9 Millionen

Staats- und Regierungsform Mehrparteiensystem; Republik; ein gesetzgebendes Organ

Streitkräfte Heer 121 700; Marine 6700; Luftwaffe 12000

Größte Städte Algier (Hauptstadt – 1,7 Mio. Einw.); Oran (664 000); Constantine (449 000); Annaba (348 000)

Offizielle Landessprache Arabisch

Bevölkerungsgruppen Araber/Berber 99,0%; Europäer, weniger als 1,0%

Religionen sunnitische Muslime 99,0%; Christen und Juden 1,0%

Währung 1 Algerischer Dinar (DA) = 100 Centimes (CT)

Bruttosozialprodukt (pro Kopf 1993) US-$ 1780

Bruttoinlandsprodukt (1993) US-$ 39,836 Mrd.

Lebenserwartung Männer 66,6; Frauen 68,2 Jahre

Ressourcen Erdöl, Erdgas, Eisenerz, Blei, Kohle, Kork-Fiche

Tunesien

REPUBLIK TUNESIEN

Die Republik Tunesien liegt zwischen Algerien und Libyen an der Mittelmeerküste und ihre Geschichte ist durch einen starken europäischen Einfluss geprägt. Heute zeichnet sich das Land durch eine liberale islamische Gesellschaftsform aus.

GEOGRAFIE

Die westlichen Ausläufer des Atlasgebirges teilen das Land in einen Nord- und einen Südteil. Die Bergregion heißt Dorsale (frz.: Rückgrat) und erstreckt sich von der algerischen Nordostgrenze bis zu den Höhenzügen am Golf von Tunis.

Der Süden ist anfangs durch Hochlandsteppen und Hügelland bestimmt, wird dann aber zunehmend flach und trocken. Die wenigen Wasserläufe führen nur nach Regenfällen Wasser, das Land ist durchsetzt von salzhaltigen Becken, die Schotts. Sie trocknen im Sommer aus, verwandeln sich aber im Winter in gefährliche Sümpfe. Der Schott El Jerid ist der größte, er erstreckt sich über die halbe Breite des schmalen Landes. Hinter den Höhengürtel der südöstlichen Küste beginnt bereits die Sahara.

Im Norden hingegen fließt der größte Fluss Tunesiens, der Medjerda. Er entspringt im Dorsale und bewässert ein fruchtbares Tal, das aus einer urzeitlichen Seenkette entstanden ist. Er mündet in den Golf von Tunis, nachdem er die fruchtbare Schwemmlandregion an der Küste durchquert hat. Nördlich der Flussniederung wird die Küste vom Kroumirie-Gebirge gesäumt.

In Tunesien herrscht ein warmes, gemäßigtes Mittelmeerklima mit heißen Sommern und milden Wintern vor. Der Regen bleibt weitgehend auf den Winter beschränkt. Die Niederschlagsmenge ist im Allgemeinen gering, aber gelegentlich können Überschwemmungen zu schweren Verwüstungen führen. Andererseits können trockene Sommer und der heiße Wüstenwind Schirokko das Land ausdörren, und selbst fruchtbare Regionen sind häufig von Dürrekatastrophen betroffen.

Die Steppengebiete südlich der Atlasberge sind mit Espartogras bewachsen, das allmählich in karge Salzvegetation und schließlich in Wüste übergeht. Einige Oasen erhalten sich durch Wasser aus artesischen Brunnen, hier wird vor allem Dattelanbau betrieben. Im Norden, an den Hängen des Atlasgebirges, gibt es große Waldgebiete mit immergrüner Vegetation, die in höheren Lagen mit der Aleppo-Kiefer beginnt und nach Norden hin in Laubwälder übergeht. Das Kroumirie-Gebirge ist mit Korkeichenwäldern bedeckt.

In den Wäldern leben noch Luchse und Wildschweine, weiter südlich findet man Hyänen, Schakale und Wildziegen. Tunesien hat eine artenreiche Vogelwelt, hervorzuheben sind die Adler in den Gebirgsregionen. An den Wüstenrändern haben sich einige Antilopen und afrikanische Wildesel gehalten, deren Bestände durch Jagdverbote geschützt werden.

LANDESDATEN – TUNESIEN

Fläche 154 530 km²

Klima	Höhe	Temperaturen Januar	Juli	Jährlicher Niederschlag
	m	°C	°C	mm
Tunis	3	9	26	400

Geografische Merkmale höchster Berg: Djebel Chambi 1544 m; tiefster Punkt: Chott El Jerid -23 m

Einwohnerzahl (1994) 8,7 Millionen

Staats- und Regierungsform Mehrparteiensystem; Republik; ein gesetzgebendes Organ

Streitkräfte Heer 27 000; Marine 5000; Luftwaffe 3500

Größte Städte Tunis (Hauptstadt – 1,4 Mio. Einw.); Sfax (232 000)

Offizielle Landessprache Arabisch

Bevölkerungsgruppen Araber 98,2%; Berber 1,2%; Franzosen 0,2%; Italiener 0,1%; sonstige 0,3%

Staatsreligion Islam

Religionsgemeinschaften: sunnitische Muslime 99,4%; Christen 0,3%; Juden 0,1%; sonstige 0,2%

Währung 1 Tunesischer Dinar (tD) = 100 Millimes (M)

Bruttosozialprodukt (pro Kopf 1993) US-$ 1720

Bruttoinlandsprodukt (1993) US-$ 12,784 Mrd.

Lebenserwartung Männer 70,8; Frauen 75,0 Jahre

Ressourcen Erdöl, Phosphate, Eisenerz, Blei, Zink, Salz, Olivenöl, Obst, Tourismus

KULTUR UND GESELLSCHAFT

Wie auch die Nachbarländer gehörte Tunesien einst zum Karthagerreich, wurde dann eine römische Provinz, bis es im 7. Jh. von den muslimischen Arabern erobert wurde. Im 17. Jh. kam es als halb unabhängiges Sultanat zum Osmanenreich. Die herrschenden Beis orientierten sich jedoch stark an Europa, um dem osmanischen Einfluss zu begegnen, und waren um westliche Reformen bemüht. In der Mitte des 19. Jh. geriet das Land durch

wirtschaftliche Stagnation in Schuldabhängigkeit von europäischen Banken. Diesen Umstand benutzte Frankreich, um sich das Land 1881 einzuverleiben. Der Bei blieb als Marionette im Amt, während die französischen Kolonisten die fruchtbarsten Teile des Landes besiedelten. Nach langjährigen Unruhen gründete sich 1920 die Destour-Partei und setzte sich für die Unabhängigkeit des Landes ein. 1934 formierte sich unter Habib ibn Ali Bourguiba (*1903) eine radikalere Abspaltung unter dem Namen Neo-Destour. Während des Zweiten Weltkriegs bildete Bourguiba mit anderen Politikern eine profaschistische Regierung, die 1943 von der französischen Befreiungsarmee unter de Gaulle (1890-1970) gestürzt wurde, während sich Bourguiba aus Protest gegen den deutsch-französischen Waffenstillstand nach der Einnahme Frankreichs ins britische Exil begeben hatte.

In den 50er-Jahren führte Bourguiba die Unabhängigkeitsverhandlungen mit Frank-

Ein Flusslauf (*oben*) hat sich tief in die Felsen eingeschnitten und Erosionsterrassen gebildet. Mit Hilfe ihrer langen Wurzeln können die Palmen tiefergelegene Wasserreserven nutzen, wenn die Flüsse bereits ausgetrocknet sind.

Die Große Moschee und das alte Medina-Viertel von Tunis (links). Blick vom Dach des Dar el Bey (Palast des Bei). Die Moschee wurde ursprünglich im 7. Jh. errichtet, aber wahrscheinlich im 9. Jh. neu erbaut.

reich; 1957 wurde Tunesien als Republik in die Unabhängigkeit entlassen, und Bourgiuba wurde der erste Staatspräsident. Da sein Regierungsstil zunehmend despotisch wurde, erfolgte 1987 seine Ablösung. Sein Nachfolger, General Zine al-Abidine Ben Ali (*1936), führte einen gemäßigteren Regierungsstil ein und versuchte mit Hilfe von Reformen, die stagnierende Wirtschaft zu beleben. Er nahm die diplomatischen Beziehun-

1975 auf Lebenszeit ernannt, war nur formal dem gewählten Parlament unterstellt. Nach 1987 wurde das Regierungssystem grundlegend umgewandelt. Für den Präsidenten wurde eine fünfjährige Amtszeit und das Pensionsalter von 70 Jahren festgeschrieben. Die Gründung politischer Parteien wurde zwar zugelassen, doch ist die Neo-Destour-Partei, umbenannt in Verfassungsmäßig-Demokratische-Versammlung, noch immer die dominierende politische Kraft. 1994 gewann sie alle Wahlkreise, und Ben Ali wurde als Staatspräsident wiedergewählt.

Die tunesische Bevölkerung ist vorwiegend arabisch, aber vermischt mit Berbern und anderen mediterranen und afrikanischen Volksgruppen. Praktisch die gesamte Bevölkerung ist muslimisch, nachdem die einst große jüdische Gemeinde fast ausnahmslos emigrierte.

WIRTSCHAFT

Die Landwirtschaft, einst größter Arbeitgeber, produziert nach ihrem Rückgang in den letzten Jahren nur noch ein Fünftel des Bruttosozialprodukts. Im Norden wird seit der Römerzeit Getreide angebaut, heute vor allem Weizen und Gerste neben Oliven, Zuckerrüben, Zitrusfrüchten, Wein und Gemüse. Wegen wechselhafter Niederschläge kommt es häufig zu Ernteausfällen. Die Viehzucht beschränkt sich wegen der kargen Weideflächen auf Schafe, Ziegen und auf Kamele als Lasttiere. Die Forstwirtschaft erzielt bedeutende Erträge aus den Korkeichen sowie aus der Gewinnung von Eukalyptus- und anderen Ölen.

Die Bodenschätze stellen heute die Haupterwerbsquelle Tunesiens dar, an erster Stelle rangiert der Export von Phosphaten, Erdöl und Erdgas. Der Verfall der Rohstoffpreise in den letzten Jahren führte demzufolge auch zu einer wirtschaftlichen Krise. Die Industrieproduktion basiert auf heimischen Rohstoffen und auf landwirtschaftlichen Produkten wie Olivenöl. Vorherrschend ist die örtliche Leichtindustrie, in der sich die Textilbranche sehr schnell entwickelt, obwohl Textilien zusammen mit Nahrungsgütern und Rohstoffen zu den Hauptimporten gehören. Anlagen der Schwerindustrie wurden mit ausländischer Hilfe errichtet. Der Tourismus gewinnt aufgrund des günstigen Klimas, langer Sandstrände und der bunten Folklore zunehmend an Bedeutung.

Das Straßen- und Schienennetz ist gut ausgebaut, bedarf aber der Modernisierung. Der internationale Luftverkehr wird hauptsächlich über den Flughafen Tunis abgewickelt. Das Sozial- und Gesundheitswesen ist gut

Libyen

SOZIALISTISCHE VOLKS-JAMAHIRIYA LIBYEN

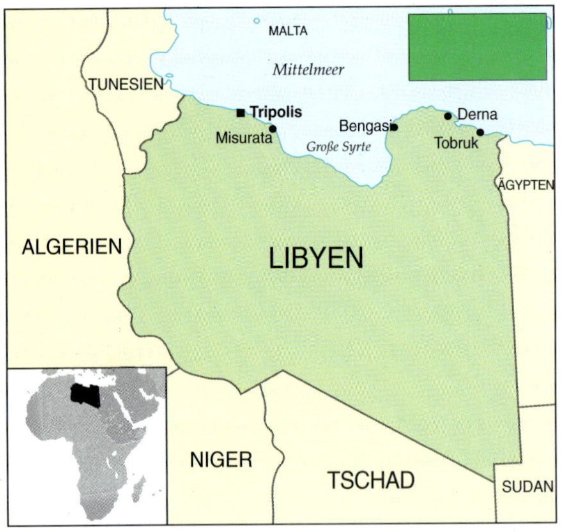

LIBYEN IST EIN REICHES LAND MIT EINEM bemerkenswert hohen Lebensstandard, den es fast ausschließlich der intensiven Ausbeutung der Erdölvorkommen zu verdanken hat. Der libysche Führer Oberst Moamar el-Gaddafi (*1942) führte 1969 die Bewegung zum Sturz der Monarchie an und unterstützte bis in die Mitte der 80er-Jahre offen den internationalen Terrorismus.

GEOGRAFIE

Mehr als neun Zehntel des Landes bestehen aus Wüste und Halbwüste und mehr als drei Viertel der Bevölkerung bewohnen den schmalen Küstenstreifen, hinter dem sehr bald die Sahara beginnt. Der Nordwestteil des Landes, Tripolitanien, grenzt an Tunesien. Zwischen dem Sahara-Plateau und den Sanddünen, Salzsümpfen und Steppen der Gefara-Ebene erstreckt sich hier das Kalksteingebirge Jabal Nafusah. Die Gefara-Ebene ist die landwirtschaftlich produktivste Region Libyens und zugleich das Hinterland der größten Stadt des Landes – Tripolis. Der Nordwesten wird von der ehemaligen Provinz Cyrenaica gebildet, wo der Al Jabal al Akhdar (die Grünen Berge) sich über eine schmale Küstenebene erhebt – mit einer Vegetation, die sich in halbwüstenhaftes Grasland verwandelt. Im Osten schließt sich Ägypten an. Die Region Fezzan im Südwesten Libyens steigt, angrenzend an Algerien, zum nordafrikanischen Landmassiv an. Libyens höchster Berg Bette ist Teil des Tibesti-Gebirges an der umstrittenen Südgrenze zum Tschad. Im Südwesten grenzt Libyen an Niger und im Südosten an den Sudan.

Das heiße Wüstenklima (mit sehr kalten Nächten) wird nur an der Mittelmeerküste etwas gemäßigt. Niederschläge fallen nur sporadisch, im Inland äußerst selten. An der Küste führt der heiße und trockene Wüstenwind Ghibli mit seinen Sandstürmen immer wieder zu Dürreperioden. Libyen hat keine durchgängig wasserführenden Flüsse, entsprechend karg ist die natürliche Vegetation, die sich auf Dattelpalmen in Oasennähe, auf Maquis-Buschland (vor allem Wacholder) im Al Jabal al Akhdar und auf überweidete Steppenregionen begrenzt. Die Tierwelt besteht vorwiegend aus Wüstentieren wie Schakalen, Springmäusen, Wüstenhasen, Fennek (Wüstenfuchs) und dem marderartigen Zorilla.

KULTUR UND GESELLSCHAFT

Im 7. Jh. v. Chr. war Tripolitanien eine östliche Provinz des Karthagerreiches, die Cyrenaica hingegen eine griechische Kolonie. Im 1. Jh. v. Chr. eroberten die Römer beide Regionen, und als die Araber im 7. Jh. vordrangen, gehörte dieser Teil Nordafrikas zu Byzanz. Der Küstenstrich wurde zur Zuflucht für Piraten, die das Mittelmeer befuhren und Handelsschiffe ausraubten. Im 16. Jh. wurde das Land vom Osmanenreich annektiert, Tripolitanien, Cyrenaica und Fezzan unter einer Herrschaft in Tripolis zusammengefasst. Der islamische Orden der Senussi organisierte im 19. Jh. den Widerstand gegen die Türken und dann gegen die Italiener, die 1911 einmarschierten, aber bis 1939 keine Kontrolle über das Landesinnere gewinnen konnten. Während des Zweiten Weltkriegs unterstützten die Senussi die Vertreibung der italienischen Besetzer; 1942 gelangten Tripolitanien und Cyrenaica unter britische Militärhoheit, während der Fezzan von den Franzosen kontrolliert wurde. 1951 wurde ein unabhängiges Königreich gegründet; die Nationalversammlung wählte den Führer der Senussi zum König Idris I. (1890-1983). Obwohl Idris probritisch eingestellt war, schloss sich Libyen 1953 der Arabischen Liga an und entschied sich 1956 gegen eine Unterstützung der britischen Suezpolitik, die den Suezkanal wieder einer internationalen Aufsicht unterstellen wollte, nachdem der Kanal durch Gamal Abd el-Nasser unter ägyptische Kontrolle gebracht worden war. Die Erschließung reicher Ölvorkommen veränderte ab 1959 die libysche Wirtschaft. Zehn Jahre später wurde Idris I.

von Gaddafi entmachtet. Die Bindungen des Landes an Großbritannien und die USA wurden abgebrochen, und Libyen nahm die Ausbeutung der Ölquellen in eigene Regie.

In Libyen gibt es nur eine politische Partei, die Arabische Sozialistische Union. Der 1000 Mitglieder umfassende Allgemeine Volkskongress, das Parlament, setzt sich aus örtlich gewählten oder ernannten Abgeordneten zusammen und wählt das Allgemeine Volkskomitee (ein Kabinett) sowie den „Revolutionären Führer". Gaddafi bekleidet diese Funktion seit 1969 und hält sich mit Hilfe eines kleinen Beraterstabs an der Macht. Terroristische Organisationen im Dienste des arabischen Nationalismus, auch extremistische Palästinensergruppen, hat Gaddafi offen unterstützt. Der Verdacht der libyschen Beteiligung an mehreren großen Terroranschlägen führte 1986 zu einem amerikanischen Bombenangriff auf Tripolis. 1993 verhängte die UNO Sanktionen gegen Libyen, nachdem der Staat die Auslieferung mutmaßlicher Terroristen an Großbritannien oder an die USA verweigert hatte. 1989 bildeten Libyen mit Algerien, Mauretanien, Marokko und Tunesien die Arabische Maghreb-Union, einen lockeren Wirtschaftsverbund.

Die Bevölkerung besteht vor allem aus arabischsprechenden Sunniten berberischer und arabischer Abkunft und ist stark schwarzafrikanisch geprägt, was auf den Import schwarzer Sklaven in den vergangenen Jahrhunderten zurückzuführen ist. Daneben gibt es kleine Gruppen nomadisierender Tuaregs.

WIRTSCHAFT

Mehr als die Hälfte des libyschen Bruttosozialprodukts wird durch das Erdöl erbracht. Die meisten ausländischen Ölgesellschaften wurden 1973 nationalisiert; der Staat führt die Aufsicht über alle neuen Förderunternehmen. Auch die Zementproduktion und die Eisenerzaufbereitung liegen in staatlicher Hand. Weitere Bodenschätze sind Natron, Kaliumsalze, Gips und Braunkohle. Der Energiebedarf Libyens wird durch heimisches Erdöl gedeckt; Niger liefert Uranerze für eine geplante Kernanlage. Vor der Erschließung der Ölquellen fußte die libysche Ökonomie auf der Landwirtschaft, heute müssen Nahrungsgüter weitgehend importiert werden. Trotzdem werden die wenigen anbaufähigen Flächen intensiv bewirtschaftet. Die Erträge sind abhängig von den Niederschlagsmengen, wobei Überschwemmungen sich genauso verheerend auswirken können wie Trockenperioden. Angebaut wird vor allem Gerste, im Fezzan hingegen Hirse, im Norden kommen Weizen, Tabak und Oliven hinzu. In den Oasen gedeihen Datteln und Feigen, an den nördlichen Berghängen auch Wein. Die Regierung hat Millionen von Bäumen pflanzen lassen und gewährt den Bauern technische und finanzielle Hilfe. Im Norden werden Schafe, Ziegen und Rinder gezüchtet. Der Fischreichtum und die Schwammbänke vor der libyschen Küste werden vor allem durch ausländische Flotten abgeschöpft. Die Industrieproduktion beschränkt sich weitgehend auf Textilien, Schuhwaren und Teppiche; petrochemische und -technische Einrichtungen werden jedoch zunehmend ausgebaut.

Die traditionelle Tracht (*oben*) der libyschen Männer sorgt für Kühlung in der Tageshitze, und in den kalten Nächten hält sie warm. Die Gesichtstücher sind als Schutz vor Sandstürmen unerlässlich.

LANDESDATEN – LIBYEN

Fläche 1 757 000 km²

Klima	**Höhe**	**Temperaturen Januar**	**Juli**	**Jährlicher Niederschlag**
	m	°C	°C	mm
Tripolis	84	11	27	253

Geografische Merkmale höchster Berg: Bette 2286 m

Einwohnerzahl (1994) 5,1 Millionen

Staats- und Regierungsform Jamahiriya, ein „Staat der Massen" – in der Praxis eine Militärdiktatur

Streitkräfte Heer 40 000; Marine 8000; Luftwaffe 22 000

Größte Städte Tripolis (Hauptstadt – 980 000 Einw.); Bengasi (650 000); Misurata (117 000); Sabha (113 000)

Offizielle Landessprache Arabisch

Bevölkerungsgruppen Araber/Berber 97,0%; sonstige 3,0%

Staatsreligion Islam

Religionsgemeinschaften sunnitische Muslime 97,0%; sonstige 3,0%

Währung 1 Libyscher Dinar (LD.) = 1000 Dirhams

Bruttosozialprodukt (pro Kopf 1991) US-$ 5500

Lebenserwartung Männer 61,73; Frauen 66,1 Jahre

Ressourcen Erdöl, Erdgas, Zement, Pottasche, Lignit, Eisenerz, Olivenöl, Felle

Eine Eisenbahn gibt es nicht; etwa zwei Drittel der Straßen sind befestigt. Als Motorpisten ausgelegt sind die Fernstraße nach Ägypten und die Saba-Straße durch die Wüste nach Ghat nahe der algerischen Grenze. Die wichtigen Seehäfen und Flugplätze sind in Tripolis im Nordwesten und Bengasi im Nordosten. Flugverbindungen in- und ausländischer Gesellschaften bestehen zu Ägypten, Tunesien und einigen europäischen Ländern. Radio, Fernsehen und die einzige Tageszeitung unterliegen staatlicher Zensur.

Das Gesundheits- und Sozialwesen in Libyen ist gut, es umfasst eine geregelte Altersversorgung, Schadensersatz und Rente bei Arbeitsunfällen, Kranken- und Mutterschaftsgeld. Die kostenlose medizinische Versorgung wird durch ein wachsendes Netz von Krankenhäusern und Ambulanzen gewährleistet. Malaria wurde zurückgedrängt, doch Typhus, Tollwut und Tetanus stellen noch immer ernsthafte Probleme dar. Das dreistu-

Ägypten

ARABISCHE REPUBLIK ÄGYPTEN

ÄGYPTEN, SO HEISST ES, IST EIN GESCHENK des Nils. Seit Jahrtausenden transportiert der launische Strom seinen fruchtbaren Schlamm in ein schmales Tal, das sich in die umgebende Wüste einschneidet wie ein blaugrünes Schwert. Das Tal ernährt noch immer eine der ältesten Zivilisationen der Welt. Der Bau des Suezkanals von 1859-1869 verlieh Ägypten neue strategische Bedeutung. Im 20. Jh. hat der Assuan-Staudamm die ägyptische Landwirtschaft grundlegend verändert.

GEOGRAFIE

Aus dem Weltraum betrachtet, besteht Ägyptern aus einer Reihe nord-südwärts verlaufender Streifen.

Das Land
Östlich an Libyen anschließend bedeckt die Westliche Wüste mit ihren Kalksteinformationen zwei Drittel Gesamtägyptens. Im Südwesten erheben sich härtere Gesteinsarten bis zu einer Höhe von knapp 2000 m. Nach Osten wird die Wüste durch das Niltal begrenzt, einem durchgängig fruchtbaren Landstreifen von nur 8-16 km Breite. In diesem schmalen Streifen leben 99 % der ägyptischen Bevölkerung. Der Nasser-Stausee, entstanden nach dem Bau des Assuan-Staudamms (vollendet 1970), erstreckt sich in 300 km Länge südwärts bis zur sudanesischen Grenze. Nordwärts breitet sich das Nildelta von Kairo (der größten Stadt Afrikas) bis zur Mündung mit den Küstenstädten Alexandria im Westen und Port Said im Osten aus. Zwischen Nil und Rotem Meer liegt die Arabische Wüste, eine Serie zerfallender Sandstein- und Kalksteinplateaus. Die Küste des Roten Meers wird von einem Gebirgsausläufer des äthiopischen Hochlands gesäumt. Den Nordzipfel des Roten Meers bildet der Golf von Suez, von dem aus der Suezkanal nach Port Said und ins Mittelmeer durchstößt. Östlich vom Suezkanal beginnt das dreieckige Kalksteinplateau der Sinai-Halbinsel, das sich bis nach Israel hinein erstreckt. Der Nordteil ist stark zerfallen, eine schmale Ebene verläuft entlang der Mittelmeerküste. Im Süden erheben sich der Sinai und der Jabal Katrina, mit 2637 m der höchste Berg Ägyptens.

Klima
Ägypten ist fast vollständig dem heißen Wüstenklima ausgesetzt, nur im Norden macht sich das Mittelmeer mildernd bemerkbar. Die Sommer (von Mai bis Oktober) sind heiß und trocken, und nachts fallen die Temperaturen extrem ab. Die Wintermonate sind vor allem in den Wüstenregionen etwas kühler. Im Frühling weht der Chamsin, ein beständiger Wüstenwind aus der Sahara, der Hitze, Staub und Sandstürme mit sich bringt.

Flora und Fauna
Entlang des Nils gedeihen viele Feuchtpflanzen, auch der Artenreichtum der Vogelwelt ist beeindruckend. Hunderte von Vogelarten, teils Zugvögel, teils Dauerbewohner des Niltals, zehren vom Fischreichtum des Stroms. Schleichkatzen, Silberreiher und Ibisse leben im Nildelta. Die Wüsten bestehen zum größten Teil aus Sandflächen ohne Vegetation, doch in der Arabischen Wüste können vereinzelt Gräser, Tamarisken und Mimosen wachsen. In der Nähe von Gewässern oder unterirdischen Wasseradern gedeihen Dattel- und Astpalmen. Zu den in der Wüste lebenden Tieren zählen Gazellen, Hyänen und Schakale, dazu kommen zahlreiche Nager, Skorpione und Insekten.

KULTUR UND GESELLSCHAFT

Ägypten kann sich als eine der ältesten noch bestehenden Zivilisationen der Erde bezeichnen. Heute ist das Land eine arabische Republik mit einer ausgeprägten soziokulturellen Eigenart.

Der Nil, Lebensader Ägyptens, in der Gegend von Luxor, die reich ist an Tempeln und Grabstätten. Der Strom dient der extensiven Bewässerung und ist zudem auf fast seiner gesamten Länge schiffbar. Auf den schmalen und schnellen Segelbooten (Felukkas) werden Frachten aller Art befördert.

Abu Simbel (*oben*). Eine der vier Kolossalstatuen von Ramses II. (13. Jh. v. Chr.). Die Tempelanlage wurde beim Bau des Assuan-Staudamms angehoben und so vor der Überflutung bewahrt.

Qait Bay, eine Festung aus dem 15. Jh. (*links*), heute ein Meeresmuseum, überragt den Osthafen von Alexandria. Die Stadt ist auf einer schmalen Landenge zwischen dem Mittelmeer und dem Mariutsee errichtet.

LANDESDATEN – ÄGYPTEN

Fläche 997 739 km²

Klima	**Höhe** m	**Temperaturen Januar** °C	**Temperaturen Juli** °C	**Jährlicher Niederschlag** mm
Kairo	75	13	28	28

Geografische Merkmale höchster Berg: Jabal Katrina 2637 m; längster Fluss: Nil (Teil) 6690 km

Einwohnerzahl (1994) 60,77 Millionen

Staats- und Regierungsform Einparteiensystem; Republik; ein gesetzgebendes Organ

Streitkräfte Heer 310 000; Marine 20 000; Luftwaffe 30 000

Größte Städte Kairo (Hauptstadt – 6,6 Mio. Einw.); Alexandria (3,3 Mio.); Giseh (2,1 Mio.)

Offizielle Landessprache Arabisch

Bevölkerungsgruppen Ägypter 99,8%; sonstige 0,2%

Staatsreligion Islam

Religionsgemeinschaften sunnitische Muslime 94,0%; Christen 6,0%

Währung 1 Ägyptisches Pfund (ägypt£) = 100 Piaster (PT) = 1000 Millièmes

Bruttosozialprodukt (pro Kopf 1993) US-$ 660

Bruttoinlandsprodukt (1993) US-$ 35,784 Mrd.

Lebenserwartung Männer 58,9; Frauen 62,8 Jahre

Ressourcen Erdöl, Erdgas, Eisenerz, Phosphate, Mangan, Kalkstein, Baumwolle, Orangen, Reis, Tourismus

Geschichte

Zwischen 3000 und 525 v. Chr. hatte das vereinigte Königreich von Ober- und Unterägypten ungebrochenen Bestand. Die Historiker teilen diese Periode in das Alte (mit dem Bau der Gizeh-Pyramiden), das Mittlere und das Neue Reich ein (als die Israeliten Ägypten verließen), darauf folgte die Spätzeit, in der Ägypten zeitweise zum Perserreich gehörte.

332 v. Chr. begründete der mazedonische Herrscher Alexander der Große (356-323 v. Chr.) eine neue griechische Herrscherdynastie. Ab 30 v. Chr. war Ägypten römische Provinz, die ab 395 von Konstantinopel aus verwaltet wurde (der Hauptstadt des oströmischen und späteren byzantinischen Reiches). 642 führten die arabischen Eroberer die arabische Sprache und den Islam ein. 1250 errichteten die Mamelucken, ehemalige Leibwachen, eine neue Königsdynastie, die 1517 von der Osmanenherrschaft abgelöst wurde. Danach setzte der allmähliche wirtschaftliche und kulturelle Verfall Ägyptens ein.

Nach einer kurzen französischen Besetzung (1798-1801) ging die Herrschaft an den osmanischen Vizekönig von Albanien, Mohammed Ali (1769-1849) über. Die Expansionspolitik Mohammeds und seiner Nachfolger führte zur Verschuldung gegenüber Großbritannien, worauf das Land 1882 unter britische Kontrolle geriet. 1914 wurde Ägypten britisches Protektorat und 1922 ein unabhängiges Königreich. [illegible]

(1918-1970) gestürzt. Mit sowjetischer Unterstützung begann Nasser den Bau des Assuan-Staudamms, und 1955 verstaatlichte er den Suezkanal, was eine militärische Invasion durch England, Frankreich und Israel zur Folge hatte. Im Sechstagekrieg mit Israel (1967) verlor Ägypten die Sinai-Halbinsel.

Nassers Nachfolger, Anwar as-Sadat (1918-1981), verfolgte eine freundlichere Politik gegenüber dem Westen und beendete die Abhängigkeit Ägyptens von der Sowjetunion. 1979 unterzeichneten Ägypten und Israel einen Friedensvertrag, der den schrittweisen Rückzug Israels von der Sinai-Halbinsel regelte. Die Verständigungspolitik mit Israel führte jedoch zur Isolierung Ägyptens in der arabischen Welt, und 1981 fiel Sadat einem Attentat zum Opfer. Sadats Nachfolger, Mohammed Hosni Mubarak (*1928), ist weiter um die Entwicklung der Westbeziehungen Ägyptens bemüht und setzt sich für die Rechte der Palästinenser in Israel ein. Die meisten arabischen Staaten haben in der Folge die diplomatischen Beziehungen zu Ägypten erneuert.

Das ägyptische Präsidialsystem. Die Verfassung von 1971 verleiht dem Präsidenten große Machtbefugnisse. Er wird durch das Parlament ernannt und durch Volksentscheid für eine 6-jährige Amtszeit bestätigt. Er ist Oberbefehlshaber der Streitkräfte und ermächtigt, einen oder mehrere Vizepräsidenten zu berufen. [illegible]

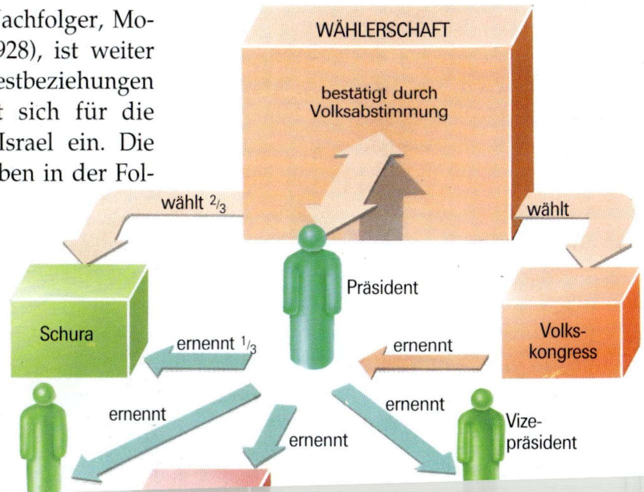

Regierungsform

Seit 1971 ist Ägypten eine Einparteien-Republik. Staatsoberhaupt ist der Präsident, der mit einer Zweidrittelmehrheit des Parlaments gewählt wird.

Bevölkerung

Die Bewohner des Niltals bilden eine ethnisch homogene Gruppe. Im Süden lebt eine kleine nubische Minderheit, in der Arabischen Wüste die weitgehend nomadischen hamitischen Beja, in der Westlichen Wüste und an der Küste des Roten Meers Gruppen berberischen und arabischen Ursprungs.

Amtssprache ist Arabisch, der Islam ist die vorherrschende Religion, der etwa 90 % der

Bevölkerung angehören. Der islamische Fundamentalismus dient als Sammelbewegung für die Gegner der gegenwärtigen Regierung. Die christliche Minderheit in Ägypten besteht größtenteils aus Kopten, deren Kirche sich im 5. Jh. von der Orthodoxen Ostkirche abgespalten hatte.

In den großen Städten des Nildeltas vermischen sich historische Baustile aller Epochen mit modernen Bauten, aber etwa die Hälfte der Bevölkerung des Niltals besteht aus Fellachen (Landarbeitern), die in Lehm- oder Natursteinhäusern leben. Nur die wohlhabenderen Schichten können sich Ziegel- und Betonbauten leisten.

WIRTSCHAFT

Die hohe Auslandsverschuldung Ägyptens bleibt ein internationales Problem. Die Regierung ist besonders im Hinblick auf den Verteidigungshaushalt stark auf Finanzhilfen aus den USA angewiesen. Die Einkünfte aus dem Ölgeschäft, aus dem Suezkanal und dem Tourismus sind in den späten 80er-Jahren merklich zurückgegangen.

Landwirtschaft

Die landwirtschaftlichen Nutzflächen Ägyptens sind traditionell auf das Niltal und das Nildelta begrenzt und nehmen damit nur ein Fünfzigstel der Landesfläche ein. Seit der Vollendung des Assuan-Staudamms hat ein hoch entwickeltes Bewässerungssystem die Gewinnung neuer Nutzflächen ermöglicht. Mit zwei Ernten pro Jahr und dem gezielten Einsatz von Pestiziden und Düngern werden vor allem Zuckerrohr und Baumwolle für die Ausfuhr produziert (Baumwolle: Ein Drittel der Weltproduktion). Heimische Nahrungsmittel wie Reis, Mais, Weizen, Saubohnen, Hirse und Datteln beanspruchen lediglich ein Viertel der Nutzfläche. Ein Großteil der Nahrungsgüter wird importiert.

Wasserbüffel und Milchvieh dienen zur Ernährung und als Zugtiere, doch es gibt so gut wie kein Weideland. Der Fischfang spielt zunehmend eine größere Rolle (Fischzucht im Nasser-See), aber die Fangquoten im Mittelmeer sind nach Vollendung des Assuan-Staudamms (vermutlich infolge Veränderung der Strömungsverhältnisse) zurückgegangen.

Industrie

Die Erdölerträge aus dem Golf von Suez und der Sinai-Halbinsel erbringen mehr als die Hälfte der ägyptischen Exporteinnahmen. Auch in der Westlichen Wüste gibt es zwei

Die Große Pyramide von Gizeh, eines der größten Bauwerke der Geschichte, stammt aus dem 26. Jh. v. Chr. und birgt das Grabmal des Pharaos Khufu (Regierungszeit 2900-2877 v. Chr.). Vor der Pyramide steht die Sphinx, möglicherweise ein Abbild seines Sohnes Khafre.

Der Suezkanal – Ägyptens andere Wasserstraße

Der Suezkanal bietet großen Frachtschiffen Durchfahrt, doch nach dem israelischen Sinai-Feldzug hat er seine Bedeutung verloren. Die modernen Supertanker sind zu groß für den Suezkanal.

Die Verbindung des Mittelmeers mit dem Golf von Suez wurde vom französischen Diplomaten und Ingenieur Ferdinand Marie Vicomte des Lesseps (1805-1894) geplant. Er entwarf den schleusenlosen Kanal von Port Said durch den Timsahsee, die Bitterseen bis nach Suez und überwachte von 1859-1869 selbst die Bauarbeiten. Lesseps gründete eine internationale Gesellschaft unter französischer Hoheit, die mit dem osmanischen Vizekönig Ägyptens eine 99-jährige Nutzungsfrist vereinbarte. Der Kanal, 160 km lang und 6 m tief, wurde seither mehrfach vertieft und verbreitert, um ihn für Hochseeschiffe passierbar zu machen.

Die britische Regierung war an einer Beteiligung am Kanalprojekt sehr interessiert, zumal er den Seeweg nach Indien und Südostasien um gut 10 000 km verkürzte. 1875 sicherte sich Großbritannien den 44-prozentigen Gesellschafteranteil des Vizekönigs, und 1888 wurde in einem internationalen Abkommen die Neutralität des Kanals vereinbart.

Vor Ablauf der europäischen Nutzungsrechte (1968) beanspruchte Präsident Nasser 1954 den Kanal als ägyptisches Eigentum und sperrte den Golf von Akaba für israelische Schiffe. Am 29. Oktober drangen israelische Truppen trotz weltweitem Protest in Ägypten ein, während französische und britische Truppen die Kanalzone besetzten. Diese wiederum wurde bald durch UN-Truppen besetzt und Israel zog sich zurück, nachdem der freie Zugang zum Golf von Akaba garantiert worden war. Der Kanal blieb jedoch in ägyptischer Hand und leistete einen wesentlichen Beitrag zur Finanzierung der ehrgeizigen Politik Nassers.

1967 wurde der Golf von Akaba erneut von Ägypten gesperrt. Ein israelischer Überraschungsangriff führte daraufhin zur weitgehenden Zerstörung der ägyptischen Luftgeschwader. Im Sechstagekrieg (1967) gerieten die Sinai-Halbinsel und viele andere Nachbarregionen unter israelische Kontrolle. Der Kanal wurde geschlossen und bildete die Frontlinie zwischen den verfeindeten Mächten. 1973 wurde ein ägyptisch-syrischer Angriff von den israelischen Truppen zurückgeschlagen, die sogar den Kanal überschritten. Der Vertrag von 1974 sah die Rückgabe des Sinai an Ägypten vor (er wurde aber erst 1981 abgeschlossen). 1975 wurde der Kanal von Wracks und Kriegsresten befreit und wiedereröffnet. Doch der Krieg hinterließ insofern bleibende Schäden, da in der Zeit der Sperrung des Kanals (8 Jahre) z. B. große Öltanker gebaut wurden, die für den Kanal zu groß waren und auf anderen Routen verkehrten. Auch der Krieg zwischen Irak und Iran (1980-1888) wirkte sich negativ auf den Suezkanals aus. Gegenwärtig erwägt die ägyptische Regierung, den Kanal zu vertiefen, um ihn für Supertanker bis zu 180 000 t passierbar zu machen und hofft damit, die alte Quelle ihres Reichtums neu zu beleben.

Erdölfelder; Erdgas wird dort ebenfalls gewonnen. Weitere Rohstoffe sind Phosphate, Kohle, Mangan- und andere Erze.

Durch den Assuan-Staudamm wird mehr als die Hälfte des ägyptischen Elektrizitätsbedarfs gedeckt. Die Stromleistung könnte noch gesteigert werden, ist aber durch die Erfordernisse der Bewässerung begrenzt. Der verbleibende Energiebedarf wird durch konventionelle Öl- und Kohlekraftwerke ausgeglichen.

Von wachsender Bedeutung für den Export und den Binnenmarkt ist die Industrieproduktion. Nassers Zusammenarbeit mit der Sowjetunion führte zum Aufbau einer Schwerindustrie, zur Steigerung der Eisen-, Stahl- und Aluminiumproduktion und zur Elektrifi-denkmälern, an weltoffenen Städten und Mittelmeerstränden.

Verkehr und Kommunikation

Mehr als die Hälfte des Straßennetzes ist unbefestigt, die staatliche Eisenbahn ist wenig ausgebaut. Das ausgedehnte Netz der Wasserstraßen und Kanäle ist auf das Niltal und die Suezkanal-Gegend konzentriert.

In Ägypten erscheinen 17 Tageszeitungen; alle Presseerzeugnisse unterliegen der Kontrolle durch den Obersten Presserat. Die ägyptische Funk- und Fernsehanstalt befindet sich ebenfalls in staatlicher Hand.

Gesundheits- und Sozialwesen

Die Ausgaben der Regierung für die Gesund-kulose und endemische Malaria sind noch nicht besiegt, aber die medizinische Betreuung in den Städten ist gut, die Krankheitsvorsorge wird aktiv gefördert. Die meisten medizinischen Dienste sind staatlich; es besteht Versicherungspflicht.

Gegenwärtig ist nur etwa die Hälfte der erwachsenen Bevölkerung des Lesens und Schreibens mächtig, aber auch hier wurden Fortschritte erzielt. Für 6- bis 12-Jährige besteht Schulpflicht, für Begabte werden 9 weitere Schuljahre angeboten. Ein alternatives Schulsystem, das sich um die Kairoer Al-Azhar-Universität gruppiert, ähnelt weitgehend dem staatlichen System, legt aber stärkeres Gewicht auf die traditionellen islamischen Inhalte. Neben vier staatlichen

Mauretanien

ISLAMISCHE REPUBLIK MAURETANIEN

MAURETANIEN ERSTRECKT SICH VON DER westafrikanischen Atlantikküste westwärts und nordwärts in die Sahara. Im Norden grenzt es an Westsahara und Algerien, im Süden an Senegal und im Osten an Mali.

GEOGRAFIE

Hinter dem tief gelegenen Küstenstreifen erheben sich die flachen Ebenen, die nur gelegentlich von einzelnen Gipfeln und westwärts gerichteten Stufen durchbrochen sind. Im Inland und damit im größten Teil des Landes sind die Sanddünen der Sahara, und im äußersten Süden beginnt die halbwüstenartige Vegetation der Sahel. Das Klima ist heiß und trocken. Eine Ausnahme machen lediglich die spätsommerlichen Regenfälle im Süden. Das meiste fruchtbare Land liegt an der Küste und längs des Senegal-Flusses, der die Südwestgrenze nach Senegal bildet. Hier herrscht grasiges Savannenland vor, auf dem Affenbrotbaum und Palmyrapalme wachsen. Auch im Sahel ist die Vegetation spärlich, und in der Sahara ist sie begrenzt auf Oasen und halbtrockene Flussbetten oder Wadis. Trotz aller Schutzmaßnahmen haben Jagd und Umweltzerstörung den Tierbestand stark reduziert. Zu ihm gehören Antilopen, Senegal-Löwen, Warzenschweine, Elefanten, Strauße, Gazellen und Krokodile.

KULTUR UND GESELLSCHAFT

Im Mittelalter gehörte Mauretanien zum Reich der Almoraviden. Dann wurde es von den Arabern oder Mauren erobert, die von Norden her die schwarzen sudanesischen Bevölkerungen unterwarfen (die noch immer im Süden leben). Die Mauren gaben dem Land den Namen, und die heutige Bevölkerung besteht zu drei Vierteln aus Mauren, die deutlich in zwei Gruppen unterteilt sind: in die Bidan („weiße Mauren") arabischer Herkunft und die Harratin („schwarze Mauren") gemischter Herkunft, die von Sklaven abstammen (die Sklaverei wurde erst 1970 verboten und hält sich bis heute). Die meisten Mauren sind Weidenomaden, und die Religion ist vorwiegend islamisch.

Im 19. Jh. geriet die Region allmählich unter französische Kontrolle und wurde dann ein Teil Französisch-Westafrikas. 1960 gewann es volle Souveränität unter dem Präsidenten Moktar Ould Daddah (*1924). 1978 scheiterte er an den Polisario-Guerrillas in der damals noch zu Mauretanien gehörenden, heute vorwiegend von Marokko kontrollierten Westsahara und wurde durch einen Militärputsch gestürzt. In einer Serie von Putschen übernahmen mehrere höhere Armeeoffiziere das Amt des Präsidenten.

Gegenwärtig entsteht eine Mehrparteiendemokratie, obwohl die herrschende Militärpartei die Wahlen von 1992 für sich entschied. Ein gescheiterter Putschversuch von 1988 verwies auf Rassenspannungen zwischen Mauren und Schwarzen, die durch (im Gefolge der nördlichen Dürrekatastrophe) südwärts wandernde Araber verstärkt werden. Im Gefolge der Unruhen wurden viele tausend schwarze Mauretanier ins benachbarte Senegal vertrieben.

WIRTSCHAFT

Haupterwerbszweig ist die Landwirtschaft und hierbei vor allem die Viehzucht (Ziegen, Schafe sowie Rinder) im Süden. Angebaut werden Hirse, Mohrenhirse, Süßkartoffeln, Baumwolle, Mais und Datteln. Manche Gegenden werden künstlich bewässert, aber die Dürreperioden der Sahelzone haben die Erträge um zwei Drittel vermindert. Die Fischerei wurde mit ausländischer Hilfe ausgebaut, und Fisch ist ein Hauptexportartikel. Auch Gummiarabikum ist für den Export von Bedeutung. Die Industrie besteht aus Fischverarbeitung, Eisen- und Kupferbergbau. Haupttransportmittel sind Lastwagen und Lasttiere, da Geografie und Klima dem Bau fester Straßen entgegenstehen. Flugverkehr besteht zwischen der Hauptstadt Nouakchott und den anderen größeren Städten.

LANDESDATEN - MAURETANIEN

Fläche 1 030 700 km^2

Klima	**Höhe**	**Temperaturen Januar**	**Temperaturen Juli**	**Jährlicher Niederschlag**
	m	°C	°C	mm
Nouakchott	1	22	28	158

Geografische Merkmale höchster Berg: Kédia d'Idjil 915 m;

Einwohnerzahl (1994) 2,2 Millionen

Staats- und Regierungsform Republik mit Militärregierung

Streitkräfte Heer 15 000; Marine 500; Luftwaffe 150

Hauptstadt Nouakchott (393 000 Einw.)

Offizielle Landessprachen Hasaniya Arabisch; Wolof

Bevölkerungsgruppen Mauren 81,5%; Wolof 6,8%; Tukulor 5,3%; Soninke 2,8%; Fulani 1,1%; sonstige 2,5%

Staatsreligion Islam

Religionsgemeinschaften sunnitische Muslime 99,4%; Christen 0,4%; sonstige 0,2%

Währung 1 Ouguiya (UM) = 5 Khoums (KH)

Bruttosozialprodukt (pro Kopf 1993) US-$ 500

Bruttoinlandsprodukt (1993) US-$ 859 Mio.

Lebenserwartung Männer 45,2; Frauen 51,0 Jahre

Ressourcen Eisenerz, Kupfererz, Fischereiprodukte

Ein mauretanischer Fischer trägt seine Netze zum Flicken an Land. Der Fischfang ist einer der wichtigsten Erwerbszweige des Landes. Mit ausländischer Hilfe wurden Fischfang und -verarbeitung modernisiert und machen heute fast die Hälfte des Export aus.

Mali

REPUBLIK MALI

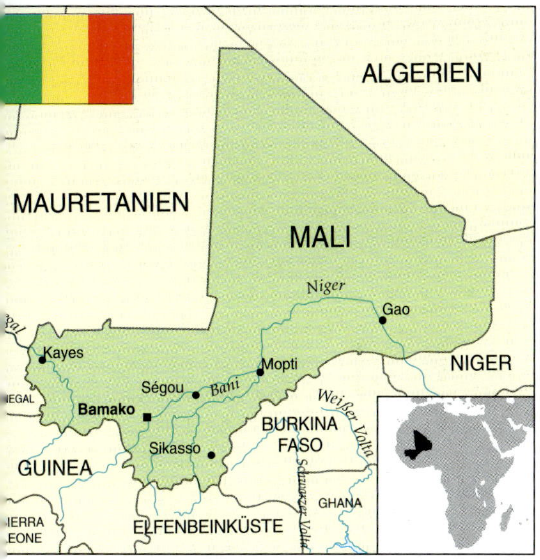

DIE REPUBLIK MALI LIEGT IN DER SAHELzone des nordwestlichen Afrikas am Südrand der Sahara und ist von anderen Ländern umschlossen.

GEOGRAFIE

Die Landschaft Malis ist eintönig und flach; sie besteht zumeist aus Ebenen, Sandsteinplateaus und Hügeln. Die große nördliche Ebene ist Teil der Sahara mit heißem Klima, fast völlig ohne Niederschläge, aber mit kalten Nächten. In den vergangenen Jahren sind die Regenfälle auch in der Halbwüstenregion der Sahelzone, im Herzen Malis, zurückgegangen, was zu verheerenden Dürrekatastrophen geführt hat. Nur der Süden, der vom großen Niger-Fluss und seinen Nebenflüssen durchströmt wird, hat genug Regen und Feuchtigkeit für ein reicheres Pflanzen- und Tierleben zu bieten. Die landwirtschaftlichen Nutzflächen liegen sämtlich im Süden und bedecken lediglich 2 % der Gesamtfläche. Daneben herrscht im Süden die Savanne mit Mahagoni-, Kapok- und Affenbrotbäumen vor, die nach Norden hin durch Palmenarten und durch Sträucher abgelöst werden. Die Tierwelt mit Löwen, Antilopen, Hyänen, Schakalen und einer Vielzahl kleinerer Tiere ist typisch für Afrika. Zu ihrem Schutz wurde ein Nationalpark eingerichtet.

KULTUR UND GESELLSCHAFT

Obwohl seit der Steinzeit bewohnt, leitet Mali seinen Namen aus dem muslimischen Reich der Malinke oder Mandingo ab, das hier seine Blüte im 13. und 14. Jh. erlebte. Die Region war ein Zentrum des Handels und islamischer Gelehrsamkeit, bis sie von marokkanischen Mauren erobert wurde. Im 19. Jh. wurde sie als französische Kolonie ein Teil

Ein farbenprächtiger Markt am Fuß einer Moschee in Djenne in Zentralmali. Im 13. und 14. Jh. ein bedeutender Handelsplatz und berühmt für seine Goldschätze. Heute muss sich das Land mit Hunger, Seuchen, Dürre und der vordringenden Sahara plagen.

sisch-Sudan. 1958 erlangte es als Sudanesische Republik die Unabhängigkeit, bildete 1959 einen Bundesstaat mit Senegal, und erlangte 1960 wieder die volle Souveränität.

1968 wurde Malis erster Präsident, Modibo Keita (1915-1977) bei einem Militärputsch gestürzt. Keita wurde durch den Oberstleutnant Moussa Traoré (*1936) ersetzt, der 1979 zur Zivilregierung zurückkehrte. 1991 wurde er ebenfalls durch einen Putsch gestürzt, dem 1992 Wahlen mit mehreren Parteien folgten. 1994 berief der Präsident nach Unruhen ein neues Kabinett.

In Mali trifft eine Vielzahl ethnischer Gruppen aufeinander – von den Tuareg und Mauren im Norden bis zu den Bambara, Fulani und Malinke im Süden. Jedes Volk spricht eine gesonderte Sprache, daneben sind Arabisch und Französisch weit verbreitet. Vorherrschende Religion ist der Islam.

WIRTSCHAFT

Die Mehrheit der Bevölkerung ist in der Landwirtschaft beschäftigt, die das Land bis zum Ausbruch der Dürre in der Sahelzone (nach 1968) ernähren konnte. Besonders die Viehbestände gingen dramatisch zurück. Angebaut werden vor allem Getreide, Baum-

Erdwärme- und Wasserkraftanlagen erzeugt. Bodenschätze sind Gold, Uran, Phosphate, Eisen und Bauxit; wegen fehlender Transportmöglichkeiten können diese jedoch nicht in größerem Umfang ausgebeutet werden. Ausländische Hilfe und Kredite unterstützen die Wirtschaft, doch die Verschuldung ist ein großes Hindernis für die weitere Entwicklung. Gegenwärtig werden Entschuldungsregelungen mit den Kreditgebern getroffen.

LANDESDATEN – MALI

Fläche 1 240 192 km²

Klima	**Höhe** m	**Temperaturen Januar** °C	**Juli** °C	**Jährlicher Niederschlag** mm
Bamako	331	24	27	1120

Geografische Merkmale höchster Berg: Hombori Tondo 1155 m; längster Fluss: Niger (Teil) 4200 km

Einwohnerzahl (1994) 9,1 Millionen

Staats- und Regierungsform Mehrparteiensystem; Republik; ein gesetzgebendes Organ

Streitkräfte Heer 6900; Luftwaffe 400

Größte Städte Bamako (Hauptstadt – 646 000); Ségou (64 000)

Offizielle Landessprache Französisch

Bevölkerungsgruppen Bambara 31,9%; Fulani 13,9%; Senufo 12,0%; Soninke 8,8%; Tuareg 7,3%; Songhai 7,2%; Malinke 6,6%; Dogon 4,0%; Dyula 2,9%; Bobo 2,4%; Araber 1,2%; sonstige 1,8%

Staatsreligion Islam

Religionsgemeinschaften sunnitische Muslime 90,0%; Naturreligionen 9,0%; Christen 1,0%

Währung 1 CFA-Franc (FCFA) = 100 Centimes

Bruttosozialprodukt (pro Kopf 1993) US-$ 270

Bruttoinlandsprodukt (1993) US-$ 2,662 Mrd.

Lebenserwartung [illegible]

Niger

REPUBLIK NIGER

DIE REPUBLIK NIGER LIEGT IN DER MITTE des nordwestlichen Afrikas und ist umgeben von sieben arabischen Nachbarstaaten. Diese Länder bilden die Sahelzone, die seit Ende der 60er-Jahre von Dürreperioden heimgesucht wird.

GEOGRAFIE

Die nördlichen zwei Drittel des Landes liegen in der Sahara, doch das heiße und zumeist trockene Klima ist je nach Jahreszeit und Region deutlich unterschieden. Das unfruchtbare Hochland des Nordens ist Teil einer Bergkette, die sich von Algerien bis in den Tschad erstreckt. Den Osten bildet eine ausgedehnte Wüste mit Sanddünen und steinigem Untergrund. Nur im Südosten, wo der Niger das Land durchfließt, gibt es fruchtbares Nutzland, das während einer kurzen Regenzeit bewässert wird. Im Südosten des Landes, in der Umgebung des Tschadsees, liegt das Mangaland, das durch Savannenvegetation geprägt ist. Der Pflanzenreichtum des Landes wird von Mahagoni- Kapok- und Affenbrotbäumen bestimmt, an den Wüstenrändern gedeihen Dattelpalmen. Die Vielfalt der Tierwelt ist bedroht, zumal es kaum Schutzmaßnahmen gibt.

LANDESDATEN – NIGER

Fläche 1 186 408 km²

Klima	**Höhe**	**Temperaturen Januar**	**Temperaturen Juli**	**Jährlicher Niederschlag**
	m	°C	°C	mm
Niamey	222	24	35	560

Geografische Merkmale höchster Berg: Mont Gréboun 1944 m; längster Fluss: Niger (Teil) 4200 km

Einwohnerzahl (1994) 8,9 Millionen

Staats- und Regierungsform Mehrparteiensystem; Republik; ein gesetzgebendes Organ

Streitkräfte Heer 5200; Luftwaffe 100

Größte Städte Niamey (Hauptstadt – 398 000); Zinder (121000); Maradi (113 000); Tahoua (42 000); Agadez (27 000)

Offizielle Landessprache Französisch

Bevölkerungsgruppen Haussa 54,1%; Songhai/Dscherma/Dendi 21,7%; Fulani 10,1%; Tuareg 8,4%; Kanuri 4,2%; Teda 0,2%; sonstige 1,3%

Religionen sunnitische Muslime 80,0%; Naturreligionen und Christen 20,0%

Währung 1 CFA-Franc (FCFA) = 100 Centimes

Bruttosozialprodukt (pro Kopf 1993) US-$ 270

Bruttoinlandsprodukt (1993) US-$ 2,220 Mrd.

Lebenserwartung Männer 43,0; Frauen 46,3 Jahre

Ressourcen Uran, Kohle, Eisenerz, Zinn, Phosphate, Erdnüsse, Baumwolle, Rindfleisch-Produkte

KULTUR UND GESELLSCHAFT

Ursprünglich lebten in Niger die nomadischen Fulani und Tuareg aus dem Norden sowie die Haussa aus dem Osten des Landes. Die Haussa stellen über 54 % der Bevölkerung. 1804 unterwarfen die streng muslimischen Fulani die (ebenfalls muslimischen) Haussa in einem heiligen Krieg (Djihad) und errichteten das Sokoto-Reich. Gegen Ende des 19. Jh. erlangte Frankreich allmählich die Kontrolle über das Land. 1922 wurde Niger ein Teil Französisch-Westafrikas, 1946 französisches Überseeterritorium. Nach der Unabhängigkeit 1960 hielt der erste Präsident, Hamani Diori (*1916), die wirtschaftlichen Bindungen an Frankreich aufrecht. 1974 errichtete der Oberst Seyni Kountché (1931-1987) nach einem Putsch eine Militärdiktatur. 1987 starb er nach einer Serie von Putschversuchen und wurde durch den gemäßigten und populäreren General Ali Seibou (*1940) abgelöst. 1991 wurde Ali Seibou durch eine nationale Konferenz entmachtet. Durch die Wahl von 1993 kam eine Oppositionskoalition an die Macht; so bildete sich ein politisches Patt heraus, das seitdem andauert. Nach den Wahlen von 1995 bildete eine Koalitionsgruppe die Regierung, eine andere stellte den Präsidenten. Diese innenpolitische Lähmung führte im Januar 1996 zu einem Militärputsch, bei dem die Verfassung außer Kraft gesetzt und die Parteien aufgelöst wurden.

WIRTSCHAFT

Obwohl nur ein kleiner Teil des Landes nutzbar ist, lebt Niger vor allem von der Landwirtschaft. Bis zu den Dürreperioden der 80er-Jahre konnte sich das Land selbst ernähren; neuerdings ist wieder ein Wachstum der Erträge zu verzeichnen. Angebaut wird vornehmlich Getreide (mit Reis in den bewässerten Gebieten). Erdnüsse, Baumvolle und Vieh werden exportiert.

Die Industrie verarbeitet vor allem landwirtschaftliche Produkte. Weiterhin werden Textilien und Chemikalien hergestellt. Energieressourcen sind knapp; Elektrizität wird örtlich erzeugt, doch Brennstoffe müssen importiert werden. Wichtigster Bodenschatz ist Uran. Seit den 70er-Jahren erbringt der Verkauf mehr als ein Drittel des Nationaleinkommens, aber der Verfall der Weltmarktpreise in den 80er-Jahren bewirkte die Destabilisierung der Wirtschaft. Neuerdings führen befestigte Straßen durch die Wüste zu den Uranminen, und der Inlandflugverkehr ist gut organisiert. Die medizinische Versorgung beschränkt sich auf Schutzimpfungen und gezielte Maßnahmen gegen Epidemien. Das Bildungssystem ist mit französischer Hilfe errichtet worden, aber der Analphabetismus bleibt als Problem bestehen. Das Land hat eine Universität in der Hauptstadt Niamey.

Nur wenige Straßen gibt es in Niger, das von Dürreperioden heimgesucht wird und zum Großteil aus Wüste besteht. So überrascht es kaum, dass die traditionellen Karawanen noch immer das Haupttransportmittel darstellen.

Tschad

REPUBLIK TSCHAD

Dorfbewohner schöpfen Wasser aus dem Brunnen. Hier im Zentrum der Dürrezone des Sahel ist das Wasser stets knapp, während Krieg und Hunger allgegenwärtig sind.

DIE REPUBLIK TSCHAD ERSTRECKT SICH ÜBER die dürregeplagte Sahelzone. Seit Mitte der 60er-Jahre ist das Land von Bürgerkriegen zerrissen, die durch Konflikte mit dem mächtigen Nachbarn Libyen verschärft werden.

GEOGRAFIE

Der Tschad im Zentrum der nordafrikanischen Landmasse hat nur den Tschadsee im Südwesten des Landes als einzige größere Wasserfläche. Dieser ist flach und sumpfig; besaß früher eine weit größere Ausdehnung und ist am Austrocknen, seit die Wüste nach Süden vorrückt. Gespeist wird der See vor allem von den Flüssen Chari und Logone, die, von Südosten kommend, sich vor der Mündung in den See vereinen. Durch den See verläuft die Staatsgrenze mit Niger, Nigeria und Kamerun. Vom Tschadbecken aus steigt das Land allmählich an bis zu den Bergregionen – dem vulkanischen Tibesti-Gebirge im Norden, der Ennedi-Hochebene im Nordosten und dem Ouaddai-Gebirge im Osten.

Das Klima ist durchweg tropisch, doch der Regen ist unterschiedlich verteilt. Die sommerlichen Regenfälle erhalten das fruchtbare Savannenland und den Baumbestand im Süden, nach Norden hin wird der Regen jedoch immer spärlicher. Das nördliche Drittel des Landes besteht aus trockenem Buschland, das in eine steinige Wüste übergeht und von wenigen Palmenoasen durchsetzt ist. Der Süden besitzt eine reiche Tierwelt mit Elefanten, Geparden, Giraffen, Löwen und Warzenschweinen in relativ unberührter Natur.

KULTUR UND GESELLSCHAFT

aus dem Norden gründeten das islamische Königreich Kanem-Bornu, das seine Blüte im 16. Jh. erlebte und die wichtigste Karawanenstraße durch die Sahara nach Libyen und zum Mittelmeer kontrollierte. Die muslimischen Sklavenhändler räuberten massiv unter den Völkern des Südens und schufen damit die Grundlage für die heutigen Konflikte. Im 19. Jh. unterwarf ein sudanesischer Eroberer das Gebiet, der wiederum von den Franzosen entmachtet wurde. Der Tschad wurde ein Teil von Französisch-Äquatorialafrika und erlangte 1960 unter Präsident François Tombalbaye (1918-1975) die Unabhängigkeit. Nach wenigen Jahren bereits entfachten von Libyen gelenkte Guerrillatruppen eine Revolte im Norden. Tombalbaye erbat französische Militärhilfe, doch er wurde 1975 ermordet. Kurze Zeit darauf annektierte Libyen den Aouzou-Streifen an der Nordgrenze. Die Kämpfe setzten sich zwischen den Guerrilla-Gruppen fort. Einer der einflussreichsten Führer, Hissen Habré (*1942), wurde 1984 mit französischer Unterstützung Präsident und vertrieb 1986 die Libyschen Besatzer. Habré gewann die Wahlen von 1990, wurde jedoch sechs Monate später von Idriss Déby gestürzt. Unter seiner Führung bereiten Übergangsregierungen seit 1995 Wahlen vor, die jedoch mehrfach verschoben wurden.

WIRTSCHAFT

80 % der Erwerbstätigen sind in der Landwirtschaft beschäftigt und erzeugen etwa zwei Drittel des Bruttosozialprodukts, doch die Wirtschaft hat schwer unter den Dürreperioden der Sahelzone gelitten. Angebaut werden hauptsächlich Hirse, Mohrenhirse und

wird Erdöl gefördert, doch der Bürgerkrieg hat die Produktion zum Stillstand gebracht. Die Industrie ist noch weniger entwickelt als in den Nachbarländern und beschränkt sich auf die Verarbeitung landwirtschaftlicher Produkte. Energieerzeugung und Transportwesen sind rückständig; die Wirtschaft ist auf ausländische Hilfe angewiesen. Der Analphabetismus ist weit verbreitet, da nur weniger als die Hälfte aller Kinder eine Schule besuchen können. Auch die medizinische Versorgung bleibt auf den Süden beschränkt.

LANDESDATEN – TSCHAD

Fläche 1 284 000 km²

Klima	**Höhe**	**Temperaturen Januar**	**Juli**	**Jährlicher Niederschlag**
	m	°C	°C	mm
N'djamena	295	24	28	744

Geografische Merkmale höchster Berg: Emi Koussi 3415 m; längster Fluss: Chari 1200 km

Einwohnerzahl (1994) 5,5 Millionen

Staats- und Regierungsform Mehrparteiensystem; Republik mit Übergangsregierung

Streitkräfte Heer 25 000; Luftwaffe 350

Hauptstadt N'djamena (688 000 Einw.)

Offizielle Landessprachen Arabisch, Französisch

Bevölkerungsgruppen Sara/Bagirmi 30,5%; sudanesische Araber 26,1%; Teda 7,3%; Mbum 6,5%; Masalit/Maba/Mimi 6,3%; Tama 6,3%; Mubi 4,2%; Kanuri 2,3%; Haussa 2,3%; Masai 2,3%; Kotoko 2,1%; sonstige 3,8%

Religionen sunnitische Muslime 50,0%; Christen 25,0%; Naturreligionen und andere 25,0%

Währung 1 CFA-Franc (FCFA) = 100 Centimes (c)

Bruttosozialprodukt (pro Kopf 1993) US-$ 210

Bruttoinlandsprodukt (1993) US-$ 1,133 Mrd.

Lebenserwartung Männer 39,7; Frauen 41,9 Jahre

Sudan

REPUBLIK SUDAN

Der Sudan ist der grösste afrikanische Flächenstaat. Er beginnt knapp südlich des Nördlichen Wendekreises mit strenger Wüste und erstreckt sich fast bis zum Äquator, wo das Land mit dichten Regenwäldern endet. Tausende von Jahren war das Land ein Bindeglied zwischen dem südlichen Afrika und dem Mittelmeerraum; heute jedoch zählt es zu den rückständigsten Ländern der Welt.

GEOGRAFIE

Im Süden, an den Grenzen zu Kenia, Uganda, Zaire und der Zentralafrikanischen Republik, steigt das Landen stetig an und erreicht seinen höchsten Gipfel mit dem Mount Kinyeti an der Grenze zu Uganda. Der Weiße Nil tritt, ebenfalls von Uganda kommend, bei Nimule in den Sudan ein und fließt durch das Lehmbecken, das den größten Teil des südlichen und mittleren Sudan ausmacht, Richtung Norden. Die Ebene, eingerahmt von den Nubischen Bergen, ist durchsetzt von einzelnen Erhebungen (Inselbergen) und im Osten endet sie an den Ausläufern des Äthiopischen Hochlands. Von hier fließt der Blaue Nil nordwestwärts, um sich in der Hauptstadt Khartum mit dem Weißen Nil zu vereinen. Zwischen beiden Flüssen erstreckt sich eine sumpfige Region (der Sudd). Im Westen, an der Grenze zum Tschad erhebt sich das vulkanische Massiv des Jabal Marrah aus den Sanddünen der Darfur-Wüste, die nach Norden von der Steinwüste der Sahara abgelöst wird. Die karge Nordhälfte des Sudan wird nur von der schmalen Fruchtbarkeitsregion des Nils durchschnitten. Im Nordosten erheben sich die Gebirge am Roten Meer bis etwa 2000 m über einen schmalen Küstenstreifen.

Die Temperaturen sind nur an der Küste des Roten Meers gemäßigt. Niederschläge, Vegetation und Tierbestände vermindern sich stetig nach Norden hin. Der äußerste Süden ist geprägt von Äquatorialklima mit hohen Niederschlagsmengen und langen Regenperioden. Hier gedeihen tropische Wälder, und zu den Tierbeständen zählen Schimpansen, Flusspferde, Elefanten, Zebras, Giraffen, Leoparden, Löwen und Antilopen. Die mittlere Südregion weist Savanne und halbwüstenartiges Buschland auf, im Sudd gibt es ausgedehnte Papyrus-Sümpfe. Den Norden bestimmt ein tropisches Kontinentalklima, das kaum Niederschläge aufweist.

LANDESDATEN – SUDAN

Fläche 2 503 890 km²

Klima	**Höhe** m	**Temperaturen Januar** °C	**Temperaturen Juli** °C	**Jährlicher Niederschlag** mm
Khartum	380	23	32	157

Geografische Merkmale höchster Berg: Kinyeti 3178 m; längster Fluss: Nil (Teil) 6 690 km

Einwohnerzahl (1994) 29,42 Millionen

Staats- und Regierungsform nach Auflösung der Militärregierung Übergangsrepublik

Streitkräfte Heer 115 000; Marine 500; Luftwaffe 3000

Größte Städte Khartum (Hauptstadt – 561 000 Einw.); Umm Durman (526 000); Port Sudan (207 000)

Offizielle Landessprache Arabisch

Bevölkerungsgruppen Sudanesische Araber 49,1%; Dinka 11,5%; Nuba 8,1%; Beja 6,4%; Nuer 4,9%; Azande 2,7%; Bari 2,5%; Fur 2,1%; Shilluk 1,7%; Lotuko 1,5%; sonstige 9,5%

Religionen sunnitische Muslime 70,0%; Naturreligionen 25%; Christen 5,0%

Währung 1 Sudanesisches Pfund (sud£) = 100 Piastre (PT)

Bruttosozialprodukt (pro Kopf 1991) US-$ 450

Lebenserwartung Männer 53,4; Frauen 55,2 Jahre

Ressourcen Erdöl, Gold, Chromite, Baumwolle, Sesam, Erdnüsse, Gummiarabikum

KULTUR UND GESELLSCHAFT

Die alten Ägypter bezeichneten den Sudan als Nubien, aber von 11. bis zum 4. Jh. v. Chr. gehörte er zum Königreich Kusch. Missionare der koptischen Christen fanden hier im 6. Jh. drei Königreiche vor: Nobatia, Makurra und Alwah. Im 7. Jh. widerstand Makurra, zu dem dann auch Nobatia zählte, dem Islam und den arabischen Eroberern, aber im 14. Jh. verwüsteten türkische Mamelucken das Land, und allmählich gelangte es unter arabische Herrschaft. Das südlich gelegene Alwah widerstand den Arabern am längsten und fiel erst um 1500, doch ethnische und religiöse Konflikte haben sich hier erhalten.

Im 16. Jh. schuf das Volk der Fundj ein Königreich in der Region zwischen dem Blauen Nil und dem Äthiopischen Hochland, das 1821 zerstört wurde, als Mohammed Ali (1769-1849), ägyptischer Vizekönig unter der Osmanenherrschaft, in den Sudan eindrang. 1881 führte Mohammed Ahmed (1848-1885), auch als der Mahdi oder „der Erlöser" bekannt, eine siegreiche islamische Revolution an, um die Briten und die Ägypter zu vertreiben; sein Feldzug endete 1885 mit dem Fall Khartums und dem Tod des britischen Generals Charles George Gordon (1833-1885), des Generalgouverneurs von Sudan. Eine englisch-ägyptische Armee unter General Horatio Herbert Kitchener (1850-1916) marschierte 1897 in den Sudan ein, und das Land blieb bis 1951 unter britischer Herrschaft, um dann in ägyptische Verwaltung überzugehen. 1953 wurde dem Sudan die Selbstverwaltung gewährt, drei Jahre später verkündete das Land die Unabhängigkeit, doch die Bürgerkriege dauerten an, da der unterprivilegierte Süden sich gegen die islamische Vorherrschaft des Nordens auflehnte.

Der parlamentarischen Demokratie war nur kurze Dauer beschieden; 1959 kam der General Ibrahim Abbud (*1900) durch einen unblutigen Putsch an die Macht. Eine halbherzige Rückkehr zur Demokratie nach 1964 endete 1969 mit einem Putsch durch Oberst Djafar Muhammad an-Numayri (*1930), und 1972 kam der Bürgerkrieg vorübergehend zum Stillstand. 1983 brach er erneut aus und verschaffte der Sudanesischen Volksbefreiungsarmee weitgehende Kontrolle über den Süden des Landes. Zwei Jahre später wurde Numayri durch seinen Verteidigungsminister, General Abd ar-Rahman Siwar ad-Dahab (*1934) gestürzt, der erneut versuchte, demokratische Verhältnisse zu schaffen. 1989 ergriff der Generalleutnant Omar Hassan Ahmad al-Bashir (*1944) die Macht und löste alle politischen Organisationen auf. Die

Khartum hat eine wechselvolle Geschichte. 1823 von einem Ägypter gegründet, wurde es unter dem Mahdi zerstört und 1898 unter Lord Kitchener wieder aufgebaut. Herrliche Moscheen wie diese stehen neben Häusern im Kolonialstil. Khartum ist ein Hauptstandort der Industrie.

Eine Karawane auf dem Weg nach Kassala 400 km östlich der sudanesischen Hauptstadt Khartum. Kassala liegt an der Grenze zu Äthiopien und ist heute eine Handelsstadt, die für ihre Obstplantagen bekannt ist. Das älteste Gebäude der Stadt ist eine ägyptische Festung aus dem Jahr 1840.

Bemühungen zur Beendigung des Bürgerkriegs dauern fort. 1993 wurde al-Bashir zum Staatsoberhaupt ernannt, und die Militärjunta machte 1995 den Weg für Wahlen frei.

Der Hauptgegensatz besteht zwischen den arabischen und nubischen (zumeist islamischen) Ethnien im Norden und den Nilotischen und Sudanvölkern (meist nicht-islamisch) im Süden. In den 70er- und 80er-Jahren hat die Südbevölkerung durch Flüchtlinge aus Äthiopien, Uganda und dem Tschad stark zugenommen. Insgesamt gibt es etwa 570 ethnische Gruppen und über 100 Sprachen im Sudan. Amtssprache ist Arabisch, das etwa von der Hälfte der Bevölkerung gesprochen wird, vorherrschende Religion ist der sunnitische Islam.

WIRTSCHAFT

Die weitaus meisten Arbeitskräfte sind in der Landwirtschaft beschäftigt. Die Landbe-

Erwerbszweig ist der Baumwollanbau, der auf Kosten der Nahrungsmittelproduktion bevorzugt wird. Ein Drittel des Bruttosozialprodukts wird durch die Landwirtschaft erzielt. Grundnahrungsmittel sind Mohrenhirse, Hirse, Weizen, Gerste und Erdnüsse.

20 % des Landes sind bewaldet und der Großteil der Waldgebiete sind Staatseigentum. Weitere 20 % der Fläche dienen als Weideland für Ziegen, Rinder, auch für Kamele und Schafe (die exportiert werden). Der Fischfang im Nil und im Roten Meer bleibt auf den lokalen Bedarf beschränkt.

Gefördert werden Gold, Chrom- und Manganerz, Salz und Glimmer. Die Ölförderung begann 1979 und kann auf ausgedehnte, weitgehend ungenutzte Vorräte zurückgreifen. Dennoch wird Erdöl vorwiegend importiert. Der sudanesische Energiebedarf wird zur Hälfte aus importierten Brennstoffen, zur anderen Hälfte durch Energie aus Wasserkraftwerken gedeckt. Die Produktion von

Haupthandelspartner des Sudans, gefolgt von den Ländern der Euroäischen Union. Die Auslandsschulden lähmen die Wirtschaft; die Handelsbilanz ist Besorgnis erregend negativ.

Die Straßen sind meist unbefestigt und nach Regenfällen unpassierbar. Die staatliche Eisenbahn mit etwa 5000 Schienenkilometern beschäftigt 20 % der Arbeitskräfte des Sudans. Auf dem Weißen Nil verkehren Linienschiffe, aber Port Sudan im Nordosten bietet den einzigen wichtigen Zugang zum Meer. Auf 10 Flughäfen verkehren Linienflüge. Die Medien sind in staatlicher Hand.

Der Sudan zählt zu den ärmsten Entwicklungsländern der Region. Medizinische und soziale Dienste sind nur in Ansätzen vorhanden. Infektionskrankheiten (einschließlich

Äthiopien

VOLKSDEMOKRATISCHE REPUBLIK ÄTHIOPIEN

ÄTHIOPIEN BLICKT AUF EINE URALTE UND reiche Geschichte zurück, doch heute gehört es zu den ärmsten Ländern der Welt, geschunden und zerrissen durch Dürren, Hungersnöte und Bürgerkrieg.

GEOGRAFIE

Äthiopien besteht aus einem massiven Hochplateau, das durch den Ostafrikanischen Grabenbruch (Rifttal) in zwei Hälften geteilt wird. Im Westen, an der Grenze zum Sudan, erhebt sich das Land bis zu einer Höhe von 3700 m. Am Ostrand des westlichen Hochlands liegt die Hauptstadt Addis Abeba auf etwa 2500 m Höhe. Vom Tanasee im Nordwesten schneidet sich die Schlucht des Blauen Nils erst südostwärts, dann in westlicher Richtung durch das Gebirge. Nördlich des Tanasees erhebt sich das Simen-Gebirge mit dem Ras Dashan, Äthiopiens höchstem Berg, dann senkt sich das Land ab bis zur schmalen Küstenebene am Roten Meer. Das Rifttal hat eine durchschnittliche Breite von 50 km. Für den südlichen Teil bis zur kenianischen Grenze sind Seen, Lavamassen und Vulkankegel charakteristisch. Nach Norden weitet sich das Tal zur Flussebene des Awash. Wiederum nördlich davon, in der Danakil-Ebene, gibt es heiße Quellen, aktive Vulkane, Salzseen und die Kobar-Senke, ein großes Wüstengebiet, das um 100 m unter dem Meeresspiegel liegt und im Südosten durch Dschibuti begrenzt wird.

Das Östliche Hochland steigt am Ostrand des Rifttals bis zu einer Höhe von 4300 m an. Südöstlich senkt es sich zum Bale-Plateau ab, dem sich nordöstlich das Harer-Plateau mit dem Ogaden anschließt, der umstrittenen Grenzregion zu Somalia.

Auf den Hochebenen herrscht ein gemäßigtes Klima, das mit abnehmender Höhe immer heißer wird. Die meisten Niederschläge fallen im Süden und Westen, doch das Hochland ist für die landwirtschaftliche Nutzung ausreichend mit Regen versorgt. In den vergangenen Jahren haben jedoch lange Dürreperioden zu Krankheit, Elend und Hunger geführt. Die Vegetation ist außerordentlich reich und umfasst tropischen Regenwald ebenso wie Grassavanne in den Niederungen und Hochgebirgspflanzen in den Bergen. Die Tierwelt reicht von Steinböcken und Nyala-Antilopen in den Bergen bis zu Flusspferden und Krokodilen in den Seen und Flüssen.

LANDESDATEN – ÄTHIOPIEN

Fläche 1 119 683 km²

Klima

	Höhe m	Temperaturen Januar °C	Juli °C	Jährlicher Niederschlag mm
Addis Abeba	2360	16	15	1089

Geografische Merkmale höchster Berg: Ras Dashen 4620 m

Einwohnerzahl (1994) 54,9 Millionen

Staats- und Regierungsform Einparteiensystem; Republik; ein gesetzgebendes Organ

Streitkräfte Heer 120 000; Luftwaffe 4500 (in Umstrukturierung)

Größte Städte Addis Abeba (Hauptstadt – 1,9 Mio. Einw.); Dire Dawa (127 000)

Offizielle Landessprache Amharisch

Bevölkerungsgruppen Oromo 40%; Amharen und Tigriner 32,0%; Sidamo 9,0%; Schankella 6,0%; Somali 6,0%; Afar 4,0%; Gurage 2,0%; sonstige 1,0%

Religionen Muslime 45-50%; äthiopisch-koptische Christen 35-40%; Animisten 12,0%; sonstige 5,0%

Währung 1 Birr (Br) = 100 Cents (ct)

Bruttosozialprodukt (pro Kopf 1993) US-$ 100

Bruttoinlandsprodukt (1993) US-$ 5,750 Mrd.

Lebenserwartung Männer 51,0; Frauen 54,4 Jahre

Ressourcen Kaffee, geringe Goldvorkommen, Platin, Kupfer, Pottasche, Kalkstein

KULTUR UND GESELLSCHAFT

Die Wurzeln des modernen Äthiopien liegen im Königreich Aksum (2. Jh.), das im 4. Jh. christianisiert wurde. Durch die islamischen Eroberungen im 7. Jh. wurde es von Europa abgeschnitten. Erst in der Mitte des 15. Jh., als äthiopische Mönche ihre Kirche mit Rom vereinigen wollten, rückte das Land wieder in das Blickfeld Europas.

1520 unterstützten die Portugiesen Äthiopien im Kampf gegen die Türken und gegen Moslemaufstände in den Südostprovinzen. 1633 wurden jedoch alle jesuitischen Missionare des Landes verwiesen. Es folgte eine kulturelle Blüte, doch die archaische Sozialstruktur blieb unverändert.

Das alte Reich wurde schließlich unter Menelik II. (1844-1913) gegen Ende des 19. Jh. wiederhergestellt, mittlerweile aber erhoben die Italiener Anspruch auf die Nordprovinz Eritrea. Die Modernisierung des Landes begann 1930 unter dem Kaiser Haile Selassie (1892-1975) und fünf Jahre später marschierten die Italiener ein, die 1941 zurückgeschlagen wurden. 1950 wurde Eritrea ein

Eine äthiopische Frau fertigt einen traditionellen Kopfschmuck aus farbigen Glasperlen.

Bundesstaat Äthiopiens. Die volle Eingliederung von 1962 führte zu einem bürgerkriegsartigen Konflikt.

1974 wurde der Kaiser durch einen Putsch entmachtet, dessen Nachwirkungen im Bürgerkrieg endeten. 1984 waren die Konflikte so weit eskaliert, dass die internationalen Hilfsorganisationen die Not leidende Bevölkerung nicht mehr erreichen konnten. Im April 1993 gewann Eritrea die Unabhängigkeit und wurde im Mai von den UN als souveräner Staat anerkannt.

Die äthiopische Bevölkerung setzt sich aus einer Vielzahl ethnischer Gruppen zusammen, deren einflussreichste die herrschenden Amhara mit 32 % Bevölkerungsanteil sind. Sie leben vor allem im Norden und in der Mitte des Landes. Die Oromo, etwa 40 % der Bevölkerung, leben vorwiegend im Osten und Süden. Amtssprache ist Amharisch, obwohl etwa 70 weitere Sprachen verbreitet sind. Etwa die Hälfte der Bevölkerung ist dem Islam zuzuordnen, etwa 40 % der äthiopisch-orthodoxen Kirche. Die meisten Bewohner leben auf dem Land, viele sind Nomaden oder Halbnomaden.

WIRTSCHAFT

80 % der Erwerbstätigen sind in der Landwirtschaft beschäftigt, aber die Erträge sind infolge Krieg und Dürre dramatisch zurückgegangen. Eine Technisierung hat kaum stattgefunden. In den Hochlagen herrscht Almwirtschaft vor.

In der gemäßigten Zone darunter lebt der Hauptteil der Bevölkerung. Hier werden Weizen, Mais, Gerste und andere Getreidearten angebaut und Pferde, Rinder und Schafe gezüchtet. Unter 1800 m wird das Klima tropisch, in den regenreichen Gebieten wird Kaffee angebaut, der ein Hauptexportartikel ist, sowie Zuckerrohr.

Äthiopische Bodenschätze sind Gold, Platin und Kupfer und wertvolle Kalksteinlagerstätten. Elektrizität wird vor allem aus Wasserkraft gewonnen, und hier sind bei weitem nicht alle Reserven ausgeschöpft. Auch die geothermische Energie des Rifttals soll genutzt werden. In der geringfügigen, zumeist staatlichen Industrie herrschen Textil- und Nahrungsmittelproduktion vor.

Hunger, Dürre und Bürgerkrieg haben das Land ausgeblutet und die Wirtschaft ruiniert. Äthiopien unterhält das größte Berufsheer Afrikas und ist bei Kuba und der ehemaligen Sowjetunion hoch verschuldet. Haupthandelspartner sind Deutschland, die GUS-Staaten, die Vereinigten Staaten von Amerika, Italien und Japan.

Addis Abeba ist über befestigte Straßen mit den Provinzhauptstädten verbunden. Die Eisenbahnlinie von Addis Abeba zum Hafen von Dschibuti am Golf von Aden ist die Hauptverbindung des Landes mit dem Meer. Die Wasserstraßen spielen keine nennenswerte Rolle, aber es gibt drei internationale Flughäfen. Das äthiopische Fernsehen sendet auf Englisch und Amharisch; Rundfunksendungen werden auch in anderen lokalen Sprachen ausgestrahlt. Es erscheinen drei landesweite Tageszeitungen.

Nur ein kleiner Teil der Bevölkerung kann von dem vierstufigen Bildungssystem und der modernen Gesundheitsfürsorge profitieren. Tropen- und Infektionskrankheiten bleiben weiter ein Hauptproblem. Die Lebenserwartung in Äthopien ist weltweit eine der niedrigsten.

Die Tis-Isat-Wasserfälle am Ausfluss des Blauen Nils aus dem Tanasee im Nordwesten von Äthiopien, während der Regenzeit.

Eritrea

STAAT ERITREA

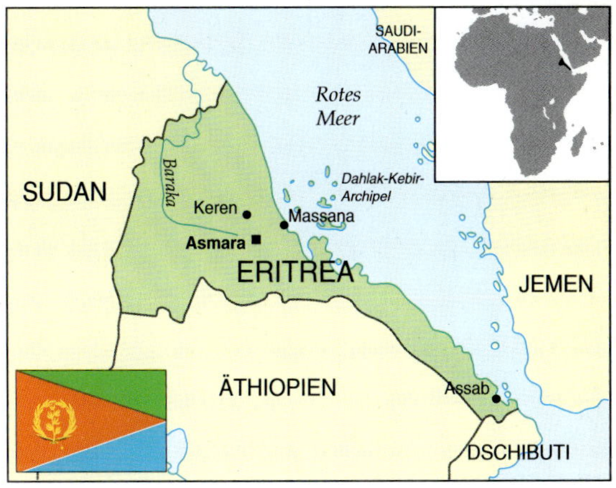

AM 28. MAI 1993 WURDE ERITREA NACH einem 30-jährigen Krieg mit Äthiopien von den Vereinten Nationen als souveräner Staat anerkannt. Infolge des Krieges hat das Land mit Hunger und Elend zu kämpfen. Gegenwärtig wird es von einer Übergangsregierung geführt, die für Mitte 1997 demokratische Wahlen angekündigt hat.

Die ehemalige italienische Kolonie, von 1942-1952 britischer Herrschaft unterstellt, wurde während der politischen Umschichtungen z. Z. der Entkolonialisierung in den 60er-Jahren mit Äthiopien vereint. Die Bevölkerung führte einen erbitterten Unabhängigkeitskampf, der 1991 seinen Höhepunkt erreichte, als andere oppositionelle Gruppen in Äthiopien sich mit der Eritreischen Volksbefreiungsfront verbündeten, um die Mengistu-Regierung zu stürzen, die dem greisen äthiopischen Kaiser 1974 die Macht entrissen hatte.

Eritrea nimmt eine strategisch bedeutsame Position ein, die dem Land die Kontrolle des Roten Meers erlaubt. Die Abtrennung Eritreas schneidet Äthiopien vom direkten Zugang zum Meer ab und hat damit Zugriff auf seine Außenhandelsverbindungen. Langfristig will Eritrea den Tourismus am Roten Meer entwickeln, die Ölförderung im Roten Meer und den Fischfang ausbauen.

LANDESDATEN – ERITREA

Fläche	121 320 km²
Klima	heißer, trockener Wüstenstreifen (Tropenklima)
Geografische Merkmale	höchster Berg: Monte Soira 2989 m
Einwohnerzahl	(1994) 3,8 Millionen
Staats- und Regierungsform	Republik
Streitkräfte	Heer (geschätzt) 70 000; Marine (früher äthiopisch) 4000
Hauptstadt	Asmara (358 000 Einw.)
Offizielle Landessprachen	Tigrinya und Arabisch
Religionen	Muslime; koptische Christen; Katholiken, Protestanten (Zahlen nicht verfügbar)
Währung	1 Birr (Br) = 100 Cents (ct)
Lebenserwartung	Männer 44,0; Frauen 38,0 Jahre

Dschibuti

REPUBLIK DSCHIBUTI

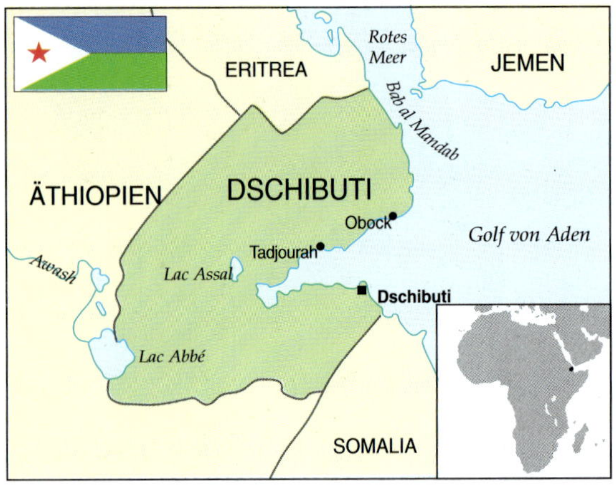

DSCHIBUTI, DAS KLEINSTE LAND DER Region, nimmt eine strategische Position am Eingang zum Roten Meer ein. Die Wüstenrepublik liegt am Golf von Aden und grenzt an Eritrea, Äthiopien und Somalia.

GEOGRAFIE

Der Norden des Landes ist bergig, während das Kernland und der Süden von vulkanischen Plateaus geprägt sind. Verwerfungen parallel zum Roten Meer haben tiefe Senken mit Salzseen und der Hanlé-Niederung geschaffen. Der Golf von Tadjoura schneidet sich tief in die Ostküste Dschibutis ein.

Das Tropenland Dschibuti gehört zu den heißesten Regionen der Welt. Die spärlichen Niederschläge begrenzen sich vor allem auf die nördlichen Berge im Spätsommer und Ende März. Vorherrschende Vegetation sind Wüstensträucher, und an der Küste wachsen Mangroven. In den Bergen gibt es einige Waldgebiete. Die einheimischen Tiere sind gut an das extreme Klima angepasst. Zu ihnen zählen Luchse, Schakale und Gazellen.

KULTUR UND GESELLSCHAFT

Die zwei ethnischen Hauptgruppen in Dschibuti sprechen eine hamitische Sprache und folgen dem Islam. Die Afaren stammen von den Siedlern des 3. Jh. ab, während die Issa später aus Somalia hinzugekommen sind.

1862 wurde Obock am Nordrand des Golfs von Tadjoura vom Sultanat Tadjoura an Frankreich verkauft. 30 Jahre später wurde die Stadt Dschibuti auf der anderen Seite des Golfes zur Hauptstadt von Französisch-Somaliland. Frankreich hielt hartnäckig an seiner Erwerbung fest, doch bei einer Abstimmung von 1977 entschieden sich 85 % der Bevölkerung für die Unabhängigkeit, und Hassan Gouled Aptidon (*1916) wurde erster Präsident der neuen Republik. Amtssprache ist Französisch (zusammen mit Arabisch), und die Neutralität und Unabhängigkeit von Dschibuti wird mit französischer Militärhilfe gesichert.

Nach einem Referendum wurde 1992 eine neue Verfassung verabschiedet, die maximal vier politische Parteien zulässt und bei der Mitgliederzahl einen ethnischen Proporz vorschreibt. Bei den Wahlen von 1992 hat die Regierungspartei (Rassemblement Populaire pour le Progrès) alle 65 Sitze der Deputiertenkammer errungen, und Aptidon wurde als Präsident wiedergewählt. Allerdings haben die anderen Parteien die Wahl boykottiert.

WIRTSCHAFT

Die Landwirtschaft deckt nur ein Viertel des Bedarfs und ihr Ausbau wird durch die Wasserknappheit in Grenzen gehalten. Gezüchtet werden Kamele, Schafe, Ziegen und Rinder, aber kaum ein Zehntel des Landes ist als Weideland tauglich. Von wachsender Bedeutung ist der Fischfang.

Die natürlichen Ressourcen sind sehr begrenzt. Salz wird nicht mehr exportiert. Gegenwärtig wird ein geothermisches Kraftwerk gebaut. Die Wirtschaft lebt von Dienstleistungen und dem Außenhandel, vor allem von der Verschiffung äthiopischer und somalischer Handelsgüter. Der Hafen der Hauptstadt ist gut ausgebaut und besitzt einen Bahnanschluss nach Addis Abeba. Finanzielle Unterstützung durch Frankreich, Italien und Saudi-Arabien fließt aufgrund der strategischen Lage des Landes reichlich. Weniger als 10 % der Straßen sind befestigt. Ein internationaler Flughafen verbindet die Hauptstadt mit Frankreich, Äthiopien, Madagaskar, Ägypten und anderen ostafrikanischen Ländern. Rundfunksendungen erfolgen in vier Sprachen; es gibt einen Fernsehsender.

In den ländlichen Gegenden existieren eine Reihe von Ambulanzen; in Dschibuti steht ein Krankenhaus zur Verfügung. Unterernährung, Wassermangel und Vergiftungen sind für mehr als die Hälfte aller Todesfälle bei Kindern unter 10 Jahren verantwortlich.

Fischer aus Dschibuti mit Thunfischen aus dem Bab al Mandab, der Meerenge zwischen dem Roten Meer und dem Indischen Ozean am Golf von Aden. Seit 1980 wird der Fischfang in Dschibuti staatlich gefördert.

LANDESDATEN – DSCHIBUTI

Fläche 23 200 km²

Klima	**Höhe**	**Temperaturen Januar**	**Juli**	**Jährlicher Niederschlag**
	m	°C	°C	mm
Dschibuti	8	26	36	130

Geografische Merkmale höchster Berg: Musa Ali 2063 m; tiefster Punkt: Assal -150 m

Einwohnerzahl (1993) 695 000

Staats- und Regierungsform Mehrparteiensystem; Republik; ein gesetzgebendes Organ

Streitkräfte Heer 8000; Marine 100; Luftwaffe 200

Hauptstadt Dschibuti (290 000 Einw.)

Offizielle Landessprachen Arabisch, Französisch

Bevölkerungsgruppen Somali 60,0%; Afaren 35,0%; Franzosen, Araber, Äthiopier und Italiener 5,0%

Religionen sunnitische Muslime 94,0%; Katholiken 4,0%; Protestanten 1,0%; Orthodoxe 1,0%

Währung 1 Dschibuti-Franc (FD) = 100 Centimes (c)

Bruttosozialprodukt (pro Kopf 1993) US-$ 780

Lebenserwartung Männer 47,4; Frauen 51,1 Jahre

Ressourcen geothermale Energie, Fischereiprodukte, Hafenanlagen

Somalia

DEMOKRATISCHE REPUBLIK SOMALIA

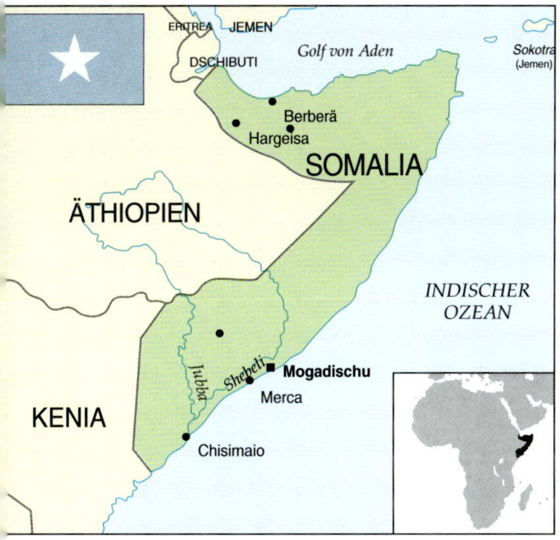

Flüchtlinge bei der Essenverteilung in einem somalischen Lager. Der Bürgerkrieg wurde 1991 mit dem Sturz der Barre-Regierung beendet. Die 90er-Jahre brachten jedoch eine große Hungersnot, und die internationale Hilfe konnte erst wirksam werden, als US-Truppen die Verteilung überwachten.

SOMALIA LIEGT AM HORN VON AFRIKA, das im Nordosten des Kontinents in den Indischen Ozean ragt. In den vergangenen Jahren haben Bürgerkrieg und Dürreperioden das Land verwüstet.

GEOGRAFIE

Im Norden liegt das Ogo-Hochland, ein zerklüfteter, uralter Gebirgszug, der sich, aus Äthiopien kommend, am Golf von Aden entlang zieht. Der schmale Küstenstrich davor besteht aus heißem, trockenem Buschland und heißt Guban. Südlich der Berge beginnt die Haud-Hochebene, danach senkt sich das Land allmählich bis zum Indischen Ozean ab. Die zwei größten Flüsse, Juba und Webi Shebeli, durchfließen, von Äthiopien kommend, den Süden Somalias und bieten im unwirtlich heißen Klima eine lebenswichtige Wasserreserve. Nur im Süden und an den nördlichen Berghängen gibt es genug Regen, um einen kleinen Waldbestand und Grasland zu erhalten, ansonsten ist Somalia von Halbwüste und Trockensavanne bedeckt. Charakteristische Tiere der Region sind Elefanten, Zebras, Giraffen, Antilopen und Leoparden.

KULTUR UND GESELLSCHAFT

Somalia war wahrscheinlich das in der Bibel erwähnte Land „Punt". Die heutige Bevölkerung stammt von arabischen und persischen Händlern ab, die sich an der Küste niedergelassen haben, sowie von den somalischen Nomaden, die in der Folge von ihnen unterworfen wurden. Über zwei Drittel der Bevölkerung leben noch nomadisch. Es gibt drei große Stammesgruppen, aber Somali ist die vorherrschende Sprache. Im 19. Jh. wurde der Norden durch Großbritannien und der Osten durch Italien kolonisiert, obwohl der

UN gestellt; 1960 erhielt das Land die Unabhängigkeit. 1969 fiel der Präsident einem sowjetisch gesteuerten Militärputsch zum Opfer; es folgte das Unterdrückungsregime von Generalmajor Siyad Barre (1921-1995). 1977 marschierte er in den äthiopischen Landesteil Ogaden ein, riskierte damit den Bruch mit der Sowjetunion und löste einen blutigen Bürgerkrieg aus, der durch Spannungen zwischen den ethnischen Gruppen weiter geschürt wurde. Es folgten Putschversuche, Massaker und zunehmende Unruhen, die 1991 zum Sturz der Barre-Regierung führten. Die fortgesetzten Unruhen blockierten die internationalen Hilfsmaßnahmen für die Hungernden in den Flüchtlingslagern. Im Dezember 1992 wurden US-Truppen zur Hilfeleistung entsandt. Nach Abschluss eines Waffenstillstands zogen sie sich 1994 zurück, aber die Kämpfe unter den rivalisierenden Clans setzten sich fort. 1995 zogen sich alle UN-Truppen aus Somalia zurück.

WIRTSCHAFT

Die Landwirtschaft beschränkt sich auf ein kleines Gebiet zwischen den beiden Hauptflüssen, das weniger als 2 % der Landesfläche ausmacht. Angebaut werden Mais, Mohrenhirse und Erdnüsse, an den Flussufern kommen Bananen und Zuckerrohr hinzu. Etwa die Hälfte des Landes dient als nomadisches Weideland für Rinder, Schafe und Ziegen und erbringt drei Viertel der Exporterlöse. Nur 10 % des Bruttosozialprodukts entstammen der Industrieproduktion, die auf der Verarbeitung landwirtschaftlicher Produkte basiert. Fast aller Grundbedarf muss importiert werden; ohne Auslandshilfe wäre Somalia nicht existenzfähig. Die Bodenschätze, zu denen Uran- und Eisenerze gehören, wurden bisher nicht abgebaut.

Mogadischu. Die Medien sind in staatlicher Hand. Das Bildungssystem führt bis zur Universitätsreife, steht aber nur wenigen offen. Bis auf eine kleine Minderheit ist die gesamte Bevölkerung analphabetisch. Auch das Gesundheitswesen leidet unter dem allgemeinen Mangel und ist entsprechend dürftig.

LANDESDATEN – SOMALIA

Fläche 637 657 km²

Klima	**Höhe**	**Temperaturen Januar**	**Juli**	**Jährlicher Niederschlag**
	m	°C	°C	mm
Mogadischu	17	26	25	429

Geografische Merkmale höchster Berg: Surud Ad 2416 m; längster Fluss: Webi Shebeli (Teil) 2010 km,

Einwohnerzahl (1994) 9,5 Millionen

Staats- und Regierungsform praktisch gesehen: Einparteiensystem; Republik; ein gesetzgebendes Organ; ohne Landesregierung

Streitkräfte keine offiziellen Angaben

Größte Städte Mogadischu (Hauptstadt – 1 Mio. Einw.); Hargeisa (400 000)

Offizielle Landessprache Somali

Bevölkerungsgruppen Somali 85,0%; Araber 1,2%; Bantu 0,4%; sonstige 13,4%

Staatsreligion Islam

Religionsgemeinschaften sunnitische Muslime 95,8%; Christen 0,1%; sonstige 0,1%

Währung 1 Somalia-Shilling (So.Sh.) = 100 Centesimi (Cnt)

Bruttosozialprodukt (pro Kopf 1991) US-$ 150

Bruttoinlandsprodukt (1991) US-$ 835 Mio.

Lebenserwartung Männer 54,5; Frauen 55,0 Jahre

Ressourcen Vieh, Bananen, Uran, Eisenerz, Zinn, Gips, Bauxit, Kupfer und andere unerschlossene Mineralien

Zentralafrika

LÄNDER DER REGION

SENEGAL · GAMBIA · GUINEA · GUINEA-BISSAU
SIERRA LEONE · LIBERIA · ELFENBEINKÜSTE · BURKINA FASO
GHANA · TOGO · BENIN · NIGERIA · KAMERUN
ZENTRALAFRIKANISCHE REPUBLIK
ÄQUATORIALGUINEA · GABUN · KONGO · ZAIRE
BURUNDI · RUANDA · UGANDA · KENIA · TANSANIA
SEYCHELLEN · SÃO TOMÉ UND PRÍNCIPE
KAP VERDE

Tagesanbruch am Naivasha-See in Kenia – einer von vielen Seen im östlichen Arm des großen Rifttals, des Ostafrikanischen Grabenbruchs, der sich 6450 km durch Afrika zieht und hier das kenianische Hochland durchschneidet. Die Süßwasservorräte schaffen paradiesische Lebensbedingungen für eine artenreiche Tierwelt; der See ist beliebt bei Fischern und bei Ornithologen.

Senegal

REPUBLIK SENEGAL

SENEGAL LIEGT AN DER WESTKÜSTE AFRIKAS und grenzt an Mauretanien, Mali und Guinea. Eingeschlossen in das Land ist Gambia.

GEOGRAFIE

Das ganze Land besteht aus einer flachen Tiefebene, die nur am Ostrand, im Übergang zu den Plateaus von Mali und Guinea ein wenig ansteigt. Es wird von zahlreichen Flüssen durchzogen, u. a. vom Gambia, vom Casamance und vom Senegal-Fluss, der die Nordgrenze mit Mauretanien bildet. Das Klima ist heiß; Regenfälle sind an die Jahreszeiten gebunden. Die Landschaft wandelt sich von trockener Halbwüste im Norden zu fruchtbarer Savanne und schließlich zum Regenwald im Süden, wo man an der Küste auch Mangrovensümpfe findet. Die Tierwelt ist vielfältig: Löwen, Antilopen, Affen, Warzenschweine, Flusspferde und Krokodile.

KULTUR UND GESELLSCHAFT

Im Senegal leben viele Völker, zu nennen sind vor allem die Wolof, die Fulani, die Serer und die Tukulor. Vorherrschende Religion ist der Islam. Im 17. und 18. Jh. haben sowohl England als auch Frankreich die Kolonisierung des Landes betrieben. Im 19. Jh., nach der Abschaffung des einträglichen Sklavenhandels, wurde es ganz von Frankreich in Besitz genommen. 1958 gewann Senegal interne Autonomie, 1960 die völlige Unabhängigkeit. Erster Präsident war der Dichter Léopold Sédar Senghor (*1906); 1980 legte er sein Amt nieder und wurde von Abdou Diouf (*1935) abgelöst, der 1981 Truppen nach Gambia entsandte, um bei der Bekämpfung einer Revolte Hilfe zu leisten. 1993 wurde Diouf wiedergewählt. Es folgte eine Legislaturwahl, und 1995 wurde das Land von einer Koalitionsregierung geführt.

WIRTSCHAFT

Die senegalesische Wirtschaft basiert vorrangig auf der Erdnussproduktion, doch auch Hirse, Bohnen, Reis, Zuckerrohr, Mohrenhirse und Baumwolle werden angebaut. Eine bedeutende Rolle spielt der Fischfang. Abgebaut werden die reichen Phosphatvorkommen, aber auch bedeutende Öl- und Eisenerzlagerstätten sind aufgefunden worden. Die Nahrungsmittelverarbeitung (Erdnussöl) ist in der Entwicklung begriffen. Das Verkehrsnetz ist relativ gut ausgebaut, besonders im Umkreis der modernen Hauptstadt Dakar auf der Halbinsel Kap Verde, dem westlichsten Punkt des afrikanischen Kontinents. Auf dem Land sind jedoch Sozial- und Gesundheitswesen, auch das Bildungssystem, relativ rückständig geblieben. Hervorzuheben ist eine starke künstlerische und literarische Tradition.

Das bunte Sortiment der Armreifen aus Glasperlen, Holz und Schlangenhaut ist eine Zierde des belebten Marktes in Dakar – Hauptstadt des Senegal und eines der bedeutendsten Industriezentren Westafrikas. Das Kunsthandwerk verweist auf eine lange Tradition volkstümlicher Kunst.

Der Strand von Ngor, einem Fischerdorf an der Atlantikküste. Die Fischerei ist ein bedeutender Wirtschaftsfaktor, doch die kleinen Fischerboote werden allmählich abgelöst durch Hochseetrawler, die bereits den Hauptanteil der Erträge liefern.

LANDESDATEN – SENEGAL

Fläche 196 722 km²

Klima	**Höhe**	**Temperaturen Januar**	**Juli**	**Jährlicher Niederschlag**
	m	°C	°C	mm
Dakar	23	21	27	578

Geografische Merkmale höchste Erhebung: Futa Jalon 500 m (an der Grenze zu Guinea); längster Fluss: Senegal (Teil) 1633 km

Einwohnerzahl (1994) 8,7 Millionen

Staats- und Regierungsform Mehrparteiensystem; Republik; ein gesetzgebendes Organ

Streitkräfte Heer 12 000; Marine 700; Luftwaffe 650

Hauptstadt Dakar (1,4 Mio. Einw.)

Offizielle Landessprache Französisch

Bevölkerungsgruppen Afrikaner 97,4% (Wolof 36,2%, Fulani 17,8%, Serer 17,0%, Tukulor 9,7%, Dyola 8,1%; Mandingo 6,5%, Soninke 2,1%); Araber 1,0%; sonstige 1,6%

Religionen sunnitische Muslime 92,0%; Katholiken 2,0%; Naturreligionen und andere 6,0%

Währung 1 CFA-Franc (FCFA) = 100 Centimes (c)

Bruttosozialprodukt (pro Kopf 1993) US-$ 750

Bruttoinlandsprodukt (1993) US-$ 5,77 Mrd.

Lebenserwartung Männer 55,1; Frauen 58,1 Jahre

Ressourcen Fisch, Erdnüsse, Hirse, Reis, Baumwolle, Zuckerrohr, Phosphat, Eisenerz, Erdöl, Tourismus

Gambia

REPUBLIK GAMBIA

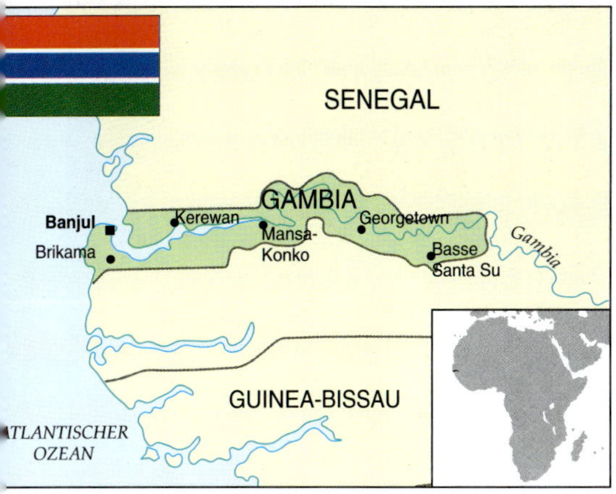

DER KLEINE WESTAFRIKANISCHE STAAT bildet einen schmalen Streifen entlang des Gambia-Flusses und wird vom Senegal umschlossen.

GEOGRAFIE

Der Fluss ist die Lebensader des Landes, das auf das breite Flusstal und die sich anschließenden Hügel begrenzt bleibt.

Das Klima ist tropisch mit heftigen Niederschlägen zur Regenzeit. In der Flussniederung finden sich jahreszeitlich überflutete Grasflächen, die als *banto faros* bezeichnet werden, der Fluss selbst ist von Sümpfen gesäumt. Die Hügel sind von Savanne und lichten Wäldern bedeckt, die allmählich der Landwirtschaft weichen müssen. Der Fluss und seine Ufer bieten vielen Tieren Lebensraum: verschiedensten Vogelarten, Leoparden, Affen, Antilopen, Krokodilen und Flusspferden.

KULTUR UND GESELLSCHAFT

Gambia wird vorwiegend von den Malinke, Fulani, Wolof und Yola bewohnt und unterscheidet sich vom umliegenden Senegal darin, dass hier seit dem 17. Jh. der britische Einfluss vorherrschte. Die Flussregion wurde 1888 eine britische Kolonie; 1965 erfolgte die Unabhängigkeitserklärung und 1970 wurde das Land Mehrparteienrepublik und Mitglied des Commonwealth.

Ein Putsch gegen den Präsidenten Sir Dawda Kaibara Jawara (*1924) konnte 1981 mit Unterstützung senegalesischer Truppen niedergeschlagen werden. 1994 wurde er jedoch durch einen unblutigen Putsch des Leutnants Yahya Jameh gestürzt. Eine fünfköpfige provisorische Regierung der Streitkräfte unter Jameh kündigte die Verfassung und löste die politischen Parteien auf.

Etwa 80 % der Bevölkerung leben auf dem Land, vorherrschende Religion ist der Islam.

An der Mündung des Gambia-Flusses. Die schlanken Palmen auf dem Hochufer sind bedroht durch Brandung und Hochwasser, die allmählich die Uferböschung unterhöhlen.

WIRTSCHAFT

Erdnüsse machen mehr als die Hälfte der gambischen Exporte aus. Dennoch ist Gambia nicht mehr in so hohem Maße wie früher von diesem Produkt abhängig. Von Bedeutung ist auch der Export von Palmkernen. Als Grundnahrungsmittel wird Getreide und Gemüse angebaut. Auch der kommerzielle Fischfang gewinnt an Gewicht. Außer Kaolin und Zinn gibt es keine nennenswerten Bodenschätze; die Industrie ist weitgehend auf die Nahrungsmittelverarbeitung beschränkt. Als Hauptverkehrsweg dient der Fluss. Neuerdings wird der Tourismus gefördert. Die Gesundheitsfürsorge ist beschränkt, aber es gibt Programme zur Bekämpfung der Lepra, der Malaria und anderer endemischer Tro-

LANDESDATEN – GAMBIA

Fläche 10 689 km²

Klima	**Höhe**	**Temperaturen Januar**	**Juli**	**Jährlicher Niederschlag**
	m	°C	°C	mm
Banjul	2	23	27	1295

Geografische Merkmale längster Fluss: Gambia (Teil) 1100 km

Einwohnerzahl (1994) 959 300

Staats- und Regierungsform Militärregierung

Streitkräfte Heer 800; Marine 70

Hauptstadt Banjul (150 000 Einw.)

Offizielle Landessprache Englisch

Bevölkerungsgruppen Gambier 99,0% (Mandingo 42,0%, Fulani 18,05, Wolof 16,0%, Yola 10,0%, Sarakole 9,0%, sonstige 1,0%); andere Nationalitäten 1,0%

Religionen Muslime 90,0%; Christen 9,0%; Naturreligionen 1,0%

Währung 1 Dalasi (D) = 100 Butut (b)

Bruttosozialprodukt (pro Kopf 1993) US-$ 350

Bruttoinlandsprodukt (1993) US-$ 303 Mio.

Lebenserwartung Männer 47,8; Frauen 52,4 Jahre

Ressourcen Erdnüsse, Palmkerne, Fischereiprodukte, Tourismus

Guinea

REPUBLIK GUINEA

GUINEA LIEGT ZWISCHEN GUINEA-BISSAU und Sierra Leone an der afrikanischen Westküste. Im Inland grenzt es außerdem an Senegal, Mali, Elfenbeinküste und Liberia.

GEOGRAFIE

Im Inneren besteht Guinea vorwiegend aus Hochland, das sich von der Savanne des Nigertals im Nordwesten bis zum Guinea-Hochland im Südosten erstreckt und das zentrale Fouta-Djalon-Plateau umfasst. Hier entspringen die großen Flüsse Niger, Senegal und Gambia, doch sie durchfließen viele andere Länder, bevor sie den Atlantik erreichen. Vom Fouta Djalon fällt das Land schnell zur Küste ab, die von Buchten und Mangrovensümpfen gesäumt ist. Das Klima ist heiß mit jahreszeitlich reichen Niederschlägen. Das Guinea-Hochland ist mit dichtem Regenwald bedeckt, in dem Edelhölzer wie Teak, Mahagoni und Ebenholz gedeihen. Ansonsten wird die Landschaft durch Savannen-Grasland geprägt. Es kommen die für die Region typischen Tiere vor: Löwen, Leoparden und Schimpansen, in den Flüssen Flusspferde und Krokodile.

Hängebrücke aus Lianen über einen Fluß bei Nzérékoré im Hochland von Guinea – ein originelles Beispiel für die Nutzung natürlicher Baustoffe zur Lösung der Verkehrsprobleme. Das tropische Klima und die reiche Vegetation des Landes sorgen für eine bemerkenswerte Artenvielfalt.

LANDESDATEN – GUINEA

Fläche 245 857 km²				
Klima		**Temperaturen**		**Jährlicher**
	Höhe	**Januar**	**Juli**	**Niederschlag**
	m	°C	°C	mm
Conakry	46	27	25	4293
Geografische Merkmale höchster Berg: Nimba 1752 m; längster Fluss: Niger (Teil) 4200 km				
Einwohnerzahl (1994) 6,4 Millionen				
Staats- und Regierungsform Mehrparteiensystem; Republik; Nationalversammlung				
Streitkräfte Heer 8500; Marine 400; Luftwaffe 800				
Größte Städte Conakry (Hauptstadt – 705 000 Einw.); Kankan (88 800)				
Offizielle Landessprache Französisch				
Bevölkerungsgruppen Peuhl 40%; Malinke 30%; Sosso 20%; Eingeborenen-Stämme 10%				
Religionen Muslime 85,0%; Naturreligionen 5,0%; Christen 1,5%; sonstige 8,5%				
Währung 1 Guinea-Franc (F. G.) = 100 Cauris				
Bruttosozialprodukt (pro Kopf 1993) US-$ 500				
Bruttoinlandsprodukt (1993) US-$ 3,172 Mrd.				
Lebenserwartung Männer 41,9; Frauen 46,4 Jahre				
Ressourcen Bauxit, Uran, Diamanten, Aluminium, Kaffee, tropische Früchte, Fisch, Holz				

KULTUR UND GESELLSCHAFT

Guinea, einst ein Königreich des islamischen Fulani-Volks, wurde im 19. Jh. französische Kolonie. 1958 verkündete das Land unter dem Präsidenten Sékou Touré (1922-1984) die Unabhängigkeit und nannte sich Revolutionäre Volksrepublik Guinea. 1984 führten zunehmende Not und eine schwere Wirtschaftskrise zum Militärputsch. Der neue Präsident, Brigadegeneral Lansana Conté (*1934), reformierte die Wirtschaft und bewirkte eine politische Liberalisierung. 1993 wurde er wiedergewählt, und 1995, als seine „Einheits- und Fortschrittspartei" 71 der 114 Parlamentssitze gewann, wurden Legislaturwahlen abgehalten. Nahezu alle ethnischen Gruppen gehören dem Islam an; neben Französisch gibt es acht weitere Amtssprachen.

WIRTSCHAFT

Die Landwirtschaft ist Haupterwerbszweig. Angebaut werden Reis, Bananen, Ananas, auch Ölpalmen und Getreide; Hauptanbaugebiet ist der feuchte südliche Küstenstreifen, wo z. T. trockengelegte Sümpfe landwirtschaftlich genutzt werden. Entlang des Niger wachsen Reis und anderes Getreide. Auf dem Hochland herrscht die Viehzucht und Weidewirtschaft vor. Die Wirtschaft basiert weitgehend auf den Bauxitvorkommen, mit denen Guinea als ein Hauptanbieter auf dem Weltmarkt fungiert. Das Gesundheitswesen steht auf einem bescheidenen Niveau; obwohl Schulpflicht besteht, kann nur eine Minderheit die Schule besuchen.

Guinea-Bissau

REPUBLIK GUINEA-BISSAU

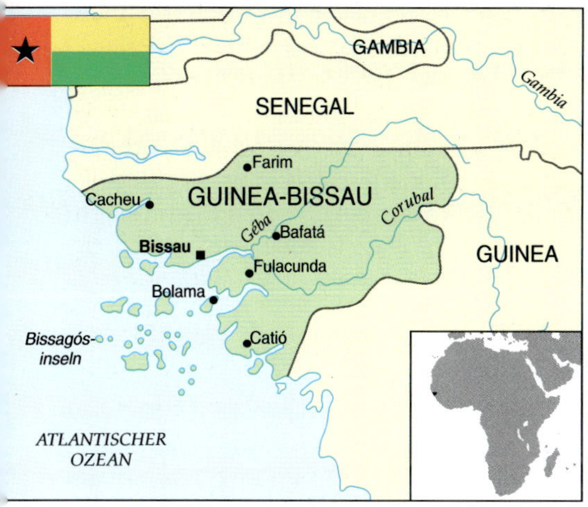

DAS EHEMALIGE PORTUGIESISCH-GUINEA liegt an der westafrikanischen Küste zwischen Senegal und Guinea. Zum Staatsgebiet gehören auch die vorgelagerten Inseln des Archipélago dos Bijagós.

GEOGRAFIE

Das einzige Hochlandsavannengebiet des Landes liegt an der südöstlichen Grenze. Dort schneiden sich tiefe Flusstäler in die Ausläufer des guinesischen Fouta-Djalon-Plateaus ein. Die Flüsse Geba, Corubal und Cacheu winden sich durch eine bewaldete Zentralebene bis zur Küste, die von breiten Buchten und von Mangrovensümpfen gesäumt ist. Die jahreszeitlichen Regenfälle sind hier besonders heftig, und fast überall im Land herrschen tropische Temperaturen. Erwähnenswert ist der Tierreichtum der Flussregionen mit Krokodilen, Pelikanen und Flamingos.

KULTUR UND GESELLSCHAFT

Seit dem 15. Jh. diente den Portugiesen das Land als Fanggebiet für Sklaven. Nach dem Niedergang des Sklavenhandels im 19. Jh. wurde es eine portugiesische Kolonie, später ein portugiesisches Überseeterritorium. 1961 begann die Partido Africano da Independência da Guiné e Cabo Verde (PAIGC) einen Guerrillakrieg, der 1974 zur Unabhängigkeit führte. 1980, nach dem Scheitern eines Staatenbunds mit den Kapverdischen Inseln, kam der Brigadegeneral João Bernardo Vieira (*1939) durch einen Militärputsch an die Macht und wurde Präsident. Die PAIGC blieb auch nach den Wahlen von 1994 die führende politische Kraft des Landes. Zu den größten der vielen ethnischen Gruppen gehören u. a. die Balanta, die Fulani und die Mandiako.

WIRTSCHAFT

Die staatlich gelenkte Wirtschaft ist in hohem Maß von ausländischer Hilfe abhängig. Die Landwirtschaft als Haupterwerbszweig hat sehr unter Heuschreckenplagen und Dürreperioden gelitten. Grundnahrungsmittel ist Reis, der in den sumpfigen Küstenregionen und auf den Inseln angebaut wird. Exportiert werden Cashew-, Kokosnüsse, Baumwolle und in erster Linie Erdnüsse, die die Hälfte des Exportvolumens ausmachen. Auch der Fischfang ist von Bedeutung.

Nur die Nahrungs- und die Textilindustrie sind nennenswert ausgebildet; die Bodenschätze harren noch der Erschließung. Brennstoffe und die meisten Industriegüter müssen importiert werden. Als Verkehrsnetz dienen die zahlreichen Wasserwege. Gesundheits- und Bildungswesen sind mangelhaft; die Medien unterstehen staatlicher Kontrolle.

LANDESDATEN – GUINEA-BISSAU

Fläche 36 125 km²

Klima	**Höhe**	**Temperaturen Januar**	**Temperaturen Juli**	**Jährlicher Niederschlag**
	m	°C	°C	mm
Bissau	21	24	27	1950

Einwohnerzahl (1994) 1,1 Millionen

Staats- und Regierungsform Mehrparteiensystem; Republik; ein gesetzgebendes Organ

Streitkräfte Heer 6800; Marine 300; Luftwaffe 100

Hauptstadt Bissau (25 000 Einw.)

Offizielle Landessprache Portugiesisch

Bevölkerungsgruppen Afrikaner 99,0% (Balanta 30,0%, Fulani 20,0%, Mandiako 14,0%, Mandingo 13,0%, Papel 7,0%); Europäer und Mulatten 1,0%

Religionen Naturreligionen 65,0%; Muslime 30%; Christen 5,0%

Währung 1 Guinea-Peso (PG) = 100 Centavos (CTS)

Bruttosozialprodukt (pro Kopf 1993) US-$ 240

Bruttoinlandsprodukt (1993) US-$ 241 Mio.

Lebenserwartung Männer 45,8; Frauen 49,1 Jahre

Ressourcen Erdnüsse, Cashewnüsse, Kokosnüsse, Baumwolle, Fisch, Holz

Ein Dorf in der Nähe von Farim (Guinea-Bissau), das von den Malinke bewohnt wird, einer der mehr als 40 ethnischen Gruppen des Landes. Dicht bei den Hütten befinden sich die Unterstände für das Vieh.

Sierra Leone

REPUBLIK SIERRA LEONE

SIERRA LEONE LIEGT AN DER AFRIKANISCHEN Westküste und grenzt nördlich an Guinea, südöstlich, entlang der Flüsse Mano und Moro, an Liberia.

GEOGRAFIE

Der schmale Küstengürtel aus Sümpfen und Mangrovenwäldern wird durchbrochen durch die dicht bewaldeten Berge der Sierra-Leone-Halbinsel mit der Hauptstadt Freetown. In den Wäldern herrschen Palmen vor, die Früchte und Öl liefern. Das Landesinnere im Süden ist bewaldet, im Norden überwiegt hügeliges Savannenland (Boliland) das jahreszeitlichen Überschwemmungen ausgesetzt ist. Im Nordosten erheben sich die Loma-Berge bis zur Bintimani-Spitze, und die Tingi-Hügel gipfeln im Sankanbiriwa. Viele Flüsse durchfließen, von Guinea kommend, das Land. Wildtiere sind rar, doch in den Wäldern leben Schimpansen und andere Affenarten. Sierra Leone hat ein heißes Tropenklima mit einer Regenzeit von Mai bis Oktober. Nach Norden hin nimmt die Regenmenge ab, in den nordwestlichen Hochlagen sind die Temperaturen wechselhafter. Dort herrscht von November bis April ein trockener Wind aus der Sahara vor.

KULTUR UND GESELLSCHAFT

Die ersten portugiesischen Entdecker fanden auf der Sierra-Leone-Halbinsel („Löwenberge") eine Reihe kleiner Königreiche vor. 1787 siedelten die Engländer entlassene Sklaven im späteren Freetown an; deren Nachkommen werden als Kreolen bezeichnet. 1896 wurde das Land zum britischen Protektorat. 1961 erlangte es unter Sir Milton Margai (1895-1964) die Unabhängigkeit. 1971 wurde Sierra Leone eine Republik mit Siaka Stevens (*1905) als erstem Präsidenten. Sein Nachfolger, Generalmajor Joseph Saidu Momoh (*1937), wurde 1985 gewählt. Nach langem Widerstand von Seiten der regierenden Volkspartei (SLPP) setzten verschiedene Gruppierungen ein Referendum durch, das sich 1991 für die Einführung eines Mehrparteiensystems aussprach. 1992 unternahm jedoch Captain Valentine Strasser (*1965) einen Putsch und setzte einen Rat von Staatssekretären ein. Die Militärregierung hat freie Wahlen in Aussicht gestellt. Eine Rebellenarmee, deren Ziel es ist, ausländische Zuwanderer zu vertreiben, hatte 1995 noch Kontrolle über eine Ostregion des Landes. Berichten zufolge wird auch von der regulären Armee Terror unter der Landbevölkerung ausgeübt.

Die größten der 18 ethnischen Gruppen sind die Mende und die Temne. Amtssprache ist Englisch, doch vorwiegend wird Krio gesprochen, ein kreolisches Pidgin-Englisch. Etwa die Hälfte der Bevölkerung folgt traditionellen afrikanischen Glaubensrichtungen, die andere große Mehrheit ist islamisch.

WIRTSCHAFT

Die Mehrzahl der Bevölkerung arbeitet auf dem Land. Palmkerne, Kakao und Kaffee werden kommerziell angebaut, Grundnahrungsmittel ist Reis. Der wichtigste Industriezweig ist der Bergbau. Für den Export, vorwiegend nach Europa und in die USA, werden Eisenerze, Diamanten, Chromerze und Quarze, Bauxit und Gold gefördert. Die Industrieproduktion für den Inlandbedarf konzentriert sich auf Freetown.

Die einzige Bahnlinie wurde 1975 eingestellt, aber das Straßennetz wird ausgebaut. Die Flüsse dienen als Wasserwege, Haupthafen ist Freetown. Der internationale Flughafen liegt in Lungi. Funk, Fernsehen und Presse unterstehen der staatlichen Zensur.

Die Gesundheitspolitik der Regierung hat zur Senkung der Kindersterblichkeit und zur Steigerung der Lebenserwartung beigetragen, doch Schlafkrankheit und Lepra stellen nach wie vor ein Problem dar. Die Grundschulbildung ist unentgeltlich, wird jedoch wenig genutzt, sodass das Analphabetentum weit verbreitet ist.

LANDESDATEN – SIERRA LEONE

Fläche 71 740 km²

Klima	**Höhe**	**Temperaturen Januar**	**Juli**	**Jährlicher Niederschlag**
	m	°C	°C	mm
Freetown	11	27	26	3434

Geografische Merkmale höchster Berg: Bintimani 1948 m

Einwohnerzahl (1994) 4,6 Millionen

Staats- und Regierungsform Provisorischer Militärrat

Streitkräfte Heer 6000; Marine 150

Hauptstadt Freetown (470 000 Einw.)

Offizielle Landessprache Englisch

Bevölkerungsgruppen Mende 34,6%; Temne 31,7%; Limba 8,4%; Kono 5,2%; Bullom 3,7%; Fulani 3,7%; Koranko 3,5%; Yalunka 3,5%; Kissi 2,3%; sonstige 3,4%

Religionen Naturreligionen 30,0%; sunnitische Muslime 60,0%; Protestanten 6,0%; Katholiken 3,0%; sonstige 1,0%

Währung 1 Leone (Le) = 100 Cents (c)

Bruttosozialprodukt (pro Kopf 1993) US-$ 150

Bruttoinlandsprodukt (1993) US-$ 660 Mio.

Lebenserwartung Männer 43,6; Frauen 42,6 Jahre

Ressourcen Diamanten, Titan, Gold, Bauxit, Chromite, Eisenerz

Ein maskiertes Mitglied der Kanadevil-Sekte (*oben*) mit aufwendigem Kopfputz. Die helle Färbung der Maske verweist auf einen „weißen Teufel".

Die Palmenstrände von Sierra Leone (*rechts*) sind nicht nur von touristischem Reiz – die Palmen liefern Früchte und Öl, und aus den Stämmen werden Einbaum-Kanus gefertigt.

Liberia

REPUBLIK LIBERIA

Liberia ist die älteste unabhängige Republik Afrikas und grenzt nordwestlich mit den Flüssen Mano und Moro an Sierra Leone, im Norden an Guinea und an die Elfenbeinküste im Osten, dort bildet der Cavally-Fluss die Grenze.

GEOGRAFIE

Sümpfe und Mangrovenwälder säumen die sandige Küste Liberias. Dahinter steigt das wellige, mit tropischem Regenwald bedeckte Hügelland allmählich zu einer Hochebene an. Die Berge im Nordosten gehören zu den Ausläufern des Mount Nimba, der sich im Dreiländereck mit Guinea und Elfenbeinküste erhebt. Regenwald und Elefantengras sind die vorherrschende Vegetation des Nordens. Man findet Zwergflusspferde, Schimpansen und Krokodile, doch werden Wildtiere zunehmend rar.

Liberia hat ein feuchtheißes Klima. Die Regenzeit von Mai bis Oktober ist durch eine kurze Trockenzeit von Mitte Juli bis August unterbrochen. Am höchsten ist die Niederschlagsmenge auf der Landzunge Cape Mount nahe der Grenze zu Sierra Leone. Im Dezember herrscht der heiße und trockene Wüstenwind aus der Sahara vor.

KULTUR UND GESELLSCHAFT

1822 landete eine Gruppe befreiter amerikanischer Sklaven in Liberia und gründeten eine Kolonie, die durch Verhandlungen der Amerikanischen Kolonisationsgesellschaft mit den Eingeborenen zustande kam. 1847 erklärte sich Liberia zur unabhängigen Republik. In den 20er-Jahren nahm die amerikanische Reifenfirma Firestone hohe Investitionen vor, und die liberianische Gummiproduktion leistete später einen wesentlichen Beitrag zum Sieg der Alliierten im Zweiten Weltkrieg.

Im Hafen der Hauptstadt Monrovia wird ein Frachter beladen. Bis zum Ausbruch des Bürgerkriegs 1990 unterhielt Liberia lebhafte Handelsbeziehungen in alle Welt.

zwischen den Ameriko-Liberianern und der bodenständigen Bevölkerung bemüht, und 1985 fanden Wahlen innerhalb eines neugegründeten Mehrparteiensystems statt. 1990, nach dem Ausbruch eines erbitterten Bürgerkriegs, wurde Doe ermordet. Im August 1993 schlossen die Parteien einen vorübergehenden Frieden. Liberias Bevölkerung teilt sich in drei Sprachgruppen – Mande, Kwa und Westatlantisch –, doch die offizielle Landessprache ist Englisch. Ein großer Teil der Bevölkerung hält an traditionellen afrikanischen Religionen fest; fast zwei Drittel der Bevölkerung leben auf dem Land.

WIRTSCHAFT

Haupterwerbszweig ist die Kautschukgewinnung. Reis ist Grundnahrungsmittel, aber Nahrungsgüter müssen nach wie vor importiert werden. In der Tierhaltung überwiegen Rinder, Ziegen und Schweine. Der Holzexport spielt eine bedeutende Rolle, Küsten- und Binnenfischerei ebenfalls. In großer Menge wird Eisenerz exportiert, dazu kommen weiterhin Diamanten und Gold. Energie wird aus Wasserkraft und ölbetriebenen Kraftwerken gewonnen. Die Industrie versorgt vor allem den heimischen Markt. Das ausgedehnte Straßennetz ist weitgehend unbefestigt. Die Bahnlinien dienen vornehmlich dem Erztransport. Haupthafen ist Monrovia. In der

Schlafkrankheit sind in Liberia verbreitet. Es besteht Schulpflicht für 6- bis 16-Jährige, daneben stehen mehrere höhere Bildungseinrichtungen zur Verfügung, doch der Analphabetismus ist an der Tagesordnung.

LANDESDATEN – LIBERIA

Fläche 99 067 km²

Klima	**Höhe**	**Temperaturen Januar**	**Juli**	**Jährlicher Niederschlag**
	m	°C	°C	mm
Monrovia	23	26	24	5138

Geografische Merkmale höchster Berg: Wutivi 1380 m; längster Fluss: Cavally (Teil) 515 km

Einwohnerzahl (1994) 2,9 Millionen

Staats- und Regierungsform Übergangsregierung

Streitkräfte effektiv keine, aber eine friedenssichernde, internationale Eingreiftruppe 15 000

Hauptstadt Monrovia (425 000 Einw.)

Offizielle Landessprache Englisch

Bevölkerungsgruppen Eingeborenen-Stämme (Kpelle, Bassa, Gio, Kru, Grebo, Mano, Krahn, Gola, Gbandi, Loma, Kissi, Vai und Bella) 95%; Amerikoliberianer (Nachfahren der aus den USA zurückgekehrten ehemaligen Sklaven) 5%

Religionen Naturreligionen 70,0%; Muslime 20,0%; Christen 10,0%

Währung 1 Liberianischer Dollar (Lib$) = 100 Cents (c)

Bruttosozialprodukt (pro Kopf 1991) US-$ 600

Lebenserwartung Männer 55,3; Frauen 60,2 Jahre

Ressourcen Eisenerz, Diamanten, Gold, Holz, Kautschuk,

Elfenbeinküste

REPUBLIK ELFENBEINKÜSTE

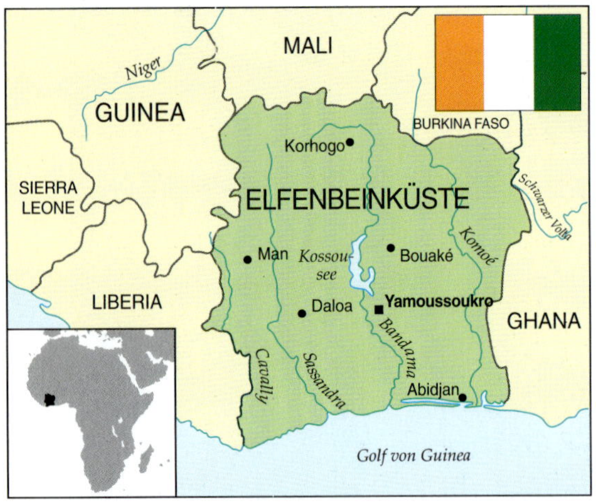

DIE ELFENBEINKÜSTE (CÔTE D'IVOIRE) LIEGT am Nordwestrand des Golfs von Guinea in Westafrika. Im Norden grenzt das Land an Mali und Burkina Faso, im Westen an Liberia und Guinea, im Osten an Ghana.

GEOGRAFIE

Von den Lagunen und Sandbänken der Küste steigt das Land sanft nordwärts an. Im südlichen Drittel herrscht tropischer Regenwald vor, der wertvolle Hölzer liefert, aber vielerorts der Rodung zum Opfer gefallen ist. Die dünn besiedelte Hochebene im Norden besteht aus Grassavanne, während sich das Hochland im Nordwesten zum Mount Nimba im Grenzgebiet von Liberia und Guinea erhebt. Das Land wird durch vier große, südwärts fließende Flüsse durchschnitten: den Cavally, den Sassandra, den Bandama und den Komoé. Zum regionaltypischen Tierbestand zählen Elefanten und Zwergflusspferde. Es gibt drei große Nationalparks.

Das Klima ist tropisch heiß. An der Küste und in vermindertem Umfang auch im Waldgürtel gibt es zwei markante Regenzeiten: von Mai bis Juli und von Oktober bis November. In der Hochebene ist es weniger heiß, die Niederschläge sind geringer und es gibt nur eine Regenzeit. Der trockene und heiße Saharawind weht hier zwischen Dezember und Februar aus nordöstlicher Richtung. In den westlichen Bergen gibt es jedoch keine Trockenperiode.

LANDESDATEN – ELFENBEINKÜSTE

Fläche 320 763 km²				
Klima		**Temperaturen**		**Jährlicher**
	Höhe	**Januar**	**Juli**	**Niederschlag**
	m	°C	°C	mm
Abidjan	7	27	24	2100

Geografische Merkmale höchster Berg: Nimba 1752 m

Einwohnerzahl (1994) 13,5 Millionen

Staats- und Regierungsform Mehrparteiensystem; Republik; ein gesetzgebendes Organ

Streitkräfte Heer 6800; Marine 900; Luftwaffe 700

Größte Städte Abidjan (Regierungssitz – 2,5 Mio. Einw.); Bouaké (390 000); Yamoussoukro (Hauptstadt – 120 000)

Offizielle Landessprache Französisch

Bevölkerungsgruppen Akan 41,4%; Kru 16,7%; Volta 15,7%; Malinke 14,9%; südliche Mande 10,2%; sonstige 1,1%

Religionen Naturreligionen 60,0%; Muslime 20,0%; Katholiken 15,0%; Protestanten 5,0%

Währung 1 CFA-Franc (FCFA) = 100 Centimes

Bruttosozialprodukt (pro Kopf 1993) US-$ 630

Bruttoinlandsprodukt (1993) US-$ 8,087 Mrd.

Lebenserwartung Männer 53,0; Frauen 56,0 Jahre

Ressourcen Kakao, Kaffee, Bananen, Palmöl, Baumwolle, Holz, Fischereiprodukte, Erdöl, Erdgas, Diamanten

KULTUR UND GESELLSCHAFT

Erstmals wurde das Land im 15. Jh. von den Portugiesen bereist und im 17. Jh. errichteten die Franzosen Handelsposten. Im 19. Jh. wurden Verträge über ein Protektorat abgeschlossen und 1893 wurde Louis-Gustave Binger (1856-1936) erster Gouverneur der neuen Kolonie Elfenbeinküste. Im Zweiten Weltkrieg blieb die Kolonie bis 1942 unter Verwaltung der Vichy-Regierung, ab 1946 gehörte sie zur Französischen Union. Obervolta (Burkina) wurde 1947 abgetrennt. 1958 erlangte das Land Autonomie und 1960 die volle Unabhängigkeit; Präsident wurde Félix Houphouët-Boigny (1905-1993). Bei den Wahlen von 1990 waren erstmals mehrere Parteien zugelassen; davor hatte die Parti Démocratique de la Côte d'Ivoire (PDCI) die Alleinherrschaft ausgeübt. Schwankende Weltmarktpreise bereiteten dem Land finanzielle Probleme, die zusammen mit einem hohen Bevölkerungswachstum für vermehrte Arbeitslosigkeit sorgen. Unter den etwa 60 ethnischen Gruppen bilden die Akan die größte Sprachgemeinschaft, doch Amtssprache ist Französisch. Vorherrschend sind traditionelle afrikanische Religionen, die sich vielfach mit fremden Einflüssen vermischt haben.

WIRTSCHAFT

Die Mehrzahl der Bevölkerung arbeitet auf dem Land. Kakao und Kaffee sind die wichtigsten Exporterzeugnisse, während Yams, Maniok, Kochbananen, Getreide und Reis als Grundnahrungsmittel angebaut werden. Hölzer und Fische werden ebenfalls in großem Umfang exportiert. Zu den Mineralvorkommen gehören Eisenerz, Kupfer, Nickel, Uran, Bauxit, Kobalt, Diamanten sowie Erdöl vor der Küste des Landes. Elektrizität für die Leichtindustrie (Textilien, Fahrzeugmontage, Nahrungsmittel) wird durch Wasserkraft und in ölbetriebenen Kraftwerken erzeugt. Die Lebensader des Verkehrs ist die Bahnlinie nach Burkina. Im Umkreis von Abidjan gibt es ein gut ausgebautes Straßennetz, wo der Vridi-Kanal auch den Zugang zum Meer gewährt. Der internationale Flughafen von Port Bouet schafft Anschluss an viele kleine Flugplätze des Landes. Das Gesundheitswesen ist mangelhaft. Malaria, Dysenterie, Himbeerseuche und Tuberkulose sind häufig. Es besteht Grundschulpflicht, doch längst nicht alle Kinder besuchen die Schule und das Analphabetentum ist weit verbreitet.

Fetischhütten für die Geister der Ahnen in einem Dorf nahe Korhogo im Norden des Landes. Vor den Hütten werden Speiseopfer niedergelegt und die Geister werden um Beistand gegen Krankheit und Missernten gebeten.

Burkina Faso

REPUBLIK BURKINA FASO

BURKINA FASO, DAS BIS 1984 OBERVOLTA hieß, liegt am Südrand der Sahara. Es ist umgeben von der Elfenbeinküste, Ghana, Togo, Benin, Niger und Mali.

GEOGRAFIE

Das Land liegt größtenteils auf einem Hochplateau, das im Westen durch einen Grabenbruch, die Falaise de Banfora, zerschnitten wird. Die drei Hauptflüsse, der Rote, Weiße und Schwarze Volta, haben auf ihrem Weg südwärts nach Ghana tiefe Schluchten gegraben. Das Klima ist heiß mit unregelmäßigen Regenperioden. Der Norden des Landes reicht in die unfruchtbare Sahelzone hinein und ist durch Buschland und Halbwüste geprägt. Nach Süden hin geht die Grassavanne in Wald über. Das Land hat schwer unter den Dürren der vergangenen Jahre gelitten. Es gibt einen reichen Tierbestand, aber die Flussgegenden sind verseucht von Tsetse- und Simuliumfliegen, den Überträgern der Schlafkrankheit und der Flussblindheit.

KULTUR UND GESELLSCHAFT

Burkina Faso, einst das Königreich des Mossi-Volks, wurde Ende des 19. Jh. französische Kolonie. 1960 erlangte das Land die Unabhängigkeit, ist aber seitdem häufig blutigen Putschen ausgesetzt. Die Präsidentschaftswahlen von 1991 brachten den Putschführer von 1987, Blaise Compaoré, an die Macht zurück, es folgten die Legislativwahlen von 1992; seit 1994 amtiert eine Koalitionsregierung. Es gibt verschiedene ethnische Gruppen; Amtssprache ist Französisch. Neben traditionellen afrikanischen Religionen herrscht der Islam vor.

WIRTSCHAFT

Die Bevölkerung ist vorwiegend in der Landwirtschaft beschäftigt. Angebaut werden Erdnüsse, Baumwolle (Hauptexportartikel) und Sesam als Handelsgüter; der Ernährung dienen Hirse, Mohrenhirse und Zuckerrohr. Im Norden und Osten wird Rinder- und Ziegenzucht betrieben. An Mineralien wird Goldquarz gefördert, auch Manganerz und Kalkstein. Die Industrie ist weitgehend auf die Nahrungsmittelverarbeitung beschränkt. Energie wird aus importierten Brennstoffen gewonnen. Das Verkehrsnetz ist gut. Das Gesundheitswesen ist den tropischen Infektions- und Mangelkrankheiten nicht gewachsen. Bildung ist, obwohl Schulpflicht besteht, nur einer kleinen Minderheit zugänglich.

LANDESDATEN – BURKINA FASO

Fläche 274 200 km²

Klima	Höhe	Temperaturen Januar	Juli	Jährlicher Niederschlag
	m	°C	°C	mm
Ouagadougou	304	24	28	894

Geografische Merkmale höchster Berg: Téna Kourou 747 m

Einwohnerzahl (1994) 10,1 Millionen

Staats- und Regierungsform Parlamentarische Republik

Streitkräfte Heer 5600; Luftwaffe 200

Größte Städte Ouagadougou (Hauptstadt – 442 000 Einw.); Bobo Dioulasso (231 000)

Offizielle Landessprache Französisch

Bevölkerungsgruppen Mossi 47,9%; Mande 8,8%; Fulbe 8,3%; Lobi 6,9%; Bobo 6,8%; Senufo 5,3%; Grosi 5,1%; Gurma 4,8%; Tuareg 3,3%; sonstige 2,8%

Religionen Naturreligionen 44,8%; Muslime 43,0%; Katholiken 9,8%; Protestanten 2,4%

Währung 1 CFA-Franc (FCFA) = 100 Centimes

Bruttosozialprodukt (pro Kopf 1993) US-$ 300

Bruttoinlandsprodukt (1993) US-$ 2,698 Mrd.

Lebenserwartung Männer 46,2; Frauen 47,9 Jahre

Ressourcen Vieh, Erdnüsse, Hirse, Mohrenhirse, Mangan, Kalkstein, Gold, Zink, Phosphate, Kupfer, Nickel, Bauxit

Farbenprächtig geschmückt (*oben*) ist diese Pau-Frau aus Burkina Faso, einem der ärmsten Länder der Welt. Man sieht ihr nicht an, dass die Bevölkerung von Krankheiten und Mangelernährung geplagt ist.

Felslandschaft von Fabedougou (*links*) in der Nähe von Banfora im Südwesten von Burkina Faso. Die

Ghana

REPUBLIK GHANA

GHANA, DIE FRÜHERE GOLDKÜSTE, LIEGT östlich von der Elfenbeinküste am Golf von Guinea. Mehr als die Hälfte des Landes wird durch das Volta-Becken geprägt.

GEOGRAFIE

Im Norden fließen kurz nach dem Eintritt aus Burkina Faso der Rote und der Weiße Volta zusammen. Im Nordwesten bildet der Schwarze Volta die Grenze mit Burkina Faso und teilweise mit der Elfenbeinküste, bis er sich ostwärts wendet und in den großen Stausee des Voltabeckens mündet, der sich nach dem Bau des Akosombo-Staudamms gebildet hat. Östlich des Volta-Sees erheben sich die Akwapim-Togo-Berge, die in nordsüdlicher Richtung die Grenze zu Togo bilden und sich dann südwestwärts nach Accra wenden, der Hauptstadt des Landes an der Küste. Südlich des Akosombo-Staudamms durchfließt der Volta eine fruchtbare Küstenebene und die Sümpfe und Lagunen im Mündungsgebiet.

Der größte Teil Ghanas ist flach, sodass das heiße Tropenklima kaum durch Höhenlagen gemildert wird. Am höchsten sind die Temperaturen in den Monaten Februar bis April und am erträglichsten in Küstennähe, wo die feuchte Seeluft eine kühlende Brise bringt. Der Süden kennt zwei Regenzeiten im Jahr – von Mai bis Juni und von September bis Oktober –, während es im Norden nur eine gibt, deren Höhepunkt im August und September liegt.

Die Mangrovensümpfe der Küste gehen in Savannenland über, dem im südlichen Drittel des Landes ein weitgehend abgeholzter tropischer Regenwald folgt. Die nordwärts liegende Savanne ist baumärmer und von kürzeren Gräsern bewachsen. Die Tierbestände sind noch reichhaltig und umfassen Löwen, Leoparden, Hyänen, Antilopen und Elefanten. In den Flüssen gibt es Krokodile, Seekühe und Flusspferde. Das größte der vielen Wildreservate, Mole, liegt in der Nähe von Damongo.

KULTUR UND GESELLSCHAFT

In Ghana lebten viele ethnische Gruppen, doch seit dem 17. Jh. dominierten die Akansprechenden Aschanti. 1471 entdeckten die Portugiesen den Golf von Guinea und bauten später Festungen entlang der Küste, die ihren Namen den reichen Goldfunden verdankt. Im 17. Jh. wurden andere Kolonisten vom Sklavenhandel angezogen, dessen Organisation in den Händen der Aschanti lag. Doch im 19. Jh. kam das Land unter britische Verwaltung. 1901 war die Goldküste eine britische Kolonie, die Aschanti unterworfen und die nördlichen Landesteile wurden zum britischen Protektorat erklärt. Nach dem Ersten Weltkrieg geriet auch ein Teil des benachbarten, ehemals deutschen Togo unter britische Kontrolle.

1957 erlangte das Land als erster Staat der Subsahara unter dem neuen Namen Ghana die Unabhängigkeit und 1960 wurde es unter dem Premierminister und lebenslangen Präsidenten Kwame Nkrumah (1909-1972) als Republik deklariert. Nkrumahs Herrschaft wurde 1966 durch einen Militärputsch beendet.

Die 1969 gewählte Zivilregierung wurde 1972 durch einen weiteren Putsch gestürzt. Die kurze Phase einer Zivilregierung von 1979-1981 endete mit einem Putsch des Fliegerleutnants Jerry Rawlings (*1947).

1992 wurde eine neue Mehrparteienverfassung und ein geschäftsführender Präsident durch Referendum bestätigt. Als im selben Jahr gewählter Präsident ernannte Rawlings 1993 eine neue Regierung, die vom Parlament bestätigt wurde. Die Vierte Republik wurde am 7. Januar 1993 verkündet. Der Präsident wird für vier Jahre mit höchstens zwei Amtszeiten gewählt. In Ghana leben 75 ethnische Gruppen, von denen aber nur zehn zahlenmäßig bedeutend sind.

Die zwei größten Gruppen sind die Akan und die Mossi, ethnische Konflikte treten wenig auf. Amtssprache ist Englisch, neben

Die Hafenstadt Dixcove an der ghanaischen Goldküste. Im 15. Jh. entdeckten die Portugiesen Treibgold in den Flussarmen des Volta-Stroms.
Jahrhundertelang brachte jedoch der Sklavenhandel die größten Gewinne.

WIRTSCHAFT

Die Bewohner Ghanas sind vorwiegend in der Landwirtschaft beschäftigt, die das Rückgrat der Volkswirtschaft bildet. Kakao und Holz sind die Hauptexportartikel. Im Norden werden Yams und Getreide angebaut und Rinder gezüchtet, während in den Wäldern Sheabutter

noch immer Nahrungsmittel importiert werden. Gefördert wird der Fischfang auf See und im Binnenland (Volta-See), und der Fisch spielt eine wichtige Rolle auf dem ghanaischen Speisezettel. Neben Gold und Diamanten, Manganerz und Bauxit werden auch Erdöl und Erdgas exportiert. Die Elektrizität aus dem Kraftwerk des Akosombo-Staudamms deckt den heimischen Bedarf und wird ebenfalls exportiert. Die Konsumindustrie ist auf die lokalen Bedürfnisse beschränkt, der Tourismus ist eine Wachstumsbranche.

Straßen und Schienennetz sind im Süden am besten ausgebaut, besonders in den Kakao-Anbaugebieten in Küstennähe. Etwa ein Viertel der Straßen ist befestigt, mit internationaler Hilfe soll der Straßenbau weiter gefördert werden. Die Eisenbahn dient vor allem dem Güterverkehr. Der Haupthafen Tema und der internationale Flughafen Kotoka liegen in der Nähe von Accra.

Die Gesundheitsfürsorge wird durch rapides Bevölkerungswachstum, mangelnde Hygiene und Mangelernährung belastet. Massenerkrankungen wie Malaria, Lungenentzündung und Gastroenteritis sind teilweise unter Kontrolle, aber die Kindersterblichkeit ist hoch und die Lebenserwartung relativ gering. Die Flussblindheit stellt örtlich ein großes Problem dar. Vor allem in den Städten herrscht Wohnungsnot. Die Grundschulbildung ist kostenlos und kann auf Berufsschulen, höheren Schulen und an drei Universitäten fortgesetzt werden. Dennoch ist der Analphabetismus noch weit verbreitet.

LANDESDATEN – GHANA

Fläche 238 533 km²

Klima	Höhe	Temperaturen Januar	Juli	Jährlicher Niederschlag
	m	°C	°C	mm
Accra	65	27	25	724

Geografische Merkmale höchster Berg: Afadjoto 885 m; größter See: Volta (Teil) 8462 km²

Einwohnerzahl (1994) 17,2 Millionen

Staats- und Regierungsform Republik; Mehrparteien-Parlament

Streitkräfte Heer 5000; Marine 850; Luftwaffe 1000

Größte Städte Accra (Hauptstadt – 965 000 Einw.); Kumasi (489 000); Tema (191 000); Tamale (168 000); Sekondi Takoradi (116 000)

Offizielle Landessprache Englisch

Bevölkerungsgruppen Akan 44%; Mossi-Dagomba 16,0%; Ewe 13,0%; Ga-Adangme 8,0%; Europäer und sonstige 19%

Religionen Naturreligionen 38,0%; Muslime 30,0%; Christen 24,0%; sonstige 8,0%

Währung 1 Cedi (C) = 100 Pesewa (p)

Bruttosozialprodukt (pro Kopf 1993) US-$ 430

Bruttoinlandsprodukt (1993) US-$ 6,084 Mrd.

Lebenserwartung Männer 53,6; Frauen 57,5 Jahre

Togo

REPUBLIK TOGO

DAS KLEINE WESTAFRIKANISCHE LAND IST eingeklemmt zwischen Ghana im Westen und Benin im Osten. Die nördliche Grenze bildet Burkina Faso.

GEOGRAFIE

Von den Lagunen der Küste erstreckt sich das Ouatchi-Plateau bis ins höhere Tafelland. Das im Südwesten bewaldete Togo-Gebirge verläuft nordostwärts bis nach Benin. In den niederen Lagen herrscht Savanne vor, dort leben Antilopen und Elefanten.

Das tropisch-wechselfeuchte Klima ist gekennzeichnet durch zwei Regenperioden von April bis Juni und von September bis Oktober im Süden und durch eine von Juni bis September im Norden, wo im restlichen Jahr der trockene und staubige Wüstenwind aus der Sahara herüberweht.

LANDESDATEN – TOGO

Fläche 56 785 km²

Klima	Höhe	Temperaturen Januar	Juli	Jährlicher Niederschlag
	m	°C	°C	mm
Lomé	20	27	24	875

Geografische Merkmale höchster Berg: Mont Baumann 968 m; längster Fluss: Mono 400 km

Einwohnerzahl (1994) 4,2 Millionen

Staats- und Regierungsform Mehrparteiensystem; Republik; ein gesetzgebendes Organ

Streitkräfte Heer 6500; Marine 200; Luftwaffe 250

Hauptstadt Lomé (500 000 Einw.)

Offizielle Landessprache Französisch

Bevölkerungsgruppen Ewe-Adja 43,1%; Tem-Kabre 26,7%; Gurma 16,1%; Kebu-Akposo 3,8%; Yoruba 3,2%; sonstige 7,1%

Religionen Naturreligionen 58,8%; Katholiken 21,5%; Muslime 12,9%; Protestanten 6,8%

Währung 1 CFA-Franc (FCFA) = 100 Centimes (c)

Bruttosozialprodukt (pro Kopf 1993) US-$ 340

Bruttoinlandsprodukt (1993) US-$ 1,249 Mrd.

Lebenserwartung Männer 54,9; Frauen 59,1 Jahre

Ressourcen Phosphate, Kaffee, Kakaok, Baumwolle, Kopra, Kokosnüsse, Maniok

Männer im traditionellen Tanzkostüm (*oben*) bei einem Dorffest in Togo, wo die Mehrheit der Bevölkerung an den afrikanischen Religionen festhält. Die Aufführung von Tänzen festigt die kulturelle Identität der ethnischen Gruppen.

KULTUR UND GESELLSCHAFT

1885 wurde Togo deutsches Protektorat. Nach dem Ersten Weltkrieg verwalteten es Frankreich und Großbritannien. 1956 wurde die britische Zone mit der Goldküste (später Ghana) vereint, während die französische Zone Autonomie und 1960 die Unabhängigkeit erlangte. Der erste Präsident, Sylvanus Olympio (1902-1963), wurde ermordet, und sein Nachfolger wurde 1967 von Gnassingbé Eyadéma (*1935) gestürzt. Die Unruhen von 1990 bewogen die Regierung zur Schaffung einer Mehrparteienverfassung, die 1993 in Kraft trat. Es gibt etwa 30 ethnische Gruppen in Togo; Amtssprache ist Französisch. Neben einer starken christlichen Minderheit herrschen vor allem afrikanische Religionen vor.

WIRTSCHAFT

Die Hälfte des Exportaufkommens wird mit Phosphaten erzielt, doch auch die Landwirtschaft ist von Bedeutung. Es werden Kakao, Kaffee und Baumwolle angebaut. Grundnahrungsmittel sind Getreide, Maniok, Reis und Yams. Im Norden züchtet man Rinder, Schafe und Schweine. Ein leistungsfähiges Straßen- und Schienennetz sorgt für die Distribution von Nahrungsgütern und anderen Produkten im Landesinneren. Seehäfen befinden sich in Lomé und Kpémé; Lomé besitzt auch einen internationalen Flughafen. Gesundheitswesen und Wohnungsbau sind mangelhaft und Krankheiten wie Malaria, Gelbfieber und Tuberkulose noch immer verbreitet. Die Grundschulbildung ist frei, doch weiterführende Schulen werden kaum besucht, sodass das Bildungsniveau niedrig ist.

Benin

REPUBLIK BENIN

BENIN (FRÜHER: DAHOMEY) LIEGT AM GOLF von Guinea und grenzt westlich an Togo, an Burkina Faso und Niger im Norden und Nigeria im Osten. Obwohl das Land seit 1960 unabhängig ist, hat es erst kürzlich den Schritt zur Mehrparteiendemokratie vollzogen.

GEOGRAFIE

Hinter den Lagunen der Küste steigt das Land zu einer fruchtbaren, intensiv landwirtschaftlich genutzten Ebene an, an die sich – als Fortsetzung des Togo-Gebirges – die Atakora-Berge anschließen. Die nordöstliche Ebene senkt sich zum Tal des Niger-Flusses ab. Der Norden ist mit Mischwald und Savanne bedeckt und hat eine artenreiche Tierwelt, darunter Leoparden, Hyänen, Antilopen, Elefanten und Affen. In Benin herrscht tropisches Klima. Im Süden gibt es zwei Regenzeiten (März–Juli und September–November), im Norden lediglich eine (Mai-September). Von Dezember bis März weht von Nordosten der trockene Wüstenwind aus der Sahara.

KULTUR UND GESELLSCHAFT

Die französische Kolonie Dahomey erlangte 1960 die Unabhängigkeit, doch ethnische und religiöse Gegensätze zwischen Nord und Süd sorgten für politische Instabilität. 1972, nach dem letzten einer Serie von Putschen, wurde Oberstleutnant Mathieu Kerekou (*1933) zum Präsidenten ernannt. Er änderte 1975 den Namen des Landes in Benin. Die neue Verfassung von 1990 ebnete den Weg für Mehrparteienwahlen im März 1991 und erneut für 1995. Französisch ist die Amtssprache, doch die Bevölkerung spricht vorwiegend afrikanische Sprachen und hält an den Naturreligionen fest.

LANDESDATEN – BENIN

Fläche 112 600 km²

Klima	**Höhe**	**Temperaturen Januar**	**Juli**	**Jährlicher Niederschlag**
	m	°C	°C	mm
Porto-Novo	4	28	26	1300

Geografische Merkmale höchste Erhebung: Atakora-Kette 641 m

Einwohnerzahl (1994) 5,3 Millionen

Staats- und Regierungsform Mehrparteiensystem; Republik; ein gesetzgebendes Organ

Streitkräfte Heer 4500; Marine 150; Luftwaffe 350

Größte Städte Cotonou (487 000 Einw.); Porto-Novo (Hauptstadt – 208 000); Parakou (66 000)

Offizielle Landessprache Französisch

Bevölkerungsgruppen Fon 65,6%; Bariba 9,7%; Yoruba 8,9%; Somba 5,4%; Fulani 4,0%; sonstige 6,4%

Religionen Naturreligionen 70,0%; Muslime 15,0%; Christen 15,0%

Währung 1 CFA-Franc (FCAF) = 100 Centimes (c)

Bruttosozialprodukt (pro Kopf 1993) US-$ 430

Bruttoinlandsprodukt (1993) US-$ 2,125 Mrd.

Lebenserwartung Männer 49,9; Frauen 53,7 Jahre

Ressourcen Öl, Baumwolle, Palmprodukte, Kakao, Kaffee, Gold, Kalkstein (Zement)

WIRTSCHAFT

Etwa die Hälfte der Bevölkerung lebt von der Landwirtschaft, viele betreiben Subsistenzwirtschaft. Für den Verkauf werden Baumwolle, Kaffee und Palmkerne erzeugt, während Getreide, Maniok, Yams und Bohnen Grundnahrungsmittel sind. Benin besitzt Lagerstätten von Kalkstein und Kies, Gold sowie Erdöl vor der Küste. Die aus geothermischen Kraftwerken gewonnene Energie wird exportiert. Zwei Fernstraßen verbinden das Land mit Nigeria und Niger, dazu kommen drei Bahnlinien. Der Haupthafen und der internationale Flughafen befinden sich in der größten Stadt des Landes, dem Küstenort Cotonou. Gesundheitsstatus und Wohnverhältnisse sind mangelhaft, zu den Hauptkrankheiten zählen Lepra, Meningitis und Malaria. Es besteht Grundschulpflicht, aber viele Kinder besuchen keine Schule, daher ist das Bildungsniveau allgemein niedrig.

Nigeria

BUNDESREPUBLIK NIGERIA

NIGERIA, UMGEBEN VON KAMERUN, TSCHAD, Niger und Benin, ist das größte Land der afrikanischen Westküste und das bevölkerungsreichste Afrikas.

GEOGRAFIE

Im Zentrum Nigerias liegt das Jos-Hochland, von dem sich das Land nach Norden hin absenkt bis zur Grenze von Niger. Im Nordwesten und Nordosten, im Umkreis des Tschadsees, gibt es Tiefebenen, die sich in der Regenzeit in Sümpfe verwandeln. Nach Süden zu werden die nigerianischen Hochplateaus allmählich flacher, und sie werden durchzogen von Flusstälern, deren größte das Tal des Niger und seines Nebenflusses Benue sind. Beide Flüsse fließen von Westen bzw. Osten aufeinander zu und vereinen sich in der Mitte Nigerias. Der Niger fließt südwärts weiter durch die breite Küstenebene am Rand des Golfs von Guinea und endet in einem gewaltigen Mündungsdelta. Die westlichen Plateaus setzen sich nach Benin fort. Die Bergketten an der Ostgrenze sind die Ausläufer des vulkanischen Adamawa-Hochlands. Zu ihnen gehören die hochaufragenden Shebshi-Berge und die Mandara-Berge weiter nördlich in Richtung des Tschadsees.

Das Klima ist tropisch mit Regenperioden, doch von Süden bis Norden sehr unterschiedlich. Die Küste im Süden hat ein feuchtheißes Klima mit extrem hohen Niederschlagsmengen. Nach Norden hin nehmen die Regenzeiten an Dauer und Intensität ab, und im äußersten Nord herrscht das Trockenklima der Sahelzone mit einer achtmonatigen Trockenperiode und stärkeren Temperaturschwankungen. In der unfruchtbaren Halbwüste der Gegend um den Tschadsee gedeihen nur genügsame Sträucher wie Akazien und Doumpalmen. Nach Süden hin beginnt das Grasland mit einem reichen Tierbestand, darunter Löwen, Giraffen und Antilopen. Noch weiter südlich geht es in Baumsavanne über, die durch ihre markanten Affenbrotbäume geprägt ist. Danach beginnt ein breiter Regenwaldgürtel, in dem Elefanten, Schimpansen und Pinselohrschweine leben. Obwohl der Wald ein wertvolles Reservoir für Edelhölzer wie Mahagoni und Iroko ist, musste er vielerorts der Landwirtschaft weichen, z. T. der auch natürlich wachsenden Ölpalme. Der Küstenstreifen schließlich besteht besonders in der Gegend des Nigerdeltas aus ausgedehnten Mangrovensümpfen, die durch Sandstrände und Lagunen vom Meer getrennt sind.

LANDESDATEN – NIGERIA

Fläche 923 768 km²

Klima	Höhe m	Temperaturen Januar °C	Temperaturen Juli °C	Jährlicher Niederschlag mm
Lagos	3	27	26	1836

Geografische Merkmale höchster Berg: Dimlang 2042 m; längster Fluss: Niger (Teil) 4200 km

Einwohnerzahl (1994) 92,8 Millionen

Staats- und Regierungsform Bundesrepublik; Militärregierung

Streitkräfte Heer 62 000; Marine 6000; Luftwaffe 9500

Größte Städte Lagos(1,1 Mio. Einw.); Ibadan (1,1 Mio.); Abuja (seit 1991 Hauptstadt – 378 671)

Offizielle Landessprache Englisch

Bevölkerungsgruppen Haussa 21,3%; Yoruba 21,3%; Ibo 18,0%; Fulani 11,2%; Ibibio 5,6%; Kanuri 4,2%; Edo 3,4%; Tiv 2,2%; Ijaw 1,8%; Bura 1,7%; Nupe 1,2%; sonstige 8,1%

Religionen Muslime 45,0%; Protestanten 26,3%; Katholiken 12,1%; Christen 10,6%; Naturreligionen 5,6%; sonstige 0,4%

Währung 1 Naira = 100 Kobo

Bruttosozialprodukt (pro Kopf 1993) US-$ 300

Bruttoinlandsprodukt (1993) US-$ 31,344 Mrd.

Lebenserwartung Männer 51,0; Frauen 54,0 Jahre

Ressourcen Erdöl, Kakao, Kautschuk, Zinn, Kohle, Eisenerz, Palmkerne, Erdnüsse, Fischerei

KULTUR UND GESELLSCHAFT

Nigeria ist die Heimstatt von mehr als 200 Völkerschaften, die eine vielfältige Kultur hervorbringen. Im Norden überwiegen die Haussa und Fulani, im Süden die Yoruba, Edo und Ibo. Etwas weniger als die Hälfte der Bevölkerung ist muslimisch, die andere Hälfte folgt christlichen und afrikanischen Religionen. In Nigeria gab es viele Stadtstaaten, unter ihnen die Yoruba-Stadt Ife, das zumeist von Haussa bewohnte Königreich Kanem-Bornu und das mächtige Königreich Benin im Südwesten. Europäer und Amerikaner kauften hier ihre Sklaven, unternahmen aber keine Versuche, die Gebiete zu erobern. Im 19. Jh. begannen die überwiegend muslimischen Fulani einen Djihad (heiligen Krieg) und brachten den größten Teil des Landes unter ihre Herrschaft.

Um den Sklavenhandel zu unterbinden, übernahm Großbritannien die Kontrolle über das Land und begann 1861 mit der Annexion von Lagos im Südwesten. Später kamen weitere Gebiete hinzu und 1914 wurde Nigeria Kronkolonie und Protektorat. 1960 erlangte es die Unabhängigkeit als aus vier Regionen bestehender Bundesstaat. 1961 schloss sich die Nordhälfte von Britisch-Kamerun dem Bundesstaat an. 1966 wurde die Regierung bei einem Putsch von Ibo-Offizieren gefangengesetzt. Dies führte zu einem Massaker im Norden, dem tausende von Ibo zum Opfer fielen. Nach einem Gegenputsch der Haussa wurde Oberstleutnant Yakuku Gowon (*1934) zum Präsidenten ernannt und bemühte sich in der Folgezeit um Verständigung unter den verfeindeten Gruppen. Dennoch spaltete sich 1967 unter Oberstleutnant C. Odumegwo Ojukwu (*1933) die von den Ibo dominierte Ostregion ab und deklarierte

Ein Tuareg (*oben*). Die Angehörigen des nomadischen Hirtenvolks der Tuareg ignorieren staatliche Grenzen und dringen gelegentlich bis nach Nordnigeria vor. Die Tuareg besitzen eine eigene, ausgeprägte Kultur.

Eine lange Reise bis zur Küste (*links*). Der Mangel an guten Straßen macht die afrikanischen Flüsse, die oft mehrere Länder durchfließen, zu Hauptverkehrswegen. Hier auf dem Niger werden für den Export bestimmte Hölzer in Form von Flößen zur Sägemühle in Küstennähe transportiert.

sich als souveräner Staat Biafra. Nach einem blutigen Krieg, in dem tausende von Ibo umkamen (viele auch verhungerten), brach der Staat 1970 zusammen. Gowon verzichtete auf Vergeltungsmaßnahmen, wurde aber 1975 bei einem unblutigen Putsch gestürzt. Sein Nachfolger wurde 1976 ermordet. Es folgten weitere Putsche, die der Errichtung einer stabilen Zivilregierung im Wege standen.

Als Präsident Ibrahim Bandinga (*1941) 1985 die Macht antrat, versprach er eine neue Verfassung und die Rückkehr zu einer Zivilregierung bis 1992, doch hielt er sein Versprechen nicht. Im August 1993 übergab er die Macht an eine Übergangsregierung, und ein Putsch im November desselben Jahres, angeführt vom Verteidigungsminister Gene-

WIRTSCHAFT

Die Mehrheit der Bevölkerung ist nach wie vor in der Landwirtschaft tätig, deren Übergewicht merklich nachgelassen hat. Die Produktionsformen unterscheiden sich stark nach Regionen und ethnischen Gruppen. Die Haussa z. B. bevorzugen den Ackerbau, während die Fulani vorwiegend Viehzüchter sind. Kakao und Gummi, die Hauptexportartikel der Landwirtschaft, werden im waldigen Süden erzeugt, Palmkerne vor allem im Osten. Auch der Erdnussanbau ist von Bedeutung. Die wichtigsten Grundnahrungsmittel sind Maniok, Yams und Reis im Süden und Hirse im Norden, wo sich auch die Zenwachstum, daher müssen viele Nahrungsmittel importiert werden. Der Fischfang spielt eine gewisse Rolle; die Waldwirtschaft leidet unter unkontrollierten Rodungen.

Die nigerianische Wirtschaft stützt sich vor allem auf die Bodenschätze, in erster Linie auf den Export von Erdöl. Zink wird auf dem Jos-Hochland abgebaut, das wie das Erdöl starken Preisschwankungen ausgesetzt war, sehr zum Schaden der Wirtschaft. Auch Kohle, Erdgas und Eisenerz werden gefördert. Die Konsumgüterproduktion ist wenig entwickelt, löst sich aber zunehmend von der einseitigen landwirtschaftlichen Ausrichtung. Für den Binnenmarkt wird eine Vielzahl von Produkten hergestellt oder montiert – von Bier bis zu Nähmaschinen. Energie wird aus Wasserkraft oder in Verbrennungskraftwerken erzeugt. Die veralteten Bahnanlagen Nigerias verlieren zunehmend an Bedeutung zugunsten des besser ausgebauten Straßennetzes. Die Seehäfen von Lagos und Port Harcourt wurden modernisiert; Lagos und Kano besitzen internationale Flughäfen.

Die Medien sind vorwiegend in staatlicher Hand, bleiben aber weitgehend von der Zensur verschont. Sozial- und Gesundheitsfürsorge sind im Allgemeinen unzureichend, besonders in den ländlichen Gebieten. Eine Bildungsoffensive in den 70er-Jahren öffnete allen die Grundschulbildung, doch der Zugang zu weiterführenden Bildungseinrichtungen

Kamerun

REPUBLIK KAMERUN

KAMERUN LIEGT IM GOLF VON GUINEA zwischen West- und Zentralafrika. Es grenzt im Süden an Äquatorialguinea, Gabun und Kongo, im Osten an die Zentralafrikanische Republik, im Norden an Tschad und Nigeria.

GEOGRAFIE

Das Landesinnere besteht vorwiegend aus flachen Plateaus, die sich nach Norden zum Adamawa-Hochland erheben und dann allmählich wieder zur Niederung des Tschadsees im äußersten Norden abfallen. Der Westen ist von vulkanischem Gebirge bestimmt, das in Küstennähe vom aktiven Vulkan und der höchsten Erhebung Westafrikas, dem Kamerunberg, überragt wird. Die südlichen Plateaus sind mit Regenwald bedeckt und senken sich zu breiten Ebenen in der Küstengegend ab. Das Klima ist tropisch mit niederschlagsreichen Regenperioden und hohen Temperaturen, die in Höhenlagen gemildert sind. In den südlichen Regenwäldern findet man Edelhölzer wie Ebenholz, Mahagoni und Sapele sowie eine große Vielfalt von Pflanzen- und Tierarten. Dazu zählen Orchideen und Farne, Schimpansen und andere Affenarten sowie eine artenreiche Vogelwelt. In den nördlichen Savannen leben Elefanten, Löwen und Leoparden.

KULTUR UND GESELLSCHAFT

Ursprünglich wurde Kamerun wahrscheinlich von Pygmäen bewohnt. Später kamen verschiedene Bantu- und Sudanvölker hinzu. Nachdem das Land von holländischen und portugiesischen Sklavenhändlern heimgesucht worden war, wurde es gegen den Widerstand der Briten im 19. Jh. zur deutschen Kolonie. Im Ersten Weltkrieg wurde es von Frankreich und Großbritannien besetzt und später als Mandatsgebiet des Völkerbunds zwischen beiden Ländern aufgeteilt. 1960 erlangte Französisch-Kamerun die Unabhängigkeit; 1961 schloss sich die Südhälfte von Britisch-Kamerun an und bildete einen Bundesstaat, während der Norden zu Nigeria kam. Ein Referendum von 1972 verwandelte den Staatenbund in einen Zentralstaat unter Ahmadou Ahidjo (*1924), dem Präsidenten seit der Unabhängigkeit. 1982 kam Paul Biya (*1933) an die Macht, der 1984 einen Militärputsch niederschlug. 1990 trat eine Verfassung in Kraft, die mehrere Parteien zulässt, und Biya wurde 1992 wiedergewählt.

WIRTSCHAFT

Die Wirtschaft des Landes konnte von einer liberalen Verwaltung und der Nutzung der Ölvorkommen profitieren und hat sich seit der Unabhängigkeit stetig entwickelt. Doch ist sie nach wie vor auf Auslandshilfe angewiesen. Die Landwirtschaft ist wenig von den Dürrekatastrophen des Nordens betroffen worden. Für den Export werden u. a. Kaffee, Bananen und Gummi erzeugt; dazu kommen als Grundnahrungsmittel Mais, Hirse, Erdnüsse und Maniok. Auch die Industrie entwickelt sich schnell. In Edéa ist eine große Aluminiumhütte entstanden, die von den Wasserkraftwerken des Sanaga-Flusses mit Elektrizität gespeist wird. Eine Papierfabrik und ein Gummiwerk verarbeiten einheimische Rohstoffe. Die Straßen sind in der Regenzeit häufig unpassierbar; die Schienen- und Luftverbindungen sind gut entwickelt, besonders im Umkreis von Douala, wo sich der Seehafen des Landes befindet. Die medizinische Versorgung ist nur in den Städten befriedigend. Die Schulbildung ist kostenlos und wird gegenwärtig stark ausgebaut. Die Medien unterstehen der staatlichen Zensur.

Ein Viehzüchterdorf in Kamerun. Die karge Umgebung dieses Dorfes verspricht keine guten Weideflächen, aber Kamerun blieb von den Dürrekatastrophen des Nordens weitgehend verschont.

LANDESDATEN – KAMERUN

Fläche 463 511 km²

Klima	**Höhe**	**Temperaturen Januar**	**Juli**	**Jährlicher Niederschlag**
	m	°C	°C	mm
Jaunde	760	24	23	1555

Geografische Merkmale höchster Berg: Kamerunberg 4070 m

Einwohnerzahl (1994) 13,1 Millionen

Staats- und Regierungsform Mehrparteiensystem; Republik; ein gesetzgebendes Organ

Streitkräfte Heer 13 000; Marine 1200; Luftwaffe 300

Größte Städte Douala (884 000 Einw.); Jaunde (Hauptstadt – 750 000)

Offizielle Landessprachen Französisch, Englisch

Bevölkerungsgruppen Bewohner des Kameruner Hochlands 31,0%; Bantu 27,0%; Kirdi 11,0%; Fulani 10,0%; Nigriter 7,0%; andere afrikanische Völker 13,0%; Nichtafrikaner 1,0%

Religionen Naturreligionen 51,0%; Christen 33%; Muslime 16%

Währung 1 CFA-Franc (FCFA) = 100 Centimes (c)

Bruttosozialprodukt (pro Kopf 1993) US-$ 820

Bruttoinlandsprodukt (1993) US-$ 11,082 Mrd.

Lebenserwartung Männer 55,0; Frauen 59,2 Jahre

Ressourcen Erdöl, Kaffee, Bananen, Kautschuk, Aluminium, Bauxit, Eisenerz, Holz

Zentralafrik. Republik

ZENTRALAFRIKANISCHE REPUBLIK

WIE DER NAME DES LANDES SCHON SAGT, liegt es im Zentrum des afrikanischen Kontinents. Es ist umschlossen von Kamerun, Kongo, Zaire, Sudan und Tschad.

GEOGRAFIE

Das Land besteht hauptsächlich aus einem hügeligen Plateau und wird im Nordosten flankiert vom höheren Bongo-Massiv, im Westen von den Karre-Bergen. Das Plateau bildet die Hauptwasserscheide zwischen dem Tschadbecken im Nordwesten und dem Tal des Ubangi-Flusses, der die Südgrenze des Landes bildet. Im Norden herrscht ein wüstennahes Klima, im Süden üppiges Äquatorialklima mit einer Regenzeit von März bis Oktober, die mit ihren Regenmassen den Südosten des Landes unpassierbar macht. Der dichte Regenwald des Südens ist eine der letzten Heimstätten des Tieflandgorillas. Doch der größte Teil des Landes besteht aus Grassavanne und lichtem Wald. Zum Tierbestand zählen Elefanten, Hyänen, Antilopen und Büffel. In den Gewässern leben u. a. Krokodile und Flusspferde.

KULTUR UND GESELLSCHAFT

Die ursprüngliche Pygmäenbevölkerung ist durch den von Sudan betriebenen Sklavenhandel weitgehend ausgelöscht worden. Später siedelten hier Bantu- und Azandevölker. Die Franzosen unterbanden den Sklavenhandel und nahmen das Land formal 1911 unter der Bezeichnung Französisch-Kongo oder Ubangi-Schari in Besitz. Die rücksichtslose Ausbeutung des Landes durch von der Kolonialmacht konzessionierte Firmen führte zu einem internationalen Skandal. 1946 wurde das Land zum französischen Überseeterritorium und 1958 erlangte es unter dem heutigen Namen die volle Unabhängigkeit. Die Nationalsprache ist Sango, eine afrikanische Verkehrssprache, aber Französisch ist nach wie vor in Gebrauch.

1965 wurde der zweite Präsident, David Dacko (* 1930), bei einem Militärputsch durch Colonel Jean-Bédel Bokassa (1921-1996) gestürzt, der als Diktator weiter regierte. 1975 nannte er das Land in Zentralafrikanisches Kaiserreich um und krönte sich selbst zum Kaiser. 1979 wurde er mit französischer Hilfe abgelöst und später u. a. wegen Mordes und Kannibalismus unter Anklage gestellt. 1981 wurde Dacko erneut gestürzt, diesmal von General André Kolingba (* 1935). Nach Mehrparteienwahlen 1993 wurde Ange-Felix Patasse zum Präsidenten gewählt.

WIRTSCHAFT

Nach den Verwüstungen, die Dürreperioden und Diktatur hinterlassen haben, wird die Wirtschaft des Landes nun neu aufgebaut. Die Landwirtschaft dient fast ausschließlich der örtlichen Ernährung, und weniger als ein Drittel des Landes wird landwirtschaftlich genutzt. Exportiert werden Erdnüsse, Baumwolle, Kaffee und Palmenfrüchte; Grundnahrungsmittel sind Reis, Hirse und Maniok. Große Regionen des Landes sind von Tsetsefliegen verseucht, sodass Viehzucht kaum möglich ist. Wichtigster Bodenschatz des Landes sind Diamanten, die auch einen wesentlichen Teil der Exporterlöse ausmachen. Der Uranabbau hat begonnen, wird aber durch jährliche Überschwemmungen behindert. Die Güterproduktion bewegt sich auf niedrigem Niveau, aber unter anderem gibt

Sonnenaufgang über dem Ubangi-Fluss an der Südgrenze der Zentralafrikanischen Republik. Nicht weit entfernt ist die Hauptstadt Bangui, die 1889 von den Franzosen erbaut wurde. Am jenseitigen Ufer beginnen die Regenwälder von Nordzaire.

Der Ubangi-Fluss ist der Haupttransportweg; an seinem Ufer liegt die Hauptstadt Bangui mit dem wichtigsten Hafen des Landes.

Das aus der Kolonialzeit stammende Straßennetz ist in der Regenzeit häufig überflutet. Eine soziale Versorgung ist in engen Grenzen vorhanden, das Gesundheitswesen ist der Schlafkrankheit, der Lepra und anderen endemischen Massenerkrankungen nicht gewachsen. Schulbildung ist kostenlos, aber nur einer kleinen Minderheit zugänglich. Die Medien unterliegen der staatlichen Zensur.

LANDESDATEN – ZENTRALAFRIKANISCHE REPUBLIK

Fläche 622 436 km^2

Klima	**Höhe** m	**Temperaturen Januar** °C	**Juli** °C	**Jährlicher Niederschlag** mm
Bangui	381	27	25	1525

Geografische Merkmale höchster Berg: Mont Kayagangiri 1420 m

Einwohnerzahl (1994) 3,1 Millionen

Staats- und Regierungsform Mehrparteiensystem; Republik; ein gesetzgebendes Organ

Streitkräfte Heer 2300; Marine 80; Luftwaffe 150

Hauptstadt Bangui (597 000 Einw.)

Offizielle Landessprachen Französisch, Sango

Bevölkerungsgruppen Banja 34,0%; Banda 27,0%; Sara 10,0%; Mandscha 20,0%; Mboum 4,0%; M'Baka 4,0%; Europäer und andere 1,0%

Religionen Protestanten 25,0%; Katholiken 25,0%; Naturreligionen 14,0%; Muslime 15,0%; sonstige 21,0%

Währung 1 CFA-Franc (FCFA) = 100 Centimes (c)

Bruttosozialprodukt (pro Kopf 1993) US-$ 400

Bruttoinlandsprodukt (1993) US-$ 1,172 Mrd.

Lebenserwartung Männer 43,9; Frauen 47,1 Jahre

Ressourcen Diamanten, Uran, Holz, Gold, Öl, Erdnüsse, Baumwolle, Kaffee

Äquatorialguinea

REPUBLIK ÄQUATORIALGUINEA

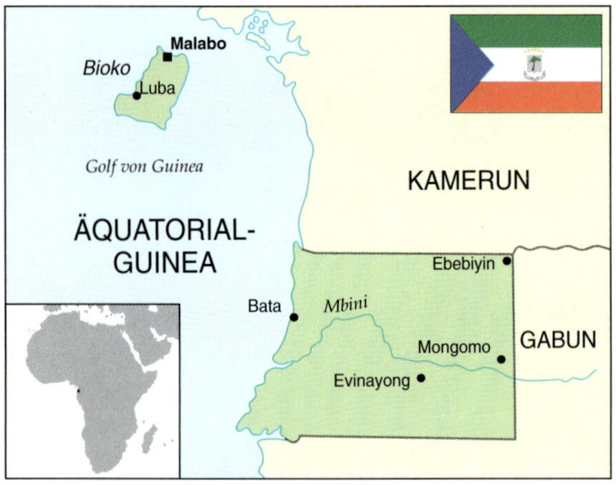

DER FESTLANDTEIL VON ÄQUATORIALguinea liegt am Ostrand des Golfs von Guinea. Das Land, das früher Río Muni hieß, grenzt im Norden an Kamerun, im Süden und Osten an Gabun. Bestandteil des Staatsgebiets sind fünf vorgelagerte, z. T. weit entfernte Inseln, von denen die vulkanische Insel Bioko die größte ist.

GEOGRAFIE

Das Festland erhebt sich vom schmalen Küstenstreifen zu einer Ebene, die hügelig von den Ausläufern der gabunischen Kristallberge durchzogen wird. Etwa die Hälfte des Gebiets besteht aus Regenwald mit einer artenreichen Tierwelt. Das Äquatorialklima ist feucht und heiß, und es gibt zwei Regenzeiten (Februar–Juni und September–Dezember).

LANDESDATEN – ÄQUATORIALGUINEA

Fläche 28 051 km²

Klima	**Höhe**	**Temperaturen Januar**	**Juli**	**Jährlicher Niederschlag**
	m	°C	°C	mm
Malabo	50	28	24	2500

Geografische Merkmale höchster Berg Pico de Santa Isabel 3007 m; größte Insel: Bioko 2017 km²

Einwohnerzahl (1994) 409 550

Staats- und Regierungsform Mehrparteiensystem; Republik; ein gesetzgebendes Organ

Streitkräfte Heer 1100; Marine 120; Luftwaffe 100

Hauptstadt Malabo (37 000 Einw.)

Offizielle Landessprache Spanisch

Bevölkerungsgruppen Fang 72,0%; Bubi 14,7%; Duala 2,7%; Ibibio 1,3%; Maka 1,3%; sonstige 8,0%

Religionen Katholiken 88,8%; Naturreligionen 4,6%; Muslime 0,5%; sonstige 0,2%; nicht Religiöse 5,9%

Währung 1 CFA-Franc (FCFA) = 100 Centimes

Bruttosozialprodukt (pro Kopf 1991) US-$ 330

Lebenserwartung Männer 50,0%; Frauen 54,3 Jahre

Ressourcen Kakao, Holz, Kaffee, Fischereiprodukte, Erdöl, Erdgas

KULTUR UND GESELLSCHAFT

Die Insel Bioko (ehemals Fernando Póo) wurde 1472 von den Portugiesen entdeckt und fiel erst an Spanien, dann an Großbritannien. 1858 besetzten die Spanier die Insel erneut und kolonisierten auch das Festland. 1963 wurde Spanisch-Guinea in Äquatorialguinea umbenannt und 1968 erlangte das Land die Unabhängigkeit.

1979 wurde der erste Präsident bei einem Putsch gestürzt und 1982 wurde eine neue demokratische Verfassung eingeführt. Die ersten Präsidentschafts- und Parlamentswahlen fanden 1983 statt; die Wahlen von 1993 wurden von den Oppositionsparteien boykottiert. Es gibt zahlreiche ethnische Gruppen, doch die Mehrheit wird von den Fang gebildet, gefolgt von den Bubi. Amtssprache ist Spanisch, die vorherrschende Religion ist nominell der Katholizismus.

WIRTSCHAFT

Die Landwirtschaft ist für das Land überlebenswichtig: Einzig Kakao, Holz und Kaffee werden exportiert, es bleibt wenig Raum für die Versorgung mit Grundnahrungsmitteln. Mit spanischer Hilfe wird die Handelsbilanz ausgeglichen; die Unterernährung ist eines der Hauptprobleme. Energie ist knapp, die Holzindustrie ist technisch mangelhaft ausgerüstet und das Straßennetz unzureichend. Malabo auf Bioko besitzt einen Hafen und einen Flugplatz; ein internationaler Flughafen liegt bei Bata auf dem Festland. Gesundheitswesen und Hygiene sind mangelhaft; Malaria ist weit verbreitet. Die Schulpflicht wird nicht durchgängig eingehalten und das Bildungsniveau ist entsprechend niedrig.

Der palmengesäumte Strand von Äquatorialguinea. Der schwarze Sand ist aus den unterseeischen und eisenhaltigen Vulkanfelsen entstanden.

Gabun

REPUBLIK GABUN

GABUN LIEGT AUF ÄQUATORHÖHE AN DER afrikanischen Westküste, umgeben von Äquatorialguinea, Kamerun und Kongo.

GEOGRAFIE

Die Mittelachse des Landes bildet der große Ogooué-Fluss, der im westlichen Kongo entspringt. Der Ogooué mit seinen Nebenflüssen schneidet sich, westwärts fließend, tief in die gabunische Hochebene ein und verbreitert sich im Mündungsgebiet zu einem großen Delta. Südlich des Ogooué erhebt sich das Massif du Chaillu. Das Klima ist feuchtheiß, zwischen Oktober und Mai kommt es zu starken Regenfällen. Dichter Regenwald mit einem reichen Wildbestand bedeckt den größten Teil des Landes.

KULTUR UND GESELLSCHAFT

Ursprünglich war Gabun von Pygmäen bewohnt, doch wurden sie von den Bantu, vor allem den Fang, verdrängt. Portugiesen entdeckten das Land, das jahrhundertelang Einzugsgebiet für den Sklavenfang war. Ende des 19. Jh. wurde es französische Kolonie und in der Folge durch Konzessionsfirmen rücksichtslos ausgebeutet. 1960 erlangte Gabun die Unabhängigkeit; 1967 wurde Omar Bongo (*1935) zweiter Präsident des Landes. Seine liberale Wirtschaftspolitik leitete eine Periode der Stabilität und eines bescheidenen Wohlstands ein. 1990, nach 20 Jahren Einparteienregierung, fanden Wahlen zu einer aus mehreren Parteien gebildeten Nationalversammlung statt. Aus den Präsidentschaftswahlen von 1993 ging Omar Bongo wiederum als Sieger hervor. Die nächsten Parlamentswahlen sind für 1996 angekündigt.

WIRTSCHAFT

Auf dem Land überwiegt die Subsistenzwirtschaft. Der Anbau von Kaffee, Kakao und Ölfrüchten für den Export wird gefördert, während Maniok das wichtigste Grundnahrungsmittel ist. Die Forstindustrie hat an Bedeutung gewonnen; im Vordergrund steht hier der Export des gabunischen Mahagonis. Da die Küstenwälder bereits erschöpft sind, wurde die Trans-Gabon-Eisenbahn gebaut, um die Bestände des Landesinneren für den Abbau zugänglich zu machen. Dem Bergbau verdankt das Land einen Großteil seines Reichtums, die Erdölförderung an und vor der Küste macht den größten Teil des Exportvolumens aus, gefolgt von Holz, Mangan- und Uranerzen. Die Industrie verarbeitet vor allem Erdöl und Holz; Energie wird vom Wasserkraftwerk Kinguélé im Nordwesten des Landes geliefert. Die medizinischen Einrichtungen sind gut ausgestattet. Schulbildung ist kostenlos und den meisten Kindern zugänglich.

LANDESDATEN - GABUN

Fläche 267 667 km²

Klima	**Höhe**	**Temperaturen Januar**	**Juli**	**Jährlicher Niederschlag**
	m	°C	°C	mm
Libreville	9	27	24	2510

Geografische Merkmale höchster Berg: Mont Iboundji 1575 m

Einwohnerzahl (1994) 1,1 Millionen

Staats- und Regierungsform Mehrparteiensystem; Republik; ein gesetzgebendes Organ

Streitkräfte Heer 3200; Marine 500; Luftwaffe 1000

Hauptstadt Libreville (830 000)

Offizielle Landessprache Französisch

Bevölkerungsgruppen Fang 35,5%; Mpongwe 15,1%; Mbete 14,2%; Punu 11,5%; sonstige 23,7%

Religionen Katholiken 65,2%; Protestanten 18,8%; afrikanische Christen 12,1%; Naturreligionen 2,9%; Muslime 0,8%; sonstige 0,2%

Währung 1 CFA-Franc (FCFA) = 100 Centimes (c)

Bruttosozialprodukt (pro Kopf 1993) US-$ 4960

Bruttoinlandsprodukt (1993) US-$ 5,420 Mrd.

Lebenserwartung Männer 51,9; Frauen 57,5 Jahre

Ressourcen Erdöl, Mangan, Uran, Gold, Holz, Kaffee, Kakao, Palmöl

Lambaréné ist eine kleine Stadt auf einer Insel des Ogooué im Westen Gabuns. Die Stadt ist berühmt für ihr Hospital, das der deutsche Theologe, Musiker und Arzt Albert Schweitzer (1875-1965) gegründet hat.

Kongo

VOLKSREPUBLIK KONGO

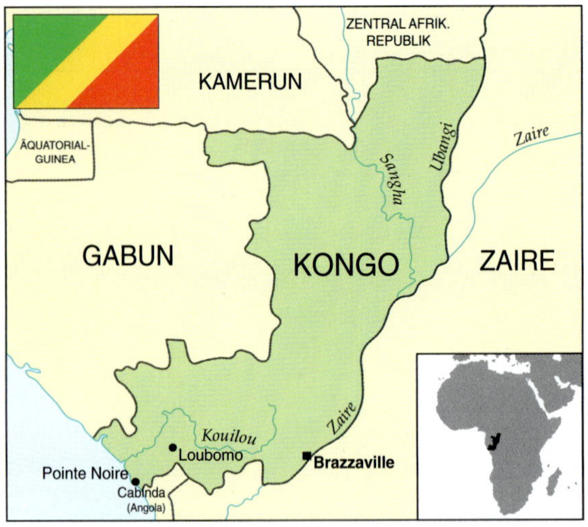

KONGO ERSTRECKT SICH VON DER WESTküste bis in das Innere von Afrika und grenzt an Zaire, die Zentralafrikanische Republik, Kamerun und Gabun.

GEOGRAFIE

Der schmale Küstenstreifen zwischen Gabun und der angolanischen Exklave Cabinda steigt schnell an zum Mayombé-Massiv, dem das Niarital folgt. Weiter östlich steigt das Land wieder in mehreren Stufen an, die den Westrand des großen Kongobeckens bilden. Dieses erstreckt sich über den ganzen Nordosten des Landes und wird von vielen Flüssen und Sümpfen durchzogen. Der Kongostrom und sein großer Nebenfluss Ubangi bilden die Ostgrenze des Landes. Das Klima ist durchweg tropisch, doch die Intensität der Regenzeiten unterscheidet sich je nach Breitengrad. Nach Osten hin erstreckt sich Savannengrasland, ansonsten ist das Land von dichtem Regenwald bedeckt. In den Wäldern findet man Büffel, Gorillas und die seltenen Okapis; in den Savannengebieten leben Giraffen und Nashörner.

KULTUR UND GESELLSCHAFT

Ursprünglich war das Kongogebiet von Pygmäen besiedelt. Sie wurden von anderen Kongovölkern verdrängt, deren Königreiche durch den Sklavenhandel mit Europa zur Blüte gelangt waren. Am Ende des 19. Jh. wurde das Gebiet durch den französisch-italienischen Forscher Pierre Savorgnan de Brazza (1852-1905) erkundet. Es wurde von den Franzosen besiedelt und 1891 zur Kolonie Französisch-Kongo erklärt. Bis in die 30er-Jahre wurde das Land durch konzessionierte Firmen rücksichtslos ausgebeutet. 1960 erlangte das Land die Unabhängigkeit, doch 1963 wurde der erste Präsident nach Unruhen zum Rücktritt gezwungen. 1968 wurde sein Nachfolger gestürzt, und der neue Präsident versuchte den Staat nach marxistischen Grundsätzen zu reorganisieren. Ab 1969 hieß das Land Volksrepublik Kongo. 1979 wurde Colonel Denis Sassou-Nguesso zum Präsidenten ernannt. Er führte wirtschaftliche Lockerungen ein und eröffnete 1990 den Weg zu einer Mehrparteiendemokratie. Bei den Mehrparteienwahlen von 1992 wurde er von der Pan-Afrikanischen Partei für Soziale Demokratie besiegt, deren Führer Pascal Lissouba seitdem als Präsident amtiert.

WIRTSCHAFT

Die Landwirtschaft ist auf den wenig ertragreichen Anbau für den Eigenbedarf begrenzt. Maniok ist das Grundnahrungsmittel, während Zuckerrohr und Kaffee für den Export angebaut werden. In den südlichen Regenwäldern wird Forstwirtschaft betrieben, doch das Exportvolumen wird durch Rohöl erbracht, das sowohl im Land als auch vor der Küste gewonnen wird und für eine ausgeglichene Handelsbilanz sorgt. Andere Bodenschätze sind (nicht mehr abgebaute) Kaliumsalze, Zink und Blei. Die Industrie basiert auf der Verarbeitung landwirtschaftlicher Produkte und Holz. Im Süden besitzt der Kongo ein gut ausgebautes Schienennetz. Die Straßen sind jedoch mangelhaft und bei Regenzeit häufig unpassierbar. Im Norden stellen die großen Flüsse die besten Transportwege dar. Es existiert eine soziale Versorgung, doch das Gesundheitswesen ist besonders auf dem Land unzureichend, wo Tropenkrankeiten an der Tagesordnung sind. Für 6- bis 16-Jährige besteht Schulpflicht.

LANDESDATEN – KONGO

Fläche 342 000 km²

Klima	**Höhe**	**Temperaturen Januar**	**Juli**	**Jährlicher Niederschlag**
	m	°C	°C	mm
Brazzaville	314	26	23	1473

Geografische Merkmale höchster Berg: Monts de la Lékéti 1040 m; längster Fluss: Zaire (Teil) 4630 km

Einwohnerzahl (1994) 2,5 Millionen

Staats- und Regierungsform Republik; Koallitionsregierung; ein gesetzgebendes Organ

Streitkräfte Heer 8000; Marine 500; Luftwaffe 1200

Größte Städte Brazzaville (Hauptstadt – 938 000 Einw.); Pointe Noire (576 000)

Offizielle Landessprache Französisch

Bevölkerungsgruppen Kongo 51,5%; Teke 17,3%; Mboshi 11,5%; Mbete 4,8%; Punu 3,0%; Sanga 2,7%; Maka 1,8%; Pygmäen 1,5%; sonstige 5,9%

Religionen Christen 50,0%; Naturreligionen 48,0%; Muslime 2,0%

Währung 1 CFA-Franc (FCFA) = 100 Centimes

Bruttosozialprodukt (pro Kopf 1993) US-$ 950

Bruttoinlandsprodukt (1993) US-$ 2,385 Mrd.

Lebenserwartung Männer 45,8; Frauen 49,4 Jahre

Ressourcen Erdöl, Holz, Pottasche, Blei, Zink, Uran, Kupfer, Phosphate, Zuckerrohr, Kaffee

Zaire

REPUBLIK ZAIRE

ZAIRE AM ÄQUATOR LIEGT IM HERZEN Afrikas und ist von nicht weniger als neun Ländern umschlossen. Nur ein 50 km breiter Küstenstreifen verbindet es mit dem Atlantik. Nach Algerien und Sudan ist es das drittgrößte Land in Äquatorialafrika.

GEOGRAFIE

Der große Zaire-Strom (Kongo-Strom) entspringt im Süden des Landes, fließt im großen Bogen erst nach Norden, dann nach Westen und trifft an der Grenze zum Kongo mit dem Ubangi zusammen. Das riesige Kongobecken bildet den mittleren und nordwestlichen Teil Zaires und ist von höher gelegenem Tafelland umgeben. An der Ostgrenze verwandelt es sich in ein Gebirge, wo sich der Zentralafrikanische Graben mit einer Kette von Seen wie dem Tanganjikasee und langen vulkanischen Gebirgszügen abzeichnet. Im Süden erheben sich die Gipfel des Shaba-Plateaus. Im Westen durchschneidet der Zaire-Strom das Kongobecken und fließt ab in den Atlantik. Neben riesigen Sumpfregionen beherbergt das Kongobecken eine der weltgrößten Regenwaldformationen, die durch massive Regenfälle und permanent tropische Temperaturen erhalten werden. Der Regenwald bietet einigen der seltensten und gefährdetsten Arten wie dem Okapi und dem Gorilla Lebensraum. Im Osten und Süden geht der Regenwald in Baum- und Grassavanne über, die ebenfalls durch ausgiebige Regenperioden erhalten werden. Zum Tierbestand zählen hier Giraffen, Löwen, Antilopen und die gefährdeten schwarzen und weißen Nashörner. Zum Schutz der Tierwelt wurden verschiedene Nationalparks errichtet.

Traditionelle Landwirtschaft in Zaire. Die Potenzen des Landes warten noch darauf, ausgeschöpft zu werden; die meisten Bauern produzieren nur für den eigenen Bedarf. Auch die Viehzucht ist rückständig.

KULTUR UND GESELLSCHAFT

In Zaire leben über 200 ethnische Gruppen, die zumeist dem Bantuvolk zuzurechnen sind und vor der Ankunft der Europäer in eigenen Königreichen lebten. In den 70er-Jahren des 19. Jh. beauftragte König Leopold II. von Belgien (1835-1909) den in England geborenen amerikanischen Naturforscher Henry Morton Stanley (1841-1904), das unbekannte Kongobecken zu erkunden. Leopold gründete darauf den so genannten Kongo-Freistaat und verwaltete ihn als seinen persönlichen Besitz. Die Grausamkeiten, die von den konzessionierten Firmen an der schwarzen Bevölkerung begangen wurden, erregten internationalen Protest; 1908 wurde Leopold gezwungen, dem Belgischen Kongo einen rechtmäßigen Kolonialstatus zuzubilligen. Nach jahrzehntelanger belgischer Herrschaft erreichte eine starke Nationalbewegung 1960 die Unabhängigkeit; Patrice Lumumba (1925-1961) wurde der erste Premierminister des Landes. Unmittelbar darauf brach eine Armeerevolte aus, die von Joseph Mobutu (*1930) angeführt wurde. Einige Europäer wurden ermordet, viele flohen, und die südöstliche Provinz Katanga (später Shaba) spaltete sich unter der Führung von Moise Tschombé (1919-1969) ab. Die Regierung forderte UN-Friedenstruppen an, doch Lumumba wurde ermordet und der UN-Generalsekretär, Dag Hammarskjöld (1905-1961), kam bei einem Flugzeugabsturz um, während er das Krisengebiet bereiste.

Nach dem Abzug der UN-Truppen 1964 wurden weitere Aufstände von Tschombé unterdrückt, der Präsident des ganzen Landes geworden war. 1965 erlangte Mobutu die Präsidentschaft mit einer extrem nationalistischen Politik. Der Name des Landes wurde in Zaire umbenannt, die Bewohner mussten afrikanische Namen annehmen, der Präsident selbst nannte sich fortan Mobutu Sese Seko. 1994 unterstützte Mobutu die Bildung eines Republikanischen Rates mit parlamentarischen Befugnissen (HCR-PT), der im selben Jahr den neuen Premierminister Kengo wa

LANDESDATEN – ZAIRE

Fläche 2 345 095 km²

Klima	**Höhe**	**Temperaturen Januar**	**Juli**	**Jährlicher Niederschlag**
	m	°C	°C	mm
Kinshasa	311	26	23	1125

Geografische Merkmale höchster Berg: Ruwenzori 5119 m; größter See Tanganjikasee (Teil) 32 900 km²

Einwohnerzahl (1994) 42,7 Millionen

Staats- und Regierungsform Mehrparteiensystem; Republik; Übergangsregierung; ein gesetzgebendes Organ

Streitkräfte Heer 25 000; Marine 1300; Luftwaffe 1800

Hauptstadt Kinshasa (2,8 Mio. Einw.)

Offizielle Landessprache Französisch

Bevölkerungsgruppen Luba 18,0%; Kongo 16,1%; Mongo 13,5%; Ruanda 10,3%; Azande 6,1%; Bangi/Ngale 5,8%; Rundi 3,8%; Teke 2,7%; Boka 2,3%; Chokwe 1,8%; Lugbara 1,6%; Banda 1,4%; sonstige 16,6%

Religionen Katholiken 50,0%; Protestanten 20,0%; Kimbanguisten 10,0%; Muslime 10,0%; sonstige 10,0%

Währung 1 Neuer Zaire (NZ) = 100 Makuta

Bruttosozialprodukt (pro Kopf 1991) US-$ 220

Lebenserwartung Männer 45,6; Frauen 49,3 Jahre

Ressourcen Kobalt, Kupfer, Kadmium, Erdöl, Uran, Diamanten, Gold, Silber, Zink, Kaffee, Kautschuk, Kakao

WIRTSCHAFT

Die zairische Landwirtschaft verfügt über ideale Bedingungen, doch außer einigen großen Pflanzungen ist sie kaum über die Subsistenzwirtschaft hinausgelangt und sehr viele Nahrungsmittel müssen importiert werden. Kommerziell angebaut werden Kaffee, Kakao, Gummi und Baumwolle. Auch Bananen und Gemüse werden exportiert. Grundnahrungsmittel sind Maniok, Mais, Reis und Hirse. Die Viehzucht ist verbreitet, aber wenig entwickelt. Die riesigen Waldregionen werden nur lokal wirtschaftlich genutzt.

Zaire ist reich an Bodenschätzen. Gewaltige Kupferlagerstätten erstrecken sich von Sambia her in die Südprovinz Shaba, wo sich auch die weltgrößten Kobaltvorräte finden. Neben weiteren Mineralien werden Gold, Silber und Uranerz abgebaut; vor der Küste verfügt das Land über Ölvorkommen. Erzhütten und Ölraffinerien stellen die wichtigsten Industriezweige dar. Zaire produziert auch mehr als die Hälfte der weltweit geförderten Industriediamanten. Elektroenergie wird vorwiegend in Wasserkraftwerken erzeugt.

Als Transportwege dienen in erster Linie die Flüsse und die Eisenbahn. Soziale und medizinische Einrichtungen sind unzureichend, werden aber verbessert; den endemischen Tropenkrankheiten wurde der Kampf

Burundi

REPUBLIK BURUNDI

BURUNDI IST EIN KLEINES LAND AM NORDostufer des Tanganjikasees in Zentralafrika. Es ist umgeben von Zaire und Tansania und grenzt im Norden an Ruanda.

GEOGRAFIE

Entlang der Westgrenze von Burundi fließt der Ruzizi durch das Große Rifttal in den Tanganjikasee. Vom Fluss erhebt sich das Land steil zu einer Bergkette, die nordwärts nach Ruanda verläuft und die Wasserscheide zwischen dem Kongo- und dem Nilsystem bildet. Ostwärts fällt das Land in unregelmäßigen Stufungen ab und wird vom Tal des Ruvubu-Flusses durchschnitten. Das Tropenklima wird durch die Höhenlage gemildert, der periodische Regen sorgt in regelloser Folge für Überschwemmungen und Dürren. Die Wälder in den Bergregionen gehen talwärts in lockeren Baumbestand und Grassavanne über.

LANDESDATEN – BURUNDI

Fläche 25 967 km²

Klima	**Höhe** m	**Temperaturen Januar** °C	**Juli** °C	**Jährlicher Niederschlag** mm
Bujumbura	815	23	23	825

Geografische Merkmale größter See: Tanganjikasee (Teil) 32 900 km²

Einwohnerzahl (1994) 6,1 Millionen

Staats- und Regierungsform Republik; Koalitionsregierung für eine Vierjahresperiode (gilt seit September 1994)

Streitkräfte Heer 12 300; Marine 50; Luftwaffe 150

Hauptstadt Bujumbura (241 000 Einw.)

Offizielle Landessprachen Kirundi, Französisch

Bevölkerungsgruppen Hutu 85,0%; Tutsi 14,0%; Twa-Pygmäen 1,0%

Religionen Christen 67,0%; Naturreligionen 32,0%; Muslime 1,0%

Währung 1 Burundi-Franc (F.Bu.) = 100 Centimes (c)

Bruttosozialprodukt (pro Kopf 1993 US-$ 180

Bruttoinlandsprodukt (1993) US-$ 855 Mio.

Lebenserwartung Männer 38,3; Frauen 42,3 Jahre

Ressourcen Kaffee, Baumwolle, Felle, Nickel, Gold, Vanadium

KULTUR UND GESELLSCHAFT

Die ursprünglich hier ansässigen Twa-Pygmäen und die später hinzugekommenen Hutu-Völker wurden von der Minderheit der Tutsi unterworfen, die mit ihrer Kontrolle über den einträglichen Viehbestand eine feudalaristokratische Herrschaft ausübten. Burundi, eine ehemals deutsche Kolonie, die als Mandatsgebiet an Belgien ging, erlangte 1962 die Unabhängigkeit als Tutsi-Königreich, wurde aber nach zwei aufeinander folgenden Putschen 1966 in eine Einparteienrepublik umgewandelt. Es folgten weitere Putsche, die sowohl von Hutu als auch Tutsi ausgingen. 1972 wurden bei einem dieser Putsche nahezu alle gebildeten Hutu massakriert. 1988 wurden bis zu 3000 Hutu-Familien von der von Tutsi beherrschten Armee ermordet. Etwa 60 000 Bewohner flohen ins Ausland, kehrten aber überwiegend zurück, nachdem die Verständigung zwischen den zwei Volksgruppen eingeleitet worden war. 1992 wurde eine neue Verfassung verabschiedet, doch 1994 führten weitere Massaker zur Bildung einer Koalitionsregierung für eine Amtszeit von vier Jahren. 1995 wurden Hutu-Flüchtlinge aus Tansania ermordet.

WIRTSCHAFT

Auf dem Land herrscht die Subsistenzwirtschaft vor. Kaffee ist mit Abstand der bedeutendste Exportartikel, gefolgt von Baumwolle. Grundnahrungsmittel sind Maniok, Yams und Getreide wie Mais und Hirse. In der Viehhaltung gilt der Besitz an Rindern als Ausdruck von Status und Reichtum, zudem wird Schweine-, Ziegen- und Schafzucht betrieben. Auch Rinderhäute werden exportiert.

Der Bergbau ist von geringer Bedeutung, ebenso die Konsumgüterindustrie, sodass die meisten Bedarfsgüter importiert werden müssen. Es gibt keine Eisenbahn und nur wenige gute Straßen durch das bergige Land. Soziale und medizinische Fürsorge sind sehr beschränkt; Malaria und Tuberkulose sind weiterhin allgegenwärtig.

Ein Tutsi vor seinem Anwesen im Dorf Gisozo, Burundi (*unten*). Die Tutsi, vermutlich nilotischer Herkunft, bilden eine Minderheit in Burundi, haben aber das Land viele Jahre lang beherrscht. Die meisten Bewohner Burundis gehören zum Bantuvolk der Hutu, das vorwiegend Ackerbau betreibt.

Ruanda

REPUBLIK RUANDA

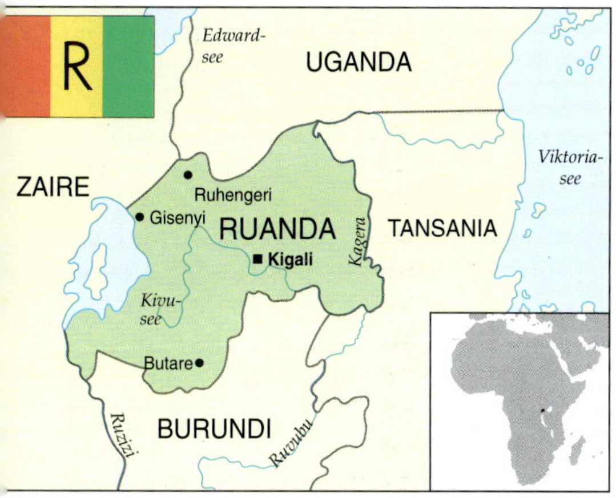

DAS KLEINE GEBIRGIGE LAND IN ZENTRAL-afrika ist von Zaire, Uganda und Tansania umschlossen. Im Süden grenzt es an Burundi, mit dem es früher einen Bundesstaat bildete.

GEOGRAFIE

Der Kivusee an der ruandischen Westgrenze nach Zaire ist Teil des Großen Rifttals. Östlich davon steigt das Land steil zur Kongo-Nil-Wasserscheide an. Im nördlich gelegenen Virunga-Gebirge gibt es zwei aktive Vulkane. Ostwärts senken sich die Hochebenen allmählich bis zur tansanischen Grenze ab. Das Tropenklima wird durch Höhenlagen gemildert, ist aber geprägt durch ausgiebige Regenperioden. In den Bergwäldern leben noch die gefährdeten Berggorillas. Die Hochebenen sind bedeckt mit Baum- und Grassavanne.

Bäuerliches Anwesen in Ruanda. Die Subsistenzwirtschaft bildet das Rückgrat der ruandischen Wirtschaft. Neben Bananen werden Maniok, Yams und Getreide angebaut.

KULTUR UND GESELLSCHAFT

Die Ureinwohner des Landes waren die Twa-Pygmäen, später kamen die Hutu dazu. Beide Gruppen wurden von den eindringenden Tutsi unterworfen. Deutschland erhob koloniale Ansprüche auf das Land, das dann nach dem Ersten Weltkrieg belgisches Mandatsgebiet wurde. 1959 wurden bei einer Hutu-Rebellion der Tutsi-König und viele seiner Bewohner vertrieben. 1962 wurde Ruanda eine unabhängige Republik. Es folgte eine Zeit fortdauernder Gewalt, in der tausende Tutsi umgebracht wurden und die 1973 zu einem Militärputsch unter General Juvénal Habyarimana (1937-1994) führte, dem eine Periode relativer Stabilität folgte. 1981 machte Habyarimana sich zum Präsidenten einer Einparteien-Zivilregierung. 1990 vereitelte er eine weitere Invasion der Tutsi. 1994 kam er bei einem Flugzeugabsturz um; der Bürgerkrieg brach wieder aus mit Massakern unter beiden Bevölkerungsgruppen und der Vertreibung der Hutu-Bevölkerung 1995.

WIRTSCHAFT

Im Land herrscht die Subsistenzwirtschaft vor. Exportiert werden vorrangig Kaffee, Tee und Zuckerrohr. Maniok, Mais, Kochbananen und Gemüse sind Grundnahrungsmittel. Die Tutsi markieren mit der Rinderzucht ihren sozialen Status; die Hutu halten Schafe und Ziegen. Gefördert wird lediglich Zinn. Die sozialen Verhältnisse sind sehr rückständig.

LANDESDATEN – RUANDA

Fläche 26 338 km²

Klima	**Höhe**	**Temperaturen Januar**	**Juli**	**Jährlicher Niederschlag**
	m	°C	°C	mm
Kigali	1545	19	21	1000

Geografische Merkmale höchster Berg: Karisimbi 4507 m; größter See: Kivusee (Teil) 2700 km²

Einwohnerzahl (1994) 8,4 Millionen

Staats- und Regierungsform Republik; Übergangsregierung, die auf demokratische Wahlen hinarbeitet

Streitkräfte Heer 5000; Luftwaffe 200

Hauptstadt Kigali (233 000 Einw.)

Offizielle Landessprachen Kinyarwanda, Französisch

Bevölkerungsgruppen Hutu 90,0%; Tutsi 9,0%; Twa-Pygmäen 1,0%

Religionen Katholiken 65,0%; Naturreligionen 17,0%; Protestanten 9,0%; Muslime 9,0%

Währung 1 Ruanda-Franc (F.Rw) = 100 Centimes (c)

Bruttosozialprodukt (pro Kopf 1993) US-$ 210

Bruttoinlandsprodukt (1993) US-$ 1,359 Mrd.

Lebenserwartung Männer 39,3; Frauen 41,2 Jahre

Ressourcen Kaffee, Tee, Zuckerrohr, Erdgas

Uganda

REPUBLIK UGANDA

DIE OSTAFRIKANISCHE REPUBLIK UGANDA ist in den vergangenen Jahrzehnten von Kriegen zerrissen worden, doch seit 1986 kehrt es allmählich zur Stabilität zurück.

GEOGRAFIE

Uganda ist umgeben von den Ländern Ruanda und Tansania im Süden, Kenia im Osten, Sudan im Norden und Zaire im Westen. Hauptsächlich besteht das Land aus einem nördlich geneigten Plateau am West- und Nordrand des Viktoriasees. Die Hauptstadt Kampala liegt nahe am Nordufer des Sees. Im äußersten Südwesten wird die Grenze nach Ruanda durch die vulkanischen Virunga-Berge gebildet. Die Westgrenze nach Zaire folgt dem Verlauf des Zentralafrikanischen Grabens mit dem Edwardsee, der Ruwenzori-Kette und dem Albertsee. Der Nil fließt nördlich aus dem Victoriasee ab, dann über den Kyogasee nordwestlich in den Albertsee, von wo er nordwärts in Richtung Sudan weiterfließt.

Das ugandische Äquatorialklima ist durch Höhenlagen gemildert sowie durch große Seen- und Sumpfgebiete, die ein Sechstel des gesamten Territoriums einnehmen. Im Norden herrscht von April bis November eine Regenzeit, im Süden ist sie zweigeteilt – von April bis Mai und von Oktober bis November. Die Vegetation richtet sich nach den Niederschlagsverhältnissen mit tropischem Sekundärwald um den Victoriasee und parkartiger Savanne in der Landesmitte und im Norden. In zahlreichen Nationalparks und Wildreservaten wird die artenreiche Tierwelt Ugandas geschützt.

LANDESDATEN – UGANDA

Fläche 197 040 km²				
Klima		**Temperaturen**		**Jährlicher**
	Höhe	**Januar**	**Juli**	**Niederschlag**
	m	°C	°C	mm
Kampala	1150	23	21	1150
Geografische Merkmale höchster Berg: Ruwenzori 5119 m; größter See: Viktoriasee (Teil) 62 940 km²				
Einwohnerzahl (1994) 19,1 Millionen				
Staats- und Regierungsform Republik; zur Zeit als Übergangslösung Militärregierung; ein gesetzgebendes Organ (parteilose Abgeordnete)				
Streitkräfte Heer 50 000; Marine 400				
Hauptstadt Kampala (773 000 Einw.)				
Offizielle Landessprachen Englisch, Swahili				
Bevölkerungsgruppen Ganda 17,8%; Teso 8,9%; Nkole 8,2%; Soga 8,2%; Gisu 7,2%; Chiga 6,8%; Lango 6,0%; Ruanda 5,8%; Acholi 4,6 %; sonstige 26,5%				
Religionen Katholiken 33,0%; Protestanten 33,0%; Muslime 16,0%; sonstige 18,0%				
Währung 1 Uganda-Shilling (U.Sh.) = 100 Cents (Ct)				
Bruttosozialprodukt (pro Kopf 1993) US-$ 180				
Bruttoinlandsprodukt (1993) US-$ 3,037 Mrd.				
Lebenserwartung Männer 49,4; Frauen 52,7 Jahre				
Ressourcen Kupfer, Kalkstein (Zement), Kaffee, Baumwolle, Tee, Tabak, Fischereiprodukte, Wasserkraft				

KULTUR UND GESELLSCHAFT

Mündlicher Überlieferung zufolge gab es in der Region verschiedene afrikanische Königreiche, zu denen das nilotische Reich Bunyoro-Kitara zählte. Buganda, ein ehemaliger Nebenstaat Bunyoros, erlangte im 18. Jh. eine Vormachtstellung. 1894 erklärten es die Briten zu ihrem Protektorat, das 1896 um Bunyoro und andere Nachbarkönigreiche erweitert wurde. 1963 erhielt das Staatengebilde unter einer föderativen Verfassung die Unabhängigkeit mit Mutesa II. (1924-1969), dem *Kabaka* (König) von Buganda, als erstem Präsidenten. 1966 wurde Mutesa durch den Premierminister Milton Obote (*1924) gestürzt, der darauf die Republik ausrief. Obote selbst wurde 1971 durch Idi Amin (*1925) entmachtet. Unter Amins Diktatur wurden asiatische und andere Fachleute des Landes verwiesen, die christliche Bevölkerungsmehrheit verfolgt; mindestens 300 000 Menschen wurden ermordet oder verschwanden. Die Wirtschaft brach allmählich zusammen. 1978 überfiel Amin den Nachbarstaat Tansania, wurde aber von den tansanischen Truppen, verstärkt durch im Exil lebende Ugander, zurückgeschlagen. 1980 erhielt Milton Obote erneut das Präsidentenamt des zerrütteten Landes. Nach zwei Putschen 1985 und 1986 übernahm Yoweri Museveni (*1944) die Präsidentschaft und sah sich mit Bürgerkrieg, gestörten Beziehungen zu Kenia und den Belastungen durch einige 100 000 Flüchtlinge konfrontiert.

Seit 1989 besteht ein Nationaler Verteidigungsrat, der sich in einem komplizierten Prozess aus lokalen Initiativen entwickelte. Es gibt politische Parteien, doch eine politische Betätigung ist verboten.

In Uganda leben etwa 40 ethnische Gruppen; die größte Minderheit bilden die bantusprachigen Ganda, ihnen folgen die Teso, Nkole, Soga und Gisu. Neben Englisch als Amtssprache ist Swahili weit verbreitet.

WIRTSCHAFT

Uganda besitzt eine positive Handelsbilanz, aber auch eine hohe Inflation. Die Landwirtschaft kann den heimischen Bedarf an Hirse, Maniok, Bananen und Erdnüssen weitgehend decken. Kaffee, Baumwolle und Tee sind die wichtigsten kommerziellen Anbauprodukte; in der Ruwenzori-Region wird Kupfer für den Export abgebaut. Wasserkraftwerke, vor allem das des Owen-Falls-Damms am Nil, liefern den Strom für die Kupferverhüttung, die Nahrungsgüterproduktion und eine wachsende Leichtindustrie.

Das Straßennetz ist für afrikanische Verhältnisse vorbildlich. Die Eisenbahn verbindet die Hauptstadt Kampala mit den Kupferminen im Westen und der kenianischen Hafenstadt Mombasa am Indischen Ozean. Auf dem Viktoriasee verkehren Passagierdampfer, und der Flughafen Entebbe bei Kampala wird von internationalen Gesellschaften angeflogen.

Die Förderung der Präventivmedizin hat zu Erfolgen geführt; ländliche Kliniken und zentrale medizinische Einrichtungen stehen zur Verfügung. Dennoch gehören Erkrankungen wie Malaria, Wurm-, Geschlechtskrankheiten, Aids und Darmerkrankungen zum Alltag. Die städtische Bevölkerung ist stark angewachsen und es herrscht Wohnungsmangel. Es gibt ein Sozialversicherungssystem; der Zugang zur höheren Bildung ist beschränkt.

Kinder beim Wasserholen im ugandischen Dorf Bugiri unweit des Victoriasees. Nur ein Achtel der Bevölkerung hat Zugang zu sauberem Trinkwasser. Die Kindersterblichkeit liegt bei 10 Prozent; Aids ist in dieser Region ebenfalls ein großes Problem.

Kenia

REPUBLIK KENIA

Masai-Hirten in der kargen Landschaft des kenianischen Grabens. Die Viehzucht bleibt zumeist auf die trockenen Regionen des Landes beschränkt. Der Ackerbau konzentriert sich auf die regenreichen Hochlagen, wo der Boden genossenschaftlich bewirtschaftet wird.

Kenia liegt auf Äquatorhöhe an der Ostküste Afrikas und ist wie viele andere afrikanische Staaten ein Schmelztiegel der Völker und Kulturen.

GEOGRAFIE

Die Küstenniederung ist im Süden schmal, verbreitert sich aber nordwestlich zur somalischen Grenze. Dahinter steigt die Nyika-Hochebene steigt an. Das vulkanische Hochland im Westen ist durch den Nord-Süd-Schnitt des Ostafrikanischen Grabens (Rift Valley) zweigeteilt. Auf der Westseite erstrecken sich der Mau- und der Elgeyo-Abbruch von der tansanischen Grenze im Süden bis den Cherangany-Hügeln in der Nähe des Mount Elgon an der ugandischen Grenze. Östlich des Ostafrikanischen Grabens erheben sich der Laikipia-Abbruch und das Aberdare-Gebirge mit der Hauptstadt Nairobi an dessen Südende. Östlich des Aberdare-Gebirges erhebt sich der höchste Berg Kenias, der Mount Kenya. Die zwei größten Flüsse, der Tana und der Galana, fließen südostwärts aus dem Hochland durch die Nyika-Ebene. Westlich des Hochlands senkt sich das Grasland zum Ufer des Viktoriasees ab.

Das Äquatorialklima ist durch geringe Temperaturschwankungen gekennzeichnet. Große Gebiete sind als Wildreservate ausgewiesen, zu nennen sind in erster Linie der Nairobi- und der Tsavo-Nationalpark. Dennoch bleibt die illegale Elfenbeinjagd eine Bedrohung für den Wildbestand, besonders in der Nähe zum Nachbarstaat Somalia.

KULTUR UND GESELLSCHAFT

Arabische Händler siedelten seit dem 9. Jh. an der kenianischen Küste. Masai-Einwanderer bewegten sich im 18. Jh. ...

tan von Sansibar einen Teil der Küste an die Briten, und 1901 wurde eine Bahnlinie von Mombasa an den Viktoriasee fertig gestellt. Weiße Siedler fanden im Hochland ideale Bedingungen vor und 1920 wurde Kenia britische Kronkolonie. Nach dem Zweiten Weltkrieg führte die afrikanische Befreiungsbewegung in den 50er-Jahren zu einem Mau-Mau-Aufstand unter Führung der Kikuyu. Nach jahrelangen Unruhen erlangte Kenia 1963 die Unabhängigkeit; 1964 wurde die Republik mit dem Kikuyu-Führer Jomo Kenyatta (1889-1978) als erstem Präsidenten ausgerufen. Nach dessen Tod trat Daniel arap Moi (*1924) die Nachfolge an und übernahm ein stabiles Staatswesen mit wachsender Wirtschaft. In den 80er-Jahren wurde die Entwicklung jedoch durch Dürre, Inflation, Bevölkerungswachstum und Arbeitslosigkeit gestört. Die meisten Kenianer sind Bantus oder nilotischer oder kuschitischer Herkunft. Die größten und einflussreichsten unter den etwa 70 mehr oder weniger deutlich unterschiedenen ethnischen Gruppen sind die Kikuyu und die Luo. Neben Nairobi und der Hafenstadt Mombasa gibt es nur in den Bergen und entlang der Bahnlinien größere Ansiedlungen.

WIRTSCHAFT

Die meisten Kenianer sind in der Landwirtschaft tätig und bearbeiten genossenschaftliches Land. Die Erträge, vor allem Kaffee und Tee, bilden den Hauptanteil des Exportvolumens, obwohl die Landwirtschaft weitgehend auf die regenreichen Hochlandgebiete im Mittelteil des Ostafrikanischen Grabens und um den Victoriasee begrenzt bleibt. Grundnahrungsmittel sind Mais, Tomaten, Hülsenfrüchte, Hirse und Bananen. Der Tourismus, eine unschätzbare Devisenquelle, wird von der Regierung gefördert.

Das Holz der wenigen Wälder stellt die einzige Brennstoffreserve dar. Für die Industrieproduktion sind Zementherstellung und ...

ergänzt. In den dichter besiedelten Gebieten ist das Straßennetz ausgebaut, eine Fernstraße verbindet Nairobi mit Addis Abeba (Äthiopien). Mombasa ist der Haupthafen; der Flughafen von Nairobi ist der wichtigste Ostafrikas. Die zentralen und örtlichen Behörden bieten medizinischen Dienste, dazu kommen Wohlfahrtsorganisationen und private Ärzte. Weit verbreitet sind Malaria, Geschlechtskrankheiten, Aids, Darminfektionen und Trachom. Selbsthilfeorganisationen werden gefördert. Es besteht keine Schulpflicht, doch die schulischen Einrichtungen werden verbessert. Sieben Jahre Grundschulbildung können nach einer Prüfung um einen vierjährigen Oberschulbesuch ergänzt werden.

LANDESDATEN – KENIA

Fläche 571 416 km²

Klima	**Höhe** m	**Temperaturen Januar** °C	**Juli** °C	**Jährlicher Niederschlag** mm
Nairobi	1616	18	16	958

Geografische Merkmale höchster Berg: Mount Kenya 5200 m; längster Fluss: Tana 700 km

Einwohnerzahl (1994) 28,2 Millionen

Staats- und Regierungsform Mehrparteiensystem; Republik; ein gesetzgebendes Organ

Streitkräfte Heer 20 500; Marine 1200; Luftwaffe 2500

Größte Städte Nairobi (Hauptstadt – 1,4 Mio. Einw.); Mombasa (457 000); Kisumu (198 000)

Offizielle Landessprachen Swahili, Englisch

Bevölkerungsgruppen Kikuyu 20,9%; Luhya 13,8%; Luo 12,8%; Kamba 11,3%; Kalenjin 10,8%; andere afrikanische Völker 29,2%; Asiaten 0,6%; Europäer 0,3%; Araber 0,3%

Religionen Protestanten 26,5%; Katholiken 26,4%; Naturreligionen 18,9%; afrikanische Christen 17,6%; Muslime 6,0%; Orthodoxe 2,5%; sonstige 2,1%

Währung 1 Kenia-Shilling (KSh.) = 100 Cents (cts)

Bruttosozialprodukt (pro Kopf 1993) US-$ 270

Bruttoinlandsprodukt (1993) US-$ 4,691 Mrd.

Lebenserwartung Männer 51,5; Frauen 55,0 Jahre

Tansania

VEREINIGTE REPUBLIK TANSANIA

Die ostafrikanische Republik Tansania wurde 1964 durch die Vereinigung von Tanganjika und Sansibar geschaffen. Sansibar besteht aus den Inseln Sansibar und Pemba.

GEOGRAFIE

Tansania stellt im Wesentlichen ein Hochplateau dar, das von zergliederten Gebirgszügen und Senken durchzogen wird. Eine schmale Küstenniederung verläuft südwärts von der kenianischen bis mosambikanischen Grenze. Im Südwesten bildet der Malawisee die Grenze nach Malawi. Von hier aus verläuft die Grenze nordwestwärts bis zum Südzipfel des Tanganjikasees. Im Nordwesten grenzt das Land an Burundi, Ruanda und Uganda. Die Grenze nach Uganda verläuft mitten durch den Viktoriasee und stößt am Ostufer auf die kenianische Grenze. Die zergliederte Gebirgskette am Rande des Ostafrikanischen Grabens ist durch Vulkane geprägt. Zu ihnen zählte der Ngorongoro-Krater und der Kilimandscharo, der höchste Gipfel Afrikas.

Das Klima ist äquatorial mit wenigen Temperaturschwankungen, die Niederschlagsmenge richtet sich nach der Landschafts- und der Höhenlage. Der Norden hat zwei Regenzeiten, während es im Süden nur eine gibt, die aber wesentlich länger anhält. Ein großer Teil des Landes ist mit Grasland und verstreuten Waldgebieten bedeckt, doch die Verseuchung durch Tsetsefliegen macht das Land über weite Regionen ungeeignet für Viehzucht und Besiedlung. In höheren Lagen gibt es Gebirgswüsten mit halbwüstenartiger Vegetation an den Nordhängen. An der Küste herrscht Sumpfland mit Mangroven und Schilf vor. Zur überaus artenreichen Tierwelt gehören Elefanten, Nashörner und Löwen. Unter den vielen Nationalparks ist der Serengeti im Norden des Landes der bekannteste.

LANDESDATEN – TANSANIA

Fläche 885 987 km²

Klima	**Höhe**	**Temperaturen Januar**	**Juli**	**Jährlicher Niederschlag**
	m	°C	°C	mm
Daressalam	58	28	23	1064

Geografische Merkmale höchster Berg: Kilimandscharo 5895 m; größter See: Viktoriasee (Teil) 62 940 km²

Einwohnerzahl (1994) 28 Millionen

Staats- und Regierungsform Mehrparteiensystem; Republik; ein gesetzgebendes Organ

Streitkräfte Heer 45 000; Marine 1000; Luftwaffe 3600

Größte Städte Daressalam (1,36 Mio. Einw.); Mwanza (223 000); Dodoma (Hauptstadt – 204 000)

Offizielle Landessprachen Swahili, Englisch

Bevölkerungsgruppen Afrikaner 99,0% einschließlich Nyamwesi/Sukuma 21,1%; Swahili 8,8%; Hehe und Bena 6,9%; Makonde 5,9%; Haya 5,9%

Religionen Christen 45,0%; Muslime 35,0%; Naturreligionen und andere 20,0%

Währung 1 Tansania-Shilling (T.Sh.) = 100 Cents (Ct)

Bruttosozialprodukt (pro Kopf 1993) US-$ 90

Bruttoinlandsprodukt (1993) US-$ 2,086 Mrd.

Lebenserwartung Männer 41,5; Frauen 45,0 Jahre

Ressourcen Kaffee, Tee, Baumwolle, Tabak, Gewürze, Gold, Diamanten, Zinn, Felle und Häute, Kohle, Tourismus

KULTUR UND GESELLSCHAFT

Bei Ausgrabungen in der Olduvai-Schlucht im Nordosten wurden einige der ältesten menschlichen Überreste gefunden, die auf ein Alter von 2 Millionen Jahren datiert wurden. Der Küstenhandel mit Arabien und Indien begann etwa im 1. Jh. Vom 8. Jh. bis zur Eroberung durch die Portugiesen im 16. Jh. blühte hier eine arabische Zivilisation. Später setzte sich der arabische Einfluss wieder durch und der Sklaven- und Elfenbeinhandel breitete sich ins Inland aus. 1886 erhoben sowohl Deutschland als auch Großbritannien Anspruch auf das Gebiet. Die Deutschen übernahmen die Verwaltung von Tanganjika, die Briten machten Sansibar zu ihrem Protektorat.

Im Ersten Weltkrieg wurde Tanganjika britisch besetzt; 1947 übernahmen die UN die Treuhänderschaft. In den 50er-Jahren formierte sich eine Nationalbewegung, die zur Gründung der Tanganjika African National Union (TANU) und 1961 zur Unabhängigkeit führte. 1962 wurde die Republik mit Julius Nyerere (*1922) als Präsident verkündet. Sansibar erlangte die Unabhängigkeit 1963. Einen Monat später wurde die überwiegend arabische Regierung in einer gewaltsamen Revolution durch die Afro-Shirazi-Partei (ASP) ersetzt. Eine ähnliche Revolution in Tanganjika wurde mit britischer Hilfe unterdrückt. 1964 wurden Tanganjika und Sansibar vereint.

TANU und ASP vereinten sich 1977 zur Revolutionären Partei von Tansania (CCM), die vorerst die einzige Partei des Landes blieb. 1992 kündigte sie die Abschaffung des Einparteiensystems an und die ersten Mehrparteienwahlen wurden Ende 1995 abgehalten. Der Präsident ist das Staatsoberhaupt, zu seinem Kabinett zählen ein Vizepräsident und der Premierminister. Die interne Selbstverwaltung der Insel Sansibar liegt in den Händen eines gewählten Rates mit Präsident.

Tansania ist eines der am wenigsten verstädterten Länder Afrikas. Es gibt etwa 120 ethnische Gruppen, deren größten die Nyamwesi und die Sukuma sind. Hauptsprache ist Swahili. Christentum und Islam beanspruchen etwa je ein Drittel der Bevölkerung für sich, doch in Sansibar domininiert der Islam.

Tansanias artenreiche Tierwelt wird in vielen Nationalparks geschützt, wo Löwen wie dieser gewöhnlich in Rudeln leben. Vorzugsweise gehen die Weibchen auf Jagd, obwohl ihnen die langmähnigen Männchen an Jagdgeschick ebenbürtig sind.

WIRTSCHAFT

Landwirtschaftliche Produkte wie Kaffee und Baumwolle sind Hauptexportartikel, doch der Preisverfall hat zu einer gravierenden Verschuldung des Landes geführt, das stark von ausländischer Hilfe abhängig ist. In der Viehzucht überwiegt die Rinderhaltung; Grundnahrungsmittel sind Getreide, Obst und Gemüse. Die Produktion ist anfällig für Dürren und Brennstoffmangel. Viele Bodenschätze bleiben ungenutzt, doch Salz und Edelsteine werden exportiert. Energie wird aus Wasserkraft und Erdwärme gewonnen; Erdölprodukte werden nach Sambia exportiert. Daneben gibt es eine Nahrungsmittel- und Textilindustrie sowie den Tourismus.

Die Infrastruktur des Landes wird allmählich verbessert; nach Sambia wird eine neue Fernstraße gebaut. Daressalam ist der Haupthafen; auf dem Tanganjika- und dem Viktoriasee verkehren Dampfer. Die wichtigsten Flughäfen sind Daressalam und Kilimandscharo. Malaria und die Schlafkrankheit sind so gut wie besiegt, doch die Unterernährung bleibt ein Problem. Es besteht Grundschulpflicht, und die weiterführende Bildung ist berufspraktisch orientiert.

Seychellen

REPUBLIK SEYCHELLEN

DIE SEYCHELLEN SIND EIN ARCHIPEL ETWA 100 weit verstreuter Inseln sowie zahlloser Riffe und Sandbänke nordöstlich von Madagaskar im Indischen Ozean.

GEOGRAFIE

Die Inseln unterscheiden sich nach zwei Typen. Die Zentralinseln mit der Hauptinsel Mahé sind auf Granit gegründet und bestehen aus einem bergigen Kern, der von einem flachen Küstenstreifen umgeben ist. Die äußeren Inseln bestehen aus Korallenformationen unterschiedlicher Entwicklungsstadien von Riffen bis zu Atollen. Diese sind generell kleiner, fast völlig flach und erheben sich nur wenige Meter über den Meeresspiegel. Auf den meisten Koralleninseln gibt es kaum Wasser, und nur wenige sind bewohnt. Die Hauptinsel dagegen ist reich an Feuchtigkeit und Regen, hier gedeihen die Reste eines üppigen tropischen Regenwalds mit Harthölzern und Kokospalmen, die einst die ganze Insel bedeckten. Die Tierwelt bereichern die Riesenschildkröte und die Grüne Meeresschildkröte. Das Inselparadies hat sehr unter menschlichen Eingriffen gelitten; es wird heute als Touristenattraktion geschätzt. Einige Koralleninseln sind Vogelschutzgebiete.

KULTUR UND GESELLSCHAFT

Wegen ihrer strategischen Lage am Seeweg von Europa nach Indien wurden die Seychellen 1756 von Frankreich zur Stärkung der Kolonie Mauritius annektiert. Nach den napoleonischen Kriegen gingen die Inseln an Großbritannien. Die meisten Bewohner sind gemischter Herkunft und sprechen einen kreolischen Dialekt. 1976 wurden die Seychellen selbständig – mit James R. Mancham (*1939) als Präsident und Albert René (*1935) als Premierminister. 1979 riss René die Präsidentschaft an sich und wurde 1993 bei der ersten Mehrparteienwahl wiedergewählt.

WIRTSCHAFT

Die Inseln leben hauptsächlich vom Tourismus, wofür der Flughafen Mahé und zahlreiche Hotels zur Verfügung stehen. Die Landwirtschaft kann die wachsende Bevölkerung nicht mehr ernähren. Kopra, Tabak, Zimt, Vanille, Kokosnüsse werden exportiert, viele Nahrungsmittel werden eingeführt. Andere Exporte sind Fisch (Thunfischkonserven), Guano und aus importiertem Rohöl erzeugte Erdölprodukte. Die Industrie beschränkt sich ansonsten auf Nahrungsgüterherstellung. Das Gesundheitswesen ist vorbildlich; Schulbildung ist den meisten Kindern zugänglich.

LANDESDATEN – SEYCHELLEN

Fläche 453 km²

Klima	**Höhe**	**Temperaturen Januar**	**Temperaturen Juli**	**Jährlicher Niederschlag**
	m	°C	°C	mm
Victoria	3	27	26	2375

Geografische Merkmale größte Insel: Mahé 153 km²

Einwohnerzahl (1994) 72 000

Staats- und Regierungsform Republik; Mehrparteiensystem; ein gesetzgebendes Organ

Streitkräfte Defensivkräfte 800

Hauptstadt Victoria (24 000 Einw.)

Offizielle Landessprachen Englisch, Französisch, Kreol

Bevölkerungsgruppen Kreolen (Asiaten/Afrikaner/Europäer) 89,1%; Inder 4,7%; Madagassen 3,1%; Chinesen 1,6%; Engländer 1,5%

Religionen Katholiken 90,9%; Protestanten 7,5%; Hindus 0,7%; sonstige 0,9%

Währung 1 Seychellen-Rupie (SR) = 100 Cents (c)

Bruttosozialprodukt (pro Kopf 1991) US-$ 5110

Lebenserwartung Männer 66,0; Frauen 73,4 Jahre

Ressourcen Fisch, Zimt, Kopra, Kokosnüsse, Tee, Tabak, Vanille, Fischereiprodukte, Tourismus

La Digue, nach Mahé und Praslin die Insel mit der drittgrößten Bevölkerung der Seychellen, ist lediglich 15 km² groß. Hitze und Regen haben an der Granitinsel „genagt", sodass der Strandstreifen von einem abgeflachten Inselberg überragt wird.

São Tomé und Príncipe

DEMOKRATISCHE REPUBLIK SÃO TOMÉ UND PRÍNCIPE

DIE VULKANISCHE INSELGRUPPE IM GOLF von Guinea ist eine unabhängige Republik vor der Westküste Afrikas und besteht aus den Hauptinseln São Tomé und Príncipe sowie einigen kleineren Inseln.

GEOGRAFIE

São Tomé ist die größte und bevölkertste der Inseln. Auf ihrer Mitte erhebt sich der Pico de São Tomé, der in den oberen Lagen in dichten Regenwald gehüllt ist. Die kleinere und rechteckige Insel Príncipe liegt etwa 150 km entfernt in nordöstlicher Richtung; auch sie ist bergig. Zu den Inseln zählen die Pedras Tinhosas und die Ilha das Rôlas, die direkt auf dem Äquator liegt.

Das feuchtheiße Äquatorialklima wird durch den Ozean und den kalten Benguela-Strom gemildert. Auch an den Berghängen herrscht eine etwas niedrigere Temperatur.

LANDESDATEN – SÃO TOMÉ UND PRÍNCIPE

Fläche 1001 km²				
Klima		**Temperaturen**		**Jährlicher**
	Höhe	**Januar**	**Juli**	**Niederschlag**
	m	°C	°C	mm
São Tomé	8	26	24	951

Geografische Merkmale höchster Berg: Pico de São Tomé 2024 m; größte Insel: São Tomé 859 km²

Einwohnerzahl (1994) 137 000

Staats- und Regierungsform Republik; Mehrparteiensystem; ein gesetzgebendes Organ

Streitkräfte Heer 1000

Hauptstadt São Tomé (35 000 Einw.)

Offizielle Landessprache Portugiesisch

Bevölkerungsgruppen Afrikaner (hauptsächlich Fang) 90%; Portugiesen und Kreolen 10%

Religionen Katholiken 84,0%; Protestanten und andere 16,0%

Währung 1 Dobra (Db) = 100 Centimos

Bruttosozialprodukt (pro Kopf 1991) US-$ 350

Lebenserwartung Männer 61,5; Frauen 65,2 Jahre

Ressourcen Kakao, Kopra, Kaffee, Bananen, Palmöl, Fischereiprodukte, Tourismus

KULTUR UND GESELLSCHAFT

São Tomé wurde um 1470 von europäischen Seefahrern entdeckt. Die Portugiesen brachten auf der Insel Sträflinge und nach Portugal geflohene spanische Juden unter, die später Sklaven vom Festland auf ihren Zuckerrohrplantagen arbeiten ließen. 1975 wurden die Inseln von Portugal unabhängig. Die Befreiungsbewegung für São Tomé und Príncipe (MLSTP) stellte die 51 Mitglieder für die Nationalversammlung. 1988 wurde die volle Durchsetzung der Demokratie beschlossen. Bei den Wahlen von 1990 wurde die MLSTP zwar geschlagen, doch kehrte sie 1994 und 1995 an die Macht zurück, nachdem ein Militärputsch fehlgeschlagen war. Neben portugiesischsprachigen Afrikanern, die die Mehrheit der Bevölkerung bilden, leben auf den Inseln eingewanderte Arbeiter aus Angola und Mosambik.

WIRTSCHAFT

Landwirtschaft, Fischerei und Tourismus bilden das Rückgrat der Wirtschaft; Kakao ist der Hauptexportartikel. Die Abhängigkeit von Lebensmittelimporten hat zu einer weit verbreiteten Unterernährung geführt. São Tomé besitzt eine Eisenbahn und ein Straßennetz. Auf dem Luftweg ist es mit Príncipe und Luanda (Angola) verbunden, auf Schifffahrtslinien mit den anderen Inseln der Inselgruppe. Schulbildung und medizinische Versorgung sind unentgeltlich.

Kap Verde

REPUBLIK KAP VERDE

Die Kapverden bestehen aus zwei kleinen Archipelen, die etwa 600 km vor der westafrikanischen Küste liegen.

GEOGRAFIE

Alle Inseln sind vulkanischen Ursprungs und von schroffen Klippen und Riffen umgeben. Manche Felsen hat der Flugsand zu bizarren Formen abgeschliffen. Auf der Insel Fogo gibt es einen aktiven Vulkan. Das Klima ist stabil und gemäßigt warm, aber extrem trocken. Landwirtschaft ist nur in Gegenden mit feuchter Seeluft möglich, periodische Dürren haben die Vegetation der Insel verwüstet.

Ein Fischerdorf auf einer Vulkaninsel von Kap Verde – einer der kleinsten Nationen der Welt.
Die weiß gekalkte Kirche und die Häuser im Hintergrund sind Zeugnisse einer langen Bindung des Landes an Portugal.

KULTUR UND GESELLSCHAFT

Portugiesen besiedelten bereits im 15. Jh. die Inseln, die sich dann zum Zentrum des Sklavenhandels entwickelten. Im 19. Jh. waren sie ein Stützpunkt des transatlantischen Schiffsverkehrs. Die Mehrheit der Bevölkerung sind kreolische Nachfahren westafrikanischer Sklaven; gesprochen wird der kreolische Dialekt Crioulo. 1951 erhielten die Inseln den Status einer portugiesischen Überseeprovinz und 1975 unter Präsident Aristides Pereira (*1924) die Unabhängigkeit. Versuche einer Vereinigung mit Guinea-Bissau schlugen fehl. 1990 wurde die Regierungspartei bei der ersten Mehrparteienwahl geschlagen.

WIRTSCHAFT

Stütze der Wirtschaft ist die Landwirtschaft; angebaut werden vor allem Bananen, Kokosnüsse und Zuckerrohr; der Fischfang wird gegenwärtig ausgebaut. Die Industrie beschränkt sich weitgehend auf die Nahrungsmittelproduktion für den Eigenbedarf. Abgebaut werden Salze und Vulkanfelsen als Füllstoff für Beton. Der Transport findet überwiegend auf dem See- und dem Luftweg statt; die Tourismusbranche wächst. Medizinische und soziale Einrichtungen sind beschränkt vorhanden; die Schulbildung ist kostenlos. Da Arbeitsplätze rar sind, sehen sich viele Inselbewohner gezwungen auszuwandern.

LANDESDATEN – KAP VERDE

Fläche 4033 km²

Klima	Höhe m	Temperaturen Januar °C	Juli °C	Jährlicher Niederschlag mm
Praia	27	22	25	250

Geografische Merkmale höchster Berg: Pico do Cano (Fogo) 2829 m; größte Insel: São Tiago 991 km²

Einwohnerzahl (1991) 428 120

Staats- und Regierungsform Mehrparteiensystem; Republik; ein gesetzgebendes Organ

Streitkräfte Heer 1000; Marine 50; Luftwaffe 100

Hauptstadt Praia (62 000 Einw.)

Offizielle Landessprache Portugiesisch

Bevölkerungsgruppen Kreolen (Mulatten) 71,0%; Afrikaner 28,0%; Europäer 1,0%

Religionen Katholiken 97,8%; sonstige 2,2%

Währung 1 Cabo Verde Escudo (CEsc) = 100 Centavos

Bruttosozialprodukt (pro Kopf 1991) US-$ 750

Bruttoinlandsprodukt (1991) US-$ 303 Mio.

Lebenserwartung Männer 60,7; Frauen 64,6 Jahre

Ressourcen Bananen, Kaffee, Kokosnüsse, Zuckerrohr, Salz, Kalkstein, Fischereiprodukte

Das südliche Afrika

LÄNDER DER REGION

ANGOLA · SAMBIA · MALAWI · MOSAMBIK
NAMIBIA · BOTSUANA · SIMBABWE · SÜDAFRIKA
LESOTHO · SWASILAND · MADAGASKAR
MAURITIUS · KOMOREN

SCHUTZGEBIETE IN DER REGION

ST. HELENA · MAYOTTE · RÉUNION

Ein Königreich im Gebirge. Die Bevölkerung von Lesotho bewohnt eine Gebirgsregion mit schneebedeckten Gipfeln und windigen Hochebenen, die von tiefen Schluchten durchzogen werden. Vor den kalten Wintern und den häufigen Sommergewittern schützen die dicken bunten Decken.

Angola

VOLKSREPUBLIK ANGOLA

Der grosse Staat an der Südwestküste Afrikas grenzt im Süden an Namibia, im Osten an Sambia und an Zaire im Norden. Die Küstenexklave Cabinda ist durch ein schmales Gebiet Zaires von Angola getrennt und grenzt im Norden an Kongo. Bis 1974 war Angola eine Überseekolonie Portugals, seit Erlangung der Unabhängigkeit wird das Land von Bürgerkriegen verwüstet.

GEOGRAFIE

Von der schmalen Küstenniederung steigt das Land zu einer Hochebene an, die den größten Teil Angolas ausmacht. Im Süden ist das Hochland flach, doch im Südwesten und in der Mitte Angolas wird es bergig. Dort befindet sich mit dem Serra Môco auch der höchste Gipfel des Landes. Im Norden ist das Plateau stärker zerklüftet. Die Täler und Küstenniederungen verbreitern sich in der Nähe des Zaire-Stroms an der Nordgrenze des Landes und auch in Cabinda. Vom zentralen Hochland breiten sich Flüsse in alle Richtungen aus. Manche münden direkt in den Atlantik, andere speisen die Flusssysteme der Nachbarländer.

Das Land liegt in der wechselfeuchten tropischen Klimazone. Das Klima ist im Allgemeinen heiß, mit Ausnahme des zentralen Hochlands und an der Küste, wo die Temperaturen durch den kühlen Benguelastrom, der aus dem südlichen Polarmeer kommt, gemildert werden. Die Niederschläge sind je nach Lage und Jahreszeit unterschiedlich. Der Norden ist mit einer siebenmonatigen Regenzeit regenreich, während der Westen und der Süden unter längeren Dürreperioden zu leiden haben.

Die Vegetation reicht klimabedingt von tropischem Regenwald in Cabinda und im Norden bis zu Baumsavanne und weiter südlich zur trockenen Grassavanne, die durchsetzt ist mit Euphorbien, Akazien und Affenbrotbäumen. Entlang der Südwestküste zieht sich von Namibia ausgehend ein Streifen reiner Wüste.

Angola ist reich an Wild; hier leben Geparde, Gnus, Zebras, Strausse, Krokodile, Flusspferde, Leoparden, Elefanten und Nashörner. Viele Arten sind bedroht durch die Ausweitung der Landwirtschaft, durch die Zerstörungen des Bürgerkriegs und den illegalen Handel mit Elfenbein und Rhinozeros-Hörnern. Es wurden zwar Nationalparks eingerichtet, doch die Schutzmaßnahmen haben bislang wenig Wirkung gezeigt.

KULTUR UND GESELLSCHAFT

Die frühesten Bewohner Angolas waren mit den Khoisan sprechenden San (Buschmännern) des heutigen Namibia verwandt. Diese Jäger und Sammler wurden von den Bantuvölkern verdrängt, die von Norden zuwanderten und Landwirtschaft und Eisenbearbeitung einführten. Als die Portugiesen im 16. Jh. ins Land gelangten, hatten die Bantu eine Reihe von teilweise hochorganisierten Königreichen gegründet. Das Größte war das Kongoreich und erstreckte sich über den Norden Angolas, während das Ndongo-Reich den Süden des Landes bedeckte.

Die Portugiesen benannten Angola nach den Ngolas, den Königen der Ndongo. Anfangs pflegten die Bantu-Königreiche freundschaftliche Beziehungen mit den Portugiesen und nutzten deren Sklavenhandel zum Ausbau der eigenen Macht. Dennoch wurde das Kongoreich 1568 durch ein Nachbarreich besiegt. Währenddessen blühte das Ndongo-Reich weiter auf, bis sich die Portugiesen zur Politik der Unterwerfung entschlossen. Doch es dauerte etwa hundert Jahre, bis sie den Widerstand der Bantu gebrochen hatten.

Angola wurde zum Schwerpunkt des Sklavenhandels der europäischen Kolonialmächte. Die Region wurde nahezu entvölkert und war auch unter kolonialen Verhältnissen nicht mehr lebensfähig. Im frühen 19. Jh.

wurde die Sklavenjagd eingestellt, jedoch durch Zwangsarbeit ersetzt. Portugal beanspruchte das koloniale Vorrecht für das gesamte Gebiet und begann mit dem Bau von Eisenbahnen und Diamantenminen, doch die Grenzen von Angola wurden erst 1926 endgültig abgesteckt. Die eingeborenen Angolaner blieben rechtlos und verarmt und wurden häufig in Zwangsarbeit ausgebeutet.

Die in den 60er-Jahren entstandene nationale Befreiungsbewegung brachte drei verschiedene Guerrilla-Organisationen hervor: die marxistisch orientierte Angolanische Volksbefreiungsbewegung MPLA, die vom Kongo aus geführte Angolanische Nationale Befreiungsfront FNLA und im Süden die Nationale Union für die völlige Unabhängigkeit Angola UNITA. Alle drei Bewegungen wurden von den Portugiesen heftig bekämpft. 1974 zog die neue Regierung in Lissabon die Kolonialtruppen ab und ebnete den Weg für die völlige Unabhängigkeit im Folgejahr. Unmittelbar darauf brach der Bürgerkrieg aus. UNITA und FNLA kämpften mit südafrikanischer Unterstützung gegen die sowjetisch gestützte MPLA, die von kubanischen Truppen verstärkt wurde. Die MPLA übernahm die Regierung und gründete eine Einparteienrepublik. Der Krieg setzte sich jedoch viele Jahre fort, und große Gebiete blieben unter Kontrolle der UNITA. Der Abzug der kubanischen Truppen (und das Ende des sowjetischen Engagements) 1989 öffnete den Weg für Friedensverhandlungen, die 1995 mit einem Vertrag beendet wurden, der der UNITA eine Teilhabe an der Macht zusicherte. Darauf wurden ebenfalls 1995 UN-Friedenstruppen in Angola stationiert.

Neben der Amtssprache Portugiesisch, die nur von einer Minderheit gesprochen wird, werden die Bantu-Sprachen gepflegt. Zu den größten der vielen ethnischen Gruppen gehören die im zentralen Hochland lebenden Owimbundu, die an der Küste rund um die Hauptstadt Luanda niedergelassenen Mbundu und die im Norden ansässigen Kongo. Bis zur Unabhängigkeit herrschte in Angola nominell der Katholizismus vor. Danach haben sich die afrikanischen Religionen erneut durchgesetzt.

Luanda, die Hauptstadt Angolas (*links*), wurde 1575 als portugiesischer Handelsstützpunkt gegründet. Heute gibt es hier einen betriebsamen Hafen, und Hochhäuser aus Glas und Beton ragen neben den ausladenden Kolonialbauten in den Himmel.

Leben auf dem Land (*unten*). Traditionell sind die Frauen in diesem kleinen Dorf südlich von Luanda mit der Zubereitung der Nahrung beschäftigt. Der Bürgerkrieg hat zahllose Leben zerstört und die Entwicklung der Landwirtschaft viele Jahre behindert.

WIRTSCHAFT

Trotz des langen Bürgerkriegs hat sich die angolanische Wirtschaft dank reicher Ressourcen in mancher Hinsicht entwickelt. Besonders im fruchtbaren Norden herrscht eine große Anbauvielfalt. Für den Export werden Kaffee, Zuckerrohr, Baumwolle und Ölpalmen angebaut. Mais ist zusammen mit Maniok, Yams und Hirse Hauptnahrungsmittel. Auch die Harthölzer des Cabinda-Waldes sind eine wichtige Devisenquelle, und die Küstenfischerei erbringt Makrelen und Sardinen. Bis in die 60er-Jahre Jahre waren Diamanten die einzigen Bodenschätze, die abgebaut wurden. Danach erschloss man bedeutende Eisen- und andere Erzlagerstätten. Reiche Erdöl- und Erdgasvorkommen bilden nun die Hauptquelle das angolanischen Reichtums und sind neben der Wasserkraft auch der einzige Energieträger für die Stromerzeugung. Die Industrieproduktion konzentriert sich auf die Erdölverarbeitung und die Stahlerzeugung. Andere, weniger entwickelte Bereiche umfassen Nahrungsmittel, Textilien, Baumaterial und Plastikartikel. Die Erdölprodukte bestimmen hauptsächlich den Exportumfang, dazu kommen Diamanten und Nahrungsmittel. Importiert werden vor allem Maschinen und Chemikalien. Das Straßennetz ist nach wie vor mangelhaft, die Eisenbahn wird vorrangig für den Güterverkehr genutzt.

Gesundheits- und Sozialversorgung wird theoretisch für alle Bewohner gewährleistet, doch in den ländlichen Gebieten fehlen dafür die Voraussetzungen. Dort sind auch Krankheit und Unterernährung weit verbreitet. Die Grundschulbildung ist kostenlos, wurde jedoch durch den Bürgerkrieg eingeschränkt. Doch das Bildungsniveau steigt dank der Förderung der afrikanischen Sprachen.

LANDESDATEN – ANGOLA

Fläche 1 246 700 km²

Klima	**Höhe** m	**Temperaturen Januar** °C	**Temperaturen Juli** °C	**Jährlicher Niederschlag** mm
Luanda	44	26	21	323

Geografische Merkmale höchster Berg: Serra Môco 2610 m

Einwohnerzahl (1994) 9,84 Millionen

Staats- und Regierungsform Mehrparteiensystem; Republik; ein gesetzgebendes Organ

Streitkräfte Heer 75 000; Marine 1500; Luftwaffe 6000

Hauptstadt Luanda (1,544 Mio. Einw.)

Offizielle Landessprache Portugiesisch

Bevölkerungsgruppen Owimbundu 37,0%; Kimbundi 25,0%; Bakongo 13,0%; Mulatten (Mischlinge zwischen Europäern und Afrikanern) 2,0%; Europäer 1,0%; sonstige 22,0%

Religionen Naturreligionen 47,0%; Katholiken 38,0%; Protestanten 15,0%

Währung 1 Neuer Kwanza (NKz) = 100 Lwei (Lw)

Bruttosozialprodukt (pro Kopf 1991) US-$ 620

Lebenserwartung Männer 43,7; Frauen 47,9 Jahre

Ressourcen Diamanten, Erdöl, Erdgas, Eisenerz, Kaffee, Zuckerrohr, Baumwolle, Palmöl, Bananen, Holz, Fischereiprodukte

Sambia

REPUBLIK SAMBIA

DAS LAND, IM SÜDLICHEN TEIL ZENTRALafrikas gelegen, ist durch eine Ausbuchtung des zairischen Territoriums nahezu zweigeteilt. Es grenzt an viele andere Staaten, ist aber historisch am engsten mit Simbabwe im Süden verbunden.

GEOGRAFIE

Sambia liegt auf einem breiten flachhügligen Plateau, das nur vereinzelt von Bergen und tiefen Tälern durchbrochen wird. In Sambia entspringt der Sambesi; er durchfließt einen Teil Angolas und tritt wieder nach Sambia ein, wo er die Südgrenze mit Namibia und Simbabwe bildet. Bei Kariba wurde er durch einen Damm zum Karibasee aufgestaut. Der Kafue entspringt weiter östlich, durchfließt die Überschwemmungsgebiete südlich der Hauptstadt Lusaka, um dann durch eine enge Schlucht nördlich von Kariba in den Sambesi zu münden. Der Luangwa entspringt in den östlichen Bergen an der Grenze zu Malawi, dann fließt er südwärts in einem breiten Grabenbruch bis zur Einmündung in den Sambesi an der mosambikanischen Grenze. Nördlich davon, jenseits des Muchinga-Abbruch, breitet sich um den Bangweulusee ein sumpfiges Becken aus. Dieses wird vom Luapula entwässert, der die Nordgrenze nach Zaire bildet und in den in einem anderen Grabenbruch gelegenen Mwerusee mündet. Sambia berührt den Südzipfel des Tanganjikasees.

Es herrscht ein subäquatoriales Klima, das durch die Höhenlagen gemildert wird. In der feuchtwarmen Jahreszeit (von November bis April) fallen heftige, oft gewittrige Regenfälle. Die Trockenzeit ist kühler mit gelegentlichen Nachtfrösten in den Bergregionen, doch wird es vor Beginn der Regenzeiten sehr heiß. Die Vegetation ist überwiegend eine Mischung aus Baum- und Grassavanne. Größere Waldgebiete mit wertvollem rhodesischen Teakholz finden sich im Südwesten. Die Überschwemmungsgebiete bestehen aus fruchtbarem Grasland, und die Sumpfgebiete sind mit Papyrusschilf bewachsen. Zur artenreichen Tierwelt zählen Giraffen, Elefanten, Leoparden und Löwen, jedoch wurden die Bestände durch Jagd und Weidewirtschaft dezimiert. Wildreservate wurden u. a. mit dem Kafue- und dem Lunagwa-Nationalpark geschaffen, doch die notwendigen Schutzmaßnahmen werden nicht überall konsequent gehandhabt.

KULTUR UND GESELLSCHAFT

In Sambia stand vor mehreren Millionen Jahren die Wiege der Menschheit, und es haben dort viele verschiedene Kulturen und Bevölkerungen existiert. Die Mehrzahl der heutigen Bewohner stammt wahrscheinlich von den Bantu-Völkern ab, die vermutlich im 17. Jh. aus dem Norden, kurz vor der Ankunft der Europäer, eingewandert sind. Zwei kleine Gruppen, die Ngoni und die Kololo, kamen erst 1835, als sie vor den Zulus im Süden fliehen mussten.

Ende des 19. Jh. suchten arabische Sklavenhändler den äußersten Osten des heutigen Sambia heim. Das Land geriet erst durch die Forschungsreisen des schottischen Missionars David Livingstone (1813-1873) ins Blickfeld Europas. Im oberen Sambesi-Gebiet entdeckte und benannte er 1855 die Viktoriafälle. Später breitete sich die Britisch-Süd-afrikanische Gesellschaft, geführt vom südafrikanischen Politiker britischer Herkunft Cecil Rhodes (1853–1902), von Süden her in die Region von Sambia aus und schloss Verträge mit vielen Stämmen. 1911 wurde das Land in Nordrhodesien umbenannt; Hauptstadt war Livingstone. Nach der Errichtung von Kupferminen nahm die europäische Besiedlung zu, und 1924 wurde das Land formell zum britischen Protektorat erklärt.

Nach dem Zweiten Weltkrieg entstand eine nationale Unabhängigkeitsbewegung, die von der Vereinten Nationalen Unabhängigkeitspartei (UNIP) und dem rivalisierenden Afrikanischen Nationalkongress (ANC) angeführt wurde. 1953 bildete das Land einen Staatenbund mit Südrhodesien und Njassaland (heute Simbabwe und Malawi), doch

Lusaka. Ein eindrucksvolles Monument erinnert an die Konferenz der nichtpaktgebundenen Staaten von 1970, die sich gegen Kolonialismus und Großmachtpolitik aussprach. Deutlich wird der Gegensatz zur Säulenfassade des Obersten Gerichts im Kolonialstil.

löste die 1963 durch Wahlen an die Macht gelangte UNIP die Föderation auf. 1964 erhielt das Land die volle Unabhängigkeit, und erster Präsident von Sambia wurde Kenneth Kaunda (*1924).

Sambia hing in Handel und Verkehr stark von seinem Nachbarn Südrhodesien ab; folglich führte die einseitige Unabhängigkeitserklärung zu schweren Ausfällen in der sambischen Wirtschaft, bis 1980 die Kontakte mit dem neugegründeten Staat Simbabwe wieder aufgenommen wurden. Von den 60er-Jahren an bis 1989 bot Sambia den Guerrillaformationen Zuflucht, die in Südrhodesien, Angola, Mosambik und schließlich auch in Südafrika operierten. Währenddessen führten gewaltsame Auseinandersetzungen zwischen den Parteien und ethnischen Gruppierungen 1972 zur Gründung eines Einparteienstaats. Eine neue Verfassung von 1973 verlieh dem Präsidenten größere Machtbefugnisse, obwohl das Einkammer-Parlament seine legislative Funktion behielt. Nach Unruhen 1990 führte man das Mehrparteiensystem wieder ein, und Frederic Chiluba, ein früherer Ge-

Amtssprache ist Englisch; die Mehrheit der Bevölkerung spricht verschiedene Bantusprachen, von denen im äußersten Nordosten Bemba die bedeutendste ist, im Osten Nyanja und im Süden Tonga. Nominell herrscht als Religion das Christentum vor, doch viele Sambier halten an den alten afrikanischen Naturreligionen fest.

WIRTSCHAFT

Die Mehrzahl der Sambier arbeitet in der Landwirtschaft, aber die Produktion ist vorrangig für den heimischen Markt bestimmt. Exportprodukte wie Tabak, Zuckerrohr, Baumwolle und Erdnüsse werden in großen, nach europäischem Muster betriebenen Farmen erzeugt. Die meisten Bauern leben von der Subsistenzwirtschaft. Als Grundnahrungsmittel dienen Mais, Hirse, Maniok und verschiedene Gemüsesorten. In der Viehzucht überwiegt die Rinderhaltung, die jedoch durch regionale Verseuchung durch die Tsetsefliege eingeschränkt wird. Die Teakwälder im Südwesten werden extensiv abgeholzt, doch es gibt Neuanpflanzungen im Kupfergürtel an der zairischen Grenze. Die vielen Seen sind Grundlage für eine blühende Fischwirtschaft. Die sambische Industrie ist einseitig auf Kupferabbau und -verarbeitung gegründet. Die riesigen Erzlagerstätten haben Sambia zum viertgrößten Kupferproduzenten der Welt gemacht. Dies hat die wirtschaftliche Entwicklung des Landes gefördert, zugleich aber stieg die Abhängigkeit von den schwankenden Weltmarktpreisen. Neben dem Abbau von Edelsteinen und Erzen wird in geringem Umfang Kohle gewonnen, doch Hauptenergiequelle ist die Wasserkraft. Die Warenproduktion profitierte ein wenig vom Abbruch der Beziehungen zu Südrhodesien, weil die heimische Produktion zum Wachstum ermutigt wurde. Zu den wichtigsten Industriezweigen zählt die Kupferaufbereitung und die Verarbeitung von Erdöl, das über eine tansanische Pipeline importiert wird. Dazu kommen Textilien, Reifen, Düngemittel und Sprengstoff.

Als Folge der Abspaltung von 1964 unterbrach Südrhodesien die wichtigsten Transportwege, sodass eine neue nordwestliche Eisenbahnlinie durch Tansania gebaut werden musste. Die Straßen sind zumeist unbefestigt, doch werden sie gegenwärtig ausgebaut. Die Fluggesellschaft Zambia Airways fliegt in- und ausländische Ziele an. Trotz Mangels an Fachkräften hat sich die medizinische Versorgung verbessert, und bei der Bekämpfung endemischer Epidemien wurden entscheidende Fortschritte erzielt. Die meisten Kinder

Das Denkmal David Livingstones blickt auf die gewaltigen Viktoriafälle des Sambesi in Sambia. Der schottische Missionar und Forscher Livingstone war der europäische Entdecker und Namensgeber der Viktoriafälle.

LANDESDATEN – SAMBIA

Fläche	752 614 km²

Klima	Höhe	Temperaturen Januar	Juli	Jährlicher Niederschlag
	m	°C	°C	mm
Lusaka	1297	22	16	829

Geografische Merkmale	höchster Berg: Nyika-Plateau (Teil) 2164 m
Einwohnerzahl	(1994) 9,2 Millionen
Staats- und Regierungsform	Mehrparteiensystem; Republik; ein gesetzgebendes Organ
Streitkräfte	Heer 20 000; Luftwaffe 1000
Hauptstadt	Lusaka (921 000 Einw.)
Offizielle Landessprache	Englisch
Bevölkerungsgruppen	Bemba 36,2%; Marawi 17,6%, Tonga 15,1%; nordwestliche Stämme 10,1%; Barotse 8,2%; Mambwe 4,6%; Tumbuka 4,6%; sonstige 3,6%
Religionen	Christen 50-75%; Muslime und Hindus 24-49%; Naturreligionen 1,0%
Währung	1 Kwacha (K) = 100 Ngwee (N)
Bruttosozialprodukt	(pro Kopf 1993) US-$ 380
Bruttoinlandsprodukt	(1993) US-$ 3,685 Mrd.
Lebenserwartung	Männer 43,8; Frauen 44,5 Jahre
Ressourcen	Kupfer, Holz, Kobalt, Zink, Blei, Kohle, Smaragde, Gold, Silber, Tabak, Zuckerrohr, Baumwolle, Erdnüsse, Fischereiprodukte

Malawi

REPUBLIK MALAWI

MALAWI LIEGT AM SÜLICHEN ENDE DES Ostafrikanischen Grabens und grenzt im Westen an Sambia, im Nordosten an Tansania und im Osten und Südwesten an Mosambik.

GEOGRAFIE

Den Nordosten Malawis bedeckt der Malawisee, der beinahe ein Fünftel der Staatsfläche einnimmt. Der südliche Abfluss, der Shire, fließt durch eine oft sumpfige Grabensenke, die nach Osten von Bergen flankiert ist. Das mittlere und westliche Malawi besteht zumeist aus Hochebenen mit hohen Bergen im Norden. Das tropische Klima ist gemildert durch die Binnenlage und die Höhenunterschiede. Am höchsten sind die Temperaturen kurz vor Beginn der sommerlichen Regenzeit im Grabenbruch, während die Regenfälle im nördlichsten Hochland am ergiebigsten sind.

Die Grassavanne in den Niederungen geht mit zunehmender Höhenlage in Baumsavanne und in den Bergregionen in Grasland und immergrünen Wald über. Sehr viele Waldungen sind der landwirtschaftlichen Nutzung zum Opfer gefallen. Das Großwild ist überwiegend auf Reservate beschränkt, doch im Malawisee leben Flusspferde.

KULTUR UND GESELLSCHAFT

Schon vor vielen Jahrhunderten siedelten Bantuvölker in der Region. Muslimische Sklavenjäger stießen im 19. Jh. in das Gebiet vor, gefolgt von christlichen Missionaren. 1891 erklärte Großbritannien den Njassa-Distrikt zum Protektorat, aus dem 1907 Njassaland wurde. 1953 schloss sich das Land zu einem Staatenbund mit Nord- und Südrhodesien zusammen, in dem es bis 1963 verblieb. Die volle Unabhängigkeit erlangte Malawi 1964; zwei Jahre später war das Land eine Einparteienrepublik. 1971 wurde der erste Präsident, Hastings Banda (*1905), auf Lebenszeit im Amt bestätigt, was 1993 nach einem Referendum zugunsten der Mehrparteiendemokratie widerrufen wurde. Bei der ersten Mehrparteienwahl 1994 errang die von Bakili Muluzi geführte Vereinte Demokratische Front einen überwältigenden Sieg über Bandas Malawische Kongresspartei. Obwohl Malawi mit seinen Nachbarstaaten Differenzen hatte, nahm es während des mosambikanischen Bürgerkriegs Flüchtlinge auf. In Malawi werden fast durchweg Bantusprachen gesprochen; die Amtssprache Englisch ist nur bei einer Minderheit in Gebrauch. Etwa die Hälfte der Bevölkerung ist christlich, daneben sind Naturreligionen weit verbreitet und es gibt eine starke muslimische Minderheit.

WIRTSCHAFT

Grundnahrungsmittel ist Mais, während Tabak, Zuckerrohr und Tee den Großteil des Exportvolumens ausmachen. Seit der Auffors-

Vier Mädchen (*oben*) aus Nkhotakota am Malawisee. Die eindrucksvolle Baumsavanne, glitzernde Seen und atemberaubende Wasserfälle machen Malawi zu einem Touristenparadies.

Die Nyika-Hochebene im Norden Malawis (*links*). Ein Blumenteppich belebt das düstere Hochland, das zu den unberührtesten Gegenden des Landes zählt. In diesem Gebiet an der Grenze zu Sambia wurde ein Naturreservat errichtet.

tung von Wäldern erzielt die Holzindustrie Exportüberschüsse. Von Bedeutung ist auch der Fischfang auf dem Malawisee. Das Land ist arm an Bodenschätzen, aber Wasserkraft zur Stromgewinnung ist reichlich vorhanden, sodass beim Import von Brennstoffen gespart werden kann. Viele Konsumgüter werden jetzt im Land produziert, doch Rohstoffe und Maschinen müssen importiert werden.

tigt. Die Eisenbahnverbindungen nach Mosambik eröffnen den Zugang zu den Seehäfen Beira und Nacala. In den 80er-Jahren war dieser Weg durch den Bürgerkrieg in Mosambik abgeschnitten.

Gegenwärtig gibt Malawi 40 % des Bruttosozialprodukts für Lkw-Transporte durch Sambia, Botsuana und Simbabwe zu den südafrikanischen Seehäfen aus. Der Shire ist schiffbar und es verkehren Passagier- und Frachtschiffe auf dem Malawisee. Die nationale Fluggesellschaft Air Malawi unterhält internationale Flugverbindungen auf dem Flughafen von Lilongwe, der Hauptstadt des Landes seit 1975, die in der Landesmitte liegt. Presse und Rundfunk unterliegen der staatlichen Zensur.

Die medizinische Versorgung ist teilweise kostenlos, doch die Gesundheitsvorsorge ist mangelhaft. Zu den weit verbreiteten Krankheiten zählen Malaria, Bilharziose, Magen-Darm-Krankheiten und Lepra. Wohnraum ist knapp, doch Kinder, Behinderte und Arme werden sozial versorgt. Wegen fehlender Einrichtungen

LANDESDATEN – MALAWI

Fläche 94 276 km²

Klima	**Höhe**	**Temperaturen Januar**	**Temperaturen Juli**	**Jährlicher Niederschlag**
	m	°C	°C	mm
Lilongwe	1095	23	16	900

Geografische Merkmale höchster Berg: Mulanje 3000 m; längster Fluss: Shire (Teil) 400 km; größter See: Malawisee 29 600 km²

Einwohnerzahl (1994) 9,74 Millionen

Staats- und Regierungsform Mehrparteiensystem; Republik; ein gesetzgebendes Organ

Streitkräfte Vereinigte Streitkräfte 10 400

Größte Städte Blantyre (332 000 Einw.); Lilongwe (Hauptstadt – 234 000); Mzuzu (83 000); Zomba (53 000)

Offizielle Landessprache Englisch

Bevölkerungsgruppen Marawi 58,3%; Lomwe 18,4%; Yao 13,2%; Ngoni 6,7%; sonstige 3,4%

Religionen Protestanten 55,0%; Katholiken 20,0%; Muslime 20,0%; Naturreligionen 5,0%

Währung 1 Malawi-Kwacha (MK) = 100 Tambala (t)

Bruttosozialprodukt (pro Kopf 1993) US-$ 200

Bruttoinlandsprodukt (1993) US-$ 1,810 Mrd.

Lebenserwartung Männer 38,9; Frauen 40,5 Jahre

Ressourcen Tabak, Tee, Zuckerrohr, Kaffee, Erdnüsse, Holz, Kalkstein (Marmor), Uran (unerschlossen), Kohle, Bauxit

Mosambik

REPUBLIK MOSAMBIK

MOSAMBIK IST EIN GROSSES LAND AN DER Südostküste Afrikas. Im Südwesten grenzt es an Südafrika und Swasiland, im Westen an Simbabwe und Sambia, im Norden an Tansania, und Malawi schiebt sich wie ein Keil zwischen West- und Nordmosambik. Die Ostküste liegt der Insel Madagaskar gegenüber, mit der sie die Straße von Mosambik bildet.

GEOGRAFIE

Das breite Küstentiefland bedeckt den größten Teil des Südens, doch wird sie nach Norden hin schmaler. Hinter der Küste steigt das Land stufenförmig an bis zum Tafelland des Hochvelds. Die Granitplateaus nördlich des Sambesi sind höher als die Sandsteinplateaus des Südens. Im äußersten Nordwesten fällt die Hochebene steil ab zum Malawisee.

Das Küstentiefland wird von zahlreichen Flüssen durchquert, zu denen der Sambesi, Lugenda, Save und Limpopo gehören. Die Hauptstadt Maputo (früher: Lourenço Marques) liegt im tiefen Süden an der Delagoa-Bai und ist der beste Naturhafen der afrikanischen Ostküste. Nördlich davon ist die Küste durch Mangrovensümpfe und Sandbänke geprägt; jenseits des Sambesi beginnen Sandstrände mit Felsklippen und kleinen Inseln.

Das Klima ist subtropisch mit einer scharfen Trennung zwischen Regen- und Trockenzeit. Trotz der vorherrschenden Seewinde und der warmen Meeresströmung ist das Klima überraschend trocken. Viele Gebiete, vor allem südlich des Sambesi, leiden unter Dürre, und hohe Temperaturen verstärken die Wasserverluste. Die Höhenlagen sind kühler und besonders im Norden regenreicher.

Baumsavanne und Grasland sind die vorherrschenden Vegetationsformen; an der Küste wachsen Mangroven und Palmen (vor allem Kokospalmen). Zu den regionaltypischen Bäumen gehören Harthölzer wie Ebenholz und Khaya, in der Trockensavanne überwiegen Mopani und Affenbrotbaum. Bambus und Spartgras kommen häufig in Fluss- und Sumpfregionen vor. Trotz rücksichtsloser Jagd ist der Tierbestand noch vielfältig. Man findet Weiße Nashörner, Zebras, Warzenschweine und verschiedene Affenarten. Vielfältig ist auch die Vogelwelt mit Flamingos, Kranichen, Ibissen und weiteren Arten.

LANDESDATEN - MOSAMBIK

Fläche 799 379 km²				
Klima		**Temperaturen**		**Jährlicher**
	Höhe	**Januar**	**Juli**	**Niederschlag**
	m	°C	°C	mm
Maputo	60	26	18	760

Geografische Merkmale höchster Berg: Monte Binga 2436 m;

Einwohnerzahl (1994) 17,346 Millionen

Staats- und Regierungsform Mehrparteiensystem; Republik; ein gesetzgebendes Organ

Streitkräfte Heer 30 000; Marine 750; Luftwaffe 4000

Größte Städte Maputo (Hauptstadt - 1,1 Mio. Einw.); Beira (270 000); Nampula (183 000)

Offizielle Landessprache Portugiesisch

Bevölkerungsgruppen Makua 47,3%; Tonga 23,3%; Malawi 12,0%; Schona 11,3%; Yao 3,8%; Swahili 0,8%; Makonde 0,6%; Portugiesen 6,2%; sonstige 0,7%

Religionen Naturreligionen 47,8%; Katholiken 31,4%; Muslime 13,0%; Protestanten 7,5%; sonstige 0,3%

Währung 1 Metical (MT) = 100 Centavos (CT)

Bruttosozialprodukt (pro Kopf 1993) US-$ 90

Bruttoinlandsprodukt (1993) US-$ 1,367 Mrd.

Ressourcen Cashewnüsse, Baumwolle, Zuckerrohr, Kopra, Zitrusfrüchte, Fischereiprodukte, Kohle

KULTUR UND GESELLSCHAFT

Als der portugiesische Seefahrer Vasco da Gama (um 1460–1524) 1498 Mosambik erreichte, fand er bereits arabische und swahilische Händler vor. Die Portugiesen gründeten etliche Niederlassungen an der Küste und entlang des Sambesi, denn sie waren auf das Gold aus dem nahe gelegenen Reich der Monomotapa-Reiches aus. Verwaltet wurde die Kolonie jedoch bis 1752 vom indischen Goa aus. Dann stellte der Sklavenhandel die Haupterwerbsquelle dar, der illegal bis in die 50er-Jahre Jahre des 19. Jh. fortgesetzt wurde. Anfangs beherrschten mächtige Landbesitzer das Hinterland der Küste, die allmählich von privaten Firmen verdrängt wurden. Ende des 19. Jh. ging die Verwaltung zunehmend in die Hände der Regierung über. 1930 schränkte diese die begrenzte Autonomie ein und erklärte 1951 Mosambik zur portugiesischen Überseeprovinz. Die von der mosambikanischen Befreiungsfront FRELIMO angeführte Unabhängigkeitsbewegung nahm 1964 gewaltsame Formen an. Der lange und kostspielige Krieg trug zum Zusammenbruch der portugiesischen Regierung 1973 bei. Als Mosambik 1975 die Unabhängigkeit erlangte, kam die FRELIMO schließlich an die Macht.

Dem nunmehr entstandenen Einparteiensystem stand ein Präsident vor, der von der Volksversammlung gewählt wurde. Die Mitglieder dieses Gremiums wiederum waren Delegierte der Regional- und Ortsverwaltungen. Die Regierungsgewalt wurde schon bald durch Rebellenbewegungen untergraben, die einen langen Bürgerkrieg auslösten. Der bewaffnete Widerstand ging in erster Linie von der RENAMO (Resistência Nacional Moçambicana) aus, die von Südafrika unterstützt wurde. In den späten 80er-Jahren verbesserten sich die Beziehungen zwischen der FRELIMO-Regierung und Südafrika; angestrebt wurden gemeinsame Entwicklungsprojekte und die Zusammenarbeit beider Länder sowie – als mosambikanische Gegenleistung – eine Demokratisierung des Landes. Die Nkomati-Vereinbarung – ein Nichtangriffspakt zwischen Südafrika und Mosambik – wurde jedoch bald nach ihrer Unterzeichnung verletzt. 1992 beschlossen die Vereinten Nationen, Überwachungstruppen zur Demobilisierung der Krieg führenden Armeen und zur Aufsicht über zukünftige Wahlen zu entsenden. Die ersten UN-Truppen wurden 1993 stationiert, und die ersten Mehrparteien- und Präsidentschaftswahlen fanden schließlich 1994 statt.

Die meisten Mosambikaner gehören einer von zehn großen ethnischen Gruppen an, von denen wiederum die Makua die größte ist. Es gibt eine kleine europäische und asiatische Minderheit. Amtssprache ist Portugiesisch, das jedoch unter der Bevölkerung kaum verbreitet ist. In den einzelnen Regionen werden verschiedene Bantusprachen gesprochen, zunehmend auch Swahili. Fast die Hälfte der Bevölkerung folgt Naturreligionen. Die beiden anderen großen Religionen sind der Islam, der im Norden überwiegt, und das Christentum mit dem Schwerpunkt im Süden.

WIRTSCHAFT

Mosambik ist eins der ärmsten Länder des südlichen Afrikas, was vor allem auf die Destabilisierungspolitik Südafrikas zurückzuführen ist. Die Wirtschaft wird zentral geplant und stützt sich hauptsächlich auf die Landwirtschaft, den Fischfang und die Leichtindustrie. Für den Export werden Cashewnüsse, Baumwolle, Zuckerrohr, Kopra und Zitrusfrüchte angebaut. Krebse und Garnelen werden ebenfalls ausgeführt. Mais ist das wichtigste Grundnahrungsmittel, doch die Erträge können den Bedarf nicht decken, sodass Nahrungsmittel in großem Umfang eingeführt werden müssen. In vielen

Farbenfroh gekleidete Mosambikanerinnen (*oben*). Die Einführung moderner Stofffarben ermöglicht es heute jedem, bunte Kleider zu tragen, was früher ein Privileg der Reichen war.

Ländliche Idylle (*links*) in der Njassa-Provinz von Nordmosambik (links). Die Kinder dieses Dorfes blieben glücklicherweise von den Wirren und Zerstörungen des Bürgerkriegs verschont, der besonders im Süden Not und Leid über die Menschen brachte.

Gegenden wird die Aufzucht von Rindern durch die von der Tsetsefliege übertragene Schlafkrankheit verhindert.

Das reiche Reservoir an Bodenschätzen blieb bisher weitgehend unangetastet, und die Förderung beschränkte sich lange auf Kohle, Kalkstein und Salz. Doch neuerdings werden Erdgas und Eisenerz gewonnen, dazu kommt in kleineren Mengen das seltene Mineral Tantalit. Die Konsumgüterindustrie

den Import von Maschinen, Chemikalien und Ersatzteilen angewiesen. Elektrizität wird in Wärme- und Wasserkraftwerken erzeugt; das bedeutendste Wasserkraftwerk befindet sich am Cabora-Bassa-Damm des Sambesi.

Mosambik „verleiht" tausende von Gastarbeitern an Südafrika und lässt sich den Gegenwert in Gold zum amtlichen Kurs auszahlen. Mit dem Erlös aus dem Weiterver-

Das Verkehrsnetz wurde ursprünglich angelegt, um das kolonialisierte Land auszubeuten und kommt daher den lokalen Erfordernissen wenig entgegen. Die drei großen Häfen (Maputo im Süden, Beira in der Mitte und Nacala im Norden des Landes) sind die wichtigsten Knotenpunkte des Schienen- und Straßenverkehrs. In vielen Gegenden fehlen die Verkehrswege ganz und die vorhandenen Straßen sind nur zum geringsten Teil befestigt. Sambia und Simbabwe arbeiten zusammen mit Mosambik am Ausbau der Schienenwege, um sich damit eine Verkehrsanbindung an die Küste zu schaffen und die Abhängigkeit von Südafrika zu mindern. Es gibt internationale Flughäfen in Maputo, Beira und Nampula im Norden, dazu kommen viele kleine Flugplätze und Landepisten.

Das Gesundheitswesen wurde verstaatlicht; die medizinische Versorgung ist kostenlos. Während des Kriegs wurden viele Einrichtungen zerstört. Trotz staatlicher Bemühungen sind Malaria, Tuberkulose, Hepatitis und Lungenentzündung bisher nicht besiegt worden. Das Bildungswesen liegt in

Namibia

REPUBLIK NAMIBIA

DER NOCH JUNGE UNABHÄNGIGE STAAT Namibia an der Südwestküste Afrikas grenzt im Süden an Südafrika, im Osten an Botsuana und im Norden an Angola. Der schmale Caprivi-Zipfel erstreckt sich von der Nordostecke des Landes ostwärts bis nach Sambia. Der Haupthafen Walfischbai wird gemeinsam mit Südafrika bewirtschaftet.

GEOGRAFIE

Die Sanddünen der Namib-Wüste erstrecken sich von der Küste bis zum Fuß der großen Gebirgsschwelle des Zentralplateaus. Die höchsten Berge erheben sich in der Landesmitte um die Hauptstadt Windhuk. Die Hochebene selbst nimmt den Ostteil des Landes ein und ist bedeckt von der Tockenvegetation der Wüste Kalahari.

Das Klima ist im Allgemeinen heiß und sehr trocken. Periodische Regenfälle bleiben meist auf den Norden beschränkt. In der Namib-Wüste gedeihen lediglich Sukkulenten und die außergewöhnliche Welwitschia, die die Feuchtigkeit der Seeluft aufnehmen kann. Die Welwitschia, oft als lebendes Fossil beschrieben, kann sehr alt werden. Einige Exemplare dieser Art werden auf etwa 2000 Jahre geschätzt.

Im Landesinneren ist die Landschaft weniger karg; hier findet man Trockensavanne mit den typischen Dornsträuchern und Hartgräsern und im äußersten Norden auch Baumsavanne. Die artenreiche Tierwelt ist charakteristisch für Südafrika und umfasst Giraffen, Elefanten, Zebras, Leoparden, Geparden, Paviane, Kudu-Antilopen, Löwen, Greifvögel und Flamingos; Seelöwen leben an der Küste. Der Etoscha-Nationalpark gehört zu den größten Wildreservaten der Welt.

LANDESDATEN – NAMIBIA

Fläche 823 144 km²

Klima	**Höhe** m	**Temperaturen Januar** °C	**Temperaturen Juli** °C	**Jährlicher Niederschlag** mm
Windhuk	1728	23	13	237

Geografische Merkmale höchster Berg: Brandberg 2606 m

Einwohnerzahl (1994) 1,6 Millionen

Staats- und Regierungsform Mehrparteiensystem; Republik; zwei gesetzgebende Organe

Streitkräfte Heer 8000

Hauptstadt Windhuk (115 000 Einw.)

Offizielle Landessprachen Englisch, Afrikaans

Bevölkerungsgruppen Ovambo 49,8%; Kavango 9,3%; Herero 7,5%; Damara 7,5%; Weiße 6,4%; Nama (Hottentotten) 4,8%; sonstige 14,7%

Religionen Lutheraner 51,2%; Katholiken 19,8%; reformierte afrikanische Kirche 6,1%; Anglikaner 5,0%; sonstige 17,9%

Währung 1 Namibia-Dollar (N$) = 100 Cents (c)

Bruttosozialprodukt (pro Kopf 1993) US-$ 1820

Bruttoinlandsprodukt (1993) US-$ 2,109 Mrd.

Ressourcen Diamanten, Kupfer, Gold, Uran, Blei, Zinn, Erdgas, Eisenerz, Fleischprodukte, Fisch

KULTUR UND GESELLSCHAFT

Südwestafrika, wie Namibia früher genannt wurde, erhielt 1884 den Status eines Deutschen Protektorats (Deutsch-Südwestafrika). Im Ersten Weltkrieg wurde es von Südafrika besetzt, das 1920 vom Völkerbund ein Schutzmandat für das Land übertragen bekam. 1946 gelangte es unter die Treuhandverwaltung der Vereinten Nationen, obwohl Südafrika weiter auf seinen Ansprüchen beharrte. 1966 forderten die Vereinten Nationen den restlosen Rückzug aus Südwestafrika, und die südwestafrikanische Befreiungsfront SWAPO begann einen langjährigen Guerrillakrieg gegen die südafrikanischen Besatzer. Die freien Wahlen von 1989 brachten die SWAPO an die Macht und 1990 erhielt Namibia die Unabhängigkeit.

Der Mehrparteienregierung steht ein Präsident vor, der dem Zweikammer-Parlament rechenschaftspflichtig ist. Der Präsident und das Unterhaus werden alle 5 Jahre in direkter Wahl bestimmt. Wirtschaftlich ist Namibia noch immer stark von Südafrika abhängig, mit dem es eine Zollunion bildet. Doch allmählich gewinnt das Land an Selbständigkeit.

Die zwei ältesten ethnischen Gruppen der Region sind die in der Wüste lebenden San (Buschmänner) und die Nama (Hottentotten). Zu den Bantuvölkern zählen die Kavango und die Ovambo; Letztere leben in den bevölkerten Nordregionen. Die weiße Minderheit bleibt weitgehend auf die Städte beschränkt. Afrikaans und Englisch sind die Amtssprachen, doch eine bedeutende Minderheit ist deutschsprachig. Vorherrschende Religion ist das Christentum.

WIRTSCHAFT

Die meisten Namibier arbeiten in der Landwirtschaft, doch Bodenqualität und Klima bieten keine günstigen Bedingungen. Etwa die Hälfte des Nahrungsbedarfs muss importiert werden, vor allem aus Südafrika. Haupterwerbszweig ist die Viehzucht (Rind- und Hammelfleisch sowie Karakul-Felle). Die einst florierende Küstenfischerei erholt sich allmählich von den Folgen der Überfischung in den 70er-Jahren. Zu den Bodenschätzen gehören Diamanten, Gold und verschiedene Erze, darunter Urandioxid. Kupfer und Blei werden in Tsumeb im Norden des Landes verhüttet; andere Erze gehen unaufbereitet in den Export. In der Versorgung mit Brennstoffen und Konsumgütern ist Namibia von Südafrika abhängig. Die einheimische Industrie ist auf die Nahrungsgüterproduktion beschränkt. Das Straßen- und Schienennetz ist trotz allmählichen Ausbaus weitgehend auf den Süden begrenzt, sodass der Binnenflugverkehr eine wichtige Rolle spielt. Windhuk besitzt einen internationalen Flughafen.

Die medizinische Versorgung konzentriert sich auf wenige große Krankenhäuser. Verbreitet sind Tuberkulose, Masern und Malaria. Es besteht Grundschulpflicht, doch das Bildungsniveau der schwarzen Bevölkerung ist gering.

In voller Tracht. Das traditionelle Kostüm dieser Hererofrauen wurde im 19. Jh. den deutschen lutherischen Missionarsfrauen abgeschaut. Die langen Röcke und Puffärmel sind farbenfroh abgewandelt worden.

Botsuana

REPUBLIK BOTSUANA

Afrikanische Demokratie *(rechts)*. Botsuanas Nationalversammlung wählt den Präsidenten, der der Regierung vorsteht. Das Haus der Häuptlinge, die die acht unterschiedlichen ethnischen Gruppen vertreten, berät ihn.

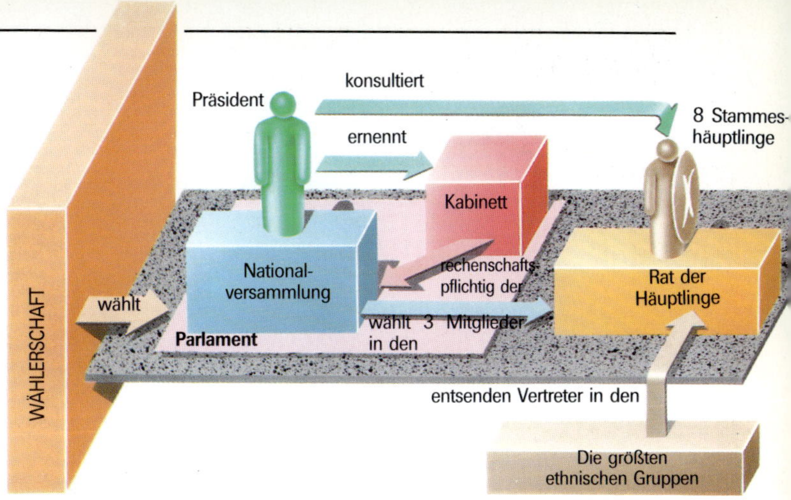

Die Roten Lechwe-Antilopen *(unten)* sind gut an das Leben im sumpfigen Okawangobecken von Nord-Botsuana angepasst. Die Region ist eines der reichhaltigsten Wildreservate Afrikas.

BOTSUANA IST EIN BINNENLAND UND GRENZT im Westen an Namibia, im Süden an Südafrika und im Nordosten an Sambia und Simbabwe. Wirtschaftlich ist Botsuana von Südafrika abhängig, mit dem es eine Zollunion bildet.

GEOGRAFIE

Botsuana liegt auf der südafrikanischen Hochebene. Im Westen ist es bedeckt von der Trockenvegetation (Dornsträucher und Grasbüschel) der Kalahari-Wüste, im Osten breitet sich Grassavanne aus. Wasser gibt es ganzjährig nur im Norden und im Osten, in den Flussniederungen des Okawango, des Chobe und des Limpopo. Der Okawango fließt von Angola aus südostwärts durch Namibia in das Okawangobecken, von wo er jahreszeitlich östlich zum Dowsee und ins Makgadikgadibecken weiterfließt. Das Klima wechselt zwischen subtropischen und halbwüstenartigen Witterungslagen; die heiße Jahreszeit dauert von Oktober bis März. Die wenigen Niederschläge fallen unregelmäßig, und besonders im Süden kann es zu jahrelangen Dürreperioden kommen.

Der vorherrschende Vegetationstyp ist die Grassavanne; Palmen gedeihen im Okawango-Delta und ausgedehnte Laubwälder säumen den Chobe-Fluss an der Nordgrenze. In den vielen Wildreservaten und Nationalparks gibt es einen reichen Tierbestand. Regionaltypisch sind Löwen, Elefanten, Giraffen und Schlangen.

KULTUR UND GESELLSCHAFT

Die Ureinwohner des heutigen Botsuana waren Nomaden, die als San (Buschmänner) bezeichnet wurden und nur als kleine Minderheit überlebt haben. In der Ostregion ließen

Missionare, die im frühen 19. Jh. aus dem Süden kamen. Seit den 20er-Jahren des 19. Jh. wurde das Land von den Ndebele und anderen Völkern überzogen, die auf der Flucht vor den nordwärts drängenden Zulus waren. 1835 erreichten die Buren, Nachkommen niederländischer Siedler aus dem 17. Jh., die Südgrenze des Landes. Goldfunde im Osten führten zu Territorialkonflikten. 1884 besetzten die Briten das Gebiet auf Betreiben des südafrikanischen Politikers britischer Herkunft Cecil Rhodes (1853–1902), und 1885 wurde das Protektorat Britisch-Betschuanaland gegründet. In diesem Status verblieb das Land bis zur Unabhängigkeit im Jahre 1966.

Die Gesetzgebung geht von einem 40 Abgeordnete umfassenden Parlament aus, die meist in Direktwahl für fünf Jahre ernannt werden; es gibt viele politische Parteien. Das 15 Mitglieder umfassende Haus der Häuptlinge berät das Parlament in ethnischen und Verfassungsfragen. Es gibt 8 große ethnische Gruppen. Die zwei Amtssprachen sind Setswana und Englisch. Vorherrschende Religion ist das Christentum, obwohl auch die Naturreligionen weit verbreitet sind.

WIRTSCHAFT

fert. Der Ackerbau hingegen dient fast ausschließlich der Produktion für den Eigenbedarf. Ausgeführt werden lediglich Erdnüsse und Sonnenblumenkerne. Zu den wichtigsten Bodenschätzen zählen Diamanten, Kupfer und Nickel, die auch exportiert werden, seit der Abbau von südafrikanischer Seite unterstützt wird. Beträchtliche Kohlevorkommen werden für die Energiegewinnung genutzt. Seit kurzem gibt es Ansätze zum Aufbau einer eigenen Industrie und zur Förderung des Tourismus.

Die wichtigste Bahnlinie wurde von Simbabwe verwaltet, untersteht nun aber botsuanischer Kontrolle. Die meisten Straßen sind unbefestigt, allerdings gibt es eine befestigte Nord-Süd-Fernstraße. Flüge ins In- und Ausland bietet Air Botswana an. Dank mobiler Einrichtungen ist die medizinische Versorgung weiträumig gesichert. Dennoch sind Tuberkulose, Magen-Darm-Erkrankungen sowie Unterernährung noch weit verbreitet. Die Grundschulbildung ist kostenlos, und das Bildungsniveau ist relativ hoch.

LANDESDATEN – BOTSUANA

Fläche 581 730 km²

Klima	Höhe	Temperaturen Januar	Juli	Jährlicher Niederschlag
	m	°C	°C	mm
Gaborone	983	26	13	538

Geografische Merkmale höchster Berg: Tsodilo Hills 1375 m

Einwohnerzahl (1994) 1,36 Millionen

Staats- und Regierungsform Mehrparteiensystem; Republik; ein gesetzgebendes Organ

Streitkräfte Heer 7000; Luftwaffe 500

Hauptstadt Gaborone (138 000 Einw.)

Offizielle Landessprachen Englisch, Setswana

Bevölkerungsgruppen Tswana 95,0%; Kalanga, Basarwa und Kgalagadi 4,0%; Weiße 1,0%

Religionen Naturreligionen 49,2%; Protestanten 29,0%; afrikanische Christen 11,8%; Katholiken 9,4%; sonstige 0,6%

Währung 1 Pula (P) = 100 Thebe (t)

Bruttosozialprodukt (pro Kopf 1993) US-$ 2790

Bruttoinlandsprodukt (1993) US-$ 3,813 Mrd.

Lebenserwartung Männer 60,0; Frauen 66,2 Jahre

Ressourcen Diamanten, Kupfer, Nickel

Simbabwe

REPUBLIK SIMBABWE

SIMBABWE, EHEMALS SÜDRHODESIEN, LIEGT in Südostafrika zwischen dem Sambesi, der die Nordgrenze nach Sambia bildet, und dem Limpopo, dem südlichen Grenzfluss nach Südafrika. Westlich wird Simbabwe durch Botsuana begrenzt, im Osten liegt Mosambik.

GEOGRAFIE

Simbabwe wird durch eine ausgedehnte Bergkette überragt, die als das Hochveld bezeichnet wird. Sie durchzieht das Land vom Südwesten bis zum Nordosten. Südöstlich der Hauptstadt Harare (früher Salisbury) erhebt sich der Inyangani, der höchste Berg des Randgebirges, das hier steil nach Mosambik abfällt. Im Norden und im Süden geht das Hochland stufenweise in die wellige Landschaft des Mittelvelds über und senkt sich dann zum Niederveld ab, das durch die zwei großen Flussniederungen gebildet wird. Der Sambesi im Norden stürzt über die Viktoriafälle in die Schluchten, wird schließlich durch einen Damm gestaut und bildet den Karibasee. Der Limpopo im Süden fließt durch eine wesentlich flachere Landschaft. Beide Flüsse durchqueren Mosambik, bevor sie in den Indischen Ozean münden.

Simbabwe liegt zwar in den Tropen, doch das Klima ist durch die Höhenlage gemildert. Die Winter sind trocken und häufig kühl; der Regen beschränkt sich zumeist auf die heißeren Sommermonate. Am ergiebigsten ist er in der östlichen Bergregion, wo es Gebiete mit immergrünem Wald gibt. In der Südregion um den Limpopo fällt wenig Regen; sie geht stellenweise in Halbwüste über. Der Hauptteil des Landes ist von Gras- und ausgedehnten Baumsavannen bedeckt; regionaltypische Bäume sind der Mohobohobo und der Affenbrotbaum. Große Flächen wurden für die Landwirtschaft gerodet, worunter der Wildbestand zu leiden hatte, zu dem Paviane, Elefanten, Erdferkel und Gorillas sowie Flusspferde und Krokodile zählen. Im Interesse des Fremdenverkehrs wurden einige Naturschutzmaßnahmen ergriffen.

Der Chor der ZANU (*oben*) singt am Heldengedenktag in Harare, der Hauptstadt Simbabwes. Das Porträt Robert Mugabes, das auf der Tracht der Sängerinnen abgebildet ist, verweist auf seine Führungsrolle im Befreiungskampf.

KULTUR UND GESELLSCHAFT

Der Name Simbabwe bedeutet in der Sprache der Schona „Haus des Häuptlings" und geht auf die festungsartige Ruinenstadt im Süden des Landes zurück. Einst hielt man sie für die Bergwerke des Königs Salomon, doch die ältesten Anlagen wurden im 9. Jh. von Bantu-Einwanderern errichtet, die die ursprünglichen Bewohner der Region vertrieben hatten. Teile der heutigen Bantubevölkerung wanderten erst im 19. Jh. zu, um vor der Ausweitung des Zulureichs der Schaka im Süden nach Norden auszuweichen. Um dieselbe Zeit stellten sich auch die ersten weißen Siedler ein. Das Bantuvolk der Ndebele siedelte sich im Südosten an (im heutigen Matabeleland) und unterwarf das friedfertigere Schona-Volk. In den 90er-Jahren des 19. Jh. begann die von Cecil Rhodes (1853–1902) gegründete Britisch-Südafrikanische Gesellschaft mit der Besiedlung des Landes. Beide ethnische Gruppen rebellierten vergeblich dagegen. Das Land wurde von der Gesellschaft beherrscht, bis es sich 1923 gegen die Vereinigung mit Südafrika entschied und die autonome britische Kolonie Südrhodesien wurde.

1957 wurden auch der afrikanischen Bevölkerungsmehrheit politische Rechte zugestanden. Deren Nationaldemokratische Partei NDP opponierte gegen einen Staatenbund mit Nordrhodesien und Njassaland (heute Sambia und Malawi), der 1953 geschlossen worden war. Nach Unruhen wurde die NDP verboten, und die afrikanische Befreiungsbewegung spaltete sich in verschiedene, ethnisch orientierte Strömungen. Die Ndebele unterstützten die Afrikanische Volksunion von Simbabwe (ZAPU) mit Joshua Nkomo (*1917) an der Spitze, während die Mehrheit der Schona-Völker die Afrikanische Nationalunion von Simbabwe (ZANU) bildete und von Ndabaningi Sithole (*1920) und später von Robert Mugabe (*1925) geführt wurde.

Als der Staatenbund 1963 zusammenbrach, drängte die von der europäischen Minderheit dominierte Rhodesische Front unter Führung des weißen rhodesischen Politikers Ian Smith (* 1919) zur Ausrufung der Unabhängigkeit unter einer weißen Minderheitsregierung. Als Großbritannien dies ablehnte, gab die Front 1965 eine einseitige Unabhängigkeitserklärung ab. Nur wenige Länder erkannten das politische Gebilde an, und die UNO verhängten Wirtschaftssanktionen. Doch Südafrika gewährte dem Land zusammen mit anderen Staaten weiterhin aktive

Mächtige Steinmauern in der Ruinenstadt Great Zimbabwe, die vom 9. bis zum 17. Jh. bewohnt war. Einst befand sich hier das Zentrum eines Handelsimperiums, dessen Reichtum auf dem Goldhandel basierte.

Unterstützung. ZANU und ZAPU führten von Sambia und später von Mosambik aus einen Guerrillakampf gegen Ian Smith und seine Partei, um sich schließlich in der Patriotischen Front zu vereinen. Im Fortgang des Krieges wurde der Premierminister Smith durch wachsenden internationalen Druck gezwungen, Zugeständnisse in Richtung einer schwarzen Mehrheitsregierung zu machen und die Gründung des gemäßigten Vereinten Afrikanischen Nationalrats (UANC) unter Bischof Abel Muzorewa (*1925) zuzulassen. Eine internationale Vereinbarung von 1979 führte zu einer Wahl unter Beteiligung der schwarzen Mehrheit und zu einer UANC-Regierung. Die Weißen legten jedoch ein Veto ein; daraufhin verstärkte die Patriotische Front ihren Kampf. Bei Nachverhandlungen in London wurde eine neue Verfassung entworfen, die den Weg für Neuwahlen im Jahr 1980 frei machte. Diese Wahlen wurden von der Patriotischen Front gewonnen, und Robert Mugabe wurde Präsident der unab-

Doch 1987 vereinten sich ZANU und ZAPU erneut. 1990 wurde die 1979 beschlossene Verfassung ungültig, und die neue Verfassung regelte die Bildung eines Einkammer-Parlaments, de facto einer Einparteienrepublik.

Amtssprache ist Englisch, obwohl die Mehrheit der Bevölkerung sich der Muttersprache Schona bedient. Vorherrschend sind Naturreligionen, doch es gibt eine bedeutende christliche Minderheit, zu der auch die nach wie vor einflussreiche Gruppe der Weißen zählt.

WIRTSCHAFT

Die Wirtschaft des Landes litt unter dem Krieg und den Sanktionen der 70er-Jahre, doch einige Bereiche profitierten vom Fehlen der ausländischen Konkurrenz. Die Landwirtschaft z. B. wurde vielseitiger. Die großen Farmen, die sich zumeist noch in weißer Hand befinden, produzieren den Hauptanteil der Agrarexporte, zu denen Tabak, Baumwolle und Zuckerrohr gehören. In den 70er-

Erzeugung von Grundnahrungsmitteln wie Mais und Maniok gerichtet, die in jüngster Zeit durch Weizen ergänzt werden. Dazu kommt die Rinderhaltung; der Bedarf an Milchprodukten kann im Land selbst gedeckt werden. Zu den vielen Bodenschätzen Simbabwes zählen Gold, Asbest, Kohle und verschiedene Erze. Die industrielle Entwicklung wurde unter dem Druck der Sanktionen beschleunigt und ist heute mit Textil- und Nahrungsgüterherstellung sowie dem Leichtmaschinenbau ein wirtschaftlicher Hauptfaktor. Exporterträge werden vor allem mit Gold und Tabak erzielt, die Einfuhren konzentrieren sich auf Maschinen, Konsumgüter und Brennstoffe, die zur Stromerzeugung benötigt werden, obwohl es auch im Land einige Wasserkraftwerke gibt.

Das Schienennetz ist vorbildlich ausgebaut und reicht bis in die Nachbarstaaten, darunter zu den nächstgelegenen Häfen in Mosambik. Das unzureichende Straßennetz wird gegenwärtig ausgebaut. Der Hauptflughafen in Harare dient dem in- und ausländischen Flugverkehr. Bis 1980 lag die medizinische und soziale Betreuung der schwarzen Bevölkerung vor allem in den Händen der Missionsstationen. Seit der Unabhängigkeit wird die medizinische-soziale Versorgung neu strukturiert, doch sind die Mittel für die geplanten Maßnahmen knapp.

LANDESDATEN – SIMBABWE

Fläche 390 759 km²

Klima	**Höhe**	**Temperaturen Januar**	**Juli**	**Jährlicher Niederschlag**
	m	°C	°C	mm
Harare	1479	20	14	828

Geografische Merkmale höchster Berg: Inyangani 2592 m

Einwohnerzahl (1994) 10,7 Millionen

Staats- und Regierungsform Einparteiensystem; Republik; ein gesetzgebendes Organ

Streitkräfte Heer 42 900; Luftwaffe 4000

Größte Städte Harare (Hauptstadt – 681 000 Einw.); Bulawayo 500 000)

Offizielle Landessprache Englisch

Bevölkerungsgruppen Schona 70,8%; Ndebele 15,8%; andere afrikanische Völker 11,0%; Weiße 2,0%; Asiaten 0,1%; sonstige 0,3%

Religionen Naturreligionen 40,4%; Protestanten 17,5%; afrikanische Christen 13,6%; Katholiken 11,7%; sonstige 16,8%

Währung 1 Simbabwe-Dollar (Z$) = 100 Cents (c)

Bruttosozialprodukt (pro Kopf 1993) US-$ 520

Bruttoinlandsprodukt (1993) US-$ 4,986 Mrd.

Lebenserwartung Männer 59,0; Frauen 63,0 Jahre

Südafrika

REPUBLIK SÜDAFRIKA

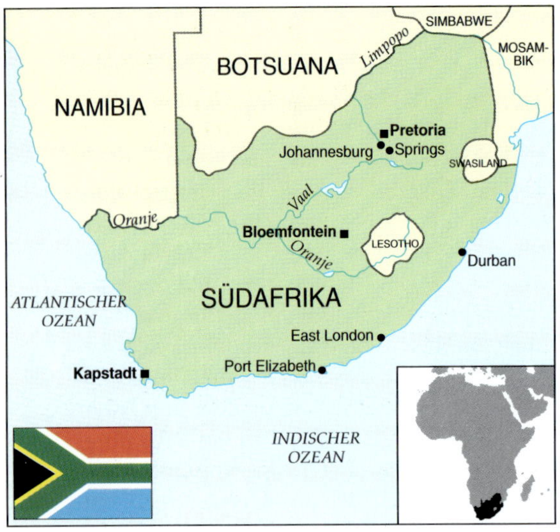

SÜDAFRIKA BILDET DIE SÜDSPITZE DES afrikanischen Kontinents und liegt nach Südosten am Indischen, nach Südwesten am Atlantischen Ozean. Im Norden grenzt es an Namibia, Botsuana, Simbabwe, Mosambik und Swasiland; im Osten schließt es das Territorium des unabhängigen Staates Lesotho vollständig ein. Walfischbai, der Haupthafen von Namibia, gehörte bis 1993 zum südafrikanischen Territorium.

Von 1948 bis 1991 wurde die südafrikanische Politik von der Apartheid-Doktrin beherrscht, die eine nahezu völlige Trennung der weißen Minderheit von der schwarzen Bevölkerungsmehrheit praktizierte. Trotz internationaler Ablehnung, die sich in weitgehender politischer und wirtschaftlicher Isolierung ausdrückte, blieb das Land wegen seines enormen Reichtums an Ressourcen (vor allem Minerale) und seiner strategischen Position sehr wohlhabend.

GEOGRAFIE

Südafrika lässt sich grob in zwei Regionen aufteilen: das riesige Binnenhochland und die umliegenden Regionen. Beide Teile werden durch Gebirgsabbrüche, die Große Randstufe, getrennt.

Das Land

Die Große Randstufe ist unterschiedlich hoch und steil. Sie umgrenzt das Binnenhochland von den Drakensbergen im nordöstlich gelegenen Transvaal bis nach Namibia um Nordwesten. Die höchsten Gipfel finden sich an der Grenze zu Lesotho. Das Binnenhochland ist am Rand der Drakensberge am höchsten gelegen und senkt sich im Nordwesten zur sandigen Hochebene der Kalahari am tiefsten ab. Bloemfontein – Sitz des Obersten Gerichtshofs – liegt westlich von Lesotho in der Landesmitte. Im Nordosten trennt die Gebirgskette Witwatersrand die Becken des Limpopo und des Vaal. Die Witwatersrand-Region ist das städtische Siedlungszentrum Südafrikas mit der Verwaltungshauptstadt Pretoria und der bevölkerungsreichsten Stadt Johannesburg. In geologisch uralten Felsformationen von Witwatersrand finden sich reiche Goldlagerstätten. Das zentrale Hochland wird vor allem vom Oranje-Fluss entwässert, in den der Vaal einmündet.

Die Regionen um das Binnenhochland umfassen die Erosionshänge der Großen Randstufe und im Süden das tiefergelegene Plateau des Groot Karru, das von der Großen Randstufe und dem Faltengebirge der Kapregion begrenzt wird, zu dem die Swartberge gehören. Der Tafelberg, Teil des Faltengebirgsgürtels, überragt die Regierungshauptstadt Kapstadt an der Südwestküste. Die Küstenniederung ist im Allgemeinen schmal, außer an der Nordostgrenze zu Mosambik, und hat keine guten Naturhäfen zu bieten.

Klima

Der größte Teil Südafrikas liegt in der warmgemäßigten Zone der Subtropen, und das Klima ist überwiegend trocken. Das riesige Binnenplateau bleiben wegen seiner weitgehend gleichbleibenden Höhenlage vom raueren Gebirgsklima verschont, sodass die Temperaturen fast im ganzen Land gemäßigt bleiben.

Vor der Westküste fließt der Benguelastrom aus dem Südpolarmeer nordwärts vorbei und vermindert die Niederschlagsmenge im Westen des Landes. An der Südostküste hingegen bringt der warme Agulhasstrom dem Ostteil des Landes reiche Regenfälle vor allem in den Sommermonaten November bis April. Die Wintermonate Mai bis Oktober sind allgemein kühl und bringen im äußersten Südwesten sogar Schnee mit sich. An der Ostküste jedoch bleibt es auch im Winter warm.

Die ungleiche Niederschlagsverteilung bedeutet, dass die Hälfte des Landes aus Trockenregionen oder Halbwüste besteht. Etwa 5 % des Territoriums erhalten mehr als 1000 mm Regen pro Jahr.

Flora und Fauna

Reichliche Niederschläge im Osten schaffen dort die charakteristische Grassavanne. Im trockeneren Westen geht sie in die Trockensavanne des Karru-Gebiets über. Im Norden herrscht trockenes Savannen-Buschland vor. An der Westküste hat der kalte Benguelastrom zur Herausbildung der Namib-Wüste beigetragen. Im äußersten Südwesten weist die Vegetation mediterranen Charakter auf. An der wärmeren Ostküste findet man in den Schluchten um die Große Randstufe kleinere Waldgebiete.

Südafrika kann sich eines enorm artenreichen Tierbestands rühmen, doch sind viele Arten vom Aussterben bedroht, und die Mehrzahl ist auf Wildreservate beschränkt. Dort findet man u. a. Löwen, Leoparden, Nashörner, Elefanten, Flusspferde, Giraffen, Antilopen, Strausse und Hyänen. Insgesamt gibt es acht Schutzgebiete einschließlich des berühmten Krüger-Nationalparks, des Kalahari-Gemsbock-Nationalparks und des Addo-Elephant-Nationalparks bei Port Elizabeth an der Südküste. Alle tragen dazu bei, dass die südafrikanische Tierwelt erhalten bleibt.

Eine Ngoma-Zulu-Tanzgruppe in der traditionellen Kriegertracht. Die Zulu sind stolz auf ihre kriegerische Vergangenheit und ihre kunstvollen Schilde, doch derartige Darbietungen dienen vorrangig dem Tourismus.

KULTUR UND GESELLSCHAFT

Die südafrikanische Apartheid-Politik führte zu weltweiter Ächtung, zu Wirtschaftssanktionen, Waffenembargos und dem Ausschluss von internationalen Sportereignissen. Im Landesinneren wurde auch gewaltsamer Widerstand von schwarzafrikanischen Bewegungen wie dem Afrikanischen Nationalkongress ANC ausgeübt. Erst in jüngster Vergangenheit hat sich das politische System in Südafrika grundlegend gewandelt.

Geschichte

Nachdem der portugiesische Entdecker Bartolomeo Diaz (um 1450–1500) 1488 das Kap der Guten Hoffnung umsegelt hatte, setzte die weiße Besiedelung erst 1652 ein, als die Niederländisch-Ostindienkompanie hier einen Proviantierungsposten errichtete. Holländische Siedler, später Afrikaander oder Buren (Bauern) genannt, breiteten sich vom Kap ins Inland aus, wo sie auf Bantu-Bauern (Xhosa) stießen, die ihre Territorien westwärts ausdehnten. Die Konflikte steigerten sich zum Krieg, in dem die eingeborenen San (Buschmänner) und Hottentotten (Khoi) entweder unterworfen oder vertrieben wurden.

Ende des 18. Jh. besetzten die Briten die Kapkolonie zweimal, bevor sie sie 1814 für 6 Millionen Pfund kauften. Sie begannen mit der systematischen Eroberung von Bantu-Territorien im Nordosten. In den 30er-Jahren des 19. Jh. verließen die verprellten Buren die Kapkolonie und begannen den „Großen Treck“ über den Oranje und den Vaal hinweg, um dort 1838 die Südafrikanische Republik zu gründen (später unter dem Namen Transvaal bekannt) sowie den Oranje-Freistaat im Jahr 1854. Die Briten erkannten die Unabhängigkeit beider Staaten in den 50er-Jahren an, doch nach 1870 führte die Entdeckung von Gold und Diamanten zu neuen Besiedlungswellen im Norden. Die Briten führten zwei Kriege gegen die Buren und besiegten sie schließlich 1902. Danach fügten sie das ganze südafrikanische Territorium zu einer einzigen Kolonie zusammen und gründeten 1910 die Südafrikanische Union. In den 20er-Jahren wurde der Selbstverwaltungsstatus für Südafrika anerkannt.

Im Ersten Weltkrieg vertrieben südafrikanische Truppen die Deutschen aus Südwestafrika, das Südafrika ab 1919 verwaltete (heute Namibia). Im Zweiten Weltkrieg wandten sich die Afrikaander jedoch gegen diese Entscheidung, in der sie einen britischen Kriegsakt gegen Deutschland sahen. Im Jahr 1948 gelangte die vor allem von den Buren getragene „National Party“ an die Macht und begann die Apartheid-Politik durchzusetzen.

Die schwarzen Südafrikaner wurden in zehn „Homelands“ (Schwarze Regionen) isoliert, die insgesamt ein Achtel des Gesamtterritoriums umfassten. Keine derartigen Einrichtungen wurden für die andere nichtweiße Bevölkerung geschaffen (vor allem Asiaten, die von den Briten als Vertragsarbeiter für die Zuckerplantagen von Natal ins Land geholt worden waren).

Trotz der Ressourcenarmut in den Homelands und ihrer offenkundigen Abhängigkeit von Südafrika verkündete die Regierung, dass diese Territorien in unabhängige Staaten umgewandelt werden sollten. Bis 1981 wurden vier Homelands als Staaten ausgewiesen, aber nirgends außerhalb Südafrikas als solche anerkannt. Im Alltag wurde die Rassentrennung nicht überall konsequent vollzogen. Schwarze Arbeiter wurden vor allem in den Städten und im Bergbau häufig neben Weißen beschäftigt, doch wurden ihnen die fachliche Ausbildung verweigert und nur minimale Löhne gezahlt. In Städten wie Johannesburg gruppieren sich die weißen Viertel um das Zentrum, während schwarze Wohngebiete wie Soweto weit außerhalb der Stadt liegen.

1961 wurde Südafrika Republik und trat aus dem Commonwealth aus. Mit zunehmender Gewaltsamkeit wurde der Protest gegen die Apartheid-Politik unterdrückt, und 1976 führte die blutige Niederschlagung eines Aufstands arbeitsloser Jugendlicher in Soweto zur Eskalation des Rassenkonflikts. 1990 wurde der Führer des ANC, Nelson Mandela (*1918) nach 27-jähriger Haft entlassen. Der ANC stellte seinen 30 Jahre währenden Kampf gegen die Regierung ein, und Präsident Frederik de Klerk (*1936) begann mit dem Abbau der Apartheid. Ein Referendum von 1992 bestätigte eine neue Verfassung, die eine multinationale Mehrheitsregierung vorsah, obwohl in diesem Referendum nur weiße Südafrikaner abstimmungsberechtigt waren. Die ersten multinationalen Wahlen des Landes fanden 1994 statt, die der ANC gewann. Die weißen Gruppierungen blieben miteinander verfeindet, und auch der Konflikt zwischen dem ANC und der Inkatha-Bewegung der Zulus dauert an und behindert die politische Stabilisierung des Landes.

Regierungsform

Die Verfassung von 1992 billigte auch den Schwarzen erstmals das Wahlrecht zu; die ersten Nationalwahlen wurden 1994 abgehalten. Damit kündigte sich ein grundlegender Umbau des Regierungssystems an. Zuvor hatte es ein Dreikammer-Parlament gegeben, das jeweils die Interessen der Weißen, der Mischlinge und der Asiaten vertrat, aber jede schwarze Regierungsbeteiligung ausschloss. Das Parlament von 1994 wurde in zwei Häuser aufgeteilt: in die Nationalversammlung mit 400 Sitzen, die von der Gesamtheit der Wahlberechtigten gewählt wird, und den Senat mit 90 Sitzen, in den die Provinzverwaltungen ihre in indirekter Wahl er-

Die erste Wahl. Diese Südafrikanerin lässt sich die Gelegenheit, über ihre Zukunft mitzubestimmen, nicht entgehen. Auch lange Wege bis zu den Wahllokalen haben die schwarzen Bürger nicht abhalten können, ihr Wahlrecht millionenfach wahrzunehmen.

LANDESDATEN – SÜDAFRIKA

Fläche 1 225 815 km²

Klima	**Höhe** m	**Temperaturen Januar** °C	**Juli** °C	**Jährlicher Niederschlag** mm
Kapstadt	12	22	13	652

Einwohnerzahl (1994) 40,435 Millionen

Staats- und Regierungsform Mehrparteiensystem; Republik; zwei gesetzgebende Organe

Streitkräfte Heer 58 000; Marine 4500; Luftwaffe 10 000

Größte Städte Pretoria (Regierungssitz – 823 000 Einw.); Bloemfontein (Sitz des Obersten Gerichtshofs – 233 000); Kapstadt – Parlamentssitz 1,9 Mio.)

Offizielle Landessprachen Afrikaans, Englisch, Ndebele, Sepedi, Tswana, Sesotho; Swasi, Venda, Xhosa, Zulu

Bevölkerungsgruppen Zulu 23,8%; Mischlinge 10,5%; Afrikaander 10,2%; Nord-Sotha 9,8%; Xhosa 9,7%; Süd-Sotha 7,3%; Engländer 6,5%; Tswana 5,7%; Asiaten 3,3%; sonstige 13,2%

Religionen Unabhängige Christen 20,8%; afrikanisch-reformierte Kirche 15,5%; Katholiken 9,6%; andere christliche Religionsgemeinschaften 32,2%; Hindus 2,1%; Muslime 1,4%; sonstige 18,4%

Währung 1 Ran (R) = 100 Cents (c)

Bruttosozialprodukt (pro Kopf 1993) US-$ 2980

Bruttoinlandsprodukt (1993) US-$ 105,636 Mrd.

Lebenserwartung [illegible]

mittelten Vertreter entsenden. Unter der neuen Verfassung wird der Präsident in gemeinsamer Abstimmung beider Häuser gewählt. Im Mai 1994 wurde Nelson Mandela erster Präsident eines demokratisch erneuerten Südafrika.

In jüngerer Vergangenheit hatte Südafrika gestörte Beziehungen zu seinen Nachbarstaaten, den so genannten Frontstaaten. Namibia gewann 1990 die Unabhängigkeit, mehr als 24 Jahre, nachdem das südafrikanische Mandat über das Territorium aufgekündigt worden war. 1981 drangen südafrikanische Truppen nach Angola ein, um Stützpunkte der südwestafrikanischen Befreiungsorganisation SWAPO zu zerstören. Die südafrikanische Apartheidregierung hat auch Guerrillatruppen in den Nachbarländern unterstützt und bewaffnet, um dort die politische Entwicklung zu stören.

Bevölkerung

Vor 1994 unterschied die südafrikanische Regierung vier Rassengruppierungen, doch in Wirklichkeit stellen sich die Verhältnisse viel komplexer dar. Fast drei Viertel der Bevölkerung sind schwarz und stammen vorwiegend von den Bantuvölkern ab. Die größten Gruppen sind die Zulus, die Xhosa und die Sotho. Die weißen Nachkommen der europäischen Siedler stellen weniger als 20 % der Bevölkerung, und in der Mehrheit sind sie Afrikaander. Die so genannten Farbigen sind gemischter Herkunft und bilden etwa ein Zehntel der Bevölkerung. Es gibt auch eine asiatische, vor allem aus Indien stammende Minderheit.

Amtssprachen sind Afrikaans und Englisch, doch mindestens acht andere Sprachen sind weit verbreitet. Mehr als drei Viertel der Bevölkerung sind christlich (wobei die Religiosität bei den ländlichen Mitgliedern der niederländisch-reformierten Kirche besonders stark ausgeprägt ist). Bei den Schwarzafrikanern haben sich Naturreligionen erhalten, und es gibt kleinere Hindu- und Muslim-Minderheiten.

WIRTSCHAFT

Obwohl fast die Hälfte der Bevölkerung auf dem Lande lebt, beschäftigt die Landwirtschaft nur einen kleinen Anteil der Bevölkerung, und der Anteil am Bruttosozialprodukt ist noch geringer. Unregelmäßige Niederschläge lassen keine sicheren Ernteerträge zu, die Bewässerung ist mangelhaft, auch die Bodenerosion schafft Probleme.

Hauptanbaufrucht ist Mais, während für den Export Zuckerrohr, Zitrusfrüchte, Wein, Baumwolle und Tabak erzeugt werden. Die Viehzucht ist vielseitig (Rinder-, Schaf- und Ziegenhaltung sowie Geflügelzucht) und liefert eine Reihe von Exporterzeugnissen, vor allem Fleisch, Wolle und Milchprodukte. Der Mangel an fruchtbarem Boden hat aus vielen schwarzen Farmern, die traditionelle Subsistenzwirtschaft betrieben haben, Wanderarbeiter gemacht.

Die Küsten- und Hochseefischerei ist vor allem an der Westküste gut entwickelt, wo das reichhaltige Plankton des Benguelastroms Sardinen, Makrelen und andere Meeresfische ernährt. Obwohl es kaum ausgedehnte Waldgebiete gibt, können die Bestände den südafrikanischen Holzbedarf weitgehend decken.

Industrie und Energie

Südafrika ist reich an Bodenschätzen. Vor allem die reichen Gold- und Diamantvorkommen lockten die europäischen Siedler nach Südafrika. Noch immer wird die Hälfte des Exporterlöses aus Edelmetallen und Edelsteinen erzielt. Andere wichtige Minerale sind Asbest, Uranerz (das manchmal in aufgelassenen Goldminen gefördert wird) und viele andere wertvolle Erze. Es gibt in Südafrika drei Eisen- und Stahlschmelzereien und eine Aluminiumhütte.

Südafrika war stets zu einer sparsamen Energiepolitik gezwungen, da alle Mineralöle (bis auf einen kleinen Anteil, der aus Kohle gewonnen wurde) importiert werden mussten und viele Erdöl exportierende Länder sich dem Embargo gegen Südafrika angeschlossen hatten. Geringe Niederschläge haben auch die Wasserkraftreserven vermindert, daher wurde auch der Bau einer neuen großen Anlage am Oranje-Fluss in Angriff genommen. Die beträchtliche Kohleförderung wurde weiter gesteigert, um das Land mit Elektrizität zu versorgen, und seit 1982 arbeitet in der südlichen Kapprovinz ein Kernkraftwerk. Südafrika erzeugt etwa 50 % des Stroms von ganz Afrika, und die Energiesparpolitik der Regierung ermöglicht es, dass ein großer Anteil davon exportiert werden kann. Mosambik, Namibia und viele andere Länder sind an das südafrikanische Versorgungsnetz angeschlossen.

Die Konsumgüterindustrie hat sich außerordentlich rasch entwickelt und liefert mittlerweile ein Viertel des gesamten Exportvolumens. Wichtige Exportgüter sind Getränke, Chemikalien, Textilien, Transportanlagen und Elektrogeräte.

Handel

Zu den Haupthandelspartnern Südafrikas zählen die USA, Deutschland, Japan, die Schweiz und Großbritannien. Nach den Unruhen 1976 in Soweto gingen die ausländischen Investitionen zurück, und heute wird zumeist inländisches Kapital eingesetzt, das dank der Goldvorräte des Landes reichlich vorhanden ist. Die heimischen Industrien werden durch Einfuhrzölle und Importbeschränkungen geschützt.

Verkehr und Kommunikation

Das Rückgrat des Transportswesens ist die staatseigene Eisenbahn, die auch für den Busbetrieb zuständig ist. Mindestens ein Drittel des Schienennetzes ist elektrifiziert, die übrigen Strecken werden mit Diesellokomotiven betrieben. Kleinere Landstraßen sind allerdings meist unbefestigt. Der Transport auf dem Wasser bleibt auf die Küstenschifffahrt

Ein reichhaltiges Gemüseangebot (*oben*). Die Farmer von Transvaal produzieren eine reiche Auswahl an Obst und Gemüse für den Eigenbedarf und für den Verkauf auf dem Markt. Hauptnahrungsmittel ist Mais.

Die imposante Fassade des Rathauses von Kapstadt (links) wird überragt von der gewaltigen Felswand des Tafelbergs. In den 80er-Jahren wäre eine Demonstration des ANC hier undenkbar gewesen, doch jetzt steht die Polizei unbeteiligt daneben.

beschränkt, da es keine schiffbaren Flüsse gibt. Die Häfen sind staatseigen, und der größte Passagierhafen befindet sich in Kapstadt, während Frachten vorwiegend in Durban und in der neuen Hafenanlage von Richard's Bay verschifft werden. Beide Häfen liegen an der Ostküste. Der Binnenflugverkehr ist vorbildlich; internationale Flughäfen gibt es in Kapstadt, Johannesburg und Durban. Neben der staatlichen gibt es eine Reihe privater Fluggesellschaften. Einst einer stren-

Nachbarländern frei. Die meisten Zeitungen erscheinen auf Afrikaans oder Englisch, da die schwarze Leserschaft im Zunehmen begriffen ist. Funk- und Fernsehanstalten sind ausschließlich in staatlicher Hand.

Gesundheits- und Bildungswesen

In den Städten steht eine ausgezeichnete medizinische Versorgung zur Verfügung, doch in den ländlichen Gegenden ist es weitaus

Kindersterblichkeit und Mangelernährung treten bei der schwarzen Bevölkerung noch weit häufiger auf; auch Kwashiorkor, eine Eiweißmangel-Krankheit, ist sehr verbreitet.

Die sozialen Leistungen umfassen Renten und Familiendarlehen, dazu kommen Altenpflege, Behindertenfürsorge und Kinderbetreuung. Aber sehr ungleich wird noch die Zuteilung der Zuwendungen gehandhabt. Auch beim Arbeitslosengeld sind die Schwarzen benachteiligt, unter denen die Arbeitslosigkeit noch immer am höchsten ist. In Wohngebieten herrscht weiterhin Rassentrennung, was zur Verknappung von Wohnraum für Farbige, Inder und Schwarze geführt hat.

Für Weiße, Farbige und Inder ist die Schulbildung kostenlos und es besteht Schulpflicht bis zum 16. Lebensjahr. Für die Schwarzen gilt weder das eine noch das andere, es herrscht Mangel an Lehrern und die Zahl der vorzeitigen Schulabgänger ist sehr hoch. In den 80er-Jahren wurden die Universitäten von der Regierung zur Rassentrennung gezwungen, und es gab neun Universitäten für Weiße, dagegen nur vier für Schwarze und je eine für Farbige und Asiaten. Nur die University of South Africa in Witwatersrand stand allen offen. Nach den Reformen der

Lesotho

KÖNIGREICH LESOTHO

DAS KLEINE KÖNIGREICH LESOTHO, EHEmals Basutoland, ist eine Enklave inmitten des Staates Südafrika.

GEOGRAFIE

Lesotho ist das einzige Land der Welt, das mit seinem gesamten Staatsgebiet über 1000 m hoch liegt. Entlang der Südostgrenze erheben sich die Drakensberge bis zum Thabana Ntlenyana, dem höchsten Gipfel in Südafrika. Der Oranje, Südafrikas längster Fluss, entspringt in den Maloti Mountains im nördlichen Zentral-Lesotho. Nach Westen senkt sich das Land zu einem fruchtbareren Hochplateau. Das am dichtesten bevölkerte Gebiet ist das Tal des Caledon-Flusses, der die Nordwestgrenze des Landes bildet.

Das Klima ist gemäßigt warm mit stärkeren Niederschlägen und Temperaturschwankungen in den Hochlagen. In den niederen Lagen sind die Sommer warm und feucht, während in den Bergen kalte Winter mit Schnee in den Gipfellagen vorkommen. Die vorherrschende Vegetation ist Gras- und Buschsavannne, die an den Berghängen in ertragreicheres Grasland und in den Höhenlagen in alpine Vegetation übergeht. Vereinzelt, in entlegenen Tälern, gibt es Gehölze aus Weiden und wilden Olivenbäumen. Antilopen, Hasen und Reptilien sind regionaltypische Tiere.

LANDESDATEN – LESOTHO

Fläche 30 355 km²

Klima	**Höhe**	**Temperaturen Januar**	**Temperaturen Juli**	**Jährlicher Niederschlag**
	m	°C	°C	mm
Maseru	1528	21	8	725

Geografische Merkmale höchster Berg: Thabana Ntlenyana 3482 m

Einwohnerzahl (1994) 1,95 Millionen

Staats- und Regierungsform konstitutionelle Monarchie

Streitkräfte Heer 2000

Hauptstadt Maseru (109 000 Einw.)

Offizielle Landessprachen Sesotho, Englisch

Bevölkerungsgruppen Sotho 99,7%; sonstige 0,3%

Religionen Katholiken 43,5%; Protestanten 41,3%; andere Christen 8,0%; Naturreligionen 6,2%; sonstige 1,0%

Währung 1 Loti (M; Plural Maloti) = 100 Lisenti (s)

Bruttosozialprodukt (pro Kopf 1993) US-$ 650

Bruttoinlandsprodukt (1993) US-$ 609 Mio.

Lebenserwartung Männer 60,3; Frauen 64,0 Jahre

Ressourcen Wasser, Wolle, Mohair, Felle, Diamanten

KULTUR UND GESELLSCHAFT

Im frühen 19. Jh. sicherte der Häuptling der Sotho, Moshoeshoe (1786-1870), sein Volk gegen die Bedrohung durch die expandierenden Zulus und die Besiedlung durch die Weißen ab. Nach vielen Rückschlägen erlangte er schließlich britischen Schutz. 1871 wurde das Land der Kapkolonie zugeschlagen, doch 1884 erhielt es den Status einer separaten Kronkolonie.

Lesotho wurde 1966 ein unabhängiges Königreich. 1970, beim Wahlsieg der opponierenden Kongresspartei, erklärte der abgewählte Premierminister, Häuptling Leabua Jonathan (1914-1987), den Notstand. Während dieser Periode wurde König Moshoeshoe II. (1938-1996) abgesetzt. Später wurden ihm repräsentative Befugnisse zurückgegeben. 1986 stellte ein Militärputsch die Monarchie wieder her; politische Betätigung wurde verboten. 1990 wurde die Macht des Königs erneut beschnitten, als Generalmajor Justin Metsing Lekhanya, Vorsitzender des 14-köpfigen Militärrats, das Land einem Militärregime unterstellte. Im selben Jahr wurde der König erneut abgesetzt, und sein Sohn Letsie III. trat dessen Nachfolge an, doch Lekhanya versprach die Einführung der Demokratie bis zum Jahr 1992. Die freien Wahlen von 1993 beendeten die Militärherrschaft, doch die Regierung wurde 1994 entlassen. 1995 dankte Letsie III freiwillig zugunsten seines Vaters ab, der 1996 starb.

Die Bewohner gehören fast durchweg zum Bantuvolk der Sotho. Amtssprachen sind Sotho und Englisch. Vorherrschende Religion ist das Christentum.

WIRTSCHAFT

Wirtschaftlich ist Lesotho vor allem von Südafrika abhängig, mit dem es eine Zollunion bildet. Doch es ist auch Mitglied der Southern African Development Coordination Conference (SADCC), die 1980 mit dem Ziel gebildet wurde, die Abhängigkeit der Mitgliedsstaaten von der Wirtschaftsvormacht des Staates Südafrika zu mindern. Die Anbauflächen sind sehr begrenzt; für die eigene Versorgung werden Mais, Mohrenhirse, Weizen und Bohnen angebaut, aber die Erträge sind gering. Die Rinderzucht wird nicht kommerziell betrieben, doch Wolle von Schafen und Ziegen ist von Bedeutung für den Export. Bodenschätze sind nur spärlich vorhanden; die Diamantförderung liegt in den Händen der südafrikanischen De-Beer-Minengesellschaft. Die Industrie begrenzt sich auf Kleinproduktion. Jedoch wird Wasser nach Südafrika exportiert, und es wird der Bau eines großen Wassserkraftwerks geplant. Die Einkünfte der in Südafrika beschäftigten Wanderarbeiter sind ein wesentlicher Wirtschaftsfaktor und der erstarkende Tourismus ist eine willkommene Devisenquelle.

Das Straßennetz ist, vom Westteil des Landes abgesehen, kaum entwickelt. Eine kurze Bahnstrecke verbindet Maseru mit der südafrikanischen Eisenbahn. In Maseru gibt es einen Flughafen, aber keine internationalen Flugverbindungen. Die Städte verfügen über Krankenhäuser und Kliniken; der allgemeine Gesundheitszustand ist jedoch aufgrund von Mangelernährung schlecht. Der Schulbesuch ist kostenlos, aber nicht obligatorisch. Dennoch sind die Grundschulen gut besucht.

Die Wollspinnerei in Lesotho wird vorwiegend in Heimarbeit betrieben. Mohair als Garn oder Weberzeugnis ist ein wichtiger Exportartikel des Landes und wird stolz zur Schau gestellt.

Swasiland

KÖNIGREICH SWASILAND

DAS KÖNIGREICH SWASILAND GRENZT IM Osten an Mosambik und ist ansonsten vom Staat Südafrika umschlossen, mit dem es eine Zollunion bildet.

GEOGRAFIE

Das Land fällt stufenweise vom bergigen Hochveld im Westen zur Lebombo-Randstufe im Osten ab. Zahlreiche Flüsse, unter ihnen der Umbeluzi und der Usutu, haben tiefe Schluchten auf ihrem Weg in den Indischen Ozean gegraben. Die Verwaltungshauptstadt Mbabane und die Königsstadt Lobamba liegen in der Westhälfte des Landes.

Das Klima ist subtropisch mit feuchten Sommern, das je nach Höhenlage feuchter und kühler wird. Auf dem Hochveld herrscht Grasland vor, dazu kommen Anpflanzungen von Kiefern und Eukalyptusbäumen. In den tieferen Lagen überwiegt die Baumsavanne. Zum Tierbestand zählen Löwen, Leoparden, Flusspferde, Antilopen und Giraffen.

KULTUR UND GESELLSCHAFT

1893 wurde Swasiland der südafrikanischen Verwaltung unterstellt, da die Bewirtschaftung fast völlig in den Händen konzessionierter Firmen lag. Doch nach dem Burenkrieg zwischen den Briten und den holländischen Siedlern (1899-1902) gelangte das Land unter britische Verwaltung. 1963 wurde eine Teilselbstverwaltung eingeführt und vier Jahre später das Königreich Swasiland proklamiert. Die vollständige Unabhängigkeit von Großbritannien folgte 1968. In den Jahren 1973 und 1977 entließ der König das Parlament und setzte neue Verfassungen in Kraft.

Die Verfassung von 1978 berief ein Zweikammer-Parlament (Libandla). Es gibt 55 Häuptlingsbezirke, aus denen jeweils zwei gewählte Abgeordnete in ein Wahlgremium entsandt werden, das die Hälfte der Senatoren und die Mehrheit der Unterhausabgeordneten wählt. Der König bestimmt die restlichen Abgeordneten und Senatoren und sichert sich damit beträchtliche Machtbefugnisse. Politische Parteien sind verboten.

Die Swasis bilden die größte Bevölkerungsgruppe, daneben gibt es kleinere ethnische Gruppen und eine europäische Minderheit. Insgesamt gibt es etwa 70 Clans, zu denen auch der Dlamini-Clan des Königs gehört. Amtssprachen sind Englisch und Siswati.

WIRTSCHAFT

Die Mehrheit der Bevölkerung ist in der Landwirtschaft beschäftigt und produziert vorwiegend für den eigenen Bedarf. Der kommerzielle Anbau von Zuckerrohr, Zitrusfrüchten und Tabak liegt in den Händen europäischer Firmen oder ist Bestandteil von Umsiedlungsprojekten. Das Niederveld ist besonders gut für die Viehhaltung geeignet, die ein Ausdruck von Wohlstand ist. Exporterlöse werden in der Forstindustrie erwirtschaftet, eine Holzverarbeitungsfabrik gibt es bei Bunya südwestlich von Lobamba.

Die Verarbeitung der Mineralvorkommen, vor allem Asbest und Eisenerz, ist zurückgegangen. Die Energieversorgung basiert auf Kohle und Wasserkraft. Die Güterproduktion ist vielseitig, aber auf geringem Niveau. Die Wirtschaft ist in hohem Maße von den Löhnen der in Südafrika beschäftigten Swasi-Arbeiter und vom Tourismus abhängig. Zwischen den beiden Hauptstädten bestehen gute Straßenverbindungen, ansonsten sind die Straßen zumeist unbefestigt. Eine Bahnlinie verbindet Swasiland mit Mosambik. Von Südafrika und Mosambik aus wird der Flughafen von Matsapa bei Lobamba angeflogen, und es gibt viele lokale Landepisten.

Medizinische Einrichtungen der Regierung unterstützen den Kampf gegen Mangelernährung und endemische Krankheiten. Die Sozialfürsorge umfasst Behinderten-, Alters- und Witwenrenten. Die Schulbildung ist kostenlos, aber nicht obligatorisch.

Eine Swasi-Frau (*oben*). Mit einem Grasbüschel dirigiert die farbenfroh gekleidete Swasifrau eine Tanzprozession. Ihre Tracht zeigt an, dass sie verheiratet ist.

Swasi-Handwerkskunst auf dem Markt von Mbabane (*links*), dem Regierungssitz von Swasiland. Touristen können hier unter Flechtmatten, Körben und Perlenvorhängen wählen.

LANDESDATEN – SWASILAND

Fläche 17 364 km²

Klima	**Höhe**	**Temperaturen Januar**	**Juli**	**Jährlicher Niederschlag**
	m	°C	°C	mm
Mbabane	1145	20	12	1402

Geografische Merkmale höchster Berg: Emlembe 1862 m

Einwohnerzahl (1994) 936 000

Staats- und Regierungsform Monarchie, zwei gesetzgebende Organe

Streitkräfte Heer 2700

Größte Städte Mbabane (Regierungssitz – 38 000 Einw.); Lobamba (Parlamentssitz – keine Angaben)

Offizielle Landessprachen Siswati, Englisch

Bevölkerungsgruppen Swasi 84,3%; Zulu 9,9%; Tsonga 2,5%; Inder 1,6%; sonstige 1,7%

Religionen Protestanten 37,3%; afrikanische Christen 28,9%; Naturreligionen 20,9%; Katholiken 10,8%; sonstige 2,1%

Währung 1 Lilangeni (E; Plural Emalangeni) = 100 Cents (c)

Bruttosozialprodukt (pro Kopf 1991) US-$ 1060

Bruttoinlandsprodukt (1993) US-$ 960 Mio.

Lebenserwartung Männer 52,4; Frauen 60,5 Jahre

Ressourcen Zuckerrohr, Baumwolle, [illegible]

Madagaskar

DEMOKRATISCHE REPUBLIK MADAGASKAR

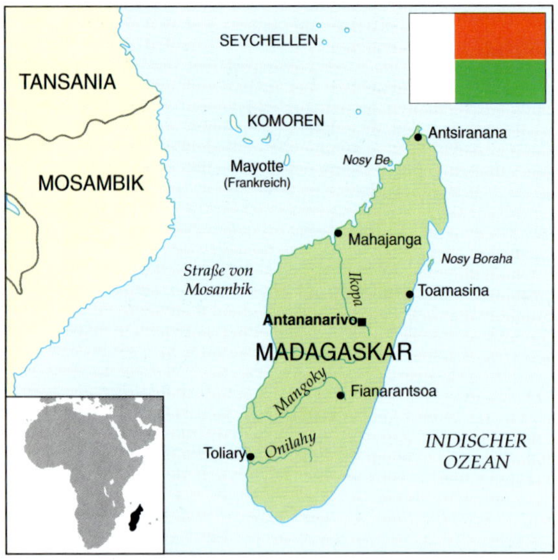

DER GROSSE INSELSTAAT MADAGASKAR liegt vor der südostafrikanischen Küste gegenüber Mosambik. Er unterscheidet sich in vieler Hinsicht vom Festland, nicht nur, was die Bevölkerung und ihre Kultur oder die einzigartige Tierwelt betrifft.

GEOGRAFIE

Madagaskar ist die viertgrößte Insel der Welt. Geologisch ist sie vor 50 Millionen Jahren entstanden, als sie sich von der afrikanischen Landmasse löste. Die Ostküste ist von Stränden, Korallenriffen und Lagunen gesäumt, und dahinter steigt das Land steil zum Zentralplateau an, das den größten Teil der Insel bedeckt. Er wird von vielen Flüssen zerfurcht und von Bergmassiven überragt. Die höchste Erhebung ist das Tsaratanana-Gebirgsmassiv im Norden, das vom Maromokotro gekrönt wird. Es gibt vulkanische Landschaftsformationen wie Kraterseen und schroffe Meeresklippen im Norden und im Süden. Zur Westküste hin fallen die Berge sanfter ab. Während die östlich mündenden Flüsse steil in den Indischen Ozean abstürzen, fließen die westlichen wie der Ikopa und der Mangoky gemächlicher durch die Landschaften und lagern ihre Sedimente in der breiten Küstenniederung ab.

Das Klima kennt viele Abstufungen, von gemäßigt im Hochland bis tropisch an den Küsten: Im Norden und Osten gibt es heftige Regenperioden, im zentralen Hochland ist es trockener und nach Süden zu wird es zunehmend niederschlagsärmer. Bis in die jüngste Zeit war die Insel von Wäldern bedeckt, darunter tropischer Regen-, immergrüner Subtropen- und Laubwald. Doch die Wälder fielen bis auf kleine Reste der Brandrodung zum Opfer. Der Boden unterliegt seitdem einer rasch fortschreitenden Erosion.

Die Insellage Madagaskars hat eine einzigartige und äußerst vielfältige Tierwelt hervorgebracht. Dazu gehört der kleine, Insekten fressende Borstenigel und viele Lemurenarten. Daneben gibt es Krokodile, Chamäleons, Schmetterlinge und viele Vogelarten. Typische Meeresfische sind der stachlige Kugelfisch und ein berühmtes „lebendes Fossil“, der Quastenflosser.

Leider sind die Tierbestände durch gezielte Vernichtung und durch Zerstörung der Lebensräume dezimiert worden. Verschiedene Lemurenarten sind bereits ausgestorben und die verbliebenen sind stark gefährdet. Schutzmaßnahmen gibt es nur in Ansätzen, und obwohl sich die Regierung um Eindämmung der Schäden bemüht, kann es für viele Arten bereits zu spät sein.

KULTUR UND GESELLSCHAFT

Wahrscheinlich wurde Madagaskar bereits vor dem 10. Jh. von indonesischen Seefahrern besiedelt. Im 14. Jh. etwa kamen Siedler vom afrikanischen Festland, zusammen mit arabischen und asiatischen Händlern, die muslimische Einflüsse mitbrachten. Die Madagassen stellen somit eine ethnische Mischung dar, doch die indonesische Herkunft ihrer Sprache ist unverkennbar.

Im 16. Jh. errichteten Franzosen einen Handelsposten, und da die Ostküste häufig von indischen Piraten heimgesucht wurde, siedelten die Madagassen allmählich ins Landesinnere über. Sie errichteten machtvolle Königreiche, oft mit Hilfe europäischer Waffen. Das zentrale Königreich der Merina erwies sich schließlich als das stärkste. Gegründet von König Andrianampoinimerina (Regierungszeit 1787-1810), errang es die Macht mit Hilfe französischer Kanonen, die mit Sklaven bezahlt wurden. Nach 1810 schloss sich sein Sohn Radama I. (Regierungszeit 1810-1828) mit den britischen Herren der Nachbarinsel Mauritius zusammen, um den Sklavenhandel zu beenden und die Franzosen von Madagaskar zu vertreiben. Seine Nachfolger indessen öffneten sich den ausländischen Einflüssen erneut, und fortan wetteiferten die französischen Katholiken mit den britischen Protestanten um die Vorherrschaft auf der Insel, bis es in den 80er-Jahren des 19. Jh. zu den Franko-Merina-Kriegen kam.

1890 erkannten die Briten Madagaskar als französisches Protektorat an, und um 1895 waren die Merina von den Franzosen unterworfen. Der Widerstand der Madagassen wurde unterdrückt, und die französische Kultur verdrängte die vorherige Mischung aus lokalen und protestantischen Bräuchen. Eine neue Wirtschaftsform und ein System der Gesundheitsfürsorge wurden aufgebaut. Im Zweiten Weltkrieg besetzten vorübergehend britische und südafrikanische Truppen die Insel, und 1945 wurde Madagaskar französisches Überseeterritorium. 1947 kam es zu heftigen Aufständen der madagassischen Befreiungsbewegung, und 1958 entschied sich die Bevölkerung in einem Referendum für die eine autonome madagassische Republik. Die volle Unabhängigkeit erlangte das Land 1960 unter Präsident Philibert Tsiranana (*1912).

1975 brach sein designierter Nachfolger, Generalmajor Gabriel Ramanantsoa (*1906), die Beziehung zu Frankreich ab und suchte das Bündnis mit dem Ostblock. Nach einer Serie von Putschen wurde der Korvettenkäpitän Didier Ratsiraka (*1936) Präsident der neuen Demokratischen Republik Mada-

gaskar, in der der Oberste Revolutionsrat die zentrale Machtstellung innehatte. 1991 ging die Macht an eine provisorische Regierung über; 1922 trat eine neue Verfassung in Kraft, und aus den Präsidentschaftswahlen 1993 ging Albert Zafy als Sieger hervor.

WIRTSCHAFT

Madagaskar nahm nach der Revolution von 1975 durch die abrupte Einführung der Planwirtschaft schweren Schaden. Doch die Strukturreformen von 1989 und vermehrte ausländische Unterstützung führten inzwischen zu einer Verbesserung der wirtschaftlichen Situation. Frankreich bleibt der wichtigste Handelspartner. Nach wie vor beruht die Landwirtschaft auf den traditionellen Anbaumethoden. Exportiert werden vor allem Kaffee, Gewürznelken, Vanille, Sisal und Zucker. In der Viehzucht steht die Rinderhaltung an erster Stelle. Obst wird zum größten Teil für den Eigenbedarf angebaut. Zu den Hauptnahrungsmitteln gehören Reis und Maniok, doch reicht die Ernte nicht zur Deckung des Bedarfs der schnell wachsenden Bevölkerung aus. Die Kollektivierung von 1975 stieß auf Ablehnung und trug nicht zur Steigerung der Erträge bei. Der Fischfang ist noch unterentwickelt. Es gibt Programme zur Aufforstung der Wälder, doch werden dafür vorwiegend nichtheimische Baumsorten verwendet.

Für den Export werden Chromerz und Grafit abgebaut, auch kleine Mengen Gold und Edelsteine. Außer Wasserkraft gibt es keine natürlichen Energiequellen; die Hälfte des Energiebedarfs muss mit importierten Brennstoffen gedeckt werden. Die Konsumgüterindustrie verarbeitet vor allem landwirtschaftliche Produkte und stellt unter anderem Seife, Textilien, Sisalprodukte, Zucker und andere Nährmittel her. In der Hauptstadt Antananarivo, die etwa in der Mitte der Insel liegt, gibt es eine Druckerei und ein Fahrzeugmontagewerk.

Der Zustand des Straßennetzes ist unzureichen; nur einige Hauptstraßen sind befestigt. Dagegen sind die wenigen Bahnlinien und Hafenanlagen besser ausgerüstet, auch die inländischen und internationalen Flugverbindungen sind gut ausgebaut.

Die Grundschulbildung ist unentgeltlich und obligatorisch; sie wird sowohl vom Staat als auch von den Kirchen angeboten. Trotzdem ist das Bildungsniveau noch relativ niedrig. Medizinische Versorgung wird vorrangig den wohlhabenderen Städtern zuteil, während die Bevölkerungsmehrheit unter ärmlichen Bedingungen lebt. Bei der Bekämpfung der Epidemien wurden jedoch bereits beträchtliche Erfolge erzielt.

Die Auslegerboote kehren vom Fischfang zurück, erwartet von den Kindern von Nosy Komba auf Madagaskar. Wie Nosy Komba, leben viele kleine Dörfer vom Fischfang, der vor allem den eigenen Bedarf deckt.

LANDESDATEN – MADAGASKAR

Fläche 587 041 km²

Klima	**Höhe**	**Temperaturen Januar**	**Juli**	**Jährlicher Niederschlag**
	m	°C	°C	mm
Antananarivo	1310	19	13	829

Geografische Merkmale höchster Berg: Maromokotro 2876 m; längster Fluss: Mangoky 560 km

Einwohnerzahl (1994) 13,43 Millionen

Staats- und Regierungsform Mehrparteiensystem; Republik; ein gesetzgebendes Organ

Streitkräfte Heer 20 000; Marine 500; Luftwaffe 500

Hauptstadt Antananarivo (802 000 Einw.)

Offizielle Landessprachen Madagassisch, Französisch

Bevölkerungsgruppen Madagassen 98,9%; Komoren 0,3%; Inder 0,2%; Franzosen 0,2%; sonstige 0,4%

Religionen Naturreligionen 47,0%; Katholiken 26,0%; Protestanten 22,8%; andere christliche Religionsgemeinschaften 2,2%; Muslime 1,7%; sonstige 0,3%

Währung 1 Madagaskar-Franc (FMG) = 100 Centimes (c)

Bruttosozialprodukt (pro Kopf 1993) US-$ 220

Bruttoinlandsprodukt (1993) US-$ 3,126 Mrd.

Lebenserwartung Männer 52,0; Frauen 56,0 Jahre

Ressourcen Kaffee, Gewürznelken, Sisal, Zuckerrohr, Vanille [illegible]

Mauritius

REPUBLIK MAURITIUS

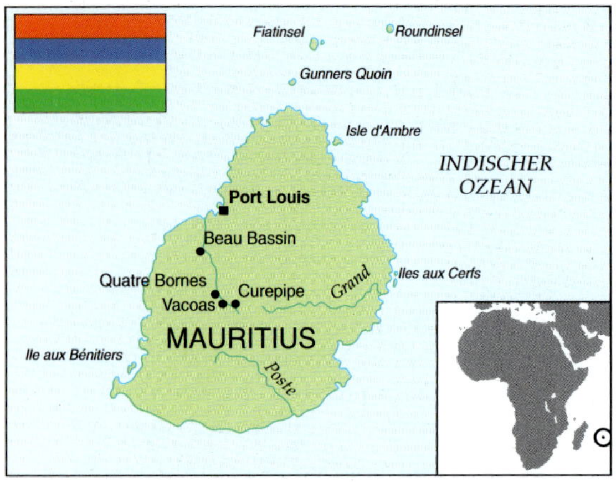

MAURITIUS, EINE MASKARENISCHE INSEL, ist ein unabhängiger Inselstaat, der 800 km östlich von Madagaskar im Indischen Ozean liegt. Zum Staatsgebiet zählen auch die Insel Rodrigues weiter östlich und die kleine Inselgruppe der Agalegals im Norden.

GEOGRAFIE

Mauritius ist eine zerklüftete Vulkaninsel, die von Korallenriffen umgeben ist. Von der breiten Küstenniederung im Norden steigt das Land zu einer Hochfläche an, die von Felsgipfeln umringt ist – den Kraterresten eines gewaltigen Vulkans. Die höchste Erhebung ist der Piton de la Petite Rivière Noire im Süden. Rodrigues ist ebenfalls eine zerklüftete Vulkaninsel. Das Tropenklima wird durch den südöstlichen Passatwind gemildert, der reichlichen Regen und gelegentlich Wirbelstürme mit sich bringt. Der dichte Wald, der Mauritius einst bedeckte, ist weitgehend abgeholzt, wobei auch der Tierbestand zurückgegangen ist. Zu ihm gehören einige besondere Arten wie z. B. der Borstenigel und eine Fruchtfledermaus. Auf Mauritius war auch der ausgestorbene Vogel Dodo beheimatet. Mit britischer Hilfe werden Naturschutzprogramme entwickelt.

LANDESDATEN – MAURITIUS

Fläche 2040 km²

Klima	**Höhe** m	**Temperaturen Januar** °C	**Juli** °C	**Jährlicher Niederschlag** mm
Port Louis	55	23	27	1000

Geografische Merkmale höchster Berg: Piton de la Petite Rivière Noire 826 m; größte Insel: Mauritius 1865 km²

Einwohnerzahl (1994) 1,2 Millionen

Staats- und Regierungsform Mehrparteiensystem; Republik; ein gesetzgebendes Organ

Streitkräfte Polizei 8000

Hauptstadt Port Louis (143 000 Einw.)

Offizielle Landessprache Englisch

Bevölkerungsgruppen Indo-Mauritier 68,0%; Kreolen 27,0%; Chinesen 3,0%; Franko-Mauritier 2,0%

Religionen Hindus 52,5%; Katholiken 25,7%; Muslime 12,9%; Protestanten 4,4%; Buddhisten 0,4%; sonstige 4,1%

Währung 1 Mauritius-Rupie (MR) = 100 Cents (c)

Bruttosozialprodukt (pro Kopf 1993) US-$ 3030

Bruttoinlandsprodukt (1993) US-$ 2,780 Mrd.

Lebenserwartung Männer 66,6; Frauen 74,6 Jahre

Ressourcen Zuckerrohr, Tee, Bananen, Tabak, Fischereiprodukte

KULTUR UND GESELLSCHAFT

Die Insel wurde 1598 von holländischen Seefahrern nach dem Prinzen Moritz von Nassau-Oranien (1567-1625) benannt, blieb aber unbewohnt, bis Franzosen sie im 18. Jh. besiedelten. Sie nannten die Insel Ile de France und holten für die Arbeit auf den Zuckerplantagen afrikanische Sklaven nach Mauritius und Rodrigues. 1810 wurden beide Inseln an Großbritannien abgetreten, doch die französischen und kreolischen Bewohner behielten ihre Sprache und Kultur bei. Nach Abschaffung der Sklaverei siedelte man indische Arbeiter in großer Zahl an; auch chinesische Händler ließen sich auf Mauritius nieder. Nach dem Zweiten Weltkrieg wurden Wirtschaftsreformen durchgeführt und die Selbstverwaltung eingeführt. 1968 erlangte Mauritius die Unabhängigkeit als Mitglied des britischen Commonwealth. Die parlamentarische Regierung blieb trotz politischer Turbulenzen bis zur Proklamation der Republik im Jahr 1992 bestehen. Neben der Amtssprache Englisch sind Französisch, Kreolisch, Hindi und Chinesisch verbreitet. Hinduismus, Christentum (zumeist römisch-katholisch) und der Islam sind die führenden Religionen, dazu kommt eine kleine buddhistische Minderheit.

WIRTSCHAFT

Die landwirtschaftliche Produktion hängt noch immer vom Zuckerrohr-Anbau ab, obwohl große Anstrengungen unternommen werden, sie verstärkt zu diversifizieren. Daneben werden Tee, Bananen, Tabak und verschiedene Feldfrüchte angebaut, der Fischfang wird gegenwärtig modernisiert.

Die Warenproduktion ist rapide angestiegen, seit Mauritius Freihandelszonen eingerichtet hat, in denen importierte Rohstoffe verarbeitet und wieder exportiert werden. Erfolge wurden vor allem mit Textilien und Kleidung, mit Plastik- und Elektronikartikeln erzielt. Die landschaftliche Schönheit der Insel und das bunte kulturelle Leben bieten Anziehungspunkte für die blühende Tourismusbranche, die mittlerweile die zweitgrößte Einnahmequelle des Landes ist. Die Exporte werden nach wie vor durch die Einfuhr von Nahrungsmitteln, Brennstoffen, Maschinen und Konsumgütern übertroffen. Wasserkraft und aus Zucker gewonnene Brennstoffe werden eingesetzt, um die Abhängigkeit von importierten Energieträgern zu vermindern.

Die Straßen auf Mauritius sind zum großen Teil befestigt; das veraltete Eisenbahnnetz wurde durch Busse ersetzt. Die Hauptstadt Port Louis an der Nordwestküste besitzt sehr gute Dockanlagen; der internationale Flughafen befindet sich bei Plaisance im Südwesten der Insel. Es gibt ein eigenes Rundfunk- und Fernsehprogramm. Die medizinische und soziale Versorgung ist gut, obwohl es Probleme der Überbevölkerung gibt. Die meisten Kinder erhalten eine Grundschulbildung, und weiterführende Bildungseinrichtungen sind frei zugänglich. Die Universität von Mauritius ist vorwiegend technisch ausgerichtet.

Zuckerrohrfelder auf Mauritius vor dem Hintergrund zerklüfteter Vulkanfelsen – ein Bild, das zwei Wesensmerkmale der Insel vereint: die exotische Schönheit und die Monokultur, von der das Land lebt.

Komoren

ISLAMISCHE BUNDESREPUBLIK KOMOREN

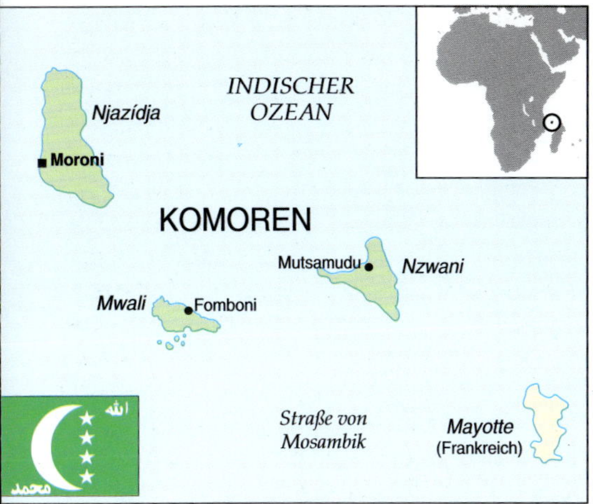

DIE INSELGRUPPE DER KOMOREN LIEGT zwischen der Nordspitze von Madagaskar und der Ostküste Afrikas. Drei der insgesamt vier Inseln bilden eine unabhängige Republik. Die südöstlich gelegene Insel Mayotte ist nach wie vor französischer Besitz.

GEOGRAFIE

Alle Inseln sind vulkanischen Ursprungs. Njazidja (Große Komoren) im Nordwesten besteht im Wesentlichen aus einem Plateau, das südwärts zum Krater des aktiven Vulkans Kartala ansteigt. Die Bundeshauptstadt Moroni liegt an der Westküste. Das Klima ist heiß mit jährlichen Regenperioden, aber der Boden ist porös, und nur an den oberen Hängen des Vulkans gedeiht Regenwald. Die Insel Nzwani (Anjouan) im Südosten ist ähnlich beschaffen, doch die bessere Bodenqualität wird nach weiträumigen Rodungen durch fortschreitende Erosion beeinträchtigt. Mwali (Mohéli), die kleinste Insel, besitzt gut bewässerte Flusstäler, und die Hügel sind dicht bewaldet. Zur Tierwelt gehören viele Landvögel und eine Lemurenart, die es nur auf den Komoren gibt.

KULTUR UND GESELLSCHAFT

Die Komoren wurden in unterschiedlichen Zeiten von Festlandsafrikanern, Madagassen, arabischen und persischen Händlern besiedelt. Als die ersten Europäer im 16. Jh. hier landeten, stießen sie auf eine arabische Bevölkerung. 1843 annektierte Frankreich zunächst die Insel Mayotte, und 1886 wurden die restlichen Inseln zu französischen Protektoraten erklärt. Arabisch und Französisch sind die Amtssprachen in dem überwiegend muslimischen Land, doch Verkehrssprache ist Komorisch, das dem Swahili verwandt ist.

Nach dem Zweiten Weltkrieg wurden die Inseln französisches Überseeterritorium und bekamen 1961 die interne Autonomie zuerkannt. 1975 proklamierte Präsident Ahmed Abdallah Abderrahman (1919-1989) einseitig die Unabhängigkeit. Im Jahr darauf wurde er entmachtet, doch 1978 gelangte er nach einem Putsch erneut an die Spitze und wurde Präsident der neu gegründeten Islamischen Bundesrepublik. 1989 wurde er ermordet. Said Mohammed Djohar ging 1990 aus den ersten Mehrparteienwahlen nach der Unabhängigkeit als Sieger hervor und trat das Amt des Präsidenten an. Mit französischer Militärhilfe wurde 1995 eine weiterer Putschversuch niedergeschlagen.

WIRTSCHAFT

Auf den Komoren herrscht traditionell die Subsistenzwirtschaft. Während der Unruhen der 70er-Jahre geriet die Wirtschaft in eine katastrophale Lage, als französische Hilfe vorübergehend zurückgewiesen wurde. In der Tierhaltung ...

Fischerboote im Hafen Moronis, der Hauptstadt der Komoren. Im Hintergrund ist die Große Moschee zu sehen, Zeugin der langen islamischen Tradition, die trotz der gemischten Bevölkerung vorherrschend ist.

werden importiert. Exportiert werden vor allem Vanille und Gewürznelken. Es gibt Wasserkraftanlagen, aber überwiegend beruht die Energieerzeugung auf Brennstoffimporten. Die Industrie verarbeitet hauptsächlich Vanille und andere Gewürze. Der Tourismus bringt beträchtliche Einnahmen. Frankreich bleibt Haupthandelspartner und hilft finanziell. Die Straßen sind in der Regenzeit oft unpassierbar, doch der Flug- und Fährbetrieb zwischen den Inseln, nach Madagaskar und nach Afrika ist gut ausgebaut. Der internationale Flughafen befindet sich auf Njazidja. In den drei aus französischen Mitteln gebauten Krankenhäusern fehlt Fachpersonal. Die Schulbildung wird von islamischen und französisch orientierten Schulen angeboten.

LANDESDATEN – KOMOREN

Fläche 1862 km²

Klima	**Höhe** m	**Temperaturen Januar** °C	**Juli** °C	**Jährlicher Niederschlag** mm
Moroni	12	27	24	2825

Geografische Merkmale höchster Berg: Kartala (auf Njazidja) 2361 m; größte Insel: Njazidja 1148 km²

Einwohnerzahl (1994) 530 136

Staats- und Regierungsform Mehrparteiensystem; Bundesrepublik; ein gesetzgebendes Organ

Streitkräfte Heer 700; Marine 200

Hauptstadt Moroni (22 000 Einw.)

Offizielle Landessprachen Arabisch, Französisch

Bevölkerungsgruppen Komoren (Bantu/Araber/Madagassen) 96,9%; Makua 1,6%; Franzosen 0,4%; sonstige 1,1%

Staatsreligion Islam

Religionsgemeinschaften sunnitische Muslime 99,7%; Christen 0,2%; Baha'i 0,1%

Währung 1 Komoren-Franc (FC) = 100 Centimes (c)

Bruttosozialprodukt (pro Kopf 1991) US-$ 500

Lebenserwartung Männer 55,6; Frauen 60,1 Jahre

Ressourcen wenige, mit Ausnahme von Vanille, Kopra, Ge-

Schutzgebiete in der Region

MAYOTTE
FRANKREICH

Die südöstlichste Insel der Komorengruppe ist in französischem Besitz mit dem offiziellen Status einer *Collectivité territoriale*. Die Vulkaninsel ist gebirgig und umgeben von Korallenriffen. Die Hauptstadt Dzaoudzi mit dem Hafen liegt auf einer vorgelagerten Felsinsel. Das feuchte Tropenklima begünstigt eine üppige Waldvegetation.

Die Bevölkerung ist überwiegend madagassischer Herkunft und spricht Komorisch, das dem Swahili verwandt ist. Dem von arabischen Händlern eingeführten Islam hängt die Mehrheit der Bevölkerung an, doch daneben gibt es eine starke katholische Minderheit. Als die Komoren 1975 die Unabhängigkeit erklärten, beschloss Mayotte per Volksabstimmung bei Frankreich zu verbleiben. Die Bundesrepublik Komoren erhebt weiterhin Anspruch auf die Insel und stützt sich dabei auf eine UN-Resolution von 1979. Doch 1984 gab Frankreich den Plan einer Übergabe auf, nachdem sich auf der Insel starker Widerstand gegen die Entscheidung gebildet hatte. Die Insel hat ihre eigene gewählte Körperschaft und ist auch im französischen Parlament vertreten.

Die Wirtschaft ist vorwiegend agrarisch ausgerichtet. Exportiert werden vor allem Vanille, der Parfümrohstoff Ylang-Ylang, Kokosnüsse und Kaffee. Die Industrie begrenzt sich auf die Nahrungsmittelherstellung. Schulbildung wird von islamischen und französischen Schulen angeboten.

RÉUNION
FRANKREICH

Réunion ist die südlichste der Maskareneninseln, die im Indischen Ozean vor der Ostküste Madagaskars und südwestlich von Mauritius liegen. Réunion ist ein französisches Übersee-Departement.

Die Insel ist gebirgig und vulkanischen Ursprungs; der Vulkan Piton de la Fournaise, zugleich die höchste Erhebung der Insel, ist noch aktiv. Das Tropenklima wird durch den südöstlichen Passatwind gemildert, der ergiebige Regenfälle und gelegentlich schwere Wirbelstürme mit sich bringt. Der dichte Regenwald, der einst die Insel bedeckt hat, ist nahezu völlig verschwunden, nur in den unzugänglichen Hochlagen, wo man auch den Tamarindenbaum findet, sind noch Reste erhalten. Viele ehemals einheimische Tiere sind verschwunden, doch erhalten haben sich u. a. verschiedene Fledermausarten, der Bourbon-Fliegenschnäpper und die Maskarenen-Nachtigall.

Die 1638 von Frankreich in Besitz genommene Insel hieß ursprünglich Bourbon. Im 17. Jh. wurde sie von französischen Siedlern urbar gemacht, die afrikanische Sklaven auf ihren Zuckerrohrplantagen arbeiten ließen. Später wurden die Sklaven durch malayische, chinesische und indische Arbeiter abgelöst. Die heutige Bevölkerung mischt sich aus allen Bevölkerungsgruppen und ist vorwiegend kreolisch. Die Verkehrssprache ist Kreolisch, Amtssprache ist Französisch und die Mehrheit der Bevölkerung gehört der katholischen Kirche an. Die Inselbewohner sind französische Staatsbürger und entsenden fünf Abgeordnete und drei Senatoren ins französische Parlament. Die Inselregierung besteht aus dem gewählten Rat (44 Mitglieder), dessen Vorsitz ein von Frankreich eingesetzter Präfekt innehat.

Die Wirtschaft basiert auf der Landwirtschaft, die vornehmlich auf den Zuckerrohranbau ausgerichtet ist. Daneben werden Tabak, Vanille, Zier- und Parfümpflanzen, Obst und Gemüse angebaut. Der Zucker und seine Nebenprodukte Rum und Melasse machen den Hauptanteil der Exporterlöse aus, dazu kommt der Tourismus als zunehmend einträgliche Devisenquelle. Importiert werden Nahrung, Brennstoffe und Konsumgüter. Die Industrie beschränkt sich auf die Zuckerherstellung und Nahrungsgüterproduktion. Die medizinischen Einrichtungen bekämpfen verstärkt endemische Krankheiten, und das französisch geprägte Schulwesen trägt dazu bei, den Analphabetismus zurückzudrängen.

ST. HELENA
GROSSBRITANNIEN

Die entlegene Vulkaninsel und britische Kolonie St. Helena ist etwa 1930 km von der

Ein eindrucksvolles Luftbild von Dzaoudzi (*oben*), der Hauptstadt Mayottes auf einem Felsvorsprung vor der kleinen Insel Pamanzi, die zum Korallenriff gehört, das die Hauptinsel von Mayotte umgibt. Das Trinkwasser für die Stadt stammt aus Speichern, die während der Regenzeit gefüllt werden.

Die zu zerklüfteten und grotesken Formen verwitterten Berggipfel von Réunion (*links*) verraten den vulkanischen Ursprung der Insel. In ihrem Ostteil gibt es einen tätigen Vulkan und neun ruhende Krater.

Südwestküste Afrikas entfernt. Zur Kolonie gehören zwei weitere Inseln: Ascension im Nordwesten und Tristan da Cunha im Südwesten.

St. Helena bedeckt eine Fläche von 120 km² meist felsigen und bergigen Terrains, doch es gibt genug fruchtbares Land, um die etwa 6000 bis 7000 Bewohner zu ernähren. Hauptstadt und Hafen ist Jamestown, von dort werden auch Ascension und Tristan da Cunha verwaltet. Die Insel wurde am 21. Mai 1502 von dem portugiesischen Seefahrer Jõao da Nova († 1509) entdeckt und nach der hl. Helena (248-329) benannt, der Mutter Konstantins des Großen, deren Namenstag der Kalender zeigte. Später kolonisierte die Britisch-Ostindien-Kompanie die Insel. Mitte

Ascension ist eine 88 km² große, kahle Felsinsel fast ohne jede Vegetation, die bis zur Verbannung Napoleons nach St. Helena unbewohnt war. Dann wurde aus Sicherheitsgründen eine britische Garnison auf der Insel stationiert. Heute lebt dort eine kleine Gemeinde, die sich vor allem aus ehemaligen Bewohnern St. Helenas zusammensetzt. Am berühmtesten ist Ascension wahrscheinlich wegen der grünen Meeresschildkröten, die jährlich zwischen Dezember und Mai ihre Eier im Sandstrand der Insel vergraben. Strategisch ist Ascension ein wichtiger Brückenkopf im Südatlantik und viele der etwa 1000 Einwohner sind Armeebedienstete. Die Insel geriet für kurze Zeit ins Licht der Weltöffentlichkeit, als sie im Falklandkrieg 1982 als

stalliert. Weiterhin ist die Insel eine Relaisstation für den Fernsprechverkehr zwischen Südafrika und Europa und für die internationale Verbreitung von Rundfunk- und Fernsehprogrammen per Satellit und Unterseekabel. Ihren Namen erhielt sie von dem portugiesischen Entdecker Jõao da Nova, der hier am Himmelfahrtstag (Ascension) 1501 landete.

Die Inselgruppe Tristan da Cunha mit der gleichnamigen Hauptinsel, mit der Inaccessible-, der Gough-Insel und den drei Nightingale-Inseln (Nightingale, Stoltenhoff und Middle), liegt etwa 2550 km von Kapstadt entfernt. Tristan da Cunha besteht aus dem Kegel eines Vulkans, der eine Fläche von 100 km² bedeckt und zuletzt 1961 ausbrach, aber 1963 erneut besiedelt wurde. Sie hat nur einige hundert Einwohner. Ein Verwalter, der die britische Regierung vertritt, steht dem örtlichen Rat vor, der die Belange der ganzen Inselgruppe regelt. Die anderen Inseln sind so gut wie unbewohnt, doch auf den flachen Felsen der Nightingale-Insel und ihren zwei felsigen Vorinseln nisten Millionen von Meeresvögeln.

Tristan da Cunha kam im frühen 19. Jh. als Garnison zu Bedeutung; heute existieren drei Wirtschaftszweige. Hauptdevisenquelle ist der Verkauf von Briefmarken an Sammler. Dazu kommt eine kleine Fischverarbeitungsfabrik, die von Kapstadt aus betrieben wird und ihre Produkte nach Japan, Großbritan-

Die nordischen Länder

LÄNDER DER REGION

NORWEGEN · SCHWEDEN · FINNLAND

DÄNEMARK · ISLAND

Ein beschauliches Fischerdorf (*links*) auf den Lofoten vor der norwegischen Nordostküste. Das Meer hat immer eine wichtige Rolle im Leben der nordischen Völker gespielt. Die meisten Bewohner der Region leben an den Küsten, und selbst die Städter betreiben das Fischen und Segeln als Freizeitvergnügen.

Norwegen

KÖNIGREICH NORWEGEN

NORWEGEN LIEGT AN DER WESTKÜSTE DER skandinavischen Halbinsel. Das auffällig zerklüftete Land ist relativ dünn besiedelt.

GEOGRAFIE

Das sich über 1750 km erstreckende Territorium ist an der breitesten Stelle nur 450 km, an manchen Stellen weniger als 80 km breit.

Das Land

Die erdgeschichtlich alte Granitformation, auf der Norwegen ruht, wurde durch Eiszeitgletscher zergliedert und zu hohen Bergen und tiefen Tälern geformt. Es gibt mehr als 160 000 Seen, der größte ist der Mjøsa im Südosten. Die Fjorde (von Gletschern tief eingeschnittene Meeresbuchten) verwandeln die Küste in ein Labyrinth, dem etwa 50 000 kleine Inseln vorgelagert sind.

Der Südosten mit der Hauptstadt Oslo ist flaches Land. Der Glåma und andere Flüsse, die in den Bergen entspringen, schaffen Seen und fruchtbare Täler in dem landwirtschaftlichen Hauptanbaugebiet. Weitere Anbaugebiete finden sich im Trøndelag in Mittelnorwegen und bei Stavanger im Südwesten. Die Eiszeiterosion hat einige Berge abgeflacht und gewaltige Plateaus hervorgebracht, wie den Hardangervidda im südlichen Mittelnorwegen. Weiter nördlich liegt die Jotunheimen-Bergkette, zur Küste hin das Jostedalsbreen-Eisfeld mit seinen Gletschern. Der Norden erstreckt sich weit über den Polarkreis hinaus und endet auf dem Finnischen Hochland. Zu Norwegen gehören auch die öden arktischen Inseln Svalbard und Jan Mayen.

Klima, Flora und Fauna

Unterhalb des Polarkreises besitzt Norwegen dank des Golfstroms ein relativ gemäßigtes

Friedvolle Sommerszene im Vetle-Fjord. Dieser nördliche Arm des südnorwegischen Sogne-Fjords ist mit 184 km die längste Meeresbucht des Landes. Die Fjorde wurden während der letzten Eiszeit von Gletschern in den Fels geschnitten und später vom Meer überflutet.

Klima. Ostnorwegen hingegen hat kältere Winter, wärmere Sommer und weniger Niederschläge. Etwa ein Viertel des Landes ist bewaldet. Zur vielfältigen Pflanzenwelt gehören auch Blaubeeren, Preiselbeeren und Moosbeeren, und besonders letztere sind in Skandinavien eine hoch geschätzte Delikatesse.

In jüngerer Zeit sind große Flächen durch den sauren Regen aus Industrieabgasen der Nachbarländer geschädigt worden. Größere Raubtiere wie Wölfe, Bären und Luchse sind in den südlichen Wäldern beinahe vollständig ausgerottet.

KULTUR UND GESELLSCHAFT

Norwegens Gebirge und Fjorde haben den Verkehr und das Reisen zu Land stets erschwert, und so kann es kaum verwundern, dass das Land auf eine lange maritime Tradition zurückblickt.

Geschichte

Die ersten Siedler, mitteleuropäische Jäger und Sammler, breiteten sich allmählich nach Norden aus, als die letzte Eiszeit zu Ende ging. Im 9. Jh. hatte sich auch der Ackerbau entwickelt. Während die nordeuropäische Bevölkerung zunahm, begannen die Siedler mit ihren Handelsreisen und Raubzügen nach Schottland, Irland, Nordengland und zur Küste der Normandie. Sie siedelten auch auf Island und Grönland und gelangten über den Atlantik bis nach Amerika. Die Bezeichnung Wikinger rührt vom Skagerrak her, dessen alter Name Vik ist.

König Harald Hårfagre (860-940) einte das Territorium um 900 zum Königreich Norwegen. Das Christentum und der allmähliche Niedergang der Wikingerepoche stärkte die Monarchie, doch das Land wurde von der Pest verwüstet, die 1350 nach Norwegen gelangte. Die Kalmarer Union von 1397 verband die Königshäuser Norwegens, Schwe-

Eine Decke aus Schnee und Eis überzieht für viele Tage des Jahres das Land, die Winter sind lang und düster. Doch der mildernde Einfluß des Golfstroms und der westlichen Winde sorgt dafür, daß die Küstengewässer selten zufrieren.

dens und Dänemarks miteinander. 1814 wurde Norwegen aus dänischer Verwaltung an Schweden abgetreten, dann setzte Norwegen in den späteren Konflikten die Selbstverwaltung durch. Nach Jahren des Volksprotests gegen die schwedische Vorherrschaft erkannte Schweden 1905 schließlich die norwegische Unabhängigkeit an. Im Zweiten Weltkrieg war Norwegen um Neutralität bemüht, wurde aber 1940-1945 von der deutschen Wehrmacht besetzt. Nach dem Krieg schloss sich Norwegen der NATO und der EFTA an.

Regierungsform

Die 1814 gegründete konstitutionelle Monarchie hat sich bis heute erhalten. Das Parlament (Storting) wird durch allgemeine Wahlen für vier Jahre gewählt, und es wählt den Premierminister und das Kabinett. Der König fungiert als Staatsoberhaupt, aber beschränkt sich weitgehend auf zeremonielle Aufgaben.

Bevölkerung

Die meisten Norweger bilden mit ihren skandinavischen Nachbarn eine ethnische und Sprachgruppe. Die städtische Hochsprache Bokmål und das Nynorsk (Neunorwegische) vereint sich allmählich zu einer Gesamtsprache, dem Samnorsk. Die meisten Norweger gehören der lutherischen Landeskirche an.

LANDESDATEN – NORWEGEN

Fläche 323 878 km²

Klima	Höhe	Temperaturen Januar	Juli	Jährlicher Niederschlag
	m	°C	°C	mm
Oslo	96	-5	17	740
Bergen	44	2	15	1958

Geografische Merkmale höchster Berg: Glittertind 2470 m; längster Fluss: Glåma 610 km

Einwohnerzahl (1994) 4,3 Millionen

Staats- und Regierungsform Mehrparteiensystem; konstitutionelle Monarchie; ein gesetzgebendes Organ

Streitkräfte Heer 18 000; Marine 6600; Luftwaffe 7900

Größte Städte Oslo (Hauptstadt – 683 000 Einw.); Bergen (213 000); Trondheim (138 000)

Offizielle Landessprache Norwegisch

Bevölkerungsgruppen Norweger 95,8%; andere Skandinavier 1,0%; sonstige 3,2%

Religionen Lutheraner 87,9%; nicht Religiöse 3,2%; sonstige 8,9%

Währung 1 Norwegische Krone (nkr) = 100 Øre (Ø)

Bruttosozialprodukt (pro Kopf 1993) US-$ 25 970

Bruttoinlandsprodukt (1993) US-$ 103,419 Mrd.

Lebenserwartung Männer 74,0; Frauen 80,9 Jahre

Ressourcen Erdöl, Erdgas, Holz, Papier, Eisen, Nickel, Kupfer, Zink, Aluminium-Schmelzereien, Fischereiprodukte, Wasserkraft, Tourismus

Sprungschanze *(oben)* am Holmenkollen, dem bedeutendsten Wintersportzentrum Norwegens. Eine norwegische Spezialität ist der Skilanglauf, der sich als winterliche Fortbewegungsart entwickelt hat, aber auch alpine Disziplinen sind beliebt.

Industrieschwerpunkt Erdöl *(unten)*. Beim Bau einer gigantischen Bohrplattform. Die Entdeckung reicher Öl- und Erdgasvorkommen in der Nordsee hat der norwegischen Industrie gewaltigen Aufschwung verliehen. Seitdem sind die Erdölprodukte vorrangige Exportgüter.

Etwa 20 000 Samländer (Lappländer) bilden zusammen mit 10 000 Finnen die größte ethnische Minderheit mit eigener Sprache. Sie leben vor allem in ihren angestammten Gebieten in Nordnorwegen. Etwa 2000 Samländer des Finnischen Hochlands sind halbnomadische Rentierhirten.

Die norwegische Kultur reicht weit zurück und ist sehr vielgestaltig. Eine Vielzahl ihrer Vertreter sind in der Welt zu Ruhm gelangt. Zu ihnen gehören der Komponist Edvard Grieg (1843-1907), der Dramatiker Henrik Ibsen (1828-1906) und der Maler Edvard Munch (1863-1944). Zu den bekanntesten Forschern und Wissenschaftlern gehören Fridtjof Nansen (1861-1930), Roald Amundsen (1872-1928) und Thor Heyerdahl (* 1914).

WIRTSCHAFT

Aufgrund der schwierigen klimatischen und geografischen Verhältnisse können nur 5 % des Territoriums landwirtschaftlich genutzt werden.

Landwirtschaft und Fischerei

Rund 50 % der landwirtschaftlichen Nutzfläche im Süden dient als Weideland. Angebaut werden vor allem Getreide, Kartoffeln und Futterpflanzen, zumeist in Familienbetrieben. Die Forstwirtschaft und Fischerei, die agrarischen Haupterwerbsquellen des Landes, werden aus beschäftigungspolitischen Gründen stark subventioniert. Die Fischzucht in den Fjorden wird zunehmend lukrativer.

Industrie und Handel

Metallerze sind die einzigen bedeutenden Bodenschätze, die das Festland zu bieten hat. Die Eisen- und Stahlproduktion, einst wichtigster Industriezweig, wurde durch die Aluminiumverhüttung aus importiertem Bauxit zurückgedrängt. Norwegen gehört außerdem zu den Hauptexporteuren von Nickel, Kupfer und Zink. In den 70er-Jahren wurden im norwegischen Teil der Nordsee große Erdöl- und Erdgasvorkommen erschlossen, und Norwegen wurde daraufhin zu einem bedeutenden Exporteur von Öl und Gas, während andere Industriezweige unter einem Rückgang von Investitionen zu leiden hatten. Die vom Öl abhängig gewordene Wirtschaft wurde durch die Ölkrise Ende der 70er-Jahre schwer getroffen. Elektroenergie wird heute vor allem aus der Wasserkraft der vielen Gebirgsflüsse gewonnen. Die Entscheidung gegen einen EU-Beitritt 1994 wirkte sich auf den Handel negativ aus, doch der Abschluss gesonderter Freihandelsverträge mit der EU verbesserten die Situation. Norwegens landschaftliche Schönheit und die vielen Möglichkeiten der sportlichen Betätigung sorgen zu allen Jahreszeiten für einen regen Tourismus.

Verkehr und Kommunikation
Die Küstenschifffahrt ist das wichtigste Verkehrsmittel Norwegens. Das inländische Verkehrsnetz wird stark subventioniert. Bahnverbindungen bestehen von Oslo nach Stavanger, Bergen und Trondheim. Der Norden ist in Narvik an die schwedische Bahn angebunden. Auf dem Land ist der Busverkehr und dessen Verknüpfung mit dem Fährverkehr von überragender Bedeutung. Es gibt etwa 40 Flugplätze; internationale Flughäfen befinden sich in Oslo, Stavanger und Bergen. Norwegen ist Partner der skandinavischen Fluggesellschaft SAS. Die Medienanstalten mit zwei Radiostationen und einem Fernsehsender stehen unter der Aufsicht einer unabhängigen staatlichen Gesellschaft.

Gesundheits- und Sozialwesen
Das norwegische Sozialsystem wird bestimmt von der staatlichen Sozialversicherungspflicht und dem umfassenden Rentensystem. Auch die Bildung wird staatlich unterstützt, die Schulpflicht erstreckt sich auf neun Jahre. Weiterführende Bildungseinrichtungen sind Berufs-, Fachschulen oder die vier norwegischen Universitäten.

Trapperhütte auf Svalbard. Die meisten der 3000 Inselbewohner sind russische und norwegische Bergleute, die sich nur während der kurzen Sommerperiode hier aufhalten.

Die arktischen Inseln Norwegens

Svalbard ist der Sammelname der arktischen Inseln in norwegischem Besitz. Sie liegen nördlich von Norwegen im Polarmeer zwischen dem 74. und 81. Breitengrad und zwischen dem 10. und 35. Längengrad. Durch internationale Verträge wurden sie 1920 als norwegischer Besitz anerkannt. Zu ihnen gehören die Spitzbergen-Gruppe und die Weiße Insel, die König-Karl-Insel und die südlicher liegende Bäreninsel. Svalbard bedeutet „Kalte Küste" – im Winter sinken die Temperaturen auf -40° C; Schneestürme und Packeis machen die Inseln im Winter nahezu unzugänglich.

Obwohl sie den Wikingern schon bekannt waren, wurden die Inseln erst 1596 wiederentdeckt. Anfangs dienten sie als Stützpunkt für den Walfang, später wurde auf ihnen gejagt und Fallenstellerei betrieben. Seit 1773 werden sie als Basislager für Polarexpeditionen genutzt. Doch es war die Entdeckung von Kohlevorkommen, die die Inseln am Anfang des 20. Jh. ins Blickfeld der Weltöffentlichkeit brachte. Der Vertrag von 1920 sicherte Norwegen staaten auf. In den 90er-Jahren haben jedoch nur Norwegen und Russland Kohle auf Spitzbergen gefördert. Weil der Bergbau, die Hauptbeschäftigung auf den Inseln, nur auf den Sommer beschränkt ist, erhöht sich die Bevölkerungszahl in diesen Monaten auf etwa 3000 Einwohner. Die extremen Witterungsverhältnisse im Winter bedingen, dass nur wenige Menschen ständig auf den Inseln leben. In den wenigen Sommermonaten jedoch steigen die Temperaturen wegen des Golfstroms auf Temperaturen von 15 °C.

Die Vegetation besteht aus Flechten, Moosen und einigen frostharten Kräutern. Viele Zugvögel nutzen die Inseln zur Rast – die Vogelkunde und der damit im Zusammenhang entstehende Tourismus entwickelt sich zu einem wichtigen Erwerbszweig. Robben, Walrosse und Wale leben in den Küstengewässern.

Die Insel Jan Mayen vor Grönlands Nordostküste ist nach einem holländischen Seefahrer des 17. Jh. benannt. Die öde Vulkaninsel wird vom erloschenen Krater des Beerenbergs überragt. 1929 von

Schweden

KÖNIGREICH SCHWEDEN

SCHWEDEN, DAS VIERTGRÖSSTE LAND EUropoas, nimmt den südöstlichen Teil der skandinavischen Halbinsel ein. Die Bevölkerung genießt einen hohen Lebensstandard, besitzt ein hochentwickeltes Sozialsystem und liegt mit ihren Durchschnittslöhnen mit an der Weltspitze. Im 20. Jh. hat sich das Land von einer starken und unabhängigen Position aus in die Weltpolitik eingebracht.

GEOGRAFIE

Der Nordteil Schwedens besteht aus Gebirge und Hochflächen, die etwa zwei Drittel des Gesamtterritoriums bedecken. Sie sind dicht bewaldet und reich an Bodenschätzen. Im flachen Südteil Schwedens leben 80 % der Bevölkerung, und hier konzentrieren sich auch die Landwirtschaft und die verarbeitende Industrie.

Das Land

Die gebirgige Norrland-Region im Norden und in der Mitte Schwedens wird beherrscht von der Kjolen-Kette entlang der norwegischen Grenze und vom Kebnekaise, der höchsten Erhebung Schwedens mit 2111 m. Die Kette der Hochplateaus, denen Schwedens wasserreichste Flüsse entstammen, senkt sich allmählich südwestwärts ab bis zur Küstenniederung am Bottnischen Meerbusen.

Südlich beginnt Svealand, eine Tiefebene mit vielen Seen, die ein Zwölftel der Region bedecken und deren größter der Vänernsee ist. Während die Seen das Bild der Landschaft prägen, gibt es im Süden nur einen größeren Fluss, die Göta, die vom Vänernsee südwestwärts fließt und bei Göteborg ins Kattegat mündet. Nach Osten hin erstreckt sich das Flachland bis zur Ostsee mit der Hauptstadt Stockholm und ein wenig landeinwärts der Universitätsstadt Uppsala. Die Ostseeküste ist felsig und hat eine Vielzahl kleiner vorgelagerter Inseln, die Schären. Südlich der großen Seen steigt das Land auf etwa 300 m an, um sich dann wieder zur dicht besiedelten Südspitze Schonen abzusenken.

Klima

Etwa 15 % des Territoriums liegen nördlich des Polarkreises, während die Südspitze auf einer Höhe mit Kopenhagen liegt. Diese große Nord-Süd-Ausdehnung bedingt ein Klima mit großen regionalen Unterschieden. Südwestschweden wird durch die warmen Luftmassen des Golfstroms begünstigt, die milde, feuchte Winter und kühle Sommer mit sich bringen. Der Norden und der Osten, die von den kalten sibirischen Luftmassen betroffen werden, haben dagegen ein deutlich raueres Klima. Der Bottnische Meerbusen friert im Winter gewöhnlich zu.

Auch die Höhenlage beeinflusst das Klima. In der Kjolen-Kette kann acht Monate lang Schnee liegen, während im südschwedischen Tiefland der Schnee gewöhnlich nur wenige Wochen vorhält.

Flora und Fauna

Die Vegetation ist wie das Klima durch die geografische Lage bestimmt. In der Tiefebene Schonen und im Südwesten des Landes herrschen Laubwälder mit Buchen und Eichen vor. Weiter nördlich und in höheren Lagen gehen sie in Kiefern- und Fichtenwälder über. Die Hochflächen von Norrland und Småland beherbergen einen Großteil des Nadelwalds, der 60 % des Gesamtterritoriums bedeckt. In den Bergen setzt ab 900 m im Süden und ab 500 m im Norden eine alpine Vegetation ein. In den Höhenlagen dominieren Moose und Flechten, dann kommen Birken und Zwerghölzer hinzu.

Nord-Norrland oder das schwedische Lappland ist die einzige Region, in der sich ein schwedischer Primärwald erhalten hat. Alle anderen Wälder, die etwa 75 % ausmachen, sind aufgeforstet und werden von Firmen oder Privateigentümern bewirtschaftet.

Bären und Luchse, einst häufig, sind jetzt auf die Wälder des Nordens beschränkt und stehen wie der selten gewordene Wolf unter Naturschutz. Es gibt keine wild lebenden Rentiere; die Herden der Lappen im Norden sind domestiziert. Zum jagdbaren Wild

Nordischer Sonnenuntergang (*links*) über einem der vielen Seen in Mittelschweden. Die Landschaft aus eiszeitlichen Granitformationen, Seen und dunklen Nadelwäldern ist der Schauplatz des reichen schwedischen Mythen- und Sagenschatzes.

Schutzbedürftig (*rechts*). Der einst häufige Braunbär zählt heute zu den geschützten Arten in den weitläufigen schwedischen Naturreservaten. Schon 1909 wurden in Schweden Nationalparks eingerichtet. Viele von ihnen liegen in entlegenen, vom Tourismus ungestörten Bergregionen.

gehören ein reicher Elchbestand und Rehe, die vor allem im südlichen und mittleren Schweden heimisch sind. Dazu kommen Füchse, Hasen und Otter.

Der artenreiche Vogelbestand umfasst u. a. Möwen, Seeschwalben und Eiderenten an den Küsten, Raubvögel in den Wäldern und Kraniche in den Seengebieten. Adler und Kraniche stehen unter Naturschutz. Die einzige giftige Schlangenart ist die Kreuzotter; Süßwasser- und auch Seefische gibt es im Überfluss. 1988 führte jedoch die Meeresverschmutzung an der Westküste zur Vernichtung großer Fischbestände. Auch die Robben wurden durch eine tödliche Virusinfektion dezimiert, die sich über den Ost- und Nordseeraum bis zu den Küsten Deutschlands, der Niederlande und Englands ausbreitete.

KULTUR UND GESELLSCHAFT

Schweden ist geschichtlich eng mit den anderen skandinavischen Ländern verknüpft. Nach dem Zweiten Weltkrieg haben die

Geschichte

Über die Frühgeschichte Schwedens gibt es außer den überlieferten Legenden und Mythen kaum Quellen, doch schon vor der Wikingerepoche (9.-11. Jh.) reichte die Herrschaft schwedischer Stammesfürsten weit über den Ostseeraum hinaus. Ihre Wikinger-Nachkommen eröffneten Handelsrouten entlang der Flüsse quer durch Europa bis nach Byzanz und Bagdad und errichteten neue Machtzentren in Russland. Das Christentum konnte sich in dieser heidnischen Gesellschaft kaum durchsetzen, und eine Kirche konnte sich erst etablieren, als König Olaf Skötkonung († 1022) im 11. Jh. getauft wurde.

Eine Periode der Umbrüche und Bürgerkriege währte bis Mitte des 13. Jh., doch der Machtkampf zwischen dem Adel und den Königen setzte sich bis ins 14. Jh. fort. 1397 schließlich wurde Erich von Pommern (1381-1459) in Kalmar, Südwestschweden, zum König von Norwegen, Dänemark und Schweden gekrönt. Die Kalmarer Union wollte der Macht der Hanse entgegentreten, doch war der Bund von nur kurzer Dauer. Die Schweden traten quasi aus ihm aus, als sie 1448 ihren eigenen König, Karl Knutsson (1408-1470) wählten. Die dänischen Bemühungen, die Vormacht zurückzugewinnen, endeten 1523, als Gustav I. Wasa (1496-1560) eine neue schwedische Dynastie begründete, die bis 1720 Bestand hatte. Ihr bedeutendster Vertreter war Gustav II. Adolf (1594-1632), ein begabter Heerführer, der eine entscheidende Rolle im Dreißigjährigen Krieg (1618-1648) in Deutschland spielte und die protestantischen Truppen 1631 bei Breitenfeld zu einem triumphalen Sieg gegen die katholische Armee führte.

Auf lange Sicht war dieser Sieg zu teuer erkauft, da er fortdauernde schwedische Prä-

wickelt. Nach anfänglichen Erfolgen wendete sich Schwedens Kriegsglück und das Land büßte viele Besitzungen im Ostseeraum endgültig ein. Karl wurde bei der Belagerung von Frederiksten getötet, und drei Jahre später, 1721, trat Schweden seine baltischen Provinzen, Teile von Karelien und die Stadt Wyborg bei St. Petersburg, an Zar Peter den Großen (1672-1725) ab.

Nach Karls Tod wurde die Macht des Parlaments gestärkt, doch ein zweiter Krieg mit Russland (1741-1743) führte zum Verlust von Finnland, worauf der Krieg mit

LANDESDATEN - SCHWEDEN

Fläche 449 964 km²

Klima	**Höhe** m	**Temperaturen Januar** °C	**Temperaturen Juli** °C	**Jährlicher Niederschlag** mm
Stockholm	11	-3	18	555

Geografische Merkmale höchster Berg: Kebnekaise 2111 m; längster Fluss: Göta-Klar 720 km; größter See: Vänersee (Vänern) 5390 km²

Einwohnerzahl (1994) 8,8 Millionen

Staats- und Regierungsform Mehrparteiensystem; konstitutionelle Monarchie; ein gesetzgebendes Organ

Streitkräfte Heer 45 000; Marine 9000; Luftwaffe 9000

Größte Städte Stockholm (Hauptstadt – 1,5 Mio. Einw.); Göteborg (734 000); Malmö (478 000)

Offizielle Landessprache Schwedisch

Bevölkerungsgruppen Schweden 90,8%; Finnen 3,1%; sonstige 8,4%

Religionen Lutheraner 88,9% (passiv 30,0%); Katholiken 1,5%; Pfingstbewegung 1,2%; sonstige 8,4%

Währung 1 Schwedische Krone (skr) = 100 Öre

Bruttosozialprodukt (pro Kopf 1993) US-$ 24 740

Bruttoinlandsprodukt (1993) US-$ 166,754 Mrd.

Lebenserwartung Männer 75,5; Frauen 81,2 Jahre

Ressourcen Holz und Holzprodukte, Eisen/Stahl, Kupfer, Zink, Blei, Uran, Fischereiprodukte, Tourismus

Preußen (1757-1762), der erstarkenden Macht in Norddeutschland, die schwedischen Finanzen schwer belastete. Gustav III. (1746-1792) führte den Absolutismus wieder ein und nahm grundlegende soziale Reformen in Angriff. Sein Versuch, die finnischen Provinzen zückzugewinnen, wurde 1788 durch Verrat vereitelt; vier Jahre später wurde er ermordet.

Während der napoleonischen Kriege am Beginn des 19. Jh. trat Schweden in ein Bündnis mit England, doch dies bot ihm wenig Schutz gegen die vereinten Heere Frankreichs, Russlands und Dänemarks. 1809 wurden Finnland und die Ålandinseln am Ausgang des Bottnischen Meerbusens an Russland abgetreten, und 1810 wurde der Marschall Kaiser Napoleons, Jean-Baptiste Bernadotte (1763-1844), unter dem Namen Karl Johann zum Thronfolger ernannt. Es gelang ihm nicht, die abgetretenen Territorien auf dem Verhandlungsweg zurückzugewinnen, doch 1813 führte er eine Armee aus preußischen, russischen und schwedischen Truppen nach Dänemark und erzwang beim dänischen König Frederick VI. (1768-1839) mit dem Kieler Vertrag von 1814 die Auslieferung Norwegens an Schweden. Daraufhin wurde nach kurzem Aufbegehren Norwegen in eine politische Union mit Schweden gezwungen.

Liberale Reformen im 19. Jh. führten zur Aufhebung der Zollschranken (1846) und zur Einführung eines Zweikammer-Parlaments (1865/66). 1905 wurde unter Oskar II. (1829-1907) die Einheit mit Norwegen aufgelöst.

Während beider Weltkriege wahrte Schweden die Neutralität. Später wurde das Land Mitglied der Vereinten Nationen, blieb aber der NATO fern. Ab 1946 wurde unter sozialistischer Regierung ein umfassendes Sozialsystem errichtet. Durch die Ermordung des Premierministers Olof Palme (1927-1986) verloren die Sozialdemokraten ihren markantesten und erfolgreichsten Repräsentanten.

Regierungsform

Schweden ist eine konstitutionelle Monarchie, obwohl sich die Rolle des Königs heute weitgehend auf zeremonielle Aufgaben beschränkt. Der Riksdag (Reichstag) besteht aus einer Kammer mit 349 Abgeordneten, die für eine 3-jährige Legislaturperiode gewählt werden. Ab 18 Jahre besteht aktives und passives Wahlrecht; etwa 310 Sitze werden an Direktmandate vergeben, die restlichen Sitze werden nach dem Verhältniswahlsystem unter den Parteien aufgeteilt, damit eine Akkumulation von kleinen Parteien und Splittergruppen im Parlament verhindert wird. Die Regierung liegt in den

Die Mittsommernacht (*gegenüberliegende Seite*) wird in vielen schwedischen Orten gefeiert. Nach alter Tradition umtanzen die Kinder ein Kreuz aus Blumen, und gefeiert wird die ganze Nacht. Mit Kerzen wird am St.-Lucia-Tag (13. Dezember) der winterliche Trübsinn vertrieben, und der Frühling wird zur Walpurgisnacht (30. April) mit Feuerwerk begrüßt.

Ein Symbol des nordischen Zusammenhalts (*rechts*) ist die Festung der historischen Stadt Kalmar an der Überfahrt zur Insel Öland vor der Nordostküste Schwedens. Hier wurde 1397 die Kalmarer Union besiegelt und Erik von Pommern zum König von Dänemark, Norwegen und Schweden gekrönt. Königin Margarethe I. (1353-1412), ab 1375 dänische, ab 1380 norwegische und ab 1389 schwedische Königin, hatte ihrem Neffen den Weg zur unbestrittenen Herrschaft über ganz Skandinavien geebnet. Auch nach ihrer Krönung blieb sie bis zu ihrem Tod Regentin und damit Herrscherin in Skandinavien. Ihr diplomatisches Geschick führte zur Kalmarer Union und einte Dänemark, Norwegen und Schweden bis 1523 und Dänemark und Norwegen bis 1814.

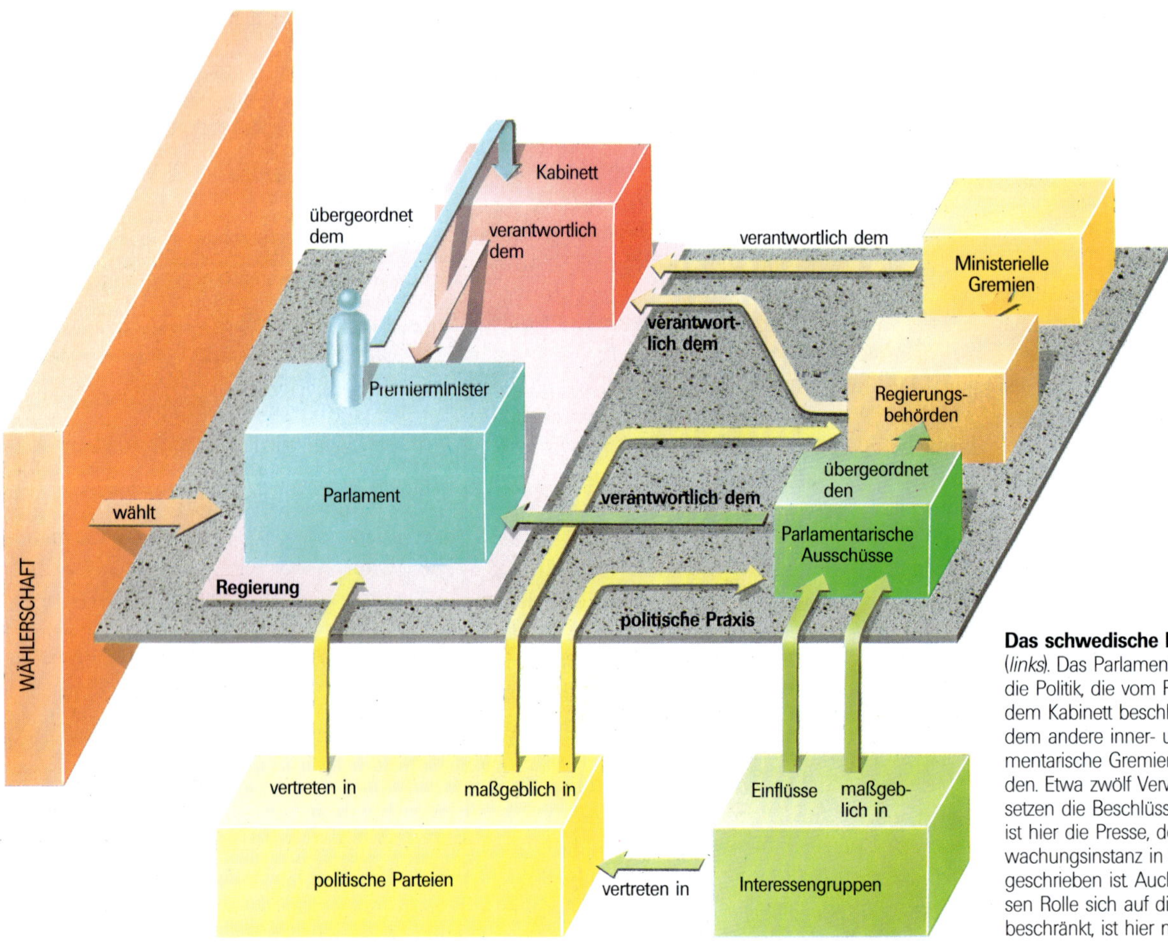

Das schwedische Regierungssystem (*links*). Das Parlament (Riksdag) erörtert die Politik, die vom Premierminister und dem Kabinett beschlossen wird, nachdem andere inner- und außerparlamentarische Gremien konsultiert wurden. Etwa zwölf Verwaltungsbehörden setzen die Beschlüsse um. Nicht erfasst ist hier die Presse, deren Rolle als Überwachungsinstanz in die Verfassung eingeschrieben ist. Auch der König, dessen Rolle sich auf die Repräsentation beschränkt, ist hier nicht aufgeführt.

Händen von 14 Komitees, deren Mitglieder nach parlamentarischem Proporz gewählt werden. Die Exekutivgewalt geht von 18 Ministerien aus, denen der Premierminister vorsteht. Dieser wird vom Sprecher des Riksdag ernannt und muss von den Abgeordneten bestätigt sein. Minister und auch das ganze Kabinett können durch einfache Mehrheit des Riksdag entlassen werden. Das Land ist aufgeteilt in 24 Bezirke, die von Regierungspräsidenten geführt werden und von 23 Bezirksräten (ohne den Inselbezirk Gotland) verwaltet werden. Dazu kommen 284 Stadträte.

Das wachsende Umweltbewußtsein verhalf der Grünen Partei 1988 zum Einzug in den schwedischen Reichstag. Im selben Jahr wurde eine Vereinbarung zwischen Schweden und der ehemaligen Sowjetunion über die Seerechte im Ostseeraum getroffen, die u. a. vorsah, weitere Verletzungen des schwedischen Hoheitsgebietes durch sowjetische U-Boote auszuschließen.

Bevölkerung

Die Bevölkerung von Schweden bildet eine relativ geschlossene ethnische und kulturelle Einheit. Die Sprache ist dem Dänischen, Norwegischen, Isländischen und Färöischen eng verwandt, alle gehören dem nordgermanischen Zweig der indoeuropäischen Sprachfamilie an. Die größte ethnische Minderheit sind die Samländer oder Lappländer, die eine eigene Kultur und Sprache haben. Jedoch sprechen die meisten Samländer auch Schwedisch, und in den Schulen des Nordens werden beide Sprachen unterrichtet. Neuere Zuwanderungen haben Minderheiten finnischer, türkischer und griechischer Abkunft geschaffen.

Die Mehrheit der Schweden gehört – häufig nur formell – der evangelisch-lutherischen Staatskirche an. Sie ist organisatorisch und fi-

dig und produktiv; besonders hervorzuheben sind die Literatur, die bildende Kunst und die Filmkunst.

WIRTSCHAFT

Schweden ist eines der höchstentwickelten Länder der Erde. Zu den wichtigsten natürlichen Ressourcen des Landes zählen Holz, Eisen und die Wasserkraft, die zur Energiegewinnung genutzt wird; alle drei sind in Norrland konzentriert. Forstwirtschaft und Maschinenbau stehen bei den Exporterlösen an erster Stelle, seit der Schiffbau zurückgegangen ist.

Landwirtschaft

Die Forst- und Holz verarbeitende Industrie wird von der Regierung reguliert. Etwa 45 % des Territoriums werden forstwirtschaftlich

Die Wikinger – Gründer Russlands?

Im 8. Jh. hatte sich in der Gegend von Uppsala ein starkes Königreich herausgebildet, das Beutezüge durch das östliche Baltikum unternahm. Etwa 50 Jahre später gab es sowohl eine schwedische Niederlassung im heutigen Lettland als auch im heutigen Litauen. Obwohl sie ursprünglich als Handelposten dienten, wurden sie zur Basis für weitere Raubzüge und Eroberungen in Richtung Süden.

Im 9. Jh. erstreckten sich zwischen der Ostseeküste und der Schwarzmeer-Region dichte Wälder, die den Norden von den Handelsimperien des vorderen und mittleren Orients abschnitten. Das arabische Kalifat von Bagdad beherrschte die Region südlich des Kaukasus einschließlich der Karawanenstraßen nach China und Fernost. Das Byzantinische Reich mit der Hauptstadt Konstantinopel kontrollierte das Schwarze Meer und Südosteuropa. Wagemutige Kaufleute konnten auf zwei Routen von Norden nach Süden gelangen: auf dem Dnjepr zum Schwarzen Meer und von dort nach Konstantinopel oder auf der Wolga zum Kaspischen Meer und von dort nach Bagdad. Archäologische Funde und Schriftzeugnisse belegen, dass die schwedischen Wikinger Ende des 9. Jh. beide Routen benutzten.

Die altostslawische Nestorchronik beschreibt den Beginn und das Wachsen Russlands bis zum 12. Jh. Sie stützt sich dabei auf Überlieferungen, nach denen die Königsdynastien von Kiew und Nowgorod von Skandinaviern gegründet worden seien – und es gibt Beweise, die diese These stützen können. Ausgrabungen am Ladogasee im Norden Russlands förderten die Reste einer schwedischen Siedlung zutage. Die Archäologen konnten nachweisen, dass die Schweden dort vom frühen 9. Jh. bis in die Mitte des 11. Jh. lebten. Die Lage der Stadt war ideal als Ausgangspunkt für beide Südrouten, und ein anderes Schriftzeugnis weist die Existenz eines nördlichen Königreichs „Rus“ für das Jahr 839 nach. Es verzeichnet auch, dass diese Herrscher keine Schweden, aber schwedischer Abkunft waren. Inschriften und Funde in Schweden bestätigen, dass es feste Verbindungen nach Kiew und Konstantinopel gab, und im 9. Jh. tauchten in slawischen Gebieten skandinavische Namen auf. So wurde Helgi zu Oleg, Waldemar zu Wladimir, Ingvar zu Igor usw.

Wurde Russland von schwedischen Wikingern gegründet? Sicherlich nicht auf direktem Wege, aber die Wikinger haben mit größter Wahrscheinlichkeit eine Anzahl von Städten in Russland und der Ukraine gegründet: Nowgorod, Isborsk, Polozk, Smolensk, Murom, Rostow, Tschernigow und Kiew.

Ein Wikingerschatz aus dem 11. Jh., gefunden in einem schwedischen Gräberfeld. Er besteht vor allem aus byzantinischen und arabischen Münzen und ist ein Beweis für die weit gespannten Handelsbeziehungen der nordischen Abenteurer.

zur Papierherstellung, Erzeugung von Terpentin, Harzen, Farbstoffen, Kunstseide und Plastik genutzt. Die Flüsse von Norrland dienen als Transportwege für das Holz zu den Sägemühlen und Zellstoffwerken an der bottnischen Küste und liefern zudem die nötige Energie. Von dort werden die Produkte zum Export oder zur weiteren Verarbeitung im Süden des Landes verschifft.

Weniger als 7 % des Territoriums werden landwirtschaftlich genutzt, doch können damit 80 % des eigenen Bedarfs gedeckt werden. Die meisten Anbauflächen liegen in Schonen und im mittelschwedischen Tiefland, wo u. a. Zuckerrüben, Gerste und Weizen angebaut werden. In anderen Gegenden sind die landwirtschaftlichen Betriebe kleiner und die Tierhaltung (Rinder, Schweine, Schafe) tritt stärker in den Vordergrund; in den kurzen nordischen Sommern erbringen nur besonders widerstandsfähige Kartoffel-, Gerste- und Roggensorten lohnende Erträge. In Pelztierfarmen werden Edelfüchse

Die Hafenstadt Göteborg an der Meerenge, die Nord- und Ostsee miteinander verbindet, ist der größte Fracht- und Fährhafen Schwedens und die zweitgrößte Stadt des Landes und mit Volvo, dem Stahlgiganten SKF und der Textilindustrie auch ein bedeutendes Industriezentrum.

und Nerze gezüchtet. Die zunehmende Mechanisierung und Rationalisierung der Landwirtschaft hat zur Landflucht geführt. Etwa 80 % der Bevölkerung leben in den Städten und die Landwirtschaft beschäftigt weniger als 5 % der arbeitsfähigen Bevölkerung. Im Unterschied zu Norwegen spielt der Fischfang, der vor allem vor der Westküste betrieben wird, nur eine untergeordnete Rolle. Gefangen werden vorwiegend Heringe, Makrelen und Kabeljau.

Industrie und Handel

Kiruna im nördlichen Norrland besitzt eine der weltgrößten Eisenerzlagerstätten; ein Hüttenwerk wurde in der Hafenstadt Luleå an der bottnischen Küste gebaut. Andere Bodenschätze sind Edelmetalle und Kupfer, Zink, Blei und Uran. Im Süden gibt es min-

können den Bedarf zum größten Teil decken. Kohle und Nuklearbrennstoffe werden importiert, auch der gesamte Bedarf an Erdöl. Nach der Nuklearkatastrophe von Tschernobyl wurde 1988 beschlossen, die 12 Kernkraftwerke, die etwa die Hälfte des schwedischen Energiebedarfs produzierten, bis zum Jahr 2010 abzuschalten.

Die verarbeitende Industrie kann sich auf die reichen natürlichen Ressourcen Schwedens stützen. Produziert werden u. a. elektronische und fernmeldetechnische Geräte, Fahrzeuge und Maschinen. Fast die Hälfte der Produkte der Schwerindustrie werden

Verkehr und Kommunikation

Der staatliche Anteil am Transport- und Verkehrswesen ist hoch. Der Güterverkehr auf der Straße, von zwei staatlichen Firmen beherrscht, bewältigt den größten Teil des Transportaufkommens. Der Busverkehr ist in vielen Gegenden das einzige öffentliche Verkehrsmittel. Für den Luftverkehr ist die SAS zuständig, ein Joint Venture der dänischen, norwegischen und schwedischen Regierung.

Nach dem Eisenbahnbau im 19. Jh. hat der Binnenschiffsverkehr seine Bedeutung eingebüßt, doch die internationale Seeschifffahrt ist nach wie vor sehr aktiv. In jüngerer Zeit ist die staatliche Eisenbahn von Gewinnausfällen und Streckenschließungen betroffen worden. Der Pkw ist als Fortbewegungsmittel an die erste Stelle getreten, was wiederum den Ausbau des Straßennetzes erfordert.

Es gibt 186 Tageszeitungen, doch viele von ihnen werden staatlich subventioniert, und ihre Zahl ist seit dem Zweiten Weltkrieg stetig gesunken. Die staatliche Funkanstalt Sveriges Radio betreibt ein umfassendes Rundfunknetz und zwei Fernsehsender.

Gesundheits- und Sozialwesen

Es besteht Sozialversicherungspflicht, auf die eine umfassende soziale Versorgung aufgebaut ist. Die Regierung gewährt Alters- und Behindertenrenten, Kinder-, Kranken- und Mutterschaftsgeld sowie Arbeitslosenunterstützung. Auch die Kosten für Medikamente, für ärztliche und stationäre Behandlung werden weitgehend vom Staat übernommen, deshalb sind die direkte und indirekte Besteuerung sehr hoch. Die Regierungspolitik nach dem Krieg war stets um den Erhalt der Vollbeschäftigung bemüht. In den 80er-Jahren war die Zahl der Beschäftigungslosen geringer als in den Nachbarländern.

Bildungswesen

Schweden besitzt ein geschlossenes Bildungssystem, das Universitäts- und Berufsbild mit den entsprechenden Sekundarstufen der Schulbildung koordiniert. Vom 7. bis zum 16. Lebensjahr besteht Schulpflicht; für die Einbeziehung Behinderter wird Sorge getragen. Vom 3. Schuljahr an wird Englisch unterrichtet, später kommen Deutsch oder Französisch hinzu. Ab 7. Schuljahr konzentrieren sich die Schüler auf ihre selbst bestimmten Wahlfächer. Nach Absolvierung der Schulpflicht ist eine weiterführende Ausbildung an Berufsschulen oder Hochschulen vorgesehen. Es gibt 13 Universitäten, deren älteste, die Universität Uppsala, wurde 1477 gegründet. Erwachsenenbildung wird in Fortbildungs- und Volkshochschulen angeboten. Auch

Finnland

REPUBLIK FINNLAND

IN SPRACHE UND KULTUR UNTERSCHEIDET sich Finnland grundlegend von den anderen skandinavischen Ländern. Die finnische Geschichte ist bestimmt von schwedischer und russischer Fremdherrschaft, doch die nationalen Besonderheiten des Landes konnten nicht unterdrückt werden.

GEOGRAFIE

Finnland ist das sechstgrößte Land Europas; Klima und Landschaft werden davon geprägt, dass ein Drittel des Territoriums nördlich des Polarkreises liegt.

LANDESDATEN – FINNLAND

Fläche 338 145 km²

Klima	**Höhe**	**Temperaturen Januar**	**Temperaturen Juli**	**Jährlicher Niederschlag**
	m	°C	°C	mm
Helsinki	58	-7	17	641

Geografische Merkmale höchster Berg: Haltiatunturi (Nordfinnland) 1328 m; längster Fluss: Kemijoki 483 km; größter See: Saimaa-See 1460 km²

Einwohnerzahl (1994) 5,1 Millionen

Staats- und Regierungsform Mehrparteiensystem; Republik; ein gesetzgebendes Organ

Streitkräfte Heer 27 300; Marine 2400; Luftwaffe 3000; Grenzschutz 3500

Größte Städte Helsinki (Hauptstadt – 498 000 Einw.); Turku (160 000); Tampere (174 000)

Offizielle Landessprachen Finnisch, Schwedisch

Bevölkerungsgruppen Finnen 93,6%; Schweden 6,0%; sonstige 0,9%

Religionen Lutheraner 88,7%; Griechisch-Orthodoxe 1,1%; nicht Religiöse 9,3%; sonstige 0,9%

Währung 1 Finnmark (Fmk) = 100 Penniä (p)

Bruttosozialprodukt (pro Kopf 1993) US-$ 19 300

Bruttoinlandsprodukt (1993) US-$ 74,124 Mrd.

Lebenserwartung Männer 72,2; Frauen 79,9 Jahre

Ressourcen Holz und Holzprodukte, Kupfer, Zink, Nickel, Vanadium, Chrom, Titan, Fischereiprodukte

„Land der Seen und Sümpfe" ist die wörtliche Bedeutung der finnischen Landesbezeichnung *Suomi*. Der Blick auf die sommerliche Seenlandschaft von Lappland zeigt, wie treffend dieser Name ist. In den Torfmooren wachsen vorwiegend Birken.

Das Land

Finnland grenzt im Nordwesten an Schweden, im Norden an Norwegen, im Südwesten an den Bottnischen Meerbusen, im Süden an den Finnischen Meerbusen und im Osten an Russland. Die Åland-Inseln im Eingang zum Bottnischen Meerbusen zählen ebenfalls zum finnischen Staatsgebiet. Etwa 80 von den insgesamt 3000 Inseln des Archipels sind bewohnt. Außer einer kleinen Hügellandschaft im äußersten Nordwesten ist Finnland flach. Der Untergrund aus Urgranit wurde durch eiszeitliche Gletscher abgeschliffen, und als sich die Eisdecke vor einigen tausend Jahren zurückzog, hinterließ sie ein seenreiches Flachland. Der finnische Name für das Land, *Suomi*, bedeutet wörtlich „Land der Seen und Sümpfe". Die mehr als 60 000 Seen bedecken mindestens 10 % des Territoriums und sind durch ein Netz von Wasserläufen miteinander verbunden. Der Saimaa-See ist mit einer Fläche von 4400 km² der größte. Die meisten anderen Seen sind kaum größer als 25 km². Die längsten Flüsse sind der Kemijoki und der Oulujoki, die beide westwärts fließen und in den Bottnischen Meerbusen münden.

Klima

Durch die skandinavische Halbinsel vom Atlantik abgeschnitten, wird Finnland stark vom Kontinentalklima beherrscht. Nördlich des Polarkreises kommt es zu extremen Wetterlagen mit kalten Wintern und kurzen Sommern mit sehr langen Tagen und Temperaturen bis über 30 °C. Weiter südlich wird das Klima durch Meeresnähe gemildert. Von Mitte November bis April ist das ganze Land schneebedeckt und die Meeresarme der Ostsee frieren zu.

Flora und Fauna

Das Land ist überwiegend dicht bewaldet, vor allem mit Kiefern, Fichten und anderen Nadelbäumen. In Süden wachsen auch frostharte Laubbäume. Im hohen Norden gehen die Wälder in sumpfige Tundra über, in der es wenig Bäume gibt und Flechten und Beerensträucher überwiegen, zu nennen ist hier besonders die Moosbeere.

In den Wäldern leben u. a. Bären, Wölfe und Luchse; auch Elche und Rentiere sind

verbreitet. Die Flüsse sind reich an Lachsen und Forellen, an Enten und anderen Wasservögeln. Wie in den anderen nordischen Ländern haben auch Finnlands Wälder, Flüsse und Seen Schäden durch den sauren Regen erlitten, der aus Industrieabgasen anderer Regionen stammt und mit den Luftmassen nach Finnland transportiert wird. Strahlenschäden im Gefolge der Reaktorkatastrophe von Tschernobyl 1986 wirken sich noch immer auf die samländischen Rentierherden aus.

KULTUR UND GESELLSCHAFT

Obwohl Finnland erst seit 1919 unabhängig ist, hat das finnische Volk ein starkes nationales Selbstbewusstsein entwickelt.

Geschichte

Finnland wurde im Neolithikum von nomadischen Jägern und Sammlern besiedelt, wahrscheinlich von den Vorfahren der heutigen Samländer. Spätere Siedler kamen aus dem ostbaltischen Raum, und ihre finno-

schwedischen Könige im 12. Jh. einen Kreuzzug begannen, um die heidnischen Bewohner zu unterwerfen und zu christianisieren, lag Finnland außerhalb des europäischen Kulturkreises. Der in England geborene Bischof der Schweden, Henry, wurde von einem finnischen Bauern erschlagen und später zum Schutzheiligen der Finnen. Vom 13. bis zum 19. Jh. war Finnland praktisch eine schwedische Provinz; Kultur und Bildung waren schwedisch beherrscht. Schwedisch war die Sprache der Verwaltung und der aristokratischen Oberschicht.

Russland versuchte jedoch kontinuierlich, Teile Finnlands abzutrennen. 1809, nach der Niederlage im Schwedisch-Russischen Krieg, musste Schweden ganz Finnland abtreten. Die Finnen akzeptierten das Angebot von Zar Alexander I. (1777-1825), das Land in ein selbständiges Großherzogtum zu verwandeln. Finnland genoss beträchtliche politische Freiheiten und gelangte unter der Herrschaft Alexanders II. (1818-1881) zur Blüte. Der Zar förderte die finnische Sprache, die bis dahin nur noch als Sprache der Unterschichten Bestand hatte, um die Bindung an Schweden zu schwächen und die kulturelle und nationale Identität der Finnen neu zu beleben. Die Russifizierungspolitik seines Nachfolgers Nikolaus II. (1868-1918) schürte hingegen eine Unabhängigkeitsbewegung, die alle Schichten der finnischen Bevölkerung einte. Nach dem Ausbruch der Oktoberrevolution 1917 in Russland ergriff Finnland die Gelegenheit, seine Unabhängigkeit zu proklamieren. Nach der Niederschlagung eines kommunistischen Aufstands 1918 wurde 1919 die Republik Finnland gegründet. Die Bewohner der Ålandinseln suchten 1917 den Anschluss an Schweden, mit dem sie seit dem 12. Jh. wirtschaftlich und kulturell verbunden waren. Finnland gewährte Åland 1920 die Autonomie, verweigerte aber eine Abspaltung. Heute ist Åland ein autonomer Teil Finnlands.

1939 nutzte die Sowjetunion die Abmachungen des Hitler-Stalin-Pakts, um weite Teile Kareliens in Ostfinnland zu annektieren. Ohne Unterstützung der Alliierten sah sich Finnland gezwungen, an deutscher Seite in den Krieg einzutreten, wofür das Land nach Kriegsende von sowjetischer Seite mit schweren Reparationszahlungen belegt wurde. Während des Kalten Krieges betrieb Finnland eine Politik der Balance zwischen der Wahrung demokratischer Traditionen und einer eigenständigen Wirtschaftspolitik einerseits und der Rücksichtnahme auf sowjetische Interessen andererseits. Es entstand der

Regierungsform

Seit 1919 wurde der finnische Präsident von 300 in Volkswahlen ermittelten Wahlmännern gewählt; seit der Verfassungsänderung von 1991 wird er in Direktwahl ermittelt. Seine Amtszeit beträgt sechs Jahre, eine einmalige Wiederwahl ist möglich. Der Präsident ernennt die Regierung, den Premierminister und das Kabinett. Die Gesetzgebung liegt beim Reichstag, einem Einkammer-Parlament. Die autonome Provinz Åland hat ein eigenes Parlament mitsamt Landeshauptmann oder Premierminister, doch der Provinzgouverneur, der von der finnischen Regierung ernannt wird, besitzt ein Vetorecht gegen die Entscheidungen des Parlaments.

Das Verhältniswahlrecht in Finnland hat zur Entstehung vieler großer und kleiner Parteien geführt, und die meisten Regierungen sind Mitte-Links-Koalitionen. Die größten Parteien bilden die Sozialdemokraten, das Zentrum und die Nationale Bündnispartei. Die einst mitgliederstarke Kommunistische Partei hat ihre Bedeutung weitgehend eingebüßt.

Bevölkerung

Sprachlich weist Finnland nicht die Geschlossenheit der anderen nordischen Länder auf. In den meisten Landesteilen herrscht die finnischsprachige Mehrheit vor, zu der auch regionale Gruppen mit gesonderten Dialekten gehören, z. B. die Tavastländer. Die meisten finnischen Samländer, die eine eigene Sprache sprechen und nur noch eine Gruppe von etwa 2500 Personen bilden, leben als halbnomadische Rentierhirten im Norden. In der südlichen Küstenregion und auf den Ålandinseln gibt es eine schwedischsprachige Minderheit. Schwedisch ist neben Finnisch noch immer Amtssprache, doch verliert es zunehmend an Bedeutung.

Der evangelisch-lutherischen Staatskirche gehören fast 90 % der Bevölkerung an. Ein kleiner Anteil ist Mitglied der finnisch-orthodoxen Kirche.

Finnlands Beitrag zur Weltkultur steht im Gegensatz zur Randlage und sprachlichen Isolierung des Landes. Die Künste, vornehmlich die Kompositionen von Jean Sibelius (1865-1957) und das Volksepos *Kalevala*, zusammengetragen von Elias Lönnrot (1802-1884), spielten eine wichtige Rolle bei der Herausbildung der kulturellen und nationalen Identität Finnlands. Auf dem Gebiet der Stadtplanung haben die Architekten Alvar Aalto (1898-1976) und Eliel und Eero Saarinen (1873-1950; 1910-1961) mit ihren Arbeiten das Gesicht der modernen Großstädte

vor allem bei den jüngeren Lesern, sind die Novellen der Tove Jansson (* 1914) über die Mumin-Trolle und ihre Abenteuer.

WIRTSCHAFT

Der finnische Lebensstandard ist mit dem der anderen nordischen Länder zu vergleichen, und das Nationaleinkommen steigt gegenwärtig im Vergleich zur Bevölkerungszahl wesentlich schneller.

Land- und Forstwirtschaft

Holz ist der wichtigste natürliche Rohstoff Finnlands und die finnische Forst- und Holz verarbeitende Industrie ist führend in Europa. Die Landwirtschaft konzentriert sich klimabedingt auf die südlichen Landesteile; nur 9 % des Territoriums wurden als Anbauflächen genutzt. Vorherrschend sind kleinere Familienbetriebe, die Feldbau und Forstwirtschaft miteinander kombinieren. Angebaut werden Getreide und Futtergetreide, Kartoffeln und Zuckerrüben und an der Südspitze des Landes auch Raps und Obst. Die Viehzucht ist traditionell auf die Milchviehhaltung ausgerichtet, doch ist sie im Rückgang begriffen. Daneben wird Hühner- und Schweinezucht betrieben.

Industrie

Die Industrie mit dem Schwergewicht auf dem verarbeitenden Sektor erbringt ein Viertel des Nationaleinkommens. Der Bergbau ist begrenzt, aber leistungsstark: er beliefert Europa mit Kupfer, Nickel, Vanadium und anderen seltenen Metallen wie Zink, Chrom und Titan. Der Abbau von Eisenerz wurde eingestellt. Die industrielle Entwicklung erhielt nach dem Zweiten Weltkrieg sowohl durch die sowjetischen Reparationsforderungen als auch die Handelsabkommen einen Anschub, da Finnland zu günstigen Bedingungen russisches Erdöl mit finnischen Konsumgütern bezahlte. Dies war vor allem deshalb von Vorteil, weil Finnland zuvor stark vom Torf als Energiequelle abhing. Ein Drittel des Strombedarfs wird aus Wasserkraft gewonnen und mehr als ein weiteres Drittel erzeugen Kernkraftwerke.

In der Schwerindustrie ist in erster Linie der Bau von Eisbrechern und anderen Spezialschiffen zu nennen. Dazu kommen Maschinenbau, Zementherstellung, Bauwirtschaft, Chemie- und Erdölverarbeitung. Die wichtigsten Zweige der Leichtindustrie sind Elektronik, Textilherstellung, Druck- und Verlagserzeugnisse sowie die Holzverarbeitung bis zur

Schwimmende Schätze. Die Forstwirtschaft ist das Rückgrat der finnischen Industrie. Die Baumstämme werden bis zu den Sägemühlen an der Küste geflößt. Die Holzprodukte, einschließlich Papier, Zellstoff, Bauholz und Furniere, machen etwa ein Drittel der finnischen Exporte aus.

Papierherstellung. Der Tourismus gewinnt weiter an Bedeutung. Die meisten Großbetriebe sind teilweise in staatlicher Hand oder arbeiten mit staatlicher Finanzierung.

Handel

Nach einem Referendum wurde Finnland 1995 Mitglied der Europäischen Union. Holz und Holzprodukte bilden den größten Exportanteil, während bei den Importen das Erdöl die erste Stelle einnimmt.

Verkehr und Kommunikation

Das Straßennetz ist gut ausgebaut, obwohl nur etwa die Hälfte der Straßen asphaltiert ist. Das weiträumige Schienennetz ist vor allem im Südwesten sehr dicht und wird derzeit modernisiert und elektrifiziert. Das Land verfügt über zahlreiche kleinere Flugplätze und den internationalen Flughafen Malmi bei Helsinki. Die Seen und Flüsse dienen der Holzflößerei, und die Schönheit der Seenlandschaft lockt jährlich mehr Touristen an.

Gesundheits- und Sozialwesen

Die Sozialpolitik bietet umfassende Hilfs- und Fördermaßnahmen an, darunter die Teilsubventionierung des städtischen Wohnungsbaus, um den landesweiten Wohnungsmangel abzubauen. Durch die ausgezeichnete medizinische Versorgung ist die durchschnittliche Lebenserwartung der Bevölkerung sehr hoch. Altersrentner erhalten großzügige Renten und soziale Betreuung. Die neunklassige Schulbildung ist kostenlos und obligatorisch.

Finnland erwacht!

Mehr als irgendein anderer hat der Komponist Jean Sibelius dazu beigetragen, dass die junge, um Anerkennung ringende finnische Nation sich einen geachteten Platz in der Welt erwarb.

Sibelius wurde 1865 in der südfinnischen Kleinstadt Hämeenlinna geboren. Wie die meisten gebildeten Finnen seiner Zeit wuchs auch er in der schwedischen Sprache auf, doch seine vorausschauenden Eltern schickten ihn auf ein finnischsprachiges Gymnasium, wo er durch ein ungewöhnliches Talent für die Violine auffiel und mit zehn Jahren seine erste Komposition vorlegte. Er begann ein Jurastudium in Helsinki, brach es aber der Musik zuliebe bald ab und ging zum Studium nach Berlin und Wien.

Die Jahre im Ausland bestärkten ihn in der Liebe zu Finnland wie in seiner Zuneigung zu Aino Järnefelt, der Tochter einer nationalbewussten Familie aus der Oberschicht, mit der er sich heimlich verlobte.

Bereits in seinem ersten großen Werk kommt die finnische Eigenart seiner Musik zum Ausdruck; es handelte sich um die Kullervo-Sinfonie, ein gewaltiges Chorwerk, das eine tragische Legende aus dem Volksepos *Kalevala* verarbeitet. Erstmals 1892 aufgeführt, brachte ihm die Komposition sofort Anerkennung ein.

1899 verfasste Sibelius, der inzwischen international bekannt war und sich nun ganz dem Komponieren widmete, die erste seiner sieben Sinfonien. Im selben Jahr wurde Finnland von politischen Unruhen erschüttert: Zar Nikolaus II. beschnitt die Freiheiten, die sein Vorgänger Alexander II. der finnischen Provinz gewährt hatte, setzte einen neuen Gouverneur ein und erklärte die russische Spra-

Aufführung politischer Stücke wurden verboten. Um dieses zu umgehen, wurden allegorische Darstellungen inszeniert. Sibelius schrieb dafür die Bühnenmusik, und einige dieser Orchesterwerke wie die *Karelia-Suite* begründen bis heute seine weltweite Popularität.

Für seine letzte Bühnenmusik schrieb er das dramatische Finale *Finnland erwacht!*, das er unter dem Titel *Finlandia* als Konzertouvertüre für das Helsinki-Orchester auf der Pariser Weltausstellung von 1900 einsetzte, wo Finnland wie andere selbständige Staaten einen eigenen Pavillon belegen konnte. Dieses Ereignis gilt als das Datum der internationalen Anerkennung Finnlands. Der Pavillon, entworfen von finnischen Architekten, zu denen auch der junge Eliel Saarinen gehörte, zeigte finnische Werke der bildenden und angewandten Kunst und machte einen ähnlich tiefen Eindruck auf die Besucher wie *Finlandia*. Bald wurde das Orchesterstück in aller Welt gespielt. Auch heute noch gilt es als Finnlands inoffizielle Nationalhymne.

Monument für einen Nationalhelden. Das Sibelius-Denkmal in Helsinki ehrt den Komponisten, dessen Musik das erwachende Nationalgefühl des finnischen Volkes zum Ausdruck brachte. Die *Finlandia*-Tondichtung wurde 1900 uraufgeführt, 17 Jahre vor der Befreiung Finnlands von der russischen Herrschaft.

Dänemark

KÖNIGREICH DÄNEMARK

DÄNEMARK, DAS KLEINSTE SKANDINAVISCHE Land, besitzt wohl den höchsten Lebensstandard in der EU. Bis vor kurzem lag es auch mit den Einkommenssteuern und der Auslandsverschuldung an der Spitze.

GEOGRAFIE

Das dänische Festland, die Halbinsel Jütland, erstreckt sich etwa 300 km von der deutschen Grenze nach Norden. Dünen, Haffs und

LANDESDATEN – DÄNEMARK

Fläche 43 093 km²

Klima	**Höhe**	**Temperaturen Januar**	**Temperaturen Juli**	**Jährlicher Niederschlag**
	m	°C	°C	mm
Kopenhagen	9	1	17	571

Geografische Merkmale höchster Berg: Yding Skovhøj (Mitteljütland) 173 m; größte Insel: Seeland 7104 km²

Einwohnerzahl (1994) 5,2 Millionen

Staats- und Regierungsform Mehrparteiensystem; konstitutionelle Monarchie; ein gesetzgebendes Organ

Streitkräfte Heer 16 300; Marine 4600; Luftwaffe 6100;

Größte Städte Kopenhagen (Hauptstadt – 1,34 Mio. Einw.); Århus (271 000); Odense (181 000); Ålborg (157 000)

Offizielle Landessprache Dänisch

Bevölkerungsgruppen Dänen 97,2%; Türken 0,5%; andere Skandinavier 0,4%; sonstige 1,9%

Religionen Lutheraner 90,6%; Katholiken 0,5%; Juden 0,1%; sonstige 8,8%

Währung 1 Dänische Krone (dkr) = 100 Øre

Bruttosozialprodukt (pro Kopf 1993) US-$ 26 730

Bruttoinlandsprodukt (1993) US-$ 117,587 Mrd.

Lebenserwartung Männer 72,9; Frauen 78,6 Jahre

Ressourcen Fleisch- und Milchprodukte, Gerste, Erdgas, Öl, Fischereiprodukte, Tourismus

Sandbänke schützen die Westküste vor den Nordseestürmen; das östliche Flachland grenzt an die Ostsee mit einer Inselgruppe aus 483 Inseln, von denen 97 bewohnt sind.

Das Land

Dänemark erhebt sich durchschnittlich nur 30 m über den Meeresspiegel. Die Landschaft wurde von den Gletschern der Eiszeit geformt; Ost- und Westjütland sind durch einen Endmoränengürtel voneinander getrennt. Das größte Haff, Limfjorden, durchschneidet Jütland, das nördlich davon im sandigen, nach Schweden zeigenden Kap Skagen ausläuft.

Östlich von Jütland, abgetrennt durch den Kleinen Belt, liegt die Insel Fünen, der sich südöstlich die kleinere Insel Langeland anschließt. Jenseits des Großen Belts stößt man auf die Insel Seeland, an deren Ostküste sich die Hauptstadt Kopenhagen befindet, sowie ein Kette von Vororten, die sich bis nach Helsingör erstreckt. Weitab östlich liegt die Granitinsel Bornholm.

Klima, Flora und Fauna

Für das milde, gemäßigte Klima ist vor allem der Golfstrom maßgeblich. Die Sommer sind warm und regenreich. Die Aufforstung mit Nadelgehölzen hat die ursprünglichen Laubwälder verdrängt; die Anpflanzungen dienen dem Windschutz an der Nordseeküste. Abgesehen von Rotwild haben sich in den Wäldern und Forsten größere Wildtiere kaum erhalten, aber es gibt eine artenreiche Vogelwelt. Durch Umweltverschmutzung weisen die Tierbestände in den Binnen- und Küstengewässern Schädigungen auf.

KULTUR UND GESELLSCHAFT

Die zukunftsorientierten und geschichtsbewussten Dänen leben in einem guten, auf Ausgleich bedachten sozialen Klima.

Geschichte

Erste verlässliche historische Daten stammen aus dem 9. Jh., als sich die Dänen der Nord-

Morgenstimmung in Kopenhagen. Die kleine Meerjungfrau, Wahrzeichen des Kopenhagener Hafens, symbolisiert – wie auch die Werft im Hintergrund – Dänemarks enge Verbindung mit dem Meer.

expansion der Franken entgegenstellten. König Harald Blauzahn von Jütland (etwa 910-985) führte das Christentum ein. Sein Sohn Sven Gabelbart († 1014) eroberte England und gründete dort ein Reich, das zwei Generationen lang Bestand hatte.

Durch die Kalmarer Union (1396-1523) wurden Norwegen und Schweden unter der dänischen Krone vereint, womit ein Gegengewicht zur Handelsmacht der deutschen Hanse geschaffen werden sollte. Der Bürgerkrieg 1534/36 endete mit der lutherischen Reformation der dänischen Kirche und der Enteignung katholischen Besitzes. König Christian IV. (1577-1648) versuchte vergeb-

Die Färöer – Inseln der Schafe

Die Färöer sind eine Gruppe von 22 Inseln im Atlantik zwischen Schottland und Island. Etwa 18 der Inseln sind bewohnt. Sie bestehen aus Basaltlava, wie sie auch in Island zu finden ist. Die Landschaften sind karg und zerklüftet. Ihren Charakter erhalten sie durch hohe Küstenklippen und gefährliche Meerespassagen zwischen den Inseln.

Das Klima mit milden Wintern und kühlen Sommern profitiert vom Golfstrom. Nebel und Regen treten häufig auf. In den Bergsümpfen gedeihen Moose und Gräser, doch Bäume überleben nur in Anpflanzungen, die vor den heftigen Seewinden geschützt sind. An wild lebenden Tieren kommen vor allem Robben vor und eine Vielzahl von Seevögeln, zu denen auch Lunde und Eiderenten zählen, die wegen ihrer Daunenfedern geschätzt werden. Säugetiere waren auf den Färöern nicht heimisch; Ratten und Mäuse wurden von den frühen Siedlern eingeschleppt, und die Wikinger des 9. Jh. brachten Schafe auf die Inseln. Seither gilt das Sprichwort, dass Schafwolle das Gold der Färöer ist, und der Name der Inseln lautet übersetzt „Schafsinseln".

Etwa um das Jahr 1000 wurden die Bewohner der Färöer christianisiert. Unter norwegische Herrschaft gerieten sie 1035; im Jahr 1380 gingen die Inseln an Dänemark über. Zwischen 1709 und 1856 lähmte ein dänisches Handelsmonopol die Entwicklung der Inseln und stürzte die Bevölkerung in Armut. Im 19. Jh. führte die anwachsende Nationalbewegung zur Schaffung einer färöischen Schriftsprache, die auf dem Altnordischen basiert. Autonomiebestrebungen gewannen an Kraft, und 1948 erhielten die Färöer die Selbstverwaltung. Der Lagting, ein Parlament mit 32 Abgeordneten, wählt den Landsstýri (Verwaltungsrat). Das dänische Königshaus wird durch einen Gouverneur vertreten.

Nahezu ein Drittel der Gesamtbevölkerung lebt im Umkreis der Hauptstadt Torshavn mit dem größten Hafen der Inseln. Färöisch ist die Landessprache, obwohl auch Dänisch als Pflichtfach unterrichtet wird. Die Inseln haben ihren eigenen Radiosender und auch Fernsehprogramme werden ausgestrahlt. Die Mel-

Die Färöer erfreuen sich einer reichen Kulturtradition. Die Balladentänze, erst in neuerer Zeit ein wenig aus der Mode gekommen, finden jährlich zwischen Weihnachten und der Fastenzeit statt. Die Balladengesänge handeln von heimischen Legenden und historischen Ereignissen und bieten die musikalische Begleitung für die Kreistänze. Die Texte werden mündlich von Generation zu Generation überliefert.

Die Bewohner stellen Schafwolle und Strickwaren her, doch heute dominiert die Fischindustrie mit 95 % der Exporterlöse. Der Walfang, einschließlich der Verarbeitung zu Fleisch und Öl, ist seit jeher eine wichtige Domäne der Färöer und wird trotz internationaler Kritik fortgesetzt.

Weniger als 5 % des Territoriums werden als Anbauflächen genutzt, vor allem für Kartoffeln, Gemüse und Gras (Heu als Futtermittel). Kohle wird auf der Insel Sudhuroy abgebaut, doch der Energiebedarf der Inseln kann durch hydroelektrische Anlagen gedeckt werden. Es gibt regelmäßigen und ganzjährigen Fährverkehr zwischen den Inseln und nach Dänemark, Großbritannien, Norwegen und Island. Im Sommer stehen die Fähren auch dem Tourismus zur Verfügung. Der Flughafen von Vágar bietet Linienflüge nach Island und Norwegen und tägliche Flüge nach Kopenhagen an.

Leben in Einsamkeit. Eine grasgedeckte Hütte auf Strømø, der größten Insel der Färöer, vor dem Hintergrund des vom Wind gekräuselten Meers. Fischer und Bauern leben verstreut an der zerklüfteten Küste.

verblieben war, wurde 1813 nach der Niederlage gegen Schweden im Gefolge der napoleonischen Kriege aufgegeben. 1864 kam es zum Krieg gegen Preußen und Österreich wegen des umstrittenen Besitzes Schleswig-Holstein, in dem Dänemark verlor, doch nach einer Volksabstimmung im Rahmen des Versailler Vertrags wurde Nordschleswig 1920 an Dänemark zurückgegeben. Trotz erklärter Neutralität wurde Dänemark im Zweiten Weltkrieg von deutschen Truppen ab 1940 besetzt und entwickelte eine aktive Widerstandsbewegung. Obwohl es seit 1949 NATO-Mitglied ist, verweigerte Dänemark konsequent die Errichtung von US-Luftstützpunkten auf seinem Territorium. 1973 trat es der EWG bei und gehört damit zu den 15 Mitgliedstaaten der Europäischen Union.

Regierungsform

Dänemark ist seit 1849 eine konstitutionelle Monarchie. Der Monarch ernennt den Ministerpräsidenten und die Minister. Die Legislative liegt beim Parlament (Folketing), das aus einer Kammer mit 179 Abgeordneten besteht, und beim König. Parlamentswahlen finden alle vier Jahre auf der Grundlage des Verhältniswahlrechts statt. Wahlberechtigt sind alle Bürger ab 18 Jahre. Grönland und die Färöer-Inseln senden je zwei Abgeordnete ins Parlament, sind aber in die dänische Außen- und Verteidigungspolitik, das Finanz- und Polizeirecht eingebunden.

Bevölkerung

Die Dänen sind eng verwandt mit den Völkern der anderen skandinavischen Staaten, und es gibt eine bedeutende deutsche Minderheit. In den dänischen Schulen werden Deutsch und Englisch als erste Fremdsprachen unterrichtet.

Über 90 % der dänischen Bevölkerung gehören der evangelisch-lutherischen Landeskirche an. Das 19. Jh. brachte bedeutende Persönlichkeiten wie den Philosophen Søren Kierkegaard (1815-1855) und den Dichter Hans Christian Andersen (1805-1875) hervor, die internationale Anerkennung fanden. Das Königlich-Dänische Ballett pflegt die Tanz-Traditionen des 19. Jh.

WIRTSCHAFT

Dänemark ist heute eine hochentwickelte Industriegesellschaft, doch die Landwirtschaft spielt nach wie vor eine wichtige Rolle.

Landwirtschaft

Zwei Drittel des dänischen Territoriums sind landwirtschaftliche Nutzflächen, doch nur 9 % der Erwerbstätigen sind in der Landwirtschaft beschäftigt. Produziert wird überwiegend in Familienbetrieben und Genossenschaften, die aufgrund der Technisierung ein hocheffizientes System innerhalb des Agrarsektors bilden. Viehzucht und Milchwirtschaft stehen dabei im Vordergrund. Hauptsächlich wird Gerste angebaut. Etwa die Hälfte der landwirtschaftlichen Erträge wird exportiert, meist in andere EU-Länder. Die andere Hälfte wird in der Nahrungsmittelindustrie weiterverarbeitet, die auch der zweitgrößte Arbeitgeber des Landes ist. Im Fischfang steht Dänemark weltweit an 15. Stelle. Hering, Kabeljau und Plattfische machen etwa die Hälfte der Fangerträge aus.

Gewinnträchtige Arbeit (*oben*). Der wertvollste Schatz Dänemarks sind die fruchtbaren Böden, die eine hocheffiziente Landwirtschaft ermöglichen. Milchwirtschaft und Schweinezucht stehen an erster Stelle; angebaut werden vor allem Futterpflanzen.

Industrie

Die Bodenschätze des Landes werden intensiv genutzt. Zu ihnen gehören Granit, Geschiebelehm, Kreide und Kaolin. Die Hälfte des Energiebedarfs wird aus Erdöl- und Erdgasvorkommen der Nordsee gedeckt; Energie wird auch an Deutschland und Schweden geliefert. Im flachen und windigen Jütland wird in verstärktem Maße Windenergie genutzt und Neubauten werden häufig mit Solaranlagen oder Erdwärme-Heizungen versehen. Zu den Industrieprodukten zählen Zement, Rohstahl, Maschinen und Transportanlagen, Nahrungsgüter, Chemikalien, Papier und Möbel. Von Bedeutung sind auch der Gütertransport und der Tourismus.

Handel

dabei Deutschland, Großbritannien und Schweden. Der hohe inländische Konsum führte in den 80er-Jahren zu einer beträchtlichen Auslandsverschuldung, und die Regierung reagierte darauf mit Steuererhöhungen und Einsparungen im Sozialbereich.

Verkehr und Kommunikation

Die dänischen Verkehrsverbindungen sind in hohem Maße auf die Gewässer angewiesen. Zu den Seefahrtsrouten kommen noch etwa 420 km Binnenwasserstraßen hinzu. Die Insel Fünen ist über zwei Brücken mit Jütland verbunden, und 1989 wurde ein gewaltiges Bauprojekt begonnen, um Fünen mit Seeland zu verbinden.

Das Straßen- und Schienennetz ist dicht und gut ausgebaut. Die Zahl der Fahrräder in Dänemark ist etwa doppelt so hoch wie die der Autos. Dänemark besitzt 13 Flughäfen. Kastrup bei Kopenhagen, einer der Hauptflughäfen der SAS, bietet neben internationalen Flugverbindungen auch Flüge nach Jütland und nach Bornholm an.

Bis in die 80er-Jahre wurden Funk und Fernsehen von Danmarks Radio ausgestrahlt, einer unabhängigen öffentlichen Körperschaft, die sich aus Gebühren finanzierte. Seit 1988 gibt es eine kommerzielle Fernsehstation. In Dänemark können auch die Sender Norwegens, Schwedens und Deutschlands empfangen werden. Es erscheinen etwa 60 Tageszeitungen.

Gesundheits- und Sozialwesen

Dänemark besitzt eins der ältesten und umfassendsten Sozialversorgungssysteme der Welt. Angeboten werden u. a. kostenlose Krankenhausbehandlung und Krankenpflege. Eine Arbeitslosenversicherung ist im Unterschied zur Krankenversicherung nicht obligatorisch, aber allgemein üblich. Schulpflicht besteht vom 7. bis zum 16. Lebensjahr. Die meisten Schulen können unentgeltlich besucht werden; Privatschulen werden subventioniert. Weiterführende Bildungseinrichtungen bieten auch Berufsausbildungen an. Die traditionsreichen Volkshochschulen sorgen für ein vielfältiges Programm der Erwachsenenbildung. Es gibt fünf Universitäten und eine große Zahl von Fachhochschulen.

Kleine bunte Welt. Eine Nachbildung des Kopenhagener Hafens in Legoland. In Billund, Zentraljütland, wo die bekannte dänische Firma ihren Sitz hat, locken die Anlagen aus 30 Millionen Legosteinen Touristen aus aller Welt an.

Island

REPUBLIK ISLAND

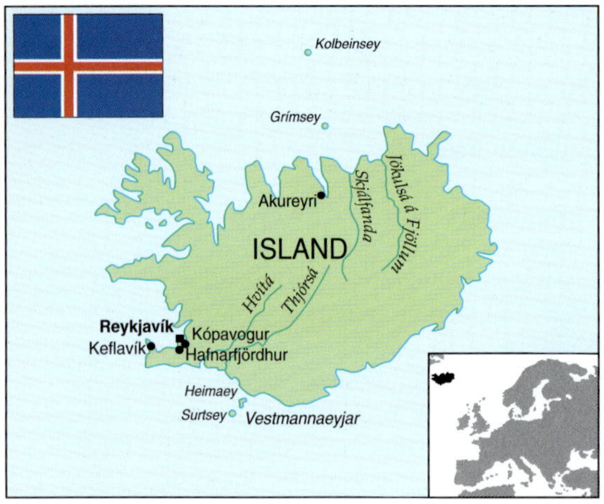

ISLAND IST EINE INSELREPUBLIK IM NÖRDlichen Atlantik. Ihre Besiedlungsgeschichte reicht bis in die Wikingerzeit des 9. Jh. zurück. Die karge Landschaft mit ihren aktiven Vulkanen ist einzigartig in Europa.

GEOGRAFIE

Erdgeschichtlich betrachtet ist Island sehr jung. Die Insel entstand aus einer Serie vulkanischer Eruptionen auf der mittleren Atlantikschwelle, der Nahtstelle zweier tektonischer Platten. 1973 musste die Insel Heimaey vor der Südküste Islands nach dem Ausbruch des Vulkans Helgafell evakuiert werden. Sehr häufig wird die Erdoberfläche erschüttert, und in den vulkanisch aktiven Gegenden gibt es heiße Springquellen; sehr bekannt sind die Geysire von Südwestisland. Ähnliche Quellen gaben auch der Hauptstadt Reykjavik ihren Namen: „Rauchende Bucht". Heute dienen sie der Versorgung des Landes mit Heißwasser und Wärme.

Die Mitte der Insel wird von einem Plateau gebildet, das von einem Gletscher bedeckt und von Bergen umgeben ist. Ein Zehntel des Gesamtterritoriums liegt ständig unter Gletschern verborgen, deren größter der Vatnajökull mit einer Ausbreitung von 8 300 km^2 ist. Die Bevölkerung Islands lebt vorwiegend in der schmalen Küstenniederung um Reykjavik im Südwesten der Insel. Im Norden graben sich schroffe Täler tief in das Landesinnere.

Der Nordwesten der Insel ist allgemein kühler als der Südosten, und dort fällt häufiger Schnee. Die Temperaturen liegen über dem für diese nördlichen Breiten üblichen Durchschnitt. Ursache dafür sind die mit dem Golfstrom verbundenen warmen Südwestwinde. Aber auch Stürme fegen über das Land, besonders während den milden, feuchten Wintern. Der Sommer ist gewöhnlich kühl und es regnet in jeder Jahreszeit. Besonders im Herbst und im frühen Winter können am Himmel oft Nordlichter beobachtet werden.

Der Wasserfall von Seljalands Foss in Südisland. Die malerische Natur Islands ist geprägt von „Mondlandschaften" aus Lavagestein, gewaltigen Gletschern, Schneefeldern, aktiven Vulkanen und von Geysiren, die kochendes Wasser spucken.

Einst bedeckten Gehölze großflächig die Insel, die aber schon von den frühen Siedlern gerodet wurden. Nur 1 % der Gesamtfläche ist heute bewaldet. Die typische Vegetation ist durch Moose und Flechten und wenige Sträucher bestimmt. Karges Grasland findet sich nur in den Tälern und der Küstenniederung.

Das auf Island heimische Säugetier ist der Polarfuchs. Ratten und Mäuse wurden von den Wikingern eingeschleppt; dazu kamen Haustiere wie das stämmige Islandpony. Im 18. Jh. wurden auch Rentiere eingeführt. Erwähnenswert ist die artenreiche Vogelwelt, besonders auf den Küstenfelsen und am Myvatn-See im Norden. Viele Zugvögel rasten hier auf ihrem langen Flug.

KULTUR UND GESELLSCHAFT

Die ersten isländischen Siedler waren wahrscheinlich irische Mönche. Diesen folgten etwa um 870 Wikinger aus Norwegen, Irland und Schottland. Die Häuptlinge der Siedlungsdistrikte regelten Streitfälle und Auseinandersetzungen auf Things (Volksversammlungen), und um 930 wurde das Althing gegründet, eine Art Nationalversammlung und somit das Urbild des Parlaments. Dass sich die gesamte Bevölkerung im Jahr 999/1000 zum Christentum bekehrte, ging ebenfalls auf einen Beschluss des Althings zurück.

Im 13. Jh. unterwarfen sich die isländischen Häuptlinge den Norwegern, um den Frieden auf der Insel zu bewahren, doch 1380 gelangte Norwegen unter dänische Hoheit, und Island trat in eine lange Periode des Niedergangs ein, der durch die lähmenden Auswirkungen des dänischen Handelsmonopols noch verstärkt wurde.

Im 19. Jh. wuchs das Verlangen nach Unabhängigkeit. Die Handelsbeschränkungen wurden aufgehoben, eine neue Verfassung wurde verabschiedet, und das Althing nahm wieder seine Tätigkeit als gesetzgebende Versammlung auf. Die Lebensbedingungen blieben weiterhin hart. Noch bis zum Beginn des 20. Jh., als sich in Island eine prosperierende Fischerei entwickelte, wanderten die Isländer in großer Zahl nach Kanada aus. Die volle Selbstverwaltung erlangte Island 1918.

Im Zweiten Weltkrieg nutzten britische und amerikanische Truppen die Insel als Stützpunkt. Während der deutschen Besetzung Dänemarks ab 1940 wurden die Verbindungen zwischen Island und Dänemark beschnitten, und 1944 erklärte das Althing Island zur unabhängigen Republik. Seit 1951 gibt es einen amerikanischen Militärstützpunkt auf Keflavík, was neben der Mitgliedschaft Islands in der NATO zu erregten politischen Auseinandersetzungen führte. Ein weiteres Streitthema war der Schutz der isländischen Fischgründe. Ab 1972 beanspruchte Island eine Schutzzone von 200 Meilen im Umkreis der Insel als Hoheitsgebiet und löste damit 1973 den „Kabeljaukrieg" mit Großbritannien aus. 1976 wurde die Ausweitung der Hoheitsgewässer von Großbritannien anerkannt.

Die Isländer sind stolz auf ihre Wikingerherkunft, und manche können ihre Vorfahren bis zu den ersten Siedlern zurückverfolgen, deren Namen im *Landnama Bok* aufgezeichnet sind, einer frühen Siedlungschronik. Das moderne Isländisch geht in direkter Linie auf das Altnordische zurück, die Sprache der Wikinger. Die mittelalterlichen Sagas, in denen sich Fantasie und Legende mit historischen Fakten über die frühe Besiedlung mischen, können von den heutigen Isländern mühelos gelesen werden. Die meisten Isländer gehören zur evangelisch-lutherischen Kirche, die im 16. Jh. auf Island eingeführt wurde.

WIRTSCHAFT

Der Fischfang, der drei Viertel der Exporterlöse erbringt, ist das Rückgrat der isländischen Wirtschaft. Die Fangflotte ist größten-

Der Hafen von Höfn im Licht der Mitternachtssonne. Die Stadt im Südosten Islands hat den Fischfang zu einer bedeutenden Industrie aufgebaut. Die Trawler und Fischverarbeitungsfabriken sind Eigentum der Genossenschaften und einiger großer Firmen.

Das isländische Institut für Meeresforschung erlässt dazu Fischfangquoten und Fangverbote. Die Fischzucht entwickelt sich mehr und mehr zu einem lukrativen Wirtschaftszweig. Bis zum Beginn des 20. Jh. waren die Isländer vor allem in der Schafzucht beschäftigt.

Es gibt noch immer etwa 4500 Bauernhöfe, doch nur 1 % des Landes dient als Anbaufläche, auf der Futterpflanzen, Kartoffeln und Rüben geerntet werden. Die Weideflächen für Schafe, Rinder und Ponys bedecken etwa 20 % des Landes. Frisches Gemüse und Blumen werden ganzjährig in Treibhäusern gezüchtet, die mit Erdwärme geheizt werden, einer billigen und im Überfluss vorhandenen Energiequelle. Auch verschiedene Industrieanlagen werden mit Erdwärme betrieben, wie zum Beispiel Betriebe zur Garnherstellung für Teppiche und Kleidung, zur Fischverarbeitung und zur Produktion von Leder und Fellen. Daneben gibt es eine kleine, aber bedeutsame elektronische Industrie.

Seit den 50er-Jahren hat der Tourismus stetig zugenommen. Akureyri ist im Sommer wie im Winter ein beliebtes Skigebiet, und Reykjavik bietet sich mit Erfolg als Gastgeber großer internationaler Kongresse an.

Das Straßennetz umfasst etwa 11 000 km, doch viele Straßen sind im Winter unpassierbar. Eine Eisenbahn gibt es auf der Insel nicht und vielerorts ist das Pony noch immer ein wichtiges Transportmittel. Die nationale Fluggesellschaft Icelandair bietet in- und aus-

Die Isländer gehören zu den gesündesten Menschen der Welt. Die obligatorische Krankenversicherung bietet die medizinischen Dienste zu geringen Kosten an, auch Krankenhausaufenthalte sind unentgeltlich. Der Schulbesuch ist ebenfalls kostenlos bei einer Schulpflicht zwischen dem 7. und dem 16. Lebensjahr. Auch für die weiterführende Bildung ist gesorgt und in Reykjavik gibt es eine Universität.

LANDESDATEN – ISLAND

Fläche 103 000 km²

Klima	Höhe m	Temperaturen Januar °C	Temperaturen Juli °C	Jährlicher Niederschlag mm
Reykjavik	126	0	11	805

Geografische Merkmale höchster Berg: Hvannadalshnúkur 2119 m; längster Fluss: Thjórsá 230 km

Einwohnerzahl (1994) 263 599

Staats- und Regierungsform Mehrparteiensystem; Republik; ein gesetzgebendes Organ

Streitkräfte Küstenwache 130; stationierte US-Truppen: Marine 1800; Luftwaffe 1300

Hauptstadt Reykjavik (143 000 Einw.)

Offizielle Landessprache Isländisch

Bevölkerungsgruppen Isländer 96,3%; andere Skandinavier 1,3%; Amerikaner 0,5%; sonstige 1,9%

Religionen Lutheraner 96,2%; nicht Religiöse 1,3%; Katholiken 0,9%; andere christliche Religionsgemeinschaften 0,6%; sonstige 1,0%

Währung 1 Isländische Krone (ikr) = 100 Aurar (aur.)

Bruttosozialprodukt (pro Kopf 1993) US-$ 24 950

Lebenserwartung Männer 76,6; Frauen 81,2 Jahre

Ressourcen Fischereiprodukte, Wasserkraft, Wärmekraft, Diatomit, Tourismus

THE
SHERLOCK HOLMES
WHITBREAD
The SHERLOCK HOLM

Die britischen Inseln

LÄNDER DER REGION

GROSSBRITANNIEN · IRLAND

Das traditionelle englische oder irische Pub (*links*) findet man praktisch an jeder Straßenecke. Hier kommen Jung und Alt, Menschen unterschiedlichster Herkunft und Berufe zusammen, um beim Bier Neuigkeiten auszutauschen. *Das Sherlock Holmes* in London ist ein typisches Beispiel für die britische Kneipenkultur.

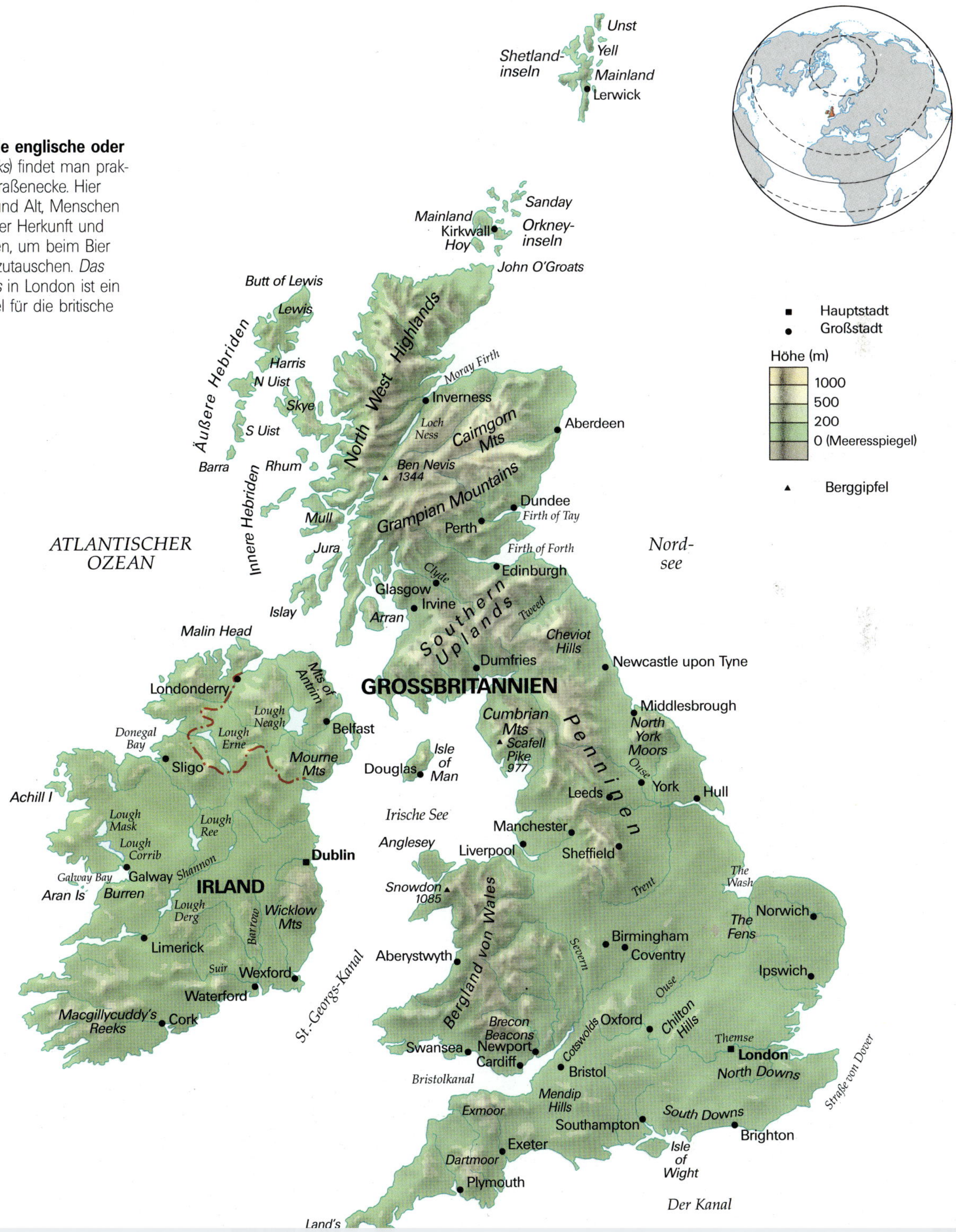

Großbritannien

DAS VEREINIGTE KÖNIGREICH VON GROSSBRITANNIEN UND NORDIRLAND

Das vereinigte Königreich von Großbritannien und Nordirland liegt vor der atlantischen Nordwestküste Europas und bildet eine Union aus England, Schottland und Wales (Großbritannien) mit den sechs Grafschaften Nordirlands.

GEOGRAFIE

Die britischen Inseln sind durch eine Vielfalt von Landschaften und geologischen Formationen geprägt. In Süd- und Mittelengland herrscht eine sanfte Hügellandschaft vor, das nördliche England, Schottland, Wales und Nordirland sind vielfach bergig und zerklüftet.

Das Land

Schottland und seine vorgelagerten Inseln – die äußeren Hebriden, die Orkney- und die Shetlandinseln – bilden den nördlichsten Teil Großbritanniens. Das schottische Festland unterteilt sich in die nördlich gelegenen Highlands, die Lowlands in Mittelschottland und die Southern Uplands im Süden. Die höchste Erhebung der britischen Inseln ist der Ben Nevis in den Cairngorm Mountains. Die Cheviot Hills im Süden Schottlands bilden eine natürliche Grenze nach England.

Südlich der Cheviots beginnt die Gebirgskette der Penninen, die sich bis nach Mittelengland erstreckt. Im Nordwesten liegen die Cambrian Mountains und der Lake-District, im Nordosten finden sich die Moore von Nord Yorkshire. Südlich der Penninen verwandelt sich Mittelengland in eine Hügellandschaft, die nach Osten hin flacher wird. Der längste Fluss Großbritanniens, die Themse, entspringt in den Cotswold Hills

Die Kanalinseln

Die im Ärmelkanal vor der Nordwestküste Frankreichs gelegenen Kanalinseln sind eine selbstverwaltete Inselgruppe und haben eine Landesfläche von insgesamt 195 km². Mit der normannischen Eroberung von 1066 gelangten sie als Teil des Herzogtums Normandie in den Besitz der britischen Krone. Die vier Hauptinseln sind Jersey, Guernsey, Alderney und Sark. Sie unterstehen nicht dem britischen Parlament, sondern unmittelbar der Krone. Jersey hat eine eigene Verfassung und ein separates Regierungssystem.

Im Zweiten Weltkrieg waren die Kanalinseln das einzige britische Territorium, das das faschistische Deutschland besetzen konnte. Es dominiert der englische

Südengland (*oben*) ist reich an fruchtbarem Ackerland; nur 5 Prozent des britischen Territoriums sind bewaldet. Die traditionelle Bepflanzung der Feldraine mit Hecken dient dem Artenschutz.

Naturhäfen und fruchtbares Ackerland (*links*) prägen die Grafschaft Devon im Südwesten Englands. An der Küste dominieren Tourismus und Fischfang und die milden Winter machen die Gegend zu einem bevorzugten Alterssitz.

Sprachgebrauch, obwohl viele Bewohner Französisch sprechen, das auch die Amtssprache ist. Wichtigster Exportartikel der Insel Jersey ist die heimische Rinderrasse, weiterhin Kartoffeln, Obst, Gemüse und Blumen. „The Battle of Flowers" ist ein alljährliches Touristenereignis. Ihre südliche Lage hat sie zu einem beliebten Ferienort gemacht. Niedrige Steuern veranlassten viele finanzstarke Firmen, ihren Sitz auf Jersey zu nehmen. Die strittige Frage nach dem Hoheitsrecht über weitere kleine Inseln ist zwischen Großbritannien und Frankreich neu aufgelebt, seit es in den 70er-Jahren um Erdöl-Bohrrechte in der Inselregion ging.

Der Albert-Hafen in St. Helier, Jersey. Nur 19 km von der französischen Küste entfernt, ist Jersey ein beliebter Anlaufpunkt für britische und französische Jacht

des südlichen Mittelenglands und fließt südöstlich nach London, wo sie in die Nordsee mündet. Wales, das westlich an Mittelengland anschließt, grenzt nördlich an die Irische See, westlich an den St.-Georgs-Kanal und südlich an den Bristol-Kanal. Die Cambrian Mountains bedecken einen großen Teil der Landesmitte. Der zweitlängste Fluss, der Severn, entspringt hier und mündet in den Bristol-Kanal. Jenseits der Irischen See liegt die Insel Irland. Die Republik Irland bedeckt etwa fünf Sechstel des Territoriums, der Rest gehört zu den britischen Provinzen von Nordirland im Nordosten der Insel. Nördlich der nordirischen Hauptstadt Belfast erheben sich die Berge von Antrim, deren eindrucksvolle Kreide- und Basaltklippen den Nordkanal zwischen Irland und Schottland säumen.

Klima

Trotz der z. T. nördlichen Lage ist das Klima recht mild. Die warmen Luftmassen des Golf-

LANDESDATEN – GROSSBRITANNIEN

Fläche 244 110 km²

Klima	Höhe	Temperaturen Januar	Juli	Jährlicher Niederschlag
	m	°C	°C	mm
London	8	4	18	598

Geografische Merkmale höchster Berg: Ben Nevis 1344 m; tiefster Punkt: Holme Fen (The Fens) -3 m; längster Fluss: Themse 340 km

Einwohnerzahl (1994) 58,13 Millionen

Staats- und Regierungsform Mehrparteiensystem; konstitutionelle Monarchie; zwei gesetzgebende Organe

Streitkräfte Heer 110 000; Marine 50 300; Luftwaffe 70 100

Größte Städte London (Hauptstadt – 6,4 Mio. Einw.); Manchester (1,7 Mio.); Birmingham (1,4 Mio.), Liverpool (1 Mio.); Glasgow (730 000)

Offizielle Landessprache Englisch

Bevölkerungsgruppen Weiße 91,9%; schwarze Kariben 0,9%; Schwarzafrika 0,4%; Schwarze 0,3%; Inder 1,5%; Pakistani 0,8%; Bengalen 0,3%; Chinesen 0,3%; Asiaten 0,3%; sonstige 0,5%

Religionen Anglikaner 56,8%; Katholiken 13,1%; nicht Religiöse 8,8%; Anhänger der presbyterianischen Church of Scotland 7,0%; Methodisten 4,3%; andere christliche Religionsgemeinschaften 5,7%; Muslime 1,4%; Juden 0,8%; Hindus 0,7%; Sikh 0,4%; sonstige 1,0%

Währung 1 Pfund Sterling (£) = 100 New Pence (p)

Bruttosozialprodukt (pro Kopf 1993) US-$ 18 060

Bruttoinlandsprodukt (1993) US-$ 819,038 Mrd.

Lebenserwartung Männer 73,9; Frauen 79,7 Jahre

Ressourcen Erdgas, Erdöl, Kohle, Eisen/Stahl, Agrarerzeugnisse, Kalkstein, Fischereiprodukte, Tourismus

und häufige Regenfälle. Die westschottischen Berge sind im Winter schneebedeckt, während Nordirland feucht, aber schneearm ist. In Wales gibt es kühle Sommer und milde Winter, in Höhenlagen starke Niederschläge. Südengland hat die höchsten Sommertemperaturen und zugleich die höchsten Temperaturschwankungen. Im Winter sinkt das Thermometer oft unter 0 °C.

Flora und Fauna

Vor 5000 Jahren war Großbritannien von dichten Laubmischwäldern bedeckt, von denen heute nur noch Reste vorhanden sind. Weite Moorlandschaften überziehen Teile von Schottland, Nordirland und Wales sowie die Höhenlagen von Nordengland. Die Mehrzahl der Wälder mussten dem Acker- und Weideland weichen; mit Hilfe von Aufforstungsprogrammen werden jedoch neue Anpflanzungen vorgenommen.

Große Säugetiere sind durch Jagd oder Zerstörung ihrer Lebensräume ausgerottet worden. Davon ausgenommen ist der Rothirsch, der in den schottischen Highlands überlebt. Von den kleineren Säugern findet man den Rotfuchs, den Dachs, den Fischotter und das Wiesel. Hunderte von Vogelarten leben auf den Inseln und in den Gewässern gibt es zahlreiche Süßwasserfische.

In den schroffen Bergen von Snowdonia in Nordwest-Wales (*rechts*) gibt es Schieferbrüche, Wasserkraftwerke und Aluminiumhütten, aber auch die Liebhaber des Geländesports kommen auf ihre Kosten.

Die Insel Man

Die Insel Man liegt in der Irischen See zwischen der Nordwestküste Englands, der Südküste Schottlands und der Ostküste Nordirlands. Sie gehört nicht zum Vereinigten Königreich, ist aber Kronbesitz, der sich selbst verwaltet.

Die Insel ist etwa 48 km lang und 16 km breit und zählt 63 000 Einwohner, von denen etwa die Hälfte in den Städten Douglas, Peel, Ramsey und Castletwon lebt. Die felsige Küste umschließt eine Hochebene von bis zu 620 m. In den küstennahen Niederungen werden Getreide und Kartoffeln angebaut.

Eine Reihe von Bodendenkmälern aus dem Neolithikum zeigt an, dass hier schon 2000 bis 1500 v. Chr. Menschen lebten. Später besiedelten Kelten, ein westindogermanischer Stamm, die Insel, und ihre gälische Sprache, auch als Manx bezeichnet, blieb bis ins 19. Jh. Alltagssprache. Im 5. Jh. ließen sich irische Missionare hier nieder und im 9. Jh. eroberten norwegische Wikinger die Insel. Als norwegischer Besitz wurde sie im Jahre 1266 an Schottland verkauft, und im frühen 15. Jh. geriet sie unter englische Herrschaftsbereich.

Seit 1828 ist die Insel Kronbesitz und wird von einem Gouverneur geführt, den der Monarch ernennt. Regiert wird sie von einem eigenen Zweikammerparlament, das seit dem 9. Jh. besteht. Der Legislativrat (Legislative Council) und das Unterhaus (House of Keys) treten zum Court of Tynwald zusammen; ihnen obliegen aber sonst getrennte Aufgabenbereiche.

Die Insel lebt vorrangig vom Tourismus; so ziehen u. a. die Tourist-Trophy-Motorradrennen viele Besucher an. Berühmt ist auch die schwanzlose Manx-Katze.

Das Laxey-Wheel (oder Lady Isabella Wheel) auf der Insel Man ist mit 22 m Höhe die weltgrößte Pumpstation ihrer Art. Erbaut 1858, diente sie der Entwässerung der Eisenerzgruben im Agneash-Tal. Heute ist sie eine Touristenattraktion.

KULTUR UND GESELLSCHAFT

Die britischen Inseln sind das Geburtsland der modernen parlamentarischen Demokratie; von hier ging die industrielle Revolution des 19. Jh. aus wie auch das Konzept des Sozialstaats. Eine ebenso überragende Bedeutung für die Weltkultur spielt die englische Sprache, derer sich weltweit etwa 250 Millionen Menschen als Muttersprache und 1 Milliarde Menschen als Zweitsprache bedienen.

Geschichte

Die ersten Bewohner der britischen Insel kamen über eine eiszeitliche Landbrücke, die später verschwand, vom europäischen Festland. Es gibt Spuren neolithischer Siedlungen, die 9000 Jahre alt sind, und Arbeiten aus der Bronzezeit, die ein Alter von 3800 Jahren vorweisen. Keltische Völker aus Mitteleuropa siedelten sich um 450 v. Chr. an.

Die Römer besetzten den größten Teil des heutigen England und Wales vom 1. bis zum Englands nach Westen und Norden abgedrängt. In immer neuen Siedlungswellen kamen die Angeln, Sachsen und Jütländer über das Meer. Um das 7. Jh., als Missionare erneut das Christentum verbreiteten, waren bereits einige angelsächsischen Königreiche entstanden. Im 8. und 9. Jh. gerieten der Osten und Nordosten Englands unter die Herrschaft der Wikinger aus Norwegen und Dänemark. Nachdem England im 10. Jh. als geeintes Königreich wiedergewonnen war, wurde es erneut von den Dänen erobert, die es dann von 1016-1042 regierten. 1066 wurde der englische König Harold II. in der Schlacht bei Hastings von Normannenherzog Wilhelm dem Eroberer getötet, der den englischen Thron bestieg und eine neue Königsdynastie begründete. Das englische Feudalsystem verlieh dem normannischen Adel weitreichende Macht. 1215 wurde die Macht des Königs durch die Magna Charta beschnitten, die zum Ausgangspunkt der englischen Parlaments- und Verfassungsgeschichte wurde. Das erste parlamentsähnliche Gremium tagte in der Epoche Eduards I. (1239-1307).

Irland war im späten 12. Jh. erobert worden. 1284 wurde Wales der englischen Krone unterworfen, doch erst im Jahre 1536 gänzlich mit England vereint. 1314 wurde Eduard II. gezwungen, Robert de Bruce (1274-1329) als König von Schottland anzuerkennen. Gebietsstreitigkeiten zwischen England und Frankreich lösten bald den Hundertjährigen Krieg (1337-1453) aus, bei dessen Ausgang alle englischen Truppen vom französischen Territorium vertrieben waren.

Der Rosenkrieg (1455-1485) war ein erbitterter und blutiger Kampf des englischen Adels um den Thron, der mit der Thronbesteigung Heinrichs VII. (1457-1509) endete, der das Haus Tudor begründete. Heinrich VIII. (1491-1547) sagte sich von der katholischen Kirche los und ernannte sich selbst zum Oberhaupt der Kirche von England. Unter seiner Tochter Elisabeth I. (1533-1603) brach für England ein goldenes Zeitalter des Wohlstands, der Literatur und der Entdeckungen an. Die englische Flotte besiegte 1588 die Spanische Armada und in Nordamerika wurden Kolonien errichtet.

Elisabeths Nachfolger, Jakob VI. von Schottland (1566-1625), einte als Jakob I. die beiden Königreiche. Unter seiner Herrschaft siedelten tausende schottischer und englischer Protestanten in katholische Besitzungen Nordirlands über und legten so den Keim des Konflikts zwischen den Protestanten und Katholiken, der bis heute fortdauert.

Jakobs Sohn, Karl I. (1600-1649), versuchte das Parlament auszuschalten und löste damit einen Bürgerkrieg aus, der zu seiner Hinrichtung führte. Der General des Parlamentsheers Oliver Cromwell (1599-1658) wurde zum „Lord-Protektor des Commonwealth" ernannt und übte die Regierungsgewalt aus. Zwei Jahre nach seinem Tod wurde Karl II. (1630-1685), der Sohn Karls I., auf den Thron berufen und setzte die Herrschaft des Hauses Stuart, allerdings mit beschnittenen Vollmachten, fort.

Der Steinkreis von Stonehenge im mittleren Südengland stellt das faszinierendste prähistorische Rätsel der britischen Inseln dar. Zwischen 1800 und 1300 v. Chr. errichtet, diente es wahrscheinlich astronomischen oder religiösen Zwecken, doch die Kultur, der sie entstammen, ist unbekannt.

Heinrich VIII. (*oben*) im Porträt des deutschen Malers Hans Holbein d. J. (1497—1543), englischer Hofmaler ab 1536. Die scharfsinnigen Porträts Heinrichs und seiner Frauen vermitteln einen hervorragenden Eindruck vom Geist der Tudor-Epoche.

Die Spanische Armada (*gegenüberliegende Seite*), bestehend aus 130 Schiffen mit 27 000 Mann Besatzung, wurde 1588 von Philipp II. gegen England entsandt und von der britischen Flotte mit 197 Schiffen und besserer Bewaffnung besiegt. Auf englischer Seite starben 100 Seeleute, während Spanien mehr als die Hälfte seiner Schiffsbesatzungen verlor.

Der große Lettner der Winchester Cathedral (*links*). Das prachtvolle normannische Bauwerk wurde im späten 11. Jh. an der Stelle der älteren sächsischen Kirche St. Swithun errichtet. Die Kathedrale mit einem der berühmtesten Kirchenchöre Englands ist ein Zentrum der britischen Kirchenmusik.

Der katholische Jakob II. (1633-1701), Bruder Karls II., erregte durch seinen absolutistischen Regierungsstil den Unwillen seiner Untertanen und mußte 1688 ins Exil gehen. Damit war die Epoche der „Glorious Revolution" abgeschlossen. In der Folgezeit regierte seine protestantische Tochter Maria II. (1662-1694) gemeinsam mit ihrem Gatten Wilhelm von Oranien (1650-1702). England, Schottland und Wales wurden 1707 nach der Vereinigung der Parlamente zum Königreich Großbritannien zusammengeschlossen. Danach wurden die Stuarts durch das Haus Hannover abgelöst. Ein schottischer Versuch, die exilierten Stuarts auf den Thron zurückzubringen, wurde 1715 vereitelt und ein erneutes Unterfangen 1746 in der Schlacht von Culloden blutig niedergeschlagen.

In den 60er-Jahren des 18. Jh. setzte sich Großbritannien mit seinen kolonialen Ansprüchen auf Indien und Nordamerika gegen das rivalisierende Frankreich durch und wurde die führende Kolonialmacht. Die Entdeckung Australiens und Neuseelands durch James Cook (1728-79) im Jahr 1770 legte den Grund für die spätere Besiedlung. Doch 1775 rebellierten die amerikanischen Kolonien gegen die britische Steuerlast und gewannen nach einem siegreichen Krieg 1783 die Unab-

William Shakespeare

Viele Literaturexperten bezeichnen William Shakespeare (1564-1616) als den größten Dichter aller Zeiten und mit Sicherheit als den bedeutendsten Dramatiker und Lyriker der englischen Sprache. Das Genie der Sprache und der dichterischen Imagination erfasst in seinen Stücken und Sonetten die ganze Spannweite menschlicher Empfindungen und Konflikte. Auch seine Vielseitigkeit war außergewöhnlich: Komödie und Tragödie, Historienstück und Märchenspiel beherrschte er mit der gleichen Meisterschaft.

Shakespeare wurde in Stratford-on-Avon in Mittelengland geboren und erzogen; dort heiratete er im Alter von 18 Jahren Anna Hathaway (1556-1623). Später zog er nach London und wurde Schauspieler bei der führenden Theatertruppe der Stadt, und um 1584 hatte er sich bereits einen Ruf als vielversprechender Stückeschreiber erworben.

Das erste ihm zugeschriebene Stück, das Königsdrama Heinrich VI., wurde 1590/92 aufgeführt. Die genaue Abfolge der Entstehung und Aufführung seiner weiteren Stücke ist schwer zu bestimmen, obwohl die frühen Historiendramen zur Huldigung Elisabeths I. verfasst waren ben, eines der größten Häuser Stratfords, das heute noch steht. 1598 beteiligte er sich am Bau eines neuen Londoner Theaters, des Globe Theatre, dessen Grundmauern 1989 wiederentdeckt wurden. Die berühmten Shakespeare-Sonette, 154 an der Zahl, entstanden zumeist zwischen 1593 und 1596, wurden aber erst 1609 veröffentlicht.

In den ersten Jahren des 17. Jh. führte er unter der Schirmherrschaft von König Jakob I. seine großen Tragödien auf, *Hamlet*, *Othello*, *König Lear* und *Macbeth*, in denen er das Wesen des Menschen ergründete.

Das Publizieren im England des 17. Jh. war voller Risiken. Urheberrechtliche Regelungen existierten nicht, und Kopisten schrieben die Texte während der Aufführung mit, um sie gewinnbringend zu verkaufen. Viele skrupellose Schreiber schmückten daher ihre Elaborate mit dem Namen Shakespeares, um den Profit zu steigern. Die erste Sammlung der Shakespeare-Stücke, der *First Folio*, wurde 1623 veröffentlicht – sieben Jahre nach seinem Tode –, und sie enthält bis auf eines alle Stücke, die wir heute als seine Schöpfungen betrachten.

Im 18. Jh. gelangten Gelehrte zu der Auffassung, dass Shakespeare mit seiner provinziellen Bildung unmöglich alle unter seinem Namen veröffentlichten Stücke geschrieben haben konnte. Bestimmte Chiffren und Andeutungen in den Texten

Das Globe Theatre wurde 1599 in London-Southwark errichtet. 1613 brannte es während einer Aufführung des Dramas *Heinrich VIII.* ab. 1614 wurde es wiederaufgebaut, 1644 im englischen Bürgerkrieg erneut zerstört. Seit kurzem ist es an der alten Stelle neu erstanden.

Die moderne Philologie hat jedoch nachgewiesen, dass diese Theorie keinen Bestand haben kann. Shakespeares Unterschrift auf Dokumenten existiert zwar in unterschiedlichen Schreibungen, doch dies war zu seiner Zeit nichts Außergewöhnliches. Im Gegenteil: Die Spuren, die er in

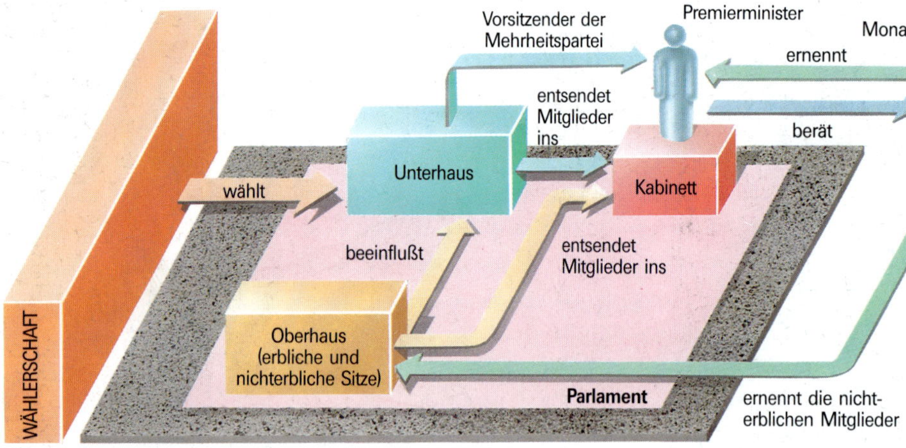

hängigkeit. Erfolgreicher war Großbritannien gegen Kaiser Napoleon I. (1769-1821): 1805 besiegte es ihn im Seekrieg von Trafalgar vor der spanischen Küste und zu Lande in der Schlacht bei Waterloo 1815, die Napoleons endgültige Niederlage brachte.

Der Aufstieg Großbritanniens zur kolonialen Handelsmacht traf mit der industriellen Revolution zusammen, deren Grundlage der englische Eisenerz- und Kohleabbau bildete. Unter der Regierung von Königin Victoria (1819-1901) ab 1837 dehnte sich das britische Empire auf ein Viertel der Erdoberfläche aus. Dieser Politik folgend, führte die Briten zwischen 1851 und 1902 fast ununterbrochen Regionalkriege. Ende des 19. Jh. hatten Kanada, Australien und Neuseeland die Selbstverwaltung erlangt. In Großbritannien selbst verbesserte sich durch radikale Reformen die soziale Lage der Arbeiterklasse, während in Irland die Forderung nach Selbstverwaltung (Home Rule) immer lauter wurde. 1914 trat Großbritannien im Bündnis mit Frankreich und Russland gegen Deutschland und Österreich in den Ersten Weltkrieg ein. Südirland (danach Republik Irland) gewann 1922 die Unabhängigkeit als Freistaat, doch Nordirland entschied sich zum Verbleib bei Großbritannien.

Ab 1931 traten die selbstverwalteten britischen Dominions Australien, Kanada, Irland, Neuseeland und Südafrika als Mitglieder des „Commonwealth of Nations" auf. In Großbritannien nahmen Arbeitslosigkeit und Wirtschaftskrise bis in die 30er-Jahre hinein zu. London widerstand im Zweiten Weltkrieg dem schweren Bombardement durch die deutsche Luftwaffe, und obwohl die Royal Air Force den Angriff abwehren konnte, waren die britischen Opfer beträchtlich. Lebensmittel mussten bis in die 50er-Jahre rationiert werden. Direkt nach dem Krieg schuf die neugewählte Labour-Regierung den ersten Sozialstaat und verstaatliche die Schlüsselindustrien wie Transport, Bergbau und Energie, die die konservativen Regierungen der 80er- und 90er-Jahre in der Mehrzahl wieder privatisierten. In den 70er-Jahren hatte sich der

Die konstitutionelle Monarchie Großbritanniens (*oben*) hat keine geschriebene Verfassung. Die Beziehungen zwischen dem Monarchen als Staatsoberhaupt und dem Premierminister als Regierungschef sind durch feste Konventionen geregelt. Die 650 Abgeordneten des Unterhauses werden in den Wahlkreisen für eine maximale Amtszeit von 5 Jahren gewählt. Der Premierminister steht dem Kabinett vor und übt sein Regierungsamt als Führer der Mehrheitspartei des Unterhauses aus.

Das britische Parlament (*rechts*) wurde an der Stelle des Königspalastes von Westminster errichtet, der 1834 einem Brand zum Opfer fiel. Heute befindet sich hier der Sitz der Regierung mit Ober- und Unterhaus. Big Ben ist nicht der Name des Glockenturms, des berühmtesten Wahrzeichens von London, sondern die 13 Tonnen schweren Glocke. Sie wurde nach Sir Benjamin Hall benannt, dem Baumeister z. Z. der Vollendung des Bauwerks.

britische Commonwealth fast vollständig in einen Bund unabhängiger Staaten verwandelt. In den 60er-Jahren brach der Konflikt zwischen der protestantischen Mehrheit in Nordirland, die bei Großbritannien verbleiben wollte, und der katholischen Minderheit, die den Anschluss an Irland suchte, erneut auf. In den 70er- und 80er-Jahren eskalierten Gewalt und Terrorismus; erst 1994 trat ein Waffenstillstand in Kraft. Im Februar 1996 begann die IRA erneut mit Bombenanschlägen.

Großbritannien ist ständiges Mitglied des Sicherheitsrates der UNO und Gründungsmitglied der NATO. 1973 trat es der EG bei. 1982 gewann es die im Südatlantik gelegenen Falklandinseln aus argentinischer Besetzung nach einem kurzen Krieg zurück.

Regierungsform

Das Vereinigte Königreich ist eine Monarchie, die von einer parlamentarischen Demokratie ohne geschriebene Verfassung regiert wird. Die Gesetzgebung basiert auf parlamentarischen Statuten und auf der Auslegung der Statuten in den Obersten Gerichtshöfen und auf dem normannischen Common Law (außer Schottland), das durch den Grundsatz der Billigkeit (Case Law) ergänzt wird. Das britische Parlament besteht aus einem Unterhaus, dessen Mitglieder gewählt werden, und einem Oberhaus der adligen und klerikalen

Ständevertretungen, dessen Sitze vererbt oder auf Lebenszeit vergeben werden. Das königliche Vetorecht gegen Gesetzgebungen des Parlaments ist seit dem 18. Jh. nicht mehr in Anspruch genommen worden. Auf lokaler Ebene besitzen die Grafschaften (in Schottland Regionen, in Nordirland Distrikte) ihre

eigenen Ratsgremien. In Schottland und Wales, wo die Autonomiebestrebungen zunehmen, bestehen Formen der Selbstverwaltung, die aber dem Parlament verpflichtet bleiben; Schottland hat ein gesondertes

Bevölkerung

Die Engländer, Schotten, Iren und Waliser haben sich in vielen Jahrhunderten stark vermischt. Die größte Gruppe bilden die Englän-

schen hat zugenommen, seit es in den walisischen Schulen wieder unterrichtet wird.

Mit der Einwanderung aus den Commonwealth-Ländern,

Die Schafzucht (*oben*) ist ein wichtiger Wirtschaftsfaktor im Lake District Nordwestenglands, einer besonders malerischen Landschaft mit Bergen, Seen und saftigen Weiden.

Lloyd's of London (*rechts*). Der architektonisch auffällige Hauptsitz des Versicherungsgiganten im Herzen Londons wurde 1986 fertig gestellt. Das dicht gedrängte Viertel der Banken und Versicherungen in der Londoner Innenstadt heißt bei den Insidern nur *Square Mile*.

andere Religionen gewinnen an Einfluss. Etwa 90 % der Bevölkerung sind nominell christlichen Glaubens. Weniger als 10 % der Bevölkerung leben heute noch auf dem Land.

WIRTSCHAFT

Der sich verschärfende internationale Wettbewerb, der Zusammenbruch des Empires und die wirtschaftlichen Folgen der Weltkriege schwächten die industrielle Vormachtstellung Großbritanniens. Die größten ökonomischen Neuerungen nach 1945 bestanden in der Erschließung großer Erdöl- und Gasreserven in der Nordsee, dem Eintritt in die Europäische Gemeinschaft und in dem Übergang zur Dienstleistungsgesellschaft.

Landwirtschaft und Fischerei

Die britische Landwirtschaft deckt etwa 50 % des Bedarfs an Lebensmitteln und beschäftigt etwa 2 % der Erwerbstätigen. Im Osten überwiegt der Ackerbau, im Westen die Weidewirtschaft. In der Viehwirtschaft werden vor allem Schafe, Rinder, Schweine und Geflügel gehalten, beim Feldanbau dominieren Weizen, Gerste, Kartoffeln und Zuckerrüben.

Der Fischfang wird wie die Landwirtschaft von moderner Technik unterstützt, doch Überfischung und ausländische Konkurrenz ließen die Erträge sinken. Mit Island und Dänemark kam es in der Frage der Hoheitsgewässer zu Konflikten. Die Lachszucht hat an Bedeutung gewonnen. Die Forste, die lediglich 5 % der Fläche des Territoriums ausmachen, werden von der staatlichen Forstverwaltung im Zusammenwirken mit privaten Landbesitzern bewirtschaftet.

Industrie

Die Mineralvorkommen auf den britischen Inseln sind nahezu erschöpft. In den frühen 90er-Jahren wurden fast alle Kohlebergwerke in Südwales, einst Rückgrat der Wirtschaft, geschlossen. Der britische Kohlebedarf wird heute vorwiegend aus Billig-Importen gedeckt. Erdgas aus der Nordsee wurde erstmals 1962 gefördert, mit der Erdölförderung begann man Mitte der 70-er Jahre, und heute gehört Großbritannien zu den Erdöl exportierenden Ländern. Auch Elektroenergie wird aus eigenem Aufkommen erzeugt, ein Fünftel davon in Kernkraftwerken. In Schottland gibt es einige kleinere Wasserkraftwerke. Stahl, Fahrzeugbau, Maschinen, Elektroerzeugnisse, Luftfahrtausrüstungen, Leder und Textilien sind die Hauptindustrieprodukte. Die Chemie- und Elektronikbranche haben inzwischen die traditionellen Industriezweige wie z. B. den Schiffbau ersetzt. Der Reichtum an historischen Schauplätzen, an landschaftlicher und kultureller Vielfalt hat dem Tourismus Aufschwung verliehen. Obwohl sich die Handelsbilanz in den vergangenen Jahren stetig verschlechtert hat, ist Großbritannien nach wie vor eine der größten Handelsnationen.

Oxford und Cambridge

Während des Semesters wimmelt es in den kopfsteingepflasterten Gassen von Oxford und Cambridge von Studenten, die zwischen den Colleges, Hörsälen und Bibliotheken hin und her hasten, und das schon seit über 800 Jahren.

Die modernen Universitäten von heute haben sich aus Körperschaften oder Privatgesellschaften von Studenten und Lehrern entwickelt, die sich im Europa des 11. und 12. Jh. formierten, um Lern- und Bildungsstätten außerhalb der Klosterschulen zu schaffen. Die zwei ältesten Schulen befanden sich in Bologna und Paris. Die erste weltliche Akademie Englands wurde zu Beginn des 12. Jh. in Oxford gegründet, nachdem englische Studenten von der Pariser Universität verwiesen worden waren.

Anfangs hatte die Oxforder Universität keine eigenen Räumlichkeiten. Studenten und Lehrer wohnten in der Stadt zur Miete und trafen sich in passenden Räumlichkeiten oder unter freiem Himmel. Häufig gab es handfeste Streitigkeiten zwischen Bürgern und Akademikern; auch die Gelehrten untereinander fochten ihre Rivalitäten aus, und 1209 brach eine abweichlerische Gruppe nach Cambridge auf und gründete dort eine Schwesteruniversität.

Im 13. Jh. wurden in Oxford und Cambridge die ersten Colleges von reichen Förderern errichtet, damit Lehrer und Schüler in abgeschlossener Gemeinschaft leben und arbeiten konnten – in Räumen, die um einen Hof gebaut waren. Jedes College besaß eine Kapelle und war mit einem großen Saal ausgestattet, in dem die Mitglieder ihre täglichen Mahlzeiten einnahmen.

Um 1500 begann man damit, auch Knaben von manchmal nur 12 oder 13 Jahren zum Studium zuzulassen. Das Studium bereitete damals auf Karrieren in der Kirche, bei Gericht oder in der Verwaltung vor, heute werden alle Fachrichtungen von der Computertechnologie bis zur Ägyptologie unterrichtet. Die ersten Colleges für Frauen wurden 1871 (in Cambridge) und 1878/79 (in Oxford) gegründet, obwohl es in Oxford bis 1920 und in Cambridge bis 1947 dauerte, bis Frauen als Vollmitglieder der Universität zugelassen wurden. Seit den 70er- und 80er-Jahren besteht bei fast allen Colleges Koedukation.

Sowohl in Oxford als auch in Cambridge sind die Colleges aus allen Bauepochen über das meist mittelalterliche Stadtzentrum verstreut. Folglich bewegt sich der Besucher der verschiedenen Universitätsbereiche wie durch ein Architekturmuseum von einzigartiger historischer Aussagekraft. Wer allerdings im Gewirr der Gassen und Höfe nach einem „Campus" sucht, wird enttäuscht.

Bootsfahrt auf dem Cam. Touristen besichtigen per Boot das Queens' College in Cambridge, zu dessen berühmten Absolventen Isaac Newton (1642-1727) und Charles Darwin (1809-1882) gehören. Die Universität hat etwa 30 Colleges.

Die kleinste Autofabrik der Welt. Ein 5,4-Liter-Motor wird behutsam in einen „Virago" eingebaut. Die Autofabrik

Verkehr und Kommunikation

Im 19. Jh. wurden Kanäle und Eisenbahnen gebaut, um den Erfordernissen der industriellen Revolution Rechnung zu tragen. 1947 wurde das gesamte Eisenbahnnetz verstaatlicht; die Investitionen wurden auf die Intercity-Verbindungen und auf den Containerverkehr konzentriert. Ein dichtes Bahnnetz verbindet die Londoner Vorstädte mit der City. Seit 1960 werden auch die Autobahnen und Fernverkehrsstraßen ausgebaut, die chronisch überlastet sind, besonders im dicht besiedelten Südosten. Gut funktioniert das Busliniennetz im Fern- und Ortsverkehr.

Die British Airways verfügen über das weltweit umfassendste internationale Liniennetz. Daneben bestehen weitere Fluggesellschaften, die sich auf die Londoner Hauptflughäfen Heathrow und Gatwick stützen sowie auf eine Reihe regionaler Flughäfen. Der Kanaltunnel wurde 1994 eröffnet und verbindet die britischen Bahnen mit dem europäischen Schienennetz.

Medien

Auch die Medien wurden in den 80er-Jahren

nicht ausgeübt. Die britische BBC ist eine unabhängige Gesellschaft, die einen großen Teil der landesweiten und lokalen Rundfunk- und Fernsehprogramme ausstrahlt. Die unabhängige Rundfunkbehörde IBA übt die Kontrolle über private Fernsehsender und Rundfunkstationen aus. Eine besondere Dienstleistung sind Sendungen in walisischer Sprache.

Gesundheits- und Sozialwesen

Der 1948 gegründete Staatliche Gesundheitsdienst garantiert allen Bürgern eine unentgeltliche ambulante und stationäre Behandlung. Kinder, Rentner und Einkommensschwache haben einen freien Anspruch auf Augenuntersuchung, Zahnbehandlung und Medikamente. Der Staatliche Gesundheitsdienst betreibt 2500 Krankenhäuser; außerdem werden viele kostenpflichtige Privatkliniken unterhalten.

Schulpflicht besteht zwischen dem 5. und dem 16. Lebensjahr, der Schulbesuch ist kostenlos. In den 80er-Jahren wurde ein einheitlicher Lehrplan eingeführt. Neben den staatlichen Schulen bieten rund 450 gebüh-

Irland

REPUBLIK IRLAND (ÉIRE)

DIE REPUBLIK IRLAND NIMMT ETWA FÜNF Sechstel der irischen Insel ein, die rund 80 km von der britischen Westküste entfernt liegt. Irland ist bekannt für seine landschaftlichen Reize und seine turbulente Vergangenheit.

GEOGRAFIE

Die baumarme, üppige Weidelandschaft ist ein unverwechselbares Charakteristikum, das dem Land die Bezeichnung „Grüne Insel" eingebracht hat.

Das Land

Irland ist eingerahmt von einer schroffen Felsenküste, die sich ins Landesinnere zu einer Tiefebene abflacht – weniger als ein Sechstel des Landes ist über 200 m hoch. Hügel und sanfte Bergketten ragen über den geschichteten Kalksteingrund; die Eiszeitgletscher hinterließen fruchtbare, mit Findlingen übersäte Lehmböden. Häufig finden sich kleinere Seen und Sumpfgebiete. Die größten Flüsse – Liffey, Blackwater, Clare und Shannon (der längste Fluss der britischen Inseln) – sind breit und fließen träge.

Kürzere, schneller strömende Flüsse ergießen sich von den Hochlandrändern ins Meer. Die längsten Bergketten sind die granitenen Wicklow Mountains im Osten und die Macgillycuddy's Reeks im äußersten Südwesten.

Am stärksten zergliedert ist die Westküste, die viele eindrucksvolle Felsformationen aufweist. Im Südwesten laufen die Berge in einer Reihe von breiten Halbinseln aus, die durch tiefe Buchten wie die Dingle Bay oder die Bantry Bay voneinander getrennt sind.

Klima

Der warme Golfstrom sorgt im Winter wie im Sommer für milde Temperaturen, und sanfte Atlantikwinde bringen an zwei von drei Tagen Regen. Die jährlichen Niederschläge betragen zwischen 2540 mm in den südwestlichen Bergen und 762 mm im Osten. Außerhalb der Bergregionen schneit es selten in Irland.

Lough Leane in der Grafschaft Kerry ist der größte einer Gruppe von Seen im Südwesten Irlands. Auf dem über 2000 Hektar großen See gibt es 30 Inseln; auf der Insel Inisfallen steht eine Abtei aus dem 9. Jh.

Flora und Fauna

Üppiges Grasland bedeckt einen Großteil der Insel, doch die Vegetation ist nicht so vielfältig wie in Großbritannien, zumal Irland noch ärmer an Bäumen ist. Weniger als 5 % des Territoriums sind bewaldet, eine Aufforstung findet kaum statt. Torfmoore, in denen seltene Pflanzen gedeihen, bedeckten große Gebiete Mittelirlands. Torf wurde lange Zeit als Heizmaterial für Haushalte abgebaut. Nun droht den Mooren Gefahr, da Torf auch als Brennstoff in Kraftwerken eingesetzt und als Gartenbausubstrat exportiert wird. An der Westküste, wo der Boden weniger fruchtbar ist, dominieren Heide- und Buschvegetation.

Am Ende der letzten Eiszeit gelangten Tiere und Pflanzen, die auf dem europäischen Festland verbreitet waren, nach Irland. Doch viele auch in Großbritannien vorkommende Tiere wie z. B. das Wiesel, der Maulwurf und Schlangen gibt es nicht auf der Insel, die vor etwa 11 000 Jahren durch die Gletscherschmelze und den Anstieg des Meeresspiegels von den britischen Inseln abgetrennt wurde. Der Überlieferung zufolge hat St. Patrick, der Schutzheilige der Iren, die Schlangen von der Insel verbannt.

KULTUR UND GESELLSCHAFT

Irlands Geschichte ist bestimmt von blutigen Wirren, Religionskonflikten und dem Kampf um die Unabhängigkeit. Heute ist das Land eine stabile Demokratie mit einer starken literarischen Tradition.

Geschichte

Die ersten nachweisbaren Siedlungsspuren sind 9000 Jahre alt, und Bronzegegenstände aus Island wurden in ganz Europa gehandelt. Etwa 300 v. Chr. siedelten sich europäische Kelten der Eisenzeit in Irland an und formten sich zu fünf Stämmen oder Königreichen.

Die römische Besetzung Britanniens im 1. Jh. wirkte sich auf die irischen Kelten nicht aus. Im 5. Jh. zum Christentum bekehrt, hielten sie auch nach dem Zusammenbruch des römischen Reichs am Glauben fest. Es folgten die Jahrhunderte der Wikinger-Raubzüge.

Die Norweger errichteten einen befestigten Stützpunkt in Dublin, bevor sie 1014 von Brian Boru (941-1014), dem ersten König Gesamt-Irlands, endgültig geschlagen wurden.

1172 wurde Irland von anglonormannischen Rittern besetzt, die der englische König Heinrich II. (1133-1189) entsandt hatte. Die Kirche und viele irische Könige unterwarfen sich seiner Herrschaft. In den nächsten 300 Jahren assimilierten sich die anglonormannischen Barone, und Irland wurde faktisch von den Grafen von Kildare regiert.

Die englische Reformation von 1533 unter Heinrich VIII. (1491-1547) steigerte die Ablehnung der Iren, die unbeirrbar katholisch blieben. Wiederholt kam es zu Aufständen, die oft vom katholischen Spanien oder französischen Truppen unterstützt wurden. Viele irische Katholiken wanderten auf das europäische Festland aus. Als auch die Grafen von Ulster im Norden sich dazu entschlossen, ermunterte Jakob I. von England (1566-1625) schottische Protestanten zur Ansiedlung in den verlassenen Ländereien. 1641 führte ein Aufstand der Iren in Ulster zum Massaker an tausenden Kolonisten. Ein vom abgesetzten englischen König Jakob II. (1633-1701) geführter Aufstand in der Schlacht an der Boyne von den protestantischen Truppen Wilhelms III. (1650-1702) zurückgeschlagen. Die englische Regierung beschnitt den katholischen Iren als Strafmaßnahme bürgerliche Rechte und beschlagnahmte ihre Ländereien, doch die Aufstände setzten sich fort. 1801 wurde im „Act of Union" das irische Parlament in das britische Parlament integriert. Unter britischer Verwaltung wurde Irland in große Landgüter aufgeteilt, die von den in England lebenden Eigentümern an irische Bauern verpachtet wurden. In den Jahren 1846-1851 fiel die irische Kartoffelernte der Fäulnis zum Opfer, und eine schwere Hungersnot brach aus, an deren Folgen über eine Million Menschen starben, und die zu einer starken Auswanderung nach Amerika führte – am Ende hatte sich die irische Bevölkerung halbiert.

Ab etwa 1870 gewann die Bewegung für eine irische Selbstverwaltung (Home Rule) an Kraft und wurde im britischen Parlament durch den irischen Abgeordneten Charles Stewart Parnell (1846-1891) vertreten. 1914 wurde die Home Rule schließlich gewährt, was aber auf den erbitterten Widerstand der protestantischen Mehrheit in Ulster stieß. Der Erste Weltkrieg schob die Einführung der Selbstverwaltung hinaus, was erneut zu Unruhen führte. 1916 wurde ein bewaffneter Aufstand von der britischen Armee niedergeschlagen; 14 Führer wurden hingerichtet. Eamon de Valera (1832-1975), ein überlebender Führer des Aufstands, gründete die Sinn-Féin-Partei und ernannte 1919 eine provisorische irische Regierung. Nach einem erbitterten Bürgerkrieg stimmte Großbritannien in die Teilung der Insel ein. Die sechs nordöstlichen Grafschaften wurden zu Nordirland, einer Provinz des Vereinigten Königreichs zusammengeschlossen. Im Süden wurde der selbstverwaltete Freistaat Irland gegründet.

1937 nannte sich der Freistaat Irland in Éire um und nahm eine neue Verfassung mit einem gewählten Präsidenten an, wodurch die Bindungen an Großbritannien aufgekündigt wurden. 1949 verließ Irland den britischen Commonwealth und ernannte sich zur unabhängigen Republik. Da die wirtschaftliche Entwicklung schleppend verlief, wanderten viele Iren aus, um im Ausland, vor allem in Großbritannien, Arbeit zu finden. 1973 trat Irland der EG bei. Formell hat die Republik nie einen Verzicht auf Nordirland ausgesprochen. Doch sämtliche Regierungen haben den Terror der extremistischen Irischen Republikanischen Armee (IRA) in Nordirland und Großbritannien verurteilt. 1985 vereinbarten

Ein Keltenkreuz in Drumcliffe im Nordwesten Irlands. Errichtet wurde es von Christen des 10. Jh. am Standort eines ehemaligen Klosters. Der anglo-irische Dichter William Butler Yeats (1865-1939) ist auf dem Friedhof von Drumcliffe begraben.

LANDESDATEN – IRLAND

Fläche 70 285 km²

Klima	**Höhe** m	**Temperaturen Januar** °C	**Temperaturen Juli** °C	**Jährlicher Niederschlag** mm
Dublin	81	5	15	769

Geografische Merkmale höchster Berg: Carrantuohill (Macgillycuddy's Reeks) 1041 m; längster Fluss: Shannon 370 km

Einwohnerzahl (1994) 3,54 Millionen

Staats- und Regierungsform Mehrparteiensystem; Republik; zwei gesetzgebende Organe

Streitkräfte Heer 11 200; Marine 1000; Luftwaffe 800

Größte Städte Dublin (Hauptstadt – 1 Mio. Einw.); Cork (174 000); Limerick (75 000); Galway (51 000); Waterford (42 000)

Offizielle Landessprachen Irisch, Englisch

Bevölkerungsgruppen Iren 93,0%; sonstige 7,0%

Religionen Katholiken 93,0%; Church of Ireland 3,0%; Presbyterianer 0,4%; sonstige 3,6%

Währung 1 Irisches Pfund (Ir£) = 100 New Pence (p)

Bruttosozialprodukt (pro Kopf 1993) US-$ 13 000

Bruttoinlandsprodukt (1993) US-$ 42,962 Mrd.

Lebenserwartung Männer 72,8; Frauen 78,7 Jahre

Ressourcen Erdgas, Torf, Milchprodukte, Gips, Zink, Blei, Fischereiprodukte, Tourismus

beiderseitige Bemühen um die Beendigung der Gewalt niedergelegt war, woraufhin die IRA 1994 den Waffenstillstand ausrief. Im Februar 1996 wurde der Waffenstillstand jedoch durch Bombenanschläge der IRA gebrochen.

Regierungsform

Der 1937 angenommenen Verfassung zufolge ist Irland eine parlamentarische Demokratie. Staatsoberhaupt ist der Präsident, der für maximal zwei 7-jährige Amtsperioden gewählt werden kann. Der Präsident steht dem Zweikammerparlament (Oireachtas) vor, das aus dem Abgeordnetenhaus (Dáil Éireann) besteht, dessen 166 Abgeordnete für eine 5-jährige Legislaturperiode gewählt werden, und dem Senat (Seanad), dessen 60 Mitglieder von den öffentlichen Körperschaften gewählt oder vom Premierminister ernannt werden. Der Premierminister und die Seniorminister seines Kabinetts müssen Mitglieder des Dáil sein, der alle Gesetzentwürfe einleitet. Der Senat hat lediglich das Recht, die Verabschiedung der Gesetze hinauszuzögern. In einigen Fällen hat der Präsident die Befugnis, das Volk über verschleppte Gesetzentwürfe abstimmen zu lassen. Die Parlamentswahlen folgen dem Prinzip der Proportionalwahl.

Bevölkerung

Die Unterscheidung zwischen englischsprachigen und gälischen Iren ist nach den Massenauswanderungen des 19. Jh. unbedeutend geworden. Die Iren, bekannt für die Wertschätzung der gepflegten Rede, haben zahlreiche berühmte Schriftsteller hervorgebracht, darunter Jonathan Swift (1667-1745), Oliver Goldsmith (1730-1774), Oscar Wilde (1854-1900), George Bernard Shaw (1865-1950), William Butler Yeats (1865-1939), James Joyce (1882-1841) und Samuel Beckett (1906-1991).

Aufgrund der anhaltenden Auswanderung wächst die Bevölkerung nur minimal, deren Zahl heute immer noch halb so groß ist wie die von 1841. Viele Auslandsiren leben unter Wahrung des nationalen Zusammenhalts als große Minderheit in amerikanischen Großstädten. Zu 90 % sind die Iren römisch-katholisch; kleinere Gruppen gehören der Irischen Episkopalkirche, den Presbyterianern, Methodisten oder dem Judentum an. Die Kirche übt starken Einfluss auf die Sozialgesetzgebung aus, obwohl in den 90er-Jahren Forderungen nach mehr Flexibilität in moralischen Fragen laut wurden. Die Freiheit des Gewissens und der Religionsausübung sind in der irischen Verfassung verankert. 1995 entschied sich bei einer Volksabstimmung eine knappe Mehrheit für das Recht auf Ehescheidung.

WIRTSCHAFT

Irland fördert das private Unternehmertum, hält aber zugleich an der staatlichen Lenkung des Öffentlichen Dienstes und der Wirtschaftsentwicklung fest.

Landwirtschaft

Ein Achtel der Erwerbstätigen ist noch in der Landwirtschaft beschäftigt, wobei kleine Familienbetriebe die vorherrschende Wirtschaftsform sind. Auf dem begrenzt zur Verfügung stehenden Ackerland werden hohe Erträge erzielt. Hauptsächlich werden Getreide, Zuckerrüben und Kartoffeln angebaut. Die großen Weideflächen bieten ideale Voraussetzungen für die ganzjährige Rinderhaltung; auch die Schweinezucht ist von Bedeutung. Auf den Hochlandweiden dominiert die Schafzucht. Fleisch und Milchprodukte machen etwa ein Sechstel der irischen Exporte aus.

Die Forstwirtschaft ist kaum von Gewicht und konzentriert sich auf schnellwachsende Nadelhölzer. Die Meeresfischerei wurde in

Ein Sohn Dublins

Alljährlich am „Bloomsday", dem 16. Juni, folgen Besucher und Bewohner Dublins den Spuren der bekanntesten literarischen Gestalt Dublins. Leopold Bloom ist die Schöpfung des Dubliners James Joyce (1882-1941), der als Kind wegen der finanziellen Not seiner Eltern zwei Schuljahre versäumte, aber später trotzdem die Universität besuchte und im Alter von 18 Jahren seinen ersten Essay veröffentlichte. In der Folgezeit wurde er einer der einflussreichsten Schriftsteller der neueren englischsprachigen Literatur. Joyce war ein in sich gekehrter, aber sehr unkonventioneller Mensch, der von Krankheiten, einer starken Sehschwäche und permanenter Geldnot geplagt wurde. Als Stipendiat einer Jesuitenschule zeigte der Halbwüchsige hervorragende Leistungen, verärgerte aber seine Lehrer damit, dass er den katholischen Glauben in Zweifel zog. 1904 begegnete er Nora Barnacle, die seine Lebensgefährtin wurde. Er verweigerte sich der Heirat, bis er 1931 dem Wunsch seiner Tochter nachgab.

Seit er erwachsen war, lebte Joyce im Ausland, vor allem in Frankreich und in der Schweiz, doch er schrieb ausschließlich über die Dubliner, deren Friedfertigkeit und poetische Sprache er ebenso liebte, wie er die starren und deprimierenden sozialen Verhältnisse Irlands hasste. Sein erster Band mit Novellen erschien 1914 unter dem Titel *Dubliner*. Der Erscheinungstermin des Buches musste verschoben werden, weil der Verleger rechtliche Konsequenzen gefürchtet und die Druckfahnen vernichtet hatte.

Ulysses, Joyce' bekanntester Roman, erschien erstmals 1918-20 in New York in mehreren Fortsetzungen, doch etliche Passagen wurden wegen Anstößigkeit beschlagnahmt, und 1921 stellte die New Yorker „Gesellschaft zur Bekämpfung des Lasters" den Verleger vor Gericht und erwirkte das Verbot weiterer Publikationen. Exemplare der 1922 in Paris veröffentlichten Buchausgabe wurden von den New Yorker Postbehörden beschlagnahmt und verbrannt. Das Urteil wurde erst 1936 durch ein höheres Gericht revidiert, und im selben Jahr erschien dann die vollständige Ausgabe in England. Doch Joyce hatte bereits internationalen Ruhm erlangt. Der Roman beschreibt einen Tag in Dublin, und zwar den 16. Juni 1904, und lässt Szenen seiner Biographie mit Motiven aus Homers Odyssee zusammenfließen.

James Joyce ist vermutlich der berühmteste Sohn Dublins, obwohl seine Bücher fast durchweg im Exil in Zürich oder Triest entstanden sind und in Irland nicht veröffentlicht werden durften. Heute ist Irland ein Steuerparadies für Schriftsteller und Heimstatt eines internationalen Dichterkreises.

Das Datum wählte der Autor bewusst, weil es der Tag seiner ersten Begegnung mit Nora Barnacle war. Heute wird er von den Joyce-Jüngern in aller Welt gefeiert.

Pferdemarkt in Drimoleague (*oben*) südwestlich von Cork. Die irischen Vollblüter sind als Rennpferde überall hoch geschätzt, und die Pferdezucht ist eine bedeutende Einnahmequelle, doch der Handel mit schlichten Ackergäulen bleibt eine irische Leidenschaft.

Ein Pub nach dem anderen folgt in dieser Straße von Allihies (Grafschaft Cork). Der Pub ist so tief in der irischen Kultur und Geselligkeit verwurzelt, dass auch die kleinsten Städte Schanklizenzen in großer Zahl vergeben. Auch Lebensmittelhändler haben oft eine kleine „Bar" für durstige Kunden.

den 70er-Jahren mit Regierungshilfe modernisiert. Ihre Leistungsfähigkeit wird jedoch durch Quotenregelungen gegen die Überfischung eingeschränkt. Die Lachszucht in den irischen Flüssen, sonst eine gute Einnahmequelle, ist durch Gewässerverschmutzung gefährdet.

Industrie und Handel

Irland ist nicht sehr reich an Bodenschätzen, lediglich Gips, Zink und Blei werden in mäßigen Mengen gefördert. Der Torf, die Hauptenergiereserve des Landes, ist von geringem industriellem Nutzen; Flüsse wie der Shannon und der Erne dienen der Energiegewinnung.

Schon seit den 50er-Jahren unterstützt die Regierung exportorientierte Industrien mit Steuerermäßigungen und Förderprogrammen. Davon haben vor allem die regionalen Zentren profitiert, die auf der Verarbeitung landwirtschaftlicher Produkte spezialisiert sind, z. B. Molkereien, Schlachthöfe, Brauereien und Whiskybrennereien. Daneben gibt es Hüttenwerke, Druckereien, Textilhersteller und Glasfabriken. Maschinen und Transportausrüstungen bilden mit einem Drittel der Gesamtexporte den größten Einzelsektor. Irland importiert vorwiegend Maschinen, Chemikalien, Erdöl und Erdölprodukte. Größter Handelspartner des Landes ist Großbritannien.

Der Dienstleistungssektor beschäftigt etwa ein Viertel der arbeitenden Bevölkerung und erwirtschaftet fast ein Drittel des Bruttosozialprodukts. Eine wichtige Devisenquelle ist auch der Tourismus.

Verkehr und Kommunikation

Das irische Straßennetz ist auch in den ländlichen Regionen gut ausgebaut, und die Fernverbindungen wurden in den vergangenen Jahren modernisiert. Im Gegensatz dazu wurden in den 60er- und 70er-Jahren viele Eisenbahnstrecken stillgelegt. Die irische Transportgesellschaft betreibt neben den Bahnlinien auch die meisten Buslinien.

Dublin an der Ostküste und Cork im Südwesten sind die wichtigsten Handelshäfen. Auto- und Passagierfähren verbinden die Häfen von Dublin, Dún Laoghaire und Rosslare im Südosten mit großen britischen Häfen wie Glasgow in Schottland und Liverpool an der englischen Nordwestküste. Die staatseigene Fluggesellschaft Aer Lingus operiert von den internationalen Flughäfen Dublin, Cork und Knock im Nordwesten aus, dazu kommt Shannon an der Westküste, wo ein Freihafensystem betrieben wird.

Das Sendemonopol für Rundfunk und Fernsehen besitzt die staatseigene Rundfunkgesellschaft, daneben können auch englische Sender empfangen werden. Das Verlags- und Druckereiwesen mit seiner Buch- und Zeitungsproduktion ist ein bedeutender Industriezweig. Obwohl Gälisch öffentlich gefördert wird, kann es sich gegen das Englische kaum behaupten. Die irische Verfassung garantiert die Pressefreiheit, doch Veröffentlichungen, die die katholischen Moralbegriffe verletzen, sind verboten.

Gesundheits- und Sozialwesen

Das irische Sozialversicherungssystem bietet allen Bürgern Grundrenten, Krankengeld und Arbeitslosenunterstützung, die mit einkommensabhängigen Zuschlägen versehen werden. Der Standard des Gesundheitswesens ist allgemein hoch, und die Krankenhäuser finanzieren sich z. T. durch Spenden aus dem Ausland. Schulbildung ist kostenlos und obligatorisch zwischen dem 6. und 15. Lebensjahr; fast alle Schulen sind konfessionell. Weiterführende Bildung bieten Gymnasien, Real-, Fachhochschulen und Universitäten. Die berühmteste Universität wurde 1591 gegründet: das Trinity College in Dublin. Die

Frankreich und seine Nachbarn

LÄNDER DER REGION

FRANKREICH · ANDORRA · MONACO

Der Arc de Triomphe auf dem Place de l'Etoile in Paris (*links*), geschmückt mit der Trikolore. 1806 von Napoleon in Auftrag gegeben, bildet er den Auftakt der Champs-Elysées und das Gegenstück zum Arc de Triomphe du Carrousel am Louvre.

Frankreich

REPUBLIK FRANKREICH

FRANKREICH IST DAS GRÖSSTE LAND IN Westeuropa und blickt auf eine alte und reiche Kulturgeschichte zurück, die auf ganz Europa ausstrahlte und in der kolonialen Epoche auch darüber hinaus wirkte.

GEOGRAFIE

Westlich und nordwestlich wird Frankreich vom Atlantik und dem Ärmelkanal begrenzt, im Südwesten von den Pyrenäen, im Süden vom Mittelmeer, im Südosten von den Alpen, an die sich nördlich das Rheintal und dann das nordöstliche Flachland anschließen.

Das Land

Die Pyrenäen trennen Frankreich im Südwesten von Spanien. An den östlichen Ausläufern der Gebirgskette schwingt sich die Mittelmeerküste im Bogen bis zum Rhône-Delta. Aus dem Landesinneren erstrecken sich die Berge des Maurischen Massivs, des d'Esterel-Massivs und die Seealpen bis zur Küste. Hier an der Côte d'Azur befinden sich die exklusiven Ferienorte der französischen Riviera. Die Alpen bilden eine Barriere entlang der italienischen Grenze, und weiter nördlich türmen sich die Kalksteinformationen des Juragebirges an der Grenze zur Schweiz auf. Nördlich davon erheben sich die Vogesen über das Rheintal und markieren die Grenze nach Deutschland. Im Nordosten grenzt Frankreich an Deutschland, Luxemburg, Belgien und die Niederlande. Die Klippen und Strände der Nordküste schauen auf den Ärmelkanal hinaus, der nördlich durch die englische Südküste begrenzt wird. Westlich der Halbinsel Cotentin in der Normandie ragt die Bretagne mit einem flachen Höhenrücken in den Atlantik hinein. Von dort verläuft die sandige Tiefebene der Atlantikküste südwärts bis zu den Pyrenäen.

Vulkanlandschaft des Zentralplateaus (*oben*). Das gewaltige Granitmassiv, hier vom Puy Mary aus gesehen, bedeckt einen großen Teil des mittleren Südfrankreich. Durchsetzt ist es von erloschenen Vulkanen und heißen Quellen, in deren Nähe Heilbäder wie die Stadt Vichy entstanden sind.

Mit dem Meer vermählt (*links*). Die buchtenreiche südbretonische Küste bietet ideale Naturhäfen für Fischerboote und Wochenendsegler aus Paris und dem nahen Umland.

Die vier Gebirgszüge des Zentralplateaus beherrschen die südliche Mitte Frankreichs. Die südlichen Ausläufer, die Cevennen, bilden ein karges Kalksteinplateau, das von tiefen Flusstälern durchzogen ist. Nach Osten erstrecken sich schroffe Granitfelsen bis nach Burgund, wo sie steil ins Tal der Rhône und der Saône abfallen.

Im nordwestlichen Zentralplateau bei Limousin werden die Stufenplateaus von wei- Puy de Sancy, dem höchsten Gipfel des Zentralplateaus. Viele Landschaftsformationen sind hier durch Vulkane geprägt worden. Das französische Flachland wird durch die Flusssysteme gegliedert. Die größten Flüsse des Nordostens sind die Maas und die Mosel, beide Nebenflüsse des Rheins. Die Saône entspringt in den Vogesen und mündet in Lyon in die Rhône. Die Rhône entspringt in den Alpen, durchfließt den Genfer See und tritt zwischen Alpen und Juragebirge ins südliche Rhônetal ein. Im Norden durchfließt die Seine das Pariser Becken und mündet dann in den Ärmelkanal. Vom Zentralplateau westwärts fließt mit 1020 km der längste Fluss Frankreichs, die Loire, und bewässert mit seinen Nebenflüssen einen großen Teil Westfrankreichs. Im Südwesten kommt die Garonne aus den Pyrenäen, nimmt die Flüsse Tarn und Lot auf und trifft nördlich von

Klima

Das Klima Frankreichs ist gemäßigt und hat drei regionale Abstufungen. Im Norden und Westen, besonders in der Bretagne, bringt der Atlantik Feuchtigkeit und wechselhaftes Wetter mit milden Wintern und kühlen Sommern. Nach Süden hin werden die Sommer wärmer und die Winter kälter.

Das Pariser Becken ist stärker vom Kontinentalklima geprägt, mit kräftigen Niederschlägen im Frühling und Herbst und sommerlichen Gewittern. Ostfrankreich und das Zentralplateau haben kältere Winter und viel Schnee in den Höhenlagen. In Strasbourg an der deutschen Grenze kommt es zu den größten Temperaturspannen Frankreichs.

Das Mittelmeerklima der Provence im Südosten kennt nur wenige Frosttage im Jahr. Die Sommer sind heiß und trocken. Der Mistral, ein trockener und kalter Nordwind, weht vor allem in den Wintermonaten von den Alpen her.

Flora und Fauna

Die fruchtbaren Tiefebenen des Nordens und Westen erheben sich zu Hügeln, die mit Ginster und Heidekraut bedeckt sind; in ge-

LANDESDATEN – FRANKREICH

Fläche 543 965 km²

Klima	Höhe	Temperaturen Januar	Juli	Jährlicher Niederschlag
	m	°C	°C	mm
Brest	103	6	16	1126
Paris	53	3	19	585
Marseille	8	6	23	546

Geografische Merkmale höchster Berg: Mont Blanc 4807 m; längster Fluss: Loire 1020 km

Einwohnerzahl (1994) 57,8 Millionen

Staats- und Regierungsform Mehrparteiensystem; Republik; zwei gesetzgebende Organe

Streitkräfte Heer 240 000; Marine 64 200; Luftwaffe 94 850

Größte Städte Paris (Hauptstadt – 9,3 Mio. Einw.); Lyon (1,3 Mio.); Marseille (1,1 Mio.); Lille (959 000); Bordeaux (696 000); Toulouse (650 000); Nizza (516 000); Nantes (496 000)

Offizielle Landessprache Französisch

Bevölkerungsgruppen Franzosen 90,6% (einschl. Provenzalen 2,7%; Elsässer 2,3%; Bretonen 1,0%; Katalanen 0,4%); Algerier 1,5%; Portugiesen 1,4%; Marokkaner 0,8%; Spanier 0,6%; Italiener 0,6%; sonstige 4,5%

Religionen Katholiken 76,4%; andere christliche Religionsgemeinschaften 3,7%; Muslime 3,0%; nicht Religiöse und sonstige 16,9%

Währung 1 Französischer Franc (FF) = 100 Centimes (c)

Bruttosozialprodukt (pro Kopf 1993) US-$ 22 490

Bruttoinlandsprodukt (1993) US-$ 1,251 Billionen

Lebenserwartung Männer 74,3; Frauen 82,3 Jahre

Ressourcen Bauxit, Pottasche, Salz, Uran, Kohle, Eisenerz, Holz, Getreide, Milchprodukte, Wein, Obst, Fischereiprodukte, Tourismus

Korsika

Die Insel Korsika vor der Nordwestküste Italiens, nur durch eine Meerenge von Sardinien getrennt, gehört seit 200 Jahren zu Frankreich.

Seit 1975 ist sie eine Region, die in zwei *Départements* aufgeteilt ist. Die Insel ist ein beliebter Ferienort und viele Franzosen besitzen hier ein Ferienhaus. Der Küstenumriss ist mit einer Faust verglichen worden, die mit einem Finger auf Italien zeigt. Die Ostküste ist flach und sumpfig, während die Westküste steil bis zur bergigen Inselmitte ansteigt, die von einer Gipfelkette durchzogen wird. Das Mittelmeerklima ist in den Höhenlagen gemildert. Ausgiebige Regenfälle nähren eine üppige Vegetation und die zahlreichen Flüsse. Mehr als ein Fünftel Korsikas ist bewaldet; Kastanienbäume sind sehr häufig, in den höheren Lagen wachsen Pinien. Das übrige Land ist zum großen Teil mit Maquis bedeckt, einer mediterranen Buschvegetation, deren aromatische Kräuter der Insel einen charakteristischen Duft verleihen. Zum Tierbestand zählen Muffelwild, Wildziegen und Wildschweine in großen Mengen.

Im 3. Jh. v. Chr. eroberten die Römer Korsika (noch heute gibt es viele römische Ruinen auf der Insel). Als das Römische Reich im 5. Jh. zusammenbrach, wurde Korsika mehrfach von germanischen Heeren heimgesucht. Dann beanspruchte der Papst die Insel und trat sie 1077 an Pisa ab. Nach langem Kampf wurden die Pisaner 1299 von den Genuesen vertrieben, die etwa vier Jahrhunderte auf der Insel herrschten und korsische Rebellionen niederschlugen.

1769 wurde die Insel an Frankreich verkauft – im Geburtsjahr des berühmtesten Sohns Korsikas. Nach kurzer britischer Besetzung während der napoleonischen Kriege wurde die Insel schließlich zu einem französischen *Département*. Seit einigen Jahrzehnten fordert die korsische Unabhängigkeitsbewegung die Loslösung von Frankreich und bedient sich dabei auch terroristischer Mittel.

Die korsische Bevölkerung, die zu einem Drittel in den beiden großen Städten Bastia und Ajaccio lebt, genießt die volle französische Staatsbürgerschaft. Amtssprache ist Französisch, doch die meisten sprechen außerdem einen der vielen korsischen Dialekte, die dem Toskanischen ähneln. Auch im Äußeren und in der Lebensweise ähneln die Korsen den Italienern. Die Bevölkerungszahl nimmt ab und der Altersdurchschnitt nimmt zu, weil die jungen Korsen vielfach auswandern. Doch die Insel erlebte auch einen großen Zustrom von Einwanderern, vor allem nach 1963, als die ehemalige französische Kolonie Algerien die Unabhängigkeit erlangt hatte.

Der Hauptgrund für die hohe Auswanderung ist der Mangel an Berufsperspektiven in der agrarisch ausgerichteten korsischen Wirtschaft. Hauptnahrungsmittel ist Weizen, das wichtigste Zuchtvieh sind Schafe. Exportiert werden vor allem Zitrusfrüchte, Wein und Käse.

Brennstoffe und Maschinen müssen eingeführt werden, und es gibt kaum Industrie auf der Insel. Nur der Tourismus stellt eine bedeutende Einnahmequelle dar. Das Straßennetz wurde mit der Zunahme des Tourismus ausgebaut, und die großen Städte sind durch eine Eisenbahn miteinander verbunden. Zum Festland bestehen regelmäßige Fähr- und Flugverbindungen.

Die Zitadelle von Calvi im Nordwesten Korsikas wurde im 16. Jh. von den Genuesern ausgebaut. Korsika selbst ist eine natürliche Festung mit 20 Berggipfeln. Korsika war der erste Teil Frankreichs, der sich im Zweiten Weltkrieg von der Nazibesatzung befreien konnte.

schützten Lagen gedeihen Eichenwälder. Die Nordostregion mit dem größten Teil des Pariser Beckens ist mit Lössboden bedeckt. Es gibt fruchtbares Weideland und grüne Hänge an den Westhängen der Pyrenäen und auf dem Zentralplateau. Die Vegetation des Südostens ist mediterran mit Oliven, Buchsbaum, Thymian, Rosmarin und Korkeichen. Maquis-Buschland kommt in den trockeneren Südgebieten vor. Zum einzigartigen Tierbestand zählen weiße Wildpferde, Büffel und Flamingos im Rhônedelta an der Mittelmeerküste.

Der Fluss Lot (*rechts*) in Estaing bei Esapalion. Er entspringt westlich des Zentralplateaus und durchfließt ein tiefes Tal, bevor er südlich von Bordeaux in die Garonne mündet. Seine Ufer werden gesäumt von alten Schlössern, verträumten Kleinstädten und den Terrassen der Weinberge.

Zerklüftete Gipfel und eisige Seen (*unten*) in den französischen Alpen, die nur 65 bis 2 Millionen Jahre alt sind. Der Mont Blanc ist mit 4807 m der höchste Berg Frankreichs und der gesamten Alpenkette.

KULTUR UND GESELLSCHAFT

Nach Jahrhunderten kultureller und militärischer Macht hat Frankreich als Gründungsmitglied der EG seinen Einfluss gewahrt.

Geschichte

Die 30 000 Jahre alten und damit ältesten Überreste des Homo sapiens wurden in Frankreich entdeckt und nach ihrem Fundort in der Dordogne Cro-Magnon genannt. Im 7. Jh. wurde Frankreich von den Galliern besiedelt, einem keltischen Volk, das sich um 800 v. Chr. vom Rhein her westwärts ausgebreitet hatte. Im 5. Jh. v. Chr. hatten sie große Teile Europas erobert und rivalisierten mit Rom, das sie 390 v. Chr. vergeblich zu erobern versuchten.

Zwischen 58 und 50 v. Chr. wurde das Gebiet des heutigen Frankreich von den Römern kolonisiert, und die Region blieb fast 500 Jahre lang stabil. Die christlichen Frankenherrscher (die Merowinger) hielten die römische Kultur Galliens weiter am Leben, nachdem das Römische Reich zerbrochen war, doch allmählich wurden sie von den Karolingern verdrängt. Karl Martell (um 676-741) schlug die muslimischen Eroberer aus Spanien (Mauren) 732 bei Poitiers und gründete die Karolingerdynastie. Sein Enkel Karl der Große (747-814) dehnte das Frankenreich bis nach Deutschland und an die Grenzen Skandinaviens und Spaniens aus und gründete damit das größte christliche Königreich Westeuropas mit der Hauptstaat Aachen.

Die Kapetinger regierten ab 987 anfangs mit geringer Macht und weiteten ihren Einfluss allmählich aus. Philipp VI. (1293-1350) von Valois trat die Nachfolge der Kapetinger-Dynastie an und wurde Herrscher über ein Land, das in seinen Grenzen annähernd mit dem heutigen Frankreich identisch war. Doch große Gebiete gelangten im Hundertjährigen Krieg (1337-1453) unter britische Herrschaft, während das ganze Land unter hohen Abgaben und der Pest litt (1347-1351). Karl VII. (1404-1461) vertrieb die Engländer mit Unterstützung von Jeanne d'Arc (um 1412-1431) und stellte 1453 das Reich wieder her.

Im 16. Jh. war die französische Geschichte überschattet vom Religionskonflikt zwischen Katholiken und Protestanten (Hugenotten). Die Religionskriege endeten 1589, als der protestantische Heinrich von Navarra zum Katholizismus übertrat, um als Heinrich IV. den Thron zu besteigen. Er sicherte den Hugenotten Toleranz zu und begründete die Bourbonendynastie. Nach seinem Tod jedoch brachen die alten Gegensätze wieder auf. Unter Ludwig XIII. (1601-1643) festigte der

und unterdrückte die Unruhen im Lande. Eine Reihe von Revolten, bekannt geworden als die Fronden, ereigneten sich unter seinem Nachfolger Kardinal Mazarin (1602-1666).

Sonnenkönig Louis XIV. (1638-1715) errichtete den prachtvollsten Hof Europas, um den Adel von der Politik abzulenken. Die Regierung wurde weiter zentralisiert und die Verfolgung der Hugenotten fortgesetzt. Ludwig wollte die Herrschaft über Europa gewinnen und den Territorialbesitz erweitern. Frankreich errichtete Kolonien in Nordamerika, Indien und der Karibik, wo Sklaven aus Afrika mit dem Anbau von Kaffee und Zuckerrohr einen gewaltigen Reichtum erzeugten.

Im Laufe des 18. Jh. verlor Frankreich nach kostspieligen Kriegen die Kolonien Kanada und Indien, und das französische Finanzsystem brach zusammen. Unter Ludwig XV. (1710-1774) begann die Monarchie bereits zu wanken. Die wirtschaftliche Misere näherte sich ihrem Höhepunkt unter der wohlmeinenden, aber unfähigen Politik Ludwigs XVI. (1754-1793) und seiner verhassten Königin Marie Antoinette (1755-1793). Der Ausbruch der Französischen Revolution 1789 stürzte schließlich die Monarchie. Die Machtergreifung durch Fanatiker wie Danton (1759-1794) und Robespierre (1758-1794) leitete eine Periode des Terrors, des Mordens und der Anarchie ein. Ludwig XVI. und Marie Antoinette wurden hingerichtet.

1799 ergriff der junge korsische General Napoleon Bonaparte (1769-1821) die Macht und rief sich 1804 zum Kaiser aus. Er leitete Reformen ein, unter ihnen den Code Napoléon, der noch immer die Grundlage der französischen Rechtsprechung bildet. Doch sein Hauptziel war die Ausweitung des Reiches durch Eroberungen. Die Überschätzung seiner militärischen Kräfte führte 1814 zur entscheidenden Niederlage. Aus dem Exil kehrte er 1815 zurück und wurde bei Waterloo in Belgien endgültig besiegt.

Die wiedereingesetzten, doch unpopulären Bourbonen wurden von einer labilen Zweiten Republik abgelöst, dann wurde der charismatische Neffe Napoleons, Louis-Napoléon Bonaparte (1808-1873) zum Präsidenten gewählt. 1852 ließ er sich nach einem Staatsstreich als Napoleon III. zum Kaiser der Franzosen ausrufen. Unter seinem Regime breitete sich die industrielle Revolution in Frankreich aus – mit friedlichen sozialen Veränderungen, einem nie da gewesenen Reichtum und politischer wie finanzieller Korruption.

1870 trieb Otto von Bismarck (1815-1898), Architekt des Deutschen Reiches, die Franzosen in einen Krieg mit Preußen. Die französische Abwehr brach zusammen, Napoleon III. wurde geschlagen und gefangengesetzt. Die neugegründete Dritte Republik erbat den Frieden, und die Deutschen annektierten Elsass-Lothringen. Ein Aufstand Radikaler in Paris führte zur Ausrufung der Pariser Kommune, die niedergeschlagen wurde. Mehr als 20 000 Kommunarden starben.

In der Dritten Republik gewann Frankreich die innere Stabilität zurück, verstärkte die Präsenz in Algerien und gründete weitere Kolonien in Westafrika und Indochina. Zu einem wesentlichen Teil wurde der Erste Weltkrieg auf französischem Boden ausgetragen, in dem Frankreich fast 1,4 Millionen Menschen verlor. Nach dem Krieg gewann Frankreich Elsass-Lothringen zurück und besetzte von 1923–1930 das Rheinland.

Im zweiten Weltkrieg, nach dem Einmarsch der deutschen Wehrmacht 1940, gelangte Nordfrankreich unter deutsche Verwaltung, während Südfrankreich von dem kollaborierenden Vichy-Regime unter Marschall Philippe Pétain (1856-1951) regiert wurde. Beide Teile wurden von der Befreiungsarmee Freies Frankreich mit britischer Unterstützung und unter Führung von General Charles de Gaulle (1890-1970) bekämpft. 1947 wurde die Vierte Republik gegründet, die durch zerstörerische Kolonialkriege in Indochina und Algerien ihre Reputation aufs Spiel setzte.

1958 trat General de Gaulle die Präsidentschaft an, um zehn Jahre lang die Fünfte Republik zu führen. Im Rahmen der EG-Entwicklung nahm Frankreich einen neuen Aufschwung, doch 1968 wurde das Land durch die Studentenproteste in Paris erschüttert. Um dieselbe Zeit wurde de Gaulle zur Anerkennung der algerischen Unabhängigkeit und zur Freigabe weiterer Kolonien gezwungen. Er verfolgte eine strikt national orientierte Politik, wandte sich gegen den amerikanischen Einfluss auf Europa und blockierte mehrfach den britischen Beitritt zur EG.

De Gaulles Nachfolger Georges Pompidou (1911-1974) und Valéry Giscard d'Estaing (* 1926) förderten die industrielle Entwicklung im Land, doch waren sie mit wachsenden wirtschaftlichen Problemen konfrontiert. 1981 wurde der einstige Rivale de Gaulles, François-Maurice Mitterrand (1916-1996), zum ersten sozialistischen Präsidenten Frankreichs gewählt und 1988 erneut bestätigt. Jacques Chirac (* 1932) trat 1995 seine Nachfolge an. Ende Januar 1996 kündigte er das Ende der französischen Nukleartests im Pazifik an und gab bekannt, dass Frankreich plant, bis zum Jahre 2001 die allgemeine Wehrpflicht abzuschaffen.

Ein symbolischer Sieg. Am 14. Juli 1798 wurde in einem Aufruhr gegen die Bourbonendespotie die Pariser Bastille gestürmt. Die Bastille, eine achttürmige Festung aus dem 14. Jh. zur Abwehr englischer Angriffe, steht heute nicht mehr.

Regierungsform

Die 1958 verabschiedete Verfassung der Fünften Republik definiert Frankreich als Mehrparteiendemokratie mit einem Präsidenten als Staatsoberhaupt, der durch allgemeine Wahlen für eine 7-jährige Amtszeit ernannt wird. Die Regierungsgeschäfte versehen die Minister unter einem Premierminister. Der Präsident darf das Parlament einberufen oder auflösen, eine Volksabstimmung anordnen oder Notverfügungen erlassen. Die zwei Parlamentskammern sind der Senat und die Nationalversammlung. Die 321 Senatoren haben begrenzte legislative Befugnisse. Die Nationalversammlung mit ihren 577 Abgeordneten

Held oder Tyrann?

Napoleon überquert die Alpen. Idealtypisches Porträt von Jacques-Louis David (1748–1825). Der in Frankreich ausgebildete Korse nahm eine steile Karriere: Brigadegeneral mit 25, Militärdiktator mit 30, Kaiser mit 35 Jahren.

Annähernd 200 Jahre nach seinem Tod ist Napoleon Bonaparte (1769-1821) noch immer eine umstrittene Persönlichkeit. Seine historische Bedeutung steht außer Frage: Innerhalb weniger Jahre gab er der Geschichte Frankreichs und ganz Europas eine andere Richtung. Zweifelhaft bleibt nur, ob seine Herrschaft einen Gewinn für Frankreich bedeutete.

Napoleon wurden 1769 in Ajaccio auf Korsika geboren. Sein Name – Napoléone Buonaparte – verweist auf italienische Vorfahren. Kultur und Sprache der Korsen waren zu jener Zeit italienisch, und Napoleon hielt an diesem Erbe fest, obwohl er eine französische Bildung erhielt und noch vor der Beförderung zum Leutnant der Artillerie die Pariser Militärakademie absolvierte. Nach einem Intermezzo in der korsischen Befreiungsbewegung schloss er sich in Frankreich den Jakobinern an und zeichnete sich bei der Belagerung von Toulon im Kampf gegen die Briten aus, worauf er zum Brigadegeneral befördert wurde. Trotz der politischen Turbulenzen der frühen 90er-Jahre setzte er seine Karriere fort, und 1795 erhielt er das Kommando über die französische Binnenarmee. 1796 heiratete er seine Maitresse Josephine de Beauharnais (1763-1814), die Witwe eines Generals, der während der Revolution der Guillotine zum Opfer gefallen war. Im selben Jahr marschierte er siegreich nach Italien ein und zwang Österreich zur Abtretung wertvoller Territorien. Im Auftrag des Konvents schlug er einen antiroyalistischen Staatsstreich in Paris nieder. Auf dem Höhepunkt seiner Macht rief er sich zum Kaiser Frankreichs und König Italiens aus; er heiratete die Tochter des österreichischen Kaisers und herrschte über Österreich, Preußen, Spanien und Portugal.

Seine Niederlagen waren ähnlich spektakulär. In der Auseinandersetzung mit Großbritannien marschierte er 1798 nach Ägypten ein, um die Gewinne aus der Kolonie Indien abzuschöpfen. Mit Erfolg besetzte er das Land und führte europäische Verwaltungsstrukturen und technische Errungenschaften ein. Doch in der Schlacht bei Abukir (1798) vernichtete das britische Expeditionscorps unter Admiral Horatio Nelson (1758-1805) die französische Flotte. Ein versuchter Einmarsch in Großbritannien endete mit einer weiteren Flottenniederlage gegen Nelson bei Trafalgar (1805). 1812 marschierte Napoleon gegen Russland, die andere europäische Großmacht, die ihm widerstand und den französischen leon schlug die russische Armee bei Borodino und zog in Moskau ein. Doch die russische Taktik der „verbrannten Erde" schnitt die französische Armee von Nachschub und Proviant ab und der harte russische Winter zwang ihn zu einem verlustreichen Rückzug. Nach einer Kette von Niederlagen zog er sich hinter die französische Grenze zurück, wo er von den vereinten russischen, preußischen, österreichischen und britischen Armeen 1814 zur Abdankung gezwungen wurde. Doch binnen eines Jahres kehrte er aus dem Exil auf der Mittelmeerinsel Elba zurück. Seine endgültige Niederlage erlitt er bei Waterloo 1815. In Frankreich war seine Popularität so tief gesunken, dass er sich unter britischen Schutz stellen musste. Er starb nach 6-jährigem Exil auf der Atlantikinsel

War er ein weitsichtiger Staatsmann oder nur ein skrupelloser Tyrann? Um Frankreich erwarb er sich viele Verdienste: Er verhalf dem Land zu neuem Ansehen und schuf mit dem Präfektursystem der Verwaltung, mit dem Code Napoléon und der Bank von Frankreich sowie anderen Finanzinstitutionen die Grundlagen des modernen französischen Staates. Aber wie andere Diktaturen vor und nach ihm, war er unfähig, persönliches und nationales Interesse voneinander zu trennen, und sein Ehrgeiz trieb ihn in den Untergang. Dennoch galt er vielen seiner Landsleute

ist die zentrale gesetzgebende Körperschaft, doch die Bereiche Finanzen, Verteidigung und andere von nationalem Gewicht fallen in die Zuständigkeit des Präsidenten.

Die Macht der regionalen Regierungen ist auf die Verwaltung und die öffentlichen Dienste beschränkt. Es gibt 22 Regionen, 96 *Départements* und 4 Übersee-*Départements*. Die kleinste Einheit ist die Gemeinde (Commune) und als solche zuständig für örtliche Einrichtungen wie Schulen, Krankenhäuser und Feuerwehren. Die Commune wird von einem Bürgermeister und seinen Stellvertretern verwaltet, die im örtlichen Leben eine bedeutende Rolle spielen.

Bevölkerung und Sprache

Neben äußerlichen Unterschieden und Regionaldialekten demonstrieren auch die sprachlichen Minderheiten Frankreichs die vielfältigen Wurzeln der heutigen Bevölkerung. Die nördlichen Dialekte sind dem Standardfranzösisch nahe, die südlichen weichen vor allem im Gebrauch der nasalen Vokale ab. Südliche Dialekte leiten sich vom Provenzalischen des Mittelalters ab, das sich auch in der Schreibung in Resten erhalten hat.

Die auffälligsten Sprachunterschiede zeigen sich in den Randgebieten: In den Ostpyrenäen wird Katalan gesprochen, in der Bretagne der keltische Dialekt Bretonisch, im Elsass ein Deutscher Dialekt und an der belgischen Grenze Flämisch. Die baskische Sprache der westlichen Pyrenäen (auch in Nordspanien üblich) ist linguistisch einzigartig – sie ist mit keiner anderen Sprache verwandt.

Die Académie Française – gegründet 1635 zur Pflege der französischen Sprache und Literatur – wacht über die Bewahrung des Französischen vor fremden Einflüssen und prägt bei Bedarf neue Wörter wie z. B. "le ordinateur", das den aus dem Englischen übernommenen Begriff „le computer" ersetzen soll.

Kultur und Religion

Seit der Epoche Karls des Großen hat Frankreich mit seiner Kultur die Welt bereichert. Dramatiker, Maler, Philosophen, Schriftsteller, Komponisten, Filmregisseure und Bildhauer gehören zu der langen Liste einflussreicher Künstler. Der nachhaltigste Beitrag Frankreichs zur Weltkultur ist vielleicht die Kochkunst. Ob es sich um traditionelle Bauerngerichte oder um die vornehme Nouvelle cuisine handelt: Der französische Stil hat in aller Welt Maßstäbe gesetzt.

Frankreich hat keine Staatskirche. Die Bevölkerungsmehrheit ist katholisch und es gibt große protestantische und jüdische Minderheiten sowie einen hohen Anteil von Muslimen unter den aus Nordafrika eingewanderten Bevölkerungsschichten.

Strategisches Wahrzeichen (*oben*). Der Eiffelturm während der Pariser Weltausstellung von 1900. Benannt nach seinem Konstrukteur, wurde der Turm von seinen Kritikern geschmäht, doch sein militärischer Nutzen als Funkturm im Ersten Weltkrieg rettete ihn vor dem Abriss.

Impressionen von Licht und Schatten (*rechts*). Edouard Manets Gemälde „Monet bei der Arbeit auf dem Boot in Argenteuil" von 1874. Beide französischen Maler zogen es vor, im Freien zu malen – *en plein air* –, um das Zusammenspiel von Licht und Farben zu erkunden.

WIRTSCHAFT

Als eins der fortgeschrittensten Mitgliedsländer der EU hat Frankreich seit den 50er-Jahren hohe wirtschaftliche Wachstumsraten.

Land-, Forstwirtschaft und Fischerei

Frankreich, der größte Agrarproduzent Westeuropas, hat stark von EU-Subventionen profitiert, obwohl der landwirtschaftliche Sektor im Rückgang begriffen ist. Kleine Betriebe werden zum Zusammenschluss und zur Modernisierung angeregt. Die Überproduktion von Weizen, Milchprodukten und Wein führt zu Problemen innerhalb und außerhalb der Europäischen Union.

Hauptanbaufrüchte sind Weizen, Gerste, Hafer, Roggen, Mais, Reis, Sonnenblumenkerne und Hackfrüchte wie Zuckerrüben und Kartoffeln. Die Normandie und die Bretagne

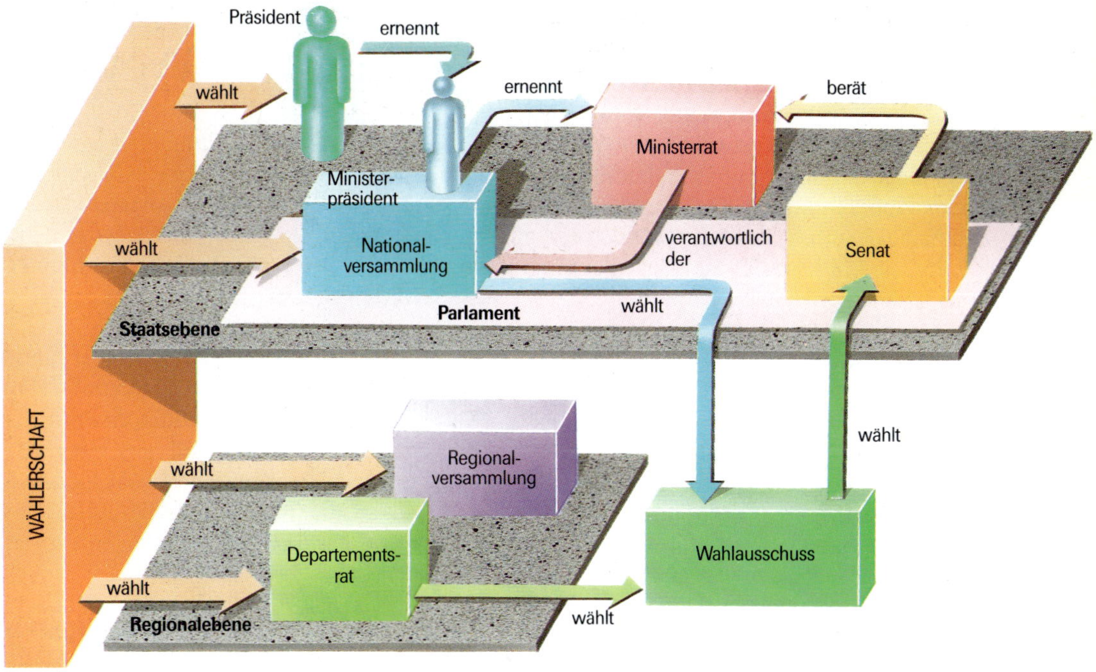

Das französische Regierungssystem. Unter der Verfassung der 5. Republik ernennt der Präsident den Premierminister, der ihn dann bei der Besetzung des Ministerrats berät. Dieser ist der Nationalversammlung rechenschaftspflichtig, die in die Regierungstätigkeit des Ministerrats eingreifen kann.

sind bekannt für ihre Apfelplantagen, den Cidre und den Calvados. Ähnlich berühmt im Südwesten ist Aquitaine für den Anbau von Pflaumen. Pfirsiche und Aprikosen werden im warmen Rhônetal gezüchtet.

In der Weinherstellung liegt Frankreich an zweiter Stelle hinter Italien. Die größten Mengen werden im Languedoc erzeugt, doch der höchste Anteil an Qualitätsweinen kommt aus Bordeaux, gefolgt von Burgund und einigen Südostregionen.

Die Tierhaltung steht für einen wachsenden Anteil der Agrarproduktion in der französischen Wirtschaft; die Regierung unterstützt die Umstellung vom Feldanbau auf die Fleischproduktion, um Überschüsse an Getreide und Butter abzubauen. An erster Stelle steht die Rinderhaltung, gefolgt von der Schweinezucht. In weniger fruchtbaren Bergregionen Mittel- und Südfrankreichs werden vor allem Schafe und Ziegen gezüchtet. Die Fischwirtschaft ist vor allem auf die Atlantikküste beschränkt, da die Bestände des Mittelmeers wenig ergiebig sind. Die wichtigsten Fischereihäfen sind La Rochelle, Concarneau, Boulogne und Lorient.

Etwa ein Fünftel des Landes ist bewaldet, und Frankreich ist Europas drittgrößter Holzlieferant. Große Waldgebiete werden staatlich verwaltet, und es gibt groß angelegte Aufforstungsprogramme.

Industrie und Handel

Im Zweiten Weltkrieg wurde die französische Industrie schwer geschädigt. Mit Finanzierungshilfen des amerikanischen Marshall-Plans wurde sie wiederaufgebaut. Heute ist Frankreich nach den USA, Japan und

Im Vergleich mit anderen europäischen Ländern gibt es in Frankreich wenig große Konzerne. Dagegen liegen die öffentlichen Investitionen weit über den privaten. Die Industrie litt unter den Ölkrisen der 70er- und 80er-Jahre, doch hat es seitdem einen neuen Aufschwung gegeben. Die französischen Mineralvorräte sind allmählich erschöpft. Die Eisenerz- und Kohleförderung in Lothringen ist zurückgegangen und inzwischen überwiegen die Importe. Auch Bauxit, Kaliumsalze, Steinsalz und Uranerz werden in kleineren Mengen gefördert.

Fast drei Viertel der Elektroenergie werden jetzt in staatseigenen Kernkraftwerken erzeugt. Daneben gibt es eine große Zahl von Wasserkraftwerken. Erdöl und Erdgas werden vor allem in Les Landes und im zentralen Pariser Becken gefunden, doch der Hauptteil des Bedarfs muss importiert werden. Dennoch betreibt Frankreich eine der größten Erdölverarbeitungsindustrien Europas.

Frankreich ist auch ein führender Stahl- und Autohersteller, dazu kommen Flugzeuge für den zivilen und militärischen Bedarf und die Beteiligung an europäischen Projekten wie Concorde und Airbus. Andere wichtige Industriezweige sind Rüstungs-, Gummi- und Chemie-Industrie. Die Textilindustrie ist noch im Wachsen; auch die Nahrungsmittelindustrie verzeichnet hohe Zuwachsraten. Prestigeprodukte wie Parfümerien und Mode führen die französischen Exporte an. Wichtige Exportsegmente stellen außerdem Autos, Landwirtschaftserzeugnisse und Chemikalien dar. Haupthandelspartner Frankreichs sind die Länder der Europäischen Union.

Der Staat ist stark mit dem Banken- und Finanzwesen verknüpft. Die größten Banken sind Staatseigentum, und der Aktienmarkt an der Pariser Börse spielt eine geringere Rolle als in anderen westlichen Ländern.

Transport und Verkehr
Frankreich besitzt ein hochentwickeltes Verkehrssystem. Das Straßennetz ist das längste Europas, doch gibt es vergleichsweise wenig Stadtautobahnen. Die Folge ist häufiger Stau in den Städten.

Die staatseigene Eisenbahn hat ihr Zentrum in Paris. In den vergangenen Jahren sind Leistung und Komfort wesentlich gestiegen. Der Hoch-Geschwindigkeitszug TGV verkehrt mit Spitzengeschwindigkeiten von 300 km/h auf neuerrichteten Strecken zwischen Paris und Lyon, der französischen Riviera und der Schweiz. Eine neue Strecke verbindet Paris mit Nantes und Bordeaux. Seit der Eröffnung des Kanaltunnels nach England 1994 besteht auch eine Direktverbindung Paris — London.

Paris, eine Drehscheibe des internationalen Flugverkehrs, besitzt drei große Flughäfen: Charles de Gaulle und Le Bourget im Norden sowie Orly im Süden. Der Binnenflugverkehr hat sich schnell entwickelt und wird vorwiegend von Air Inter besorgt, einem Zweigunternehmen der Air France. Frankreich kann sich auch rühmen, über das längste Wasser-

Haute Couture. Frankreich ist weltweiter Trendsetter in der Damenmode; die berühmtesten Modehäuser, zu denen Chanel, Dior, Cardin und Saint Laurent zählen, haben ihren Sitz im Pariser Faubourg Saint Honoré.

Champagner – König der Weine

Mindestens seit der Römerzeit wird auf den kalkigen Böden der Champagne südöstlich von Paris Wein angebaut. Aber wann genau die *méthode champenoise* entwickelt wurde, die dem weltberühmten Weißwein das prickelnde Etwas verleiht, ist ungewiss. Die Legende schreibt die Erfindung des Champagners gegen Ende des 17. Jh. Dom Pierre Pérignon zu, einem Kellermeister und Benediktinermönch der Abtei Hautvillers. Er soll mit einer Mischung von Rebsäften aus verschiedenen Lagen und deren nachfolgender Flaschengärung die Voraussetzungen für das edle Getränk geschaffen haben.

Die Herstellung ist ein recht umfassendes Unterfangen. Die Methode beruht im Wesentlichen darauf, dass der Wein nach der ersten Gärung auf Flaschen gezogen wird und dann in der Flasche nachgärt. Doch dies ist nicht ohne weiteres zu erzielen. Die Flaschen müssen fest verkorkt, in schrägen Regalen gelagert werden und täglich einmal gedreht und gerüttelt werden. Dieses Verfahren, bekannt als *rémuage*, kann von mehreren Monaten bis zu mehreren Jahren dauern. Ursprünglich wurde es von Hand durchgeführt – ein Aufwand, der sich natürlich auf den Preis des Champagners niederschlug. Heute werden die Flaschen in riesigen Spezialvorrichtungen automatisch gerüttelt und gedreht. Einige Firmen haben vollautomatische und computergesteuerte Systeme entwickelt, die den Reifeprozess beschleunigen, offenbar ohne dass sich dies auf die Qualität der Produkte niederschlägt.

Am Ende der *rémuage* wird die Flasche auf den Kopf gestellt, so dass der Bodensatz der Nachgärung sich am Korken niederschlägt. Die Flaschenköpfe vereist man dann in einem kalten Solbad, und danach wird der gefrorene Bodensatz mitsamt Korken entfernt. Die Flaschen werden mit einer Mischung aus altem Champagner und Rohrzuckersirup aufgefüllt und neu verkorkt. Die Menge des zugefügten Sirups entscheidet darüber, ob der Champagner *brut* (extra trocken), *sec* (trocken) oder *demi-sec* (halbtrocken – d. h. ziemlich süß) ausfällt. Gelegentlich findet man auch *doux* (süß), eine Geschmacksrichtung, die an Hustensirup erinnert, oder den zuckerfreien *brut sauvage*, der ausgesprochen nüchtern schmeckt.

Der Wein wird in drei Gebieten südlich der Stadt Reims angebaut. Die nördliche Lage heißt Montagne des Reims, wo die Reben des Pinot Noir, einer der Hauptsorten des Champagners, angebaut werden. Im Süden ziehen sich die Weinberge von Château Thierry bis Epernay durch das Marnetal, und dort gedeiht eine andere dunkle Traubensorte, der Meunier. Südlich von Epernay beginnt eine Lage, die Côte de Blancs heißt und Anbaugebiet der hellen Chardonnay-Traube ist.

Champagner wird von den Herstellern fast immer aus verschiedenen Weinsorten gemischt. Die weniger verbreiteten Sorten *blanc des blancs* und *blanc des noirs* werden ausschließlich aus hellen bzw. dunklen Trauben hergestellt. Die Spitzensorten werden nur aus Weinen besonders guter Jahrgänge gemischt, und man bezeichnet sie deshalb als Jahrgangschampagner. Ansonsten werden verschiedene Jahrgänge zur Erzielung von Geschmacksnuancen

Feierliche Verkostung. Der Champagner, oft kopiert, ist nur echt, wenn die Reben auf dem Kalkboden um Reims gewachsen sind, wo die Sommer heiß und die Winter kalt sind. Kein anderer Hersteller darf den Markennamen Champagner für sich in Anspruch nehmen.

gemischt. Wenn geschickte Hände am Werk sind, brauchen diese Sorten den Vergleich mit dem Jahrgangschampagner nicht zu scheuen.

In den anderen Regionen Frankreichs wird ebenfalls Sekt nach der *méthode champenoise* hergestellt, oft mit hervorragenden Ergebnissen. Andere Sorten, auch der vergleichbare deutsche Sekt, werden mit der weitaus preiswerteren Methode *cuve close* erzeugt. Doch nur der echte Champagner besitzt das unverwechselbare, prickelnd frische Bouquet, das er offenbar dem Kreideboden seiner

Mehr als 1,4 Millionen Menschen sind in der Autobranche beschäftigt, die für 26 Millionen zugelassene Fahrzeuge auf Frankreichs Straßen sorgt. Größter Hersteller ist die Staatsfirma Renault, die auch an anderen Autofirmen wie AMC, Mack Trucks und European Dodge beteiligt ist.

straßennetz Europas zu verfügen. Neben den Kanälen sind viele Flüsse durch Begradigung schiffbar gemacht worden. Große Frachtschiffe können jedoch nur auf den modernen Wasserstraßen des industriellen Nordosten verkehren. Beliebt ist auch der Bootstourismus.

Medien

Frankreich besitzt eine reiche Verlagstradition. Viele Zeitungen und Zeitschriften, darunter *Le Monde*, *Le Figaro*, *Paris-Match* und die führenden Frauenmagazine *Elle* und *Marie Claire* werden weltweit gelesen.

Rundfunk und Fernsehen waren bis vor wenigen Jahren auf eine kleine Zahl von Sendern beschränkt, was z. T. darin begründet lag, dass sie dem Staat gehörten. 1975 wurde die zentrale Kontrollbehörde ORTF in verschiedene Gesellschaften aufgegliedert, die von Vertretern des Staates, des Parlaments, der Presse und der Sendeanstalten überwacht werden. Die Zahl der Fernsehkanäle erhöhte sich auf sechs, und mit der Ausbreitung des Kabel- und Satellitenfernsehens ist sie sprunghaft angestiegen.

Gesundheits- und Sozialwesen

Das System der Sozialversicherung wurde in den 30er-Jahren entwickelt und nach dem Zweiten Weltkrieg weiter ausgebaut. Auf der Grundlage der Arbeitnehmer- und Arbeitgeberbeiträge wird es im Wesentlichen vom

fahren abgerechnet, so dass private Einrichtungen neben den öffentlichen bestehen können. Der medizinische Standard ist im Weltmaßstab hervorragend, doch fehlt es an Krankenhausbetten, und es besteht ein gravierender Mangel an Pflegeeinrichtungen für alte und geistig behinderte Menschen.

Bildungswesen

Frankreich blickt auf eine lange Bildungstradition zurück. Die Schulbildung ist kostenlos und vom 6. bis zum 16. Lebensjahr obligatorisch. Die Lehrpläne werden vom Bildungsministerium ausgegeben und überwacht. Auf die Grundschule folgt mit dem 11. Lebensjahr das *lycée*, die gymnasiale Oberstufe, in der die Schüler auf die staatliche Abiturprüfung (*baccalauréat*) vorbereitet werden, oder die Allgemeinbildenden- und Realschulen als Vorbereitung auf technische Berufe.

Der gesamte Hochschulbereich wurde nach den Studentenunruhen von 1968 reformiert und besteht nun aus Universitäten, Fachuniversitäten und Berufshochschulen. Die Qualität des öffentlichen Bildungsangebots hat die Beliebtheit der Privatschulen geschmälert.

Andorra

FÜRSTENTUM ANDORRA

DAS KLEINE FÜRSTENTUM ANDORRA LIEGT isoliert im Herzen der östlichen Pyrenäen und grenzt nördlich an Frankreich, südlich an Spanien. Es umschließt den dreifachen Talkomplex des Valira-Flusses, der durch die einzige Gebirgslücke südwärts nach Spanien abfließt. Die Landschaft ist durch steile Gipfel und tiefe Täler sowie Schluchten eiszeitlicher Herkunft stark zerklüftet. Nirgends sinkt die Höhenlage des Landes unter 900 m.

Das Klima ist typisch alpin, doch mit wechselhaften Niederschlägen. In den kalten Wintern wird die einzige Passstraße nach Frankreich gewöhnlich durch Schnee blockiert. Frühling und Sommer sind mild und sonnig. Auch die Pflanzen- und Tierwelt ist alpin. Die frostharten Kiefern, Fichten und Birken sind zumeist ausgedehnten Almen gewichen, auf denen Gämsen und spanische Wildziegen zu finden sind.

Erstmals gewann Andorra die Unabhängigkeit von den spanischen Mauren im Jahr 803, als Karl der Große (747-814) das Gebiet von den Muslimen zurückeroberte. 819 trat sein Sohn Ludwig der Fromme (778-840) das Gebiet dem spanischen Bischof von Urgel in Nordostspanien ab. 1278 wurde ein Vertrag geschlossen, der den Besitz Andorras zwischen Spanien und den französischen Grafen von Foix aufteilte, und abgesehen von einer kurzen Periode nach der Französischen Revolution ist es bis heute ein Nebenfürstentum geblieben.

Als Staatsoberhäupter fungieren der französische Präsident und der Bischof von Urgel gemeinsam, doch seit der neuen Verfassung von 1993 haben sie nur noch das Vetorecht gegen Entscheidungen, die die Grenzen nach Frankreich und Spanien betreffen. Das andorranische Parlament (Generalrat der Täler von Andorra) hat 28 gewählte Abgeordnete. Enge kulturelle Bindungen bestehen zur spanischen Nachbarprovinz Katalonien. Katalan ist die meistgesprochene Sprache, obwohl auch Spanisch und Französisch in Gebrauch sind. Die Bevölkerung ist überwiegend katholisch, und Andorra gehört zur Diözese Urgel in Spanien. Die Hauptstadt Andorra la Vella ist die einzige größere Stadt. In den vergangenen Jahrzehnten ist die Bevölkerung stark durch katalonische Zuwanderung gewachsen, meist infolge der Tourismusindustrie und der damit verbundenen Arbeitsplätze. Die Zuwanderer machen inzwischen zwei Drittel der Bevölkerung aus.

Andorra ist seit jeher ein Agrarland. Im Winter werden die Rinder und Schafe in den Dörfern oder auf tiefer liegenden spanischen Weideflächen gehalten, im Sommer weiden sie auf den Almen. Viele Dorfbewohner ziehen mit dem Vieh in höher gelegene Sommerquartiere um. In geringem Maße wird Forstwirtschaft betrieben und die wenigen Ackerflächen dienen dem Tabakanbau. Die Industrie ist weitgehend auf Holz- und Tabakverarbeitung und auf die Betreibung von Wasserkraftwerken beschränkt.

Haupteinnahmequelle Andorras ist der Tourismus. Besucher werden durch die bezaubernde Landschaft, die örtliche Baukunst, durch Folklore-Darbietungen und die guten Wintersportbedingungen angezogen. Die Straßen sind hervorragend ausgebaut, aber es gibt keine Eisenbahn und nach wie vor nur eine Straßenanbindung an Frankreich und Spanien. Großzügige Steuer- und Zollbestimmungen haben Andorra zu einem Standort des internationalen Handels gemacht. In Gebrauch ist die französische und die spanische Währung. Bildung, Fernsehen, Post- und Telefondienstleistungen werden gemeinsam von Frankreich und Spanien organisiert. Der Ratsvorsitzende ist für weitere öffentliche Leistungen zuständig.

LANDESDATEN – ANDORRA

Fläche 468 km²

Klima	**Höhe** m	**Temperaturen Januar** °C	**Juli** °C	**Jährlicher Niederschlag** mm
Andorra la Vella	1080	2	19	808

Geografische Merkmale höchster Berg: Coma Pedrosa 2946 m;

Einwohnerzahl (1994) 63 930

Staats- und Regierungsform (seit März 1993) parlamentarische Demokratie; ein gesetzgebendes Organ

Streitkräfte keine (eingebunden in Frankreich und Spanien)

Hauptstadt Andorra la Vella (20 000 Einw.)

Offizielle Landessprache Katalan

Bevölkerungsgruppen Spanier 61,0%; Andorraner 30,0%; Franzosen 6,0%; sonstige 3,0%

Religionen Katholiken 94,2%; Juden 0,4%; Zeugen Jehovas 0,3%; Protestanten 0,2%; sonstige 4,9%

Währung 1 Französischer Franc (FF) = 100 Centimes (c); 1 Spanische Peseta (Pta) = 100 Céntimos

Bruttosozialprodukt (pro Kopf 1993) US-$ 19 989

Bruttoinlandsprodukt (1993) US-$ 1,231 Mrd.

Lebenserwartung Männer 75,5; Frauen 81,5 Jahre

Ressourcen Tourismus, Tabak, Holz

Versteckt in den Bergen der Ostpyrenäen liegt Andorra im Schnittpunkt dreier Täler, die den Touristen ausgezeichnete Wintersportbedingungen bieten. Anziehungspunkt ist neben der beeindruckenden Landschaft auch das Angebot an zollfreien Waren. Amtssprache ist Katalan.

Monaco

FÜRSTENTUM MONACO

Die winzige souveräne Enklave Monaco liegt an der französischen Mittelmeerküste östlich von Nizza und nahe der italienischen Grenze. Das Klima ist mediterran mit trockenen, heißen Sommern und milden Wintern. Die günstige Lage am Fuß der zerklüfteten, mit Buschland bedeckten Seealpen bietet Schutz vor dem kalten Nordwind, dem Mistral.

Das ganze Gebiet, nur knapp 2 km², ist dicht besiedelt und in vier Hauptsektoren oder Quartiere unterteilt. Im Nordosten liegt das elegante Monte Carlo mit Hotel, Villen und Hochhausappartements an den Berghängen. Das Handelszentrum La Condamine schaut über den modernen Hafen auf die eigentliche Altstadt von Monaco, die auf einer felsigen Landzunge erbaut ist.

Jenseits des alten Hafens (heute vor allem für Luxusjachten genutzt) beginnt südwestlich das neuere Industrieviertel Fontvieille, das vor einiger Zeit zum Teil dem Meer abgewonnen wurde.

Von 1297 bis 1792 wurde Monaco vom genuesischen Fürstengeschlecht der Grimaldi regiert. Dann riefen die Bewohner von Monaco die Republik aus, und 1793 fiel das Land an das revolutionäre Frankreich. 1815 gab der Wiener Kongress Monaco die Unabhängigkeit zurück, unterstellte es jedoch dem Schutz der Könige von Sardinien. Die Grimaldi gewannen das Land 1861 zurück, doch war das Territorium bis dahin schon um einige Gebiete reduziert. Ein Vertrag mit Frankreich von 1918 sicherte Monaco auch bei Erlöschen der Grimaldi-Linie unverminderte Autonomie zu. 1962 führte Fürst Rainier III. (* 1923) nach Steuerstreitigkeiten mit Frankreich eine neue Verfassung ein, nach der die legislative Macht zwischen dem Monarchen und der 18-köpfigen Nationalversammlung geteilt wird.

Nur eine kleine Minderheit der Bevölkerung sind geborene Monegassen; mehr als

Der Grand Prix von Monaco. Ein Ferrari testet die Strecke des jährlich im Mai stattfindenden Rennens. Monaco ist ein winziges Fürstentum, doch es hat einige Trümpfe zu bieten: Neben den Autorennen und dem weltberühmten Casino ist auch das reich ausgestattete Meeresmuseum zu nennen.

Katholizismus. Amtssprache ist Französisch, daneben wird auch der monegassische Dialekt gesprochen. Der Tourismus ist der wichtigste Wirtschaftszweig des Fürstentums. Die Vorzüge der Lage und des Klimas haben Monaco zu einem der bekanntesten Ferienorte Europas gemacht. Monte Carlo besitzt ein weltberühmtes Casino und eine Oper von Rang. Monaco ist auch Schauplatz zweier internationaler Sportereignisse, der Rally von Monte Carlo und des Grand Prix von Monte Carlo, die in den Straßen des Fürstentums ausgetragen werden.

Mit Frankreich besteht eine Währungs- und Zollunion. Bis 1962 herrschte im Fürstentum völlige Steuerfreiheit, weshalb es zu einem Anziehungspunkt für die Reichen aus aller Welt wurde und dem Land zu Wohlstand verhalf. Danach wurden Steuern eingeführt, doch die monegassischen Bürger sind von der Einkommensteuer befreit.

Monaco ist ein internationales Geschäftszentrum, das seine Einkünfte aus Steuern bezieht, aus Rundfunk- und Fernsehgebühren, dem staatlichen Handel mit Tabak und Brief-

LANDESDATEN – MONACO

Fläche 1,95 km²

Klima	Höhe	Temperaturen Januar	Temperaturen Juli	Jährlicher Niederschlag
	m	°C	°C	mm
Monaco	55	10	23	758

Geografische Merkmale keine

Einwohnerzahl (1994) 30 000

Staats- und Regierungsform keine Parteien, konstitutionelle Monarchie, zwei gesetzgebende Organe

Streitkräfte keine (eingebunden in Frankreich)

Hauptstadt Monaco (30 000 Einw.)

Offizielle Landessprache Französisch

Bevölkerungsgruppen Franzosen 47,0%; Monegassen 16,0%; Italiener 16,0%; sonstige 21,0%

Religionen Katholiken 95,0%; sonstige 5,0%

Währung 1 Französischer Franc (FF) = 100 Centimes (c)

Lebenserwartung Männer 73,9; Frauen 81,6 Jahre

Ressourcen Tourismus, Finanzdienstleistungen, öffentliche Einnahmen

Die Beneluxstaaten

LÄNDER DER REGION

NIEDERLANDE · BELGIEN · LUXEMBURG

Dichter Nebel liegt über dem Gutland (*links*), einem Tal in der fruchtbarsten Region Luxemburgs. In den Beneluxstaaten herrscht eine gemischte Landwirtschaft vor. In diesem dicht besiedelten Landstrich ist die landwirtschaftliche Produktion seit langem eng mit der hoch technisierten verarbeitenden Industrie und dem Handel verbunden.

Niederlande

KÖNIGREICH NIEDERLANDE

Die kleinen dichtbesiedelten Niederlande kennzeichnen sowohl eine überwiegend flache Landschaftsstruktur – etwa ein Drittel der Fläche liegt unter dem Meeresspiegel – als auch große Landgebiete, die dem Meer abgerungen wurden. Das Land grenzt im Westen und Norden an die Nordsee, im Osten an Deutschland und im Süden an Belgien. Die drei großen europäischen Flüsse Schelde, Maas und Rhein fließen hier in die Nordsee. Dies macht die Niederlande zu einem bedeutenden internationalen Handelszentrum.

LANDESDATEN – NIEDERLANDE

Fläche 41 863 km²

Klima	**Höhe** m	**Temperaturen Januar** °C	**Temperaturen Juli** °C	**Jährlicher Niederschlag** mm
Amsterdam	3	2	17	850

Geografische Merkmale höchster Berg: Vaalserberg (im Südosten) 321 m; tiefster Punkt (im Westen) -7 m; längste Flüsse: Rhein (Teil) 1320 km und Maas (Teil) 930 km

Einwohnerzahl (1994) 15,4 Millionen

Staats- und Regierungsform Mehrparteiensystem; konstitutionelle Monarchie; zwei gesetzgebende Organe

Streitkräfte Heer 43 200; Marine 14 300; Luftwaffe 9000

Größte Städte Amsterdam (Hauptstadt – 1,1 Mio. Einw.); Rotterdam (1,07 Mio.); Den Haag (693 000); Utrecht (543 000); Eindhoven (391 000); Arnhem (308 000)

Offizielle Landessprache Niederländisch

Bevölkerungsgruppen Niederländer 95,8%; Türken 1,2%; Marokkaner 0,9%; Deutsche 0,3%; sonstige 1,8%

Religionen Katholiken 34,0%; Reformierte 25,0%; nicht Religiöse 36,0%; Muslime 3,0%; sonstige 2,0%

Währung 1 Holländischer Gulden (hfl) = 100 Cent (c, ct)

Bruttosozialprodukt (pro Kopf 1993) US-$ 20 950

Bruttoinlandsprodukt (1993) US-$ 309,227 Mrd.

Lebenserwartung Männer 74,7; Frauen 81,0 Jahre

Ressourcen Erdgas, Erdöl und Erdölverarbeitung, Hafenanlagen, Milchprodukte, Obst, Gemüse, Gartenbau (Blumenzwiebeln und Schnittblumen), Fleischprodukte, Fischereiprodukte, Tourismus

GEOGRAFIE

Bereits um 1000 n. Chr. wurden die Gräben in den tiefer gelegenen Gebieten der Niederlande dazu genutzt, die Drainage zu verbessern. 400 Jahre später durchzog bereits ein kompliziertes Netz von Deichen und Gräben die lösshaltigen Ebenen im Westen und Norden des Landes. Vom 15. Jh. bis zum 17 Jh. baute man in großem Umfang Windmühlen, um das Wasser aus den tiefer gelegenen Landstrichen hinter die Deiche zu pumpen. Auf diese Weise entstanden „Polder", d. h. jene Gebiete, in denen es möglich war, den Wasserstand zu kontrollieren, um Landwirtschaft betreiben zu können. Im 19. Jh. wurden dafür Dampfpumpen eingesetzt, mit deren Hilfe 1852 das Gebiet des Haarlemermeeres erschlossen werden konnte. Der Flughafen Schiphol liegt im Nordosten des Haarlemermeer-Polders 4 m unterhalb des Meeresspiegels.

Das Land

Vor der niederländischen Nordküste liegen in einem weiten Bogen die Westfriesischen Inseln. Sie werden von Dünen und Sandbänken am äußeren Rand des Wattenmeeres gebildet, einem flachen Salzwasserstreifen zwischen den Inseln und dem Festland. Das Wattenmeer wird vom süßwasserhaltigen Ijsselmeer durch einen breiten, 32 km langen Deich getrennt. Dieser Deich ist die erste Stufe eines Schutzsystems, das bereits um 1891 entwickelt wurde, um der damaligen Zuidersee Land abzuringen und Nordholland mit der nordwestlichen Provinz Friesland zu verbinden. Gleichzeitig mit dem Deich wurde das flache Wieringermeer im Südwesten trockengelegt. Damit entstand der erste von vier großen Poldern, die heute ein Gebiet von über 2000 km² einnehmen. Die Kultivierung der westlichen Provinzen von Nord- und Südholland erfolgte schon früher. In der südwestlichen Provinz Zeeland bilden der Rhein, die Schelde und die Maas ein Delta aus Mündungen und Inseln, bevor sie in die Nordsee münden. Nach der verheerenden Flutkatastrophe von 1953 wurden die meisten Mündungs- und Meeresarme durch ein 32 km langes Deichsystem (Deltawerke) gesichert. Einer der Flussarme erhielt sogar eine Flutbarriere. Die beiden anderen Fahrrinnen, der New Waterway, der Rotterdam mit dem Meer verbindet, und die Westschelde, die den Zugang zum belgischen Hafen Antwerpen gewährleistet, blieben offen. Anfang 1995 rief die niederländische Regierung aufgrund schwerer Überschwemmungen den Notstand aus.

Landeinwärts weichen im Norden die lösshaltigen niedrig gelegenen Gebiete den sandigen Böden im östlichen, südlichen und im zentralen Teil der Niederlande. In der südlichen Provinz Limburg erhebt sich ein Kreideplateau zum Vaalserberg, dem höchsten Punkt der Niederlande.

Klima

Das Klima ist ausgesprochen ozeanisch mit relativ kühlen Sommern und milden, feuchten Wintern. Nordwinde können im Frühjahr besonders im Norden und Osten des Landes

Das Marschland (*rechts*) ist eine der typischen Landschaften der Niederlande. Sowohl flach als auch tief gelegen, ist es den Seewinden schutzlos ausgesetzt. Seit dem 15. Jh. wurden Windmühlen für die Trockenlegung des Landes eingesetzt, um es für die Landwirtschaft nutzbar zu machen.

Hinter den schützenden Sanddünen an der Küste (*unten*) wachsen viele widerstandsfähige salzharte Flechten, Moose, niedrige Sträucher und tiefwurzelnde Gräser, die auch den Sand binden und halten.

kalte Temperaturen verursachen. Es regnet häufig und die Niederschläge sind gleichmäßig über das ganze Jahr verteilt. Im Herbst herrschen starke Bewölkung, Dunst und Nebel vor.

Flora und Fauna

Im Vergleich zu prähistorischen Zeiten gibt es in den Niederlanden heute kaum noch Wälder und Marschland. Sowohl die Eichen- und Buchenwälder in den östlichen Gebieten als auch die großen Nadel- und Laubwälder im zentralen Hügelland Veluwe wurden angepflanzt. Große Teile der landwirtschaftlichen Nutzfläche werden von kommerziellen Baumschulen genutzt.

Das Wattenmeer im Norden mit seinen Sanddünen, Schlammflächen und Marschen

nisten, Fische und Schalentiere leben. Strandhafer und andere Gräser bedecken die Dünen an der Küste, während in den von den Gezeiten abhängigen Schlammflächen salzwasserresistente Pflanzen wachsen. Die Gewässer der Polder bieten Fischottern einen idealen Lebensraum.

KULTUR UND GESELLSCHAFT

Die geschichtlichen Entwicklungen der Niederlande, Belgiens und Luxemburgs weisen Gemeinsamkeiten auf, und es gab viele Versuche, die drei Länder zu vereinigen.

Geschichte

Im 1. Jh. v. Chr. überfielen römische Legionen die hier ansässigen keltischen und ger-

stieg des germanischen Frankenreiches Anfang des 5. Jh. Das neue Königreich erstreckte sich vom Rhein bis an die Loire. Später dehnte es sich bis an die Küste der heutigen Niederlande aus. Dieses Gebiet wurde bis dahin von einem anderen germanischen Volk, den Friesen, beherrscht. Der Tod Karls des Großen (747-814) leitete den schrittweisen Verfall des Frankenreichs ein, bis es dann um 888 endgültig zerfiel. Aus seinen Teilen entstanden die Königreiche Frankreich und Deutschland.

Vom 10. Jh. an wurde das Gebiet der heutigen Beneluxstaaten von den Vasallen des deutschen Kaisers regiert. Ende des 14./Anfang des 15. Jh. fielen große Gebiete durch Heirat, Erbschaften und Annexionen unter

Die Haarburg im Nordwesten von Utrecht. Die Burg wurde im Mittelalter erbaut und widerstand über Jahrhunderte französischen, deutschen und spanischen Angriffen.

nastie. Dieser Wechsel erfolgte durch die Ehe von Maria von Burgund (1457-1482), Tochter Karls des Kühnen, des letzten Herzogs von Burgund, mit dem österreichischen Erzherzog Maximilian (1459-1519), dem Erben des Heiligen Römischen Reiches. Ihr Sohn Philipp der Schöne (1478-1506) und seine Ehefrau erbten im Jahre 1504 die spanische Krone.

König Karl V. (1500-1558), der Philipp I. folgte, betrachtete die Spanischen Niederlande (wie man das Gebiet nun nannte) als einen Teil Spaniens und festigte demzufolge den spanischen Einfluss. Wirtschaft und Kultur standen während seiner Regentschaft in hoher Blüte.

Sein streng katholischer Sohn Philipp II. (1527-1598), der 1556 zum König von Spanien gekrönt wurde, war fest entschlossen, dem sich verbreitenden Calvinismus in den Niederlanden ein Ende zu bereiten. Die Ernennung eines Angehörigen des Hauses Burgund zum Primas der Niederlande rief den offenen Widerstand hervor und formierte die protestantische Oppositionsbewegung. Daraufhin entsandte Philipp II. von Spanien Fernando Alvarez de Toledo, Herzog von Alba (1508-1582), mit einem Heer von 10 000 Soldaten in die Niederlande, um die Ordnung in den Provinzen wiederherzustellen und mit den Ketzern abzurechnen.

Albas repressive Herrschaft verstärkte die offene Rebellion, die von Prinz Wilhelm von Nassau-Oranien (1533-1584), einem deutschen Adligen, der am Hof in Brüssel lebte und sich auf die Seite der Protestanten stellte, angeführt wurde. 1573 war der größte Teil der Provinzen Hollands und Zeelands in der Hand der Rebellen. 1576 marschierte Wilhelm von Nassau-Oranien in Flandern ein und nahm die Stadt Gent. Er unterzeichnete den Genter Friedensvertrag, der u. a. die Glaubensfreiheit gewährte. Drei Jahre später unterzeichneten die sieben Nordprovinzen der Niederlande den Vertrag über die Utrechter Union. Sie schufen damit eine lose Föderation, die Vereinigten Provinzen. 1581 erklärte das gesamte Gebiet seine Unabhängigkeit von Spanien, die aber nur im Norden durchgesetzt werden konnte.

In der Folgezeit stärkten und schützten die Vereinigten Niederlande ihre Unabhängigkeit mit Hilfe einer gut ausgerüsteten und schlagkräftigen Armee. Im 17. Jh. wuchsen die Niederlande zur führenden Handels- und Seemacht in Europa heran. Der aufblühende Handel insbesondere mit den „Ost- und Westindischen Gebieten" (Gebiete im Indischen Ozean einschließlich Indonesien bzw. in der Karibik) sicherten ihren wirtschaftlichen Aufstieg. 1648 musste Spanien schließlich die volle Unabhängigkeit der Vereinigten Niederlande im Westfälischen Frieden anerkennen, die auch formell aus dem Verband des Heiligen Römischen Reiches ausschieden.

Das 17. Jh., das „Goldene Zeitalter" der Holländischen Republik, war zugleich das Zeitalter bedeutender kultureller und wissenschaftlicher Errungenschaften und brachte so bedeutende Persönlichkeiten wie Antonie van Leeuwenhoek (1632-1723) hervor, der als erster die Mikroorganismen untersuchte, den großen niederländischen Maler Rembrandt van Rijn (1606-1669) oder den jüdischen Philosophen Baruch Spinoza (1632-1677).

Die Niederländisch-Ostindien-Kompanie

Ende des 15. Jh. waren niederländische Handelsreisende aus den unabhängigen Vereinigten Provinzen bemüht, Portugal Teile seines Gewürzhandels abzujagen.

Reiche Amsterdamer Händler, die mit Ostindien Handel trieben, gründeten eine Aktiengesellschaft, die Niederländisch-Ostindien-Kompanie, um sich die Risiken und die Gewinne zu teilen. Die Regierung gewährte der Kompanie das Handelsmonopol zwischen dem Kap der Guten Hoffnung und der Magellanstraße; weiterhin räumte sie ihnen das Recht ein, Verträge mit den Nachbarprovinzen zu schließen, Streitkräfte zu unterhalten und offizielle Vertreter in den neuen Ländern zu ernennen. 1603 eroberten die Niederländer die Insel Amboina und fügten damit Portugal den ersten von vielen folgenden territorialen Verlusten zu. 1641 fiel Malakka an die Niederlande, und 1656 wurde Ceylon mit seinen Edelsteinvorkommen, Perlen und Zimtbäumen den Portugiesen abgerungen. 1755 befand sich der größte Teil Javas in niederländischer Hand.

Im 18. Jh. wandelte sich die Kompanie von einem rein kommerziellen Schifffahrtsunternehmen zu einer Territorialverwaltung, die ein starkes Interesse am Handel mit landwirtschaftlichen Produkten zeigte. Man begann einheimische Produkte aufzukaufen und verkaufte sie nach Europa weiter; damit verblieb der

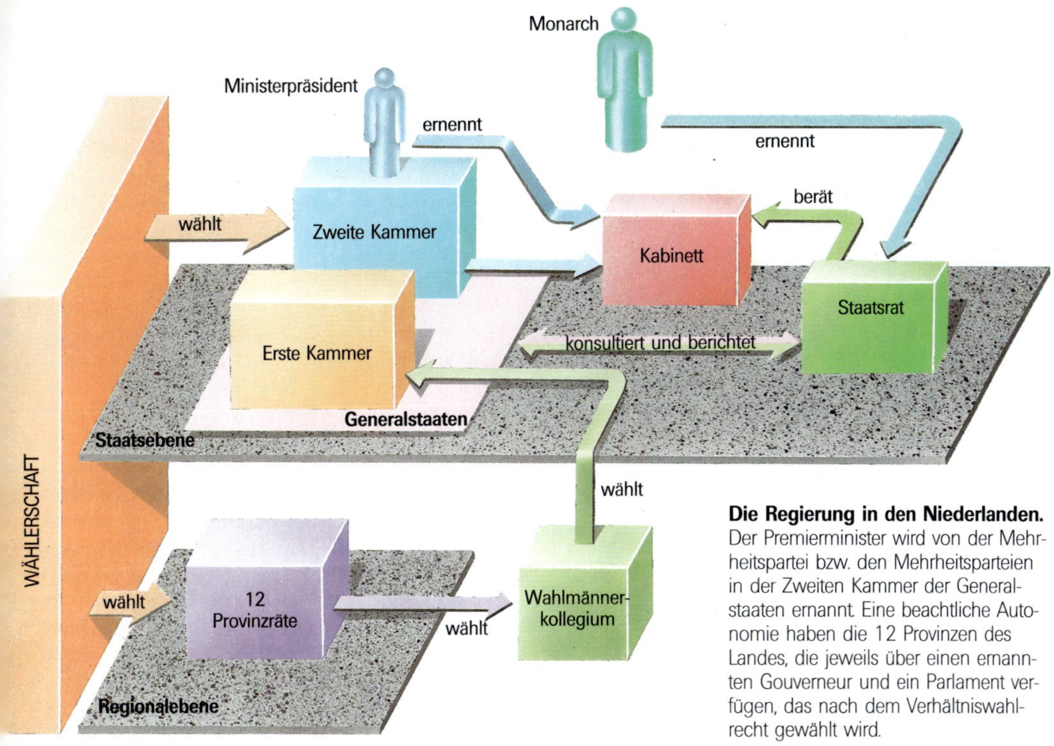

Die Regierung in den Niederlanden. Der Premierminister wird von der Mehrheitspartei bzw. den Mehrheitsparteien in der Zweiten Kammer der Generalstaaten ernannt. Eine beachtliche Autonomie haben die 12 Provinzen des Landes, die jeweils über einen ernannten Gouverneur und ein Parlament verfügen, das nach dem Verhältniswahlrecht gewählt wird.

1794 wurden die Niederlande von Frankreich besetzt, und als Napoleon I. (1769-1821) 1806 französischer Kaiser wurde, ernannte er seinen jüngeren Bruder Louis Bonaparte (1778-1846) zum König der Niederlande. Nach Napoleons Niederlage kehrte der niederländische Statthalter Wilhelm VI. von Nassau-Oranien (1772-1843) als König Wilhelm I. zurück und begründete die konstitutionelle Monarchie. Sein Reich schloss die heutigen Staaten Belgien und Luxemburg mit ein, die jedoch 1831 bzw. 1887 abfielen und ihre Unabhängigkeit erklärten. Während des Ersten und Zweiten Weltkriegs wahrten die Niederlande strenge Neutralität. Im Mai 1940, kurz nach Ausbruch des Zweiten Weltkriegs, wurden das Land von deutschen Truppen überfallen.

Nach dem Krieg half die amerikanische Wirtschaftshilfe innerhalb des Marshall-Plans den Niederlanden beim Wiederaufbau ihrer

Ein Imperium entsteht. Im frühen 17. Jh. errichtete die Niederländisch-Ostindien-Kompanie ihr Hauptquartier in Batavia (Jakarta) auf der Insel Java. Jahr für Jahr brachten Schiffe kostbare Gewürze nach Holland und mehrten den Gewinn der Aktionäre. 1625 wurden tausende von Gewürznelkenbäumen zerstört, um den Preis für das Gewürz in Europa in die Höhe zu treiben.

Gewinn in niederländischer Hand. Aber auch das konnte den langsamen Niedergang nicht aufhalten. Das Handelsmonopol wurde zunächst durch den Schmuggel und später, nach dem Vertrag von Paris

chen, die sich das Handelsrecht in Ostindien sicherten. 1799, unter napoleonischer Fremdherrschaft, wurde die Ostindien-Kompanie durch die niederländische Re-

Wirtschaft. Zugunsten der vollen Integration in Westeuropa gaben sie die politische Neutralität auf. Nach dem Krieg sahen sich die Niederlande auch mit Unabhängigkeitsbestrebungen ihrer Kolonien konfrontiert; 1945 erklärte eine Nationalbewegung in Niederländisch-Ostindien Indonesien als unabhängige Republik, die 1949 durch die Vermittlung der Vereinten Nationen durch die Niederlande anerkannt wurde. 1962 folgte Niederländisch-Neuguinea (Irian Jaya), das allerdings 1963 von Indonesien annektiert wurde. Suriname erhielt 1975 seine Autonomie.

„Wagenräder" von gelbem Käse (*oben*) werden in den traditionellen „Schlitten" zum Käsemarkt in Alkmaar in der Nähe von Amsterdam transportiert. Eine effiziente Milchwirtschaft liefert die Milch für die Käse- und Butterherstellung. Viele dieser Erzeugnisse werden exportiert.

Blumen unter Glas (*rechts*). Eine Blumenausstellung in Zoetermeer unweit von Rotterdam. Seit dem 17. Jh. ist die Blumenzucht ein wichtiger Wirtschaftszweig. Um 1630 eskalierte die Tulpenspekulation und viele Menschen wurden durch den Zusammenbruch des Marktes ruiniert.

Regierungsform

Staatsoberhaupt ist der Monarch, die gesetzgebende Gewalt liegt bei der Krone und dem demokratisch gewählten Parlament (Generalstaaten), das in Den Haag zusammentritt. Die Verfassung gibt zwei Parlamentskammern vor. Die 150 Abgeordneten der Zweiten Kammer werden alle vier Jahre unmittelbar vom Volk gewählt; nur sie kann Gesetze vorschlagen bzw. abändern. Die 12 Provinzen werden jeweils von einem gewählten Parlament und einem Gouverneur verwaltet. Gewählt wird nach dem Verhältniswahlrecht, das die Pluralität politischer Meinungen und Auffassungen gewährleistet. Die Niederlande sind Mitglied der NATO und der Europäischen Union (EU).

Bevölkerung

Der größte Teil der Bevölkerung spricht Niederländisch, das auch Amtssprache ist. In Friesland ist auch noch Westfriesisch in Gebrauch. Einige niedersächsische Dialekte findet man im nordöstlichen Grenzgebiet zu Deutschland. Über die Hälfte der Bevölkerung ist christlichen Glaubens. Hier leben verschiedene Bevölkerungsgruppen, u. a. Einwanderer aus den früheren niederländischen Kolonien, aber auch türkische und marokkanische Arbeitnehmer.

Die Niederlande haben eine starke kulturelle Tradition; hervorzuheben sind die Musik und die Malerei, die staatlich gefördert werden. Dramatik und zeitgenössische Literatur haben ein hohes Niveau und finden, da sie nur selten übersetzt werden, international nicht die gebührende Beachtung.

WIRTSCHAFT

Durch die günstige Lage an der Rheinmündung entwickelten sich die Niederlande zu einem der wohlhabendsten Staaten Europas.

Landwirtschaft

Die großen, mit moderner Technik ausgestatteten landwirtschaftlichen Betriebe beschäftigen nur eine geringe Anzahl der Erwerbstätigen. Etwa ein Fünftel des Landes wird landwirtschaftlich genutzt, davon fast zwei Drittel als Weideland. Vieh- und Milchwirtschaft konzentrieren sich in Friesland und Nordholland, den beiden Küstenprovinzen am Ijsselmeer. Exportiert werden hauptsächlich Milch- und Fleischprodukte, die nahezu ein Viertel des Exports ausmachen. Der Ackerbau (Zuckerrüben, Kartoffeln und Gemüse), meist in Kombination mit der Viehwirtschaft betrieben, spielt eine geringere Rolle. Beträchtliche Mengen von Gemüse, beispielsweise Gurken, Tomaten und Kopfsalat, werden in Gewächshäusern gezogen.

Einzigartig in den Niederlanden sind die Blumenfelder. Neben Blumenzwiebeln werden holländische Schnittblumen, (u. a. Tulpen, Rosen, Chrysanthemen, Lilien) in alle Welt versandt.

Forstwirtschaft und Fischerei

Der Waldbestand der Niederlande beschränkt sich auf weniger als ein Zehntel der Gesamtläche des Landes. Viele kleinere Wälder, die auch als Erholungsgebiete dienen, wurden aus Gründen des Landschaftsschutzes angepflanzt, um z. B. das Wandern der Sanddünen zu verhindern.

Die eher kleine Fischerei hat sich auf den Schellfischfang spezialisiert, aber der Bestand ist durch die Küstenbarrieren, die zur Flutkontrolle errichtet wurden, zurückgegangen. Der Heringsfang in der Nordsee ist ebenfalls rückläufig, da sich die Fischbestände verringert haben und die Hoheitsgebiete der Nachbarländer erweitert wurden.

Industrie

In den 50er-Jahren wurden bedeutende Erdgasvorkommen sowohl im Meer als auch in der nordöstlichen Provinz Groningen entdeckt und Erdgas zählt zu den Hauptexportprodukten. Erdöl wird in der Provinz Dren-

Der Industriekomplex von Europoort ist ein 28 km von Rotterdam entfernter neuer Binnenhafen. Der Bau dieses Hafens wurde 1957 begonnen und heute ist er

the (im Nordosten) und in Südholland gefördert. Die Ausbeute ist zu gering, um den eigenen Bedarf zu decken. Der größte Teil der Erdölimporte wird in Europoort bei Rotterdam, einem Großlager mit Raffinerien und petrolchemischer Verarbeitung, verarbeitet und wieder reexportiert. In den Hafenstädten Delft und Vlissingen werden Aluminiumhütten mit Erdgas betrieben. Etwa 20 % der Erwerbstätigen sind in der verarbeitenden Industrie beschäftigt, die hauptsächlich in dem dicht bevölkerten Gebiet – bekannt als Randstadt –, das sich von Dordrecht im Süden über Den Haag, Leiden, Haarlem, Amsterdam und Hilversum bis nach Utrecht erstreckt, angesiedelt ist. Zu den wichtigsten Zweigen zählen die Lebensmittelverarbeitung, chemische und petrolchemische Erzeugnisse, der Fahrzeug- und Flugzeugbau, die Mikroelektronik sowie Elektroausrüstungen und Computerherstellung.

Handel, Gewerbe und Verkehr
Der holländische Export erbringt etwa die Hälfte der Staatseinnahmen. Mehr als 50 % des Außenhandels wird innerhalb der EU realisiert, z. T. mit Belgien und Luxemburg. Das dichte Straßennetz ist gut ausgebaut. Niederländische Transportgesellschaften befördern einen Großteil des Güterverkehrs in

dam-Europoort ist der größte Umschlaghafen der Welt. Die etwa 5000 km langen Kanäle verbinden die Küstenhäfen mit dem Inland und mit den Häfen an den großen europäischen Flüssen. Die nationale Fluggesellschaft Royal Dutch Airlines (KLM) fliegt direkt die wichtigsten internationalen Flugziele an.

Medien und Kommunikation
Post, Telegraph und Telefon (PTT), der nationale Post- und Telefonservice, wurde 1989 privatisiert und in die PTT-Post und PTT-Telecom aufgegliedert. Es erscheinen mehr als 40 nationale und lokale Tageszeitungen. Funk und Fernsehen sind unabhängig und werden durch den Niederländischen Medienrat (NOF) kontrolliert.

Gesundheits-, Sozialwesen und Bildung
Alle Bürger haben Anspruch auf eine Alters-, Behinderten- und Hinterbliebenenrente, darüber hinaus wird Kindergeld gewährt. Für die Erwerbstätigen ist die Berufsunfähigkeits- und Arbeitslosenversicherung Pflicht und der größte Teil ist krankenversichert. Es besteht Schulpflicht vom 6. bis zum 15. Lebensjahr. Die Ausbildung wird sowohl in staatlichen als auch Privatschulen angeboten, wobei beide Schulformen staatlich subventio-

Belgien

KÖNIGREICH BELGIEN

BELGIEN LIEGT AN DER EUROPÄISCHEN Nordseeküste und grenzt im Nordosten an die Niederlande, im Osten an Deutschland, im Südosten an das Großherzogtum Luxemburg und im Süden und Westen an Frankreich.

GEOGRAFIE

Das zentrale Flusstal der Maas teilt die Landesfläche Belgiens in zwei Hälften. Im Norden liegt das Flachland, während sich nach Süden Hochländer erstrecken.

Das Land

Die kurze belgische Küstenlinie ist der Küste der Niederlande mit ihren Stränden, die von Sanddünen gesäumt werden und in Richtung der französischen Grenze immer breiter werden, sehr ähnlich. Hinter den Dünen liegt flaches Polderland, das bis zu 16 km breit ist. Dieses tief liegende Gebiet war einst Marschland, das trockengelegt wurde, wodurch die charakteristische Landschaft mit ihren Deichen und Kanälen entstand. Die weiter im Inland gelegene Flandrische Ebene wird von der Schelde und ihren Nebenflüssen durchzogen.

Im Nordosten steigt das Land allmählich an und geht in Heide, Grasland und Nadelwälder über. Weiter westlich bildet Zentralbelgien ein tiefer gelegenes, fruchtbares lössbedecktes Hügelland, das sich im Süden bis auf etwa 200 m erhebt. Die Hauptstadt Brüssel liegt im Norden dieser Region. Weiter südlich, hinter der Famenne-Sammbre-Furche, beginnen die Ardennen mit ihren abgeflachten Gipfeln, die von den tiefen und bewaldeten Flusstälern der Maas und ihren Nebenflüssen durchschnitten werden. Im Osten, nahe der deutschen Grenze, liegen die Hochländer des Hohen Venns (Hautes Fagnes) und der Botrange, die höchste Erhebung Belgiens (694 m).

Im äußersten Süden liegt das belgische Lothringen, das geografisch dem angrenzenden französischen Lothringen ähnlich ist. Hier ist die Landschaft bergig, teilweise bewaldet, mit nordwärts gerichteten Abhängen.

Klima

Belgien hat ein gemäßigtes Klima, das durch die Nordatlantikströmung und die vorherrschenden Westwinde vom Meer beeinflusst wird. Das Wetter ist wechselhaft, es regnet häufig. Die Winter sind mild, aber feucht und neblig. Die Sommer sind vergleichsweise kühl. In den Ardennen – das am weitesten landeinwärts und am höchsten über dem Meeresspiegel gelegene Gebiet Belgiens – sinken im Winter die Temperaturen am tiefsten und fallen die höchsten Niederschlagsmengen (Regen und Schnee).

Flora und Fauna

Die Hälfte des Waldbestandes wurde für die landwirtschaftliche Nutzung gerodet; von den ursprünglichen Mischwäldern sind nur noch einige kleinere Eichen- und Buchenwälder übrig geblieben. Die größten zusammenhängenden Waldgebiete (Buchen, Eichen und Ahorn) liegen in den Ardennen. Heideland ist typisch für die Sand- und Kiesgebiete des Nordostens. Strandhafer und andere Gräser wachsen auf den Dünen an der Küste. In den Torfmooren des Hohen Venns wurde ein Naturschutzgebiet angelegt, in dem Schwarz-, Rotwild, Wildkatzen, Spechte und Eulen leben.

KULTUR UND GESELLSCHAFT

Belgiens Geschichte ist eng mit der von Luxemburg und den Niederlanden verknüpft. Genau wie diese hatte Belgien auch unter den Nachbarstaaten Deutschland und Frankreich zu leiden.

Geschichte

Im 1. Jh. v. Chr. drangen die Römer in das heutige Gebiet der Beneluxstaaten ein. Südlich des Rheins entstand die Provinz Belgica, benannt nach dem dort lebenden keltischen Volk, den Belgae. Im 5. Jh. n. Chr. wurde das Gebiet von den Franken eingenommen. Die fränkischen Ansiedlungen entstanden vor allem im Norden und so wurde der fränkischen Dialekt zur Grundlage der niederländischen Sprache und verdrängte das Lateinische.

Das Königreich der Franken bildete das Zentrum des Karolingerreiches, das unter Karl dem Großen (747-814) seine größte Ausdehnung erreichte. 925 wurde das Gebiet des heutigen Belgien zwischen Deutschland und Frankreich aufgeteilt. Der größte Teil des französisch sprechenden Südens, ein Teil des Herzogtums Lothringens, wurde dem Heiligen Römischen Reich Deutscher Nation einverleibt. Der größte Teil des niederländisch

sprechenden Nordens geriet unter französische Herrschaft.

Zwischen 1363 und 1477 kam das Gebiet der heutigen Beneluxländer unter den Einfluss der mächtigen Herzöge von Burgund und wurde dadurch in die Auseinandersetzungen zwischen Frankreich und England, die den Hundertjährigen Krieg (1331-1453) auslösten, verwickelt.

Nach dem Tode des letzten Herzogs von Burgund, Karls des Unbesonnenen (1433-1477), der in der Schlacht von Nancy fiel, gelangte das Territorium durch die Heirat von Karls Tochter Maria (1457-1482) mit Maximilian von Österreich (1459-1519) zu Habsburg. Ihr Sohn, Philipp der Schöne (1478-1506), erhielt 1504 die spanische Krone und schloss damit Österreich, Spanien und das Gebiet der heutigen Beneluxländer zusammen.

Das bewaldete Hochland der Ardennen im Süden Belgiens. Einige Flüsse, darunter der Semuis, durchschneiden das dünn besiedelte Gebiet, wo Bauernhöfe größtenteils zu Ferienhäusern für die Touristen umgebaut wurden.

Prinz Wilhelm von Nassau-Oranien (1533-1584), Führer der protestantischen Liga, stritt für die Unabhängigkeit der „Spanischen Niederlande“ (so wurde das Gebiet zu jener Zeit bezeichnet). Die südlichen Provinzen blieben jedoch weiterhin Anhänger der römisch-katholischen Kirche und standen unter spanischer Herrschaft. 1579 schlossen sich die protestantischen Nordprovinzen mit der Utrechter Union zu den Vereinigten Provinzen der Niederlande unter Führung Wilhelms von Oranien zusammen. Die Spanischen Nie-1700 Karl II. (1661-1700), der letzte der spanischen Habsburger, starb, fielen die Gebiete kurzzeitig unter französische Herrschaft. Während des Krieges um die spanische Thronfolge (1702-1713) wurden sie von den Holländern und den Engländern besetzt, bevor 1748 die österreichische Herrschaft wiedererrichtet wurde.

Unter der Habsburger Kaiserin Maria Theresia (1717-1780) erlebte die Region eine Blütezeit. Die Landwirtschaft wurde modernisiert, neue Wirtschaftszweige entstanden. Es wurden Straßen und Wasserwege angelegt. 1792 brach jedoch ein Krieg zwischen dem revolutionären Frankreich und Österreich aus. Die Franzosen besiegten die Österreicher im Juni 1794 und damit begann die französi-

Nach Napoleons Niederlage 1814 wurde Belgien durch den Wiener Kongress mit den Niederlanden vereinigt. Die beiden Regionen waren hinsichtlich ihrer Interessen und Religionen so gegensätzlich, dass Belgien 1831 wieder seine Unabhängigkeit erklärte und Prinz Leopold von Sachsen-Coburg (1790-1865) zum König wählte.

Belgien strebte danach, eine Kolonialmacht zu werden. 1885 eroberte Leopold II. (1835-1909) große Gebiete am Kongo in Zentralafrika und 1908 entstand Belgisch-Kongo. Die Kolonien füllten die Staatskassen vor allem durch die Gummigewinnung, aber die afrikanischen Arbeiter wurden durch die Aufseher so sehr geschunden, dass eine internationale Protestwelle losbrach.

Im Juli 1914 besetzten deutsche Truppen Luxemburg und forderten einen ungehinderten Durchzug nach Belgien. Nach Ablehnung dieser Forderung marschierten die Deutschen unter Bruch der Neutralität in Belgien ein und besetzten große Teile des Landes. Viele der blutigsten Schlachten des Ersten Weltkrieges (1914-1918) wurden auf belgischem Boden ausgetragen. Im Gegenzug dazu drangen belgische Truppen aus dem Kongo in das zu Deutsch-Ostafrika gehörende Ruanda-Urundi ein.

1930 stimmte die belgische Regierung, dem wachsenden Druck der flämischen National-

LANDESDATEN – BELGIEN

Fläche 30 518 km²

Klima	Höhe	Temperaturen Januar	Juli	Jährlicher Niederschlag
	m	°C	°C	mm
Brüssel	104	2	18	785

Geografische Merkmale höchster Berg: Botrange 694m; längste Flüsse: Maas (Teil) 930 km und Schelde 435 km

Einwohnerzahl (1994) 10,06 Millionen

Staats- und Regierungsform Mehrparteiensystem; konstitutionelle Monarchie; zwei gesetzgebende Organe

Streitkräfte Heer 50 000; Marine 2700; Luftwaffe 12 500

Größte Städte Brüssel (Hauptstadt – 1,3 Mio. Einw.); Antwerpen (668 000); Liège (485 000); Charleroi (295 000); Gent (251 000); Brügge (117 000); Namur (104 000)

Offizielle Landessprachen Niederländisch, Französisch, Deutsch

Bevölkerungsgruppen Belgier (Flamen/Wallonen) 91,1%; Italiener 2,8%; Marokkaner 1,1%; Franzosen 1,1%; Niederländer 0,7%; Türken 0,6%; sonstige 2,6%

Religionen Katholiken 90,0%; Muslime 1,1%; Protestanten 0,4%; nicht Religiöse 7,5%; sonstige 1,0%

Währung 1 Belgischer Franc (bfr) = 100 Centimes (c)

Bruttosozialprodukt (pro Kopf 1993) US-$ 21 650

Bruttoinlandsprodukt (1993) US-$ 210,576 Mrd.

Lebenserwartung Männer 73,7; Frauen 80,44 Jahre

Ressourcen Agrarerzeugnisse, Export von Produkten, die aus importierten Rohstoffen hergestellt werden

bewegung nachgebend, der Aufteilung des Landes in ein französisch- (wallonisches) und ein flämischsprachiges Gebiet mit jeweils eigener Verwaltung zu. Im Zweiten Weltkrieg besetzte Deutschland im Mai 1940 abermals das Land. Als die Alliierten Truppen im August 1944 in Belgien einmarschierten, verhinderten belgische Widerstandskämpfer die Zerstörung des Antwerpener Hafens durch die deutschen Besatzungstruppen, der zu einer wichtigen Basis für den weiteren Vormarsch der Alliierten Streitkräfte wurde. Nach dem Krieg dankte der unbeliebte König Leopold III. 1951 zugunsten seines Sohnes Baudouin I. (1930-1993) ab. 1960 gewährte Belgien dem Kongo (Zaire) und 1962 Ruanda-Urundi (Ruanda und Burundi) die Unabhängigkeit. 1980 wurde das Land im Ergebnis einer Gebietsreform neu gegliedert: in das französischsprachige Wallonien und das flämischsprachige Flandern. Ein gesondertes zweisprachiges Gebiet wurde um Brüssel herum gebildet.

Regierungsform
Die Verfassungsänderung von 1993 schrieb fest, dass Belgien ein föderaler Staat ist, und den Kommunen und Regionalregierungen wurden weitergehende Rechte übertragen. Der Senat (71 Mitglieder, 40 davon direkt gewählte, 21 von den Kommunalräten indirekt gewählte) übergab den größten Teil seiner Vollmachten dem Abgeordnetenhaus (150 gewählte Mitglieder), und der König verlor die Macht, das Parlament aufzulösen. Unterhalb der Zentralregierung entstanden vier neue Verwaltungsebenen. Den Sprachgemeinschaften folgend, wurden eine flämische, wallonische, in Brüssel eine deutschsprachige sowie weitere regionale Verwaltungsebenen (Flandern, Wallonien, Brüsseler) eingerichtet. Außerdem wurden in den 10 Provinzen Provinzialverwaltungen und auf Kommunalebene Kommunalverwaltungen (589 Kommunen) geschaffen.

Belgien ist Mitglied der NATO und der Europäischen Union (EU). Beide Organisationen haben ihren Sitz in Brüssel.

Bevölkerung
Über die Hälfte der Bevölkerung sind hauptsächlich in den nördlichen Provinzen lebende Flamen, die flämisch, eine lokale Version des Niederländischen, sprechen. Die französisch sprechenden Wallonen leben in den südlichen und östlichen Provinzen. Weiterhin ist eine kleine deutschsprachige Minderheit im östlichen Kanton der Provinz Liège (Lüttich) angesiedelt. Brüssel und seine Umgebung hat annähernd 1 Million Einwohner. Die Mehrheit der Bevölkerung bekennt sich zum Katholizismus. Daneben gibt es eine kleine protestantische Minderheit, meist Wallonen, und – durch Einwanderung – eine zunehmende Anzahl von Muslimen. Belgien hat auf den Gebieten der Kunst, Musik und Architektur herausragende Persönlichkeiten hervorgebracht, darunter die flämischen Maler Pieter Breugel d. Ä. (um 1525/30-1569), Peter Paul Rubens (1577-1640), den Surrealisten René Magritte (1898-1967), den Komponisten César Franck (1822-1890) und den Architekten Henri van de Velde (1863-1957).

WIRTSCHAFT

Belgien hat ein vielfältiges Wirtschaftsleben und ist ein bedeutendes Industrie- und Handelszentrum, zu dessen wichtigsten Handelspartnern die 14 Mitgliedsländer der Europäischen Union zählen.

Land-, Forstwirtschaft und Fischerei
In der Landwirtschaft wird hauptsächlich Viehwirtschaft betrieben; ein großer Teil der landwirtschaftlich genutzten Fläche dient als Weideland und für den Anbau von Futtermitteln. Heute sind weniger als 3 % der Erwerbstätigen im Agrarsektor beschäftigt, der auch nur noch einen geringen Teil der Einnahmen erwirtschaftet. Etwa ein Fünftel des Landes ist bewaldet, und die Holz verarbeitende Industrie, die sowohl Holz als auch die Ausgangsstoffe für die Papierherstellung (Pulpe) bereitstellt, ist schnell gewachsen. Belgiens kleine Trawlerflotte, die in der Nordsee operiert und in erster Linie Heringsund Plattfischfang (Steinbutt und Scholle) betreibt, deckt nur ein Drittel des Bedarfs.

Industrie, Handel und Energie
Annähernd die Hälfte des belgischen Exports kommt aus der verarbeitenden Industrie. Die meisten Rohstoffe müssen importiert werden. Die Schwerindustrie (Glasherstellung, Hüttenindustrie und Schwermaschinenbau) gruppiert sich um die Kohlevorkommen in den Flusstälern der Sambre, der Maas sowie nördlich von Gent. Von Bedeutung ist auch die Rüstungsindustrie. Gefördert werden auch seltene Metalle wie Kobalt, Radium und Germanium. Die Stahlproduktion zählt zu den wichtigen Exportzweigen und hängt von den Erz- und Kohleimporten ab. In Antwerpen wird Erdöl aus der Nordsee, dem Nahen Osten und der ehemaligen Sowjetunion verarbeitet und teilweise für die Kunststoffher-

Die Spitzenklöppelei (*oben*) geht bis in die Mitte des 17. Jh. zurück. Hergestellt aus feinstem einheimischem Leinen, wurde die Spitze nach England exportiert, wo sie eine beliebte Verzierung für die Kleidung am englischen Hof darstellte. Das Handwerk erlebt in Brügge, dem traditionellen Zentrum der Spitzenherstellung, eine neue Blüte.

Im Herzen Europas (*links*) war Brüssel 1958 Gastgeber der Weltausstellung, symbolisiert durch die futuristische Struktur des Atomiums. Die Stadt ist auch Sitz der Europäischen Kommission, deren Emblem – ein Ring aus 12 gelben Sternen auf blauem Grund – die Vorderseite der Figur schmückt.

Ostende (*unten*), Belgiens wichtigster Fischereihafen, ist auch ein Zentrum des Schiffbaus und ein Erholungsort mit einem beliebten Yachthafen.

stellung, einen florierenden Zweig der petrolchemischen Industrie dieser Stadt, eingesetzt. Leinen wird in Kortrijk im Nordwesten des Landes produziert. Gent ist für die Herstellung von Baumwoll- und Kunstfasern bekannt, während sich in Verviers (im Osten) das Zentrum der Wollindustrie befindet. Die Spitzenklöppelei nahm einen neuen Aufschwung und Brügge ist als europäisches Zentrum der Spitzenherstellung wieder auferstanden. Belgisches Konfekt ist berühmt und wird in alle Welt exportiert. Die Diamantenschleifereien von Antwerpen bestehen seit 500 Jahren und decken 70 % des Welthandels mit Diamanten. Über zwei Drittel der Elektroenergie Belgiens wird in Atomkraftwerken erzeugt; daneben wird Energie in Wasserkraftwerken in den Ardennen gewonnen.

Verkehr

Belgiens Schienen- und Straßennetz ist gut ausgebaut; Brüssel ist Drehscheibe des Verkehrs. Ein Autobahnnetz verbindet die großen Städte mit den Nachbarländern Frankreich und Niederlande. Die Eisenbahn befindet sich in staatlicher Hand; es bestehen schnelle und gute Zugverbindungen zwischen allen größeren Städten. Über Antwerpen, den fünftgrößten Hafen der Welt, wird der größte Teil des belgischen Überseehandels abgewickelt. Die Kanäle sind entsprechend dem europäischem Standard komplett modernisiert worden. Brüssel und Antwerpen besitzen internationale Flughäfen.

Medien

Es erscheinen mehr als 35 Tageszeitungen, die von verschiedenen Gruppen kontrolliert werden. Die Auflagenhöhe ist von der jeweiligen Sprachgruppe abhängig (herausgegeben wird auch eine deutschsprachige Zeitung). Prinzipiell wird die Bevölkerung durch zwei Medienanstalten versorgt: das wallonischsprachige Gebiet durch die Belgische Fernseh- und Rundfunkgesellschaft (RTBF) und das niederländischsprachige durch das Belgische Radio und Fernsehen (BRT). Beide Einrichtungen werden durch Gebühren finanziert.

Gesundheits- und Bildungswesen

Das Sozialversicherungssystem umfasst die Kranken- und Arbeitslosenversicherung, die Familienunterstützung sowie die Renten- und die Arbeitsunfallversicherung. Für die 6- bis 18-Jährigen besteht eine Schul- bzw. Ausbildungspflicht. Grundsätzlich erfolgt die Ausbildung abhängig vom Wohnort entweder in flämisch oder wallonisch. In Brüssel können die Eltern wählen, in welcher Spra-

Luxemburg

GROSSHERZOGTUM LUXEMBURG

LUXEMBURG, EINER DER DER KLEINSTEN europäischen Staaten, wird von Frankreich, Deutschland und Belgien begrenzt.

GEOGRAFIE

Luxemburgs Territorium besteht hauptsächlich aus den Flussniederungen der Sûre und Alzette. Die Ostgrenze zu Deutschland bilden die Flüsse Our, Sûre und Mosel. Das Ösling, die Nordregion und ein Teil der Ardennen, nimmt etwa ein Drittel des Landes ein und besteht aus einem zergliederten Plateau mit sauren und kargen Böden. Der Rest des Landes, das fruchtbare Gutland, ist schwach gewellt und weist eine Stufenform auf. Seine Sandstein- und Kalkschichten führen ergiebige Erzvorkommen. Die Alzette fließt nach Norden und vereint sich mit der Sûre, während kleinere Flüsse im Südosten in die Mosel münden. Es herrscht ein feuchtes und gemäßigtes Klima mit relativ langen Wintern. Im Ösling ist das Wetter etwas rauer und feuchter als im Gutland. An einigen Nordhängen im Ösling wachsen Nadelbäume und in den Tälern gedeihen sommergrüne Laubwälder. Der Süden ist stärker bewaldet, und im äußersten Osten, im Müellerthal, wächst vor allem Buchenwald. In den Wäldern leben Schwarz- und einige Rotwildarten.

KULTUR UND GESELLSCHAFT

Luxemburgs Geschichte ist besonders eng mit der Entwicklung seiner mächtigen Nachbarn Frankreich, Belgien und Deutschland verbunden, dennoch hat sich das Land einen ausgeprägten Sinn für seine kulturelle Identität und Unabhängigkeit bewahrt.

Geschichte

Als die Römer das Gebiet etwa um 50 v. Chr. kolonisierten, bewohnten es keltische Völker. 450 Jahre später wurde die Region Teil des fränkischen Königreiches Austrasia. Ursprünglich als Lucilinburhuc (Lützelburg) bezeichnet, war Luxemburg seit 963 ein fester Bestandteil des Heiligen Römischen Reiches Deutscher Nation. Im 14. Jh. wurde Heinrich IV., Graf von Luxemburg (1269-1313), als Heinrich VII. zum Deutschen Kaiser gekrönt. Sein Nachfolger Kaiser Karl IV. (1316-1378) erhob 1354 das Stammland seiner Familie in den Rang eines Herzogtums. Später wurde es zu einem Spielball im Machtkampf der europäischen Herrscherhäuser.

Im 16. Jh. wechselte Luxemburg von den österreichischen Habsburgern zu Spanien und kehrte erst 1714 zusammen mit Belgien zur Habsburger Monarchie zurück. 1795 annektierte das revolutionäre Frankreich Luxemburg. Nach dem Sturz Napoleons I. (1769-1821) geriet das Land 1814 in den Einflussbereich des niederländischen Königs Wilhelm I. (1772 - 1843).

Nach der Teilnahme an der Belgischen Revolution 1830 wurde Luxemburg geteilt und 1839 erfolgte die Angliederung der wallonischen Westgebiete an Belgien; der kleinere Teil verblieb bei den Niederlanden. Im Jahr

Die Sûre, ein Fluss im Norden, sucht sich ihren Weg durch enge, gewundene und bewaldete Täler und fließt durch historische Städte wie Esch-sur-Sûre. Die idyllischen Landschaften verdecken oft, dass Luxemburg eine wichtige europäische Industrienation ist.

1843 trat Luxemburg dem Deutschen Zollverein bei. Nachdem Kaiser Napoleon III. damit gescheitert war, das Land Frankreich einzuverleiben (Luxemburgkrise), wurde es 1867 neutralisiert. Ende des 19. Jh. ging das Großherzogtum an das Haus Nassau über, das es bis heute regiert.

Trotz seiner verbrieften Neutralität wurde Luxemburg in beiden Weltkriegen von Deutschland besetzt. 1949 gab Luxemburg seinen neutralen Status auf und wurde Gründungsmitglied der NATO und später der Europäischen Union (EU). Das Großherzogtum ist seit 1958 Sitz des Europäischen Gerichtshofs.

Luxemburg ist eine konstitutionelle Monarchie mit einer demokratisch gewählten Regie-

Multinationale Konzerne aus Amerika haben leistungsstarke Betriebe zur Reifenherstellung sowie Anlagen der chemischen Industrie und der Metallverarbeitung errichtet. Lokale Zweige wie Gerbereien, Textilindustrie und Brauereien existieren in kleinerem Umfang. Von Bedeutung ist der Tourismus.

Internationale Finanzdienstleistungen stehen zunehmend im Mittelpunkt des Interesses. Angezogen vor allem durch Steuervergünstigungen und andere Präferenzen haben die wichtigsten europäischen Banken, darunter auch die Europäische Investitionsbank, ihren Sitz nach Luxemburg verlegt. Heute gibt es in Luxemburg über 160 verschiedene Banken. Ein Schiffsregister bietet Schiffseignern aus den EU-Staaten viele Vorteile. Luxemburgs Straßen- und Eisenbahnnetz sind hervorragend ausgebaut und sichern die Verbindungen zu den Nachbarländern. Auf der kanalisierten Mosel befördert die Binnenschifffahrt Import- und Exportgüter. Unweit der Hauptstadt liegt der internationale Flughafen Findel mit der nationalen Fluglinie Luxair.

Das Gesundheitswesen und die Sozialversicherungssysteme, die nach dem Ersten Weltkrieg eingeführt wurden, weisen westeuropäischen Standard auf. Schulpflicht besteht für 6- bis 15-Jährige. Nach dem Abitur gehen viele Jugendliche zum Studium ins Ausland.

rung unter Führung des Großherzogs. Die exekutive Macht wird durch ein Ministerkabinett mit einem Ministerpräsidenten an der Spitze ausgeübt. Das Kabinett ist der Abgeordnetenkammer verantwortlich, die aus 64 Mitgliedern besteht, die nach dem Verhältniswahlrecht für fünf Jahre gewählt werden. In Luxemburg herrscht Wahlpflicht.

Als Landessprache wird Letzebuergesch gesprochen, Amtssprachen sind Französisch und Deutsch. Daneben gibt es italienisch und portugiesisch sprechende Minderheiten. Die Mehrheit der Bevölkerung bekennt sich zum Katholizismus. Die Luxemburger unterhalten enge kulturelle Beziehungen zu den anderen europäischen Staaten. Das in mehreren Sprachen sendende *Radio Luxembourg* entwickelte sich zu einer „europäischen Institution". Luxemburg besitzt keine eigene Universität;

WIRTSCHAFT

Obwohl das Land auch weiterhin von der landwirtschaftlichen Produktion profitiert, beruht sein Wohlstand fast ausschließlich auf der Schwerindustrie und der Ansiedlung des internationalen Kapitals. Die landwirtschaftlichen Erträge decken überwiegend den Eigenbedarf. Das Gutland bietet die besten Bedingungen für die Fleisch- und Milchproduktion sowie für den Anbau von Getreide- und Futterkulturen. Weiterhin werden Obst und Wein angebaut. Luxemburgs einst wichtigster mineralischer Rohstoff Eisenerz wird aus Gründen der Unrentabilität nicht mehr abgebaut. Zur Energiegewinnung werden importierte Brennstoffe und vor allem Wasserkraftwerke genutzt. Die Eisen- und Stahlindustrie

LANDESDATEN – LUXEMBURG

Fläche 2586 km²

Klima	**Höhe** m	**Temperaturen Januar** °C	**Juli** °C	**Jährlicher Niederschlag** mm
Luxemburg	330	0	17	740

Geografische Merkmale höchster Berg: Wemperhardt 559 m; längster Fluss: Mosel (Teil) 240 km

Einwohnerzahl (1994) 401 900

Staats- und Regierungsform Mehrparteiensystem; konstitutionelle Monarchie; ein gesetzgebendes Organ

Streitkräfte Heer 800

Hauptstadt Luxemburg (76 000 Einw.)

Offizielle Landessprachen Französisch, Deutsch, Letzebuergesch

Bevölkerungsgruppen Luxemburger 72,5%; Portugiesen 9,0%; Italiener 5,4%; Franzosen 3,4%; Belgier 2,5%; Deutsche 2,4%; sonstige 4,8%

Religionen Katholiken 93,0%; Protestanten 1,3%; sonstige 5,7%

Währung 1 Luxemburgischer Franc (lfr) = 100 Centimes (c)

Bruttosozialprodukt (pro Kopf 1993) US-$ 37 320

Lebenserwartung Männer 73,0; Frauen 80,5 Jahre

Ressourcen Eisenerz, Bankwesen, Tourismus

Spanien und Portugal

LÄNDER DER REGION

SPANIEN · PORTUGAL

SCHUTZGEBIETE IN DER REGION

GIBRALTAR

Reichtum und Prunk einer vergangenen Ära (*links*). Der ungeahnte Reichtum, den Spanien und Portugal aus ihren Kolonien erzielten, spiegelt sich auch in den prächtigen privaten und öffentlichen Gebäuden wider. Aus den Weingütern der Vila Real in Portugal, erbaut Mitte des 18. Jh., kommt ein weltbekannter Rosé.

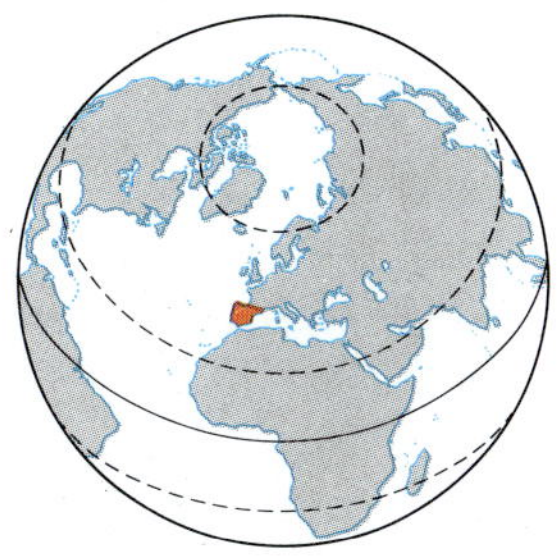

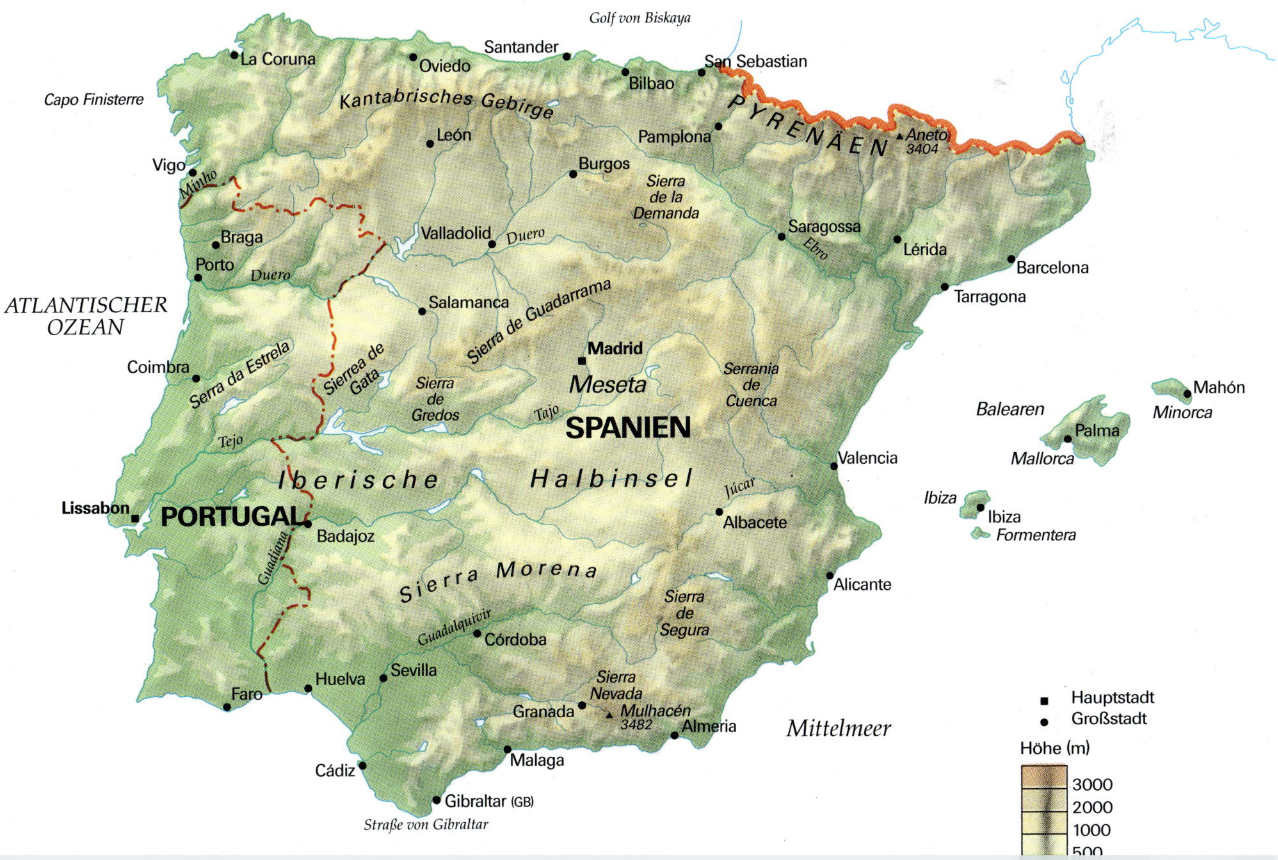

Spanien

KÖNIGREICH SPANIEN

SPANIEN LIEGT AUF DER IBERISCHEN HALBinsel zwischen dem Atlantischen Ozean und dem Mittelmeer. Es grenzt im Norden an Frankreich im Westen an Portugal. Die Balearen im Mittelmeer und die Kanarischen Inseln vor der afrikanischen Atlantikküste werden von Spanien verwaltet.

GEOGRAFIE

Spaniens Meseta, ein zentrales Hochland aus uraltem Gestein, bedeckt mehr als die Hälfte der Landesfläche. Es ist von Gebirgen umgeben und steigt im Durchschnitt auf 600 m an.

Das Land

Die Pyrenäen beginnen am Mittelmeer und erstrecken sich bis zum Golf von Biskaya im Nordosten. Das Kantabrische Gebirge zieht sich entlang der Nordküste und schwenkt dann nach Südwesten in Richtung Nordportugal und Atlantik. Das Iberische Randgebirge verläuft von den Kantabrischen Bergen nördlich der Meseta entlang der Mittelmeerküste. Dazwischen liegt das Ebrotal. Die Meseta wird durch die Flüsse Duero und Tajo entwässert, die von beiden Seiten des Zentralgebirges in den Atlantik fließen.

Die Bergkette der Sierra Morena am südlichen Ende der Meseta liegt über dem Fluss Guadalquivir, der bei Cádiz in den Atlantik mündet, und dem Andalusischen Becken. Weiter südlich befindet sich das Küstengebirge Sistema Penibética. Der Mulhacén, 3482 m, ist die höchste Erhebung auf der Iberischen Halbinsel.

Klima

Spaniens Klima wird durch die Westwinde des Nordatlantiks, durch die Höhenunterschiede und durch die gelegentlich trockene Warmluft aus der Sahara bestimmt. Die Nordregion, die sich von Galicien bis zu den westlichen Pyrenäen erstreckt, hat ein feuchtes maritimes Klima. Die Winter sind mild und die Sommer relativ kühl. In der zentralen Zone herrscht ein Kontinentalklima mit sehr kalten Wintern und extrem heißen Sommern. Es regnet nur sporadisch. An der Ost- und Südküste ist das Klima mediterran, mit milden Wintern und warmen, trockenen Sommern. An der Costa del Sol („Sonnenküste“) fallen die geringsten Niederschläge.

Die sich an die Berghänge schmiegenden kleinen, abgeschnittenen Dörfer (*oben*) und die Maisfelder sowie üppigen Weiden sind für die unteren Hanglagen der zerklüfteten kantabrischen Berge, die sich etwa 500 km durch Nordwestspanien ziehen, charakteristisch. Diese Region zählt zu den fruchtbarsten des Landes.

Raue Bergzuflucht (*rechts*). Die Pyrenäen an Spaniens nordöstlicher Grenze bieten vielen Tierarten, darunter auch der Spanischen Ziege, einen sichere Zuflucht. Die Hörner der Böcke können eine Länge bis zu 75 cm erreichen.

Ausgedörrt und öde (*oben*). Die Sierra de los Filabres in Almería in Südostspanien ist extrem karg. Da sie im Regenschatten der Sierra Nevada liegt, fallen im Jahresdurchschnitt nur 114 mm Regen, der oft in plötzlichen Gewittern niedergeht und dadurch verheerende Erosionen verursacht.

KULTUR UND GESELLSCHAFT

Trotz der homogenen Bevölkerungsstruktur gibt es in Spanien erhebliche regionale Unterschiede in Sprache und Brauchtum, die zwischen dem Baskenland im Nordwesten und Katalonien im Nordosten deutlich hervortreten.

Geschichte

Die Iberische Halbinsel ist seit etwa 500 000 Jahren besiedelt. Höhlenmalereien, die Bisons, Pferde oder andere Tiere darstellen, sind zwischen 25 000 und 10 000 Jahre alt. Die berühmtesten befinden sich in Altamira in Kantabrien. Spanien – das biblische Tarsis – war bereits um 1000 v. Chr. ein Handelszentrum. Seine Erzvorkommen lockten Phöniker, Griechen und Karthager an die Ostküste und seit dem 9. Jh. v. Chr. die Kelten in den Norden des Landes.

Die Römer eroberten die Halbinsel schrittweise nach ihrem Sieg über den karthagischen Heerführer Hannibal (246/47-183 v. Chr.). Fast 600 Jahre lang blieb Spanien römische Kolonie. Die Römer gründeten Städte, bauten Straßen und Wasserleitungen. Das Lateinische avancierte zur vorherrschenden

Flora und Fauna

Im feuchten Norden wachsen vorwiegend Laubwälder, im Süden Nadelwälder. Teile der Südküste weisen eine subtropische Vegetation auf. Nach vielen Jahrhunderten intensiver landwirtschaftlicher Nutzung verwandelten sich große Teile der Meseta in karges Land, bewachsen mit dornigem Gestrüpp, vereinzelten Bäumen und aromatischen Sträuchern.

Den trockenen Südosten bedecken Grassteppen (Esparto). Da Spanien vom übrigen Europa durch die Pyrenäen und das Mittelmeer getrennt ist, überlebten eine Vielzahl einheimischer Tiere und Reptilien, die in Europa bereits ausgestorben sind. Dazu kommen typisch afrikanische Tierarten wie bei-

LANDESDATEN – SPANIEN

Fläche 504 750 km²

Klima	**Höhe** m	**Temperaturen Januar** °C	**Temperaturen Juli** °C	**Jährlicher Niederschlag** mm
Santander	64	9	19	1208
Madrid	660	5	25	419
Sevilla	13	10	26	559

Geografische Merkmale höchster Berg: (Festland) Mulhacén 3482 m; (Kanarische Inseln) Pico de Teide 3718 m; längster Fluss: Tajo (Teil) 1010 km

Einwohnerzahl (1994) 39,3 Millionen

Staats- und Regierungsform Mehrparteiensystem; konstitutionelle Monarchie; ein gesetzgebendes Organ

Streitkräfte Heer 145 000; Marine 33 000; Luftwaffe 28 400

Größte Städte Madrid (Hauptstadt – 3,1 Mio. Einw.); Barcelona (1,7 Mio.); Valencia (753 000); Sevilla (659 000); Zaragoza (586 000); Malaga (512 000); Bilbao (369 000)

Offizielle Landessprache Spanisch (basierend auf dem kastilischen Dialekt)

Bevölkerungsgruppen Spanier 72,3%; Katalanen 16,3%; Galicier 8,1%; Basken 2,3%; sonstige 1,0%

Religionen Katholiken 97,0%; nicht Religiöse 2,6%; Protestanten 0,4%

Währung 1 Peseta (Pta) = 100 Céntimos (cts)

Bruttosozialprodukt (pro Kopf 1993) US-$ 13 590

Bruttoinlandsprodukt (1993) 478,582 Mrd.

Lebenserwartung Männer 74,4; Frauen 81,2 Jahre

Ressourcen Obst und Gemüse, Kohle, Eisenerz, Quecksilber, Uran, Fischereiprodukte, Tourismus

dem Norden nach Spanien, darunter die Westgoten, die später zum Christentum übertraten. 711 n. Chr. eroberten muslimische Herrscher (Mauren) von Tanger aus das Gebiet und gliederten es dem Umayyaden-Kalifat an. Vom 9.-13. Jh. war Spanien ein blühendes Zentrum islamischer Kunst, Literatur und Wissenschaft und insbesondere der Astronomie. Karl der Große (747-814), der die Mauren aus Frankreich vertrieb, begann von Katalonien aus das Gebiet zurückzuerobern (Reconquista). Im 9. Jh. erlangte Katalonien den Status eines unabhängigen Königreichs, das jedoch von Córdoba aus, der muslimischen Hauptstadt Spaniens, weiter bedroht wurde. Im Norden bildeten sich allmählich eine Vielzahl rivalisierender christlicher Königreiche heraus, unter denen Kastilien und Aragón schließlich an Einfluss gewannen. Ende des 13. Jh. befand sich nur noch Granada unter muslimischer Kontrolle. 1469 wurde durch die Heirat der Erben der beiden Hauptreiche Kastilien und Aragón – Isabella I. von Kastilien (1451-1504) und Ferdinand II. von Aragón (1452-1516) – der Grundstein für den spanischen Staat gelegt. Nach dem Fall von Granada wurde das Land 1492 vereinigt. Im selben Jahr überquerte Christoph Kolumbus (1451-1506) den Atlantik und zur gleichen Zeit wurden durch die

Die Kanarischen Inseln

Die Kanarischen Inseln, etwa 95 km vor der afrikanischen Nordwestküste im Atlantischen Ozean gelegen, sind eine autonome spanische Region und bestehen aus zwei Provinzen. Die westliche Provinz Teneriffa umfasst die Inseln Hierro, La Palma, Gomera und Teneriffa. Zur östlichen Provinz Gran Canaria gehören Gran Canaria, Fuerteventura, Lanzarote und eine Reihe weiterer kleiner Inseln.

Die Inseln sind vulkanischen Ursprungs und größtenteils sehr steil, wobei die Gipfel Teneriffas höher ausfallen als die Gran Canarias. Der Pico de Teide auf Teneriffa ist mit 3718 m der höchste Gipfel Spaniens und von November bis April schneebedeckt. Das Klima ist im Allgemeinen warm und trocken; es regnet selten, ausschließlich im Winter und stärker im Westen der Insel.

Die Vegetation ist vor allem auf den trockeneren östlichen Inseln spärlich, auf dem porösen vulkanischen Boden wachsen jedoch ungewöhnliche Pflanzen wie der Drachenbaum und verschiedene Sukkulenten (Euphorbia und Sempervivum). Subtropische Kulturen gibt es an den Berghängen im Westen, u. a. Bananen, Kaffee, Zuckerrohr, Orangen und Datteln. An den tieferen Hanglagen wird Weizen, Gerste, Mais, Kartoffeln und Wein angebaut. Stechpalmen, Oliven und verschiedene Lorbeerarten, Kanarische Pinien und Heideland reichen bis dicht an die Baumgrenze, Stauden und niedrigwachsende Sträucher auf den Lavahängen wachsen bis zu einer Höhe von 1 830 m.

Die Vogelwelt ist sehr artenreich, und die Inseln wurden nach den zahlreich vorkommenden Kanarienvögeln benannt. Heute gibt es keine einheimischen Säugetiere mehr, obwohl den Aufzeichnungen des römischen Schriftstellers Plinius d. Ä. (23-79 n. Chr.) zufolge der Name der Inseln (damals der westlichste Punkt der Erde) von den Canaria (lat. *canes*), den großen Hunden, die dort lebten, abgeleitet wurde. Hunde, Schafe, Schweine und Ziegen, die die Spanier vorfanden, als sie im 15. Jh. die Inseln kolonialisierten, wurden wohl ursprünglich von den ersten Siedlern, den afrikanischen Guanches, mitgebracht.

Obgleich die Römer die Inseln kannten, sind kaum nähere Einzelheiten über ihre weitere geschichtliche Entwicklung bekannt. Erst 1341 wurden sie von den Portugiesen wiederentdeckt. Als Kolumbus (1451-1506) von hier aus seine erste transatlantische Reise 1492 unternahm, standen sie schon unter spanischer Kontrolle, und die Guanches waren unterworfen. In der Folge spielten die Inseln eine entscheidende Rolle bei der Aufrechterhaltung der Verbindung zwischen Spanien und seinen amerikanischen Besitzungen. Im Juli 1936 rief Francisco Franco (1892-1975) den nationalistischen Aufstand, der zu einem blutigen Bürgerkrieg führte, über einen Radiosender von den Kanarischen Inseln aus, um dann nach Spanien zu fliegen.

Der Pico de Teide (*oben*) liegt in einem Nationalpark und hat eine Höhe von 3718 m. Seine oberen Hänge aus Bimsstein und Lava sind kahl. Dagegen wachsen auf den fruchtbaren vulkanischen Böden der unteren Hanglagen eine Vielzahl exotischer Pflanzen.

Der über das ganze Jahr anhaltende Tourismus stellt die Haupteinnahmequelle der Inseln dar, aber auch die Landwirtschaft ist nach wie vor ein wichtiger Erwerbszweig. Bananen, Kartoffeln und Tomaten werden exportiert. Die beiden Provinzhauptstädte: Santa Cruz auf Teneriffa und Las Palmas auf Gran Canaria besitzen einen internationalen Flug- und einen Seehafen. Universitäten gibt es in La Laguna auf Teneriffa und in Las Palmas.

spanische Inquisition über 170 000 Juden aus Spanien deportiert. Die Mauren von Granada standen später vor der Wahl, entweder zum Christentum überzutreten oder das Land zu verlassen.

Die Entdeckung der Neuen Welt durch Kolumbus leitete eine Periode der Eroberungen und Kolonisierungen ein, in deren Folge in Mittel-, Südamerika und in Südostasien ein spanisches Imperium entstand. Das höfische Leben, die Malerei und Literatur blühten dank der Reichtümer, die in den folgenden 200 Jahren nach Spanien gelangten, auf. Die spanische Monarchie gelangte in Europa zu großer Macht und brachte Teile Italiens, das habsburgische Burgund und die Niederlande unter seine Kontrolle.

Philipp II. (1527-1598) annektierte 1580 Portugal und versuchte 1588 England zu besetzen, was mit der katastrophalen Niederlage der Spanischen Armada endete. 1648 verlor Spanien nach einem 80 Jahre währenden Krieg die Vereinigten Provinzen der Niederlande. Der wachsende Widerstand gegen die spanischen Eroberungskriege in Europa ermunterte die Katalanen und Portugiesen, 1640 gegen die spanische Herrschaft aufzubegehren. Portugal erhielt 1668 seine Unabhängigkeit. Der anhaltende Krieg mit Frankreich erschöpfte die Ressourcen und 1714 musste Spanien die noch besetzten Gebiete in Europa aufgeben.

1794 erlitt Spanien im Krieg gegen das revolutionäre Frankreich eine vernichtende Niederlage, und 1808 ernannte Napoleon Bonaparte (1769-1821) seinen Bruder Joseph Bonaparte (1768-1844) zum neuen spanischen König. Im Unabhängigkeitskrieg von 1808 bis 1814 wurden die Franzosen vertrieben und die spanischen Bourbonen kehrten auf den spanischen Thron zurück.

Bis zum Jahre 1826 verlor Spanien durch den Aufschwung der Unabhängigkeitsbewegungen alle Festlandkolonien in Zentral- und Südamerika. Politische Auseinandersetzungen im Heimatland verhinderten eine effektive Regierungsführung, und die Niederlage im Spanisch-Amerikanischen Krieg von 1898 führte dazu, dass Spanien Kuba, Puerto Rico und die Philippinen an die USA verlor. Aufgeschreckt durch eine schnell anwachsende Volksbewegung, die eine Volksherrschaft forderte, riss General Prima de Riviera (1870-1930) durch einen Militärputsch 1921 die Macht an sich. Er regierte zunehmend autoritärer, konnte jedoch den Niedergang der Monarchie unter Alfons XIII. (1886-1931) nicht mehr retten. Am 14. 4. 1931 wurde sie

Olivenbäume und wild wachsende Blumen bedecken

Die Balearen

Die Balearen liegen im Mittelmeer vor der Ostküste Spaniens und bilden eine autonome Region, die in einer Provinz zusammengeschlossen sind. Die östliche, größere Inselgruppe umfasst Mallorca, Minorca und Cabrera, während Formentera und Ibiza zu der kleineren westlichen Gruppe gehören.

Geografisch gesehen bilden die Inseln mit ihrer üppigen und abwechslungsreichen Landschaft die Fortsetzung der andalusischen Bergkette Südwestspaniens. Die höchsten Berge befinden sich im Nordwesten von Mallorca, deren Küstenlinie wie die von Ibiza zerklüftet ist. Süd-Mallorca, Minorca und Formentera sind noch hügeliger. Die Winter sind mild, die Sommer heiß. Niederschläge fallen nur im Frühjahr und Herbst, wobei in den Bergen auf Mallorca die höchsten Niederschlagsmengen zu verzeichnen sind. Zwischen Mai und August herrscht eine deutliche Trockenperiode. Der größte Teil der ursprünglichen Vegetation fiel der landwirtschaftlichen Nutzung zum Opfer, sodass nur noch wildes Strauchwerk vorhanden ist. Einige Reptilienarten, darunter die Mallorca-Hebammenkröte, finden dort ihren Lebensraum.

Die Balearen können auf eine wechselvolle Geschichte zurückblicken; die Spuren der Fremdherrschaft sind noch heute sichtbar. Phöniker, Karthager und Römer, sie alle kamen auf die Balearen, deren Name aus dem Lateinischen kommt (*balearii* = Steinschleuder), was verdeutlicht, dass die Inselbewohner für die Handhabung dieser Waffe berühmt waren. Später besetzten die Vandalen und Mauren die Inseln. Nach der Annexion durch das Königreich von Aragón im 13. Jh. entwickelten sie sich zu einem wichtigen Zentrum der mittelalterlichen Kartografie und Seefahrt. 1708 eroberten und besetzten die Briten den Hafen Mahón auf Minorca, der bis 1802 in ihrem Besitz blieb und später von den Franzosen genutzt wurde.

Heute ist Mallorca die dichtbevölkertste Insel; die Mehrheit der Einwohner lebt in der Hauptstadt Palma. Die ethnischen und kulturellen Unterschiede der Inselbewohner sind historisch bedingt. In den Städten wird gewöhnlich Spanisch und auf dem Lande Katalanisch gesprochen. Die Landwirtschaft verbindet den Anbau von Futterkulturen und Getreide mit dem Anbau von Früchten (Mandeln, Aprikosen und Feigen) in den Gärten. Auf Minorca gibt es auch Weidewirtschaft. Landwirtschaft und Fischerei sind eine wichtige Einnahmequelle.

Auf Minorca wird Meersalz gewonnen, und es gibt einige Betriebe von lokaler Bedeutung. Der Tourismus ist jedoch die Haupteinnahmequelle. Es besteht eine Schiffsverbindung nach Barcelona, und Palma und Mahón besitzen internationale Flughäfen.

Fiesta (*unten*) auf Minorca, eine der Baleareninseln und beliebter Touristenort. Eine ausgelassene Menge feiert in Alayor, einer Stadt, die die Spanier 1304 gründeten, nach dem die Inseln von den Mauren erobert worden waren.

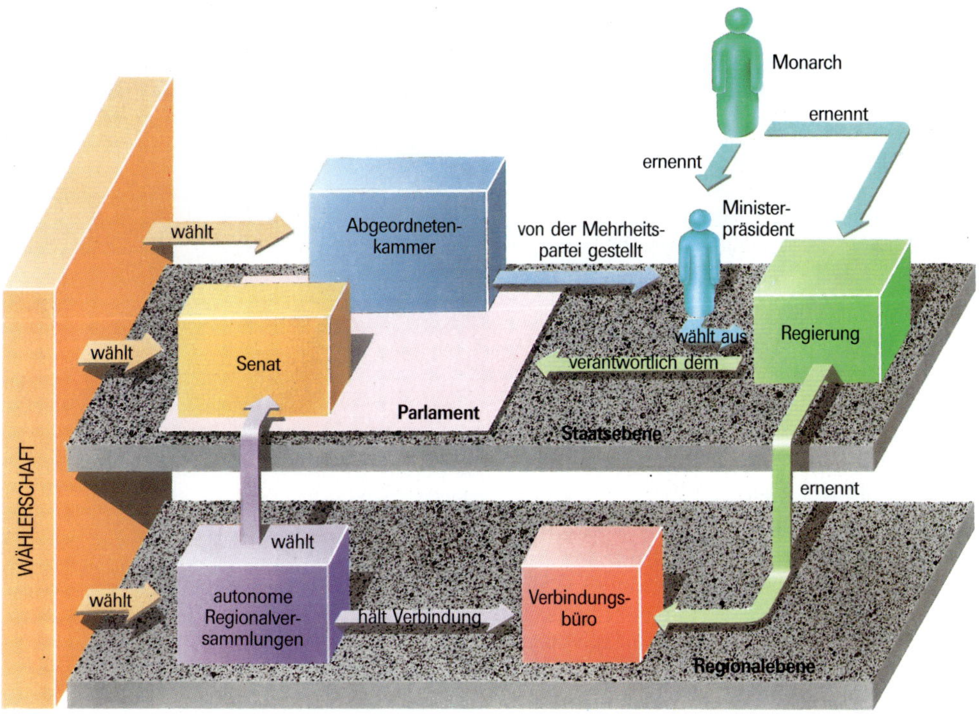

Das spanische Regierungssystem. Das Parlament (Cortes Generales) besteht aus zwei Kammern. Der Kongress (das Unterhaus) hat 350 Mitglieder, die alle vier Jahre nach dem Verhältniswahlrecht direkt gewählt werden. Der Senat hat 257 Abgeordnete; 208 werden auf vier Jahre gewählt, die übrigen Mitglieder (49) werden von den Regional- und Provinzräten berufen. Der Ministerpräsident wird vom König ernannt.

Der Güellpark (*links*), erbaut von dem katalanischen Architekten Antonio Gaudí (1852-1926) in Barcelona, ist heute ein parkähnlicher Spielplatz mit Mosaikpagoden.

durch einen überwältigenden Wahlsieg der Republikaner gestürzt. 1936, nach der Wiederwahl der Republikaner, löste die Angst vor einer sozialistischen Revolution einen erneuten Militärputsch aus, den auch die rechtsgerichteten Nationalisten unterstützten. Geführt von General Francisco Franco (1892-1975) und unterstützt von den faschistischen Regimen in Deutschland und Italien, errangen sie den Sieg im spanischen Bürgerkrieg (1936-1939). Aber trotz dieser Unterstützung blieb Spanien im Zweiten Weltkrieg neutral. 1947 wurde General Franco auf Lebenszeit zum Staatsoberhaupt erklärt.

Unter Franco wurden die persönlichen, politischen, wirtschaftlichen und kulturellen Rechte stark eingeschränkt. Minderheiten wurden unterdrückt, was auch zu einem Anwachsen separatistischer Bestrebungen in Katalonien und im Baskenland führte. Diese Bewegungen unterstrichen ihre Forderungen nach kultureller und politischer Freiheit immer nachhaltiger, auch durch gewalttätige Aktionen. 1969 wurde Juan Carlos de Bourbón y Bourbón (* 1938), der Enkel von Alfons XIII., zu Francos Nachfolger erklärt und 1975 trat eine neue Verfassung in Kraft. Spanien ist seit 1982 Mitglied der NATO und auch Mitglied der Europäischen Union (EU).

Regierungsform

Der Verfassung von 1978 nach ist der König das Staatsoberhaupt und der Oberbefehlshaber der Streitkräfte. Er ernennt und entlässt den Ministerpräsidenten, der aber durch das Zweikammerparlament (Cortes Generales) in seinem Amt bestätigt werden muss. Spanien gliedert sich einschließlich der Balearen und der Kanarischen Inseln in 17 autonome Regionen. Das Baskenland und Katalonien erhielten diesen Status 1980, alle anderen Provinzen wurden erst 1983 gebildet. Jede Region hat ein eigenes Parlament und eigene Exekutivorgane mit unterschiedlichen Vollmachten für die Selbstverwaltung. In den 52 Provinzen werden örtliche Vertreter gewählt, die für die Zusammenarbeit mit der Zentralregierung zuständig sind. Auf kommunaler Ebene wählen die Städte und Gemeinden eigene Verwaltungsräte.

Bevölkerung

Offizielle Landessprache ist Spanisch. Neben vielen regionalen Dialekten sind drei eigenständige Sprachen verbreitet: Galicisch im ländlichen Nordwesten, Katalanisch in Katalonien und Baskisch im Baskenland. Diese Sprachen werden auch an den Schulen gelehrt. Im Baskenland ist neben Spanisch auch Baskisch die Amtssprache.

Eine bedeutende ethnische Minderheit bilden die Sinti und Roma, die ursprünglich aus Indien stammen und im 15. Jh. nach Spani-

besondere der Flamenco haben die spanische Kultur stark beeinflusst. Vorherrschende Religion ist der Katholizismus, aber die aktive Ausübung ist in den Städten stark rückläufig. Weiterhin gibt es eine kleine protestantische und eine jüdische Religionsgemeinde.

Spanien hat eine vielfältige, traditionsreiche Kultur. Die arabischen Einflüsse sind auch heute in der Architektur, in den dekorativen Motiven der Keramik und in der traditionellen Musik spürbar. Die Gitarre, die einen wichtigen Platz in der klassischen und in der spanischen Volksmusik einnimmt, kommt ursprünglich aus Arabien.

Ab dem 15. Jh. haben spanische Künstler die Literatur und die Malerei in hohem Maße beeinflusst: darunter der Dramatiker Lope de Vega (1562-1635), Miguel de Cervantes (1547-1616) mit dem *Don Quichote*, einem Meisterwerk der europäischen Literatur, die Maler El Greco (1541-1614), Diego Velázquez (1599-1660), Francisco de Goya (1746-1828), Pablo Picasso (1881-1973), Joan Miró (1893-1983) und Salvador Dali (1904-1989).

WIRTSCHAFT

Spaniens vorwiegend landwirtschaftlich geprägte Wirtschaft wandelte sich durch ein rasches Wirtschaftswachstum Mitte der 50er-Jahre. Dabei spielte die Rationalisierung der Schlüsselindustriezweige eine wesentliche Rolle. Aber nach wie vor werden mehr Güter importiert als exportiert. Heute trägt besonders der Tourismus zum Ausgleich der spanischen Zahlungsbilanz bei.

Landwirtschaft

Die Erträge der spanischen Landwirtschaft sind in den letzten Jahren gestiegen, obwohl sie immer weniger Menschen beschäftigt. Viele Landbewohner wanderten in die Städte ab. Im Süden wurde der große Landbesitz in kleinere Einheiten aufgeteilt und mechanisiert. Dagegen wurden in einigen Gebieten des Nordens die kleinen Familienerbhöfe zu größeren, Gewinn bringenden Einheiten zusammengelegt. In anderen Regionen ist die Bodenerosion als Folge von Abholzungen und Verkrautungen ein ernstes Problem. Die größten landwirtschaftlich nutzbaren Flächen liegen in der Meseta-Hochebene.

Zu den Hauptgetreidesorten gehören vor allem Gerste und Weizen; auch der Obstanbau ist weit verbreitet. Spanien ist der drittgrößte Weinproduzent Europas. Hülsenfrüchte werden in einigen Teilen der Meseta angebaut; an der Ostküste wird Reis, Tabak und Baumwolle kultiviert. An der Süd- und der Ostküste werden mit Hilfe von Bewässerungsanlagen verstärkt Gemüse und Salatkulturen gezogen. Aus Oliven wird hauptsächlich Öl gewonnen. Fast ein Fünftel des Landes wird als Weideland genutzt; dabei sind Rinderhaltung und Milchwirtschaft auf den Norden beschränkt, während Schafzucht vor allem in der Meseta betrieben wird; Ziegen werden auf den kargeren Weiden gehalten und Schweinemast gibt es überwiegend im Südwesten des Landes. Anstelle der Zugtiere Esel und Maultier werden in der Landwirtschaft verstärkt moderne Maschinen eingesetzt.

Fischerei und Forstwirtschaft

Die Fischerei ist auf die Atlantikküste mit den wichtigsten Häfen Vigo und la Coruña in Galicien konzentriert; vor allem werden Sardinen, Anchovis, Kabeljau und Seehecht gefangen, deren Bestände aber zurückgehen.

Intensiv betriebene landwirtschaftliche Familienunternehmen (*oben*) in der Provinz Galicien in Nordwestspanien. Auf den fruchtbaren Feldern des Hügellandes reift in reicher Vielfalt Korn, Obst und Gemüse. Aus dieser Region kommen auch 25 Prozent des Nutzholzes.

Fässer mit Sherry (*rechts*), aufgestapelt in den historischen Kellern von Jerez de la Frontera. Das weltberühmte Sherry-Handelszentrum in West-Andalusien gab dem Getränk auch seinen Namen. Seit den Zeiten der Römer wird in diesem Landstrich Sherry hergestellt.

In der Korkproduktion wird Spanien nur noch von Portugal übertroffen. Aber die Forstwirtschaft und Holz verarbeitende Industrie ist insgesamt nicht sehr entwickelt. In den letzten Jahren wurden große Aufforstungsprojekte begonnen, um die Bodenerosion einzudämmen.

Industrie

Der spanische Kohlebergbau, früher einer der leistungsstärksten Westeuropas, erlitt in den 80er-Jahren große Einbußen. Weiterhin werden Quecksilber, Eisenerz und Uran abgebaut. Da Spanien kaum über eigene Erdölvorkommen verfügt, hängt es stark vom Ölimport ab. Etwa ein Drittel des Energiebedarfs wird in Atomkraftwerken erzeugt. Lang anhaltende Trockenperioden erschweren die Stromerzeugung durch Wasserkraft. Erdgasvorkommen werden bei Jacca im Nordosten und im Golf von Cádiz ausgebeutet, deren Umfang und Ergiebigkeit jedoch schwer zu berechnen sind.

Spaniens Industriewachstum ab Mitte der 50er-Jahre bis zur Ölkrise in den 70er-Jahren zählte zu den höchsten der Welt. Investiert wurde vor allem in neue Technologien und in den Standort um Madrid. Die Schwerindustrie ist im Norden konzentriert. Spaniens größte Stahlwerke liegen in Avilés in Asturien. Die Rezession der 80er-Jahre traf besonders die Werften (an der Nordküste und bei Cádiz im Südwesten) und die Stahlindustrie.

Barcelona ist ein Zentrum der Chemieindustrie, der Düngemittelproduktion, der Textilherstellung und Färberei sowie der verarbeitenden Industrie. In den 70er-Jahren nahmen multinationale Konzerne wie Ford, General Motors, Peugeot und Renault die Autoherstellung im Norden und Zentralspanien auf. Eine leistungsfähige Erdöl verarbeitende Industrie entstand bei Algeciras im Süden und in der Gegend von Valencia gibt es eine Keramik- und Papierindustrie, deren Tradition bis in die maurische Zeit zurückreicht.

Handel und Tourismus

Spaniens wichtigste Handelspartner sind die EU-Staaten, die USA und Saudi-Arabien. Hauptexportartikel sind Lebensmittel und landwirtschaftliche Produkte, Transportmaschinen und Ausrüstungen, Chemiekalien, Kunststoffe, Textil- und Bekleidungsartikel. Die starke Abhängigkeit vom Erdölimport führte zu ernsthaften Defiziten der Zahlungsbilanz, die durch die Einnahmen der Tourismusbranche ausgeglichen werden. Der Tourismus ist heute der wichtigste Wirtschaftszweig, er fördert auch das Baugewerbe und die traditionellen Handwerkszweige (Lederwaren, Keramik-, Glas- und Metallwaren).

Verkehr und Kommunikation

Spaniens Straßennetz zieht sich von Madrid aus in Radialen über das ganze Land. In den 60er-Jahren begann man die meisten Hauptverkehrsstraßen zu verbreitern und mit neuem Belag zu versehen. Es entstanden moderne Autobahnen. Staus bleiben

tete Eisenbahnnetz wurde durch den Bürgerkrieg 1936-1939 stark beschädigt. 1991 übernahm der Staat die Eisenbahn und begann mit der Modernisierung des Streckennetzes. In Madrid, Sevilla und Barcelona gibt es eine U-Bahn.

Die Schifffahrtslinien zu den Balearen, den Kanarischen Inseln, nach Ceuta und nach Melilla sind auch in staatlicher Hand. Zudem gibt es Schiffverbindungen nach Südamerika und den USA. Spanien besitzt vier große Häfen: Barcelona, Valencia, Bilbao und Huelva; über Algeciras wird der internationale Containerverkehr abgewickelt. Neben zwei nationalen Fluglinien, der Iberia und der Aviaco, stehen eine Reihe kleinerer regionaler Fluglinien zur Verfügung. Einen internationalen Flughafen haben Madrid, Barcelona, Palma auf den Balearen und Las Palmas auf den Kanarischen Inseln.

Die Verfassung von 1978 garantiert Pressefreiheit – seitdem ist die Anzahl der Zeitschriften und Zeitungen stark angestiegen. Heute erscheinen über 100 Tageszeitungen, einschließlich der Lokalausgaben. Die Rundfunk- und Fernsehanstalten werden von der Regierung kontrolliert, aber die Privatisierung der Medien ist nicht mehr aufzuhalten. Ganz Spanien, einschließlich der Hauptinseln, verfügt über ein modernes Telekommunikationssystem.

Gesundheits- und Bildungswesen

Für die Gesundheitsfürsorge stehen staatlich finanzierte Krankenhäuser und Fachkliniken bereit. Darüber hinaus bieten auch unter der Trägerschaft des Roten Kreuzes, der Kirche und privater Investoren stehende Kliniken ihre Leistungen an. Die Lebenserwartung der Bevölkerung ist in den letzten Jahrzehnten erheblich gestiegen. Ein umfassendes Sozialversicherungssystem gewährt eine finanzielle Unterstützung bei Krankheit und Mutterschaft, bei Krankenhausaufenthalten, bei Arbeitslosigkeit, Berentung oder im Todesfall. Die Finanzierung sichern vorrangig der Staat und die Arbeitgeber. Selbständige können zwischen einer staatlichen und privaten Versicherung wählen.

Das Bildungssystem wurde 1970 reformiert. Der Vorschule für Kinder im Alter von 2 bis 5 Jahren folgt eine obligatorische Grundschulausbildung über acht Jahre. Nach einer Aufnahmeprüfung können sich die Schüler entweder für ein dreijähriges Ausbildungsprogramm in speziellen Berufsschulen oder für einen Einjahreslehrgang zur Vorbereitung auf ein Hochschulstudium bzw. für ein Studium an einer höheren technischen Ausbildungsstätte entscheiden. Von den vie-

Portugal

REPUBLIK PORTUGAL

PORTUGAL LIEGT AN DER WESTSEITE DER Iberischen Halbinsel, im Südwesten Europas, zwischen dem Atlantischen Ozean und Spanien. Zu seinem Territorium gehören die Atlantikinseln Madeira und die Azoren.

GEOGRAFIE

Die Landesfläche zerfällt in einen Nord- und einen Südteil, die der Fluss Tejo grob teilt. Der üppige, bergige Norden unterscheidet sich stark von den trockeneren Tieflandgebieten des Südens.

LANDESDATEN – PORTUGAL

Fläche 92 389 km²

Klima	Höhe m	Temperaturen Januar °C	Temperaturen Juli °C	Jährlicher Niederschlag mm
Lissabon	110	11	22	708

Geografische Merkmale höchster Berg: (Festland) Malhão da Estrêla 1991 m; (Azoren) Ponta do Pico 2351 m; längster Fluss: Tejo (Teil) 1010 km

Einwohnerzahl (1994) 10,5 Millionen

Staats- und Regierungsform Mehrparteiensystem; Republik; ein gesetzgebendes Organ

Streitkräfte Heer 27 200; Marine 12 500; Luftwaffe 11 400

Größte Städte Lissabon (Hauptstadt – 678 000 Einw.), Porto (311 000)

Offizielle Landessprache Portugiesisch

Bevölkerungsgruppen Portugiesen 99,1%; Kapverdier 0,3%; Brasilianer 0,1%; Spanier 0,1%; Briten 0,1%; Amerikaner 0,1%; sonstige 0,2%

Religionen Katholiken 97,0%; Protestanten 1,0%; sonstige 2,0%

Währung 1 Escudo (Esc) = 100 Centavos (c, ctvs)

Bruttosozialprodukt (pro Kopf 1993) US-$ 9130

Bruttoinlandsprodukt (1993) 85,7 Mrd.

Lebenserwartung Männer 71,8; Frauen 78,9 Jahre

Ressourcen Kork, Holz, Wolfram, Eisenerz, Uran, Wein, Obst und Gemüse, Fischereiprodukte, Tourismus

Das Land

Portugals nordöstliche Hochebene bildet die Fortsetzung der spanischen Meseta und ist durch Berge, Flusstäler und tiefe Schluchten gegliedert. Westwärts fällt das Land zum Küstengebirge am Atlantik ab. Die landeinwärts gelegenen Hochebenen erstrecken sich nach Süden bis über das Flusstal des Douros und fallen dann in Richtung Westen zu einer breiten Küstenebene ab.

An der Südostgrenze der Hochebene bildet das Kastilische Scheidegebirge eine natürliche Grenze zwischen Nord- und Südportugal, das zur Küste hin niedriger wird. Südlich davon fließt der Tejo von Osten nach Westen und mündet nahe der Hauptstadt Lissabon in den Atlantik. Südlich des Tejos verlaufen Hügelländer und Ebenen. Die Tieflandgebiete an der Küste dehnen sich landeinwärts aus und gehen in die Hügelländer des Alentejo im Osten über, entschwinden nach Süden und bilden die sanften Hügel von Baixo Alenteo. Tief im Süden liegen die Berge und Hänge der Algarve und ziehen sich von der spanischen Grenze bis nach Cabo de São Vicente an Portugals Südwestspitze.

Klima, Flora und Fauna

Das Meer und die Struktur der Landschaft bestimmen Portugals mediterranes Klima mit milden und feuchten Wintern. An der Küste sind die Sommer feucht, im Landesinneren heiß und trocken; Trockenperioden im Osten und Süden sind die Regel. Die Berge im Nordwesten bilden eine „Barriere" für die Wolken, die der Atlantik herübertreibt; dort fallen mehr als 1000 mm Niederschläge im Jahr. In den Hochebenen des Nordostens herrscht ein trockeneres Klima mit kalten Wintern. Die höheren Niederschläge im Norden begünstigen das Wachstum der Wälder. Der Süden dagegen ist kaum bewaldet, aber die südliche Region der Algarve ist für ihre Johannisbrotbaum-, Feigen- und Mandelbaum-Haine berühmt. Olivenbäume wachsen an den niedrigeren Berghängen des ganzen Landes, während in den höheren Berglagen eine alpine Vegetation vorherrscht. In den Bergregionen leben Wölfe, Wildschweine und Luchse. Eidechsen, Chamäleons und andere Reptilien sind im Süden beheimatet. Die Vogelwelt wartet mit einigen seltenen Arten auf, die nur auf der Iberischen Halbinsel vor-

Möwen kreisen über den Klippen Albufeiras (*oben*), einem der vielen Urlaubsorte der Algarve, der bevorzugten Touristenregion in Portugal. Das Gebiet war früher das maurische Königreich Al Gharb, heute finden die Urlauber beste klimatische Bedingungen und herrliche Strände vor.

kommen und wird durch Zugvögel auf ihrem Weg von und nach Afrika bereichert.

KULTUR UND GESELLSCHAFT

Zur Geschichte Portugals gehören auch die Übersee-Besitztümer, die von der portugiesischen Sprache und Kultur geprägt wurden. Macao, Portugals letzte Kolonie, fällt 1999 an China zurück.

Geschichte

Über das Volk der Iberer ist wenig bekannt. Etwa 1000 v. Chr. begannen die Kelten über die Pyrenäen nach Portugal vorzudringen. Die Lusitanier waren Keltiberen, nach denen die römische Provinz in Zentralportugal benannt wurde. Der moderne Name (Oporto) geht auf die römische Festung Portus Cale

Die Azoren

Die Azoren, ein Archipel vulkanischen Ursprungs im Atlantik, wurden 1431 erstmalig von den Portugiesen besiedelt. Die Kraterseen – Verde und Azur – auf São Miguel, der größten Azoreninsel, sind typisch für die atemberaubend schöne Landschaft.

Die Azoren sind ein verstreuter Archipel von 9 Inseln und vielen kleinen Inselchen im Atlantischen Ozean. Der Archipel besteht aus drei Hauptinseln: die größte, São Miguel, liegt Portugal mit einer Entfernung von etwa 1200 km westlich von Lissabon am nächsten. Hier und auf der Nachbarinsel Santa Maria lebt auch der Großteil der Bevölkerung. Zu den anderen Inseln gehören Terceira und Pico in der Mitte des Archipels sowie Flores und Corvo im Nordwesten.

Alle Inseln sind vulkanischen Ursprungs, und einige der Vulkane sind immer noch aktiv. Die Landschaft ist abwechslungsreich und mit ihren zahlreichen Kraterseen schön anzusehen. Das milde Atlantikklima bringt während der Sommermonate kaum Regen. Die Vegetation ist üppig, aber es gibt kaum noch einheimische Bäume. Die Tierwelt besteht überwiegend aus eingeführten Arten.

Die unbewohnten Azoren wurden 1431 portugiesische Kolonie. Sie gehören heute zu Portugal und sind drei der 22 Verwaltungsbezirke, besitzen aber eine größere Autonomie als die Bezirke des Festlands.

Angebaut werden Tee, Tabak und tropische Früchte. Wein, Fisch und handwerkliche Erzeugnisse sind Hauptexportartikel. Der Tourismus ist eine gute Einnahmequelle und gewinnt an Bedeutung. Industrie ist kaum vorhanden. Der Flughafen von Santa Maria ist eine wichtige Zwischenstation für die Transatlantikflüge.

Streitobjekt zwischen den germanischen Sueben, die von Norden vorrückten, und den Westgoten, die schon als römische Hilfstruppen nach Portugal gekommen waren. Das Land blieb zersplittert, bis es 711 von den muslimischen Mauren aus Nordafrika erobert wurde. Nur der Norden blieb unter christlicher Herrschaft. Die Rückeroberung nahm Afonso Henriques (1109-1185) in Angriff, der später zum König Alfons I. gekrönt wurde. Seine Nachfolger befreiten Portugal

in Auseinandersetzungen mit dem spanischen Königreich von Kastilien verwickelt. 1385 marschierte Johann I. von Kastilien (1358-1390) in Portugal ein, wurde aber nach der Schlacht von Aljubarrota wieder vertrieben. Unter König Johann I. nahm Portugal politische und Handelsbeziehungen zu England und Flandern auf und eroberte Ceuta in Nordafrika. Vom 15. Jh. an erkundeten portugiesische Seefahrer unter der Schirmherrschaft von Prinz Heinrich dem Seefahrer

Madeira

Madeira ist ein kleiner Archipel im Atlantik und liegt etwa 1000 km südwestlich von Portugal vor der Küste Nordafrikas. Von Vulkanen geformt, besteht er aus zwei bewohnten und den unbewohnten Desertas-Inseln.

Die Insel ist schroff und gebirgig mit tiefen Tälern. Flachland findet sich nur an der Südküste, rund um die Hauptstadt Funchal. Die Insel Porto Santo im Nordosten ist kleiner und flacher und ist nur wenig bewohnt. Auf Madeira herrscht ein mildes Klima mit mäßigen Regenfällen im Winter, durch die eine üppige Vegetation gedeiht. Einheimische Säugetiere gibt es auf der Insel nicht, aber man kann die seltenen mediterranen Mönchsrobben vor der Küste sehen. Über 40 Vogelarten leben hier und zahlreiche Insekten.

Bis zur Kolonisierung durch die Portugiesen im 15. Jh. war Madeira unbewohnt. Auf einer Expedition, die Prinz Heinrich der Seefahrer finanzierte, entdeckte João Gonçalves Zarco die Inseln. Der Name Madeira bedeutet „Bauholz" und geht auf die dichten Wälder zurück, die die Insel damals bedeckten. Später wurden sie gerodet, um fruchtbares Ackerland zu gewinnen.

Heute sind die Inseln einer der 22 Verwaltungsbezirke Portugals, besitzen jedoch eine größere Autonomie.

Exportiert werden neben Bananen, Zucker und dem berühmten Madeira-Wein, der mit Rohrzucker angereichert wird und einen besonderen rauchigen Geschmack hat, auch Artikel des Kunsthandwerks. Der Tourismus entwickelt sich gut; die Schönheit der Landschaft und die gelassene Lebensart ziehen viele Besucher an.

und 1500 nahm Pedro Alvares Cabral (1467-1520) Brasilien für Portugal in Besitz. 1580 fiel das Land an Philipp II. von Spanien (1512-1580) und verlor seine wertvollen ostindischen Besitzungen (Molukken und Ceylon). 1640 erhoben sich die Portugiesen, unterstützt von Frankreich, gegen die spanische Krone. Herzog Johann von Bragança (1603-1656) wurde zum König Johann IV. gekrönt, aber erst 1668 erkannte Spanien die Unabhängigkeit an. Portugals nun folgender Aufschwung wurde durch die Kolonien, insbesondere durch das Gold und die Diamanten Brasiliens, finanziert.

1807 fiel Napoleon I. in Portugal ein und Großbritannien, Verbündeter Portugals, half der portugiesischen Königsfamilie, nach Brasilien zu entkommen. 1811 vertrieben britische Truppen die Franzosen aus Portugal. Die königliche Familie blieb jedoch in Brasilien und vereinte Portugal und Brasilien zu einem Königreich. Nach der Revolution von 1820 wurde eine neue Verfassung verabschiedet. Zwei Jahre später fiel Brasilien von Portugal ab. Mit Ausbruch des Bürgerkriegs, bekannt als „Krieg der zwei Brüder" (1826-1834), begann eine Periode, die von Unruhen und Verfall gekennzeichnet war. Gegen Ende des 19. Jh. gewannen die Republikaner die Oberhand, und 1908 wurden Karl I. (1863-1908) und der Thronfolger ermordet. Emanuel II. (1889-1932) wurde 1910 gestürzt. Im gleichen Jahr wurde die Republik ausgerufen. Das Amt des Präsidenten übernahm zunächst der Gelehrte Joaquim Teófilo Braga (1843-1924), ab 1911 regierte Manuel José de Arriaga (1842-1917).

Nach fortgesetzten Unruhen putschte 1926 das Militär. 1932 gelangte Antonio de Oliveira Salazar (1889-1970) in eine Spitzenposition. Er ordnete die chaotische Finanzsituation und verwandelte Portugal in eine profaschistische „Republik" mit einer ständisch-autoritären Verfassung. Salazar verwehrte den portugiesischen Kolonien in Afrika jegliche Entwicklung in die Unabhängigkeit. 1968 löste Marcelo Caetano (1906-1980) Salazar als Ministerpräsidenten ab.

Die afrikanischen Unabhängigkeitsbewegungen verstärkten den Guerillakrieg. 1974 wurde General António de Spínola (* 1910) wegen seiner Kritik an der portugiesischen Kolonialpolitik entlassen. Seine Absetzung stürzte das diktatorische Regime und Spínola wurde zum neuen Präsidenten ernannt. Gleichzeitig wurde eine Regierung berufen, die sich auf eine breite Mehrheit stützte. Innerhalb eines Jahres erhielten alle portugiesischen Kolonien (außer Macao) die volle Unabhängigkeit. Die marxistisch geführte Bewegung der Streitkräfte (MFA) gewann zunehmend an Einfluss und begann mit einer Landreform Privatland zu enteignen. Spinola musste 1974 zurücktreten. Im folgenden Jahr scheiterte ein von der MFA organisierter Militärputsch. 1975 wurde eine provisorische verfassunggebende Versammlung gewählt.

Auf der Grundlage dieser Verfassung fanden 1976 demokratische Wahlen statt. General António Ramalho Eanes (* 1935) wurde zum Präsidenten und Mario Soares (* 1924) zum Ministerpräsidenten gewählt. Es begann der Wiederaufbau der Wirtschaft, die während der Revolution stark zurückgefallen war, und in Portugal zog schrittweise Stabilität ein. Im Januar 1986 trat Portugal der Europäischen Gemeinschaft (EG) bei, und im selben Jahr wurde Soares zum ersten zivilen Präsidenten seit dem Umsturz von 1926 gewählt.

Traditioneller Ackerbau wird noch heute in großen Teilen Nordportugals praktiziert. Mais ist seit dem späten 15. Jh., als Christoph Kolumbus (1451-1506) ihn aus Amerika mitbrachte, eine der wichtigsten Kulturpflanzen des Landes.

Regierungsform

Portugal ist zwar seit 1910 eine Republik, erhielt aber erst ab 1976 eine parlamentarisch-demokratische Struktur. Der Präsident ist als Staatsoberhaupt auch Oberkommandierender der Streitkräfte. Beratungsorgane sind der Oberste Revolutionsrat und die Verfassungskommission. Beide Körperschaften besitzen in der zivilen Regierungsform weniger Macht. Der Präsident ernennt den Ministerpräsidenten, der wiederum bildet den Ministerrat bzw. das Kabinett. Das Parlament (Nationalversammlung) wird alle vier Jahre gewählt.

Portugal ist in 22 Verwaltungsbezirke unterteilt, denen jeweils ein Gouverneur vorsteht. Die Azoren und Madeira besitzen ein größeres Maß an Autonomie.

Bevölkerung
Die Bevölkerungsstruktur Portugals ist homogen. Einwanderer aus den ehemaligen Kolonien leben vor allem in Lissabon und Porto. In jüngster Zeit sind viele Portugiesen, besonders aus ländlichen Gebieten, in andere westeuropäische Länder ausgewandert.

WIRTSCHAFT

Die Wirtschaft ist durch die Revolution von 1974, die Guerillakriege und den Verlust der Kolonien stark zurückgefallen und erholt sich allmählich, nicht zuletzt durch die Fördermaßnahmen der Europäischen Union.

Landwirtschaft und Fischerei
Portugals vorherr...

Methoden durch die Struktur der kleinen Bauernhöfe Grenzen gesetzt. Der Großgrundbesitz (*latifundia*) im Süden wurde zwar 1975 nationalisiert, aber nicht modernisiert. Die Hauptkulturen Weizen und Mais müssen weiterhin in großem Umfang importiert werden. Darüber hinaus werden Feigen, Oliven, Wein und Tomaten angebaut, die zusammen mit Kork zu den Hauptexportprodukten gehören. Außerdem werden Bauholz und Pulpe (zur Papierherstellung) ausgeführt. Eine Fisch verarbeitende Industrie entstand an der Atlantikküste.

Industrie und Handel
Portugal hat nur wenige Energiereserven, weshalb Erdgas und Erdöl importiert werden müssen. Strom wird zum großen Teil durch Wasserkraftwerke erzeugt. Wolfram, Kupferkies und Kaolin werden in geringen Mengen exportiert.

Die verarbeitende Industrie gewinnt zunehmend an Bedeutung. Die Schwerindustrie ist in den Werften von Lissabon konzentriert und hat aufgrund der zurückgegangenen Nachfrage starke Verluste erlitten. Hauptzweige der Leichtindustrie und des Exports sind die Herstellung von Fischkonserven, Korkerzeugnissen, Schuhen, Textilien, Papier sowie die Tabakverarbeitung. Portugals wichtigste Handelspartner sind die Staaten der Europäischen Union. Die Tourismusbranche ist eine rasch wachsende Einnahmequelle, bevorzugt wird die Algarveküste.

Verkehr und Kommunikation
Das Land ist größtenteils verkehrsmäßig erschlossen. Das Straßennetz wird gegenwärtig weiter ausgebaut. Das Schienennetz verbindet alle wichtigen Städte und ist überwiegend elekrifiziert. Fluglinien fliegen im Wesentlichen die Flughäfen bei Portela de Savazem nahe Lissabon, Porto und Faro in der Algarve an. Außerdem besitzt Portugal eine große Handelsflotte. Funk und Fernsehen wurden 1975 verstaatlicht. In der Mehrzahl gehören die Tageszeitungen entweder dem Staat oder werden von ihm unterstützt. Die Verfassung von 1976 schaffte die Zensur ab.

Gesundheits- und Bildungswesen
Es gibt ein umfassendes staatliches Sozialversicherungssystem. Zudem haben Gewerkschaften, Berufsverbände und die großen Privatunternehmen ein Versicherungssystem eingerichtet. Es stehen sowohl öffentliche als auch private Krankenhäuser zur Verfügung, die vom Staat bzw. von karitativen und religiösen Organisationen unterhalten werden. In den staatlichen Schulen erfolgt eine kos...

Schutzgebiete in der Region

GIBRALTAR
GROSSBRITANNIEN

Gibraltar ist ein selbstverwaltetes britisches Gebiet mit einer Fläche von 5,8 km² an der Südspitze der Iberischen Halbinsel. Jenseits der Straße von Gibraltar, an der Küste Nordafrikas, liegt die spanische Exklave Ceuta.

Gibraltar besteht aus einem einzigen steilen Kalksteinfelsen in Form einer Pfeilspitze, der sich bis auf 425 m Höhe erhebt. Von der Mittelmeerseite her ist es nahezu unangreifbar. Ein sandiger Schwemmlandstreifen verbindet es mit Spanien.

Der Felsen hat viele Höhlen und Befestigungen aus allen Perioden seiner Geschichte. Da es keine natürlichen Wasservorräte gibt, nehmen Regenwasserauffangbecken den Großteil der Gipfelfläche ein. In heißen Sommern regnet es kaum.

Der Name kommt aus dem Arabischen (Djebel al-Tank = „Felsen des Tarik") – benannt nach dem maurischen Heerführer Tarik T. ibn Sijad, der 711 Gibraltar eroberte. Bis 1462 blieb es unter muslimischer Herrschaft. Während des spanischen Erbfolgekrieges wurde es 1704 von den Briten erobert und im 19. Jh. zu einer britischen Marinebasis und Werft ausgebaut. Gibraltar hatte im Ersten und Zweiten Weltkrieg eine besondere strategische Bedeutung und ist noch heute ein britischer Luftwaffenstützpunkt.

Spanien hat seinen Anspruch auf Gibraltar nie aufgegeben, doch sprach sich 1967 die überwiegende Mehrheit der Einwohner für den Verbleib bei Großbritannien aus. Zwei Jahre später schloss Spanien alle Zugänge. 1985 wurden sie wieder geöffnet.

Der Gouverneur vertritt die britische Krone und ernennt aus den Reihen der Mehrheitspartei den Ministerrat. Das Abgeordnetenhaus umfasst 18 Mitglieder. Die überwiegende Mehrheit der Zivilbevölkerung Gibraltars ist maurischer, maltesischer, spanischer, genueser, britischer und jüdischer Abstammung. Der Großteil der Einwohner spricht spanisch und englisch und bekennt sich zum Katholizismus. Alle Bürger besitzen die britische Staatsangehörigkeit. Auf Gibraltar leben und arbeiten auch viele Ausländer, darunter Asiaten, Afrikaner und britisches Militärpersonal. Dazu kommen täglich viele Pendler aus Spanien nach Gibraltar, die hier beschäftigt sind.

Haupteinnahmequellen Gibraltars sind die Umschlagskapazität des Hafens und der Reexport zollpflichtiger Güter wie Alkohol und Erdöl. Nahrungsmittel werden importiert. ...

Italien und Griechenland

LÄNDER DER REGION

ITALIEN · VATIKANSTADT · SAN MARINO

GRIECHENLAND · MALTA · ZYPERN

Von der Mittelmeersonne überflutet (*links*) steht eine Windmühle auf der griechischen Insel Antiparos, der Zykladen-Inselgruppe vor der Südostküste Griechenlands. Die strenge, karge und sonnenverbrannte Landschaft und die weißgekalkten Häuser sind sowohl für Italien als auch Griechenland typisch, in deren ländlichen Gebieten oft noch eine traditionelle Lebensweise herrscht.

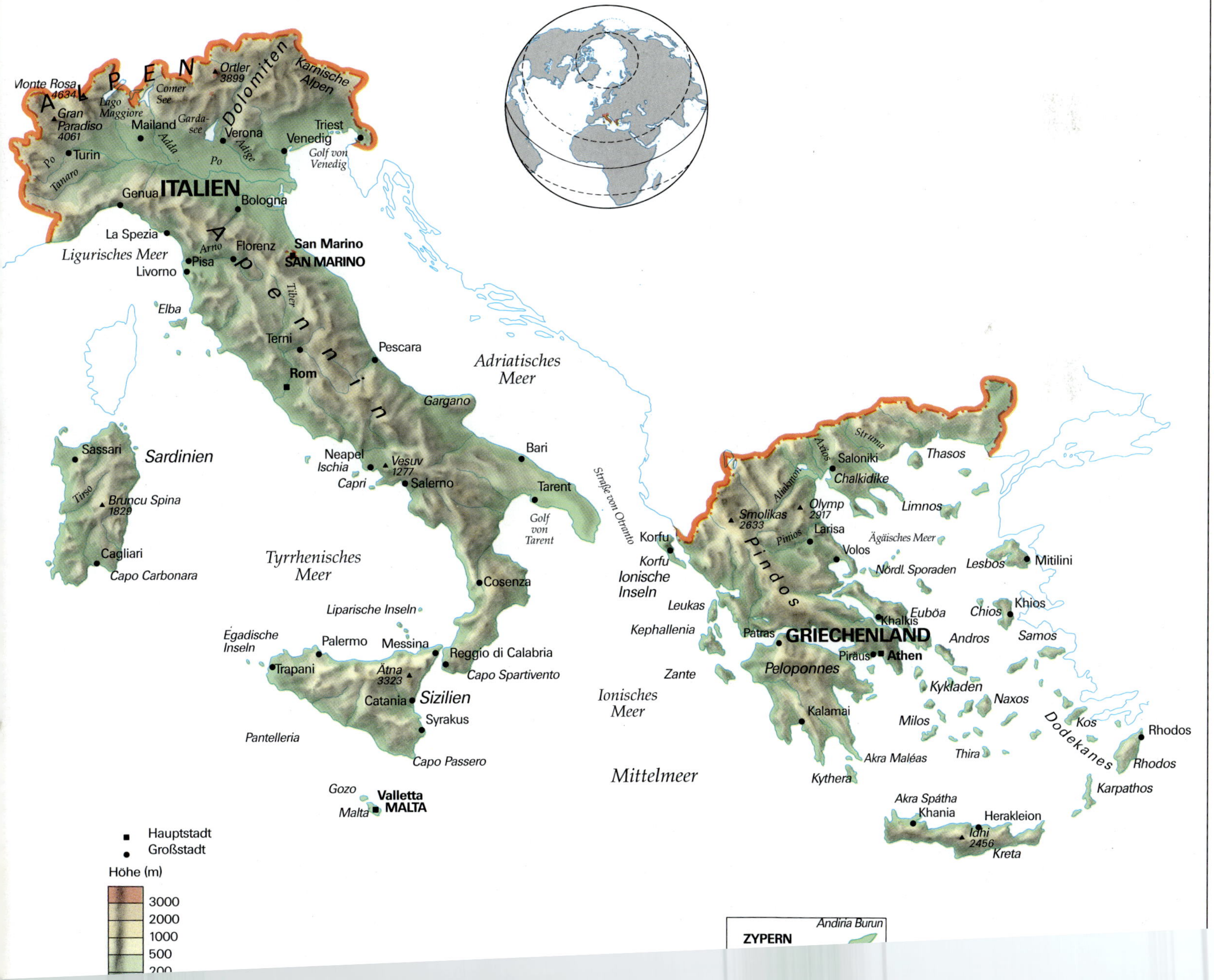

Italien

ITALIENISCHE REPUBLIK

ITALIEN IST NACH GRIECHENLAND DAS LAND mit der ältesten Geschichte in Europa, erlangte aber erst sehr spät die staatliche Einheit. Italien ist berühmt für seine zauberhafte Landschaft, für seine Baudenkmäler aus der Antike und die klassischen Skulpturen, für die mittelalterlichen Burgen, die Renaissancekirchen und die Meisterwerke der Malerei.

LANDESDATEN – ITALIEN

Fläche 301 277 km²

Klima	Höhe m	Temperaturen Januar °C	Juli °C	Jährlicher Niederschlag mm
Rom	17	7	25	657

Geografische Merkmale höchster Berg: Mont Blanc 4807 m; längster Fluss: Po 620 km; größter See: Gardasee 370 km²

Einwohnerzahl (1994) 58,1 Millionen

Staats- und Regierungsform Mehrparteiensystem; Republik; zwei gesetzgebende Organe

Streitkräfte Heer 205 000; Marine 44 000; Luftwaffe 73 300

Größte Städte Rom (Hauptstadt – 2,8 Mio. Einw.); Mailand (1,43 Mio.); Neapel (1,2 Mio.), Turin (992 000); Palermo (734 000); Genua (701 000); Bologna (412 000); Florenz (408 000)

Offizielle Landessprache Italienisch

Bevölkerungsgruppen Italiener 94,1%; Sarden 2,7%; Rätoromanen 1,3%; sonstige 1,9%

Religionen Katholiken 83,2%; nicht Religiöse 16,2%; sonstige 0,6%

Währung 1 Italienische Lira (Lit) = 100 Centesimi (Cent.)

Bruttosozialprodukt (pro Kopf 1993) US-$ 19 840

Bruttoinlandsprodukt (1993) 991,386 Mrd.

Lebenserwartung Männer 74,4; Frauen 81,0 Jahre

Ressourcen Obst, Oliven/Olivenöl, Weintrauben/Wein, Tabak, Käse, Marmor, Quecksilber, Steinsalz, Fischereiprodukte, Tourismus

GEOGRAFIE

Im Norden trennen die Alpen Italien von Frankreich, der Schweiz, Österreich und Slowenien. Südwärts, jenseits der weiten, fruchtbaren Nordebene, erstrecken sich die Apenninen von den Alpen im Nordwesten bis zur „Stiefelspitze" nach Kalabrien und bilden das Rückgrat der Halbinsel. Einen ganz eigenen Charakter weisen die Inseln Sizilien im Süden und Sardinien im Westen auf.

Das Land

Die westlichen und zentralen Alpen erreichen mit dem Mont Blanc an der französischen Grenze (über 4800 m) und dem Monte Rosa (4634 m) an der Schweizer Grenze ihre höchsten Erhebungen. Die schönen norditalienischen Alpenrandseen wie der Lago Maggiore, der Comer See, Iseo- und Gardasee entstanden, als das Wasser der geschmolzenen Gletscher die Täler des Alpenvorlands füllte. Nordöstlich des Gardasees erheben sich die zerklüfteten Kalksteingipfel der Dolomiten als Teil der Ostalpen bei Marmolada bis zu einer Höhe von 3342 m.

Die Böden der norditalienischen Ebene (Schwemmland) sind sehr fruchtbar. Dieser Landstrich ist mehr als 320 km lang und bis zu 200 km breit. Über die Hälfte des Gebietes durchzieht der Po, Italiens längster Fluss.

Der ausgedehnte Gebirgsrücken der Apenninen schließt an die westlich vorgelagerten Ligurischen Alpen an und reicht bis zur Nordwestküste der italienischen Riviera, schwenkt in einem Bogen über die Halbinsel und erreicht seinen höchsten Punkt im zerklüfteten Kalkmassiv des Gran Sasso d'Italia (Corno Grande) nordöstlich von Rom. Auf der Westseite durchfließen der Arno und der

Die Küste von Amalfi (*links*), wie man sie von der Villa Rufolo bei Ravello (südlich von Neapel) aus sieht. Viele kleine Urlaubsorte liegen wie Ravello versteckt zwischen steilen Klippen auf der reizvollen Halbinsel, die oft von Erdbeben heimgesucht wird.

Die sich auftürmenden Klippen von Volterra (*oben*) im Südosten von Pisa gehören zu den Colline Metallifere (Eisenberge), die reich an Mineralien sind und eine Höhe von 1050 m erreichen. Weiter nördlich, in den Apua-Alpen, wird hochwertiger Marmor abgebaut.

Tiber die anschließende Beckenlandschaft. Im Osten formen zahlreiche Flüsse eine Landschaft parallel verlaufender Bergrücken und Täler, die auf eine schmale Küstenebene hin zulaufen. Südöstlich richtet sich die Kalktafel Apuliens mit dem Kalksporn des Monte Gargano auf. Tief im Süden trennt der Golf von Taranto den „Absatz" (Apulien) von der „Zehenspitze" (Kalabrien) des italienischen „Stiefels".

Auf der gegenüberliegenden Seite der Straße von Messina liegt Sizilien, die größte Insel des Mittelmeeres. Die Landschaft ist gebirgig und die höchsten Erhebungen liegen im Norden. Die Ostseite beherrscht der aktive Vulkan Ätna. Das Gebiet ist aufgrund der Lage Italiens zwischen der eurasischen und afrika-

schen Inseln nördlich von Sizilien sowie der Vesuv bei Neapel, dessen Ausbruch im Jahr 79 v. Chr. die Stadt Pompeji völlig zerstörte. In den Phlegräischen Feldern treten vulkanische Gase aus. Vulkanisch aktiv sind auch die Hochländer zwischen Monte Amiata und den Albanbergen in der Nähe von Rom: Bei Viterbo gibt es Schlammquellen, und die Kraterseen Bolsena und Nemi sind ebenfalls vulkanischen Ursprungs. Thermalquellen finden sich im Norden und in den Euganeischen Hügeln unweit von Padua. Im gesamten Gebiet treten gelegentlich schwere Erdbeben auf.

Im Norden und Osten der Insel Sardinien ragen raue und ältere Gebirge auf, als es sie auf dem Festland gibt; im Westen der Insel brachten frühere Vulkanausbrüche Basalttafeln hervor.

Klima

In den Alpen sind die Wintermonate gewöhnlich kalt und schneereich, während die Sommer kurz und kühl sind. Die Temperaturen schwanken erheblich. Niedrige Temperaturen an den höher gelegenen Hängen wechseln mit Temperaturanstieg durch intensive Sonneneinstrahlung.

Die nördliche Ebene, die durch die Ligurischen Alpen vom Meer

Weiter im Süden herrscht ein mediterranes Klima mit warmen sonnigen Sommern und milden Wintern. In den Höhenlagen der Apenninen fällt dreimal so viel Niederschlag wie im Tiefland, wo im Sommer mitunter lange Trockenperioden auftreten.

Strenge Winterwinde brausen über dem Ligurischen Meer. Auf Sardinien wehen kalte nordische Wirbelwinde, während der *Libeccio* vom Westen kommend die italienischen Riviera heimsucht, und im Frühjahr bringt der *Schirokko* heißfeuchte Luft aus Nordafrika nach Italien.

Flora und Fauna

Wie große Teile Europas war auch das italienische Tiefland früher dicht bewaldet, aber nach 2200 Jahren intensiver landwirtschaftlicher Nutzung blieb in den nördlichen Ebenen kaum etwas von der ursprünglichen Vegetation erhalten.

Nutzpflanzen beherrschen die Landschaft, und selbst die Pappeln an den Flussufern wurden angepflanzt. Weiter im Süden überwucherte dichtes Strauchwerk aromatischer Pflanzen (Macchie) brachliegendes Ackerland, oder aus steinigen Gebieten wurden Heidelandschaften mit niedrigem Buschwerk

chen. Auf der Westseite des Gebirges und auf Sardinien finden sich an den unteren Berghängen bis 600 m immergrüne Wälder. In den Alpen halten sich nur wenige Pflanzen oberhalb 2250 m. Aufgrund forstwirtschaftlicher Nutzung blieb ein Eichen- und Süßkastanienbestand auch in den Vorgebirgen erhalten. Rund um die Seen wachsen Oliven-, Lorbeerbäume und Zypressen.

Über Jahrhunderte betriebene Jagd und dichte Besiedelung führten zu einem enormen Rückgang der Tierwelt. Die Alpen bieten jedoch noch heute Hermelin, Alpen-Hasen und Rebhühnern eine sichere Zuflucht. Zu den größeren Säugetieren gehören Steinböcke, die immer seltener werdenden Braunbären (beide Arten stehen unter Naturschutz), Gämsen und Rotwild. Im Süden des Landes leben Füchse und in den Apenninen auch Wölfe.

Auf Sardinien sind neben Damhirschen auch Mufflons und Wildschweine beheimatet. Zu den reichen Fischbeständen in den Küstengewässern gehören Thunfisch, Schwertfisch und Haie.

Die Umweltverschmutzung der Gewässer stellt ein ernstes Problem dar. Sowohl an der Mittelmeer- als auch an der Adriaküste führte ein verstärktes Algenwachstum zum Absterben vieler Lebensformen im Meer. Dieses Wachstumsphänomen wurde durch chemische Rückstände aus der Industrie und Landwirtschaft (Überdüngung), die ins Meer gespült wurden, extrem begünstigt. Die Algen entzogen dem Wasser Sauerstoff, wodurch ein gewaltiges Fischsterben einsetzte. Zugleich wurden die Strände von übel riechendem Schlick verunreinigt. Mit dem Bau neuer Kläranlagen in den 90er-Jahren begann sich die Situation zu verbessern.

Der schiefe Turm von Pisa, eines der bekanntesten Bauwerke der Welt, weist eine Neigung von 5,2 m zur Taufkapelle der Kathedrale (im Vordergrund) und zum Dom auf. Die ersten Anzeichen für eine Bodenabsenkung traten schon kurz nach Baubeginn im Jahr 1174 auf.

KULTUR UND GESELLSCHAFT

Im Lauf seiner Geschichte war Italien eine Zeit lang auch Machtbasis des Römischen Imperiums, die Geburtsstätte der römisch-katholischen Kirche und die Wiege der Renaissance. Es kann auf die Kontinuität einer literarischen Tradition bis in die Römerzeit verweisen, aber auch auf eine lange Geschichte der politischen Uneinigkeit, die bis heute anhält.

Geschichte

Bereits im 8. Jh. v. Chr. existierten in Italien zwei große Zivilisationen: In Sizilien und im

Süden der Halbinsel die Griechen und in Mittelitalien die Etrusker. Unter der Herrschaft der Etrusker entwickelte sich die kleine Stadt Rom zu einem Macht- und Handelszentrum. Nach dem Sturz der etruskischen Könige Ende des 6. Jh. v. Chr. wurde Rom eine Republik. In den folgenden fünf Jahrhunderten führten die Römer ununterbrochen Kriege gegen ihre Nachbarn und setzten sich auf der gesamten Iberischen Halbinsel durch. Unter Roms erstem Kaiser Augustus kontrollierte der Stadtstaat schon das gesamte Mittelmeergebiet.

Im 1. und 2. Jh., der Blützeit des Römischen Imperiums, reichte sein Einfluss von Großbritannien bis nach Ägypten; es steckte so die kulturellen Grenzen des modernen Europa ab. Das 3. Jh. zeitigte den allmählichen Niedergang des Imperiums. Kaiser Konstantin begründete im Osten ein neues Reich und erhob Konstantinopel zu dessen Hauptstadt. Das Weströmische Reich wurde durch den Einfall der aus dem Norden vordringenden Barbaren geschwächt, und 476 stürzte Romulus Augustus, sein letzter Kaiser.

Im 6. Jh. unterwarfen die Truppen des Oströmischen Reiches (Byzanz) große Teile Italiens und machten es zu seiner Provinz. Seit 568 fielen die Langobarden in die nördlichen Landesteile ein und gründeten in der Folgezeit ein neues Reich. Die italienischen Päpste riefen die Franken zu Hilfe und der Frankenkönig Pippin besiegte die Langobarden. Außerdem erhielt das Papsttum mit der Pippinischen Schenkung (754) noch Ravenna und weitere Gebiete um Rom. Das war der Beginn des Kirchenstaates in Italien.

Im 9. und 10. Jh. war Italien zwar nominell Teil des Heiligen Römischen Reiches, doch es blieb weiterhin in mächtige Stadtstaaten zersplittert. Zu den größten zählten Florenz sowie die Handelsstädte Genua und Venedig. Vom 15. Jh. an geriet der Norden zuerst unter spanischen und später unter österreichischen Einfluss. Der ganze Süden und Sizilien sowie Neapel fielen unter spanische Herrschaft. Die Besitzrechte wechselten jedoch später mehrfach zwischen Spanien, Österreich und Frankreich.

Erst in der Zeit des „Risorgimento" (nationale Bewegung zur Befreiung von der Fremdherrschaft und der Wiedervereinigung) konnte das Land nach blutigen Kriegen vereinigt werden. Sie wurde von Giuseppe Garibaldi (1807-1882) und dem Conte Camillo Benso di Cavour (1810-1861) aus Piemont geführt. Viktor Emanuel II. (1820-1878), König von Sardinien und Piemont, konnte 1861 als erster König des wiedervereinten Italien inthronisiert werden. Venedig schloss sich 1866 an und Rom folgte 1870. Der Papst, dem die Souveränität über die Vatikanstadt zugebilligt worden war, weigerte sich, die neue staatliche Ordnung anzuerkennen; auch San Marino blieb eine unabhängige Enklave.

Ende des 19. und Anfang des 20. Jh. wurde Italien mit der Besetzung Libyens, der Küste Somalias und Eritreas zu einer Kolonialmacht. 1922 ergriff Benito Mussolini (1883-1945) die Macht. Unter seiner faschistischen Diktatur erweiterte Italien zwischen 1936 und 1945 sein Kolonialreich um das Territorium von Äthiopien. Während des Zweiten Weltkrieges war es mit dem faschistischen Deutschland verbündet. Nachdem 1943 Mussolini die Unterstützung des Großen Rates der Faschisten verloren hatte, wurde er auf königlichen Befehl hin verhaftet. Die Deutschen befreiten ihn aus der Haft und setzten ihn kurzzeitig als Marionette wieder ein. 1945 wurde er auf der Flucht ermordet. Die diskreditierte Monarchie wurde 1946 abgeschafft und Italien zur Republik ausgerufen.

Florenz - Stadt der Renaissance

Im Mittelalter entwickelte sich Florenz – die Stadt am Arno am Fuß der Apenninen – zu einem der mächtigsten Stadtstaaten Italiens, der seinen Reichtum vor allem aus der Tuchindustrie und den Bankgeschäften schöpfte. Die städtische Handelsaristokratie förderte den Bau neuer Straßen, Schulen, Krankenhäuser und gründete eine der berühmtesten Universitäten Europas. Diese bewegte und aufregende Zeit brachte viele Talente hervor, darunter den Maler und Baumeister Giotto (1267-1337) und die beiden großen Dichter Dante Alighieri (1265-1321) und Giovanni Boccaccio (1313-1375). Im 14. Jh. schwächten soziale Kämpfe die Stadt, und erst mit der Niederwerfung des Aufstandes der „Ciompi" (1378-1382), der Wollschläger, fanden diese ein Ende. Unter der Herrschaft der mächtigen Medici-Dynastie, Cosimo (1389-1464), Piero (1416-1469) und Lorenzo „il Magnificio" (1449-1492) gelangte die Stadt zu neuem Glanz und Einfluss.

den „neuen Renaissance-Menschen" verkörperten. Sie alle waren hochbegabte Künstler und Wissenschaftler, deren Werke von Menschlichkeit durchdrungen waren und die ein unstillbarer Wissensdrang auszeichnete. Leonardo da Vinci (1452-1519), Künstler, Erfinder und Schriftsteller, war ein Ebenbild des „neuen Renaissance-Menschen", gleichsam auch Lorenzo Medici, der ebenfalls ein großer Dichter und Naturforscher war. Weiterhin sind zu nennen: der Baumeister und Bildhauer Filippo Brunelleschi (1377-1446); die Bildhauerfamilie Della Robbia; Tommaso Masaccio (1401-1428); Sandro Botticelli (1445-1510); Raffaello Santi, bekannt als Raffael (1483-1520), und Michelangelo Buonarroti (1475-1564).

Unter den späteren Medici verlor die Kunst allmählich ihre Bedeutung, und im 17. Jh. stagnierte sie völlig. Der Einfluss der Dynastie reichte jedoch weit über die Grenzen Italiens hinaus, und sie bewahrte viele Schätze der Renaissance für die nachfolgenden Generationen. Heute bewundert man in Florenz die Pracht aus vergangener Zeit und die unvergleichliche

Detail aus „La Primavera" (Frühling) von Sandro

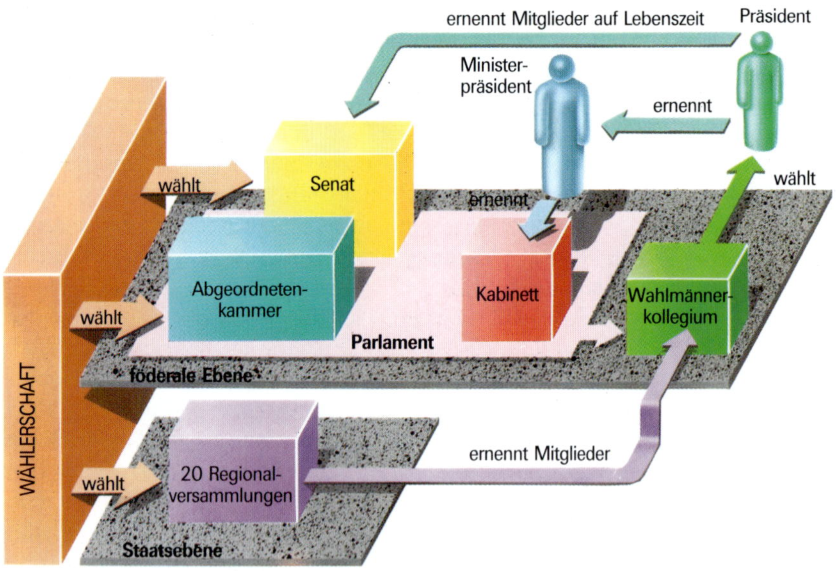

Italiens Regierungsform (*oben*). Der Staatspräsident, der vom Parlament (Abgeordnetenhaus und Senat) gewählt wird, hat wenig Machtbefugnisse. Er ernennt den Ministerpräsidenten, der dem Ministerrat vorsteht. Die Einhaltung der Verfassung wird von einem Verfassungsgericht kontrolliert.

Der Ätna (*rechts*), Europas höchster aktiver Vulkan ragt mit 3323 m über Ostsizilien auf. Er ist sechs Monate im Jahr schneebedeckt und nachts kann man aus weiter Entfernung die Lava in seinem Krater leuchten sehen. Er ist seit mindestens 2500 Jahren aktiv.

Bevölkerung

Die Jahrhunderte der Fremdherrschaft haben das Brauchtum und die Sprache des italienischen Volkes stark geprägt. Im Süden und auf Sizilien wirken noch heute griechische und arabische Einflüsse nach. Dagegen sind die Menschen im Norden in der Tendenz größer und hellhäutiger. In der Nachkriegszeit verwischten sich diese Unterschiede, da eine starke Abwanderung aus den ländlichen Gebieten des Südens in die Industriestädte des Nordens, z. B. nach Mailand und Turin, einsetzte. Im Valle d'Aosta und in Trentino-Alto Adige in Südtirol, den Enklaven in den Hochalpen, leben seit langem französisch- und deutschsprachige Volksgruppen. Alto Adige gehörte früher zu Österreich und wurde erst nach dem Ersten Weltkrieg Italien angegliedert. Damals war die Mehrheit der Bewohner gegen diesen Wechsel. Weiterhin gibt es noch bedeutende albanische und slowenische Minderheiten.

Jedes der einst unabhängigen Gebiete hat seine Besonderheiten und Dialekte, wobei sich das toscanische Italienisch, das der berühmte Dichter des 14. Jh. Dante Alighieri in seiner „Göttlichen Komödie" verwandte, zur Hochsprache entwickelte. Die römisch-katholische Kirche spielte in der Geschichte des Landes eine wichtige Rolle. Bis 1870 standen große Landesteile unter direkter päpstlicher Herrschaft. Über 90 % der Italiener sind Katholiken. In der Nachkriegszeit verlor die Kirche jedoch stark an Autorität, nicht zuletzt auch durch die kontrovers diskutierten Themen der Moral, der Ehescheidung, der Empfängnisverhütung und Schwangerschaftsunterbrechung. Auf dem Lande sind die traditionellen Moralvorstellungen von der Unantastbarkeit der Familie noch tief verwurzelt.

Im Zeitalter der Renaissance (14.-16.Jh.) entstanden in Italien viele Meisterwerke der Malerei, Bildhauerkunst und Architektur. Italien beeinflusste wie kein anderes Land in jener Zeit das europäische Musikleben. Vom klassischen Altertum ließen sich besonders die florentinischen Künstler inspirieren. Es war aber auch eine Zeit des Skeptizismus und Freidenkertums, des Glaubens an das Individuum sowie neuer Entdeckungen in Wissenschaft und Mathematik.

Die Oper ist eine italienische Erfindung, aber nicht nur eine Leidenschaft der Italiener; sie zieht wie andere Bereiche des großen kulturellen Erbes viele Touristen an. In den letzten Jahren gewann auch die italienische Kochkunst viele Freunde. Auswanderer haben die italienische Küche weltweit bekannt gemacht. Auf dem wachsenden Fast-food-Markt in den USA ist die von italienischen Einwanderern eingeführte Pizza inzwischen der größte Konkurrent des Hamburgers.

Regierungsform

Die gegenwärtige Regierungsform wurde in der Verfassung von 1947 festgeschrieben. Italien ist in 20 autonome Regionen eingeteilt mit jeweils einer Regionalkammer, einem Regionalrat sowie einem Präsidenten. Das Parlament besteht aus der Abgeordnetenkammer mit 630 Abgeordneten, die vom Volk auf 5 Jahre gewählt werden, und dem Senat mit 315 Senatoren, die die Regionen für 5 Jahre vertreten. Außerdem gibt es 11 Senatoren auf Lebenszeit, die der Staatspräsident ernennt, der von beiden Kammern für eine Amtszeit von 7 Jahren gewählt wird.

Die beiden größten Parteien sind die konservativen Christdemokraten und die Kommunisten, die sich 1990 in die Partei des Demokratischen Sozialismus umbenannt haben. Das Verhältniswahlrecht, die ausgeprägten Regionalinteressen sowie die Gegensätze zwischen den religiösen und sozialistischen Idealen hinderten beide Parteien daran, eine absolute Mehrheit zu erreichen. Zwischen 1945 und 1993 hatte Italien 52 verschiedene Regierungen, meist Koalitionsregierungen. Das führte einerseits zur Abschwächung des Extremismus in der Politik, behinderte aber andererseits die Versuche, schwerwiegende Probleme des Landes zu lösen. Dazu gehören die Armut im Süden, das Vordringen der Mafia, einer verbrecherischen Organisation, in alle Bereiche der Gesellschaft und die Korruption in Politik, Wirtschaft und Verwaltung. 1993 wurde die Regierung von zahllosen Korruptionsvorwürfen erschüttert. Im gleichen Jahr stimmte in einem Referendum eine große Mehrheit für eine Reform des Wahlrechts, d. h. für die Abkehr vom Verhält-

nis- hin zum Mehrheitswahlrecht. Im Rahmen der Reform (die ersten Wahlen fanden 1994 statt) werden 75 % der Abgeordneten beider Kammern direkt und 25 % nach dem Verhältniswahlrecht gewählt.

WIRTSCHAFT

Die Abhängigkeit Italiens von Nahrungsmittel- und Energieimporten verursacht eine permanent schlechte Außenhandelsbilanz und schwache Währung. Trotz des gewaltigen Defizits im Staatshaushalt, der Arbeitskämpfe und einer hohen Inflationsrate erlebte das Land bis zum Beginn der 90er-Jahre, als es von der Rezession hart getroffen wurde, ein starkes Wirtschaftswachstum, insbesondere in der verarbeitenden Industrie. Wie auch andere europäische Staaten hat Italien Schwierigkeiten, die finanzpolitischen Auflagen, die die EU in den Maastricher Verträgen beschlossen hat, zu erfüllen.

Landwirtschaft

Italien importiert in großem Umfang landwirtschaftliche Produkte, obgleich es in einer langen bäuerlichen Tradition steht. Noch immer werden etwa 65 % des Bodens landwirtschaftlich genutzt, aber es darf nicht übersehen werden, dass große Flächen in hügeligen bzw. gebirgigen Gegenden liegen. Auf den fruchtbaren Ebenen des Nordens werden etwa 40 % der Gesamtproduktion erzeugt – das ist annähernd genauso viel, wie im gesamten Süden erwirtschaftet werden. 94 % der über 3 Millionen landwirtschaftlichen Betriebe sind Kleinbetriebe. Da einer Familie oft mehrere Grundstücke gehören, ist Teilzeitwirtschaft üblich. Die Viehwirtschaft umfasst Rinder-, Schweine- und Geflügelzucht, Schaf- und Ziegenhaltung. Zu den traditionellen Exportprodukten zählen Wein, Oliven und Früchte. 25 % der Landesfläche sind bewaldet. Die Qualität des Nutzholzes ist jedoch im Allgemeinen gering, weshalb es nicht exportiert wird. Die Fischerei liegt überwiegend in den Händen von Kleinst- und Familienunternehmen. Die Verschmutzung des Adriatischen Meeres mit Chemikalien aus Industrie und Landwirtschaft stellt gegenwärtig die größte Gefahr für die Fischindustrie dar.

Kleine landwirtschaftliche Familienbetriebe (*unten*), die 12 Prozent der Erwerbstätigen beschäftigen, kennzeichnen die italienische Landschaft. Italien ist einer der europäischen Hauptproduzenten von Obst, Gemüse, Wein, Olivenöl. Etwa 40 Prozent des Bodens wird landwirtschaftlich genutzt.

Industrie

Italien ist arm an mineralischen Rohstoffen. In größeren Mengen kommen nur Quecksilber, Schwefel, Steinsalz und Marmor vor. Auf Sardinien und Sizilien werden allerdings weitere Bodenschätze gefördert. Die sizilianischen Erdölvorkommen decken etwa nur 6 % des italienischen Bedarfs. Die Vorräte an Kohle und Erdgas sind so gering, dass bis zu 80 % beider Energieträger importiert werden müssen. Hohe Einnahmen erzielt Italien mit der Verarbeitung importierter Metalle und dem Reexport veredelten Erdöls.

Die Stromerzeugung liegt in staatlicher Hand. Der nationale Energieplan von 1981 sah Energiesparmaßnahmen, den Bau von Atomkraftwerken, die verstärkte Nutzung von Erdgas und die Umstellung ölbeheizter Kraftwerke auf Kohlebasis vor. Die Realisierung erweist sich als langwierig und schwierig, da besonders der Bau neuer Atomkraftwerke (in Piemont, der Lombardei, Latium und Apulia) sowohl von den Regionalverwaltungen als auch von Umweltschützern blockiert wird. In den Gebirgsgegenden ist Wasserkraft die wichtigste Energiequelle. Mehr als die Hälfte des Energiebedarfs Norditaliens liefern die Wasserkraftwerke in der Nähe des Komer Sees, des Lago Maggiore und des Gardasees. Auf Sardinien erzeugen ebenfalls Wasserkraftwerke Strom, darüber hinaus werden auch geothermale Anlagen dafür genutzt.

Die verarbeitende Industrie beschäftigt

den Modeartikel, Schuhe und Oberbekleidung sowie Chemikalien. Der Staat besitzt drei Holdinggesellschaften, durch die er großen Einfluss auf die Wirtschaft nimmt; dieses Instrumentarium ist einmalig in der EU. Das „Instituto per la Ricostruzione Industriale" (IRI) koordiniert den Schwermaschinenbau, die Stahlerzeugung, die Banken und die Fluggesellschaften; das „Ente Nationale Idrocarburi" (ENI) die Erdöl- und Erdgasförderung und das „Ente Finanzario per l'Industria Meccanica" (EFIM) den Leichtmaschinenbau.

Der Tourismus ist ein wichtiger Devisenbringer und schafft zugleich Arbeitsplätze. Jährlich besuchen mehr als 20 Millionen Touristen Italien.

Handel

Handel und Finanzdienstleistungen nehmen nach der verarbeitenden Industrie die Plätze zwei und drei in der Wirtschaft ein. Haupthandelspartner sind Deutschland, Frankreich, die USA, Großbritannien, die Niederlande, die Schweiz und Belgien. Importiert werden hauptsächlich Spezialmaschinen und Fahrzeuge, Präzisionsgeräte, Rohöl, Erzeugnisse der Chemieindustrie, Nahrungsmittel und Schlachtvieh sowie Metall und Halbzeuge.

Verkehr und Kommunikation

Italiens Straßennetz, dessen Ursprünge bis in die Römerzeit zurückgehen, ist mit einer Länge von etwa 300 000 km das Herzstück des Verkehrssystems. Bisher hat das IRI etwa 7000 km Autobahn (mautpflichtig) gebaut. Die übrigen Straßen sind in einem guten Zustand, jedoch nicht für den Hochgeschwindigkeitsverkehr geeignet. Es gibt zahlreiche Passstraßen über die Alpen, von denen die meisten im Winter gesperrt sind. Den Verkehrsfluss sichern die bei jedem Wetter passierbaren St.-Bernhard- und Mont-Blanc-Tunnel.

Die Galleria in Mailand (*unten*) ist eine Ladenpassage mit Geschäften und Cafés. Durch den Zuzug vieler Bewohner aus dem verarmten Süden besonders nach dem Zweiten Weltkrieg wurde Mailand zu Italiens führender Finanz-, Industrie- und Handelsmetropole.

Die staatlichen Eisenbahnen werden gegenwärtig modernisiert. Über die Hälfte des 16 000 km umfassenden Streckennetzes sind bereits bzw. werden noch elektrifiziert. Parallel zu den Autobahnen verlaufen die großen Hauptverkehrsstraßen; in den Alpen wird der Eisenbahnverkehr über den Mont-Cenis-, den Simplon-, St.-Gotthard- und den Brenner-Pass abgewickelt. Rom verfügt über ein effektives U-Bahnnetz.

Mit Ausnahme des Po sind die meisten italienischen Flüsse nicht schiffbar. Die Handelsflotte befördert z. Z. nur weniger als ein Drittel des eigenen Außenhandels, wodurch

das Defizit in der Zahlungsbilanz ebenfalls vergrößert wird. Deshalb hat der Staat als größter Anteilseigner ein Umstrukturierungsprogramm vorgelegt, das den Kauf neuer Schiffe einschließt. Die wichtigsten Leistungen umfassen die Transporte im Mittelmeer, von und nach Nordamerika sowie Australien. Haupthäfen sind Genua, Neapel, Venedig, Triest und Leghorn. Die nationale Fluggesellschaft Alitalia wird weitgehend vom IRI kontrolliert und fliegt die meisten Weltstädte an. In Italien gibt es über als 30 Flughäfen, der größte ist der 24 km südwestlich von Rom gelegene Leonardo-da-Vinci-Flughafen.

die *Repubblica*, die in Rom erscheint. Neben den drei staatlichen Fernsehkanälen senden einige hundert private Radio- und Fernsehstationen, die sich an das lokale Publikum wenden.

Gesundheits- und Bildungswesen

Seit 1980 kommen die Italiener in den Genuss eines umfassenden staatlichen Gesundheitswesens, das eine kostenlose medizinische Behandlung für alle Bürger zum Ziel hat. Für ärztliche Untersuchungen, wichtige Medikamente und für die Krankenbehandlungen werden nur geringe Beiträge erhoben. Außerdem wurde eine einheitliche Kranken- und

Ein Mekka für Sonnenanbeter. Zahlreiche Sonnenschirme wie hier am Strand von Sorrent, südlich von Neapel, sind ein häufiger Anblick an Italiens Sandstränden. Jährlich besuchen über 20 Millionen Touristen das Land.

milien. Es besteht Schulpflicht für 6- bis 14-Jährige auf der Grundlage eines nationalen Lehrplans. Neben den staatlichen Grundschulen (6-11 Jahre) und den höheren Schulen (11-14 Jahre) sind private Schulen, die meist die Kirche unterhält, stark verbreitet. Die Vorschuleinrichtungen für die 3- bis 6-Jährigen sind sehr beliebt. Eine weiterführende Ausbildung und die Vorbereitung auf ein

Vatikanstadt

STAAT VATIKANSTADT

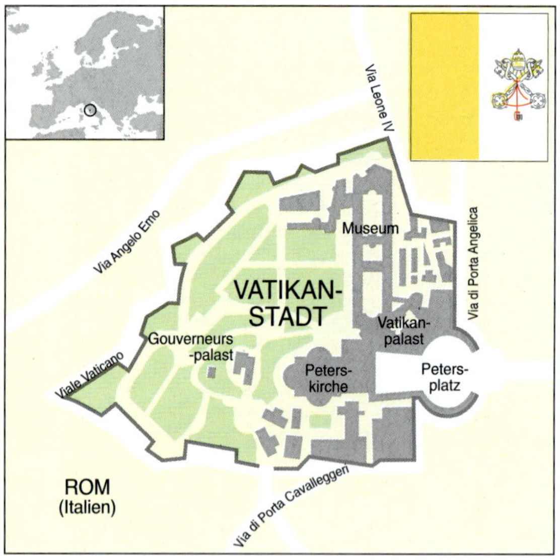

Obwohl vom Stadtgebiet Roms umgeben, ist die Vatikanstadt ein unabhängiger Staat – der kleinste der Welt. Er liegt am Westufer des Tiber und seine mittelalterlichen Mauern schließen ihn vollständig von der Stadt ab, bis auf den Petersplatz, der ihn an der südöstlichen Seite flankiert.

Die Vatikanstadt ist der verbliebene Rest des früheren Kirchenstaats auf italienischem Boden, den die Päpste über Jahrhunderte rund um Rom errichtet hatten. Das Papsttum stemmte sich 1860 und 1870 beharrlich gegen die Eingliederung dieser Gebiete in den neuen unabhängigen italienischen Staat. Erst 1929 erhielt die Vatikanstadt durch die mit der Regierung Mussolini abgeschlossenen Lateranverträge die volle staatliche Souveränität, indem sie auf alle anderen päpstlichen Territorien verzichtete.

Der Papst ist Staatsoberhaupt und alleiniger Inhaber der Legislative, Exekutive und Rechtsgewalt, die er über eine Kommission von 5 Kardinälen, einen ernannten Gouverneur und einen Rat ausübt. Der Vatikan besitzt keine eigene Armee. Die Schweizergarde, die aus 100 Mann besteht und in Paradeuniformen des 16. Jh. gekleidet ist, wird für den Wachdienst im Vatikan eingesetzt, ebenso obliegt ihr der Schutz des Papstes.

Der Vatikan unterhält einen eigenen Radiosender und betreibt ein vom italienischen Staat unabhängiges Telefonnetz und Postamt, hat ein eigenes Bankwesen, das Münzen prägt und dessen Geschäftstätigkeit keiner Kontrolle von außen unterworfen ist. Das alles sichert die Eigenständigkeit des Vatikans in internationalen Finanzgeschäften, die im Wesentlichen über die Handelsbank L' Instituto per le Opere di Religione abgewickelt werden. Die Vatikanstadt produziert selbst keinerlei Güter, und alle Dienstleistungen sowie die Energieversorgung werden „importiert". Die offiziellen Presseorgane *Acta Apostolicae Sedis* und die Tageszeitung *Osservatore Romano* werden weltweit vertrieben.

Eine wesentliche Rolle spielt der Tourismus. Als kulturelles Zentrum Italiens zieht Rom Reisende aus aller Welt an. Die Pilger besuchen die Peterskirche – bis vor kurzem noch die größte Kirche der Welt –, um beispielsweise an den Messen, die zu den christlichen Feiertagen Weihnachten und Ostern abgehalten werden, teilzunehmen. Die beeindruckende Peterskirche beherrscht den Hauptzugang vom Vatikan zur Stadt. Bereits im 4. Jh. wurde hier unter Kaiser Konstantin dem Großen der erste Bau errichtet. Im 16. und 17. Jh. erhielt die Kirche ihr heutiges Aussehen, als sie von den bedeutendsten Baumeistern, Künstlern und Bildhauern der Renaissance, Raffael, Michelangelo und Gian Lorenzo Bernini (1598-1680) neu gestaltet wurde. Die berühmtesten Kunstwerke der Vatikanstadt schmücken die Sixtinische Kapelle, die päpstliche Hauskapelle im Vatikanpalast, darunter die Deckenmalerei und das Fresko des Jüngsten Gerichts von Michelangelo; die Stanzen des Vatikan zieren Wand- und Deckenmalereien Raffaels. Zum Eigentum des Vatikans außerhalb der Vatikanstadt gehören die Kirchen San Giovanni in Laterano und San Paolo fuori le mura, die größte nach der Peterskirche, sowie die Sommerresidenz des Papstes bei Castell Gandolfo, etwa 20 km südöstlich von Rom.

Der Petersplatz und die Kolonnaden des Vatikan in ihrer schlüssellochförmigen Kontur von der Kuppel der Peterskirche aus gesehen. Viele hervorragende Künstler arbeiteten am Umbau der Kirche im 16. Jh. mit. Die Kosten für den Bau der Kirche waren so hoch, dass durch einen maßlosen Ablasshandel dafür Geld eingetrieben werden musste. Das war einer der Gründe für die Kritik des deutschen Reformators Martin Luther (1488-1546), die schließlich zur Reformation führte.

LANDESDATEN – VATIKANSTADT

Fläche 44 km²			
Klima	**Temperaturen Januar** °C	**Juli** °C	**Jährlicher Niederschlag** mm
	7	25	657
Geografische Merkmale keine			
Einwohnerzahl (1994) 1000			
Staats- und Regierungsform Stadtstaat mit einem gewählten, absoluten Staatsoberhaupt – dem Papst			
Streitkräfte Schweizergarde 100			
Offizielle Landessprachen Italienisch, Latein			
Religionen Katholizismus			
Währung 1 Vatikanische Lira = 1 Italienische Lira (Lit) = 100 Centesimi (Cent.)			
Ressourcen Tourismus			

San Marino

REPUBLIK SAN MARINO

Die Festung Rocca in San Marino. Die von dreifachen Mauern umgebene Hauptstadt der kleinsten Republik Europas verwaltet sich seit dem 12. Jh. selbst. Die ersten Siedler sollen der hl. Marinus und seine christliche Gemeinde gewesen sein, die hier im 4. Jh. Zuflucht fanden.

Die Republik San Marino ist die kleinste Republik Europas und die zweitkleinste der Welt. Sie ist eine Enklave im Norden der Apenninenhalbinsel. Die Türme und Zinnen der Festung Rocca in San Marino, der Landeshauptstadt, ragen hoch über dem Westhang des Monte Titano auf, und Wald und Weideland bedecken die Gebirgsausläufer. Das Staatsgebilde verdankt seine Existenz auch der isolierten Lage im zerklüfteten Terrain Norditaliens, das das Gebiet vor Angriffen räuberischer Nachbarn schützte.

Der Legende nach soll San Marino vom hl. Marinus gegründet worden sein, der im 4. Jh. mit Mitgliedern seiner Gemeinde vor der Christenverfolgung hierher flüchtete. In den Quellen ist San Marino erstmals im 12. Jh. als selbstverwaltetes Gemeinwesen erwähnt. 1600 wurde eine Verfassung angenommen, die im Wesentlichen noch heute gilt (obwohl sich im 18. Jh. mehrere Familien die Macht teilten). Der Wiener Kongress von 1815, der die Neuaufteilung Europas nach den napoleonischen Kriegen zu beschließen hatte, garantierte San Marinos Unabhängigkeit. Mitte des 19. Jh. gewährte San Marino den Führern der italienischen Unabhängigkeitsbewegung, u. a. Guiseppe Garibaldi (1807-1882), Zuflucht. Diese Geste wurde 1861 belohnt, denn das neue italienische Königreich respektierte weiterhin die volle Unabhängigkeit San Marinos. Die garantierte Sicherheit förderte den Bau moderner Straßen und die Einrichtung eines modernen Kommunikationsnetzes, die das Land nach außen hin öffneten. Während viele Bewohner nach Italien und in die USA auswanderten, kamen andererseits auch Italiener nach San Marino und ließen sich nieder. Amtssprache ist heute Italienisch, daneben wird noch ein älterer Dialekt gesprochen.

Die Gebirgslandschaft, die alten Festungen und die unberührte Natur ziehen immer mehr Touristen an, und die wachsende Tourismusbranche trägt erheblich dazu bei, den Fortbestand der Republik zu gewährleisten. Bis ins 20. Jh. hinein war die

den Gebirgsweiden konnte Viehwirtschaft betrieben und die Hanglagen für den Wein- und Getreideanbau genutzt werden. Bis in die 40er-Jahre hinein gab es keine Industrie; eine Ausnahme bildeten die Steinbrüche am Titano, die heute ausgeschöpft sind. Nach dem Zweiten Weltkrieg entstanden Zweige der verarbeitenden Industrie, doch der Tourismus avancierte inzwischen zur Haupteinnahmequelle. In den letzten Jahren wurde viel in den Bau neuer Urlaubs- und Hotelanlagen investiert, wovon auch das traditionelle Handwerk profitierte. Beträchtliche Einnahmen erzielt San Marino auch mit dem Verkauf seiner bekannten Briefmarkeneditionen.

Das Parlament besteht aus dem *Consiglio Grande e Generale.* Die 60 Abgeordneten des *Consiglio Grande e Generale* (Allgemeiner und Großer Rat) werden direkt und auf fünf Jahre gewählt. Der Rat wählt den Staatsrat (zehn Mitglieder für fünf Jahre). Alle sechs Monate wählt dieser aus seinen Reihen zwei *Capitani reggenti* („Regierende Kapitäne") als Staatsoberhäupter. Traditionell stellen die Kommunisten die stärkste Partei, die wie in Italien eine gemäßigte Politik verfolgen.

Es besteht ein umfassendes Sozialversicherungssystem; viele Bürger von San Marino sind Staatsangestellte, die Sondervergünstigungen erhalten. Der Schulbesuch ist bis zum

LANDESDATEN – SAN MARINO

Fläche	61 km²
Klima	Mittelmeerklima
Geografische Merkmale	höchster Berg: Monte Titano (mit der Burg San Marino) 739 m
Einwohnerzahl	(1994) 24 000
Staats- und Regierungsform	Mehrparteiensystem; Republik; ein gesetzgebendes Organ
Hauptstadt	San Marino (4000 Einw.)
Offizielle Landessprache	Italienisch
Bevölkerungsgruppen	Sanmarinesen 84,9%; Italiener 14,6%; sonstige 0,5%
Religionen	Katholiken 95,2%; nicht Religiöse 3,0%; sonstige 1,8%
Währung	1 Italienische Lira (Lit) = 100 Centesimi (Cent.)
Wirtschaft	Bruttosozialprodukt (pro Kopf 1991; lt. Weltbank) US-$ 9000
Lebenserwartung	Männer 77,2; Frauen 85,3 Jahre
Ressourcen	Wein, Oliven, Tourismus

Griechenland

GRIECHISCHE REPUBLIK

KUNST, LITERATUR UND PHILOSOPHIE ERLEBten zwischen dem 8. und 4. Jh. v. Chr. in den griechischen Stadtstaaten eine einzigartige Blüte. Die griechische Kultur strahlte weit über ihre Grenzen hinaus und beeinflusste entscheidend die Entwicklung der europäischen Kultur und Zivilisation. Griechenland ist berühmt für sein reiches kulturelles Erbe u. a. auf den Gebieten der Baukunst und der Plastik sowie für die Schönheit seiner Natur.

LANDESDATEN – GRIECHENLAND

Fläche 131 957km²

Klima	Höhe	Temperaturen Januar	Juli	Jährlicher Niederschlag
	m	°C	°C	mm
Athen	107	9	28	339

Geografische Merkmale höchster Berg: Olymp 2917 m; längste Flüsse: Wardar (Teil) 382 km und Aliakmon 314 km

Einwohnerzahl (1994) 10,56 Millionen

Staats- und Regierungsform Mehrparteiensystem; Republik; ein gesetzgebendes Organ

Größte Städte Athen (Hauptstadt – 3,1 Mio. Einw.); Saloniki (378 000); Patras (155 000)

Offizielle Landessprache Griechisch

Bevölkerungsgruppen Griechen 98,0%; sonstige 2,0%

Religionen Griechisch-Orthodoxe 97,6%; Muslime 1,5%; Katholiken 0,4%; Protestanten 0,1%; sonstige 0,4%

Währung 1 Drachme (Dr) = 100 Lepta

Bruttosozialprodukt (pro Kopf 1993) US-$ 7390

Bruttoinlandsprodukt (1993) 63,24 Mrd.

Lebenserwartung Männer 75,2; Frauen 80,3 Jahre

Ressourcen Oliven/Olivenöl, Obst, Gemüse, Tabak, Baumwolle, Bauxit, Mangan, Nickel, Eisenerz, Blei, Zink, Tourismus

Karges Land. Der spröde und steinige Boden im Eurotastal und im Taygetos-Gebirge auf dem südlichen Peloponnes sind typisch für große Teile Griechenlands. Rodungen großer Waldgebiete und die Überweidung durch Schafe und Ziegen führten zu weitflächigen Bodenerosionen.

GEOGRAFIE

Griechenland besteht aus Halbinseln und Inselketten, die von Gebirgsketten stammen, die vom Mittelmeer überflutet wurden. Die Küsten werden von tiefen Buchten zerschnitten. Die gesamte Region ist geologisch instabil und wird häufig von Erdbeben erschüttert.

Das Land

Das griechische Festland umfasst den südlichen Teil der Balkanhalbinsel. Das Pindosgebirge im Nordwesten dehnt sich vom Dinarischen Gebirge Makedoniens und Albaniens her aus. Im hohen Norden werden das griechische Makedonien und Thrakien von den Rhodopen an der bulgarischen Grenze und dem Fluss Maritza an der türkischen Grenze begrenzt. Östlich des Pindosgebirges liegt das thessalische Becken, das im Norden von Gebirgszügen umschlossen wird. Das Othrusgebirge zieht sich südöstlich bis ins Ägäische Meer und taucht schließlich im nördlichen Teil von Euböa, der langen schmalen Insel, die parallel zur Küste liegt, wieder auf. Im Süden liegt die Peloponnes, vom Festland durch den Kanal von Korinth getrennt, der das Ägäische Meer mit dem Ionischen Meer verbindet. Die gebirgige Peloponnes endet in vier felsigen Halbinseln, deren größte, die Taygetos, südöstlich einen Bogen mit den In-

Friedliche Szenerie auf einer Vulkanspitze. Thira, die südlichste Insel der Kykladen in der Ägäis, ist ein Überbleibsel eines gewaltigen Vulkanausbruchs um 1500 v. Chr. Sie besteht größtenteils aus Lava und Bimsstein – letzterer ist der Hauptexportartikel der Insel.

seln Kythera, Kreta und Rhodos zieht. Mehr als 2000 Inseln – weniger als 200 sind bewohnt – machen ein Fünftel der Landesfläche Griechenlands aus. Kreta in der südlichen Ägäis ist die größte Insel. Zu den Ionischen Inseln, die westlich vor dem Festland liegen, gehören Korfu, Leukas, Kephallenia und Zante. Die zwei größten Inselgruppen bilden die Kykladen in der südlichen Ägäis und östlich von ihnen die 12 Inseln des Dodekanes.

Klima

Das Klima weist regional Unterschiede auf. Im Nordosten strömt kalte Luft aus dem östlichen Balkan ein. Für die schneebedeckten

meinen nur im Herbst und Winter, am stärksten an den Hängen der westlichen Küstengebirge. Die Sommer sind heiß und trocken, mit häufigen Hitzeperioden. Leichter Seewind bringt Erfrischung an den Küsten, manchmal wehen auch heiße und trockene Winde und verstärken die Hitze auf Kreta und den südlichen Inseln.

Flora und Fauna

Tausende Jahre der Rodung und intensiven landwirtschaftlichen Nutzung sowie der Viehhaltung haben dazu geführt, dass die ursprünglich dichte Bewaldung zerstört wurde und nur noch ein Fünftel des Landes – überwiegend im Norden – mit Wald bedeckt ist. Strauchiges Buschland dominiert in den Tieflandgebieten und auf dem Peloponnes. Blühende Pflanzen, darunter Krokusse und Anemonen, bieten im Frühjahr einen herrlichen Anblick. Da auf den Ionischen Inseln Korfu und Leukas mehr Niederschläge fallen, fällt dort die Vegetation üppiger aus. In den nördlichen Wäldern leben noch einige Tierarten, die heute in Europa nahezu ausgestorben sind, wie Wölfe, Bären und Luchse. Im Süden gibt es Reptilien, darunter Chamäleons. Viele

KULTUR UND GESELLSCHAFT

Die Griechen haben einen ausgeprägten Nationalstolz, der in ihrer Geschichte begründet ist. Auch den späteren Mittelmeerzivilisationen verdankt die heutige griechische Gesellschaft ihre Lebendigkeit und Vielfältigkeit.

Geschichte

Zwischen 2000 und 1500 v. Chr. war Kreta das Zentrum des Minoischen Reiches, das gewöhnlich als die älteste europäische Zivilisation bezeichnet wird. Im 16. Jh. v. Chr. verlor es seinen Einfluss und der Schwerpunkt verlagerte sich nach Mykene auf die Peloponnes. Um 1200 v. Chr. drangen vom Norden her die Dorer auf die Insel und besiegelten das Ende der mykenischen Kultur. In dieser Zeit entstanden vielleicht auch die griechischen Stadtstaaten, die aus Dörfern hervorgingen, die sich zu ihrem Schutz hinter Burg-

ten Mittelmeerraum. Literatur, Baukunst, Politik, Kunst und Philosophie entfalteten sich in ungeahntem Maße. Diese Zivilisation erlebte im 5. Jh. v. Chr. ihre höchste Blüte, aber die Rivalitäten zwischen den Stadtstaaten schwächte diese im Bundesgenossenkrieg so stark, dass Philipp II. von Makedonien (382-336 v. Chr.) sie erobern konnte. Sein Sohn Alexander der Große (356-323 v. Chr.) verbreitete die griechische Kultur über Asien bis nach Nordindien; doch sein Imperium zerfiel nach seinem Tode. Interne Auseinandersetzungen schwächten die griechischen Stadtstaaten weiter, und gegen Ende des 3. Jh. v. Chr. unterlag Griechenland der Macht Roms.

Obwohl die Römer die griechische Wissenschaft und Kunst bewunderten, ließen sie den wirtschaftlichen Niedergang Griechenlands zu. Im 4. Jh. wurde Griechenland Teil des Byzantinischen Reiches. Die griechische Sprache und die orthodoxe Kirche blieben angesichts wiederholter Invasionen die einigenden Kräfte. Vom 11. Jh. verloren die byzantinischen Kaiser allmählich die Kontrolle über die Peloponnes, und so errichteten normannische und französische Adlige feudale Königreiche auf griechischem Gebiet. Venedig kontrollierte viele der Ionischen und die Inseln des Ägäischen Meeres. 1460, nach dem Fall von Konstantinopel, kam nahezu ganz Griechenland zum Osmanischen Reich. Die Ionischen Inseln blieben bis 1797 im Besitz Venedigs. Im 18. und 19. Jh. wurde die orthodoxe Kirche zu einem Zentrum des Nationalismus. 1830 ging aus erbitterten Kämpfen auf der Peloponnes, in Zentralgriechenland und der Ägäis ein unabhängiger griechischer Staat hervor. Die Ionischen Inseln wurden 1863, Thessalien 1881, Epirus und Makedonien 1913 und Thrakien 1918 angeschlossen. Nach einem fehlgeschlagenen Versuch, das türkische Anatolien nach dem Ersten Weltkrieg zu annektieren, wurde die griechische Volksgruppe aus der Türkei vertrieben.

Der Besetzung durch deutsche Truppen zwischen 1941 und 1944 folgte ein Bürgerkrieg. Als die Monarchisten 1949 die Kommunisten besiegten, waren etwa 10 % der griechischen Bevölkerung in den Kämpfen und durch Hunger umgekommen. 1967 wurde die Monarchie durch einen Militärputsch gestürzt. 1973 wurde eine neue Republik ausgerufen, die kein Jahr überdauerte. Die herrschende Militärclique war mit großer Wahrscheinlichkeit in den Sturz der zypriotischen Regierung 1974 verwickelt. Die Verfassung von 1975 stellte die demokratischen Verhältnisse wieder her und Andreas Papandreou (1919-1996) wurde 1981 Griechenlands erster sozialistischer Ministerpräsident. In den 80er-Jahren verlor er sein Amt, wurde 1993 jedoch wiedergewählt und übte bis kurz vor seinem Tod im Juli 1996 die Regierungsgeschäfte aus.

Bevölkerung
Die überwiegende Mehrheit der Bevölkerung sind Griechen, weiterhin gibt es eine makedonische, türkische und albanische Minderheit. Der Großteil der Einwohner gehört der griechisch-orthodoxen Kirche an. Obwohl sich das Land schnell zu einer urbanen Gesellschaft entwickelt, sind viele Griechen tief den ländlichen Traditionen verhaftet. Das strenge Eherecht sowie die Stellung der Frau in der Gesellschaft wurden durch neue Gesetze verbessert.

Regierungsform
Griechenland hat ein 300 Abgeordnete umfassendes Parlament. Der Führer der Mehrheitspartei wird zum Ministerpräsidenten gewählt und steht dem Ministerrat vor. Das Parlament wählt für eine 5-jährige Amtsperiode den Präsidenten, der auch Oberkommandierender der Streitkräfte ist. Das Parlament wird alle vier Jahre gewählt; es herrscht Wahlpflicht für alle Griechen ab 18 Jahre. Griechenland ist in zehn Verwaltungsbezirke mit 51 Departements unterteilt. Auf der Kommunalebene werden die Bürgermeister und Räte gewählt, für den Finanzbedarf ist jedoch die Zentralregierung verantwortlich. Griechenland ist Mitglied der NATO und der Europäischen Union (EU). Das griechische Engagement in Zypern belastet die Beziehungen zur Türkei.

WIRTSCHAFT

Griechenland ist das ärmste Land innerhalb der EU. Profitabelster Wirtschaftszweig ist der Dienstleistungssektor. Insbesondere Tourismus, Bankwesen und Schifffahrt tragen dazu bei, die Zahlungsbilanzen auszugleichen.

Landwirtschaft
In der Landwirtschaft sind 28 % der arbeitenden Bevölkerung tätig, die Produktivität ist jedoch gering. Nur etwa ein Viertel der Gesamtfläche kann von der Landwirtschaft genutzt werden. Die Investitionen, insbesondere in das Bewässerungssystem, sind nach wie vor gering, und viele Bauern arbeiten immer noch mit Zugtieren. Angebaut werden u. a. Baumwolle, Tabak, Oliven und Zitrusfrüchte. Die weit verbreitete Viehhaltung (Schafe und Ziegen) dient vor allem der Eigenversorgung. Fischerei wird trotz Modernisierung nur begrenzt betrieben.

Industrie
Griechenland verfügt über einige Mineralvorkommen, die meisten Rohstoffe – darunter 75 % der Energieträger – müssen jedoch importiert werden. Pläne zur Erhöhung der Energieerzeugung sehen den Bau neuer Wasserkraftwerke und die Umstellung der Kraftwerke von Öl auf die im Land verfügbaren Brennstoffe Braunkohle und Torf vor. Solar- und Windenergie werden ebenfalls genutzt. Die Industrie konzentriert sich vor allem in und um Athen. Ein weiterer Standort von Bedeutung ist nur Saloniki im Nordosten. Unter anderem werden Zigaretten, Stoffe, Bekleidung, Schuhe, Zement und Düngemittel hergestellt. Die griechische Handelsflotte ist eine der größten der Welt und erwirtschaftet mehr als 30 % der Einnahmen im Dienstleistungssektor. Steigende Ölpreise und höhere Lohnforderungen minderten jedoch den Gewinn. Der Tourismus bringt Devisen ins Land, und neue Arbeitsplätze entstehen im Dienstleistungsbereich und in der Bauindustrie.

Handel
Das Handelsvolumen mit den EU-Staaten ist gestiegen, aber Billigexporte und teure Importe vergrößern weiterhin das Handelsdefizit.

Harte Lebensbedingungen *(oben)*. 90 Prozent der Bauernhöfe sind klein bis mittelgroß (etwa 5 ha Land). Gründe dafür sind die Aufteilung durch die Erbfolge, rückständige Anbaumethoden und die Landflucht der männlichen Arbeitskräfte. Zudem sind die Böden zu steinig und es regnet zu wenig.

Eingeführt werden neben Rohöl vor allem Fleisch, Milch, Eisen, Stahl, Kraftfahrzeuge und Pharmazeutika. Hauptexportgüter sind Textilien, Artikel des Kunsthandwerks, Tabak, Olivenöl, Tomatenpüree, petrolchemische Erzeugnisse und Mineralien.

Verkehr und Kommunikation

Die geografische Lage Griechenlands förderte zwar die Schifffahrt, bedingt aber auch das mangelhafte Straßennetz in ländlichen Gebieten. Moderne Schnellstraßen verbinden Athen mit den anderen Zentren. Es gibt ein dichtes Busliniennetz in den ländlichen Gegenden des Festlands und auf Kreta sowie Fährverbindungen zwischen dem Festland und den Inseln. Das Schienennetz beschränkt sich jedoch nur auf das Festland. Die staatseigene Fluggesellschaft „Olympic Airways" bietet internationale als auch Inlandsflüge an. Es gibt 9 internationale Flughäfen, darunter Heraklion (Kreta) und Rhodos, die hauptsächlich für den Tourismus genutzt werden. Rundfunk und Fernsehen werden vom Staat kontrolliert, die Zeitungen sind einer Zensur unterworfen. Es gibt 130 Zeitungen.

Touristenhafen *(oben)*. Kreuzfahrtschiffe ankern im Hafen von Mykonos (der „weißen Insel"), einer der kleinsten Inseln der östlichen Kykladen. Mit ihren kargen Böden und geringen Süßwasserreserven ist die Insel Mykonos auf die Einnahmen aus dem Tourismus angewiesen. Es bestehen zwischen den Inseln gute Schiffs- und Flugverbindungen wie zum Festland und nach Athen. Auf Mykonos leben etwa 5500 Einwohner. Die Abteilung der Athener Kunsthochschule hat hier ihren Sitz.

Tischgespräche in Athen *(links)*. Die moderne griechische Gesellschaft zeichnet Homogenität aus. Der überwiegende Teil der Bevölkerung sind Griechen, die der griechisch-orthodoxen Kirche angehören. Sie verbindet ein großes Erbe, ein starkes Zusammengehörigkeitsgefühl und die Leidenschaft für Politik.

Gesundheits- und Bildungswesen

Malaria, Typhus, Ruhr und Tuberkulose wurden durch den Ausbau des Gesundheitswesens und durch eine verbesserte Wasserversorgung erfolgreich bekämpft. Die Lebenserwartung der Bevölkerung ist gestiegen. Krankenhäuser gibt es in der Regel nur in den größeren Städten, die ländlichen Gebiete und Inseln werden von örtlichen Gesundheitszentren versorgt. Für einkommensschwache Bürger ist die medizinische Betreuung kostenlos, und die engen Familienbindungen ergänzen das staatliche Sozialsystem. Für 6- bis 15-Jährige besteht Schulpflicht. Der Zugang zu

Malta

REPUBLIK MALTA

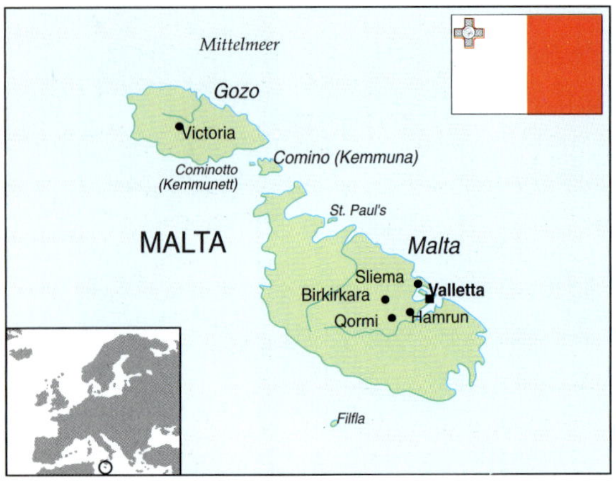

DIE REPUBLIK MALTA BESTEHT AUS DEN Inseln Malta, Gozo und Comino im Mittelmeer zwischen Sizilien und Nordafrika. In der Meerenge zwischen Sizilien und Tunesien haben sie eine besondere strategische Bedeutung, weshalb sie unter häufig wechselnde Herrschaft gerieten.

GEOGRAFIE

Die Inseln sind die Spitzen eines massiven, buchtenreichen Kalksteingebirges, das sich von Sizilien aus südlich erstreckt und von tiefen Tälern durchschnitten wird. Da es kaum Süßwasservorkommen gibt, sind Meerwasser-Entsalzungsanlagen für die Wasserversorgung unabdinglich.

LANDESDATEN – MALTA

Fläche 316 km²

Klima	**Höhe**	**Temperaturen Januar**	**Juli**	**Jährlicher Niederschlag**
	m	°C	°C	mm
Valletta	70	13	26	578

Geografische Merkmale größte Insel: Malta 246 km²; höchster Berg: südwestliche Klippen 253 m

Einwohnerzahl (1994) 366 767

Staats- und Regierungsform Mehrparteiensystem; Republik; ein gesetzgebendes Organ

Streitkräfte Heer 1650

Hauptstadt Valletta (102 000 Einw.)

Offizielle Landessprachen Maltesisch, Englisch

Bevölkerungsgruppen Malteser 95,7%; Briten 2,1%; sonstige 2,2%

Religionen Katholiken 97,3%; Anglikaner 1,2%; sonstige 1,5%

Währung 1 Maltesische Lira (Lm) = 100 Cents (c) = 1000 Mils (m)

Bruttosozialprodukt (pro Kopf 1993) US-$ 7970

Lebenserwartung Männer 74,5; Frauen 79,2 Jahre

Ressourcen Kalkstein, Steinsalz, Hafenanlagen, Tourismus

Aufgrund der jahrhundertelangen Überweidung und der Bodenerosion ist die natürliche Vegetation nur spärlich. Zwar fand man Überreste prähistorischer Tierarten in den ausgedehnten Kalksteinhöhlen, doch heute leben hier nur noch wenige Säugetiere, darunter der Igel, die Spitz- und die Fledermaus. Zahlreicher ist die Vogelwelt vertreten, denn Malta liegt an der Vogelfluglinie zwischen Afrika und Europa.

KULTUR UND GESELLSCHAFT

Malta wurde um 600 v. Chr. karthagische Niederlassung, 218 v. Chr. Teil des Römischen Reiches, und Ende des 4. Jh. ging es an das Byzantinische Reich. 870 nahmen die Araber Malta ein; christliche Feudalherren eroberten die Insel später zurück und 1530 erhielt der Johanniterorden Malta von Kaiser Karl V. als Lehen. 1798 eroberte Napoleon die Insel, gab sie aber schon 1802 dem Orden zurück. Der Pariser Frieden (1814) erkannte den Status der britischen Kronkolonie an, und Malta entwickelte sich sowohl zur Drehscheibe auf dem Seeweg nach Indien, nachdem der Suezkanal in Betrieb genommen wurde (1869), als auch zum Flottenstützpunkt der Briten. Im Zweiten Weltkrieg widerstand Malta den Angriffen Deutschlands und seiner Verbündeten; für ihre Tapferkeit wurde die Bevölkerung mit dem Britischen Georgskreuz ausgezeichnet. 1964 wurde Malta unabhängig und unterhielt gute Beziehungen zu Großbritannien, bis 1971 die maltesische Labor Party die Regierung übernahm. Sie wandte sich dem Ostblock zu, verwies die NATO-Truppen des Landes und erhöhte drastisch die Pachtgebühren für die Werften. 1979 wurden die Werften schließlich verstaatlicht und die britischen Streitkräfte mussten die Insel verlassen. Die Beziehungen zu Libyen zerbrachen am Streit um den erdölreichen Festlandsockel. 1987 löste die Nationalistische Partei die bis dahin regierende Labor Party ab. Die neue Regierung stellte die Beziehungen zum Westen wieder her und hielt gleichzeitig die Verbindungen zu Libyen aufrecht.

In vorgeschichtlichtlicher Zeit kamen die ersten Siedler wohl von Sizilien nach Malta, das gleichzeitig nordafrikanischen Einflüssen ausgesetzt war. Die maltesische Sprache entstand aus dem Arabischen, weist aber auch sizilianische Elemente auf. Englisch ist die zweite Sprache auf der Insel, aber auch Italienisch ist weit verbreitet. Das Christentum überdauerte die muslimische Fremdherrschaft, die Mehrheit der Malteser ist römisch-katholisch. Die Kirche verfügt über großen Landbesitz und über beträchtlichen Einfluss. Nach der Verfassung von 1974 ist Malta eine Republik mit einem Repräsentantenhaus, dessen 65 Abgeordnete per Verhältniswahlrecht gewählt werden. Das Parlament wählt den Präsidenten für fünf Jahre. Malta ist in sechs Verwaltungsbezirke unterteilt.

Plaudern. Ein Gespräch im Vorübergehen mit einem Priester in Valletta, der Hauptstadt Maltas. Die Einheimischen sprechen maltesisch, eine Mischung aus dem Arabischen und dem sizilianischen Italienisch. In den Schulen wird in englischer Sprache unterrichtet.

WIRTSCHAFT

Die Landwirtschaft ist auf die terrassenförmigen Berghänge und das bewässerte Tiefland begrenzt. Vornehmlich werden Gemüse, Getreide und Zitrusfrüchte angebaut. In der Viehhaltung überwiegen Rinder und Ziegen. Durch intensive Bewirtschaftung kann sich das Land nahezu selbst versorgen; allerdings erwirtschaftet die Landwirtschaft nur 4 % des Bruttoinlandprodukts. Fischerei wird nur in geringem Umfang betrieben.

Die Leichtindustrie gewinnt zunehmend an Bedeutung, Hauptexportzweige sind neben der Textil- und Bekleidungsindustrie der Maschinenbau und die Elektronikindustrie. Haupteinnahmequelle ist der Tourismus. Malta war seit 1970 assoziertes Mitglied der EG, und 1995 wurde vereinbart, 1997 Verhandlungen über einen EU-Beitritt aufzunehmen.

Das Straßennetz ist umfassend und gut ausgebaut. Fähren verkehren zwischen Malta und Gozo; der Flughafen von Valletta wird von internationalen Fluggesellschaften angeflogen. Verlage und Medien geben ihre Publikationen zweisprachig heraus. Malta verfügt über ein modernes Kommunikationssystem, und auch das Gesundheits- und Sozialwesen spiegeln den hohen Lebensstandard wider. Es besteht Schulpflicht für die 5- bis 16-Jährigen und die Ausbildung ist kostenlos.

Zypern

REPUBLIK ZYPERN

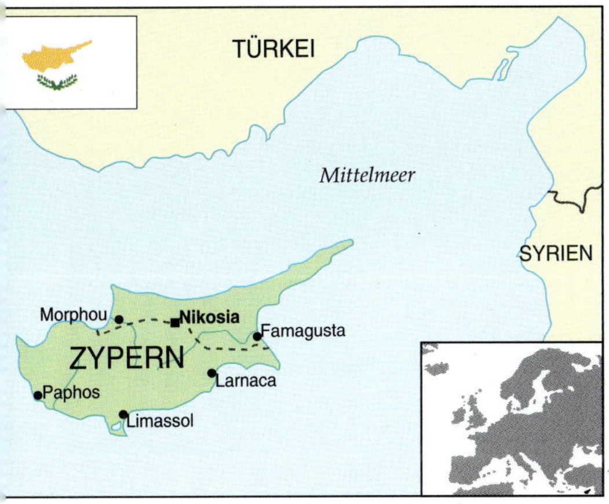

ZYPERN, DIE DRITTGRÖSSTE INSEL IM Mittelmeer, ist durch den Konflikt zwischen der griechischen Mehrheit und der türkischen Minderheit noch immer geteilt.

GEOGRAFIE

Parallel zur Nordküste liegt das Kyreniagebirge; im Süden schließt sich das Troodosmassiv an, von dem die Flüsse Pedias und Kariyoti in die Buchten von Famagusta und Morphou münden. In der zentralen fruchtbaren Mesaoria-Ebene liegt die Hauptstadt Nikosia. Es regnet überwiegend im Winter und die Sommer sind heiß und trocken. Waldbestände sind nur noch in den Bergen erhalten. Einheimische Tiere wurden durch die Jagd nahezu ausgerottet. Weideland nimmt ein Zehntel der Inselfläche ein. Angebaut werden Weizen, Gerste, Zitrusfrüchte, Kartoffeln, Tabak, Wein, Oliven, Mandeln und Gemüse.

KULTUR UND GESELLSCHAFT

Einst eine Kolonie der Griechen, Phönizier und Römer, gehörte Zypern mehr als 700 Jahre zum Byzantinischen Reich, ehe es 1573 dem Osmanischen Reich und 1878 Großbritannien unterstellt wurde. 1960 erhielt Zypern die Unabhängigkeit, und 1963 zog sich die türkische Minderheit aus der Regierung zurück. Nach der Terrorwelle, die den Anschluss an Griechenland verfolgte, wurden UN-Friedenstruppen auf der Insel stationiert. 1974 stürzte das Militär den Präsidenten, Erzbischof Makarios III. (1913-1977). Kurz darauf fielen türkische Truppen in Zypern ein und besetzten den Norden der Insel. In der Folge flohen etwa 200 000 griechische Zyprer nach Süden. Die 1983 einseitig proklamierte Türkische Republik von Nordzypern wird nur von der Türkei anerkannt. Weitere Verhandlungen, Zypern zu einigen, endeten 1995 ohne Ergebnis. Vier Fünftel der Zyprer sind griechischer Abstammung. Die türkischsprachige Minderheit sind Nachfahren der Türken, die um 1573 eingewanderte waren. Seit 1974 verließen viele Zyprer die Insel, um in Großbritannien bzw. im Nahen Osten zu arbeiten. Die Mehrheit der griechischen Zyprer gehört der griechisch-orthodoxen Kirche von Zypern an, die türkischen sind überwiegend sunnitische Muslime. Die Verfassung von 1960 ist weiterhin in Kraft, aber zahlreiche der Bestimmungen, die die Vertretung der türkischen Zyprer betrafen, einschließlich der Vizepräsidentschaft und der Sitze im Abgeordnetenhaus, wurden abgeschafft. Der abgesplitterte türkische Staat verkündete 1985 eine neue Verfassung und wählt seitdem eine eigene Regierung.

Das Kloster von Kykko im Osten der Troodos-Gebirgskette, erbaut im klassischen byzantinischen Stil. Die griechischen Zyprer gehören der unabhängigen, griechisch-orthodoxen-Kirche Zyperns an und die Mehrheit der türkischen Zyprer sind sunnitische Muslime.

WIRTSCHAFT

Der wirtschaftliche Aufschwung – durch ausländisches Kapital finanziert – wurde durch die türkische Invasion stark gebremst. Obwohl sich die Mehrzahl der Fabriken in türkischer Hand befinden, ist der türkische Landesteil auf die Hilfe der Türkei angewiesen. Im griechischen Teil nahmen die Industrie und der Tourismus einen beachtlichen Aufschwung. Schulpflicht besteht für 6- bis 12-Jährige und der Unterricht ist kostenlos. Darüber hinaus wird eine dreijährige Ausbildung in einer weiterführenden Schule ebenfalls unentgeltlich angeboten.

LANDESDATEN – ZYPERN

Fläche 9251 km²

Klima	**Höhe**	**Temperaturen Januar**	**Juli**	**Jährlicher Niederschlag**
	m	°C	°C	mm
Nikosia	175	10	28	371

Geografische Merkmale höchster Berg: Olympos 1951 m

Einwohnerzahl (1994) 730 084

Staats- und Regierungsform Mehrparteiensystem; Republik; ein gesetzgebendes Organ [die Türkische Republik ist international nicht anerkannt]

Streitkräfte Nationalgarde 10 000

Größte Städte Nikosia (Hauptstadt – 169 000 Einw.); Limassol (132 000); Famagusta (39 000); Larnaka (35 000)

Offizielle Landessprachen Griechisch, Türkisch

Bevölkerungsgruppen Griechen 78,0%; Türken 18,0%; sonstige (überwiegend Briten) 4,0%

Religionen Christen (vornehmlich Griechisch-Orthodoxe) 78,0%; Muslime 18,0%; sonstige 4,0%

Währung 1 Zypern-Pfund (Z£) = 100 Cents (c) [im türkischen Teil 1 Türkische Lira (TL) = 100 Kurus (krs.)

Bruttosozialprodukt (pro Kopf 1993) US-$ 10 380

Lebenserwartung Männer 74,0; Frauen 78,6 Jahre

Ressourcen Oliven, Zitrusfrüchte, Wein, Gemüse, Kupfer, Holz, Tourismus

Anmerkung: Wenn vorhanden, sind die Daten für ganz Zypern angegeben; Informationen über den türkischen Teil der Insel sind in eckige Klammern gestellt

Mitteleuropa

LÄNDER DER REGION

DEUTSCHLAND · SCHWEIZ

LIECHTENSTEIN · ÖSTERREICH

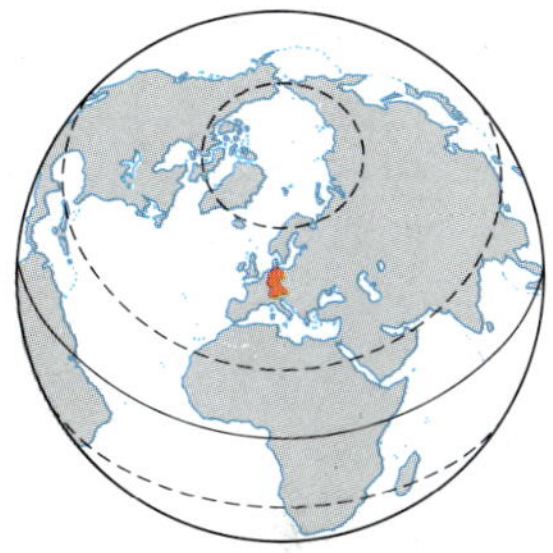

Frankfurt am Main (*links*) ist seit 1240 ein wichtiger Standort für internationale Handelsmessen. In Frankfurt findet jährlich die größte Buchmesse der Welt statt, auf der die Verlage ihre neuesten Publikationen präsentieren. Sie ist auch ein führendes Finanzzentrum, wichtigster Börsenplatz und Sitz der Deutschen Bundesbank.

Deutschland

BUNDESREPUBLIK DEUTSCHLAND

Deutschland ist das Land mit der zweitgrößten Bevölkerung Europas und grenzt an neun Staaten. Seit dem 8. Jh. nimmt es eine bedeutende Machtposition ein, und sein wirtschaftlicher und politischer Einfluss wurde zu einer entscheidenden Triebkraft im späten 20. Jh.

GEOGRAFIE

Deutschland spiegelt die unterschiedlichsten Landschaften West-, Mittel- und Osteuropas wider. Seine Küsten liegen im Westen an der Nordsee und im Osten an der Ostsee.

In Oberbayern rahmen bewaldete Gebirgsausläufer und die gezackten Gipfel der Alpen nahe der österreichischen Grenze üppiges Weideland ein. Die alpine Landschaft übt auf Touristen und Wanderer aus der ganzen Welt eine magische Anziehung aus.

Das Land

Deutschland lässt sich in vier Gebiete unterteilen: das Norddeutsche Tiefland, die Mittelgebirge, Süddeutschland und das bayrische Alpenvorland, das längs der österreichischen Grenze den Alpen vorgelagert ist. Die Flußläufe des Rheins, der Elbe und vieler kleiner Flüsse haben ganz eigene Landschaften geschaffen.

Deutschlands Küsten sind sehr unterschiedlich beschaffen. Die Ostseeküste ist im allgemeinen flach mit langen weißen Sandstränden und einigen niedrigen Kalksteinklippen. An der flachen Nordseeküste schützen Deiche das aus den Marschen gewonnene Ackerland. Hinter einem ausgedehnten Wattenmeer liegen die Ostfriesischen Inseln und weiter draußen in der Nordsee – die felsige Insel Helgoland. Das Bundesland Schleswig-Holstein grenzt mit der Halbinsel Jütland an die Nord- und Ostsee. In der Nordsee liegen die Nordfriesischen Inseln.

Die Norddeutsche Tiefebene ist Teil des umfangreichen Flachlandgürtels, der sich von Nordfrankreich bis nach Russland hin erstreckt. Eiszeitgletscher hinterließen Hügelketten und Senken, insbesondere in Mecklenburg-Vorpommern, in denen zahlreiche Seen, eingebettet in sanft gewelltes Ackerland und waldige Hügel, liegen. Weiter südlich liegt ein Hügelstreifen, der von der sandigen Lüneburger Heide in Norddeutschland nach Südosten zur polnischen Grenze verläuft. Nordwestdeutschland ist ebener und die Landschaft wechselt zwischen Heidelandschaften und feuchtem Sumpfland. Einige der größten Flüsse Deutschlands durchziehen die Norddeutsche Tiefebene. Der Rhein im Westen, die Ems, die Weser und die Elbe münden alle in die Nordsee. Im Osten bilden Oder und Neiße Deutschlands Grenze zu Polen. An ihren südlichen Rändern verläuft die Magdeburger Börde, ein fruchtbarer Schwarzerdegürtel. Eine ungleiche Gliederung zwischen dem Flachland und der Mittelgebirgsschwelle schließt einige breite Beckenlandschaften ein, die teilweise durch Hochländer unterteilt werden: das Leipziger Becken im Osten, das Kölner Becken und das Münsterland im Westen.

Deutschlands Mittelgebirge gehören zu einem breiten Gebirgszug, der beginnend in Mittelfrankreich quer durch Europa bis zu den Karpaten im Osten verläuft, in Deutschland selten eine Höhe von 1000 m erreicht und dessen bewaldete Hänge von fruchtbaren Flusstälern durchzogen werden. Durch den zerklüfteten Harz verlief bis 1990 die Grenze zwischen der DDR und der Bundesrepublik Deutschland.

Weiter südlich gliedern Flusstäler die Mittelgebirge in einzelne Hauptzüge. Im äußersten Westen werden die Eifel und der Hunsrück durch das tiefe Moseltal getrennt. Das Rheintal scheidet das Sauerland vom Westerwald. Südlich von Koblenz, wo die Mosel in den Rhein mündet, trennt das Rheintal den Hunsrück vom Taunus.

In der Mitte Deutschlands liegen zwei Gebirge vulkanischen Ursprungs – der Vogelsberg und die Rhön, die im Wesentlichen aus Basalt bestehen. Östlich hinter der Rhön beginnt der Thüringer Wald, Teil eines längeren Schichtstufenlandes, das sich nach Südosten über den Frankenwald, das Fichtel- und Erzgebirge entlang der tschechischen Grenze bis nach Sachsen zieht. Große Teile Mittel- und Süddeutschlands bedeckt ein niedriges Plateau mit tiefen Flusstälern. Die Flüsse Main und der Neckar fließen in westlicher Richtung und münden in den Rhein. Der Rhein verläuft von der Schweizer Grenze nördlich in Richtung Frankfurt/Main. Im Südwesten, wo er die Grenze zu Frankreich bildet, blicken die Gipfel des Schwarzwaldes auf die französischen Vogesen. Der Schwäbische und der Fränkische Jura östlich des Schwarzwal-

Die Lüneburger Heide (*oben*) ist eine weite Ebene des Norddeutschen Tieflands, zwischen Elbe und Aller gelegen. Mit ihren vereinzelt stehenden Bäumen, den Buchengehölzen und Fachwerkhäusern entfaltet die Landschaft einen ganz eigenen Charme.

des sind die Fortsetzung des Schweizer Juras. Weiter im Osten verlaufen parallel zueinander der Bayrische Wald und der Böhmerwald an der Grenze zur Tschechischen Republik.

Deutschlands reizvollste Landschaft liegt im Süden, an der deutsch-österreichischen Grenze, wo das bayrische Alpenvorland in die Alpen übergeht. Dort erhebt sich auch Deutschlands höchster Gipfel, die Zugspitze (2963 m). Der Norden des Alpenvorlandes weist feuchte Niederungen (Donauried und Donaumoos) und fruchtbare Lössgebiete im Süden bei Hallertau auf. Vom Bodensee aus, der von Deutschland, der Schweiz und Österreich umschlossen wird, nimmt der Rhein seinen Lauf über 1320 km bis zur Mündung in die Nordsee. Die Donau (doppelt so lang wie der Rhein) entspringt am Osthang des Schwarzwaldes.

Klima

Von Westen nach Osten wird das Klima zunehmend kontinentaler und die jahreszeitlichen Temperaturschwankungen nehmen zu. Es herrschen kältere Winter und wärmere Sommer mit Regenfällen über das ganze Jahr verteilt und häufigem Schneefall im Winter. Die trockensten Gebiete liegen im nördlichen Flachland. Das Alpenvorland hat kalte Winter und einen zeitigen Frühjahrsbeginn, was

geschützten Rheintal fallen die Sommer wesentlich wärmer aus , die Winter sind verhältnismäßig trocken und dazu verwöhnt die Natur diesen Landstrich mit vielen Sonnentagen.

Flora und Fauna

Fast 30 % der Landesfläche Deutschlands sind bewaldet. Obwohl weite Teile des Flachlandes für die landwirtschaftliche Nutzung gerodet wurden, finden sich noch große Gebiete mit Eichen- und Buchenwäldern. Die ursprünglichen Mischwälder mussten den schnell wachsenden und industriell besser verwertbaren Kiefern und Fichten weichen, die auch in sandigen Böden gut gedeihen. Wälder bedecken auch den größten Teil der Gebirge und erreichen beinahe die Gipfel des Schwarzwaldes (der seinen Namen den hohen dunklen Fichten verdankt) und die 1500-Meter-Grenze in den Alpen. Viele Waldgebiete wurden durch sauren Regen stark geschädigt, aber Deutschland zählt zu den Ländern Europas, die versuchen, die Waldschäden durch Verringerung des Schadstoffausstoßes einzudämmen.

Die Tierwelt ist typisch für Kontinentaleuropa und wandelte sich mit der Kultivierung der Landschaft. Zahlreiche Waldtiere starben

LANDESDATEN – DEUTSCHLAND

Fläche 356 954 km²

Klima	**Höhe**	**Temperaturen Januar**	**Juli**	**Jährlicher Niederschlag**
	m	°C	°C	mm
Berlin	55	-1	19	563
Hamburg	14	0	17	720
München	528	-2	18	964

Geografische Merkmale höchster Berg: Zugspitze 2963 m; längste Flüsse: Donau (Teil) 2850 km, Rhein (Teil) 1320 km, Elbe (Teil) 1165 km; größter See: Bodensee (Teil) 540 km²

Einwohnerzahl (1994) 81,1 Millionen

Staats- und Regierungsform Mehrparteiensystem; Bundesrepublik; zwei gesetzgebende Organe

Streitkräfte Heer 254 300; Marine 30 000; Luftwaffe 82 900

Größte Städte Berlin (Hauptstadt – 3,4 Mio. Einw.); Hamburg (1,7 Mio.); München (1,3 Mio.); Köln (957 000); Frankfurt/M. (654 000); Essen (627 000); Dortmund (601 000); Stuttgart (592 000); Düsseldorf (578 000);

Offizielle Landessprache Deutsch

Bevölkerungsgruppen Deutsche 95,1%; Türken 2,3%; Italiener 0,7%; Griechen 0,4%; Polen 0,4%; sonstige (einschließlich der Flüchtlinge aus dem ehemaligen Jugoslawien) 1,1%

Religionen Protestanten 45,0%; Katholiken 37,0%; nicht Religiöse und andere 18,0%

Währung 1 Deutsche Mark (DM) = 100 Pfennig (Pf)

Bruttosozialprodukt (pro Kopf 1993) US-$ 23 560

Bruttoinlandsprodukt (1993) US-$ 1,91 Billionen

Lebenserwartung Männer 73,2; Frauen 79,6 Jahre

Ressourcen Eisenerz, Lignit, Kohle, Pottasche, Uran, Kupfer, Salz, Nickel, Erdgas, Weintrauben/Wein, Milchprodukte, Hopfen/Bier, Fleischprodukte, Holz, Tourismus

KULTUR UND GESELLSCHAFT

Jahrhundertelang war Deutschland in rivalisierende Staaten, Fürstentümer und Königreiche zersplittert, die sich nur langsam zu einem losen Staatenbund zusammenschlossen. Deutschland zahlte für seinen ungezügelten Nationalismus einen hohen Preis. Am Ende des Zweiten Weltkrieges lag es in Ruinen und wurde geteilt. Von 1945 bis 1990 wurde die Kluft zwischen beiden Teilstaaten immer tiefer, bis der Zusammenbruch des Kommunismus in Osteuropa die deutsche Wiedervereinigung ermöglichte.

Geschichte

In der Zeit der Völkerwanderung zogen germanische Völker, die an der Ostseeküste lebten, in die Gebiete östlich des Rheins, der Karpaten und in die Gebiete nördlich des Schwarzen Meeres. Im 4. Jh. wurden sie von den vordringenden Hunnen, die aus Zentralasien kamen, weiter nach Westen verdrängt. Um 410 fielen die Westgoten, die vom Schwarzmeergebiet aufgebrochen waren, in das Römische Reich ein und beschleunigten den Niedergang des Weströmischen Reichs. Um 500 existierten auch auf römischem Boden bereits germanische Reiche, von denen jedoch die meisten nicht lange bestanden, bis Chlodwig († 511) das Frankenreich gründete, das große Teile des heutigen Frankreichs und Deutschlands umfasste. Kaiser Karl der Große (747-814), der bedeutendste fränkische Herrscher, schuf ein Reich, das sich von Rom bis an die Nordsee und von der Elbe bis hinter die Pyrenäen erstreckte. Auch das Fränkische Reich war nur von kurzem Bestand und zerfiel nach dem Vertrag von Verdun (843) wieder in einzelne Königreiche: Westfranken (heutiges Frankreich), Ostfranken (heutiges Deutschland), Italien, Burgund und Provence. Als die Linie Karls des Großen im ostfränkischen Königreich ausstarb, ging die Krone 919 an Heinrich I. (um 875-936). Sein Sohn Otto I. (912-973) wurde 936 in Aachen zum König gekrönt und gilt als Begründer des Heiligen Römischen Reiches, das Deutschland, Burgund und Italien umschloss. 1254 begann das Reich bereits wieder auseinanderzubrechen. 1273 wurde Rudolf I. von Habsburg (1218-1291) als erster Österreicher auf den kaiserlichen Thron gewählt. Mit einer Ausnahme führten bis 1806 seine Nachfolger den Titel „römisch-deutscher Kaiser", obwohl es nie ein einheitliches Reich gegeben hat.

Licht der Renaissance *(oben)*. Selbstporträt des Malers und Grafikers Albrecht Dürer (1471-1528). Dürer, der schon zu Lebzeiten weit über Deutschlands Grenzen hinaus Ruhm erlangte, war auch Hofmaler Karls V. und wird oft als der größte Künstler der nordeuropäischen Renaissance bezeichnet.

Kaiserliche Pracht *(rechts)*. Das Schloss Charlottenburg in Berlin, erbaut zwischen 1695-1699, ist ein typisches Monument des „Preußischen Zeitalters". Die preußischen Herrscher nutzten das Schloss als Sommerresidenz.

Das Erbe Johannes Gutenbergs

Die Verbreitung des Wortes. Eine Seite aus Johannes Gutenbergs berühmter Bibel aus dem 15. Jh. Die revolutionäre Drucktechnik mit beweglichen Lettern ermöglichte erstmalig die „Massenproduktion" von Büchern. Um 1500 existieren in etwa 250 Städten, u. a. auch in Nürnberg, Werkstätten, die mit Druckerpressen ausgestattet waren.

Im Februar des Jahres 1468 fand man in Mainz am linken Rheinufer einen Toten auf. Schon einige Jahre unterstützten die Stadtväter und der Kürfürstliche Erzbischof von Mainz, der seinen Sitz in Wiesbaden hatte, einen Not leidenden, halb blinden Greis mit Kleidung, Nahrung und Wein. Einige von ihnen erinnerten sich daran, wer dieser Mann war und was er geleistet hatte. Sein Name war Johannes Gutenberg (1395-1468) – der Erfinder der modernen Drucktechnik.

Johannes Gensfleisch zur Laden zum Gutenberg wurde in einer Patrizierfamilie in Mainz geboren und erlernte den Beruf eines Goldschmieds und Metallbearbeiters. 1434 ging er nach Strassburg (Strasbourg), wo er ab 1436 daran arbeitete, ein neues Verfahren zum Druck bisher handgeschriebener mittelalterlicher Manuskripte und Bücher zu entwickeln, ohne ihre Gestaltung zu beeinträchtigen.

Nach 20 Jahren des Experimentierens fand Gutenberg eine Technik, die ihm erlaubte, Bücher in „Massenproduktion" zu drucken. Das gelang durch den Einsatz von gegossenen und beweglichen Lettern, durch eine effiziente Druckerpresse, deren Funktionsweise den Weinpressen nachempfunden war, einer Tinte auf Ölbasis und der Verwendung billigen Papiers. Dieses neue Verfahren unterschied sich völlig von bereits existierenden Drucktechniken in China und Europa und blieb bis zum 19. Jh. unübertroffen.

1455 stellte Gutenberg das erste gedruckte Buch fertig – eine illustrierte Bibel in einer wahrscheinlichen Auflage von etwa 35 Exemplaren auf Pergament und von etwa 150 Exemplaren auf Papier gedruckt. Zu dieser Zeit war er jedoch schon bei seinem Geschäftspartner Johann Fust (1400-1466) hoch verschuldet. Fust klagte vor Gericht das Darlehen zurück und übernahm die Werkstatt und die gesamte Ausrüstung Gutenbergs einschließlich der Drucktypen für die 42-zeilige lateinische Bibel. Damit war Gutenberg finanziell ruiniert.

Johannes Gutenbergs Erfindung hat den Lauf der Geschichte entscheidend verändert, denn sie bildete die Grundlage für die Revolutionierung der Informationsvervielfältigung.

Im 16. Jh. erbte Karl V. (1500-1558) Luxemburg, Burgund und Spanien. Er betrachtete aber Deutschland nur als Nebenschauplatz seines burgundisch-spanischen Weltreiches. Die Instabilität des Reiches nahm mit der Reformationsbewegung, die ganz Europa erfasste, zu. Der Protestantismus wuchs zu einer starken Opposition gegen die katholische Kirche und ihren Vertreter Karl V. an. Im Kampf gegen den Kaiser vereinigten sich die protestantischen Fürsten 1531 im Schmalkaldischen Bund unter der Führung Friedrichs des Kurfürsten von Sachsen (1503-1554). Der Augsburger Religionsfrieden (1555) erkannte die lutheranische Konfession in den deutschen Ländern an, die von einem protestantischen Herrscher regiert wurden. Der Protestantismus beschleunigte die von den Bauern und städtischen Handwerksgesellen getragenen revolutionären Bewegungen, wie beispielsweise die Aufstände von 1524-1525 in Thüringen und Süddeutschland, die von den Fürsten mit Luthers Billigung grausam niedergeschlagen wurden.

1618 begann Kaiser Ferdinand II. am linken Rheinufer in Mainz (1578-1637) seinen Feldzug gegen die böhmischen Protestanten und stürzte damit Europa in den Dreißigjährigen Krieg (1618-1648), der die Bevölkerungzahl Europas von 21 Millionen auf 13,5 Millionen dezimierte. Der Westfälische Frieden (1648) erkannte die Souveränität von etwa 300 deutschen Bistümern, Fürstentümern und freien Städten an und vertiefte die Zersplitterung des Reiches.

Die Schwächung der Habsburger Monarchie verstärkte die Macht und den Einfluss der deutschen Teilstaaten. So erweiterten die Hohenzollern – die Herrscher von Brandenburg-Preußen – ihren Einfluss entlang der polnischen Ostseeküste. Unter Friedrich II. (der Große, 1712-1786) begann Preußens Aufstieg zur militärischen Großmacht. Unter seiner Herrschaft erstreckten sich Preußens Gebiete vom heutigen Litauen bis nach Magdeburg. Preußens Aufstreben zu einer europäischen Großmacht wurde nur zeitweilig durch den Einmarsch der Armeen Napoleons 1806 unterbrochen. Auch Österreich wurde besiegt und Franz II. von Habsburg (1768-1835) musste den Titel des „römisch-deutschen Kaisers" niederlegen. Im darauffolgenden Jahr traten die meisten deutschen Kleinstaaten dem unter französischem Protektorat stehenden Rheinbund bei.

Ein Ergebniss des Wiener Kongresses (1814/15) war die Bildung des Deutschen Bundes, einer losen Konföderation von 39 unabhängigen Staaten, der von Österreich

Das Zentrum von München. Das Wahrzeichen der weltoffenen Hauptstadt Bayerns ist der neogotische Rathausturm (Turmhalle).

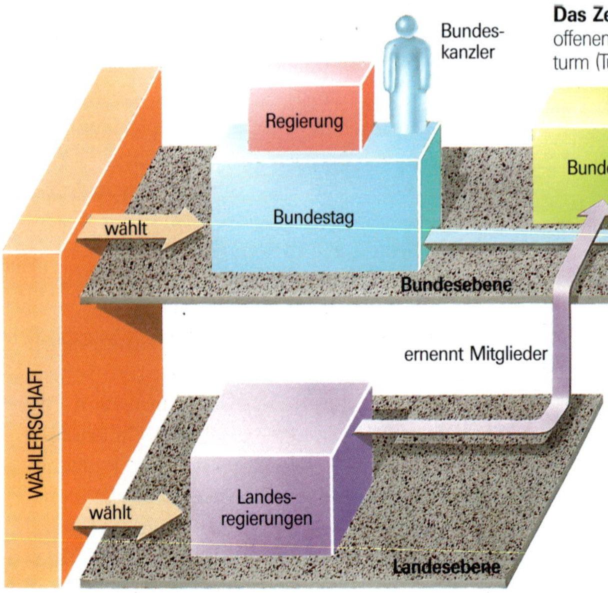

Das deutsche Parlamentssystem wurde im Grundgesetz von 1949 festgeschrieben. Die 16 Bundesländer besitzen eine große Autonomie. Die exekutive Macht übt der Bundeskanzler, der durch den Bundestag gewählt wird, aus. Der Bundespräsident ist das Staatsoberhaupt; er unterzeichnet Gesetze und Verträge. Der Bundespräsident hat keine Befugnis, den Bundeskanzler abzuberufen.

Tal der Legenden

Der Rhein schlängelt sich über eine Strecke von 140 km zwischen Bingen und Bonn nordwärts und durchfließt dabei das Rheintal zwischen dem Taunus im Osten und dem Hunsrück im Westen. Hier haben einige der berühmtesten deutschen Sagen und Epen ihren Ursprung; über Jahrhunderte war er Quelle der Inspiration für Dichter, Erzähler und Komponisten.

Hervorzuheben ist das „Nibelungenlied", das Heldenepos eines unbekannten Dichters aus dem 13. Jh. Es ist eine Mischung nordischer Mythen und mittelalterlicher deutscher Historie. Erzählt wird die Geschichte Siegfrieds, der mit Hilfe magischer Kräfte Heldentaten vollbringt. So erobert er das Gold der Nibelungen

und tötet den Drachen, der in einer Felsenhöhle hauste. Er darf Kriemhild, die Schwester des Burgunderkönigs Gunther erst heiraten, nachdem er für Gunther die Königin Brünhild von Island zur Frau errungen hat. Eine Verschwörung aus Betrug, Leidenschaft und Rache führt schließlich zum Mord an Siegfried und das Gold der Nibelungen versinkt im Rhein. Das Epos diente dem Komponisten Richard Wagner (1813-1883) als Vorlage für seinen Opernzyklus „Der Ring des Nibelungen", der zwischen 1853 und 1874 entstand. In den Opern „Tannhäuser" (1845) und „Lohengrin" (1850) verarbeitete Wagner weitere Rheinlegenden. Sein Zeitgenosse Friedrich Hebbel (1813-1863) schuf mit den „Nibelungen" eine dramati-

Die Romantik am Rhein. Der verfallene Turm einer mittelalterlichen Burg in der Nähe von St. Goarshausen. Nicht weit von der Burg entfernt befindet sich der sagenumwobene Loreleifelsen, wo angeblich ein wunderschönes Mädchen Seeleute in den Tod lockte.

Andere Geschichten stammen aus neuerer Zeit. Der Loreleifelsen, dessen Gipfel sich 132 m über St. Goarshausen erhebt, beherbergte der Sage nach ein betörend schönes Mädchen, das mit ihrem lieblichen Gesang unvorsichtige Fahrensleute in den Tod lockte.

Die Sage, die das Sinnbild der Sirenen aus der griechischen Mythologie übernimmt, lebt in der Ballade „Die Lore Lay" des deutschen Romantikers Clemens Brentano (1778-1842) weiter; Heinrich Heine (1797-1856) hat die Geschichte in seiner

Geliebte Brezeln (*oben*). Während des Münchner Oktoberfestes wird ein Riesensortiment von Brezeln angeboten, die dem Besucher des Bierfestes das Wasser im Munde zusammenlaufen lassen. Die Leidenschaft für Bier und Brezeln ist auch in anderen Gegenden Deutschlands weit verbreitet.

von 1866 besiegelte den Ausschluss Österreichs aus dem Deutschen Bund. Nach dem Preußisch-Französischen Krieg (1870/71 erlangte Preußen eine Vormachtstellung in Europa. Inzwischen hatte der deutsche Kanzler Otto von Bismarck (1815-1896) ein vereinigtes Deutschland geschmiedet, das danach trachtete, ein Kolonialreich zu errichten, wozu es eine starke Flotte brauchte, um die neuen Besitztümer zu sichern.

Um 1907 hatte sich die Gegnerschaft zwischen Deutschland, Italien und Österreich-Ungarn auf der einen und Großbritannien, Frankreich und Russland auf der anderen Seite vertieft. Die Ermordung des österreichischen Erzherzogs Franz-Ferdinand (1863-1914) in Sarajevo durch serbische Nationalisten stürzte beide Bündnisse 1914 in den Ersten Weltkrieg. Deutschlands Niederlage 1918 führte zur Abschaffung der Monarchie und zur französischen Besetzung des Ruhrgebietes. Im Februar 1919 wurde eine neue Verfassung verabschiedet und im November rief Philipp Scheidemann die Republik aus. Die Weimarer Republik stand vor gewaltigen Problemen, die durch umfangreiche Reparationsleistungen und die Gebietsverluste durch den Versailler Vertrag noch verschärft wurden. Im November 1923 führte die steigende Inflation zum Entstehen extremistischer Parteien. Eine kurze Stabilisierungsphase (1924-1929) beendete die Weltwirtschaftskrise von 1929. 1933 übernahm der Führer der Nationalsozialistischen Deutschen Arbeiterpartei, Adolf Hitler (1889-1945), als Reichskanzler die Macht. Hitlers Drittes Reich stürzte Europa in den Zweiten Weltkrieg. Die politischen Gegner der Nazi-Diktatur wurden ausgeschaltet und Millionen von Juden, Polen, Russen, Sinti und Roma in den deutschen

te östlich von Oder und Neiße und wurde in vier Besatzungszonen aufgeteilt. 1949 schlossen sich die britische, französische und amerikanische Zone zusammen – im September wurde die Bundesrepublik Deutschland gegründet. Im Oktober antwortete die Sowjetunion mit der Gründung der DDR. 1952 errichtete die Sowjetunion einen schwerbewachten Kordon entlang der deutsch-deutschen Grenze. Westberlin war bald der Anlaufpunkt für Flüchtlinge aus der DDR. Ein Aufstand gegen das kommunistische Regime in der DDR wurde im Juni 1953 von sowjetischen Panzern niedergeschlagen. 1955 schuf der Warschauer Pakt eine einheitliche militärische Kommandostruktur unter sowjetischer Führung. Die Bundesrepublik erhielt die volle Souveränität und wurde Mitglied der NATO.

Um den wachsenden Flüchtlingsstrom aus der DDR nach Westberlin aufzuhalten, befahl die DDR-Führung am 13. August 1961 den Bau der Berliner Mauer. 1968 ging die Periode des „Tauwetters" in den Ost-West-Beziehungen durch den sowjetischen Einmarsch in die Tschechoslowakei zu Ende. Erst 1970 eröffnete die neue Ostpolitik der Bundesregierung, der Abschluss des Grundlagenvertrags zwischen den beiden deutschen Staaten und die Verträge mit Polen eine neue Etappe der Ost-West-Beziehungen.

In den 80er-Jahren bewirkten die Reformbewegungen in der Sowjetunion ein Aufbrechen der verkrusteten Strukturen. In der DDR führten die Demonstrationen vom Herbst 1989 zum Rücktritt der Regierung und im November fielen die Grenzen zur Bundesrepublik. Am 3. Oktober 1990 wurden beide deutschen Staaten wieder vereinigt.

Regierungsform

Gemäß dem Grundgesetz von 1949 erhielt die Bundesrepublik Deutschland eine föderale Struktur, bestehend aus 10 Bundesländern. Mit dem Einigungsvertrag von 1990 traten die fünf neuen Bundesländer dem Geltungsbereich des Grundgesetzes bei. Berlin wurde das 16. Bundesland und die Hauptstadt des wieder vereinigten Deutschlands.

Die 672 Abgeordneten des Deutschen Bundestages werden alle vier Jahre durch allgemeine Wahlen gewählt, aus deren Reihen wiederum der Bundeskanzler, der die Regierung führt, hervorgeht. Die 68 Mitglieder des Bundesrates werden von den 16 Bundesländern entsandt. Der Bundespräsident, offizielles Staatsoberhaupt, wird alle fünf Jahre von der Bundesversammlung gewählt, die sich aus den Mitgliedern des Bundestages und der gleichen Anzahl von Vertretern der Parlamente der Bundesländer zusammensetzt. Die Regierungsstruktur der einzelnen Bundesländer korrespondiert im Allgemeinen mit der Struktur der Bundesregierung.

Bevölkerung

In der langen Geschichte des deutschen Volkes bildete sich erst im 16. Jh. eine einheitliche Sprache heraus. Martin Luthers Bibelübersetzung von 1522 schuf die Grundlagen der heutigen Schriftsprache.

Deutsche bilden den größten Teil der Bevölkerung. Dazu zählen auch die Umsiedler aus den ehemaligen deutschen Ostgebieten. Weiterhin leben in Deutschland Türken, Jugoslawen und Italiener, die in den Nachkriegsjahren als „Gastarbeiter" nach Westdeutschland kamen. Seit 1990 hat das wieder vereinigte Deutschland zahlreiche Flüchtlinge aus Afrika, Asien und Osteuropa aufgenommen. Die Asylpolitik schürte die gewalttätigen Auseinandersetzungen der rechtsgerichteten Opposition und führte zu einem Wiederaufleben des Neonazismus. Besonders unter sozial benachteiligten Jugendlichen in den neuen Bundesländern fiel dies auf fruchtbaren Boden.

Auch die Religionszugehörigkeit widerspiegelt die lange Geschichte der Auseinandersetzungen seit der Reformation. Im Allgemeinen ist die evangelische Kirche im Norden und Osten vorherrschend, während im Süden und im Rheinland die katholische Kirche dominiert.

Zum reichen Kulturerbe Deutschlands gehören die Werke von Johann Sebastian Bach (1685-1750), Ludwig van Beethoven (1770-1827) und Richard Wagner (1813-1883).

WIRTSCHAFT

Die Wiedervereinigung hat große Auswirkungen auf die Wirtschaft. Die Infrastruktur der ehemaligen DDR – die Wohnbauten, die Transport- und Telekommunikationssysteme, die industrielle Basis – war im Vergleich zur Bundesrepublik unterentwickelt. Die ostdeutschen Industrien verursachten große Umweltschäden. Auch die Lösung dieser Probleme belastet die Staatsfinanzen.

Landwirtschaft und Industrie

Die beschleunigte Technisierung führte seit 1990 zwar zur Steigerung der Erträge, trotzdem bleibt die Landwirtschaft in ihrer wirtschaftlichen Bedeutung hinter der Industrie zurück. Die ehemaligen Landwirtschaftlichen Produktionsgenossenschaften (LPG) der DDR

Das Stahlwerk bei Duisburg, am Zusammenfluss von Rhein und Ruhr, wird mit Eisen und Kohle über die Kanäle im Ruhrgebiet versorgt. Das Rhein-/Ruhrgebiet ist Deutschlands Hauptindustriezentrum, und die Umweltverschmutzung stellt hier ein großes Problem dar.

haben es schwer, in der Marktwirtschaft ihren Platz zu finden. Etwa die Hälfte der Landesfläche wird landwirtschaftlich genutzt. Wichtige Sonderkulturen sind der Hopfenanbau in der bayrischen Hallertau und der Weinbau im Rhein-/Main-/Moselgebiet. Der Hopfen ist für die Brauereien bestimmt, die um 5000 verschiedene Biersorten herstellen. In der Viehzucht wird vor allem Schweine- und Rinderhaltung betrieben, die Molkereiwirtschaft deckt den Eigenbedarf an Milch, Käse und Butter.

Die ausgedehnten Wälder sind eine gut entwickelte Rohstoffbasis. Eine moderne Fischfangflotte operiert in der Nord- und Ostsee, im Atlantik, im Pazifik und in der Antarktis.

Der Bergbau und die verarbeitende Industrie erwirtschaften zwei Fünftel des Volkseinkommens, obwohl Deutschland relativ arm an Bodenschätzen ist. Der Großteil der Elektroenergie wird mit Hilfe fossiler Brennstoffe erzeugt, und es wird Energie in Atom- und Wasserkraftwerken gewonnen. Die verarbeitende Industrie ist weitverzweigt. Die Betriebe der früheren DDR wurden größtenteils durch die Treuhandanstalt abgewickelt, da ihre Erzeugnissen im neuen Deutschland keinen Absatz fanden. Das Hauptindustriezentrum erstreckt sich südwestlich der Ruhr bis nach Köln. Die Industrieproduktion umfasst tronik und den Bau von Präzisionsinstrumenten. Weiterhin spielt das Bauwesen eine wichtige Rolle, insbesondere nach der Wiedervereinigung. In den alten Bundesländern erbringt der Tourismus bedeutende Einnahmen, obwohl deutsche Urlauber im Ausland viermal so viel Geld ausgeben als der Tourismus erwirtschaftet. In den neuen Bundesländern ist der Tourismus weniger entwickelt, obwohl viele Urlaubsorte und historische Stätten ein großes Potential darstellen.

Verkehr und Kommunikation

Der Unterschied zwischen den alten und neuen Bundesländern ist hier noch deutlich sichtbar, obwohl sich schon vieles verändert hat. Im Westen existiert ein umfassendes und gut ausgebautes Straßennetz sowie ein hoch entwickeltes *Autobahnsystem*, das mit den Nachbarländern verbunden ist. In den neuen Bundesländern waren 1990 noch viele Straßen unbefestigt, die Autobahnen wurden seit ihrem Bau vor dem Zweiten Weltkrieg kaum weiter ausgebaut, und ähnliches trifft auf den Zustand der Eisenbahn zu.

Die deutschen Wasserwege bilden ein komplexes Netz. Der Rhein ist Mittelpunkt eines weit reichenden Kanalsystems bis zur Nordsee. Weitere Kanäle verbinden den Rhein mit der Elbe, der Oder und der Donau und schaffen eine Verbindung nach Osteuropa. Hamburg, Deutschlands wichtigster Hafen, ist von der Nordsee aus leicht zu erreichen, und der Nord-Ostsee-Kanal ermöglicht die Schifffahrt durch Schleswig-Holstein zur Ostsee.

Die Deutsche Lufthansa ist seit den 50er-Jahren eine international geschätzte Fluggesellschaft. Der Inlandsflugverkehr fällt geringer aus, da die Straßen- und Eisenbahnnetze sehr gut ausgebaut sind. Die Telekommunikation benötigt weiterhin umfangreiche Investitionen. Die Presse befindet sich in privater Hand und es erfolgt keine Einflussnahme vonseiten des Staates. Funk und Fernsehen waren in der DDR staatseigen. In der Bundesrepublik bestehen öffentlich-rechtliche Sendeanstalten (ARD) und private Sender nebeneinander; Zensur findet nicht statt.

Gesundheits- und Bildungswesen

Staatliche Gesundheitsfürsorge und medizinische Betreuung stehen in Deutschland auf hohem Niveau, daneben existiert ein gut entwickeltes privates Gesundheitswesen. Die Sozialversicherung hatte in beiden deutschen Staaten stets einen hohen Stellenwert. Das ostdeutsche System war stark an die berufliche Tätigkeit gekoppelt und enthielt zahlreiche Sondervergünstigungen wie z. B. die kostenlose medizinische Betreuung und die Kinderbetreuung für berufstätige Mütter, die nach der Wiedervereinigung verlorengingen. Die hohe Arbeitslosigkeit, wovon besonders die neuen Bundesländer betroffen sind, hat den Sozialstaat bis an seine Grenzen geführt.

Die Schulbildung ist obligatorisch und kostenlos und allgemein auf hohem Niveau. Für ein Universitäts- bzw. Hochschulstudium wird das Abitur vorausgesetzt. Deutschlands Universitäten haben eine lange Tradition, vor allem auf den Gebieten der Theologie, Philosophie, Philologie und Chemie. Zu den ältesten Universitäten gehören die Heidelberger, gegründet 1386, und die Tübinger, gegründet 1477. Die Universität in Marburg besteht seit 1527 und ist die älteste evangelische Bildungseinrichtung.

Der Fluss des Weines. Ein Lastkahn gleitet an Weinbergen vorüber und spiegelt sich in den Fluten der Mosel. In den Weinbergen der geschützten Täler an Rhein und Mosel werden Deutschlands weltberühmte Weine angebaut.

Schweiz

SCHWEIZER KONFÖDERATION

DIE SCHWEIZ IST EIN BINNENSTAAT UND das gebirgigste Land im Herzen Europas. Der politischen Struktur nach ein Bundesstaat, besteht sie aus 26 vielfach sehr kleinen Kantonen. In der Schweiz gibt es vier Sprach- und Kulturgemeinschaften, die eine nationale Einheit bilden.

GEOGRAFIE

Die Schweiz ist berühmt für die majestätische Schönheit ihrer Bergwelt, die Schweizer Alpen, und in keinem anderen europäischen Staat ist die Landschaft so allgegenwärtig wie hier. Topografisch zerfällt das Land in drei Regionen: Jura, Mittelland und Alpen.

Der Jura im Nordwesten umfasst weite, grasbedeckte Hügelketten, unterbrochen von tiefen bewaldeten Tälern und Schluchten; die südlich liegenden Berggipfel blicken über den Neuchâtelersee und das Aaretal.

Das Mittelland ist der am wenigsten gebirgige Teil, hier lebt auch der größte Teil der Bevölkerung.

Die südliche Begrenzung des Mittellands verschmilzt mit den Ausläufern der Alpen, die mehr als die Hälfte der Landesfläche (60 %) einnehmen. Die beiden Alpenzüge stoßen am St.-Gotthard-Massiv, wo Rhône und Rhein entspringen, aufeinander. Beide Flüsse bilden im Alpenvorland die zwei größten Schweizer Seen – den Genfer und den Bodensee. Die höchsten Gipfel liegen in den gletscherreichen Walliser Alpen an der italienischen Grenze – der Monte Rosa mit 4634 m und das Matterhorn mit 4477 m. Die Berner Alpen bilden den nördlichen Rand von Europas größtem Gletscher, dem 24 km langen Aletsch. Hier haben die Alpenflüsse tiefe Schluchten und Täler in das Felsmassiv gegraben und viele Seen wie z. B. den Luzerner und den Luganer See geschaffen.

In der Schweiz herrscht ein gemäßigtes Kontinentalklima vor, aber das Wetter ist je nach geografischer Lage und Höhe unterschiedlich. Die Wintertemperaturen liegen im Normalfall überall unter dem Gefrierpunkt und die höchsten Erhebungen der Alpen sind ständig schnee- und eisbedeckt. Die Sommer sind im Mittelland warm und in den südlichen Tälern ist es oft heiß. Regenfälle sind gleichmäßig über das ganze Jahr verteilt.

Im Laufe der Jahrhunderte hat die Weidewirtschaft (Ziegen und Schafe) große Teile der ursprünglichen Vegetation vernichtet, aber seltene Pflanzen und Blumen wie das Edelweiß findet man noch in über 2000 m Höhe. Die tieferen Hanglagen sind bewaldet; in den südlichen Tälern wachsen Zypressen und Feigenbäume. Die typischen Tierarten der Alpen, darunter Murmeltiere, Rothirsche, Gämsen und Steinböcke (wiedereingeführt) als auch weitere mitteleuropäische Tierarten sind hier vertreten.

KULTUR UND GESELLSCHAFT

Im 13. bis 15. Jh. kämpften die Schweizer Kantone um ihre Unabhängigkeit. Seit dieser Zeit bewahrten sie ihre Freiheit und verschmolzen die unterschiedlichen Kulturen, Religionen und Sprachen zu einer starken nationalen Identität. 58 v. Chr. unterwarfen die Römer das Gebiet und befestigten die Gebirgspässe in Helvetien. Der Einfall der Alemannen um 259 war die erste von mehreren germanischen Invasionen. Später geriet das Territorium unter fränkische Herrschaft und wurde um 1033 Teil des Heiligen Römischen Reiches. 1291 schlossen sich die drei Kantone Uri, Schwyz und Nidwalden zu einer Konföderation zusammen, um sich aus der Herr-

Auf dem „Dach" Europas (*links*) spiegelt sich die Abendsonne in den schneebedeckten Gipfeln der Berner Alpen. Sie bilden den nördlichen Rand des Aletsch – des größten Alpengletschers. Die kleine landumschlossene Schweiz ist das gebirgigste Land Europas.

Der Luzerner See (*oben*), der „historische" Mittelpunkt des Landes, füllt das urgeschichtliche Becken eines der größten Eiszeitgletschers der Schweiz. 1291 legte die Konföderation der drei Waldkantone rund um den Luzerner See den Grundstein für die unabhängige Schweizer Nation.

schaft der Habsburger zu lösen. 1332 schloss sich Luzern an; 1351 trat Zürich, gefolgt von seinen Nachbarn Glarus, Zug und Bern der Konföderation bei. Um 1388 war sie fest etabliert. In den folgenden 150 Jahren gewann die Konföderation an Macht und Einfluss und setzte ihren Kampf um die Unabhängigkeit gegen die Attacken der Nachbarstaaten fort.

Der aufblühende Protestantismus führte zum Konflikt zwischen den Kantonen. Doch während Europa von religiösen Kriegen verwüstetet wurde, blieb die Schweiz neutral und löste ihre Probleme selbst. Im Westfä-

18. Jh. hinein erhielt die Schweiz ihre Neutralität aufrecht. Im Jahr 1794 besetzte das revolutionäre Frankreich große Teile des Landes und errichtete 1798 die „Helvetische Republik" nach seinem Vorbild. 1815 traten die letzten Kantone der Konföderation bei und die Schweiz gewann ihre Neutralität zurück.

In der Mitte des 19. Jh., nach der Säkularisierung der Jesuitenklöster, bildeten die katholischen Kantone eine Schutzunion – den Sonderbund. Diese Vereinigung wurde nach dem Sonderbundskrieg (1847) durch die eidgenössischen Truppen aufgelöst. Die Verfassung von 1848 schuf einen modernen Bundesstaat und Bern wurde Hauptstadt der Konföderation. Die neutrale Schweiz war und ist Sitz vieler internationaler Organisationen wie des von 1920 bis 1946 agierenden Völkerbundes und des Internationalen Roten Kreuzes. Die Genfer Konvention von 1864 schrieb die Gesetze für die Kriegsführung fest. Auch die Vereinten Nationen und weitere internationale Organisationen unterhalten heute Büros in der Schweiz. Dennoch lehnten die Schweizer 1986 in einem Referendum die Mitgliedschaft in der UNO ab, da sie ihre Neutralität bewahren wollen.

Die Schweiz ist ein Bundesstaat, der aus 20 Ganz- und 6 Halbkantonen besteht. Landes-

LANDESDATEN – SCHWEIZ

Fläche 41 293 km²

Klima	**Höhe** m	**Temperaturen Januar** °C	**Juli** °C	**Jährlicher Niederschlag** mm
Bern	540	0	19	986

Geografische Merkmale höchster Berg: Monte Rosa 4634 m; längste Flüsse: Rhein (Teil) 1320 km; Rhône (Teil) 813 km; größter See: Bodensee (Teil) 540 km²

Einwohnerzahl (1994) 7 Millionen

Staats- und Regierungsform Mehrparteiensystem; Bundesrepublik; zwei gesetzgebende Organe

Streitkräfte Milizheer, einschl. aller Wehrpflichtigen 1800; bei Mobilisierung 565 000; Reserve 625 000

Größte Städte Zürich (840 000 Einw.); Genf (393 000); Basel (359 000); Bern (Hauptstadt – 299 000); Lausanne (268 000); Luzern (161 000)

Offizielle Landessprachen Deutsch, Französisch, Italienisch, Rätoromanisch

Bevölkerungsgruppen deutschsprachige Schweizer 65,0%; französischsprachige Schweizer 18,4%; italienischsprachige Schweizer 9,8%; Spanier 1,7%; Jugoslawen 1,5%; Rätoromanen 0,8%; sonstige 2,8%

Religionen Katholiken 47,6%; Protestanten 44,3% Juden 0,3%; sonstige 7,8%

Währung 1 Schweizer Franken (sfr) = 100 Centimes (c)

Bruttosozialprodukt (pro Kopf 1993) US-$ 35 760

Bruttoinlandsprodukt (1993) US-$ 232,161 Mrd.

Lebenserwartung Männer 74,8; Frauen 81,7 Jahre

Ressourcen Holz, verarbeitende Industrie, Bankwesen, Tourismus, Wasserkraft

Schokolade, eine Schweizer Spezialität, stellte erstmals 1845 der Konditormeister Rudolf Sprüngli (Porträt im Hintergrund) in Zürich her. Das Schweizer Unternehmen Lindt-Sprüngli exportiert heute Schokolade in mehr als 80 Länder der Erde.

46 Mitglieder durch die Kantone ernannt werden. Der Bundesrat, der für eine vierjährige Amtsperiode von der Bundesversammlung gewählt wird und aus 7 Mitgliedern besteht, wobei die Mitglieder sich aus den verschiedenen Kantonen zusammensetzen müssen, ist das Staatsoberhaupt. Jährlich wird ein Mitglied des Rates zum Bundespräsidenten gewählt. Grundsätzliche Entscheidungen, z. B. Änderungen der Verfassung, werden durch Volksabstimmung getroffen. Die Frauen hatten bis 1971 (bis 1989 in den Halbkantonen von Appenzell) kein Wahlrecht.

Die Schweiz hat vier verschiedene Kultur- und Sprachgemeinschaften. Über 65 % der Einwohner sprechen Schweizerdeutsch (Schwyzerdütsch) und leben in den mittleren, nördlichen und östlichen Kantonen, deren Regionaldialekte sehr verschieden sind. Die französischsprachigen Bewohner im Westen machen etwa 18 % der Bevölkerung aus, und im südlichen Kanton Tessin wird italienisch gesprochen. Das Rätoromanische, eine Abwandlung des Lateinischen, wird von 1 % der Bevölkerung gesprochen. 47 % der Bevölkerung bekennen sich zum Katholizismus und 44 % sind protestantisch, größtenteils Lutheraner oder Kalvinisten.

WIRTSCHAFT

Die Schweiz zählt zu den wohlhabendsten Ländern der Welt. Ihre strategische Lage an den Kreuzwegen Europas, verbunden mit politischer Stabilität und Neutralität, begünstigten die Entwicklung zum internationalen Finanzzentrum.

Die Ebenen der Schweiz sind dicht besiedelt, weshalb nur wenige fruchtbare Böden landwirtschaftlich genutzt werden können und nahezu die Hälfte der Nahrungsmittel eingeführt werden muss. Ungeachtet dessen werden Schweizer Käse und Schokolade in alle Welt exportiert. Die Gebirgshänge bieten Weideflächen für die Viehhaltung. Wälder, die auch vor Lawinen und Überschwemmungen schützen, bedecken die Hänge der Täler und ihre Rodung ist verboten.

Wasserkraftwerke decken nahezu den gesamten Energiebedarf des Landes, den Rest liefert Atomenergie. 1990 wurde ihr Ausbau für zehn Jahre gestoppt. Die Industrie stellt hochwertige Erzeugnisse her: Produkte der chemischen Industrie, des Schwermaschinenbaus und Präzisionsinstrumente wie z. B. Uhren. Handelszölle sichern einen Großteil der staatlichen Einnahmen, während der Tourismus eine weitere wichtige Einnahmequelle darstellt. Durch die Alpen verlaufen einige wichtige transeuropäische Verkehrsrouten. Das Straßennetz ist hervorragend ausgebaut; ein modernes Tunnelsystem gewährleistet den Verkehrsfluss zur Winterzeit. Durch hunderte weiterer Tunnel führt das weitgehend elektrifizierte Schienennetz. Basel am Rhein besitzt den einzigen Frachthafen der Schweiz. Die Flughäfen der Swissair befinden sich bei Zürich und Genf. Für die Medienanstalten, die in drei Sprachen senden, ist die Schweizer Rundfunkvereinigung, eine nichtstaatliche Organisation, zuständig. Das Gesundheitswesen ist entweder kostenlos oder wird staatlich gestützt. Die Sozialversicherung gewährt Unterstützung bei Mutterschaft und im Rentenalter; alle Lohn- und Gehaltsempfänger sind arbeitslosenversicherungspflichtig. Es besteht Schulpflicht für 8 bzw. 9 Jahre, der Unterricht wird unentgeltlich angeboten; die weitere Ausbildung ist entweder akademisch oder berufsbezogen. An den Hochschulen studiert eine Vielzahl ausländischer Studenten.

Das Matterhorn, von der Terrasse eines Alpenhotels aus gesehen. Er ist einer der bekanntesten Berggipfel der Welt und für jeden Bergsteiger eine ultimative Herausforderung. Touristen kommen zu allen Jahreszeiten in die Schweiz und füllen damit die Kassen vieler Schweizer Kommunen.

Liechtenstein

FÜRSTENTUM LIECHTENSTEIN

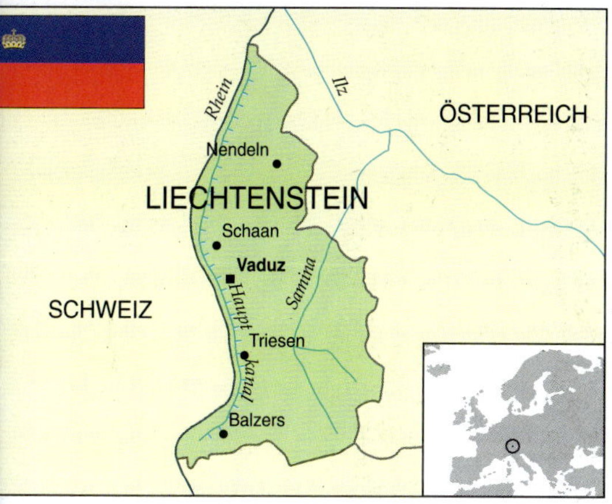

Liechtensteins dekorative Briefmarken, in aller Welt berühmt, erlösen etwa 10 % des Nationaleinkommens.

LIECHTENSTEIN IST EIN KLEINES MITTELEUropäisches Fürstentum am Ostufer des Oberrheins, eingeschlossen zwischen Österreich im Osten und der Schweiz im Westen und Süden. Obwohl es die Schweizer Währung nutzt und der Schweizer Zollunion angehört, ist es ein unabhängiger Staat.

GEOGRAFIE

Liechtenstein misst 25 km von Nord nach Süd und ist 12 km breit. Im Norden und Westen ist das Land Teil der breiten Schwemmebene, die den Rhein säumt. Die früher sumpfigen Rheintalauen wurden 1930 zu landwirtschaftlichen Zwecken trockengelegt. Nach Osten erhebt sich das Rätikon mit seinen schneebedeckten Gipfeln entlang der südlichen Grenze. Das Klima ist überraschend mild für die kontinentale Lage des Landes und die Niederschläge sind ergiebig. In den Tälern herrschen strenge Fröste, aber der Föhn, ein warmer, trockener Wind aus südlicher Richtung, bringt einen zeitigen Frühling.

Diese Bedingungen schaffen eine abwechslungsreiche Flora und Fauna mit Gebirgspflanzen in den höheren Lagen und Laubmischwäldern (Buchen, Ahorn, Ulmen und Eschen) an den unteren Hängen. Die Wälder bedecken zwei Fünftel des Landes und stehen unter Naturschutz. Zur Tierwelt gehören Rotwild, Murmeltiere, Füchse, Dachse und Wiesel.

KULTUR UND GESELLSCHAFT

Die ersten Siedler um 500 waren Alemannen, ein germanisches Volk. Bis heute sprechen die Liechtensteiner den alemannischen Dialekt der deutschen Sprache. Unter Karl dem Großen (747-814) wurde das Gebiet dem Karolingerreich einverleibt, und über Jahrhunderte hinweg war das Land in zwei unabhängige Regionen aufgeteilt: in Vaduz (die heuti- zichtete der österreichische König auf den Titel des römisch-deutschen Kaisers und Liechtenstein trat dem Rheinbund bei. Zum Deutschen Bund gehörte es ab 1815 und erlangte nach dessen Auflösung 1866 die volle Unabhängigkeit.

Liechtenstein ist eine konstitutionelle Monarchie mit einem Einkammerparlament, dessen 25 Mitglieder alle vier Jahre gewählt werden. Die 11 Gemeinden werden von einem gewählten Bürgermeister und einem Rat regiert. Seit 1984 haben Frauen das Wahlrecht auf Landesebene. Amtssprache ist Deutsch und die meisten Einwohner gehören der römisch-katholischen Kirche an. Weniger als zwei Drittel der Bevölkerung sind gebürtige Liechtensteiner; der andere Teil setzt sich aus ausländischen Arbeitnehmern zusammen. Keine Stadt hat mehr als 5000 Einwohner.

WIRTSCHAFT

Seit 1921 ist die Schweizer Währung in Liechtenstein offizielles Zahlungsmittel, und die vorteilhafte Steuergesetzgebung sowie ein liberales Firmenrecht ließen das Fürstentum zu einem wichtigen Finanzzentrum werden. Haupteinnahmequellen sind die Gebühren für die Registrierung ausländischer Firmen sowie der aufblühende, staatlich geförderte Tourismus. Weitere Einnahmen erzielt Liechtenstein durch den Verkauf seiner dekorativen Briefmarken. Ein gut ausgebautes Straßennetz gewährleistet die Anbindung an die Nachbarstaaten, und die Eisenbahnlinie Paris – Wien verläuft durch das Land.
1930 war der größte Teil der Erwerbstätigen noch in der Landwirtschaft tätig. Heute arbeitet dort nicht einmal jeder Vierzigste, obwohl sich der Anteil der landwirtschaftlichen Nutzflächen vergrößert hat und die Effektivität, insbesondere in der Viehhaltung und Milchwirtschaft, gestiegen ist. Hauptsächlich werden Getreide und Kartoffeln angebaut. Umweltverschmutzung. Die verarbeitende Industrie stellt u. a. optische Geräte, elektronische und Präzisionsgeräte sowie verschiedene Konsumgüter her. Das Gesundheits- und Bildungswesen ist vorbildlich organisiert, und die Liechtensteiner können die Einrichtungen der benachbarten Schweiz nutzen. Die Pflichtversicherung wird anteilig von den Arbeitnehmern und Arbeitgebern sowie der Regierung finanziert und gewährleistet eine umfassende soziale Sicherheit. Das Bildungsniveau ist überdurchschnittlich hoch: Eine 11-jährige Schulbildung ist für alle obligatorisch und kann durch ein Studium an technischen, berufsbezogenen, akademischen bzw. künstlerischen Einrichtungen ergänzt werden.

LANDESDATEN – LIECHTENSTEIN

Fläche	160 km²
Klima	Kontinentalklima
Geografische Merkmale	höchster Berg: Grauspitz 2623 m
Einwohnerzahl	(1994) 30 281
Staats- und Regierungsform	Mehrparteiensystem; konstitutionelle Monarchie; ein gesetzgebendes Organ
Hauptstadt	Vaduz (5000 Einw.)
Offizielle Landessprache	Deutsch
Bevölkerungsgruppen	Liechtensteiner 63,6%; Schweizer 15,7%; Österreicher 7,7%; Deutsche 3,7%; sonstige 9,3%
Religionen	Katholiken 87,3%; Protestanten 8,3%; sonstige 4,4%
Währung	1 Schweizer Franken (sfr) = 100 Centimes (c)
Bruttosozialprodukt	(pro Kopf 1991) US-$ 33 000
Lebenserwartung	Männer 73,8; Frauen 81,0 Jahre
Ressourcen	Finanzdienstleistungen, Tourismus

Österreich

REPUBLIK ÖSTERREICH

HEUTE IST ÖSTERREICH EIN KLEINER BUNdesstaat. Eine Zeitlang war es eines der mächtigsten Reiche in Europa. Obwohl sein Einfluss zurückgegangen ist, hat die geografische Lage an der Schnittstelle zwischen West- und Osteuropa seine Bedeutung für das politische und wirtschaftliche Leben des Kontinents erhöht. Die Schönheit der Natur, die kosmopolitische Atmosphäre, die Sehenswürdigkeiten und die Kulturlandschaft der Städte machen Österreich zu einem attraktiven und beliebten Zentrum des Tourismus.

LANDESDATEN – ÖSTERREICH

Fläche 83 857 km²

Klima	Höhe	Temperaturen Januar	Juli	Jährlicher Niederschlag
	m	°C	°C	mm
Wien	212	-1	20	660

Geografische Merkmale höchster Berg: Großglockner 3798 m; längste Flüsse: Donau (Teil) 2850 km; Inn (Teil) 510 km

Einwohnerzahl (1994) 8 Millionen

Staats- und Regierungsform Mehrparteiensystem; Bundesrepublik; zwei gesetzgebende Organe

Streitkräfte Heer 44 000; Luftwaffe 6000

Größte Städte Wien (Hauptstadt – 1,54 Mio. Einw.); Linz (203 000); Graz (238 000); Salzburg (144 000); Innsbruck (118 000)

Offizielle Landessprache Deutsch

Bevölkerungsgruppen Österreicher 96,1%; Jugoslawen 1,7%; Türken 0,8%; Deutsche 0,5%; sonstige 0,9%

Religionen Katholiken 85,0%; Protestanten 6,0%; sonstige 9,0%

Währung 1 Österreichischer Schilling (S) = 100 Groschen (g)

Bruttosozialprodukt (pro Kopf 1993) US-$ 23 510

Bruttoinlandsprodukt (1993) US-$ 182,067 Mrd.

Lebenserwartung Männer 73,4; Frauen 80,0 Jahre

Ressourcen Eisenerz, Kohle, Kupfer, Aluminium, Erdöl, Wasserkraft, Agrarprodukte, Tourismus

GEOGRAFIE

Österreich ist ein Alpen- und Binnenland und grenzt im Westen an die Schweiz und Liechtenstein, im Nordwesten an Deutschland, im Norden und Nordosten an die Tschechische Republik und die Slowakei. Im Osten ist es Ungarn, im Südosten Slowenien und im Süden Italien benachbart.

Das Land

Österreich gliedert sich in drei Naturräume: die Alpen, das Tiefland im Osten und das Hügelland an der tschechischen und slowakischen Grenze.

Die Alpen nehmen fast zwei Drittel des Landes ein und erstrecken sich von West nach Ost in unterschiedlich großen Gebirgszügen. In den Tauern, der zentralen Bergkette, erheben sich einige der höchsten Alpengipfel. Auf beiden Seiten der Tauern, getrennt durch tiefe Flusstäler, dessen Ströme durch Schmelzwasser gespeist werden, liegen zwei zerklüftete Kalksteinbergketten aus jüngerer Zeit. Den wohl beeindruckendsten Anblick bieten die Ötztaler Alpen in der Nähe der Schweizer und der italienischen Grenze.

Die Berge fallen langsam zum Donautal im Norden und zum Wiener Becken im Osten hin ab. In den Tiefländern mit ihren Weinbergen konzentrieren sich die landwirtschaftlichen Anbauflächen. Die bewaldeten Flächen nördlich der Donau werden in Richtung der slowakischen, der tschechischen und der deutschen Grenze zunehmend gebirgiger.

Die Donau, Europas zweitlängster Fluss, fließt von West nach Ost quer durch Nordösterreich und ihre Nebenflüsse entwässern große Teile des Landes. Das Voralpengebiet weist die meisten Seen auf, doch die größten befinden sich in entlegenen Landstrichen: der leicht salzhaltige und flache Neusiedler See an der ungarischen Grenze und im äußersten Westen der Bodensee, der hauptsächlich auf deutschem und Schweizer Territorium liegt.

Klima

Die unterschiedlichen Höhenlagen bedingen auch unterschiedliche Witterungslagen. Die südlichen und westlichen Gebirgsgegenden haben alpines Klima, mit häufigen über das Jahr verteilten Niederschlägen und Sommergewittern. Im Nordwesten herrscht ein trockenes und mehr kontinentales Klima. Die

Landschaft in Tirol. Nadelwälder bedecken die tieferen Alpenhänge, auf denen der Schnee oft bis weit in den Frühling liegen bleibt. Durch die ausgezeichneten Schneeverhältnisse in den höheren Lagen entstanden zahlreiche attraktive Skigebiete.

Sommer sind in der Regel warm und feucht, die Winter sind kalt mit Temperaturen oft um 0 °C. In den entlegeneren Alpentälern bleibt der Schnee bis weit in das Frühjahr hinein liegen und die höheren Bergregionen sind zu allen Jahreszeiten schneebedeckt.

Flora und Fauna

Wälder und Wiesen überziehen weite Teile Österreichs. In den Alpen wachsen Nadelwälder, in den tieferen Lagen weichen die Nadelbäume Laubbäumen und wildwachsenden Obstbäumen. Über die Täler im Alpenvorland erstrecken sich weite Weideflächen und Ackerland. In den Höhenlagen findet man Gebirgspflanzen, darunter auch das seltene Edelweiß.

Bären, Wölfe und Wildschweine sind heute fast ausgestorben. Strenge Artenschutzgesetze sichern den Erhalt [illegible]

KULTUR UND GESELLSCHAFT

Im Herzen Europas liegend, kann Österreich auf eine lange, wechselvolle Geschichte, auf Kriege, Invasionen und regionale Auseinandersetzungen zurückblicken. Der heutige Bundesstaat ist ein stabiles und neutrales Land und wird als internationales Kulturzentrum geschätzt.

Geschichte

Das Gebiet ist seit der frühen Steinzeit besiedelt. Um 1000 v. Chr. schufen die Illyrier, die vom Balkan und von der Adriaküste in das Gebiet kamen, eine blühende Eisenzeitkultur in der Gegend von Hallstatt (Oberösterreich). Um 400 v. Chr. errichteten die Kelten ihr Königreich in den Ostalpen. Rund 200 Jahre später ließen sich die ersten Römer hier nieder, bauten Straßen und legten Weinberge an. Sie wehrten zunächst die Angriffe der Germanen erfolgreich ab, aber im 5. Jh. nahmen Bayern und Slawen große Teile des Gebietes in Besitz. Als Karl der Große (747-814) das Land eroberte, setzte die Christianisierung der hier ansässigen Völker ein. Als das mächtige Frankenreich auseinanderbrach, drangen die Magyaren, die aus dem heutigen Ungarn kamen, weiter nach Osten vor. Sie wurden von Otto I. (912-973) 955 vertrieben und 976 trennte Otto II. (955-983) Kärnten als selbständiges Herzogtum von Bayern ab. In der Folgezeit erweiterten die Babenberger ihre Besitzungen und förderten die kulturelle und wirtschaftliche Entwicklung des Herzogtums.

Nach dem Erlöschen der Babenberg-Dynastie übernahmen nach einem kurzen böhmischen Zwischenspiel die Habsburger das Herzogtum, die bis 1918 Österreich regierten. Um 1600 hatten die Habsburger ihr Reich um Burgund, Spanien, die Niederlande sowie große Teile Italiens erweitert und kontrollierten zudem Spaniens Kolonien in Amerika. Die Ansprüche der Habsburger auf das benachbarte Ungarn und Böhmen stießen jedoch auf erbitterten Widerstand.

Das 16. und 17. Jh. war durch Kämpfe gegen die türkischen Eindringlinge aus dem Südosten und die Unterdrückung der protestantischen Reformatoren gekennzeichnet. Der Dreißigjährige Krieg (1618-1648) brachte die Habsburger in Konflikt mit Böhmen, Schweden und Dänemark. Ab 1648 war aber ihre Herrschaft in Ungarn und Böhmen gefestigt.

Das 18. Jh. brachte Kriege mit Frankreich und Preußen, den Spanischen Erbfolgekrieg (1701-1714) und den Österreichischen Erbfolgekrieg (1740-1748). Österreich verlor nach dem Tod des letzten männlichen Habsbur- [illegible]

zu den napoleonischen Kriegen (1792-1815) eine Großmacht. Zu diesem Zeitpunkt umfasste das Habsburger Reich Kroatien, Ungarn, Tschechien, Italien, die Slowakei und Polen. Der Wiener Kongress 1815 veränderte die Landkarte Europas grundlegend. Österreich übernahm den Vorsitz im Deutschen Bund, einem Zusammenschluss von 39 unabhängigen deutschen Staaten. Dass Österreich wiedererstarkte, verdankte es vor allem dem politischen Geschick seines Außenministers Fürst Metternich (1773-1859). Doch seine Politik provozierte auch zunehmend Unruhen und verstärkte Österreichs Ruf, ein konservativer und repressiver Staat zu sein. Die Verweigerung notwendiger Reformen führte 1848 zur Bürgerlichen Revolution. Die Opposition zwang Metternich zurückzutreten und es begann eine kurze Zeit der Reformen, die Österreich weiter schwächten. Unter den ethnischen Minderheiten verstärkten sich Unruhen und gleichzeitig nahm der preußische Einfluss in Deutschland zu.

Nach dem Österreichisch-Preußischen Krieg (1866) wurde Österreich aus dem Deutschen Bund ausgeschlossen. Mit der Verabschiedung einer neuen Verfassung entstand die Österreichisch-Ungarische Monarchie. Die Unruhen hielten an und die Ermordung des Thronfolgers Erzherzog Franz-Ferdinand (1863-1914) durch serbische Nationalisten in Sarajevo (im heutigen Bosnien) löste den Ersten Weltkrieg aus. Nach dem Krieg entstand in Österreich die Republik in ihren heutigen Grenzen.

Da Österreich große Gebiete und Ressourcen verloren hatte, konnte es dem wirtschaftlichen Druck und der Dominanz der Deutschen nicht mehr standhalten. 1938 wurde Österreich von Adolf Hitler (1889-1945) annektiert und dem Dritten Reich einverleibt. Nach Kriegsende 1945 besetzten die Alliierten Österreich. Am 13. Mai 1955 erklärte der Österreichische Staatsvertrag das Land zu einer souveränen, unabhängigen Republik mit der Verpflichtung zur „immerwährenden“ Neutralität, und in der Folge zogen die Alliierten ihre Truppen aus Österreich ab. Seit dieser Zeit ist das Land politisch und wirtschaftlich stabil. 1989, als die Grenzen Osteuropas sich öffneten, suchten tausende von Flüchtlingen zuerst in Österreich Zuflucht.

Regierungsform

Österreich besteht aus neun Bundesländern. Der Bundespräsident fungiert als Staatsoberhaupt und wird für eine Amtsperiode von sechs Jahren gewählt; er ernennt den Bundeskanzler und das Kabinett, die die Mehrheit [illegible]

Märchenhafte Architektur. Die Tiroler Tradition, architektonische Elemente in barocker Fülle auf die Gebäude zu malen, z. B. Blumenkränze und Cherubine, ist an diesem Kunstgewerbegeschäft in Seefeld, dem eleganten Wintersportort im Nordwesten von Innsbruck, zu bewundern.

haben. Der Bundesrat ist die Vertretung der Lände (die 64 Mitglieder werden von den Landtagen gewählt). Die Bundesländer erlassen eigene Gesetze und haben eine eigene Verwaltung, der ein Landeshauptmann vorsteht. Er wird vom Landtag bestätigt, der seinerseits durch allgemeine Wahlen im Bundesland gewählt wird.

Die Sozialistische Partei Österreichs (SPÖ) ist seit vielen Jahren die stärkste Partei in der Regierung. Die größte Oppositionspartei, die Mitte-Rechts-ausgerichtete Österreichische Volkspartei (ÖVP), bildet mit der Sozialistischen Partei eine Koalitionsregierung. Weitere Oppositionsparteien sind die rechtsgerichtete Freiheitspartei Österreichs (FPÖ) und die Grünen, die 1986 erstmalig ins Parlament einzogen.

Bevölkerung

Nach dem Krieg entwickelte sich Österreich zu einem modernen Industriestaat; fast ein Fünftel der Einwohner leben in der Hauptstadt Wien. 96 % der Bevölkerung sind Österreicher, darüber hinaus gibt es einige Minderheiten wie Ungarn, Kroaten und Slowenen. Deutsch wird in verschiedenen Dialekten gesprochen, wobei sich in Tirol, Kärnten und im Vorarlberg besondere Dialekte herausgebildet haben. Obwohl die Mehrheit der Österreicher katholisch ist, hat die lutherische Kirche eine beachtliche Mitgliederzahl; von den 12 000 Mitgliedern der Jüdischen Gemeinde, die nach dem Zweiten Weltkrieg die höchsten Opfer zu beklagen hatte, leben heute die meisten in Wien.

Österreich verfügt über Kostbarkeiten auf allen Gebieten des künstlerischen Lebens. Es brachte so berühmte Komponisten wie Joseph Haydn (1732-1809), Wolfgang Amadeus Mozart (1756-1791), Franz Schubert (1797-1828), Johann Strauss (1804-1849), Johann Strauss (Sohn; 1825-1899) und Anton Bruckner (1824-1896) hervor. Auch der in Deutschland geborene Ludwig van Beethoven (1770-1827) verbrachte die Jahre seiner wichtigsten Schaffensperiode in Wien. Die Komponisten Arnold Schönberg (1874-1951), der Erfinder der Zwölftonmusik, und Alban Berg (1885-1935) brachen richtungweisend in die Neue Musik auf. Die Wiener Staatsoper und die Philharmonie, zu deren Dirigenten u. a. Gustav Mahler (1860-1911) und Herbert von Karajan (1908-1992) gehörten, setzten Wiens Ruf als europäische Kulturmetropole fort. Zu Weltruhm gelangten u. a. die österreichischen Maler Gustav Klimt (1862-1918), Egon Schiele (1890-1918) und Oskar Kokoschka (1886-1980), ebenso der Begründer der Psychoanalyse, Sigmund Freud (1856-1939). In Tirol, im Westen des Landes, wird die Volkskunst sehr gepflegt, die auch mit Landesmitteln gefördert wird.

WIRTSCHAFT

Österreich spielt aufgrund seiner geografischen Lage zwischen West- und Osteuropa eine wichtige Rolle im Handelsverkehr. Erfolgreich hat die Republik den Übergang von einer landwirtschaftlich strukturierten in eine moderne Industriegesellschaft vollzogen. Marktwirtschaftliche Prinzipien, kombiniert mit einem hohen Grad staatlicher Kontrolle und der Begrenzung von Inflation und Arbeitslosigkeit, gewährleisten ein kontinuierliches wirtschaftliches Wachstum.

Land- und Forstwirtschaft

Die Landwirtschaft hat ihren führenden Platz im Wirtschaftsgefüge verloren. Die österreichischen Bauern sind im Allgemeinen konservativ und es herrschen Kleinwirtschaften vor. Obwohl nur 20 % der Staatsfläche landwirtschaftlich genutzt werden, kann das Land seinen Bedarf an Getreide und Gemüse zu 75 % selbst decken, da moderne Anbaumethoden eingeführt wurden. Der größte Teil der landwirtschaftlichen Nutzfläche befindet sich in den östlichen Ebenen, wo Gerste, Weizen, Mais, Hafer, aber auch Obst und Gemüse angebaut werden. Die Weinberge vor allem in Niederösterreich, im Burgenland und um Wien sind die Voraussetzungen für eine florierende Weinindustrie. In der Viehwirtschaft wird überwiegend Milchvieh auf offenen Weiden im Osten und an den Alpenhängen im Westen gehalten. Der Fischfang ist auf Süßwasserarten beschränkt.

Österreich ist ein waldreiches Land. Etwa 40 % der Landesfläche nehmen Wälder ein, und somit gehören diese Waldbestände, abgesehen von Finnland und Schweden, zu den größten Europas. Die Forstwirtschaft untergliedert sich in Kleinbewirtschaftungen und große Reviere, von denen einige in staatlichem Besitz sind. Die Wälder liefern Nutz-

Blumenfest. Österreichische Bauern schmücken das Vieh mit Gebinden aus Alpenblumen, um die Schneeschmelze und damit die Ankunft des Frühlings zu feiern. Neben dem Tourismus sind die kleinen Milch- und Viehwirtschaften Haupteinnahmequelle in den Alpenregionen.

holz für den Eigenbedarf, darunter Bauholz und Heizmaterial; die Papierindustrie konzentriert sich um Graz. Unbehandeltes Nutzholz wird exportiert.

Industrie

Österreich ist reich an Bodenschätzen und Energieressourcen. Sowohl der Bergbau als auch die Energieerzeugung sind in staatlicher Hand. In Österreich wird weltweit die größte Menge Magnesit abgebaut, das von der chemischen Industrie genutzt wird. Weiterhin werden Eisenerz, Braunkohle, Graphit, Salz, Quarz und Ton gefördert. Österreich liegt auch in der Erdölförderung europaweit an führender Stelle, obwohl die Erdöl- und Erdgasreserven zurückgehen. Wasserkraftwerke liefern den größten Teil der Elektroenergie des Landes.

Die staatliche Eisen- und Stahlindustrie ist ein Beispiel für Effizienz, fast die Hälfte ihrer

ten Aluminiumhütten der Welt. Neben der petrolchemischen und chemischen Industrie sind die Herstellung von Kunststoffen und die Elektrotechnik von Bedeutung. Optische Geräte werden in der Nähe von Salzburg hergestellt.

Handel

Für die Währungspolitik trägt der Staat die Verantwortung; die Österreichische Nationalbank gehört z. T. der Regierung, während die anderen Banken und Finanzinstitute unabhängig operieren. Haupthandelspartner ist Deutschland, gefolgt von Italien und der Schweiz. Österreich gehörte 1960 mit zu den Gründungsmitgliedern der Europäischen Freihandelszone (EFTA) und schloss 1977 mit der Europäischen Gemeinschaft ein Freihandelsabkommen, das den zollfreien Handel mit bestimmten Industriegütern regelte. Seit 1995 ist es Vollmitglied der EU.

Die Einnahmen aus dem Tourismus gleichen zum großen Teil die Defizite in der Handelsbilanz aus. Jährlich besuchen Millionen ausländischer Touristen das Land, angezogen von der Schönheit der Natur, den hervorragenden Skimöglichkeiten sowie den Sehenswürdigkeiten Wiens und Salzburgs.

Verkehr und Kommunikation

Obwohl Österreich Transitland ist, beeinträchtigt die Gebirgslandschaft Kommunikation und Verkehr. Der Straßenbau und die Streckenführung der Eisenbahn müssen den Tälern angepasst werden. Teilweise wurde das Problem durch den Bau großer Tunnel behoben. Die Straßen sind gut ausgebaut und ein dichtes Autobahnnetz, das auch an die Autobahnen Deutschlands und Italiens angeschlossen ist, verbindet die Großstädte mit

Die Donau fließt über 358 km durch Ostösterreich und ist die Hauptschifffahrtslinie; die Donau-Dampfschifffahrts-Gesellschaft beförderte bis 1995 Passagiere und Frachten auf den Wasserwegen zwischen Deutschland und dem Schwarzen Meer. Die Fluggesellschaft „Austrian Airlines" stellt Inlandflüge zwischen Wien, Linz, Salzburg, Graz und Klagenfurt bereit und fliegt alle internationen Ziele an. Wien-Schwechat, 19 km südöstlich von Wien, ist der bedeutendste Flughafen.

Rundfunk-, Fernseh- und Telekommunikation sind gut ausgebaut. Die Medienanstalten werden von der öffentlich-rechtlichen Österreichischen Rundfunkgesellschaft betrieben; spezielle Mediengesetze verbieten aber die Zensur bzw. die staatliche Einmischung. Es gibt mehr als 30 Tageszeitungen, wovon die wichtigsten – einschließlich der *Neuen-Kronen-Zeitung* mit 2,5 Mio. Lesern – in Wien erscheinen.

Gesundheits- und Bildungswesen

Der Staat bietet ein umfassendes Sozialversicherungs- und Rentensystem. Die Landesversicherung für Gesundheit übernimmt die Kosten für die ambulante bzw. stationäre Behandlung. Der Standard der medizinischen Einrichtungen ist hoch.

Schulpflicht besteht für 6- bis 15-Jährige; der Unterricht ist kostenlos. In der Hochschul- und Erwachsenenbildung können vielfältige Bildungsangebote genutzt werden. Österreich hat 18 Universitäten und Hoch-

Osteuropa

LÄNDER DER REGION

POLEN · TSCHECHISCHE REPUBLIK · SLOWAKEI

UNGARN · RUMÄNIEN · BULGARIEN

JUGOSLAWIEN (SERBIEN UND MONTENEGRO)

SLOWENIEN · KROATIEN · BOSNIEN-HERZEGOWINA

MAKEDONIEN · ALBANIEN

Der Wohnsitz von Graf Dracula (*links*). Hoch in den Transsylvanischen Alpen in Rumänien liegt von Bergen

Polen

REPUBLIK POLEN

POLEN, DER ÖSTLICHSTE MITTELEUROPÄISCHE Staat, grenzt im Norden an die Ostsee und wird im Westen von Deutschland, im Süden von der Tschechischen Republik und der Slowakei, im Osten von der Ukraine und Weißrussland begrenzt. Im Nordosten stößt es an Litauen und an die kleine Enklave der Russischen Föderation Kaliningrad.

Saftige grüne Weiden (*oben*) nehmen große Gebiete Mittel- und Südpolens ein. Im Gegensatz zu den nördlichen Regionen ist der Boden fruchtbar und das Klima günstig. Auf den Feldern des südlichen Hochlands werden auch Weizen und Zuckerrüben angebaut.

Die blaugrauen Wasser der Ostsee (*rechts*) mildern das kalte nördliche Klima. Die Grenzveränderungen, die die Alliierten nach dem Zweiten Weltkrieg vornahmen, brachten Polen 700 km Ostseeküste zurück, darunter auch Gdansk mit seinem Hafen.

GEOGRAFIE

Polen ist größtenteils Flachland. Die Bergregionen sind die Sudeten im Südwesten und die Hohe Tatra sowie die Karpaten im äußersten Süden an der slowakischen Grenze.

Das Land

Polen gliedert sich von Norden nach Süden in fünf geografische Zonen. Die buchtenreiche Ostseeküste im Nordwesten wird von breiten Sandstränden gesäumt. Die Dünen erreichen oft eine Höhe von 30 m. Weiter südlich bis nach Gdansk zieht sich eine hügelige Jungmoränenlandschaft, der Baltische Landrücken, mit seiner Seenplatte und Endmoränenzügen bis weit ins sandige und seendurchsetzte Pommersche Hinterland.

Das zentrale Tiefland mit seinen lössbedeckten Tafel- und Stufenlandschaften weiter südlich gelegen, nimmt etwa ein Drittel des gesamten Landes ein und ist Polens landwirtschaftliches Zentrum. Auch hier findet man fruchtbaren Lössboden und sumpfige Flusstäler. Die im Osten gelegene Hauptstadt Warschau liegt an den Ufern der Weichsel, dem längsten polnischen Fluss.

Die polnischen Mittelgebirge bilden die südliche Grenze des zentralen Tieflands und teilen es in das Lubliner Hügelland östlich des Weichseltales und das Kielcer Bergland mit dem Juragebirge, das sich von der Krakower Pforte nordwärts erstreckt, sowie das dicht bewaldete Riesengebirge im Nordwesten. Polens höchste Erhebungen liegen im äußersten Süden an der Grenze zur Slowakei, mit dem Mährischen Tor in der Mitte, durch das die Oder von Süden her eintritt. Die südwestliche Provinz Schlesien schließt die Nordhänge der Sudeten ein. Im Südosten reichen die Karpaten bis nach Polen hinein und stoßen an der tschechischen Grenze an das Tatragebirge.

Klima

Polen liegt im Übergangsbereich vom ozeanisch bestimmten mitteleuropäischen zum Kontinentalklima Osteuropas. Der Süden und der Osten des Landes weisen kontinentales Klima mit kalten, trockenen Wintern und warmen Sommern auf. Im Nordwesten bewirken gemäßigte Seewinde und westliche Winde, dass die Sommer kühler und die Winter milder und feuchter sind. Weiter nach Süden hin, in den Sudeten und den Karpaten,

können die Schneefälle im Winter sehr ergiebig ausfallen.

Flora und Fauna

Große Teile Polens, die einst dicht bewaldet waren, werden heute landwirtschaftlich genutzt. Dennoch sind große Waldflächen erhalten geblieben. Weitsichtige Forstwirtschaftler haben z. T. noch urzeitliche Wälder in einigen Regionen bewahrt, vor allem im Bialowieza-Nationalpark an der weißrussischen Grenze. In diesen geschützten Gebieten leben die letzten Bisons, die früher auf dem gesamten europäischen Kontinent verbreitet waren.

KULTUR UND GESELLSCHAFT

Die Geschichte des Landes ist widersprüchlich. Das heutige Polen entstand nach dem Zweiten Weltkrieg. Polen gehörte 1989 zu den ersten Ostblockländern, die sich aus dem kommunistischen Machtbereich befreiten.

Geschichte

Der Überlieferung nach fällt die Gründung Polens auf das Jahr 966, als Herzog Mieszko I. (etwa 930-992) zum Christentum übertrat. 1386 heiratete Jagiello (um 1351-1434), Großfürst von Litauen, Jadwiga (1374-1399), die Königin von Polen, wodurch die Jagiellonische Dynastie begründet wurde, die von nun an Polen und Litauen regierte. Ihre Nachfolger dehnten das Reich weiter aus, besiegten u. a. den „Deutschen Orden", der 1466 das „Königliche Preußen" (Westpreußen) mit Danzig und die Gebiete um Elbing und Thorn abtreten musste. Damit war dem polnischen Reich der Zugang zum Baltikum und zur Ostsee erschlossen.

Nach dem Aussterben der Jagiellonier wurde Polen eine Adelsrepublik, in der ein Adligenrat (Sejm) die Monarchen wählte. 1587 ging König Sigismund III. Wasa (1566-1632) als Sieger aus dieser Wahl hervor. Fünf Jahre später erbte er die schwedische Krone und sein Bemühen, das römisch-katholische Polen mit dem protestantischen Schweden zu vereinigen, führte unausweichlich zum Krieg zwischen beiden Ländern, der 35 Jahre andauerte (1599-1635). Mitte des 17. Jh. verschlechterten sich die politischen Zustände in Polen zusehends. In die 20 Jahre währende Herrschaft Johann II. Kasimir Wasa (1609-1672) fiel der Verlust Ostpolens an Russland und die zeitweilige Besetzung durch Schweden. Im späten 18. Jh., nach dem Verlust der südöstlichen Gebiete (einschließlich großer Teile der Ukraine) an die Türken, war Polen bereits so sehr geschwächt, dass es der militärischen Stärke Preußens, Österreichs und

polnischen Gebiete unter diesen Mächten aufgeteilt und Polen verschwand als Staat zeitweilig von Europas Landkarte.

In den napoleonischen Kriegen (1803-1815) kämpften polnische Patrioten auf französischer Seite und waren maßgeblich an der Eroberung Warschaus beteiligt, was zur Errichtung des Herzogtums Warschau führte. Ab 1813 geriet Restpolen wieder unter russische Kontrolle. Zwei Jahre später errichtete der russische Zar Alexander I. (1777-1825) ein neues Königreich Polen (Kongresspolen), um einerseits die Loyalität der Polen zu gewinnen und andererseits seinen Einfluss in Europa zu vergößern. Mehrere polnische Aufstände in den Jahren 1830, 1846 und 1863 verschärften die repressive russische Gesetzgebung. Im Ersten Weltkrieg besetzten Österreich und Deutschland Polen. Nach der Oktoberrevolution von 1917 in Russland erkannte die bolschewistische Regierung die Unabhängigkeit Polens an, und so entstand nach dem Ersten Weltkrieg zum zweiten Mal in der Geschichte Polens eine Republik. Der erste parlamentarisch gewählter Präsident Józef Pilsudski (1867-1935) führte 1926 einen Staatsstreich durch. 1939 besetzte das faschistische Deutschland Polen und stürzte damit nicht nur Europa in den Zweiten Weltkrieg.

LANDESDATEN – POLEN

Fläche 312 683 km²

Klima	**Höhe** m	**Temperaturen** **Januar** °C	**Juli** °C	**Jährlicher Niederschlag** mm
Gdansk (Danzig)	110	-1	18	499
Warschau	110	-4	19	550

Geografische Merkmale höchster Berg: Rysy (Hohe Tatra) 2499 m; tiefster Punkt: nahe der Gdansker Bucht -10 m; längster Fluss: Weichsel 1086 km

Einwohnerzahl (1990) 38,6 Millionen

Staats- und Regierungsform Mehrparteiensystem; Republik; zwei gesetzgebende Organe

Streitkräfte Heer 185 900; Marine 19 000; Luftwaffe 78 700

Größte Städte Warschau (Hauptstadt – 1,6 Mio. Einw.); Lodz (852 000); Krakau (748 000); Wroclaw (642 000); Poznan (589 000); Gdansk (465 000); Szczecin (412 000); Lublin (350 000)

Offizielle Landessprache Polnisch

Bevölkerungsgruppen Polen 97,6%; Ukrainer 0,6%; sonstige 1,8%

Religionen Katholiken 95,0%; sonstige 5,0%

Währung 1 Zloty (Zl) = 100 Groszy (Gr, gr)

Bruttosozialprodukt (pro Kopf 1993) US-$ 2260

Bruttoinlandsprodukt (1993) US-$ 85,853 Mrd.

Lebenserwartung Männer 68,6; Frauen 76,9 Jahre

Ressourcen Kohle, Erdgas, Erdöl, Blei, Zink, Silber, Schwefel, Kupfer, Salz, Roggen, Kartoffeln, Holz

Papst Johannes Paul II. *(oben)* 1979 bei seinem Besuch in Polen. Der polnische Priester Karol Wojtyla war bis zu seiner Wahl zum Papst 1978 Erzbischof von Krakow. Die Polen bewahrten ihren Glauben trotz kommunistischer Unterdrückung; in der Wahl Johannes Paul II. sahen viele Gläubige ein Zeichen der Hoffnung für die polnische Nation.

Als Deutschland 1941 die Sowjetunion überfiel, schlossen sich viele Polen den sowjetischen Streitkräften an. Seite an Seite mit den russischen Soldaten vertrieben sie die Deutschen im Winter 1944 aus Polen. Auch Polen hatte unter den Folgen des Zweiten Weltkrieges unsagbar zu leiden. Fast 11 Millionen Menschen starben oder wurden in den Konzentrationslagern umgebracht. Nach dem Krieg wurde Polen zu einem Satellitenstaat der Sowjetunion; die Verfassung von 1952 schrieb diesen Status fest.

Proteste und Streiks gegen das kommunistische Regime wurden 1956 und 1970 brutal niedergeschlagen. Doch auch diese Aktionen konnten den religiösen Glauben der polnischen Bevölkerung nicht ersticken. Hoffnung lebte auf, als 1978 der polnische Kardinal Karol Wojtyla (* 1920) zum Papst gewählt wurde und den Namen Johannes Paul II. annahm. Sein triumphaler Besuch in Polen 1979 stärkte die katholische Kirche im Land und die Moral der Menschen. Ein Jahr später lähmten Streiks der Gdansker Werftarbeiter unter Führung von Lech Walesa (* 1943) und unterstützt von der illegalen Gewerkschaft *Solidarnosc* (Solidarität) das Land. Die kommunistische Partei musste Zugeständnisse machen und berief General Wojciech Jaruzelski (* 1923) zum Ministerpräsidenten.

Acht weitere Jahre der Repressionen durch die Sowjetunion (1981-1989) konnten den Niedergang des kommunistischen Regimes nicht mehr aufhalten. Die Streikaktionen unter Führung der inzwischen zugelassenen Solidarnosc zwangen die Jaruzelski-Regierung zu Verhandlungen. 1989 erfolgten die entscheidenden Schritte in Richtung freie Marktwirtschaft. In den teilweise freien demokratischen Wahlen errangen die Solidarnosc-Kandidaten alle im Sejm für die Opposition vor-

Der Geburtsort der Solidarnosc (*links*). Die alte Ostseehafenstadt Danzig war über 700 Jahre hinweg ein Spielball in der Politik der europäischen Staaten. In der Hafenstadt, die seit 1945 wieder zu Polen gehört, gründeten Werftarbeiter die Solidarnosc, die die kommunistische Regierung stürzte.

Eine Trachtentanzgruppe (*rechts*) zeigt traditionelle polnische Tänze, wie Polonaise und Mazurka. Das Bewahren der kulturellen Traditionen war ein Grund dafür, dass die nationale Identität trotz jahrhundertelanger Fremdherrschaft nicht verloren ging.

gesehenen Mandate (35 %). Jaruzelski musste den Nichtkommunisten Tadeusz Mazowiecki (* 1927) zum neuen Ministerpräsidenten berufen. Die einschneidenden staatlichen Sparmaßnahmen führten zur Spaltung der Solidarnosc, und Mazowiecki trat 1990 zurück. 1990 gewann Lech Walesa die Wahlen und wurde neuer Staatspräsident. 1995 verlor er die Wiederwahl.

Regierungsform

Die Verfassung von 1989 sieht ein Zweikammerparlament vor: das Unterhaus (Sejm) mit 460 und das Oberhaus (Senat) mit 100 Abgeordneten; der Senat hat ein Vetorecht bei Gesetzen, die der Sejm vorschlägt. Die Abgeordneten beider Kammern werden direkt vom Volk für vier Jahre, der Präsident für fünf Jahre gewählt.

Bevölkerung

Die Bevölkerung Polens hat sehr unter den Auswirkungen des Zweiten Weltkriegs gelitten. Aufgrund der Deportation und Vernichtung der Juden durch die Nazis, der Vertreibung vieler Deutscher nach 1945 aus den polnischen Ostgebieten und der Grenzveränderungen besteht heute die übergroße Mehrheit der Bevölkerung aus Polen. Trotz jahrhundertelanger Fremdherrschaft besitzt Polen ein reiches kulturelles Erbe, insbesondere in der Musik, der Literatur und im Film. Zu den bedeutendsten Persönlichkeiten gehören u. a. der Astronom Nikolaus Kopernikus (1473-1543), der Komponist Frédéric Chopin (1810-1849), der Schriftsteller Henryk Sienkiewicz (1846-1916) und der Filmregisseur Andrzej Wajda (* 1926).

WIRTSCHAFT

1989 schaffte Polen die Planwirtschaft ab und privatisierte die Hauptindustriezweige; die Preis- und Lohnstützung fiel weg; ausländische Investitionen wurden gefördert sowie Zinsen und Wechselkurse auf der Grundlage von Angebot und Nachfrage festgelegt. Seit den 90er-Jahren kämpft die unterkapitalisier-

Landwirtschaft, Industrie und Handel

Etwa die Hälfte der Landesfläche wird landwirtschaftlich genutzt; Hauptanbaukulturen sind Kartoffeln, Zuckerrüben und Getreide. Der Viehwirtschaft (Schweine- und Rinderhaltung) steht weitläufiges Weideland zur Verfügung. Die Forstwirtschaft stellt Nutzholz für den Export bereit. Die reichen Steinkohlevorkommen in Oberschlesien sichern Polen ein beträchtliches Exporteinkommen. Weitere mineralische Rohstoffe wie Schwefel gibt es im Südosten sowie Zink und Blei im Süden, in der Nähe von Katowice; 1985 wurde vor der Ostseeküste Erdöl entdeckt. Energie wird hauptsächlich in Kohlekraftwerken gewonnen. Die Anpassung an die Marktwirtschaft erfordert eine weitreichende Umgestaltung der Wirtschaft.

Verkehr und Kommunikation

Polen verfügt über ein umfassendes Schienennetz. Die meisten Bahnstrecken wurden nach dem Zweiten Weltkrieg elektrifiziert. Das Straßennetz, einst für die Frachtgutbeförderung die wichtigste Verbindung zwischen den Ostblockstaaten, ist gut ausgebaut. Die Häfen in Szczecin (Stettin), Gdynia (Gdingen) und Gdansk (Danzig) sind an die internationalen Schifffahrtsrouten angebunden. Die staatliche Fluggsellschaft Polskie Linie Lotnice (LOT) fliegt nationale und internationale Ziele an. Die Polnische Rundfunk- und Fernsehgesellschaft (PRT) betreibt drei Radio- und zwei Fernsehsender und tauscht Programme mit allen westeuropäischen Fernsehstationen aus.

Gesundheits- und Bildungswesen

Die Leistungen des Gesundheitswesens können alle Bürger zumeist kostenlos nutzen. Die medizinischen Einrichtungen sind häufig überlastet und technisch veraltet, sodass nur mit ausländischer Unterstützung das Betreuungsniveau aufrechterhalten werden kann. Sozialleistungen stehen nur begrenzt zur Verfügung.

Schulpflicht gilt für 7- bis 14-Jährige, und der Unterricht ist kostenlos, ebenso der Be-

Tschechische Republik

TSCHECHISCHE FÖDERATIVE REPUBLIK

DER EHEMALIGE OSTBLOCKSTAAT TSCHEchoslowakei zerfiel 1993 in zwei neue Republiken: in die Tschechische und in die Slowakische. Der größte Teil der Tschechischen Republik umfasst die ehemaligen Gebiete des alten Königreichs Böhmen; dazu kommen noch Mähren und Teile des „historischen" Schlesiens (der andere Teil ist heute polnisch). An die Tschechische Republik grenzen im Osten die Slowakei, im Nordosten Polen, im Norden und Nordwesten Deutschland und im Süden Österreich.

GEOGRAFIE

Den westlichen Teil des Landes nehmen im Wesentlichen das Böhmische Massiv und das Böhmische Becken ein. Das Böhmische Becken umschließen: das Erzgebirge im Nordwesten, der Böhmerwald im Südwesten, beide grenzen an Deutschland; die Sudeten im Nordosten entlang der polnischen Grenze und die Böhmisch-Mährische Höhe im Südosten. Die Westkarpaten bilden die Grenze zwischen der Tschechischen Republik und der Slowakei. Die beiden großen Flüsse Elbe (Labe) und Moldau durchströmen das Becken und fließen in der Nähe von Prag zusammen. Südöstlich der Böhmisch-Mährischen Höhe liegt im Flusstal der Morava, umgeben von Hügeln und Tälern, die alte mährische Hauptstadt Brno (Brünn).

Die Tschechische Republik liegt in der Übergangszone zwischen ozeanischem und kontinentalem Klima. Im Westen des Landes herrscht überwiegend maritimes Klima, während es nach Osten hin zunehmend kontinentaler wird. Im Böhmischen Becken und im Flachland fallen weniger Niederschläge, weil sie im Schutz der slowakischen Gebirge liegen. Die Pflanzen- und Tierwelt ist typisch für den mitteleuropäischen Raum, und in den Gebirgen gibt es noch seltene Tiere wie z. B. den Wolf und den Luchs.

Die herbe Schönheit der Hauptstadt Prag. Sie liegt an den Ufern der Moldau und wurde um 800 gegründet. Die Altstadt und die Kleinseite sind durch zahlreiche Brücken miteinander verbunden. Berühmt ist die 1357 erbaute Karlsbrücke (die zweite im Vordergrund).

KULTUR UND GESELLSCHAFT

Die ersten Siedler in der Region waren keltische Boier, denen Böhmen seinen Namen verdankt. Im 5. Jh. kamen die Slawen aus dem Osten in das Gebiet. Um 800 errichtete die Przemysliden-Dynastie das slawische Königreich Böhmen, nachdem der fränkische Kaiser Karl der Große (747-814) die benachbarten Awaren zurückgeschlagen hatte. Nach der Eroberung des fränkischen Herzogtums Mähren gründeten die Przemysliden 1198 ein unabhängiges Königreich innerhalb des Heiligen Römischen Reichs. Mit dem Aussterben der Przemysliden-Linie fiel 1306 der Besitz an Johann von Luxemburg (1296-1346), dessen Sohn Karl IV. (1316-1378) 1355 römisch-deutscher Kaiser wurde und Prag zur Hauptstadt des Reiches erhob. Unter der Regentschaft des böhmischen Königs Wenzel IV. (1361-1419) forderten der Prediger Jan Hus (um 1370-1415) und seine Anhänger (Hussiten) kirchliche Reformen. Als Jan Hus verraten und wegen Ketzerei auf dem Scheiterhaufen verbrannt wurde, kam es zu gewalttätigen Aufständen, die das Reich und damit auch Böhmen an den Rand der Anarchie trieben.

1471 wurde Böhmen mit Polen und Ungarn unter den Jagiellonen vereinigt; 1526 ging die böhmische Krone an Ferdinand I. von Habsburg (1503-1564) über. Obwohl die

Habsburger den Protestantismus in Böhmen duldeten, übertrugen sie prokatholischen Beamten die Regierungsgewalt. Dies führte 1618 zum so genannten Prager Fenstersturz, bei dem protestantische Adlige kaiserliche Regierungsbeamte aus einem Fenster in einen gut platzierten Mistkarren warfen. Dieses Ereignis löste den Dreißigjährigen Krieg (1618-1648) aus. In den folgenden Auseinandersetzungen wurden die Böhmen empfindlich geschlagen, und es begann die lange Periode grausamer österreichischer Herrschaft. Von nun an war Deutsch die Amtssprache.

Im späten 18. und frühen 19. Jh. entwickelten die Tschechen ein neues Nationalbewusstsein und die tschechische Sprache so-

schen Monarchie im Jahr 1918 wurde in Prag die unabhängige Republik Tschechoslowakei ausgerufen. Der Staat vereinigte die früheren österreichisch-ungarischen Gebiete Böhmen, Mähren und die Slowakei. Zum ersten Präsidenten wurde Tomás Masaryk (1850-1937) gewählt. Nach dem Einmarsch sowjetischer Truppen in die Slowakei und Mähren 1945 rissen die Kommunisten drei Jahre später die Macht an sich und riefen die „Volksrepublik" aus; 1960 wandelten sie diese in eine „Sozialistische Republik" um, die bis zum 1. Januar 1993 fortbestand; dann trennten sich die beiden Landesteile und bildeten zwei unabhängige Staaten.

WIRTSCHAFT

Nach der Machtergreifung der Kommunisten begann man in den 50er-Jahren mit der Kollektivierung der Landwirtschaft, aber die fortschreitende Industrialisierung wurde auf Kosten der Landwirtschaft vorangetrieben. Somit war das Land nicht mehr in der Lage, den Eigenbedarf an Nahrungsgütern selbst zu decken. Hauptanbaukulturen sind Weizen, Zuckerrüben, Gerste und Kartoffeln, die Erträge sind heute rückläufig. Der Hopfenanbau konzentriert sich um die Stadt Plzen (Pilsen), wo das berühmte Pilsener Bier gebraut wird. An den Ufern der Moldau und in Südmähren beherrschen vor allem Weinberge die Landschaft. Auch eine umfangreiche Viehwirtschaft (Schweine, Rinder und Geflügel) wird dort betrieben.

Mit Ausnahme von Kohle und Eisenerz sind weitere mineralische Rohstoffe nur begrenzt vorhanden. Die Braunkohle (Lignite) weist eine mindere Qualität auf und wird überwiegend für die Energiegewinnung genutzt, doch ihre Verwendung belastet erheblich die Umwelt. Erdöl und Erdgas werden in geringem Umfang gefördert, weshalb die beiden Energieträger zu den Hauptimportgütern zählen.

Auf der Grundlage der reichen Steinkohle- und Eisenerzvorkommen wurde die Eisen- und Stahlindustrie ausgebaut. Auch Produkte anderer Industriezweige – vom Maschinenbau bis zu Exportgütern der Konsumgüterindustrie wie z. B. Pkw, Böhmisches Glas und Pilsener Bier – waren sehr gefragt.

Bis 1990 war die Sowjetunion Haupthandelspartner der Tschechoslowakai, doch auf dem Weltmarkt konnten die Produkte kaum bestehen. Seitdem hat sich die Situation grundlegend gewandelt. Um den Zusammenbruchs des Ostblocks zu kompensieren, war es notwendig, die Wirtschaftsstruktur grundlegend zu verändern. Bis Ende 1995 hatten die Tschechen über 90 % ihrer Wirt-

„Der gute König Wenzel" ist der Schutzpatron der Tschechischen Republik. Er unterstützte die Christianisierung des alten Königreichs Böhmen und wurde 929 von seinem heidnischen Bruder ermordet. Sein Reiterstandbild steht auf dem Wenzelsplatz im Herzen Prags.

LANDESDATEN – TSCHECHISCHE REPUBLIK

Fläche 78 865 km²

Klima	**Höhe**	**Temperaturen Januar**	**Temperaturen Juli**	**Jährlicher Niederschlag**
	m	°C	°C	mm
Prag	374	-3	18	508

Geografische Merkmale höchster Berg: Schneekoppe (Sudeten) 1603 m; längste Flüsse: Elbe (Teil) 1165 km, Moldau 430 km

Einwohnerzahl (1994) 10,4 Millionen

Staats- und Regierungsform Mehrparteiensystem; parlamentarische Demokratie; zwei gesetzgebende Organe

Streitkräfte Heer 37 400; Luftwaffe 25 000

Größte Städte Prag (Hauptstadt – 1,2 Mio. Einw.); Brno (392 000); Ostrava (332 000); Plzen (175 000)

Offizielle Landessprache Tschechisch

Bevölkerungsgruppen Tschechen 94,4%; Slowaken 3%; sonstige 2,6%

Religionen Atheisten 39,8%; Katholiken 39,2%; Protestanten 4,6%; Orthodoxe 3,0%; sonstige 13,4%

Währung 1 Tschechische Krone (Kčs) = 100 Heller (h)

Bruttosozialprodukt (pro Kopf 1993) US-$ 2710

Bruttoinlandsprodukt (1993) US-$ 31,613 Mrd.

Lebenserwartung Männer 69,4; Frauen 77,0 Jahre

Ressourcen Kohle/Lignit, Kaolin, Ton, Grafit, Eisenerz, Glas, Hopfen/Bier, Tourismus

REPUBLIK SLOWAKEI

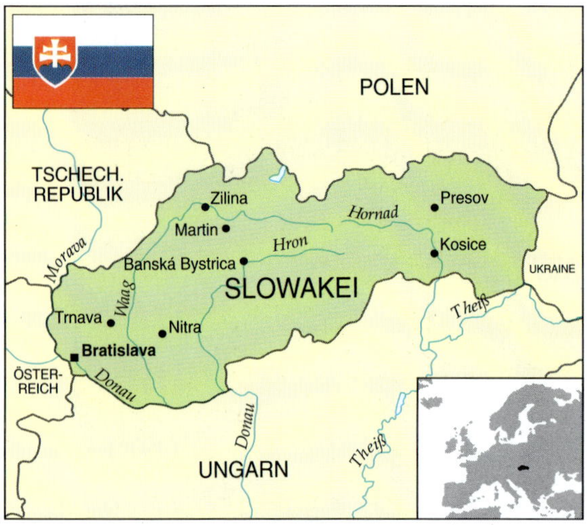

DIE SLOWAKEI WAR BIS 1993 TEIL DER ehemaligen Tschechoslowakei. Heute ist sie ein junger Staat in Mitteleuropa. Die „sanfte Scheidung" von der Tschechischen Republik im Januar 1993 brachte der Slowakei die Unabhängigkeit nach mehr als tausend Jahren Fremdherrschaft.

GEOGRAFIE

Das Land ist überwiegend gebirgig, doch im Donaubecken an der Grenze zu Ungarn und zur Ukraine erstrecken sich weite Tieflandebenen. An der Grenze zur Tschechischen Republik erheben sich die Kleinen Karpaten. Im Zentrum der Slowakei liegen die parallel verlaufenden Gebirgszüge der Niederen und der Hohen Tatra sowie des Slowakischen Erzgebirges. Das Klima ist kontinental mit kalten Wintern, warmen Sommern und häufigen Gewittern. Im äußersten Osten und in den Gebirgen gibt es wesentlich höhere Niederschlagsmengen und der Winter kann streng und mit heftigen Schnee- oder Regenfällen ausfallen. In den geschützten Ebenen regnet oder schneit es weitaus seltener.

KULTUR UND GESELLSCHAFT

Illyrische, keltische und germanische Stämme waren die ersten Siedler auf dem Gebiet der heutigen Slowakei. Im 6. Jh. fielen Slawen aus dem Osten in das Gebiet ein. Mit dem Zusammenbruch des Mährischen Reiches im 10. Jh. begann für die Slowakei eine lange Zeit ungarischer Fremdherrschaft. Erst nach dem Ende der Österreichisch-Ungarischen Monarchie (1918) wurde die Tschechoslowakei gegründet mit Tomáš Masaryk (1850-1937) als erstem Präsidenten.

In den 90er-Jahren, nach der Auflösung der Sowjetunion und dem politischen Wandel in Osteuropa, einigten sich Tschechen und Slowaken über eine Teilung des Landes. Am 1. Januar 1993 erhielt die Slowakei den Status einer unabhängigen Republik.

Tschechoslowakei 1918-1992

Als die Österreichisch-Ungarische Monarchie nach dem Ersten Weltkrieg zusammenbrach, begannen die Siegermächte mit der Neuaufteilung der ehemaligen österreich-ungarischen Gebiete. Dabei wurden jedoch kaum die Interessen der verschiedenen Völker und deren kulturelle sowie nationale Besonderheiten berücksichtigt. Obwohl die sprachlichen und geografischen Bindungen zwischen Tschechen und Slowaken die Bildung der Republik Tschechoslowakei 1918 plausibel erscheinen ließen, gestaltete sich das Zusammenleben der beiden Völker in einem Staat sehr schwierig.

1918 wurde Tomáš Masaryk (1850-1937) zum Präsidenten der jungen Tschechoslowakischen Republik gewählt. Er stand nun vor der großen Herausforderung, das ehemals mächtige tschechische Königreich Böhmen und Mähren mit den slowakischen Provinzen zu vereinen, die nahezu tausend Jahre unter ungarischer Herrschaft verblieben waren.

Darüber hinaus mussten die Interessen der anderen ethnischen Minderheiten wie der Deutschen, Polen und Ukrainer bedacht werden.

Unter Masaryk konnte in der Tschechoslowakei eine parlamentarische Demokratie entstehen, während andere osteuropäische Demokratien auseinander brachen. Besonders die wachsenden Unruhen zwischen den beiden großen nationalen Gruppen, den Slowaken und den Deutschen, führten bald zu politischen Spannungen. Die Slowaken befüchteten eine tschechische Vorherrschaft im politischen und wirtschaftlichen Leben. Die weitaus größere Bedrohung erwuchs jedoch aus der Unzufriedenheit der Sudetendeutschen, die von der Nazipartei in Deutschland in ihren nationalistischen Bestrebungen unterstützt wurden. Nach dem Münchener Abkommen von 1938, das Großbritannien, Frankreich, Italien und Deutschland schlossen, musste die Tschechoslowakei die Sudetengebiete an Deutschland abtreten. Nachdem unter der Führung des profaschistischen Jozef Tiso (1887-1947) die Slowakei ihre Unabhängigkeit erklärt hatte, brach Hitler das Abkommen und ließ 1939 die „Rest-Tschechoslawakei" besetzen.

Nach dem Zweiten Weltkrieg stützte sich die Sowjetunion darauf, dass sie den größten Teil des Landes befreit hatte, und baute ihre Machtposition weiter aus. 1948 erklärten die Kommunisten die Tschechoslowakei zur Volksdemokratie. In den folgenden Jahren manifestierte sich die politische Unterdrückung in den stalinistischen Schauprozessen, in deren Folge die eigenen Vertreter liquidiert wurden. 13 führende Kommunisten, alle jüdischer

Alexander Dubček 1968. Es war das Jahr, als die Sowjets den „Prager Frühling" niederschlugen und ihn stürzten. 1989 kehrte er in die Politik zurück, um die Tschechoslowakei in die Demokratie zu führen. 1993 teilte sich das Land in zwei Republiken.

Nationalität, darunter auch der Generalsekretär der KP Rudolf Slansky (1901-1952), wurden verhaftet und bis auf drei Angeklagte alle anderen hingerichtet. Das Hardliner-Regime kapselte sich immer mehr ab, und bis zum Amtsantritt von Antonin Novotny (1904-1975) 1957 blieb die Tschechoslowakei ein sowjetischer Satellitenstaat.

Nur langsam ließ die Brutalität des stalinistischen Systems trotz des beginnenden „Tauwetters" in der Sowjetunion unter Nikita Chruschtschow (1894-1971) nach. In den 60er-Jahren führten die Forderungen nach politischen und wirtschaftlichen Reformen schließlich zu Novotnys Entlassung aus dem Parteiamt. Der Slowake Alexander Dubček (1921-1992) wurde 1967 zum Ersten Sekretär der KP der Tschechoslowakei gewählt. Die Periode der politischen Toleranz und der Reformen, die bis 1968 anhielt, wurde als „Prager Frühling" bekannt. Beunruhigt darüber, dass dieses Beispiel auch in den anderen osteuropäischen Satellitenstaaten Schule machen könnte, initiierte die Sowjetunion im August 1968 unter dem Vorwand der „Verteidigung des Sozialismus" die Besetzung der Tschechoslowakei durch Truppen des Warschauer Vertrages. Der Widerstand wurde niedergeschlagen, Dubček seines Amtes enthoben und eine Marionettenregierung unter Gustav Husák (1913-1991) eingesetzt.

In den späten 80er-Jahren – in der Zeit der sowjetischen Perestroika unter Michail Gorbatschow (* 1931) – negierte Husák die Entwicklung in der Sowjetunion. Doch nichts konnte die Reformen in der Tschechoslowakei aufhalten, und nach machtvollen Demonstrationen wurden die Kommunisten Ende 1989 entmachtet. Alexander Dubček kehrte aus der politischen Bedeutungslosigkeit zurück und übernahm den Vorsitz im Föderativen Parlament, der Dissident und Schriftsteller Václav Havel (* 1936) trat das Amt des Staatspräsidenten an. Die Probleme in den tschechisch-slowakischen Beziehungen behinderten den schnellen Übergang zur parlamentarischen Demokratie, denn beide Seiten versuchten, ihre politischen und wirtschaftlichen Interessen durchzusetzen. Ende 1990/Anfang 1991 vertieften sich die Widersprüche so weit, dass die Trennung unausweichlich wurde. Am 1. Januar 1993 entstanden zwei unabhängige Staaten: die Slowakische und die Tschechische Repu-

Ein grüner „Patchworkteppich". Schmale Felder und Nadelwälder nehmen die Vorberge der Hohen Tatra im Herzen der Slowakei ein. Die ausgedehnten Wälder liefern nicht nur Nutzholz, sondern auch die Grundstoffe für die Papierindustrie des Landes.

WIRTSCHAFT

Zwar kann nur ein Drittel des Bodens landwirtschaftlich genutzt werden, dennoch ist der Agrarsektor ein wichtiger Wirtschaftsfaktor. Hauptanbauprodukte sind Weizen, Zuckerrüben, Gerste und Kartoffeln. Als Nutztiere werden Schafe, Schweine und Rinder gehalten. Auch die Forstwirtschaft ist von Bedeutung, und in geringem Umfang werden Eisen, Kupfer, Blei, Mangan und Zink abgebaut. Die Braunkohle ist von geringer Qualität und dient der Energiegewinnung; Hauptenergiequelle ist jedoch die Wasserkraft. Die Industrialisierung nach dem Zweiten Weltkrieg konzentrierte sich in den Städten Kosice und Bratislava. Die verarbeitende Industrie ist nach wie vor führend. 1995 setz-

LANDESDATEN – SLOWAKEI

Fläche 49 035 km²

Klima Kontinentalklima mit kalten Wintern und warmen Sommern

Geografische Merkmale höchster Berg: Gerlsdorfer Spitze 2665 m; längste Flüsse: Donau (Teil) 2850 km, Waag (Váh) 394 km

Einwohnerzahl (1994) 5,4 Millionen

Staats- und Regierungsform Mehrparteiensystem; parlamentarische Demokratie; ein gesetzgebendes Organ

Streitkräfte Heer 33 000; Luftwaffe 14 000

Größte Städte Bratislava (Hauptstadt – 441 000 Einw.); Kosiče (237 000); Nitra (212 000); Zilina (184 000)

Offizielle Landessprache Slowakisch

Bevölkerungsgruppen Slowaken 85,6%; Ungarn 10,8%; Tschechen 1%; sonstige 2,6%

Religionen Katholiken 60,3%; nicht Religiöse 9,7%; Protestanten 8,4%; Orthodoxe 4,1%; sonstige 17,5%

Währung 1 Slowakische Krone (Sk) = 100 Heller (Halier)

Bruttosozialprodukt (pro Kopf 1993) US-$ 1950

Bruttoinlandsprodukt (1993) US-$ 11,076 Mrd.

Lebenserwartung Männer 68,6; Frauen 77,2 Jahre

Ressourcen Braunkohle/Lignit, Eisenerz, Kupfer, Blei, Mangan, Salz, Zink, Mineralquellen, Landwirtschaft, Forstwirtschaft, Wasserkraft

Ungarn

REPUBLIK UNGARN

UNGARN IST EINER DER ÄLTESTEN STAATEN Osteuropas mit einer alten magyarischen Tradition. Der Binnenstaat grenzt im Norden an die Slowakei, im Westen an Österreich, im Südwesten an Slowenien, im Süden an Kroatien und Serbien, im Osten an Rumänien sowie im äußersten Nordosten an die Ukraine.

GEOGRAFIE

Ungarn besteht überwiegend aus Tiefland und die weiten fruchtbaren Ebenen des Donaubeckens nehmen große Teile des Landes ein. Niedrige Hügel und Berge liegen im Norden und Westen. Das dominierende Pannonische Becken, dessen zentraler Teil das Alföld ist, erstreckt sich über den gesamten südlichen und östlichen Teil des Landes. Es wurde durch die Donau und ihre Nebenflüsse, u. a. die Theiß, mit dicken Lössschichten und Sand aufgefüllt. Die Ungarischen Mittelgebirge trennen die Tiefländer voneinander. Westlich der Donau erhebt sich das Transdanubische Hügelland, das sich in verschiedenen Bergketten unterteilt. Nordwestlich davon beginnt die Niederungarische Tiefebene, durch die die Donau im Norden fließt.

Es herrscht ein kontinentales Klima mit kalten Wintern und warmen Sommern. In den Sommermonaten können Dürreperioden auftreten, aber Gewitter auch ergiebige Niederschläge bringen. Die Schneeschmelze im Alpengebiet führt im Frühjahr oft zu Überschwemmungen.

Die einst ausgedehnten Wälder wurden schon vor langer Zeit gerodet. Heute sind besonders in den Mittelgebirgen wieder Laubwälder verbreitet, die z. T. aufgeforstet werden, und in denen ein reicher Rot- und Schwarzwildbestand vertreten ist. Die großen Sumpfgebiete in den Flussauen sind ein Paradies für Wasservögel wie Kraniche, Reiher und Kormorane.

Die intensive Industrialisierung in den letzten 20 Jahren hat die Umwelt stark belastet und der Umweltschutz hat noch keinen hohen Stellenwert.

Weinberge im Mecsekgebirge *(oben)* in der Nähe von Pécs im Süden des Landes, wo die Sommer warm sind und die Regenfälle ergiebig sein können. Die hier hergestellten Weine wie Tokajer und „Stierblut" sind nicht nur in Ungarn sehr beliebt.

KULTUR UND GESELLSCHAFT

Auf dem Gebiet des heutigen Ungarn lebten viele Völker. Die Ungarn stammen von den „Magyaren" ab, einem nomadisierenden Reitervolk, und haben sich bis in die Gegenwart eine starke nationale Identität bewahrt.

Ungarn war Teil eines ausgedehnten Bulgarenreiches, bevor es an Byzanz fiel und dem Oströmischen Reich einverleibt wurde. Im 9. Jh. überrannten die Magyaren, die aus den Wolgasteppen vordrangen, das Reich. Unter Fürst Árpád († um 907) wurden sie zu einer Bedrohung des deutschen Königreiches. König Stephan I. (977-1038) errichtete 1001 in Ungarn ein Königreich und vollzog damit den Anschluß an die westeuropäische Kultur.

Die Ungarn dehnten ihr Einflussgebiet weiter aus, und es entstand eines der größten Königreiche Europas, das im Jahr 1241 unter dem Ansturm der Mongolen zusammenbrach. Ab 1301 regierten ausländische Monarchen das Land. Kaiser Sigismund (1368-1437) vernachlässigte Ungarn zugunsten seiner Besitzungen in Deutschland und Böhmen. Die türkischen Herrscher des benachbarten Osmanischen Reiches nutzten das kaiserliche Desinteresse für ihre Übergriffe auf das ungarische Territorium.

Im 16. Jh. hatten sie große Teile Südungarns annektiert. Weitere türkische Angriffe wurden abgewehrt und das Osmanenreich musste alle besetzten Gebiete 1699 an das Heilige Römische Reich abtreten.

Unter der Führung von Lajos Kossuth (1802-1894), der die Ungarn im Kampf gegen die österreichische Vorherrschaft einte, begann der ungarische Aufstand von 1848. Die machtvollen Aktionen zwangen Kaiser Ferdinand I. (1793-1875), zugunsten seines Neffen Franz Joseph I. (1830-1916) abzudanken. Der Aufstand konnte nur mit russischer Hilfe niedergeschlagen werden.

1867 erhielt Ungarn die Selbstverwaltung und bildete einen Teil der österreichisch-ungarischen Doppelmonarchie. Der Erste Welt-

krieg erschütterte auch die Österreichisch-Ungarische Monarchie und im Auflösungschaos wurden mehr als zwei Drittel des ungarischen Territoriums von den Nachbarstaaten annektiert. Restungarn fiel nach einem Umsturz den Kommunisten in die Hände. 1920 stellte Admiral Miklós Horthy (1868-1957) die Monarchie wieder her, in dem er sich zum Reichsverweser wählen ließ.

Im Zweiten Weltkrieg stand Ungarn aufseiten des faschistischen Deutschland. 1945 besetzte die Sowjetarmee Ungarn und 1949 folgte die kommunistische Machtübernahme. 1956 wurde der Ungarische Volksaufstand unter Führung von Imre Nagy (1896-1958?) durch sowjetische Truppen grausam niedergeschlagen und ein prosowjetisches Regime unter János Kádár (1912-1989) installiert. Während Kádár strikt die sowjetische Außenpolitik verfolgte, ließ er im Inneren eine politische und wirtschaftliche Liberalisierung zu. In den 80er-Jahren brach die ungarische Wirtschaft zusammen und Kádár wurde 1989 seines Amtes enthoben. Die Verfassung von 1989 ebnete den Weg für eine Mehrparteien-

vier Jahre gewählt. Nach den ersten freien Wahlen wurde 1990 der Schriftsteller und Dissident Árpád Göncz (* 1922) zum Übergangspräsidenten gewählt. Aus den Wahlen von 1994 ging die Kommunistische Partei als Sieger hervor, was allgemein als ein Zeichen der Unzufriedenheit der Wähler mit der derzeitigen wirtschaftlichen Situation des Landes gedeutet wird. Árpád Göncz wurde 1995 wieder als Präsident im Amt bestätigt.

WIRTSCHAFT

Die früher kommunistisch kontrollierte Wirtschaft bahnt sich allmählich den Weg zur freien Marktwirtschaft. Etwa drei Fünftel des Landes ist fruchtbares Ackerland und die Landwirtschaft kann den Eigenbedarf an Nahrungsmitteln abdecken. Die Kollektivierung der Landwirtschaft führte in den 50er-Jahren zu einer Intensivierung der Bodennutzung, aber auch die fortbestehenden kleineren bäuerlichen Privatwirtschaften waren sehr produktiv. Angebaut werden vor allem Getreide, Zuckerrüben und Sonnenblumen; in der Viehwirtschaft dominiert die Schweinezucht und die Geflügelhaltung. Die Weinberge der Mittelgebirge liefern hervorragende Weine. Die Holz verarbeitende Industrie ist entlang der Theiss angesiedelt und beliefert die Zelluloseindustrie.

Ungarn ist nicht reich an Mineralen. Die geringwertige Braunkohle (Lignit) wird als Hauptbrennstoff für die Energieerzeugung abgebaut. Daneben wurden kleinere Erdöl- und Erdgasvorkommen erschlossen. Die verarbeitende Industrie ist vielfältig und rund um Budapest angesiedelt. Zu ihren Hauptprodukten gehören Pharmaka, Maschinen, Fahrzeuge und Transportausrüstungen.

Gegenwärtig wird ein umfassendes Programm zur Privatisierung der Betriebe umgesetzt. Der Handel mit den EU-Staaten ist angestiegen, ausländische Investoren finden in Ungarn günstige Rahmenbedingungen vor. Ein Vierjahresplan, der 1991 in Kraft trat, hat diese Entwicklung beschleunigt.

Budapest ist Drehscheibe des ungarischen Verkehrssystems, das hoch entwickelt ist, aber immer stärker belastet wird. Die Donau-Schifffahrt befördert in großem Umfang Frachtgut, insbesondere ins Ausland. Die staatliche Luftfahrtgesellschaft MALÉV ist eine bedeutende internationale Fluggesellschaft.

Im Zuge der Veränderungen nach 1990 wurden die früher umfassenden staatlichen Sozialleistungen abgebaut und heute herrscht große Wohnungsnot. Grundschul- und höhere Schulbildung sind kostenlos und obligato-

Barocke Pracht. Das Barockschloss Fertöd wurde Mitte des 18. Jh. vom Fürsten N. Esterházy, dem mächtigsten ungarischen Grundbesitzer seiner Zeit, erbaut. Zwischen 1761 und 1790 war der österreichische Komponist Joseph Haydn (1732-1809) Hofmusiker der Esterházys.

LANDESDATEN – UNGARN

Fläche 93 031 km²

Klima	**Höhe**	**Temperaturen Januar**	**Temperaturen Juli**	**Jährlicher Niederschlag**
	m	°C	°C	mm
Budapest	139	0	22	625

Geografische Merkmale höchster Berg: Kékes 1015 m; längster Fluss: Donau (Teil) 2850 km; größter See: Balaton (Plattensee) 590 km²

Einwohnerzahl (1994) 10,3 Millionen

Staats- und Regierungsform Mehrparteiensystem; Republik; ein gesetzgebendes Organ

Streitkräfte Heer 56 500; Marine 300; Luftwaffe 18 000

Größte Städte Budapest (Hauptstadt – 2 Mio. Einw.); Debrecen (216 000); Miskolc (192 000); Szeged (178 000); Pécs (171 000)

Offizielle Landessprache Ungarisch

Bevölkerungsgruppen Ungarn 89,9%; Sinti und Roma 4,0%; Deutsche 2,6%; Serben 2,0%; Slowaken 0,8%; Rumänen 0,7%

Religionen Katholiken 62,4%; Protestanten 23,4%; nicht Religiöse 12,9%; Juden 0,8%; Ostkirche 0,5%

Währung 1 Forint (Ft) = 100 Filler (f)

Bruttosozialprodukt (pro Kopf 1993) US-$ 3350

Bruttoinlandsprodukt (1993) US-$ 38,099 Mrd.

Lebenserwartung Männer 67,4; Frauen 75,6 Jahre

Ressourcen Bauxit, Lignit, Eisenerz, Erdgas, Weintrauben/Wein, Getreide, Zuckerrüben, Holz

Rumänien

REPUBLIK RUMÄNIEN

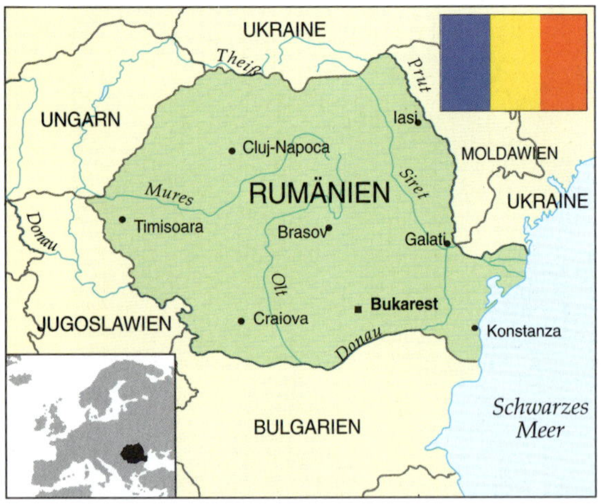

RUMÄNIEN – OFT DAS „LAND DER RÖMER" genannt – war ursprünglich eine römische Provinz. Bis auf einen Küstenstreifen am Schwarzen Meer im Südosten ist es landumschlossen. Die Donau bildet die Südgrenze zu Bulgarien. Es grenzt an die Ukraine und Moldawien im Norden und Osten und an Rest-Jugoslawien und Ungarn im Westen.

GEOGRAFIE

Die majestätisch aufragenden, zerklüfteten Karpaten beherrschen die Landesoberfläche Rumäniens. Sie ziehen sich in einem weiten Bogen von der Ukraine aus über das ganze Land. Die höchsten und beeindruckendsten Gipfel befinden sich in ihrem südlichen Teil, den Transsylvanischen Alpen. Tiefe Schluchten und Täler der Flüsse Olt und Buzâu zergliedern sie in einzelne Gebirgsmassive.

Das lössbedeckte Transsylvanische Becken liegt am Außenrand der Karpaten und wird vom Bihargebirge umschlossen, das große Flüssen durchströmen: der Somes in nordwestlicher Richtung nach Ungarn und der Mures in westlicher Richtung in den Banat an der ungarischen Grenze. Die Moldau, eine hügelige Landschaft, bedeckt den Nordosten Rumäniens und erstreckt sich weit in die Republik Moldawien hinein, ein früheres Gebiet der Sowjetunion. Die Walachei, eine fruchtbare Tiefebene mit der Hauptstadt Bukarest im Zentrum, verläuft südlich von den Transsylvanischen Alpen bis zur Donau hin. Im Osten liegt die Dobrudscha, ein Hügelland mit Mooren und einem ausgedehnten Sumpfdelta, das bis zum Schwarzen Meer reicht.

Das Klima ist überwiegend kontinental, mit kalten, relativ trockenen Wintern und warmen, z. T. gewittrigen Sommern. Die Höhenlagen bestimmen entscheidend die Witterungsverhältnisse. So schützen die Gebirgswände die westlichen und südlichen Landesteile vor Regen- und Schneefällen sowie vor den eisigen Winterwinden, die von Nordosten herüberwehen. An der Schwarzmeerküste herrscht ein milderes Klima.

KULTUR UND GESELLSCHAFT

Um 106 eroberten römische Legionen das Gebiet des heutigen Rumänien und gründeten die Provinz Dakien. Die dort ansässigen Thraker wurden romanisiert und hatten sich in den nächsten Jahrhunderten mit den vordringenden Völkern der Goten, Hunnen, Slawen, Awaren, Bulgaren und Magyaren auseinanderzusetzen.

Um 1365 entstanden in der Walachei und in der Moldau zwei unabhängige Fürstentümer, die sich nicht lange hielten, da 1396 die Walachei und 1455 die Moldau von den Türken erobert wurden.

Mit dem Niedergang des Osmanischen Reiches Ende des 18. Jh. geriet Rumänien zunehmend unter russischen Einfluss. Nach Beendigung des Krimkrieges 1856 strebten die beiden ehemaligen Fürstentümer die Vereinigung an, und 1859 wurde Oberst Alexandrú Ioan Cuza (1820-1873) zum Fürsten gewählt. Der Berliner Kongress von 1878, der die Gebietsstreitigkeiten auf dem Balkan schlichten sollte, erkannte die Unabhängigkeit Rumäniens an. 1881 wurde Rumänien ein Königreich unter Carol I.

Im Ergebnis der Friedensverhandlungen nach Beendigung des Ersten Weltkriegs wurde Rumänien in den Jahren 1919 und 1920 Bessarabien, die Bukowina, Siebenbürgen und das östliche Banat zugesprochen. Die Zusammenführung der verschiedenen ethnischen Gruppen enthielt gleichsam den Zündstoff für neue Probleme und Spannungen, die gleichermaßen Ungarn, Juden, Deutsche und Ukrainer betrafen.

Außenpolitisch schloss Rumänien mit der Tschechoslowakei und Jugoslawien sowie mit Polen ein Bündnis.

1940 besetzten sowjetische Truppen die nördliche Bukowina und Bessarabien (die heutige Republik Moldawien). Im Bestreben, die besetzten Gebiete zurückzubekommen, verbündete sich Rumänien mit dem faschistischen Deutschland und beteiligte sich 1941 am Krieg gegen die Sowjetunion. 1944 wurde die faschistische Regierung unter Antonescu gestürzt; im selben Jahr okkupierten die Sowjets das Land und setzten eine Marionettenregierung ein. König Micheal mußte 1947 abdanken und 1948 wurde Rumänien zur Volksrepublik erklärt.

Als Nicolae Ceausescu (1918-1989) 1964 zum Generalsekretär der Rumänischen Kommunistischen Partei gewählt worden war, begann die wohl dunkelste und repressivste Periode der Geschichte der Rumänen. Unter der diktatorischen Herrschaft, unterstützt durch die Geheimpolizei „Securitate", hatte das Land unsagbar zu leiden. Im Dezember 1989 eskalierte die aufgestaute Wut und Verzweiflung der Bevölkerung in einem Volksaufstand. Ceausescus Bestrebungen, die Macht zu erhalten scheiterten, als sich die Armee gegen ihn stellte und die oppositionelle Front zur Nationalen Rettung (FNR) eine provisorische Regierung bildete. Ceausescu und

Die Rumänen (*oben*) stellen 85 Prozent der Bevölkerung. Sie unterscheiden sich von der ungarischen, deutschen, türkischen und der Minderheit der Roma durch ihre Sprache, Sitten und Gebräuche. Das Ceausescu-Regime förderte besonders die Volkskultur.

Eine typische rumänisch-orthodoxe Kirche (*links*) (Gemeinde Humor). Landbevölkerung und orthodoxe Kirche haben unter der Ceausescu-Diktatur sehr gelitten. Die Religionsausübung wurde unterdrückt und etwa 7000 Dörfer mussten Industriekomplexen weichen.

völkerung besitzt einen eigenen Pkw. Die medizinische Betreuung ist kostenlos, aber es fehlt an medizinischen Einrichtungen und geschultem Personal.

Mit dem Übergang zur Marktwirtschaft verschlechterte sich auch die soziale Situation erheblich. Die hohe Geburtenrate, auch ein Erbe der Ceausescu-Zeit, wird zum sozialen Problem, da eine Vielzahl verarmter und kinderreicher Familien am Rande der Existenz leben und keine staatliche Unterstützung erhalten.

seine Ehefrau Elena wurden verhaftet, verurteilt und am 25. Dezember 1989 hingerichtet. Die Glaubwürdigkeit des neuen Präsidenten Ion Iliescu (* 1930) schwand sehr schnell, als demonstrierende Bergleute von seinen Anhängern gewaltsam auseinandergetrieben wurden. Fehler in der Wirtschaftspolitik ließen seine Popularität weiter schwinden. Die Unzufriedenheit der Bevölkerung spiegelte sich auch im Wahlergebnis von 1992 wider. Danach konnte die Sozialdemokratische Partei Rumäniens nur noch eine Minderheitsregierung bilden. Die sich weiter verschlechternde ökonomische Situation erzwang 1995 die Bildung einer Koalitionsregierung.

WIRTSCHAFT

Rumänien steht vor der schweren Aufgabe, das stalinistische Gefüge der zentralen Planwirtschaft abzuschaffen. Einschneidende Maßnahmen sind nötig, um das Land auf die Marktwirtschaft vorzubereiten. Deshalb wurden die staatlichen Subventionen gestrichen, die Preiskontrollen abgeschafft und 1995 vom Parlament ein Programm für die Privatisierung verabschiedet. Bisher haben sich keine Erfolge eingestellt: die Inflation ist weiter gestiegen und eine hohe Arbeitslosigkeit ist die Folge.

wirtschaft. Ceausescu verfolgte eine Politik der Zerstörung der rumänischen Dörfer, um an ihrer Stelle Industriekomplexe zu errichten und höhlte damit die traditionelle bäuerliche Lebensweise der ländlichen Bevölkerung aus. Doch der Anbau von Getreide, Zuckerrüben, Obst und Gemüse ist für Rumäniens Entwicklung lebenswichtig. Die Schafzucht ist weit verbreitet; Ackerbau und Viehzucht werden vor allem in Siebenbürgen und im Banat betrieben. Die Wälder werden stark ausgebeutet, allerdings vorrangig für die Möbelherstellung und die Produktion von Hartfaserplatten.

Obwohl Rumänien über reiche Kohle-, Erdöl- und Erdgasvorkommen verfügt, müssen die meisten Rohstoffe importiert werden. Wasserkraftwerke decken nur einen kleinen Teil des Energiebedarfs, den größeren erzeugen Wärmekraftwerke auf der Basis importierter Brennstoffe. In den 60er-Jahren begann man verstärkt die verarbeitende und die Schwerindustrie aufzubauen. Beide Industriezweige sowie der Maschinenbau und die Metall verarbeitende Industrie haben die Umwelt stark belastet. Besonders davon betroffen ist das Donaudelta, hier ist die gesamte Tierwelt durch giftige Industrieabwässer bedroht. Der Tourismus ist kaum entwickelt, obwohl Rumänien hervorragende Skigebiete, historische Städte, Burgen und eine bei-

LANDESDATEN – RUMÄNIEN

Fläche 237 500 km²

Klima	Höhe	Temperaturen Januar	Juli	Jährlicher Niederschlag
	m	°C	°C	mm
Bukarest	82	-3	23	578

Geografische Merkmale höchster Berg: Virful Negoiu 2548 m; längste Flüsse: Donau (Teil) 2850 km und Prut (Teil) 909 km

Einwohnerzahl (1994) 23,1 Millionen

Staats- und Regierungsform Mehrparteiensystem; Republik; zwei gesetzgebende Organe

Streitkräfte Heer 160 500; Marine 19 000; Luftwaffe 27 400

Größte Städte Bukarest (Hauptstadt – 2,2 Mio. Einw.); Brasov 364 000); Konstanza (355 000); Temesvar (351 000); Iasi (347 000); Cluj Napoca (329 000)

Offizielle Landessprache Rumänisch

Bevölkerungsgruppen Rumänen 89,1%; Ungarn 8,9%; Deutsche 0,4%; sonstige 1,6%

Religionen orthodoxe Christen 70,0%; nicht Religiöse 16,0%; Griechisch-Orthodoxe 10,0%; Muslime 1,0%; sonstige 3,0%

Währung 1 Leu (Plural Lei) = 100 Bani

Bruttosozialprodukt (pro Kopf 1993) US-$ 1140

Bruttoinlandsprodukt (1993) US-$ 25,969 Mrd.

Lebenserwartung Männer 68,8; Frauen 74,8 Jahre

Ressourcen Erdöl, Erdgas, Holz, Kohle, Salz, Eisenerz, Bauxit, Blei, Zink, Uran, Getreide

Bulgarien

VOLKSREPUBLIK BULGARIEN

BULGARIEN GRENZT IM OSTEN AN DAS Schwarze Meer, im Norden (jenseits der Donau) an Rumänien, im Westen an Serbien und Makedonien. Griechenland und die Türkei sind die südlichen Nachbarn. Das Land war eines der linientreuesten Verbündeten der Sowjetunion. Seit der „stillen Revolution" von 1989 hat es mit großen politischen und wirtschaftlichen Schwierigkeiten zu kämpfen.

GEOGRAFIE

Zwei große Gebirgszüge gliedern das Land in vier unterschiedliche Regionen: in das Nordbulgarische Donauhügelland, das Balkangebirge, die Thrakische Niederung und die Rhodopen.

Durch den Norden des Landes zieht sich die Steilstufe des Donauhügellandes mit einer fruchtbaren Lössdecke. Südlich davon steigt das Land sanft zu den zerklüfteten Bergketten des Balkan an, der parallel zum Antibalkan verläuft, und fällt dann zu der von Flusstälern durchzogenen Thrakischen Niederung ab: mit dem Fluss Mariza, der in südlicher Richtung nach Griechenland verläuft und mit den Flüssen des östlichen Tieflands, die ins Schwarze Meer münden.

Über ganz Süd- und Westbulgarien erstrecken sich das Witoschagebirge und das Rilagebirge, die Rhodopen und das Piringebirge, in dem sich der höchste Balkangipfel, der Musala, mit 2925 m erhebt. Die Hauptstadt Sofia liegt auf einem Hochplateau, auf dem das Balkan- und Witoschagebirge zusammentreffen.

Im Südosten, wo warme, trockene Sommer und milde, feuchte Winter herrschen, wird das Klima mediterran beeinflusst. Dagegen herrscht im Norden und Westen ein vorwiegend kontinental geprägtes Klima mit kälteren Wintern und heißen Sommern. In den Gebirgsregionen fallen die jährlichen Niederschlagsmengen höher aus, mit vor allem starken Schneefällen im Winter.

Die Alexander-Newskij-Kathedrale (*oben*) in Sofia erstand als Symbol der Dankbarkeit an die russischen Truppen, die das Land 1878 aus fast 500-jähriger türkischer Herrschaft befreit hatten. Ein Jahr später wurde Sofia zur Hauptstadt Bulgariens erklärt.

KULTUR UND GESELLSCHAFT

Die Vorfahren der Bulgaren waren ein Turkvolk, das aus Zentralasien vordrang und im 7. Jh. die Donau überquerte. Allmählich assimiliert mit den schon seit dem 6. Jh. angesiedelten Slawen, errichteten die Bulgaren in den folgenden 300 Jahren auf dem Balkan ein großes Reich. 1014 fiel das Reich an den byzantinischen Kaiser Basileios II. (976-1025), den „Bulgarentöter". 1185 wurde es den Byzantinern entrissen und ein neues Bulgarenreich gegründet, das 1396 die Türken einnahmen, die über 500 Jahre das Land beherrschten. Erst im 19. Jh. entwickelte sich in Bulgarien, wie überall auf dem Balkan, eine nationale Bewegung, die den Niedergang der türkischen Herrschaft beschleunigte. Der Berliner Kongress, 1878 zur Lösung von Grenzstreitigkeiten auf dem Balkan einberufen, brachte Bulgarien schrittweise die Unabhängigkeit. Die Nationalversammlung in Sofia wählte 1887 Ferdinand von Sachsen-Coburg-Koháry (1861-1948) zum Fürsten, der sich 1908 zum König ausrufen ließ. Damit hatten die Bulgaren sich endgültig von der türkischen Vorherrschaft befreit. 1912 verbündete sich Bulgarien mit Serbien, Griechenland und Montenegro, um dem Türkischen Reich weitere territoriale Zugeständnisse abzutrotzen. Bulgarien wandte sich aber 1913 gegen seine Verbündeten, wurde geschlagen und musste große Gebiete an Griechenland und Serbien abtreten. Politische Interessen auf dem Balkan waren der Grund, dass sich das Land sowohl im Ersten als auch im Zweiten Weltkrieg mit Deutschland verbündete. 1944 besetzten sowjetische Truppen Bulgarien und „befreiten" das Land aus seiner Bündnispflicht. Zwei Jahre später gab es keine Oppositionsparteien und auch keine Monarchie mehr. 1947 etablierte sich eine kommunistische Republik nach sowjetischem Vorbild mit der so genannten Vaterländischen Front als Regierung.

Die politischen Veränderungen, die Ende der 80er-Jahre den kommunistischen Block erschütterten, machten auch vor Bulgarien nicht Halt. Nach machtvollen Streiks und Demonstrationen stürzte 1989 Bulgariens Staatspräsident Todor Schiwkow (* 1911) nach 27-jähriger Herrschaft. Die Verfassung wurde geändert und der ausschließliche Regierungsanspruch der kommunistischen Partei gestrichen. In den folgenden zwei Jahren wurde die Wirtschaft teilweise dezentralisiert, die Rechte der türkischen Minderheit anerkannt und der Staat liberalisiert. Als die Regierung 1990 zurücktrat, gewannen die Kommunisten (jetzt Bulgarische Sozialistische Partei) in der ersten freien Wahl die Mehrheit der Parlamentssitze. 1992 bildete man eine Koalitionsregierung und bestätigte Schelju Schelew (* 1935) im Amt des Staatspräsidenten. Danach wurde das Wahlsystem verändert. Die 400 Abgeordneten der Nationalversammlung werden nun alle vier Jahre nach dem Verhältniswahlrecht gewählt. Die Bulgarischen Sozialisten wurden 1994 wieder die stärkste Partei.

WIRTSCHAFT

Die Reformen von 1989 beendeten die zentrale Planwirtschaft und gaben den Betrieben die Möglichkeit, sich in Gesellschaften umzuwandeln und Aktien auszugeben. Der Übergang zur Marktwirtschaft gestaltet sich jedoch schwierig. Unter dem kommunistischen Regime waren die Landwirtschaft und die Lebensmittelindustrie nicht nur vollständig zentralisiert, sondern auch eng miteinander verflochten. Neben den Hauptkulturen Getreide und Gemüse werden Sonnenblumen (für Speiseöl), Tabak und Wein angebaut. Bulgarien ist für seine Weine berühmt. Viehhaltung und Forstwirtschaft sind z. Z. kaum entwickelt, aber von wachsender Bedeutung. Ein wichtiger Wirtschaftszweig ist die Fischerei. Neben dem Fischfang in den Binnengewässern und im Schwarzen Meer laufen die bulgarischen Trawler auch ins Mittelmeer und in den Atlantik aus.

Bulgarien besitzt größere Kupfer- und Eisenerzlagerstätten, aber nur spärliche Kohlevorkommen und kaum Erdöl und Erdgas. Ein Zehntel der Elektroenergie erzeugen Wasserkraftwerke, drei Fünftel werden in Wärmekraftwerken und der Rest in Atomkraftwerken sowjetischer Bauart gewonnen. Aufgrund gravierender Sicherheitsmängel lehnt die Bevölkerung Atomkraftwerke zunehmend ab. In der Vergangenheit erbrachten die verarbeitende Industrie, besonders der Maschinen- und Anlagenbau, die Metall verarbeitende und die petrochemische Industrie neben dem Schwarzmeer-Tourismus den größten Anteil an Bulgariens Exporterlösen.

Plowdiw, Bulgariens zweitgrößte Stadt, hat eine Altstadt mit gut erhaltenen Häusern aus dem 19. Jh. und beeindruckenden Zeugnissen aus römischer Zeit. Die Bevölkerung wuchs zwischen 1946 und 1985 um das Sechsfache. Die Stadt ist heute ein wichtiges Industrie- und Handelszentrum.

LANDESDATEN – BULGARIEN

Fläche 110 994 km²

Klima	**Höhe**	**Temperaturen Januar**	**Temperaturen Juli**	**Jährlicher Niederschlag**
	m	°C	°C	mm
Sofia	550	-2	21	635

Geografische Merkmale höchster Berg: Musala 2925 m; längster Fluss: Donau (Teil) 2850 km

Einwohnerzahl (1994) 8,8 Millionen

Staats- und Regierungsform Mehrparteiensystem; Republik; ein gesetzgebendes Organ

Streitkräfte Heer 51 600; Marine 3 000; Luftwaffe 21 600

Größte Städte Sofia (Hauptstadt – 1,1 Mio. Einw.); Plowdiw (379 000); Varna (315 000); Burgas (205 000)

Offizielle Landessprache Bulgarisch

Bevölkerungsgruppen Bulgaren 85,3%; Türken 8,5%; Sinti und Roma 2,6%; Makedonier 2,5%; Armenier 0,3%; Russen 0,2%; sonstige 0,6%

Religionen orthodoxe Christen 85,0%; Muslime 13,0%; Juden 0,8%; Katholiken 0,5%; uniierte Katholiken 0,2%; sonstige 0,5%

Währung 1 Lev (Lv) = 100 Stótinki (St)

Bruttosozialprodukt (pro Kopf 1993) US-$ 1140

Bruttoinlandsprodukt (1993) US-$ 10,369 Mrd.

Lebenserwartung Männer 69,9; Frauen 76,7 Jahre

Ressourcen Kupfer, Eisenerz, Kohle, Weintrauben/Wein, Fischereiprodukte, Tourismus

Jugoslawien

BUNDESREPUBLIK JUGOSLAWIEN (SERBIEN) UND MONTENEGRO

DIE FÖDERATION DER SECHS JUGOSLAWIschen Republiken (Slowenien, Kroatien, Bosnien-Herzegowina, Serbien, Montenegro und Makedonien) zerfiel 1990 durch die Abspaltung Sloweniens und Kroatiens. Daraufhin erkärte Serbien Kroatien den Krieg. Inzwischen sind auch Bosnien-Herzegowina und Makedonien unabhängige Staaten, sodass nur noch Serbien und Montenegro die Bundesrepublik Jugoslawien, oft auch Rest-Jugoslawien genannt, bilden.

SERBIEN

Serbien, die größte der ehemaligen Republiken, hat eine Gesamtfläche von 88 361 km² und schließt die vormals unabhängigen Gebiete der Wojwodina im Norden und des Kosovo im Süden ein. Es grenzt an acht Staaten: Im Uhrzeigersinn mit Ungarn im Norden beginnend betrifft das weiter Rumänien, Bulgarien, Makedonien, Albanien, Montenegro, Bosnien-Herzegowina und Kroatien.

LANDESDATEN – JUGOSLAWIEN

Fläche 102 173 km²

Klima	**Höhe** m	**Temperaturen Januar** °C	**Temperaturen Juli** °C	**Jährlicher Niederschlag** mm
Belgrad	132	0	22	610

Geografische Merkmale höchster Berg: Daravica 2656 m; längste Flüsse: Donau (Teil) 2850 km, Morava 351 km

Einwohnerzahl (1994) 10,4 Millionen

Staats- und Regierungsform Mehrparteiensystem; Bundesrepublik; zwei gesetzgebende Organe

Streitkräfte Heer 90 000; Marine 7 500; Luftwaffe 29 000

Hauptstadt Belgrad (1,47 Mio. Einw.)

Offizielle Landessprache Serbisch

Bevölkerungsgruppen Serben 63,0%; Albanier 14,0%; Montenegriner 6,0%; Ungarn 4,0%; sonstige 13,0%

Religionen Orthodoxe 65,0%; Muslime 19,0%; Katholiken 4,0%; Protestanten 1,0%; sonstige 11,0%

Währung 1 Jugoslawischer Dinar (Din) = 100 Para (p)

Lebenserwartung Männer 68,6; Frauen 74,4 Jahre

Ressourcen Erdöl, Kohle, Kupfer, Chrom, Antimon, Blei, Agrarprodukte, Holz

Geografie

Mit Ausnahme der Wojwodina und Kosovo ist die Landesfläche Serbiens nahezu vollständig von Gebirgen überzogen. Fruchtbares Ackerland findet sich im Pannonischen Becken, das sich von Ungarn über Kroatien bis in die Wojwodina erstreckt. Das Becken durchschneiden u. a. die Flüsse Save und Theiß, die in die Donau münden. Im Südwesten, an der Grenze zu Albanien und Montenegro, liegt die Provinz Kosovo mit den Gebirgen Sar und Kopaonik. Serbiens höchster Gipfel, der Daravica (2656 m), erhebt sich inmitten der zerklüfteten Dinarischen Alpen im Dreiländereck von Serbien, Albanien und Montenegro. Ebenso rauh ist die Landschaft Ostserbiens. Hier steigen die Ausläufer der Rhodopen, des Grenzgebirges zwischen Serbien, Bulgarien und Rumänien, bis zu einer Höhe von 1800 m auf. Temperaturschwankungen kennzeichnen das Klima. Im Binnenland hat es nahezu kontinentalen Charakter und die Küsten weisen ein mehr mediterranes Klima auf, mit trockenen Sommern und niederschlagsreichen Wintern. Die Niederschläge sind gleichmäßig über das Jahr verteilt. In den höheren Gebirgslagen sind die Winter schneereich.

Kultur und Gesellschaft

Die der Herkunft nach slawischen Serben besiedelten im 6. Jh. den Balkan. Zersplittert in einander bekämpfende Gruppen herrschten bis zum 13. Jh. die benachbarten bulgarischen und byzantinischen Reiche über sie. Der byzantinische Einfluss ist heute noch spürbar, denn die Mehrheit der Serben gehört der griechisch-orthodoxen Kirche an, was sie von den bosnischen Moslems und den katholischen Kroaten trennt.

Nach dem Niedergang des byzantinischen Reiches erlangten die Serben unter König Stefan Dušan (um 1308-1355) kurzzeitig die Vorherrschaft auf dem Balkan, die mit dem Aufstieg des Osmanischen Reiches ein jähes Ende fand. Nach der Schlacht auf dem Amselfeld bei Kosovo 1389 wurde Serbien ein türkischer Vasallenstaat. 1537 übernahmen die Türken die vollständige Kontrolle über das Gebiet. Die Serben setzten ihren Widerstand gegen die türkische Fremdherrschaft fort und verbündeten sich abwechselnd mit Österreich-Ungarn, Deutschland und Russland. 1817 wurde Serbien als autonomes Fürstentum mit Belgrad als Hauptstadt anerkannt. Volle Unabhängigkeit garantierte aber erst 1878 der Berliner Kongress, der den Russisch-Türkischen Krieg beendete. Serbien setzte seine Expansionspolitik fort. Als der Erste Weltkrieg ausbrach, hatte der serbische Staat noch keine festen Grenzen. Nach dem Zusammenbruch der Habsburger Monarchie 1918 initiierte Serbien die Gründung des Königreichs der Serben, Kroaten und Slowenen, des Vorläufers der späteren Jugoslawischen Föderation. Mit der Krönung König Alexanders I. (1888-1934) 1921 festigte sich die serbische Vorherrschaft im neuen Staat.

Nach dem Zweiten Weltkrieg entstand die Föderative Republik Jugoslawien. Der serbische Einfluss in der Föderation nahm zu, als Slobodan Miloševic (* 1941) 1989 zum Staatspräsidenten gewählt und 1990 auf der

Wohn- und Bürogebäude aus Beton beherrschen die Skyline des modernen Belgrad, der Hauptstadt des christlich-orthodoxen Serbiens. Als preiswerte Unterkünfte für Arbeiter errichtet, sind sie Zeugnis der schnellen Industrialisierung Jugoslawiens nach dem Zweiten Weltkrieg.

Grundlage der neuen Verfassung im Amt bestätigt wurde. Nach der neuen Verfassung war Serbien keine „sozialistische Republik“ mehr und die Autonomie des Kosovo und der Wojwodina wurde aufgehoben. In dieser Zeit blockierte Serbien in der Bundesversammlung alle Vorschläge Kroatiens und Sloweniens, den jugoslawischen Republiken innerhalb der Föderation mehr Selbständigkeit zu gewähren. Als die Föderation zu zerfallen begann, erlangte Serbien die Kontrolle über die jugoslawische Volksarmee (JVA). Die JVA konnte zwar die Unabhängigkeit Sloweniens 1991 nicht verhindern, aber sie intervenierte in Kroatien und Herzegowina, um – wie verbreitet wurde – die serbischen Minderheiten zu schützen und verwickelte beide Republiken in einen blutigen Bürgerkrieg. Diese Politik nährte u. a. die Anschuldigungen, dass die Regierung Miloševic die Bildung eines

Tito, Marschall von Jugoslawien

Als Josip Broz – besser bekannt als Marschall Tito – am 4. Mai 1980 starb, verlor Jugoslawien das Symbol seiner Einheit. Am 7. Mai 1892 in Kroatien geboren, war Broz das siebte von 15 Kindern.

Im Ersten Weltkrieg geriet er in russische Gefangenschaft. Nach der Rückkehr in die Heimat 1920 (Kroatien war damals Teil des Königreiches der Serben, Kroaten und Slowenen) trat er in die illegale kommunistische Partei ein. Wegen kommunistischer Tätigkeit insgesamt dreimal verhaftet, wurde er 1928 zu einer Gefängnisstrafe von fünf Jahren wegen Verschwörung gegen die staatliche Ordnung Jugoslawiens verurteilt. Nach der Freilassung 1934 stieg er schnell innerhalb der kommunistischen Partei auf, zu deren Generalsekretär er bereits 1940 gewählt wurde.

Schon bald konnte Tito seine Führungsqualitäten unter Beweis stellen. Im April 1941 besetzten deutsche Truppen Jugoslawien. Zwei Monate später brach in Herzegowina aus Protest gegen die Massaker der Ustascha (der Organisation faschistisch-kroatischer Separatisten), die die deutsche Besatzungsmacht unterstützten, ein Aufstand los. Als Deutschland in die Sowjetunion einmarschierte, erhob sich unter Titos Führung der jugoslawische Volksaufstand und schon bald kontrollierten die Partisanen die Hälfte des Landes. Überall wo sie die Kontrolle ausübten, nahmen Revolutionsräte ihre Arbeit auf und Tito bereitete das vereinigte Jugoslawien vor – einen seiner Träume. Seine politische Praxis widersprach sowohl den Interessen der jugoslawischen Exilregierung als auch denen der Sowjetregierung. Die Partisanenarmee Titos wehrte nicht nur die Großoffensiven der Deutschen ab, sondern auch die Angriffe royalistischer serbischer Tschetniks. 1943 bildete Tito eine revolutionäre Regierung und setzte den König ab.

Obwohl sich die Gegensätze zwischen Tito und den Alliierten (Großbritannien, USA und Russland) vertieften, unterstützten diese Jugoslawien weiterhin militärisch. Nach Kriegsende 1945 war Jugoslawien eine einzige Trümmerlandschaft; mehr als ein Zehntel der Bevölkerung war

Marschall Tito konnte den Zusammenhalt des Vielvölkerstaates Jugoslawien von 1945 bis zu seinem Tod 1980 gewährleisten. Der von ihm geprägte Kommunismus ließ einen höheren Lebensstandard als in den übrigen kommunistischen Ländern zu.

Vorbild entstanden, doch die Unterschiede wurden sehr schnell sichtbar. 1948 brach Tito mit dem Stalinismus, woraufhin die Sowjetunion begann, Jugoslawien zu isolieren. Sie hoffte, Tito damit zu Fall zu bringen. Doch das Gegenteil trat ein: das Land einigte sich unter Titos Führung und der so genannte jugoslawische Weg zum Kommunismus (Titoismus) wurde immer populärer. 1953 wurde Tito zum Staatspräsidenten gewählt und er führte eine neue, die föderale Verfassung ein.

Vom Geist der Unabhängigkeit war auch Titos nichtpaktgebundene Außenpolitik geprägt. Während er einerseits den Kolonialismus scharf kritisierte, verurteilte er andererseits auch den sowjetischen Einmarsch in die Tschechoslowakei 1968. Als Reaktion auf die sowjetische Intervention stärkte er die Verteidigungskraft des Landes. Die Verfassung von 1974 führte die kollektive Präsidentschaft ein, die nach Titos Tod 1980 in Kraft trat. Die kollektive Führung war aber ein schlechter Ersatz für Titos bisherige Politik. 1990 erhielten die Völker Jugoslawiens nur für kurze Zeit einen Ausblick auf eine freie, offene Gesellschaft, denn die wachsenden ethnischen Spannungen stürzten das Land in einen Bürgerkrieg.

Titos Traum vom föderativen Jugoslawien, in dem alle Nationalitäten die gleichen Rechte haben, hat von ihm mehr als 40 Jahre lang seine ganze Energie und sein staatsmännisches Geschick abverlangt. Nach seinem Tode wurde deutlich, dass sich seine Vision von Harmonie und Zu-

Jugoslawien 1918-95: Aufstieg und Fall eines Landes

Die blutige und wechselvolle Geschichte der Balkanhalbinsel hat eine fortdauernde Feindschaft und ein großes Misstrauen zwischen den ethnischen und religiösen Gruppen in der Region erzeugt. Nur ein Mann hielt die jugoslawische Föderation zusammen: Josep Broz (1892-1990), besser bekannt als Marschall Tito. Seine Regierungszeit zwischen 1945 und 1980 war die einzige Periode in Jugoslawiens langer Geschichte, in der der Vielvölkerstaat in Eintracht lebte. Gut zehn Jahre nach seinem Tod fielen die Länder des ehemaligen Jugoslawien in einen blutigen Bürgerkrieg.

Schon die Anfänge der jugoslawischen Föderation waren von Gewalt erfüllt. Die Balkankriege von 1912/13 brachten Jugoslawien und Montenegro große territoriale Gewinne und beendeten die türkische Vormachtstellung auf dem Balkan. Die Beziehungen zwischen der Österreichisch-Ungarischen Monarchie und Serbien, die durch jahrelange Rivalität und Misstrauen gekennzeichnet waren, gestalteten sich zunehmend schwieriger, da beide Länder um Einflusssphären auf dem Balkan wetteiferten. 1908 annektierte Österreich-Ungarn Bosnien. Der Erbe des Österreichisch-Ungarischen Thrones Erzherzog Franz-Ferdinand (1863-1914) wurde am 28. Juni 1914 von serbischen Nationalisten in der bosnischen Hauptstadt Sarajewo ermordet. Einen Monat später erklärte Österreich-Ungarn Serbien den Krieg. Russland, Frankreich und Großbritannien ergriffen Serbiens Partei, Deutschland und die Türkei stellten sich auf die Seite Österreich-Ungarns.

Obwohl schon 1915 besiegt, erweiterten die Serben 1918 nach der Niederlage Österreich-Ungarns im Ersten Weltkrieg ihr Territorium beträchtlich und es entstand das Königreich der Serben, Kroaten und Slowenen. Wenngleich die Serben nicht in der Mehrheit waren, stellten sie dennoch die Regierung. 1929 proklamierte der serbische König Alexander I. (1888-1934) das Königreich Jugoslawien (was „Land der Südslawen" heißt) und teilte es in neun Länder auf. Die Teilung berücksichtigte mehr die geografischen als die ethnischen Besonderheiten. Der Versuch, die staatliche Einheit zu schaffen, schlug jedoch fehl. Jugoslawien blieb weiterhin zerstritten; 1934 wurde Alexander I. ermordet.

Im Zweiten Weltkrieg besetzten deutsche Truppen Jugoslawien und teilten es unter Deutschland, Italien und Bulgarien auf. Zwischen den prodeutschen kroatischen Faschisten und den Serben fanden zwischen 1941 und 1945 erbitterte Kämpfe statt. Die Deutschen begingen als Antwort auf den Widerstand royalistischer Tschetniks (ehemalige jugoslawische Soldaten) und kommunistischer Partisanen unter Führung des Kroaten Josip Broz, der unter dem Pseudonym Tito bekannt wurde, Massaker unter der Zivilbevölkerung. Anfangs kämpften Tschetniks und Partisanen Seite an Seite, später bekämpften sie sich auch gegenseitig. Der Hass zwischen Serben und Kroaten hat auch hier seine Wurzeln, denn im Krieg wurden viele Serben, Juden, Sinti und Roma ermordet.

1944 befreite die sowjetische Armee Jugoslawien von der deutschen Besetzung und 1945 schuf Tito eine kommunistische Republik. Die Allianz zwischen Jugoslawien und der Sowjetunion war nur kurz. Titos Anstrengungen, in den späten 40er-Jahren eine von sowjetischem Einfluss unabhängige Balkanföderation zu errichten, sah die Sowjetunion als Bedrohung ihrer Einflusssphären in der Region an. Ihr Bestreben, Tito durch wirtschaftliche Sanktionen zu stürzen, schlug fehl. Jugoslawien ging seinen eigenen Weg und Tito blieb bis zu seinem Tode 1980 an der Macht. Seine Autorität hielt die Gegensätze und Spannungen, die sich durch den Zweiten Weltkrieg verschärft hatten, in Grenzen, ohne sie jedoch beseitigen zu können.

Die Annahme der Verfassung 1974 war ein Schritt in Richtung kollektiver Führung. An der Staatsspitze stand jetzt ein Gremium (je ein Mitglied aus den sechs Republiken und den zwei autonomen Provinzen, mit Tito als Prräsidenten); doch diese Regelung stand Serbiens Interesse nach mehr Macht und Einfluss entgegen.

Die Durchführung politischer und wirtschaftlicher Reformen nach Titos Tod 1980 behinderte die Dezentralisierung der Regierungsgewalt. Besonders die Arbeitslosigkeit und Inflation konnte so in den späten 80er-Jahren nicht wirkungsvoll bekämpft werden. Slowenien und Kroatien führten in der Angst, ihre wirtschaftliche Stabilität zu verlieren, 1990 Mehrparteienwahlen durch, die zu nicht kommunistischen Mehrheiten in den Parlamenten führten. Serbien unter seinem Präsidenten Slobodan Miloševic (* 1941) widersetzte sich dieser Entwicklung massiv und gab vor, dass dadurch die 700 000 Serben in Kroatien und Bosnien-Herzegowina gefährdet seien. Als Slowenien und Kroatien 1991 ihre Unabhängigkeit erklärten, brach der Bürgerkrieg aus, der erste Krieg in Europa seit 46 Jahren.

Die vielen ergebnislosen Waffenstillstandsvereinbarungen konnten die Welle

Das brennende Parlamentsgebäude in Sarajewo nach einem serbischen Raketenangriff 1992. In der Hauptstadt Bosnien-Herzegowinas wurden viele Stadtteile zerstört und die Einwohner litten vor allem 1993 unter der Lebensmittelknappheit.

der Gewalt nicht aufhalten. Erst als die Vereinten Nationen (UNO) intervenierten, wurde im Januar 1992 ein Waffenstillstandsabkommen abgeschlossen. Doch das Übergreifen des Bürgerkrieges auf Bosnien-Herzegowina, das wegen der ethnischen Zusammensetzung als Pulverfass auf dem Balkan bezeichnet wird, ließ sich nicht mehr verhindern. Als Bosnien-Herzegowina und Makedonien die Absicht bekundeten, den jugoslawischen Staatsverband zu verlassen, führten die Serben erbitterte Angriffe gegen Sarajewo und Mostar. Serbien und Montenegro setzten ihren Kampf für den Erhalt des jugoslawischen Staates trotz wirtschaftlicher Sanktionen und weltweiter Proteste wegen der von Serben begangenen Grausamkeiten im Bürgerkrieg fort. Dazu gehörten die „ethnischen Säuberungen" des bosnischen Territoriums von Moslems. Ende 1992 entzogen die Vereinten Nationen Rest-Jugoslawien die Mitgliedschaft. Von 1993 bis 1995 tobte der Bürgerkrieg trotz Anwesenheit von UN-Truppen weiter und führte zur Massenflucht, zu Hunger und Obdachlosigkeit. Ende 1995 wurde ein Friedensvertrag für Bosnien-Herzegowina un- (UNO) ausgeschlossen wurde und Wirtschaftssanktionen der Europäischen Union und der USA einsetzten, unterstützten die Serben Milošević weiterhin und wählten ihn 1993 erneut zum Staatspräsidenten. Die Vereinten Nationen erhielten auch 1996 ihre Handelssanktionen aufrecht, obwohl Serbien sich vertraglich verpflichtet hatte, die bosnischen Serben wirtschaftlich und militärisch nicht mehr zu unterstützen.

Serbiens Bevölkerung setzt sich aus unterschiedlichen ethnischen Gruppen zusammen. Mit Ausnahme von Kosovo und der Wojwodina besteht sie zu 90 % aus Serben, die etwa 60 % aller Serben im früheren Jugoslawien ausmachten.

10 % Serben leben in Kosovo. 90 % der Bevölkerung sind muslimische Albaner, die schon in der Vergangenheit erbitterten Widerstand gegen die serbische Vorherrschaft geleistet haben. Ihre Forderungen nach Autonomie bzw. nach dem Anschluss an Albanien sind nie verstummt. Serbokroatisch wird in diesem Gebiet kaum gesprochen. Die Ausschreitungen in Kosovo führten u. a. auch dazu, dass an den Schulen nicht mehr in serbokroatischer Sprache unterrichtet wird. In der Wojwodina lebt eine große ungarische Minderheit.

Wirtschaft

Das Pannonische Becken und die Wojwodina waren die Kornkammern des früheren Jugoslawien. Nahezu die Hälfte der Erwerbstätigen der Wojwodina ist in der Landwirtschaft beschäftigt. Angebaut werden vor allem Getreide und Zuckerrüben.

In Rest-Serbien dominiert der Getreideanbau, kombiniert mit Viehhaltung (Geflügel und Schafe). In Kosovo, der ärmsten Region, gibt es vor allem kleine landwirtschaftliche Familienbetriebe, die zwei Fünftel der Bevölkerung beschäftigen. Wein wird im ganzen Land angebaut. In den waldreichen Gebirgsregionen ist eine effiziente Forstwirtschaft angesiedelt.

Der lange und verlustreiche Bürgerkrieg sowie die von der Europäischen Union und den Vereinten Nationen verhängten Wirtschaftssanktionen zeitigten einen starken Niedergang der serbischen Wirtschaft. Die Industrieproduktion ist seit 1991 um mehr als 15 % zurückgegangen. Das Land verfügt über beachtliche Erdöl- und Kohlevorräte und kann den größten Teil seines Brennstoff- und Energiebedarfs selbst decken. Erdöl wird in der Wojwodina gefördert; über die Hälfte der Kohleabbaugebiete liegen in Kosovo. An Bodenschätzen besitzt Jugoslawien weiterhin Kupfer, Chrom, Antimon, Silber und Blei.

MONTENEGRO

Das italienische Wort für die Berge des Landes gab Montenegro seinen Namen. Es ist aber auch unter der serbokroatischen Bezeichnung für schwarze Berge – *Crna Gora* – bekannt. Das kleine Land an der Adria grenzt im Süden an Albanien, im Osten an Serbien, im Norden an Bosnien-Herzegowina und im Westen an die Adria. Zusammen mit Serbien bildet es Rest-Jugoslawien, nachdem 1990 die Föderation der sechs Republiken (Slowenien, Kroatien, Bosnien-Herzegowina, Serbien, Montenegro und Makedonien), aus denen das ehemalige Jugoslawien bestand, zerfiel.

Geografie

Montenegro ist ein schwer zugängliches Gebirgsland, durch das sich das Hochland des Dinarischen Gebirges zieht; der höchste Gipfel des Landes Durmitor erhebt sich auf 2522 m. Das Gebirge bildet auch die Wasserscheide. Drei der Hauptflüsse, Piva, Tara und Lim nehmen in nördlicher Richtung nach Bosnien-Herzegowina ihren Lauf, während die Moraca und Zeta nach Süden in den Skutarisee, den größten See der Balkanhalbinsel, münden. Die Luftdruckunterschiede über den Gebirgen und über der Adria beeinflussen Montenegros Klima stark. Die Sommer sind heiß und trocken, die Winter im Tiefland und in den Tälern sind mild und feucht.

Kultur und Gesellschaft

Jahrhundertelang widerstand Montenegros felsige Landschaft wie eine Bergfestung fremden Eroberern. Montenegro gehört zu den wenigen Balkanländer, die nie unter türkische Herrschaft gerieten. Als Teile des Fürs-

DATEN DER TEILREPUBLIK – MONTENEGRO

Fläche	13 812 km²
Klima	Mediterranes Klima an der Küste und Kontinentalklima im Landesinneren
Geografische Merkmale	höchster Berg: Durmitor 2522 m; größter See: Skutarisee (Teil) 370 km²
Einwohnerzahl	(1991) 615 035
Staats- und Regierungsform	Ein-Kammer-Parlament
Streitkräfte	keine Angaben
Hauptstadt	Podgorica, früher Titograd 1993 (135 000)
Bevölkerungsgruppen	(1991) Montenegriner 61,8%; Slowenen 14,6%; Serben 9,3%; Albanier 6,6%; sonstige 7,7%
Religionen	größte Gruppe: serbische Christlich-Orthodoxe
Währung	1 Jugoslawischer Dinar = 100 Para (p)
Wirtschaft	eine der ärmsten Republiken des ehemaligen Jugoslawien mit einer überwiegend auf die Landwirtschaft ausgerichteten Wirtschaft

Trügerische Ruhe. – Der Hafen von Kotor, einer kleinen Stadt Montenegros, liegt nur wenige Kilometer von der zerstörten Hafenstadt Dubrovnik in Kroatien entfernt. Alle Regionen haben erhebliche Einkommensverluste durch den bürgerkriegsbedingten Rückgang des Tourismus erlitten.

tentums von Zeta, einem frühen Vorläufer Montenegros, im 12. Jh. von den Serben und im 15. Jh. von Venedig erobert wurden, zogen sich die Montenegriner in die zerklüfteten Schwarzen Berge an der Küste zurück. Das Gebirgsdorf Cetinje wurde als Hauptstadt eines unabhängigen Staates erklärt, der ab 1516 unter der geistlichen und weltlichen Herrschaft von Bischöfen (*vladike*) stand. Bis 1697 wurden sie von der Volksversammlung gewählt. Von 1697 an bis zum Jahr 1918, in dem Montenegro ein Teil Jugoslawiens wurde, regierte die Dynastie der Petrović Njegoš das Land.

Nahezu 200 Jahre kriegerische Auseinandersetzungen gegen Türken und Albaner machten aus den Montenegrinern ein kriegserfahrenes Volk. Bischof Peter I. Petrović Njegoš (der Große Vladika, 1747-1830) verdoppelte das Territorium durch erfolgreiche Feldzüge gegen Venezianer und Albaner. 1878 sprach der Berliner Kongress, der nach dem Russisch-Türkischen Krieg (1877-1878) einberufen wurde, um die territorialen Streitigkeiten auf dem Balkan zu schlichten, Montenegro weitere Gebiete zu. Gleichzeitig wurde die staatliche Unabhängigkeit Montenegros anerkannt. Als Angehörige der serbisch-orthodoxen Kirche sahen es die Montenegriner als ihre Pflicht an, Serbien in den Balkankriegen (1912/13) und im Ersten Weltkrieg (1914-1918) aktiv zu unterstützen.

Nachdem Montenegro 1916 von den Truppen Österreich-Ungarns überrannt worden war, besetzte die serbische Armee gegen Kriegsende das gesamte Gebiet. 1919 erklärte Serbien Montenegro offiziell zum Bestandteil seiner Monarchie. Seitdem blieb es unter serbischer Verwaltung und betrachtet sich auch heute noch, trotz weltweiter Ablehnung, Rest-Jugoslawien zugehörig. Die Forderungen der Sandschak-Moslems nach einem autonomen Staat bzw. nach Selbstverwaltung werden von der Regierung abgelehnt.

Wirtschaft

Montenegro ist eines der ärmsten Gebiete der Bundesrepublik Jugoslawien. Bis zur Auflösung der Föderation stellte die jugoslawische Regierung große Summen für den Aufbau einer Schwerindustrie (Eisen und Stahl) bereit. Nicht zuletzt war es notwendig, Kraftwerke für die Energieerzeugung zu errichten. Trotzdem spielt die Landwirtschaft nach wie vor eine große Rolle, die überwiegend auf Viehzucht ausgerichtet ist (Schafe, Ziegen und Schweine). In geringem Umfang werden auch Getreide und Tabak angebaut. Der Tourismus an der Adriaküste erwirtschaftete die dringend benötigten Devisen, bevor er durch den jugoslawischen Bürgerkrieg Anfang der 90er-Jahre fast völlig zum Erliegen kam. In der Hauptstadt Podgorica (Titograd) befindet sich der einzige internationale Flughafen. Obwohl zwischen Montenegro und Serbien gut ausgebaute Eisenbahnverbindungen bestehen, verhinderten die geologischen Bedingungen eine umfangreiche Industrialisierung und die Errichtung eines effizienten Kommunikationssystems.

Slowenien

REPUBLIK SLOWENIEN

SLOWENIEN WAR DIE ERSTE DER EHEMALIGEN jugoslawischen Republiken, die 1991 ihre Unabhängigkeit erklärte und 1992 offiziell als neuer Staat anerkannt wurde. Es ist ein alpines Land am Nordende der Balkanhalbinsel und grenzt im Westen an Italien und die Adria, im Norden an Österreich, im Nordosten an Ungarn und im Süden an Kroatien.

GEOGRAFIE

Die Landschaft Sloweniens besteht vorwiegend aus Gebirgen und geht nur in Küstennähe in ein Tieflandgebiet über. Die Gebirgslandschaft (die Karawanken im Norden, die Steiner Alpen, das Bachergebirge und die Julischen Alpen) erstreckt sich von Italien und Österreich bis nach Slowenien und erreicht mit dem Triglav (2864 m) ihre höchste Erhebung.

Von den Alpen her fällt das Land über dichte Waldgebiete bis in tiefe fruchtbare frühere Eiszeittäler ab, zu denen die Oberkrainer Beckenlandschaft mit dem Fluss Save gehört, der nahe der Hauptstadt Ljubljana vorbeifließt. Im Osten durchströmt die Drau fruchtbare Hügelländer entlang des Pannonischen Beckens und fließt weiter nach Kroatien. Der westliche Landesteil hat mediterranes Klima mit warmen Sommern und starken Regenfällen im Spätsommer und Frühherbst. Im Osten und Norden ist das Klima mehr kontinental ausgeprägt.

KULTUR UND GESELLSCHAFT

Die ersten Slowenen ließen sich hier im 5. und 6. Jh. nieder, als die ganze Region zum Oströmischen Reich gehörte. Im 9. Jh. eroberte Karl der Große (747-814) Slowenien. In der Folgezeit regierten österreichische Herzöge das Land als Teil des Heiligen Römischen

narchie nach dem Ersten Weltkrieges verblieb das Land unter österreichischer Kontrolle. Um seine nationale Identität gegen mögliche Übergriffe Italiens und Österreichs zu sichern, wurde Slowenien 1918 eines der Gründungsmitglieder des Königreichs der Serben, Kroaten und Slowenen, dem Vorläufer der jugoslawischen Föderation.

Im Zweiten Weltkrieg verlor Slowenien große Gebiete an Italien und Deutschland, von denen es nur einen Teil 1945 wieder zurück erhielt; die bedeutende Hafenstadt Triest verblieb bei Italien. Nach dem Tod des jugoslawischen Staatschefs Tito (1892-1980) erfuhr der slowenische Nationalismus in den 80er-Jahren neuen Auftrieb. 1989 verkündete das slowenische Parlament die Eigenstaatliche Souveränität, was zur Konfrontation mit Serbien führte. Im Juni 1991 schied das Land aus der Jugoslawischen Konföderation aus.

WIRTSCHAFT

Vor dem Zerfall Jugoslawiens war Slowenien die wohlhabendste der sechs Republiken und erwirtschaftete 20 % des Volkseinkommens. Die Auswirkungen des jugoslawischen Bürgerkrieges sowie die gegen Serbien verhängten wirtschaftlichen und politischen Sanktionen forderten auch ihren Tribut von der einst gesunden slowenischen Wirtschaft. Durch den kriegsbedingten, drastischen Rückgang des Tourismus, einer Haupteinnahmequelle des Landes, war Slowenien auf die Landwirtschaft und Industrie angewiesen. Die Landwirtschaft konzentriert sich auf die Viehwirtschaft; weiter werden in großem Umfang Getreide, Kartoffeln und Zuckerrüben angebaut. In den Hügelländern der Drau wird besonders Weinbau betrieben. Zu den führenden Industriezweigen zählen u. a. die Eisen- und Stahlindustrie, die um die Hauptstadt Ljubljana angesiedelt ist, und die weit verzweigte Textilindustrie. Slowenien besitzt große Vorräte an Braunkohle, Blei und Quecksilber.

LANDESDATEN – SLOWENIEN

Fläche	20 251 km²
Klima	Kontinentalklima im Landesinneren und mediterranes Klima an der Küste
Geografische Merkmale	höchster Berg: Triglav 2864 m; längster Fluss: Save (Teil) 940 km²
Einwohnerzahl	(1994) 1,972 Millionen
Staats- und Regierungsform	Mehrparteiensystem; Republik; zwei gesetzgebende Organe
Streitkräfte	Heer 8000; Marine 50; Luftwaffe keine Angaben
Größte Städte	Ljubljana (Hauptstadt – 323 000 Einw.); Maribor (153 000); Kranj (72 814)
Offizielle Landessprache	Slowenisch
Bevölkerungsgruppen	(1994) Slowenen 90,5%; sonstige 9,5%
Religionen	Katholiken 96,0%; Muslime 1,0%; sonstige 3,0%
Währung	1 Slowenischer Tolar (SIT) = 100 Stotin
Bruttosozialprodukt	(pro Kopf 1993) US-$ 6490
Bruttoinlandsprodukt	(1993) US-$ 10,337 Mrd.
Lebenserwartung	Männer 70,5; Frauen 78,4 Jahre
Ressourcen	Agrarprodukte, Wein, Blei, Quecksilber, Braunkohle/Lignit, Tourismus

Die klaren Wasser des Bledsees, eines Gebirgssees in den Julischen Alpen Nordsloweniens. Bled liegt an seinem Nordufer und ist ein beliebter Wintersportort. Beeindruckend ist das Barockschloss auf einer Felsenspitze am Ufer des Sees.

Kroatien

REPUBLIK KROATIEN

IM WESTEN VON KROATIEN LIEGT DIE LANDschaftlich schöne und zerklüftete dalmatinische Adriaküste. Im Nordwesten grenzt Kroatien an Slowenien, im Nordosten an Ungarn, im Osten an Serbien und im Süden und Osten an Bosnien-Herzegowina. Die mittelalterliche Stadt Dubrovnik ist von Kroatien durch einen Landstreifen getrennt, der Bosnien-Herzegowina einen Zugang zum Meer gewährt. Weiter südlich davon stößt Kroatien mit einem schmalen Streifen an Montenegro.

LANDESDATEN – KROATIEN

Fläche 56 538 km²

Klima	Höhe	Temperaturen Januar	Juli	Jährlicher Niederschlag
	m	°C	°C	mm
Dubrovnik	49	9	25	1298

Geografische Merkmale höchster Berg: in den Dinarischen Alpen 1831 m; längster Fluss: Save (Teil) 940 km

Einwohnerzahl (1994) 4,7 Millionen

Staats- und Regierungsform Mehrparteiensystem; Republik; zwei gesetzgebende Organe

Streitkräfte Heer 99 600; Marine 4000; Luftwaffe 300

Hauptstadt Zagreb (931 000 Einw.)

Offizielle Landessprache Kroatisch

Bevölkerungsgruppen Kroaten 77,9%; Serben 12,2%; sonstige 9,9%

Religionen Katholiken 76,5%; Orthodoxe 11,1%; slawische Muslime 1,2%; Protestanten 0,4%; sonstige 10,8%

Währung 1 Kuna (K) = 100 Lipa (lp)

Ressourcen Kohle/Lignit, Bauxit, Eisenerz, Öl, Erdgas, Fischereiprodukte

GEOGRAFIE

Das Land ist wie ein Bumerang geformt und gliedert sich in drei verschiedene Regionen. Die lange gebirgige dalmatinische Küste und die Dinarischen Alpen sind Ausläufer der italienischen und österreichischen Alpen. Zwei weitere Gebirgsketten, das Velebit- und das Kapela-Gebirge, verlaufen parallel zu den Dinarischen Alpen. Durch einen Anstieg des Meeresspiegels wurden die Gebirgstäler an der Küste Dalmatiens überflutet und es entstanden der typische Küstenverlauf mit unzähligen, steil aufragenden Inseln parallel zum Festland und die felsigen, buchtenreichen Halbinseln. Landeinwärts, nördlich der Adriaküste, liegt ein Karstgebiet, das aus einer Kalksteinlandschaft mit bizarren Höhlen und Gletschertöpfen besteht, die durch Auswaschungen entstanden sind. Den zentralen nördlichen Teil Kroatiens um die Hauptstadt Zagreb nehmen Hügelländer und die fruchtbare Save-Ebene ein. Über Nordkroatien erstreckt sich die von Slowenien herüberziehende Pannonische Ebene.

An der Adriaküste herrscht Mittelmeerklima, während die Pannonische Ebene ein kühleres, kontinentales Klima aufweist.

KULTUR UND GESELLSCHAFT

Im 6. Jh. eroberten kroatische Stämme aus Weißkroatien (heute die Ukraine) die damalige römische Provinz Illyrien. Als das Oströmische Reich zerfiel, errichteten sie ein Königreich, das sich bis weit nach Bosnien ausdehnte und seine Unabhängigkeit bis auf kurze Unterbrechung im 9. Jh. bewahren konnte. Ein Bürgerkrieg schwächte das Reich, und 1091 eroberten Ungarn das Land. Nach dem Zusammenbruch Ungarns 1526 wurde Kroatien zwischen dem Osmanischen und dem Habsburgerreich aufgeteilt. Nach der Vertreibung der Türken 1699 gelangte es vollständig unter österreichische Kontrolle. Erst nach dem Zusammenbruch der Österreichisch-Ungarischen Monarchie 1918 beteiligten sich die Kroaten gemeinsam mit den Serben und Slowenen an der Errichtung eines jugoslawischen Staates. Die neue Allianz hielt bis 1991, trotz der fünf Jahre währenden deutschen Besetzung im Zweiten Weltkrieg, als die faschistische Bewegung Kroatiens einen unabhängigen, mit Deutschland verbündeten Staat gründete. Als die Macht der jugoslawischen Kommunisten 1989 zerbrach, schürten kroatische Nationalisten eine Unabhängigkeitskampagne mit dem Ziel, die erzwungene wirtschaftliche Unterstützung der ärmeren jugoslawischen Staaten zu beenden. Diese Kampagne löste unter den in Kroatien lebenden Serben Ängste aus. Sie verbündeten sich mit der serbisch dominierten jugoslawischen Bundesarmee, um die Unabhängigkeitsbewegung zu stoppen. Die Kämpfe eskalierten und die Serben setzten ihre territorialen Eroberungen fort. Als Kroatien 1991 als unabhängiger Staat anerkannt wurde, hatte es über 25 % seines Gebiets an die Serben verloren. Viele seiner historischen Städte wie Dubrovnik waren vom Krieg verwüstet, viele Dörfer verlassen. Trotz des von der UNO vermittelten Waffenstillstands im Januar 1992 dauerten die Kämpfe bis 1995 an; inzwischen hatten die Kroaten einige von den Serben besetzte Gebiete zurückerobert.

Die Altstadt von Dubrovnik vor Ausbruch des Krieges. Die mittelalterlichen Befestigungsanlagen, die die Barockkathedrale und zahlreiche wunderbare Kirchen umschließen, konnten die Stadt nicht vor den Zerstörungen des Bürgerkriegs, der hier zwischen Serben und Kroaten tobte, bewahren. Die Zerstörungen erregten weltweit Besorgnis.

WIRTSCHAFT

Der Bürgerkrieg brachte den Tourismus über Nacht zum Erliegen; nur sehr wenige Touristen kamen Ende 1992 nach Kroatien. Seit 1990 gingen dem Land etwa 1,2 Mrd. US-$ an Einnahmen verloren. Der Flüchtlingsstrom aus Bosnien-Herzegowina verschärfte die Situation zusätzlich (Nahrungsmittelknappheit, Obdachlosigkeit). Zum anderen bereitet der Übergang der Wirtschaft zur freien Marktwirtschaft und die Privatisierung der staatseigenen Unternehmen große Schwierigkeiten. Das Land ist reich an Bodenschätzen, die einen künftigen Wohlstand gewährleisten könnten. Unter anderem gibt es beachtliche Lagerstätten von Erdöl, Erdgas, Kohle und Bauxit. In der fruchtbaren Pannonischen Ebene werden Landwirtschaft und Weinanbau betrieben und Fischfang in den Küstengewässern der Adria.

Bosnien-Herzegowina

REPUBLIK BOSNIEN-HERZEGOWINA

BOSNIEN-HERZEGOWINA ERKLÄRTE IM Oktober 1991 seinen Austritt aus der Jugoslawischen Föderation. Die von den Serben dominierte Bundesarmee marschierte in das Land ein und polarisierte damit die Bevölkerung. Viele Städte wurden durch den Bürgerkrieg zerstört. Das Land grenzt im Norden und Westen an Kroatien, im Osten an Serbien und im Süden an Montenegro.

GEOGRAFIE

Wie der größte Teil des Balkans ist auch die Landschaft Bosnien-Herzegowinas von rauen Gebirgen geprägt. Das Land hat nur über einen 19 km breiten Landstreifen einen Zugang zum Meer, der die mittelalterliche Stadt Dubrovnik von Rest-Kroatien trennt. Am nördlichen Grenzabschnitt zu Kroatien erstreckt sich die weite, fruchtbare Save-Ebene. Die Hauptstadt Sarajewo liegt etwa in der Landesmitte, nahe des Oberlaufs der Bosna, von der sich auch der Landesname ableitet. Im Südwesten des Landes liegt eine aus zerfurchtem Kalkstein bestehende Karstlandschaft. Kalte Winde aus den Dinarischen Alpen können kalte Winter bringen. Die Sommer sind im Allgemeinen mild.

KULTUR UND GESELLSCHAFT

Südslawen kamen im 7. Jh. in dieses Gebiet. Nachdem Kroatien an die Nachfolger des weströmischen Reiches gefallen war und Serbien an das Byzantinische Reich ging, bildeten Bosnien und Herzegowina eine Pufferzone zwischen diesen beiden Reichen. Im 12. Jh. eroberte zunächst Ungarn das Land und in der Folgezeit stritten sich Venedig, Serbien und Kroatien um Macht und Einfluss. Trotz dieser fortdauernden Kämpfe erlebte Bosnien ab 1353 eine kurze Periode der nationalen Unabhängigkeit. Nach der Eroberung durch das Osmanische Reich 1463 wurde es 1482 mit Herzegowina vereint. Unter türkischer Herrschaft traten viele bosnische Katholiken zum Islam über, der heute die vorherrschende Religion ist.

1875 erhoben sich die Bosnier-Herzegowiner erfolgreich gegen die türkische Fremdherrschaft, wurden danach ein Protektorat der Österreichisch-Ungarischen Monarchie und 1908 vollständig annektiert. Nach dem Ersten Weltkrieg trat Bosnien-Herzegowina der jugoslawischen Republik bei und verblieb dort bis 1991. Die staatliche Unabhängigkeit, die 1991 auch international anerkannt wurde, löste bei den Serben und Kroaten Befürchtungen wegen der Islamisierung des neuen Staates aus. Unter dem Vorwand, dort lebende Landsleute schützen zu wollen, überschritten ihre paramilitärischen Truppen 1992 die Grenzen und es brach der Bürgerkrieg aus. Ende 1995 unterzeichneten die Präsidenten Serbiens, Kroatiens und Bosnien-Herzegowinas das Friedensabkommen von Dayton in Paris, das die Teilung in eine bosnisch-kroatische Föderation und die Bildung eines Gebietes der bosnischen Serben unter Erhalt von Bosnien-Herzegowina festschrieb. Ende 1995/Anfang 1996 wurden NATO-Friedenstruppen stationiert. Nach UNO-Schätzungen wurden etwa 2,8 Millionen Menschen seit Kriegsbeginn aus ihrer Heimat vertrieben.

WIRTSCHAFT

Die Landwirtschaft konzentriert sich im Norden des Landes und spielt eine entscheidende Rolle in der Wirtschaft. Hauptanbauprodukte sind Obst, Oliven, Reis, Tabak und Wein. Die Schafzucht ist ebenfalls von Bedeutung. Zentrum der Forstwirtschaft sind die ausgedehnten Wälder in den Bergen. Das Land ist reich an mineralischen Bodenschätzen, wobei Kohle, Eisenerz, Kupfer, Salz und Zink in großem Umfang abgebaut werden.

Der Bürgerkrieg hat dem einst blühenden Tourismus die Grundlage entzogen. Anfang der 90er-Jahre brachten die erbarmungslosen Kämpfe große Obdachlosigkeit, Flüchtlingsströme und Massenarbeitslosigkeit.

Die Türkische Brücke von Mostar in Herzegowina entstand 1566. Bosnien und Herzegowina wurden im 15. Jh. vereinigt. Das überwiegend muslimisch geprägte Gebiet liegt wie eine Pufferzone zwischen den serbisch-orthodoxen und kroatisch-katholischen Nachbarregionen.

LANDESDATEN – BOSNIEN-HERZEGOWINA

Fläche	51 129 km²
Klima	Kontinentalklima, mediterranes Klima an der Küste
Geografische Merkmale	höchster Berg: Maglić 2387 m; längste Flüsse: Save (Teil) 940 km, Bosna 241 km
Einwohnerzahl	(1994) 4,65 Millionen*
Staats- und Regierungsform	Mehrparteiendemokratie
Streitkräfte	bosnische Armee 110 000; serbische Armee 80 000
Größte Städte	Sarajevo (Hauptstadt – 526 000 Einw.); Banja Luka (143 000)*
Offizielle Landessprache	Serbokroatisch
Bevölkerungsgruppen	Muslime 44,0%; Serben 31,0%; Kroaten 17,0%; sonstige 8,0%
Religionen	Muslime 40,4%; Orthodoxe 31,0%; Katholiken 15,0%; Protestanten 4,0%; sonstige 10,0%
Währung	1 Bosnisch-herzegowinischer Dinar = 100 Para (p)
Lebenserwartung	Männer 72,4; Frauen 78,0 Jahre
Ressourcen	hauptsächlich Landwirtschaft, Minerale; die Industrialisierung ist kriegsbedingt eingeschränkt

Makedonien

MAKEDONISCHE REPUBLIK

Das mittelalterliche Kloster St. Naum in der Nähe des Ohridsees ist ein typisches Beispiel für die Sakralbauten Makedoniens. Die meisten Makedonier gehören der makedonisch-orthodoxen Kirche an, die sich 1967 von der serbisch-orthodoxen Kirche abspaltete.

Die frühere jugoslawische Republik Makedonien (EJFM) ist ein kleiner Gebirgsstaat im Zentrum der Balkanhalbinsel. Makedonien grenzt im Süden an Griechenland, im Osten an Bulgarien, im Norden an Serbien und im Westen an Albanien. 1993 beendete Griechenland nach langen Verhandlungen seine Grenzblockaden. Nach Aufnahme Makedoniens in die UNO und der diplomatischen Anerkennung durch die meisten EU-Staaten, verhängte 1994 Griechenland erneut Wirtschafts- und Grenzblockaden; im September 1995 erkannte Griechenland schließlich den neuen Staat an.

GEOGRAFIE

Den größten Teil der Landesfläche nimmt ein Hochplateau (600-900 m) ein. Der andere Teil des annähernd rechtwinkligen Landes ist gebirgig. Die Gebirgszüge Kozuf und Nidze bilden die Grenze zum griechischen Makedonien. Die höchste Erhebung, der Korab mit 2764 m, liegt im äußersten Nordosten an der serbischen Grenze.

Das Klima unterliegt kontinentalen und mediterranen Einflüssen, mit starken Regenfällen im Sommer und größeren Schneefällen im Winter. Der Tourismus ist in Makedonien weniger ausgeprägt als in den anderen, leichter zugänglichen Republiken des ehemaligen Jugoslawien. Weite Gebiete rund um die großen Binnenseen – Ohrid, Prespa und Doiran – sind noch unberührte Natur.

LANDESDATEN – MAKEDONIEN	
Fläche	25 713 km²
Klima	Kontinentalklima mit kalten Wintern und heißen Sommern
Geografische Merkmale	höchster Berg: im östlichen Teil des Korabgebirges 2674 m; längster Fluss: Vardar 388 km
Einwohnerzahl	(1994) 2,2 Millionen
Staats- und Regierungsform	Mehrparteiensystem; Republik, ein gesetzgebendes Organ
Streitkräfte	10 400
Hauptstadt	Skopje (563 000 Einw.)
Offizielle Landessprache	Makedonisch
Bevölkerungsgruppen	Makedonier 65,0%; Albaner 22,0%; Türken 4,0%; Serben 2,0%; Roma 3,0%; sonstige 4,0%
Religionen	Makedonisch-Orthodoxe 67,0%; Muslime 30,0%; sonstige 3,0%
Währung	1 Makedonischer Denar (Den) = 100 Deni
Bruttosozialprodukt	(pro Kopf 1993) US-$ 820
Bruttoinlandsprodukt	(1993) US-$ 1,704 Mrd.
Lebenserwartung	Männer 71,5; Frauen 75,8 Jahre
Ressourcen	Blei, Zink, Kupfer, Chrom, Silber, Nickel, Antimon, Mangan, Gold, Agrarprodukte

KULTUR UND GESELLSCHAFT

Das heutige Makedonien gehörte einst zum Makedonischen Reich, das die Gebiete des heutigen Südwestbulgarien und Nordgriechenland einschloss. Im 6. Jh. v. Chr. wurde es als Königreich Makedon gegründet, dessen wohl berühmtester Herrscher Alexander der Große (356-323) war. Nach seinem Tode wurde auch Makedon wie das übrige Weltreich Alexanders unter den sich bekämpfenden Nachfolgern aufgeteilt. 148 v. Chr. eroberten es die Römer und machten Makedonien zu einer römischen Provinz.

Die Römer hatten schon früh die strategische Bedeutung dieser Region erkannt. Von hier aus konnten sie die Landverbindung von der Adria zum Bosporus – der Meerenge zwischen dem Schwarzen Meer und der Ägäis – und nach Kleinasien kontrollieren. Nach dem Verfall der römischen Macht siedelten sich im 6. Jh. slawische Völker hier an, die als Vorfahren großer Teile der heutigen makedonischen Bevölkerung gelten. In den folgenden Jahrhunderten umkämpften die Byzantiner, Bulgaren und Serben die Region, bis sie 1371 endgültig von den Türken erobert wurde. Nach dem Niedergang des Türkischen Reiches im 19. Jh. erhob jedes dieser Länder territoriale Ansprüche (Makedonische Frage) und begründete dies mit der ethnischen Abstammung. Am Ende der Balkankriege von 1912/1913 wurde das Land unter Bulgarien, Griechenland und Serbien aufgeteilt. Ihren Landesteil (Vardar Makedonia) brachten die Serben nach dem Ersten Weltkrieg in das neugebildete Königreich der Serben, Kroaten und Slowenen ein.

Makedonien verblieb bis 1991 im jugoslawischen Staatenbund, aus dem es erst durch eine Volksabstimmung austrat. 1994 fanden Präsidentschaftswahlen und Wahlen zur Nationalversammlung (120 Abgeordnete) statt, die zur Bildung einer Mehrparteienkoalition führten. Dennoch halten die Spannungen zwischen Makedoniern und Albanern an, da sich die Albaner weiterhin diskriminiert fühlen.

WIRTSCHAFT

Schon im früheren Jugoslawien gehörte Makedonien zu den wirtschaftlich schwächsten Republiken. Seit der Unabhängigkeit schreitet der ökonomische Niedergang, verschärft durch den Bürgerkrieg, weiter fort. Bis 1990 wurde die verarbeitende Industrie und besonders die Stahl- und Textilindustrie staatlich gefördert. Die Landwirtschaft, in der die Milchviehhaltung überwiegt, erbringt den größten Anteil aller Wirtschaftsleistungen. Zu den Hauptanbaukulturen zählen Weizen, Gerste, Reis und Tabak.

Albanien

REPUBLIK ALBANIEN

ALBANIEN IST EIN GEBIRGIGES LAND AN der westadriatischen Küste der Balkanhalbinsel. Es grenzt im Nordwesten an Montenegro, im Osten an Serbien und Makedonien sowie im Südosten an Griechenland.

GEOGRAFIE

Die Topografie Albaniens hat auch dazu beigetragen, dass es innerhalb Europas weitgehend isoliert war. Weite Teile des breiten Küstentieflands sind sumpfig und unzugänglich. Es hat vorwiegend Mittelmeerklima, aber in den Gebirgslagen herrschen strenge Winter.

KULTUR UND GESELLSCHAFT

Die Albaner stammen von den Illyriern ab, die sich um 1000 v. Chr. in dem Gebiet niederließen. Zu den starken regionalen Unterschieden zwischen den nördlichen und südlichen Sprachgruppen kam noch die Vielzahl der hier ansässigen ethnischen Minderheiten hinzu, u. a. Griechen und Makedonier.

167 v. Chr. fiel das Land an das Römische Reich und war seit dem 1. Jh. den Übergriffen der Goten, Byzantiner und Serben ausgesetzt, bis es im späten 14. Jh. dem Osmanischen Reich unterlag. Die staatliche Unabhängigkeit, die Albanien 1912 den Türken abgetrotzt hatte, wurde 1939 mit der Invasion des faschistischen Italien beendet. 1946 ging Albanien aus einem blutigen Bürgerkrieg als kommunistische Republik unter General Enver Hoxha (1908-1985) hervor, der das Land weiter isolierte. Lange widersetzte er sich der Erneuerung Albaniens, die die übrigen Ostblockstaaten erfasst hatte. Albanien war das letzte kommunistische Regime, das Anfang der 90er-Jahre den Forderungen des Volkes nach Reformen nachgab. Die Folgen des einsetzenden wirtschaftlichen Niedergangs eskalierten durch den Zustrom albanischer Moslems aus den Bürgerkriegsgebieten des ehemaligen Jugoslawien.

WIRTSCHAFT

Die neue albanische Regierung steht vor nahezu unlösbaren Problemen: Die Wirtschaft muss modernisiert und die Bevölkerung mit Grund- und Nahrungsmitteln versorgt werden. Der Export hängt vom Abbau der Bodenschätze wie Chromit, Eisenerz und der Förderung von Erdöl und Erdgas ab. Doch für den Übergang zur Marktwirtschaft fehlt überall die notwendige Infrastruktur.

LANDESDATEN – ALBANIEN

Fläche 28 748 km²

Klima	Höhe	Temperaturen Januar	Juli	Jährlicher Niederschlag
	m	°C	°C	mm
Tirana	89	7	25	1189

Geografische Merkmale höchster Berg: Korab 2751 m; längster Fluss: Drin (Teil) 282 km; größter See: Skutarisee 370 km²

Einwohnerzahl (1994) 3,4 Millionen

Staats- und Regierungsform Mehrparteiensystem; Bundesrepublik; ein gesetzgebendes Organ

Streitkräfte Heer 60 000; Marine 3000; Luftwaffe 11 000

Größte Städte Tirana (Hauptstadt – 243 000 Einw.); Durrës (79 000); Shkodër (76 000); Vlorë (68 000)

Offizielle Landessprache Albanisch

Bevölkerungsgruppen Albaner 95,0%; Griechen 3,0%; sonstige 2,0%

Religionen Muslime 70,0%; Griechisch-Orthodoxe 20%; Katholiken 10%

Währung 1 Lek = 100 Quindarka

Bruttosozialprodukt (pro Kopf 1993) US-$ 340

Bruttoinlandsprodukt (1993) US-$ 692 Mio.

Lebenserwartung (1994 geschätzt) Männer 70,0; Frauen 77,0 Jahre

Ressourcen Erdöl, Erdgas, Braunkohle/Lignit, Nickel, Chrom, Kupfer, Holz

Der Fluss Vijosë in Südalbanien bahnt sich seinen Weg durch zerklüftetes Gebirge, das über 70 Prozent des Landes einnimmt. Albaniens geografisch bedingte Isolierung wurde durch die isolationistische Politik des kommunistischen Führers Enver Hoxha (1908-1985) zusätzlich verstärkt.

Russland und Nordeurasien

LÄNDER DER REGION

ESTLAND · LETTLAND · LITAUEN · MOLDAWIEN

WEISSRUSSLAND · UKRAINE · RUSSLAND · GEORGIEN

ARMENIEN · ASERBAIDSCHAN · TURKMENISTAN

USBEKISTAN · TADSCHIKISTAN · KIRGISTAN

KASACHSTAN · MONGOLEI

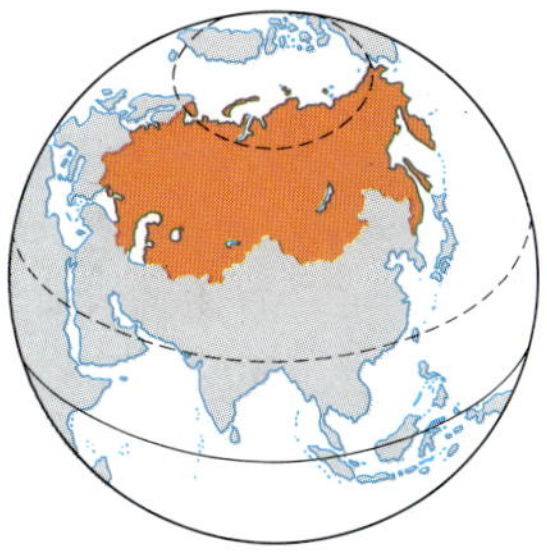

■ Hauptstadt
● Großstadt

Höhe (m)

5000
3000
2000
1000
500
200

1 GEORGIEN
2 ASERBAIDSCHAN
3 ARMENIEN
4 TURKMENISTAN

Kuppeln des Sieges *(links)*. Die bunten Zwiebeltür-
me der Basilius-Kathedrale sind seit der Zeit Iwans IV

Estland

REPUBLIK ESTLAND

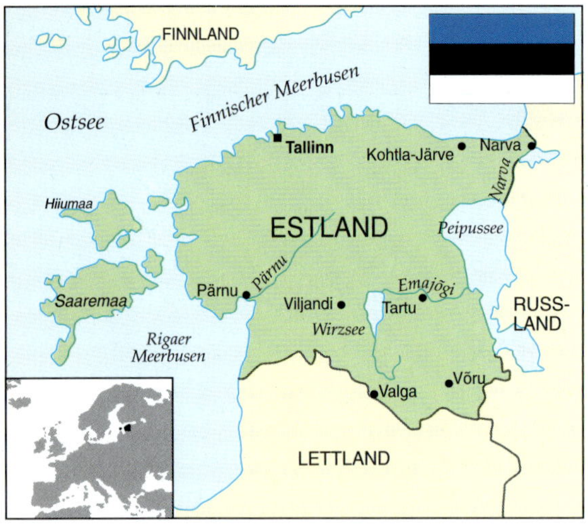

ESTLAND, DIE NÖRDLICHSTE DER DREI baltischen Republiken, liegt an der Ostsee, mit Lettland als Nachbarn im Süden und Russland im Osten. Im Norden, jenseits des Finnischen Meerbusens, liegt Finnland. Estland erhielt 1991 nach 50 Jahren sowjetischer Vorherrschaft, die einige westliche Staaten nicht anerkannten, die volle Unabhängigkeit zurück. Das estnische Volk, das eine dem Finnischen verwandte Sprache spricht und mit den Finnen weitere Gemeinsamkeiten aufweist, bewahrt und pflegt ein kulturelles Erbe, das die Jahrhunderte der Fremdbestimmung überlebt hat.

LANDESDATEN – ESTLAND
Fläche 49 100 km²
Klima kühl-gemäßigtes Seeklima
Geografische Merkmale höchster Berg: Munamägi 318 m; größter See: Peipussee (Teil) 3548 km²
Einwohnerzahl (1994) 1,6 Millionen
Staats- und Regierungsform Mehrparteiensystem; Republik; ein gesetzgebendes Organ
Streitkräfte Heer 2500; Marine 800
Größte Städte Tallinn (Hauptstadt – 499 000 Einw.); Tartu (114 000); Narva (82 000); Kohtla-Järve (77 000)
Offizielle Landessprache Estnisch
Bevölkerungsgruppen Esten 61,5%; Russen 30,3%; Ukrainer 3,2%; Weißrussen 1,8%; Finnen 1,1%; sonstige 2,1%
Religionen mehrheitlich Lutheraner; Orthodoxe; Baptisten
Währung 1 Estnische Kroon = 100 Senti
Bruttosozialprodukt (pro Kopf 1993) US-$ 3080
Bruttoinlandsprodukt (1993) US-$ 5,092 Mrd.
Lebenserwartung Männer 65,0; Frauen 75,1 Jahre
Ressourcen Ölschiefer, Torf, Bernstein, Fleisch- und Milchrinder, Holz

GEOGRAFIE

Estlands flachwellige Hügellandschaft wurde durch die Eiszeit geprägt. Kennzeichnend sind die vielen, der Rigaer Bucht vorgelagerten Inseln, darunter Hiiumaa (Dagö) und Saaremaa (Ösel) im Westen und der Peipussee an der russischen Grenze.

Es herrscht ein kühl-gemäßigtes Klima vor. Stürme von der Ostsee her machen die Winter feucht und nasskalt, mildern sie aber auch im Vergleich zu den kälteren Temperaturgebieten weiter östlich. Obwohl mehr als die Hälfte des Landes Weiden und Felder einnehmen, ist die natürliche Vegetation in großen Teilen erhalten gelieben. In den Mischwäldern und Sumpfgebieten lebt noch eine artenreiche Tierwelt, zu der u. a. Hirsche und Luchse gehören.

KULTUR UND GESELLSCHAFT

Die Esten leben seit etwa 2000 Jahren in der Region. Im 9. Jh. drangen Wikinger in das Gebiet ein. Im 13. Jh. unterwarf und christianisierte der deutsche Schwertbrüderorden, der 1237 dem Deutschen Orden inkorporiert wurde, Estland. Den deutschen folgten später schwedische und im 18. Jh. durch den Frieden von Nystad (1721) russische Herrscher. Im 19. Jh. erlebte die estnische Kultur und Literatur eine Blütezeit und es begann sich eine nationale Identität herauszubilden. Im Zuge des Umsturzes der Machtverhältnisse durch die russische Revolution 1917 erhielt das Land die Unabhängigkeit. Der neue demokratische Staat war jedoch schwach und im Zweiten Weltkrieg war Estland nur eine Schachfigur im Ränkespiel zwischen dem mächtigen Nachbarn Russland im Osten und Deutschland. 1940 zuerst von der Sowjetunion annektiert, besetzte das faschistische Deutschland Estland bis 1944.

Nach dem Zweiten Weltkrieg wurde das kommunistische System wiederhergestellt und brachte die gewaltsame Kollektivierung und die Zuwanderung von Russen und anderen Nationalitäten mit sich. In den späten 80er-Jahren verminderte sich der sowjetische Druck und der baltische Nationalismus lebte wieder auf. Nach dem Zusammenbruch der Sowjetunion 1991 wurde Estland unabhängig. Anfänglich schränkte man die Bürgerrechte der nichtestnischen Bevölkerungsgruppen, die etwa 40 % ausmachen, ein, doch 1995 nahm der größte Teil der russischen Bevölkerung wieder an den Wahlen teil.

Estland kann aus reichen kulturellen Traditionen, insbesondere in der Musik und Literatur, schöpfen. So wird in der lutherischen Landeskirche seit jeher das Choralsingen gepflegt.

Bewaldetes Sumpfland und Schlamminseln – wie im Endla-Naturschutzgebiet – und mit Geröll übersätes Flachland nehmen große Teile Estlands, des kleinsten baltischen Staates ein und erschweren die landwirtschaftliche Nutzung. Zu Estland gehören auch etwa 800 Ostseeinseln.

WIRTSCHAFT

Im Vergleich mit den anderen früheren Sowjetrepubliken war Estlands Wirtschaft hoch entwickelt und effizient, jedoch führte die Umstellung von der Plan- zur Marktwirtschaft in allen Teilen des Landes zu großen Erschütterungen und Verwerfungen.

Die Viehhaltung (besonders Fleisch- und Milchrinder) stellt heute den Hauptzweig der Landwirtschaft dar. Der Waldbestand ist in den letzten Jahren stark zurückgegangen, was sich negativ auf die Holz verarbeitende Industrie auswirkte. Gegenwärtig wird ein staatliches Wiederaufforstungsprogramm realisiert. Das Land besitzt mit Ausnahme großer Vorkommen an Ölschiefer nur wenige Bodenschätze. Der Ölschiefer wird vor allem in der Energiegewinnung und der chemischen Industrie verwendet. Die verarbeitende Industrie hängt von importierten Rohstoffen ab.

Estland besitzt eine gut ausgebaute Infrastruktur und verfügt über ein funktionierendes Kommunikationssystem, Gesundheits- und Bildungswesen. Es erscheinen etwa 40 estnische Zeitungen und seit 1955 sendet ein Fernsehsender in estnischer Sprache. Der Bildungsstandard ist hoch. Die im 17. Jh. gegründete Universität in Tartu gehört zu den größten Bildungseinrichtungen auf dem Territorium der ehemaligen Sowjetunion.

Lettland

REPUBLIK LETTLAND

LETTLAND IST EIN KLEINER, UNABHÄNGIGER Staat, der mit Estland und Litauen vieles gemeinsam hat. Er grenzt im Norden an die Ostsee, im Osten an Russland und an Weißrussland im Südosten.

GEOGRAFIE

Lettland hat einen langen sandigen Küstenstreifen, der im Westen der Ostsee folgt und im Nordwesten in einem weiten Bogen um die Rigaer Bucht, mit der Hauptstadt Riga in der Mitte, verläuft. Die hügelige Landschaft steigt im Westen zu den niedrigen Kurländischen Höhen an, die weitläufig Seen und Sümpfe durchziehen. Das Klima ist gemäßigtkontinental mit geringen Niederschlägen im Frühjahr und Sommer sowie heftigen Kälteeinbrüchen im Winter. Umfangreiche Wälder (Kiefern, Fichten, Birken, vereinzelt Eichen) wechseln sich mit Wiesen, Weiden und Mooren ab und bedecken weite Landesteile. Zur artenreichen Tierwelt zählen Füchse, Luchse und Eichhörnchen und der vom Aussterben bedrohte Biber.

KULTUR UND GESELLSCHAFT

Wie ihre litauischen Nachbarn sind auch die Letten ein altes ostbaltisches Volk. Im 13. Jh. breitete sich in Lettland und Estland der deutsche Schwertbrüderorden, der 1237 in den Deutschen Orden überging, aus, christianisierte das Gebiet und gründete die Livländische Konföderation. Polen und Schweden teilten nach dem Niedergang des Deutschen Ordens Lettland unter sich auf und im 18. Jh. gliederte Katharina die Große (1729-1796) das Gebiet ihrem Reich an.

Die russische Revolution von 1917 belebte den baltischen Nationalismus und 1920 ent-

rung durch die Rote Armee hielten deutsche Truppen das Land besetzt.

Die schnelle Industrialisierung in der Nachkriegsperiode zog Arbeitskräfte aus allen Teilen der Sowjetunion ins Land. Die Letten haben unter der Sowjetmacht ihre kulturelle Eigenart bewahrt und führten 1988 Lettisch als Amtssprache ein. Das war aber nur ein Vorspiel auf dem Weg zur staatlichen Unabhängigkeit, die Lettland 1991 erreichte. Ein Bürgerschaftsgesetz sieht die stufenweise Eingliederung der nichtlettischen Bevölkerung vor und entschärft damit die aufgetretenen Spannungen zwischen den einzelnen Gruppen.

WIRTSCHAFT

Die Industrie erwirtschaftet heute mehr als 60 % des Bruttosozialprodukts. Schon früher war sie führend im Maschinenbau, in der Konsumgüterproduktion und im Bau von Telekommunikationsausrüstungen und heute werden auch die traditionellen Wirtschaftszweige wie Forst- und Fischwirtschaft, Viehzucht und Milchwirtschaft durch staatliche Fördermaßnahmen wieder belebt. Insgesamt geht die Privatisierung der Wirtschaft nur schleppend voran. Riga ist eine alte, traditionelle Hansestadt im Ostseeraum. Das Land verfügt über ein gut ausgebautes Eisenbahn- und Straßennetz sowie über gute Seeverbindungen zu den anderen Ostseestaaten. Die Tourismusbranche wächst. Die soziale Absicherung der Bevölkerung kann nur eingeschränkt gewährleistet werden. Das Bildungswesen weist einen hohen Standard auf.

LANDESDATEN – LETTLAND

Fläche 64 500 km²

Klima	**Höhe** m	**Temperaturen Januar** °C	**Temperaturen Juli** °C	**Jährlicher Niederschlag** mm
Riga	3	-7	17	567

Geografische Merkmale höchster Berg: Vidzeme 311 m; längster Fluss: Teil der Westlichen Daugava (Düna) 1060 km

Einwohnerzahl (1994) 2,7 Millionen

Staats- und Regierungsform Mehrparteiensystem; Bundesrepublik; ein gesetzgebendes Organ

Streitkräfte Heer 1500; Marine 1000; Luftwaffe 300

Größte Städte Riga (Hauptstadt – 917 000 Einw.); Daugavpils (128 000); Liepāja (115 000); Jelgava (75 000)

Offizielle Landessprache Lettisch

Bevölkerungsgruppen Letten 51,8%; Russen 33,8%; Weißrussen 4,5%; Ukrainer 3,5%; Polen 2,3%; Litauer 1,3%; sonstige 2,8%

Religionen mehrheitlich Lutheraner; Orthodoxe, Katholiken

Währung 1 Lats (Ls) = 100 Santims

Bruttosozialprodukt (pro Kopf 1993) US-$ 2010

Bruttoinlandsprodukt (1993) US-$ 4,601 Mrd.

Lebenserwartung Männer 64,4; Frauen 74,8 Jahre

Ressourcen Bernstein, Torf, Kalkstein, Gips, Milchprodukte, Viehzucht, Weizen, Zuckerrüben, Holz

Der Rigaer Dom aus dem 13. Jh. ist das Wahrzeichen der alten Ostseestadt an den Ufern der Westlichen Düna. Riga wurde 1201 von Bischof Albert von Livland gegründet und Mitglieder des Schwertbrüderordens haben von hier aus Livland (Lettland und das südliche Estland) christianisiert.

Litauen

LITAUISCHE REPUBLIK

Litauen liegt an der Ostsee und ist im Norden Lettland und im Osten Weißrussland benachbart. Im Südwesten grenzt es an Polen und an Kaliningrad (Königsberg), die Exklave der Russischen Föderation.

Litauen gehörte im Mittelalter zum Großfürstentum Litauen, das eines der mächtigsten Reiche Osteuropas war und eine Zeit lang von einer litauischen Oberschicht geführt wurde, die später von polnischen Adligen und einer russischen Beamtenschaft abgelöst wurde. Auch ihrem ausgeprägten Nationalbewußtsein verdanken die Letten, deren Land 1940 von der Sowjetunion besetzt worden war, die staatliche Unabhängigkeit.

LANDESDATEN – LITAUEN

Fläche	65 200 km²
Klima	gemäßigte Zone, Aufeinandertreffen von maritimem und kontinentalem Klima
Geografische Merkmale	höchster Berg: Juozapines 294 m; längster Fluss: Nemunas (Memel) (Teil) 970 km
Einwohnerzahl	(1994) 3,8 Millionen
Staats- und Regierungsform	Mehrparteiensystem; Republik; ein gesetzgebendes Organ
Streitkräfte	Heer 4300; Marine 350; Luftwaffe 250
Größte Städte	Vilnius (Hauptstadt – 593 000 Einw.); Kaunas (430 000); Klaipeda (206 000); Siauliai (150 000); Panevezys (129 000)
Offizielle Landessprache	Litauisch
Bevölkerungsgruppen	Litauer 80,1%; Russen 8,6%; Polen 7,7%; Weißrussen 1,5%; sonstige 2,1%
Religionen	mehrheitlich Katholiken; Lutheraner; Reformierte
Währung	1 Litas (LTL) = 100 Centas
Bruttosozialprodukt	(pro Kopf 1993) US-$ 1320
Bruttoinlandsprodukt	(1993) US-$ 4,335 Mrd.
Lebenserwartung	Männer 66,5; Frauen 76,2 Jahre
Ressourcen	Torf, Erdöl, Kalkstein, Rindfleisch und Milchprodukte, Holz, Tourismus

GEOGRAFIE

Weite Niederungen, hohe Sanddünen an der Ostsseküste und seenreiche Hügelketten im Norden und im Südosten sind Litauens bestimmende Landschaftsmerkmale. Die Sümpfe und Moore in der Landesmitte durchziehen viele Flüsse, darunter die Memel (Neman), die aus dem Süden kommend in die Ostsee mündet. Die Hauptstadt Vilnius liegt an der Neris im Südosten des Landes.
Warme Sommer und kalte Winter, durch westliche Winde von der Ostsee her gemildert, charakterisieren das überwiegend kontinentale Klima. Im Spätsommer sind die Niederschläge am stärksten. Die Vegetation umfasst Kiefern-, Birken- und Eichenwälder, Wiesen, Moore und Sümpfe. Heimische Tierarten sind Wölfe, Dachse, Wildschweine sowie eine artenreiche Vogelwelt.

KULTUR UND GESELLSCHAFT

Die Litauer widersetzten sich im Unterschied zu den Letten im 13. Jh. erfolgreich allen Eroberungsversuchen des Deutschen Ordens, weshalb sie auch innerhalb Europas zuletzt christianisiert wurden.

Über 300 Jahre regierte die mächtige Gedimin-Dynastie das Großfürstentum Litauen, das damals das heutige Weißrussland und die Westukraine einschloss. Im 15. Jh. reichte das Territorium durch eine Allianz und später durch die Vereinigung mit Polen bis ans Schwarze Meer. Die expansionistischen Bestrebungen des russischen Zarenreiches stellten jedoch eine permanente Bedrohung für das litauische Großfürstentum dar. Im 18. Jh. fiel Litauen nach der dritten Teilung Polens unter russische Herrschaft und das Gebiet bis zur Memel wurde Preußen angegliedert.

Die kurz nach der russischen Revolution von 1917 erreichte staatliche Unabhängigkeit wurde durch Grenzkonflikte mit Polen immer wieder gefährdet. Nach dem Abschluss des Deutsch-Sowjetischen Nichtangriffspaktes 1940 annektierte die Sowjetunion Litauen und errichtete eine sozialistische Sowjetrepublik. Von 1941 bis 1944 hielten deutsche Truppen das Land besetzt, nach deren Vertreibung die UdSSR das alte Regime wiederherstellte.

Mit dem Zusammenbruch des Sowjetstaates erlangte Litauen die Unabhängigkeit. Litauisch, das zum baltischen Zweig des Indogermanischen gehört, löste Russisch als Amtssprache ab. Die reiche litauische Kultur, auch in der sowjetischen Ära weiter gepflegt, und vor allem auf Musikfestivals und durch die Volkskunst am Leben erhalten, blühte auf. Als das Land noch eine der 16 Sowjetrepubliken war, siedelten sich weitaus weniger Russen und Weißrussen in Litauen als in Lettland und Estland an. Historisch bedingt lebt seit jeher eine große polnische Bevölkerungsgruppe in diesem Gebiet. Deshalb bekennen sich im Gegensatz zu den beiden protestantischen Nachbarstaaten viele Litauer zur römisch-katholischen Kirche.

Einwohner von Vilnius (*oben*), der Hauptstadt, versammeln sich auf dem Gedimin-Platz und feiern ihre nationale Unabhängigkeit. Die Litauer sind mehrheitlich römisch-katholisch und können auf eine alte Kultur zurückblicken. 1991 erklärte Litauen seine Unabhängigkeit von der UdSSR.

WIRTSCHAFT

Der Übergang der Wirtschaft von der zentralen Plan- zur Marktwirtschaft bringt wie in allen osteuropäischen Ländern große Probleme mit sich.

Auf dem Agrarsektor dominiert traditionell die Viehwirtschaft (Milch- und Mastviehhaltung). Zusätzlich wurden Sumpfgebiete für den Anbau von Getreide, Obst und Gemüsekulturen urbar gemacht. Die Forstwirtschaft versorgt die Holz verarbeitende und die Papierindustrie mit den notwendigen Rohstoffen. Litauen ist arm an Bodenschätzen. Abgebaut werden vor allem Rohstoffe für die Bauindustrie (Kalk, Kies, Sand und Gips) und in geringem Umfang wird Erdöl gefördert. Die verarbeitende Industrie, die in der zentralistischen Planwirtschaft hohe Zuwachsraten erzielte, ist stark auf Importe angewiesen, um z. B. Computer herzustellen. Das Verkehrsaufkommen verlagert sich schrittweise von der Eisenbahn auf die Straßen. Das Sowjetregime förderte großzügig das Gesundheits- und Bildungswesen; nach der Umstrukturierung der Wirtschaft fehlen jedoch die finanziellen Mittel für die Aufrechterhaltung des hohen Standards.

Moldawien

REPUBLIK MOLDOWA

MOLDAWIEN IST EIN KLEINES BINNENLAND und liegt unweit der Nordküste des Schwarzen Meeres. Die frühere Sowjetrepublik grenzt im Westen an Rumänien und ist im Norden, Süden und Osten von der Ukraine umgeben.

GEOGRAFIE

Moldawiens flachwellige Lösslandschaft nimmt den größten Teil zwischen den Flüssen Prut an der rumänischen und dem Dnjestr unweit der ukrainischen Grenze ein. Sie ist Teil der erdgeschichtlich alten Prodolischen Platte, die überwiegend aus hügeliger Steppe besteht und im Landesinneren von tiefen Gräben und Tälern mit bewaldeten Hängen durchzogen wird. Es herrscht ein gemäßigtes Klima mit kurzen, harten Wintern und starken Niederschlägen im Frühjahr und im Sommer.

KULTUR UND GESELLSCHAFT

Einst als Bessarabien bekannt, kann das Land zwischen Prut und Dnjestr auf eine wechselvolle Geschichte zurückblicken. Der Landesname geht auf das 1359 entstandene Fürstentum Moldau zurück. Später wurde es zuerst von den Ungarn, danach von Polen und seit dem 16. Jh. vom Osmanischen Reich beherrscht, das 1812 Bessarabien an Russland abtreten musste. Als 1859 Rest-Moldawien zusammen mit der Walachei zu Rumänien kam, verblieb Bessarabien weiter in russischem Besitz. Nach dem Zusammenbruch des Zarenreichs 1918 stimmte die Bevölkerung für eine Vereinigung mit Rumänien. Im Zweiten Weltkrieg wechselten in Bessarabien zwischen Deutschland und der Sowjetunion mehrfach die Fronten, bis es 1944 die Sowjetunion endgültig besetzte. Die Sowjets festigten ihr Herrschaftssystem und brachen alle Bindungen zu Rumänien ab. Die moldauische Sprache wurde verboten und durch Russisch als Amtssprache ersetzt. Nach dem Zusammenbruch der Sowjetunion 1991 nahm die moldawische Führung Kontakt zu Rumänien auf, doch die ukrainische und russische Bevölkerung, die im Ostteil des Landes die Mehrheit stellt, rief die Dnjestr-Republik aus. Seit 1992 besteht zwischen beiden Seiten ein Waffenstillstand. 1994 gewährte die moldawische Regierung den Ukrainern und Russen eine größere Autonomie. 1994 lehnten die Moldawier in einem Referendum die Wiedervereinigung mit Rumänien ab.

WIRTSCHAFT

Moldawien verfügt kaum über Bodenschätze, deshalb ist die Landwirtschaft der größte Wirtschaftsfaktor. Angebaut werden vor allem Sonnenblumen, Obst, Gemüse, Nüsse und Tabak. In den letzten Jahren wurden große Steppengebiete in Ackerland für den Getreideanbau umgewandelt. Die Nahrungs- und Genussmittelindustrie, die Textil-, der Maschinen-, insbesondere der Landmaschinenbau sind die Hauptzweige der Industrie. Moldawiens Weinanbau ist hoch spezialisiert und belieferte früher vorrangig die Sowjetunion (320 Millionen Flaschen Schaumwein jährlich). Heute versuchen die moldawischen Weinbauern ihre Erzeugnisse auf westlichen Märkten anzubieten.

LANDESDATEN – MOLDAWIEN

Fläche	33 700 km²
Klima	gemäßigtes Kontinentalklima
Geografische Merkmale	höchster Berg: Balaneschty 430 m; längster Fluss: Dnjestr (Teil) 1420 km
Einwohnerzahl	(1994) 4,4 Millionen
Staats- und Regierungsform	Mehrparteiensystem; Republik; ein gesetzgebendes Organ
Streitkräfte	Heer 9800; Luftwaffe 1300
Größte Städte	Chisinău (Hauptstadt – 676 000 Einw.); Bălti (160 000); Tiraspol (184 000); Tighina (132 000)
Offizielle Landessprache	Moldawisch
Bevölkerungsgruppen	Moldawier 64,5%; Ukrainer 13,8%; Russen 13,0%; Gagausen 3,5%; Juden 1,5 %; Bulgaren 2,0%; sonstige 1,7%
Religionen	Rumänisch-Orthodoxe und Russisch-Orthodoxe 98,5; Juden 1,5%
Währung	1 Moldau-Leu (MDL) = 100 Bani
Bruttosozialprodukt	(pro Kopf 1993) US-$ 1060
Bruttoinlandsprodukt	(1993) US-$ 4,292 Mrd.
Lebenserwartung	Männer 64,7; Frauen 71,7 Jahre
Ressourcen	Lignit, Phosphate, Weintrauben/Wein, Tabak, Getreide, Obst und Gemüse

Als Opfer der kommunistischen Planwirtschaft ist Moldawien heute von der Gemeinschaft Unabhängiger Staaten (GUS) besonders auf den Gebieten der Medizin, zu zwei Dritteln in der Energieversorgung sowie von Erdöllieferungen abhängig. 1995 hat die Regierung ein Privatisierungsprogramm angekündigt. Angesichts der ständig steigenden Inflation unterliegt Moldawiens Gesundheits- und Bildungswesen einem grundlegenden Strukturwandel.

Weißrussland

REPUBLIK BELARUS

DIE EHEMALIGE SOWJETREPUBLIK BELORUSSland, heute Weißrussland, erstreckt sich von der polnischen Grenze ostwärts bis nach Russland. Im Süden liegt die Ukraine, an Litauen und an Lettland grenzt es im Nordwesten. Weißrussland wurde in der Vergangenheit stets von seinen Nachbarstaaten unterdrückt. Das Land leidet seit 1986 besonders unter der Reaktorkatastrophe von Tschernobyl; die radioaktiven Niederschläge und die Bodenkontamination verursachten unter der Bevölkerung große gesundheitliche Schäden.

GEOGRAFIE

Die Landschaft besteht zu großen Teilen aus flachwelligen Ebenen eiszeitlichen Ursprungs. Den Norden durchzieht eine Endmoränenlandschaft mit sandigen Hügeln und Bergrücken. Die beiden großen Flüsse des Landes Pripjat und Dnjepr durchqueren auf ihrem Weg in die Ukraine ein ausgedehntes Sumpflandgebiet, das größtenteils für die landwirtschaftliche Nutzung trockengelegt wurde.

Das gemäßigte Klima wird durch aufeinandertreffende maritime und kontinentale Wettereinflüsse bestimmt; Niederschläge fallen zu jeder Jahreszeit.

Ausgedehnte Mischwälder bedecken mehr als ein Drittel der Landesfläche. Im Norden bestehen sie hauptsächlich aus Birken, Kiefern und Fichten, im Süden dagegen aus Eichen, Eschen, Ahorn und Buchen. Im Westen zieht sich bis nach Polen hinein der Weißrussische Landrücken, mit Resten eines urzeitlichen Waldgebietes, das früher große Teile Europas einnahm. Heute haben hier beide Staaten gemeinsam ein Naturschutzgebiet geschaffen, in dem typische mitteleuropäische Tierarten wie Elche, Wildschweine und Biber, aber auch die letzten europäischen Büffel eine Zuflucht gefunden haben. Die Büffel stammen aus der Zoohaltung und wurden wieder in ihre natürliche Umgebung zurückgeführt.

KULTUR UND GESELLSCHAFT

Das Land wurde etwa im 6. Jh. von ostslawischen Völkern besiedelt und in der Folgezeit entstanden kleine Fürstentümer, die im 9. Jh. von der Kiewer Rus vereinnahmt wurden. Nach dem Niedergang des Kiewer Reiches im 13. Jh. kam das Gebiet zum Großfürstentum Litauen, das sich nach einer Allianz mit Polen 1569 in der Lubliner Union zum polnischen Großreich vereinigte.

Nach den Teilungen Polens durch Österreich, Preußen und Russland geriet Weißrussland im 18. Jh. unter russischen Einfluss und blieb sowohl politisch als auch wirtschaftlich ein rückständiges Gebiet. Unter der zaristischen Herrschaft wurden Weißrussland und die Ukraine zum Zwangssiedlungsgebiet für die russischen Juden bestimmt. Ihren persönlichen Freiheiten, der Reisefreiheit und des höheren Bildungswegs beraubt, wurden diese Gebiete für sie zum „Ghetto-Land".

Der Erste Weltkrieg hinterließ Not und Zerstörung und nach dem russisch-polnischen Krieg (1919-1921) wurde Weißrussland erneut zwischen Polen und der Sowjetunion aufgeteilt. Nach Abschluss des Deutsch-Sow-

Der Produktionsbereich (*rechts*) für Teekannen in einer Minsker Porzellanfabrik. Das im Zweiten Weltkrieg stark zerstörte Minsk entwickelte sich zu einem Zentrum der verarbeitenden Industrie, deren Produktpalette u. a. von Haushaltswaren über Chemikalien, Nahrungs- und Genussmittel bis zu Unterhaltungselektronik und Fahrzeugen reichte.

Kulturpalast (*unten*). Die imposante Fassade des Staatstheaters in Minsk. Die Stadt fördert besonders die Künste und das Bildungswesen. Leistungsfähige Druckereien, die Akademie der Wissenschaften, die Universität und weitere angesehene Hochschuleinrichtungen haben hier ihren Sitz.

LANDESDATEN – WEISSRUSSLAND
Fläche 207 600 km²
Klima gemäßigte Zone, Aufeinandertreffen von maritimem und kontinentalem Klima
Geografische Merkmale höchster Berg: Dserschinsk 346 m; längster Fluss: Dnjepr (Teil) 2280 km
Einwohnerzahl (1994) 10,4 Millionen
Staats- und Regierungsform Mehrparteiensystem; Republik; ein gesetzgebendes Organ
Streitkräfte Heer 52 000; Luftwaffe 15 800
Größte Städte Minsk (Hauptstadt – 1,6 Mio. Einw.); Gomel (506 000); Mogilew (363 000); Witebsk (356 000); Grodno (277 000); Brest (269 000)
Offizielle Landessprachen Weißrussisch, Russisch
Bevölkerungsgruppen Weißrussen 77,9%; Russen 13,2%; Polen 4,1%; Ukrainer 2,1%; sonstige 2,7%
Religionen Russisch-Orthodoxe; Katholiken
Währung 1 Belarus-Rubel (BRB) = 100 Kopeken
Bruttosozialprodukt (pro Kopf 1993) US-$ 2870
Bruttoinlandsprodukt (1993) US-$ 27,545 Mrd.
Lebenserwartung Männer 66,2; Frauen 75,8 Jahre
Ressourcen Kohle, Ölschiefer, Erdöl, Pottasche, Kalkstein, Metallerze, Salz, Milchprodukte, Fleisch, Getreide, Zucker

jetischen Nichtangriffspaktes besetzten sowjetische Truppen 1940 den polnischen Teil, der 1941 von den Deutschen überrannt wurde. Der Krieg forderte besonders unter der Zivilbevölkerung große Opfer. Etwa 1,3 Millionen Menschen kamen ums Leben, darunter der größte Teil der jüdischen Bevölkerung. 75 % aller städtischen Wohnungen und nahezu die gesamte Infrastruktur des Landes wurden zerstört. Nach langen und erbitterten Kämpfen eroberte die Sowjetunion das Land zurück, deportierte die polnische Bevölkerung und errichtete eine nominell unabhängige Republik, die in den Vereinten Nationen Sitz und Stimmrecht erhielt.

Die Reformen in der Sowjetunion in den späten 80er-Jahren ließen auch in Weißrussland nationalistische und antisowjetische Haltungen wiederaufleben. Im September 1991 trat Weißrussland aus dem sowjetischen Staatsverband aus und proklamierte die Unabhängigkeit. Nach dem Zerfall der Sowjetunion im Dezember 1991 avancierte die Landeshauptstadt Minsk zum Hauptsitz der Gemeinschaft Unabhängiger Staaten. 1995 sprach sich die Mehrheit der Bevölkerung in einem Referendum für eine Wirtschaftsunion mit der Russischen Föderation aus.

WIRTSCHAFT

Traditionell basiert die Wirtschaft Weißrusslands auf der Landwirtschaft, die von den fruchtbaren Böden und den günstigen klimatischen Bedingungen profitiert. Zu den Hauptanbaukulturen zählen Getreide, Zuckerrüben und Kartoffeln. In der Viehwirtschaft überwiegen Mastviehhaltung und Milchwirtschaft. Forstwirtschaft ist von Bedeutung und Bienen- sowie Pelztierzucht sind weit verbreitet.

Aber die Reaktorkatastrophe im ukrai-

Die Industrie hat seit der Erschließung neuer Bodenschätze an Bedeutung gewonnen. Abgebaut werden in größerem Maße Kohle, Ölschiefer, Erdöl, Pottasche, Kalkstein, Metallerze und Kali. Unter dem Sowjetregime entwickelte sich die belorussische Hauptstadt Minsk zum größten Industriestandort im Westen der Sowjetunion. Heute gehören der Schwermaschinenbau, die Werkzeug- und Instrumentenherstellung, die Möbel-, die Textilindustrie und die elektrotechnische Industrie zu den wichtigsten Industriezweigen.

Das Verkehrssystem ist gut ausgebaut, da die Hauptverkehrswege zwischen Russland, der Ukraine und Zentraleuropa durch Weißrussland führen. Die zahlreichen Wasserwege dienen vorrangig dem Binnentransport.

Das Gesundheits-, Sozial- und Bildungswesen, vom Sowjetregime sehr gefördert, wies einen hohen Standard auf. Die Schulbildung war für 7- bis 17-Jährige obligatorisch und kostenlos. Für die berufliche Weiterbildung standen etwa 30 Fach- bzw. Hochschulen zur Auswahl offen. Das waren gute Voraussetzungen, um das reiche literarische und musikalische Erbe Weißrusslands zu erhalten und zu pflegen. Nach dem Zweiten Weltkrieg

Ukraine

REPUBLIK UKRAINE

Die osteuropäische Republik liegt an der Nordseite des Schwarzen Meeres und grenzt im Osten und Nordosten an die Russische Föderation, im Norden an Weissrussland, im Westen an Polen, die Slowakei und Ungarn und im Südwesten an Rumänien und Moldawien. Die Ukraine hat nach der Russischen Föderation die höchste Bevölkerungszahl aller ehemaligen Sowjetrepubliken und ist reich an Ressourcen. Aber die Bevölkerung leidet unter den Langzeitfolgen der Reaktorkatastrophe von Tschernobyl im Jahr 1986 und gleichsam verheerend fallen die Umweltschädigungen aus.

LANDESDATEN – UKRAINE

Fläche 603 700 km²

Klima	**Höhe**	**Temperaturen Januar**	**Temperaturen Juli**	**Jährlicher Niederschlag**
	m	°C	°C	mm
Kiew	179	-6	20	554

Geografische Merkmale höchster Berg: Gowerla 2061 m; längster Fluss: Dnjepr (Teil) 2280 km

Einwohnerzahl (1994) 51,8 Millionen

Staats- und Regierungsform Mehrparteiensystem; Republik; ein gesetzgebendes Organ

Streitkräfte Heer 308 000; Marine 16 000; Luftwaffe 146 000

Größte Städte Kiew (Hauptstadt – 2,6 Mio. Einw.); Charkow (1,6 Mio.); Dnjepropetrowsk (1,2 Mio.); Odessa (1,1 Mio.); Donezk (1,1 Mio.); Lwow (798 000)

Offizielle Landessprache Ukrainisch

Bevölkerungsgruppen Ukrainer 73,0%; Russen 22,0%; Juden 1,0%; sonstige 4,0%

Religionen unierte Katholiken, Russisch-Orthodoxe; Katholiken; Juden

Währung es ist vorgesehen, den Karbowanez (seit 1992) durch eine neue Währung, den Griwna, zu ersetzen

Bruttosozialprodukt (pro Kopf 1993) US-$ 2210

Bruttoinlandsprodukt (1993) US-$ 109,078 Mrd.

Lebenserwartung Männer 65,4; Frauen 74,8 Jahre

Ressourcen Eisenerz, Kohle, Erdgas, Erdöl, Mangan, Quecksilber, Nickel, Steinsalz, Milchprodukte, Getreide, Fleisch, Zuckerrüben, Baumwolle, Flachs, Tabak, Wein, Forstwirtschaft, Fischereiprodukte

GEOGRAFIE

Hüglige Steppenlandschaft, die nur durch die Karpaten im Südwesten an der slowakischen und rumänischen Grenze unterbrochen wird, bestimmt die Landschaftsform der Ukraine. Das zerklüftete Krimgebirge nimmt die Südküste der Halbinsel ein und trennt den nordwestlichen Teil des Schwarzen Meeres vom Asowschen Meer.

Der Westen der Ukraine besteht größtenteils aus der Podolischen Platte und der weiter östlich liegenden Dnjeprplatte. Dieses niedrige Tafelland, durch das sich tiefe Täler graben, fällt zu den Pripjat-Sümpfen im Norden, zum Dnjeprtal im Osten und zu einem breiten Küstentiefland am Schwarzen Meer hin ab. Östlich des Dnjepr steigt das Land zu den Asowbergen und zum Donezbecken im Südosten an.

Das Klima variiert von gemäßigt kontinental im Nordosten bis zu mediterran an der Südküste der Krim. Die mittleren Temperaturen im Januar liegen unter dem Gefrierpunkt und die Niederschläge fallen regional sehr unterschiedlich aus. Das mediterrane Klima auf der südlichen Krim mit heißen, trockenen Sommern zog lange Zeit zahlreiche Touristen an.

Die waldreichsten Regionen befinden sich im Süden und Südosten – in den Karpaten und im Krimgebirge. In nördlicher Richtung wechseln sich Mischwälder mit Sumpflandschaften ab. Ein zentrales Wald-Steppen-Gebiet wurde in den 60er-Jahren in fruchtbares Ackerland umgewandelt. Einige unberührte Landschaften wie die Steppengebiete im Süden der Ukraine sind als Naturschutzgebiete deklariert worden, das älteste – Askanija Nowa – liegt unmittelbar nördlich der Krimhalbinsel.

Beeren und Kirschen bietet ein medaillengeschmückter Kriegsveteran auf einem der unzähligen Kiewer Märkte an. In der Sowjetunion besaßen staatliche Geschäfte das Handelsmonopol, heute lebt auch in der Ukraine das Kleinunternehmertum wieder auf.

Die Südküste der Krim ist für ihre üppige, abwechslungsreiche Vegetation bekannt. Hier wachsen u. a. Laubbäume, immergrüne Gräser, exotische Blumen und Sträucher. Zum Bestand der artenreichen Tierwelt zählen u. a. Waldtiere wie Elche, Füchse, Wildkatzen und Rotwild sowie die in der Steppe lebenden Hamster, der Iltis, Wachteln und Lerchen.

KULTUR UND GESELLSCHAFT

Die ukrainische Hauptstadt Kiew war einst das Herz der Kiewer Rus, eines Handelsimperiums, das im 9. Jh. wahrscheinlich von den Warägern – Wikinger aus dem Norden – gegründet worden war. Das Reich gedieh, bis es im 13. Jh. die Mongolen und Tataren überrannten, die Kiew 1240 bis auf die Grundmauern zerstörten. Im 14. Jh. geriet der größte Teil der heutigen Ukraine unter polnische und litauische Herrschaft. Nur der Süden verblieb weiterhin unter mongolischer Kontrolle. 1386 vereinigten sich Polen und Litauen durch die Heirat von Jagiello dem Großfürsten von Litauen mit Jadwiga, der Tochter Ludwigs I. von Polen. Als das neue Reich die Grenzen weiter nach Osten, über die *Ukraina*, das „Grenzland", hinaus ausdehnen wollte, kam es zu Auseinandersetzungen mit den Kosaken, die von Polen für den Schutz der Ostgrenzen rekrutiert worden waren.

1648 gründeten die Kosaken einen eigenen unabhängigen Staat und baten Russland um militärischen Schutz. 1654 wurde der Vertrag von Perejaslaw unterzeichnet und es brach der russisch-polnische Krieg aus, in dessen Folge 1667 Kiew und das östliche Dnjeprgebiet an Russland fielen. Infolge der drei Polnischen Teilungen, bei denen Russland, Preußen und Österreich das polnische Staatsgebiet unter sich aufteilten, fiel die westliche Ukraine bei der ersten Teilung 1772 an Österreich, und Russland erhielt nach der zweiten Teilung 1793 die Gebiete westlich und südlich von Kiew.

Wirbelnde Röcke *(unten)*. Ein farbenprächtiges Volkstanzensemble begeistert mit ukrainischen Liedern und Tänzen die Zuschauer. Die Ukraine hat eine lebendige kulturelle Tradition, die sich besonders in der Volks- und in der klassischen Musik, im Theater, in Literatur und Film manifestiert.

Im 19. Jh. erstarkte in der Ukraine eine nationale Bewegung, die die Loslösung von Russland verfolgte. Schon kurz nach der russischen Revolution brachen 1917 Kämpfe in allen Landesteilen aus, die zur Gründung der Ukrainischen Nationalrepublik und der Westukrainischen Volksrepublik führten. Beide Staaten bestanden nur kurze Zeit, denn sowjetische Truppen besetzten bald darauf die Ukraine und es entstand eine Sowjetrepublik, die 1922 zur 2. Unionsrepublik der UdSSR erklärt wurde.

In den 20er-Jahren verbesserten sich die Lebensbedingungen für große Teile der Bevölkerung und die ukrainische Kunst und Kultur erlebte eine Blüte. In den 30er-Jahren veränderte sich die Situation grundlegend; die gewaltsame Kollektivierung der Landwirtschaft unter Stalin führte zu einer großen Hungersnot, die Millionen von Menschenleben forderte. Es folgte eine Zeit der brutalen politischen Unterdrückung, in der systematisch alle Bestrebungen nach Eigenständigkeit unterbunden wurden.

Im Zweiten Weltkrieg fanden Millionen Menschen den Tod, viele historische Baudenkmäler und wertvolle Kunstschätze wurden zerstört. Nach Kriegsende kamen alle ukrainischen Gebiete unter sowjetische Kontrolle. Die einflussreiche Ukraine gehörte zu den Gründungsmitgliedern der Vereinten Nationen.

Der ukrainische Nationalismus, in den 60er-und 70er-Jahren in den Untergrund gezwungen, lebte in den späten 80er-Jahren wieder stark auf. Die Nationalbewegung „Ruch" – ein Sammelbecken der ukrainischen Nationalisten – führte ihre Kampagne im Sinne einer von Moskau unabhängigen Politik und erzielte bei den Wahlen im März 1990 einen großen Stimmenanteil. Wenige Wochen später erklärte die Ukraine ihre Autonomie. Als im August 1991 orthodoxe Kommunisten in Moskau putschten, fanden sie auch in der Ukraine keine Unterstützung. Im Dezember 1991 schloss sich die Ukraine der Gemeinschaft Unabhängiger Staaten (GUS) an. Das Land in einen unabhängigen, demokratischen Mehrparteienstaat umzugestalten, bestimmt die aktuelle Situation. Zur Zeit belasten die Differenzen über die Stationierung der russischen Schwarzmeerflotte, die Nutzung der militärischen Einrichtungen und die Zukunft der Krim die Beziehungen zwischen der Ukraine und der Russischen Föderation. 1995 verabschiedete der Oberste

In der Ukraine leben etwa 100 Nationalitäten. Die Mehrheit der Bevölkerung sind Ukrainer, die große russische Minderheit lebt vor allem auf der Krim, deren ursprüngliche Bewohner – die Krimtataren – 1944 unter Stalin nach Zentralasien deportiert worden sind. Nach 1991 wurden auch die religiösen Unterschiede akzentuiert. Die Christen scheiden sich in die russisch-orthodoxe Kirche in der Ostukraine, die katholische im äußersten Westen und in die unierten Katholiken, die seit dem 16. Jh. den Papst anerkennen, doch die Rituale der Ostkirche beibehalten haben.

WIRTSCHAFT

Durch die günstigen Klimabedingungen und die fruchtbaren Schwarzerdeböden galt die Ukraine als Kornkammer der früheren Sowjetunion. Die ukrainische Landwirtschaft erbrachte fast die Hälfte der gesamten landwirtschaftlichen Erträge der früheren Sowjetunion. Angebaut werden hauptsächlich Getreide, Zuckerrüben, Baumwolle, Tabak und Wein. Die Viehwirtschaft konzentriert sich auf die Fleisch- und Milchproduktion. Das Schwarze Meer hat reiche Fischbestände, darunter Stör für die Kaviarproduktion.

Große Eisenerz- und Manganlagerstätten werden um Kriwoi Rog und Nikopol ausgebeutet und im Donezbecken wird Steinkohle abgebaut. Im Karpatenvorland, auf der Krim und im Donezgebiet wird Öl gefördert. Zu den führenden Industriezweigen zählen die Eisen- und Stahlindustrie, die Metallverarbeitung, die Nahrungs- und Genussmittelindustrie sowie die chemische Industrie. Den Hauptanteil der Energie erzeugen Wärmekraftwerke, nur einen kleinen Teil liefern die Wasserkraftwerke am Dnjepr. Das Atomenergieprogramm wurde nach der Reaktorkatastrophe in Tschernobyl vorerst gestoppt.

Das Verkehrsnetz ist gut ausgebaut. Zwischen den großen Städten bestehen Schnellstraßenverbindungen. Das Streckennetz der Eisenbahn konzentriert sich in den Industriegebieten von Donezk und Dnjepr. Die Häfen von Odessa und Sewastopol am Schwarzen Meer und Mariupol am Asowschen Meer sind gut ausgelastet. Für den Binnenverkehr werden die großen schiffbaren Flüsse, die durch Kanäle mit Zentraleuropa verbunden sind, genutzt. Der internationale Flugverkehr wird über den Flughafen in Kiew abgewickelt. Gesundheits-, Sozial- und Bildungswesen wiesen unter dem Sowjetregime einen hohen Standard auf, obwohl das versprochene kostenlose 10-Klassen-Schulsystem für

Russland

RUSSISCHE FÖDERATION

Russland ist der flächengrösste Staat der Erde und erstreckt sich über die Hälfte des Erdballs. Große Gebiete dieses weiten Landes sind nur dünn besiedelt, das nur begrenzte natürliche Ressourcen besitzt. Im Westen grenzt Russland an Finnland, Norwegen, Estland, Lettland und Weissrussland. Die wesentlich längere Südgrenze reicht bis nach Zentralasien und verläuft von der Ukraine über Georgien, Aserbaidschan, Kasachstan, die Mongolei und China bis nach Nordkorea. Im Norden liegen die Barentssee und die Ostsibirische See, im Osten das Ochotskische und im Südosten das Japanische Meer. Außerdem gibt es einen schmalen Zugang zum Finnischen Meerbusen sowie weitere Seegrenzen zum Schwarzen und zum Kaspischen Meer im Südwesten Russlands.

Bis zur Auflösung im Sommer 1991 war die Russische Föderative Sowjetrepublik (RSFSR) die Machtbasis der Sowjetunion. Nach dem Zerfall der kommunistischen Strukturen traten politische Unruhen auf, die die bestehenden ethnischen und nationalen Gegensätze in Russland weiter vertieften.

LANDESDATEN - RUSSLAND

Fläche 17 075 400 km²

Klima	**Höhe**	**Temperaturen Januar**	**Juli**	**Jährlicher Niederschlag**
	m	°C	°C	mm
Moskau	156	-10	19	575
Sotschi	31	7	23	1451
Werchojansk	137	-47	16	155

Geografische Merkmale höchster Berg: Elbrus 5633 m; längster Fluss: Jenissej 5870 km

Einwohnerzahl (1994) 149 Millionen

Staats- und Regierungsform Mehrparteiensystem; Bundesrepublik; zwei gesetzgebende Organe

Streitkräfte Heer 780 000; Marine 282 000; Luftwaffe 356 000

Größte Städte Moskau (Hauptstadt – 8,9 Mio. Einw.); St. Petersburg (4,5 Mio.); Nischni Nowgorod (1,4 Mio.); Nowosibirsk (1,4 Mio.); Jekaterinburg (1,4 Mio.); Samara (1,3 Mio.); Omsk (1,2 Mio.); Tscheljabinsk (1,2 Mio.); Kasan (1,1 Mio.)

Offizielle Landessprache Russisch

Bevölkerungsgruppen Russen 81,5%; Tataren 3,8%; Ukrainer 3,0%; Tschuwaschen 1,2%; sonstige 10,5%

Religionen mehrheitlich Russisch-Orthodoxe; Minderheiten von Muslimen und Buddhisten

Währung 1 Rubel (R) = 100 Kopeken

Bruttosozialprodukt (pro Kopf 1993) US-$ 2340

Bruttoinlandsprodukt (1993) US-$ 329,432 Mrd.

Lebenserwartung Männer 63,8; Frauen 74,2 Jahre

Ressourcen Erdöl, Erdgas, Kohle, Eisenerz, Platin, Kupfer, Mangan, Blei, Zink, Zinn, Silber, Gold, Diamanten, Holz, Weizen, Roggen, Gerste, Hafer, Flachs, Zuckerrüben, Fleisch, Milch, Fischereiprodukte

GEOGRAFIE

Russland lässt sich in fünf Großlandschaften auffächern: Osteuropäisches Tiefland, das sich von Russlands Westgrenzen bis zum Ural ausdehnt; Ural; Westsibirisches Tiefland, das zwischen dem Ural und dem Jenissej liegt; Mittelsibirisches Bergland, das sich zwischen den Flüssen Jenissej und Lena ausbreitet und Ostsibirisches Gebirgsland.

Das Land

Das Osteuropäische Tiefland nimmt die größte Fläche des europäischen Teils von Russland ein. Im äußersten Süden reicht es an den Kaukasus heran, der die südliche Landesgrenze zu Georgien und Aserbaidschan bildet. Von hier aus verläuft das Tiefland in einem breiten Streifen nordwärts nach Karelien, weiter zur Halbinsel Kola bis zur Barentssee. Im Zentrum des Tieflandes, westlich von Moskau, liegt die Waldai-Höhe mit den Quellgebieten der Wolga, des Dnjepr und der Westlichen Dwina. Es stößt schließlich an die natürliche östliche Gebirgsgrenze, den Ural, der Europa von Asien trennt. Östlich des Ural schließt das Westsibirische Tiefland

Frühlingserwachen (*oben*). Nach der Schneeschmelze im Frühjahr entstehen ausgedehnte Sumpfgebiete wie im Naturschutzgebiet in der Nähe der Oka in der Provinz Rjasan, südöstlich von Moskau, wo die ausgedehnten Mischwälder in Waldsteppen übergehen.

Die schneebedeckten Gipfel des Korjatskaja Sopka (*links*). Der 3456 m hohe Vulkan liegt auf der Halbinsel Kamtschatka in der Nähe von Petropawlowsk-Kamtschatskij im Fernen Osten. In diesem geologisch instabilen Gebiet liegen weitere 22 Vulkane, Geysire und heiße Quellen.

mit weitläufigen Sumpflandschaften von etwa 2,5 Millionen km² Ausdehnung an, durch das die beiden großen Flüsse Ob und Jenissej fließen.

Das Mittelsibirische Bergland erstreckt sich vom Jenissej bis zur unteren Lena und ist durch ausgedehnte, zergliederte Hochlandgebiete geprägt. Im Osten erreicht es das Mitteljakutische Tiefland, das von den Flussbecken der Lena und Wiljui begrenzt wird. Im Norden fällt das Bergland zur sumpfigen Taimyrsenke hin ab, um dann wieder zum Byrranga-Gebirge auf der Taimyr-Halbinsel über die arktische Küstenlinie aufzusteigen. Vor der Küste liegen die zerklüfteten, rauen Inseln von Sewernaja Semlja.

Gebirgsketten markieren die südliche Grenze des Mittelsibirischen [illegible]

der Westliche und Östliche Sajan und die Gebirgslandschaft Transbaikaliens folgen. Nordöstlich des Ostsajan-Gebirges liegt der mit 1620 m tiefste Binnensee der Erde – der Baikalsee.

Östlich des Baikalsees und südlich der Lena fächert sich das Ostsibirische Gebirgsland in mehrere Gebirgsketten auf und zieht einen Bogen durch Südostsibirien bis zur Nordwestküste des Ochotskischen Meeres. Weiter im Südosten wendet sich das Hochland von Sichote-Alin dem Japanischen Meer zu.

Über Nordostsibirien erheben sich das Werchojansk-, das Tscherskij- und das Kolyma-Gebirge, die alle über 3000 m Höhe erreichen. Im Nordosten liegt die bergige Tschuktschen-Halbinsel am Bering-Meer gegenüber von Alaska.

Am nordöstlichen Ende Russlands erstreckt sich das Korjaken-Gebirge bis zu den Bergrücken der Halbinsel Kamtschatka, die das Bering-Meer im Osten vom Ochotskischen Meer im Westen trennt. Ein Gebirgszug verläuft Richtung Südwesten über die

Zaren und später dem Sowjetregime als Strafkolonie diente. Die gesamte Region ist erdbebengefährdet und besitzt auch aktive Vulkane.

Klima

Russland erstreckt sich über mehrere Klimazonen, doch im Allgemeinen herrscht Kontinentalklima vor. Eine Ausnahme bilden die Schwarzmeer-Küste mit gemäßigt-subtropischem und das ferne Wladiwostok mit polarem Klima. Die Winter sind sehr kalt und die Temperaturen können in Nordostsibirien bis auf -70 °C sinken. Die mittleren Sommertemperaturen reichen von +8 °C an der Arktisküste bis zu +20 °C in den Tälern des Kaukasus. Die Niederschläge sind mäßig bis schwach ausgeprägt, eine Ausnahme bilden die Gebiete am Schwarzen Meer, im Kaukasus und die fernöstlichen Küstengegenden, dort gehen in den feuchten Sommermonaten starke Monsunregen nieder.

Flora

In den nördlichen Küstengebieten bestimmt die Tundra mit ihren Moosen, Flechten und Gräsern das Landschaftsbild. Weiter südlich geht sie dann in die ausgedehnten Waldgebiete der Taiga über. Zwischen Tundra und Taiga bedecken vor allem Lärchen- im Osten und Buchen- und Fichtenwälder im Westen das Land.

In den zentralen Teilen der Osteuropäischen Tiefebene und in [illegible]

rischen Berglands nehmen Waldsteppen ein. Weiter südlich liegen drei große Halbwüstengebiete, die sich bis an das Kaspische Meer und den Kaukasus im Südwesten und an das Altai-Gebirge im Süden ausdehnen.

Fauna

Die russische Nordküste ist der ideale Lebensraum für Polarbären, Robben, Walrosse und Seevögel. In der Tundra sind Polarfüchse, Eulen, Schneehasen und Lemminge beheimatet. In den Sommermonaten wandern von Süden her Rentierherden und Wölfe ein. In den Wäldern ist die Tierwelt noch vielfältiger: In der nördlichen Taiga sind Elche, Rentiere, Wölfe, Bären, Zobel, Eichhörnchen, Fuchs und Vielfraß vertreten. In den südlicheren Wälder leben Wildschweine, Nerze und Hirsche. In der fernöstlichen Region Primorski kommen die seltenen Ussuritiger vor. Die Steppen bieten Steppenlemmingen und -murmeltieren, Hamstern, dem Ziesel sowie dem Iltis und Steppenfuchs Lebensraum. Zur Vogelwelt gehören u. a. Falken, Kraniche und Adler. Im Kaukasus trifft man auf viele mediterrane Tierarten, darunter Reptilien, Echsen und Luchse.

KULTUR UND GESELLSCHAFT

Russland war stets der Mittelpunkt Eurasiens und kann auf eine wechselvolle Geschichte zurückblicken. In früher Zeit war das Land stets von einfallenden nomadisierenden Reiterscharen aus Asien bedroht. Zwischen dem 16. und 19. Jh. bildete sich ein mächtiges transkontinentales russisches Reich heraus. Die Sowjetmacht ging aus der Oktoberrevolution von 1917 gefestigt hervor und unterdrückte in der Folgezeit gewaltsam die ethnischen Gegensätze in seinem Machtbereich, die nach dem Zerfall der Sowjetunion in den 90er-Jahren wieder hervorbrachen.

Geschichte

Im 6. Jh. wanderten finnische und slawische Völker aus dem heutigen Westrussland in das Gebiet ein, um sich dem Einfluss der Chasaren – einer Gruppe von Turk- und iranischen Völkern –, die nach Norden vorgedrungen waren, zu entziehen. Die Chasaren beherrschten die Steppen südlich von Kiew und gründeten 737 Itil an der Wolgamündung ins Kaspische Meer und erhoben sie zu ihrer Hauptstadt. Zur selben Zeit nutzten die Wikinger (Waräger) die großen russischen Flüsse als Handelsstraßen von der Ostsee bis zum Schwarzen Meer und nach Konstantinopel (Istanbul). Sie gründeten zunächst Nowgorod und später auf ihrem Weg nach Süden Kiew. Um 900 entstanden rund um Kiew lockere Stammesverbände, die sich zur Kiewer Rus zusammenschlossen.

965 schlug der Kiewer Großfürst Swjatoslaw (945-972) die Chasaren. Um 988 begann Swjatoslaws Sohn Wladimir d. Hl. (um 945-1015) mit Unterstützung der griechisch-orthodoxen Kirche das Gebiet zu christianisieren; damit entstand eine enge Bindung an das Byzantinische Reich, das die kulturelle Identität Russlands stark beeinflusste. Unter Wladimir und seinem Sohn Jaroslaw dem Weisen (1019-1054) erlebte die Kiewer Rus ihre Blütezeit. Trotzdem musste das Reich sich ständig mit seinen kriegerischen Nachbarn im Süden auseinandersetzen. Ab 1235 nahm die Bedrohung aus dem Osten zu, als die

Das Fenster nach Europa (*oben*). St. Petersburg, hier auf einem Kupferstich des 18. Jh., ist wohl das bedeutendste Erbe, das Peter der Große (1682-1725) Russland hinterlassen hat. Auf sumpfigem Gelände an der Newa 1703 gegründet, öffnete es Russland einen Zugang zur Ostsee.

Russlands kaiserliches Wappen (*unten*) führte Iwan der Große (1462-1505) im 15. Jh. ein. Es zeigt einen doppelköpfigen Adler, der auf die byzantinische Darstellung des alten und neuen Rom zurückgeht.

Mongolen weiter nach Norden vorstießen. In einem erbarmungslosen Vormarsch brandschatzten und zerstörten sie die Städte, töteten die Bevölkerung und erpressten Tribute. Nowgorod entging zwar den mongolischen Angriffen, war aber gezwungen, sich mit den Schweden und dem Deutschen Orden auseinanderzusetzen. Der legendäre Fürst von Nowgorod, Alexander Newskij (etwa 1220-1263), besiegte die Angreifer schließlich in zwei Schlachten: die Schweden schlug er 1240 an der Newa und den Deutschen Orden 1242 auf dem Eis des Peipussees. In diesen Jahren hatten die Mongolen Europa erreicht und errichteten das Reich der Goldenen Horde mit der Hauptstadt Saraj (nahe des Kaspischen Meeres).

Während die östlichen Gebiete des Kiewer Staates unter mongolischer Herrschaft verblieben, verleibten sich Litauen und Polen die westlichen Gebiete ein. Im 13. Jh. stieg ein neuer mächtiger Staat auf. Der Sohn Alexander Newskijs Daniel (1276-1304), Fürst von Moskau, begründete die Dynastie der Moskowiter, die bis 1598 in Russland herrschte. In dieser Zeit erweiterte sie ihr Einflussgebiet enorm, vor allem unter Iwan III. (Iwan der Große, 1440-1505), der 1480 die Fremdherrschaft der Mongolen beendete. 1472 nahm er den Titel „Herrscher über ganz Russland" an und führte das Wappen des byzantinischen Doppeladlers ein. 1547 ließ sich sein Enkel Iwan IV. (Iwan der Schreckliche, 1530-1584) zum russischen Zaren krönen.

Der junge Zar eroberte die tatarischen Chanate von Kasan und Astrachan und damit begann die Erweiterung des Reiches Richtung Osten: zuerst wurde Sibirien erobert und 1649 die Pazifikküste erreicht.

Nach dem Tod des regierungsunfähigen Fjodor I. (1557-1598) übernahm der Schwager Iwan IV., Boris Godunow (etwa 1551-1605) die Regentschaft. Seine Regierungszeit wird als die „Zeit der Wirren" (1595-1613) bezeichnet, denn es herrschten 18 Jahre lang Bürgerkrieg, Hungersnöte, Aufruhr und polnische Interventionen. Diese Periode ging mit der Wahl Michail Romanows (1596-1645) zum Zaren zu Ende. Von nun an herrschte in Russland die Romanow-Dynastie, die 1917 gestürzt wurde.

Peter I. (der Große, 1672-1725) öffnete das „Fenster zum Westen". Er begann das Land zu europäisieren und verlegte die Hauptstadt nach St. Petersburg an der Newamündung in den Finnischen Meerbusen. Die militärischen Erfolge, die Einführung westlicher Technologien und vor allem seine umfassenden Reformen verwandelten das rückständige Russ-

Den größten Teil der Regierungszeit Alexander I. (1777-1825) beanspruchte der Krieg gegen das napoleonische Frankreich. Russlands Sieg über die Truppen Napoleons stärkte zwar seinen Einfluss in Europa, doch die russische Gesellschaft und besonders die Industrie blieben weiterhin rückständig, was im Krimkrieg (1853-1856) besonders deutlich wurde. 1861 hob Alexander II. (1818-1881) die Leibeigenschaft in Russland auf, konnte aber mit seinen umfassenden sozialen und Verwaltungsreformen die Unzufriedenheit der russischen Intelligenz nicht mehr min-

Grenzen Persiens, Afghanistans, Indiens und Chinas erstreckte. Nach der verhängnisvollen Niederlage im Krieg gegen Japan (1904/1905) lösten die Schüsse auf eine friedliche Arbeiterdemonstration den „Petersburger Blutsonntag" aus. Nikolaus II. (1868-1918) sah sich gezwungen, die Duma (Parlament) einzurichten. Als Russland 1914 in den Ersten Weltkrieg eintrat, verschlechterte sich die Situation weiter. Millionen ließen im Krieg ihr Leben, die Wirtschaft war überfordert und Lebensmittel wurden immer knapper. Im März 1917 musste der Zar nach Aufständen

Die Oktoberrevolution: 1917

Der Ausbruch des Ersten Weltkriegs 1914 minderte zunächst die in Russland vorherrschende Unzufriedenheit mit der reaktionären zaristischen Politik, da sich alle Klassen im Kampf gegen die äußeren Feinde Deutschland und Österreich-Ungarn zusammenschlossen. Die Kriegsjahre forderten jedoch auch der russischen Bevölkerung große Opfer ab, die Niederlagen häuften sich und die Wirtschaft verfiel unter der Kriegslast.

Am 10. März 1917 löste der Mangel an Brot für die Bevölkerung in Moskau Streiks und Krawalle aus. Die russische Armee schloss sich den Aufständischen an, der Zar wurde gezwungen, abzudanken. Die Macht übernahmen in einer Doppelherrschaft: die Provisorische Regierung aus „progressiven" Vertretern der Mittelschicht und der Petrograder Rat der Arbeiter- und Soldatendeputierten, der aus Vertretern revolutionärer Arbeiterparteien, darunter der Bolschewistischen Partei, gebildet worden war. Die Zeit der Doppelherrschaft verlief nicht komplikationslos. Es wurden zwar demokratische Reformen beschlossen, aber der Krieg ging weiter und schwächte zusehends das Land. Auch die Forderungen nach einer Landreform konnten nicht durchgesetzt werden. Die Provisorische Regierung wurde schließlich zwischen den rechts- und den linksgerichteten Forderungen zermahlen.

Nur die Bolschewistische Partei unter Führung des marxistischen Intellektuellen Wladimir Iljitsch Uljanow (1870-1924), bekannt unter dem Decknamen Lenin, setzte sich für die Beendigung des Krieges ein und gewann mit der Losung: „Frieden, Brot und Land" wachsende Zustimmung. Schon im September kontrollierte sie den Petrograder und den Moskauer Soldatenrat und traf Vorbereitungen für einen Putsch. Am Abend des 4. November 1917 stürmten die Roten Garden Petrograd. Die Provisorische Regierung suchte im Winterpalais Zuflucht, das jedoch schon in der folgenden Nacht kampflos genommen wurde. Die Regierungsgewalt ging auf den „Rat der Volkskommissare" über und am 7. November erklärte Lenin, dass die Sowjets im Namen der Arbeiterklasse die Macht ergriffen hätten und erließ die Dekrete über die Beendigung des Krieges und die Bodenreform. Die Revolution hatte noch nicht endgültig gesiegt, da die Bolschewiken in ganz Russland noch in der Minderheit waren. Die Macht war erst nach einem vier Jahre währenden blutigen Bürgerkrieg sichergestellt.

Der Revolutionär Lenin, Mitbegründer der Kommunistischen Partei Russlands, spricht im März 1917 zu einer Menschenmenge in Petrograd (St. Petersburg) und ruft das Volk auf, die Partei der Bolschewiki im revolutionären Kampf zu unterstützen.

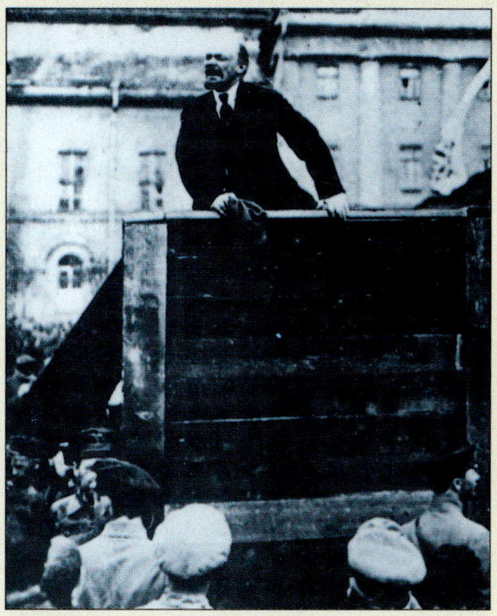

schewistischen Partei stand, durch einen Staatsstreich die Macht und stürzte die provisorische Regierung. Lenin beendete fur Russland unverzüglich den Kriegszustand. Es folgte ein verlustreicher Bürgerkrieg (1918-1922), der 1922 mit der Gründung der Union der Sozialistischen Sowjetrepubliken endete.

Nach Lenins Tod gewann Josef Stalin (1879-1953) den innerparteilichen Machtkampf, indem er seine Rivalen erbarmungslos beseitigen ließ. 1928 führte er den ersten Fünfjahrplan ein: eine Periode intensiver Industrialisierung und der Kollektivierung der Landwirtschaft. Die landwirtschaftliche Produktion ging zurück und löste 1932 in der Ukraine eine gewaltige Hungersnot aus, die Millionen von Menschenleben kostete. Diejenigen, die sich Stalins Politik widersetzten, wurden hingerichtet bzw. in sibirische Arbeitslager verbannt. 1934 begann die systematische Beseitigung aller politischen Gegner, die bis 1938 fortgesetzt wurde. Etwa acht Millionen Menschen wurden ermordet.

1941 überfiel das faschistische Deutschland die schlecht auf den Krieg vorbereitete Sowjetunion. Der Sieg über Deutschland wurde mit gewaltigen Opfern der russischen Bevölkerung und mit mehr als 20 Millionen Toten errungen. In den Nachkriegsjahren erlangte die vom Krieg gezeichnete Sowjetunion mit der Errichtung kommunistischer Satellitenregimes in sechs angrenzenden osteuropäischen Staaten ein beachtliches Machtpotential.

Durch die Entwicklung und den Bau neuer nuklearer Waffensysteme begann in den Zeiten des Kalten Krieges ein Rüstungswettlauf, der beide Großmächte in die Lage versetzte, sich gegenseitig zu vernichten. Unter Nikita Chruschtschow (1884-1971) konnte in der Auseinandersetzung zwischen den USA und der Sowjetunion über die Stationierung sowjetischer Atomraketen auf Kuba 1962 eine kriegerische Auseinandersetzung nur mit Mühe verhindert werden. Chruschtschows Bemühungen, die Beziehungen zum Westen zu normalisieren, endeten 1964, als ihn eine Gruppe aus der Führung der Kommunistischen Partei stürzte. Die Partei wurde bald darauf von Leonid Breschnew (1906-1982) beherrscht. Unfähig, die Widersprüche zwischen der Sowjetunion und China zu überwinden, versuchte Breshnew, in der Auseinandersetzung mit dem Westen eine Atempause zu erreichen. Das Anwachsen der religiösen und politischen Unterdrückung in der Breschnew-Ära, besonders die Verfolgung der russischen Juden, dämpften kontinuierlich westliche Sympathien, und der sowjetische Einmarsch in Afghanistan 1980 führte zu einer internationalen Verurteilung.

Dieser Zustand hielt an, bis Michail Gorbatschow (* 1931) im März 1985 General-

Kirche und Staat (*oben*). Boris Jelzin, der demokratisch gewählte Präsident der Russischen Föderation, begrüßt nach einem Ostergottesdienst die versammelte Menge. Die Kommunisten unterdrückten in der Vergangenheit die russisch-orthodoxe Kirche. Viele ihrer prachtvollen Kirchen wurden jedoch erhalten. Jelzins liberale Politik förderte die traditionellen religiösen Bindungen des russischen Volkes und die Kirche erhielt neuen Auftrieb.

Von einer hohen Mauer umgeben (*links*) ist das Kloster der Hl. Dreifaltigkeit und des hl. Sergius in Sagorsk, 70 km nordöstlich von Moskau. Seine Barockarchitektur ist ein beeindruckendes Ensemble kirchlicher Baukunst. Es wurde zwischen 1337-1340 durch Sergius von Radonesch (etwa 1321-1391), einem verarmten Moskauer Aristokraten – später einer der Schutzheiligen Russlands – gegründet. Das Kloster ist seit über 650 Jahren das Zentrum der russisch-orthodoxen Kirche.

sekretär der Kommunistischen Partei wurde. Er führte einen neuen Führungsstil ein, der auf die Umgestaltung von Politik und Wirtschaft zielte. 1988 zog er die sowjetischen Truppen aus Afghanistan ab und nahm Abrüstungsgespräche mit dem Westen auf. Im eigenen Land wurde er mit einer zusammenbrechenden Wirtschaft, mit Arbeiterunruhen und mit dem Wiederaufleben der lange Zeit unterdrückten nationalen Bestrebungen und Konflikten in vielen Teilen der Sowjetunion konfrontiert.

In den späten 80er-Jahren, als die kommunistischen osteuropäischen Staaten zusammenbrachen, forderte Gorbatschow für sich größere Machtbefugnisse, um den Zerfall der

Jelzin zum Präsidenten der Russischen Föderation gewählt.

Inzwischen hatte Gorbatschows Auftreten in den USA, in Großbritannien und weiteren westlichen Staaten das Ende des Kalten Krieges signalisiert und die Abrüstung eingeleitet. Trotz seiner großen Popularität im Ausland sah sich Gorbatschow in der Sowjetunion wachsenden Widerständen gegenüber. Als die Unionsrepubliken ihre Unabhängigkeit erklärten, versuchte Gorbatschow mit Hilfe eines neuen Unionvertrags die Zentralgewalt teilweise zu erhalten. Im August 1991 versuchten konservative Hardliner durch einen Putsch, die Macht an sich zu reißen.

Demonstrationen in Moskau und Leningrad (St. Petersburg) beendeten nach drei Tagen den Staatsstreich. Gorbatschow konnte seinen Hausarrest auf der Krim beenden und kehrte nach Moskau zurück. Inzwischen hatte aber Jelzin, der sich dem Putsch in Moskau widersetzt hatte, den Präsidenten entmachtet.

Der fehlgeschlagene Staatsstreich offenbarte, dass die Macht der kommunistischen Partei zerbrochen und die Tage der Sowjetunion gezählt waren. Im Dezember 1991 löste sie sich auf, und 11 der 15 Mitgliedsrepubliken, darunter die Russische Föderation, bildeten die Gemeinschaft Unabhängiger Staaten (GUS). Gorbatschow blieb nur der Rücktritt.

Seitdem kämpft Russland um die Modernisierung seiner Wirtschaft, um die Reform des politischen Systems und versucht, für sich eine neue Rolle in der Weltpolitik zu finden.

Die Zweite Russische Revolution

Im Juni 1990 feierte die westliche Welt nach einem erfolgreichen sowjetisch-amerikanischen Gipfeltreffen in Washington das Ende des Kalten Krieges zwischen den beiden großen Machtblöcken. In diesen Tagen sahen nur wenige westliche Politiker den baldigen Zusammenbruch der Sowjetunion voraus.

Während seiner Amtszeit versuchte Michail Gorbatschow unermüdlich, das Sowjetsystem zu reformieren. Die Worte *Glasnost* (Offenheit) und *Perestroika* (Umgestaltung) wurden rasch zum Synonym für seine Vision von einer offenen Gesellschaft. Gorbatschow unternahm eine gefährliche Gratwanderung zwischen den konservativen Kräften in der Kommunistischen Partei und den radikalen Demokraten. Doch trotz aller Anstrengungen konnte er die Risse im Gebäude der Union nicht mehr schließen. Zwei Monate nach dem Washingtoner Gipfeltreffen erklärten die Sowjetrepubliken Armenien, Turkmenistan und Tadschikistan ihre Unabhängigkeit. Gorbatschow bemühte sich aber weihalten. Armenien, Georgien, Moldawien und die Baltischen Republiken lehnten jedoch Gorbatschows Vorschlag ab. Statt dessen sprachen sich in Georgien, Lettland und Estland die Mehrheit der Bevölkerung für die vollständige Unabhängigkeit von der Union aus. Engpässe in der Versorgung verschärften in Russland und in anderen Regionen die Situation. Am 19. August 1991, dem Tag vor der Unterzeichnung des neuen Unionsvertrages, verbreitete Radio Moskau, dass Gorbatschow aufgrund seiner „angegriffenen Gesundheit" sein Amt niedergelegt hätte. Ein achtköpfiges „Notstandskomitee" kommunistischer Hardliner übernahm die Macht und erließ ein Demonstrations-, Streik- und Presseverbot. Als durch Moskau Panzer rollten, bildete eine protestierende Menschenmenge einen Ring um das russische Parlamentsgebäude. In vorderster Front stand Boris Jelzin. Er verurteilte den Putsch und rief zum Generalstreik auf. Die Armee verweigerte die Befehle des „Notstandskomitees". Ohne die Unterstützung des Militärs brach der Staatsstreich schnell in sich zusammen. Gorbatschows Politik der *Glasnost* zeitigte unerwartete Ergebnisse, sie unterstützte die

Das Referendum im April 1993 zeigte, dass Jelzin weiterhin vom russischen Volk unterstützt wird. Die schwierige wirtschaftliche Lage und der Machtkampf zwischen dem Volkskongress und dem Präsidenten mündeten im September 1993 in einem misslungenen Putschversuch. Jelzin wurde im Juli 1996 trotz der Gerüchte um seine angegriffene Gesundheit wiedergewählt.

Regierungsform

Die Russische Föderation hat viele Betriebe, Ressourcen und Verantwortlichkeiten der Sowjetunion übernommen. Ihre politische Struktur ist noch immer im Wandel begriffen, aber die grundlegende Veränderung war die Einführung des demokratischen Mehrparteiensystems 1989.

Die Föderation gliedert sich in 21 Autonome Republiken, von denen jede mit einer frei gewählten Regierungsbehörde und der direkten Vertretung auf der Ebene der Föderation ausgestattet ist. Das Jüdische Autonome Gebiet im Fernen Osten und die anderen 10 Autonomen Kreise hatten bereits unter dem Sowjetregime eine eigene Selbstverwaltung, die aber nicht erweitert wurde. Weiterhin gibt es sechs Regionen, 49 Gebiete und zwei Bundesstädte. Ende 1994 versuchte die Autonome Republik Tschetschenien im Nordkaukasus, sich von Russland zu lösen. Russische Truppen gingen mit Waffengewalt gegen die aufständigen Tschetschenen vor. Anfang 1996 verschärften sich die Kämpfe; im Sommer wurde ein Waffenstillstand geschlossen. Zum Jahresbeginn 1997 fanden erstmals freie Wahlen statt.

Bevölkerung

Die Russische Föderation ist ein Vielvölkerstaat (mehr als 60 verschiedene Nationalitäten), der sich in vier Sprachgruppen einteilen lässt: die indoeuropäische Sprachgruppe umfasst etwa 150 Millionen russischsprechende Bürger und stellt die größte Gruppe dar; die drei weiteren setzen sich aus der finnougrische Gruppe, die weit zerstreut in der Tundra, im Norden und auf dem Balkan angesiedelt ist; die turksprachige Gruppe, die in Südosteuropa und Asien anzutreffen ist und die kaukasische Sprachgruppe, die die Sprachen des Westkaukasus sowie Tschetschenisch, Inguschetisch und Dagestanisch umfasst, zusammen.

Lange Zeit unterdrückt, ist das religiöse Leben in Russland wiedererwacht. Unter der slawischen Bevölkerung ist die christlich-orthodoxe Kirche weit verbreitet, daneben gibt es Baptisten. Die großen ethnischen und nationalen Gruppen bekennen sich wieder zu ihrem Glauben, so z. B. einige Turkvölker zum Islam oder die Kalmücken und Burjaten zum Buddhismus.

Anstehen nach Lebensmitteln *(oben)* in einem St. Petersburger Neubauviertel. Kunden warten auf den Verkauf der Kartoffeln, die der Lkw in die Stadt bringt. Anfang der 90er-Jahre ging die landwirtschaftliche Produktion stark zurück und die Preise stiegen enorm an.

WIRTSCHAFT

Russland war die Triebkraft der ehemaligen sowjetischen Wirtschaft. Die Schwerindustrie basierte auf den reichen Vorkommen an Bodenschätzen, und die Kraftwerke (Wasserkraft, Kohle und Atomkraft) lieferten den anderen Republiken und den osteuropäischen Staaten Strom und Energie.

Doch allein die Größe des Landes und die unterschiedlichen klimatischen Bedingungen verursachten viele logistische Probleme. Trotz ehrgeiziger Programme zur Steigerung der landwirtschaftlichen Produktion muss Russland weiterhin Lebensmittel importieren und die veraltete Industrie ist mit ihren Produk-

Winter in Sibirien *(oben)*. Hirten treiben eine Rentierherde zusammen. In der früheren Sowjetunion hatten die staatlichen Genossenschaften das Verkaufsmonopol für Rentierfleisch. Die Hirten begleiten seit altersher die Tiere auf ihren jahreszeitlich bedingten Wanderrouten.

Der Wettlauf in der Raumfahrt *(unten)* zwischen der ehemaligen Sowjetunion und den USA hielt lange Zeit die Welt in Atem. Eine Sojus-TM-7-Rakete auf dem Weg zur Startrampe im Baikonur-Kosmodrom (Kasachstan), dem sowjetischen Weltraumzentrum.

ten auf dem Weltmarkt nicht konkurrenzfähig. 1995 schloss Russland mit der Europäischen Union ein Handelsabkommen.

Landwirtschaft

Auf dem Agrarsektor werden vorrangig Weizen, Gerste, Hafer und Roggen angebaut, aber Russland kann den Eigenbedarf nicht decken. Nur etwa ein Zehntel der Landesfläche wird landwirtschaftlich genutzt, wobei die Hauptanbaugebiete westlich des Ural liegen. Das trifft ebenfalls auf die intensiv betriebene Viehwirtschaft zu, die sich auf die Rinderhaltung und Schweinezucht (Mast- und Milchvieh) konzentriert und das fruchtbarste Weideland im Westen des Landes vorfindet.

Russland verfügt über die größten Nutzholzreserven weltweit (etwa ein Drittel des Waldbestandes der Erde). Ebenso gehört die russische Fischfangflotte, deren Fanggebiete von den arktischen Gewässern bis zum Pazifik reichen, zu den größten der Welt.

Industrie

Die Schwerindustrie ist das Rückgrat der russischen Wirtschaft und profitiert vor allem

den Gold, Kupfer, Zink sowie verschiedene seltenere Metalle gewonnen.

Russland verfügt auch über umfangreiche Energiereserven. Riesige Kohlelagerstätten konzentrieren sich in Ostsibirien, im Kusnezker Becken nördlich des Altai und im Ural. In Nordwestsibirien liegen die weltweit größten Erdölfelder und Erdgasvorkommen. An der Wolga und dem Jenissej wurden große Wasserkraftwerke errichtet und weitere befinden sich im Bau.

Das Atomenergieprogramm erlitt einen schweren Rückschlag, als durch den Reaktorunfall im ukrainischen Tschernobyl 1986 eklatante Sicherheitsmängel in zahlreichen Anlagen aufgedeckt wurden.

Unter dem sowjetischen System war Russlands Wirtschaft autark und deckte den größten Teil des Landesbedarfs an Ausrüstungen in Industrie, Landwirtschaft und Verkehr. In geringem Umfang wurden Güter aus diesen Bereichen immer importiert. Heute ist Russlands Wirtschaft auf dem Weg, die technologischen Vorzüge der Mikroelektronik auch für den Maschinenbau zu nutzen.

Verkehr und Kommunikation

Die russische Wirtschaft steht vor der schwie-

nung ist die Distribution das größte Problem, das von den Wirtschaftsreformern gelöst werden muss. Dringend benötigte Lebensmittel verderben häufig schon in den Lagern, bevor sie die Geschäfte in den Städten erreichen.

Das Kernstück des russischen Verkehrssystems ist die Eisenbahn (160 000 km), die etwa drei Viertel aller Frachten befördert. Über das dichteste Streckennetz verfügt der Westen des Landes, die Gegend um Moskau. Die älteste Verbindung mit dem Fernen Osten ist die Transsibirische Eisenbahn von Moskau nach Wladiwostok.

Die Länge des Straßennetzes übertrifft das Streckennetz der Eisenbahn etwa um das Sechsfache und obwohl 70 % aller Straßen asphaltiert sind, werden sie weitaus weniger für den Güterverkehr genutzt. Die Mehrzahl der Massengüter werden über die Schienen- oder Wasserwege transportiert; für die Personenbeförderung werden Busse eingesetzt. Die Anzahl der privaten Pkw ist immer noch relativ gering.

Der Außenhandel des Landes obliegt hauptsächlich der Handelsflotte. Im hohen Norden und in Fernost sind die Schiffswege zwischen den über die etwa 50 000 km lange Küstenlinie verstreuten Orten lebenswichtige Versorgungs- und Verbindungslinien. Die Häfen sind mit wenigen Ausnahmen, wie dem ganzjährig eisfreien Hafen von Murmansk, im Winter geschlossen. Flugverbindungen sichern die Verbindung in die entlegensten Gebiete. Die russische Fluggesellschaft fliegt die wichtigsten internationalen Flugziele an.

Rundfunk, Fernsehen und die Presse sind noch dabei, sich auf die erst seit kurzem gelockerte Zensur einzustellen. Bereits vor dem Zerfall der Sowjetunion wurde eine etwas offenere Informationspolitik eingeschlagen.

Gesundheits- und Bildungswesen

In der früheren Sowjetunion wurden alle Bürger medizinisch kostenlos betreut. Die Wohnbedingungen waren zwar unzureichend und der Lebensstandard relativ niedrig, aber es herrschte keine Arbeitslosigkeit. Mit dem Zusammenbruch des Sowjetsystems stürzte auch das soziale Netz ins Chaos. Russland steht heute vor den Problemen Inflation, Arbeitslosigkeit und wachsende Kriminalität. Die hohe Inflationsrate Anfang der 90er-Jahre führte zu einem dramatischen Absinken des schon geringen Lebensstandards, und heute leben viele unterhalb der Armutsgrenze. Russland fehlt die wirtschaftliche Stabilität, um mit dem alarmierenden Anstieg

Georgien

REPUBLIK GEORGIEN

DIE REPUBLIK GEORGIEN LIEGT AM SCHWARzen Meer. Im Norden grenzt sie an die Russische Föderation, im Südosten an Aserbaidschan und Armenien, im Süden an die Türkei. Georgien trat nach dem Zusammenbruch der Sowjetunion 1991 nicht der Gemeinschaft Unabhängiger Staaten (GUS) bei, da es ethnischen und politischen Konflikten ausgesetzt war und seine nationalen Interessen wahren wollte. 1994 änderte Georgien seine Position und schloss sich der GUS an.

GEOGRAFIE

Georgien ist ein gebirgiges Land. Die Nordgrenze zu Russland bildet der Große Kaukasus. Die schneebedeckten Gipfel des verzweigten, von Schluchten und Tälern durchzogenen Gebirges reichen im Nordwesten bis an die Küste des Schwarzen Meeres. Die transkaukasische Senke trennt den Großen vom parallel verlaufenden Kleinen Kaukasus, dessen Ausläufer bis weit in die Türkei und Armenien hineinreichen. Die transkaukasische Senke wird vom Rioni im Westen entwässert, der durch die sumpfigen Ebenen der Kolchis-Niederung fließt und ins Schwarze Meer mündet. Die Kura im Osten kommt aus der Türkei, durchschneidet die Hochlandtäler südostwärts und fließt durch Aserbaidschan ins Kaspische Meer.

Die Gebirgslandschaft führt zu einer starken Differenzierung des Klimas. Im Allgemeinen sind die Winter im Gebirge kalt und es treten heftige Schneefälle auf, obwohl der Große Kaukasus den Zustrom kalter Luftmassen aus Russland abblockt. Die milden Winde, die vom Schwarzen Meer herüberwehen, sorgen in der Kolchis-Ebene für ein feuchtes, subtropisches Klima. Die Niederschlagsmengen nehmen nach Osten hin ab.

Etwa ein Drittel Georgiens ist bewaldet, der Bewuchs reicht von spärlichem Birkenbestand an Berghängen bis zu dichten Laubwäldern (Buchen, Eichen und Kastanien) in den tieferen Lagen. Im trockeneren Osten weicht der Wald dem Grasland. Die Tierwelt ist artenreich und umfasst seltene Arten, wie Braunbär, Luchs, Wolf und verschiedenes Rotwild z. B. kaukasische Hirsche. Steinböcke, Gämsen und verwandte Arten leben in den Hochgebirgslagen.

KULTUR UND GESELLSCHAFT

Die Georgier sind gleichermaßen stolz auf ihre Geschichte, die bis in die Antike zurückreicht, und auf ihre Sprache mit einem eigenen Alphabet. Schon die alten Griechen schätzten die fruchtbare und sagenumwobene Kolchis-Ebene an der georgischen Schwarzmeerküste. Ihr märchenhafter Reich-

Goldene Kornfelder erstrecken sich vor den Gebirgsausläufern der schneebedeckten Kaukasusgipfel in Westgeorgien. In dieser Region mit ihrem nahezu subtropischen Klima blüht die Landwirtschaft, in der u. a. Tee, Tabak, Blumen und Wein angebaut werden.

Kerzen werden im Gedenkgottesdienst entzündet. Das Christentum fasste in Georgien im 4. Jh. Fuß. Die georgisch-orthodoxe Kirche, eine der ältesten christlichen Religionen, setzte sich – zusammen mit der armenischen Kirche – in der vom Islam beherrschten Region durch.

tum bildete den Ursprung für die Legende vom Goldenen Vlies (dem goldenen Fell eines Widders). Tatsächlich benutzte man bis in die jüngste Vergangenheit Schafhäute, um Goldstaub aus den Flüssen zu waschen. Nachdem das Land zunächst unter griechischen und später unter römischen Einfluss geriet, trat es 330 zum Christentum über. Seit dieser Zeit haben sich die Georgier ihren christlich-orthodoxen Glauben und ein ausgeprägtes Nationalbewusstsein bewahrt, obwohl die Nachbarstaaten Persien und Türkei das Land jahrhundertelang unterdrückten.

Im 18. Jh. zerfiel Georgien in mehrere Fürstentümer, deren Landesherren Russland um militärischen Beistand ersuchten, das bald darauf überall die Macht übernahm. Ende des Jh. war Georgien zwar wieder vereinigt – aber unter russischer Herrschaft. Die Georgier entwickelten ein neues Nationalbewusstsein, das mit einem Wiederaufleben der Kunst und dem Erstarken sozialer Reformbewegungen eng verknüpft war. 1896 trat der junge Georgier Josef Dschugaschwili (1879-1953) einer marxistisch orientierten Gruppe bei und wurde später als Josef Stalin („der Stählerne") in der ganzen Welt bekannt.

Nach der Russischen Revolution von 1917 etablierte sich auch Georgien als unabhängiger Staat, doch schon 1921, nach einer kurzen britischen Besetzung im Bürgerkrieg, marschierte die Rote Armee ein und Georgien wurde eine Sowjetrepublik. In den folgenden Jahren bis in die 30er-Jahre hinein überzog

tionale Unabhängigkeitsbewegung in Georgien. Diese Bestrebungen wurden zuerst grausam unterdrückt. Im April 1991 erklärte der Oberste Sowjet Georgiens nach einem landesweiten Referendum die staatliche Unabhängigkeit und wählte Swiad Gamsachurdia (1939-1993) zum Präsidenten, dessen diktatorischer Regierungsstil das Land bald in einen bewaffneten Konflikt stürzte. Anfang 1992 floh Gamsachurdia außer Landes, und es wurde ein provisorischer Staatsrat unter Führung Eduard Schewardnadses (* 1928) eingesetzt. Gamsachurdia kehrte 1993 nach Westgeorgien zurück und schürte einen Aufstand gegen die Regierung, der mit russischer Hilfe niedergeschlagen wurde. 1992 führten die Unabhängigkeitserklärungen von Südossetien und Abchasien zu militärischen Auseinandersetzungen, in denen die georgischen Steitkräfte nur mit russischer Unterstützung im Frühjahr 1994 auch in Abchasien die Oberhand gewinnen konnten. Im November 1995 wählten die Georgier Schewardnadse erneut zum Präsidenten.

WIRTSCHAFT

Die Landwirtschaft beschäftigt mehr als ein Viertel der Erwerbstätigen. Hauptanbaukulturen sind vor allem Tee, Zitrusfrüchte, Tabak

gien im Gegensatz zu den anderen Sowjetrepubliken nicht so weit fortgeschritten, so dass die bäuerlichen Privatwirtschaften schnell wieder florierten.

Die Industrie basiert auf den reichen Mineral- und Energieressourcen des Landes. Kohle, Erdgas und Torf werden ebenso wie die Wasserkraft der Gebirgsflüsse für die Energiegewinnung genutzt. Der Bergbau fördert vorrangig Mangan, Buntmetalle und Metalle für die Stahlveredlung. Zu den traditionellen Industriezweige gehören die Stahlverarbeitung, der Lokomotiv- und Maschinenbau sowie die chemische Industrie. Die Vielfältigkeit der georgischen Kunst und Kultur zeigt sich besonders in der Ikonenmalerei, der Metallbearbeitung, in der Stickerei sowie in der Holz- und Steinschnitzerei. Obwohl die Gebirgslage den Ausbau der Infrastruktur behinderte, ist das Verkehrswesen gut entwickelt. Die Verbindungen zwischen den Schwarzmeerhäfen Batumi und Poti und dem dicht besiedelten Hinterland sind gut ausgebaut. Das Gesundheitswesen hatte bis 1991 einen hohen Standard, leidet heute aber besonders unter Versorgungsmängeln. Das Bildungsniveau ist hoch. Der Unterricht in Altgeorgisch half in weiten Teilen des Landes auch früher, die eigenen kulturellen Traditionen weiterzuentwickeln. Die militärischen Auseinandersetzungen nach der Unabhängigkeit führten zu einem Rückgang des Tourismus an der Schwarzmeerküste.

LANDESDATEN – GEORGIEN

Fläche 69 700 km²

Klima	**Höhe** m	**Temperaturen Januar** °C	**Juli** °C	**Jährlicher Niederschlag** mm
Tbilisi (Tiflis)	490	3	25	462

Geografische Merkmale höchster Berg: Schchara 5068 m; längster Fluss: Kura (Teil) 1510 km

Einwohnerzahl (1994) 5,7 Millionen

Staats- und Regierungsform Mehrparteiensystem; Republik; ein gesetzgebendes Organ

Streitkräfte Heer 20 000; Marine keine Angaben; Luftwaffe 200

Größte Städte Tbilisi (Hauptstadt – 1,3 Mio. Einw.); Kutaisi (238 000); Rustavi (162 000); Batumi (138 000)

Offizielle Landessprache Georgisch

Bevölkerungsgruppen Georgier 70,1%; Armenier 8,1%; Russen 6,3%; Aseri 5,7%; Osseten 3,0%; Abchasen 1,8%; sonstige 5,0%

Religionen Georgisch-Orthodoxe 65,0%; Russisch-Orthodoxe 10,0%; Muslime 11,0%; Armenisch-Orthodoxe 8,0%; sonstige 6,0%

Währung 1 Lari = 100 Tetri

Bruttosozialprodukt (pro Kopf 1993) US-$ 580

Bruttoinlandsprodukt (1993) US-$ 2,994 Mrd.

Lebenserwartung Männer 69,2; Frauen 76,7 Jahre

Ressourcen Kohle, Erdgas, Torf, Mangan, andere Metalle,

Armenien

REPUBLIK ARMENIEN

DAS HEUTIGE ARMENIEN IST EINE KLEINE landumschlossene Republik im südlichen Kaukasus. Die nationale Identität der Armenier hat ihre Wurzeln in einer vorchristlichen Zivilisation, die später von Mongolen, Türken und Persern beherrscht und nahezu vernichtet wurde.

Armenien grenzt im Norden an Georgien, im Osten an Aserbaidschan, im Süden an Iran und die aserbaidschanische Exklave von Nachitschewan und im Westen an die Türkei. Die Republik stellt Gebietsansprüche an die Exklave Berg-Karabach, die zu Aserbaidschan gehört.

LANDESDATEN – ARMENIEN

Fläche 29 800 km²

Klima	Höhe	Temperaturen Januar	Temperaturen Juli	Jährlicher Niederschlag
	m	°C	°C	mm
Erewan (Jerewan)	990	-6	26	318

Geografische Merkmale höchster Berg: Aragac 4090 m; längster Fluss: Aras (Teil) 914 km; größter See: Sewansee 1417 km²

Einwohnerzahl (1994) 3,5 Millionen

Staats- und Regierungsform Mehrparteiensystem; Republik; ein gesetzgebendes Organ

Streitkräfte Heer 32 700

Größte Städte Erewan (Hauptstadt – 1,2 Mio. Einw.); Gyumri (Kumairi, 123 000); Karaklis (169 000)

Offizielle Landessprache Armenisch

Bevölkerungsgruppen Armenier 93,0%; Aseri 3,0%; Russen 2,0%; sonstige 2,0%

Religionen Armenisch-Orthodoxe; Minderheiten der unierten Armenier und Muslime

Währung (seit 1994) 1 Dram = 100 Luma

Bruttosozialprodukt (pro Kopf 1993) US-$ 660

Bruttoinlandsprodukt (1993) US-$ 2,190 Mrd.

Lebenserwartung Männer 68,6; Frauen 75,6 Jahre

Ressourcen Kupfer, Zink, Molybdän, Agrarprodukte, Weintrauben/Wein, Wasserkraft

GEOGRAFIE

Armenien ist ein Gebirgsland und wird fast vollständig von den Ausläufern des Kleinen Kaukasus eingenommen, dessen Name über die Höhe seiner Gipfel täuscht. Zerklüftete und erloschene Vulkane sowie Lava-Plateaus, die von tiefen Schluchten durchzogen werden, prägen die Landschaft. Zudem ist das Land erdbebengefährdet, was zeigt, dass die Gebirgsbildung noch nicht abgeschlossen ist. Der höchste Gipfel ist der nordwestlich gelegene Aragac (4090 m). Weiter östlich liegt – etwa 2000 m über dem Meeresspiegel – der Sewansee. Westlich des Sees blicken die Gipfel des Gegam-Gebirges auf die Hauptstadt Erewan und das weite Ararat-Hochland, das der Aras durchströmt, der in südöstlicher Richtung die Grenze zur Türkei und Iran bildet, bis er schließlich in Aserbaidschan in die Kura mündet.

Es herrscht trockenes Kontinentalklima, in den Ebenen mit kurzen, kalten Wintern und langen, heißen Sommern. In den Bergregionen ist es kälter und es kommt zu weitaus härteren Wintern als in den übrigen Landesteilen.

Die Vegetation wird von Steppenlandschaften bestimmt, in denen trockenbeständige Gräser und Salbeibüsche in den tieferen Lagen wachsen und Schakale, Wildkatzen und auch Leoparden leben. Die Eichenwälder im Südosten gehen in Buchenwälder im feuchteren Nordosten über. Hier sind Eichhörnchen, Wölfe, Füchse und Braunbären vertreten. Das alpine Grasland in den höheren Gebirgslagen nutzen Wildziegen und Mufflons (Wildschafe) als Sommerweiden.

KULTUR UND GESELLSCHAFT

Die Armenier siedelten sich nach dem Zerfall des Hethiterreiches (etwa 1200 v. Chr.) in Kleinasien an und zogen bis zum 6. Jh. v. Chr. weiter nach Osten, um sich im Ararat-Hochland und in den benachbarten Gebieten niederzulassen. Dort – so berichtet die Legende – landete Noah mit seiner Arche und gründete die Stadt Erewan. Das Königreich von Urartu (wie Armenien damals hieß) erlebte vom 9. bis zum 6. Jh. v. Chr. seine Blütezeit und entwickelte sich zu einem der mächtigsten Staaten im Nahen und Mittleren Osten. 520 v. Chr. eroberten zuerst die Perser das Königreich, bis diese um 330 v. Chr. vor Alexander dem Großen (356-323 v. Chr.) zurückweichen mussten, der das Gebiet seinem Weltreich angliederte. Um 67 v. Chr. kam Armenien unter römische Herrschaft, die es zu einem Pufferstaat gegen das Partherreich, ihren östlichen Rivalen, ausbauten. 300 trat Armenien unter Tiridates III. zum Christentum über und wurde zu einem Bollwerk des christlichen Glaubens in Asien. Die folgenden Jahrhunderte waren einerseits von wechselnden Fremdherrschaften und grausamen Feldzüge gekennzeichnet: 1242 fielen die Mongolen in Armenien ein und verwüsteten das Land. 1468 kam es unter turkmenische Herrschaft, 1472 fiel es an Persien, das wiederum 1541 große Teile der eroberten Gebiete an das Osmanische Reich verlor. Andererseits kämpften die Armenier um den Erhalt ihrer staatlichen Unabhängigkeit und kulturellen Identität. In den Kriegswirren wurden sie über die ganze Welt zerstreut, aber nichts konnte ihr starkes Nationalgefühl und die engen Bindungen an ihre Armenische Kirche erschüttern.

Im 19. Jh., als das Russische Zarenreich sich auch in die Kaukasusregion auszudehnen begann, ersuchten die Armenier den Zaren, ihr Land von persischer und türkischer Herrschaft zu befreien. Bis 1829 hatte Russland die gesamte Region (das heutige Armenien und Aserbaidschan), außer Westarmenien, das weiterhin unter türkischer Herrschaft verblieb, erobert. In den folgenden Jahrzehnten blühte die armenische Kultur wieder auf, doch nach dem Russisch-Türkischen Krieg (1877-1878) setzte eine erneute Verfolgungswelle ein. 1915 deportierten die

Religiöse Heimstatt (*oben*). Die Kirche von Khor Virap im Schatten des Berges Ararat bezeichnet den Ort, an dem Gregor der Erleuchter (257-332) von König Tiridates III., den er später zum Christentum bekehrte, gefangen gehalten wurde.

Worte in Stein (links). Jugendliche stehen vor der Statue des St. Mesrop (etwa 350-440), dem Schöpfer der armenischen Schrift. Die Statue steht vor der Matenaradan-Bibliothek in Erewan, in deren Archiven eine Sammlung alter armenischer Handschriften aufbewahrt wird.

Türken über 1,75 Millionen Armenier aus Westarmenien, von denen etwa 600 000 ermordet wurden. Die Gründung der Armenischen Sowjetrepublik im Jahr 1920 verhinderte die türkische Besetzung der gesamten Region. 1921 gliederten die Sowjets Berg-Karabach und Nachitschewan (die größtenteils Armenier bewohnten) Aserbaidschan ein und bildeten ein Jahr später die Transkaukasische Föderative Sowjetrepublik, der Armenien, Aserbaidschan und Georgien angehörten.

1936 wurde Armenien wieder eine unabhängige Sowjetrepublik, allerdings verblieben Berg-Karabach und Nachitschewan bei

drückt wurden und in 80er-Jahren nach dem Zerfall der Sowjetunion gewaltsam wieder aufbrachen. Beide Republiken erklärten nach dem Zusammenbruch der UdSSR ihre staatliche Unabhängigkeit und traten 1991 der Gemeinschaft Unabhängiger Staaten (GUS) bei. Die Bestrebungen, eine Autonomie für Berg-Karabach zu vereinbaren, schlugen fehl und es kam 1992 zu bewaffneten Auseinandersetzungen. Die armenischen Streitkräfte besetzten Berg-Karabach und 1994 schlossen beide Parteien einen Waffenstillstand. Der militärische Konflikt spitzte die ohnehin angespannte Situation, die infolge der Umgestaltung der Wirtschaft und durch Versorgungsengpässe entstanden war, weiter zu.

Die übergroße Mehrheit der Bevölkerung sind Armenier, die auch unter muslimischer Herrschaft ihren christlichen Glauben bewahrt haben. Sie gehören entweder der armenisch-orthodoxen oder der kleineren armenisch-katholischen Kirche (unierte Armenier) an, die ihrerseits enge Beziehungen zu Rom unterhält.

WIRTSCHAFT

Die Landwirtschaft konzentriert sich vor allem in den Flusstälern des Aras und rund um Erewan und ist nach wie vor die wichtigste Einnahmequelle des Landes. Angebaut werden hauptsächlich Wein, Mandeln, Feigen und Oliven. Obst und Getreide wird vorrangig in den höheren Lagen angepflanzt. Die weiten Grasländer in den Bergen dienen der Viehzucht (Schafen, Ziegen und Rinder) als Weideland.

In der zweiten Hälfte des 20. Jh. wurden die großen Kupfer-, Zink- und Molybdänvorkommen erschlossen und verstärkt Wasserkraft zur Energieerzeugung genutzt. Auf dieser Grundlage entwickelte sich eine umfassende industrielle Basis. Zu den Hauptindustriezweigen gehören der Bergbau, die Metallurgie, der Maschinenbau und die chemische Industrie. Darüber hinaus werden Präzisionsgeräte, Textilien sowie hochwertige Weine und Spirituosen exportiert.

Im Dezember 1988 zerstörte ein Erdbeben die nordarmenischen Städte und richtete auch in der Wirtschaft große Schäden an. Die Hilfsleistungen für die Opfer und für den Wiederaufbau des Landes erschöpften die staatlichen Finanzreserven. Unter dem Zusammenbruch der Energieversorgung und den bewaffneten Auseinandersetzungen mit Aserbaidschan, das ein Ausfuhrverbot für Brennstoffe erließ, leidet besonders die armenische Bevölkerung. Weil die Energiever- [...]

Aserbaidschan

REPUBLIK ASERBAIDSCHAN

Aserbaidschan liegt an der Westküste des Kaspischen Meeres und nimmt das südöstliche Gebiet Transkaukasiens ein. Es grenzt im Norden an Russland und im Nordwesten an Georgien. Im Westen stößt es an Armenien und im Süden an den Iran. Zu seinem Territorium gehören weiterhin das autonome Gebiet von Berg-Karabach, auf das Armenien Ansprüche erhebt, und die Exklave Nachitschewan.

Aserbaidschan verließ die Gemeinschaft Unabhängiger Staaten (GUS) 1992, trat ihr 1993 erneut bei und unterhält enge Beziehungen zur Türkei.

GEOGRAFIE

Den nördlichen Landesteil nimmt der Große Kaukasus ein, der sich südostwärts bis zur Hauptstadt Baku erstreckt. Von der georgischen Grenze her schlängelt sich das Tal der Kura südostwärts durch die Gebirgsausläufer des Kaukasus und öffnet sich zu einer weiten Schwemmebene, die größtenteils unterhalb des Meeresspiegels liegt. An den Ausläufern des Kleinen Kaukasus liegen Nachitschewan und Westaserbaidschan, während das Talisch-Gebirge an der iranischen Grenze im Süden die Küstenlinie des Kaspischen Meeres überragt. Im östlichen Tiefland herrscht ein trockenes Steppenklima mit milden Wintern, heißen Sommern und Sommertrockenzeiten. Das Gebirge weist ein mehr kontinentales Klima mit kalten Wintern und heftigen Schneefällen auf. Im äußersten Südosten des Landes ist das Klima feuchtwarm. Die Vegetation reicht von Grassteppen in den östlichen Tiefländern über Waldgebiete in den Bergen bis zu Sumpfland im Kura-Delta am Kaspischen Meer im Südosten. An freilebenden Tieren kommen u. a. Leoparden, Gazellen und Erdhörnchen vor.

KULTUR UND GESELLSCHAFT

Die ersten Siedler waren Iraner und später gehörte Aserbaidschan für eine lange historische Periode zum Persischen Reich. Sowohl

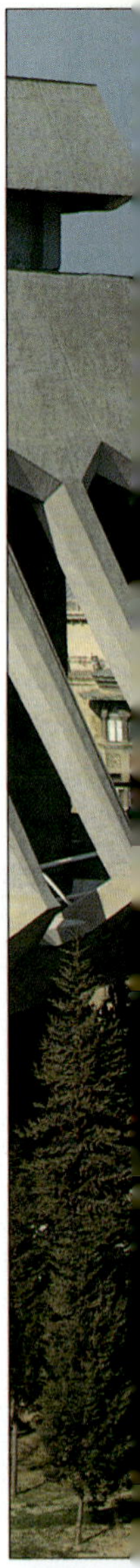

Ein kleines Mädchen aus Berg-Karabach (*oben*). – das hauptsächlich von Armeniern bewohnt wird – bietet Reisigbesen zum Verkauf an. Sie ist wie weitere tausende ein Opfer der Kämpfe zwischen Armeniern und Aserbaidschanern um den politischen Status des Gebiets.

Das Hafenviertel von Baku (*rechts*). Die aserbaidschanische Hauptstadt ist der wichtigste Hafen an der Westküste des Kaspischen Meeres. Ihre Industrie ist auf die Ausbeutung der nahe gelegenen Ölfelder ausgerichtet.

Olivenbäume auf urbar gemachtem Land (*unten*). Aserbaidschanische Bäuerinnen und Bauern beim Unkrautjäten in einem neu angelegten Olivenhain in der Nähe von Baku. Das Land wurde der Wüste und stillgelegten Ölfeldern abgerungen.

LANDESDATEN – ASERBAIDSCHAN

Fläche	86 000 km²
Klima	von subtropisch-feuchtem bis zu trocken-kontinentalem Klima
Geografische Merkmale	höchster Berg: Bazardüzü 4480 m; tiefster Punkt: Kaspisches Meer -28 m; längster Fluss: Kura (Teil) 1510 km
Einwohnerzahl	(1994) 7,7 Millionen
Staats- und Regierungsform	Mehrparteiensystem; Republik; ein gesetzgebendes Organ
Streitkräfte	Heer 49 000; Marine 3000; Luftwaffe 2000
Größte Städte	Baku (Hauptstadt – 1,1 Mio. Einw.); Gandja (281 000); Sumgait (235 000)
Offizielle Landessprache	Aseri
Bevölkerungsgruppen	Aseri 82,0%; Russen 7,0%; Armenier 5,0%; sonstige 6,0%
Religionen	mehrheitlich schiitische Muslime; Minderheiten von sunnitischen Muslimen und Christen
Währung	Manat (M), seit 1994)
Bruttosozialprodukt	(pro Kopf 1993) US-$ 730
Bruttoinlandsprodukt	(1993) US-$ 4,992 Mrd.
Lebenserwartung	Männer 67,0; Frauen 74,8 Jahre
Ressourcen	Erdöl, Erdgas, Eisenerz, andere Metalle, Baumwolle, Tabak, Weintrauben, Fischereiprodukte

die Aserbaidschaner als auch die Bewohner der iranischen Provinz Aserbaidschan sind Angehörige eines Turkvolks, das zusammen mit den Seldschuken im 11. Jh. große Teile Kleinasiens eroberte und sich später in Transkaukasien niederließ.

In den folgenden Jahrhunderten kämpften die Perser und Türken um Macht und Einfluss, bis schließlich Russland zu Beginn des 19. Jh. hier Fuß fasste. Der Vertrag von Turkmenchai 1828 teilte Aserbaidschan zwischen Persien (den Süden) und Russland (den Norden) auf.

In die Wirren des Ersten Weltkriegs und der Russischen Revolution von 1917 fiel der Versuch der Aserbaidschaner, eine unabhängige, antibolschewistische Republik zu gründen, der aber zunächst von den Türken und später durch die Rote Armee zunichte gemacht wurde. Gegen den starken Widerstand der Bevölkerung setzte die Sowjetmacht die Zwangskollektivierung der Landwirtschaft durch und verfolgte brutal alle Gegner des Regimes. 1922 wurde Aserbaidschan für kur-

Heute ist der Islam die vorherrschende Religion. Eine beachtliche christliche armenische Minderheit lebt überwiegend in der Exklave Berg-Karabach. 1988 brachen die Auseinandersetzung mit Armenien, das Gebietsansprüche erhebt, wieder aus und tausende Armenier flüchteten aus dem umkämpften Gebiet. Als die beiden Staaten 1991 unabhängig wurden, flammte der militärische Konflikt erneut auf und die Kämpfe hielten bis 1993 an. 1994 wurde ein Waffenstillstand geschlossen. Auch die Exklave Nachitschewan ringt um ihre Unabhängigkeit von Aserbaidschan.

Die demokratische Entwicklung in Aserbaidschan geht nur schleppend voran. Zu den ersten Präsidentenwahlen 1991 wurde nur ein Kandidat aufgestellt, 1992 putschten die Oppositionsparteien und setzten einen neuen Präsidenten ein, der 1993 wieder abtreten musste.

WIRTSCHAFT

Fischfang, der von den reichen Fischbeständen des Kaspischen Meeres (vor allem dem Stör, der den gepriesenen Kaviar liefert) lebt, wird durch die Gewässerverschmutzung stark beeinträchtigt. An Bodenschätzen sind Eisenerz, Buntmetalle, Erdgas und umfangreiche Erdölvorkommen vorhanden, die vor allem um Baku gefördert und weiterverarbeitet werden. Diese Region deckte einst die Hälfte des Weltbedarfs, weshalb sich Baku zu einem bedeutenden Industriestandort und zur fünftgrößten Stadt der Sowjetunion entwickelte. Darüber hinaus spielen die Eisen- und Stahlerzeugung, der Maschinenbau, die chemische und die Textilindustrie eine große Rolle. Bei einer konsequenten Anwendung marktwirtschaftlicher Prinzipien könnte Aserbaidschan seine Ressourcen effizienter nutzen und schneller höhere Einnahmen erzielen.

Das Schienen- und Straßennetz ist gut ausgebaut. Nur wenige Wasserwege können für die Binnenschifffahrt genutzt werden. Baku ist ein wichtiger Seehafen, der von Schiffen aus Russland, Zentralasien und aus dem Iran angelaufen wird.

Turkmenistan

REPUBLIK TURKMENISTAN

DIE WÜSTENREPUBLIK TURKMENISTAN liegt im südlichen Teil Mittelasiens und erstreckt sich von der Ostküste des Kaspischen Meeres bis zur afghanischen Grenze. Im Norden grenzt sie an Kasachstan und Usbekistan und im Süden an den Iran.

GEOGRAFIE

Das Land steigt im Westen steil aus dem Kaspischen Meer auf und erhebt sich zum Hügelland von Krasnowodsk. Südöstlich des Plateaus erstrecken sich die Berge des Kopet-Dag bis zur iranischen Grenze. Die erdbebengefährdete Region ist von einem Gürtel kleiner Oasen umgeben – einem bevorzugten Siedlungsgebiet, in dem die Hauptstadt Aschchabad liegt, die um die Jahrhundertwende noch ein einsamer Außenposten des Russischen Reiches war. 80 % der Landesfläche nehmen die schwarzen Sand- und Geröllabschnitte der Karakumwüste ein. In Richtung afghanischer Grenze steigt das Land wieder an und stößt im äußersten Osten auf die Ausläufer des Gissargebirges. Es herrscht im Allgemeinen arides Klima; Niederschläge treten eigentlich nur im südlichen Oasengürtel auf. Die Sommer sind heiß und die Winter kalt. Die Vegetation besteht hauptsächlich aus Pappeln und Weiden an den Flussufern sowie einem spärlichen Waldbestand im Kopet-Dag-Gebirge.

LANDESDATEN – TURKMENISTAN	
Fläche	488 100 km²
Klima	Kontinentalklima
Geografische Merkmale	höchster Berg: Firjusa 2942 m; längster Fluss: Amu-Darja (Teil) 2539 km
Einwohnerzahl	(1994) 4 Millionen
Staats- und Regierungsform	Mehrparteiensystem; Republik; zwei gesetzgebende Organe
Streitkräfte	Heer 28 000, unter gemeinsamer russisch-turkmenischer Kontrolle
Größte Städte	Aschchabad (Hauptstadt – 407 000 Einw.); Tschardschou (164 000)
Offizielle Landessprache	Turkmenisch
Bevölkerungsgruppen	Turkmenen 73,3%; Russen 9,8%; Usbeken 9,0; Kasachen 2,0%; sonstige 5,9%
Religionen	mehrheitlich sunnitische Muslime (87%)
Währung	1 Manat (TMM) = 100 Tenge
Bruttosozialprodukt	(pro Kopf 1993) US-$ 1650
Bruttoinlandsprodukt	(1993) US-$ 5,156 Mrd.
Lebenserwartung	Männer 61,6; Frauen 68,8 Jahre
Ressourcen	Erdöl, Erdgas, Kohle, Schwefel, Baumwolle, Wolle, Blei, Zink, Kupfer, Gold, Fischereiprodukte

KULTUR UND GESELLSCHAFT

Seit dem 9. Jh. lebten turkstämmige Nomaden in den Wüsten Mittelasiens. Die heutigen Turkmenen sind überwiegend Muslime und stammen wahrscheinlich von den Seldschuken und den Türken ab, die im 11. Jh. das Gebiet westlich des Kaspischen Meeres, heute Aserbaidschan und die Türkei, eroberten.

Zwischen den turkmenischen Stämmen herrschte große Rivalität, ein Umstand, den die russischen Truppen nutzten, als sie 1869 die Ostküste des Kaspischen Meeres erreichten. Aber es dauerte noch 30 Jahre und kostete in einer großen Schlacht 150 000 Turkmenen das Leben, ehe die Region dem russischen Turkistan einverleibt wurde. Nach der Russischen Revolution von 1917 kämpften die Turkmenen, zeitweilig von Großbritannien militärisch unterstützt, erneut um den Erhalt des unabhängigen Transkaspischen Staates. 1920 besetzte die Rote Armee das Land und proklamierte 1924 eine Turkmenische Sozialistische Sowjetrepublik.

Die Sowjetmacht einte zwar erstmalig die Turkmenen-Völker, die aber den antisowjetischen Guerillakrieg bis in die 30er-Jahre fortsetzten. Weitere Bestrebungen, ihre Selbstbestimmung durchzusetzen, gingen bis zum Zusammenbruch der Sowjetunion nicht in Erfüllung. Nach der staatlichen Unabhängigkeit 1991 trat Turkmenistan der Gemeinschaft Unabhängiger Staaten (GUS) bei. Seit 1990 regieren Präsident Saparmurad Nijasow (*1940) und die frühere kommunistische Partei das Land autokratisch. Alle Versuche, in Turmenistan demokratische Verhältnisse einzuführen, sind gescheitert. Nijasow ließ sich 1994 durch ein Referendum bis 2002 im Amt des Präsidenten bestätigen.

WIRTSCHAFT

Die Wirtschaft hängt wie in den anderen mittelasiatischen Republiken vom Baumwollanbau ab. Darüber hinaus wird Mais, Obst und Gemüse gezogen. Der Fischfang im Kaspischen Meer ist ebenfalls von Bedeutung, der Stör liefert delikaten Kaviar. Wichtig ist die Pferdezucht und Karakul-Schafzucht; die Schafe liefern die Wolle für die Herstellung der begehrten Buchara-Teppiche und Brücken, die weltweit verkauft werden.

Wanderdünen in Turkmenistans Karakumwüste. Die etwa 340 000 km² große Wüste besteht hauptsächlich aus trostlosen Ebenen und ein wenig Ackerland. Nur in einem kleinen Gebiet – weniger als 10 Prozent – finden sich diese riesigen, sichelförmigen Dünen.

Turkmenistan ist reich an Rohstoffen; dazu zählen u. a. Blei, Zink, Kupfer und Gold. Zudem verfügt es über große Erdöl- und Erdgasreserven sowie Schwefel- und Natriumsulfat. Die Erdöl- und die chemische Industrie sind im Westen des Landes konzentriert; weitere Industriezweige sind der Maschinenbau, die Textil- und die Nahrungsmittelindustrie. Erdöl und -gas werden über Pipelines in die Nachbarstaaten geliefert. Das Straßennetz ist nur zur Hälfte ausgebaut. Eine Eisenbahnverbindung führt vom Hafen Krasnowodsk über Aschchabad ins Landesinnere und von dort weiter nach Usbekistan. Der 800 km lange Karakum-Kanal ist der längste Bewässerungs- und Schifffahrtskanal der Welt und verläuft parallel zur Eisenbahnstrecke. Unter dem Sowjetregime wurde das Gesundheits- und Bildungssystem gut ausgebaut und der Bildungsstand der Bevölkerung erheblich gehoben. Amtssprache ist heute wieder Turkmenisch und die Moscheen sowie religiösen Einrichtungen – vom Sowjetregime nicht geduldet und vernachlässigt – wurden wieder eröffnet.

Usbekistan

REPUBLIK USBEKISTAN

DIE EHEMALIGE SOWJETREPUBLIK USBEKIStan liegt inmitten der Wüstengebiete Mittelasiens. Durch das Land verlief einst die sagenumwobene Seidenstraße nach China. Es grenzt im Norden an Kasachstan, im Süden an Turkmenistan und Afghanistan. Im Osten trennt Usbekistan ein kompliziertes Grenzsystem von Tadschikistan und Kirgistan.

GEOGRAFIE

Die nordwestliche Grenze verläuft über das Ustjurt-Plateau, in dessen östlichem Teil sich der salzige Aralsee befindet und an dessen südlichem Ende das Delta des Amu-Darja eingebettet ist. Von hier aus dehnt sich die riesige Sand- und Geröllwüste Kysylkum bis zu den Vorbergen der östlichen Gebirge aus. Im äußersten Osten, hinter der Hauptstadt Taschkent und dem Tschatkal-Gebirge, beginnt das fruchtbare Fergana-Becken.

In Usbekistan überwiegt ein Halbwüstenklima mit kurzen Wintern und starken Frösten in den Gebirgen sowie langen heißen und trockenen Sommern. Niederschläge fallen meist nur im Osten des Landes. Die Vegetation wechselt von Wüstensträuchern bis zu ausgedehnten Waldgebieten im Osten.

KULTUR UND GESELLSCHAFT

Obwohl die Usbeken türkischer Abstammung sind, erhielten sie ihren Namen von dem Mongolenherrscher Öz Beg, der von 1313 bis 1340 regierte und die Usbeken vermutlich auch zum Islam bekehrte. Im 15. Jh. zogen sie südwärts bis in ihr heutiges Territorium und gründeten ihre Khanate in dem Gebiet, das einst dem großen tatarischen Eroberer Tamerlan (1336-1405) gehörte. Im späten 19. Jh. eroberten die Russen die ganze Region, aber die heutigen Grenzen wurden erst 1924 festgelegt, als Usbekistan eine sozialisti-

reiche Konflikte resultieren. Nach der Auflösung der Sowjetunion 1991 trat Usbekistan der Gemeinschaft Unabhängiger Staaten (GUS) bei. Obwohl die Verfassung von 1992 mehrere Parteien zulässt, duldet die frühere kommunistische Partei unter Führung des Präsidenten Islam Karimow (* 1938), der 1995 für die Amtszeit bis zum Jahr 2000 wiedergewählt wurde, keine Oppositionsparteien.

WIRTSCHAFT

Durch ein umfassendes Bewässerungssystem der Plantagen gehört Usbekistan heute zu den führenden Baumwollproduzenten der Welt. Allerdings wurde dem Amu-Darja soviel Wasser entzogen, dass der Wasserspiegel des Aralsees dramatisch abgesunken ist und der Fischerei große Verluste entstanden. In den Oasengebieten wird Obst und Reis angebaut, während Getreidefelder vorrangig im Osten des Landes zu finden sind.

Usbekistan besitzt große Uranlagerstätten, Gold, Buntmetalle, Kohle und geringfügige Erdöl- und Erdgasvorkommen. Erdöl muss importiert werden. Wichtige Industriezweige sind die chemische, die Textilindustrie und der Maschinenbau.

Das Straßen- und Schienennetz ist gut ausgebaut und der internationale Flughafen von Taschkent ist eine wichtige Zwischenstation auf den Flügen von Europa nach Südostasien. Die mittelalterliche Architektur der islamischen Städte Samarkand, Buchara und Chiwa sind besondere Touristenattraktionen.

LANDESDATEN – USBEKISTAN

Fläche 447 400 km²

Klima	Höhe	Temperaturen Januar	Juli	Jährlicher Niederschlag
	m	°C	°C	mm
Taschkent	478	-2	26	375

Geografische Merkmale höchster Berg: Beschtor 4299 m; größter See: Aralsee (Teil) 66 500 km²

Einwohnerzahl (1994) 22,6 Millionen

Staats- und Regierungsform Mehrparteiensystem; Republik; ein gesetzgebendes Organ

Streitkräfte 45 000 (1994) Heer 35 000; Luftwaffe 2000

Größte Städte Taschkent (Hauptstadt – 2 Mio. Einw.); Samarkand (370 000); Buchara (228 000); Nukus (175 000)

Offizielle Landessprache Usbekisch

Bevölkerungsgruppen Usbeken 71,4%; Russen 8,3%; Tataren 2,4%; Kasachen 4,1%; Tadschiken 4,7%; sonstige 9,1%

Religionen mehrheitlich sunnitische Muslime (88,0%)

Währung 1 Sum (U.S.) = 100 Tijin

Bruttosozialprodukt (pro Kopf 1993) US-$ 970

Bruttoinlandsprodukt (1993) US-$ 20,425 Mrd.

Lebenserwartung Männer 65,3; Frauen 72,0 Jahre

Ressourcen Erdgas, Kohle, Uran, Silber, Gold, Kupfer, Blei, Zink, Wolfram, Molybdän, Baumwolle, Getreide, Viehwirtschaft, Agrarprodukte

Kein Mangel an Brot. Usbekische Marktfrauen bieten Vorübergehenden frisch gebackenes Fladenbrot an. Brot, ein Hauptbestandteil der Landesküche, wird traditionell zu den typisch usbekischen Speisen aus Reis, Hammelfleisch und Gemüse gereicht.

Tadschikistan

REPUBLIK TADSCHIKISTAN

DIE KLEINE GEBIRGSREPUBLIK TADSCHIKIStan liegt in Mittelasien und grenzt im Süden an Afghanistan, im Osten an China, im Norden an Kirgistan und im Nordwesten an Usbekistan.

GEOGRAFIE

Der größte Teil Osttadschikistans, der vom eisigen Massiv des Pamir-Gebirges beherrscht wird, liegt mehr als 3000 m über dem Meeresspiegel. Mit 7495 m erhebt sich im Pamir einer der beiden höchsten Gipfel aller GUS-Staaten – der Pik Kommunismus. Dem mächtigen Pamir nördlich vorgelagert sind das Trans-Alai-Gebirge und dessen Ausläufer, die sich von Kirgisien über Tadschikistan bis nach Usbekistan herüberziehen. Nördlich davon werden in dem fruchtbaren Fergana-Becken zahlreiche verschiedene exotische Früchte angebaut, wofür es auch berühmt ist. Im Südwesten fließen einige Flüsse südwärts in den Amu-Darja.

Das Klima ist kontinental mit kalten Wintern und langen heißen Sommern in den Gebirgstälern; in den höheren Lagen ist es spürbar kälter. In den Hochtälern, die an den Pamir stoßen, fallen reichlich Niederschläge, und das Wasser fließt von dort aus in die wesentlich trockeneren Regionen ab. Flora und Fauna variieren je nach Höhenlage.

LANDESDATEN – TADSCHIKISTAN	
Fläche	143 100 km²
Klima	Kontinentalklima
Geografische Merkmale	höchster Berg: Pik Kommunismus 7495 m; längste Flüsse: Amu-Darja (Teil) 2539 km; Vahš (Wachsch) 800 km
Einwohnerzahl	(1994) 6 Millionen
Staats- und Regierungsform	Mehrparteiensystem; Republik; ein gesetzgebendes Organ
Streitkräfte	3000, unterstützt von russischen Truppen
Größte Städte	Duschanbe (Hauptstadt – 582 000 Einw.); Hugand (Leninabad, 165 000)
Offizielle Landessprache	Tadschikisch
Bevölkerungsgruppen	Tadschiken 64,9%; Usbeken 25,0%; Russen 3,5%; sonstige 6,6%
Religionen	mehrheitlich sunnitische Muslime (80,0%)
Währung	1 Tadschikischer Rubel (R) = 100 Kopeken
Bruttosozialprodukt	(pro Kopf 1993) US-$ 470
Bruttoinlandsprodukt	(1993) US-$ 2,52 Mrd.
Lebenserwartung	Männer 65,9; Frauen 71,8 Jahre
Ressourcen	Blei, Zink, Gold, Uran, Eisenerz, Kohle, Erdöl, Erdgas, Wasserkraft, Baumwolle, Wolle, Viehzucht

KULTUR UND GESELLSCHAFT

Das Osmanische Reich hat die Sprachen und Kulturen fast aller Völker Mittelasiens in hohem Maße beeinflusst. Die ethnischen Wurzeln der Tadschiken gehen auf das alte Persien zurück, und noch heute sprechen sie eine Sprache, die mehr dem Persischen als dem Türkischen ähnelt.

Vom 16. bis zum 18. Jh. gehörte das Gebiet zum islamischen Emirat von Buchara, danach wurde es von den Afghanen überrannt. Seit dem 19. Jh. ist es Teil des Russischen Reiches. Seitdem gab es in Tadschikistan eine Widerstandsbewegung gegen die russische Vorherrschaft, die besonders in den 20er-Jahren wieder erstarkte. 1929 entstand die sozialistische Sowjetrepublik Tadschikistan.

Die tadschikische Bevölkerung ist ein Vielvölkergemisch zu dem u. a. auch Usbeken, Russen und Tataren gehören.

Die Zeit bis zur Unabhängigkeit 1991 überschatteten in Tadschikistan – vergleichbar den anderen Staaten der auseinanderfallenden Sowjetunion – vor allem ethnische Unruhen und Gewalt. 1992 mündete der Konflikt zwischen der kommunistisch geführten Regierung, die von der Russischen Föderation militärisch unterstützt wurde, und der überwiegend muslimischen Opposition in einen Bürgerkrieg. 1994 vereinbarten beide Seiten eine zeitweilige Waffenruhe, um die anstehenden Wahlen durchzuführen; die Kämpfe flammten 1995 erneut auf, als die russische Luftwaffe Rebellenstützpunkte in Afghanistan angriff.

Tadschikische Männer feiern die Beschneidung eines Jungen – ein Ritual, um in die islamische Religionsgemeinschaft aufgenommen zu werden. Die Sowjetmacht unterdrückte auch in den mittelasiatischen Republiken die Religionsausübung.

WIRTSCHAFT

Für die Landwirtschaft, den bedeutendsten Wirtschaftsbereich Usbekistans, ist das System der künstlichen Bewässerung überlebenswichtig. Baumwolle ist neben Getreide, Reis, Obst und Nüssen die Hauptanbaukultur. In der Viehwirtschaft dominiert die Schafzucht, die Wolle und Fleisch liefert. Das Land ist reich an mineralischen Rohstoffen. Es werden Uran, Eisenerz, Kohle, Erdöl und Erdgas gefördert.

Wasserkraftwerke erzeugen die für die Industrie notwendige Elektroenergie, wobei die Nahrungsmittel-, die Textilindustrie und der Maschinenbau von Bedeutung sind. Der Export von Teppichen ist nach wie vor eine wichtige Deviseneinnahmequelle.

Das Straßen- und Schienennetz ist z. T. unterentwickelt, und die entlegeneren Gebiete können oft nur mit dem Flugzeug erreicht werden. Zu den Nachbarstaaten bestehen regelmäßige Flugverbindungen. Das Gesundheits-, Sozial- und Bildungswesen ist nur in den Städten gut entwickelt.

Kirgistan

REPUBLIK KIRGISTAN

KIRGISTAN IST EINE GEBIRGSREPUBLIK IN Mittelasien. Sie stößt im Norden an Kasachstan, im Westen an Usbekistan, im Südwesten an Tadschikistan und besitzt im Südosten einen langen Grenzstreifen zu China.

GEOGRAFIE

Kirgistan wird durch das Tienschan-Gebirge geprägt, das längs der kirgisisch-chinesischen Grenze verläuft und mit dem Pik Pobedy (7439 m) im Alai-Gebirge im Westen, unweit der tadschikischen Grenze, seinen höchsten Punkt hat. Der andere Teil Kirgistans besteht aus einer Reihe parallel verlaufender Bergketten, die durch tiefe Flusstäler und -becken unterbrochen werden. Das tiefste Becken befindet sich im Nordosten, wo die klaren Wasser des Issyk-Kul-Sees von schneebedeckten Bergen umgeben werden. Im Westen öffnet sich das zentrale Fergana-Becken, das jedoch größtenteils in Usbekistan liegt.

Die höheren Gebirgsregionen bringen reichlich Niederschläge in die eher wüstenähnlichen Gebiete der Vorgebirge. Im Hochgebirge herscht ein nasskaltes Klima mit heftigen Schneefällen im Winter. Die Sommer in den Tälern und Becken sind dagegen heiß und trocken, aber das Schmelzwasser der Gebirgsgletscher sorgt für eine ausreichende Bewässerung der landwirtschaftlichen Nutzflächen in den trockeneren Becken. Die Vegetation reicht von Strauchlandschaft und Waldland bis zu alpinen Weiden im Gebirge. Das Tierleben in den Gebirgen ist besonders artenreich.

KULTUR UND GESELLSCHAFT

Die Herkunft der hauptsächlich muslimischen Kirgisen ist wissenschaftlich nicht belegt. Ihre Turksprache ähnelt dem Kasachischen, weshalb allgemein vermutet wird, dass beide Völker im 13. Jh. aus dem Nordosten kamen, um in der Gebirgsgegend vor den mongolischen Eindringlingen Zuflucht zu suchen. Das nomadische Hirtenleben der Landbevölkerung veränderte sich in den folgenden Jahrhunderten kaum, bis die Russen Kirgistan im 19. Jh. schrittweise kolonisierten, es 1876 annektierten und Russisch-Turkestan angliederten. Die großen Ländereien fielen an die Russen, die sich in den tiefer gelegenen, fruchtbaren Regionen angesiedelt hatten. Die Zwangskollektivierung nach der Russischen Revolution von 1917 veränderte unwiderruflich die bisherige traditionelle Lebensweise des kirgisischen Volkes. 1924 wurde die Region zuerst ein autonomes Gebiet und 1936 als Kirgisische Sowjetrepublik in die Sowjetunion eingegliedert. Den Widerstand gegen die sowjetische Zwangsherrschaft setzten vor allem die *Basmatschen* bis in die 30er-Jahre fort.

Heute stellen die Kirgisen etwas mehr als die Hälfte der Gesamtbevölkerung. Die größte nationale Minderheit nach den Russen bilden die Usbeken, die 1990 in gewaltsame Konflikte mit den Kirgisen verwickelt waren, als die tiefverwurzelten Spannungen zwischen den ethnischen Minderheiten mit dem Zerfall der Sowjetmacht wieder aufflammten. Auch die Kirgisen und die Tadschiken prallten wegen Grenzstreitigkeiten aufeinander. Im Juli 1991 bildete der Oberste Sowjet Kirgisiens eine eigene Präsidialregierung und die Republik Kirgistan trat der Gemeinschaft Unabhängiger Staaten (GUS) bei. 1994 wurde eine überarbeitete Verfassung verabschiedet und 1995 die ersten freien Wahlen für ein Zweikammerparlament abgehalten.

WIRTSCHAFT

Hauptzweig der Landwirtschaft ist die Viehzucht (Rinder, Schafe und Ziegen). Die Kirgisen, die für ihre Reitkunst bekannt sind, nutzen noch heute die Pferde für das Zusammentreiben und Hüten des Viehs. Die hochmechanisierte Landwirtschaft kann den Eigenbedarf an Getreide abdecken. Weiterhin werden Tabak, Baumwolle und Mohn (für die Opiumproduktion) angebaut.

Der Abbau fossiler Brennstoffe wie Kohle, Erdöl und Erdgas sowie der Einsatz der Wasserkraft für die Energieerzeugung beschleunigten die industrielle Entwicklung. Die Industrie verarbeitet vorrangig einheimische Rohstoffe, bedeutend sind vor allem die Lebensmittel-, Textil- und die Leder verarbeitende Industrie. Die Probleme im Kommunikationsnetz, bedingt durch die Gebirgslage, konnten durch den Ausbau des Straßennetzes teilweise gelöst werden. Das Gesundheits-, Sozial- und Bildungwesen war schon unter dem Sowjetregime gut ausgebaut und stand allen Bürgern offen.

LANDESDATEN – KIRGISTAN

Fläche	198 500 km²
Klima	Kontinentalklima
Geografische Merkmale	höchster Berg: Pik Pobedy 7439 m; längster Fluss: Syr-Darja (Teil) 2200 km
Einwohnerzahl	(1994) 4,6 Millionen
Staats- und Regierungsform	Mehrparteiensystem; Republik; zwei gesetzgebende Organe
Streitkräfte	Heer 12 000
Hauptstadt	Bischkek
Offizielle Landessprache	Kirgisisch
Bevölkerungsgruppen	Kirgisen 52,4%; Russen 21,5%; Usbeken 12,9%; Ukrainer 2,5%; Tataren 1,6%; sonstige 9,1%
Religionen	mehrheitlich sunnitische Muslime und eine christliche Minderheit
Währung	1 Kirgistan-Som (K.S.) = 100 Tyin
Bruttosozialprodukt	(pro Kopf 1993) US-$ 850
Bruttoinlandsprodukt	(1993) US-$ 3,915 Mrd.
Lebenserwartung	Männer 65,0; Frauen 73,0 Jahre
Ressourcen	Kohle, Erdöl, Erdgas, Gold, Quecksilber, Uran, Rinder, Schafe, Ziegen, Tabak, Baumwolle, Zuckerrüben, Getreide, Wasserkraft

Kasachstan

REPUBLIK KASACHSTAN

Die Republik Kasachstan ist der flächengrößte mittelasiatische Staat und zieht sich vom Kaspischen Meer im Westen bis nach China im Osten. Im Norden hat er eine langen Grenzstreifen zu Russland und stößt im Süden an Turkmenistan, Usbekistan und Kirgistan. Nach Russland ist Kasachstan die zweitgrößte ehemalige Sowjetrepublik und sie war ein einflussreiches Gründungsmitglied der 1991 entstandenen Gemeinschaft Unabhängiger Staaten (GUS).

LANDESDATEN – KASACHSTAN

Fläche 2 717 300 km²

Klima	Höhe	Temperaturen Januar	Temperaturen Juli	Jährlicher Niederschlag
	m	°C	°C	mm
Alma-Ata	775	-9	21	598

Geografische Merkmale höchster Berg: Khan-Tengri 6398 m; tiefster Punkt: Mangyschlak-Senke -132 m; längster Fluss: Irtysch (Teil) 4400 km

Einwohnerzahl (1994) 17,3 Millionen

Staats- und Regierungsform Mehrparteiensystem; Republik; ein gesetzgebendes Organ

Streitkräfte Heer 25 000; Luftwaffe 15 000

Größte Städte Alma-Ata (Hauptstadt – 1,1 Mio. Einw.); Karaganda (613 000); Simkent (438 000); Semipalatinsk (339 000); Petropawlowsk (245 000); Aktjubinsk (267 000)

Offizielle Landessprache Kasachisch

Bevölkerungsgruppen Kasachen 42,0%; Russen 38,0%; Ukrainer 5,4%; Tataren 2,0%; sonstige 12,6%

Religionen Muslime 47,0%, Russisch-Orthodoxe 44,0%; Protestanten 2,0%; sonstige 7,0%

Währung 1 Tenge = 100 Tijn

Bruttosozialprodukt (pro Kopf 1993) US-$ 1560

Bruttoinlandsprodukt (1993) US-$ 24,728 Mrd.

Lebenserwartung Männer 63,4; Frauen 72,9 Jahre

Ressourcen Kohle, Erdöl, Erdgas, Eisenerz, Bauxit, Kupfer, Nickel, Blei, Gold, Uran, Chrom, Getreide, Baumwolle

GEOGRAFIE

Weite Flächen Kasachstans sind flaches Land, das im Osten durch die Gebirgsketten des Altais und der Dsungarischen Alpen und im Südosten vom Tienschan unterbrochen wird. Der größte Teil von Ostkasachstan ist ein erodiertes Tafelland, das durch flache Mittelgebirge, Senken und Seen geprägt wird. Der Westteil ist tiefer gelegen, in seiner Mitte befindet sich das Aralsee-Becken und weiter westlich, hinter dem Mugodschary-Gebirge, liegt das Kaspische Meer.

Das Klima wird durch harte kalte Winter und heiße Sommer bestimmt. Es fallen in der Regel nur geringe Niederschläge. Mehr als zwei Drittel der Landesfläche bestehen aus Wüste und Halbwüste. Die Seen im Landesinnern und auch die Sümpfe in den Niederungen sind salzig. Einige Flüsse führen ständig Wasser. Die Grassteppen im Norden gehören zu den fruchtbarsten Regionen Kasachstans. Die artenreiche Tierwelt reicht von Wölfen, Bären und Luchsen bis zur Wüstenspringmaus, zu Eidechsen, Schlangen und Murmeltieren.

KULTUR UND GESELLSCHAFT

Das Land verdankt seinen Namen den Kasachen – turksprachigen Nomaden, die im 15. und 16. Jh. ein mächtiges Khanat in dieser Region errichteten. Im 18. und 19. Jh. zerfiel ihr Reich und die Russen annektierten allmählich das gesamte Gebiet. Ab 1861 siedelten sich in den fruchtbaren nördlichen Steppen freie russische und ukrainische Bauern an. Nach der Russischen Revolution von 1917 tobte im Land ein erbitterter Bürgerkrieg. 1936 wurde Kasachstan eine Unionsrepublik.

Das in den 30er-Jahren zunehmend repressiver regierende Sowjetregime zwang die traditionellen Nomadenvölker zur Kollektivierung und zum Aufbau riesiger Viehfarmen. Viele flohen nach China und Afghanistan. In den 50er- und 60er-Jahren wurden große Flächen der bisher unbebauten Region in Ackerland umgewandelt. Dieses „Neulandgewinnungsprogramm" wirkte sich katastrophal auf das ökologische Gleichgewicht aus. Außerdem errichtete das Sowjetregime in der kasachischen Wüste Abschussbasen für ihr Weltraumprogramm und schuf hermetisch abgeriegelte Gebiete für Atomwaffentests. Als die Macht des Sowjetregimes in den späten 80er-Jahren bröckelte, verstärkten sich im Land die antisowjetischen und nationalistischen Tendenzen. Die Weigerung Kasachstans, den Moskauer Militärputsch von 1991 anzuerkennen, war einer der Hauptgründe für den Zerfall der Sowjetunion. Kasachstan proklamierte im Dezember 1991 seine Unabhängigkeit. Aus den Wahlen von 1994 gingen die Anhänger Nursultan Nasarbajews (* 1940) als stärkste Kraft hervor. Seit 1995 die 94-er Wahlen für ungültig erklärt wurden, regiert Präsident Nasarbajew mit Sondervollmachten. Die Bevölkerung besteht zu annähernd gleichen Teile aus Kasachen und Russen, woraus Spannungen resultieren.

WIRTSCHAFT

Kasachstan besitzt große Kohle- und Ölreserven sowie bedeutende Eisenerz-, Bauxit-, Kupfer- und Nickellagerstätten. Die Industrialisierung wurde in der sowjetischen Ära auf Kosten der Umwelt vorangetrieben, wofür das Land heute einen hohen Preis zahlt. Hauptindustriezweige sind das Hüttenwesen, der Schwermaschinenbau und die chemische Industrie. In jüngerer Zeit entstanden neue Produktionstätten der Elektronik, Pharmazie und Nahrungsmittelindustrie.

Die Landwirtschaft beschäftigt etwa 50 % der Erwerbstätigen. Durch die Neulandgewinnung der 50er-Jahre entwickelte sich Kasachstan zu einem Hauptgetreidelieferanten. Die traditionelle Schaf- und Pferdezucht fiel auf den zweiten Platz zurück. Obst, Gemüse und Reis werden in den wärmeren Tälern des Südostens angebaut.

Ein kasachischer Hirte. In Kasachstan leben etwa zweihunderttausend nomadisierende Hirten, die, wie vor ihnen die Tataren, die Jurten (zusammenfaltbare Wohnstätten) auf ihre Pferde verladen und mit ihren Herden von Weide zu Weide ziehen.

Mongolei

REPUBLIK MONGOLEI

DIE MONGOLEI IST EINE GROSSE, LANDUMschlossene Republik und grenzt im Süden an China und im Norden an Russland. Sie wird auch als „Äußere Mongolei" bezeichnet, um sie von der Inneren Mongolei, einer autonomen Region Chinas, zu unterscheiden.

GEOGRAFIE

Der größte Teil des Landes liegt mehr als 1000 m über dem Meeresspiegel. Die höchsten Gipfel befinden sich im Altai-Gebirge, im Zentralmassiv des Changai- und im Chentij-Gebirge, das sich von der Hauptstadt Ulan Bator her nordostwärts erstreckt. Weite Regionen sind erdbebengefährdet. Fast vier Fünftel der Landesfläche bedeckt trockene Grassteppe, der übrige Teil besteht vor allem aus kalter, trockener Wüstenlandschaft. Im Süden der Mongolei breitet sich die steinige Wüste Gobi mit flachen Bergketten aus. Der Waldbestand der Mongolei beträgt weniger als ein Zehntel ihrer Landesfläche, und Wälder finden sich vor allem an den Hängen der nördlichen Gebirge. Die Winter sind lang und extrem kalt, mit Schnee in den höheren Lagen. Die meisten der geringen Niederschläge fallen im Juli und August. Die Mongolei hat eine reiche Tierwelt: Luchse, Bären und Rotwild leben in den nördlichen Regionen, während in den Steppen Steinböcke und Gazellen vertreten sind. Die Schneeleoparden des Altai sind vom Aussterben bedroht.

Ein buddhistischer Mönch – burgunderfarbig gekleidet – im Kloster Erdeni Dzuu in der zentralen Mongolei südwestlich der Hauptstadt Ulan Bator. Im 13. Jh. führten tibetanische Mönche den Buddhismus auf Wunsch von Godan Khan, des Enkels Dschingis Khans, in der Mongolei ein.

KULTUR UND GESELLSCHAFT

Über tausende von Jahren war die Mongolei von nomadisierenden Völkern aus Mittelasien und dem Süden Sibiriens besiedelt. Im 13. Jh. einte sie der kriegerische Dschingis Khan (1162-1227) und errichtete ein riesiges Imperium, das sich über China und große Teile Mittelasiens und Russlands erstreckte. 1368 brach das Reich zusammen und die Mongolei geriet unter chinesische Herrschaft.

Nach dem russischen Bürgerkrieg (1918-1922) konnten die Chinesen aus der Äußeren Mongolei vertrieben werden und 1924 gründete sich die Mongolische Volksrepublik, die seitdem eng mit der Sowjetunion verbunden war. Es entstand ein Gesellschaftssystem nach sowjetischem Muster unter der Herrschaft eines Einparteiensystems. Als der sowneue Verfassung verabschiedet und ein Jahr später fanden die ersten freien Wahlen statt. Die Mehrzahl der Bevölkerung setzt sich aus Mongolen zusammen; Kasachen bilden die größte Minderheit. Die Religionsausübung wurde durch das kommunistische Regime behindert. Traditionen wie Ringen, Bogenschießen und Pferderennen blieben erhalten.

WIRTSCHAFT

Das weite Grasland ermöglicht eine umfangreiche Viehhaltung (Schafe, Rinder, Ziegen und Pferde). Ackerbau wird in geringem Umfang betrieben. Die Wälder liefern Rundholz für den privaten Verbrauch und für die Industrie. Das Land ist reich an Kohlevorkommen (ein Hauptenergieträger), Fluorit, Kupfer, Molybdän und weiteren metallischen Erzen. Die Industrie verarbeitet in erster Linie Rohstoffe. Erze und tierische Produkte sind Hauptexportgüter; Maschinen und Konsumgüter werden importiert. Haupthandelspartner sind die Länder der früheren Sowjetunion. Die Transmongolische Bahn hat Anschluss an die Transsibirische und die chinesische Bahn. Nur wenige Straßen sind asphaltiert, und im Süden des Landes dienen nach wie vor Kamele zur Beförderung. Die Hauptstadt Ulan Bator besitzt einen internationalen Flughafen. Der Staat gewährt kostenlose Leistungen des Gesundheits-, Sozial- und Bildungswesens. Der Bildungsstand der Bevölkerung ist hoch ; die meisten Kinder absolvieren eine 8- bis 10-jährige Schulausbildung.

LANDESDATEN – MONGOLEI

Fläche 1 566 500 km²

Klima	**Höhe** m	**Temperaturen Januar** °C	**Juli** °C	**Jährlicher Niederschlag** mm
Ulan Bator	1337	-26	16	209

Geografische Merkmale höchster Berg: Hüyten (Nayramdal) 4374 m; längster Fluss: Selenga 1000 km

Einwohnerzahl (1994) 2,4 Millionen

Staats- und Regierungsform Mehrparteiensystem; Republik; ein gesetzgebendes Organ

Streitkräfte Heer 20 000; Luftwaffe 1250

Hauptstadt Ulan Bator (575 000 Einw.)

Offizielle Landessprache Chalcha-Mongolisch

Bevölkerungsgruppen Mongolen (Chalcha 77,5%; Dörbet 1,5%; Bajad 2,0%; Burjaten 1,9%; Dariganga 1,5%); Kasachen 5,3%; sonstige 9,0%

Religionen Schamanen, Buddhisten, Muslime

Währung 1 Tugrik (Tug.) = 100 Mongo

Bruttosozialprodukt (pro Kopf 1993) US-$ 390

Bruttoinlandsprodukt (1993) US-$ 539 Mio.

Lebenserwartung Männer 63,9; Frauen 68,5 Jahre

Ressourcen Erdöl, Kohle, Kupfer, Wolfram, Molybdän, Phosphate, Zinn, Nickel, Zink, Gold, Viehwirtschaft

Naher und Mittlerer Osten

LÄNDER DER REGION

TÜRKEI · SYRIEN · LIBANON · ISRAEL

JORDANIEN · IRAK · KUWAIT · IRAN · JEMEN

AFGHANISTAN · SAUDI-ARABIEN · BAHRAIN · KATAR

VEREINIGTE ARABISCHE EMIRATE · OMAN

Luxus in einem Wüstenland (*links*). Wasser ist eine der wertvollsten Ressourcen im Nahen Osten. Hier tränkt

Türkei

REPUBLIK TÜRKEI

Die Türkei liegt auf zwei Kontinenten und verbindet Europa mit Asien jenseits der schmalen Meerengen des Bosporus und der Dardanellen. Der europäische Teil (Thrakien), nördlich des Marmarameeres, grenzt an Bulgarien und Griechenland. Der asiatische Teil, von dem große Abschnitte auch als Anatolien oder Kleinasien bekannt sind, stößt im Süden und Südosten an Syrien und den Irak, im Osten an den Iran und an Armenien und im Nordosten an Georgien. Die Küsten werden im Norden vom Schwarzen Meer, im Westen vom Ägäischen Meer und im Süden vom Mittelmeer umspült.

LANDESDATEN – TÜRKEI

Fläche 779 452 km²

Klima	**Höhe** m	**Temperaturen Januar** °C	**Temperaturen Juli** °C	**Jährlicher Niederschlag** mm
Ankara	861	0	23	367
Izmir	28	8	27	700

Geografische Merkmale höchster Berg: Ararat 5165 m; längster Fluss: Kizilirmak 1150 km (Euphrat und Tigris entspringen auch in der Türkei); größter See: Vansee 3675 km²

Einwohnerzahl (1994) 62,1 Millionen

Staats- und Regierungsform Mehrparteiensystem; Republik; ein gesetzgebendes Organ

Streitkräfte Heer 393 000; Marine 54 000; Luftwaffe 56 800

Größte Städte Istanbul (6,4 Mio. Einw.); Ankara (Hauptstadt – 3 Mio.); Izmir (2,7 Mio.); Adana (1,4 Mio.); Bursa (1 Mio.)

Offizielle Landessprache Türkisch

Bevölkerungsgruppen Türken 80,0%; Kurden 20,0%

Religionen sunnitische Muslime 99,2%; Christlich-Orthodoxe 0,3%; sonstige 0,5%

Währung 1 Türkisches Pfund (Türkische Lira, TL) = 100 Kuruş (Krş)

Bruttosozialprodukt (pro Kopf 1993) US-$ 2970

Bruttoinlandsprodukt (1993) US-$ 156,413 Mrd.

Lebenserwartung Männer 68,6; Frauen 73,4 Jahre

Ressourcen Eisen, Aluminium, Kupfer, Kohle, Weizen, Gerste, Reis, Tabak, Zuckerrüben, Tee, Oliven, Weintrauben, Feigen, Haselnüsse, Baumwolle, Wasserkraft, Tourismus

GEOGRAFIE

Häufige Erdbeben, Geysire und andere vulkanische Erscheinungen zeugen davon, dass es sich um ein tektonisch aktives Gebiet handelt.

Der europäische Teil wird durch wellige, fruchtbare Ebenen, die von niedrigen Bergen umgeben werden, charakterisiert. Westanatolien, auf der asiatischen Seite, wird von langen Bergrücken durchzogen, die durch tiefe Täler getrennt sind. Südlich des zentralen anatolischen Hochlandes ziehen sich die drei Hauptketten des Taurus am Mittelmeer entlang. Weiter im Osten steigt das Land zum Ararat-Hochland an. Im Südwesten liegt der Vansee.

Die jährlichen Niederschläge erreichen an der Schwarzmeerküste – dort sind die Temperaturen das ganze Jahr über relativ hoch – 2500 mm. Die zentralen Hochländer im Landesinneren sind halbarid. Im gebirgigen Osten können die Schneefälle im Winter mehrere Monate anhalten.

Dichtes Buschwerk bedeckt den Süden an der Mittelmeerküste und den Westen des Landes. An der Schwarzmeerküste liegen dichte Wälder, während das trockenere Landesinnere steppenartiges Grasland überzieht. In den Wäldern findet man noch Bären und Rothirsche und farbenprächtige Flamingoschwärme bevölkern viele Seen.

KULTUR UND GESELLSCHAFT

Kleinasien hat den Aufstieg und den Fall großer Imperien erlebt. Im frühen 20. Jh. war die Türkei jedoch ein schwaches und verarmtes Land. Kemal Atatürk, der erste Präsident des Landes, schuf die Grundlagen für eine moderne Nation.

Die Ankunft der zur indoeuropäischen Sprachfamilie gehörenden Hethiter aus Zentralasien etwa 1900 v. Chr. war der Beginn des ersten großen anatolischen Imperiums. Im 6. Jh. v. Chr. ging Anatolien im Perserreich auf. Alexander der Große (356-323 v. Chr.) brachte das Gebiet unter griechische Kontrolle, bevor es im 1. Jh. v. Chr. an das Römische Reich fiel.

Im 11. Jh. eroberten muslimische Seldschuken – Turkvolkherrscher aus dem Osten – ganz Kleinasien. Osman I. (um 1259-1326), der Herrscher von Nordwestanatolien, wird traditionsgemäß als der Begründer des Osmanischen Reiches betrachtet. Im späteren 15. Jh. eroberten die Osmanen die alte römische Hauptstadt Konstantinopel, benannten sie in Istanbul um und nahmen große Teile Kleinasiens in Besitz. Spätere Herrscher, besonders Süleiman der Große (1494-1566), schoben die Grenzen des Reiches weiter in

Europa und Asien überbrückend (*oben*), hat Istanbul eine besondere strategische Bedeutung am Eingang zum Schwarzen Meer und kontrolliert eine wichtige Schifffahrtsroute. Zu den besonderen Attraktionen zählen der bunte Basar, der Topkapi-Palast, die großen römischen See- und Landmauern und die unterirdischen Zisternen.

Gewaltige Ruinen auf dem Berg Nemrut (*unten*) im Osten der Türkei. Antiochos I. von Kommagene (69-34 v. Chr.) ließ riesige Götter- und Königsstatuen errichten, um „sich selbst und die Götter zu preisen".

Die Terrassen von Pamukkale *(rechts)* in der Westtürkei fallen etwa 90 m ab. Das heiße, mineralreiche Quellwasser, das den Hang herabfließt, verdunstet sehr schnell und lässt fantasievolle Ablagerungen entstehen.

den Nahen Osten, nach Nordafrika und Europa vor.

Zum Ende des 19. Jh. begann das Osmanische Reich zu zerfallen und die Niederlage in den Balkankriegen führte die europäischen Gebiete der Türkei auf ihre heutige Größe zurück. 1918, nach dem Ersten Weltkrieg, wurde das Osmanische Reich unter den Siegermächten aufgeteilt. Inzwischen hatte die nationalistische Bewegung unter Führung Mustafa Kemals in Ankara ihre Regierung errichtet. Als erster türkischer Präsident gestaltete Kemal, der inzwischen den Namen Atatürk („Vater der Türken") angenommen hatte, das Land um und richtete die Gesellschaft nach Westen aus.

1951 trat die Türkei der Nordatlantischen Verteidigungsorganisation (NATO) bei. Der bis heute schwelende Konflikt mit Griechenland in der Zypernfrage ist ein Hindernis bei der Verwirklichung des türkischen Wunsches, Mitglied der Europäischen Union (EU) zu werden. 1980 fand ein Militärputsch statt, ab 1983 wurden jedoch die politischen Parteien wieder zugelassen. In den späten 80er-Jahren nahmen die Aufstände unter der kurdischen Bevölkerung der östlichen Provinzen zu. Die Situation spitzte sich 1991 durch den Golfkrieg gegen den Irak weiter zu. In Über-

gravierende Folgen hatten. Als kurdische Flüchtlinge aus dem Irak über die Grenze kamen, war die Türkei genötigt, ausgerechnet denen zu helfen, die sie seit langem als eine gefährliche Minderheit betrachtet.

Nach der Verfassung von 1982 werden die 450 Mitglieder der Großen Nationalversammlung über ein Verhältniswahlsystem für eine Amtszeit von 5 Jahren gewählt. Die exekutive Macht liegt beim Präsidenten.

Der größte Teil der Bevölkerung sind türkisch sprechende sunnitische Muslime. Kurdische Gemeinschaften im Südosten bilden die einzige große Minderheit. Seit 1984 kämpft die Türkei gegen kurdische Separatisten und griff 1995 auch Guerillastützpunkte im Irak an.

WIRTSCHAFT

Die wirtschaftliche Entwicklung der Türkei wurde verlangsamt, da sie Brennstoffe und Nahrungsmittel importieren musste. Die umfangreiche Bewässerung in den küstennahen

ernten. Diese und andere begehrte Erzeugnisse wie Baumwolle, Tee und Tabak sichern der Landwirtschaft gute Exportergebnisse.

Eisen-, Aluminium- und Kupfererz sind die wichtigsten Rohstoffe für die einheimische Industrie. Kohle wird im Land abgebaut, Erdöl muss jedoch in großen Mengen eingeführt werden. 50 % der Elektroenergie liefern Wasserkraftwerke. Die Textilindustrie stellt Garn, Kunstfasern, Brücken (aus einheimischer Baumwolle) und Teppiche (aus Wolle) her und erzielt etwa ein Drittel der Exporterlöse. Die Tourismusbranche expandiert. Die Türkei hat das beste Straßen- und Eisenbahnnetz im Nahen Osten. Istanbul ist der größte Hafen des Landes. Die staatliche Fluggesellschaft „Turk Hava Yollar" fliegt fast alle internationalen und Inlandflughäfen an.

Das Sozialversicherungssystem enthält die Krankenversicherung und die Rentenzahlungen. Die Gesundheitsfürsorge ist für Bedürftige kostenlos. In den Städten herrscht Wohnungsnot. Die unentgeltliche Ausbildung umfasst den Grundschulbesuch sowie den

Syrien

SYRISCHE ARABISCHE REPUBLIK

SYRIEN LIEGT AN DER OSTSEITE DES MITTELmeeres. Im Norden grenzt es an die Türkei, im Osten an den Irak, im Süden an Jordanien, im Südwesten an Israel, im Westen an den Libanon und das Mittelmeer. Seit seine Grenzen von den westlichen Alliierten nach dem Ersten Weltkrieg neu gezogen wurden, spielt das Land eine führende Rolle im Nahen Osten. Der ausgeprägte arabische Nationalismus seiner Regierungen stürzte Syrien in häufige Konflikte mit seinen Nachbarstaaten, vor allem mit Israel.

GEOGRAFIE

Syriens Mittelmeerküste erstreckt sich über etwa 180 km von der Türkei bis zum Libanon und ist eines der fruchtbarsten und dichtbesiedeltsten Gebiete des Landes.

Landeinwärts liegen die Berge des Djebel el-Ansarije. Hinter dem Gebirge fließt der Asi (Orontes) durch den tiefen Syrischen Graben. Die gebirgige Landschaft setzt sich entlang der libanesischen Grenze bis zu den Golanhöhen im Südwesten fort, die gegenwärtig von Israel besetzt sind. Nach Norden und Osten breitet sich ein weites, halbwüstenartiges Tafelland aus, das im Südosten vom Euphrat durchzogen wird und in die syrische Wüste übergeht.

Das Klima ist im Allgemeinen trocken, mit heißen Sommern und milden Wintern. Regen fällt im westlichen Hochland meist zwischen September und Mai, was aber von Jahr zu Jahr stark variiert. Im Sommer treten oft Dürreperioden auf und es wehen heiße trockene *Kamsin*-Winde von der Wüste her.

Die Vegetation wechselt von Wüstenpflanzen im Osten und trockenem Grasland im Norden zu mediterranem Maquis im Westen und Wäldern im Gebirge.

In den entlegenen Wüstengegenden leben Schakale, Gazellen, Jerboas (Wüstenratten) und Eidechsen. In den Gebirgswäldern sind u. a. Wildschweine, Wölfe, Dachse und Stachelschweine sowie einigen Singvogelarten beheimatet.

KULTUR UND GESELLSCHAFT

Gelegen an den uralten Handels- und Heerstraßen zwischen dem Mittelmeer und Mesopotamien (dem heutigen Irak), war Syrien seit etwa 2000 v. Chr. ein Teil Akkads – einer der ältesten Zivilisationen der Welt. Später wurde es eine Provinz der Ägypter, der Hethiter, der Assyrer und der Babylonier. Die Perser wurden von Alexander dem Großen (356-323 v. Chr.) vertrieben und seine Nachfolger brachten die griechische Kultur ins Land. 64 v. Chr. wurde Syrien eine römische Provinz. Ab 395 wurde Syrien von Konstantinopel, der Hauptstadt des Oströmischen Reiches, regiert, bis es 634 von muslimischen Arabern überrannt wurde. Unter der Dynastie der Umayyaden-Kalifen konvertierten viele Syrer zum Islam und Damaskus wurde das politische und kulturelle Zentrum der islamischen Welt. Im 11. Jh. fiel das Gebiet an die türkischen Seldschuken und Syrien wurde zum Schlachtfeld in den Auseinandersetzungen zwischen den christlichen Kreuzfahrern und den Muslimen. Im 12. Jh. eroberten die Kreuzfahrer große Teile Syriens, sie wurden aber schon 1187 durch den ägyptischen Sultan Saladin (um 1138-1193) vertrieben. Die Nachfahren Saladins, die Ayyubiden und deren Nachfolger, die Mamelucken, herrschten bis zur Eroberung durch die osmanischen Türken 1516 in ganz Syrien.

Nach der Niederlage der Türkei im Ersten Weltkrieg wurde Syrien 1920 französisches Mandatsgebiet und seine gegenwärtigen Grenzen festgelegt. Im Zweiten Weltkrieg kontrollierte kurzzeitig das prodeutsche französische Vichy-Regime Syrien, das jedoch von dem gemeinsamen Expeditionskorps Großbritanniens und des Freien Frankreich

Der Hof einer Moschee (*oben*) im Herzen der syrischen Hauptstadt Damaskus. Die Stadt ist seit 2500 v. Chr. ununterbrochen bewohnt. Wichtige Wirtschaftszweige sind die Weberei und die Metallverarbeitung.

Die Dächer aus Lehmziegeln (*unten*) in einer ländlichen Siedlung bei Haleb resultieren aus der Holzknappheit. Obwohl viele Landarbeiter auf der Suche nach Arbeit in die Städte gezogen sind, lebt etwa die Hälfte der arbeitenden Bevölkerung Syriens von der Landwirtschaft.

LANDESDATEN – SYRIEN

Fläche 185 180 km²

Klima	**Höhe**	**Temperaturen Januar**	**Juli**	**Jährlicher Niederschlag**
	m	°C	°C	mm
Damaskus	720	7	27	225

Geografische Merkmale höchster Berg: Hermon 2814 m; längster Fluss: Euphrat (Teil) 2720 km

Einwohnerzahl (1994) 14,9 Millionen

Staats- und Regierungsform Mehrparteiensystem; Republik; ein gesetzgebendes Organ

Streitkräfte Heer 300 000; Marine 8000; Luftwaffe 40 000

Größte Städte Damaskus (Hauptstadt – 1,4 Mio. Einw.); Aleppo (1,3 Mio.); Homs (464 000); Latakia (258 000)

Offizielle Landessprache Arabisch

Bevölkerungsgruppen Araber 88,8%; Kurden 6,3%; sonstige 4,9%

Religionen Muslime 89,6%; Christen 8,9%; sonstige 1,5%

Währung 1 Syrisches Pfund (syr£) = 100 Piastres (PS)

Bruttosozialprodukt (pro Kopf 1993) US-$ 1110

Lebenserwartung Männer 65,4; Frauen 67,6 Jahre

Ressourcen Erdöl, Phosphate, Eisenerz, Marmor, Gips, Chrom, Mangan, Baumwolle, Zuckerrüben, Linsen, Oliven, Tabak, Häute und Felle, Wasserkraft

bald verjagt wurde. Die Franzosen verließen erst 1946 das Land, als es unabhängig wurde. Drei Jahre später wurde die Zivilregierung gestürzt und 1963 übernahm die Arabische Sozialistische Erneuerungspartei (Baath-Partei) nach einer Serie von Militärputschen und der kurzen Phase der Vereinigung mit Ägypten (1958-1961) die Macht. Das Baath-Regime hat sich trotz innerer Unruhen und Konflikte mit ausländischen Staaten bis heute halten können. Das Land hat durch Israel im Sechstagekrieg von 1967, als Israel die Golanhöhen besetzte, und im Jom-Kippur-Krieg von 1973 schwere Niederlagen hinnehmen müssen. 1975 wurde Syrien in den libanesischen Bürgerkrieg verwickelt, was zu weiteren Zusammenstößen mit Israel geführt hat, bis 1992 im Libanon eine zerbrechliche Stabilität geschaffen werden konnte. Im Golfkrieg von 1991 schloss sich Syrien der Militärkoalition gegen seinen alten Rivalen Irak an und verbesserte so seine zuweilen gestörten Beziehungen zum Westen.

Hafez el-Assad (* 1928) ist seit 1971 Syriens Präsident. Der Präsident, der für eine Amtsperiode von sieben Jahren gewählt wird, er-

nalen Fortschrittsfront zusammengeschlossen, die ihrerseits von der Baath-Partei beherrscht wird. Obwohl die Verfassung von 1973 Syrien als „volksdemokratischen und sozialistischen Staat" definiert, werden die Wahlen von den Baath-Partei kontrolliert.

Neben kurdischen Gemeinschaften im Norden (von denen viele nicht mehr kurdisch sprechen) besteht die Bevölkerung vorwiegend aus arabisch sprechenden Arabern. Sunnitische Muslime (zu denen auch die Kurden gehören) stellen die größte religiöse Gruppe, dennoch bleibt die politische Macht im Wesentlichen in den Händen der „Alawiten" – einer schiitischen Geheimsekte –, der die Führer der Baath-Partei angehören. Es gibt weitere zahlreiche religiöse Minderheiten, darunter muslimische Drusen und einige christliche Konfessionen, unter denen die griechisch-orthodoxe Kirche die stärkste ist.

WIRTSCHAFT

Die Wirtschaft, die unter den Militärausgaben, die etwa zwei Drittel des Budgets ausmachen, leidet, ist trotz des seit dem Zweiten

Die Landwirtschaft konzentriert sich entlang der Küste und in den Flusstälern des Asi und Euphrats; aber auch der Bewässerungsfeldbau ist von Bedeutung. Baumwolle ist die Gewinn bringende Kultur; außerdem werden Zuckerrüben, Linsen, Oliven, Getreide und Tabak angebaut. Als Weideland dienen künstlich angelegte Terrassen, die das Regenwasser auffangen, diese Methode ist etwa 4000 Jahre alt. Es gibt viele mineralische Rohstoffe. Die Wasserkraftwerke am Euphrat, ergänzt durch ölbeheizte Wärmekraftwerke, liefern den notwenigen Strom. Die Textil-, die Nahrungsmittelindustrie und der Maschinenbau sind wichtige Industriezweige.

Das Straßen- und Eisenbahnnetz ist gut ausgebaut. Die Hauptstadt Damaskus und die Stadt Aleppo im Nordwesten besitzen einen internationalen Flughafen. Die Medien werden vom Staat zensiert und kontrolliert. Das Gesundheitswesen ist in den Städten konzentriert und Bedürftige können es kostenlos nutzen. Die Wasserqualität und die sanitären Einrichtungen sind unzureichend und die Kindersterblichkeit ist hoch. Ein begrenztes Versicherungssystem gewährt Alters- und Invalidenrenten. Die Schulbildung

Libanon

REPUBLIK LIBANON

DAS KLEINE GEBIRGIGE LAND LIBANON, an der Ostküste des Mittelmeeres, ist im Norden und Osten von Syrien und im Süden von Israel, den beiden am stärksten verfeindeten Ländern des Nahen Ostens, umgeben. Die tief gespaltene libanesische Nation kämpft darum, ihre Wirtschaft wieder aufzubauen und die zerbrechliche Stabilität zu erhalten, nachdem 1992 der lange, furchtbare Bürgerkrieg beendet worden ist, in dessen Verlauf die Hauptstadt Beirut fast völlig zerstört wurde.

GEOGRAFIE

Das Libanongebirge erhebt sich von einer schmalen Küstenebene aus und erreicht im Norden, am Qurnat as Sawda mit 3087 m seinen höchsten Punkt. Nach Süden fällt es zu den Bergen von Galiläa in Israel ab. Östlich trennt die fruchtbare Bekaa-Ebene – ein Teil des Syrischen Grabens – das Gebirge vom Antilibanon und vom Massiv des Hermon entlang der syrischen Grenze. Der Litani fließt nach Südwesten durch die Bekaa-Ebene ins Mittelmeer und der Asi (Orontes), der am nördlichen Ende der Ebene entspringt, fließt in nördlicher Richtung nach Syrien hinein.

Die Sommer im Libanon sind heiß und trocken, die Winter mild und feucht. In den Bergregionen ist das Klima im Allgemeinen kühler und feuchter, und auf den höchsten Gipfeln schmilzt der Schnee nicht vor Sommerbeginn.

Die berühmten Zedernbäume sind nur noch in den Bergen des Nordens, wo sie unter Naturschutz stehen, zu finden. Andernorts ist kaum noch etwas vom ursprünglichen Wald erhalten. Die heutige Vegetation besteht weitgehend aus Büschen und kleinen Bäumen, (Eichen, Zypressen, Fichten, Wacholder und Johannisbrot). In den Bergen leben noch wenige Bären. Kleinere Säugetiere, darunter Igel, Eichhörnchen und Haselmäuse, sind recht verbreitet, wie auch ihre natürlichen Feinde, die Wildkatzen und Marder.

KULTUR UND GESELLSCHAFT

Der Libanon wurde gegen 3000 v. Chr. von den Phöniziern besiedelt, deren Schrift die Grundlage für das griechische und das römische Alphabet bildete. 332 fiel die phönizische Stadt Tyrus an Alexander den Großen (356-323 v. Chr.). Im 1. Jh. v. Chr. ging Phönizien völlig ins Römischen Reich über.

Zu Beginn des 7. Jh. gründete eine Gruppe syrischer Christen im heutigen Nordlibanon ein maronitisches Gemeinwesen. Im Süden siedelten Araber, die den drusischen Glauben (eine Richtung des schiitischen Islam) annahmen. In den Küstenstädten lebten vor allem sunnitische Muslime. Im 11. Jh. eroberten christliche Kreuzfahrer den Libanon. Später gehörte er zum muslimischen Mameluckenreich von Ägypten und Syrien, bevor er 1516/1517 an die osmanischen Türken fiel. Bis zum 19. Jh. dehnten sich die Maroniten auch im südlichen Libanon aus. 1861 zwangen die Franzosen die herrschenden Osmanen, den Berglibanon zu einem autonomen christlichen Gebiet zu erklären.

Die Niederlage der Türkei im Ersten Weltkrieg zog ihren Abzug aus dem Libanon nach sich. 1920 legte die französische Mandatsverwaltung die heutigen libanesischen Grenzen fest und schuf, ohne jedoch den französischen Einfluss zu verringern, eine neue Balance zwischen Christen und Muslimen. 1946 erlangte der Libanon seine Unabhängigkeit.

Die panarabischen Bewegungen der 50er-Jahre vertieften auch im Libanon die Gegensätze zwischen der prowestlichen Regierung und den Muslimen. Von den 60er-Jahren an nahmen die Spannungen weiter zu, da weitere Muslime aus den Dörfern in die Städte drängten und im Süden palästinensische Flüchtlinge aus den israelisch besetzten Gebieten in den Libanon kamen.

1975 brach der Bürgerkrieg aus, als Palästinenser, die von Libanon aus gegen Israel operierten, mit den Streitkräften der mehr rechtsgerichten christlichen Phalange-Partei zusammenstießen. Schiitische Muslime schlossen sich den Palästinensern an. Syrische Truppen intervenierten 1976; ihnen folgten UN-Friedenstruppen. Ein israelischer Einmarsch warf 1982 die Palästinenser bis in die Hauptstadt Beirut zurück, die von nun an zum Kriegsschauplatz rivalisierender Milizen wurde. Ab 1990 übernahm die libanesische Armee schrittweise wieder die Kontrolle. Nach einem finanziellen Hilfsangebot von Saudi-Arabien schloss sich der Libanon der antiirakischen, arabisch-westlichen Allianz im Golfkrieg von 1991 an. Unter syrischem Schutz wurde die verfassungsmäßige Ordnung wiederhergestellt, wobei jedoch eine 1985 von Israel errichtete „Sicherheitszone" weiter unter

Der Hafen von Tripoli (*links*), Libanons zweitgrößter Stadt nach Beirut. Von den Phöniziern im 7. Jh. v. Chr. gegründet, ist sie heute ein bedeutendes Handelszentrum, besonders für Seide, Früchte und Tabak. Hier endet auch die Erdölleitung aus dem Irak; die Ölverarbeitung ist ebenfalls ein wichtiger Industriezweig.

Weintrauben, Granatäpfel, Datteln, Pflaumen, Äpfel und Zitrusfrüchte (*rechts*) aus der fruchtbaren Küstenebene und im Bekaa-Tal werden in Beirut, Libanons Hauptstadt, verkauft. Die Händler müssen sich immer noch auf unvorhersehbare Kriegsausbrüche in den Straßen der Stadt einstellen.

der Kontrolle ihrer christlichen Verbündeten, der Südlibanesischen Armee, blieb.

Die exekutive Gewalt liegt beim Präsidenten, der mit einer Zweidrittelmehrheit von der 128 Mitglieder zählenden Nationalversammlung gewählt wird. Deren Mitglieder werden direkt gewählt, wobei die Anzahl der Sitze zu gleichen Teilen zwischen Muslimen und Christen verteilt ist. Traditionell ist der Präsident des Landes ein Maronit, der Parlamentspräsident Schiit und der Premierminister ein Sunnit.

Armenische Einwanderer aus der Türkei und aus anderen arabischen Ländern und mehrere aufeinander folgende Wellen palästinensischer Flüchtlinge machten den Libanon zum dichtbevölkertsten Land des Nahen Ostens. Arabisch sprechende Libanesen stellen jedoch nach wie vor die große Mehrheit der Bevölkerung. Die Muslime übertreffen zahlenmäßig die Angehörigen der unterschiedlichen christlichen Konfessionen.

WIRTSCHAFT

Jahrzehnte erbitterter Kämpfe haben die einst blühende libanesische Wirtschaft in den Ruin getrieben. Früher als die „Schweiz des Nahen Ostens" bekannt, hat der Libanon die einst führende Rolle im internationalen Bankwesen verloren und hängt jetzt selbst stark von ausländischer Finanzhilfe ab.

Die Landwirtschaft ist hauptsächlich auf das bewässerte Tiefland entlang der Küste, die Bekaa-Ebene und angrenzende Hänge beschränkt. Weizen ist die wichtigste Getreideart. Die Viehzucht schließt Schafe, Ziegen, Geflügel und Rinder ein. Haupteinnahmequelle sind die Sonderkulturen: Äpfel, Weintrauben und Zitrusfrüchte.

Zu den wenigen abbaubaren Mineralien gehören Braunkohle, hochwertiges Eisenerz und Baumaterialien. Ein Staudamm am Litani versorgt ein großes

Die meisten Straßen des Landes sind asphaltiert, aber in schlechtem Zustand. Das Schienennetz wurde im Bürgerkrieg zerstört. Der wichtigste Güter- und Passagierhafen und der Flughafen, beide in Beirut, wurden 1991 für den internationalen Verkehr wieder eröffnet.

Wohnungen sind knapp. Die Gesundheitseinrichtungen, die in städtischen Gegenden konzentriert sind, haben stark durch den Krieg gelitten. Die Schulbildung ist in den ersten fünf Jahren kostenlos und obligatorisch, die Berufsausbildung und die höhere Schulbildung erfolgt zumeist in privaten Einrichtungen. Auch die Analphabetenqoute ist durch den Krieg wieder angestiegen.

LANDESDATEN – LIBANON

Fläche 10 230 km²

Klima	**Höhe**	**Temperaturen Januar**	**Temperaturen Juli**	**Jährlicher Niederschlag**
	m	°C	°C	mm
Beirut	34	13	27	893

Geografische Merkmale höchster Berg: Qurnat as Sawda 3087 m; längster Fluss: Litani 145 km

Einwohnerzahl (1994) 3,6 Millionen

Staats- und Regierungsform kein Parteiensystem; Republik; ein gesetzgebendes Organ

Streitkräfte Heer 43 000; Marine 500; syrische Armee 35 000

Größte Städte Beirut (Hauptstadt – 1,5 Mio. Einw.); Tripoli (500 000)

Offizielle Landessprachen Arabisch; Französisch

Bevölkerungsgruppen Libanesen 82,6%; Palästinenser 9,6%; Armenier 4,9%; sonstige 2,9%

Religionen schiitische Muslime 32,0%; maronitische Christen 24,5%; sunnitische Muslime 21,0%; Drusen 7,0%; Griechisch-Orthodoxe 6,5%; Katholiken 4,0%; armenische Christen 4,0%; sonstige 1,0%

Währung 1 Libanesisches Pfund (L£) = 100 Piastres (P.L.)

Bruttosozialprodukt (pro Kopf 1993) US-$ 2000

Lebenserwartung Männer 66,9; Frauen 71,9 Jahre

Ressourcen Kohle/Lignit, Kalkstein, Eisenerz, Edelmetalle, Äpfel, Weintrauben, Zitrusfrüchte, Oliven, Tabak, Wasserkraft

Israel

STAAT ISRAEL

DER KLEINE, DICHT BEVÖLKERTE STAAT Israel wurde als jüdische Heimstatt 1948 in Palästina errichtet. Sein Volk, das für viele Jahrhunderte über die ganze Welt verstreut war, hat historische Bindungen an das Gebiet, die über 3000 Jahre zurückreichen. Der Anspruch der Juden auf das Land steht auch dem Anspruch palästinensischer Araber entgegen, deren historische Bindungen genau so alt sind, wie die der Juden. Daher besteht seit jeher eine Feindschaft zwischen Israel und seinen arabischen Nachbarländern.

LANDESDATEN – ISRAEL

Fläche 20 700 km²

Klima	**Höhe** m	**Temperaturen Januar** °C	**Juli** °C	**Jährlicher Niederschlag** mm
Jerusalem	757	9	23	528

Geografische Merkmale höchster Berg: Meron 1208 m; tiefster Punkt: Totes Meer -400 m; längster Fluss: Jordan (Teil) 320 km

Einwohnerzahl (1994) 5 Millionen

Staats- und Regierungsform Mehrparteiensystem; Republik; ein gesetzgebendes Organ

Streitkräfte Heer 134 000; Marine 7000; Luftwaffe 32 000

Größte Städte Jerusalem (Hauptstadt – 495 000 Einw.); Tel Aviv-Jaffa (318 000); Haifa (223 000)

Offizielle Landessprachen Hebräisch; Arabisch

Bevölkerungsgruppen Juden 83,0%; Araber und andere 17,0%

Religionen Juden 83,0%; Muslime 14,0%; Christen 2,0%; Drusen und andere 1,0%

Währung 1 Neuer Israel Schekel (NIS) = 100 Agorot

Bruttosozialprodukt (pro Kopf 1993) US-$ 13 920

Bruttoinlandsprodukt (1993) US-$ 69,739 Mrd.

Lebenserwartung Männer 75,9; Frauen 80,2 Jahre

Ressourcen Kupfer, Phosphate, Bromid, Pottasche, Zitrusfrüchte, Gemüse, Baumwolle, Erdnüsse, Tourismus

GEOGRAFIE

Israel grenzt im Westen an das Mittelmeer, im Norden an den Libanon, im Nordosten an Syrien, im Osten an Jordanien und im Südwesten an Ägypten.

Israel lässt sich in vier Landschaftsgebiete gliedern: den fruchtbaren, dicht besiedelten Streifen der Ebenen an der Mittelmeerküste; das in der Mitte liegende Gebirgsland, das sich von Galiläa im Norden bis Judäa im Zentrum erstreckt; das Große Grabental (Syrischer Graben), das entlang der Ostgrenze zum Golf von Akaba hin verläuft und die Negevwüste im Süden. Der Jordan fließt nach Süden, das Grabental entlang, in das Tote Meer.

Die Winter bringen dem kühleren nördlichen Hochland starke Regenfälle, dem Süden jedoch nur geringe Niederschläge. Die Sommer sind heiß und trocken. Über die Jahrhunderte wurde der größte Teil der immergrünen Wälder gerodet; es erfolgt jedoch eine umfangreiche Aufforstung mit Nadelgehölzen, Eukalyptus- und Zitrusbäumen. Gesträuch, einschließlich des mediterranen Maquis, ist die Hauptvegetationsform in den Bergen der Mitte. Naturschutzgebiete sichern die Artenvielfalt der Tierwelt.

KULTUR UND GESELLSCHAFT

Palästina ist nicht nur für die Juden in der ganzen Welt von großer Bedeutung, sondern auch für Christen und Muslime. Jerusalem ist die heilige Stadt für alle drei Religionen.

Das heutige Israel nimmt etwa drei Viertel des als Palästina bekannten Gebiets ein. Das Alte Testament der Bibel (die jüdische Tora) beschreibt, wie hebräische Nomaden (die Juden) aus der ägyptischen Gefangenschaft entkamen, um im Lande der Kanaaniter (auf die Abstammung von ihnen berufen sich die palästinensischen Araber) zu siedeln.

Gegen 40 v. Chr. war Palästina unter römischer Herrschaft. Seine jüdische Bevölkerung

wurde stark dezimiert und verstreut. Als Palästina im 7. Jh. von muslimischen Arabern erobert wurde, bildeten die Juden nur noch einen kleinen Teil innerhalb einer weitgehend christlichen Bevölkerung. 1516 eroberten die osmanischen Türken die Region, die sie für etwa 400 Jahre beherrschten.

Im 19. Jh. riefen jüdische Zionisten zur Gründung einer Heimstatt in Palästina auf. Seit dem 6. Jh. hatten die Juden Palästina verlassen, um sich überall im Nahen Osten, im Mittelmeergebiet und in Europa niederzulassen. 1917 erklärten die Briten, die Palästina im Ersten Weltkrieg besetzt hatten, ihre Unterstützung für die Idee eines jüdischen Staates.

Die Verfolgung der europäischen Juden durch das faschistische Deutschland zwischen 1933 und 1945 verstärkte die Einwanderungsbewegung nach Palästina, obwohl sich die arabische Bevölkerung erbittert dagegen wehrte. 1947 teilte die UNO Palästina und 1948 wurde der Staat Israel gegründet. Seitdem hielten die Auseinandersetzungen zwischen Israel und seinen arabischen Nachbarn an. Kriege (1948, 1967 und 1973) endeten mit territorialen Eroberungen durch Israel: dem Gazastreifen, dem Westjordanland (mit Ostjerusalem) und den Golanhöhen an der syrischen Grenze. Der arabisch-israelische Konflikt wegen der besetzten Gebiete dauerte bis 1993 an, als eine Friedensvereinbarung unterzeichnet wurde, die den schrittweisen Abzug israelischer Truppen 1994/1995 nach sich zog und die palästinensische Selbstverwaltung auf das Westjordanland und den Gazastreifen ausdehnte. Dass die rechtsgerichtete Opposition den Friedensprozess mit den Palästinensern fortsetzen will, zeigte sich nach der Ermordung des Ministerpräsidenten Itzhak Rabin (1922-1995) im November 1995.

Das Parlament, die Knesset, wird alle vier Jahre nach dem Verhältniswahlrecht gewählt. Es wählt den Staatspräsidenten für eine Amtszeit von fünf Jahren. Die Macht liegt in den Händen des Kabinetts, das den Präsidenten und Ministerpräsidenten wählt.

Die Mehrheit der Bevölkerung sind Juden; über die Hälfte von ihnen ist bereits in Israel geboren worden. Es gibt jedoch eine strenge ethnische Trennung zwischen den aschkenasischen Juden, die ursprünglich aus Mittel- und Osteuropa stammen, und den sephardischen Juden aus Asien und dem Mittelmeerraum. Neben Hebräisch ist auch Arabisch Amtssprache.

WIRTSCHAFT

Das wirtschaftliche Wachstum und seine Stabilität hat Israel großenteils der Finanzhilfe der USA und jüdischer Gemeinden aus aller Welt zu verdanken. Israel errang internationale Anerkennung durch seine *Kibbuzim* und *Moschavim* und ihrer Leistungen, „die Wüste zum Blühen zu bringen". Zu den wichtigsten Kulturen gehören Zitrusfrüchte (ein Hauptexportartikel), Baumwolle und Erdnüsse. Den Fischfang in den Binnengewässern ergänzen die Trawler im Atlantik. Das Tote Meer liefert wertvolle Bromide und Magnesiumsalze. An einigen Orten wird auch etwas Erdöl gefördert. Die Lebensmittelverarbeitung ist ein Hauptzweig der verarbeitenden Industrie, aber Textilien, Chemieprodukte und Elektronikerzeugnisse sowie die Rüstungsindustrie sind ebenfalls von Bedeutung. Der Tourismus ist eine wesentliche Deviseneinnahmequelle. Das Straßen- und Eisenbahnnetz ist bestens ausgebaut. Es gibt große Häfen am Mittelmeer sowie Elat am Golf von Akaba; einen internationalen Flughafen bei Tel Aviv. Zeitungen und Zeitschriften erscheinen in Hebräisch, Arabisch, Jiddisch und vielen europäischen Sprachen.

Gesundheits-, Sozial- und Bildungswesen sind leistungsstark. Die Schulbildung ist kostenlos und wird in Hebräisch und Arabisch abgehalten. Viele Schüler setzen ihre Ausbildung an Hochschulen fort. Das Bildungsniveau der

Die Negevwüste (*links*) nimmt große Teile Südisraels ein, aber einige Gebiete sind schon durch umfangreiche Bewässerungsmaßnahmen „zum Blühen gebracht" worden. Heute werden in der Wüste Obst und Tomaten geerntet.

Orthodoxe Juden (*unten*) während des Sukkot, dem Feiertag, der auf den Auszug der Juden aus Ägypten zurückgeht. Viele Feiertage des Jüdischen Kalenders werden in Israel als religiöse und offizielle Feiertage begangen.

Jordanien

HASCHEMITISCHES KÖNIGREICH JORDANIEN

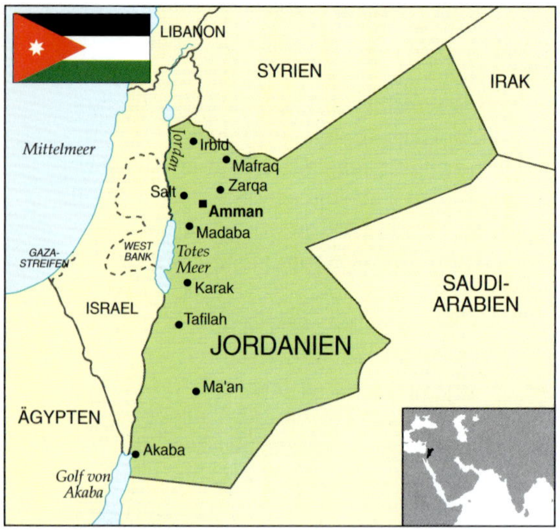

DAS KLEINE ARABISCHE KÖNIGREICH Jordanien grenzt im Westen an Israel, im Norden an Syrien, an den Irak im Nordosten, und an Saudi-Arabien im Osten und Süden. Eine kurze Küste im entlegenen Südwesten bildet seinen Ausgang zum Golf von Akaba, ins Rote Meer.

Bis zum Sechstagekrieg von 1967 hatte Jordanien einen Landesteil am Westufer des Jordan, zu dem auch die Altstadt von Jerusalem gehörte. Der König gab seinen Anspruch auf dieses Gebiet 1988 offiziell auf, und obwohl es noch israelisch besetzt ist, wurde 1995/1996 schrittweise eine palästinensische Selbstverwaltung eingeführt.

GEOGRAFIE

Die Westgrenze zu Israel verläuft entlang der Jordansenke, einer tiefen Senke, in der auch das Tote Meer liegt. Dieser große Salzsee ist mit seinen 400 m unter dem Meeresspiegel der tiefste Punkt der Erdoberfläche. Er wird von Norden durch den Jordan und von Süden durch den Wadi el-Araba gespeist. Das Tal wird von Bergen überragt, hinter denen die kargen Hochländer und Becken der Großen Arabischen Wüste liegen, die im Nordosten mit der welligen Syrischen Wüste verschmilzt.

Jordanien ist ein ödes Land, obwohl in den westlichen Hochländern während der kühleren Winter etwas Regen fällt. Im Sommer ist es überall, mit Ausnahme der am höchsten gelegenen Hänge, heiß. Zwischen April und Oktober fallen wenig Niederschläge und Wasser ist oft knapp.

Die Vegetation reicht von mediterranen Pflanzen in den Bergen bis zu Beifuß, Gräsern und vereinzelten Sträuchern in den trockenen Steppen. In der östlichen Wüste wachsen einige widerstandsfähige Pflanzen, besonders in den Becken, die jahreszeitabhängig von Wasserläufen aus den Bergen gespeist werden.

Die „rosenrote Stadt" Petra, in Sandsteinfelsen gehauen, wurde etwa 1000 v. Chr. von den Edomitern gegründet. Die Fassadenstraße, die die Schatzkammer Khazneh einschließt (hier im Bild), die wahrscheinlich ein Tempel war, ist am besten erhalten.

KULTUR UND GESELLSCHAFT

Der Teil des Nahen Ostens, der heute zu Jordanien gehört, wurde ursprünglich von den Moabitern und Edomitern (im Alten Testament der Bibel erwähnt), den traditionellen Feinden ihrer westlichen Nachbarn, den Hebräern, beansprucht. Ab 800 v. Chr. beherrschten nacheinander die Assyrer, die Babylonier, die Perser und die griechischen Seleukiden das Gebiet. Von 64-63 v. Chr. eroberten es die Römer und verwandelten es in eine Provinz, bis es im 7. Jh. von den muslimischen Arabern besetzt wurde. Im 12. Jh. kam es zu Zusammenstößen der Muslime mit den einfallenden christlichen Kreuzfahrern. Vom 16. Jh. an wurde die Region eine Provinz der osmanischen Türken.

Im Ersten Weltkrieges vertrieb ein arabischer Aufstand die osmanischen Türken. 1921 überredeten die Briten den haschemitischen Emir Abdullah ibn-Hussein, (1882-1951), in Teilen Palästinas das Emirat von

Trans-Jordanien zu errichten. Es wurde 1923 zu einem unabhängigen Staat erklärt, blieb aber ein britisches Protektorat. Die volle Unabhängigkeit erhielt das Land erst 1946, als Abdullah zum ersten König des Haschemitischen Königreiches Trans-Jordanien gekrönt wurde. 1948 verbündete er sich mit den anderen arabischen Führern im Kampf gegen den neuen jüdischen Staat im benachbarten Palästina. Im folgenden Jahr wurde ein Waffenstillstandsabkommen mit Israel unterzeichnet, in dem Jordanien (wie es nun hieß) einen Teil von Zentralpalästina (das Westjordanland) und ein Viertel von Jerusalem, als Altstadt bekannt, behielt.

König Hussein II. (* 1935) kam 1952 mit 17 Jahren auf den Thron und seine Position blieb unsicher. Gegen Israel gerichtete Angriffe von Palästinensern, die auf jordanischem Gebiet lebten, provozierten eine scharfe Vergeltung. 1967 schloss sich Jordanien erneut seinen arabischen Nachbarn in einem Krieg gegen Israel an und verlor alle palästinensischen Gebiete westlich des Jordan an Israel. Hussein überstand einen kurzen, aber erbitterten Bürgerkrieg mit seinen palästinensischen Untertanen (denen sich Flüchtlinge aus dem Westjordanland anschlossen). Seine Beziehungen zu anderen arabischen Staaten waren oftmals getrübt. Er unterstützte den Irak im Iranisch-Irakischen Krieg (1980-1988), blieb aber im Golfkrieg gegen den Irak 1991 neutral, als ein gewaltiger Zustrom palästinensischer Flüchtlinge aus Kuwait die ohnehin geschwächte Wirtschaft Jordaniens zusätzlich belastete. 1994 wurde zwischen Jordanien und Israel ein Friedensvertrag unterzeichnet und die israelischen Truppen zogen sich 1995 aus den besetzten jordanischen Gebieten im Aravatal zurück.

Jordanien ist eine konstitutionelle Monarchie. Der Ministerpräsident, das Kabinett und die 40 Mitglieder des Senats werden vom Monarchen eingesetzt. Die 80 Mitglieder des Abgeordnetenhauses werden direkt gewählt.

Die große Mehrheit der jordanischen Bevölkerung sind Araber, die durch eine ständig wachsende Anzahl palästinensischer Flüchtlinge, die von Organisationen der UNO betreut werden, wächst. Die meisten Jordanier sind sunnitische Muslime, es gibt jedoch auch eine beachtliche christliche Minderheit.

WIRTSCHAFT

Die Landwirtschaft und der Tourismus im Westjordanland gingen nach dem Krieg von 1967 zurück; das Land hängt heute stark von ausländischer Hilfe ab. Natürliche Rohstoffe sind knapp und die Hälfte des Lebensmittelbedarfs muss importiert werden.

Bewässerungen im Jordantal und in angrenzenden Bergtälern ermöglichten den Ackerbau, aber auch der Anbau mit ausschließlich künstlicher Beregnung ist von Bedeutung. Angepflanzt werden Gemüse, Getreide, Linsen, Oliven und Obst. Obwohl die Erweiterung der Anbauflächen das verfügbare Weideland eingeschränkt hat, werden Schafe und Ziegen auch zur Produktion von Fleisch und Milch gehalten. Im Golf von Akaba gibt es Fischwirtschaft. Die Aufforstung in den östlichen Hochländern hat die Forstwirtschaft gestärkt.

Die Ausbeutung der Phosphat- und Pottaschevorkommen trieb die industrielle Entwicklung voran. Die verarbeitende Industrie produziert Lebensmittel, Textilien, Düngemittel, Pharmazeutika, Zement und Elektroartikel. Ölbeheizte Wärmekraftwerke liefern Strom. Das Öl dafür wird vor allem aus dem Irak importiert. Die historischen Ausgrabungstätten Jordaniens, besonders die Ruinen von Petra in den südlichen Bergen, ziehen Touristen aus der ganzen Welt an.

Es gibt ein gut ausgebautes Straßennetz und die Hedschas-Eisenbahnlinie verläuft von Norden nach Süden zwischen der syrischen und der saudi-arabischen Grenze über die Hauptstadt Amman, mit einem Abzweig zum Hafen Akaba. Amman und Akaba haben einen internationalen Flughafen.

Das Sozialversicherungssystem ist im Allgemeinen gut ausgebaut. Die Wohnbedingungen, die Lebensmittelversorgung und die sanitären Anlagen sind oft unzureichend, sodass Typhus, Hepatitis und Ruhr noch nicht voll unter Kontrolle sind. Die Schulbildung ist bis zum 14. Lebensjahr für alle Kinder, entweder in einer staatlichen, privaten oder in Flüchtlingsschulen, obligatorisch. Der Alphabetisierungsgrad ist bei Frauen immer noch niedrig. Höhere Bildung ist nur für einen Teil der Bevölkerung zugänglich.

Sonne über den Hügeln von Amman. Die jordanische Hauptstadt wurde in den 80er-Jahren des 19. Jh. auf den Ruinen der alten römischen Stadt Philadelphia errichtet. Die Anwesenheit tausender palästinensischer Flüchtlinge stellt große Anforderungen an die Infrastruktur.

LANDESDATEN – JORDANIEN

Fläche 89 206 km²

Klima	Höhe	Temperaturen Januar	Juli	Jährlicher Niederschlag
	m	°C	°C	mm
Amman	771	8	25	273

Geografische Merkmale höchster Berg: Jabal Ramm 1754 m; tiefster Punkt: Totes Meer -400 m; längster Fluss: Jordan (Teil) 320 km

Einwohnerzahl (1994) 4 Millionen

Staats- und Regierungsform Mehrparteiensystem; konstitutionelle Monarchie; zwei gesetzgebende Organe

Streitkräfte Heer 90 000; Marine 600; Luftwaffe 8000

Größte Städte Amman (Hauptstadt – 1,2 Mio. Einw.); Irbid (680 000); Zarqa (405 000)

Offizielle Landessprache Arabisch

Bevölkerungsgruppen Araber 99,2%; Tscherkessen 0,5%; Armenier 0,1%; Türken 0,1%; Kurden 0,1%

Staatsreligion Islam

Religionsgemeinschaften sunnitische Muslime 93,0%; Christen 4,9%; sonstige 2,1%

Währung 1 Jordan-Dinar (JD.) = 1000 Fils (FLS)

Bruttosozialprodukt (pro Kopf 1993) US-$ 1190

Bruttoinlandsprodukt (1993) US-$ 4,441 Mrd.

Lebenserwartung Männer 70,0; Frauen 73,8 Jahre

Ressourcen Phosphate, Pottasche, Erdgas, Oliven, Zitrus- [illegible]

Irak

REPUBLIK IRAK

Der Irak ist eine arabische Republik am nordwestlichen Ende des Persischen Golfs, die im Süden an Kuwait und Saudi-Arabien, im Westen an Jordanien, im Nordwesten an Syrien, im Norden an die Türkei und im Osten an den Iran grenzt.

GEOGRAFIE

Den Südwesten des Irak beherrscht Wüste, während der Nordosten gebirgig ist. Dazwischen liegt das fruchtbare Becken der Flüsse Euphrat und Tigris. Beide fließen parallel zueinander nach Südosten und bilden von ihrem Zusammenfluss bis zur Mündung in den Persischen Golf ein großes Sumpfgebiet.

Zur Mitte hin steigt das Land über Steppengebiete nordwestlich von Bagdad leicht an. Im Nordosten des Tigris hebt es sich bis zum Hochland von Hamrin und den Bergen an der türkischen und iranischen Grenze. Die westlichen Wüsten neigen sich sanft in Richtung Saudi-Arabien und Jordanien.

Im Tigris-Euphrat-Becken sind die Sommer heiß und feucht. Die Winter von Oktober bis Mai sind kühler, aber ebenfalls feucht. Im Nordosten des Irak fällt mehr Niederschlag und die Temperaturen sind das Jahr über allgemein niedriger. Im Winter fällt Schnee.

Die Steppenvegetation des Nordens und Ostens weicht im Süden und Westen dornigen Tamarisken und salzharten Pflanzen. Weiden und Pappeln säumen die Flussufer, während Riedgras und Schilf in den Sumpfgebieten von Tigris und Euphrat wachsen. Im Winter kommen viele Zugvögel in die Sümpfe und zu den großen Seen.

KULTUR UND GESELLSCHAFT

Mesopotamien, das fruchtbare Land zwischen Euphrat und Tigris, war die Wiege alter Zivilisationen. Die Landwirtschaft bildete die Grundlage des Reichtums, der um 3450 v. Chr. zur Entstehung der ersten Stadtstaaten führte. Der akkadische Herrscher Sargon (etwa 2350-2295 v. Chr. an der Macht) vereinigte sie zum ersten der vielen Reiche, die später die Region beherrschten. Babylon, das 612 v. Chr. seinen jahrtausendealten Rivalen Assyrien besiegte, wurde 538 v. Chr. selbst von den Persern erobert.

Die Perser wurden ihrerseits von Alexander dem Großen (356-323 v. Chr.) besiegt und Mesopotamien fiel an das griechische Seleukiden-Reich. Es folgten römische und später erneute persische Besetzungen, bevor das Gebiet in der Mitte des 7 Jh. an die muslimischen Araber fiel. Bagdad entwickelte sich rasch zum bedeutendsten kulturellen und kommerziellen Zentrum der islamischen Welt. Nach der Eroberung durch die Mongolen wurde Bagdad 1258 zerstört und Mesopotamien verlor an Einfluss. 1638 eroberten es die osmanischen Türken.

Nach der Niederlage der Türkei im Ersten Weltkrieg schuf Großbritannien eine irakische Monarchie unter britischer Protektion. Elf Jahre später erlangte der Irak unter König Faisal I. (1885-1933) die volle Unabhängigkeit, aber prodeutsche Aktivitäten zogen im Zweiten Weltkrieg eine weitere kurzzeitige britische Besetzung nach sich. 1958 wurde die Monarchie im ersten einer Serie von Militärputschen gestürzt.

1967 kämpfte der Irak im Sechstagekrieg gegen Israel. Im darauf folgenden Jahr übernahm die Baath-Partei die Macht und 1979 wurde ihr Führer Saddam Hussein (* 1937) Staatspräsident. 1980, nach Auseinandersetzungen wegen der Kontrolle über den Schatt el-Arab, fiel der Irak in den Iran ein. Dabei hoffte er auf einen schnellen Sieg über das von der Revolution gelähmte Land. Statt dessen zog sich der Krieg bis 1989 hin und hinterließ dem Irak nichts als große Verluste und Schulden. 1990 befahl Saddam Hussein den Einmarsch in Kuwait, um die Kontrolle über dessen reiche Ölfelder an sich zu reißen. Eine internationale Streitmacht unter Führung der USA vertrieb die Iraker, zerstörte ihre Infrastruktur und fügte ihren Streitkräften eine schwere Niederlage zu. Wegen des Krieges und wegen der fortgesetzten Unterdrückung der aufständischen Kurden im Nordosten und Schiiten im Südosten verhängte die UNO strikte Wirtschaftssanktionen gegen den Irak und richtete Schutzzonen und Flugverbotszonen ein. Verstöße dagegen führten 1993 zur Bombardierung strategischer Ziele durch die von den USA geführte Allianz. 1994 wurde eine irakische Truppenkonzentration nahe Kuwait mit einer verstärkten Präsenz ameri-

Ein in blau und gelb glasierter Stier, der charakteristische Schmuck der zerstörten Stadt Babylon. Schon vor 1800 v. Chr. gegründet, wurde die Stadt von Nebukadnezar II. im 6. Jh. v. Chr. wieder aufgebaut und ist als Ort der „Hängenden Gärten" der Semiramis, eines der sieben Weltwunder der Antike, berühmt.

Die Marschland-Araber sind Halbnomaden, die seit tausenden von Jahren im Sumpfgebiet im Südosten des Irak leben. Sie halten Wasserbüffel und jagen Vogelwild. Ihre sorgfältig gebauten Häuser ruhen auf Bögen aus geflochtenem Schilf.

LANDESDATEN – IRAK				
Fläche 438 317 km²				
Klima		**Temperaturen**		**Jährlicher**
	Höhe	**Januar**	**Juli**	**Niederschlag**
	m	°C	°C	mm
Bagdad	34	10	35	140

Geografische Merkmale höchster Berg: Haji Ibrahim 3600 m; längster Fluss: Euphrat (Teil) 2720 km

Einwohnerzahl (1994) 19,9 Millionen

Staats- und Regierungsform Mehrparteiensystem; Republik; ein gesetzgebendes Organ

Streitkräfte Heer 350 000; Marine 2000; Luftwaffe 30 000

Größte Städte Bagdad (Hauptstadt – 4,7 Mio. Einw.); Basra (617 000); Mosul (571 000); Irbil (334 000); An Najaf (243 000)

Offizielle Landessprachen Arabisch, Kurdisch

Bevölkerungsgruppen Araber 77,1 %; Kurden 19,0%; Turkmenen 1,4%; Perser 0,8%; sonstige 1,7%

Staatsreligion Islam

Religionsgemeinschaften schiitische Muslime 60-65%; sunnitische Muslime 32-37%; Christen und andere 3,0%

Währung 1 Irak-Dinar (ID) = 200 Dirham = 1000 Fils

Bruttosozialprodukt (pro Kopf 1991) nach Schätzung der Weltbank: zwischen US-$ 696 und 2785

Lebenserwartung Männer 64,9; Frauen 66,7 Jahre

Ressourcen Erdöl, Erdgas, Phosphate, Schwefel

kanischer und verbündeter Truppen beantwortet und die Iraker zogen sich zurück. Die US-Luftwaffe überwachte 1996 noch einmal das Gebiet, nachdem der Irak neue Flugabwehr-Raketen in der Flugverbotszone installiert hatte; dadurch konnte ein neuer Konflikt verhindert werden.

Entsprechend der provisorischen Verfassung von 1968 liegt die Macht in den Händen des neunköpfigen Kommandorates der Revolution (KRR), aus dem ein Mitglied zum Staatspräsidenten gewählt wird. Der KRR und die aus 250 Abgeordneten bestehende Nationalversammlung besitzen die legislative Gewalt. Saddam Hussein wurde 1995 als Präsident wiedergewählt.

Arabische Völker bilden die Mehrheit der Bevölkerung. Die größte Minderheit sind die Kurden, ein halbnomadisches Volk, das eine dem Persischen verwandte Sprache spricht. Über 95 % der Bevölkerung bekennen sich zum Islam, wobei die Zahl der Schiiten (größtenteils Araber) jetzt die der Sunniten

Bagdad, Iraks heiße, staubige Hauptstadt, dehnte sich rasch aus, als die periodischen Überschwemmungen durch den Tigris unter Kontrolle waren. Historische Moscheen und Basare liegen nun im Schatten von Wohnhochhäusern.

verbleibt jedoch weiterhin bei den Sunniten. Etwa 3,5 % der Bevölkerung sind Christen.

WIRTSCHAFT

Erdöl ist die Hauptstütze der Wirtschaft, obwohl etwa ein Drittel der Bevölkerung in der Landwirtschaft tätig ist. Die Anbaufläche liegt im Tal von Tigris und Euphrat; etwa ein Drittel der Nutzfläche wird künstlich bewässert. Gemüse und Getreide sind die wichtigsten Kulturen, aber die Wirtschaftssanktionen haben den Handel geschwächt. Etwa ein Zehntel der Landesfläche dient als Weideland. In den lokalen Gewässern wird Fisch für den eigenen Bedarf gefangen. Wälder sind kaum vorhanden, deshalb muss das meiste Nutzholz importiert werden.

triellen Erzeugnissen gehören Baumaterialien, Textilien und Produkte der Petrolchemie. Den Großteil an Strom liefern die Wasserkraftwerke am Tigris. Ein Atomreaktor wurde 1981 von Israel zerstört und nicht wieder ersetzt. Nach dem Golfkrieg verhängten die Vereinten Nationen ein absolutes Verbot weiterer Kernforschung.

Das Verkehrsnetz wurde durch den Krieg beschädigt. Nur etwa ein Drittel aller Straßen ist asphaltiert. Die westlichen Wüsten haben jedoch einen so festen Grund, dass sie sogar für schwere Fahrzeuge passierbar sind. Die Eisenbahn verläuft von Bagdad nach Südosten zum Hafen Basra und nach Nordwesten in die Türkei und Syrien. Der Tigris ist in nördlicher Richtung bis Bagdad schiffbar. Einige Güter werden auf Flößen über den Tigris und den Euphrat stromabwärts transportiert. Bagdad und Basra verfügen über internationale Flughäfen. Presse, Funk und Fernsehen werden kontrolliert.

Das Gesundheitswesen ist allgemein unzureichend. Infektionskrankheiten sind noch weit verbreitet. Die Sozialversicherung gewährt Altersrenten, Arbeitslosenunterstützung und Zuwendungen bei Krankheit.

Kuwait

STAAT KUWAIT

KUWAIT IST EIN UNABHÄNGIGES ARABIsches Emirat am nordwestlichen Ende des Persischen Golfs, das zwischen Saudi-Arabien im Süden und dem Irak im Westen und Norden liegt. Im Osten wird es von der Golfküste begrenzt. 1990 wurde es vom Irak besetzt und erlangte seine Unabhängigkeit erst nach einem Krieg zurück, in dem beide Länder erhebliche ökonomische und ökologische Schäden erlitten hatten.

GEOGRAFIE

Die Landschaft besteht zu großen Teilen aus flachwelligen Ebenen, die nach Südwesten in Richtung der saudi-arabischen Grenze leicht ansteigen. Im Nordosten gibt es einige wenige Salzsümpfe. Die Landesfläche ist überwiegend von trockener, karger Wüste bedeckt. Die geringen Niederschläge, die im Allgemeinen im Winter fallen, bringen eine willkommene Abkühlung nach der extremen Sommerhitze.

Die Küstenvegetation beschränkt sich auf salzharte Pflanzen, während man in städtischen Gebieten grüne Oasen geschaffen hat, indem man importierte Erde bewässerte. Die Tierwelt wurde durch die vom Golfkrieg 1991 verursachte Umweltverschmutzung mit Erdöl schwer geschädigt.

LANDESDATEN – KUWAIT

Fläche 17 818 km²

Klima	**Höhe** m	**Temperaturen Januar** °C	**Temperaturen Juli** °C	**Jährlicher Niederschlag** mm
Kuwait	5	13	37	125

Geografische Merkmale höchste Erhebung: Ash Shakayah 290 m

Einwohnerzahl (1994) 1,82 Millionen

Staats- und Regierungsform keine Parteien; konstitutionelle Monarchie; ein gesetzgebendes Organ

Streitkräfte Heer 10 000; Marine 2000; Luftwaffe 2500

Hauptstadt Kuwait (189 000 Einw.)

Offizielle Landessprache Arabisch

Bevölkerungsgruppen Kuwaiti 45,0%; andere Araber 35,0%; Südasiaten 9,0%; Iraner 4,0%; sonstige 7,0%

Religionen sunnitische Muslime 63,0%; schiitische Muslime 27,0%; Christen 8,0%; Hindus 2,0%

Währung 1 Kuwait-Dinar (KD.) = 1000 Fils

Bruttosozialprodukt (pro Kopf 1993) US-$ 19 360

Bruttoinlandsprodukt (1993) US-$ 22,402 Mrd.

Lebenserwartung Männer 72,8; Frauen 77,3 Jahre

Ressourcen Erdöl, Erdgas, Fischereiprodukte

KULTUR UND GESELLSCHAFT

Der Name Kuwait stammt von dem arabischen Wort *kut* ab und bedeutet Fort (Festung). Die Hauptstadt gleichen Namens liegt an einer strategischen Stelle der Küste. Die heutigen arabischen Bewohner sind wahrscheinlich die Nachkommen von Nomaden, die zu Beginn des 18. Jh. aus der nahen Wüste kamen und sesshaft werden wollten. 1756 begründete die Familie Sabah die Herrschaft der Emire, die bis heute fortbesteht. Im späten 19. Jh. fühlte sich das Land durch die kolonialen Ambitionen Deutschlands und der osmanischen Türken bedroht und verbündete sich deshalb mit Großbritannien.

1914 wurde es ein britisches Protektorat. Mit der Entdeckung von Erdöl in den 30er-Jahren kam das Land zu großem Wohlstand. 1961 wurde Kuwait unabhängig und sofort vom Irak beansprucht. Der Anspruch wurde bald aufgegeben, jedoch 1990 wieder erhoben, als der irakische Führer Saddam Hussein (* 1937) nach einer Auseinandersetzung über Ölpreise in Kuwait unter dem Vorwand einmarschierte, einheimische Aufständische zu unterstützen. Als sich der Irak weigerte, das Land zu verlassen, entsandte die UNO eine Streitmacht, die sich hauptsächlich aus amerikanischen, britischen, französischen und saudi-arabischen Truppen zusammensetzte. Die Iraker erlitten schwere Verluste, als sie 1991 vertrieben wurden, aber der in Kuwait angerichtete Schaden war immens. Große Mengen an Öl liefen in den Golf, hunderte Bohrstellen wurden vorsätzlich von irakischen Truppen in Brand gesteckt oder gerieten zufällig durch Luftangriffe der Alliierten in Brand. Im November 1994 erkannte Irak den Staat Kuwait offiziell an. Nach dem irakischen Abzug wurde der Emir, ein absoluter Herrscher nach islamischem Recht, gezwungen, demokratische Reformen einzuleiten. Vor der Invasion waren über 50 % der Bevölkerung den Kuwaitis nicht gleichberechtigte ausländische Arbeiter. Einige wurden während der Besetzung getötet, viele verließen das Land oder wurden später von den Kuwaitis zur Ausreise aufgefordert. Die in Kuwait lebenden Palästinenser, von denen viele die Iraker unterstützt hatten, wurden mit Argwohn betrachtet.

WIRTSCHAFT

Die traditionelle Landwirtschaft ist mit Ausnahme von geringer Viehhaltung von untergeordneter Bedeutung. Statt dessen wurden Treibhäuser und die Hydroponik (Pflanzenaufzucht ohne Erde) entwickelt. Der Fischfang spielt eine wichtige Rolle, besonders der Export von Garnelen. Die Wirtschaft basiert auf den reichen Erdölreserven und der Erdöl verarbeitenden Industrie, in der vor allem ausländische Arbeitskräfte (hauptsächlich aus anderen islamischen Ländern) beschäftigt sind. Das moderne Straßennetz wurde durch den Krieg stark beschädigt. Eine ausgezeichnete Gesundheitsfürsorge und die kostenlose Schulbildung, die bis zum Alter von 14 Jahren obligatorisch ist und die bis zum Universitätsniveau führen kann, stehen allen gebürtigen Kuwaitis zur Verfügung. Presse und elektronische Medien sind in Privateigentum, unterliegen aber der staatlichen Kontrolle.

Die Wüstenstadt Kuwait. Bis in die 60er-Jahre hatte die Stadt nur eine Hauptstraße. Die hohen Einnahmen aus dem Erdölgeschäft wurden auch dafür verwendet, eine moderne Stadt mit luxuriösen und klimatisierten Gebäuden, wie z. B. den beeindruckenden Kuwait-Türmen, zu errichten.

Iran

ISLAMISCHE REPUBLIK IRAN

DER IRAN, EIN GEBIRGIGES LAND IN SÜDwestasien, ist einer der größten Golfstaaten. Er hat mit zehn Nachbarländern gemeinsame Grenzen. Eine kurze Küstenlinie grenzt im Norden an das Kaspische Meer, während die viel längere Südküste am Persischen Golf liegt. Das iranische Hochland war die Heimstatt der persischen Zivilisationen des Altertums und sein kulturelles Erbe reicht 5000 Jahre zurück.

GEOGRAFIE

Ein großer Teil der Landesfläche besteht aus einem halbariden Hochland, das von Bergen umgeben ist und in dem häufig Erdbeben auftreten. Als fruchtbares Land gilt nur das Flussbecken des Karun in der südwestlichen Provinz Khusistan, das im Nordosten vom Sagrosgebirge begrenzt wird. Östlich der Sagroskette erstreckt sich ein Hochland mit einer durchschnittlichen Höhe von 1200 m über dem Meeresspiegel, das durch ausgedehnte Salzwüsten und einzelne Oasen geprägt ist. Seinen Südostrand bilden die Bergketten an der Küste, während im Osten die Gipfel der Berge von Belutschistan und von Khorasan aufragen. Zum Elbrusgebirge gehören einige aktive Vulkane. Nördlich des Elbrus verläuft ein schmaler Tieflandstreifen an der sumpfigen Küste des Kaspischen Meeres, der sich nach Osten verbreitert und in die Turkmenische Steppe übergeht.

Das Klima variiert von kontinental bis subtropisch. In den Bergen und Ebenen des Nordens regnet es zu jeder Jahreszeit; in den Bergregionen des Westens und Nordwestens fallen nur im Winter Niederschläge. In den übrigen Gebieten ist es wesentlich trockner. Die südlichen Tieflandgebiete haben milde Winter und heiße, feuchte Sommer, während im Landesinnern heiße Sommer und sehr kalte Winter herrschen.

Die schneebedeckten Gipfel des Elbrusgebirges ziehen sich von der Hauptstadt Teheran bis zum Kaspischen Meer in Nordeurasien. Der höchste Gipfel ist der ruhende Vulkan Demawend mit 5671 m. Eichen und Buchen bedecken die unteren Berghänge.

hen Elbrusgebirges bedecken Laubwälder. Dicht bewaldet sind auch die Berge im Westen. Andernorts ist die Vegetation spärlich.

Der Iran hat eine reiche Tierwelt und es gibt viele Naturschutzgebiete. Die Küste am Kaspischen Meer bietet zahlreichen Wasservögeln Zuflucht. Die maritimen Lebensformen im Golf erholen sich nur langsam von der Öl-Umweltkatastrophe, die durch den Golfkrieg verursacht wurde.

KULTUR UND GESELLSCHAFT

Das iranische Hochland hat den Aufstieg und Fall vieler Zivilisationen erlebt. Archäologische Zeugnisse von dörflichem Leben reichen bis etwa 4000 v. Chr. zurück. Die früheste bekannte Zivilisation dieser Gegend, die der Elamiter im heutigen Khusistan, entstand um 3000 v. Chr. Es folgten Zeiten der Herrschaft der Meder, der Perser, der Griechen und der Parther. 224 besiegte Ardaschir Papakan († 241), Herrscher des Vasallenkönigreiches Persis (Fars), die Parther und begrün-

LANDESDATEN – IRAN

Fläche 1 643 503 km²

Klima	Höhe	Temperaturen Januar	Juli	Jährlicher Niederschlag
	m	°C	°C	mm
Teheran	1220	2	29	246

Geografische Merkmale höchster Berg: Demawend 5671 m; längster Fluss: Karun 850 km

Einwohnerzahl (1994) 65,6 Millionen

Staats- und Regierungsform Einparteiensystem; Republik; ein gesetzgebendes Organ

Streitkräfte Heer 345 000; Marine 18 000; Luftwaffe 30 000; revolutionäre Garde 120 000

Größte Städte Teheran (Hauptstadt – 6,5 Mio. Einw.); Meschhed (1,76 Mio.); Isfahan (1,1 Mio.); Tabriz (1,1 Mio.); Shiraz (765 000)

Offizielle Landessprache Farsi (Persisch)

Bevölkerungsgruppen Perser 45,6%; Aserbaidschaner 16,8%; Kurden 9,1%; Gilaner 5,3%; Luren 4,3%; Mazandarani 3,6%; Belutschen 2,3%; Araber 2,2%; sonstige 10,8%

Staatsreligion Islam

Religionsgemeinschaften schiitische Muslime 95,0%; sunnitische Muslime 4,0%; Christen, Juden und andere 1,0%

Währung 1 Rial (Rl.) = 100 Dinars (D); 10 Rial = 1 Toman

Bruttosozialprodukt (pro Kopf 1993) US-$ 1648

Bruttoinlandsprodukt (1993) US-$ 107,335 Mrd.

Lebenserwartung Männer 64,7; Frauen 66,7 Jahre

Ressourcen Erdöl, Erdgas, Kohle, Chrom, Kupfer, Obst, Nüsse, Felle

Mitte des 7. Jh. einer arabischen Invasion unterlagen. Im 13. Jh. wurden die Araber erst von den türkischen Seldschuken und später von mongolischen Eindringlingen aus dem Norden überrannt. 1502 gewannen die iranischen Safawiden die Oberhand und nahmen die schiitische Richtung des Islam an. Sie unterlagen 1722 einem Usurpator aus Afghanistan. Während der Herrschaft des turkmenischen Nomadenführers Nadir Schah (1688-1747) dehnte sich das Reich bis nach Indien hinein aus. Während der Kadscharen-Dynastie (1794-1925) wurde Persien von Russland im Norden, dem Osmanischen Reich im Westen und den Briten von Indien aus im Osten bedroht. 1906, nach einer Revolution, beendete die erste Verfassung Persiens die absolute Herrschaft der Kadscharen. Mit der Entdeckung von Ölvorkommen 1908 durch ein britisches Konsortium verstärkten sich die Kolonialinteressen, und von diesem Zeitpunkt an wurde es ein halbkolonialer Staat, der von Großbritannien und von Russland beherrscht wurde.

In den Wirren nach dem Ersten Weltkrieg stürzte der Armeeoffizier Resa Khan die herrschende Kadscharen-Dynastie, ließ sich 1925 selbst zum Schah wählen und nahm den Namen Resa Schah Pahlevi an. Er benannte „Persien" in „Iran" um und versuchte einen modernen Staat, frei von Fremdherrschaft, aufzubauen. Im Zweiten Weltkrieg wurde er von britischen und sowjetischen Besatzungstruppen gezwungen, zugunsten seines Sohnes und Erben Mohammed Resa Schah Pahlevi (1919-1980) abzudanken.

Nach dem Krieg setzte der Iran seine Unabhängigkeit unter Mohammed Mossadegh (um 1881-1967) erneut durch. Er verstaatlichte 1951 die Ölindustrie und zwang die British Oil Company, sich aus dem Iran zurückzuziehen. Sein Versuch, den Schah abzusetzen, führte zu seinem Sturz. 1961 initiierte der Schah die so genannte „Weiße Revolution", ein Programm radikaler ökonomischer und sozialer Veränderungen, das große Unruhen auslöste. Im Jahr 1978 wurden regierungsfeindliche Demonstrationen gewaltsam niedergeschlagen, was die Oppositionsbewegung der islamischen Fundamentalisten – die Anhänger des im Exil lebenden religiösen Führers Ayatollah Ruhollah Khomeini (1900-1989) – stärkte. Anfang 1979 wurde der Schah gezwungen, das Land zu verlassen und Khomeini kehrte zurück. Khomeinis Aufruf zur Schaffung einer islamischen Republik erhielt bei einem Referendum eine überwältigende Unterstützung. Im selben Jahr stürmten islamische Aktivisten die Botschaft der USA in Teheran und nahmen 66 amerikanische Geiseln. Die meisten von ihnen wurden erst 1981 freigelassen. Der Westen fürchtete die Ausbreitung der Islamischen Revolution und reagierte, von konservativen arabischen Staaten unterstützt, mit diplomatischen und wirtschaftlichen Sanktionen. Inzwischen war der Irak in die ölfördernde südwestliche Provinz Khusistan einmarschiert und begann einen erbitterten und blutigen Krieg, der bis 1988 dauerte. Auch nach dem Tod Khomeinis 1989 blieb der islamische Fundamentalismus ein starker Machtfaktor im Iran.

Weberinnen bei der Arbeit. Zwei Mädchen, die der turkmenischen Minderheit im Nordosten des Iran angehören, beim Teppichknüpfen, das eines der ältesten Handwerke im Land und ein einträgliches Exportgeschäft ist. Der Tradition folgend wird in jedes Muster absichtlich ein Fehler eingewebt: denn „nur Allah ist vollkommen".

Nach der Verfassung von 1979 ist der Oberste Geistliche Führer, der *valiy-e faqih*, die höchste Autorität in allen Angelegenheiten. Der Staatspräsident und die 270 Mitglieder des Parlament werden jeweils für vier Jahre frei gewählt. Der Präsident ernennt ein Kabinett, das vom Parlament und vom *valiy-e faqih* bestätigt werden muss. Die Gesetzgebung wird von einem zwölfköpfigen Rat der Revolutionswächter überwacht, um ihre Übereinstimmung mit der islamischen Verfassung zu gewährleisten.

Amtssprache ist Farsi (Persisch). Einige armenische Christen leben noch in den Städten. Sie sind die einzige nichtmuslimische religiöse Gruppe, abgesehen von wenigen Juden und Zoroastristen. Die Kurden, die Turkmenen und einige der in Khusistan lebende Araber sind meist Sunniten.

WIRTSCHAFT

Irans Wirtschaft hängt fast völlig vom Erdöl ab, das viele Jahre großen Wohlstand brachte. Die wirtschaftliche Entwicklung wurde jedoch durch die Islamische Revolution und den Iranisch-Irakischen Krieg unterbrochen.

Trotz weit verbreiteter Bewässerung ist guter Boden knapp. Die Erträge sind niedrig, sodass Nahrungsmittel importiert werden müssen. Forst- und Fischwirtschaft sind gut entwickelt.

An Bodenschätzen gibt es auch Metallerze und Kohle, aber nach wie vor wird vorrangig Erdöl und Erdgas gefördert. Seinen Energiebedarf deckt das Land selbst. Die verarbeitende Industrie wurde, abgesehen von der traditionellen Teppichknüpferei, größtenteils erst nach 1954 entwickelt. Sie produziert u. a. Lebensmittel, Textilien, petrolchemische Erzeugnisse, Elektrogeräte und Rüstungsgüter.

Das Schienennetz umfasst die Hauptlinien des Fernverkehrs. Das Straßennetz ist in einem schlechten Zustand. Schiffbar ist nur der Fluss Karun im Südwesten. Der Iran besitzt mehrere Häfen am Kaspischen Meer; größter Umschlagshafen ist heute Bandar Beheshti am Golf von Oman.

Rundfunk und Fernsehen unterliegen einer strengen Kontrolle. Die Sendungen werden mehrsprachig ausgestrahlt. Die Verfassung garantiert zwar Pressefreiheit, aber es erfolgt eine strenge Zensur, um die Einhaltung der islamischen Regeln zu sichern. Medizinische Versorgung wird Bedürftigen unentgeltlich angeboten, aber in vielen ländlichen Gegenden fehlen Medikamente und ausgebildetes Personal. Der Staat gewährt einige Sozialleistungen. Die Grundschulbildung ist obligatorisch und kostenlos, dennoch ist Analphabetismus nach wie vor weit verbreitet. Es gibt einige Universitäten, Ausbildungsstätten für Lehrer und technische Hochschulen.

Jemen

REPUBLIK JEMEN

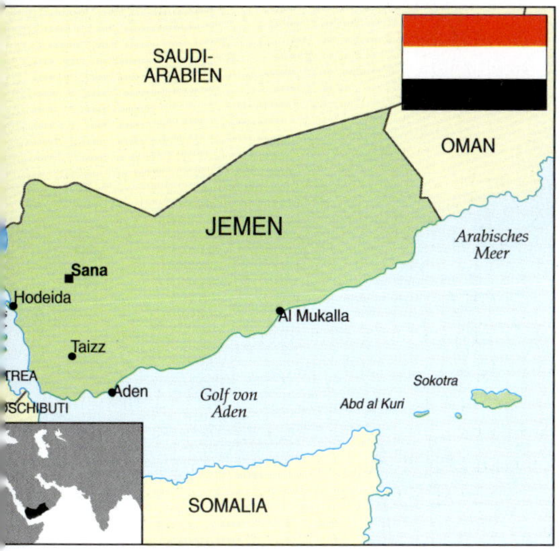

Bunt bemalte Fischerboote werden in Al Hudaydah, einem Hafen an der Küste des Roten Meeres im Westjemen, entladen. Große Teile des Fanges werden auf Fischmärkten im Ort verkauft. Nur ein geringer Teil wird als Trockenfisch in die Dörfer im Landesinnern geliefert.

DIE REPUBLIK JEMEN WURDE 1990 DURCH die Vereinigung der ehemaligen Arabischen Republik Jemen (Jemen), dessen Küste nach Westen ans Rote Meer grenzt, und der Demokratischen Volksrepublik Jemen (Südjemen, am Golf von Aden) gebildet.

GEOGRAFIE

Die jemenitische Landschaft ist eine Landschaft der Kontraste, von den fruchtbaren Hochländern im Westen bis zu den dürren Küsten und felsigen Hochländern des Ostens. Die schmale, sandige Ebene entlang dem Golf von Aden wird von Wadis durchzogen, den jahreszeitabhängigen Wasserläufen, die im Sommer Wasser führen und damit eine Bewässerung ermöglichen. Außer in den westlichen Hochländern, in denen im Sommer viel Regen fällt, herrscht heißes Wüstenklima vor. An der Küste des Roten Meeres treten manchmal starke Sandstürme auf. Trockenheitsbeständige Pflanzen sind weit verbreitet. In fruchtbareren Gegenden gedeihen Obstbäume wie Feigen und Johannisbrot.

KULTUR UND GESELLSCHAFT

Der Jemen des Altertums wurde von einer Anzahl Königreiche regiert, darunter das Königreich Saba, das von etwa 750 v. Chr. bis 115 v. Chr. bestand. 631 unterwarf sich der Jemen der Herrschaft Mohammeds und seine Bevölkerung begann, den islamischen Glauben anzunehmen.

Im 16. Jh. fiel der Jemen an das Osmanische Reich, aber 1635 wurden die Türken bereits vertrieben. Die Briten nahmen 1839 den Hafen Aden in Besitz, während die Osmanen die nordwestlichen Teile des Jemen schrittweise bis 1914 besetzten, bis sie erneut vertrieben wurden und der

Aden wurde 1937 britische Kronkolonie. Das Protektorat wurde später auf benachbarte Staaten ausgedehnt und die Südarabische Föderation gebildet. Nach der Unabhängigkeit 1967 entstand eine marxistische Republik, die Demokratische Volksrepublik Jemen.

Nach dem Sturz des letzten despotischen Imams wurde im Nordwesten 1962 die Arabische Republik Jemen proklamiert. Auseinandersetzungen mit Südjemen in den 70er-Jahren führten 1979 zu einem Krieg. Nach Kriegsende nahmen die beiden Staaten Verhandlungen auf, die im Mai 1990 zu ihrer Vereinigung führten. Im Mai 1994 brach zwischen dem Norden und dem Süden erneut ein Bürgerkrieg aus. Der Frieden kehrte im Juli mit dem Sieg des Nordens zurück.

Die neue Verfassung sieht ein Mehrparteiensystem mit einem Präsidenten als Staatsoberhaupt vor; die Regierung führt der Ministerpräsident. Die große Mehrheit der Jemeniten sind muslimische Araber. Drei Viertel der Bevölkerung leben auf dem Land. Die Kultur basiert auf traditionellen islamischen Werten.

WIRTSCHAFT

Mehr als 50 % der Erwerbstätigen arbeiten in der Landwirtschaft, die auf der Subsistenzwirtschaft basiert. Angebaut werden Hirse, Mohrenhirse, Obst und Nüsse. Kaffee und Baumwolle sind wichtige Exportprodukte.

In den 80er-Jahren wurden Erdölvorkommen entdeckt, aber Industrie (Erdölraffinerie, Nahrungsmittelindustrie) gibt es bislang nur in Aden. Es existiert keine Eisenbahn und nur wenige Straßen sind befestigt, von denen die meisten im Westen liegen. Presse und

wesentlich größere Investitionen. Sowohl die Geburtenrate als auch die Kindersterblichkeit sind hoch, während die Lebenserwartung gering ist. Die Schulbildung ist kostenlos, steht aber nur einer begrenzten Anzahl von Kindern in den Städten zur Verfügung.

LANDESDATEN – JEMEN

Fläche 527 970 km²				
Klima		**Temperaturen**		**Jährlicher**
	Höhe	**Januar**	**Juli**	**Niederschlag**
	m	°C	°C	mm
Aden	7	24	32	46

Geografische Merkmale höchster Berg: Jabal an Nabi Shuayb 3760 m

Einwohnerzahl (1994) 11 Millionen

Staats- und Regierungsform Mehrparteiensystem; Republik; ein gesetzgebendes Organ

Streitkräfte Heer 60 000; Marine 1500; Luftwaffe 3000

Größte Städte Sana (Hauptstadt – 427 000 Einw.); Aden (264 000); Taizz (178 000)

Offizielle Landessprache Arabisch

Bevölkerungsgruppen Araber 97,5%; Afrikaner 1,2%; sonstige 1,3%

Staatsreligion Islam

Religionsgemeinschaften sunnitische Muslime 53,0%; schiitische Muslime 46,9%; sonstige 0,1%

Währung 1 Jemen-Dinar (YD) = 26 Jemen-Rial (Y.Rl)

Bruttosozialprodukt (pro Kopf 1993) US-$ 585

Bruttoinlandsprodukt (1993) US-$ 11,958 Mrd.

Lebenserwartung Männer 50,3; Frauen 52,6 Jahre

Ressourcen Erdöl, Erdgas, Steinsalz

Afghanistan

ISLAMISCHER STAAT AFGHANISTAN

AFGHANISTAN IST EIN BINNENLAND IN DEN Bergen Mittelasiens, das im Südosten an Pakistan und im Westen an den Iran grenzt. Hinter seiner Nordgrenze liegen Turkmenistan, Usbekistan und Tadschikistan und im Nordosten, am Ende des schmalen Vakhan-Korridors, China. Afghanistan wird seit den späten 70er-Jahren durch einen Bürgerkrieg zerrissen, als islamische Fundamentalisten einen erbarmungslosen Guerillakrieg gegen das von der Sowjetunion unterstützte kommunistische Regime begannen. Die islamischen Kräfte errangen 1992 endlich die Kontrolle über das Land, aber die Kämpfe zwischen den verschiedenen Rebellengruppen gingen weiter.

LANDESDATEN – AFGHANISTAN

Fläche 652 225 km²

Klima	Höhe	Temperaturen Januar	Juli	Jährlicher Niederschlag
	m	°C	°C	mm
Kabul	1815	-3	24	338

Geografische Merkmale höchster Berg: Noshaq 7485; längster Fluss: Helmand (Teil) 1400 km

Einwohnerzahl (1994) 16,9 Millionen

Staats- und Regierungsform Mehrparteiensystem; Republik; zwei gesetzgebende Organe

Streitkräfte Heer 40 000; Luftwaffe 5000

Größte Städte Kabul (Hauptstadt – 1 424 000 Einw.); Kandahar (226 000); Herat (177 000)

Offizielle Landessprachen Paschtu, Dari (persische Dialekte)

Bevölkerungsgruppen Paschtunen 38,0%; Tadschiken 25,0%; Usbeken 6,0%; Hazara 19,0%; sonstige 12,0%

Staatsreligion Islam

Religionsgemeinschaften sunnitische Muslime 84,0%; schiitische Muslime 15,0%; sonstige 1,0%

Währung 1 Afghani (Af) = 100 Puls

Bruttosozialprodukt (pro Kopf 1991) US-$ 450

Lebenserwartung (1994, geschätzt) Männer 45,0; Frauen 44,0 Jahre

Ressourcen Erdgas, Kohle, Eisenerz, Beryllium, Gold, Silber, Lapislazuli, Schwefel, Chrom, Kupfer, Getreide, Wolle

GEOGRAFIE

Afghanistan liegt inmitten des großen asiatischen Gebirgsgürtels. Der Hindukusch und benachbarte Gebirgsketten nehmen das östliche und das mittlere Afghanistan ein, eine felsige und unwirtliche Region mit häufigen Erdbeben. Der größte Teil der Bevölkerung lebt in bewässerten Tälern am Rande der Berge, besonders in dem fruchtbaren Tal des Kabul-Flusses im Südosten, nach dem die Hauptstadt benannt ist. Die nördlichen Flussebenen des Amu-Darja sind fruchtbar und dicht besiedelt. Südlich der Berge werden die Wüsten und Salzebenen des breiteren südlichen Hochlandes spärlich von Flüssen aus dem Hindukusch bewässert.

Das extreme Klima, mit kalten Wintern und heißen Sommern, ist für halbwüstenartige Steppenländer typisch, obwohl es beachtliche regionale Unterschiede gibt. In den nordöstlichen Bergen sind die Wintermonate am kältesten. Der Südwesten ist das trockenste Gebiet, während in den östlichen Tälern feuchtes Klima vorherrscht.

Im halbwüstenartigen Südwesten und in einigen Gebirgsgegenden gibt es kaum Vegetation. Auf der Südseite des Hindukusch wachsen Kiefern, Zedern und Fichten, während in den tiefer gelegenen Gebieten Walnussbäume und Eichen gedeihen. Viele große Säugetierarten, darunter der Tiger, wurden nahezu ausgerottet, aber Bären, Gazellen und Schneeleoparden leben noch dort. Die Vogelwelt ist vielfältig und umfasst zahlreiche Arten von Raubvögeln.

KULTUR UND GESELLSCHAFT

Afghanistan war lange Zeit ein Streitobjekt fremder Mächte, die aufgrund seiner strategischen Lage am wichtigen Landweg nach Indien, über den Khyber-Pass, interessiert waren. Die gegenwärtigen Grenzen stammen aus jüngster Zeit.

Vom 6. Jh. v. Chr. an war Afghanistan Teil des persischen Imperiums. Nach seiner Eroberung durch Alexander den Großen 328 v. Chr. war es Mittelpunkt des griechischen Königreiches von Baktrien, in dem eine bemerkenswerte Verschmelzung griechischer, buddhistischer und hinduistischer Einflüsse stattfand. Nach 135 v. Chr. fiel das Gebiet nacheinander an das Reich der Parther, dann an das Kuschan-Reich und an die sassanidischen Perser, bevor es im 7. Jh. von den Arabern erobert wurde. Die Araber führten den Islam ein, der bis zum 9. Jh. zur herrschenden Kultur in Afghanistan wurde. Die Mongolen unter Dshingis Khan (um 1162-1227) überrannten das Land im 13. Jh. und sein Nachfolger Babur (1483-1530) machte Kabul später zum Ausgangspunkt für die Mogulinvasion und die Eroberung von Indien. Andere Gebietsteile gerieten unter persische Herrschaft. Nach dem gewaltsamen Tod des persischen Monarchen 1747 wurde der Anführer seiner Leibwache, Ahmed Khan Abdali (1724-1772) zum Schah gewählt. Er wurde später als Ahmed Schah Durrani bekannt. Das nun unabhängige Afghanistan durchlebte aber weiter Unruhen und Aufstände infolge gegensätzlicher britischer und russischer territorialer Ambitionen. Nach dem zweiten britisch-afghanischen Krieg 1880 erhielt Afghanistan neue Grenzen und wurde zur Pufferzone zwischen Britisch-Indien und Russland. Nach dem dritten britisch-afghanischen Krieg von 1919 erlangte das Land die volle Unabhängigkeit und entwickelte besondere Beziehungen zu dem neuen sowjetischen Regime, die bis 1979 bestanden.

Später versuchten die afghanischen Führer, die zerbrechliche Monarchie durch Wirt-

Eine kirgisische Näherin *(oben)*. Die Kirgisen sind eine kleine turksprachige Minderheit im Nordosten Afghanistans. Es bestehen große Unterschiede zwischen den isolierten, oft einander bekämpfenden Volksgruppen, von denen jede ihre eigene Kultur hat

Das Bamian-Tal im Hindukusch nordwestlich von Kabul. Aus der Unzugänglichkeit des Landes und aus militärischen Konflikten heraus entstanden viele abgelegene Dörfer. Afghanistan ist eines der am wenigsten urbanisierten und industrialisierten Länder im Nahen und Mittleren Osten.

schafts- und Verfassungsreformen zu stärken, hatten aber wenig Erfolg. Die Unruhen nahmen nach einer schweren Hungersnot von 1972 zu, 1973 wurde der Schah gestürzt und die Republik ausgerufen. 1978 ging nach einem Umsturz die Macht an die von der Sowjetunion unterstützte Demokratische Volkspartei Afghanistans (DVPA). Das neue Regime stieß auf den gewaltsamen Widerstand afghanischer islamischer Gruppen und im Dezember 1979 marschierten die Sowjets in Afghanistan ein, um eine neue DVPA-Regierung einzusetzen und die Opposition niederzuschlagen. Der zerstörerische Guerillakrieg afghanischer Rebellen [illegible]

tan und in den Iran. Die letzten sowjetischen Truppen verließen im Februar 1989 das Land. Es wurde ein Militärrat unter Führung von Mohammed Nadjibullah (* 1936), der von den Sowjets eingesetzt worden war, gebildet. Verschiedene Rebellengruppen, darunter mehrere islamische Mudjaheddin-Gruppen, kämpften weiter gegen die Regierungstruppen. Im April 1992 stürzten die Rebellen den Präsidenten und bildeten eine provisorische Regierung, setzten aber ihre politischen und religiösen Auseinandersetzungen untereinander in harten Kämpfen bis 1995 fort.

Die ethnische Verschiedenartigkeit des afghanischen Volkes spiegelt eine Geschichte von Eroberungen und Völkerwanderungen wider. Noch heute leben Nomaden in Afghanistan. Amtssprachen sind die persischen Dialekte Paschtu und Dari. Die Usbeken und [illegible]

WIRTSCHAFT

Die wirtschaftliche Entwicklung wurde durch Krieg und politische Instabilität stark gebremst und das Land blieb eines der ärmsten der Welt. Die Landwirtschaft ist der bestimmende Wirtschaftszweig. Viele der durch Bewässerung gewonnenen landwirtschaftlichen Nutzflächen wurden im Krieg wieder zerstört. Neben Weizen werden Reis, Gerste, Obst und Baumwolle angebaut. Die Viehzucht liefert Fleisch, Milch und Wolle.

Der bedeutendste Bodenschatz ist Erdgas. Darüber hinaus gibt es größere Vorkommen an Eisen und anderen metallischen Erzen, deren Potentiale aber, wie das der Wasserkraft, noch nicht voll erschlossen wurden. Die wichtigste Industriebranche ist die Textilindustrie. Exportiert werden hauptsächlich traditionelle Handwerksproduke und Teppiche.

Da es keine Eisenbahn gibt und nur wenige Flüsse schiffbar sind, erfolgen Transport und Verkehr ausschließlich über das Straßennetz. Die mit sowjetischer Hilfe gebauten neuen Schnellstraßen sind kriegsbedingt beschädigt. Es bestehen Inlandflugverbindungen zu den meisten Provinzen. Kabul und Kandahar besitzen internationale Flughäfen.

Schulbildung, Sozial- und Gesundheitswesen sind unzureichend, betroffen sind beson- [illegible]

Saudi-Arabien

KÖNIGREICH SAUDI-ARABIEN

SAUDI-ARABIEN, DESSEN NAME VON DER herrschenden Dynastie der Saud abgeleitet ist, nimmt den größten Teil der Arabischen Halbinsel ein. Das Wüstenkönigreich hat große Erdölvorkommen und grenzt an Jordanien, den Irak und Kuwait im Norden und an Bahrain und Katar entlang der Golfküste. Im Südosten liegen die Vereinigten Arabischen Emirate und Oman und im Süden der Jemen.

GEOGRAFIE

Die Arabische Halbinsel besteht größtenteils aus einem ausgedehnten Hochland. Im Westen bildet das Plateau einen steilen Randabbruch, der parallel zur Küste des Roten Meeres verläuft. Im Nordwesten gibt es praktisch keine Küstenebene. Die höchsten Gipfel liegen im Südwesten, im Asir-Gebirge.

Östlich des Randabbruchs fällt das unwirtliche Hochland allmählich bis zu den flachen Wassern des Golfs ab, dessen Küste von Sümpfen und Salzflächen gesäumt wird. Das Hochland wird überwiegend von Sandwüste mit einigen Gebieten von nacktem vulkanischen Gestein bedeckt. Ein breites Wüstenband, „die leere Gegend" genannt, erstreckt sich über den gesamten Süden des Landes.

Saudi-Arabien hat keine Flüsse, die ständig Wasser führen. In der „leeren Gegend" fällt manchmal über zehn Jahre kein Regen. In anderen Landesteilen, besonders nahe der Golfküste, regnet es gelegentlich im Frühjahr und im Asir-Gebirge ab und zu im Sommer. Im Landesinnern sind die Winter kühl, oft mit Nachtfrösten, aber im Sommer sind Temperaturen über 48 °C nicht ungewöhnlich.

In den meisten Teilen des Landes ist die Vegetation auf niedrige Gräser und kleine Sträucher beschränkt. In verstreuten Oasen wachsen Dattelpalmen. Die arabische Oryx- sowie weitere Antilopenarten wurden durch die Jagd nahezu ausgerottet. Auch einige Singvögel sind vom Aussterben bedroht. Andererseits sind Wildkatzen, in der Wüste lebende Flughühner, höhlenbauende Nagetiere wie Wüstenratten und diverse Reptilien und Insekten verbreitet. In den Küstengewässern des Roten Meeres wimmelt es von Meerestieren, besonders in den Korallenriffen.

KULTUR UND GESELLSCHAFT

622 n. Chr. reiste Mohammed (570-632), ein Händler aus der Karawanenstadt Mekka, nach Medina, und begründete eine neue Religion: den Islam. Er kehrte mit einer Armee Bekehrter zurück, nahm Mekka ein und zum Zeitpunkt seines Todes stand ganz Arabien unter dem Einfluss des Islam. Das Zentrum der islamischen Macht wurde jedoch 661 nach Norden, in die neueroberten Gebiete verlegt. Die arabische Einheit zerbrach bald und für viele Jahrhunderte war Arabien ein Kampfplatz rivalisierender Herrscher, bis es die osmanischen Türken 1517 ihrem wachsenden Imperium einverleibten.

Im 18. Jh. gründete der islamische Gelehrte Mohammed ibn Abd al-Wahhab (1703-1792) die fundamentalistische Wahhabitenbewegung. Seine ultrapuritanischen Lehren wurden durch die Saud-Fürsten des Gebietes Najd bis in den Jemen verbreitet. Im 19. Jh. wurden die Sauds aus vielen Gebieten verdrängt, aber 1904 stellte Ibn Saud (um 1880-1953) deren Macht im Najd wieder her. 1924 besetzte er das britische Protektorat Hedschas im Westen und erfüllte sich damit sein ehrgeiziges Ziel, Mekka und Medina einzunehmen. Drei Jahre später erkannten die Briten ihn als König des Najd und Hedschas an, die er 1932 offiziell zum Königreich Saudi-Arabien vereinigte.

Im Zweiten Weltkrieg blieb Saudi-Arabien neutral und nahm in den Nachkriegsjahren kaum an der Politik der anderen arabischen Staaten Anteil. Als der Irak 1990 Kuwait besetzte, bat der saudische König um die Entsendung westlicher und arabischer Streitkräfte in sein Land, um seine Armee an der Nordgrenze zu unterstützen. Der Sieg im Golfkrieg 1991 stärkte die Beziehungen zwischen Saudi-Arabien und seinen arabischen

Die sich verändernde Rolle der Frau (*oben*). Der Schulunterricht für Frauen war ein Teil des Reformprogramms von König Faisal (1906-1975), der 1964 an die Macht kam. In den staatlichen Mädchenschulen werden keine Schleier getragen.

Der Flughafen von Riad (*rechts*), wurde mit großem Kostenaufwand für die aufblühende Hauptstadt – den Sitz der königlichen Familie (bis vor kurzem eine kleine Oasenstadt) – gebaut. Er ist ein Symbol für den neuen Reichtum Saudi-Arabiens und seinen Eintritt in die internationale Arena.

Die hohen schmalen Häuser von Al-Kana, einem Oasendorf im Süden des Landes, zeigen in ihrer Architektur und in ihren bemalten Zierfassaden einen starken jemenitischen Einfluss. Auf den Dächern wird Gemüse getrocknet, Brot gebacken und die Teppiche werden gesäubert.

Verbündeten. Der Krieg hatte aber kaum Auswirkungen auf die saudische Wirtschaft.

Der saudische König, dessen offizieller Titel „Hüter der beiden heiligen Moscheen" (von Mekka und Medina) lautet, herrscht als absoluter Monarch. Der Kronprinz, sein Erbe und Stellvertreter, wird von den führenden Mitgliedern der Familie Saud in Konsultation mit der *Ulema*, dem obersten religiösen Rat, ausgewählt. Der König regiert nach islamischem Recht und ernennt den Ministerrat.

Die Bevölkerung setzt sich vorwiegend aus Arabern, darunter vielen Einwanderern aus anderen arabischen Staaten, besonders aus dem Jemen, zusammen. Die Mehrzahl der Saudis sind Sunniten – hauptsächlich wahhabitischer Richtung; in den Gebieten am Persischen Golf gib es eine schiitische Minderheit. Der Islam wird rigoros durchgesetzt (den Kritikern nach aber nicht in allen Fragen der Menschenrechte). Er beeinflusst alle Lebensbereiche, vom Recht über die Kultur bis zur Kunst. Es ist verboten, irgendeine nichtmuslimische Religion offen zu praktizieren.

WIRTSCHAFT

Die saudische Wirtschaft basiert auf der Erdölförderung. Die Einnahmen daraus gleichen die enormen Ausgaben auf anderen Gebieten Lebensmittel importiert werden. Mit Ausnahme eines Fleckens fruchtbaren Ackerlands im Asir-Gebirge, hängt die Landwirtschaft von künstlicher Bewässerung ab. Angebaut werden vornehmlich Getreide, Bananen, Datteln und Kaffee. Die wenigen im Land verbliebenen Nomaden halten Schaf-, Ziegen- und Kamelherden.

Saudi-Arabien besitzt ein Viertel der Weltreserven an Erdöl und beachtliche Mengen an Erdgas und Metallerzen. Die verarbeitende Industrie, die aus ölbeheizten Wärmekraftwerken mit Strom versorgt wird, produziert petrolchemische Erzeugnisse, Düngemittel und Walzstahl. Das Straßennetz verbindet alle wichtigen Städte und reicht bis nach dem Jemen, nach Jordanien, Kuwait und Katar. Eine Eisenbahnlinie verläuft von der Hauptstadt Riad nach Nordosten zum bedeutenden Hafen Ad Dammam am Persischen Golf. Vom nahe gelegenen Hafen Al Jubayl aus transportieren Pipelines Öl und Erdgas quer durch das Land nach Yanbu an der Küste des Roten Meeres, westlich von Medina. Dschidda, ein weiterer Hafen am Roten Meer (unweit von Mekka), sowie Riad und Az Zahran (in der Nähe von Ad Dammam) besitzen internationale Flughäfen.

Umfangreiche Sozialleistungen schließen die kostenlose medizinische Behandlung aller breitet. Die Schulbildung ist kostenlos, aber nicht obligatorisch; die Analphabetenrate ist hoch. Nach dem Abschluss der Oberschule können die vielfältigen Bildungsangebote der Universitäten, Technischen Hochschulen oder die Berufsausbildung genutzt werden.

LANDESDATEN – SAUDI-ARABIEN

Fläche 2 240 000 km²

Klima	**Höhe** m	**Temperaturen** **Januar** °C	**Juli** °C	**Jährlicher Niederschlag** mm
Riad (Ar Riyad)	609	16	40	82

Geografische Merkmale höchster Berg: Jabal Sawda 3133 m

Einwohnerzahl (1994) 18,2 Millionen

Staats- und Regierungsform Monarchie

Streitkräfte Heer 70 000; Marine 12 000; Luftwaffe 18 000

Größte Städte Riad (Hauptstadt – 2 Mio. Einw.); Dschidda (1,4 Mio.); Mekka (618 000)

Offizielle Landessprache Arabisch

Bevölkerungsgruppen Saudis 82,0%; Jemeniten 9,6%; Araber aus den Nachbarstaaten 3,4%; sonstige 5,0%

Staatsreligion Islam

Religionsgemeinschaften Muslime 98,8%; Christen 0,8%; sonstige 0,4%

Währung 1 Saudi Riyal (S. Rl.) = 100 Hallalas

Bruttosozialprodukt (pro Kopf 1993) US-$ 6610

Bruttoinlandsprodukt (1993) US-$ 121,530 Mrd.

Lebenserwartung Männer 66,2; Frauen 69,6 Jahre

Bahrain

STAAT BAHRAIN

DAS WINZIGE UNABHÄNGIGE EMIRAT von Bahrain besteht aus einer Gruppe von etwa 30 Inseln im Golf von Bahrain, einem kleinen Seitenarm des Persischen Golfs zwischen Saudi-Arabien und der Halbinsel Katar.

GEOGRAFIE

Die Hauptinsel Bahrain ist durch Dämme mit den Nachbarinseln Al Muharraq und Sitrah sowie mit Saudi-Arabien verbunden. Ihre Landschaft wechselt von nackten Felsen über sandige Ebenen zu Salzsümpfen. Die geringen Niederschläge fallen im warmen Winter; subtropisch sind die Sommer. Unterirdische Quellen und Meerwasserentsalzungsanlagen liefern das Wasser für die künstliche Bewässerung. Auf der Insel wachsen robuste Wüsten- und Salzsumpfpflanzen.

LANDESDATEN – BAHRAIN

Fläche 691 km²

Klima	Höhe	Temperaturen Januar	Juli	Jährlicher Niederschlag
	m	°C	°C	mm
Al Manamah	6	19	36	130

Geografische Merkmale größte Insel: Bahrain 583 km²; höchste Erhebung: Jabal ad Dukhan 134 m

Einwohnerzahl (1994) 585 683

Staats- und Regierungsform Monarchie mit einem ernannten Rat

Streitkräfte Heer 6800; Marine 1600; Luftwaffe 650

Hauptstadt Al Manamah (152 000 Einw.)

Offizielle Landessprache Arabisch

Bevölkerungsgruppen Bahrainer 63,0%; Asiaten 13,0%; Araber aus Nachbarstaaten 10,0%; Iraner 8,0%; sonstige 6,0%

Staatsreligion Islam

Religionsgemeinschaften schiitische Muslime 70,0%; sunnitische Muslime 30,0%

Währung 1 Bahrain-Dinar (BD) = 1000 Fils

Bruttosozialprodukt (pro Kopf 1991) US-$ 6910

Lebenserwartung Männer 71,7; Frauen 76,0 Jahre

Ressourcen Erdöl, Erdgas, Aluminium, Fischerei

Der König-Fahd-Damm ist 25 km lang und verbindet den kleinen Inselstaat Bahrain mit Saudi-Arabien, zu dem es enge Beziehungen unterhält. Um die Abhängigkeit von den Öleinnahmen auszugleichen, entstanden neue bedeutende Industriekomplexe sowie eine Werft.

KULTUR UND GESELLSCHAFT

Seit über 4000 Jahren ist Bahrain ein florierendes Handelszentrum, und seit dem 7. Jh. gehört es zu den arabisch-islamischen Ländern. Von 1521 bis 1783 herrschten hier die Portugiesen, danach fiel es an die Perser. Mitte des 19. Jh. erklärten die Briten Bahrain zum Protektorat und 1971 erhielt es die volle Unabhängigkeit. Der Emir führt als Staatsoberhaupt und Ministerpräsident das von ihm ernannte Kabinett. Bis 1975 existierte eine gewählte Nationalversammlung, die aber nach Spannungen zwischen Schiiten und Sunniten aufgelöst wurde. 1994/95 forderten die Schiiten, den Beschluss wieder aufzuheben. Im Land arbeiten viele ausländische Arbeitnehmer, hauptsächlich aus dem Iran und aus Südasien. Die Schiiten bilden die Mehrheit der Bevölkerung, aber die herrschende Familie und viele wohlhabende Bahrainer sind sunnitische Muslime. Die Kultur ist traditionell arabisch geprägt, obwohl ein urbaner Lebensstil und westliche Kultur wie Film und Fernsehen weit verbreitet sind.

WIRTSCHAFT

Der Wohlstand beruht auf der Erdöl- und Erdgasförderung. Mit dem Rückgang der Reserven gewinnen die Aluminiumverarbeitung und die chemische Industrie an Bedeutung. Die Landwirtschaft deckt den Eigenbedarf an Obst und Gemüse. Die Infrastruktur ist hoch entwickelt. Der wichtigste Hafen liegt nahe der Hauptstadt Al Manamah, der internationale Flughafen befindet sich auf der Insel Muharraq. Die medizinische Betreuung erfolgt unentgeltlich. Der Schulbesuch ist kostenlos und auch weiterführende Ausbildungen können absolviert werden.

Katar

STAAT KATAR

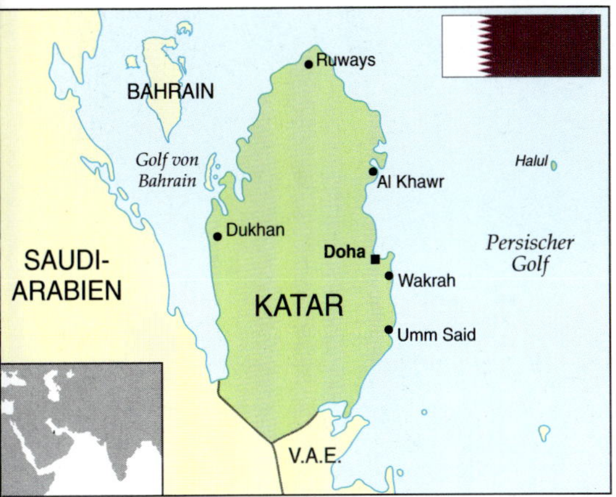

DER KLEINE STAAT KATAR NIMMT DIE gleichnamige Halbinsel an der Südwestküste des Persischen Golfs ein. Im Süden grenzt er an Saudi-Arabien und im Südosten an die Vereinigten Arabischen Emirate. Der Inselstaat Bahrain liegt unmittelbar im Westen.

GEOGRAFIE

Die lang gestreckte Halbinsel Katar ist bis auf wenige Berge im Westen und einige niedrige Klippen am nördöstlichen Ende flaches Land. Gelegentlich treten Schauer im Winter auf. Die Sommer sind allgemein heiß und feucht, aber die Winternächte oft kalt. Nur im Norden wachsen überwiegend trockenbeständige Pflanzen. Weiter südlich herrschen Salzpfannen und Sanddünen vor. Die Wüste bewohnen vor allem höhlenbauende Nagetiere, wie z. B. die Wüstenspringmaus, Reptilien und Insekten.

KULTUR UND GESELLSCHAFT

Katar, eines der vielen Emirate, die in Arabien im 7. Jh. während der Ausbreitung des Islam entstanden, wurde für viele Jahrhunderte von der Khalifah-Dynastie regiert. Die Verlegung des Sitzes des Emirs ins benachbarte Bahrain 1783 führte zu einem Bruch mit seinen Untertanen und schließlich 1867 zum Krieg. Die Briten intervenierten, schufen ein separates Emirat und setzten ein Mitglied der führenden Al-Thani-Familie ein. 1916 wurde Katar britisches Protektorat. Die Entdeckung von Erdöl 1939 veränderte das Schicksal des Emirats. Katar entschloss sich, nach dem Abzug der britischen Truppen 1971 nicht den Vereinigten Arabischen Emiraten beizutreten, sondern in die Unabhängigkeit zu gehen.

Der Emir regiert als absoluter Monarch, wobei er auf die Unterstützung der herrschenden Familie angewiesen ist, deren Mitglieder zwei Fünftel der einheimischen arabischen Bevölkerung bilden. Gegenwärtig sind die gebürtigen Katarer zahlenmäßig den eingewanderten Arbeitern, größtenteils Araber und Asiaten, weit unterlegen. Der Islam ist Staatsreligion und die meisten Katarer sind sunnitische Wahhabiten. Islamisches Recht wird nur auf die Einheimischen angewandt.

WIRTSCHAFT

Die Einkünfte aus den begrenzten Ölvorkommen werden zunehmend durch die Erdgasförderung ergänzt. Die Industrie, die in starkem Maße von diesen Rohstoffen abhängt, umfasst Erdöl- und Erdgasverarbeitung, die Produktion petrolchemischer Erzeugnisse sowie die Stahlerzeugung und die Düngemittelherstellung. Künstliche Bewässerung und die Anwendung von Hochtechnologie ermöglichen den Anbau von Obst und Gemüse. Die örtliche Fischindustrie wird ebenfalls modernisiert. Doch ein Großteil der Lebensmittel muss nach wie vor importiert werden. Katar ist auch ein bedeutendes Bankenzentrum. Das Verkehrsnetz ist hervorragend ausgebaut, weiterhin gibt es See- und Flugverbindungen. Das Gesundheits- und Bildungswesen steht allen Einwohnern offen. Eine Universitätsausbildung ist für eine begrenzte Anzahl von Studenten möglich.

Die Fackeln der Ölbohrungen leuchten weithin. Katar hat sowohl auf dem Festland als auch in den küstennahen Meeresgebieten bedeutende Ölreserven. Die Halbinsel gehörte zu den ärmsten Ländern der Erde und kam nach der Entdeckung des Erdöls 1939 zu großem Wohlstand.

LANDESDATEN – KATAR

Fläche 11 400 km²

Klima	**Temperaturen Januar °C**	**Temperaturen Juli °C**	**Jährlicher Niederschlag mm**
Doha	17	37	62

Einwohnerzahl (1994) 513 000

Staats- und Regierungsform Monarchie

Streitkräfte Heer 8500; Marine 800; Luftwaffe 800

Hauptstadt Doha (217 000 Einw.)

Offizielle Landessprache Arabisch

Bevölkerungsgruppen Araber 40,0%; Iraner 10,0%; Pakistani 18,0%; Inder 18,0%; sonstige 14,0%

Staatsreligion Islam

Religionsgemeinschaften Muslime 92,4%; Christen 5,9%; Hindus 1,1%; sonstige 0,6%

Währung 1 Qatar Riyal (QR) = 100 Dirhams

Bruttosozialprodukt (pro Kopf 1993) US-$ 16 000

Lebenserwartung Männer 70,1; Frauen 75,1 Jahre

Vereinigte Arab. Emirate

VEREINIGTE ARABISCHE EMIRATE

DIE VEREINIGTEN ARABISCHEN EMIRATE (V.A.E.), ehemals die „Vertragsstaaten", sind eine Föderation aus sieben von Emiren regierten Staaten an der Südküste des Persischen Golfs. Im Nordwesten liegt Katar, im Südwesten Saudi-Arabien und im Osten Oman. Den V.A.E. gehören von Westen nach Osten die Emirate Abu Dhabi (das größte), Dubai, Schardja, Adjman, Umm al-Kaiwain, Ras al-Khaimah und Fudjaira an. Ihre Küste am Golf ist nach Norden gerichtet, nur Fudjaira liegt an der Ostküste der Halbinsel Musandam am Golf von Oman.

LANDESDATEN – VEREINIGTE ARABISCHE EMIRATE

Fläche 77 700 km²

Klima	**Höhe** m	**Temperaturen** **Januar** °C	**Juli** °C	**Jährlicher Niederschlag** mm
Abu Dhabi	5	18	32	105

Geografische Merkmale höchster Berg: Jabal Hafib 1189 m

Einwohnerzahl (1994) 2,8 Millionen

Staats- und Regierungsform Föderation von Emiraten, geführt vom Obersten Rat

Streitkräfte Heer 57 000; Marine 2000; Luftwaffe 2500

Größte Städte Dubai (266 000 Einw.); Abu Dhabi (Hauptstadt – 243 000); Schardja (125 000)

Offizielle Landessprache Arabisch

Bevölkerungsgruppen in den Emiraten gebürtige Araber 20%; Araber aus den Nachbarstaaten 22,0%; Südasiaten 50,0%; sonstige 8,0%

Staatsreligion Islam

Religionsgemeinschaften sunnitische Muslime 80,0%; schiitische Muslime 16,0%; Christen 3,8%; sonstige 0,2%

Währung 1 V.A.E.-Dirham (DH) = 100 Fils

Bruttosozialprodukt (pro Kopf 1993) US-$ 21 430

Bruttoinlandsprodukt (1993) US-$ 34,935 Mrd.

Lebenserwartung Männer 70,1; Frauen 74,4 Jahre

GEOGRAFIE

Die V.A.E. bestehen vorrangig aus flachem Wüstenland; an der Küste erstrecken sich Salzpfannen und im Osten erhebt sich eine steile Bergkette – die Fortsetzung des Omangebirges (Al Hajar), das sich nordwärts entlang der Halbinsel bis zum Kap Musandam hin zieht. Das Klima ist ganzjährig heiß und trocken und in Küstennähe etwas feuchter. Starke, jahreszeitabhängige Winde bringen heftige Sandstürme, die beträchtliche Schäden anrichten können. Sieht man von Dattelpalmen in den Oasen der nordöstlichen Emirate ab, ist die Vegetation im Allgemeinen spärlich und auf Strauchwerk beschränkt. Unter den extremen Bedingungen leben hier der Wüste angepasste Tierarten.

KULTUR UND GESELLSCHAFT

Die islamischen Emirate entstanden wahrscheinlich zwischen dem 7. Jh. und dem 8. Jh. und widerspiegeln die regionalen Unterschiede zwischen den verschiedenen arabischen Völkern. Vom frühen 17. Jh. an waren die Briten die einflussreichsten Europäer in der Region. Anfang des 19. Jh. richteten sie einen Militärstützpunkt ein, um die Piraterie zu bekämpfen. Der Vertrag von 1892 sicherte den Briten die Kontrolle über die Außenpolitik der so genannten „Vertragstaaten", wobei jedes Emirat die traditionelle Herrschaftsform seiner Region beibehielt. Im 20. Jh. erschlossen die Emirate große Erdölreserven, gelangten zu Reichtum und arbeiteten von nun an enger zusammen. Als die Briten 1971 die Golfregion verließen, traten die Emirate mit Ausnahme von Bahrain und Katar den V.A.E bei. Die Vereinigung unterhält gute Beziehungen zu den Nachbarstaaten und zu Großbritannien, mit denen sie auch im Golfkrieg 1991 gegen den Irak verbündet waren.

Die zugewanderten Arbeitnehmer aus den arabischen Nachbarstaaten und Südasien übertreffen heute zahlenmäßig die heimische Bevölkerung. Der Islam ist Staatsreligion, wobei beide Richtungen (Sunniten und Schiiten) vertreten sind, und bildet die Rechtsgrundlage. Jedes Emirat ist eine absolutistische Monarchie, dessen Herrscher Mitglied des Obersten Rates ist. Die Emire wählen aus ihrer Mitte einen Präsidenten und einen Vizepräsidenten und ernennen zudem ein beratendes Gremium, das 40 Mitglieder zählt.

WIRTSCHAFT

Die reichen Erdölvorkommen haben diese sonst unproduktive Region zu einer der wohlhabendsten der Welt gemacht. Die Landwirtschaft ist auf die Oasen und die winzigen künstlich bewässerten Areale begrenzt. Angebaut werden vorrangig Datteln, Luzerne, Obst und Getreide. Einige Kulturen werden auf der Basis von High-Tech-Verfahren wie der Hydroponik (ohne Erde) gezogen. Die nahen Gewässer sind fischreich, die Tierhaltung ist aufgrund der Überweidung auf Ziegen und Kamele beschränkt.

Abu Dhabi, das größte der sieben Emirate und Hauptstadt der V.A.E., ist eine moderne Stadt mit Boulevards, Hochhäusern und vielen öffentlichen Dienstleistungseinrichtungen. Sein Reichtum beruht auf dem Öl. Die Fischerei und die Perlenzucht sind weitere einträgliche Wirtschaftszweige.

Nahrungsmittel werden in großem Umfang importiert. Haupteinnahmequelle ist das Erdöl- und Erdgasgeschäft. Daneben spielt die Aluminiumverhüttung sowie der Handel und Finanzdienstleistungen eine wichtige Rolle. Zudem haben eine hochentwickelte Infrastruktur und Hafenwirtschaft die wirtschaftliche Entwicklung vorangebracht.

In dem großzügig finanzierten sozialen Dienstleistungsbereich ist ein Großteil der einheimischen Bevölkerung beschäftigt. Die Leistungen des Gesundheitswesens sowie die Ausbildung bis zum Hochschulniveau werden seit geraumer Zeit kostenlos gewährt. In diesen Bereichen finden viele ausländische Lehrer und Ärzte Arbeit.

Oman

SULTANAT OMAN

DIE KÜSTEN VON OMAN, DAS AUF DEM südöstlichen Teil der Arabischen Halbinsel liegt, bieten nach Nordosten den Ausblick über den Golf von Oman und nach Südosten auf das Arabische Meer. Das Sultanat grenzt an den Jemen, an Saudi-Arabien und an die Vereinigten Arabischen Emirate. Die kleine omanische Exklave von Ruus al Jibal an der Spitze der Halbinsel Musandam beherrscht den Eingang in den Persischen Golf.

GEOGRAFIE

Zu Urzeiten war dieser Teil der Arabischen Halbinsel grün und fruchtbar; große Klimaveränderungen verwandelten das Land jedoch in eine Wüste. Die einzigen Hochlandgebiete bilden das aus Kalkstein bestehende Omangebirge (Al Hajar) im Norden, das über eine fruchtbare Küstenebene und über den Golf von Oman aufragt und eine niedrigere Bergkette in der südlichen Provinz Dhofar. In den Bergen, besonders in Dhofar, bringen Sommermonsunwinde kühlenden Nebel und in der Wüste füllen seltene, aber wolkenbruchartige Regengüsse die trockenen Flussläufe (Wadis) und verursachen zuweilen riesige Überschwemmungen.

KULTUR UND GESELLSCHAFT

Maskat am Golf von Oman war schon im 5. Jh. v. Chr. ein blühendes Handelszentrum. Vom 2. Jh. n. Chr. an wurde das Land von kriegerischen arabischen Völkern überrannt. Mit der Verbreitung des Islam im 7. Jh. ging die Macht an die Imame (islamische Führer) über. 1154 entstand eine Herrscher-Dynastie und Oman entwickelte sich zu einer Seemacht. Die Portugiesen nahmen 1507 die aus (eine Eroberung Omans), als das Reich geteilt wurde. Von 1798 an unterhielt Oman enge vertragliche Beziehungen zu den Briten, die es auch beibehielt, nachdem das britische Protektorat 1951 beendet war. 1970 setzte Sultan Qabus ibn Said (* 1940) seinen Vater ab und als Oman 1971 unabhängig wurde, leitete Qabus eine liberale Reformpolitik ein. Er herrscht aber weiterhin als absoluter Monarch, der von einem Gremium beraten wird, in dem alle Bereiche der Gesellschaft vertreten sind. Neben den omanischen Arabern (mehrheitlich Sunniten), die die größte Bevölkerungsgruppe bilden, leben im Sultanat viele Arbeitnehmer aus Afrika und Asien.

WIRTSCHAFT

Die Wirtschaft stützt sich auf das Erdöl und der damit verknüpfte Verarbeitungssektor verzeichnete in den 70er-Jahren hohe Zuwachsraten. Fischerei und Landwirtschaft (unterstützt durch Brunnen zur Bewässerung) decken den Eigenbedarf an Nahrungsmitteln und bilden die Existenzgrundlage der Landbevölkerung. Vorrangig werden Weizen, Luzerne, Datteln, Limonellen und Kokosnüsse angebaut. An Tieren werden Ziegen, in bewässerten Gebieten auch Schafe und Rinder gehalten. Seit 1970 wurde das Verkehrssystem verbessert und das Sozial- und Gesundheitswesen erweitert. Das Bildungssystem wurde insgesamt ausgebaut, bleibt aber streng an die islamische Lehre gebunden.

LANDESDATEN – OMAN

Fläche 300 000 km²

Klima	Höhe	Temperaturen Januar	Juli	Jährlicher Niederschlag
	m	°C	°C	mm
Maskat	5	22	33	99

Geografische Merkmale höchster Berg: Jabal Akhdar 3018 m

Einwohnerzahl (1994) 1,7 Millionen

Staats- und Regierungsform Monarchie mit einem ernannten Rat

Streitkräfte Heer 25 000; Marine 4200; Luftwaffe 3500

Hauptstadt Maskat (250 000 Einw.)

Bevölkerungsgruppen omanische Araber 73,5%; Inder 15,0%; Pakistani 3,5%; Bengalen 2,5%; sonstige 5,5%

offizielle Landessprache Arabisch

Staatsreligion Islam

Religionsgemeinschaften Muslime 86,0%; Hindus 13,0%; sonstige 1,0%

Währung 1 Rial Omani (R.O.) = 1000 Baizas (Bz.)

Bruttosozialprodukt (pro Kopf 1991) US-$ 4850

Bruttoinlandsprodukt (1993) US-$ 11,686 Mrd.

Lebenserwartung Männer 65,9; Frauen 69,8 Jahre

Ressourcen Erdöl, Erdgas, Fischereiprodukte

Auf dem Viehmarkt von Naswa werden Ziegen verkauft. Die Monsunregen im Sommer schaffen für das Vieh ausreichende Weideflächen und die meisten Familien in den ländlichen Gebieten halten Ziegen und Kühe. Die Hälfte der Bevölkerung lebt von der Subsistenzwirtschaft.

Der Indische Subkontinent

LÄNDER DER REGION

INDIEN · BHUTAN · PAKISTAN · BANGLADESCH · NEPAL
MALEDIVEN · SRI LANKA

SCHUTZGEBIETE IN DER REGION

BRITISCHES TERRITORIUM IM INDISCHEN OZEAN

Die anmutige Symmetrie des Tadsch Mahal (*links*).
Das Marmormonument – eines der schönsten Beispiele der Mogularchitektur – wurde in Agra, Indien, im 17. Jh. von Schah Jahan als Mausoleum für seine Lieblingsfrau Mumtaz-i-Mahall erbaut. Es ist

Indien

REPUBLIK INDIEN

Der indische Subkontinent, eine grosse Halbinsel in Südasien, hat eine Fläche, die etwa ein Drittel der Größe Europas ausmacht. Im Norden bilden die gewaltigen Gebirgsketten des Himalaja eine Barriere zum übrigen Teil Asiens. Im Westen grenzt Indien an das Arabische Meer. Im Süden liegt der Indische Ozean und im Osten das Bengalische Meer. Indien ist eine der ältesten Zivilisationen der Welt (Arier und Drawiden), deren Geschichte bis in das 15. Jh. v. Chr. zurückreicht.

Die heutige Republik Indien nimmt den größten Teil des Indischen Subkontinents ein. Es grenzt im Westen an Pakistan, im Norden an Tibet (gegenwärtig von China besetzt), Nepal und Bhutan und im Osten an Bangladesch und Myanmar.

GEOGRAFIE

Die verschiedenartigen Landschaften Indiens sind ein Beispiel für die Plattentektonik (Bewegungen kontinentaler Landmassen). Das Himalaja-Gebirge – das höchste Gebirge der Erde – und der große Graben im Süden entstanden durch den Zusammenstoß zweier erdgeschichtlich alter Kontinentalplatten.

Das Land

Die Gebirge des Himalaja fallen nach Süden zu einer fruchtbaren Schwemmlandebene ab, die das Land in einem breiten Band von Osten nach Westen durchzieht. Die nördlichsten Ausläufer des Himalaja verlaufen quer durch das nördliche Kaschmir und ziehen sich tief in das benachbarte Tibet hinein. Sie sind die Quellgebiete der großen Flüsse Indus und Brahmaputra. Weiter südlich liegt der Hochhimalaja, dessen Gipfel immer mit Schnee und Eis bedeckt sind. Nach Süden schließt sich der Niedere Himalaja an, der in die Sandsteinketten des Siwalik-Gebirges übergeht, die Indiens nördliche Ebenen umgeben. Die Ebenen entstanden aus einem Graben, der bis zu 2000 m tief war und der nun mit Steinen und Schwemmland gefüllt ist. Der Indus fließt weiter nach Südwesten bis nach Pakistan, während der Ganges durch die Ebenen nach Südosten ins Bengalische Meer fließt. Indiens anderer großer Fluss, der Brahmaputra, strömt nach Südwesten und vereinigt sich mit dem Ganges und bildet in Bangladesch und Westbengalen ein gewaltiges Delta. Im Süden liegt das massive Hochland von Dekkan mit Teilen des ältesten Gesteins der Erde.

Winzig angesichts der Gipfel des Ladakh, einem Teil der Himalaja-Kette, die sich durch Nordindien zieht, thront das Thikse-Kloster auf einem kahlen Felsen. Die fruchtbaren Hochebenen und tiefen Gebirgstäler des Ladakh-Massivs sind eine der atemberaubendsten Landschaften Indiens.

Klima

Von Dezember bis März verursachen kalte nördliche Winde aus dem Himalaja in allen

Regionen kühle und trockene Winter, mit Ausnahme des äußersten Südens und Westens, dort bleibt es heiß und feucht.

Im April und Mai ändern sich die Windrichtungen und bringen wärmere Luft aus dem Süden. Große Teile Indiens haben in der heißesten Jahreszeit wenig oder keine Niederschläge. Die Regenfälle der Sommermonsune bringen Abkühlung, fällt der Monsun jedoch (meistens zwischen Juni und September) aus, folgen Dürre und Hungersnot. Die höchsten Niederschläge fallen im Nordosten und an der Südwestküste.

Im Oktober und November dreht die Windrichtung erneut und es können tropische Zyklone auftreten.

Flora und Fauna

Heute ist weniger als ein Fünftel der Landesfläche bewaldet. Die meisten Flussmündungen haben an ihrem seewärts gewandten Ende Mangrovenwälder. Die Sundarbans an der Gangesmündung sind mit 4000 km² einer der größten Mangrovensümpfe der Welt. In höheren Lagen mit wenig Regen finden sich trockene tropische Wälder. In Assam im Nordosten und die Westghats an der Südwestküste wachsen feucht-tropische Regenwälder und im niederschlagsreichen Osthimalaja herrschen immergrüne Eichen und Kastanien vor. In den höheren Lagen gedeihen Rhododendren.

Indiens artenreiche Tierwelt ist gefährdet, da durch Rodungen die Lebensräume der Tiere zerstört werden. Zahlreiche Naturschutzgebiete wurden geschaffen, um die Tiere vor dem Aussterben zu bewahren. Zu den geschützten Arten gehören der Indische Elefant, das Indische Rhinozeros, das Gaurarind (eine Art Wildrind), der Asiatische Löwe, der Tiger, der Schneeleopard, der Moschushirsch, die große indische Trappe und der Gavial.

Eine Karawane rastet in der Wüste Thar in Nordwestindien, dem östlichen Ausläufer der größten Wüstenregion der Erde, zu der die Sahara und die Arabische Wüste gehören. Mit ihren 259 000 km² ist die Thar die Heimat der nomadisierenden Viehhirten.

LANDESDATEN – INDIEN

Fläche 3 287 263 km²

Klima	**Höhe**	**Temperaturen Januar**	**Juli**	**Jährlicher Niederschlag**
	m	°C	°C	mm
Neu-Delhi	216	14	32	715
Cherrapunji (nahe Shillong)	1313	12	20	2670
Madras	16	24	31	1270

Geografische Merkmale höchster Berg: Kanchenjunga 8598 m; längste Flüsse: Brahmaputra (Teil) 2900 km; Ganges 2506 km

Einwohnerzahl (1994) 920 Millionen

Staats- und Regierungsform Mehrparteiensystem; Bundesrepublik; zwei gesetzgebende Organe

Streitkräfte Heer 1,1 Mio.; Marine 55 000; Luftwaffe 110 000

Größte Städte Bombay (12,6 Mio. Einw.); Kalkutta (11 Mio.); Neu-Delhi (Hauptstadt – 8,4 Mio.); Madras (5,4 Mio.); Hyderabad (4,3 Mio.); Bangalore (4,1 Mio.); Ahmadabad (3,3 Mio.)

Offizielle Landessprachen Hauptsprachen: Hindi; Englisch; zugelassene Regionalsprachen: Bengali, Telugu; Marathi; Tamil; Urdu, Gujarati; Malayalam; Kannaresisch; Oriya; Pandschabi; Assamesisch; Kaschmirisch; Sindhi; Sanskrit

Bevölkerungsgruppen Hindus 80,0%; Muslime 14,0%; Christen 2,4%; Sikh 2,0%; Buddhisten 0,7%; Dschainas 0,5%; sonstige 0,4%

Religionen Hindus 80,0%; Muslime 14,0%; Christen 2,4%; Sikh 2,0%; Buddhisten 0,7%; Dschainas 0,5%; sonstige 0,4%

Währung 1 Indische Rupie (iR) = 100 Paise (P)

Bruttosozialprodukt (pro Kopf 1993) US-$ 300

Bruttoinlandsprodukt (1993) US-$ 225,431 Mrd.

Lebenserwartung Männer 58,1; Frauen 59,1 Jahre

Ressourcen Kohle, Eisenerz, Mangan, Muskovit, Bauxit, Kupfer, Schwefel, Titanerz, Chrom, Erdgas, Diamanten, Erdöl, Kalkstein, Tee, Kaffee, Kautschuk

Die Lakkadiven - Land der Riesen

Etwa 300 km vor der Malabarküste von Südwestindien liegen die „100 000 Inseln" der Lakkadiven (Lakshadweep).

Tatsächlich handelt es aber nur um 14 Inseln, von denen zehn unbewohnt sind, der Rest der Inselkette besteht aus Korallenriffen. Die Inseln umgibt jedoch ein Geheimnis.

Etwa einen Meter unter dem leichten Sand müsste sich eine etwa 40 cm dicke Korallenschicht befinden. Aber auf allen Hauptinseln wurde diese Schicht in weit zurückliegenden Zeiten abgetragen, was angesichts der 30 km² großen Fläche eine gewaltige Aufgabe gewesen sein muss. Die darunter liegende Schicht wurde freigelegt und es entstand ein idealer Boden für den Anbau landwirtschaftlicher Kulturen. Die Überlieferung berichtet, dass Riesen dieses Werk vollbracht haben. Was

Auf den Inseln leben die Moplahs, die von Indern und Arabern abstammen und ihrem Glauben nach Moslems sind, doch die Malajalam-Sprache des benachbarten Südwestindien sprechen.

Ab 1498 waren die Inseln in portugiesischem Besitz; nachdem die Moplahs die Portugiesen 1545 wieder vertrieben hatten, verbündeten sie sich mit dem Radscha von Kannanore an der Malabarküste.

Nach 1792 erlangte der südliche Inselteil die Selbstverwaltung, womit aber eine Tributpflicht einherging. 1877 vereinnahmten die Briten die Inseln und nach deren Abzug 1947 kamen sie unter indische Herrschaft. 1956 erhielten sie den Status eines zentralverwalteten Unionsgebiets.

Die Inselbewohner sind geschickte Bootsbauer und Seeleute. Nur sie unternehmen die gefährliche Reise durch die Korallenriffe zum indischen Festland. Die Fischerei ist ihr Haupterwerbszweig; daneben bauen sie Getreide, Hülsenfrüchte, Bananen, Gemüse und

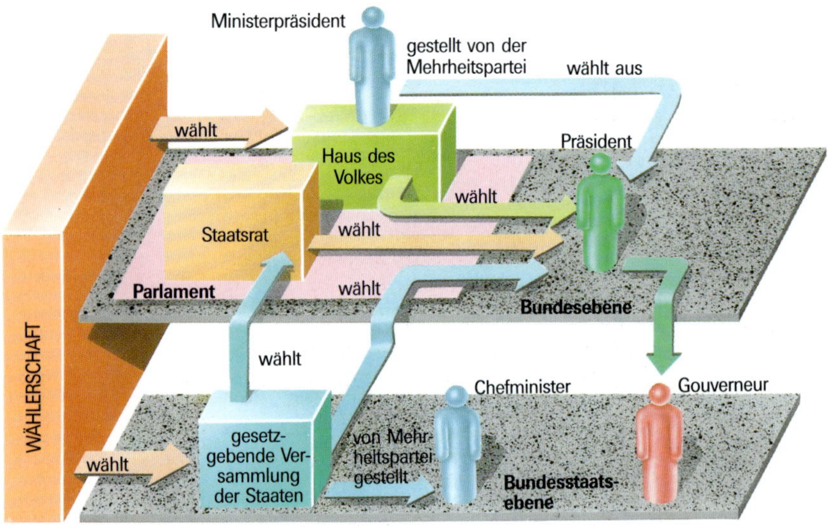

Indien ist eine Bundesrepublik, deren 25 Bundesstaaten sich selbst verwalten. Der Ministerpräsident ist dem Parlament, das alle fünf Jahre gewählt wird, rechenschaftspflichtig. Der Staatspräsident wird vom einem Wahlmännergremium aus den Mitgliedern des Staatsrates und des Haus des Volkes gewählt. In der Praxis wird der vom Ministerpräsidenten vorgeschlagene Kandidat angenommen.

Bunte Gebetsfahnen *(oben)* flattern über den Mauern eines tibetanisch-buddhistischen Klosters in Leh, der Hauptstadt von Indiens nördlichem Ladakh-Gebiet. Auf jede Fahne ist ein Gebet gedruckt und man glaubt, dass jede Bewegung des Tuches ein gesprochenes Gebet ersetzt.

Ein Hindu aus einer oberen Kaste *(unten)*, erkennbar an der heiligen gelben Schnur, bei rituellen Waschungen im Ganges bei Varanasi. Die hinduistische Mythologie erzählt, dass der Fluss einst durch den Himmel strömte. Er wird als Gott angebetet, der fähig ist, von Sünden reinzuwaschen.

KULTUR UND GESELLSCHAFT

Die wechselvolle Geschichte des indischen Subkontinents hat ein reiches künstlerisches und kulturelles Erbe hinterlassen. Gleichzeitig ist eine zwischen Arm und Reich deutlich gespaltene Gesellschaft entstanden.

Geschichte

Die ersten Spuren einer großen Zivilisation auf dem indischen Subkontinent – im Industal – gehen bis 2000 v. Chr. zurück. Viele Glaubenssätze und Bräuche des Hinduismus entstammen dieser Zeit. Die Induskultur wurde wahrscheinlich nach etwa 1000 Jahren durch die Invasion der Arier (Arja) aus dem iranischen Hochland zerstört. Sie errichteten in der Gangesebene Städte und verbreiteten ihre Kultur und Sprache (Sanskrit). Ihre Einteilung in soziale Klassen (Kasten) war für die Entwicklung späterer indischer Gesellschaftsstrukturen ausschlaggebend.

Im 6. Jh. v. Chr. traten zwei neue Heilsreligionen in Erscheinung: der Dschainismus, der immer noch unter Indiens Händlern viele Anhänger hat, und der Buddhismus, der sich später über große Teile von Süd- und Ostasien verbreitete. Im folgenden Jahrhundert entstand südlich des Unterlaufes des Ganges das Großreich von Magadha. König Tschandragupta, der um 322-298 v. Chr. regierte, schob dessen Grenzen über den Indus nach Westen und nach Süden bis ins Hochland von Dekkan vor. Unter seinem Enkel Aschoka, der 273-232 v. Chr. regierte, expandierte das Reich, bis es schließlich den gesamten Subkontinent beherrschte. Im 4. Jh. erlebte Indien unter der aus Magadha stammenden Gupta-Dynastie sein „Goldenes Zeitalter", das durch die Invasion der Hunnen im 5. Jh. beendet wurde. Der Nordwesten wurde 712 von arabisch-islamischen Invasoren besetzt und 1001 verbreitete Mahmud von Ghasna (971-1030) den Islam nach Osten bis weit über den Pandschab hinaus. Nach dem 12. Jh. eroberten die Ghoriden (aus Afghanistan) die Reste von Mahmuds Reich. Das 1206 gegründete, machtvolle Sultanat von Delhi erlangte weithin Einfluss, der 1398 durch die Mongoleninvasion aus dem Nordwesten erheblich eingeschränkt wurde. Im 14. Jh. entstand auch die Sikh-Religion.

Nach 1519 zerstörte Babur „der Löwe" (1483-1530), ein Nachkomme Dschingis Khans, die Reste des Sultanats von Delhi und errichtete 1526 das Mogulreich. Sein Enkel Akbar (1542-1605) dehnte es über Nordindien und Teile des Hochlandes von Dekkan aus.

Im 16. Jh. richteten die Portugiesen Handelsniederlassungen in Indien ein und behielten bis zum 17. Jh. das Handelsmonopol mit Indien, als die Ostindischen Handelsgesellschaften der Holländer, Engländer und Franzosen ihre eigenen Stützpunkte gründeten. Bis 1799 hatte die Britisch-Ostindien-Kompanie ihre Macht in Indien so weit ausgebaut, dass ab 1849 der gesamte Subkontinent de facto unter britischer Kontrolle stand. Ein Aufstand der Sepoy (indische Soldaten) wurde 1857 von Bauern, Landbesitzern und Fürsten unterstützt, nur die Sikhs blieben loyal. Danach wurden die Machtbefugnisse der Ostindien-Kompanie stark beschnitten und alle Rechte gingen an das Britische Königshaus über. Indien gehörte von nun an zum Britischen Empire und Königin Victoria ließ sich 1877 zur Kaiserin von Indien krönen.

Der Kampf um die politische Selbstbestimmung begann mit der Gründung des Allindischen Nationalkongresses 1877. Die Hoffnungen auf eine staatliche Unabhängigkeit wurden jedoch 1919 durch die Rowlatt-Gesetze, die z. B. Haftstrafen ohne einen Prozess vorsahen, zunächst zunichte gemacht. Mahatma Gandhi (1869-1948), ein führendes Mitglied der Kongresspartei, organisierte den Widerstand gegen die neuen Gesetze auf dem Weg des zivilen Ungehorsams und der Verweigerung. 1935 erließ Großbritannien das Gesetz über die Verwaltung Indiens und eine neue föderale Verfassung, die jedoch niemanden zufriedenstellte. Die Kongresspartei gewann die Wahlen von 1936 und 1939, und als der britische Vizekönig im Namen Indiens Nazideutschland den Krieg erklärte, ohne sich zuvor mit den indischen Führern zu beraten,

traten alle der Kongresspartei angehörenden Minister aus Protest zurück. Eine lange und komplizierte Serie von Verhandlungen, zugespitzt durch Aufruhr und Blutvergießen, brachte Indien schließlich 1947 die Unabhängigkeit. Die Feindschaft zwischen Hindus und Moslems teilte jedoch das Land. Indien behielt die Staaten mit überwiegender Hindubevölkerung, und die vornehmlich von Muslimen bewohnten Gebiete im Osten und im Nordwesten bildeten den neuen Staat Pakistan. Etwa 8,5 Millionen Menschen wurden durch die Teilung entwurzelt und über 400 000 verloren ihr Leben.

Jawaharlal Nehru (1889-1964) wurde Indiens erster Ministerpräsident. Er versuchte, Bündnisse mit der Sowjetunion oder dem Westen zu vermeiden; ein Grenzstreit mit China zwang ihn jedoch 1962, Großbritannien und die USA um Hilfe zu bitten. Nach Nehrus Tod führten Auseinandersetzungen mit Pakistan 1965 zu einem offenen Krieg. Nachdem Nehrus Tochter Indira Gandhi (1917-1984) 1967 Ministerpräsidentin geworden war, brachen 1971 die Kämpfe erneut aus und nach dem Krieg entstand ein neuer Staat – Bangladesch (früher Ostpakistan).

errang sie einen triumphalen Sieg und kehrte in ihr altes Amt zurück. 1984 griffen indische Truppen militante Sikhs an, die sich im Goldenen Tempel von Amritsar, ihrem größten Heiligtum, verschanzt hatten. Dabei kamen über 400 Menschen um. Kurze Zeit später wurde Indira Gandhi von radikalen Sikhs, Angehörige ihrer Leibwache, ermordet. Ihr ältester Sohn, Rajiv Gandhi (1944-1991), übernahm das Amt des Ministerpräsidenten und führte von nun an auch die Kongresspartei. Als diese 1991 wieder mit knapper Mehrheit im Wahlkampf vorn lag, wurde Rajiv Gandhi während einer Veranstaltung ermordet.

Regierungsform und Bevölkerung

Indien war die erste Republik, die 1950 innerhalb des Britischen Commonwealth unabhängig wurde, und damit trat die weltweit umfangreichste schriftliche Verfassung in Kraft.

Das Unterhaus des Zweikammerparlaments heißt „Haus des Volkes" (Lok Sabha), dessen Abgeordnete für fünf Jahre gewählt werden und das bis zu 550 Abgeordnete umfassen kann. Das Oberhaus, der Staatsrat (Rajya Sabha), hat höchstens 250 Mitglieder. Staatsoberhaupt ist der Präsident, der wie der Vizepräsident von einem Gremium beider Kammern gewählt wird. Die Macht liegt beim Ministerpräsidenten und dem Kabinett, die dem „Haus des Volkes" verantwortlich sind.

Indiens Bevölkerung besteht aus einer Vielzahl ethnischer Gruppen. Sprachwissenschaftler zählen über 700 unterschiedliche Sprachen und Dialekte, von denen 15 regional gebundene Hauptsprachen staatlich anerkannt sind. Die indoarischen Sprachen gehen auf das Sanskrit zurück und sind in Nord- und Westindien verbreitet. Darunter wird Hindi als erste oder zweite Sprache von über vier Fünfteln der Bevölkerung gesprochen. Amtssprachen sind seit der Unabhängigkeit Hindi sowie Englisch, das im Süden bevorzugt wird. Weitere indoarische Hauptsprachen sind Bengali, Marathi, Gujarati und Assamesisch.

Indiens vorherrschende Religion ist der Hinduismus, aber mehr als ein Zehntel der

Südindische Fischer bringen die Netze an Land. Die Küstengewässer sind sehr fischreich, vor allem an Sardinen und Anchovis. Eine Spezialität der indischen Küche ist der „Bombay duck", ein getrockneter Fisch als Beilage zum Reis. Die Fischfangquote betrug 1990 über 3,6 Millionen Tonnen.

Ein Zug in Richtung Agra überquert eine Brücke in Nordindien. Im flachen Wasser der Yamuna waschen Frauen und Männer Wäsche. Indiens gut ausgebautes Eisenbahnsystem, von den Briten Mitte des 19. Jh. gebaut, ist das fünftgrößte der Welt.

Bevölkerung bekennt sich zum Islam. Daneben gibt es Christen, Buddhisten, Sikhs und Dschainas. Das Kastensystem teilt die Hindus nach Geburtsort und Tätigkeit in etwa 3000 Gruppen. Mitglieder unterschiedlicher Kasten können nicht heiraten, ohne dass einer von ihnen seine Kastenzugehörigkeit verliert. Als niedrigste Kaste gelten die „Unberührbaren". Seit 1950 ist die Zuordnung zu dieser Kaste verfassungswidrig.

WIRTSCHAFT

In den letzten Jahren ist die indische Wirtschaftskraft gewachsen. Die Exporte sind gestiegen und die Zahlungsbilanz hat sich verbessert. Ausländische Investitionen haben erheblich zugenommen und die Auslandsverschuldung ist stark zurückgegangen. Zudem konnte Indien die Abhängigkeit von ausländischer Hilfe verringern.

Landwirtschaft und Industrie

Mehr als zwei Drittel der Erwerbstätigen arbeiten in der Landwirtschaft, in der die kleinen Bauernwirtschaften dominieren. Überschwemmungen und Dürre stellen eine ständige Gefahr dar, aber die „grüne Revolution" der 70er- und 80er-Jahre führte zu besseren Ernten und zur Erweiterung des Bewässerungssystems. Heute deckt Indien seinen Nahrungsmittelbedarf aus eigener Kraft.

Zu den Grundnahrungsmitteln Indiens gehört Reis, von dem über 4000 Sorten angepflanzt werden. In den trockeneren Gebieten wird Weizen angebaut. Exportintensive Kulturen wie Tee, Kaffee, Kautschuk und Pfeffer werden auf großen Plantagen kultiviert. Daneben spielt der Anbau von Kokosnüssen, Jute und Baumwolle eine wichtige Rolle.

Indien hat weltweit den größten Nutzviehbestand, wobei die Milcherträge allerdings aufgrund der Futterknappheit auch zu den niedrigsten zählen. Hohe Zuwachsraten konnte Indiens Fischindustrie verzeichnen.

Indien besitzt reiche Eisenerzvorkommen, die verstärkt abgebaut werden, wohingegen das Potential der Stahlerzeugung nicht ausgeschöpft wird. Weiterhin verfügt Indien über Bauxit, Mangan, Kupfer, Schwefel und Salz. Edelsteine sind nach wie vor ein Hauptexportgut. Darüber hinaus gibt es umfangreiche Kohlevorkommen und in geringem Umfang Erdöl. Die eigene Erdölförderung deckt etwa die Hälfte der bescheidenen Anforderungen ab. Über die Hälfte der Elektroenergie erzeugen Wärmekraft-, einen weiteren Teil Wasserkraftwerke und einen geringen Anteil liefern Atomkraftwerke. Am schnellsten hat sich die verarbeitende Industrie entwickelt. Konsumgüter wie Textilien, Fahrräder und Elektroartikel werden vorwiegend in privaten Kleinbetrieben produziert. Die Schwerindustrie befindet sich in staatlichem Besitz, öffnet sich aber zunehmend privaten und ausländischen Investoren.

Verkehr und Kommunikation

Indiens Eisenbahn ist das größte staatliche Unternehmen und nutzt noch überwiegend Dampflokomotiven; das Streckennetz wird Schritt für Schritt elektrifiziert. In einigen Landesteilen dienen die großen Flüsse als Hauptverkehrsadern. Kalkutta, Madras, Bombay und Cochin sind Indiens wichtigste Seehäfen. Die Presse unterliegt geringen Einschränkungen, aber die Zeitungen erscheinen aufgrund der Sprachenvielfalt ohnehin in kleinen Auflagen.

Gesundheits- und Bildungswesen

Armut und Unterernährung kennzeichnen die indische Gesellschaft. Malaria, Tuberkulose und Cholera sind zwar unter Kontrolle, aber das Gesundheitswesen ist überlastet. Trotz einer staatlichen Geburtenkontrolle wächst die Bevölkerung weiter. Bildung wird im Allgemeinen kostenlos angeboten. Die Analphabetenquote hat sich seit der Unabhängigkeit um mehr als 50 % verringert. Viele der hoch qualifizierten Arbeitnehmer ha-

Bhutan

KÖNIGREICH BHUTAN

IM ÖSTLICHEN HIMALAJA, EINGESCHLOSSEN zwischen Tibet (gegenwärtig von China besetzt) im Norden und Indien im Süden, liegt das winzige Königreich Bhutan. Wie Tibet ist Bhutan schon lange von internationaler Politik und Handel isoliert und wird vom Rest der Welt als geheimnisvolles Königreich betrachtet.

GEOGRAFIE

Bhutan ist ein Land hoher Berge und tiefer Täler und gliedert sich in drei geografische Großlandschaften. Das Tiefland entlang der südlichen Grenze ist als Duars-Ebene bekannt. Von hier steigt das Land steil zu den zerklüfteten Bergen und breiten Tälern des Niederen Himalaja an. Darüber türmen sich die majestätischen Gipfel des Himalaja entlang der tibetanischen Grenze.

Das Klima reicht von subtropisch im Süden bis zu alpin im Norden. Mancherorts sind die Sommerregen sehr stark; auf den höheren Gipfeln fallen sie als Schnee. Der größte Teil der Bevölkerung lebt in den gemäßigten zentralen Tälern mit jahreszeitabhängigen Weiden. Im südlichen Tiefland und an den dortigen Hängen findet man eine Mischung aus dichten Bambuswäldern und Savannenlandschaft, die Heimat der Elefanten und Tiger. In den Bergen sind widerstandsfähige Gebirgstiere heimisch, wie Yaks und Wildziegen.

KULTUR UND GESELLSCHAFT

Bhutans Ursprünge sind legendenumwoben, Historiker glauben aber, dass das Land im 9. Jh. durch Einwanderer aus Tibet besiedelt wurde. Etwa im 16. Jh. soll ein tibetanischer Mönch die weltliche und geistliche Herrschaft über eine Gruppe von Bergvölkern übernommen haben. Nach seinem Tode wurde die Macht zwischen einem geistlichen Führer, dem *Dharma Radscha*, der als Reinkarnation seines Vorgängers gewählt wurde, [illegible]

Anfang des 20. Jh. und es wurde kein neuer geistlicher Führer bestimmt. Der *Deb Radscha* wurde früher vom Rat der Gouverneure gewählt, aber seit dem 19. Jh. kämpften die Militärführer um die politische Macht. Die Briten beendeten 1907 durch die erbliche Monarchie – *Druk Gyalpo*, (Drachenkönig) – diese Situation. Bis zum Abzug 1947 vertrat England das Land außenpolitisch. Der Enkel des ersten Drachenkönigs, Jigme Dorji Wangchuk (1928-1972) führte einig Reformen durch, die den Lebensstandard verbesserten, ohne jedoch die traditionelle Lebensweise zu verändern. So wurde z. B. Sklaverei erst in den 60er-Jahren, als die ersten Städte entstanden, abgeschafft. Die Herrschaft seines Sohnes, Jigme Sangye Wangchuk (* 1954) wurde durch Unruhen unter den tibetanischen Flüchtlingen und der nepalesischen Minderheit erschüttert. Die Nepalesisch sprechenden Hindus im südlichen Bhutan fanden aber keine Unterstützung für ihre Forderungen bei der bhutanischen Bevölkerungsmehrheit, die aus Buddhisten besteht und tibetanische Dialekte spricht.

Der Drachenkönig ist Alleinherrscher und wird von einem Kabinett und der teilweise gewählten Nationalversammlung beraten (es gibt keine politischen Parteien). Der Staat, den er führt, hat immer noch isolationistischen Charakter. Ab 1988 wurde ausländischen Touristen (außer begleiteten Gruppen), wegen angeblicher Kunstdiebstähle aus den Klöstern die Einreise verwehrt. 1990 wurde ein Gesetz erlassen, das den Empfang ausländischer Fernsehsender unter Strafe stellt.

WIRTSCHAFT

Die Wirtschaft Bhutans lebt von der Landwirtschaft, die ein wenig mehr als es das Existenzminimum erfordert einbringt. Die Mehrheit der Bevölkerung sind Bauern. Hauptsächlich werden Reis, Kartoffeln und Buchweizen angebaut. Weiterhin sind die Viehhaltung und die Forstwirtschaft von Bedeutung. Kohle ist der wichtigste Energierohstoff, aber auch Dolomit, Kalkstein und Gips werden abgebaut. Die industrielle Produktion besteht im Wesentlichen aus der Nahrungsmittel verarbeitenden Industrie und der Bereitstellung von Bauholz und Pulpe, die zusammen mit der Lieferung von Hydroelektroenergie den größten Anteil am Export haben. Von seinem einzigen Handelspartner Indien bezieht das Land auch alle Fertigerzeugnisse.

In Bhutan gibt es nur wenige Straßen, und der Luftverkehr wird größtenteils von den Hubschrauberflügen der Regierung bestimmt. [illegible]

Chillischoten trocknen auf einem Dach in einem Gebirgsdorf in Bhutan. Nur 9 Prozent des Bodens können landwirtschaftlich genutzt werden, da das übrige Land entweder bewaldet oder gebirgig ist. Obwohl Bhutan sich mit Grundnahrungsmitteln weitestgehend selbst versorgt, muss Reis importiert werden. Außerdem werden Orangen und Äpfel sowie Kardamom angebaut.

LANDESDATEN - BHUTAN

Fläche 47 000 km²

Klima	**Höhe** m	**Temperaturen Januar** °C	**Juli** °C	**Jährlicher Niederschlag** mm
Thiumphu	2265	4	17	3000

Geografische Merkmale höchster Berg: Kula Kangri 7554 m

Einwohnerzahl (1994) 716 380

Staats- und Regierungsform keine Parteien; konstitutionelle Monarchie; ein gesetzgebendes Organ

Streitkräfte Heer 5500

Hauptstadt Thiumphu (27 000 Einw.)

Offizielle Landessprache Dzongkha (eine Form des Tibetischen)

Bevölkerungsgruppen Bhotia 50,0%; Nepalesen 35,0%; einheimische oder eingewanderte Stämme 15,0%

Staatsreligion Mahayana-Buddhismus

Religionsgemeinschaften Buddhisten 69,6%; Hindus 24,6%; Muslime 5,0%; sonstige 0,8%

Währung 1 Ngultrum (Nu) = 100 Chetrum (Ch)

Bruttosozialprodukt (pro Kopf 1993) US-$ 180

Lebenserwartung Männer 51,5; Frauen 50,0 Jahre

Ressourcen Kohle, Kalkstein, Gips, Edelsteine, Dolomit, Kardamom, Holz, Wasserkraft

Pakistan

ISLAMISCHE REPUBLIK PAKISTAN

Pakistan nimmt den nordwestlichen Teil des indischen Subkontinents ein. Im Westen von Pakistan befindet sich der Iran, im Nordwesten Afghanistan, im Nordosten die VR China und im Osten Indien.

GEOGRAFIE

Der Indus, der im Nordosten des Himalaja entspringt, durchfließt ganz Pakistan vom nördlichen Hochland bis zu den südlichen Ebenen. Entlang der Grenze zu Afghanistan öffnet sich der Khyber-Pass zu einem ungleichmäßigen Hochland am Fuße des Himalaja. Weiter südlich liegen die Ebenen des Pandschab – des fruchtbaren Kernlandes von Pakistan –, das vom Indus und seinen Nebenflüssen bewässert wird. Im Südwesten liegt das trockene Hochland von Belutschistan.

In Pakistan herrscht subtropisch-kontinentales Klima, das durch sehr heiße Sommer und kühle Winter mit täglich extremen Temperaturschwankungen bestimmt wird. Die höchsten Niederschlagsmengen fallen zwischen Juli und September, wenn vom Südwesten her Monsunwinde wehen.

In weiten Teilen des Landes ist die Vegetation eher spärlich. Im Nordwesten gibt es Wälder mit Kiefern, indischen Zedern und Stechpalmen, während Laubbäume (Platanen und Pappeln) im hohen Norden wachsen. Die Tierwelt der Gebirge ist vielfältig, hier leben u. a. noch Bären, Leoparden und Wildschafe. Mit dem Rückgang des Waldbestands auf 3,5 % der Gesamtfläche sind allerdings die Lebensräume vieler Tiere bedroht.

KULTUR UND GESELLSCHAFT

Pakistan entstand 1947, als die überwiegend muslimischen Staaten im Nordosten und Nordwesten von Britisch-Indien ihre Autonomie erhielten. Teile Bengalens im Osten und des Pandschab im Westen wurden von Indi-

en abgetrennt, um den neuen in Ost- und Westpakistan geteilten Staat zu bilden. Die islamische Republik entstand 1956. Auseinandersetzungen mit Indien über die Grenze in Kaschmir führten 1965 zum Krieg. Während der Wahlen von 1971 forderte Ostpakistan seine Unabhängigkeit und es brach ein Bürgerkrieg aus, in dem Indien Ostpakistan unterstützte. 1972 wurde in diesem Gebiet der unabhängige Staat Bangladesch gegründet. Zulfikar Ali Bhutto (1928-1979) übernahm in Pakistan das Amt des Staatsoberhauptes, aber sein Wahlsieg 1977 löste einen Proteststurm aus, der mit der erneuten Verhängung des Kriegsrechts durch General Zia ul-Haq (1924-1988) endete. Bhutto wurde verhaftet, wegen Mordversuchs verurteilt und hingerichtet. Nach dem Tode von Zia ul-Haq kam 1988 die Pakistanische Volkspartei (PVP) unter der Führung von Benazir Bhutto (* 1953) wieder an die Macht. Sie erlitt 1990 eine Wahlniederlage und kehrte Ende 1993 nach Neuwahlen in die Regierung zurück.

Pakistan hat zwei gesetzgebende Kammern: die Nationalversammlung und den Senat. Der Ministerpräsident wird von der Nationalversammlung gewählt. Die Abgeordneten der Nationalversammlung werden vom Volk direkt gewählt. Der Senat setzt sich aus den Vertretern der vier Provinzparlamente zusammen. Der Staatspräsident, der von einem Wahlmännerkollegium gewählt wird, fungiert als Staatsoberhaupt und Oberbefehlshaber der Streitkräfte.

Durch jahrhundertelange Invasionen und Migrationsbewegungen leben in Pakistan viele ethnische Gruppen, die sich in verschiedene Sprachgruppen gliedern. Die markantesten Unterschiede bestehen zwischen den iranischen Sprachen wie Belutschi und Paschto und der indoarischen Gruppe, zu der Pandschabi, Sindhi und Urdu gehören, wobei letztere als Amtssprache eingeführt wurde. Der Islam ist Staatsreligion und wird von der großen Mehrheit der Bevölkerung praktiziert.

WIRTSCHAFT

Über die Hälfte der Bevölkerung ist in der Landwirtschaft tätig, obwohl diese weniger als ein Viertel des Nationaleinkommens produziert. Neue Sorten, Techniken und Ausrüstungen, die im Zuge der „grünen Revolution" der 70er-Jahre eingeführt wurden, halfen, einen Überschuss an Weizen, Reis und Zucker für den Export zu erzeugen. Viehzucht wird in großem Umfang betrieben, aber die Milch- und Fleischerträge fallen aufgrund des Futtermangels niedrig aus. Die Fischerei gilt als Wachstumsindustrie.

Pakistan verfügt über einige Kohlelagerstätten, Erdöl und hochwertiges Eisenerz sowie Kupfer. Die umfangreichen Kalksteinvorkommen dienen der wachsenden Zementindustrie als Rohstoffbasis. Die Wasserkraftwerke decken etwa drei Fünftel des Energiebedarfs, zudem werden gegenwärtig große Erdgasvorkommen erschlossen.

Die Baumwollindustrie erzielte nach der Unabhängigkeit schnell hohe Zuwachsraten und ist nach wie vor von großer Bedeutung. Andere Produkte wie Leder, Wolle und Zucker werden sowohl für den Binnenmarkt als auch für den Export verarbeitet. Die Schwerindustrie wird seit 1971 von der Regierung kontrolliert. Pakistans Fernstraßen und Eisenbahnlinien verbinden den wichtigsten Hochseehafen Karachi mit Lahore, Islamabad (der Hauptstadt) und mit Peshawar; Karachi ist auch Sitz der nationalen Fluggesellschaft Pakistan International Airlines. Pressezensur findet in der einen oder anderen Form statt. Die Medien (Rundfunk und Fernsehen) werden von der Regierung kontrolliert.

Die medizinische Versorgung ist unzureichend. Das staatliche Versicherungssystem gewährt Kranken, Müttern und Arbeitsunfall-Opfern eine Unterstützung. Alte und Behinderte erhalten eine kleine Rente. Die Grundschulbildung ist kostenlos und steht allen Kindern offen, aber nur eine Minderheit erhält eine weiterführende oder Universitätsausbildung. Die Analphabetenquote ist hoch.

Auf grünen Terrassen (*links*) im Flusstal des Hasche bei Skardu in Nordpakistan wird Gerste auf bewässerten Feldern unterhalb der kahlen Geröll-Berghänge angebaut. Die Schneeschmelze speist den Hasche, einen Nebenfluss des Schigar, der in den Indus mündet.

Muslime (*unten*) im Hof der Mahabuk-Khan-Moschee in Peshawar, Nordwestpakistan. Sie wenden sich zum Gebet, das fünfmal täglich verrichtet wird, in Richtung der heiligen Stadt Mekka. Der Islam wurde in Pakistan zur Staatsreligion erhoben.

LANDESDATEN – PAKISTAN

Fläche 796 095 km²

Klima	**Höhe**	**Temperaturen Januar**	**Temperaturen Juli**	**Jährlicher Niederschlag**
	m	°C	°C	mm
Islamabad	511	10	32	900
Karachi	4	16	30	196

Geografische Merkmale höchster Berg: K2 8611 m; längster Fluss: Indus 2900 km

Einwohnerzahl (1994) 13 Millionen

Staats- und Regierungsform Mehrparteiensystem; föderative Republik; zwei gesetzgebende Organe

Streitkräfte Heer 520 000; Marine 22 000; Luftwaffe 45 000

Größte Städte Karachi (5,2 Mio. Einw.); Lahore (3 Mio.); Faisalabad (1,1 Mio.); Rawalpindi (795 000); Hyderabad (752 000); Multan (722 000); Islamabad (Hauptstadt – 204 000)

Offizielle Landessprachen Urdu, Englisch

Bevölkerungsgruppen Pandschabi 48,2%; Paschtunen 13,1%; Sindhi 11,8%; Saraiki 9,8%; Urdu 7,6%; sonstige 9,5%

Staatsreligion Islam

Religionsgemeinschaften Muslime 96,7%; Christen 1,6%; Hindus 1,5%; sonstige 0,2%

Währung 1 Pakistanische Rupie (pR) = 100 Paisa (Ps)

Bruttosozialprodukt (pro Kopf 1993) US-$ 430

Bruttoinlandsprodukt (1993) US-$ 46;360 Mrd.

Lebenserwartung Männer 56,8; Frauen 58,0 Jahre

Ressourcen Erdgas, Kohle, Eisenerz, Kalkstein, Bauxit, Steinsalz, Baumwolle, Reis, Weizen, Zuckerrohr

Bangladesch

VOLKSREPUBLIK BANGLADESCH

DAS KLEINE DICHTBESIEDELTE LAND BANGladesch grenzt im Westen, Norden und Osten an Indien. Seine Südküste liegt am Bengalischen Meer.

GEOGRAFIE

Bangladesch nimmt die östlichen zwei Drittel des Ganges-Brahmaputra-Deltas ein. Das Land ist außerordentlich fruchtbar und wird während der alljährlichen Monsunzeit überflutet. In den letzten Jahren nahmen jedoch durch Rodungen und Bodenerosion die Überschwemmungen verheerende Auswirkungen an. Die Landesfläche besteht zum großen Teil aus flachen Ebenen, die von Flüssen durchzogen werden. Die Sundarbans, die gewaltigen Mangrovenwälder im Süden des Landes, sind eines der größten Sumpfgebiete der Erde. Die Ebene wird nur im Nordosten und im Südosten, wo die hohen Chittagong-Berge parallel zur birmanischen Grenze verlaufen, unterbrochen. Das Gebiet von Chittagong schließt im Südosten die Inseln vor der Küste ein und hat bei Cox´s Bazar den längsten Strand der Welt.

In der Zeit der Sommermonsune (Juni bis Oktober) fallen die höchsten Niederschläge. Im Winter bringen Nordostwinde trockene warme Tage und kühle Nächte. Ende März ändert sich die Windrichtung erneut und es kann zu Gewittern mit sintflutartigen Regengüssen kommen. Im April und Mai verursachen heftige Zyklone vor allem in den Küstengebieten starke Sturmfluten und Überschwemmungen.

Bambus und Rattan wachsen in den östlichen Wäldern von Bangladesch, während die südlichen Gebiete reich an Sumpfpflanzen sind. Im dichtbesiedelten Landesinneren wachsen Obstbäume, Dattel- und Kokospalmen sowie Mangobäume. Zur Tierwelt gehören auch bedrohte Arten wie der Bengalische Tiger, der Leopard und der Indische Elefant.

KULTUR UND GESELLSCHAFT

Der Name Bangladesch bedeutet „Land der Bengalen", und das Volk der Bengalen spielte in der Geschichte und der Kultur des Subkontinents eine wichtige Rolle.

Im 4. Jh. gehörte Bengalen zum Indischen Maurya-Reich, das erst von buddhistischen und später von den Hindukönigen Nordindiens beherrscht wurde. Nach dem 13. Jh. setzte sich der Islam durch. Obwohl Bengalen ab 1760 eine britische Kolonie war, verwalteten die Hindus weiterhin das Land, was zu verstärkten Spannungen führte.

1905 teilten die Briten das Territorium in eine von Hindus beherrschte westliche und eine muslimische östliche Provinz auf. Westbengalen widersetzte sich der Teilung und 1912 wurden beide Provinzen wieder vereinigt.

Nach dem Ende der britischen Herrschaft 1947 teilte man das Land nach religiösen Gesichtspunkten auf und es entstand der Staat Pakistan. Ostbengalen wurde zu Ostpakistan, obwohl es von Westpakistan über 1500 km entfernt lag. Bei den Wahlen 1970 in Pakistan gewann in Ostpakistan die Awami-Liga mit überwältigender Mehrheit. Die pakistanische Regierung entsandte deshalb Truppen nach Ostpakistan und es kam zum Krieg, in den auch Indien eingriff. Westpakistan wurde besiegt und im Dezember 1971 gründete sich der neue Staat Bangladesch.

Als erster Staatspräsident trat Scheich Mujib ur-Rahman (1920-1975), Führer der Awami-Liga, an. 1975 wurde er bei einem blutigen Umsturz gestürzt und ermordet. In der Folgezeit wechselten sich einige Militärdiktaturen ab und das Kriegsrecht herrschte bis 1991. Danach wählte man Begum Khaleda Zia (* 1940), die Führerin der Nationalpartei, zur Ministerpräsidentin. Die ursprüngliche Verfassung sah die parlamentarische Regierungsform mit einem gewählten Ministerpräsidenten und einem Staatspräsidenten vor. Das Kriegsrechts setzte die Verfassung außer Kraft. Unter dem neuen Regime kann der Präsident nur noch für zwei aufeinander folgende Amtsperioden von je fünf Jahren gewählt werden.

Die große Mehrheit der Bengalen bekennen sich zum Islam. Weiterhin gibt eine bedeutende Hindu-Minderheit und Buddhisten in der Region von Chittagong. Amtssprache ist Bengali, daneben ist auch Englisch Geschäftssprache.

Im kulturellen Leben Bangladeschs werden sowohl die klassische indische Musik und der Tanz als auch die bengalischen Traditionen gepflegt. Aber auch die westliche Kinokultur und der Sport haben in Bangladesch Einzug gehalten.

LANDESDATEN – BANGLADESCH

Fläche 143 998 km²

Klima	Höhe	Temperaturen Januar	Juli	Jährlicher Niederschlag
	m	°C	°C	mm
Dhaka	8	19	29	2025

Geografische Merkmale längster Fluss: Brahmaputra (Teil) 2900 km

Einwohnerzahl (1994) 125 Millionen

Staats- und Regierungsform Mehrparteiensystem; Republik; ein gesetzgebendes Organ

Streitkräfte Heer 101 500; Marine 8000; Luftwaffe 6500

Größte Städte Dhaka (Hauptstadt – 6,1 Mio. Einw.); Chittagong (2 Mio.); Khulna (877 000); Rajshahi (517 000); Narayanganj (406 000)

Offizielle Landessprache Bengali

Bevölkerungsgruppen Bengalen 97,7%; Bihari 1,3%; sonstige 1,0%

Staatsreligion Islam

Religionsgemeinschaften Muslime 83,0%; Hindus 16,0%; Buddhisten 0,6%; Christen 0,3%; sonstige 0,4%

Währung 1 Taka (Tk) = 100 Paise

Bruttosozialprodukt (pro Kopf 1993) US-$ 220

Bruttoinlandsprodukt (1993) US-$ 23,977 Mrd.

Lebenserwartung Männer 55,3; Frauen 54,8 Jahre

Ressourcen Jute, Baumwolle, Reis, Tee, Zuckerrohr, Fischereiprodukte

Fischer in der Nähe von Kurigram (*oben*) in Nordbangladesch warten geduldig, dass ihnen Fische ins Netz gehen. Die Flüsse sind fischreich und wenn sie – wie hier der Brahmaputra – über ihre Ufer treten und die Reisfelder überschwemmen, ist Hauptfischfangzeit.

Ochsenzugkraft (*unten*). Ein bengalischer Bauer treibt seine Ochsen an, während ein Junge Zuckerrohr in die primitive, aber wirkungsvolle Presse schiebt, die von den Tieren angetrieben wird. Zuckerrohr ist eine der Hauptkulturen des Landes.

WIRTSCHAFT

Bangladesch gehört zu den ärmsten Ländern der Welt. In der Wirtschaft dominiert der Agrarsektor, der sozusagen schicksalhaft vom Klima abhängt. Vernichtete Ernten, Dürreperioden und Überschwemmungen verursachten häufige Hungersnöte. Die Hauptkultur ist Reis, gefolgt von Jute, Tee und Zuckerrohr. Der Fischfang spielt eine wichtige Rolle. Weniger als 10 % des Landes sind bewaldet.

Da Bangladesch wenig mineralische Bodenschätze besitzt, hängen die Stahl-, Chemie- und Textilindustrie von importierten Rohstoffen (die ausländische Hilfsprogramme finanzieren) ab. Einheimische Rohstoffe werden u. a. bei der Juteverarbeitung (Seilerei und andere Erzeugnisse) und bei der Herstellung von Papier aus Bambus verwendet.

In der Kolonialzeit entstand das umfangreiche Eisenbahnnetz, doch heute werden die Binnenwasserstraßen besonders für den Gütertransport genutzt. In den Städten sind die Fahrrad-Rikschas das Hauptverkehrsmittel. Chittagong an der Ostküste ist der wichtigste Überseehafen.

Vergleichsweise wenige Bengali besitzen Fernseh- oder Radiogeräte; alle Sendungen werden vom Staat kontrolliert; die Presse befindet sich in Privatbesitz. Medizinische Betreuung, Bildung und Familienplanungsprogramme werden von der Regierung und von privaten Einrichtungen angeboten. Anlaufpunkte sind Dhaka und Chittagong. Armut und Unterernährung sind ein großes Problem. Die Regierung bietet eine kostenlose

Nepal

KÖNIGREICH NEPAL

NEPAL IST EIN KLEINES LANDUMSCHLOSsenes Königreich in Südasien, das zwischen Indien im Süden und Tibet (gegenwärtig von der VR China besetzt) im Norden liegt.

GEOGRAFIE

Die Gangesebene (Tarai) an Nepals Südgrenze weicht weiter nördlich der Churia-Gebirgskette. Dahinter liegt das hohe Mahabharat-Massiv. Weiter im Norden, jenseits des Kathmandu-Tales, liegt das Himalaja-Gebirge mit dem Mount Everest, der mit 8848 m der höchste Berg der Erde ist. Das Klima reicht von subtropisch im Süden bis zu alpin im Norden. Die Sommer bringen starke Monsunregen und Schnee im Hochgebirge. Der Westteil des Landes neigt zu stärkerer Trockenheit als die anderen Gebiete.

Mehr als die Hälfte Nepals ist noch von Wäldern bedeckt. Sie reichen von Akazien- und Ahornwäldern im Churia bis zu Kiefern, Eichen und Rhododendren im Mahabharat und den niederen Lagen des Himalaja. In der Tarai-Ebene sind Tiger, Leoparden und das seltene Indischen Panzernashorn beheimatet. Oberhalb der Baumgrenze leben Wildschafe und Ziegen, Schneeleoparden, Yaks und der farbenprächtige Blutfasan, das nationale Symbol Nepals.

LANDESDATEN – NEPAL

Fläche 147 181 km²

Klima	**Höhe** m	**Temperaturen Januar** °C	**Juli** °C	**Jährlicher Niederschlag** mm
Kathmandu	1334	10	24	1328

Geografische Merkmale höchster Berg: Mount Everest 8848 m; längster Fluss: Ghaghara (Teil) 920 km

Einwohnerzahl (1994) 21 Millionen

Staats- und Regierungsform Mehrparteiensystem; konstitutionelle Monarchie; zwei gesetzgebende Organe

Streitkräfte Heer 34 800; Luftwaffe 200

Hauptstadt Kathmandu (235 000)

Offizielle Landessprache Nepali

Bevölkerungsgruppen Nepalesen 58,4%; Bihari 18,7%; Tharu 3,6%; Tamang 3,5%; Newar 3,0%; sonstige 12,8%

Staatsreligion Hinduismus

Religionsgemeinschaften Hindus 89,5%; Buddhisten 5,3%; Muslime 2,7%; Dschainas 0,1%; sonstige 2,4%

Währung 1 Nepalesische Rupie (NR) = 100 Paisa (P)

Bruttosozialprodukt (pro Kopf 1993) US-$ 190

Bruttoinlandsprodukt (1993) US-$ 3,551 Mrd.

Lebenserwartung Männer 52,3; Frauen 52,7 Jahre

Ressourcen Kohle, Eisenerz, Kupfer, Kalkstein, Holz, Jute, Reis, Felle und Häute, Wasserkraft, Tourismus

Ein üppiges Gemüseangebot auf einem Markt in Kathmandu. Die meisten Nepalesen leben von der Subsistenzwirtschaft. Sie bauen ihre Kulturen auf gedüngten Terrassen mit einer dünnen Erdschicht an, die in den Ebenen und den niedrigeren Hängen angelegt wurden.

KULTUR UND GESELLSCHAFT

Eingebettet in die indoarische Kultur und beeinflusst durch die mongolische Kultur Tibets, erhielt Nepal in seiner Geschichte von beiden Seiten starke Impulse. Vom 10. bis 18. Jh. herrschte in Nepal die Malla-Dynastie. Dann geriet es 1769 unter den Einfluss des expandierenden Gurkha-Fürstentums, das Kathmandu zu seiner Hauptstadt erklärte. 1860 meldeten die Briten Herrschaftsansprüche an, doch für den Preis der Rekrutierung der Gurkhas für die britische Armee behielt Nepal seine Eigenständigkeit. 1959 setzte König Mahendra (1920-1972) eine neue Verfassung durch, die ihm größere Machtbefugnisse einräumte. Sein Sohn Birendra (* 1945) zwangen 1990 Unruhen unter der Bevölkerung, einer neuen, mit mehr demokratischen Rechten ausgestatteten Verfassung zuzustimmen.

Die meisten Nepalesen sind indischer Abstammung, aber viele Minderheiten im Norden und Osten fühlen sich sprachlich und kulturell enger an Tibet gebunden. In Südnepal liegt der Geburtsort Buddhas (563-438 v. Chr.). Heute bekennt sich die Mehrzahl der Nepalesen zum Hinduismus.

WIRTSCHAFT

Der größte Teil der Bevölkerung lebt von der Subsistenzwirtschaft, deren Erträge relativ gering sind, trotzdem kann Nepal den Bedarf an Grundnahrungsmitteln selbst decken. Zum Nutzvieh gehören Rinder, Schafe, Ziegen und Büffel. Die Forstwirtschaft ist eine reine Exportwirtschaft, aber die Waldrodungen und die daraus folgende Bodenerosionen stellen ein großes Problem dar.

Nepals Bodenschätze umfassen Kohle, Eisenerz und Kupfer, allerdings sind die Vorräte gering. Der Verarbeitungssektor hat ebenfalls einen begrenzten Umfang und ist größtenteils von lokaler Bedeutung. Zu den wichtigsten Zweigen zählen die Verarbeitung der Agrarprodukte wie Jute, Zucker, Fleisch und Reis. Der Tourismus entwickelt sich langsam, besonders in der Umgebung von Kathmandu. Außerhalb der Städte existiert kaum eine Gesundheitsfürsorge. Das Regierungsprogramm zum Bau neuer Schulen zeigt erste Ergebnisse, trotzdem ist die Analphabetenquote noch immer hoch.

Die Malediven

REPUBLIK DER MALEDIVEN

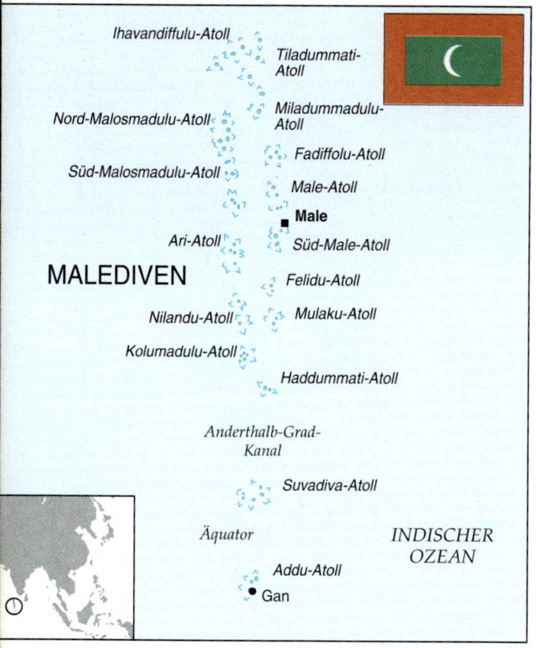

DIE MALEDIVEN SIND EINE KETTE VON 19 Inselgruppen im Indischen Ozean, südwestlich von Indien und Sri Lanka. Sie erstrecken sich über etwa 764 km in Nord-Süd-Richtung bis kurz über den Äquator.

Die Inseln sind Atolle mit Korallenriffen, die die Gipfel einer im Meer versunkenen vulkanischen Gebirgskette umgeben. Insgesamt sind es fast 2000 Inseln, von denen aber nur etwa 200 bewohnt sind. Das Klima ist hauptsächlich heiß und feucht. Die nahe gelegenen barriereartigen Riffe sind der einzige Schutz vor den manchmal heftigen Wirbelstürmen, die mit den Monsunen kommen. Teile der Malediven erinnern an ein idyllisches Inselparadies. Die Inseln sind mit Palmen und Brotfruchtbäumen bedeckt und von Sandstränden und klaren Lagunen umgeben.

Die Malediven wurden um 500 vermutlich von Fischern aus Indien und Sri Lanka besiedelt. Die maldivische Sprache, Divehi, ähnelt dem Singhalesischen, einer der Amtssprachen von Sri Lanka. Später führten arabische Siedler den Islam ein, der heute Staatsreligion ist.

Im 16. Jh. fielen die Inseln an Portugal, danach wurden sie ein Sultanat unter holländischem Schutz, 1796 britisches Protektorat, das 1887 juristisch bestätigt wurde. 1953 wurde die Republik ausgerufen, doch der Staatspräsident hielt sich nur kurze Zeit und der Monarch übernahm wieder sein Amt. Die Malediven wurden 1965 unabhängig. 1988 gab es einen Umsturzversuch.

Die Malediven gehören zu den ärmsten Ländern der Welt, obwohl einige Wirtschaftszweige, besonders der Tourismus, sich schnell entwickeln. Hauptanbaukulturen des Agrarsektors sind Hirse, Maniok und Süßkartoffeln. Kokosnüsse werden für die Nahrungsmittel- und Kopraherstellung gesammelt. Der Fischfang, insbesondere von Thunfisch und Bontio, ist die traditionelle Stütze der Inselwirtschaft.

Die idyllischen Atolle der Malediven liegen verstreut im Indischen Ozean. Den Mittelpunkt bildet eine kleine, nicht regelmäßig bewohnte Insel, umgeben von einer blauen Lagune und einem Riff. Für viele Reisende sind sie ein wahres Paradies.

LANDESDATEN - MALEDIVEN

Fläche 288 km²				
Klima	**Höhe** m	**Temperaturen Januar** °C	**Juli** °C	**Jährlicher Niederschlag** mm
Male	1	27	27	1500

Einwohnerzahl (1994) 252 077

Staats- und Regierungsform keine Parteien; Republik; ein gesetzgebendes Organ

Streitkräfte Heer 900

Hauptstadt Male (55 000 Einw.)

Offizielle Landessprache Divehi

Bevölkerungsgruppen Singhalesen, Drawiden, Araber, Afrikaner (Zahlen nicht verfügbar)

Staatsreligion Islam

Religionsgemeinschaften sunnitische Muslime 100%

Währung 1 Rufiyaa (Rf)= 100 Laari (L)

Bruttosozialprodukt (pro Kopf 1991) US-$ 460

Lebenserwartung Männer 63,2; Frauen 66,2 Jahre

Ressourcen Fischereiprodukte, Tourismus

Zu den lebenswichtigen Importen, vor allen aus Indien, gehören Nahrungsmittel (Reis), Fertigwaren und Brennstoffe zur Energieerzeugung. Boote sind die Hauptverkehrsmittel, der Luftverkehr nimmt zu. Religiöse und weltliche Schulen gewährleisten die Grundschulbildung. Auf den Inseln gibt es auch Oberschulen. Die medizinische Betreuung basiert weitgehend auf traditionellen Behandlungsmethoden und ist unzureichend.

Sri Lanka

DEMOKRATISCHE SOZIALISTISCHE REPUBLIK SRI LANKA

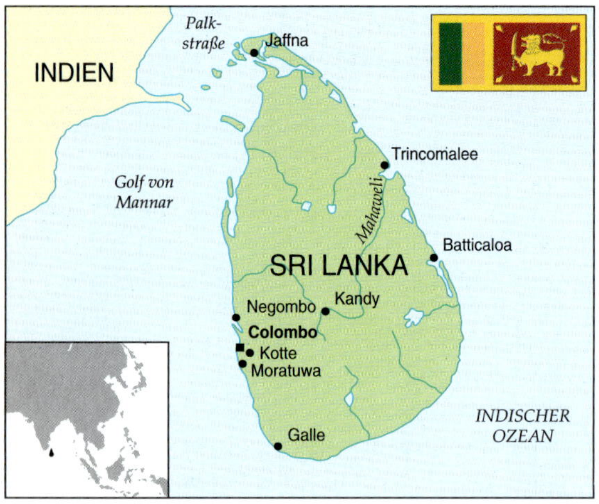

SRI LANKA IST EIN INSELSTAAT IM INDIschen Ozean vor der Südostküste Indiens. Das frühere Ceylon war ein beliebtes Reiseziel für Touristen. Seit einigen Jahren erschüttern blutige Rassenunruhen das Land.

GEOGRAFIE

Der Golf von Mannar und die schmale, flache Palkstraße trennen Sri Lanka von der Südostküste der Indischen Halbinsel. Sri Lankas Felsformationen gehören zu den ältesten der Welt.

Die Landschaft wird von einem zentral gelegenen Gebirge beherrscht, das sich im Herzen der Insel bis auf eine Höhe von 2518 m (Pidurutalagala) erhebt. Viele kleine Flüsse gehen strahlenförmig vom Hochland aus und stürzen in Wasserfällen in die Ebene. Die übrige Landesfläche wird von einem Tiefland und von schroffen Schluchten und *Inselbergen*, vorgeschichtlichen erodierten Steinblöcken, unterbrochen. Die Küstenlinie wird teilweise von Koralleninseln und Lagunen gesäumt, besonders im Nordwesten rund um die Jaffna-Halbinsel und die Insel Mannar.

In Sri Lanka herrscht tropisches Klima, d. h. es ist das ganze Jahr über heiß und feucht. Der Sommermonsun weht zwischen Mai und Oktober und bringt für den größten Teil der Insel reichlich Niederschläge. Im Herbst drehen die Winde allmählich auf Nordost, und es regnet in den nördlichen und östlichen Landesteilen stärker. Wenn der Monsun ausbleibt, kommt es zu schweren Dürreperioden.

In den feuchtesten Gebieten wächst ein üppiger immergrüner Regenwald, und in den trockeneren Regionen wachsen widerstandsfähige Monsunwälder, teilweise mit wertvollen Ebenholz- und Mahagonibäumen. Ein großer Teil der Wälder wurde gerodet und der noch vorhandene Waldbestand wird geschützt. Die Elefantenpopulation ist bis auf einige hundert Tiere zurückgegangen. Andere typische Tierarten sind Leoparden, Bären, Schakale, Wildschweine und Affen.

KULTUR UND GESELLSCHAFT

Sri Lanka (früher Ceylon) hat sich seit seinem Bestehen eine starke kulturelle Identität und einen eigene religiöse Tradition bewahrt. Etwa im 5. Jh. v. Chr. wurde die Insel durch Singhalesen aus Nordindien besiedelt, die später ein buddhistisches Königreich errichteten. Ab etwa 1200 gründeten Tamilen aus Südindien im Norden der Insel ein Hindu-Königreich.

Zu Beginn des 16. Jh. nahmen die Portugiesen die Insel in Besitz und kolonisierten sie. Die Singhalesen konnten jedoch ihr unabhängiges Königreich in der Gebirgsregion um Kandy erhalten. Die Portugiesen mussten später den Holländern weichen und 1796 wurde die Insel – die die Europäer auch Ceylon nannten – britische Kolonie. Ceylon erhielt gleichzeitig mit Indien 1947 den Status eines Dominions im Commonwealth. Regierungspartei wurde die Vereinigte Nationalpartei (UNP).

Bei den Wahlen 1956 siegte die „Sri Lanka Freedom Party" (SLFP). Ihr Führer, Solomon Bandaranaike (1899-1959) wurde später ermordet. Seine Witwe, Sirimavo Bandaranaike (* 1916) kandidierte 1960 und trat als erste Ministerpräsidentin der Welt ihr Amt an. Ihre Tochter Chandrika wurde 1994 zur Staatspräsidentin gewählt und verzichtete zu Gunsten ihrer Mutter auf die Ernennung zum Premier.

1972 wurde Ceylon Republik und erhielt den Namen „Sri Lanka", aber der wirtschaftliche Niedergang konnte nicht mehr verhindert werden. In den 80er-Jahren wuchs der Widerstand der Tamilen gegen die Herrschaft der Singhalesen an, und die tamilischen Gruppen begannen einen bewaffneten Kampf um einen unabhängigen Staat im Norden und Osten der Insel.

Die gewaltsamen Unruhen setzten sich auch in den 90er-Jahren fort; 1993 erlag der Staatspräsident Ranasinghe Premadasa (1924-1993) einem Attentat. 1995 eroberten Regierungstruppen die tamilische Hauptstadt Jaffna zurück.

Sri Lanka ist eine unabhängige Republik im Commonwealth. Die Verfassung von 1978 sieht ein Präsidialsystem, in dem das Staatsoberhaupt für eine Amtszeit von sechs Jahren direkt gewählt wird, vor. Der Staatspräsident ernennt den Ministerpräsidenten und die Minister und kann die 168 Mitglieder umfassende Nationalversammlung, die über ein Verhältniswahlrecht gewählt wird, auflösen.

Die Mehrheit der Bevölkerung besteht aus Singhalesen, während die Tamilen die größte

Tropische Palmen in hochgewachsenem Gras sind ein charakteristisches Merkmal der Landschaft um Anuradhapura in Zentral-Sri Lanka. Das Tieflandgebiet wird von mehreren Flüssen, die im mittleren Hochland entspringen, durchzogen.

Minderheit bilden. Singhalesen und Tamilen gliedern sich in ein Kastensystem, das dem indischen gleicht. Im Allgemeinen bekennen sich die Singhalesen zum Buddhismus, die Tamilen zum Hinduismus und die ceylonesischen Mauren zum Islam. Unter den verschiedenen Völkern gibt es aber auch einige Christen. Die tamilische Sprache ist neben dem Singhalesischen jetzt anerkannt, es wird aber auch Englisch gesprochen. Die Kultur Sri Lankas ist traditionsreich und beruht auf buddhistischer und Hindukunst, Tanz und Theater.

WIRTSCHAFT

Hauptsächlich werden Plantagenkulturen – vor allem Tee, Kautschuk und Kokosnüsse – exportiert. Grundnahrungsmittel ist Reis. Die Ernten decken jedoch nicht den Bedarf des Landes. Für den Binnen- und den Außenhandel werden Obst, Gemüse und Gewürze an-

wird Nutzholz (hauptsächlich für den lokalen Bedarf) erzeugt. Wasserkraft- und Wärmekraftwerke liefern die notwendige Energie. An Bodenschätzen besitzt Sri Lanka u. a. Eisenerz, Kaolin und Edelsteine; Graphit ist ein wichtiger Exportartikel. Die Zementherstellung und die Bauindustrie verwenden Kalkstein aus dem Norden. Darüber hinaus werden Textilien, Leder und Papier hergestellt. Der Tourismus, eine wichtige Einnahmequelle, hat stark unter dem Bürgerkrieg gelitten. Sri Lanka verfügt über ein umfangreiches Straßen- und Eisenbahnnetz. Colombo an der Westküste ist der Haupthafen, und in Trincomalee im Nordosten des Landes wird der größte Teil des Tee-Exports umgeschlagen. Radio- und Fernsehsendungen werden in Singhalesisch, Tamilisch und Englisch ausgestrahlt. Die Tageszeitungen finden eine geringe Verbreitung.

Die Sozialversicherung gewährt Unterstützungen bei Arbeitslosigkeit, Behinderung und ist zuständig für die Altersrenten. In den Städten herrscht Wohnungsmangel. Trotz kostenloser medizinischer Versorgung sind Unterernährung und Krankheiten weit ver-

Schutzgebiete in der Region

BRITISCHES TERRITORIUM IM INDISCHEN OZEAN

GROSSBRITANNIEN

Das Britische Territorium im Indischen Ozean ist eine winzige Kolonie, deren militärstrategische Bedeutung in keinem Verhältnis zu seiner Größe steht. Es umfasst eine Inselgruppe im Indischen Ozean, die etwa 1600 km von Südindien entfernt und etwa 600 km südlich der Malediven liegt.

Wie die Malediven bilden diese Inseln Korallenatolle, die die Gipfel versunkenener vulkanischer Berge umgeben. Die meisten sind unbewohnt und selbst die größte und bekannteste von ihnen – die Diego Garcia –, die erstmals im 16. Jh. von den Portugiesen entdeckt wurde, hat nur eine Fläche von 27 km². Das Klima ist warm und feucht und die natürliche Vegetation besteht hauptsächlich aus Kokospalmen, die bis in die 70er-Jahre hinein die einzige wirtschaftliche Grundlage der Insel darstellten.

Die Bevölkerung von Diego Garcia setzt sich größtenteils aus zugewanderten Arbeitnehmern, die auf den Kokosplantagen arbeiten, zusammen und wurde nach Mauritius umgesiedelt, um den Bau einer Militärbasis zur Versorgung der britischen und amerikanischen Streitkräfte zu ermöglichen. Heute leben auf den Inseln nur noch Militärangehörige.

LANDESDATEN – SRI LANKA

Fläche 65 610 km²

Klima	Höhe m	Temperaturen Januar °C	Juli °C	Jährlicher Niederschlag mm
Colombo	7	27	27	2527

Geografische Merkmale höchster Berg: Pidurutalagala 2518 ; längster Fluss: Mahaweli 329 km

Einwohnerzahl (1994) 18 Millionen

Staats- und Regierungsform Mehrparteiensystem; Republik; ein gesetzgebendes Organ

Streitkräfte Heer 105 000; Marine 10 300; Luftwaffe 10 700

Größte Städte Colombo (Hauptstadt – 1,9 Mio. Einw.); Moratuwa (166 000); Jaffna (128 000); Kandy (103 000)

Offizielle Landessprachen Singhalesisch, Tamil

Bevölkerungsgruppen Singhalesen 74,0%; Tamilen 18,2%; Moors 7,1%; sonstige 0,7%

Religionen Buddhisten 69,3%; Hindus 15,5%; Muslime 7,6%; Christen 7,0%; sonstige 0,1%

Währung 1 Sri-Lanka-Rupie (S. L. Re.) = 100 Sri-Lanka-Cents (S. L Cts.)

Bruttosozialprodukt (pro Kopf 1993) US-$ 600

Bruttoinlandsprodukt (1993) US-$ 9,377 Mrd.

Lebenserwartung Männer 69,4; Frauen 74,5 Jahre

Ressourcen Kalkstein, Graphit, Kaolin, Edelsteine, Tee, Kautschuk, Holz, Kokosnüsse, Tourismus

China und seine Nachbarn

LÄNDER DER REGION

CHINA · TAIWAN

SCHUTZGEBIETE IN DER REGION

HONGKONG · MACAO

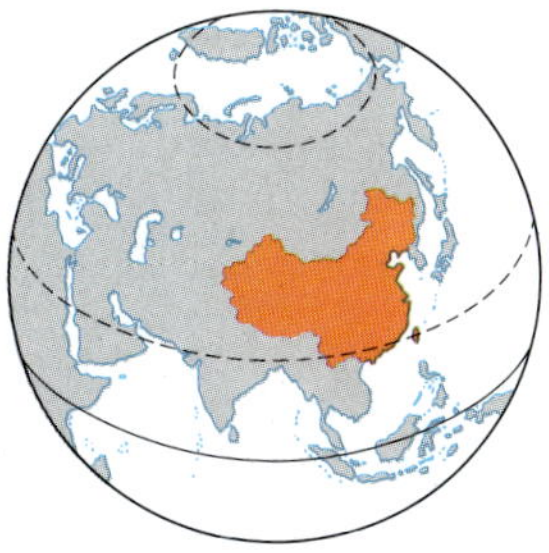

Hinter der Maske (*links*). Ein taiwanesischer Opernsänger in Maske und kunstvollem Kostüm. Im Gegensatz zum ausländischen Publikum erkennen die Chinesen sofort die Rolle die er spielt. Die traditionellen Kostüme des Fernen Ostens sind seit über 1000 Jahren für andere Kulturen eine Quelle der Inspiration.

China

VOLKSREPUBLIK CHINA

CHINA IST DAS DRITTGRÖSSTE LAND DER Erde . Es nimmt fast ein Viertel der asiatischen Landmasse ein und grenzt an 14 Staaten. Es ist mit mehr als einer Milliarde Menschen – fast einem Fünftel der Weltbevölkerung – auch das bevölkerungsreichste Land der Erde. China kann auf eine der ältesten Zivilisationen, die vor etwa 5000 Jahren entstanden ist, und auf viele der bedeutendsten wissenschaftlichen und technischen Entdeckungen der Menschheit zurückblicken.

Im 20. Jh. waren es vor allem soziale und politische Erschütterungen, die grundlegende Veränderungen in der chinesischen Gesellschaft bewirkt haben, wobei jedoch die großen kulturellen Zeugnisse der Vergangenheit überlebten.

GEOGRAFIE

China weist eine große landschaftliche Vielfalt auf. Zu den beeindruckendsten Gebieten gehören der Himalaja und das Hochland von Tibet im Südwesten, die zahlreichen Wüstenbecken im Norden, Nordwesten und Nordosten, die dichtbesiedelten Gebiete der nördlichen Ebenen und die tropische Südostküste.

Das Land

Das Hochland von Tibet in Südwestchina – auch das „Dach der Welt" genannt – ist das höchstgelegene Plateau der Erde. Der größte Teil liegt zwischen 4000 und 4500 m hoch und wird von einer Reihe noch höherer Gebirgsketten umrahmt. Am südlichen Ende bildet der Himalaja einen gewaltigen Schutzwall entlang der chinesischen Südwestgrenze. An der Ostseite des tibetanischen Hochlands entspringen der Mekongfluss und zwei der größten chinesischen Flüsse, der Yangtsekiang (Chang Jiang) und der Hwangho (Gelber Fluss).

Die tiefer gelegenen Wüsten im Norden und Nordosten des Hochlandes schließen die beiden autonomen Gebiete Xinjiang und Innere Mongolei ein. Die große Takla-Makan-Wüste und das Tarim-Becken in Xinjiang sind nahezu von allen Seiten von hohen Bergen umringt.

Unmittelbar im Nordosten des Tarim-Beckens liegt der niedrigste und heißeste Platz Chinas, die Turfan-Senke mit 154 m unter dem Meeresspiegel. Weiter nordöstlich stößt die Innermongolische Hochebene auf den Südwestrand der Wüste Gobi.

Hinter der Wüste Gobi beginnt die Mandschurische Tiefebene – das fruchtbare, reiche Land im Nordosten Chinas. Südwestlich der Mandschurei umschließen die Schwemmlandgebiete der Nordchinesischen Ebene den inneren Golf von Chihli – eine große Bucht des Gelben Meeres. Chinas Hauptstadt Peking (Beijing) sowie Tientsin (Tianjin) liegen in diesem dichtbesiedelten Tiefland.

Weiter im Landesinneren erstreckt sich nach Westen ein unregelmäßiges Plateau, das vom Flusstal des Hwangho durchschnitten wird. Das Plateau wird von einer fruchtbaren Lössschicht bedeckt, die an manchen Stellen eine Stärke bis zu 250 m erreicht. Der Lössboden färbt sogar die Wasserläufe und gibt dem Hwangho (Gelber Fluss) seinen Namen.

Sanfte Stille (*oben*) auf dem Fluss Li in der südchinesischen Provinz Guangxi. Die dunstverschleierten Kalksteingipfel erreichen eine Höhe bis zu 100 m. Die Anmut der Landschaft hat die chinesischen Landschaftsmaler zu allen Zeiten fasziniert.

Bewässerung der Wüste (*rechts*) in der Provinz Gansu in Nord-Zentralchina, einer Halbwüstenregion zwischen der Inneren Mongolei im Norden und der Qilian-Shan-Kette im Süden. Hier säumen Oasen die jahrhundertealte Seidenstraße.

Südlich liegt das Rote Becken von Sichuan, das ringsum von Bergketten abgeschlossen ist. Der Yangtsekiang erreicht das Becken aus dem Hochland von Tibet kommend und verlässt es durch eine Schlucht nach Osten, um schließlich nordwestlich von Schanghai in das Ostchinesische Meer zu münden.

Südwestlich des Roten Beckens dehnt sich das Hochland von Yunnan-Quizhou über die zentral-südlichen Provinzen Yunnan und Quizhou. In Quizhou ist der Kalkstein zu einer Karstlandschaft mit Höhlen und unterirdischen Seen und Flüssen erodiert. Erdbeben treten am häufigsten in den Hochgebirgen des Südwestens auf. Chinas Südküste ist zerklüftet und oft schroff. Die meisten Flüsse

münden hier in das große Zhujiang-Delta (Perlfluss).

Klima

Die südlichen Winde des Sommermonsuns bringen hohe Temperaturen, Feuchtigkeit und reichlich Regen in den Südosten. Etwa vier Fünftel der jährlichen Niederschläge dieser Region fallen zwischen Mai und Oktober. Die Niederschlagsmengen nehmen nach Nordwesten hin ab. Weiter im Norden sind die Sommer kürzer, obwohl sich Temperaturen und Feuchtigkeit im Juli dem Niveau des Südens nähern können. Im Winter bringen scharfe Nordwinde aus Sibirien Frost in den größten Teil von West- und Nordchina. Im Unterschied dazu ist es im Südosten angenehm warm und trocken. Tropische Zyklone und Taifune fegen im Sommer häufig über die Südostküste und die Niederschläge können im östlichen Tiefland schwere Überschwemmungen verursachen.

Flora und Fauna

Den Nordosten, den Süden und die Ostseite des Hochlands von Tibet bedecken dichte Wälder. Südlich des Yangtsekiang weicht Mischwald immergrünen Laubbäumen und später tropischem Regenwald und einigen Mangroven an der Südküste. Nördlich des Yangtsekiang werden breitblättrige Bäume durch gemischte nördliche Laubbaumarten und schließlich durch Nadelbäume abgelöst. In den Wüstenbecken des Nordwestens weicht ein Übergangsstreifen von offenem Baum- und Grasland an den Rändern der Steppe salzharten Sträuchern, bis das „tote Herz" der Wüste, wo nichts mehr wächst, erreicht wird. Ebenso vielfältig ist die Tierwelt Chinas. Viele Arten leben nur in Tibet und seiner unmittelbaren Umgebung, so das Yak (ein Wildrind, das im Hochgebirge lebt) und das Takin, ein „Verwandter" des Moschusochsen. Die Wälder von Südtibet und Sichuan sind die einzige Heimstatt der Kleinen Pandas. Die Großen Pandas leben nur noch in den Bambuswäldern von Sichuan und gehören zu den seltensten und gefährdetsten Arten überhaupt. Im Norden und Westen sind u. a. Wildesel, Gazellen, Wölfe und Wildkamele vertreten. Im Südosten gibt es regionaltypische Säugetiere wie Leoparden, Tiger, Büffel, Zibetkatzen und Affen.

KULTUR UND GESELLSCHAFTT

Mehr als 3000 Jahre lang widerstand die chinesische Gesellschaft grundlegenden Veränderungen. Die Chinesen schufen sich tradi-

LANDESDATEN – CHINA

Fläche 9 526 900 km²

Klima	**Höhe** m	**Temperaturen** **Januar** °C	**Juli** °C	**Jährlicher Niederschlag** mm
Hami (nahe Urumqi)	738	-12	28	33
Guangzhou	63	13	28	1681
Peking	51	-5	26	683
Harbin	172	-20	23	554

Geografische Merkmale höchster Berg: Mount Everest 8848 m ; tiefster Punkt: Turfan-Senke -154 m; längster Fluss: Yangtsekiang 5900 km

Einwohnerzahl (1994) 1,2 Milliarden

Staats- und Regierungsform sozialistische Volksrepublik

Streitkräfte Heer 2,9 Mio.; Marine 260 000; Luftwaffe 470 000

Größte Städte Schanghai (12,3 Mio. Einw.); Peking (Hauptstadt – 9,75 Mio.); Tientsin (7,8 Mio.); Chongqing (6,5 Mio.); Wenzhou (6 Mio.); Guanghzhou (5,6 Mio.); Hangzhou (5,2 Mio.); Schenjang (5 Mio.); Wuhan (4,2 Mio.)

Offizielle Landessprache Mandarin (Hochchinesisch)

Bevölkerungsgruppen Han-Chinesen 92,0%; Zhuang 1,4%; Mandschu 0,9%; Hui 0,8%; Miao 0,7%; Uiguren 0,6%; Yi 0,6%; Tuchia 0,5%; Mongolen 0,4%; Tibeter 0,4%; sonstige 1,7%

Religionen nicht Religiöse 71,2%; chinesische Volksreligion 20,1%; Buddhisten 6,0%; Muslime 2,4%; Christen 0,2%; sonstige 0,1%

Währung 1 Renminbi Yuan (RMB-¥) = 10 Jiao = 100 Fen

Bruttosozialprodukt (pro Kopf 1993) US-$ 490

Bruttoinlandsprodukt (1993) US-$ 425,611 Mrd.

Lebenserwartung Männer 69,0; Frauen 71,0 Jahre

Ressourcen Kohle, Öl, Eisenerz, Erdöl, Wasserkraft, Aluminium, Zinn, Wolfram, Antimon, Mangan, Blei, Zink, Agrarprodukte, Holz, Fischereiprodukte

tionelle Denkmodelle und Lebensformen, die sie für die besten der Welt hielten. Der Sturz des letzten chinesischen Kaisers 1912 markierte die erste Etappe eines langen Prozesses sozialer und politischer Erschütterungen, der 1949 zur Errichtung einer kommunistischen Republik führte.

Geschichte

Die chinesische Zivilisation entstand etwa 1700 v. Chr. in den unteren Teilen des Hwangho-Tales mit der Shang-Dynastie, die 600 Jahre bestand. In dieser Zeit erfanden die Chinesen das Rad, die Schrift, den Kalender und entwickelten eine spezielle Gusstechnik zur Verarbeitung von Bronze.

Um 1200 v. Chr. wurde die Shang-Dynastie von ihren südwestlichen Nachbarn, den Zhou besiegt, die bis zum 3. Jh. v. Chr. herrschten, als der ehemalige Vasallenstaat der Qin die Oberhand gewann. Die einflussreichen Ideen des großen Philosophen und Lehrers Konfuzius (551-479 v. Chr.) sollten für viele Jahrhunderte zum Leitbild der chinesischen Gesellschaft werden. In der Zhou-Dynastie erfanden die Chinesen die Eisengießerei, stellten Metallmünzen her und produzierten Seide.

221 v. Chr. nahm der Qin-Herrscher Zhao Zeng (etwa 259-210 v. Chr.) den Titel Shi Huangdi („Erlauchter Kaiser des Anfangs") an, einte das Land und sicherte die nördlichen Grenzen durch ein miteinander verbundenes Befestigungssystem – die Große Chinesische Mauer. Er vereinheitlichte die chinesische Schriftsprache und schuf die Grundlagen für Chinas große Verwaltungsbürokratie. Er wurde zusammen mit einer Armee aus etwa 6000 riesigen Terrakottafiguren beerdigt. Heute gelten diese Skulpturen als eine der bedeutendsten Touristenattraktionen Chinas.

Nach einem Aufstand 206 v. Chr. übernahm der einer Bauernfamilie entstammende Heerführer Liu Pang (256-195 v. Chr.) den kaiserlichen Titel und begründete die Han-Dynastie, die über vier Jahrhunderte lang herrschte. In dieser Zeit war Chinas Territorium nahezu so groß wie heute. 105 wurde das Papier und der Seismograf erfunden und zum ersten Mal stellte man Stahl her. Unter der Han-Dynastie wandte sich das Volk einer neuen Religion zu – dem Buddhismus aus Indien.

Nach 220 zerfiel das Land in viele einander bekämpfende Königreiche. Die nur kurze Zeit herrschende Sui-Dynastie (581-618) vereinigte China erneut. Die Sui-Kaiser bauten große Abschnitte des Großen Kanals, ein System, das den Norden mit den Reisanbaugebieten im Yangtsekiangtal verband. Unter ihren Nachfolgern, der Tang-Dynastie, die fast 300 Jahre regierten, entwickelte sich China zu einem Weltreich. Die Künste – besonders die Poesie und die Keramik – blühten auf, die ersten Druckerzeugnisse enstanden und das erste Papiergeld kam in Umlauf.

Während der Song-Dynastie, die 960 begann, verwendete man Schießpulver für die ersten militärischen Raketen. China trat in

Chinas Verwaltung. Die Volksrepublik China besteht aus 21 Provinzen, drei provinzfreien Städten und fünf „autonomen Gebieten". In den „autonomen Gebieten" leben die nationalen Minderheiten Chinas.

Symbol chinesischer Macht. Die Große Mauer, eine ursprünglich lückenhafte Befestigungslinie im Nordosten, ließ Chinas erster Kaiser im 2. Jh. v. Chr. ausbauen. Es ist das einzige von Menschenhand geschaffene Werk, das man wohl vom Weltall aus sehen kann.

Die Große Mauer

Fast drei Jahrhunderte, von 475 bis 221 v. Chr., war China ein geteiltes Land, in dem sich die einzelnen Königreiche erbittert bekämpften und das im Norden unter den Überfällen der Hsiung-nu, wilden mittelasiatischen Nomaden (die später als Hunnen, die Geißel Roms, bekannt wurden) zu leiden hatte. Die Angriffe waren so zahlreich, dass die nördlichen Königreiche Yan und Zhao Erdwälle zu ihrem Schutz errichteten. Die Hsiung-nu wurden aber stärker, weiteten ihre Gebiete aus und verfügten im 3. Jh. v. Chr. über eine 3000-Mann-Armee berittener Bogenschützen. Zhao Zeng (etwa 259-210 v. Chr.), der erste chinesische Kaiser, reagierte auf die

maßen: Er verpflichtete Millionen seiner Untertanen zur Zwangsarbeit und ließ die einzelnen Schutzwälle zu einer 2000 km langen Verteidigungslinie, die sich von der Ostküste nahe dem heutigen Peking bis nach Mittelasien erstreckte, verbinden. 12 m hohe Beobachtungstürme auf der 7 m dicken Mauer verbesserten die Wehrhaftigkeit und dienten gleichsam der Signalübermittlung (Rauchzeichen) in die Hauptstadt. Dort wo es möglich war, folgte die Mauer den Kämmen der Berge, die eine natürliche Barriere bildeten.

Die Mauer allein hielt den Angriffen der Hsiung-nu nicht stand, aber sie demonstrierte Chinas militärische Stärke. Gleichzeitig zwang sie die Angreifer, vom Pferd zu steigen, verhinderte damit eine schnel-

überwunden werden. Obwohl es selbst kleinen militärischen Einheiten möglich war, einzelne Abschnitte im Sturm einzunehmen, konnten sich die Chinesen im Schutz der Mauer sammeln und zum Gegenangriff übergehen. Spätere Dynastien erweiterten Zhao Zengs Meisterwerk. Den größten Abschnitt, den man heute noch besichtigen kann, ließen die Ming-Kaiser im 14. Jh. errichten. Vor allem erneuerten sie die Abschnitte, die ihrer neuen Hauptstadt Peking am nächsten lagen. Doch die

sein „Goldenes Zeitalter“ ein: die Städte wuchsen und der Handel mit der übrigen Welt blühte auf. Dschunken transportierten Tee, Seide und Porzellan zu den Ostindischen Inseln, nach Afrika und Indien.

1126 eroberten die Dschurdschen, ein halbnomadisches Volk aus der Mandschurei, Nordchina und errichteten ihre eigene Dynastie. Die Song-Dynastie zog sich zurück und gründete die neue Hauptstadt Hangzhou, südlich von Schanghai. Anfang des 13. Jh. wurden die Dschurdschen vom Mongolenführer Dschingis-Khan (etwa 1155-1227) angegriffen und 1234 vernichtend geschlagen. Hangzhou fiel 1276 an die Mongolen.

Unter der Ming-Dynastie ([1368-1644]; chines. „die Helle“), die auf die Mongolenherrschaft folgte, wurde die Große Mauer erneuert und auf die gegenwärtige Länge von 6400 km erweitert. Die Ming-Kaiser errichteten viele Paläste, u. a. den Kaiserpalast in Peking, und schickten große seetüchtige Dschunken auf Entdeckungsfahrten bis ins Rote Meer. 1557 errichteten die Portugiesen in Macao einen Stützpunkt. Ihnen folgten Jesuitenmissionare. 1644 fiel Peking an die Mandschu, die Nachfahren der Dschurdschen, und 1683 brach der Widerstand der Ming-Dynastie endgültig.

Die Mandschu-Dynastie ([1644-1912]; auch Qing-Dynastie) betrieb eine Expansionspolitik. Ihre Regenten eroberten die Insel Taiwan (1683) im Südosten, annektierten große Gebiete im Nordwesten und errichteten in Tibet eine Garnison zur Abwehr der Mongolen. Die Qing-Dynastie konnte zwar die Loyalität ihrer Untertanen erringen, ihre Politik der Handelsbeschränkungen rief jedoch im Ausland wachsende Feindseligkeit hervor.

Die Britisch-Ostindien-Kompanie erhielt 1779 das Opiummonopol. Die Beliebtheit der Droge unter der chinesischen Bevölkerung belastete die Finanzen des Reiches und der Handel mit Opium wurde in China verboten. 1839 beschlagnahmten die chinesischen Behörden eine Lieferung von über 20 000 Opiumkisten. Diese Aktion löste den ersten Opiumkrieg aus, der 1842 mit dem Vertrag von Nanking endete. Der Vertrag räumte den ausländischen Händlern neue Privilegien ein. Der zweite Opiumkrieg (1856-1860) zog die zeitweilige britische und französische Besetzung Pekings nach sich.

Die Qing-Dynastie stand aber auch innenpolitisch vor Problemen. Die Armut auf dem Land und eine Bevölkerungsexplosion – der

Der letzte Kaiser

Kaiser Puyi (1906-1967), offiziell als Xuan Tong bekannt, war der letzte Vertreter der Qing-Dynastie, die China 268 Jahre lang regierte und der letzte Kaiser in einer 2000 Jahre alten Tradition. 1908 wurde er im Alter von zwei Jahren zum Kaiser gekrönt, und sein Vater herrschte als Regent. Diese Position widersprach aber dem traditionellen Verständnis von einem „Sohn des Himmels“.

Königlich, aber verwundbar. Die Fotografie von 1909 zeigt Chinas letzte kaiserliche Herrscher. Kaiser Puyi, im Alter von drei Jahren, an der Hand seines Vaters, des Regenten Prinz Chun. Drei Jahre später brach die Dynastie zusammen und China wurde eine Republik.

China befand sich gegen Ende des 19. Jh. im Niedergang. Die Regierung war schwerfällig und korrupt, die Armee undiszipliniert und schlecht bewaffnet. Am kaiserlichen Hof befehdeten sich konservative und liberale Gruppen. Der Kindkaiser und seine Familie standen unter dem Einfluss der mächtigen Prinzen des Mandschu-Familienrates, der wiederum von der Unterstützung des Vizekönigs und Oberbefehlshabers der Armee, Li Hong Zhang (1823-1901), dem reichsten Manne Chinas, und nach dessen Tod von dem ehrgeizigen General Yuan Shi-kai (1859-1916) abhängig war.

1912 bedrohten Aufstände den Fortbestand der Monarchie, und Yuan Shi-kai erhielt den Auftrag, die Rebellion niederschlagen. Doch Yuan Shi-kai verhandelte mit den Aufständischen, die die Macht des kaiserlichen Hofes hinwegfegten, und nach dem Machtverzicht von Sun Yat-sen wurde er der erste Präsident der neuen Republik. Puyi musste im Alter von 6 Jahren abdanken. Er lebte weiterhin in der Verbotenen Stadt bei Peking – der von Mauern umgebenen kaiserlichen Residenz. Trotz des neuen Titels Mandschu-Kaiser war er de facto machtlos.

Die Japaner setzten Puyi von 1931 bis 1945 als Marionettenkaiser in der eroberten Mandschurei ein. Nach dem Ende des Zweiten Weltkriegs wurde Puyi als Kriegsverbrecher verurteilt und er verbüßte eine 9-jährige Freiheitsstrafe in einem chinesischen Gefängnis. Nach der Entlassung lebte er als einfacher Bürger in Peking. In seinen letzten Lebensjahren arbeitete er in einem botanischen Garten in Peking und schrieb seine Autobiographie „Vom Kaiser zum Bürger“.

Der Boxer-Aufstand. Zwischen 1898 und 1900 töten chinesische Nationalisten, auch als *Boxer* bekannt, europäische Missionare und tausende Katholiken in Nordchina. Sie eroberten die Hafenstadt Tientsin, belagerten die diplomatischen Vertretungen in Peking, bis der Aufstand von einem internationalen Expeditionsheer niedergeschlagen wurde.

Chinas Regierungsform (*rechts*). Staat und Parteiorganisationen korrespondieren auf allen gesellschaftlichen Ebenen. Die Legislative liegt in den Händen des Nationalen Volkskongresses (NVK), der über die Provinz- und Bezirksversammlungen für eine Amtszeit von fünf Jahren gewählt wird. Da der NVK nur einmal für zwei bzw. drei Wochen im Jahr zusammentritt, erledigt die laufende Arbeit ein 155 Mitglieder umfassendes Ständiges Komitee. Der NVK wählt den Staatspräsidenten, den Ministerpräsidenten und auf seinen Vorschlag den Staatsrat. Der Staatsrat kontrolliert die Durchführung der vom NVK erlassenen Gesetze. Der Staatsrat hat ebenfalls ein Ständiges Komitee, das aus dem Ministerpräsidenten, 12 oder mehr Stellvertretern und dem Generalsekretär besteht. Die entsprechende Organisationsstruktur existiert auch innerhalb der Kommunistischen Partei. Die 348 Mitglieder des Zentralkomitees wählen aus ihrer Mitte sechs Mitglieder in das Politbüro, das die Richtlinien der Regierung bestimmt.

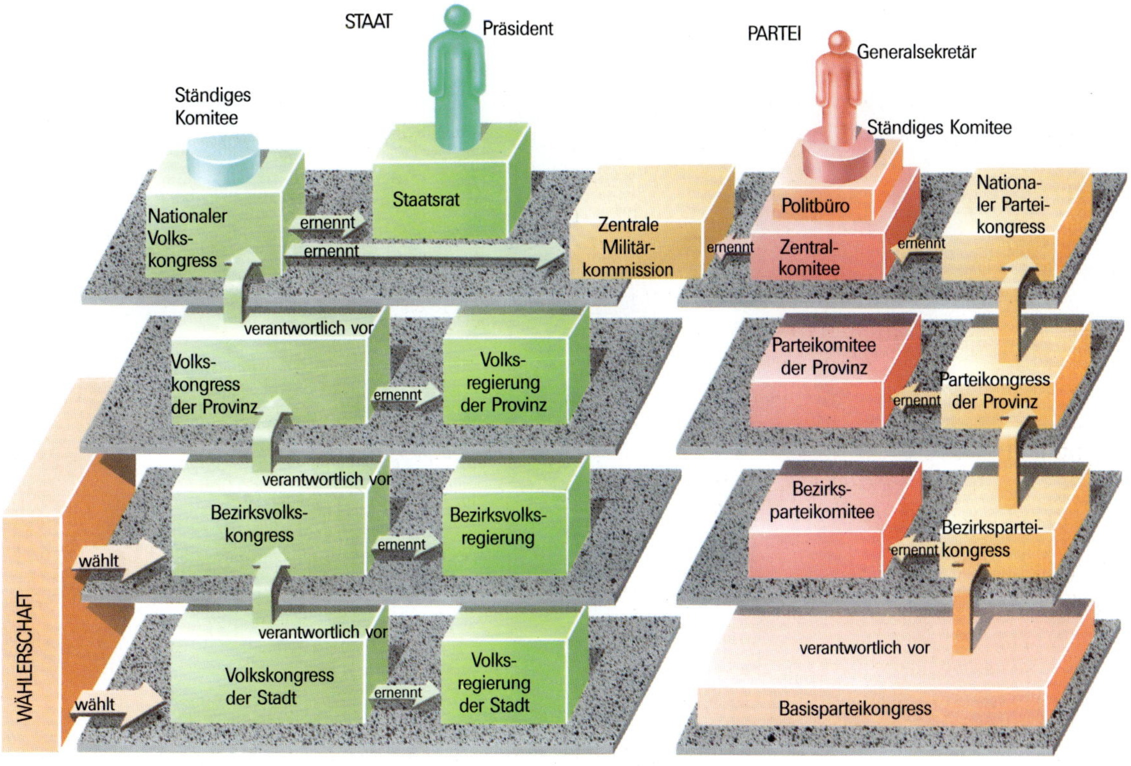

Anstieg von 100 Millionen 1650 auf 420 Millionen 1850 – lösten den Taiping-Aufstand (1851-1864) aus; in den Kämpfen kamen etwa 25 Millionen Menschen ums Leben. Als der Hass gegen Ausländer seinen Höhepunkt erreicht hatte, begann die Geheimorganisation der *Boxer* chinesische Christen zu ermorden (Boxeraufstand). 1900 belagerten sie die ausländischen Gesandtschaften in Peking. Die betroffenen Regierungen antworteten mit der Entsendung eines Expeditionsheeres.

Im Land wuchs die Unzufriedenheit mit der Politik der Qing-Dynastie. Eine Militärrevolte in Wuhan (Provinz Hupeh) löste eine breite Oppositionsbewegung aus und am 1. Januar 1912 wurde Sun Yat-sen (1866-1925), der im Westen ausgebildete Führer der Nationalchinesischen Volkspartei, zum Präsidenten der Republik China in der neuen Hauptstadt Nanking gewählt. Die Republik hatte jedoch keinen Bestand und China glitt in einen Bürgerkrieg zwischen regionalen Militärführern – den so genannten Warlords – ab, der Millionen Tote und verheerende Schäden hinterließ. Nach dem Ersten Weltkrieg erlebten die nationalen Bestrebungen einen erneuten Aufschwung. Der Marxismus gewann an Einfluss und 1921 wurde die Kommunistische Partei Chinas (KPC) gegründet.

Die Nationalchinesische Volkspartei kämpfte gemeinsam mit den Kommunisten gegen die Militärmachthaber im Norden und um die staatliche Wiedervereinigung. 1927 wandte sich jedoch Chiang Kai-shek (1887-1975), der Führer der Nationalchinesischen Volkspartei, gegen seine kommunistischen Verbündeten und ließ viele von ihnen ermorden. Im

nach Norden, der als „Langer Marsch" bekannt wurde. Die weniger als 8000 Überlebenden, unter ihnen auch Mao Zedong (1893-1976), richteten das Hauptquartier der Roten Armee in der Provinz Shaanxi ein. In der Zwischenzeit marschierten die Japaner 1931 in die Mandschurei ein und überrannten 1937 Nord- und Zentralchina. Die Nationalchinesische Volkspartei und die Kommunisten kämpften nun wieder gemeinsam gegen die japanischen Eindringlinge.

Nach dem Zweiten Weltkrieg und der japanischen Niederlage 1945 ging der Machtkampf bald in einen offenen Bürgerkrieg über. Die Anhänger der Nationalchinesischen Volkspartei wurden besiegt und am 1. Oktober 1949 proklamierte Mao Zedong die Volksrepublik China.

China war durch jahrzehntelange Konflikte geschwächt und besaß keine moderne Industrie. Mao Zedong plante, die Wirtschaft durch den Ausbau des Agrarsektors zu entwickeln und die erzielten Überschüsse für den Aufbau der Industrie einzusetzen. Nach sowjetischem Modell entstanden neue politische Strukturen und russische Kredite förderten anfänglich das Wirtschaftswachstum. In Tibet, das 1912 die chinesischen Herrschaftsansprüche zurückgewiesen hatte, marschierten 1950 chinesische Truppen ein.

1958 organisierte Mao den „Großen Sprung nach vorn" – d. h. den Versuch, das Wirtschaftswachstum durch die Mobilisierung der Landbevölkerung zu beschleunigen. Das Programm endete mit einem Desaster. 1960 stellte die Sowjetunion die Militär- und Wirtschaftshilfe ein und kritisierte offen Maos Po-

tarische Kulturrevolution", die in Anarchie endete und besonders hart gegen Intellektuelle und Künstler geführt wurde, die der Inquisition jugendlicher Rotgardisten zum Opfer fielen. Die Terrorwelle kostete über 400 000 Chinesen das Leben. Diese Umstände und die Furcht vor einer sowjetischen Invasion veranlasste 1968 die Parteiführung, die Armee zur Wiederherstellung der Ordnung einzusetzen.

Die Vereinten Nationen (UNO) nahmen China 1971 als Vollmitglied auf, und ein Jahr später besuchte der damalige US-Präsident Richard Nixon (1913-1994) das Land. Nach Maos Tod am 9. September 1976 begann ein erbitterter Kampf um die Führung, in dem die gemäßigten Kräfte siegten. Nach 1982 trat unter Deng Xiaoping (1904-1997) eine neue Verfassung in Kraft. 1987 trat Deng Xiaoping von seinen Parteiämtern zurück und es folgte ein Aufschwung der Demokratiebewegung, die im Mai/Juni 1989 bei einem friedlichen Protest auf dem Platz des Himmlischen Friedens in Peking blutig niedergeschlagen wurde. Nach offiziellen Angaben starben 200 Menschen (nach Augenzeugen-Berichten waren es viele hunderte mehr). Seitdem bereiten politische Unruhen und die wirtschaftliche Situation der chinesischen Regierung, die sich um ausländische Investitionen und den Ausbau des Tourismus bemüht, große Schwierigkeiten.

Regierungsform

Seit 1949 ist China ein Einparteienstaat, in dem die Kommunistische Partei über Massen-

Eine Wagenladung voller Gänse (*links*) in Tschengtu, der Provinzhauptstadt Sichuan. Die Gänse werden lebend verkauft – entweder werden sie in den Kochtopf gesteckt oder zum Eierlegen gehalten. Sichuan ist durch seine fruchtbaren Böden und das milde Klima in der Nahrungsmittelerzeugung fast autark.

Der längste Kanal der Welt (*rechts*). Chinas Großer Kanal erstreckt sich von Peking aus über fünf große Flüsse durch die bevölkerungsreichen Städte Ostchinas bis hin nach Hangzhou. Mit dem Bau wurde im 5. Jh. v. Chr. begonnen, die Hauptabschnitte entstanden im 7. Jh. und Ende des 13. Jh. wurde er fertiggestellt. Der Kanal verbindet den Norden mit dem Reisanbaugebiet im Yangtsekiangtal. Rekonstruiert in den 60er-Jahren, ist er nach wie vor ein wichtiger Transportweg.

Schwere Arbeit (*unten rechts*). Seit der Wirtschaftsreform von 1978 wuchs die Leichtindustrie – u. a. die Produktion von Fahrrädern (hier im Bild), Radioapparaten, Nähmaschinen, Baumwollgarn und Kameras – sehr schnell. Aber trotz der Bemühungen, die Produktion zu modernisieren, herrschen in vielen Fabriken weiterhin altmodische Fertigungsmethoden vor, wie hier in Yangzhou am Großen Kanal in der Provinz Jiangsu.

glieder zählenden Nationalen Volkskongress (NVK) als Legislative, tatsächlich hat jedoch das Politbüro des Zentralkomitees der Kommunistischen Partei Chinas den größten Einfluss.

China besitzt eine sehr komplexe regionale und örtliche Verwaltungsstruktur. China ist in 21 Provinzen und die drei provinzfreien Städte Peking, Tientsin und Schanghai unterteilt. Diese sind ihrerseits in Präfekturen, Bezirke und verschiedene kleinere Einheiten gegliedert. Außerdem gibt es fünf formal „autonome Regionen" (Tibet und Xinjiang im Westen, die Innere Mongolei und Ningxia im Norden sowie Guangxi im Süden).

Bevölkerung

Obwohl die Han-Chinesen etwa 92 % der Bevölkerung stellen, sind 55 verschiedene Minderheiten und Nationalitäten anerkannt. Die größte Minderheit bilden 13 Millionen Zhuang in Guangxi (an der vietnamesischen Grenze), andere Gruppen sind die Tibetaner, die Turkvölker der Uiguren und Kasachen von Xinjiang, die Mongolen der Inneren Mongolei und die Hui in Ningxia im oberen Hwangho-Tal.

Es gibt ebenso viele Sprachen und Dialekte. Selbst das Chinesische wird in zahlreichen „Dialekten" gesprochen, die eigentlich eigene Sprachen darstellen. Die Hochsprache Mandarin wird in ganz China verstanden. Alle Varianten des Chinesischen haben eine gemeinsame Schriftsprache.

Seit der Bildung der Volksrepublik wurde die Religionsausübung von der Kommunistischen Partei behindert. Dennoch blieb der Buddhismus in Tibet sehr einflussreich und in Xinjiang und Ningxia hat der Islam dem kommunistischen Säkularismus widerstanden. Traditionelle chinesische Religionen oder Philosophien, besonders der Taoismus und Konfuzianismus werden von etwa einem Fünftel der Bevölkerung praktiziert. Zur kleinen christlichen Minderheit gehören Protestanten und ungefähr 3 Millionen Katholiken.

Die chinesische Schrift ist als eine Form der Kalligraphie eine eigenständige Kunst. Chinesisches Porzellan ist seit vielen Jahrhunderten weltweit berühmt und auch die chinesische Küche findet überall Bewunderung und Nachahmung.

WIRTSCHAFT

Seit den späten 70er-Jahren hat die chinesische Wirtschaft sich von der zentralen Planwirtschaft in Richtung Marktwirtschaft entwickelt, aber die meisten mittleren und großen Industriebetriebe gehören weiterhin dem Staat bzw. den Genossenschaften.

Landwirtschaft

Nur ein Zehntel der Landesfläche kann für den Ackerbau genutzt werden. Die Hälfte davon nehmen Reisfelder oder bewässerte Flächen für andere Kulturen ein. Reis wird vornehmlich in den südlichen Provinzen an-

gebaut und China gehört zu den führenden Reisproduzenten der Welt. Etwa ein Drittel der Landesfläche wird als Weideland genutzt. In der Viehwirtschaft dominiert die Fleischproduktion, obwohl Schafe, Ziegen und Rinder ebenso für die Milcherzeugung gehalten werden. Wasserbüffel dienen nach wie vor als Zugtiere.

Fisch ist ein wichtiger Bestandteil der chinesischen Küche. Etwa zwei Drittel des Aufkommens wird in den nahen Küstengewässern gefangen. Das restliche Drittel erbringt die Süßwasserfischerei, vornehmlich aus dem Yangtsekiang und Zhujiang. Im Großen und kleinen Chingan-Gebirge sind noch umfangreiche Wälder vorhanden, trotzdem muss Nutzholz importiert werden.

Industrie

Zu Chinas mineralischem Reichtum gehören

lich und Öl wird in größerem Umfang exportiert. Im Norden, in Sichuan und um die Insel Hainan konnten große Erdgasvorkommen erschlossen werden.

Den größten Teil der Elektroenergie erzeugen Kohlekraftwerke; Wasserkraftwerke sind bisher nur im südwestlichen Landesteil in Betrieb, doch China besitzt in anderen Regionen umfangreiche Wasserreserven, die für die Energiegewinnung erschlossen werden können. Gegenwärtig werden zwei Atomkraftwerke gebaut.

Die Konsumgüterproduktion, die lange Jahre in der Planwirtschaft vernachlässigt wurde, ist wie die Leichtindustrie erheblich erweitert worden; heute gehört China zu den führenden Produzenten von Düngemitteln, Textilien und Bekleidung.

Japan und Hongkong sind Chinas wichtigste Handelspartner. Mit Ausnahme von Brennstoffen und Schmiermitteln werden Chinas Exporte durch Importe ausgeglichen bzw. übertroffen. Der Tourismus ist eine wichtige Deviseneinnahmequelle.

Verkehr und Kommunikation

Die Provinzen und „autonomen" Gebiete verfügen über eigene Eisenbahnlinien; das gesamte Straßennetz hat gegenwärtig eine Länge von etwa 1 Mio. km, doch außerhalb der Städte sind die Straßen nicht asphaltiert. Das Fahrrad ist immer noch das wichtigste Transportmittel.

Über ein Drittel aller Inlandsfrachten werden auf dem Wasserweg transportiert. Neun Häfen und weitere Depots sind der Anlaufpunkt für die über 400 Schiffe der Handelsflotte. Internationale Flughäfen gibt es u. a. in Peking, Schanghai und Guangzhou.

Presse sowie Rundfunk und Fernsehen werden staatlich kontrolliert. Es existieren hunderte von Radio- und Fernsehsendern.

Gesundheits- und Bildungswesen

China hat bei der Verbesserung seines staatlichen Gesundheitswesens beachtliche Fortschritte erzielt. Ärzte werden regelmäßig in ländliche Gebiete entsandt; speziell für die Tätigkeit auf dem Land sind die so genannten „Barfußärzte" ausgebildet worden. Infektionskrankheiten, wie Cholera und Typhus sind weitgehendst verschwunden. Die Sozialversicherung gewährt zahlreiche Leistungen und Zuwendungen, bleibt aber auf Arbeiter und Angestellte staatlicher Unternehmen beschränkt.

Die allgemeine Schulpflicht schließt neben der 6-jährigen Grundschul- eine 3-jährige Oberschulbildung ein. Der Oberschulbesuch

Taiwan

REPUBLIK TAIWAN

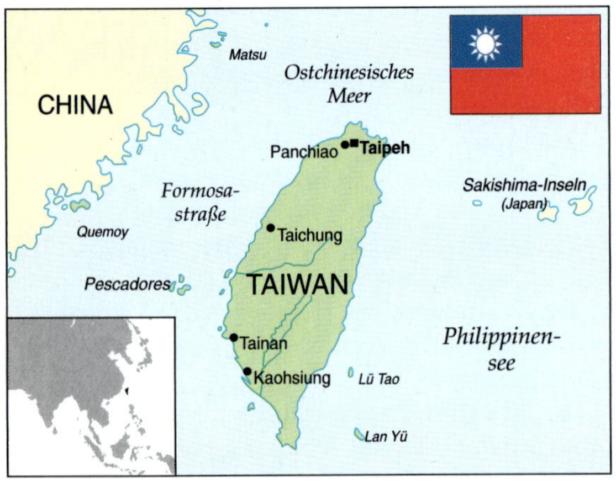

DER UNABHÄNGIGE INSELSTAAT TAIWAN (Formosa) liegt gegenüber der Südostküste Chinas, jenseits der 160 km breiten Formosastraße. Nachbarinseln sind südlich die Philippinen und nordöstlich die japanischen Sakishima-Inseln, die zu den Riukiu-Inseln gehören. Taiwans Regierung bezeichnet sich als die einzige legitime Republik China, (das ist die offizielle Bezeichnung), was u. a. aufzeigt, dass die Insel 1949 der letzte Zufluchtsort der Nationalchinesischen Regierung war, nachdem die Kommunisten auf dem Festland gesiegt hatten. Die taiwanesische Regierung übt auch die Oberhoheit über etwa 20 kleine Inseln vor der chinesischen Küste und über die 60 Pescadores-Inseln, die unmittelbar westlich von Taiwan liegen, aus.

LANDESDATEN – TAIWAN

Fläche 36 000 km²

Klima	**Höhe** m	**Temperaturen Januar** °C	**Juli** °C	**Jährlicher Niederschlag** mm
Taipeh	9	15	29	2500

Geografische Merkmale höchster Berg: Yushan 3997 m

Einwohnerzahl (1994) 21 Millionen

Staats- und Regierungsform Mehrparteiensystem; Republik; zwei gesetzgebende Organe

Streitkräfte Heer 289 000; Marine 68 000; Luftwaffe 68 000

Größte Städte Taipeh (Hauptstadt – 2,7 Mio. Einw.); Kaohsiung (1,4 Mio.); Taichung (774 000); Tainan (690 000)

Offizielle Landessprache Mandarin (Hochchinesisch)

Bevölkerungsgruppen Taiwanesen 84,0%; Festland-Chinesen 14,0%; Ureinwohner 2,0%

Religionen chinesische Volksreligion 48,5%; Buddhisten 43,0%; Christen 7,4%; Muslime 0,5%; sonstige 0,6%

Währung 1 Neuer Taiwan-Dollar (NT$) = 100 Cents (c)

Bruttosozialprodukt (pro Kopf 1991) US-$ 8000

Lebenserwartung Männer 72,0; Frauen 78,0 Jahre

Ressourcen Kohle, Gold, Kupfer, Erdöl, Erdgas, Reis, Fischereiprodukte

Die „schöne Insel". Taiwans Zauber der Natur rechtfertigt den Namen *Ilha Formosa*, den sie den portugiesischen Entdeckern Ende des 16. Jh. verdankt. Eine prächtige Pflanzenwelt überzieht die Insel von ihrem gebirgigen Innern bis zu den sonnigen Küsten.

GEOGRAFIE

Taiwans Landschaft unterscheidet sich grundlegend von der des chinesischen Festlands. Das gebirgige Landesinnere der Insel mit seiner üppigen Vegetation ist von flachen Küstenebenen, Sandstränden und Wäldern umgeben.

Die schroffen Gipfel der Zentralkette – Spitzen einer aus dem Meer ragenden Gebirgskette – erheben sich an der Ostküste, deren höchster Gipfel der Yushan mit 3997 m ist. Auf der Westseite der Kette fällt das Land sanft zu der mit Dünen und Lagunen umrahmten Küstenlinie ab. Der äußerste Norden, nahe der Hauptstadt Taipeh, ist vulkanisches Gebiet. Der Yangmingshan-Nationalpark nördlich der Stadt ist mit seinen Vulkangipfeln, schwefligen Kratern, Seen und Flüssen besonders sehenswert.

Taiwan hat ein subtropisches Monsunklima. Im Herbst und Frühling ist es warm und die Sommer sind heiß und feucht. Taiwan wird häufig von Taifunen heimgesucht, die zwischen Juli und September starke Regenfälle bewirken. Die Winter fallen im Allgemeinen mild und trocken aus; es regnet nur gelegentlich im Norden und Osten.

Wälder bedecken über die Hälfte der Insel. An der Küste finden sich weite Mangrovenwälder und die Gebirgsvegetation entspricht der jeweiligen Höhenlage. Sie reicht von Lorbeerwäldern und Akazien an den unteren Hängen bis zu Nadelwäldern auf den höheren Gipfeln. Im Tiefland wachsen tropische immergrüne Bäume neben Bambus und Palmen.

Zu den zahlreichen Tierarten gehören der asiatische schwarze Bär, Mungos, Füchse, verschiedene Affenarten und Rotwild. Die Taiwanmakaken gibt es nur auf der Insel. Die Vogelwelt ist ebenso vielfältig; die Insel bietet u. a. 220 einheimischen Arten ideale Lebensbedingungen.

KULTUR UND GESELLSCHAFT

Taiwan war immer ein Zufluchtsort für chinesische Flüchtlinge und wurde früher von europäischen und japanischen Kolonisten beherrscht. Gegenwärtig ist die Insel dabei, ihre eigene Identität zu finden.

Die Chinesen entsandten bereits im 7. Jh. Expeditionen zu der Insel, unternahmen aber keine Versuche, sich dort niederzulassen. Als 1590 portugiesische Kundschafter die Insel entdeckten, nannten sie sie *Ilha Formosa*, („schöne Insel"). Die ersten erfolgreichen Siedler waren jedoch niederländische Händler, die sich 1624 hier niederließen. 1662 wurden die Niederländer von dem Ming-General Zheng Ch'eng-kung (1624-1662) vertrieben. 1683 eroberte das Qing-Regime Taiwan und bald darauf setzte eine Einwanderungswelle von Festland-Chinesen ein. Die wirtschaftliche Bedeutung der Insel nahm zu und 1880 erhielt sie den Status einer Provinz. Nach dem Chinesisch-Japanischen Krieg (1894-1895) musste China Taiwan an Japan abtreten, und nach der japanischen Niederlage Ende des Zweiten Weltkriegs übernahm die Nationalchinesische Regierung wieder die Kontrolle über die Insel. 1949 verjagten die Kommunisten die Nationalchinesen vom Festland. Diese flohen nach Taiwan und bildeten unter Chiang Kai-shek (1887-1975) eine neue Regierung. Die USA gewährten militärische und wirtschaftliche Hilfe und verhinderten 1958 einen kommunistischen Angriff auf die Insel. Die neue Regierung herrschte fast 40 Jahre mit dem Kriegsrecht.

1971 verlor Taiwan seinen Sitz in den Vereinten Nationen (UNO) an China und 1979 erkannten die USA die kommunistische Regierung auf dem Festland als einzige rechtmäßige Macht in China an. Zur selben Zeit leitete der Sohn Chiang Kai-sheks, Chiang Ching-kuo (1910-1988), einen populistischeren Reformkurs ein. Ihm folgte 1988 der in Taiwan geborene Li Teng-hui (* 1923), der 1991 umfassende demokratische Reformen durchführte und den 40-jährigen Kriegszustand mit der Volksrepublik China beendete. Chinesische Militärmanöver vor Taiwans Küste im Frühjahr 1996 endeten ohne Zwischenfälle, zogen aber eine starke US-Flottenpräsenz in der Region nach sich.

Staatsoberhaupt ist der Präsident, dessen Amtszeit sechs Jahre beträgt. Bis 1996 wählte ihn die Nationalversammlung, seitdem stellt er sich der Direktwahl. Die Verfassung beruht auf dem Prinzip der Einteilung in fünf Gewalten, die jeweils ein *Yun* (Rat) ausübt. 1989 fanden die ersten freien Wahlen zum Legislativen Rat statt. Den Exekutiven Rat bildet das Kabinett mit dem Ministerpräsidenten an der Spitze. Die drei anderen Räte sind für die Justiz, Prüfung und Kontrolle zuständig.

Taiwan hat etwa 21 Millionen Einwohner und ist damit eines der am dichtesten besiedelten Länder der Erde. Die Mehrheit der Bevölkerung besteht aus Taiwanesen (84 %), die von den chinesischen Siedlern, die im 17. Jh. nach Taiwan ausgewandert waren, abstammen. Festland-Chinesen der Nachkriegszeit und ihre Nachkommen bilden die größte Minderheit (14 %). Amtssprache ist der Dialekt Mandarin (Hochchinesisch). In Taiwan sind der Buddhismus, der Taoismus und der Konfuzianismus verbreitet.

WIRTSCHAFT

Billige Arbeitskräfte und eine energische Promotion taiwanesischer Erzeugnisse in Übersee förderten das beeindruckende Wirtschaftswachstum seit den 50er-Jahren und machten Taiwan zu einem der stärksten Industrieländer in Asien.

Früher war die Landwirtschaft das Kernstück der Wirtschaft, heute müssen Lebensmittel importiert werden. Nur Reis wird über den Eigenbedarf hinaus angebaut. Über die Hälfte der Insel ist bewaldet, aber viele Gebiete sind unzugänglich und die Holzqualität ist oft gering. Fisch, vor allem Thunfisch, ist in den Inselgewässern reichlich vorhanden.

Die Insel besitzt kaum mineralische Bodenschätze. Marmor und Dolomitgestein werden in Steinbrüchen abgebaut und in Verdunstungsanlagen an der Küste wird Meersalz gewonnen. Wasser- und Atomkraftwerke erzeugen Elektroenergie. Die verarbeitende Industrie trägt die Wirtschaft. Hauptsächlich werden Erzeugnisse der Elektronik und Elektrotechnik, Textilien, Chemieprodukte, Pharmazeutika und Präzisionsinstrumente exportiert.

Taiwan verfügt über ein gut ausgebautes Straßen- und Schienennetz. Die Hauptlinie der Eisenbahn verläuft ringförmig über die Insel. Drei der fünf wichtigsten Häfen können von Großschiffen angelaufen werden. Zwischen allen größeren Städten bestehen Flugverbindungen und bei Taoyuan im Norden und Kaohsiung im Südwesten befinden sich internationale Flughäfen.

Die Regierungskontrolle über die Medien hat sich erheblich gelockert. Es erscheinen etwa 30 Tageszeitungen, und 30 Rundfunkgesellschaften sowie drei Fernsehsender strahlen ihre Programme aus.

Taiwan hat ein gut entwickeltes Gesundheitswesen und Regierungsprogramme haben dem größten Teil der Bevölkerung angemessene Wohnbedingungen gesichert. Die staatliche Sozialversicherung ist leistungsstark. Schulbildung ist kostenlos und obligatorisch vom 6. bis 18. Lebensjahr, und es werden umfangreiche Möglichkeiten für die Hochschul-, Berufsausbildung und für die Erwachsenenqualifizierung angeboten.

Die Reisernte, eingebracht von amischen Landarbeitern aus Osttaiwan, sichert den Eigenbedarf des Landes und er bringt noch einen

Schutzgebiete in der Region

HONGKONG
GROSSBRITANNIEN

Osten und Westen treffen aufeinander *(oben)*. Chinesische Dschunken ankern im Hafen von Victoria vor der Skyline des Stadtzentrums. Auf den Hügeln über dem Hafen liegt eines der exklusiven Wohngebiete von Hongkong.

Hongkong ist eine kleine, aber sehr wohlhabende britische Kolonie an der Südküste Chinas, östlich der Mündung des Zhujiang (Perlfluss). Die zu den führenden Handels- und Finanzzentren der Welt gehörende kapitalistische Exklave geht 1997 an das kommunistische China zurück.

Das Gebiet misst etwa 1069 km^2, umfasst die Insel Hongkong und die Halbinsel Kowloon und ist eines der am dichtesten besiedelten Gebiete der Erde. Im Norden liegen die ländlichen Gebiete der New Territories (neue Territorien) und in der Umgebung befinden sich über 230 Inseln. Die Kolonie ist Teil einer halb unter Wasser liegenden Gebirgskette. Der Sham-Chun-Fluss bildet die Grenze zu China. Hongkongs subtropisches Monsunklima weist deutliche jahreszeitliche Unterschiede auf. Die Sommer sind heiß und feucht mit starken Regengüssen und gelegentlichen Taifunen zwischen Juni und Oktober. Die Winter sind verhältnismäßig kühl und trocken.

Der größte Teil des natürlichen Waldbestandes wurde gerodet, aber es wurde neues Waldland mit Kiefern, Palmen und Eukalyptusbäumen angelegt, und auch die „heiligen Haine" rund um viele Dörfer in den New Territories blieben erhalten.

Britische Händler kamen 1821 erstmalig in die Region und erkannten schnell die wirtschaftliche Bedeutung des natürlichen Hafens. China musste die Insel Hongkong sowie Kowloon am Ende der beiden Opiumkriege (1839/40 und 1856-1860) den Briten überlassen. Die New Territories wurden 1898 von Großbritannien für 99 Jahre gepachtet. Mit Ausnahme der vier Jahre währenden japanischen Okkupation im Zweiten Weltkrieg blieb Hongkong stets in britischem Besitz. Es wird von einem durch die britische Königin ernannten Gouverneur regiert. Nach dem Sieg der Kommunisten 1949 in China kamen zehntausende Flüchtlinge in die Kolonie, darunter viele Unternehmer aus Schanghai.

1984 vereinbarten Großbritannien und China, dass Hongkong nach Ablauf der vereinbarten Pachtzeit als „besonderes Verwaltungsgebiet" unter chinesische Souveränität zurückkehren wird. China erklärte sich einverstanden, das herrschende kapitalistische Wirtschafts- und Gesellschaftssystem für weitere 50 Jahre zu erhalten. In den ersten demokratischen Wahlen zum Legislativen Rat errangen 1995 die prodemokratischen Parteien einen überwältigenden Sieg, der den sanften Übergang an China gefährden könnte.

Die große Mehrheit der insgesamt 5,8 Millionen Einwohner sind Chinesen, von denen die meisten einen Kanton-Dialekt sprechen. Englisch ist neben Chinesisch die zweite Landessprache.

Die städtischen Siedlungsgebiete konzentrieren sich um den Hafen von Victoria entlang der Nordküste der Insel Hongkong und in Kowloon, deren Vororte in den New Territories (Neu-Kowloon) liegen.

Außerdem leben tausende Vietnamesen in Flüchtlingslagern und warten auf ihre Rückführung oder Umsiedlung. Vorherrschende Religionen sind der Buddhismus und der Taoismus, darüber hinaus gibt es eine beachtliche christliche Minderheit. In Hongkong ist eine Kultur entstanden, in der sich chinesische Traditionen und westliche Lebensart auf unverwechselbare Art verbinden.

Hongkong belegt unter den Finanzzentren weltweit den dritten und im Welthandel den elften Platz. Wenig mit natürlichen Ressourcen ausgestattet, ist Hongkongs verarbeitende Industrie stark von Rohstofflieferungen aus China abhängig. Die wichtigsten Produkte wie Textilien und elektronische Ausrüstungen werden in erster Linie für den Export hergestellt. Unter den touristischen Zielen Asiens ist Hongkong die Nummer eins.

Hongkongs Übersee- und Containerhafen zählt zu den größten der Welt. Der wichtigste internationale Flughafen ist Kai Tak im Osten Kowloons. Die Einwohner nutzen Busse, Fähren und die U-Bahn als Verkehrsmittel. Da die Erschließung von Bauland Vorrang genießt, gibt es kaum noch landwirtschaftliche Nutzflächen. Die Fischerei ist ein prosperierender Erwerbszweig.

Hongkongs Medien finden internationale Beachtung. Bildungs- und Gesundheitswesen sind gut ausgebaut, doch es werden wenige Sozialleistungen gewährt. In dem „Meer" von Hochhäusern leben die Menschen auf extrem engem Raum.

heißen und extremen Sommermonsunzeit aufgefangen. Die Winter sind angenehm kühl und trocken. Die ursprünglichen Monsunwälder wurden schon vor langer Zeit gerodet, aber auf Colôane wurden einige Gebiete wieder aufgeforstet.

Die Portugiesen bauten im 16. Jh. den Handel mit China auf und pachteten Macao von China 1557 als Handelsniederlassung und Versorgungsstützpunkt für die Reisen zwischen China, Japan und Europa. Als Hongkong Mitte des 19. Jh. an Einfluss gewann, verlor Macao seine Bedeutung als Handelsposten.

Nach dem Chinesisch-Portugiesischen Vertrag (1887) wurde Macao eine portugiesische Kolonie. 1961 wandelten es die Portugiesen in eine Überseeprovinz um, und seit 1964 ist Macao ein chinesisches Gebiet unter portugiesischer Verwaltung, das ein von Portugal ernannter Gouverneur regiert. 1987 einigten sich Portugal und China darauf, dass Macao am 20. Dezember 1999 an China zurückfällt und einen ähnlichen Status wie Hongkong erhält.

Die etwa 450 000 Einwohner von Macao leben überwiegend auf der 6,5 km^2 großen Festlandshalbinsel. Obgleich die Amtssprache Portugiesisch ist, besteht die Mehrzahl der Bevölkerung aus Chinesen, darunter tausenden von Flüchtlingen, die einen Kanton-Dialekt sprechen. Die Einwohner hängen überwiegend dem Buddhismus an, aber eine Minderheit bekennt sich auch zum Katholizismus, denn Macao war einst der Ausgangspunkt der katholischen Missionierung in Asien.

Macao hat eine kleine landwirtschaftliche Nutzfläche und außer Fisch verfügt es nur über sehr geringe natürliche Ressourcen. Deshalb hängt der Wohlstand wesentlich von seinem Freihafen sowie dem Export von Bekleidung, Spielzeug und anderen Konsumgütern ab. Der Tourismus ist eine wichtige Einnahmequelle. Jährlich ziehen sieben Spielkasinos, die Lebensart, die historischen Kirchen und Tempel sowie die preiswerten Konsumgüter Millionen von Besuchern an.

Zwischen Macao und Hongkong bestehen regelmäßige Fähr- und Schnellbootverbindungen, aber auch teure Hubschrauberflüge können gebucht werden.

Auf neu gewonnenem Land vor der Insel Taipa entsteht gegenwärtig mit Hilfe taiwanesischer Investitionen ein neuer internationaler Flughafen. Es gibt einige Zeitungen und eine Radio- und Fernsehstation, doch vorrangig versorgen die Hongkonger Medien Macao mit akuellen Informationen. Gesundheitswesen, Sozialfürsorge sowie ein umfassendes Bildungssystem stehen zur Verfügung.

Die ruhigen Gewässer des Innenhafens von Macao (*unten*). Als die Portugiesen 1513 nach Macao kamen, bauten sie es zum wichtigsten Handelszentrum mit China und Japan aus. Mit dem wirtschaftlichen Aufstieg des benachbarten Hongkong verlor Macao im 19. Jh. an Bedeutung.

MACAO
PORTUGAL

Macao ist eine winzige, von Portugal verwaltete Exklave an der Südküste Chinas, jenseits der Mündung des Zhujiang (Perlfluss) westlich von Hongkong. Das Gebiet, das kleiner und weniger wohlhabend als Hongkong ist, kehrt 1999 unter chinesische Souveränität zurück.

Macao hat eine Gesamtfläche von etwa 17 km^2. Es ist mit Chinas Provinz Guangdong durch eine kurze Landenge verbunden und besteht aus einer schmalen Halbinsel, die zum größten Teil die Stadt Macao einnimmt, und aus den kleinen Inseln Taipa und Colôane. Die Halbinsel und die Inseln sind im Inneren hügelig und haben Flachlandausläufer, von denen einige durch Trockenlegungen erweitert wurden. Da es keine Flüsse gibt, wird

Südostasien

LÄNDER DER REGION

MYANMAR (BIRMA) · LAOS · THAILAND
KAMBODSCHA · VIETNAM · MALAYSIA · SINGAPUR
BRUNEI · INDONESIEN · PHILIPPINEN

Drei buddhistische Mönche (*links*) kehren in ihr Kloster in Myanmar (früher Birma) zurück. Die Welt der Halbinsel und der etwa 20 000 tropischen Inseln Südostasiens ist ein lebendiges Mosaik verschiedener Glaubensrichtungen und Kulturen. Hier treffen Mystik und weltliche Realität aufeinander.

Myanmar (Birma)

UNION VON MYANMAR

MYANMAR (BIRMA) IST DAS WESTLICHSTE südostasiatische Land und grenzt im Nordwesten an Bangladesch und Indien, im Nordosten an China und im Osten an Laos und Thailand. 1989 änderte die Militärregierung die Landesbezeichnung in Union von Myanmar, die nach und nach auch international akzeptiert wird.

GEOGRAFIE

Myanmar besteht zum großen Teil aus einem Tieflandgebiet, das von parallel verlaufenden, unzugänglichen Gebirgsketten im Osten und im Westen eingeschlossen wird. Im Norden liegen Teile des Himalajagebirges, die sich sternförmig in verschiedene Ausläufer aufteilen.

Im Westen verläuft ein stark zerklüfteter und dicht bewaldeter Gebirgsarm entlang der indischen Grenze. Die zentralen Gebirge im Süden sind flacher, während sich die östlichen Ausläufer im Südosten bis weiter nach China erstrecken. Von hier fließt der Irrawaddy etwa 2100 km nach Süden, vorbei an der alten Stadt Mandalay und an der modernen Hauptstadt Rangun und mündet mit einem breiten, flachen Delta in die Andamanensee.

Nach Osten steigt das Land zum Shan-Hochland an und stößt auf weitere Gebirgsketten an der Grenze zu Laos und Thailand. Als ein langer und schmaler Ausläufer zwischen Myanmar und Thailand im Südosten erstreckt sich die Tenasserim-Kette.

Myanmar hat tropisches Monsunklima, das durch die Höhenlage gemildert wird. Nur in den Küstengebieten ist es ganzjährig heiß. Im Norden herrscht in den Gebirgen im Winter Frost und gleichzeitig bilden sie eine Barriere gegen die nördliche Kaltluft. Zwischen Mai und Oktober bringt der Südwestmonsun hohe Luftfeuchtigkeit und wolkenbruchartige Regenfälle. In diesen Monaten fallen bis zu 95 % der Jahresniederschlagsmenge.

Die kühleren Monate (Oktober bis Februar) werden von einer Hitzeperiode (März bis Mitte Mai) abgelöst, in der die Temperaturen z. B. in Pagan in Zentral-Myanmar bis auf 46 °C ansteigen können. In den Küstengebirgen regnet es am stärksten, dagegen fallen im zentralen Tiefland um Mandalay die wenigsten Niederschläge. Etwa die Hälfte der Landesfläche nehmen Wälder aus immergrünen Laubhölzern ein. Strauchland ist für die Trockengebiete typisch und in den Flussdeltas wachsen Mangroven. In den Höhenlagen über 900 m herrschen Kiefern und immergrüne Eichen vor, die in den nördlichen Bergen Rhododendren weichen.

Auch die Tierwelt ist artenreich. Zu den großen Säugetieren gehören Elefanten, Tiger, Leoparden, Bären, Rhinozerosse, wilde Wasserbüffel und indische Bisons. Die Wälder bieten Gibbons und anderen Affenarten einen ausreichenden Lebensraum. Zu den einheimischen Reptilien gehören u. a. die gefährdeten Krokodile und Gaviale, Schildkröten und zahlreiche Schlangenarten.

KULTUR UND GESELLSCHAFT

Als frühe Zivilisationen sind die Mon-Kultur, die etwa im 3. Jh. v. Chr. im Süden durch das buddhistische Mon-Volk aus Thailand und Kambodscha gegründet wurde, und das Pyu-Reich, das im Irrawaddy-Tiefland bei Prome in Zentral-Myanmar entstand, bekannt.

Im 9. Jh. nahmen die Birmanen – die nördlichen Nachbarn und Untertanen – das Pyu-Reich ein. Im 11. Jh. vereinigte der birmanische König Anawrahta (Regierungszeit 1044-1077) das Land, machte Pagan zu seiner Hauptstadt und zum Zentrum seines buddhistischen Königreiches, das über 250 Jahre

Halsreifen aus Messing *(oben)*. Die Karen-Frauen tragen diesen kunstvollen Halsschmuck ab dem 5. Lebensjahr. Die schweren Reifen verlängern nur optisch den Hals. Er wird nicht „gedehnt", sondern das Gewicht der Reifen drückt die Schlüsselbeine nach unten. Ein langer Hals gilt bei den Karen als Ausdruck von Eleganz.

Die Tempelruinen von Pagan *(links)*. 849 gegründet, war Pagan von 1044-1287 die Hauptstadt von Birma und nahm eine Fläche von 16 km² ein. Nach der Eroberung durch die Mongolen erlebte sie ihren Niedergang.

LANDESDATEN – MYANMAR

Fläche 676 577 km²

Klima	Höhe	Temperaturen Januar	Juli	Jährlicher Niederschlag
	m	°C	°C	mm
Rangun	23	25	27	2618

Geografische Merkmale höchster Berg: Hkakabo Razi 5881 m; längster Fluss: Irrawaddy 1092 km

Einwohnerzahl (1994) 44,3 Millionen

Staats- und Regierungsform Militärregierung

Streitkräfte Heer 265 000; Marine 12 000; Luftwaffe 9000

Größte Städte Rangun (Hauptstadt – 2,5 Mio. Einw.); Mandalay (533 000); Pegu (150 000); Bassein (144 000)

Offizielle Landessprache Birmanisch

Bevölkerungsgruppen Birmanen 68,0%; Shan 9%; Karen 7%; Kachin 4%; Chinesen 3%; Mon 2%; Inder 2%; sonstige 5%

Religionen Buddhisten 89%; Christen 4%; Muslime 4%; animistische Glaubensrichtungen 1%; sonstige 2%

Währung 1 Kyat (K) = 100 Pyas (P)

Bruttosozialprodukt (pro Kopf 1993) US-$ 500

Lebenserwartung Männer 57,9; Frauen 62,1 Jahre

Ressourcen Zinn, Erdöl, Erdgas, Blei, Silber, Edelsteine, Kupfer, Wolfram, Reis, Hülsenfrüchte, Holz, Opium

bestand. 1287 eroberten die Mongolen das Königreich und zerstörten Pagan.

Mitte des 17. Jh. fielen die Chinesen ein und stürzten das Land erneut in einen Krieg. Erst der birmanische König Alaungpaya (Regierungszeit 1752-1760) und seine Nachfolger konnten das Reich wieder einigen. Sie eroberten das Küstengebiet und dehnten ihren Einfluss bis auf das Teritorium des indischen Staates Assam aus, wo sie den Briten im ersten Britisch-Birmanischen Krieg (1824-1826) gegenüberstanden. Der Friedensvertrag sicherte den Briten Assam zusammen mit den birmanischen Staaten Arakan und Tenasserim an der Küste zu. Der zweite Krieg (1852/53) brachte weitere Verluste: Die Briten nahmen Rangun ein und annektierten

Der schwimmende Markt auf dem Inle-See in Zentral-Myanmar. Händler bieten in ihren Booten den Bewohnern der Pfahl-Dörfer am Seeufer ihre Waren an. Nur ein kleiner Teil der Anbaufläche wird für den Obstanbau genutzt. Bananen gibt es im Überfluss.

Unterbirma. Nach dem dritten Krieg (1885/86) fiel der Rest an die Briten, die Birma ihrer indischen Kolonie als Provinz anschlossen. 1937 trennte Großbritannien Birma von Indien ab und wandelte es in eine Kronkolonie um. Erst 1948, drei Jahre nach der Beendigung der japanischen Okkupation (1942-1945), erhielt Birma die volle Unabhängigkeit.

1962 stürzte ein Militärputsch unter Führung von General Ne Win (* 1911) die Zivilregierung. In den folgenden 12 Jahren verstaatlichten Ne Win und der Revolutionsrat Banken und Unternehmen und brachen alle Beziehungen zur Außenwelt ab. Nach einem weiteren Militärputsch ging aus den Parlamentswahlen vom Mai 1990 die von Aung San Suu Kyi (* 1945) angeführte Nationale Liga als Sieger hervor. Die Militärmachthaber weigerten sich jedoch, die Macht aus den Händen zu geben und inhaftierten Aung San Suu Kyi und viele ihrer Anhänger.

Die Militärjunta stellte eine neue Verfassung in Aussicht, die den kleinen nichtmyanmarischen Staaten innerhalb der Union Autonomieregelungen gewähren sollte. Inzwischen wird die Macht vom Staatlichen Rat zur Wiederherstellung von Gesetz und Ordnung (SLORC) ausgeübt und alle Minister werden vom Militär ernannt.

Die Birmanen stellen 69 % der 41,7 Millionen Einwohner des Landes. Sie leben hauptsächlich im zentralen Tiefland und in den Küstengebieten. Von den vielen ethnischen Minderheiten haben die Karen im Südosten, die Shan und Kachin im Westen und Norden enge Bindungen zu den Birmanen. Das alte Volk der Mon lebt heute nur noch in den Küstengebieten. Es werden mehr als 100 verschiedene Sprachen gesprochen. Die Karen kämpfen seit über 50 Jahren um ihre Unabhängigkeit. Die birmanischen Streitkräfte überrannten 1995 den letzten Stützpunkt der Karen in Kawmoora.

Myanmar kann auf eine lange literarische Tradition zurückblicken, die auf der Schrift der Mon beruht, die ihren Ursprung in einer altindischen Schrift hat. Der Buddhismus ist die vorherrschende Religion unter den meisten ethnischen Minderheiten und er hat Myanmars Kunst und Kultur beeinflusst.

WIRTSCHAFT

Reis ist seit über einem Jahrhundert die wichtigste Kulturpflanze des Landes und Hauptexportprodukt. Darüber hinaus werden in den trockeneren Regionen Getreide, Baumwolle, Erdnüsse, Jute, Sesam, Tabak und Hülsenfrüchte angebaut. Harthölzer, vor allem Teakholz, und der blühende Opiumhandel sind weitere wichtige Deviseneinnahmequellen. In der Viehhaltung überwiegen Rinder. Fisch ist ein wesentlicher Bestandteil der Landesküche.

Myanmars besitzt große Erdgas- und Erdölreserven, die den Eigenbedarf decken; darüber hinaus besitzt es beträchtliche Vorkommen an verschiedenen Metallerzen, besonders an Kupfer, Wolfram und Silber sowie Jade in den nördlichen Gebirgen. Das Land ist einer der wichtigsten Lieferanten von Rubinen und Saphiren. Elektroenergie wird sowohl in ölbeheizten Wärme- als auch in Wasserkraftwerken erzeugt.

Seit der Unabhängigkeit erfolgten umfangreiche Investitionen in die Industrie, insbesondere in die Erdölverarbeitung und die Metallveredlung. Durch neue Investitionen verzeichnen auch die Lebensmittelverarbeitung und die Holz verarbeitende Industrie, und hier insbesondere die Fertighausherstellung, Wachstumsraten.

Nur in der zentralen Ebene und dem südlichen Küstengebiet ist das Straßen- und Schienennetz relativ gut ausgebaut. Nur wenige Straßen sind befestigt. Der Großteil des Gütertransports erfolgt auf dem Wasserweg, und der Irrawaddy fungiert dabei als Hauptverkehrsader eines Wasserstraßensystems, über das kleinere Boote bis an die Reisfelder gelangen. Die Hauptstadt Rangun ist das wichtigste Hafen- und Handelszentrum. Der internationale Flughafen liegt in Mingaladon in der Nähe von Rangun. Alle Medien befinden sich in Staatseigentum und unterliegen staatlicher Kontrolle.

Die Leistungen des Gesundheitswesens werden unentgeltlich angeboten, reichen aber nicht aus, sodass große Teile der Bevölkerung noch immer an Malaria, Cholera, Hepatitis, Tuberkulose und Kinderlähmung erkranken. Viele Kinder sind unterernährt. Die Grundschulbildung ist für alle Kinder obligatorisch und kostenlos. 1988 wurden die Universitäten geschlossen, um die regierungsfeindliche Aktionen der Studenten zu unterbinden; inzwischen wurden sie wieder geöffnet.

Laos

LAOTISCHE VOLKSDEMOKRATISCHE REPUBLIK

LAOS, DAS EINZIGE BINNENLAND SÜDOSTasiens, liegt zwischen Thailand und Vietnam. Mit einer Bevölkerung von etwa 4,7 Millionen hat es eine der geringsten Einwohnerzahlen in der Region.

GEOGRAFIE

Nordwest-Laos erhebt sich vom Tiefland des Mekong zum Xiangkhoang-Plateau mit der „Hochebene der Tonkrüge". Nördlich und östlich des Plateaus ragen Gebirge auf. Im Südwesten bildet der Mekong die Grenze zu Thailand. Die Monsunzeit zwischen Mai und Oktober bringt hohe Temperaturen, eine hohe Luftfeuchtigkeit und heftige Regenfälle. Im November setzt die kühlere Trockenzeit ein mit niedriger Luftfeuchtigkeit und seltenen Niederschlägen. Über die Hälfte des Landes ist bewaldet.

KULTUR UND GESELLSCHAFT

Die ersten laotischen Völker wanderten etwa im 8. Jh. aus Südwestchina ein. In den folgenden Jahrhunderten fielen Birmanen, Vietnamesen und Thai in Laos ein; 1893 wurde das Gebiet französisches Protektorat und 1904 dem Generalgouverneur von Indochina unterstellt.

1953 erhielt Laos die Unabhängigkeit, doch die kommunistische Pathet-Lao-Bewegung, die den Norden beherrschte, wandte sich gegen die konstitutionelle Monarchie. Mit dem französischen Vietnamkrieg eskalierte der Konflikt. 1973 trat ein Waffenstillstand in Kraft und 1975 kam die Pathet-Lao-Bewegung an die Macht. Die Verfassung von 1991 regelt, dass die Nationalversammlung alle fünf Jahre einen Staatspräsidenten wählt.

Die überwiegend buddhistische Bevölkerung bilden Lao Lum und Lao Soung. Amtssprachen sind Laotisch und Französisch.

WIRTSCHAFT

Mehr als drei Viertel der Bevölkerung arbeiten in der Landwirtschaft. Die wichtigsten Anbaupflanzen sind Reis, Kaffee, Tabak und Baumwolle. Die Wälder geben Hartholz, Gewürze und Öle her. Opium, das aus Nordlaos kommt, ist inzwischen das (inoffiziell) Gewinn bringendste Handelsprodukt geworden. Laos besitzt große Kohle-, Erz- und Edelsteinvorkommen. Die Industrie ist auf die Rohstoffverarbeitung begrenzt.

Die meisten Straßen sind nicht befestigt und Eisenbahnlinien fehlen ganz. Der Mekong ist die Lebensader des Landes. Auf dem Fluss werden die Güter zu den Bahnstationen am thailändischen Ufer transportiert. Das Gesundheitswesen ist kaum entwickelt und die Lebenserwartung der Bevölkerung ist gering. Grund- und Oberschule sowie weitere Bildungsmöglichkeiten sind vorhanden; die Analphabetenquote ist hoch.

LANDESDATEN – LAOS

Fläche 236 800 km²

Klima	Höhe m	Temperaturen Januar °C	Juli °C	Jährlicher Niederschlag mm
Vientiane	162	21	27	1715

Geografische Merkmale höchster Berg: Phou Bia 2820 m; längster Fluss: Mekong (Teil) 4180 km

Einwohnerzahl (1994) 4,7 Millionen

Staats- und Regierungsform Einparteiensystem; Volksrepublik; ein gesetzgebendes Organ

Streitkräfte Heer 33 000; Marine 500; Luftwaffe 3500

Hauptstadt Vientiane (377 000 Einw.)

Offizielle Landessprache Lao

Bevölkerungsgruppen Lao 67,1; Palaung-Wa 11,9%; Thai 7,9%; Yao 5,2%; Mon-Khmer 4,6%; sonstige 3,3%

Religionen Buddhisten 57,8%; Naturreligionen 33,6%; nicht Religiöse 4,8%; Christen 1,8%; Muslime 1,0%; sonstige 1,0%

Währung 1 Kip (k) = 100 At

Bruttosozialprodukt (pro Kopf 1993) US-$ 280

Bruttoinlandsprodukt (1993) US-$ 1,334 Mrd.

Lebenserwartung Männer 50,2; Frauen 53,3 Jahre

Ressourcen Kohle, Zinn, Gold, Edelsteine, Reis, Kaffee, Opium, Tabak, Holz, Baumwolle, Elektroenergie

Das Dorf Nong Het im Nordosten von Laos erweckt mit seinen Strohdächern den Eindruck ländlicher Idylle. Das Leben der meisten laotischen Bauern ist jedoch sehr hart. Sie verdienen ihren Unterhalt größtenteils mit dem Reisanbau auf kleinen, bewässerten Parzellen.

Thailand

KÖNIGREICH THAILAND

THAILAND, BIS 1939 UNTER DEM NAMEN Siam bekannt, liegt im Zentrum Hinterindiens. Das unabhängige Königreich unterhält seit vielen Jahrhunderten enge Beziehungen zu seinen Nachbarländern und zur westlichen Welt.

GEOGRAFIE

Thailand ist ein tropisches Land mit hohen Gebirgen, Regenwäldern, breiten Schwemmlandebenen und Sandstränden. Die höchsten Erhebungen befinden sich im Norden, wo einige Faltengebirge – die letzten Ausläufer der Himalajakette – liegen. Ein Gebirgszug setzt sich entlang der Grenze zu Myanmar nach Süden fort und verläuft über die gesamte Länge des südwestlichen Isthmus von Kra. Diese Gebirge fallen an ihrer Westseite steil zur Andamanensee ab. Die Ostküste am Golf von Thailand ist sanfter, doch ebenfalls buchtenreich. Beiden Küsten sind viele, landschaftlich bezaubernde Inseln vorgelagert, darunter Phuket, die eine der größten ist.

Die fruchtbare, zentrale Schwemmlandebene des Menam-Flussdeltas (Chao Phraya) ist sehr dicht besiedelt, hier konzentrieren sich auch Landwirtschaft und Handel. Besonders dieses Gebiet ist von den schweren jahreszeitabhängigen Überschwemmungen betroffen. Das sich nordöstlich anschließende Khorat-Plateau ist eine Landschaft aus Sandsteinhügeln und nimmt den Osten Thailands ein. Es ist zwischen 200 und 300 m hoch. Die Berge tief im Südwesten des Landes sind die Fortsetzung des kambodschanischen Kardamomgebirges.

In Thailand herrscht tropisches Monsunklima. Zwischen Mai und September fallen die meisten Niederschläge. Im Allgemeinen regnet es im Nordosten am wenigsten, im Süden und im Gebirge dagegen am stärksten, was jedoch in Abhängigkeit von den Windverhältnissen sehr variieren kann.

Große Gebiete des tropischen Regenwaldes fielen den Rodungen zum Opfer, um Anbauflächen zu gewinnen, weshalb heute weniger als ein Drittel des Landes bewaldet ist. Der größte Teil des noch verbliebenen Waldlandes liegt in den kaum zugänglichen nördlichen Gebieten. Dort herrschen vor allem Teak und andere Harthölzer vor und es gibt neben einer artenreichen Vogelwelt auch viele Schlangenarten; die Anzahl der wild lebenden Säugetiere wie Leoparden und Tiger ist durch die Jagd erheblich zurückgegangen. Rhinozerosse und Tapire sind nahezu ausgerottet.

KULTUR UND GESELLSCHAFT

Thailand, „das Land der Freien", hat sich, obwohl es niemals eine Kolonie war, den kulturellen und politischen Einflüssen seiner Nachbarn und des Westens geöffnet. Es wird angenommen, dass vor etwa tausend Jahren Thaivölker aus Südwestchina eingewandert waren. Im 13. Jh. entstand im Norden der zentralen Ebene das Reich von Sukhothai mit einer hoch entwickelten Kultur. Es ging später im Königreich Ayutthaya auf, das um 1350 im Süden gegründet wurde. Die Birmanen besetzten 1767 das Königreich und beendeten damit die Herrschaft der Ayutthayas. Sie wurden jedoch bald wieder vertrieben, und 1782 gründete Rama I. in Bangkok die Chakkri-Dynastie, die Thailand bis in die Gegenwart regiert. Unter dem Gelehrten und König Mongkut – Rama IV. – (Regierungszeit 1851-1868) und seinem Sohn Chulalongkorn (1868-1910) – Rama V. – begann in Thailand das moderne Zeitalter: Es wurden Verträge mit dem Westen abgeschlossen und die Sklaverei abgeschafft sowie das Studium im Ausland gefördert.

Durch einen unblutigen Staatsstreich wurde 1932 die konstitutionelle Monarchie eingeführt. Im Zweiten Weltkrieg musste Thailand ein Bündnis mit Japan eingehen. Die Vereinigten Staaten von Amerika unterstützten Thailand nach dem Krieg sowohl wirtschaftlich als auch militärisch. Die Kriege in den Nachbarstaaten, die Guerillakämpfe in den Grenzgebieten und der Flüchtlingsstrom aus den Krisengebieten beschleunigten die politische Instabilität Thailands. 1991 stürzte General Suchinda Kraprayoon die Regierung durch einen Militärputsch. Im April 1992

Nähen für den Lebensunterhalt (*rechts*). Eine Meo-Frau aus der Nähe von Chiang Mai in Nord-Thailand näht Kleider für die Einwohner der Umgebung. Mit dieser Arbeit, die zusätzlich dringend benötiges Geld einbringt, bessert sie ihre finanziellen Einkünfte auf, die ansonsten aus dem traditionellen (aber illegalen) Mohnanbau für die Opiumherstellung stammen.

Weiße Sandstrände und klares Meerwasser (*links*) locken Touristen aus aller Welt an die zerklüftete Westküste der Andamanensee. Millionen von Touristen kommen jährlich nach Thailand, um die Schönheit der Natur zu genießen. Der Tourismus hat sich seit Anfang der 80er-Jahre zur wichtigsten Deviseneinnahmequelle entwickelt.

wurde er zum Ministerpräsidenten ernannt, musste jedoch schon im Mai, nachdem Demonstrationen für demokratische Reformen brutal niedergeschlagen worden waren, wieder zurücktreten.

Nach der Verfassung ist der Monarch das Staatsoberhaupt des Landes. Er übt, da er zugleich das religiöse Oberhaupt ist, einen großen Einfluss aus. Jede neue Regierung weicht in Einzelfragen von der Verfassung ab. In der Regel herrscht ein Zweikammerparlament, das sich aus einem vom Militär ernannten Senat und einem Repräsentantenhaus, das 360 gewählte Mitglieder zählt, zusammensetzt.

Die größte Bevölkerungsgruppe bilden einheimische Thai-Völker, etwa 27 % sind laotischer Abstammung. Die große chinesische Minderheit (etwa 12 %) lebt hauptsächlich in den Städten, während sich die muslimische malayische Minderheit vorwiegend im Süden angesiedelt hat. In den nördlichen Bergregionen wohnen die Völker der Karen, Meo Lahu und

chitektur der ornamentgeschmückten Tempel, in Kunstwerken (u. a. in zahlreichen Buddha-Skulpturen und Wandmalereien) wie auch in den Volksfesten sowie religiösen und höfischen Zeremonien widerspiegelt.

WIRTSCHAFT

Zwei Drittel aller Erwerbstätigen arbeiten in der Landwirtschaft. Reis ist die wichtigste Kulturpflanze und das Hauptexporterzeugnis. Außerdem werden Mais, Maniok, Zuckerrohr und Sojabohnen angebaut. Die Bergvölker Nordthailands kultivieren außerdem Mohn zur Opiumgewinnung, und es wurden verstärkt Anstrengungen unternommen, Gewinn bringende Kulturen wie Tee und Tabak einzuführen. Rinder und Büffel dienen hauptsächlich als Zugtiere, während Schweine und Geflügel für die Fleischproduktion gehalten werden. Meeres- und Süßwasserfische sind ein wichtiger Bestandteil der thailändischen Küche. Die Forstwirtschaft exportiert vorrangig Edel- und Harthölzer.

Thailand ist ein führender Zinnproduzent und -exporteur. Das Land ist reich an Eisenerz, Gips und Tantalit (aus dem das seltene, säureresistente Tantal gewonnen wird). Das in Off-shore-Lagerstätten geförderte Erdgas und Erdöl sowie die Braunkohle dienen vor allem der Energiegewinnung. Die verarbeitende Industrie gewinnt an Bedeutung und konzentriert sich vor allem auf die Verarbeitung der land- und forstwirtschaftlichen sowie der mineralischen Rohstoffe. Seit 1982 erzielt die Tourismusbranche die höchsten Deviseneinnahmen des Landes.

Bangkok ist die Wirtschaftsmetropole des Landes, von hier gehen alle Transportwege aus. Das Eisenbahnnetz ist gut entwickelt, während sich die Straßen in einem schlechten

Die Medien werden von der Regierung kontrolliert und das Militär betreibt mehrere Radio- und Fernsehsender. Es erscheinen mehr als 30 Tageszeitungen, u. a. auch in chinesischer Sprache.

Die Gesundheitsfürsorge und das Sozialversicherungssystem sind unzureichend, nur die Ärmsten werden unterstützt; die Bevölkerung leidet nach wie vor unter erheblichen Gesundheitsproblemen. Es besteht allgemeine Schulpflicht für 7- bis 15-Jährige; der Unterricht wird kostenlos gewährt. Thailand hat mehrere Universitäten und Hochschulen.

LANDESDATEN – THAILAND

Fläche 513 115 km²

Klima	**Höhe** m	**Temperaturen Januar** °C	**Temperaturen Juli** °C	**Jährlicher Niederschlag** mm
Bangkok	2	26	28	1400

Geografische Merkmale höchster Berg: Doi Inthanon 2595 m; längster Fluss: Mekong (Teil) 4180 km

Einwohnerzahl (1994) 59,5 Millionen

Staats- und Regierungsform Mehrparteiensystem; konstitutionelle Monarchie

Streitkräfte Heer 150 000; Marine 56 000; Luftwaffe 43 000

Größte Städte Bangkok (Hauptstadt – 5,9 Mio. Einw.); Songkhla (243 000); Chiang Mai (167 000)

Offizielle Landessprache Thai

Bevölkerungsgruppen Thai 75,%; Chinesen 14,0%; sonstige 11,0%

Staatsreligion Buddhismus

Religionsgemeinschaften Buddhisten 94,4%; Muslime 4,0%; Christen 0,5%; sonstige 1,1%

Währung 1 Baht (B) = 100 Stangs (St)

Bruttosozialprodukt (pro Kopf 1993) US-$ 2110

Bruttoinlandsprodukt (1993) US-$ 124,862 Mrd.

Lebenserwartung Männer 65,0; Frauen 71,9 Jahre

Ressourcen Zinn, Wolfram, Eisenerz, Blei, Gips, Tantalit, Erdgas, Öl, Lignit, Reis, Sojabohnen, Zuckerrohr, Maniok, Mohrenhirse, Kautschuk, Jute, Viehzucht, Holz, Fischereiprodukte, Tourismus

Kambodscha

STAAT KAMBODSCHA

KAMBODSCHA IST DIE HEIMAT DES KHMER-Volkes im südlichen Indochina (die Bewohner nennen ihr Land Kampuchea). Es gehört zu den ärmsten Ländern der Region und hat furchtbar unter den Verwicklungen in den Vietnamkrieg gelitten. Nach drei Jahrzehnten innerer und äußerer Konflikte ist seine Zukunft weiterhin ungewiß.

GEOGRAFIE

Zwei Drittel der Landesfläche nimmt ein fruchtbares Tieflandbecken ein. Im Nordwesten grenzt Kambodscha an Thailand, im Nordosten an Laos und im Osten und Südosten an Vietnam. Im Südwesten liegt es am Golf von Thailand. Im Zentrum des Beckens, westlich der breiten Schwemmlandebene, liegt der Tonle-Sap (Großer See), der vom Mekong und seinen Nebenflüssen gespeist wird. Südwestlich des Großen Sees ragen das Kardamom- und das Elefantengebirge über einer schmalen Küstenebene auf.

Es herrscht tropisches Monsunklima. Von Mitte Mai bis Anfang Oktober bringt der Südwestmonsun starke Regenfälle (Regenzeit). In der Trockenzeit von Anfang November bis Mitte März weht ein leichter Nordostmonsun und es regnet kaum.

Wälder bedecken etwa 70 % der Landesfläche. Dichte tropische Regenwälder ziehen sich entlang der Regenseite der Gebirge. Laubwälder wachsen in den Tieflandgebieten, in denen es auch Savannen und spärlich bewaldete Gebiete gibt. Mangrovenwälder, Wildreis, Schilf und Bambushaine kommen in den Flussniederungen und in den Sumpfgebieten der Küsten vor. Zur Tierwelt gehören u. a. Elefanten, Tiger, Leoparden und Bären sowie zahlreiche Wasservögel.

KULTUR UND GESELLSCHAFT

Etwa im 6. Jh. eroberte das Chenla-Reich das Gebiet des heutigen Kambodscha. Nach und nach wanderten Khmer-Völker aus dem Norden ein und begründeten nach dem Zerfall des Chenla-Reiches im 8. Jh. die Khmer-Dynastie, die auch als Angkoria-Dynastie bekannt wurde und bis zum 15. Jh. herrschte. 1863 unterschrieb König Norodom I. mit Frankreich ein Protektoratsabkommen, um nicht zur Marionette Siams (Thailand) und Vietnams zu werden.

1941 besetzten die Japaner Kambodscha, doch nach dem Zweiten Weltkrieg stellte Frankreich seine Herrschaft wieder her. Die Franzosen entließen Kambodscha 1955 in die Unabhängigkeit und nach dem Tode seines Vaters 1960 wurde Prinz Sihanouk (* 1922) Staatsoberhaupt. Im Vietnamkrieg blieb Kambodscha offiziell neutral, aber Sihanouk gestattete den Nordvietnamesen, von geheimen Stützpunkten in seinem Land aus gegen die amerikanischen Streitkräfte zu operieren. 1970 stürzte der proamerikanische General Lon Nol (1918-1985) Sihanouk durch einen Militärputsch. Der Versuch der neuen Regierung, die vietnamesische Präsenz im Land zu beseitigen, scheiterte. Die nun einsetzenden amerikanischen Bombenangriffe, die bis 1973 andauerten und verheerende Schäden anrichteten, veranlassten viele Kambodschaner, sich den Khmer Rouge („Rote Khmer"), der linken Bewegung unter Pol Pot (* 1928), anzuschließen, die bald die Macht auf dem flachen Land errangen. 1975 fiel die Hauptstadt Phnom Penh an die Roten Khmer, die die Regierung absetzten.

Unter dem Pol-Pot-Regime begannen die Roten Khmer die Gesellschaft auf brutale Weise zu verändern. Die städtische Bevölkerung musste in der Landwirtschaft und an großen Bewässerungsprojekten arbeiten. Je-

Gedränge am Ufer *(oben)*. Das Mekong-Ufer in Phnom Penh, der Hauptstadt Kambodschas, wimmelt von Menschen, während Waren aus Barken ausgeladen werden und ein Passagierschiff mit Gepäck und Fahrrädern auf dem Oberdeck anlegt.

Für die Landwirtschaft gerodet *(unten)*. Die Reisfelder in Zentralkambodscha glitzern in der Sonne. Ihnen mussten ausgedehnte Waldgebiete weichen. Das Wachstum der Reispflanze hängt von den regelmäßigen Überschwemmungen des Mekong und des Tonle-Sap (Großer See) ab.

der, der dem Regime verdächtig erschien, wurde ermordet. Als vietnamesische Truppen und kambodschanische Rebellen unter Heng Samrin 1979 Phnom Penh einnahmen, waren über 2 Millionen Menschen durch Krankheit, Hunger und Massenhinrichtungen ums Leben gekommen. Wenn auch das kambodschanische Volk über den Sturz der Roten Khmer erleichtert war, so begrüßten China und der Westen die Errichtung eines von Vietnam gestützten Regimes in Phnom Penh keineswegs. Als die Roten Khmer 1982 mit anderen Oppositionsgruppen ein Bündnis eingingen, gewährten der Westen und die VR China diplomatische und auch verdeckte militärische Unterstützung. Unter dem Druck der USA zogen sich die Vietnamesen 1989 aus Kambodscha zurück. Der blutige Bürgerkrieg nahm 1991 durch eine von Prinz Sihanouk ausgehandelte Vereinbarung, die die Macht unter allen Fraktionen, einschließlich der Roten Khmer, teilte, ein ungewisses Ende. Unter UN-Kontrolle fanden im Juli 1993 die ersten freien Wahlen statt, aus der eine Koalition unter Sihanouk als Sieger hervorging. Nach der Verabschiedung einer neuen Verfassung wurde Sihanouk 1993 zum König gewählt. Im Juli 1994 wurden die Roten Khmer verboten.

Die größte Bevölkerungsgruppe in Kambodscha bilden die Khmer, die eine eigene Sprache sprechen. Viele von ihnen sind Buddhisten, obwohl während des Pol-Pot-Regimes (1975-1979) keine Religionen ausgeübt werden durften. Chinesen und die aus Indonesien stammenden Cham, die dem Islam anhängen, stellen die größte ethnische Minderheit. Im benachbarten Thailand leben etwa 350 000 Bürgerkriegsflüchtlinge aus Kambodscha.

WIRTSCHAFT

Kambodscha lebt hauptsächlich vom Reis, dessen Anbaufläche etwa 90 % der gesamten landwirtschaftlichen Nutzfläche einnimmt. Darüber hinaus werden einige Obstsorten gezogen und Vieh gehalten. Die Wasserbüffel dienen vornehmlich als Zugtiere. Der Tonle-Sap ist einer der reichsten Süßwasserfischgründe der Erde und die meisten Bauern sind auch Fischer. Die großen Wälder Kambodschas sind durch einen rücksichtslosen Raubbau stark gefährdet.

Das Land besitzt nur in begrenztem Umfang mineralische Reserven, und zur Energieerzeugung werden importierte Brennstoffe eingesetzt. Die verarbeitende Industrie bleibt lokal auf die Weiterverarbeitung von Kautschuk, Holz und Agrarprodukte beschränkt.

Das Straßennetz stammt noch aus der französischen Kolonialzeit. Viele Straßen sind nicht befestigt und in weiten Teilen des Landes fehlen sie überhaupt. Von den jährlichen Überschwemmungen zur Regenzeit sind auch die für das Land lebenswichtigen Wasserwege betroffen.

Zwei Eisenbahnstrecken verbinden Phnom Penh mit Bangkok in Thailand und mit Kompong Som, dem einzigen Hafen des Landes. Vier Fluggesellschaften, die Phnom Penh anfliegen, stellen die Verbindung zu den Nachbarstaaten her.

Das Gesundheitswesen wird Schritt für Schritt verbessert, doch Cholera, Malaria und Unterernährung sind weit verbreitet. Der Krieg hat auch das Bildungswesen zurückgeworfen: mehr als 50 % der Bevölkerung sind Analphabeten. Grund-, Oberschulen und Hochschulen wurden wieder eröffnet; Schulpflicht besteht für Kinder von 6 bis 12 Jahren und der Unterricht ist kostenlos.

LANDESDATEN – KAMBODSCHA

Fläche 181 035 km²

Klima	**Höhe** m	**Temperaturen Januar** °C	**Temperaturen Juli** °C	**Jährlicher Niederschlag** mm
Phnom Penh	12	26	29	1308

Geografische Merkmale höchster Berg: Phnum Aoral 1813 m; längster Fluss: Mekong (Teil) 4180 km; größter See: Tonle-Sap (Großer See) 10 000 km²

Einwohnerzahl (1994) 10,3 Millionen

Staats- und Regierungsform konstitutionelle Monarchie; ein gesetzgebendes Organ

Streitkräfte Heer 36 000; Marine 1000; Luftwaffe 1000

Hauptstadt Phnom Penh (800 000 Einw.)

Offizielle Landessprache Khmer

Bevölkerungsgruppen Khmer 90,0%; Vietnamesen 5%; Chinesen 1%; sonstige 4%

Staatsreligion Buddhismus

Religionsgemeinschaften Buddhisten 95%; sonstige 5%

Währung 1 Riel = 100 Sen

Bruttosozialprodukt (pro Kopf 1991) US-$ 200

Lebenserwartung Männer 47,8; Frauen 50,8 Jahre

Ressourcen Reis, Früchte, Viehzucht, Holz, Kautschuk, Edelsteine, Fischereiprodukte

Vietnam

SOZIALISTISCHE REPUBLIK VIETNAM

VIETNAM HAT JAHRHUNDERTE DER FREMDherrschaft, Krieg und Zwietracht und in jüngerer Vergangenheit die Teilung des Landes erfahren.

Heute ist Vietnam wieder vereinigt und steht vor der großen Aufgabe, das Land und die im Krieg zerstörte Wirtschaft wieder aufzubauen.

GEOGRAFIE

Vietnam ist ein lang gestrecktes, schmales und zu großen Teilen gebirgiges Land, das im Norden an China und im Westen an Laos und Kambodscha grenzt. Das zerklüftete Annamgebirge beherrscht die Landesmitte, dessen Bergrücken größtenteils entlang der Westgrenze verlaufen. Im Osten liegt eine schmale Küstenebene, die in eine weitläufige Schwemmlandebene übergeht, die vom Delta des Roten Flusses (Song Hong) im Nordosten und vom Mekong-Delta im Süden begrenzt wird. Diese fruchtbaren Reisanbauebenen sind dicht besiedelt, obwohl die Flüsse oft über ihre Ufer treten. Die höchsten Gebirgszüge liegen in Nordwestvietnam und reichen im Westen und Norden bis nach Laos und China.

Vietnam hat überwiegend tropisches Monsunklima mit erheblichen lokalen Unterschieden. Die Sommer sind überall heiß und feucht; im Winter ist nur der Norden verhältnismäßig kühl, während es im Süden heiß bleibt. Zwischen Mai und Oktober fallen die höchsten Niederschlagsmengen.

Über zwei Fünftel des Landes ziehen sich tropische Wälder. Brandrodungen, der Einsatz chemischer Kampfstoffe zur Entlaubung und die Flächenbombardements der USA im Vietnamkrieg (1965-1973) sowie erbarmungslose Abholzungen, um Harthölzer gegen dringend benötigte Devisen zu exportieren, haben die ursprüngliche Vegetation erheblich geschädigt. Dies führte auch zu einer fortschreitenden Bodenerosion und zog letztlich schwere Überschwemmungen nach sich.

Vietnams Tierwelt ist reich und vielfältig. In den Dschungelgebieten gibt es Großkatzen, darunter Tiger, Leoparden und Zibetkatzen. Weiterhin leben hier u. a. Elefanten, Bären, Affen und Rotwild. Leider sind auch in dieser Region durch unkontrollierte und illegale Jagd sowie durch die Zerstörung ihrer Lebensräume viele einheimische Tierarten ausgerottet worden.

KULTUR UND GESELLSCHAFT

In seiner Geschichte musste sich das vietnamesische Volk stets der Invasionen und der Kolonisierung durch mächtigere Nationen erwehren und um sein Überleben kämpfen.

Um 200 v. Chr. entwickelte sich im Delta des Roten Flusses der erste vietnamesische Staat. Danach verblieb das Land fast tausend Jahre unter chinesischer Herrschaft. Anfang des 10. Jh. errangen die Vietnamesen ihre Unabhängigkeit. Im 17. Jh. kamen französische Missionare ins Land und 1883 wurde Vietnam eine französische Kolonie, die 1887 mit Tonking, Annam und Kambodscha ein französisches Protektorat bildete.

Im Zweiten Weltkrieg besetzte Japan, und nach dessen Kapitulation wieder Frankreich Vietnam. 1945 proklamierte Ho Chi Minh (1892-1969), der Führer der kommunistischen Liga für vietnamesische Unabhängigkeit (Vietminh), eine unabhängige Republik. Frankreich betrieb aber weiterhin eine Rekolonisierung. Der verlustreiche Befreiungskampf der Vietminh endete 1954 mit dem Fall der französischen Dschungelfestung

Dien Bien Phu. Das Land wurde geteilt und Ho Chi Minhs Vietminh-Regierung erhielt die Kontrolle über die Gebiete nördlich des 17. Breitengrades. Südlich der Trennungslinie übernahmen die von Frankreich unterstützten antikommunistischen Kräfte die Macht und riefen in Südvietnam eine unabhängige Republik aus.

Nordvietnam begann mit sowjetischer Unterstützung einen langen militärischen Feldzug zur Wiedervereinigung des Landes. Als sich die Guerillakämpfe verstärkten, intervenierten die USA und der Krieg eskalierte. Die Ablehnung des Krieges im eigenen Land, der Verlust von Menschenleben auf amerikanischer Seite und die Standhaftigkeit der Nordvietnamesen zwangen die Amerikaner 1973 zum Abzug. Die Kämpfe dauerten jedoch bis zum Fall von Saigon 1975 an und ganz Vietnam geriet unter kommunistische Herrschaft. Nach mehreren Wahlen, in denen jeweils die Kandidaten ein- und derselben Partei antraten, wurde Vietnam 1976 in eine Sozialistische Republik umbenannt. Der Krieg hatte das Land verwüstet und Millionen von Obdachlosen hinterlassen. Seit den 80er-Jahren verhindern Naturkatastrophen, Grenzstreitigkeiten und die Flucht tausender Boat people über das Südchinesische Meer nach Hongkong eine wirtschaftliche Erholung.

Die Verfassung von 1992 schrieb den Herrschaftsanspruch der kommunistischen Partei fort, legte aber auch marktwirtschaftliche Reformen fest. Die 395 Mitglieder zählende Nationalversammlung, deren Kandidaten hauptsächlich von der kommunistischen Partei aufgestellt werden und die dreimal im Jahr zusammentritt, wählt den Staatspräsidenten, der seinerseits den Ministerpräsidenten und das Kabinett ernennt. Der Staatsrat unter Führung des Präsidenten erlässt in der Periode zwischen den Sitzungen der Nationalversammlung Verordnungen. Die Verwaltung in den Provinzen, Bezirken und Dörfern nehmen die Volksräte wahr.

Neben den Vietnamesen, die die größte Bevölkerungsgruppe bilden, gibt es noch etwa 60 Minderheiten. Amtssprache ist Vietnamesisch, und sie ist eher mit dem Khmer als mit dem Chinesischen verwandt.

Der Buddhismus ist die vorherrschende Religion. Aber auch der chinesische Taoismus und der Konfuzianismus sind von Bedeutung; beide Richtungen haben die buddhistischen Bräuche Vietnams entscheidend beeinflusst. Zum Katholizismus bekennen sich etwa 7 % der Bevölkerung.

WIRTSCHAFT

Vietnam ist eines der ärmsten Länder der Erde und es ist bemüht, die Entwicklung seiner Wirtschaft mit ausländischer Unterstützung voranzutreiben.

Die Landwirtschaft ist nach wie vor der wesentliche Wirtschaftsfaktor und beschäftigt 68 % der Arbeitskräfte. In den Deltagebieten des Mekong und des Roten Flusses wird hauptsächlich Reis – Hauptnahrungspflanze und wichtigstes Exportprodukt des Landes – angebaut. Darüber hinaus werden Maniok, Süßkartoffeln und tropische Früchte erzeugt und an den Berghängen wurden Tee-, Kaffee- und Kautschukplantagen angelegt. Fisch ist neben Reis ein wichtiges, traditionelles Nahrungsmittel; Schellfisch wird in steigendem Maße exportiert. Eine sich entwickelnde Branche stellt die Forstwirtschaft dar.

Vietnam ist reich an Bodenschätzen und besitzt große Kohle-, Phosphat- und Chromerzlagerstätten sowie kleinere Vorkommen an Gold und anderen Mineralien. Die Industrie leidet noch immer unter den Kriegsschäden. Mit Ausnahme des Bergbaus und der Zement- und Stahlproduktion im Norden herrscht die Leichtindustrie vor, die sich auf die Herstellung von Chemikalien, Textilien und Papier konzentriert. Handwerkserzeugnisse haben einen beachtlichen Anteil am Export. Vietnam ist infolge des Krieges gegenwärtig der größte Schrottexporteur der Welt.

Die Straßen- und Eisenbahnnetze um die Hauptstadt Hanoi im Norden und um Ho-Chi-Minh-Stadt (bis 1976 Saigon) im Süden sind gut ausgebaut. Das umfangreiche Wasserstraßennetz vor allem im Deltagebiet des Mekong und des Roten Flusses hat für die Binnenschifffahrt eine große Bedeutung. In Hanoi und Ho-Chi-Minh-Stadt existieren internationale Flugverbindungen. Rundfunk, Fernsehen und die Presse werden von der Regierung kontrolliert.

Das Gesundheits- und Bildungswesen wurde in den letzten Jahren erheblich verbessert. Alle Bildungsangebote stehen kostenlos zur Verfügung; die Analphabetenquote ist niedrig. Die Hochschulen bilden vornehmlich in den technischen und naturwissenschaftlichen Bereichen aus.

LANDESDATEN – VIETNAM

Fläche 331 653 km²

Klima	**Höhe** m	**Temperaturen Januar** °C	**Temperaturen Juli** °C	**Jährlicher Niederschlag** mm
Hanoi	16	17	29	1830

Geografische Merkmale höchster Berg: Fan Si Pan 3143 m; längste Flüsse: Mekong (Teil) 4180 km; Roter Fluss (Song Hong) (Teil) 805 km

Einwohnerzahl (1994) 73 Millionen

Staats- und Regierungsform Einparteiensystem; Republik; ein gesetzgebendes Organ

Streitkräfte Heer 500 000; Marine 12 000; Luftwaffe 15 000

Größte Städte Ho-Chi-Minh-Stadt (3,2 Mio. Einw.); Hanoi (Hauptstadt – 2,6 Mio.); Hai Phong (1,3 Mio.); Da Nang (371 000)

Offizielle Landessprache Vietnamesisch

Bevölkerungsgruppen Vietnamesen 87,3%; Chinesen 1,8%; Tai 1,7%; Thai 1,5%; Khmer 1,4%; Muong 1,3%; Nung 1,1%; sonstige 3,9%

Religionen Buddhisten 55,3%; Katholiken 7,0%; Muslime 1,0%; sonstige 36,7%

Währung 1 Dong (D) = 10 Hào = 100 Xu

Bruttosozialprodukt (pro Kopf 1993) US-$ 170

Bruttoinlandsprodukt (1993) US-$ 12,834 Mrd.

Lebenserwartung Männer 63,4; Frauen 67,6 Jahre

Ressourcen Kohle, Öl, Erdgas, Phosphate, Chrom, Gold, Reis, Tee, Kaffee, Kautschuk, Holz, Fischereiprodukte

In der Dämmerung (*links*) spiegelt sich ...

Malaysia

MALAYSIA

MALAYSIA IST EIN PULSIERENDER VIELVÖLkerstaat. Er umfasst Westmalaysia – den Südteil der Malaiischen Halbinsel – und Ostmalaysia, das den Nordteil der Insel Borneo einnimmt und aus den beiden Staaten Sabah und Sarawak besteht.

GEOGRAFIE

Westmalaysia grenzt im Norden an Thailand. Sarawak liegt im Nordwesten der Insel Borneo im Südchinesischen Meer, während sich das benachbarte Sabah im Norden der Insel nahe den Philippinen befindet. Die nördlichen und zentralen Teile Westmalaysias sind vorwiegend gebirgig. Das südöstliche Ende der Halbinsel ist durch breite Flusstäler und ausgedehnte Schwemmlandebenen gekennzeichnet. In Ostmalaysia erhebt sich der im nördlichen Sabah liegende und zum Grenzgebirge Borneos gehörende Kinabalu auf 4094 m. Das Bergland fällt über weitere Ketten und Gebirgsausläufer zu den breiten Küstenebenen hin ab.

Ost- und Westmalaysia haben tropische, dem Äquatorialklima ähnliche, immerfeuchte Witterungsverhältnisse. Es herrschen ganzjährig hohe Temperaturen und eine hohe Luftfeuchtigkeit. Der Südwestmonsun weht von April bis Oktober und der Nordostmonsun von November bis März; die jährliche Niederschlagsmenge ist hoch.

Die dichten Regenwälder bringen eine außergewöhnliche Pflanzenvielfalt hervor. An geschützten Stellen der Küsten wachsen Mangroven. In Westmalaysia sind Tiger, Tapire und die seltenen Java- und Sumatranashörner beheimatet. In den Regenwäldern Ostmalaysias ist die Tierwelt noch artenreicher: Sonnenbären, Rüsselaffen sowie Orang-Utans, die zu den bedrohten Arten gehören, finden hier ideale Lebensbedingungen.

KULTUR UND GESELLSCHAFT

Malaysias Geschichte ist geprägt von Invasionen und wechselnden Besiedlungen durch verschiedene Völker. Heute ist Malaysia eine konstitutionelle Monarchie mit 13 Gliedstaaten. Die ältesten Vorfahren der Malayen kamen gegen 3000 v. Chr. aus Südchina. Um 100 unterhielten die Malaien bereits Handelsbeziehungen mit China und Indien und hatten die Religionen Hinduismus und Buddhismus angenommen. Im 7. Jh. kam durch den Handel mit Persien auch islamisches Gedankengut ins Land.

1511 eroberten und besetzten die Portugiesen den Stadtstaat Malakka, der sich bald zu einem bedeutenden Zentrum des lukrativen Gewürzhandels entwickelte. 1641 nahmen die Niederländer die Stadt ein, doch zu diesem Zeitpunkt ging der Gewürzhandel bereits zurück. 1795 eroberten die Briten Malakka und besiedelten 1819 die Insel Singapur. 1762 ergab sich Nordborneo (später Sabah) den Briten, die sich 1841 auch Sarawak einverleibten. Der Freihafen Singapur blühte auf und 1867 wurden die Straits Settlements (die „Niederlassungen am Meer" – Pinang, Malakka und Singapur) britische Kronkolonie. Zwischenzeitlich kam es zwischen chinesischen Einwanderern, die auf der Halbinsel nach Zinn suchten, und Malaien zu gewaltsamen Zusammenstößen.

Leben am Rande der Existenz. Das Küstendorf in Mengkabong in Sabah, Ostmalaysia, wurde auf Pfählen gebaut, um die Hütten vor Überschwemmungen zu schützen. Obwohl das Dorf eine Touristenattraktion ist, fehlt jede Infrastruktur und der Fischfang im nahen Gewässer ist dürftig.

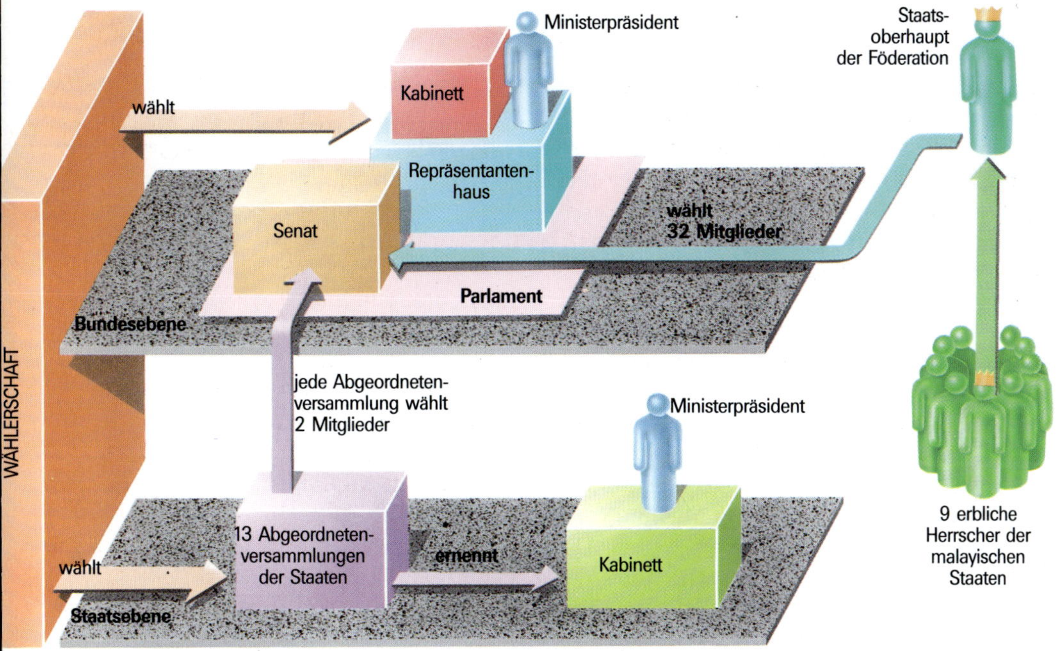

Ungewöhnliche Struktur einer Föderation. Malaysia ist eine Föderation aus 13 Staaten, jeder mit einer eigenen Verfassung, einem Staatsoberhaupt und einer gewählten Abgeordnetenversammlung. Neun Staaten werden von einem Sultan regiert. Nach der Verfassung wird einer der Sultane für fünf Jahre zum Staatsoberhaupt (König) der Föderation gewählt. Die Staatschefs von Malakka, Pinang, Sabah und Sarawak werden von ihren Länderparlamenten gewählt bzw. ernannt. Die Macht übt der Ministerpräsident und sein Kabinett aus, das von der Mehrheitspartei bzw. einer Koalition im Repräsentantenhaus (Dewan Rakyat) des Zweikammerparlaments gebildet wird. Das Repräsentantenhaus besteht aus 192 Abgeordneten, die für fünf Jahre vom Volk direkt gewählt werden. Der Senat umfasst 69 Mitglieder, die vom König und vom Premierminister ernannt werden.

Zu Beginn des 20. Jh. steigerten britische Investitionen die Kautschuk- und Zinnproduktion, was wiederum eine Einwanderungswelle aus Indien hervorrief.

Im Zweiten Weltkrieg besetzten die Japaner Malaya, Singapur und Borneo. Nach Kriegsende stießen die britische Bestrebungen, einen malayischen Staat zu gründen, auf starken Widerstand. Als 1948 der Malaiische Bund gebildet wurde, löste die von der VR China beherrschte Malaiische Kommunistische Partei (MKP) einen Aufstand aus. Es wurde daraufhin eine antikommunistische und antikoloniale Parteien-Koalition gebildet, die bei den 1955 abgehaltenen Parlamentswahlen bis auf einen alle Sitze gewann. Am 31. August 1957 erlangte Malaya die volle Unabhängigkeit.

Die Verfassung begünstigt zwar die Malaien, gewährt aber den ethnischen Minderheiten Glaubensfreiheit und die bürgerlichen Grundrechte. 1963 schlossen sich Sarawak und Sabah mit Britisch-Borneo zur unabhängigen Föderation Malaysia zusammen. 1965 verließ Singapur die Föderation.

Die 1993 geänderte Verfassung sieht vor, dass der Rat der Herrscher einen aus ihrer Mitte für fünf Jahre zum Staatsoberhaupt der Föderation wählt. Sein Stellvertreter wird nach demselben Verfahren bestimmt.

Die Mehrheit der Malaien, die auch die größte Bevölkerungsgruppe bilden, leben in Westmalaysia. Sie sind überwiegend Muslime; Amtssprache ist Malaiisch. In Ostmalaysia bilden die Chinesen mit einem Drittel der Gesamtbevölkerung die Mehrheit. Die meisten von ihnen sind Taoisten oder Buddhisten. Die indische Bevölkerungsgruppe von West-

heiten belaufen, die mehr als die Hälfte der dort lebenden Bevölkerung ausmachen.

WIRTSCHAFT

Malaysias ist eine führende Wirtschaftskraft in Südostasien. In der Land- und Forstwirtschaft arbeitet etwa ein Drittel der Erwerbstätigen. Die ausgedehnten Regenwälder liefern reichlich Rundholz, Naturkautschuk und Palmöl. Bei den beiden letztgenannten Produkten nimmt Malysia eine Spitzenstellung auf dem Weltmarkt ein. Malaysia ist weltweit der führende Zinnproduzent. Daneben werden Bauxit, Kupfer und Eisenerz abgebaut; der Verkauf von Erdöl erbringt ein Zehntel der Exporterlöse. Die exportintensive verarbeitende Industrie stellt vorrangig elektronische Bauelemente, Gummi- und Ölerzeugnisse her. Den Großteil der Elektrizität liefern ölbeheizte Wärmekraftwerke.

Breite Schnellstraßen verbinden die wichtigsten Zentren auf der Halbinsel miteinander. Busse, Taxis und Fahrradrikschas dienen als Hauptverkehrsmittel. Das Eisenbahnnetz ist gut ausgebaut. In Ostmalaysia sind die Flüsse die Hauptverkehrswege. Die Häfen an der Straße von Malakka haben für den internationalen Schiffsverkehr eine große Bedeutung.

Das Gesundheits- und Bildungswesen ist leistungsstark. Alle medizinischen Leistungen werden kostenlos gewährt. Auf dem Lande ist Malaria noch weit verbreitet. Etwa neun Zehntel aller Kinder besuchen die Grundschule und haben die Möglichkeit, ihre Ausbildung an Oberschulen fortzusetzen. Malaysia hat fünf Universitäten.

LANDESDATEN – MALAYSIA

Fläche 330 442 km²

Klima	**Höhe** m	**Temperaturen Januar** °C	**Temperaturen Juli** °C	**Jährlicher Niederschlag** mm
Kuala Lumpur	39	27	27	2441

Geografische Merkmale höchster Berg: Kinabalu 4094 m; längster Fluss: Rajan (Borneo) 560 km

Einwohnerzahl (1994) 19,3 Millionen

Staats- und Regierungsform Mehrparteiensystem; konstitutionelle Wahlmonarchie; zwei gesetzgebende Organe

Streitkräfte Heer 90 000; Marine 12 000; Luftwaffe 12 500

Größte Städte Kuala Lumpur (Hauptstadt – 938 000 Einw.); Ipoh (301 000); George Town (Pinang, 251 000)

Offizielle Landessprache Malaiisch (Bahasa Malaysia)

Bevölkerungsgruppen Malaien und andere einheimische Bevölkerungsgruppen 61,4%; Chinesen 30,0%; Inder 8,1%; sonstige 0,5%

Staatsreligion Islam

Religionsgemeinschaften Muslime 52,9%; Buddhisten 17,3%; chinesische Volksreligionen 11,6%; Hindus 7,0%; Christen 6,4%; sonstige 4,8%

Währung 1 Malaysischer Ringgit (M$) = 100 Sen (c)

Bruttosozialprodukt (pro Kopf 1993) US-$ 3140

Bruttoinlandsprodukt (1993) US-$ 64,45 Mrd.

Lebenserwartung Männer 66,3; Frauen 72,9 Jahre

Ressourcen Zinn, Bauxit, Kupfer, Eisenerz, Erdöl, Kautschuk, Palmöl, Holz

Singapur

REPUBLIK SINGAPUR

SINGAPUR IST EINES DER KLEINSTEN, DICHT besiedeltsten und wohlhabendsten Länder der Welt. Die Mehrheit der etwa drei Millionen Einwohner lebt auf der Insel Singapur, der andere Teil bewohnt die 54 benachbarten Inseln. Singapur ist überwiegend flachwellig mit einem zentralen Hügelland in der Landesmitte. Es hat tropisches Regenklima mit ganzjährig hohen Temperaturen, hoher Luftfeuchtigkeit und häufigen Niederschlägen. Zu den heimischen Säugetieren gehören die krabbenfressenden Makaken (eine Affenart).

1819 gründete Sir Thomas Stamford Raffles (1781-1826) von der Britisch-Ostindien-Kompanie Singapur, das später in den Besitz der britischen Krone überging. 1963 trat der Stadtstaat der Malaiischen Föderation bei, die er zwei Jahre später wieder verließ.

Das Staatsoberhaupt ist ein direkt gewählter Präsident. Die Legislative liegt in den Händen eines 81 Mitglieder zählenden Parlaments, das alle fünf Jahre neu gewählt wird. Die Volksaktionspartei ist jedoch praktisch die einzige politische Partei. In Singapur leben Chinesen, Malaien und Inder. Amtssprachen sind Englisch, Chinesisch, Malaiisch und Tamil.

Landwirtschaft und Fischerei sind relativ unbedeutend, und viele Grundnahrungsmittel müssen importiert werden. Der aufblühende und expandierende Verarbeitungssektor basiert auf importierten Rohstoffen. Die Petrolchemie, die Textilindustrie und der Schiffbau gehören zu den Wachstumsbranchen. Weiterhin sind Finanz- und Bankdienstleistungen sowie der Tourismus wichtige Einnahmequellen. Gut ausgebaute Straßen- und Bahnverbindungen bestehen zum benachbarten Malaysia. Singapurs internationaler Flughafen ist ein wichtiger Knotenpunkt. Gesundheits- wie Bildungswesen weisen einen hohen Standard auf.

Singapurs Gebäude aus der Kolonialzeit erscheinen winzig vor den Hotels, Tax-free-Shoppingzentren und Bürogebäuden des Stadtzentrums. Singapur war schon im 14. Jh. ein pulsierendes Handelszentrum, heute ist die Stadt ein Wirtschaftsgigant.

LANDESDATEN – SINGAPUR

Fläche 622 km²

Klima	Höhe m	Temperaturen Januar °C	Temperaturen Juli °C	Jährlicher Niederschlag mm
Singapur	10	26	27	2282

Geografische Merkmale größte Insel: Singapur 572 km²; höchste Erhebung: Bukit Timah 176 m

Einwohnerzahl (1994) 2,9 Millionen

Staats- und Regierungsform Mehrparteiensystem; Republik; ein gesetzgebendes Organ

Streitkräfte Heer 45 000; Marine 3000; Luftwaffe 6000

Hauptstadt Singapur (2,7 Mio. Einw.)

Offizielle Landessprachen Chinesisch, Malaiisch, Tamil, Englisch

Bevölkerungsgruppen Chinesen 76,4%; Malaien 14,9%; Inder/Singhalesen 6,4%; sonstige 2,3%

Religionen Buddhisten 28,3%; Christen 18,7%; nicht Religiöse 17,6%; Muslime 16,0%; Anhänger des Taoismus 13,4%; Hindus 4,9%; sonstige 1,1%

Währung 1 Singapur-Dollar (S$) = 100 Cents (c)

Bruttosozialprodukt (pro Kopf 1993) US-$ 19 850

Bruttoinlandsprodukt (1993) US-$ 55,153 Mrd.

Lebenserwartung Männer 73,2; Frauen 79,0 Jahre

Ressourcen vorrangig verarbeitende Industrie, Schiffbau, Finanzwirtschaft, Tourismus

Brunei

SULTANAT BRUNEI, ORT DES FRIEDENS

BRUNEI – DER „ORT DES FRIEDENS", SO SEIN offizieller Name – ist ein unabhängiges Sultanat an der Nordwestküste Borneos. Es besteht aus zwei Teilen und wird vom malaiischen Staat Sarawak umschlossen.

GEOGRAFIE

Brunei wird durch das Limbangtal geteilt. Berg- und sanfte Hügelländer bestimmen die Landschaften beider Territorien und stoßen jeweils an eine schmale, oft sumpfige flache Küstenebene. Die Berglandschaft der kleineren östlichen Exklave ist wesentlich stärker zerklüftet. Es herrscht feuchtes, tropisches Klima mit starken Monsunregenfällen zwischen November und März. Dichter tropischer Regenwald bedeckt den Großteil der Landesfläche. Durch seine Unzugänglichkeit entstand ein Wildreservat, in dem u. a. eine vielfältige Vogelwelt und verschiedene Affenspezies leben.

KULTUR UND GESELLSCHAFT

Brunei unterhielt schon vor dem 6. Jh. rege Handelsbeziehungen mit China. Der portugiesische Seefahrer Fernão de Magellan (1480-1521) betrat 1521 als erster Europäer das Land. Zu dieser Zeit beherrschte das Sultanat schon ganz Borneo, Teile der Sulu-Inseln und die Philippinen. 1839 schenkte der Sultan aus Dankbarkeit für die Unterstützung im Kampf gegen die Piraten dem „weißen Radscha" James Brooke (1803-1868) und seinen Nachkommen Sarawak. Die anderen Gebiete fielen an die British North Borneo Company. 1888 wurde Brunei schließlich ein britisches Protektorat. 1929 entdeckte man die ersten Erdölvorkommen.

Nach der japanischen Okkupation im Zweiten Weltkrieg kehrte Brunei unter britische Herrschaft zurück. 1959 bekam es eine verfassungsmäßige Regierung und 1984 die volle Unabhängigkeit innerhalb des Commonwealth. Seitdem regiert der Sultan als unumschränktes Staatsoberhaupt. Brunei hat die geringste Einwohnerzahl und die niedrigste Bevölkerungsdichte aller Staaten in Südostasien. Die Muslime malaiischer Abstammung stellen die Bevölkerungsmehrheit, gefolgt von Chinesen und Indern. Zu der kleinen Gruppe von Ureinwohnern gehören u. a. Ibaner und Dyaker.

WIRTSCHAFT

Die Wirtschaft basiert auf der Förderung von Erdöl und Erdgas, wodurch Brunei eines der höchsten Pro-Kopf-Einkommen in Südostasien erzielt. Weitere Einnahmen bringen vor allem der Kleinagrarsektor (Pfeffer und Reis) und die Forstwirtschaft (Kork und Kautschuk). Die Fluss- und Küstenschifffahrt ist der wichtigste Verkehrsträger. Das Gesundheits- und das Bildungswesen weisen einen hohen Standard auf und alle Leistungen sind kostenlos. Selbst die Ortschaften auf dem Lande werden durch „fliegende Ärzte" betreut. Auch die Schulbildung ist flächendeckend gesichert.

LANDESDATEN – BRUNEI

Fläche	5765 km²
Geografische Merkmale	höchster Berg: Bukit Pagon 1850 m
Einwohnerzahl	(1994) 284 653
Staats- und Regierungsform	keine Parteien; konstitutionelle Monarchie (Sultanat) mit einem beratenden Gremium
Streitkräfte	Heer 3400; Marine 700; Luftwaffe 400
Hauptstadt	Bandar Seri Begawan (46 000 Einw.)
Offizielle Landessprache	Malaiisch
Bevölkerungsgruppen	Malaien 64,0%; Chinesen 20,0%; sonstige 16,0%
Staatsreligion	Islam
Religionsgemeinschaften	Muslime 63,0%; Buddhisten 14,0; Christen 8,0%; sonstige 15,0%
Währung	1 Brunei-Dollar (B$) = 100 Cents (c)
Bruttosozialprodukt	(pro Kopf 1991) US-$ 6000
Lebenserwartung	Männer 69,5; Frauen 72,8 Jahre
Ressourcen	Erdöl, Erdgas, Pfeffer, Reis, Kork, Gummi, Holz

Klima	**Temperaturen Januar °C**	**Juli °C**	**Jährlicher Niederschlag mm**
Bandar Seri Begawan	27	28	3275

Von Glanz umgeben *(rechts)*. Bruneis Sultan Hassanal Bol

Indonesien

REPUBLIK INDONESIEN

DIE REPUBLIK INDONESIEN BILDET EINE lange aus Inseln bestehende Brücke zwischen den Kontinenten Asien und Australien. Der Archipel umfasst mehr als 13 677 Inseln und erstreckt sich von Sumatra im Westen über 5100 km bis nach Irian Jaya (westliches Neuguinea) im Osten, vor Australiens Nordküste.

Zwei der größeren Inseln teilt sie mit anderen Ländern: Der nördliche Küstenabschnitt von Borneo gehört zu Malaysia und die Osthälfte von Neuguinea zu Papua-Neuguinea. Osttimor wurde von Indonesien brutal okkupiert, nachdem es 1975 von Portugal die Unabhängigkeit erhalten hatte.

LANDESDATEN - INDONESIEN

Fläche 1 919 443 km²

Klima	Höhe	Temperaturen Januar	Juli	Jährlicher Niederschlag
	m	°C	°C	mm
Jakarta	8	26	27	1755

Geografische Merkmale höchster Berg: Puncak Jaya (Neuguinea) 5029 m; längster Fluss: Barito (Borneo) 885 km; größter See: Tobasee (Sumatra) 1775 km²

Einwohnerzahl (1994) 200 Millionen

Staats- und Regierungsform Mehrparteiensystem; Republik; zwei gesetzgebende Organe

Streitkräfte Heer 214 000; Marine 42 000; Luftwaffe 20 000

Größte Städte Jakarta (Hauptstadt – 7,9 Mio. Einw.); Surabaya (2,2 Mio.); Medan (1,8 Mio.); Bandung (1,6 Mio.); Semarang (1 Mio.)

Offizielle Landessprache Bahasa Indonesia

Bevölkerungsgruppen Javaner 45,0%; Sundaer 14,0%; Maduraer 7,5%; Malaien (Küstenbewohner) 7,5%; sonstige 26,0%

Religionen Muslime 86,9%; Christen 9,6%; Hindus 1,9%; Buddhisten 1,0%; sonstige 0,6%

Währung 1 Rupiah (Rp.) = 100 Sen (S)

Bruttosozialprodukt (pro Kopf 1993) US-$ 740

Bruttoinlandsprodukt (1993) US-$ 144,707 Mrd.

Lebenserwartung Männer 58,7; Frauen 62,9 Jahre

Ressourcen Kupfer, Zinn, Nickel, Bauxit, Gold, Silber, Phosphate, Mangan, Erdöl, Erdgas, Kohle, Kautschuk, Gewürze, Tee, Kaffee, Pflanzenöle, Holz

GEOGRAFIE

Indonesien liegt an einem Schnittpunkt, an dem drei Teile der Erdkruste aufeinander stoßen. Die Tierwelt der Inseln wird durch die erdgeschichtliche Entwicklung in eine asiatische und australische Tierregion geteilt.

Das Land

Indonesiens Inseln liegen über eine Meeresfläche von 8 Millionen km² verstreut. Geologisch unterteilt es sich in drei Bereiche: Der Westteil umfasst Borneo im Norden und die gesamte südliche Inselkette von Sumatra im Westen bis zu Timor im Südosten, die alle dem Sunda-Schelf, einer größtenteils überfluteten Fortsetzung des asiatischen Kontinents angehören. In der Mitte liegen Célèbes (Sulawesi) – östlich von Borneo – und die südlichen Molukken im Osten. Sie gehören zu einer langen, teilweise überfluteten Gebirgskette, die sich nordwärts bis hin zu den Philippinen erstreckt. Das Sahul-Schelf, zu dem Neuguinea und die nördlichen Molukken im Westen gehören, ist die nördliche Fortsetzung Australiens.

Über den Norden der Großen Sundainsel Borneo (Kalimantan) zieht sich die Gebirgskette des Sunda-Schelfs, die die Grenze zu den malaysischen Staaten Sarawak und Sabah bildet. Die dicht bewaldeten zentralen Mittelgebirge fallen zu den breiten, flachen Schwemmlandsumpfgebieten hin kontinuierlich ab.

Die Insel Sumatra steigt aus einem sumpfigen, waldbedeckten Tiefland im Osten zum erhabenen Barisangebirge an, das die ganze nach Südwesten verlaufende Küste beherrscht, zu dem zehn aktive Vulkane und eine Vielzahl Kraterseen, u. a. der Tobasee im Norden gehören.

Südöstlich von Sumatra, jenseits der engen Sundastraße, liegt die gebirgige, dicht besiedelte Insel Java. Eine vulkanische Bergkette, die sich über die gesamte Insel hinzieht, schließt 50 aktive und 17 ruhende Vulkane ein. Die fruchtbaren Niederungen auf beiden Seiten der Gebirgskette sind im Norden breiter als im Süden. Der vulkanische Bogen erstreckt sich über die Kleinen Sundainseln Bali, Lombok, Sumbawa und Flores nach Osten. Sumba und Timor, die im Süden der Hauptinselkette liegen, sind zerklüftet, aber nicht vulkanisch.

Die Insel Célèbes ist wie der Buchstabe K geformt und besteht aus gebirgigen Halbinseln, die von einem Hochlandkern ausgehen. Die lang gestreckte vulkanische Halbinsel Minahassa verläuft nach Nordosten. Neuguinea und die nördlichen Molukken ähneln landschaftlich den anderen Sunda-Schelf-Inseln. An der Nordseite liegen Berge, darunter

einige Vulkane, während Neuguineas Südteil weitläufige Sumpfareale aufweist.

Klima

Obwohl der gesamte Archipel beiderseits des Äquators liegt, ist das Klima auf den Inseln sehr unterschiedlich. Es herrschen ganzjährig hohe Temperaturen, die mehr durch die Höhenlage als durch die geografische Breite beeinflusst werden. In den Niederungen kann es sehr heiß werden, im Hochland ist es kühler; lediglich in den zentralen Gebirgsmassiven Irian Jayas (westliches Neuginea) können aufgrund der Gipfelhöhen, die z. T. über 5000 m erreichen, Schneefälle auftreten.

In weiten Teilen Indonesiens sind die Regenfälle über das ganze Jahr verteilt, doch

Toraja (*oben*), einst die Heimat von Kopfjägern (vermutlich Nachkommen austronesischer Einwanderer), ist das zentrale Gebirgsland der indonesischen Insel Célèbes. Heute bestellen die Toraja den vulkanischen Boden mit Reis, Zuckerrohr, ziehen Kokos- und Rotangpalmen.

Der Sulawesi-Koala (*links*), ein Beuteltier mit Klauen und langem Schwanz, mit dem er sich an Ästen festhalten kann, hat beste Voraussetzungen für das Leben im Regenwald. Zur einzigartigen Tierwelt von Célèbes gehören auch der Babirusa (Hirscheber) und der Anoa oder Zwergbüffel.

die Niederschlagsmenge hängt von den Windrichtungen ab, die von den Luftdruckverhältnissen über den beiden Kontinenten bestimmt werden. Der Nordwestmonsun zieht von Dezember bis Februar herauf,

Flora und Fauna

Die sumpfigen Küstenlinien werden von Mangroven gesäumt, die sich zu riesigen Mangrovensümpfen in Südborneo und Ostsumatra ausweiten. Landeinwärts ist der größere Teil des Archipels von Wäldern bedeckt. Sie gehören zu den artenreichsten pflanzlichen Lebensräumen der Welt, doch sie wurden vielerorts durch Holzeinschlag und Besiedlung zerstört. Dort gibt es etwa dreißtigtausend verschiedene Pflanzen-, darunter viertausend Baumarten.

Die Region weist auch einen einzigartigen Tierreichtum auf. Hier leben u. a. 1480 Vogelarten (16 % aller Arten der Welt), von denen 370 heimische Arten sind. Von den 500 bekannten Säugerarten leben etwa 100 nur auf diesem Archipel. Eine Besonderheit ist z. B. der Komodowaran, der nur auf Komodo und den benachbarten Inseln anzutreffen ist, und mit einer Länge bis zu 3 m die größte „drachenähnliche" Echsenart der Erde ist. Die Tierwelt wird durch die so genannte Wallace-Linie, die von Norden nach Süden verläuft, in eine australische und eine asiatische Tierregion getrennt.

KULTUR UND GESELLSCHAFT

Im Inselstaat Indonesien haben viele Völker, die völlig unterschiedliche historische Entwicklungen genommen haben, eine Heimat gefunden.

Geschichte

Der indonesische Archipel ist eines der ältesten bewohnten Gebiete der Erde. Urzeitmenschen, auch als Javamensch (Homo erectus) bekannt, lebten hier vor über 500 000 Jahren. Die Vorfahren der meisten indonesischen Völker kamen vermutlich um 1000 v. Chr. aus Asien nach Indonesien. Später ließen sich indische Händler und Siedler nieder, die oftmals in die indonesische Aristokratie einheirateten und den Hinduismus und im 7. Jh. den Buddhismus einführten.

Zwischen dem 9. Jh. und 12. Jh. beherrschten die mächtigen Srivijaya-Fürsten das Gebiet, ihnen folgte das mächtige javanische Majapahit-Reich, das seine größte Ausdehnung im 14. Jh. erreichte, aber ein Jahrhundert später schon wieder zerfiel. Den Niedergang der Majapahiter verursachte u. a. auch der Siegeszug des Islam, der mit den arabischen Händlern auf die Inseln kam.

Anfang des 16. Jh. eroberten die Portugiesen die Molukken (die Gewürzinseln). 1608 zwang die Flotte der Niederländisch-Ostindien-Kompanie die Portugiesen zur Kapitulati-

nach dem Wiener Kongress (1814-1815) erhielten die Niederlande die verlorenen Kolonien zurück. Nach dem britisch-niederländischen Vertrag von 1824 gingen die restlichen Inseln in den Besitz der Holländer über.

Die niederländische Expansionspolitik führte im 20. Jh. zum Aufschwung einer westlich orientierten, nationalen Bewegung. 1927 gründete Achmed Sukarno (1901-1970) die erste von mehreren indonesischen nationalistischen Parteien. Im Zweiten Weltkrieg okkupierten die Japaner den Inselstaat und setzten Sukarno als einen ihrer Statthalter ein. Nach der japanischen Kapitulation 1945 erklärte Sukarno die Inseln zum vereinigten, unabhängigen Indonesien. Der Westen Neuguineas (Irian Jaya) unterstand bis 1962 den Niederlanden.

Sukarnos Regierungszeit war durch Korruption, wirtschaftliche Probleme und Grenzkonflikte mit Malaysia gekennzeichnet. Außenpolitisch vertrat er eine antiwestliche Politik, nach innen herrschte er im Sinne der kommunistischen Ideologie diktatorisch und verprellte schließlich seine früheren Verbündeten, die Militärs. 1965 übernahm die Armee unter General Suharto (* 1921) die Macht und stellte Sukarno bis zu seinem Tod 1970 unter Hausarrest.

Suharto wurde 1968 zum Präsidenten ernannt und versprach die Rückkehr zur Demokratie. Unter ihm erholte sich die Wirtschaft mit Hilfe ausländischer Investoren. Die politische Macht übte jedoch das von der Regierung geförderte Sekretariat der Funktionsgruppen aus, das, obwohl es keine politische Partei ist, die Wahlen von 1971 gewann.

1976 erhielt Osttimor, das seit 1520 in portugiesischem Besitz war, die Unabhängigkeit. Indonesische Truppen besetzten das Gebiet und integrierten es gegen den Willen seiner Bewohner in die Republik. 1991 wurden Demonstrationen gegen die fortbestehende Besetzung gewaltsam unterdrückt. Gegen den

Eine farbenprächtige Prozession von Balinesen (*oben*). Kunstvolle Türme aus Früchten bringen die Dorfbewohner anlässlich eines Hindufeiertages den Göttern als Opfergabe dar. Die Zeremonien sind oft mit Festessen verbunden, zu denen traditionelle Gamelanorchester aufspielen.

Macht mit ungewisser Zukunft (*unten*). Ein Stammeshäuptling des Dani-Volkes aus Irian Jaya – es unterliegt durch den Tourismus zunehmend westlichen Einflüssen – repräsentiert eine der 250 ethnischen Gruppen der Insel.

Widerstand der Opposition wurde Suharto 1993 das sechste Mal zum Präsidenten gewählt. Die wachsenden wirtschaftlichen Schwierigkeiten und die steigende Auslandsverschuldung fördern jedoch die latente Unruhe im Land. Anfang der 90er-Jahre unterstützte selbst die Armee die berechtigten Forderungen nach mehr Demokratie.

Regierungsform

Die politische Macht liegt seit den 60er-Jahren in den Händen des Staatspräsidenten. Die erste Verfassung nach der Unabhängigkeit räumte dem Präsidenten schon eine Reihe von Sondervollmachten ein. Er ist Träger der Exekutive und leitet das von ihm ernannte Kabinett. Alle fünf Jahre wird er vom Volkskongress, dessen 920 Mitglieder entweder delegiert oder auch vom Haus des Volkes (Parlament) nominiert werden, neu gewählt. Das Parlament ist die wichtigste gesetzgebende Körperschaft. Es setzt sich aus 400 über das Verhältniswahlrecht gewählten und 100 von verschiedenen Einrichtungen ernannten Abgeordneten zusammen. Es tritt einmal im Jahr zusammen und wird für eine Legislaturperiode von fünf Jahren gewählt. Der regionale Abgeordnetenrat, dem die Provinzregierungen verantwortlich sind, setzt sich ähnlich zusammen.

Bevölkerung

Die Bevölkerung besteht aus mehr als 300 verschiedenen ethnischen Gruppen, von denen die meisten wahrscheinlich austronesische (malayisch-polynesische) Vorfahren ha-

Geheimnisvolle Symbole. Die Silhouette eines Hindutempels auf Bali. Nachdem sich der Islam im 16. Jh. auf der Nachbarinsel Java durchgesetzt hatte, wurde Bali die Heimat vieler vertriebener Hindus. Heute ist die Insel die letzte hinduistische Bastion auf dem indonesischen Archipel.

ben. Die Ausnahme bilden die Papua-Völker Neuguineas, die wie die Aborigines, australischen Ursprungs sind. Die meisten Inselbewohner sprechen eine eigene Sprache; auf Sumatra sind z. B. mindestens 15 verschiedene Sprachen in Gebrauch. Alle Sprachen, mit Ausnahme einiger weitläufig verwandter Gruppen in Neuguinea und auf den nördlichen Molukken, haben austronesische Wurdes Malaiischen ist und sich über Malaya und Borneos Küstengebiete verbreitet hat. Heute wird sie von den gebildeten Schichten als zweite Sprache verwendet. Unter den Einwanderern stellen die Chinesen die bedeutendste Minderheit.

Die Mehrheit der Bevölkerung sind Muslime. In Indonesien wurde der Islam stark vom Buddhismus und Hinduismus beeinflusst. Der Hinduismus ist besonders in Yogyakarta, dem kulturellen Zentrum Javas, und auf der Insel Bali verbreitet.

WIRTSCHAFT

Landwirtschaft und Industrie

Trotz staatlicher Modernisierungsprogramme ist die Landwirtschaft nach wie vor sehr arbeitsintensiv; sie beschäftigt über die Hälfte der Erwerbstätigen. Mit der Hauptnahrungspflanze Reis erwirtschaftet die Landbevölkerung 70 % ihrer Einnahmen. Reis wird neben anderen Kulturen vornehmlich auf der fruchtbaren und dichtbesiedelten Insel Java angebaut. Seit Mitte der 80er-Jahre kann sich Indonesien, dereinst weltweit größter Reisimporteur, selbst mit Nahrungsmitteln versorgen.

Bis vor kurzem befriedigte Indonesien, das über reiche Waldbestände verfügt, die ständig steigende Nachfrage nach Nutzholz und weiteren Holzprodukten. Die wachsende internationale Besorgnis über die Abholzung des Regenwaldes – zwischen 1950 und 1981 über eine Million ha pro Jahr – führten schließlich zum Exportverbot von Rohhölzern.

Indonesien ist reich an Bodenschätzen. Vor allem werden Zinn, Kupfer, Nickel, Bauxit und Manganerz abgebaut. Das in Sumatra, Borneo und in der Javasee gewonnene Erdöl und Erdgas erzielt nicht nur wichtige Exporteinnahmen, sondern dient zusammen mit der Kohle aus Sumatra als Energieträger. Wichtige Erzeugnisse der verarbeitenden Industrie sind Chemikalien, elektronische Bauelemente, Reifen und Textilien.

Verkehr und Kommunikation

Für den Verkehr zwischen den Inseln ist die Schifffahrt von großer Bedeutung. Auf Java und Sumatra gibt es eine staatseigene Eisenbahn. Ein ausreichendes Straßennetz gibt es nur auf Java.

Indonesiens Pressewesen ist eine florierende Branche. Im Allgemeinen unterstehen Rundfunk und Fernsehen der Regierung, aber auch unabhängige Sender haben bereits ihre Arbeit aufgenommen. Das Telekommunikationsnetz auf dem Archipel ist satellitengestützt.

Gesundheits- und Bildungswesen

Die Bekämpfung der Infektionskrankheiten zeigt nur allmählich Erfolg. Noch immer leiden viele Menschen an Unterernährung; ein weiteres Problem ist die extreme Wohnungsnot in den Großstädten.

Durch ein umfassendes Regierungsprogramm für das Bildungswesen ist die Analphabetenrate zurückgegangen Es besteht allgemeine Schulpflicht für 6- bis 12-Jährige und der Unterricht erfolgt unentgeltlich. Die weiterführenden Oberschulen bieten auch ei-

Philippinen

REPUBLIK DER PHILIPPINEN

DIE REPUBLIK DER PHILIPPINEN, ETWA 800 km vor der Südostküste Asiens gelegen, umfasst einen Archipel von 7107 Inseln.

Der Mount Mayon, der sich im Süden der größten philippinischen Insel Luzon über Reisfelder erhebt, ist eine stumme und schwelende Gefahr. Viele Gebiete sind permanent durch aktive Vulkane gefährdet, andererseits macht die Vulkanasche die Böden fruchtbar.

GEOGRAFIE

Die Philippinen liegen in einem Gebiet großer tektonischer Instabilität – dem „Feuerring", der den Pazifik umgibt – und im Einzugsgebiet gewaltiger Tropenstürme.

Der Archipel hat eine Nord-Süd-Ausdehnung von 1770 km und die Form eines Dreiecks, das vom Südchinesischen Meer, der Sulusee und der Philippinensee umgeben wird. Entlang der Ostküste verläuft der 10 500 m tiefe Philippinengraben. Die Inseln sind gebirgig mit schmalen Küstenebenen und einige sind sehr dicht bevölkert. 11 Inseln nehmen 94 % der gesamten Landesfläche ein.

Die größte Insel ist Luzon im Norden. Das Zambales-Gebirge an der Westküste umschließt teilweise eine zentrale Ebene – das einzige ausgedehnte Tiefland des Landes –, die vom Golf von Lingayen im Norden zur Bucht von Manila verläuft. Die Landschaft von Südostluzon prägen vereinzelte Vulkane.

Zwischen Luzon und der zweitgrößten Insel Mindanao im Südosten liegt eine Inselkette verstreut, zu der auch die so genannte Visaya-Gruppe mit Samar, Leyte, Cebu, Negros, Panay, Romblon und Mindoro gehört. Eine Kette kleiner vulkanischer Inseln, der Sulu-Archipel, zieht sich nach Südwesten. Nördlich von Sabah (Nordborneo) befindet sich die Inselkette Palawan.

Wie in großen Teilen Südostasiens bestimmt auch der Monsun das Klima der Philippinen. Zwischen Mai und Oktober weht er aus Südwest und von November bis Februar aus Nordost. Die Temperaturen unterscheiden sich von Norden nach Süden nicht wesentlich, werden aber von der jeweiligen Höhenlage beeinflusst. In den oberen Lagen ist es kühler und allgemein auch feuchter. Die tropischen, oft stürmischen Taifune treten normalerweise zwischen Juni und Dezember auf und verursachen großflächige Überschwemmungen.

Die Walddecke reicht von tropischem Regenwald in Küstennähe über immergrüne subtropische Pflanzen an den Gebirgshängen bis zu Kiefernwäldern rund um die Gipfel Nordluzons. Große Gebiete fielen den Rodungen zum Opfer. Die Inseln haben eine vielfältige Tierwelt und ihre Isolierung begünstigte die Entwicklung zahlreicher auf der Erde einzigartiger Tiere.

KULTUR UND GESELLSCHAFT

Etwa vor 30 000 Jahren siedelten sich erstmalig verschiedene Völker an. Die frühgeschichtlichen Filipinos ernährten sich von der Jagd, vom Fischfang und der Brandrode-Wirtschaft. Sie lebten in großen Familienverbänden, den *Barangays*, mit jeweils einem Häuptling an der Spitze.

Zwischen dem 8. Jh. und dem 10. Jh. trieben die Inselbewohner mit Chinesen, Indern und Malaien einen regen Handel. Im 15. Jh. verbreitete sich auf den Philippinen von Brunei aus (einem Sultanat auf der Insel Borneo) der Islam. Der portugiesische Seefahrer Fernão de Magellan (1480-1521) entdeckte 1521 die Philippinen und nahm sie für Spanien in Besitz. 1565 entstand die erste ständige spanische Niederlassung auf der Insel Cebu und nur sechs Jahre später wurde die Hauptstadt Manila auf Luzon gegründet. Die Spanier benannten die Inselgruppe nach König Philipp II. (1527-1598). Mit der Festigung der spanischen Herrschaft konvertierte die Mehrheit der Einwohner zum römischen Katholizismus.

Nach einem jahrhundertelangen spanischen Monopol öffnete sich Manila in den 30er-Jahren des 19. Jh. für den internationalen Handel. Die steigende Nachfrage nach Kaffee, Zucker und Hanf beförderte auch die Herausbildung neuer Großplantagen, die sich vielfach im Besitz spanischer Adliger und einheimischer Stammeshäuptlinge befanden. Um 1880 wuchs der Widerstand gegen die verhasste spanische Herrschaft, die 1896 in eine Revolution mündete. Die Revolte schlug aber fehl. Im Spanisch-Amerikanischen Krieg (1898) unterstützten die US-Amerikaner die Unabhängigkeitsbestrebungen, und nach der spanischen Niederlage gingen die Inseln für 20 Millionen Dollar an die USA. 1901 mussten die Philippinen die amerikanische Herrschaft akzeptieren, nachdem sie drei Jahre lang erbittert dagegen Widerstand geleistet hatten.

1935 wurde den Philippinen ein auf zehn Jahre begrenzter Übergangsstatus als Vorbereitung auf die Unabhängigkeit gewährt. Dieser Prozess wurde jedoch 1941 durch die japanische Invasion unterbrochen. Im Oktober 1944 hatten die USA und ihre Verbündeten die Inseln zurückerobert und am 4. Juli 1946 wurde die Republik der Philippinen gegründet, die weiterhin wirtschaftlich und militärisch (Pacht mehrerer Armee-, Marine- und Luftwaffenstützpunkte) mit den USA verbunden blieb.

Ferdinand Marcos (1917-1989) wurde 1969 als erster Präsident seit der Unabhängigkeit für eine zweite Amtszeit wiedergewählt. Er errichtete ein autokratisches Regime, verbot alle Oppositionsparteien und verhängte zwischen 1972 und 1981 das Kriegsrecht. Die Ermordung des Oppositionsführers Benigno Simeon Aquino (1932-1983) spitzte die Lage im Land zu. 1986 kandidierte Benigno Aquinos Witwe, Corazon Aquino (* 1933), gegen Präsident Marcos. Marcos ließ sich zum Wahlsieger erklären, doch die Empörung über die offenkundige Wahlfälschung führte zur gewaltfreien Erhebung des Volkes, durch die Marcos gestürzt wurde. Zusammen mit seiner Ehefrau Imelda floh er außer Landes.

Als Corazon Aquino die Präsidentschaft antrat, sah sie sich einer verheerenden wirtschaftlichen Lage, verbreiteter Armut und der Bedrohung durch kommunistische und muslimische Aufständische gegenüber. Die Regierung erarbeitete eine neue Verfassung, viele Putschversuche und 1992 gewann sie mit Fidel Ramos als Präsidenten erneut die Wahlen.

Die Verfassung von 1987 sieht ein Zweikammerparlament vor. Die 250 Mitglieder des Unterhauses werden alle drei Jahre in den Bezirken der Provinz gewählt. Die 24 Senatoren werden auf Landesebene für höchstens zwei Amtsperioden über jeweils sechs Jahre gewählt. Staatsoberhaupt ist der Präsident, der für eine einmalige Amtszeit von sechs Jahren gewählt wird. Er ernennt das Kabinett, das vom Parlament bestätigt werden muss. Seit Marcos die *Barangay* als kleinste örtliche Verwaltungseinheit wiedereingeführt hat, gibt es in der örtlichen Verwaltung ein hohes Maß an Autonomie.

Nur noch wenige Nachkommen der Urbevölkerung – die Negritos – leben auf den Philippinen. Der überwiegende Teil der heutigen Einwohner ist mongolischer Abstammung (Filipinos). Ihre Vorfahren kamen aus Taiwan. Im Verlauf der Jahrhunderte gab es jedoch viele Mischehen zwischen den chinesischen Einwanderern, den spanischen und amerikanischen Kolonisten.

Auf den Philippinen werden über 70 Sprachen gesprochen. Die Bevölkerungsmehrheit spricht einen der Dialekte der Tagalog-Gruppe. Amtssprachen sind Englisch und Pilipino, die auf der in Manila gesprochenen Form des Tagalog beruht. 84 % der Einwohner bekennen sich zum Katholizismus. Im Süden lebt eine starke islamische Minderheit.

WIRTSCHAFT

Industrie und Landwirtschaft wurden durch staatliche Investitionen und Steuervergünstigungen gefördert; die industrielle Produktion tendierte jedoch dahin, ausländische Investoren zu bevorteilen. Die Landwirtschaft spielt nach wie vor eine große Rolle und beschäftigt eine große Zahl von Erwerbstätigen. Reis wird auf an Berghängen angelegten Terrassen angebaut. Weitere wichtige Agrarerzeugnisse sind Tabak und tropische Früchte wie Ananas; Zucker, Kokosnüsse und Kopra gehören zu den Hauptexportprodukten.

Der Fischfang ist sowohl für den Export als auch für die philippinische Küche von Bedeutung. Da durch Rodungen die Waldbestände zurückgegangen sind, ist auch die Nutzholzproduktion gesunken.

Das Land ist reich an mineralischen Bodenschätzen. Nickel, Kupfer und auch Gold kommt in beachtlichem Umfang vor. Nickel, Kupfer, Zinn, Zink und Blei werden in Metallschmelzen und Hüttenwerken des Landes zen die Arbeitskräfte vor Ort für die Endmontage ihrer im Ausland gefertigten Erzeugnisse. Zu den wichtigsten heimischen Produkten zählen Textilien, Bekleidung, Chemikalien und Maschinen.

Nur auf den Inseln Luzon, Panay und Negros gibt es eine Eisenbahnlinie; die Straßen in den bevölkerungsreichen Gebieten sind gut ausgebaut. Manila und Cebu City sind die wichtigsten Häfen. In ihrer Nähe liegen internationale Flughäfen. Alle Hauptinseln verbinden Flug- und Schifffahrtslinien mit Manila.

Die philippinische Presse hat mit dem Sturz des Marcos-Regimes eine Renaissance erlebt. Die Zeitungen erscheinen in Englisch, Pilipino und in den wichtigsten Regionaldialekten. Die lokalen Radio- und Fernsehgesellschaften sind in einer nationalen Vereinigung zusammengeschlossen und unterliegen keiner Zensur.

Das Gesundheitswesen ist um Manila konzentriert. Unterernährung ist vor allem in entlegenen Gebieten noch immer ein Problem. In der Hauptstadt Manila herrscht große Wohnungsnot und es fehlt an modernen sanitären Einrichtungen. Es besteht Schulpflicht für die Grundschulstufe; der Unterricht ist kostenlos, was auch für die Oberschule gilt, deren Bildungsangebot viele nutzen. Es gibt etwa 50 staatliche Universitäten und einige private Hochschulen.

LANDESDATEN – PHILIPPINEN

Fläche 300 000 km²

Klima	**Höhe** m	**Temperaturen Januar** °C	**Juli** °C	**Jährlicher Niederschlag** mm
Manila	15	25	28	1719

Geografische Merkmale größte Insel: Luzon 104 684 km²; höchster Berg: Mount Apo (auf Mindanao) 2954 m;

Einwohnerzahl (1994) 65 Millionen

Staats- und Regierungsform Mehrparteiensystem; Republik; zwei gesetzgebende Organe

Streitkräfte Heer 68 000; Marine 23 000; Luftwaffe 15 500

Größte Städte Manila (Hauptstadt – 7,8 Mio. Einw.); Quezon (1,6 Mio.); Davao(844 000); Cebu (627 000)

Offizielle Landessprache Pilipino, Englisch

Bevölkerungsgruppen Tagalen 29,7%; Cebuano 24,2%; Ilokano 10,3%; Hiligayo Ilongo 9,2%; Bicol 5,6%; Samarer (einschl. Leyte) 4,0%; sonstige 17,0%

Religionen Katholiken 84,1%; Philippinische Nationalkirche 6,2%; Muslime 4,3%; Protestanten 3,9%; sonstige 1,5%

Währung 1 Philippinischer Peso (P) = 100 Centavos (c)

Bruttosozialprodukt (pro Kopf 1993) US-$ 850

Bruttoinlandsprodukt (1993) US-$ 54,068 Mrd.

Lebenserwartung Männer 63,0; Frauen 70,0 Jahre

Ressourcen Nickel, Kupfer, Gold, Silber, Zinn, Zink, Blei, Holz, Reis, Tabak, Obst, Zucker, Kokosnüsse, Kopra, Fischereiprodukte

Japan und Korea

LÄNDER DER REGION

JAPAN · NORDKOREA · SÜDKOREA

Shinto-Schrein (*links*) an der Küste der Miyajima-Insel im Inneren Meer, Symbol des Shinto-Glaubens an die heilige Kraft der Natur. Das ganze Jahr über finden in Japan farbenfrohe Feste statt, die zu Ehren der Geister (*Kami*) gefeiert werden, die im Himmel, in Felsen, in Bäumen, in Wasserfällen und auf den Inseln wohnen.

Japan

JAPAN

JAPAN IST EIN ARCHIPEL MIT ETWA VIERtausend Inseln, der sich über eine Verwerfung vor der Ostküste Asiens erstreckt. Die Koreastraße zwischen Japan und Südkorea ist etwa 180 km breit. Japans relative geografische und kulturelle Isolierung – das Land schirmte sich bis zur Mitte des 19. Jh. gegen alle anderen Kulturen ab – festigte die japanische Gesellschaft.

Japans Zivilisation wird seit ihrer Existenz durch die zerstörerischen Kräfte der Natur – Erdbeben, Vulkane, Flutwellen und Hurrikane – bedroht. Da das Land sehr gebirgig und dicht bewaldet ist, konzentrieren sich Besiedlung, Landwirtschaft und Industrie auf die Küstenebenen. Trotz aller Schwierigkeiten hat sich Japan im 20. Jh. von einem Feudalstaat zu einer der dynamischsten Industrienationen der Welt entwickelt.

GEOGRAFIE

Die japanischen Inseln bilden einen etwa 2500 km langen Bogen. Im Südwesten liegen das Südchinesische Meer und die VR China, im Westen das Japanische Meer, Süd- und Nordkorea sowie Russland. Im Norden, jenseits der La-Pérouse-Straße, befindet sich die russische Insel Sachalin und im Nordosten wird Japan durch die Nemurostraße von den russischen Kurileninseln getrennt. Die östlichen und südöstlichen Küsten Japans grenzen an den Pazifischen Ozean.

Das Land

Die nördlichste der vier Hauptinseln ist Hokkaido. Ihre Hauptgebirge sind das Kitamigebirge (Kitami-Sanchi) im Norden und das Hidakagebirge (Hidaka-Sanmyaku) im Süden. Eine dritte Gebirgskette im Westen wird von den beiden anderen durch die Ishikari-Ebene getrennt.

Südwestlich von Hokkaido, jenseits der Tsugarustraße, liegt Honschu, die größte und am dichtesten besiedelte Insel Japans. Von ihrem Nordende aus setzen sich die Gebirge nach Süden als Kitakamikette fort, die über der Pazifikküste von Nordhonschu aufragt. Im Herzen der Insel erheben sich die japanischen Alpen und im Südosten steigt der Vulkan Fudschijama auf, mit 3776 m Japans höchster Berg. Östlich des Fudschijamas erstreckt sich über etwa 13 000 km² Japans größtes Tiefland – die Kantoebene. Die Hauptstadt Tokio befindet sich an ihrer Südseite, an der Bucht von Tokio.

Westlich des zentralen Gebirgsmassivs umgibt die kleinere Nobiebene die Stadt Nagoya am Nordende der Ise-Bucht; noch weiter westwärts liegt der Biwasee, Japans größtes Binnengewässer. Die zweitgrößte japanische Stadt ist Osaka an der Osaka-Bucht. Nördlich und westlich von Osaka nimmt das Chugokugebirge fast die ganze westliche Halbinsel von Honschu ein. An ihrer Südseite verläuft eine schmale Küstenebene am Inneren Meer, gegenüber liegt die Insel Shikoku.

Die am weitesten westlich gelegene Insel, Kiuschu, wird von Honschu im Norden durch die enge Kanmonstraße und von Shikoku im Osten durch den Bungokanal getrennt. Kiuschus zentrale Gebirge erheben sich mit mehreren Gipfeln bis über 1500 m. Südlich von Kiuschu bilden die Riukiu-Inseln einen Bogen von etwa 1000 km. Zu Japans Territorium gehören ebenfalls die 1000 km südlich von Tokio gelegene Bonin-Inselgruppe sowie drei weitere Vulkaninseln.

Japan hat viele Flüsse, die meist kurz und wasserreich sind und vergleichsweise nur kleine Gebiete entwässern. Im Frühjahr schwellen sie durch die Schneeschmelze im Gebirge und im Sommer durch die starken Niederschläge an. Überschwemmungen sind in den tiefer gelegenen Küstenregionen ein allgegenwärtiges Problem. Japan ist Erdbebengebiet und zugleich Vulkanausbrüchen ausgesetzt. Seitdem die Beben registriert werden, haben über 60 Erdbeben bzw. Vulkanausbrüche stattgefunden. Die am stärksten betroffenen Gebiete sind Südkiuschu und Nord- und Zentralhonschu. Etwa alle fünf Jahre tritt ein größeres Beben auf. Das letzte traf im Januar 1995 Kobe und Osaka und forderte über 5000 Tote.

Dämmerung senkt sich über den schlafenden Drachen (*oben*). Majestätisch erhebt sich der heilige Fudschijama aus der flachen Ebene. Seit langer Zeit wird der zuletzt 1707 tätige Vulkan, zu dem auch Pilger und Wallfahrer aufbrechen, in der japanischen Kunst und Literatur gepriesen.

Neujahrssymbol für langes Leben und Stärke. Eine

Klima

Japan hat monsunartiges Klima. Im Winter bringt der vorherrschende Nordwestwind aus Zentralasien sehr kaltes Wetter mit Temperaturen unter 0 °C. Die Kaltluft nimmt über dem Japanischen Meer Feuchtigkeit auf, bildet schwere Wolken, weshalb im Winter Schneefälle entlang der Westküste und im Gebirge auftreten können. Im Osten sind die Winter trockener und klarer. Ein schmales Gebiet an der nach Südosten verlaufenden Küste wird durch Meeresströmungen erwärmt. Die mittleren Temperaturen liegen im Süden höher. Bauern auf Kiuschu können Wintersorten anbauen.

Gegen Ende März, wenn sich der asiatische Kontinent erwärmt, drehen die Winde auf Südost und bringen im Juni oder Juli mehrere Wochen reichlich Regen (*baiu* oder auch „Pflaumenregen" genannt). Die Sommer sind extrem heiß und feucht und vor Kap Inubo, im Südosten, wo der kältere Oyashio-Strom auf den warmen Kuroshio-Strom trifft, treten oft Nebel auf. Im Norden sind die Sommer kühler und die Übergangsperioden kürzer. Ende August bzw. Anfang September ändert sich die Windrichtung erneut und es fegen heftige Wirbelstürme über das Land, die im Süden oft ganze Reisernten vernichten. Ab Oktober können bereits winterliche Temperaturen einfallen. Die Gebirge und Japans maritime Lage bewirken, dass ganzjährig hohe Niederschläge fallen und in den Höhenlagen die Gipfel schneebedeckt sind.

Flora und Fauna

Etwa zwei Drittel das Landes nehmen große Waldgebiete ein, doch nur an wenigen Orten ist die ursprüngliche Vegetation erhalten geblieben. Bambuswälder dehnen sich nördlich bis nach Tokio aus. Sie liefern Holz und die Bambussprossen sind ein beliebtes Nahrungsmittel. Der Kirschbaum, wegen seiner Blüte gepriesen, wird überall angepflanzt und wächst auch wild in den Bergen. Die Vegetation lässt sich in fünf Hauptzonen einteilen. Im Süden wachsen auf den Riukiu-, Bonin- und Vulkaninseln tropische Regenwälder mit Kampfer, Baumfarnen und Maulbeerbäumen. Die zweite subtropische Zone beginnt in den höheren Hängen der südwestlichen Inseln mit 2000-jährigen japanischen Zedern auf Yaku im Süden von Kiuschu. Diese Zone erstreckt sich auf Kiuschu bis in Höhenlagen von 1000 m, geht aber im Norden von Honschu bis auf Meeresspiegelhöhe zurück.

Breitblattlaub- und Mischwälder bilden die dritte Zone, die auf Shikoku an die 2000-Meter-Grenze heranreicht. Buchen, Birken, Lack- den Gebieten mit Jahresmitteltemperaturen unter 6 °C, d. h. in den Hochländern von Zentralhonschu und Mittelshikoku und in Südwesthokkaido. Zu den borealen nördlichen Nadelhölzern gehören u. a. Sachalintannen, Sachalinfichten und Blaufichten. In zunehmender Höhe weichen die Wälder einer fünften Zone aus Gesträuch, Krüppelkiefern und alpinen Vegetationsformen.

In den bewaldeten Bergen im Landesinnern ist eine artenreiche Tierwelt vertreten. Hier leben u. a. Wildschweine, Bären und Waschbären, Hasen, Rotwild, Antilopen und Affen. Darüber hinaus gibt es eine Vielzahl von Reptilien und Amphibien wie z. B. Eidechsen, Schildkröten und Schlangen, darunter die giftige indische Seeschlange und weitere giftige *Habu-* und *Mamushi*-Arten. Der japanische Riesensalamander, auf Honschu und Kiuschu beheimatet, kann eine Länge bis zu 1,50 m erreichen. Unter den zahlreichen Insektenarten befinden sich Moskitos, Kakerlaken und Feuerfliegen, die für die Bevölkerung zur Plage werden können.

Die Vogelwelt umfasst etwa 100 verschiedene Singvogelarten. Albatrosse, Sturmtaucher und Kormorane finden in den Meeren und an den Küsten ideale Lebensräume. Die Gewässer östlich von Kap Inubo gehören zu den reichhaltigsten Fischgründen der Erde (Dorsch, Lachs und zahlreiche Krustentiere).

LANDESDATEN – JAPAN

Fläche 377 815 km²

Klima	Höhe m	Temperaturen Januar °C	Juli °C	Jährlicher Niederschlag mm
Sapporo	18	-6	20	1136
Tokio	6	4	25	1563

Geografische Merkmale höchster Berg: Fudschijama 3776 m; größter See: Biwa 695 km²

Einwohnerzahl (1994) 125 Millionen

Staats- und Regierungsform Mehrparteiensystem; konstitutionelle Monarchie; zwei gesetzgebende Organe

Streitkräfte Heer 149 000; Marine 43 000; Luftwaffe 44 500

Größte Städte Tokio (Hauptstadt – 12 Mio. Einw.); Yokohama (3,2 Mio.); Osaka (2,6 Mio.); Nagoya (2,15 Mio.); Sapporo (1,7 Mio.); Kioto (1,5 Mio.)

Offizielle Landessprache Japanisch

Bevölkerungsgruppen Japaner 99,2%; Koreaner 0,6%; sonstige 0,2%

Religionen die Mehrheit der Japaner sind Anhänger des Shintoismus (93,1%) und des Buddhismus (73,9%); Christen 1,4%

Währung 1 Yen (¥) = 100 Sen

Bruttosozialprodukt (pro Kopf 1993) US-$ 31 490

Bruttoinlandsprodukt (1993) US-$ 4214,204 Mrd.

Lebenserwartung Männer 76,5; Frauen 82,3 Jahre

Ressourcen begrenzte Vorkommen an Gold, Silber, Kupfer, Blei, Zink, Eisen, Chrom, Kohle, Schwefel, Erdöl, Salz, Uran, Reis, Obst; Basis der Leicht- und Schwerindustrie sind

KULTUR UND GESELLSCHAFT

Bis Mitte des 19. Jh. riskierten ausländische Besucher ihr Leben, wenn sie versuchten, in Japan einzureisen. Jedem Japaner, der sein Land verließ, verwehrte man die Rückkehr. Nach dem erzwungenen Ende des Isolationismus 1853 begann in Japan eine Periode schneller gesellschaftlicher und wirtschaftlicher Veränderungen und die Industrie übernahm verstärkt westliche Technologie. Nach dem Zweiten Weltkrieg hat die japanische Gesellschaft innerhalb einer Generation einen unvergleichlichen industriellen Aufschwung erlebt.

Geschichte

Die japanische Geschichte beginnt 660 v. Chr. mit der Krönung des ersten Kaisers Jimmu. Er war wahrscheinlich der Herrscher der Yamato, eines Volkes, dessen Namen eine Provinz im südwestlichen Zentralhonschu trägt.

Im 5. Jh. besetzten die Japaner bereits den Süden Koreas und nahmen erste Kontakte zu China auf. Aus dieser hoch entwickelten Zivilisation stammen Japans früheste Schriftformen.

Um die Mitte des 6. Jh. hatte der Yamato-Hof seine Macht über Korea eingebüßt und mit dem Buddhismus kamen aus Korea neue kulturelle Einflüsse nach Japan. Shinto (oder der „Weg der Götter") wurde die traditionelle nationale Religion. Ende des 6. Jh. führte der Staatsmann und Gelehrte Shotoku (574-622) den Buddhismus als Staatsreligion ein.

Heian-kyo (das heutige Kioto in West-Zentralhonschu) entwickelte sich zur Hauptstadt und blieb es bis 1868. Mit der zunehmenden Isolierung Japans geriet der Kaiser immer mehr unter den Einfluss der mächtigen Familien, besonders der Fujiwara, die im gesamten 11. Jh. die eigentliche Macht ausübten. In dieser Periode stiegen auch die *Samurai* – eine Kriegerkaste – zu lokalen und regionalen Herrschern auf. 1192 wurde Minamoto Yoritomo (1147-1199) zu Japans erstem Shogun (kaiserlicher Feldherr) ernannt, der seine Machtbasis in Kamakura (südlich des heutigen Tokio) hatte. Unter den Shogunen trat Japan in das feudalistische Zeitalter ein.

Zweimal, 1274 und 1281, versuchten die Mongolen unter Kublai Khan (1215-1294) Japan einzunehmen. Beide Male wurden die mongolischen Flotten von Taifunen – den so genannten *Kamikaze* oder auch „Götterwinden" – auseinandergetrieben, und die sorgfältigen Kriegsvorbereitungen des Shogun-Reiches schlugen die Mongolen schließlich in die Flucht. 1333 wurde das Shogunat (*Bakufu*) gestürzt und im Muromachi-Gebiet von Kioto ein neues errichtet.

Portugiesische Händler aus Macao waren 1542 die ersten Europäer, die mit Japan Kontakt aufnahmen, und sie brachten den feudalen Herrschern mit der Muskete ein neues Kriegsgerät auf die Insel. Die Christianisierung setzte in Japan mit der Ankunft des spanischen Jesuiten Franz Xaver (1506-1552) ein. Der Kampf um die Vormachtstellung spitzte sich zu und zwischen den Parteien tobten heftige Kämpfe, bis Oda Nobunaga (1534-1582) in die Hauptstadt Kioto einrückte und

Der erste Shogun Minamoto Yoritomo (1147-1199) begründete das System der Militärdiktaturen, die Japan 700 Jahre lang regierten. Er ist weniger als Heerführer, denn als genialer Politiker und Administrator in Erinnerung.

Der Kodex der Samurai

In Filmen wie „Thron von Blut" (1957) zeichnete der international gefeierte Regisseur Akiro Kurasawa (* 1910) ein lebendiges Bild der alten japanischen Kriegerkaste – den *Samurais*. Seine Bilder mischen Aktionen im Hollywoodstil mit der emotionalen Kraft des traditionellen japanischen Theaters. Die Rolle der *Samurai* ist in der japanischen Kultur jedoch nicht nur auf heroische Kriegstaten beschränkt. Ihr Verhaltenskodex verkörpert eine Lebensart, die alle Schichten der japanischen Gesellschaft bewundern.

Ursprünglich bezeichnete der Begriff *Samurai* eine kleine Gruppe aristokratischer Krieger aus der Provinz. Seit dem 12. Jh. schloss er die gesamte Kriegerkaste ein, die sich im japanischen Feudalsystem herausgebildet hatte. In den Machtkämpfen der herrschenden Aristokraten wuchsen sie schnell zu einer mächtigen politischen Kraft heran. Sie zeichneten sich durch eiserne Disziplin und bedingungslosen Gehorsam aus; beides beruhte auf einem ungeschriebenen Verhaltenskodex,

Furcht einflößende Kriegerkaste. Ein Holzschnitt aus dem 19. Jh. zeigt einen *Samurai* in voller Ausrüstung mit dem Schwert; nur sie waren berechtigt, es zu tragen. Der Kaste der *Samurai* gehörten auch Frauen an, die aber selten an Kämpfen teilnahmen.

Die Ankunft der Portugiesen (*oben*) in der Mitte des 16. Jh. Jesuitenmissionare der Iberischen Halbinsel bekehrten viele einflussreiche Feudalherren, die sowohl am Katholizismus als auch am Handel und an kulturellen Beziehungen mit dem Westen interessiert waren.

Der Kinkakuji oder Tempel des Goldenen Pavillons (*links*) in Kioto, der Hauptstadt Japans von 794 bis 1868, und eine der schönsten japanischen Städte. Im 14. Jh. als Teil der Residenz des Shogun erbaut, wurde der Tempel 1950 durch ein Feuer zerstört und 1955 wieder aufgebaut.

das Land 1584 zur Einheit führte. Nach seinem Tod übernahm der begabte Heerführer Toyomoti Hideyoshi (1536-1598) die Führung und unter ihm wurde 1587 Nagasaki – der Hafen an der Westseite Kiuschus – als Kaiserstadt ausgerufen. Schon bald landeten in Nagasaki spanische, niederländische und portugiesische Handelsschiffe.

Hideyoshis Nachfolger, Tokugawa Ieyasu (1542-1616) setzte die Politik der Einigung fort und gründete das Tokugawa-Shogunat, das von 1603-1867 bestand. Anfänglich förderte er den Außenhandel und war allen westlichen Einflüssen gegenüber offen. Später unterband er die weitere Verbreitung des Christentums. Ab 1636 ließ er sämtliche Kontakte zu europäischen Händlern und Missionaren außerhalb Nagasakis verbieten und die japanischen Christen verfolgen.

Das *Bakufu* wurde zunehmend repressiver und korrupt. Der Druck von außen und von innen beendete schließlich Japans Isolierung. Zwei größere Aufstände wurden 1836 und 1837 niedergeschlagen, und die starke europäische und amerikanische Präsenz erzwang eine Wiederaufnahme des Handels. Im Juli 1853 erschien ein amerikanisches Geschwader unter Admiral Matthew Calbraith Perry (1794-1858) und ging in der Bucht von Tokio vor Anker. Die Amerikaner verharrten dort, bis die Japaner in den Abschluss eines politischen und Wirtschaftsvertrages mit den USA einwilligten. Jeder Widerstand gegen die ausländische Intervention wurde mit dem Beschuss japanischer Häfen beantwortet. Der junge Kronprinz Mutsuhito (1852-1912) besiegte 1867 die Streitmacht des letzten Shoguns und stellte 1868 mit der Krönung zum Kaiser Meiji die kaiserliche Herrschaft wieder her. Er schaffte den Feudalstaat ab, ersetzte die Kaste der *Samurai* durch eine Armee aus Wehrpflichtigen und begann mit der Industrialisierung des Landes. 1889 führte er eine

der nach und nach als *Bushido* - „Der Kriegerweg" verherrlicht wurde. Der Zen-Buddhismus, im 15./16. Jh. aus China kommend, beeinflusste und schwächte einige gewalttätige Seiten des Kodex ab, wie den Brauch, dass sich ein Krieger nach dem Tode seines Herrn selbst zu töten hatte oder Rache zu nehmen. Während des Tokugawa-Shogunats (1603-1867) avancierten die *Samurai* zur höchsten der vier Kasten innerhalb des Systems.

Die wahren *Samurai* waren für ihre Furcht einflößende Tapferkeit bekannt, die aus tiefer Gelassenheit und größter Ergebenheit für ihren Herrn kam. Die *Samurai* schätzten ihre Ehre höher als ihr Leben. *Samurai*, die nach einer Niederlage oder Beleidigung nicht den rituellen Selbstmord (*Seppuko*) begingen, verstieß man und sie wurden Söldner, Verbrecher oder verachtet. Die Ergebenheit gegenüber der Familie spielte in ihrem asketischen Leben eine ebenso wichtige Rolle, aber als Krieger waren sie zuallererst ihrem Herren verpflichtet.

In der Tokugawa-Zeit trugen die *Samurai* noch zwei Schwerter, die ihren Rang sichtbar machten. Später verlagerten sich hin auf die zivile Verwaltung. Sie sollten den niederen Kasten ein Beispiel hoher Moral sein. Das Wachsen der Städte und der Aufstieg der Händler führten zu ihrer Verarmung. 1868 schaffte man den Feudalstaat ab und die *Samurai* verloren ihre privilegierte Stellung. *Bushido* galt nun als Verhaltensnorm der Gesellschaft und bildete die Grundlage des japanischen Kaiserkults, der bis 1945 praktiziert wurde. Im Zweiten Weltkrieg brachte der Kodex japanische Soldaten dazu, mit selbstmörderischem Eifer zu kämpfen und den eigenen Tod der Schande der Kapitulation vorzuziehen. Diese Normen führten aber auch dazu, dass die Japaner das Leben alliierter Kriegsgefangener in unmenschlicher Weise gering schätzten.

Obwohl rituelle Selbstmorde heute selten vorkommen – der Schriftsteller Yukio Mishima (1925-1970) verübte *Seppuko*, nachdem er die von der Nachkriegsverfassung verbotene Wiederaufrüstung Japans gefordert hatte –, leben die alten Tugenden der Gelassenheit, Treue und des Gehorsams weiter. Man kann sie täglich in den Unterrichtsräumen, an den Arbeits-

Japanische Teezeremonie (*oben*) in vollendeter Form. Die Teilnehmer sind in höfischer Manier gekleidet. Die ritualisierte Zeremonie, die im 16. Jh. perfektioniert wurde, wird allgemein mit der Weisheit der drei Meister in Verbindung gebracht, die vom Zen-Buddhismus beeinflusst wurden.

Drachenfest in Tokio. Der Drache gehört zu den Motiven, die Japaner und Chinesen gemeinsam haben. Es stammt aus der Zeit, als China die japanische Kultur beeinflusste. An Feiertagen werden die Tempel von kunstvoll kostümierten Tänzern und fotografierenden Zuschauern bevölkert.

Nachdem China 1879 die Riukiu-Inseln im Ostchinesischen Meer erobert und sich außerdem geweigert hatte, die nach Korea entsandten Truppen abzuziehen, kam es zum Krieg. Die chinesische Flotte erlitt eine vernichtende Niederlage. Im Frieden von Shimonoseki (1895) mussten die Chinesen Taiwan abtreten. Während des chinesischen Boxer-Aufstandes 1900 halfen japanische Truppen bei der Evakuierung von Ausländern. Japan errang im Russisch-Japanischen Krieg von 1904/1905 weitere Territorien. 1910 annektierte es Korea.

Im Ersten Weltkrieg eroberte Japan die deutschen Pazifikinseln (die Marianen-, Karolinen- und Marshallinseln) und den deutschen Stützpunkt Tsingtau auf der Shandonghalbinsel in Ostchina. Als China die Rückgabe der eroberten Gebiete verlangte, erhob Japan seinerseits Forderungen, die eine japanische Vorherrschaft zum Ziel hatten und die Kontrolle über den chinesischen Handel anstrebten. Die japanischen Verbündeten, von dieser aggressiven Haltung alarmiert, erzwangen den Rückzug aus Shandong, doch Japan betrieb in der Folgezeit eine verstärkte Expansionspolitik.

1931 besetzten japanische Truppen die Mandschurei, bildeten den Marionettenstaat Mandschukuo und nahmen 1937 die Kriegshandlungen in China wieder auf. Die Japaner eroberten die großen chinesischen Küstenstädte und besetzten weitere Gebiete im Inland. 1940 schloss Japan ein Bündnis mit Nazideutschland – die Achse Tokio — Berlin – und trat 1941 mit einem Überraschungsangriff auf die amerikanische Flotte bei Pearl Harbor in Hawaii in den Zweiten Weltkrieg ein. Schon bald besetzten japanische Truppen die Philippinen, Hongkong, Indochina, Siam (Thailand), die Malaiische Halbinsel, Burma, Borneo, Sumatra und Java. Im Mai 1942 wendete sich das Blatt und die Japaner erlitten schwere Verluste. 1945 bombardierte die amerikanische Luftwaffe die japanischen Städte, doch Japan wies die Forderungen der Alliierten nach einer bedingungslosen Kapitulation zurück. Am 6. August 1945 wurde die erste Atombombe über Hiroshima abgeworfen. Drei Tage später fiel die zweite Atombombe auf Nagasaki. Am 14. August, sechs Tage nach dem sowjetischen Einmarsch in die Mandschurei, ergab sich Japan und amerikanische Truppen besetzten die Inseln.

Kaiser Hirohito (1901-1989) gab 1946 seinen „göttlichen Status" auf und die neue Regierung nahm eine demokratische Verfassung an. Japan schloss 1951 mit den USA und der Mehrzahl seiner Kriegsgegner einen Vertrag über gegenseitige Sicherheit ab, und die amerikanischen Besatzungstruppen zogen ein Jahr später aus Japan ab. Viele der benachbarten Inseln, die Japan nach dem Krieg verloren hatte, wurden in der Folgezeit zurückgegeben; nur die Sowjetunion behielt Sachalin und die Kurilen in ihrem Besitz.

In den 60er-Jahren setzte die zügige wirtschaftliche Erholung Japans ein und auf der Basis moderner Technologien erzeugt es heute das drittgrößte Bruttosozialprodukt der Welt. Die Ölkrise der 70er-Jahre und die einsetzende weltweite Rezession wirkten sich auch auf die japanische Wirtschaft negativ aus, aber Japan konnte seinen großen Handelsüberschuss auf den internationalen Märkten aufrechterhalten.

Regierungsform

Nach der Verfassung von 1947 bleibt der Kaiser nominelles Staatsoberhaupt. Das aus zwei Kammern bestehende Parlament

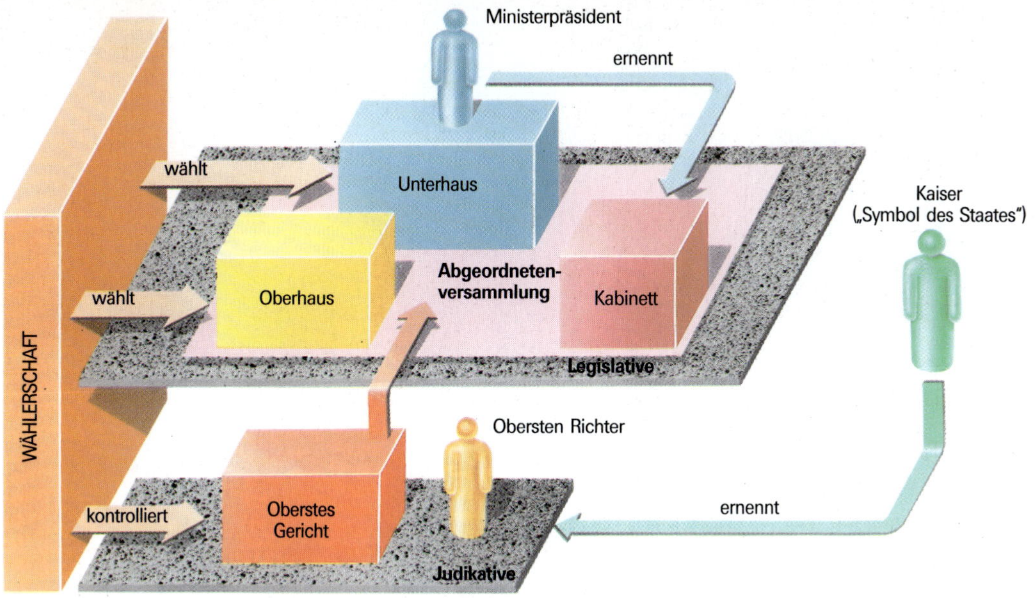

Japans parlamentarisches System. Das Parlament besteht aus zwei Kammern: dem Unterhaus und dem Oberhaus. Jeder Gesetzentwurf durchläuft mehrere Kommissionen in jeder Kammer, bevor er von beiden Kammern gemeinsam verabschiedet wird.

(*Kokkai*) setzt sich aus dem Abgeordnetenhaus (*Shugiin*) mit 511 Mitgliedern, die für vier Jahre gewählt werden, und dem Oberhaus (*Sangiin*) mit 252 Mitgliedern und einer Amtszeit von sechs Jahren, zusammen. Der Kaiser ernennt auf Empfehlung des Parlaments den Ministerpräsidenten. Das Land ist in 47 Präfekturen gegliedert, die von Gouverneuren und gewählten Abgeordnetenversammlungen repräsentiert werden. Jede Präfektur ist in Großstädte (*Shi*), Städte (*Muchi* oder *Sho*) und Dörfer (*Mura* oder *Son*) untergliedert und jede Verwaltungseinheit besitzt eine eigene Abgeordnetenversammlung. Die meisten Parlamentsabgeordneten werden über ein Verhältniswahlsystem in den Präfekturen gewählt. Zwei Drittel des Abgeordnetenhauses werden in einer landesweiten Wahl ermittelt. Wahlrecht besteht für Bürger über 20 Jahre. Die japanische Verfassung schreibt zwingend vor, dass das Land auf kriegerische Auseinandersetzungen und deren Androhung zur Lösung von Meinungsverschiedenheiten verzichtet.

Bevölkerung

Die meisten Japaner stammen von einst eingewanderten Völkerstämmen aus der Mandschurei, Korea und China ab. Die auf Hokkaido lebenden Ainu sind die Nachfahren eines noch älteren, altasiatischen Volkes, das einmal ganz Japan bewohnte. Weitere bedeutende Minderheit bilden die Koreaner (sie gelten noch immer als fremdstämmige Einwohner) und die *Burakumin* – Japaner, die aus einer früher verfemten Kaste stammen.

Landessprache ist Japanisch. Es unterscheidet sich von allen anderen asiatischen Sprachen mit Ausnahme des Koreanischen. Das Schriftsystem beruhte ursprünglich auf dem Chinesischen, es wurde aber über die Jahrhunderte stark modifiziert. Nach dem Zweiten Weltkrieg wurde ein auf dem Tokioer Dialekt beruhendes, standardisiertes Japa-

Neben dem Shintoismus werden das Christentum, verschiedene Formen des Buddhismus und mehrere neue Religionen (*Shinko Shukyo*), die im 19. Jh. entstanden sind, praktiziert. In der Zeit seit der Landeseinigung unter Kaiser Meiji bis zum Ende des Zweiten Weltkrieges war der Shintoismus Staatsreligion. Heute herrscht Glaubensfreiheit und an den Schulen findet kein Religionsunterricht mehr statt.

Die Japaner haben eine hoch entwickelte und verfeinerte kulturelle Tradition. In den letzten Jahren findet jedoch westliches Denken zunehmend Beachtung. Andererseits fanden aber auch viele japanische Bräuche weltweite Verbreitung, Judo und Karate sind nur zwei Beispiele dafür. Der japanische Film hat internationale Anerkennung gefunden. Im Verlauf des 20. Jh. nahm Japan eine urbane Entwicklung und gegenwärtig leben mehr als drei Viertel der Bevölkerung in Städten. Auch die Altersstruktur der Bevölkerung hat sich verändert. Heute sind die Geburts- und Sterberaten rückläufig. Die Altersgruppe unter 15 Jahren stellt jetzt weniger als ein Fünftel der Bevölkerung, während die Altersgruppe der über 65-Jährigen zum Jahr 2050 voraussichtlicht eine analoge Größenordnung erreichen wird.

WIRTSCHAFT

Auf dem Weg zu einer modernen Industriegesellschaft stand Japan vor vielen Schwierigkeiten, u. a. musste es überlebte Methoden in der Land- und Forstwirtschaft, der Fischerei und in traditionellen Industriezweigen überwinden.

Landwirtschaft

Der Anteil der Erwerbstätigen im Agrarsektor ist ständig zurückgegangen und Nahrungsmittel werden nur noch in geringem Umfang exportiert. Vor allem die Größe vieler landwirtschaftlicher Betriebe und die geringen Anbauflächen (ein Achtel der gesamten Landesfläche) erschwerten die Modernisierung der Landwirtschaft. Die Mehrzahl der größeren Landwirtschaftsbetriebe sind auf Hokkaido angesiedelt. Die traditionellen Terrassen an den unteren Gebirgshängen dienen der modernen Landschaftsgestaltung.

Die warmen und feuchten Sommer bieten ideale Bedingungen für den Reisanbau.

Die Riukiu-Inseln

Bis zum 14. Jh. waren die Inseln – eine Inselkette, die sich zwischen der japanischen Insel Kiuschu und Taiwan über 650 km nach Südwesten erstreckt – ein unabhängiges Königreich. Die Inselbewohner scheinen eine japanisch-südostasiatische Mischung zu sein, deren Sprache, obwohl mit altertümlichen Formen des Japanischen verwandt, von den heutigen Japanern nicht verstanden wird. Auch ihre Kultur unterschied sich stark von der japanischen.

1372 kamen die Inseln unter den politischen Einfluss Chinas und ab Mitte des

Status eines japanischen Protektorats, bis sie 1879 Japan eingegliedert wurden. Im Zweiten Weltkrieg war die größte ihrer Inseln – Okinawa – ein blutiges Schlachtfeld. Die Japaner, die sich dort verschanzt hatten, versuchten die Landung amerikanischer Truppen abzuwehren. Nach schweren und verlustreichen Kämpfen trugen die Amerikaner den Sieg davon und nach dem Krieg blieben die Inseln unter amerikanischer Verwaltung. 1951 wurde eine Zivilverwaltung eingesetzt und 1972 ging die letzte Insel wieder an Japan zurück. Auf Okinawa verblieb allerdings ein Stützpunkt der US-Luftwaffe.

Heute sind die Inseln eine friedliche Provinz, auf der Landwirtschaft, Thunfischfang und das traditionelle Kunst-

Die Züchtung frostharter Sorten brachte höhere Erträge ein und gegenwärtig wird nahezu in ganz Japan Reis angebaut. Die Aufkaufpreise für Reis wurden künstlich hochgehalten, wodurch in den 60er- und 70er-Jahren ein großer Überschuss entstand. Auf internationalen Druck hin senkte Japan die Subventionen und die Bauern begannen andere Kulturen anzubauen. Traktoren und moderne Landmaschinen hielten Einzug; Insektizide und Kunstdünger wurden großzügig eingesetzt. Vor dem Zweiten Weltkrieg wurden neben Reis vor allem Seiden-Kokons exportiert. Heute steht die Viehzucht an zweiter Stelle. Weiterhin wird Gemüse, Getreide (Weizen und Gerste), Kartoffeln, Früchte und Tee angebaut.

Fischerei und Forstwirtschaft

Obwohl Japan zu den größten Fischfangnationen der Welt gehört, sind seine Fischereiunternehmen überwiegend Kleinbetriebe. Die Pläne der Regierung, die Hochseefischerei weiter auszubauen, konnten nicht realisiert werden, da die Anrainerstaaten eine 200-Seemeilen-Zone rund um ihre Küsten festlegten. Gegenwärtig übertreffen die Importe den Export. Venusmuscheln und Austern wie auch Krabben, Garnelen und Shrimps sind beliebte japanische Speisen.

Japan hat sich den weltweiten Kontrollen des Walfanges stets vehement widersetzt, stimmte 1982 schließlich einem umfassenden Walfangverbot zu, behielt sich jedoch das Recht vor, Wale für „wissenschaftliche“ Zwecke zu töten. 1991 schlossen sich die Japaner Island und Norwegen an und forderten die Wiederaufnahme des Walfangs.

Japan hat eine größere Waldfläche als Länder wie Finnland, in denen die Forstwirtschaft eine Haupteinnahmequelle ist. Japans Wälder sind jedoch wesentlich unzugänglicher und zwei Drittel des gesamten Waldbestandes befindet sich in Kleinbesitz, was die effektive Gesamtbewirtschaftung erschwert. Die Wiederaufforstung ist überwiegend auf staatseigene Waldbestände beschränkt. Deshalb wird Nutzholz in großem Umfang importiert.

Industrie

Japan besitzt wenige mineralische Bodenschätze und der Bergbau erwirtschaftet nur einen geringen Teil des Volkseinkommens. Trotz staatlicher Subventionen unterliegt die Kohleförderung der ausländischen Konkurrenz. Dünne und wenig ergiebige Kohleflöze erschweren außerdem einen kostengünstigen Abbau. Da die Ölfelder in Nordhonschu nur einen geringen Teil des Landesbedarfs decken, müssen die meisten Roh- und Brennstoffe importiert werden, darunter auch Eisen- und Kupfererz, Koks, Kohle und Bauxit.

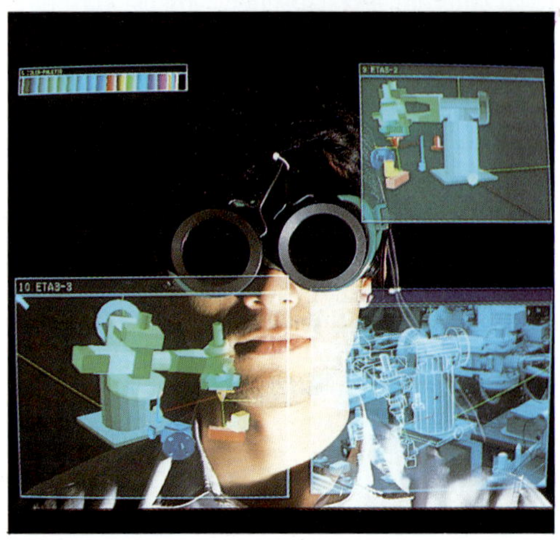

Das wieder aufgebaute Nagasaki *(oben)*. Die pulsierende Hafen- und Werftstadt Nagasaki wurde 1945 durch eine amerikanische Atombombe völlig zerstört. An das Geschehen erinnert heute ein Gedenkpark im Stadtteil Urakami.

Vision der Robotertechnologie *(rechts)*. In der Hochtechnologie erzielte Japans Wirtschaft unvergleichbar hohe Wachstumsraten. Seine Spitzenprodukte beherrschen heute den Weltmarkt, und hohe Investitionen in Forschung und Entwicklung sichern auch künftige Erfolge.

Der größte Teil der Elektroenergie wird durch die Verbrennung von Öl- und Ölprodukten gewonnen, etwa ein Fünftel aus Kohle und ein Zehntel aus Erdgas. Atomkraftwerke liefern etwa ein Zehntel und Wasserkraftwerke rund ein Zwanzigstel des Stroms.

Japans augenfälligstes Exporterzeugnis. Autos von Nissan stehen zur Verladung aufgereiht im Schatten der japanischen Fahne. Die Autos der Firmen Honda, Toyota und Nissan sind auf der ganzen Welt gefragt und haben viele andere Automobilmarken auf hintere Plätze verwiesen.

Mehr als jeder dritte Arbeitnehmer ist in der verarbeitenden Industrie oder im Bauwesen tätig, beide Bereiche erwirtschaften zusammen annähernd zwei Fünftel des Bruttosozialproduktes. Die industrielle Entwicklung begann Ausgang des 19. Jh., und die Erschließung neuer Märkte in Taiwan (Formosa), Korea und Südostasien beschleunigte den Aufschwung. In den 20er-Jahren entstanden die ersten Großunternehmen in Familienbesitz (*Zaibatsu*). Sie sind auch heute ein Markenzeichen der japanischen Industrie. Die Industriezentren wurden kurz vor Ende des Zweiten Weltkrieges bombardiert und später wieder aufgebaut. Im Koreakrieg (1950-1953) belieferte Japan die US-Streitkräfte mit Waffen.

In der Folgezeit veränderte die japanische Industrie ihre Strategie. Die Herstellung billiger und in großer Stückzahl produzierter Waren wurde zugunsten von Hochtechnologien und Spitzenqualitätserzeugnissen verringert, die seitdem große Anteile auf dem Weltmarkt erobert haben. Elektro- und Elektronikerzeugnisse – Computer, Audio- und Videoausrüstungen sowie Kameras – führen, dicht gefolgt von Maschinen, hochwertigen Lebensmitteln, Kraftfahrzeugen und Chemieprodukten. Japan ist auch einer der größten Schiffshersteller der Welt. Daneben werden synthetische Fasern und Harze, Papier, Zement, Eisen und Stahl hergestellt. Die Arbeitslosigkeit ist gering, da die Großunternehmen selbst in wirtschaftlich schwierigen Zeiten kaum Arbeitskräfte entlassen.

Der wichtigste Industriegürtel zieht sich entlang der Südküste Honschus von der Kantoebene im Osten bis zum Nordteil Kiuschus im Westen. Weitere Industriezentren sind Tokio, Nagoya und Osaka (mit Kioto im Norden).

Handel

Seit 1969 erwirtschaftet Japan einen Zahlungsbilanzüberschuss. Durch einfallsreiche und aggressive Marketingstrategien und vor allem wettbewerbsfähige Preise haben japanische Produkte immer größere Teile des Weltmarkts erobert. Ein bedeutender Faktor für Japans wirtschaftliche Erfolge ist zudem eine enge Kooperation zwischen den Produzenten, den Banken, die sie finanzieren, und Japans Zentralbank, dem größten Kreditgeber. Ausländische Besucher bringen dem Land Devisen, wobei jedoch japanische Touristen im Ausland weitaus mehr ausgeben und diese Einnahmen übertreffen.

Verkehr und Kommunikation

Bis weit in die 20er-Jahre gehörten die japanischen Straßen fast ...

dem höchsten Autoverkehr schnell voran. Zwischen den wichtigsten städtischen Zentren bestehen hervorragende Schnellstraßenverbindungen.

Japans erste Eisenbahnlinien stammen aus dem 19. Jh. Später wurde das Bauprogramm erweitert und es entstand ein Streckennetz, zu dem auch die U-Bahnen in Tokio und Osaka gehören. Nach dem Zweiten Weltkrieg wurden die U-Bahn-Linien weiter ausgebaut, und heute besitzen selbst kleinere Städte eine U-Bahn.

Der erste Intercity-Hochgeschwindigkeits-Zug verkehrte 1964 zwischen Tokio und Kioto, und im selben Jahr nahm man in Tokio Japans erste Einschienenbahn in Betrieb, der in der Folgezeit weitere folgten. Heute gibt es Pläne, das Hochgeschwindigkeits-Eisenbahnnetz auf ganz Japan auszudehnen. Schon Ende der 80er-Jahre waren alle vier Hauptinseln untereinander durch Straßen- und Bahnnetze verbunden.

Seit 1941 verkehrt die Eisenbahn zwischen Kiuschu und Westhonschu durch den ersten unter dem Meer gebauten Tunnel der Welt. Außerdem verbinden ein Straßentunnel, der über zwei Etagen geführt wird (gebaut 1958), und eine Hängebrücke, die 1973 eingeweiht wurde, beide Inseln.

Japan ist eine der führenden Schifffahrtsnationen der Welt. Die beiden großen Ballungs-

zentriert. Weitere Großflughäfen gibt es in Osaka, Nagoya, Sapporo (Hokkaido) und Fukuoka (Kiuschu).

Das japanische Post- und Telekommunikationssystem gehört zu den besten der Welt. Rundfunk und Fernsehen stehen technisch auf höchstem Niveau. Die japanische Rundfunk- und Fernsehgesellschaft (NHK) – eine Gesellschaft des öffentlichen Rechts, die sich durch Gebühren finanziert – sendet in 20 verschiedenen Sprachen. Daneben sind private Gesellschaften sowie Satelliten- und Kabelunternehmen zugelassen. Es wird keine staatliche Zensur ausgeübt, doch bis in die 70er-Jahre war jede Kritik an der Regierung unerwünscht und wurde unterdrückt. Seitdem zeigt die japanische Presse größere Bereitschaft, Korruption und Amtsmissbrauch aufzuspüren und anzuprangern.

Gesundheits- und Bildungswesen

Die große Mehrheit der Bevölkerung ist in öffentliche oder private Gesundheits- und Sozialprogramme integriert, die Unterstützung bei Arbeitsunfällen, Krankheit und Behinderung, Mutterschaft, Arbeitslosigkeit und Altersrenten gewähren. Die Gesundheitsfürsorge weist einen hohen Standard auf: die japanische Bevölkerung hat eine der höchsten Lebenserwartungen der Welt.

Nahezu jeder Japaner kann lesen und schreiben. Im Anschluss an eine Schulpflicht über neun Jahre besuchen die meisten Schüler für weitere drei Jahre die Oberschule. Danach können sie zwischen einem fünfjährigen Studium an der technischen Hochschule

Nordkorea

KOREANISCHE VOLKSDEMOKRATISCHE REPUBLIK

DIE KOMMUNISTISCHE REPUBLIK NORDKOREA nimmt die nördliche Hälfte der Koreanischen Halbinsel ein. Es ist ein in den Nachkriegsjahren geteiltes Land.

GEOGRAFIE

Die unebene Koreanische Halbinsel trennt das Gelbe Meer an seiner Westküste vom Japanischen Meer, das an ihre Ostküsten stößt. Nordkorea liegt zum größten Teil nördlich des 38. Breitengrades. Im Norden grenzt es an Nordostchina.

Das Land besteht überwiegend aus zerklüfteten Hochländern und Gebirgen, deren höchster Punkt der erloschene Vulkan Baitou ist, der auf 2744 m ansteigt.

Die beiden größten Flüsse – der Yalu Jiang und der Tuman-gang entspringen in diesem Gebiet und bilden die nördliche Grenze. An der Westseite des Landes fließen weitere große Flüsse, die mit ihren Niederungen die einzigen ausgedehnten Tieflandgebiete des Landes bilden. Die Hauptstadt Pjöngjang (Pyongyang) liegt in diesen Ebenen. An der Westküste gibt es viele natürliche Häfen.

Die Winter sind lang und kalt und die vorherrschenden Nordwestwinde bringen strenge Fröste, aber wenig Regen. Die Wintertemperaturen variieren in den unterschiedlichen Landesteilen erheblich. Sie liegen im gebirgigen Norden am tiefsten. Die Sommer weisen regional nur geringere Unterschiede auf. Die Winde drehen auf Südost und bringen vom Pazifik feuchtwarme Luft ins Land. Mehr als zwei Drittel der jährlichen Niederschläge fallen zwischen Juni und September. Im Herbst treten gelegentlich starke Wirbelstürme (Taifune) auf.

Das gebirgige Hochland im Nordosten bedecken stark gelichtete Misch- aber auch dichte Nadelwälder (Tannen, Lärchen und Sibirische Fichten). Durch umfangreiche Rodungen in den Tieflandgebieten ist die Pflanzenvielfalt stark zurückgegangen, aber die Regierung hat mit einem Aufforstungsprogramm begonnen. In den entlegeneren Waldgebieten leben Antilopen, Tiger, Leoparden und Panther. Die Vogelwelt ist artenreich.

KULTUR UND GESELLSCHAFT

Im Verlauf seiner Geschichte haben die mächtigen Nachbarn China, Japan und Russland Koreas Entwicklung entscheidend beeinflusst. Das Land wurde Ende des 7. Jh. vereinigt, und etwa 200 Jahre später entstand im Norden das Königreich Koguryo, das bis 1392 bestand. Danach kam die konfuzianische Yi-Dynastie an die Macht.

Über Jahrhunderte stritten China und Japan um die Einflusssphären, bis Japan die Auseinandersetzung für sich entschied, indem es Korea 1910 annektierte. Die japanische Okkupation endete mit der Niederlage im Zweiten Weltkrieg 1945. Die Alliierten legten fest, dass sich die japanischen Streitkräfte nördlich des 38. Breitengrades der Roten Armee und die im Süden stationierten Japaner den US-Truppen zu ergeben haben. Die Vereinten Nationen (UNO) versuchten in der Folgezeit vergeblich, eine Vereinbarung zur Einheit des Landes zu erreichen. Die Sowjetunion unterstützte 1948 die Bildung einer kommunistischen Republik im Norden. Im Süden entstand eine unabhängige Republik.

Kim Il Sung (1912-1994) wurde der erste Ministerpräsident der Demokratischen Volksrepublik Korea. 1950 fielen nordkoreanische Truppen in Südkorea mit der Absicht ein, das Land unter kommunistischer Führung wiederzuvereinen. Es begann der Korea-Krieg (1950-1953), in dessen Verlauf etwa vier Millionen Menschen ihr Leben ließen. UNO-Truppen, die sich hauptsächlich aus US-Streitkräften zusammensetzten, unterstützten den Süden, während China dem Norden half. Seit dem Waffenstillstand von Panmunjon, der 1953 die Teilung festschrieb, finden zwischen Nord- und Südkorea regelmäßig Gespräche über eine Wiedervereinigung statt, die bislang keine Fortschritte brachten. Seit dem Tod von Kim Il Sung 1994 übt dessen Sohn Kim Jong Il (* 1942) die Funktion des Staats- und Parteichefs aus.

Die Sozialistische Volksrepublik ist ein kommunistischer Einparteienstaat. Formell ist die aus einer Kammer bestehende Oberste Volksversammlung, deren 687 Mitglieder direkt gewählt werden, das höchste gesetzge-

Der Baitoushan (*links*) im Paektu-sanGebirge ist ein erloschener Vulkan und Koreas höchster Berg, auf dessen Gip-fel sich ein klarer Kratersee befindet. Die Grenze zu China verläuft durch den See. Große Teile der koreanischen Landesfläche sind gebirgig, besonders im äußersten Norden, wo etliche Gipfel eine Höhe über 2440 m erreichen.

Die alte Garde (*rechts*). Nordkoreanische Generale während einer politischen Veranstaltung. Wie in China und der ehemaligen Sowjetunion, zu denen Nordkorea enge Beziehungen unterhält, halten die Militärs den politischen Status quo aufrecht. Seit den 60er-Jahren bekundet Nordkorea stets seine militärische Stärke. Sowohl Männer als auch Frauen müssen den Wehrdienst leisten.

bende Organ. De facto liegt die Macht in den Händen des 39 Mitglieder umfassenden Politbüros, das von der Partei der Arbeit ernannt wird und dem Vorsitzenden direkt untersteht.

Ethnisch ist die Bevölkerung homogen, es gibt nur eine kleine chinesische Minderheit. Chinesische Gelehrte beeinflussten über Jahrhunderte nachhaltig die koreanische Sprache. Nach der Teilung des Landes in den 40er-Jahren verbot die Regierung die chinesischen Schriftzeichen in der koreanischen Schriftsprache und führte ein neues Silbenschriftsystem ein.

Konfuzianismus und Buddhismus sind die traditionellen Religionen. Das kommunistische Regime unterdrückte zwar die christliche Religion, förderte aber Chondogyo, eine Religion, die im 19. Jh. entstanden war und die Elemente des Konfuzianismus, Buddhismus und des Christentums in sich vereint. Regierungsbehörden fördern die schönen Künste, Musik, Literatur und die Museen.

Nordkorea ist dünner besiedelt als sein

WIRTSCHAFT

Seit 1948 verfolgt die kommunistische Regierung das Ziel, Nordkorea von einem Agrarland in einen autarken Industriestaat umzuwandeln. Das ergeizige Ziel konnte nur begrenzt erreicht werden, es scheiterte auch am akuten Arbeitskräftemangel im Land.

Die Landwirtschaft wurde modernisiert und neu strukturiert, um die Erträge zu erhöhen, wobei die Privatwirtschaften praktisch abgeschafft und fast alle Bauern in Genossenschaften organisiert wurden, deren Erzeugnisse der Staat verteilte. Reis ist das wichtigste Nahrungsmittel, gefolgt von Hirse und anderen Getreidearten. Weiterhin werden Obst, Gemüse, Raps, Flachs und Baumwolle angebaut. Die Viehwirtschaft gewinnt an Bedeutung, und auch die Meeresfischerei ist inzwischen ein wichtiger Exportzweig.

Korea verfügt über bedeutende Eisenerzlagerstätten; mineralische Bodenschätze werden ausgeführt. Drei Fünftel der Elektroenergie erzeugen Wasserkraftwerke. Daneben besitzt Korea große Kohlevorkommen. Die verarbeitende Industrie produziert vor allem Maschinen für die Industrie und Landwirtschaft, Chemikalien und Zement. Die Industrie hängt jedoch nach wie vor vom Anlagen- und Brennstoffimport ab. Vor 1990 war die ehemalige Sowjetunion der wichtigste Handelspartner und Rohstofflieferant, heute muss das Land andere Quellen erschließen.

Wichtigstes Transportmittel ist die Eisenbahn, deren Streckennetz im Wesentlichen aus den Nord-Süd-Strecken im Flachland und den Küstengebieten besteht. Der Ausbau einer Ost-West-Verbindung wird durch die Gebirge erschwert. Frachtgut wird auch auf den Flüssen befördert. In der Nähe von Pjöngjang liegt ein internationaler Flughafen.

Die Medien stehen unter Regierungskon-

Arbeit Koreas und den Gewerkschaften herausgegeben.

Das staatliche Gesundheitswesen ist gut ausgebaut und sichert eine kostenlose medizinische Betreuung. Staatliche Sozialversicherungen gewährleisten eine Grundversorgung. Die Wohnverhältnisse haben sich seit den 50er-Jahren erheblich verbessert. Die Schulbildung ist kostenlos und Schulpflicht besteht für 5- bis 16-Jährige. Hoch- und Berufsschulen bieten weiterführende Ausbildungen an, wobei sie die Studien- und Lehrpläne auf die Anforderungen des Arbeitsmarktes ausrichten.

LANDESDATEN – NORDKOREA

Fläche 122 400 km²

Klima	**Höhe** m	**Temperaturen Januar** °C	**Temperaturen Juli** °C	**Jährlicher Niederschlag** mm
Pjöngjang (Pyongyang)	27	-8	24	916

Geografische Merkmale höchster Berg: Baitoushan (Paektusan-Gebirge) 2744 m; längster Fluss: Yalu Jiang 810 km

Einwohnerzahl (1994) 23 Millionen

Staats- und Regierungsform Einparteiensystem; Republik; ein gesetzgebendes Organ

Streitkräfte Heer 1 Mio.; Marine 46 000; Luftwaffe 82 000

Größte Städte Pjöngjang (Hauptstadt – 2,7 Mio. Einw.); Hamhung (775 000); Chongjin (754 000)

Offizielle Landessprache Koreanisch

Bevölkerungsgruppen Koreaner 99,8%; Chinesen 0,2%

Religionen nicht Religiöse 67,9%; Naturreligionen 15,6%; Chondogyo 13,9%; Buddhisten 1,7%; Christen 0,9%

Währung 1 Nordkoreanischer Won = 100 Chon

Bruttosozialprodukt (pro Kopf 1993) US-$ 1390

Lebenserwartung Männer 66,7; Frauen 73,0 Jahre

Ressourcen Eisenerz, Kupfer, Blei, Zink, Kohle, Gold, Silber, Uran, Mangan, Erdöl, Wasserkraft, Reis, Fischereiprodukte

Südkorea

REPUBLIK KOREA

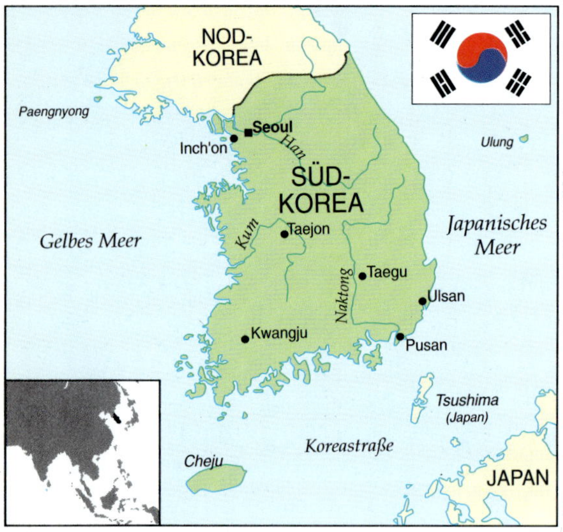

SÜDKOREA UMFASST DIE SÜDHÄLFTE DER Koreanischen Halbinsel und die Insel Cheju-do südwestlich vom Festland im Gelben Meer.

GEOGRAFIE

Südkorea ist durch zerklüftete und gebirgige Landschaften gekennzeichnet. Die Bevölkerung lebt in den wenigen Tieflandgebieten auf engem Raum.

Südkoreas Ostküste verläuft verhältnismäßig gerade. Parallel zur Küste erstreckt sich das Taebaek-Gebirge von Nord nach Süd, in dem mehrere nach Westen strömende Flüsse entspringen, darunter der Han und der Naktong. Im dichtbesiedelten Han-Becken liegen im Nordwesten die Hauptstadt Seoul und Südkoreas wichtigster Hafen Inchon und von dort aus fließt der Han nach Norden und mündet schließlich an der nordkoreanischen Grenze ins Meer.

Die West- und Südküsten sind ein Labyrinth von Inseln und Kanälen. Die vielen Buchten und Fjorde begünstigen die großen Pegelunterschiede der Gezeiten und betragen bei Inchon bis zu 9 m. Die höchste Erhebung Südkoreas ist der erloschene Vulkan Hallasan – mit einem Kratersee –, der auf 1950 m ansteigt und auf der Insel Cheju-do liegt.

Im Winter herrscht ein kaltes und trockenes Klima mit sehr niedrigen Temperaturen im Landesinnern. In den Küstengebieten, besonders im Süden, ist das Klima milder. Im Sommer drehen die Winde auf Südost und bringen warme und sehr feuchte Luft vom Pazifik. Die höchste Niederschlagsmenge fällt in der Sommermonsunzeit von Juni bis September. Am stärksten regnet es im Süden und weniger im Windschatten der Gebirge. So-

„Land der Morgenruhe" ist eine traditionelle Bezeichnung für Südkorea und kennzeichnet die Landschaft im Südwesten. Diese Bilder täuschen über das rasante industrielle Wachstum seit den 60er-Jahren und die Bevölkerungsdichte hinweg, die höher ist als in Japan.

bald der Sommer in den Herbst übergeht können Taifune auftreten.

Ungefähr zwei Drittel der Landesfläche Südkoreas sind bewaldet und entlang der südlichen Küste finden sich noch subtropische Wälder; die übrigen Gebiete wurden mit Nadelbäumen aufgeforstet. Die Lebensräume vieler Tierarten wurden zerstört. Es gibt noch Wildschweine und Hirsche, Bären, Luchse, Tiger und Leoparden kommen jedoch nur noch vereinzelt vor.

KULTUR UND GESELLSCHAFT

Seit seiner Gründung im Jahr 1948 hatte Südkorea viele Verfassungen und wurde über lange Perioden von wechselnden Militärs regiert. Die Verfassung von 1987 räumt größere demokratische Freiheiten ein und formuliert die Wiedervereinigung mit dem Norden als eine langfristige Möglichkeit.

Korea wurde bereits im 7. Jh. n. Chr. ein selbständiger Staat, doch seit dem 14. Jh. wird seine Geschichte maßgeblich durch die beiden mächtigen Nachbarn Japan und China bestimmt.

1910 annektierten die Japaner das Land, die nach ihrer Niederlage im Zweiten Weltkrieg wieder vertrieben wurden. 1945 erfolgte die Teilung der Halbinsel entlang des 38. Breitengrades in eine nördliche Zone, die sowjetische Truppen besetzten, und in eine südliche, die US-Streitkräfte kontrollierten. Im Süden wurde nach den Wahlen 1948 unter der Präsidentschaft von Syngman Rhee (1875-1965) die Republik Korea gebildet und kurze Zeit später gründeten die Nordkoreaner die Volksrepublik Korea. 1950 marschierten nordkoreanische Truppen in den Süden ein und versuchten, die Halbinsel gewaltsam wiederzuvereinen. Daraufhin brach der Korea-Krieg (1950-1953) aus, in dem die USA Südkorea auf der Grundlage eines UNO-Mandats militärisch unterstützten.

Nach dem Krieg unterband Präsident Rhee alle Versuche, die parlamentarische Demokratie einzuführen, und ernannte sich 1954 zum Staatspräsidenten auf Lebenszeit. Seine vierte Wiederwahl 1960 führte zu großen Unruhen, die ihn zwangen, das Land zu verlassen. Die zweite Republik, die sich auf ein parlamentarisches System stützte, fiel neun Monate später durch einen Militärputsch unter Generalmajor Park Chung Hee (1917-1979). Park Chung Hee, der den Vorsitz des Obersten Rates der Nationalen Erneuerung (ORNE) übernahm, begründete 1963 nach seiner Wahl zum Staatspräsidenten die dritte Republik. Die neue Verfassung räumte dem

det. 1981 wurde Chun Doo Hwan (* 1931) Staatspräsident und 1987 folgte ihm sein Vertrauter Roh Tae Woo (* 1932) ins Amt, der auf die andauernden Unruhen mit demokratischen Reformen reagierte. 1992 kam der Oppositionsführer Kim Young Sam (* 1927) an die Macht und kündigte an, die Reform- und Privatisierungspolitik fortzusetzen.

Die gegenwärtige Verfassung sieht eine aus einer Kammer bestehende Nationalversammlung mit 299 Abgeordneten vor, die für vier Jahre gewählt werden. Der Staatspräsident wird für fünf Jahre gewählt und regiert mit einem ernannten Staatsrat unter Leitung eines Ministerpräsidenten.

Die Koreaner sind eine homogene ethnische Gruppe und sprechen eine Sprache, die wahrscheinlich in Nordasien ihren Ursprung hat. Die Chinesen bilden die einzige Minderheit im Land. Die Schriftsprache beruht auf dem Chinesischen, wurde aber stark modifiziert, um sie der Sprachstruktur des Koreanischen anzupassen. Das moderne System (*Han'gul*) ist im Wesentlichen ein phonetisches Schriftsystem und einige gebildete Südkoreaner verbinden es auch mit chinesischen Schriftzeichen.

Buddhismus, Konfuzianismus, Christentum und Chondogyo (eine Religion, die im 19. Jh. entstand und die Elemente der drei führenden Religionen in sich vereinte) sind unter den zahlreichen religiösen Richtungen am weitesten verbreitet.

Südkorea ist dicht besiedelt und stark urbanisiert. Über zwei Drittel der Bevölkerung leben in Städten, ein Viertel davon allein in Seoul.

WIRTSCHAFT

Trotz staatlicher Förderung der Schwerindustrie stellten sich wirtschaftliche Erfolge, auch bedingt durch den Mangel an Bodenschätzen und hohe Importausgaben, nur begrenzt ein.

Seit dem Zweiten Weltkrieg hat sich die Effektivität der Landwirtschaft erhöht und die meisten Bauernwirtschaften befinden sich in Familienbesitz. Den Eigenbedarf an Reis, dessen Preis gestützt wird, deckt Südkorea nahezu selbst. Neben Seide und Tabak werden auch die in der Fischerei erzielten Überschüsse vorrangig exportiert. Trotz seiner begrenzten Bodenschätze führt Südkorea Eisenerz und Wolfram aus. Die geringwertigen Kohlevorkommen werden abgebaut, doch Erdöl und weitere Rohstoffe werden importiert. Die Mehrzahl der Kraftwerke ist ölbeheizt, es gibt aber auch Wasserkraftwerke. Die verarbeitende Industrie zählt zu den Wachstums-

LANDESDATEN – SÜDKOREA

Fläche 99 173 km^2

Klima	**Höhe**	**Temperaturen Januar**	**Juli**	**Jährlicher Niederschlag**
	m	°C	°C	mm
Seoul	86	-5	24	1258

Geografische Merkmale höchster Berg: Halla-san (auf der Insel Cheju-do) 1950 m; längster Fluss: Han 470 km

Einwohnerzahl (1994) 45 Millionen

Staats- und Regierungsform Mehrparteiensystem; Republik; ein gesetzgebendes Organ

Streitkräfte Heer 520 000; Marine 60 000; Luftwaffe 53 000

Größte Städte Seoul (Hauptstadt – 10,6 Mio. Einw.); Pusan (3,8 Mio.); Taegu (2,3 Mio.); Inchon (1,8 Mio.); Kwangju (1,1 Mio.)

Offizielle Landessprache Koreanisch

Bevölkerungsgruppen Koreaner 99,9%; sonstige 0,1%

Religionen Christen 48,6%; Buddhisten 47,4%; Konfuzianismus 3,0%; Schamanismus 0,2%; sonstige 0,8%

Währung 1 Südkoreanischer Won (W) = 100 Chon

Bruttosozialprodukt (pro Kopf 1993) US-$ 7660

Bruttoinlandsprodukt (1993) US-$ 330,831 Mrd.

Lebenserwartung Männer 67,4; Frauen 74,0 Jahre

Ressourcen Eisenerz, Wolfram, Kohle, Reis, Seide, Tabak, Fischereiprodukte

und Textilien. Hohe Zuwachsraten verzeichnet auch die Unterhaltungselektronik.

Verkehrsträger waren bis 1960 die staatseigenen Eisenbahnen, doch gegenwärtig wird der Personen- und Frachtverkehr vorrangig über das Straßennetz abgewickelt. In den Haupthäfen Pusan, Inchon und Cheju-do wurden die Umschlagskapazitäten erweitert. Unweit von Seoul (Kimpo) befindet sich ein internationaler Großflughafen. Der staatlich kontrollierte Koreanische Rundfunk- und Fernsehdienst ist für die Mehrzahl der ausgestrahlten Programme zuständig. Zeitungen befinden sich in Privatbesitz.

Das Gesundheitswesen ist teuer und zum großen Teil in Seoul und Pusan konzentriert. Wohnungen sind knapp. An Erkrankungen treten am häufigsten Tuberkulose, Lungenentzündung und Kinderkrankheiten auf. Die Fürsorge gewährt in begrenztem Umfang Leistungen für Kriegsopfer, alte Menschen und Obdachlose. Ein staatliches Rentensystem ist in Vorbereitung. Die meisten Kinder erhalten über sechs Jahre eine kostenlose Grundschulausbildung, die obligatorisch ist, und etwa drei Viertel von ihnen besuchen für

Australasien, die Pazifischen Inseln und die Antarktis

LÄNDER DER REGION

AUSTRALIEN · NEUSEELAND · PAPUA-NEUGUINEA · SALOMONEN
TUVALU · NAURU · KIRIBATI · FIDSCHI · VANUATU · TONGA
WESTSAMOA · PALAU · MARSHALLINSELN · MIKRONESIEN

SCHUTZGEBIETE IN DER REGION

GUAM · WAKEINSELN · MIDWAYINSELN
JOHNSTON-ATOLL · NÖRDLICHE MARIANEN
AMERIKANISCH-SAMOA · NEUKALEDONIEN · WALLIS UND FUTUNA
FRANZÖSISCH-POLYNESIEN · ANTARKTIS

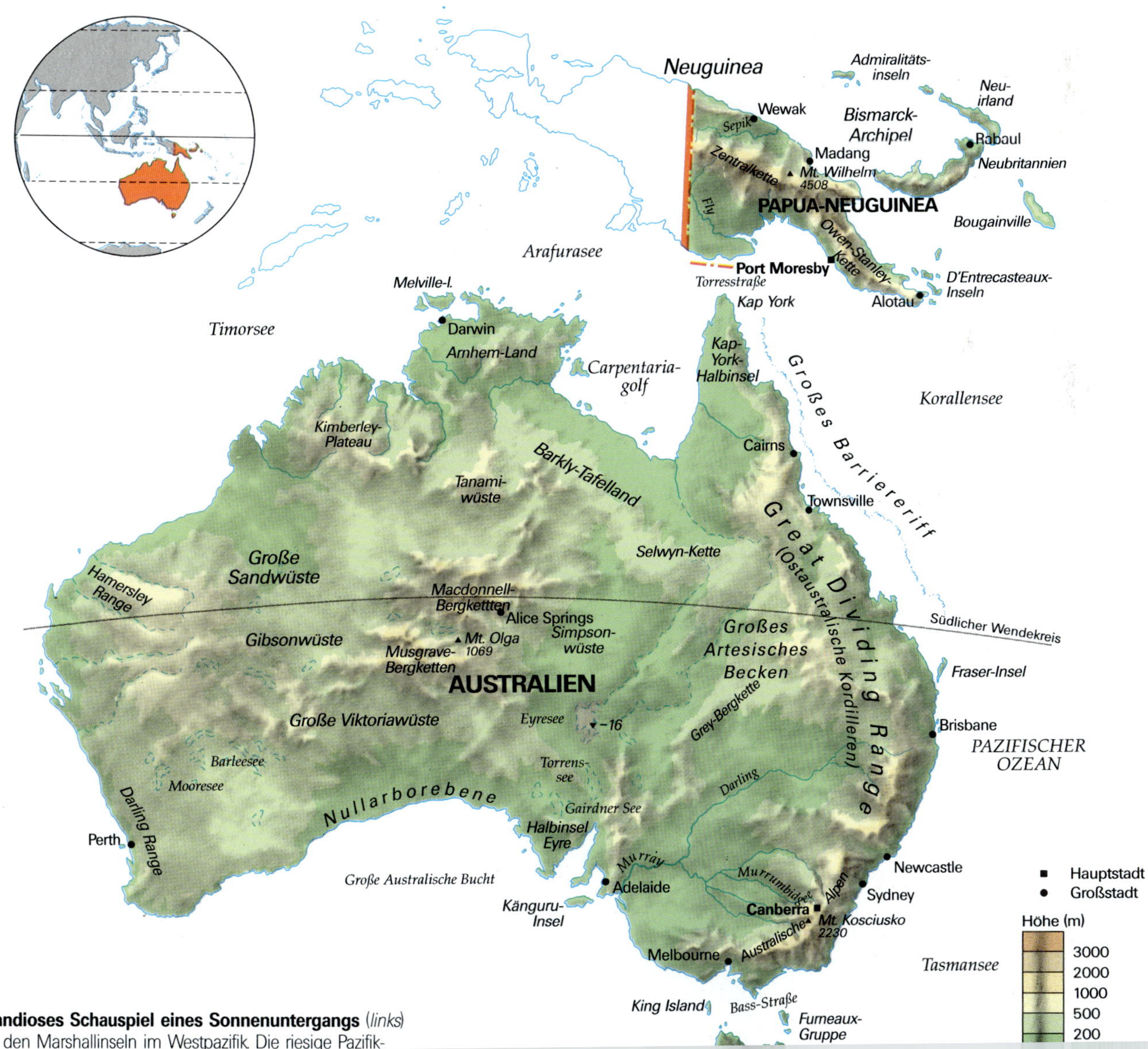

Grandioses Schauspiel eines Sonnenuntergangs (*links*) auf den Marshallinseln im Westpazifik. Die riesige Pazifik-

Australien

AUSTRALISCHER BUND

AUSTRALIEN IST EINE FÖDERATION, DIE aus sechs Bundesstaaten, zwei Festlandsterritorien, der Insel Tasmanien und zahlreichen kleineren Inseln besteht. Australien gliedert sich in die Bundesstaaten Queensland, Neusüdwales, Victoria, den Inselstaat Tasmanien, Südaustralien und Westaustralien. Die Festlandsterritorien liegen im Landesinnern und umschließen das Nordterritorium (nördliches Zentralaustralien) und das Hauptstadtterritorium im südöstlichen Neusüdwales. Nur wenige der vielen Inseln sind bewohnt.

Australien ist einer der bedeutendsten Rohstofflieferanten der Welt, wobei das rohstoffarme Japan einer der Hauptabnehmer ist. Australiens verarbeitende Industrie stand unter einem enormen Wettbewerbsdruck seiner südostasiatischen Nachbarn.

GEOGRAFIE

Der Inselkontinent Australien liegt zwischen dem Indischen Ozean, der Tasmansee und der Korallensee. Seine Landesfläche entspricht annähernd der der USA (ohne Alaska und Hawaii). Insgesamt hat der Kontinent zwar sehr wenige Gebirge, doch gleichzeitig ist er der trockenste Erdteil; fast ein Drittel seiner Gesamtfläche nehmen Wüsten und große Trockengebiete ein.

Land und Klima

Australien gliedert sich in drei geografische Hauptgebiete: Der Westaustralische Schild umfasst mehr als die Hälfte des Landes; das zentralöstliche Tieflandgebiet und die Ostaustralischen Kordilleren (Great Dividing Range). Der Westaustralische Schild ist mit Ausnahme des Kimberley Plateaus und des Arnhem-Landes unweit der nördlichen Küste, sowie der Macdonnell- und der Musgrave-Bergkette in der Mitte des Kontinents eher gleichförmig. Er steigt nahe der Westküste an und fällt sanft nach Osten zum „roten Zentrum" hin wieder leicht ab, das seinen Namen der Farbe der rotbraunen Erde verdankt. Zwischen dem Rand des Westaustralischen Schildes und der Musgrave-Bergkette liegt einer der berühmtesten Inselberge der Welt: Der Ayers Rock, auch unter dem Namen „Uluru" (in der Sprache der Aborigines)

Ayers Rock (*oben*), auch Uluru genannt, ist ein 600 Millionen Jahre alter Felsen, der sich in der roten Wüste südwestlich von Alice Springs im Nordterritorium erhebt. Mit einer Höhe von mehr als 300 m und einer Ausdehnung von 10 km ist er der eigenartigste Monolith der Erde.

Im Mallee-Buschland in Westaustralien (*unten*) wachsen etwa 100 verschiedene Eukalyptusarten und andere für Trockengebiete typische Pflanzen. Obwohl häufige Waldbrände die Vegetation immer wieder vernichten, treiben die Bäume aus ihren Wurzeln neu aus.

bekannt, hat eine Fläche von 10 km und eine Höhe von über 300 m; er wechselt im Sonnenlicht die Farbe. Das zentrale östliche Tiefland (Mittelaustralisches Tiefland) besteht aus drei artesischen Becken – von denen jedes ein großer unterirdischer Wasserspeicher ist – und die von Hochlandketten getrennt werden. Das größte Becken ist das Eyrebassin, dessen Wasser in den Eyresee, der in seinem südwestlichen Teil liegt, abfließt. Das Murray-Darling-Bassin, das kleinste aller drei Becken, wird von Australiens längsten und wirtschaftlich wichtigsten Flüssen, dem Murray und seinem Nebenfluss, dem Darling, durchzogen.

Östlich der zentralen Tieflandzone steigt das Land zur Great Dividing Range an und fällt dahinter steiler zu den Küstenebenen ab, in denen mehr als die Hälfte der australischen Bevölkerung lebt. Das Gebirge verläuft vom nördlichen Queensland bis zur Südküste von Victoria immer parallel zur Küste und kommt auf Tasmanien wieder zum Vorschein. Zu dieser Kette (den Snowy Mountains) gehören die höchsten Erhebungen der Australischen Kordilleren, die im Südosten über 2000 m hochragen. Im Süden erhebt sich die Great Dividing Range zu den Blue Mountains westlich von Sydney, die in ihrem weiteren Verlauf im Nordosten nahe der Stadt Cairns wieder die Küste erreichen. Parallel zur Nordostküste liegt vor Queensland die größte Korallenbank der Welt, das Große Barriereriff. Es erstreckt sich über etwa 2300 km bis nach Papua-Neuguinea. Australiens Festland ist in geologischer Hinsicht verhältnismäßig stabil. Zu seinen Inselgebieten gehören jedoch viele Inseln jüngeren vulkanischen Ursprungs.

Das Klima variiert von tropisch bis gemäßigt. In den Gebirgen des Südostens und Tasmaniens ist es am kältesten, hier befinden sich die einzigen Orte mit regelmäßigem Schneefall im Winter. Januar und Februar sind in der Regel die wärmsten Monate, wobei sich die Sommerjahreszeit nach Norden hin verlängert. Der äußerste Norden ist dem Äquator am nächsten gelegen und hat das ganze Jahr über hohe Temperaturen. Die meisten Gebiete in der Mitte und im Westen haben Wüsten- oder Halbwüstencharakter und ausgedehnte Trockenperioden. Im Umland des Eyresees kann die jährliche Regenmenge weniger als 150 mm betragen. Im Unterschied dazu haben die nördlichen Küstengebiete und Nordostaustralien ein feuch-

Das Große Barriereriff erstreckt sich über 2300 km vor der Küste von Queensland. Es ist der Lebensraum einer artenreichen und bunten maritimen Welt. Eine farbenprächtige Molluske – oder Seeschnecke – sitzt auf einer Koralle. Das Riff ist eine beliebte Touristenattraktion in Australien.

Die Kokosinseln

Der Engländer Alexander Hare gründete 1826 auf einer Koralleninselgruppe im Indischen Ozean, etwa 1200 km südwestlich von Java, eine kleine Kolonie. Im folgenden Jahr holte der Schotte Georg Clunies-Ross († 1854) Malaien auf die Inseln und gründete eine weitere Kolonie. Auf den beiden Atollen, auch als Keeling-Inseln bekannt, wuchsen Kokospalmen, die Clunies-Ross zur Kopragewinnung nutzte. Er blieb dort und auch seine Nachkommen wohnten bis 1978 auf den Inseln.

Alexander Hare kehrte bereits 1831 nach Königin Victoria (1819-1901) sie an George Clunies-Ross und seine Erben zur immer währenden Nutzung. Die Interessen der britischen Krone wurden ab 1903 von Singapur und während des Zweiten Weltkrieges von Ceylon (heute Sri Lanka) aus wahrgenommen. 1955 gingen die Hoheitsrechte auf die australische Regierung über. 1978 erwarb Australien die Anteile der Familie Clunies-Ross mit Ausnahme des Wohnsitzes und dem dazugehörenden Grundbesitz und damit wurden sie zu einem äußeren Territorium Australiens.

Heute bringen die Nachfahren der einstigen Arbeiter, die auch „Kokosinsulaner“

LANDESDATEN – AUSTRALIEN

Fläche 7 682 300 km²

Klima	Höhe	Temperaturen Januar	Juli	Jährlicher Niederschlag
	m	°C	°C	mm
Darwin	27	28	25	1661
Alice Springs	548	28	12	252
Sydney	42	22	12	1214

Geografische Merkmale höchster Berg: Mount Kosciusko 2230 m; tiefster Punkt: Eyresee -16 m; längster Fluss: Murray-Darling 3780 km

Einwohnerzahl (1994) 18 Millionen

Staats- und Regierungsform Mehrparteiensystem; Bundesrepublik; zwei gesetzgebende Organe

Streitkräfte Heer 30 300; Marine 15 700; Luftwaffe 22 300

Größte Städte Sydney (3,7 Mio. Einw.); Melbourne (3 Mio.); Brisbane (1,3 Mio.); Perth (1,2 Mio.); Adelaide (1 Mio.); Newcastle (429 000); Canberra (Hauptstadt – 310 000)

Offizielle Landessprache Englisch

Bevölkerungsgruppen Australier europäischer Herkunft 94,5%; Asiaten 4,0%; Aborigines 1,5%

Religionen Katholiken 26,0%; Anglikaner 26,1%; andere christliche Religionsgemeinschaften 24,3%

Währung 1 Australischer Dollar ($A) = 100 Cents (c)

Bruttosozialprodukt (pro Kopf 1993) US-$ 17 500

Bruttoinlandsprodukt (1993) US-$ 289,390 Mrd.

Lebenserwartung Männer 74,5; Frauen 80,1 Jahre

Ressourcen Kohle, Eisenerz, Kupfer, Blei, Bauxit, Silber, Uran, Blei, Gold und andere Mineralien, Diamanten, Opale, Erdgas, Erdöl, Getreide, Fleisch, Milchprodukte, Wolle, Wein, Tourismus

tes monsunartiges Klima. Die nordwestlichen und die Ostküsten sind von Überschwemmungen und gelegentlichen Zyklonen betroffen. Entlang der Nord- und der Südostküste und in Tasmanien liegt die jährliche Regenmenge über 2000 mm. Der von relativ starken Regenfällen gespeiste Murray und seine Nebenflüsse im Südosten liefern Wasser für den größten Teil des bewässerten Ackerlandes Australiens. Das vielerorts vorhandene Grundwasser sichert den Wasserbedarf der Haushalte und wird vor allem im Landesinneren auch zum Tränken des Viehs genutzt.

Flora und Fauna

Ursprüngliches Waldland ist hauptsächlich an den nördlichen und östlichen Küsten sowie entlang der Flussläufe zu finden. Weit verbreitet sind der Eukalyptus und die Akazie. Im Landesinnern gehen die trockneren Landschaften in Strauch- und Grasland und schließlich in Wüsten über.

Große Gebiete ursprünglicher Vegetation wurden gerodet, um fremde Arten zu pflanzen, während große Waldgebiete zur Gewinnung von Ackerland oder von Baumaterial abgeholzt wurden. In weiten Teilen des Kontinents gehen die einheimischen Pflanzenarten durch die Weidewirtschaft und das Vordringen neuer Vegetationsformen, die vor allem mit den Siedlern aus Europa nach Australien kamen, zurück.

Die meisten einheimischen Säugetiere sind Beuteltiere – darunter Kängurus, Koalas, Beutelmaulwürfe und -ratten –, die ihre Jungen im embryonalen Stadium gebären, die sich dann in schützenden Brutbeuteln weiter entwickeln. Noch ungewöhnlicher sind die Monotreme – die Schnabeltiere und Ameisenigel oder die stachligen Ameisenfresser –, die Eier legen und ihre Jungen säugen. Die meisten Vogelarten sind einheimischer Herkunft, einschließlich des Emus, der nicht fliegen kann, und der australische Eisvogel (Kookaburra). Die einheimische Pflanzen- und Tierwelt leidet unter der Verdrängung durch die Arten, die mit den Europäern nach Australien kamen. Der Dingo, eine wilde Hundeart, ist das einzige Tier, das die Aborigines eingeführt haben. In Australien leben viele Giftschlangen- und -spinnenarten.

Die Felsgravuren der Aborigines (*unten*) im Mootwingee-Nationalpark in Neusüdwales stellen Tiere und Jagdszenen dar. Diese Darstellungsform wird im Unterschied zu anderen künstlerischen Techniken von den Eingeborenen nicht mehr praktiziert.

KULTUR UND GESELLSCHAFT

Australiens Ureinwohner, die Aborigines, kamen wahrscheinlich vor etwa 50 000 Jahren aus Südostasien. Ihre Jäger- und Sammlergesellschaft wirkte sich kaum auf die Ökologie des Erdteils aus. Heute, zwei Jahrhunderte nach der europäischen Besiedlung des Kontinents, hat sich die Umwelt unwiderruflich verändert.

Geschichte

Es erscheint wahrscheinlich, das die Aborigines das erste der verschiedenen asiatischen Völker waren, die Australien entdeckten. Im

Kapitän James Cook (1728-1779), der britische Seefahrer, wurde auch für seine gezeichneten Karten unerforschter Gewässer berühmt. Während seiner ersten Pazifikreise (1768-1771) entdeckte und benannte er Neusüdwales und nahm Ostaustralien für die Britische Krone in Besitz.

Sydney, Neusüdwales, (*unten*) war Mitte des 19. Jh. eine blühende Stadt, als Thomas Baines (1822-1875) diesen Blick von der Nordküste aus malte. 1788 als Verbannungsort gegründet, ist Sydney heute die größte australische Stadt.

März 1606 betrat der niederländische Kapitän Willem Janszoon als erster Europäer an der Westseite der Kap-York-Halbinsel australischen Boden. Ein paar Monate nach Janszoon segelte Luis Vaez de Torres durch die Meerenge, die noch heute seinen Namen trägt. Mit größter Wahrscheinlichkeit gelang es ihm aber nicht, Australien zu erreichen. Erst die ihm folgenden niederländischen Entdecker fertigten von der Region Karten an. Abel Janszoon Tasman (etwa 1603-1659), der die Insel 1642 entdeckt hatte, nannte sie zunächst Van-Diemens-Land und 1855 erhielt sie den Namen Tasmanien. Erst der britische Seefahrer James Cook (1728-1779), der 1770 in der Botany Bay anlegte und sie wegen ihrer Blütenpracht so bezeichnete, setzte die Erforschung des neuen Erdteils fort.

In jener Zeit wurden britischen Verbrecher zur Strafe und Abschreckung nach Amerika verbannt, aber nach dem Ausbruch des Amerikanischen Unabhängigkeitskrieges (1775-1783) suchte man in Großbritannien nach einer neuen Strafkolonie. Die britische Regierung sah dafür zunächst die Botany Bay und später das nördlich gelegene Port Jackson vor, aus dem sich das heutige Sydney, Australiens größte Stadt, entwickelte. Auch Tasmanien, Queensland, Victoria und Westaustralien dienten anfangs als Strafkolonien. Die Verbannung der Verurteilten nach Australien endete erst 1868.

In den 30er-Jahren des 19. Jh. führte der Aufschwung der Schafzucht zur Vertreibung der Aborigines aus den Gebieten ihrer Vorfahren. 1851 und 1852 lockte der Goldrausch, hervorgerufen durch die Entdeckung großer Goldvorkommen in Neusüdwales und Victoria wieder neue Einwanderer ins Land. 1854 kam es bei Ballarat in Victoria nach Protesten gegen die Erhöhung der Minenlizenzen und das eingeschränkte Wahlrecht zu Zusammenstößen zwischen Bergarbeitern und dem Militär. 1901 schlossen sich die sechs selbstverwalteten Kolonien zu einer Föderation, dem Australischen Bund mit einem Parlament in Melbourne, zusammen. 1911 wurde das Territorium um Canberra, der neuen Bundeshauptstadt, aus Neusüdwales ausgegliedert und 1927 trat hier das Parlament zum ersten Mal zusammen.

Im Ersten Weltkrieg kämpften australische Truppen auf britischer Seite. Wie Großbritannien litt auch Australien in den 30er-Jahre be-

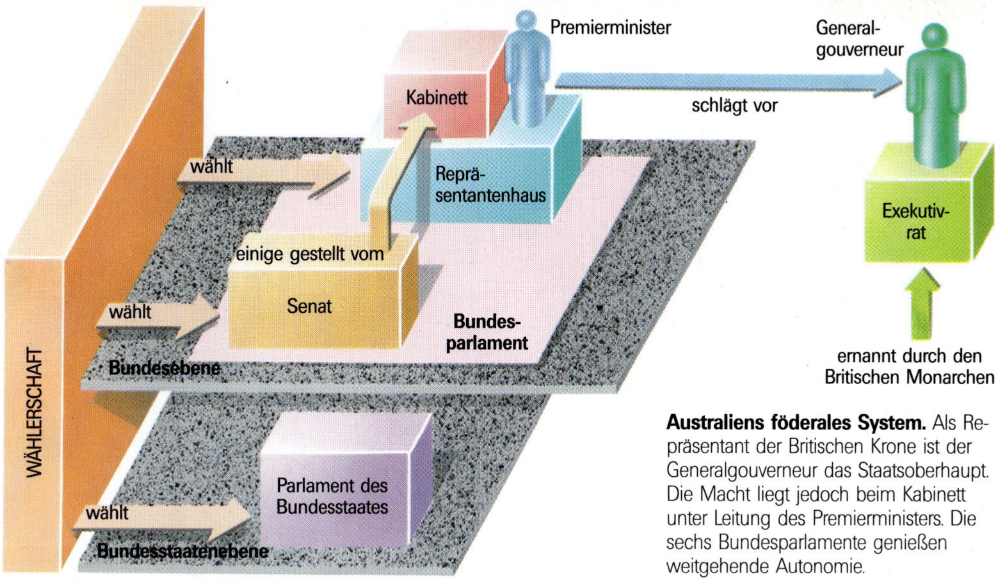

Australiens föderales System. Als Repräsentant der Britischen Krone ist der Generalgouverneur das Staatsoberhaupt. Die Macht liegt jedoch beim Kabinett unter Leitung des Premierministers. Die sechs Bundesparlamente genießen weitgehende Autonomie.

Die Norfolkinsel

1774 entdeckte Kapitän James Cook (1728-1779) die unbewohnte Norfolkinsel und gab ihr ihren Namen. Ihn beeindruckten besonders die dort wachsenden Pinien und er nahm (fälschlich) an, dass sie sich gut für den Bau von Schiffsmasten eignen. 1600 km östlich von Neusüdwales gelegen, kamen erstmalig 1788 britische Soldaten und Strafgefangene auf die Insel. Zwischen 1825 und 1856 war sie ein Ort des Elends und der Brutalität – ein Staatsgefängnis für hart gesottene Verbrecher. Danach spielte sich auf Norfolk die Schlussszene des Dramas ab, das fast 70 Jahre zuvor mit der Meuterei auf der *Bounty* seinen Anfang genommen hatte.

Im April 1789 setzte eine Gruppe Meuterer unter ihrem Anführer Fletcher Christian (Daten unbekannt) den Kapitän mit einigen Männern der Besatzung mitten im Pazifischen Ozean in einem Beiboot aus. Die meisten Meuterer blieben auf der nahe gelegenen Insel Tahiti, einige von ihnen samen Wüsteninsel Pitcairn anzusiedeln. 18 Jahre andauernde Gewalttätigkeit und Krankheiten überlebten nur ein Europäer und einige Tahitianer. 1856 wurden alle Einwohner, damals waren es 194 Männer, Frauen und Kinder, auf der Norfolkinsel angesiedelt. Etwa ein Drittel der heutigen Inselbewohner stammen von ihnen ab. Heute ist die ehemalige Strafkolonie ein blühender Touristenort.

Jährlich besuchen über 20 000 Touristen die Insel und bringen Devisen ein. Weitere Einnahmequellen sind die Herausgabe von Briefmarken, der Spirituosenverkauf und Finanzdienstleistungen. Ein Exportschlager sind auch die Pinienkerne (der Norfolk-Pinie).

Dem Gesetz über die Norfolkinsel von 1979 folgend, ist sie ein äußeres Territorium Australiens, dass von einer neun Mitglieder zählenden Abgeordnetenversammlung verwaltet wird. Für Kinder von 6 bis 15 Jahren ist die Schulbildung kostenlos und obligatorisch, ihre Lehrer kommen aus Australien. Ein kleines Kranken-

sonders hart unter den Auswirkungen der Weltwirtschaftskrise. Im Zweiten Weltkrieg schloss sich Australien wieder Großbritannien an. Nach dem japanischen Angriff auf den amerikanischen Flottenstützpunkt Pearl Harbor/Hawaii 1941 führte der lange und erbitterte Kampf um die Kontrolle über den Pazifik zu einer Annäherung zwischen Australien und den USA. Nach dem Krieg nahm der Export von Agrarprodukten zu und viele Städte erblühten in neuem Wohlstand. Mit den Einwanderungswellen aus Europa löste sich Australien allmählich aus den engen Bindungen an Großbritannien. Die Rassenvorurteile gegen die Aborigines blieben weiter bestehen. Erst 1962 erhielten sie das volle Wahlrecht und ab 1971 wurden sie bei Volkszählungen berücksichtigt.

Regierungsform

Das Regierungssystem besteht aus dem Bundesparlament, sechs Landesparlamenten und etwa 900 örtlichen Vertretungen. Das Bundesparlament in Canberra setzt sich aus dem Oberhaus (Senat) und dem Unterhaus (Repräsentantenhaus) zusammen. In das Kabinett, das vom Premierminister geführt wird, können Mitglieder aus beiden Kammern berufen werden. 1983 wurden 77 Senatoren für sechs Jahre und 148 Abgeordnete des Repräsentantenhauses für drei Jahre gewählt.

Wahlpflicht besteht ab 18 Jahre. Seit 1978 verwaltet sich das Nordterritorium selbst; das Hauptstadtterritorium, zu dem auch Canberra gehört, zog 1989 nach. Australien ist zwar ein unabhängiger Staat, aber weiterhin Mitglied des Commonwealth.

Bevölkerung

Die meisten Australier stammen von Europäern ab und viele sind die Nachkommen britischer Siedler. Die Aborigines machen 1,5 % der Bevölkerung aus; 5,35 % der Einwohner sind entweder gebürtige Asiaten oder asiatischer Abstammung. Nach dem Zweiten Weltkrieg stieg durch ein Einwanderungsgesetz die Bevölkerungszahl an. Vorrangig kamen Europäer ins Land. Erst 1973 beendete die australische Regierung die Einwanderungspolitik „weißes Australien". Die schlechten Lebensbedingungen, unter denen die Aborigines leben, verstärkten ihr Misstrauen gegen die von Weißen beherrschte Gesellschaft. 1976 erkannte die Bundesregierung die berechtigten Ansprüche der Aborigines auf ihre angestammten Gebiete an und sicherte ihnen in Teilen der Nordterritorien freien Grundbesitz zu. Seitdem haben auch andere Staaten begonnen, diesem Beispiel zu folgen. Fast alle Australier sprechen Englisch. Die 260 Sprachen der Aborigines sind bis auf wenige ausgestorben. Vorherrschende Religion ist das Christentum.

Der Kamelzug (*oben*), auch scherzhaft „Ghan" genannt, verdankt seinen Namen den afghanischen Kamelreitern, die früher die australische Wüste erkundeten. Heute verläuft die vom Bund verwaltete transaustralische Eisenbahnstrecke von Port Augusta nördlich von Adelaide durch die Simpson-Wüste nach Alice Springs im Nordterritorium. Insgesamt verfügt Australien über 40 000 km Eisenbahnstrecken.

Herefordrinder auf einer Auktion in Queensland (*rechts*). Australien ist ein Großexporteur von Rindfleisch (hauptsächlich in die USA); allein der Bundesstaat Queensland verfügt über Weideflächen für etwa die Hälfte der 22 Miillionen Rinder. Die Herefordrinder werden im mittleren und nördlichen Queensland gern gehalten, doch die Veterinäre versuchen neuen Arten, die für die australischen Bedingungen besonders geeignet sind, zu züchten.

Die Schafschur (*unten*) wird üblicherweise als Auftragsarbeit ausgeführt. Eine Gruppe von etwa 18 Männern zieht in der Saison von Ort zu Ort. Im Durchschnitt schert jeder Scherer 25 Schafe am Tag und zur Gruppe gehören u. a. ein Koch, ein Wollklassifizierer und Hilfsarbeiter für alle anderen anfallenden Arbeiten.

WIRTSCHAFT

Australien verdankt seinen Reichtum der Landwirtschaft und den umfangreichen mineralischen Bodenschätzen. Mit dem Aufbau der verarbeitenden Industrie seit dem Zweiten Weltkrieg verwertet Australien seine Bodenschätze selbst.

Landwirtschaft

Ein großer Teil der Anbaufläche dient als Weideland und ist für den Ackerbau ungeeignet. Zudem tritt häufig Wasserknappheit auf. Neue Anbaumethoden und eine umfassende Mechanisierung führten dazu, dass die Erträge seit 1950 um mehr als 150 % gesteigert werden konnten.

In den Küstengebieten von Queensland wird hauptsächlich Zuckerrohr und im Südosten und Südwesten Weizen angebaut. Günstige klimatische Bedingungen, vornehmlich in Südaustralien und Neusüdwales, ermöglichen den Anbau vieler Obstarten und Weinkulturen. Fast ein Drittel der Gesamtfläche wird für die Schafhaltung genutzt; Australien ist der führende Wollproduzent der Welt. Für die Rindermast werden die weiten Weideflächen vor allem in Queensland und Neusüdwales genutzt. Die Milchwirtschaft ist in den Küstengebieten von Neusüdwales und im südlichen Victoria konzentriert.

Die ausgedehnten Wälder in den östlichen Gebirgen, Tasmanien und Westaustralien liefern Nutzholz, das vor allem nach Japan exportiert wird. In Westaustralien und Tasmanien floriert der Fischfang.

Industrie

Australien besitzt die größten Eisenerz- und Bauxitvorkommen der Welt und ist führend im Uranabbau. In Neusüdwales und Queensland liegen große Kohlereserven. Erdöl und Erdgas werden vor der Küste von Victoria und im Nordosten von Südaustralien gefördert. Eisenerz und Kohle werden weltweit exportiert. Australien ist ein wichtiger Energielieferant für Japan. Der Großteil der Elektroenergie wird auf der Basis von Kohle und Erdgas erzeugt. Tasmanien sichert seinen Energiebedarf fast vollständig durch Wasserkraftwerke. Australien besitzt einen Atomreaktor, betreibt jedoch keine Atomkraftwerke.

Aufgrund des harten Wettbewerbs der südostasiatischen Industrien konzentriert sich seit Ende der 70er-Jahre der verarbeitende Sektor auf die Eisen- und Stahlproduktion, die Kfz-Herstellung, die Erdölverarbeitung und die Petrolchemie, die Textil- und Bekleidungsindustrie, die Elektrotechnik und Elektronik sowie den Landmaschinenbau. Die Tourismusbranche floriert besonders an der Pazifikküste.

Verkehr und Kommunikation

Etwa vier Fünftel des inländischen Frachtverkehrs wird auf der Straße befördert und in den Ausbau des Straßennetzes wird hoch investiert. Über 70 % der Australier leben in oder in der Nähe der sechs Großstädte (Sydney, Melbourne, Brisbane, Adelaide, Perth und Canberra).

Die Eisenbahn sichert neben dem Nahverkehr die Ferntransporte von Massengütern wie Mineralien und Getreide. Auf dem australischen Kontinent gibt es etwa 70 wirtschaftlich bedeutende Häfen, in denen meist die Waren und Güter für die Bundesstaaten oder für die Industrie- und Bergbauzentren umgeschlagen werden. Australiens Inlandfluglinien nutzen etwa 450 Flugplätze; die entlegenen Gebiete sind auf den Einsatz klei-

Segeln im Hafen von Sydney. Der Segelsport ist ein beliebter Zeitvertreib und in Australien sind über 150 verschiedene Segelbootstypen registriert. Der Sieg des Unternehmers Alan Bond mit seiner Yacht *Australia II* 1983 beim Amerika-Cup wurde landesweit gefeiert.

Australien hat eine lebendige und traditionsreiche freie Presse; das Konzept einer landesweiten Zeitung ist relativ neu. Die Australische Rundfunk- und Fernsehgesellschaft ist zwar unabhängig, wird aber von der Regierung finanziert. Weitere Radio- und Fernsehsender arbeiten auf kommerzieller Grundlage. Ein regionales nichtenglischsprachiges Rundfunk- und Fernsehnetz wird von der Regierung und durch Werbung finanziert.

Gesundheits- und Bildungswesen

Das Gesundheitswesen wird vorrangig vom Staat unterhalten. Die Krankenversicherung „Medicare" kann auf Antrag 85 % der Kosten für medizinische Leistungen übernehmen. Die Regierung finanziert gesonderte Gesundheitsprogramme für die Aborigines, die sie in Eigenverantwortung umsetzen. Der „Royal Flying Doctor Service", 1928 gegründet, gewährleistet die medizinische Betreuung in den entlegenen Gebieten.

Australien und Neuseeland führten bereits 1908 die staatlich gesicherten Altersrenten ein, und beide Länder übernahmen damit weltweit eine Vorreiterrolle. Heute werden noch weitergehende Leistungen für die Versicherten gewährt.

Der Unterricht ist bis zur Oberschule kostenlos und es besteht allgemeine Schulpflicht bis zum 15., in Tasmanien bis zum 16. Lebensjahr. Etwa zwei Drittel der Kinder besuchen staatliche Schulen. Für die Vorschulkinder stehen lokale Vorschuleinrichtungen

Neuseeland

NEUSEELAND

NEUSEELAND IST EIN INSELSTAAT IM SÜDwestpazifik, etwa 1600 km südöstlich von Australien. Zum Staatsgebiet gehören eine Anzahl kleinerer Überseegebiete im Pazifik, die Tokelau-, Niue- und die Cookinseln.

GEOGRAFIE

Das Kernland besteht aus zwei Inseln – der Nord- und der Südinsel (einschließlich der Stewartinsel) –, die durch die enge Cookstraße getrennt werden.

Das Land

Die Südinsel wird von den Neuseeländischen Alpen beherrscht. Die höchsten Gipfel liegen in der Mitte und der Mount Cook erhebt sich auf 3754 m; der Tasmangletscher ist der größte Gletscher Neuseelands und liegt an den Osthängen der Alpen. Im Südwesten, wo die Gebirge ans Meer stoßen, haben die gefluteten Täler schroffe Fjorde gebildet. Dort befindet sich Fjordland, Neuseelands größter Nationalpark. Die Schwemmlandebenen im Osten sind die einzigen Tieflandgebiete.

Die Gebirge der Nordinsel sind niedriger und stärker gegliedert. Die zentralen und östlichen Hochländer weisen eine beachtliche geothermische Aktivität auf – Geysire, heiße Quellen und mehrere Vulkane, von denen zwei ständig aktiv sind. Die Berghänge, Flussterrassen und vereinzelten Flachlandgebiete der Nordinsel haben das beste Ackerland des Landes. Die Hauptstadt Wellington und die nördliche Stadt Auckland wurden um große natürliche Häfen herum errichtet.

Klima

Neuseeland hat überwiegend gemäßigtes Seeklima mit über das ganze Jahr verteilten Niederschlägen. Die Sommer sind in den südlichen Gebirgen warm mit vielen Sonnentagen, während die Winter vor allem auf der Nordinsel mild sind; Schneefälle gibt es nur im Gebirge. Auf der Südinsel, insbesondere in den westlichen Gebirgen, die sich den vorherrschenden Winden entgegenstellen, fallen starke Niederschläge, während die geschützten östlichen Lagen wie die Canterbury-Ebene mitunter ungewöhnlich trocken sind.

Mount Cook und Mount Tasman, Neuseelands höchste Berge, beherrschen die Neuseeländischen Alpen. Der beeindruckende Wechsel zwischen schneebedeckten Bergen und tiefen, glasklaren Seen zeichnet die Landschaft der Südinsel aus.

Flora und Fauna

Weite Teile des Landes bedeckt immergrüner Regenwald. Neun Zehntel der einheimischen Pflanzen kommen, bedingt durch die isolierte Lage Neuseelands, nur auf den Inseln vor, darunter Kaurifichten, südliche Buchen und bestimmte Farne. Nur wenige Baumarten wurden eingeführt. Einst beherbergte dieser Lebensraum eine artenreiche einheimische Tierwelt, darunter seltene Vogel- und etwa 30 Reptilienarten. Zu den heute seltenen Reptilien gehört der Tuatera (eine Brückenechse), der als einziger seiner vor über 60 Mio. Jahren ausgestorbenen Gruppe überlebt hat.

Mit Ausnahme von Fledermäusen gab es bis zur Besiedlung des Landes keine Säugetiere, wodurch sich einige bemerkenswerte flugunfähige Vogelarten auf den Inseln entwickeln konnten, wie der Kiwi und Kakapo – die größte Papageienart auf der Erde. Ein anderer großer und seltener Papagei ist der Kea, der in den schneebedeckten Südalpen lebt. Heute ist eine Reihe von Tierarten auf den Inseln beheimatet, die von den Maori und europäischen Siedlern eingeführt wurden, darunter Katzen, Hunde, Ratten und Kaninchen, die die heimische Artenvielfalt bedrohen. Umweltschützer setzten durch, dass der neuseeländische Sattelrückenvogel auf den kleinen Inseln, auf denen er keine natürlichen Feinde hat, wieder heimisch gemacht werden konnte.

KULTUR UND GESELLSCHAFT

Im 19. und 20. Jh. übten die Briten einen maßgeblichen Einfluss auf Neuseeland aus. Heute demonstrieren die Neuseeländer ihre Eigenständigkeit.

Geschichte

Neuseeland wurde zwischen 800 und 1000 von den Moriori (Maori), die von den polynesischen Inseln kamen, entdeckt und besiedelt. Sie waren Bauern und ließen sich hauptsächlich auf der wärmeren Nordinsel nieder. Als erster Europäer betrat der niederländische Entdecker Abel Janszoon Tasman (etwa 1603-1659) die Insel, dem 1769/70 der britische Kapitän James Cook (1728-1779)

Tokelau

Auf den ersten Blick sind die Tokelauinseln, etwa 500 km nördlich von Samoa, ein üppiges grünes Land. Dichte Vegetation bedeckt die drei Korallenatolle – Fakaofo, Nukunono und Atafu – und jedes Atoll besteht aus vielen Eilanden. Diese gewundenen Korallensandstreifen sind nie länger als 5 km und höher als 5 m über dem Meeresspiegel. Und dennoch, trotz des üppigen Wachstums von Kokospalmen, Schrauben- und anderen Bäumen und Sträuchern gibt es auf den Inseln kein Süßwasser: der Boden ist zu porös. Das alles hat die Menschen nicht daran gehindert sich hier niederzulassen, seit die ersten Siedler, vermutlich auf Flößen, aus Samoa eintrafen.

Wie viele pazifische Insulaner lebte die Bevölkerung von Tokelau stets mit der Gefahr. Peruanische Sklavenjäger überfielen 1863 die Insel; Krankheiten brachen aus, die nur etwa 200 der Bewohner überlebten. 1889 entstand ein britisches Protektorat und 1948 kam das Gebiet zum Inselterritorium von Neuseeland. In der Vergangenheit wanderten viele Inselbewohner

Tokelau-Tänzer. Das winzige Inselterritorium besteht aus drei Korallenatollen, die insgesamt nur 10 km² Fläche einnehmen. Die etwa 1600 Inselbewohner sind Polynesier mit engen sprachlichen und kulturellen Bindungen an das benachbarte Samoa.

nach Samoa, in jüngster Zeit nach Neuseeland aus, heute ist die Bevölkerungzahl jedoch verhältnismäßig stabil. Tokelaus Wirtschaft exportiert in geringem Umfang Kopra und traditionelle Handwerkserzeugnisse; weiterhin werden Briefmarken herausgegeben und Münzen geprägt. Die

Die heftigen jahreszeitlichen Regenfälle spenden das lebensnotwendige Trinkwas-

LANDESDATEN – NEUSEELAND

Fläche 267 515 km²

Klima	**Höhe**	**Temperaturen Januar**	**Juli**	**Jährlicher Niederschlag**
	m	°C	°C	mm
Wellington	126	16	8	1300

Geografische Merkmale höchster Berg: Mount Cook 3764 m; größter See: Lake Taupo 606 km²

Einwohnerzahl (1994) 3,4 Millionen

Staats- und Regierungsform Mehrparteiensystem; konstitutionelle Monarchie; ein gesetzgebendes Organ

Streitkräfte Heer 4900; Marine 2500; Luftwaffe 3900

Größte Städte Auckland (885 000 Einw.); Wellington (Hauptstadt – 325 000); Christchurch (307 000); Hamilton (148 000); Dunedin (109 000); Palmerston (70 951)

Offizielle Landessprachen Englisch, Maori

Bevölkerungsgruppen Europäer 88,0%; Maori 8,9%; Polynesier 2,9%; sonstige 0,2%

Religionen Anglikaner 24,3%; Presbyterianer 18,0%; nicht Religiöse 16,4%; Katholiken 15,2%; Methodisten 4,7%; sonstige 21,4%

Währung 1 New Zealand Dollar (NZ$) = 100 Cents (c)

Bruttosozialprodukt (pro Kopf 1993) US-$ 12 600

Bruttoinlandsprodukt (1993) US-$ 43,699 Mrd.

Lebenserwartung Männer 72,7; Frauen 80,2 Jahre

Ressourcen Kohle, Lehm, Dolomit, Kalkstein, Erdgas, Wasserkraft, Wolle, Fleisch, Milchprodukte, Getreide, Gemüse, Obst, Wein, Holz, Tourismus

folgte. Später errichteten Walfänger und Händler aus Australien Stützpunkte auf den Inseln und nach ihnen kamen britische und französische Missionare. 1840 traten die Maorihäuptlinge ihre Souveränität an die Britische Krone ab und erhielten dafür britischen Schutz und Landrechte. Im darauf folgenden Jahr wurde Neuseeland eine britische Kronkolonie. Die Entdeckung großer Goldvorkommen zog in den 60er-Jahren des 19. Jh. tausende Einwanderer an. Auf der Nordinsel entstanden zwischen Siedlern und Maoris zunehmend Streitigkeiten über Bodenrechte, die zum Krieg führten, der den Widerstand der Maori 1870 endgültig brach.

Die Neuseeländer entwickelten ein wachsendes Nationalbewusstsein und 1907 erhielt die Kolonie den Status eines Dominions innerhalb des Britischen Empire. Neuseeland stand im Ersten Weltkrieg an der Seite Großbritanniens und war auch von den weltweiten Depressionen der 20er- und 30er-Jahre betroffen. Im Zweiten Weltkrieg kämpften neuseeländische Streitkräfte gemeinsam mit den Alliierten im Pazifik und in Europa, und es entwickelten sich freundschaftliche Beziehungen zu den anderen Staaten im Pazifik.

Obwohl Neuseeland weiterhin Mitglied des Commonwealth blieb, ging es Bündnisse mit den USA und einigen südostasiatischen Ländern ein. In den 70er- und 80er-Jahren verursachten die weltweite Energiekrise und der Rückgang im Handel mit Großbritannien eine wirtschaftliche Rezession. Ab 1984 verfolgte die von der Labour-Party geführte Regierung eine monetaristische Politik der Deregulierung des Marktes, verlor aber 1990 die Wahlen gegen die National-Party.

Regierungsform

Die Abgeordneten des Einkammerparlaments werden seit 1996 nach einem modifizierten Verhältniswahlrecht gewählt, das Elemente des bisher üblichen Mehrheits- mit dem Verhältniswahlrecht kombiniert. Danach hat jeder Wähler zwei Stimmen: eine für seinen Wahlkreiskandidaten und die zweite für die von ihm favorisierte Partei, wodurch auch kleinere Parteien ins Parlament einziehen können. Das Staatsoberhaupt ist der britische Monarch, der in Neuseeland durch einen Generalgouverneur repräsentiert wird.

Bevölkerung

Die Mehrzahl der Einwohner stammt von Europäern ab, hauptsächlich von Briten; die Maori sind eine größere Minderheit, deren Status sich in den letzten Jahrzehnten verbessert hat. Sie erhielten einige ihrer angestammten Ländereien vom Staat zurück. Neben Englisch ist ihre Sprache offiziell anerkannt. Weiterhin leben in Neuseeland Polynesier, Chinesen und Inder. Die Mehrheit der

Die Pitcairn-Insel

1790 landeten neun britische Seeleute mit zwölf tahitischen Frauen und sechs Männern auf Pitcairn, einer kleinen vulkanischen Insel im Pazifik, in der Mitte zwischen Neuseeland und Peru. Sie waren Meuterer der *Bounty* und hatten die meisten ihrer Kameraden in dem mehr als 2000 km entfernten Tahiti zurückgelassen.

Nach ihrer Ankunft verbrannten die Meuterer ihr Schiff und für die nächsten 18 Jahre war die kleine, etwa 5 km^2 große einsame Insel der Schauplatz von Gewalt, Mord und Krankheiten. Als eine Gruppe amerikanischer Walfänger 1808 auf die Überlebenden stieß, trafen sie nur noch auf einen Europäer und auf einige tahitische Frauen und ihre Kinder.

1856 brachte man die damaligen 194 Inselbewohner auf die Norfolkinsel vor der australischen Küste, 43 von ihnen kehrten jedoch später wieder nach Pitcairn zurück. Ihre Nachfahren leben heute in Adamstown, der einzigen Stadt auf der Insel mit knapp über 50 Einwohnern. Sie leben von der Subsistenzwirtschaft und von dem, was sie im Tausch gegen Briefmarken und Raritäten von Seeleuten erwerben können. Pitcairn ist ein von Großbritannien abhängiges Territorium. Der Gouverneur ist der britische Hochkommissar in Auckland, Neuseeland, dem ein aus zehn Mitgliedern bestehender Inselrat zur Seite steht.

Neuseeländer bekennt sich zum Christentum. Weiterhin existieren zwei Maorikirchen, die den traditionellen Maoriglauben aufgenommen haben. Maorikünste wie das traditionelle Handwerk sowie Musik und Tanz lebten wieder auf.

WIRTSCHAFT

In der ersten Hälfte des 20. Jh. gehörte Neuseeland zu den Ländern mit dem höchsten Lebensstandard in der Welt. In den letzten Jahrzehnten litt das Land erheblich unter dem Rückgang seiner Exporte in die Europäische Union (EU).

Das milde Klima begünstigt die Schafhaltung (*unten links*). Der Einsatz von Kühlschiffen 1882 brachte einen gewaltigen Aufschwung, da damit der lukrative britische Markt erschlossen wurde. Gegenwärtig werden etwa 70 Millionen Schafe gehalten – mehr als 20 pro Kopf der Bevölkerung.

Maori-Tätowierung (*unten*). Heute wird die Gesichtstätowierung (*Moko*) mit Farbe aufgetragen, ursprünglich wurde sie mit einem *Uhi*-Messer in die Haut eingeritzt. Das Messer wurde aus Menschen- oder Albatrosknochen geschnitzt. Mit *Moko* wurden auch die Oberschenkel, Gesäßbacken und die Hüften tätowiert.

Landwirtschaft und Fischerei

Die Landwirtschaft ist nach wie vor die Basis der Wirtschaft. Sie versorgt das Land mit allen Nahrungsmitteln und erwirtschaftet zudem erhebliche Überschüsse für den Export. Die Schafzucht ist der wichtigste Zweig und Lammfleisch und Wolle sind die Hauptexportgüter. Eine intensive Rinderhaltung ermöglicht die Fleisch- und Butterausfuhr. Weitere wichtige Exportgüter sind Getreide, Gemüse und Früchte sowie Erzeugnisse der Forstwirtschaft und Fischerei. Die Forstwirtschaft stützt sich dabei in erster Linie auf die eingeführte kalifornische Monterey-Kiefer, die als Ausgangsmaterial für die Papier- und Pulpeherstellung, für Nutzholz und Holzspäne genutzt wird – Produkte, die in großem Umfang exportiert werden.

Industrie und Handel

Der Schwerpunkt liegt auf der Verarbeitung landwirtschaftlicher Erzeugnisse und der Herstellung von Landmaschinen sowie Konsumgütern für den Binnenmarkt. Andere Industriezweige, wie die verarbeitende, die Chemieindustrie und Kraftfahrzeugmontage, hängen stark von Importen ab. Kohle wird für die Stromerzeugung und den Export nach Japan abgebaut. Erdgas ist inzwischen ebenfalls ein wichtiger Energieträger. Die Verarbeitung von Erdöl zu Diesel senkte die Erdölimporte. Der Hauptteil des Elektroenergiebedarfs wird durch Wasserkraft gedeckt. Wichtigster Handelspartner Neuseelands ist Australien, gefolgt von Japan und den USA. Seit Mitte der 80er-Jahre haben sich das Bankwesen und die Finanzdienstleistungen zu einem bedeutenden Wirtschaftszweig entwickelt.

Die Holzindustrie (*unten*) nutzt in großem Umfang die Monterey-Kiefer (*Pinus radiata*). Sie benötigt etwa 26 Jahre, um die gewünschte Höhe zu erreichen und ist ein wichtiger, nachwachsender Rohstoff. Die aus Kalifornien stammende Kiefer wächst auf etwa 1 Mio. Hektar Waldfläche.

Verkehr und Kommunikation

Neuseeland verfügt über gut ausgebaute Straßen, ein umfangreiches Eisenbahnnetz und über regelmäßige Fährverbindungen zwischen den Inseln. In Auckland, Wellington und Christchurch stehen sowohl Inlandfluglinien auch auch Auslandsverbindungen zur Verfügung.

Rundfunk und Fernsehen werden von der Rundfunk- und Fernsehgesellschaft Neuseelands betrieben. Die Zeitungen haben mehr regionale als nationale Bedeutung, bieten aber ein reiches Informationsspektrum an.

Gesundheits- und Bildungswesen

1938 führte die Regierung ein Gesundheits- und Sozialversicherungssystem ein, das zum damaligen Zeitpunkt weltweit die umfangreichsten Leistungen anbot. Das vom Staat finanzierte Gesundheitswesen hat den hohen Standard beibehalten, auch wenn private medizinische Dienstleistungen zunehmen.

Die Schulbildung ist für die 6- bis 15-Jährigen kostenlos und obligatorisch; die Analphabetenquote ist gering. Darüber hinaus wird eine vom Staat geförderte Vorschulerziehung angeboten. Neuseeland hat sieben Universitäten.

Papua-Neuguinea

UNABHÄNGIGER STAAT VON PAPUA-NEUGUINEA

PAPUA-NEUGUINEA LIEGT IM WESTLICHEN Pazifik und umfasst den Ostteil der Insel Neuguinea sowie zahlreiche kleinere Inseln im Norden und Osten von Neuguinea.

GEOGRAFIE

Über vier Fünftel der Landesfläche nimmt die Hauptinsel Neuguinea ein. Die anderen Inselgebiete erstrecken sich von der winzigen Trobriand-Gruppe im Südosten bis zum langen, schmalen Inselrücken von Neubritannien und Neuirland. Papua-Neuguinea wird von Gebirgsketten beherrscht; hier liegen aktive Vulkane und die Region ist erdbebengefährdet.

Papua-Neuguinea hat ein tropisches Monsunklima mit jahreszeitlichen starken Niederschlägen. Die Vegetation variiert von Mangroven an den Küsten über Tiefland-Sumpfwälder bis zu Eichen, Buchen und Kiefern in den Gebirgen. Zur Tierwelt gehören viele seltene Arten, darunter der flugunfähige mit dem Emu verwandte Kasuar und der farbenprächtige Paradiesvogel.

KULTUR UND GESELLSCHAFT

Obwohl Neuguinea wahrscheinlich seit etwa 50 000 Jahren bewohnt ist, war es den Europäern bis zum 16. Jh. nicht bekannt. Die Briten nahmen im 19. Jh. den südöstlichen Teil, der als Papua bezeichnet wird, in Besitz, während sich Deutschland den Nordosten und die kleineren Inseln aneignete.

1906 übergaben die Briten Papua an Australien. Nach dem Ersten Weltkrieg übertrug der Völkerbund Australien das Mandat für die deutschen Besitzungen. Papua-Neuguinea erhielt 1975 die volle Unabhängigkeit im Britischen Commonwealth.

Staatsoberhaupt ist der von der Britischen Krone ernannte Generalgouverneur, die exekutive Gewalt liegt in den Händen des Premierministers und des Kabinetts. Alle fünf Jahre finden Parlamentswahlen statt.

Die Bevölkerung unterteilt sich in zwei Hauptgruppen – in Papuas und Melanesen –, weiterhin leben Mikronesier, Polynesier und Negritovölker auf der Insel. Hier werden mehr als 700 Sprachen gesprochen.

WIRTSCHAFT

Papua ist reich an mineralischen Bodenschätzen, darunter Kupfer und Gold. Hauptwirtschaftszweig ist der Bergbau, der auch den überwiegenden Teil der Exporterlöse einbringt. Der Energiebedarf des Landes wird aus der eigenen Erdgas- und Erdölförderung sowie durch Wasserkraft gedeckt.

In der Landwirtschaft herrschen einerseits Subsistenzwirtschaft und andererseits intensiver Anbau von Kaffee, Tee, Kakao und Kopra für den Export vor. Darüber hinaus werden Palmöl, Roh- und Nutzholz sowie Garnelen und Thunfisch ausgeführt.

Wegen der gebirgigen und sumpfigen Oberflächenstruktur erfolgen Transporte überwiegend auf dem Luftweg. Zwischen den Häfen an der Küste und Australien bestehen Schiffsverbindungen.

Die Telekommunikation ist eine wachsende Branche, bisher jedoch haben nur wenige Menschen Telefone oder Fernsehgeräte. Gesundheits-, Bildungs- und Sozialwesen sind gering entwickelt.

LANDESDATEN – PAPUA-NEUGUINEA

Fläche 462 840 km²

Klima	**Höhe** m	**Temperaturen Januar** °C	**Juli** °C	**Jährlicher Niederschlag** mm
Port Moresby	38	28	26	1011

Geografische Merkmale höchster Berg: Mount Wilhelm 4508 m; längster Fluss: Sepik, über 1000 km

Einwohnerzahl (1994) 4,2 Millionen

Staats- und Regierungsform Mehrparteiensystem; konstitutionelle Monarchie; ein gesetzgebendes Organ

Streitkräfte Heer 3400; Marine 300; Luftwaffe 100

Hauptstadt Port Moresby (174 000 Einw.)

Offizielle Landessprache Englisch

Bevölkerungsgruppen Papua 84,0%; Melanesier 15,0%; sonstige 1,0%

Religionen Protestanten 56,0%; Katholiken 22,0%; Naturreligionen 22,0%

Währung 1 Kina (K) = 100 Toea (t)

Bruttosozialprodukt (pro Kopf 1993) US-$ 1130

Bruttoinlandsprodukt (1993) US-$ 5,091 Mrd.

Lebenserwartung Männer 55,6; Frauen 57,3 Jahre

Ressourcen Gold, Kupfer, Silber, Nickel, Bauxit, Erdgas, Öl, Kaffee, Tee, Kakao, Kopra, Palmöl, Kautschuk, Gewürze, Holz, Fischereiprodukte

Wunderschön, aber bedroht (*oben*). Der Raggiana-Paradiesvogel gehört zu den 40 Paradiesvogelarten, die in den tropischen Wäldern und Mangrovengebieten Australasiens leben. Wie die meisten Männchen seiner Art ist er sehr farbenprächtig; die Weibchen dagegen sind unscheinbar.

Frachtverladung in Port Moresby (*unten*). Vom britischen Kapitän John Moresby 1873 entdeckt, hat sich dieser große und geschützt gelegene Naturhafen zum kommerziellen Zentrum und zur Hauptstadt von Papua-Neuguinea entwickelt, die heute über 125 000 Einwohner zählt.

Salomonen

SALOMONINSELN

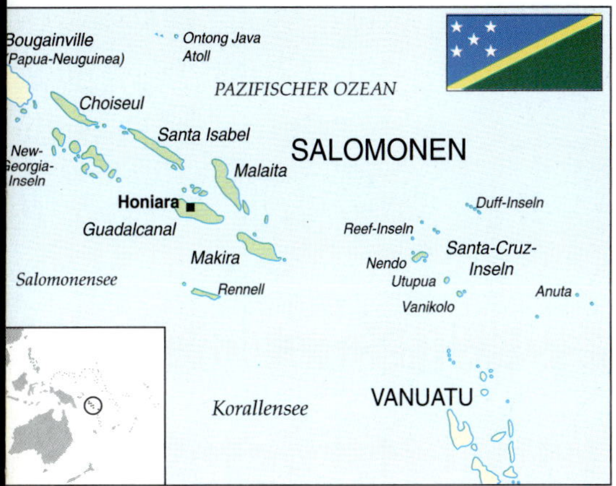

DIE SALOMONEN LIEGEN IM WESTLICHEN Pazifik, nordöstlich von Australien. 1568 entdeckte der Spanier Alvaro de Mendanã de Neyra die Inseln, der hier Gold und andere Schätze des biblischen Königs Salomon vermutete. Bougainville und die Bukainsel, die ursprünglich zu den Salomonen gezählt wurden und auch als die Nordsalomonen bezeichnet werden, gehören seit über 100 Jahren zum Nachbarstaat Papua-Neuguinea.

GEOGRAFIE

Die Salomonen bestehen hauptsächlich aus zwei parallelen vulkanischen Inselketten, die südöstlich von Bougainville liegen. Weiter im Osten liegen die kleineren Santa-Cruz-Inseln mit Nendo und Vanikolo. Mehrere Vulkane auf den Inseln sind weiterhin aktiv.

Das heiße, feuchte Klima wird durch Meeresbrisen gelindert. In der Zeit der Zyklone (November bis April) ist es sehr heiß und es fallen sehr starke Niederschläge. Regenwald bedeckt den größten Teil der Landesfläche. Zur Tierwelt gehören viele Vogelarten und eine einzigartige Eidechse – die große Salomoneneidechse mit einem Greifschwanz.

KULTUR UND GESELLSCHAFT

Die Inseln wurden um 2000 v. Chr. erstmalig von melanesischen Völkern besiedelt. Nachdem die spanischen Siedlungsversuche im 16. und 17. Jh. fehlgeschlagen waren, errichteten britische Missionare in den 70er-Jahren des 19. Jh. eine Niederlassung. Schon bald danach wurden die Inselbewohner gezwungen, auf den Plantagen in Queensland (Australien) oder auf anderen pazifischen Inselkolonien zu arbeiten. 1893 erklärte die britische Regierung die Salomonen zum Protektorat.

Im Zweiten Weltkrieg lieferten sich auf den Inseln japanische und amerikanische Streitkräften erbitterte Kämpfe und auf der Insel Guadalcanal fand die Entscheidungsschlacht statt. Erst 1978 entließ Großbritannien die Salomonen in die Unabhängigkeit.

Heute sind die Salomonen Mitglied des Britischen Commonwealth. Sie haben ein Einkammerparlament, dessen 47 Abgeordnete alle vier Jahre direkt gewählt werden. Die meisten Inselbewohner sind Melanesier. Es werden über 60 einheimische Sprachen, Englisch und Pidgin-Englisch gesprochen.

WIRTSCHAFT

Die Land- und Forstwirtschaft sowie die Fischerei (besonders der Fang von Thunfisch) erbringen den größten Teil der Exporteinnahmen. Hauptanbauprodukte sind Kakao, Kokosnüsse (Kopra), Palmöl, Palmkerne, Kartoffeln, Maniok, Gemüse und Reis. Für den Eigenbedarf werden Schweine und Rinder gehalten.

Die Inseln verfügen über einige Gold- und Bauxitvorkommen, aber über keine eigenen Energiequellen. Neben traditionellem Handwerk wie Perlmuttintarsien und Korbflechterei entwickeln sich Zweige der Leichtindus-

Der Fang wird an Land gebracht. Der Fischfang – besonders von Thunfisch – ist eine Hauptsäule der Inselwirtschaft. Obwohl die Boote durch einen Außenbordmotor angetrieben werden, haben sich die Fangmethoden über die Jahrhunderte kaum verändert.

aber es bestehen gute Flug- und Schiffsverbindungen nach Australien und zu anderen Inseln. Die Gesundheitsfürsorge übernehmen staatliche und kirchliche Krankenhäuser. Das Malariarisiko ist sehr hoch und nimmt weiter zu. Die Schulen werden von Kirche und Staat finanziert. Die Analphabetenquote ist hoch.

LANDESDATEN – SALOMONEN

Fläche 28 370 km²

Klima	**Höhe** m	**Temperaturen Januar** °C	**Temperaturen Juli** °C	**Jährlicher Niederschlag** mm
Honiara	2	28	27	3000

Geografische Merkmale größte Insel: Guadalcanal 5336 km²; höchster Berg: Makarakomburu 2447 m

Einwohnerzahl (1994) 386 000

Staats- und Regierungsform Mehrparteiensystem; konstitutionelle Monarchie; ein gesetzgebendes Organ

Streitkräfte keine

Hauptstadt Honiara (auf Guadalcanal, 34 000 Einw.)

Offizielle Landessprache Englisch

Bevölkerungsgruppen Melanesier 94,2%; Polynesier 3,7%; andere Pazifik-Insulaner 1,4%; Europäer 0,4%; Asiaten 0,2%; sonstige 0,1%

Religionen Protestanten 77,5%; Katholiken 19,2%; Baha'i 0,4%; sonstige 2,9 %

Währung 1 Salomon-Islands-Dollar (SI$)= 100 Cents (c)

Bruttosozialprodukt (pro Kopf 1993) US-$ 560

Lebenserwartung Männer 68,0; Frauen 61,4 Jahre

Ressourcen Fisch, Holz, Kopra, Palmöl, Kakao, einige Mineralien (Gold, Zink, Blei, Nickel, Phosphate)

Tuvalu

TUVALU

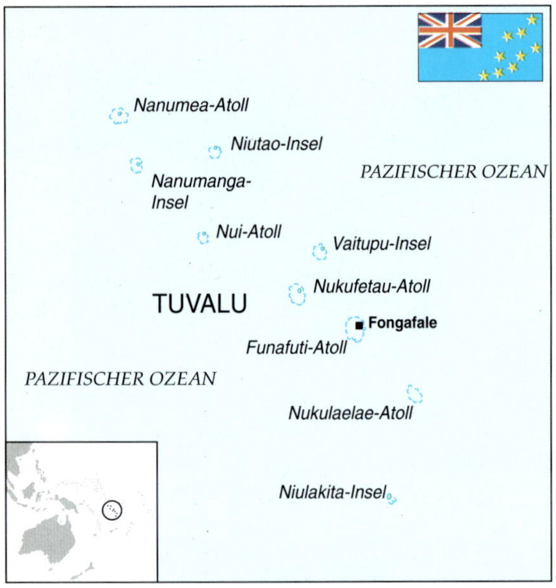

TUVALU IST EINE VERSTREUTE INSELKETTE im Südwestpazifik, zwischen den Gilbertinseln im Norden, die zu Kiribati gehören, und den Fidschiinseln im Süden. Früher war die Inselgruppe unter dem Namen Ellice Islands bis 1978 Teil der britischen Kolonie – der Gilbert- und Elliceinseln.

Tuvalu umfasst neun Inseln, die von den Gipfeln einer im Meer liegenden Gebirgskette gebildet werden. Fünf von ihnen sind Korallenatolle und vier sind Riffinseln. Ihre Größe variiert zwischen 4,9 und 0,4 km² und sie liegen nur wenige Meter über dem Meeresspiegel. Das feuchte, tropische Klima der Inseln wird um einige Grade durch die vorherrschenden südöstlichen Wechselwinde abgekühlt. Die jährliche Niederschlagsmenge ist hoch, aber häufige und zermürbende Trockenzeiten in der Vergangenheit haben die Inseln nahezu entvölkert. Der Korallensandboden ist karg, so dass auf ihm nur Kokospalmen, Brotfrucht- und Kasuarinenbäume wachsen. Zur Tierwelt gehören hauptsächlich die Polynesischen Ratten, Eidechsen und Meeresvögel. Das Meer ist fischreich; in der Unterwasserwelt der Riffe leben unzählige Meerestiere.

Die Inseln wurden wahrscheinlich von polynesischen Seefahrern aus Samoa erstmalig im 14. Jh. besiedelt. 1892 schloss sich Tuvalu auf Betreiben der Briten dem Protektorat der Gilbertinseln und später der Kolonie der Gilbert- und Elliceinseln an. Im Zweiten Weltkrieg dienten die Elliceinseln den Amerikanern als Stützpunkt im Kampf gegen die japanischen Invasoren.

1976 spalteten sich die Elliceinseln ab und wurden 1978 als Tuvalu unabhängig. Tuvalu ist heute Mitglied des Britischen Commonwealth und der britische Monarch ist das Staatsoberhaupt.

Tuvalu lebt hauptsächlich von der Landwirtschaft (Subsistenzwirtschaft) und vom Fischfang. Kopra ist das einzige Agrarprodukt, das durch eine Genossenschaft vertrieben wird. Der Fischfang dient überwiegend dem Eigenbedarf, mit Ausnahme von Seegurken, die vorrangig für den Export gefangen und verarbeitet werden. Viele Inselbewohner haben die Insel verlassen und arbeiten im Ausland.

Tänze, die die Nacht vertreiben sollen. Ritual und Vergnügen sind in den Tänzen der Bewohner der winzigen Koralleninseln von Tuvalu eng verknüpft. Die pazifischen Kunstfestivals und der Tourismus halfen, viele alte Bräuche zu erhalten.

LANDESDATEN – TUVALU

Fläche 24 km²				
Klima		**Temperaturen**		**Jährlicher**
	Höhe	**Januar**	**Juli**	**Niederschlag**
	m	°C	°C	mm
Funafuti Atoll	2	29	27	4003
Geografische Merkmale größte Insel: Vaitupu 5 km²				
Einwohnerzahl (1994) 10 000				
Staats- und Regierungsform keine Parteien; konstitutionelle Monarchie; ein gesetzgebendes Organ				
Streitkräfte keine				
Hauptstadt Fongafale (auf Funafuti, 3000 Einw.)				
Offizielle Landessprachen Tuvalu, Englisch				
Bevölkerungsgruppen Tuvaluer (polynesischer Herkunft) 91,2%; Mischlinge 7,2%; Europäer 1,0%; sonstige 0,6%				
Religionen Church of Tuvalu (kongregationalistisch) 96,9%; Adventisten vom Siebenten Tag 1,4%; Baha'i 1,0%; sonstige 0,7%				
Währung 1 Tuvalu-Dollar ($T)= 100 Cents				
Bruttosozialprodukt (pro Kopf 1991) US-$ 700				
Lebenserwartung Männer 61,6; Frauen 64,1 Jahre				
Ressourcen Kopra, Fischereiprodukte				

Nauru

REPUBLIK NAURU

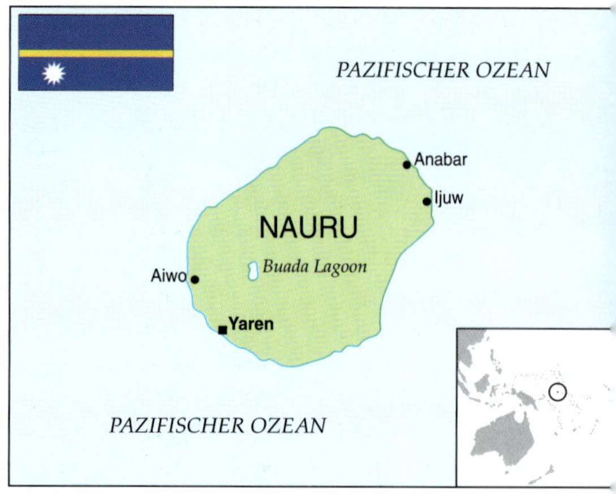

NAURU IST EIN WINZIGER, AUS EINER Koralleninsel bestehender Staat im Westpazifik. Er liegt südlich des Äquators, etwa 700 km westlich von Kiribati und ist die kleinste Republik der Welt. Mitte der 80er-Jahre gehörte Nauru zu den Ländern mit dem höchsten Pro-Kopf-Einkommen. Der Wohlstand stammt aus dem Phosphatabbau, dem wertvollsten Bodenschatz Naurus.

Die Insel ist ein gewachsenes Korallenriff mit einem Zentralplateau, auf dem sich durch jahrhundertelange Ablagerung von Vogelexkrementen reiche Phosphatlager gebildet haben. Das Klima ist heiß und feucht, das durch die Seewinde gemildert wird. In der Monsunzeit (November bis Februar) fallen starke Niederschläge, aber es können auch lange Dürreperioden auftreten. Die Vegetati-

LANDESDATEN – NAURU

Fläche 21 km²				
Klima		**Temperaturen**		**Jährlicher**
	Höhe	**Januar**	**Juli**	**Niederschlag**
	m	°C	°C	mm
Nauru	27	27	28	1862
Geografische Merkmale höchste Erhebung: 69 m				
Einwohnerzahl (1994) 10 000				
Staats- und Regierungsform keine Parteien; Republik; ein gesetzgebendes Organ				
Streitkräfte keine				
Hauptstadt Yaren				
Offizielle Landessprachen Nauruisch, Englisch				
Bevölkerungsgruppen Nauruer 58,0%; andere Pazifik-Insulaner 26,0%; Chinesen 8,0%; Europäer 8,0%				
Religionen Protestanten 58,0%; Katholiken 24,0%; sonstige 18,0%				
Währung 1 Australischer Dollar ($A) = 100 Cents (c)				
Bruttosozialprodukt (pro Kopf 1991) US-$ 10 000				
Lebenserwartung Männer 64,3; Frauen 69,2 Jahre				
Ressourcen Phosphate, Kokosnüsse, Bananen, Ananas				

on besteht hauptsächlich aus Kokospalmen, Brotfruchtbäumen und Sträuchern.

Nauru besiedelten wohl zu verschiedenen Zeiten die Völker der benachbarten Inseln. 1888 annektierte Deutschland Nauru und zehn Jahre später entdeckte man die großen Phosphatlager. 1906 begannen eine britische und deutsche Gesellschaft mit dem Abbau. Nach dem Zweiten Weltkrieg wurde die Insel zu einem Treuhandgebiet der Vereinten Nationen; 1968 erhielt sie die volle Unabhängigkeit und 1970 übernahm Nauru selbst die Kontrolle über den gesamten Phosphatabbau.

Naurus Gesetzgebender Rat (18 Mitglieder) wird direkt gewählt und votiert seinerseits einen Präsidenten als Staatschef. Die auf der Insel geborenen Nauruner sind ein Mischvolk verschiedener pazifischer Völker.

Der Phosphatabbau erzielt die höchsten Exporterlöse. Die wichtigsten Abnehmer sind Japan, Südkorea, Neuseeland und Australien. Da die Vorkommen wahrscheinlich um die Jahrtausendwende erschöpft sein werden, beteiligt sich Nauru mit Investitionen im Ausland. In den letzten Jahren wurden die erschöpften Abbaugebiete für die landwirtschaftliche Nutzung rekultiviert, doch Nahrungsmittel müssen weiterhin importiert werden. Hauptexportprodukte sind Kokosnüsse, Bananen und Ananas. Gesundheits- und Bildungswesen haben einen hohen Standard; ihre Leistungen werden kostenlos gewährt und sind beitrags- und steuerfrei.

Kiribati

REPUBLIK VON KIRIBATI

KIRIBATI (GESPROCHEN KIRIBASS) UMFASST drei weit auseinanderliegende Archipele im zentralen Pazifik. Zu den größten Inselgruppen zählen die Gilbertinseln, die Phönixinseln und die Line-Inseln. Die Korallenatolle sind auf (unter der Meeresoberfläche liegenden) Vulkangipfeln gegründet und von Riffen umgeben. Sie erheben sich nur wenige Meter über den Meeresspiegel.

Es herrscht ein tropisch-feuchtheißes Klima. Nur die Gilbertinseln und drei der Line-Inseln sind gegenwärtig bewohnt. Die Vegetation beschränkt sich auf salzharte Pflanzen und Palmen, besonders Kokospalmen und Bananenstauden. Die Riffe beherbergen eine reiche, bunte Unterwasserwelt.

Die Gilbertinseln wurden vor mehreren tausend Jahren von mikronesischen Völkern besiedelt, denen später polynesische Seefahrer aus dem Süden folgten. Die Briten annektierten 1900 die Banaba-Insel wegen ihrer Phosphatvorkommen und siedelten die Bevölkerung gewaltsam um. 1916 wurde die Kolonie der Gilbert- und Elliceinseln gebildet, die später auf die Phönixinseln und die Line-Inseln ausgedehnt wurde.

1975 spalteten sich die hauptsächlich von Polynesiern bewohnten Elliceinseln ab und wurden 1978 als Tuvalu unabhängig. Die Reste der Kolonie erklärten sich 1979 als Kiribati unabhängig. Die überwiegende Mehrheit der heutigen Bevölkerung lebt auf den Gilbertinseln. Landessprache ist das zu den mikronesischen Sprachen gehörende I-Kiribati.

Die Phosphatvorkommen auf Banaba waren Ende der 70er-Jahre erschöpft. Aus den Verkaufsgewinnen konnten jedoch erhebliche Reserven gebildet werden. Darüber hinaus lebt Kiribati überwiegend von der Landwirtschaft (Subsistenzwirtschaft) und dem Fischfang. Kopra ist das wichtigste Agrarprodukt.

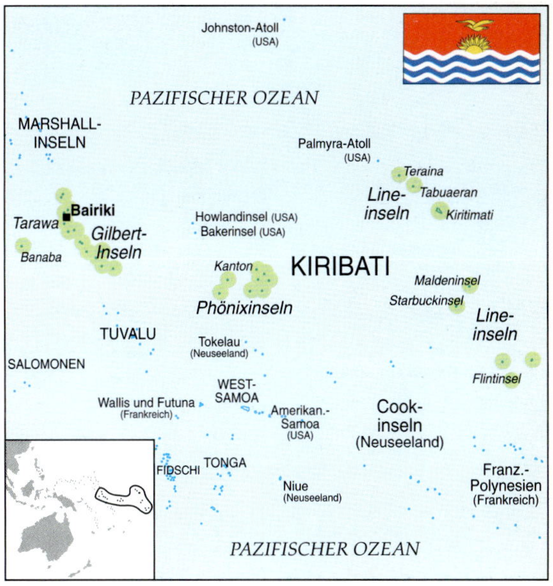

Irdisches Paradies. Ein Lagunenstrand auf Tabuaeran (eine der Line-Inseln). Das klare, türkisfarbene Wasser und die palmengesäumten Strände haben Besucher in ihren Bann gezogen, seit die ersten europäischen Seefahrer im 17. Jh. die südpazifischen Meere erkundeten.

LANDESDATEN - KIRIBATI

Fläche 849 km²

Klima	**Höhe** m	**Temperaturen Januar** °C	**Temperaturen Juli** °C	**Jährlicher Niederschlag** mm
Tarawa	3	28	28	1977

Geografische Merkmale größte Insel: Kiritimati (eine der Line-Inseln) 388 km²; höchste Erhebung: Banaba-Insel 81 m

Einwohnerzahl (1994) 77 000

Staats- und Regierungsform keine Parteien; Republik; ein gesetzgebendes Organ

Streitkräfte keine

Hauptstadt Bairiki (auf dem Tarawa-Atoll, 24 000 Einw.)

Offizielle Landessprache Englisch

Bevölkerungsgruppen I-Kiribatier 97,4%; Mischlinge (I-Kiribatier/andere) 1,5%; Tuvaluer 0,5%; Europäer 0,2%; sonstige 0,4%

Religionen Katholiken 53,5%; kiribatische Protestanten (kongregationalistisch) 39,1%; Baha'i 2,4%; sonstige 5,0%

Währung 1 Australischer Dollar ($A/K)= 100 Cents

Bruttosozialprodukt (pro Kopf 1993) US-$ 750

Lebenserwartung Männer 52,6; Frauen 55,8 Jahre

Ressourcen Kopra, Fischereiprodukte

Fidschi

UNABHÄNGIGE DEMOKRATISCHE REPUBLIK FIDSCHI

FIDSCHI IST EIN ISOLIERTER ARCHIPEL IM Südwestpazifik und liegt etwa 2100 km nördlich von Auckland (Neuseeland). Die Hauptinseln Viti Levu und Vanua Levu umfassen fast neun Zehntel der Landesfläche und sind wie die meisten der Fidschiinseln vulkanischen Ursprungs. Auf beiden Inseln liegen zerklüftete Gebirgsketten, die sich über schmalen Küstenebenen und vorgelagerten Korallenriffen erheben. Es herrscht tropisch-heißfeuchtes Klima. In der Regenzeit von November bis April suchen verheerende Wirbelstürme die Inseln heim. Die Passatwinde bringen der dicht bewaldeten Südostküste starke Regenfälle. Die westlichen Hänge mit lichtem Baumbestand und Grasland sind wesentlich trockener. Über zwei Drittel der Landesfläche von Fidschi sind bewaldet und nur ein geringer Anteil ist Weideland.

Als der niederländische Seefahrer Abel Janszoon Tasman (um 1603-1659) 1643 die Fidschiinseln erreichte, lebte hier ein Mischvolk aus Melanesiern und Polynesiern. 1874 wurde Fidschi eine britische Kronkolonie und von 1879 an kamen tausende Inder auf die Inseln, um auf den Zuckerplantagen zu arbeiten.

Nach der Unabhängigkeit 1970 organisierten sich die politischen Parteien nach Bevölkerungsgruppen, was zur politischen Instabilität führte. 1987 gewannen indische Parteien die Wahlen; durch zwei aufeinanderfolgende Militärputsche wurde jedoch die Vorherrschaft der Melanesier wiederhergestellt, die auch die Verfassung von 1990 festschrieb.

Ende der 80er-Jahre führten politische Unruhen (Streiks, politische Wirren), Missernten und sinkende Weltmarktpreise für Zucker zu einem Niedergang der Wirtschaft. Es werden alle Anstrengungen unternommen, die Wirtschaft, insbesondere den Tourismus, die Landwirtschaft und die Leichtindustrie wieder anzukurbeln. Neben Zuckerrohr, Kopra, Ingwer und Kokosnüssen wird auch Gold, das auf Viti Levu gewonnen wird, exportiert.

LANDESDATEN – FIDSCHI

Fläche 18 274 km²

Klima	**Höhe** m	**Temperaturen Januar** °C	**Juli** °C	**Jährlicher Niederschlag** mm
Suva	6	27	23	2974

Geografische Merkmale größte Insel: Viti Levu 10 429 km²; höchster Berg: Tomanivi (auf der Insel Viti Levu) 1323 m

Einwohnerzahl (1994) 764 382

Staats- und Regierungsform Mehrparteiensystem; Republik; zwei gesetzgebende Organe

Streitkräfte Heer 4700; Marine 300

Hauptstadt Suva (141 000 Einw.)

Offizielle Landessprache Englisch

Bevölkerungsgruppen Fidschianer 48,9%; Inder 46,2%; sonstige 4,9%

Religionen Christen 52,9%; Hindus 38,1%; Muslime 7,8%; Sikhs 0,7%; sonstige 0,5%

Währung 1 Fidschi-Dollar ($F) = 100 Cents (c)

Bruttosozialprodukt (pro Kopf 1991) US-$ 1830

Lebenserwartung Männer 62,9; Frauen 67,5 Jahre

Ressourcen Gold, Zuckerrohr, Kopra, Kokosnüsse, Ingwer, Holz, Tourismus

Bunte Holzboote am Anlegesteg des Wainibuki-Flusses auf der Hauptinsel Viti Levu. Die Boote dienen als Transportmittel und werden für den Fischfang genutzt. Sie sind für Touristen ein beliebtes Fotomotiv.

Vanuatu

REPUBLIK VANUATU

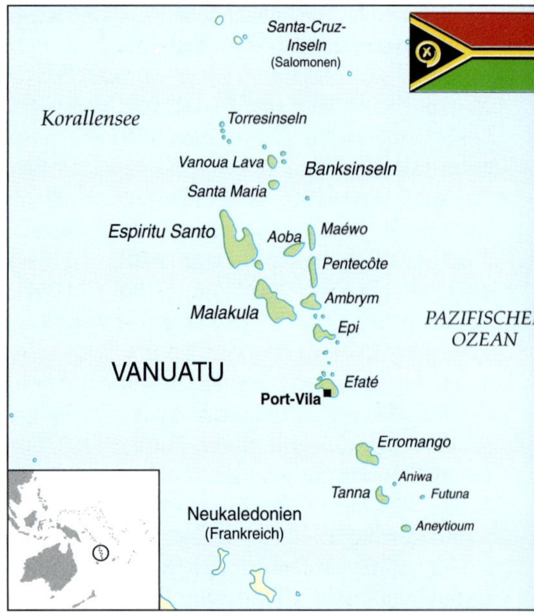

DIE SÜDWESTLICHE PAZIFIKREPUBLIK Vanuatu (ehemals Neue Hebriden) umfasst 13 Hauptinseln und Dutzende kleinerer Inseln, die zwischen den Salomonen im Norden und Neukaledonien im Süden eine Y-förmige Inselgruppe bilden.

Die wichtigsten Inseln sind Espiritu Santo und Efaté mit der Hauptstadt Port-Vila. Sie sind wie der größte Teil des Landes gebirgig und mit Regenwald bedeckt und haben Korallenterrassen an den Küstenhängen und vorgelagerte Korallenriffe. Es treten häufig Erdbeben auf, außerdem gibt es mehrere aktive Vulkane. Es herrscht feuchtes, tropisches Klima und im Norden fallen wesentlich höhere Niederschläge als im Süden. In der Regenzeit treten häufig Wirbelstürme auf. 1987 zerstörte ein Zyklon die meisten Gebäude auf den Inseln.

Vanatu war bereits mehr als 2500 Jahre von Melanesiern besiedelt, als die Europäer im 15. Jh. die Inselgruppe entdeckten. In den 40er-Jahren des 19. Jh. kamen Sandelholzhändler und Missionare auf die Inseln. Der im 20. Jh. anwachsende Druck nationaler Bewegungen brachte 1980 die Unabhängigkeit. Es wurde eine neue Verfassung ausgearbeitet, und das Land gab sich den Namen Vanuatu (= „für immer unser Land").

Die Abgeordneten des Einkammerparlaments werden für eine Amtszeit von vier Jahren gewählt. Staatsoberhaupt ist der vom Parlament und den Regierungsräten für fünf Jahre gewählte Präsident.

Die Wirtschaft stützt sich auf den Export von Kopra, Fisch, Rind- und Kalbfleisch. Die meisten Industrieerzeugnisse und Brennstoffe werden importiert. Ungefähr drei Viertel der Einwohner leben von der Landwirtschaft, in der Mehrzahl Bauern, die sich selbst versorgen, indem sie Vieh halten, Süßkartoffeln und Bananen anbauen. Weitere Exportgüter sind das auf Efaté geförderte Manganerz und Kiefernholz. Der Tourismus bringt zunehmend Devisen ein und die günstigen Steuergesetze machten Vanuatu zu einem führenden Finanzzentrum im pazifischem Raum.

LANDESDATEN – VANUATU

Fläche 14 760 km²

Klima	**Höhe** m	**Temperaturen Januar** °C	**Juli** °C	**Jährlicher Niederschlag** mm
Port-Vila	57	27	22	2103

Geografische Merkmale größte Insel: Espiritu Santo 3678 km²; höchster Berg: Tabwémasana (auf Espiritu Santo) 1879 m

Einwohnerzahl (1994) 170 000

Staats- und Regierungsform Mehrparteiensystem; Republik; ein gesetzgebendes Organ

Streitkräfte paramilitärische Einheiten 300

Hauptstadt Port-Vila (19 000 Einw.)

Offizielle Landessprachen Französisch, Englisch

Bevölkerungsgruppen Vanatuer 97,0%; sonstige 3,0%

Religionen Presbyterianer 36,7%; Anglikaner 15,1%; Katholiken 14,8%; andere christliche Religionsgemeinschaften 14,9%; Naturreligionen 7,6%; nicht Religiöse 10,9%

Währung 1 Vatu (VT) = 100 Centimes (c)

Bruttosozialprodukt (pro Kopf 1993) US-$ 1120

Lebenserwartung Männer 57,5; Frauen 61,1 Jahre

Ressourcen Mangan, Kopra, Kakao, Kaffee, Rindfleisch, Holz, Tourismus

Tonga

KÖNIGREICH TONGA

TONGA LIEGT IM SÜDWESTPAZIFIK UND besteht aus einer Doppelkette von 169 Inseln südwestlich von Samoa und östlich von Fidschi. 1875 errichtete der König von Tonga eine konstitutionelle Monarchie und das damals eingeführte Regierungssystem blieb bis heute praktisch unverändert.

Die Inseln gliedern sich von Norden nach Süden in drei Hauptgruppen: Vava'u, Ha'apai und Tongatapu. Die Vava'u-Inselgruppe und eine Insel der Ha'apai-Gruppe kennzeichnen Gebirgslandschaften aus Vulkangestein, wobei vier Vulkane noch aktiv sind. Alle anderen Inseln sind tief liegende Korallenformationen.

Das halbtropische Klima begünstigt eine reiche Vegetation, die überwiegend von Wäldern, darunter Pandanus-, Brotfrucht- und Papiermaulbeerbäume, bestimmt wird. Die Vogelwelt ist vielfältig und weist einige seltene Arten auf. Auf Tongatapu gibt es Flugfüchse und die größten Fledermäuse der Welt – die Fliegenden Hunde.

Tonga ist seit 3000 Jahren besiedelt und seit dem 10. Jh. ist die Herrschaft unter der Tu'itonga-Dynastie erblich. Eine 1826 errichtete britische Methodistenmission bekehrte die Mehrheit der Bevölkerung zum Christentum. 1900 wurde das Königreich britisches Protektorat und 70 Jahre später erhielt es innerhalb des Britischen Commonwealth die Unabhängigkeit zurück.

Wichtigster Wirtschaftszweig ist die Landwirtschaft. Hauptsächlich werden Vanille, Kokosnüsse und Bananen angebaut, während Süßkartoffeln, Taro (Wasserbrotwurzeln) und Maniok zu den Grundnahrungsmitteln gehören. Die traditionellen Handwerkserzeugnisse finden auf dem wachsenden Tourismusmarkt steigenden Absatz.

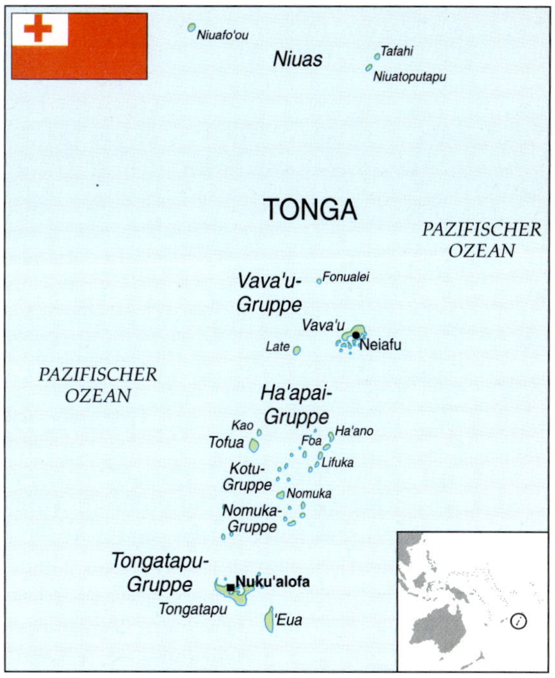

Das freundliche Lächeln, mit dem Besucher willkommen geheißen werden, widerspiegelt auch Tongas gerühmte Gastfreundschaft. Der britische Entdecker, Kapitän Cook (1728-1779) nannte die Inseln „die freundlichen Inseln", als er Tonga in den 70er-Jahren des 18. Jh. erreichte.

LANDESDATEN – TONGA

Fläche 780 km²

Klima	**Höhe** m	**Temperaturen Januar** °C	**Juli** °C	**Jährlicher Niederschlag** mm
Nuku'alofa	3	26	21	1576

Geografische Merkmale größte Insel: Tongatapu 256 km²; höchster Berg: auf der Insel Kao 1030 m

Einwohnerzahl (1994) 105 000

Staats- und Regierungsform keine Parteien; konstitutionelle Monarchie; ein gesetzgebendes Organ

Streitkräfte 250

Hauptstadt Nuku'alofa (auf Tongatapu, 29 000 Einw.)

Offizielle Landessprachen Tongaisch, Englisch

Bevölkerungsgruppen Tongaer 98,3%; sonstige 1,7%

Religionen Protestanten 61,3%; Katholiken 16,0%; Mormonen 12,1%; sonstige 10,6%

Währung 1 Pa'anga (T$) = 100 Seniti (s)

Bruttosozialprodukt (pro Kopf 1991) US-$ 1100

Lebenserwartung Männer 65,6; Frauen 70,4 Jahre

Ressourcen Vanille, Kokosnüsse, Bananen, Tourismus

Westsamoa

UNABHÄNGIGER STAAT WESTSAMOA

DIE NEUN INSELN VON WESTSAMOA LIEGEN nördlich von Tonga und nordöstlich von Fidschi. Nur vier der Inseln sind bewohnt: Upolu, Savai'i, Apolima und Manono. Heute stützt sich die schwache Wirtschaft von Westsamoa auf die Landwirtschaft, den Tourismus und auf Geldüberweisungen von Samoanern, die im Ausland, vor allem in Neuseeland, arbeiten.

GEOGRAFIE

Die größten Inseln – Savai'i und Upolu – sind gebirgig und von Korallenriffen umgeben. Alle Inseln sind vulkanischen Ursprungs. Savai'i erlebte 1902 und 1912 starke Vulkanausbrüche. Das Klima ist warm und feucht und die Passatwinde bringen den Südosthängen starke Regenfälle. Zwischen November und März treten auch verheerende Wirbelstürme auf, die erst 1992 große Zerstörungen anrichteten. Fast die Hälfte der Landesfläche nehmen Wälder ein und in den Tieflandsümpfen wachsen Mangroven. Die Tierwelt ist auf allen Inseln spärlich, schließt aber eine einzigartige und seltene Taube mit einem gezahnten Schnabel ein.

LANDESDATEN – WESTSAMOA

Fläche 2831 km²

Klima	**Höhe**	**Temperaturen Januar**	**Juli**	**Jährlicher Niederschlag**
	m	°C	°C	mm
Apia	2	27	26	2800

Geografische Merkmale größte Insel: Savai'i 1707 km²; höchster Berg: Mauga Silisili 1858m

Einwohnerzahl (1994) 204 000

Staats- und Regierungsform Mehrparteiensystem; konstitutionelle Monarchie; ein gesetzgebendes Organ

Streitkräfte keine

Hauptstadt Apia (auf der Insel Upolu, 33 000 Einw.)

Offizielle Landessprachen Samoanisch, Englisch

Bevölkerungsgruppen Samoaner 92,6%; Euronesier 7,0%; Europäer 0,4%

Religionen Protestanten 63,5%; Katholiken 21,7%; Mormonen 8,3%; sonstige 6,5%

Währung 1 Tala (WS$) = 100 Sene (s)

Bruttosozialprodukt (pro Kopf 1991) US-$ 930

Lebenserwartung Männer 65,6; Frauen 70,5 Jahre

Ressourcen Kokosnüsse, Kopra, Kakao, Bananen, Kaffee, tropische Früchte, Holz, Fischereiprodukte, Tourismus

KULTUR UND GESELLSCHAFT

Tongas besiedelten wahrscheinlich um 1000 v. Chr. die Samoainseln. Als erster Europäer kam 1766 der französische Forschungsreisende de Bougainville (1729-1811) auf die Inseln, der ihnen den Namen „Navigatorinseln" gab. Die inneren Auseinandersetzungen auf den Inseln spitzten sich im 19. Jh. durch gegensätzliche koloniale Interessen der USA, Deutschlands und Großbritanniens zu. 1899 schlossen die drei Kolonialmächte eine Vereinbarung, wonach Großbritannien zugunsten Deutschlands auf seine Ansprüche verzichtete und die USA das im Osten gelegene Amerikanisch-Westsamoa behielten. Nach dem Ersten Weltkrieg (1914-1918) übertrug der Völkerbund Neuseeland das Mandat über Deutsch-Westsamoa, das als Westsamoa 1962 schließlich die volle Unabhängigkeit erhielt. Der Inselstaat ist eine konstitutionelle Häuptlingsaristokratie und wird von einem Oberhaupt regiert. Er ernennt einen Premierminister auf Empfehlung der 47 Mitglieder der einzigen Kammer der Gesetzgebenden Versammlung. Zwei Abgeordnete der Versammlung stellen die europäischen und gemischten Volksgruppen, während die übrigen Abgeordneten von den Häuptlingen der polynesischen Familienclans bestimmt werden. Die überwiegende Mehrheit der Bevölkerung besteht aus Samoanern, deren Sprache – Samoanisch – wahrscheinlich die älteste aller polynesischen Sprachen ist. Englisch ist die zweite Landessprache.

Schweinefütterung in einem Dorf in Westsamoa. Die Hausschweine werden in den südpazifischen Kulturen nicht nur als „Fleischlieferant" gehalten, sondern sie gelten darüber hinaus als Symbol des Reichtums. In einigen Gebieten gehören sie zur Mitgift bei Hochzeiten.

WIRTSCHAFT

Die Wirtschaft Westsamoas beruht auf der Landwirtschaft, der Fischerei, Nutzholzexporten und dem Tourismus. Zu den Exportprodukten gehören Kopra und Kakao, während Süßkartoffeln, Brotfrucht und Papayas für den Eigenbedarf angebaut werden. Die Fischerei wurde mit UN-Unterstützung zu einem exportintensiven Zweig ausgebaut und Aufforstungsprogramme unterstützen die Nutzholzgewinnung. Energie wird durch Wasserkraft gewonnen. Der Verarbeitungssektor expandiert und Kunsthandwerk wird vorrangig für den Tourismus hergestellt.

Etwa ein Fünftel des Straßennetzes ist asphaltiert. Zahlreiche Schiffs- und Fluglinien verbinden die Inseln untereinander. Für die medizinische Betreuung ist das Hauptkrankenhaus der Hauptstadt Apia auf Upolu zuständig. Nach neuseeländischem Vorbild ist das Schulwesen organisiert; der Unterricht ist kostenlos, jedoch nicht obligatorisch.

Palau

REPUBLIK PALAU

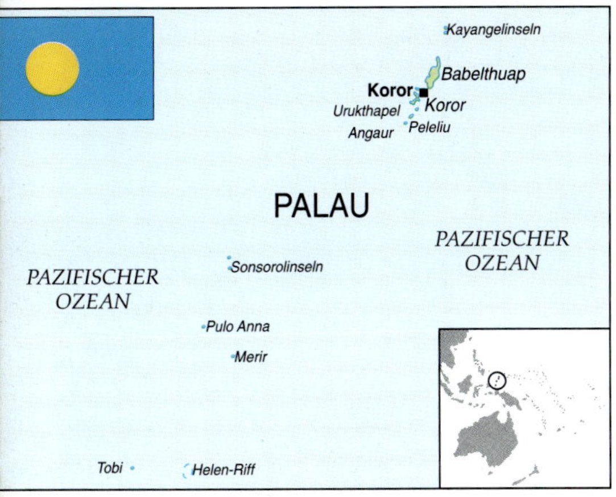

DIE REPUBLIK PALAU, AUCH UNTER IHREM einheimischen Namen Belau bekannt, wurde im Oktober 1994 unabhängig. Bis zu diesem Zeitpunkt war sie ein mit den USA assoziiertes Treuhandgebiet der Vereinten Nationen. Das Territorium umfasst den westlichsten Teil der Karolinen-Inselgruppe, die etwa 850 km südöstlich der Philippinen liegt. Die Hauptinseln sind Teil einer Korallenriffstruktur auf vulkanischem Untergrund mit über 300 kleineren Inseln, die eine riesige zentrale Lagune umgeben. Die Inseln variieren geologisch zwischen der gebirgigen Hauptinsel Babelthuap und von Barriereriffen gesäumten, flachen Koralleninseln. Das heiße, feuchte Klima begünstigt eine üppige Vegetation. Landwirtschaft und Fischerei decken gerade den Eigenbedarf an Nahrungsmitteln, auch wenn Thunfisch exportiert und Kopra für den Markt erzeugt wird. In kleinen Mengen wird Kokosöl exportiert. Transporte erfolgen auf dem Luft- oder Seeweg. Der Tourismus ist noch ausbaufähig.

LANDESDATEN – PALAU

Fläche 1632 km²

Geografische Merkmale 26 Inseln und über 300 Eilande; größte Insel: Babelthuap

Einwohnerzahl (1994) 16 366

Staats- und Regierungsform präsidiale Republik; zwei gesetzgebende Organe

Hauptstadt Koror (10 493 Einw.); eine neue Hauptstadt ist in Ost-Babelthuap in Bau

Offizielle Landessprachen Palauisch, Englisch

Bevölkerungsgruppen Japaner, Spanier, Ureinwohner, philippinische Staatsbürger

Religionen Christen (Katholiken, Adventisten vom Siebenten Tag, Protestanten); Anhänger der einheimischen Religion Modekngei 33%

Währung 1 US-Dollar (US-$) = 100 Cents

Lebenserwartung Männer 69,1; Frauen 73,0 Jahre

Ressourcen Kokosnüsse, Kopra, Fischereiprodukte, Tourismus

Marshallinseln

REPUBLIK DER MARSHALLINSELN

DIE MARSHALLINSELN SIND EINE GRUPPE aus fünf Inseln, 31 weit auseinanderliegenden Korallenatollen (einschließlich des größten Atolls der Welt) und über 1000 kleineren Inseln und Riffen, die zwei parallel zueinander verlaufende Inselketten im Westpazifik bilden. Im Zweiten Weltkrieg hielten die Alliierten die Inseln besetzt und ab 1949 unterstanden sie den USA als Treuhandgebiet. 1986 wurden sie zu einem selbstverwalteten Gebiet in freier Assoziation mit den USA. 1991 erhielten die Marshallinseln die politische Selbständigkeit.

Traditionell werden die Inseln von Häuptlingen regiert. Staatsoberhaupt und Regierungschef ist der vom Parlament für sechs Jahre gewählte Präsident. Die Wirtschaft ist weiterhin von amerikanischer Hilfe und den Pachtzahlungen abhängig, die die USA für die Nutzung des Kwajalein-Atolls als Raketenbasis zahlen. Der Tourismus gewinnt als Deviseneinnahmequelle an Bedeutung und schafft neue Arbeitsplätze. Auf dem Ailinglapalap-Atoll werden hochwertige Phosphate für den Export abgebaut, aber die meisten anderen Wirtschaftszweige beschränken sich auf das Handwerk und die Fisch- und Kopraverarbeitung. Die Landwirtschaft deckt im Wesentlichen den Eigenbedarf an Nahrungsmitteln; einige Kulturen (Kokosnüsse, Tomaten, Melonen und Brotfrüchte) werden in einheimischen Farmen in geringer Menge erzeugt.

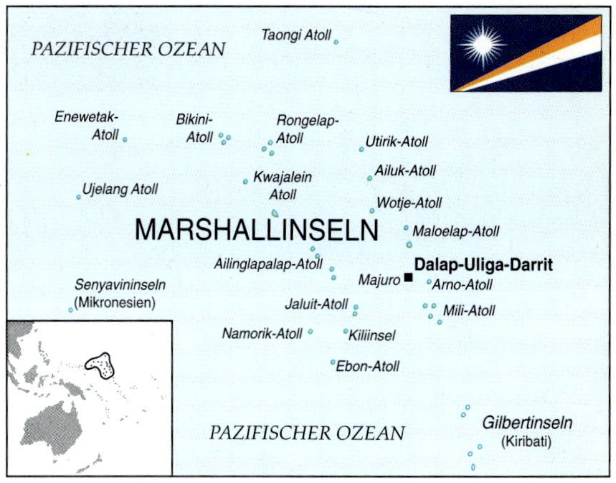

LANDESDATEN – MARSHALLINSELN

Fläche 181 km²

Klima	**Höhe** m	**Temperaturen Januar** °C	**Temperaturen Juli** °C	**Jährlicher Niederschlag** mm
Ujelang Atoll	10	27	28	4034

Staats- und Regierungsform demokratische Republik; zwei gesetzgebende Organe

Hauptstadt Dalap-Uliga-Darrit

Offizielle Landessprache Englisch

Bevölkerungsgruppen Marshalllesen (ein mikronesisches Volk) 97%; sonstige 3%

Religionen Christen (Protestanten)

Währung 1 US-Dollar (US-$) = 100 Cents

Bruttosozialprodukt (pro Kopf 1994) US-$ 1313

Lebenserwartung Männer 61,6; Frauen 64,7 Jahre

Ressourcen Phosphate, Kokosnüsse, Kopra, Fischereiprodukte, Tourismus

Leben im Einklang mit der Natur (*unten*). Ein typisches Haus auf den Marshallinseln aus geflochtenen Matten und mit Kokospalmblättern gedeckt. Kokospalmen und Brotfruchtbäume sind die wichtigsten Nutzpflanzen der Insel. Ihre Blätter und Früchte werden vielseitig verwendet.

Mikronesien

FÖDERATIVE STAATEN VON MIKRONESIEN

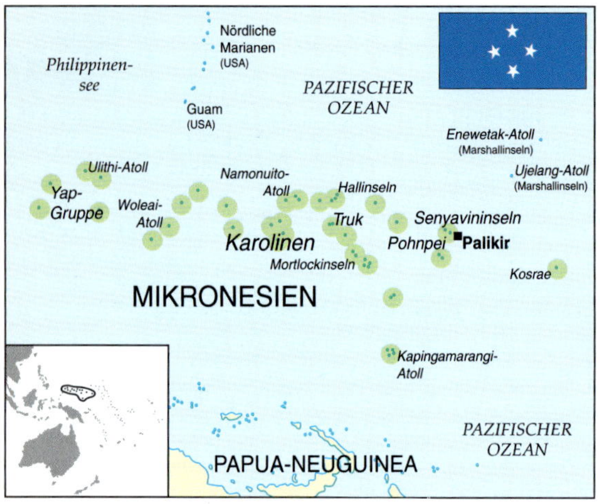

Die Föderativen Staaten von Mikronesien sind eine Gruppe verstreuter vulkanischer Inseln im westlichen Pazifik, zu der die östlichen und die zentralen Karolinen gehören. Durch das feuchtwarme Klima gedeiht auf den Inseln eine üppige Vegetation. Weite Gebiete bedecken Regenwälder. Die Inseln wurden 1986 aus der UN-Treuhandschaft entlassen und bildeten eine föderative Republik in freier Assoziation mit den USA; 1991 wurden sie eine unabhängige Republik. Die Inselvölker leben von der Subsistenzwirtschaft und vom Fischfang. In geringem Umfang werden Kopra, Bananen, Zitrusfrüchte, Pfeffer und Taro exportiert. In der Vergangenheit hingen die Inseln von amerikanischer Entwicklungshilfe und Einnahmen ab, die die USA für militärische Nutzungsrechte zahlten. Heute versucht Mikronesien, durch die Entwicklung des Tourismus, durch Einnahmen aus Fischereirechten und den Export von Agrarprodukten wirtschaftlich selbständiger zu werden.

LANDESDATEN – MIKRONESIEN

Fläche 702 km²

Klima	Höhe	Temperaturen Januar	Temperaturen Juli	Jährlicher Niederschlag
	m	°C	°C	mm
Palikir	0	27	26	4859

Einwohnerzahl (1994) 120 347

Staats- und Regierungsform Bundesrepublik

Hauptstadt Palikir (auf der Insel Pohnpei)

Offizielle Landessprache Englisch

Bevölkerungsgruppen neun mikronesische und polynesische Volksgruppen

Religionen Christen (Protestanten, Katholiken, Zeugen Jehovas, Adventisten vom Siebenten Tag, die Heiligen der letzten Tage und andere Glaubensgemeinschaften); Baha'i

Währung 1 US-Dollar (US-$) = 100 Cents

Bruttosozialprodukt (pro Kopf 1994) US-$ 980

Lebenserwartung Männer 65,7; Frauen 69,6 Jahre

Ressourcen Kokosnüsse, Kopra, Fischereiprodukte, Tourismus

Schutzgebiete in der Region

Reichtum des Meeres *(oben).* Diese Fischer auf Tahiti in Französisch-Polynesien bringen Austernkäfige mit Zuchtperlen an Land. Einer von ihnen trägt den traditionellen Sarong, aber westliche Kleidung wird zunehmend beliebter.

GUAM

VEREINIGTE STAATEN VON AMERIKA

Guam, die südlichste der Marianeninseln, ist ein selbstverwaltetes Gebiet in freier Assoziation mit den USA. Die Landschaft variiert von einem dicht bewaldeten Kalksteingebirge im Norden bis zu niedrigen, grasbedeckten vulkanischen Hügeln im Südwesten. Das Klima ist warm, feucht und gelegentlich treten Taifune auf. Rund 50 % der Bevölkerung sind Eingeborene (Charmorro), deren Sprache neben Englisch offizielle Landessprache ist.

Die Wirtschaft hängt von der Präsenz der amerikanischen Marine und Luftwaffe ab, die Guam seit dem Zweiten Weltkrieg als wichtigen Stützpunkt nutzen. Der größte Teil der Lebensmittel und Konsumgüter wird importiert. Der wachsende Tourismus ist eine wichtige Einnahmequelle.

WAKEINSEL

VEREINIGTE STAATEN VON AMERIKA

Die Wakeinsel im Westpazifik ist ein nichtinkorporiertes Territorium der USA. Sie besteht aus drei winzigen Koralleninseln, die durch Dämme miteinander verbunden sind und die sich um eine Lagune gruppieren. Da es nur wenig regnet, gibt es keine natürliche Wasserversorgung.

Die Insel wird als Notlandemöglichkeit im zivilen Flugverkehr genutzt.

MIDWAYINSELN

VEREINIGTE STAATEN VON AMERIKA

Die beiden Midwayinseln sind ein nicht inkorporiertes Territorium der USA. Sie liegen nordwestlich von Hawaii und bestehen aus Korallenatollen, die sich um einen Unterwasservulkan gebildet haben. Ihr ganzjährig tropisch warmes und feuchtes Klima bietet Seevögeln ideale Lebensbedingungen. Ständige Inselbewohner sind US-Militärangehörige sowie Naturschutzbeauftragte, die für das Vogelreservat zuständig sind.

JOHNSTON-ATOLL

VEREINIGTE STAATEN VON AMERIKA

Johnston ist ein entlegenes Korallenatoll, das aus zwei kleinen Inseln besteht (Johnston- und Sandinsel) und 1126 km südwestlich von Hawaii liegt. Die Inseln sind in das Verteidigungssystem der USA eingebunden und werden von der Defense Nuclear Agency (Behörde für Nuklearverteidigung) und dem United States' Fish and Wildlife Service (Dienst zum Schutz der Fisch- und Wildbestände) verwaltet. Auf dem Atoll werden die großen Guano-Vorkommen abgebaut (Vogelkotablagerungen, die als Düngemittel verwendet werden).

NÖRDLICHE MARIANEN

VEREINIGTE STAATEN VON AMERIKA

Die nördlichen Inseln im westlichen Pazifik sind ein selbstverwaltetes Gemeinwesen und frei assoziiertes Territorium der USA, die für Sicherheits-, Verteidigungs- und Finanzfragen der Inseln verantwortlich sind. Die bestehenden Verträge können durch Volksentscheid beendet werden. Die Inseln sind Teil einer langen vulkanischen Kette, die von Japan aus nach Süden verläuft. Das Klima ist

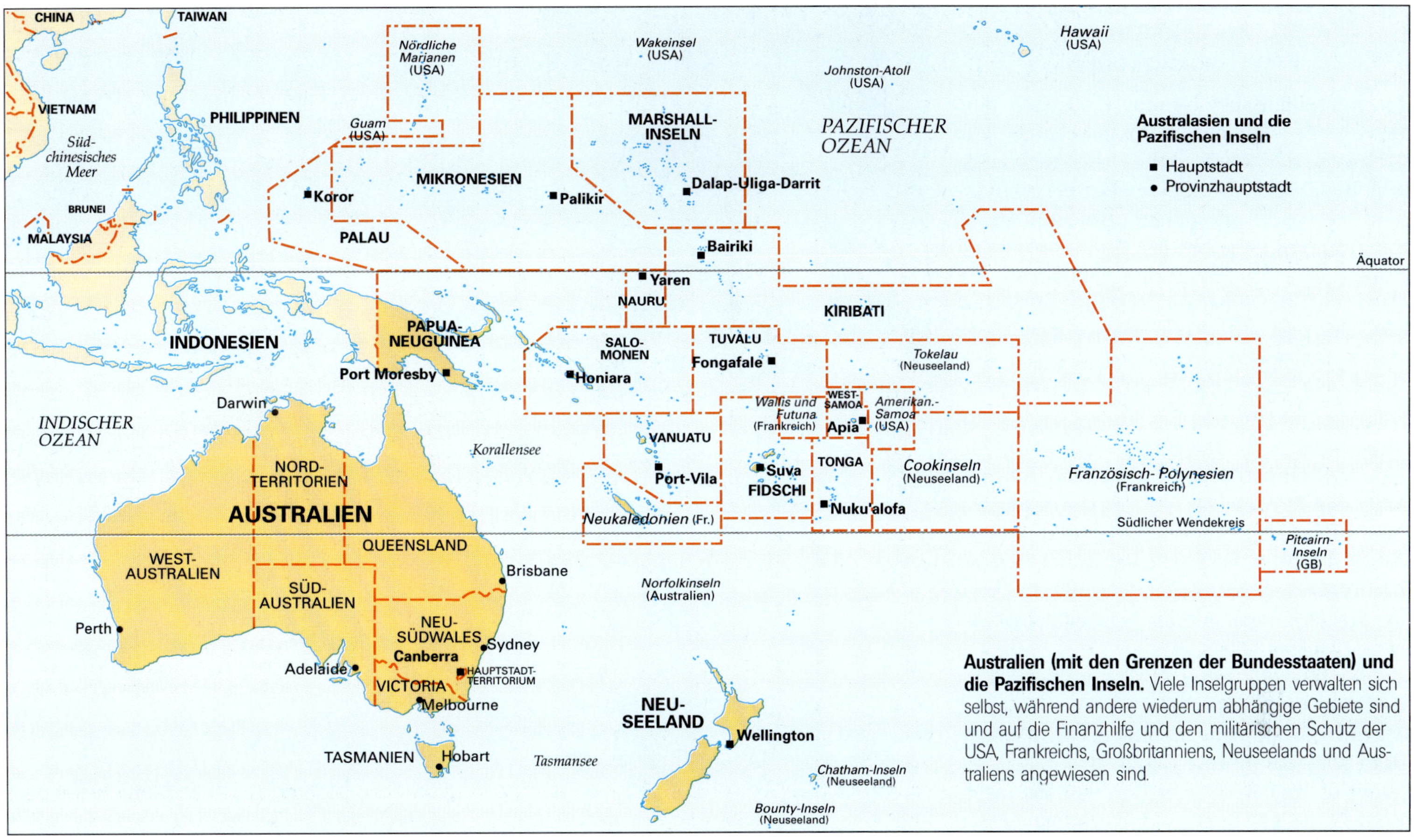

Australien (mit den Grenzen der Bundesstaaten) und die Pazifischen Inseln. Viele Inselgruppen verwalten sich selbst, während andere wiederum abhängige Gebiete sind und auf die Finanzhilfe und den militärischen Schutz der USA, Frankreichs, Großbritanniens, Neuseelands und Australiens angewiesen sind.

warm und feucht und begünstigt, außer im trockeneren Norden, eine üppige Waldvegetation. Das mikronesische Volk der Chamorros bildet die Mehrheit der Bevölkerung, die hauptsächlich auf der Insel Saipan lebt.

Der Tourismus hat die Landwirtschaft auf den zweiten Platz im Wirtschaftsgefüge verwiesen. Landwirtschaft und Fischerei werden hauptsächlich für den unmittelbaren Lebensunterhalt betrieben. Daneben werden Textilien, Kopra, Fleisch und Fisch exportiert.

AMERIKANISCH-SAMOA

VEREINIGTE STAATEN VON AMERIKA

Amerikanisch-Samoa ist ein nichtinkorporiertes Territorium der USA und umfasst sieben Inseln im Osten des Samoa-Archipels im südlichen Teil des zentralen Pazifik. Über zwei Drittel der Landesfläche nimmt die größte Insel Tutuila ein. Das Klima ist heiß und feucht und gelegentlich treten Wirbelstürme auf. Die Samoaner leben in Großfamilien in Dörfern, in denen nach traditionellem Brauch ein Rat der Häuptlinge die Macht ausübt. Der Rat der Häuptlinge wählt den Senat der Nationalversammlung. Die Inseln leben hauptsächlich von der Herstellung von Thunfischkonserven und dem Tourismus. Der Konservenexport erwirtschaftet nahezu die

NEUKALEDONIEN

FRANKREICH

Die Inseln von Neukaledonien, dem größten französichen Überseeterritorium, liegen im Südwestpazifik, etwa 1770 km nördlich von Neuseeland. Das Klima ist warm und feucht und an den Osthängen auf der Hauptinsel wachsen dichte Regenwälder. Auf der geschützteren Westseite finden sich offene Waldungen und savannenartiges Grasland. In der Regenzeit von Dezember bis März treten auch Taifune auf.

Neukaledonien gehört zu den führenden Nickelförderern der Welt. Der Bergbau erwirtschaftet allein 12 % des Volkseinkommens. Der Tourismus ist eine Wachstumsbranche. Die größte Bevölkerungsgruppe, die Melanesier, betreiben bäuerliche Kleinwirtschaften und Fischfang. Das Gebiet ist weiterhin auf französische Wirtschaftshilfe angewiesen. Gesundheits- und Bildungswesen konzentrieren sich in Noumea, der Hauptstadt und gleichzeitig dem wichtigsten Hafen und sind im Allgemeinen gut entwickelt.

WALLIS UND FUTUNA

FRANKREICH

Das französische Überseegebiet Wallis und

vulkanische Boden auf beiden Inselgruppen begünstigen eine üppige Waldvegetation.

Die örtliche Verwaltung stützt sich auf drei polynesische Königreiche: Uvéa (auf Wallis), Tua und Alo (beide auf Futuna). Die Wirtschaft beruht auf der Subsistenzwirtschaft; Nutzholz und Kopra werden in größerem Umfang exportiert.

FRANZÖSISCH-POLYNESIEN

FRANKREICH

Französisch-Polynesien besteht aus fünf verstreuten Archipelen im südlichen Teil des zentralen Pazifik. Zu den Inseln gehören flache Korallenatolle und Riffe sowie einige größere kegelförmige, von reicher Vegetation bedeckte vulkanische Inseln. Im 5. Jh. besiedelten polynesische Völker die Inseln. 1880 wurden sie eine französische Kolonie und 1946 in ein französisches Überseeterritorium umgewandelt. Heute ist das zur Gruppe der Gesellschafts-Inseln gehörende Tahiti ein aufblühendes Touristenzentrum; hier leben etwa zwei Drittel der Bevölkerung. Hauptwirtschaftszweige sind die Leichtindustrie und der Dienstleistungssektor; Kopra, Fisch und Zuchtperlen sind einträgliche Exportartikel. Gesundheits- und Bildungswesen konzentrieren sich auf Tahiti. Die Wiederaufnahme der

ANTARKTIS

INTERNATIONALES GEBIET

Im Internationalen Geophysikalischen Jahr (1957-1958) verbrachten Wissenschaftler aus 12 Staaten den Winter in 50 Forschungsstationen, die über das Südpolargebiet verstreut lagen. Sie waren gekommen, um die Umwelt der Antarktis zu erforschen und um Anhaltspunkte über die Entwicklungsgeschichte der Erde und ihre mögliche Zukunft zu gewinnen. Ein Jahr später unterzeichneten – trotz gegensätzlicher Souveränitätsansprüche auf die Region – 12 Staaten einen Antarktisvertrag, der die Nutzung des Kontinents auf die wissenschaftliche Forschung beschränkte. In den 70er-Jahren legten sie Quoten für den Wal- und Robbenfang fest, um die Arten vor dem Aussterben zu schützen. 1981 fanden Wissenschaftler heraus, dass die Abnahme der Ozonschicht über dem Südpol gravierende Auswirkungen auf alle Lebensformen unseres Planeten haben könnte.

Die Antarktis erreicht eine größere Ausdehnung als Europa oder als die USA und Mexiko zusammengenommen. Etwa 95 % der Fläche nimmt eine Eisschicht ein, die stellenweise bis zu 4000 m dick ist und neun Zehntel der gesamten Gletschereismenge der Erde ausmacht. Sie entstand durch die jahrtausendelange Anhäufung von Schnee, obwohl die jährlichen Schneefälle gering sind. Die Eisdecke liegt durchschnittlich 2000 m über dem Meeresspiegel. Im arktischen Winter (August und September) bedeckt bis zu 3 m dickes Packeis den umgebenden Ozean und verdoppelt damit die Oberfläche des Kontinents.

Eine lange Transantarktische Gebirgskette zieht sich über den gesamten Erdteil dicht am Südpol vorbei und teilt den Kontinent in zwei ungleiche Teile: in Kleinantarktika (größtenteils innerhalb westlicher Breitengrade) und in das massive, halbkreisförmige Großantarktika. Von Kleinantarktika aus schlängelt sich die schlanke, aber gebirgige Antarktische Halbinsel nach Norden in Richtung der Südspitze Südamerikas und stößt im Westen an das Weddellmeer. Das Rossmeer bildet an der gegenüberliegenden Seite von Kleinantarktika einen kleineren Golf, beinahe direkt südlich von Neuseeland. Die südlichen Teile beider Meere sind permanent von einer Schelfeiszone bedeckt, die ständig mit neuem Eis aufgefüllt wird, das durch den Druck der darüberliegenden Eisdecke durch die Spalten des Transantarktischen Gebirges gepresst wird.

An den Rändern der Eisdecke erheben sich mehrere Gebirgsketten, darunter das Vinson-Massiv in Kleinantarktika, ein Teil der Sentinel-Gebirgskette, die das Ronne-Eisschelf am Südrand des Weddellmeers überragt. Es gibt

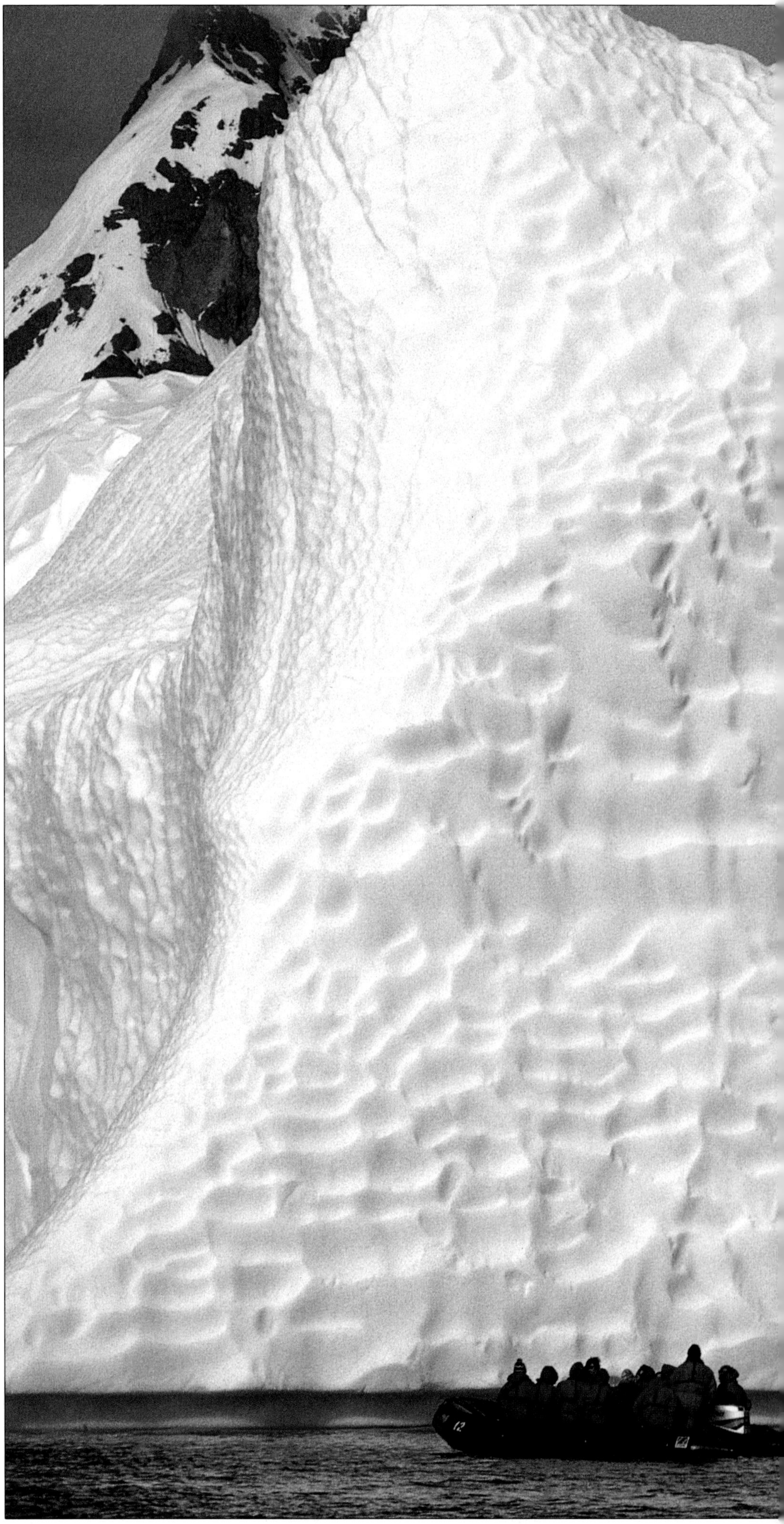

einige Vulkane, die größtenteils auf den Inseln Kleinantarktikas nördlich des Weddellmeeres liegen. Der aktive Mount Erebus (3743 m) auf der Ross-Insel am Rande des Ross-Eisschelfs wird von einer Dauerstation aus ständig beobachtet.

Auf dem kältesten Kontinent der Erde sinken die Temperaturen im Südwinter (August) auf -40 °C bis -70 °C. Auf der Antarktischen Halbinsel sind im maritimen Randbereich die Winter milder und die Sommertemperaturen steigen bis auf 15 °C an, während auf dem restlichen Teil des Kontinents das ganze Jahr über eisige Kälte herrscht. Schneefälle treten fast ausschließlich in den Küstengebieten auf. Schneestürme kommen auf, wenn der Wind den losen Schnee an den Rändern der Eisdecke vor sich her treibt.

Die unwirtlichen Bedingungen und monatelange Dunkelheit schränken die Vegetation auf Flechten, Moosen, Algen und Schimmelpilze in den wenigen eisfreien Gebieten ein. In der Antarktis leben keine Landsäugetiere. Meeressäuger wie Wale und Robben ernähren sich vom immensen Reichtum an Schalentieren (Krill), während Tümmler und Delphine von riesigen Fischschwärmen (überwiegend Barsche) angelockt werden. Die antarktischen Küsten sind ein Vogelparadies. Kaiser-Pinguine, antarktische Sturmvögel und die Skua (Große Raubmöve) brüten hier, darüber hinaus leben über 40 weitere Arten im ewigen Eis.

Der Legende nach sollen die Maori den eisumrahmten Südlichen Ozean als erste gesichtet haben. Als erster Europäer überquerte 1773 der britische Kapitän James Cook (1728-1779) den Südlichen Polarkreis. 1820 betraten russische, britische und US-amerikanische Antarktisforscher den Kontinent. Erst später fertigten nachfolgende Wissenschaftler Karten von der Antarktischen Halbinsel und den sie umschließenden Meeren an. Die Franzosen entdeckten Adélie-Land in Großantarktika und nahmen es für Frankreich in Besitz, während eine britische Expedition (1839-1843) unter Leitung von James Clark Ross (1800-1862) das Meer und das Eisschelf entdeckte, das seinen Namen trägt.

Anfang des 20. Jh. begann ein wahrer „Wettlauf" zum Südpol. Am 14. Dezember 1911 erreichte der Norweger Roald Amundsen (1872-1928) den Südpol. (1909 hatte man schon den magnetischen Südpol bezwungen). Ein Monat später folgten ihm die Briten unter Leitung von Robert Falcon Scott (1868-1912), die auf dem Rückweg in ein Schneesturm gerieten und umkamen. Der Amerikaner Richard Evelyn Byrd (1888-1957) überflog am 29. November 1929 als erster den Südpol.

Eine Wand aus Eis (*links*). Ein Dingi mit Touristen erscheint

Die Leopardenrobbe hat sich den extremen Bedingungen der Antarktis – des kältesten Kontinents der Erde – angepasst. Ihren Lebensraum teilt sie mit Robben und Walen, Delphinen, Tümmlern und einer Vielzahl von Meeresvögeln.

Bis 1942 meldeten Argentinien, Australien, Chile, Frankreich, Neuseeland, Norwegen und Großbritannien Souveränitätsansprüche auf einzelne Antarktisgebiete an. Der Antarktisvertrag von 1959 ignoriert diese Ansprüche weitgehend und seitdem arbeiten die Wissenschaftler an gemeinsamen Forschungsprojekten. Während früher die Wagemutigen mit Hundeschlitten versuchten, den Pol zu erreichen, stehen heute den Forschern Spezialfahrzeuge, so genannte Schneekatzen zur Verfügung. Sie können auf moderne seismografische Geräte und weit reichende Sensoren zurückgreifen, um neue Karten vom tief unter dem Eis verborgenen Erdteil zu erarbeiten.

Mit der planetarischen Geologie, Hydrologie, Klimatologie und der Meteoritenforschung sind neue Disziplinen hinzugekommen. 1988 fanden Wissenschaftler heraus, das die Fluorchlorkohlenwasserstoffe (FCKW) die Ozonschicht in der Atmosphäre über den Südpol abbauen.

Durch geologische Untersuchungen entdeckte man umfangreiche mineralische Bodenschätze. Im Transantarktischen Gebirge liegen möglicherweise die größten Kohlevorkommen der Erde, und auf bemerkenswerte Eisenerzvorräte stieß man im Prinz-Charles-Gebirge an der Küste von Großantarktika. Weiterhin wurden Antimon, Chrom, Gold, Molybdän und Uran gefunden. Bisher verhindern die enormen Erschließungskosten und voraussichtliche Umweltschäden den Abbau. Deshalb kamen die Unterzeichnerstaaten überein, in den nächsten 50 Jahren die Ausbeutung der Bodenschätze zu verbieten.

Seit den 50er-Jahren hat sich ein kleiner, aber nicht unbedeutender Tourismus entwickelt. Zum Schutz der Umwelt unterliegen vor allem die Kreuzfahrtschiffe einer strengen Kontrolle. Für den Robben- und Walfang wurden Fangquoten festgelegt. Die Hochseefischerei in den antarktischen Gewässern, vor

GLOSSAR

Begriffe in GROSSBUCHSTABEN geben einen Querverweis auf die entsprechende Stelle im Glossar. Lateinische und andere fremdsprachige Bezeichnungen sind *kursiv* geschrieben.

Abhängige Territorien/Abhängigkeit: (1) territoriale Einheit unter der Jurisdiktion eines anderen STAATES, der jedoch nicht annektiert ist. (2) Ungleiche wirtschaftliche oder politische Beziehungen zwischen zwei Staaten oder -gruppen, bei der die eine Seite von der anderen abhängt bzw. sie unterstützt.

Afro-Amerikaner: eine in den USA geborene Person afrikanischer Abstammung.

Ahnenkult: religiöse Praxis der Geisteranbetung verstorbener Vorfahren, von denen man glaubt, dass sie die Gegenwart beeinflussen können.

AIDS: erworbene Immunschwäche, eine Krankheit, die das körpereigene Abwehrsystem schädigt und dadurch Menschen für Krankheiten anfälliger macht. Der Human Immunodeficiency Virus (HIV) ist der Name eines der Viren, die beim Menschen AIDS hervorrufen können.

Alphabetisierung: üblicherweise die Fertigkeit, einfache Sätze zu lesen und zu schreiben.

alpin: (1) baumlose Gegend, die auf Bergen, oberhalb der Baumgrenze, jedoch unterhalb der Dauerschneegrenze zu finden ist. (2) eine angepasste Pflanze, die in TUNDRA-artigen Gebirgsgegenden wächst.

amerikanischer Indianer: Mitglied eines der vielen eingeborenen Völker Mittel- und Südamerikas.

Anglikaner: Mitglied der PROTESTANTISCHEN KIRCHE – die in England im 16. Jh. entstand – zu der u. a. die Anglikanische Kirche und weitere Kirchen gehören, die mit ihr eine Glaubensgemeinschaft bilden.

Animismus: religiöser Glaube, wonach Geister in den Formen der Natur, wie der Sonne, dem Himmel, dem Wasser und Tieren wohnen.

Apartheid: Organisationsform der Gesellschaft, in der die Rassen voneinander getrennt sind. Sie wurde nach 1948 von der Nationalpartei in Südafrika als Mittel, die Fortsetzung der weißen Vorherrschaft zu sichern, eingeführt. Heute ist sie nicht mehr existent.

Aquifer: unterirdische Schicht aus porösem Gestein, Sand oder Kies, die Grundwasser aufnimmt und hält.

arid: (Klima) gewöhnlich trocken und heiß. Aride Gebiete haben im Allgemeinen weniger als 250 mm Niederschlag im Jahr. Regen fällt selten und verdunstet oder versickert sehr schnell. Im Boden verbleibt wenig Feuchtigkeit, so dass die Vegetation spärlich ist.

Arktis/arktisch: (1) Teil der Erde, der nördlich der Breite von 66°32'N liegt und wo die Sonne im Sommer für bestimmte Zeit nicht unter- und im Winter nicht aufgeht. Im Allgemeinen kalt und eisbedeckt. (2) In biologischen Zusammenhängen bezieht es sich auf kalte Polargebiete, wo nichts wächst.

Atoll: ein KORALLENRIFF, das eine Lagune umschließt. Das Riff bildet sich ursprünglich um eine vulkanische Insel und durch Ansteigen des Meeresspiegels oder Absinken der Insel tritt die vom Riff umgebene Lagune an deren Stelle.

Aussterben: Das Verschwinden der Population einer besonderen oder der gesamten Art. Sie kann natürliche Gründe haben oder vom Menschen verursacht werden.

Autokratie: Herrschaftsform, bei der eine Person – der Autokrat – unumschränkt regiert.

Autonomie: Status der Selbstverwaltung, der gewöhnlich einem Landesteil bzw. Territorium innerhalb eines STAATES gewährt wird.

Bantu: Name einer Anzahl EINGEBORENER VÖLKER Zentral- und Südafrikas, die eine verwandte Sprache sprechen.

bedrohte Arten: Arten, deren Population auf ein so niedriges Niveau zurückgegangen ist, dass ihr Fortbestand in Frage steht.

Berber: EINGEBORENEN VOLK in Nordafrika, besonders in Algerien und Marokko.

Bewegung der Nichtpaktgebundenheit: Gruppe von Ländern der DRITTEN WELT, die es während des Kalten Krieges ablehnte, sich mit den USA oder mit der ehemaligen Sowjetunion zu verbünden.

Bibel: Heilige Schrift des CHRISTENTUMS und des JUDENTUMS. Die jüdische Bibel enthält viele Gemeinsamkeiten mit der christlichen Version und beschreibt historische Ereignisse und prophetische Lehren. Die Letztere enthält außerdem Berichte über das Leben und Wirken von Jesus Christus.

Block: eine Staatengruppe, die durch wirtschaftliche und/oder andere Beziehungen eng verbunden ist.

Bodenerosion: Abtragung der obersten Bodenschicht durch Wind und/oder Regen. Deckenerosion liegt vor, wenn eine Bodenschicht abgetragen wird. Abflusserosion tritt auf, wenn durch den Regen tiefe Kanäle in den Boden gegraben werden.

boreal: (nördlich) Typisch für nördliche Klimagebiete zwischen der ARKTIS und dem 50. Breitengrad, charakterisiert durch lange, kalte Winter und kurze Sommer. In der Vegetation herrschen BOREALE WÄLDER vor.

borealer Wald: Bezeichnung für NADELWÄLDER oder für die TAIGA der nördlichen Halbkugel.

Brandrode-Wirtschaft: Methode des Ackerbaus in TROPISCHEN Gebieten, bei der die Vegetationsdecke gerodet und verbrannt wird, um den Boden zu düngen, bevor Kulturen gepflanzt werden. Oftmals eine Form des EXTENSIVEN ACKERBAUS.

Braunkohle: torfähnliches Material, auch als Lignit bekannt. Sie hat einen niedrigeren Energiewert als die höher entwickelten Kohleformen.

Bruttoinlandsprodukt (BIP): Der Gesamtwert aller innerhalb eines Jahres in einem Land produzierten Güter und Leistungen abzüglich der Abschreibungen. Es wird gewöhnlich in festen Preisen ausgedrückt, um die Wirkung der Inflation auszugleichen. Das BIP ist ein wichtiges Kriterium für die Bewertung der wirtschaftlichen Aktivität in einem Land.

Bruttosozialprodukt (BSP): Das BRUTTOINLANDSPRODUKT eines Landes zuzüglich der Einnahmen aus dem Export.

Buddhismus: RELIGION, die im 6. Jh. v. Chr. in Indien begründet wurde. Sie beruht auf den Lehren von Gautama Siddhartha (um 563-480 v. Chr.), des Buddha oder „des Erleuchteten". Die Religion hat in Nord-, Süd- und Südostasien viele Anhänger.

Bürokratie: Gesamtheit des Beamtentums. Es kann auch eine Art der Verwaltungsarbeit bezeichnen, die durch Dienst nach Vorschrift, Uneffektivität und Delegierung von Entscheidungen charakterisiert wird.

Byzantinisches Reich: Christliches Imperium, das auf das Römische Reich im östlichen Mittelmeerraum folgte. Sein Zentrum war Byzanz, das heutige Istanbul. Es bestand von 395 bis 1453.

Chaparral: Strauchvegetation in Kalifornien, USA, sowie in Gebieten mit MEDITERRANEM Klima.

Christentum: RELIGION, die auf den Lehren von Jesus Christus beruht und im 1. Jh. n. Chr. auf dem Boden des Judentums entstand. Die wichtigsten Glaubenssätze stehen in der BIBEL. Sie ist die am meisten verbreitete RELIGION der Welt und in eine Anzahl von KIRCHEN und Sekten, darunter RÖMISCHEN KATHOLIZISMUS, PROTESTANTISMUS und ORTHODOXE KIRCHEN geteilt.

Commonwealth: Assoziation von STAATEN, die dem früheren britischen EMPIRE angehörten und die den britischen MONARCHEN zum Staatsoberhaupt haben.

Coup d'etat: (Staatsstreich) eine Änderung der Regierungsform mit verfassungswidrigen Mitteln, meistens in Verbindung mit einem Militärputsch.

Daoismus: chinesische Philosophie und RELIGION, die gewöhnlich den Lehren des Lao Zi zugeschrieben (7. Jh. v. Chr.) und sich später mit dem Buddhismus vermischt haben. Er wurde von der KOMMUNISTISCHEN REGIERUNG Chinas verboten, wird jedoch in Taiwan praktiziert.

Dauerfrost: Boden und Gestein, das ständig gefroren bleibt und typisch für die Polargebiete ist. Die Bodenschicht an der Oberfläche kann im Sommer auftauen, aber das Schmelzwasser kann nicht in die gefrorenen unteren Schichten abfließen und gefriert von neuem.

Dekolonisierung: Die Machtübergabe von einer KOLONIAL-Macht an das Volk einer KOLONIE nach der politischen Unabhängigkeit.

Delta: Große Ansammlung von Sedimenten, oft fächerförmig, an Flussmündungen. Mit dem Eintritt ins Meer verringert sich die Fließgeschwindigkeit des Wassers, und die Sedimente lagern sich ab.

Demokratie: Form der Entscheidungsfindung oder der Herrschaft, bei der die Politik vom Volk (direkte Demokratie) oder in seinem Auftrag (indirekte Demokratie) ausgeht. Eine indirekte Demokratie wird gewöhnlich im Wettbewerb politischer Parteien durch Wahlen verwirklicht.

Dezentralisierung: Delegierung der Macht von der zentralen REGIERUNG an andere Verwaltungsebenen.

Diktator: ein Führer, der die Staatsmacht in seinen eigenen Händen konzentriert hat.

Dritte Welt: Begriff, der ursprünglich auf ehemalige KOLONIEN angewandt wurde, die weder kapitalistisch (Erste Welt) noch sozialistisch (Zweite Welt) waren. Heute bezeichnet dieser Begriff die ärmeren, weniger industrialisierten ENTWICKLUNGSLÄNDER.

Drusen: Sekte der sunnitischen Moslems, die 1021 von den Anhängern des Kalifen al-Hakim bi-Amr Allah gegründet wurde und Anhänger im Libanon und in Syrien hat.

eingeborene Völker: Die ursprünglichen Bewohner einer Region, bezieht sich gewöhnlich auf vorkapitalistische oder traditionelle Völker.

einheimische Arten: Arten, die in einem bestimmten Gebiet von Natur aus heimisch, und die deshalb für dieses Gebiet typisch sind.

Einparteiensystem: Politisches System, in dem es bei WAHLEN keine Konkurrenz zur REGIERUNGSPARTEI gibt, wie in KOMMUNISTISCHEN und MILITÄRREGIMES. Dabei sind alle Parteien außer der Regierungspartei verboten.

Eiszeit: Lange geologische Periode, in der kalte Klimabedingungen vorherrschen und bei der das ganze Jahr über Schnee- und Eisdecken bestehen. In der Geschichte der Erde hat es viele Eiszeiten gegeben.

El Niño: die Erwärmung des Meerwassers vor der Küste von Peru in Südamerika. Sie tritt alle drei bis sieben Jahre auf natürliche Weise auf, obwohl ihre Gründe noch nicht eindeutig bekannt sind. In ihrem Ergebnis gehen die Fischvorräte stark zurück.

entwickeltes Land: Ein Land, das durch hohen Lebensstandard und hoch entwickelte Wirtschaft gekennzeichnet ist, besonders im Vergleich zu ENTWICKLUNGSLÄNDERN. Es gibt eine Reihe von Kriterien zur Beurteilung des Wohlstandes eines Landes; z. B. das BRUTTOSOZIALPRODUKT, den PRO-KOPF-Verbrauch an Energie, die Anzahl der Ärzte pro Kopf der Bevölkerung und die mittlere Lebenserwartung.

Entwicklungsland: ein Land, das durch einen niedrigen Lebensstandard und durch SUBSISTENZWIRTSCHAFT charakterisiert wird. Solche Länder werden auch manchmal als Länder der DRITTEN WELT bezeichnet. Zu ihnen gehört der größte Teil Afrikas, Asiens, Mittel- und Südamerikas.

Erosion: Prozess, in dessen Verlauf die Landoberfläche in kleinere Partikel aufgespalten oder durch Wasser, Wind und Eis fortgetragen wird.

Erster Weltkrieg: Großer Krieg (1914-1918), in dem Deutschland, Österreich-Ungarn und das OSMANISCHE REICH (Türkei) gegen Großbritannien, Frankreich, das zaristische Russland und die USA Krieg führten.

ethnische Gruppe: Gruppe von Menschen, die eine gemeinsame soziale oder kulturelle Identität auf sprachlicher, religiöser, Brauchtums- und/oder gemeinsamer Abstammungs- oder Verwandtschaftsgrundlage haben.

Europäische Gemeinschaft: (EG) siehe EUROPÄISCHE UNION.

Europäische Union: (EU) Allianz westeuropäischer STAATEN, die für eine gemeinsame Politik auf den Gebieten des Handels, der Wirtschaftshilfe, der Landwirtschaft und der Wirtschaft gebildet wurde. Die sechs Gründungsmitglieder waren 1957 Frankreich, Bundesrepublik Deutschland, Belgien, Holland, Luxemburg und Italien. Die Organisation hieß damals Europäische Wirtschaftsgemeinschaft (EWG). Sie wurde 1967 in Europäische Gemeinschaft (EG) umbenannt. Großbritannien, Irland und Dänemark kamen 1973 hinzu, Griechenland 1981, Spanien und Portugal 1986. Ostdeutschland wurde Mitglied, als es 1990 mit der Bundesrepublik Deutschland wiedervereinigt war. Die Europäische Union (EU) entstand am 1. November 1993. Österreich, Finnland und Schweden traten ihr im Januar 1995 bei.

Evangelismus: Bewegung innerhalb einer KIRCHE, die persönliche Wandlung und Versuche der Gewinnung von Konvertiten predigt.

exotisch: (in Bezug auf Tiere oder Pflanzen) ursprünglich nicht in einem bestimmten Gebiet beheimatet, aber nach ihrer Einführung von außerhalb oft aus kommerziellen oder dekorativen Motiven heimisch gemacht.

Export: Waren und Leistungen, die in andere Länder verkauft werden und Devisen einbringen.

extensiver Ackerbau: in TROPISCHEN Gebieten vorherrschende Anbaumethode, bei der Land gerodet und kultiviert wird, bis seine Fruchtbarkeit erschöpft ist. Der Bauer lässt den Boden dann brach liegen, der sich auf natürliche Weise wieder erholt.

Fetisch: Ein Gegenstand, von dem man annimmt dass er spirituelle Kräfte besitzt, und der benutzt wird, um das Verhalten anderer Menschen zu beeinflussen, besonders in ANIMISTISCHEN Zeremonien.

Feuchtgebiet: ein LEBENSRAUM, der gänzlich oder lange genug von Wasser eingeschlossen ist und eine diesen Bedingungen angepasste Vegetation begünstigt.

Fjord: Steilwandige Bucht oder Gletschertal, das vom Meer geflutet wird. Siehe VERGLETSCHERUNG.

Flüchtling: eine Person, die ihr Land aus politischen oder wirtschaftlichen Gründen verlassen muss. Kriegschaos führt gewöhnlich zu vielen Flüchtlingen.

Föderalismus: VERFASSUNGSMÄSSIGE REGIERUNGSFORM, in der die Macht auf zwei Ebenen verteilt ist – eine Zentral- oder Föderationsregierung und die Ebene der Landes- oder BUNDESSTAATSREGIERUNG.

Fossiler Brennstoff: Brennstoff wie Kohle, Erdöl und Erdgas, der unter der Erdoberfläche durch Hitze und Druck aus Organismen gebildet wurde, die vor Millionen Jahren abgestorben sind.

Fraktion: Besondere Gruppe innerhalb einer größeren politischen Bewegung oder PARTEI, die eine eigene politische Linie verfolgt.

Franken: Gruppe germanischer Völker, die im 3. Jh. das Gebiet am Rhein bewohnten und die das RÖMISCHE REICH zerstörten. Sie gründeten 800 das Heilige Römische Reich unter Karl dem Großen (747-814).

freier Handel: Internationaler Handel, bei dem Waren und Dienstleistungen ohne Zölle, QUOTEN oder andere Einschränkungen ausgetauscht werden.

Fundamentalismus: Glaube, dass die religiösen Schriften von Gott inspiriert und daher unfehlbar sind. Ursprünglich bezeichnete der Begriff jene CHRISTLICHEN Gruppen, die an eine buchstabengetreue Auslegung der BIBEL glaubten. Er wird jetzt auch auf MUSLIMISCHE Extremisten angewandt.

gemäßigte Zone: Klimazone in mittleren Breiten mit mildem Klima. Sie nimmt die Gebiete zwischen den warmen TROPEN und den kalten Polarregionen ein.

Getreide: Pflanzen aus der Familie der Gräser, die speziell gezüchtet wurden, um hohe Erträge an essbaren Körnern für den Verbrauch von Menschen und Tieren zu erzielen. Die wichtigsten sind Weizen (*Triticum),* Reis (*Oryza sativa*) und Mais (*Zea mays*).

Getto: Ein Elendsviertel in einer Stadt, die von einer ETHNISCHEN Minderheit bewohnt wird.

globale Erwärmung: Anstieg der Durchschnittstemperatur der Erde, die dem „Treibhauseffekt" zugeschrieben wird.

grüne Revolution: Einführung hochergiebigen Saatguts (besonders Reis und Weizen) und moderner landwirtschaftlicher Techniken, um die Erträge der Landwirtschaft in den Entwicklungsländern zu erhöhen. Sie begann Anfang der 60er-Jahre.

Guerilla: Mitglied einer irregulären militärischen Einheit, die Unruhen schürt und Sabotageakte verübt.

heterogen: Aus zwei oder mehreren sehr unterschiedlichen Bestandteilen bestehend.

Hinduismus: Gesamtheit religiöser Praktiken, die in Indien in 2. 000 v. Chr. entstanden ist. Er betont mystische Kontemplation und asketische Übungen, die eng mit der indischen Kultur verwoben sind.

Hirte: Einer der vom Viehhüten (Schafe, Rinder, Ziegen oder Kamelen), lebt. Oftmals NOMADEN, die ihre Herden wegen der Verfügbarkeit von Weiden und Wasser von Ort zu Ort treiben.

homogen: Aus sehr ähnlichen Teilen bestehend, die einen einheitlichen Charakter ausweisen.

Hungersnot: Akuter Lebensmittelmangel, der zu Unterernährung und zu Hunger (auch Hungertod) führt.

Imam: In der SUNNITISCHEN Richtung des ISLAM ein Vorbeter in der MOSCHEE. In der SCHIITISCHEN Richtung erblicher NACHFOLGER Mohammeds Schwiegersohn Ali und somit legitime islamische Führer. Verschiedene Sekten sind sich uneinig darüber, ob es 7 oder 12 Imame gibt.

Imperialismus: Prozess, in dem ein Land einem anderen seine Herrschaft aufzwingt, oft mit dem Ziel, ein Imperium zu errichten.

Imperium: (1) politische Organisation von STAATEN und Territorien, in denen einer die Übrigen beherrscht. (2) Das Gebiet, aus dem eine solche Staatengruppe besteht.

Import: Güter und Dienstleistungen, die von anderen Ländern gekauft werden.

Industrie zur Importablösung: Industrie, die errichtet wurde (hauptsächlich in LÄNDERN DER DRITTEN WELT), um Produkte herzustellen, die früher importiert wurden. Industrien zur Importablösung sind gewöhnlich einfache Wirtschaftszweige, die für einen unmittelbaren lokalen Markt arbeiten, wie die Herstellung von Zigaretten, Seife und Textilien. Sie werden während ihrer Anlaufperiode durch hohe Zölle auf ausländische Konkurrenzprodukte geschützt.

Inkas: Mittelalterliche herrschende Klasse südamerikanischer EINGEBORENER, deren riesiges IMPERIUM mit seinem Mittelpunkt in Peru Anfang der 30er-Jahre des 16. Jh. von den Spaniern zerstört wurde.

Inselberg: Ein steiler, einzeln stehender Berg in ARIDEN oder halbariden Landschaften.

Inuit: EINGEBORENES VOLK, das in der ARKTIS und in den TUNDRA-Gebieten von Nordamerika, Grönland und Sibirien lebt.

Islam: RELIGION, die auf den Offenbarungen GOTTES gegenüber dem Propheten Mohammed im 7. Jh. beruht, so wie im KORAN beschrieben. Er lehrt die Unterordnung unter den Willen GOTTES und wird im Nahen und Mittleren Osten, Nordafrika und Teilen Südostasiens praktiziert.

Jäger und Sammler: Menschen die ihre Nahrung durch die Jagd auf Wild und das Sammeln wilder Pflanzen und Früchten sichern.

jährlich abwerfend: (bezogen auf das Laub von Pflanzen, Bäumen und Wäldern). Die Blätter werden im Winter oder in der Trockenperiode abgeworfen.

Jude: (1) Angehöriger des jüdischen Volkes, der Nachkommen der Hebräer des Altertums. (2) Anhänger der jüdischen Religion, des JUDENTUMS.

Judentum: RELIGION, die im alten Israel entstand und auf den Gesetzen und Offenbarungen GOTTES gegenüber Moses auf dem Berg Sinai beruht, und die in den jüdischen Büchern der BIBEL enthalten sind.

Junta: selbst ernannte Körperschaft, die die REGIERUNG nach einem COUP D'ETAT (Staatsstreich) übernimmt.

Kabinett: ist in der REGIERUNG das Gremium der

steht. Es wird als Baumaterial und zur Herstellung von Zement genutzt.

Kapitalismus: politisches und wirtschaftliches System, das auf der Produktion von Gütern und Leistungen mit dem Ziel des gewinnbringenden Austauschs beruht, und in dem die Arbeit für Lohn gekauft und verkauft wird. Die Wirtschaft kann mehr oder weniger stark durch die jeweilige REGIERUNG beeinflusst sein. Bei einer gemischten kapitalistischen Wirtschaft ist die Regierung selbst Eigentümer von Einrichtungen und Unternehmen in Form verstaatlichter Gesellschaften. Sie ist dann auch ein wichtiger Arbeitgeber.

Karneval: Feiertage vor der traditionellen Fastenzeit in der CHRISTLICHEN KIRCHE. Sie werden gewöhnlich von farbenfrohen Massenumzügen und Musik begleitet, insbesondere in der Karibik und in vielen RÖMISCH-KATHOLISCHEN Ländern.

Karst: nackte KALKSTEIN-Landschaft, die durch Verwitterung des Gesteins entsteht und nach einem typischen Gebiet in Slowenien benannt ist. Ihre Merkmale sind Kalksteinauswaschungen, Kavernen und Schluchten.

Kaste: System einer strengen hierarchischen sozialen Einteilung nach der Beschäftigung. Der Begriff wird üblicherweise mit dem HINDU-Kastensystem in Indien assoziiert. Dort wird ein Individuum in die Kaste seiner Eltern hineingeboren, darf nur innerhalb der Kaste heiraten und kann sie nicht verlassen.

kaukasisch/Kaukasier: (1) Klassifikation, die auf weißer bzw. leicht farbiger Haut beruht. (2) Einwohner der Kaukasusregion bzw. indoeuropäische Sprache dieser Region.

Kelte/keltisch: (1) Mitglied einer indoeuropäischen Völkergruppe der Eisenzeit, die aus Südwestdeutschland stammt und im 6. und 5. Jh. v. Chr. große Teile Europas beherrschte. (2) Angehöriger eines keltisch sprechenden Volkes, wie Bretonen, Gallier und Waliser, die gelegentlich als Kelten bezeichnet werden.

Kirche: (1) Sammelbegriff für die Gemeinschaft aller CHRISTEN. (2) Der Begriff wird für einzelnen KONFESSIONEN, wie die ANGLIKANISCHE , die RÖMISCH-KATHOLISCHE KIRCHE usw. verwendet. (3) Gebäude zur Durchführung CHRISTLICHER Rituale.

Kolonialismus: Kontrolle eines fremden Gebiets bzw. Volks durch einen anderen STAAT mit dem Ziel seiner Besiedlung oder der wirtschaftlichen Expansion.

Kolonie: Territorium, das der Souveränität einer ausländischen Macht unterworfen ist.

Kommunismus: Sozial-ökonomisches System, das auf Gemeineigentum beruht. Gewöhnlich sind damit die staatlich kontrollierten sozial-ökonomischen Systeme der ehemaligen Sowjetunion, der Länder des Sowjet-BLOCKS und der Volksrepublik China gemeint.

Konfession: Gruppe oder Zweig einer Hauptreligion, die/der ihre/seine eigene Organisation schafft. Zum Beispiel ist die RÖMISCH-KATHOLISCHE KIRCHE eine Konfession der CHRISTLICHEN RELIGION.

Konfuzianismus: Moralkodex, begründet auf den Lehren des chinesischen Philosophen Konfuzius (um 551-479 v. Chr.), der die Grundlage des chinesischen Reiches und ethischer Verhaltensweisen der Bevölkerung darstellte.

Kongress: politische Versammlung; auch LEGISLATIVE, besonders in den USA.

konservativ: politische Ideologie, die sich gegen soziale Veränderungen richtet. Heute allgemeiner Begriff für RECHTSGERICHTETE Politik.

konstitutionelle Monarchie: Regierungsform mit einem erblichen STAATSOBERHAUPT oder MONARCHEN und einer VERFASSUNG.

Konsumgüter: Waren, die für ihre unmittelbare Nutzung erworben werden, wie Lebensmittel, Radio- und Fernsehgeräte und Waschmaschinen.

Konterrevolution: Bewegung für die Rückkehr zu einer politischen Situation, die vor der REVOLUTION bestanden hat.

Kontinentalklima: Klima, das mit dem Inneren eines Kontinents verbunden ist. Es wird durch starke tägli-

einander verbunden sind und die die Kalksteinskelette abgestorbener Korallen überziehen.

Koran: Der heilige Text des ISLAM, der die Offenbarungen Gottes gegenüber dem Propheten Mohammed enthält, er enthält auch die legislativen, theologischen und ethischen Prinzipien des ISLAM.

Kräftegleichgewicht: eine Theorie, nach der die politische Stabilität von einer gleichmäßigen Verteilung der Macht zwischen den führenden STAATEN abhängt.

kreolisch/Kreole: (1) Mischsprache, die in der Karibik gesprochen wird und zur Muttersprache für bestimmte Volksgruppen wurde. Sie basiert auf dem Französischen, Englischen oder Niederländischen. (2) Mischlinge in der Karibik und in Lateinamerika.

Kriegsrecht: Durchsetzung von Gesetzen durch die Streitkräfte.

Kulturrevolution: radikaler Versuch, die REVOLUTION in China fortzusetzen (1966-1976). Sie wurde von Mao Zedong (1893-1976) initiiert und schloss eine Säuberung der Kommunistischen Partei ein.

landwirtschaftlich dominierte Wirtschaft: eine Wirtschaft, in der der überwiegende Teil der Bevölkerung als Ackerbauer oder Viehzüchter tätig ist.

Lava: Geschmolzenes Gestein, das bei Vulkanausbrüchen ausfließt und wieder erstarrt.

Lebensraum: Der Ort oder die Umwelt, an die ein Tier oder eine Pflanze angepasst ist und wo es/sie vornehmlich seinen/ihren Lebensraum hat; gewöhnlich durch Bedingungen der Vegetation, des Klimas oder der Höhe bestimmt, z. B. Graslandlebensraum.

Legislative: gesetzgebende Institution des STAATES, meist das PARLAMENT.

Lingua franca: Sprache, die, häufig im Handel, als Verkehrssprache zwischen Völkern mit unterschiedlichen Sprachen genutzt wird (und Strukturelemente unterschiedlicher Sprachen vereint).

linksgerichtet: Begriff zur Bezeichnung politischer Ansichten, die sich gegen das Establishment richten; besonders zur Bezeichnung SOZIALISTISCHER oder KOMMUNISTISCHER Parteien.

Llano: baumlose Graslandschaft in Venezuela und Nordkolumbien in Südamerika (ähnlich der afrikanischen SAVANNE).

Lutherische Kirche: PROTESTANTISCHE KIRCHE, die sich auf die Lehren Martin Luthers (1483-1546) stützt. Sie hat u. a. in Deutschland, Skandinavien und den USA ihre Anhänger.

Mangroven: dichte Gehölze aus Büschen und Sträuchern, die in gezeitlichen Sumpfgebieten und Flussmündungen in den TROPEN wachsen. Viele Mangrovenarten haben Luftwurzeln.

Maori: EINGEBORENE VÖLKER polynesischer Abstammung in Neuseeland.

Maquis: typische Vegetation der Mittelmeerküste, die aus aromatischem Strauchwerk, Lorbeer, Myrthe, Steinrosen, Ginster und kleinen Bäumen, wie Oliven, Feigen und Steineichen besteht.

Marktkultur, gewinnbringende Kultur: eine Kultur, die mehr für die Vermarktung als für den eigenen Unterhalt (SUBSISTENZ) angebaut wird.

Marktwirtschaft: eine Wirtschaft, in der die meisten wirtschaftlichen Aktivitäten durch Individuen und private Firmen auf einem im Wesentlichen nicht regulierten Markt erfolgen.

Marxismus: System von Lehren, die von dem politischen Theoretiker des 19. Jh., Karl Marx (1818-1883), abgleitet sind und in dem die Politik als Klassenkampf interpretiert wird. Er tritt für das Gemeineigentum ein und wird gewöhnlich als KOMMUNISMUS bezeichnet.

Mauren: (1) Bewohner Nordafrikas, der sowohl von Arabern als auch von BERBERN abstammt. (2) Wird sehr oft für die MUSLIMISCHEN Eroberer Spaniens aus dem 8. Jh. verwendet, die in Cordoba eine ISLAMISCHE Zivilisation schufen, bevor sie 1492 besiegt und vertrieben wurden.

mediterranes Klima: das dem Klima der Mittelmeerregion ähnelt: warme, feuchte Winter und heiße, trockene Sommer.

Mehrparteiensystem: ein System, in dem mehrere PARTEIEN um Stimmen bei WAHLEN wetteifern.

Mestize: Mischling zwischen Indianern und Weißen in Südamerika.

Methodismus: PROTESTANTISCHE KONFESSION der CHRISTLICHEN KIRCHE, die auf den Lehren des englischen Theologen John Wesley (1703-1791) beruht. Seine Anhänger sind hauptsächlich in Großbritannien und den USA vertreten.

Metis: Völker gemischter URAMERIKANISCHER und franko-kanadischer Abstammung in Kanada.

Migration: (1) Bewegung von Menschen aus einem Land, Region oder Ort aus ökonomischen, politischen, religiösen oder anderen Gründen. (2) Bei Tieren saisonbedingte Bewegung zu Futter- und Wasserplätzen.

Militärregime: REGIERUNG, die von der Armee kontrolliert bzw. von ihr gebildet wird.

Minister: (1) In REGIERUNGEN eine Funktion, die gewöhnlich die Verantwortung für einen bestimmten Bereich der Politik umfasst. (2) In der KIRCHE werden Mitglieder des Klerus mit diesem Begriff bezeichnet.

Missionar: Eine Person, die versucht, andere zu ihrem eigenen religiösen Glauben zu bekehren.

Mogulreich: IMPERIUM in Indien (1526-1857), das von Vertretern MONGOLISCHER Abstammung aus Afghanistan gegründet wurde. Im Mogulreich erblühte die indoislamische Kunst und Literatur.

Monarchie: Herrschaftsform mit einem erblichen STAATSOBERHAUPT.

Mongolen: NOMADENVOLK aus Zentralasien, das im 13. Jh. große Gebiete von China bis Europa eroberte. Heute zählen sie drei Millionen Menschen, die z. T. in China, ehemaligen Sowjetrepubliken und in der Mongolei leben.

Monsun: (1) Winde in den TROPEN, die ihre Richtung jahreszeitabhängig ändern. Wenn sie vom Meer landwärts wehen, können sie starke Regenfälle verursachen. (2) Starker Regen, der von diesen Winden verursacht wird.

montan: Zone mittlerer Höhenlage in Gebirgen unterhalb der ALPINEN Zone.

Moschee: Gebetshaus der MUSLIME. Es hat im Allgemeinen ein oder mehrere Minarette, von denen die Gläubigen zum Gebet gerufen werden.

Moslem: Anhänger des ISLAM; einer, der sich dem Willen GOTTES „unterwirft".

Nadelwald: ein Wald, der hauptsächlich aus Koniferen oder zapfentragenden Bäumen besteht. Meist aus immergrünen Bäumen mit nadelförmigen Blättern, vorrangig in GEMÄSSIGTEN ZONEN und BOREALEN Gebieten. Das daraus gewonnene Nutzholz wird als WEICHHOLZ bezeichnet.

Nation: Eine Gemeinschaft, die glaubt, aus einem Volk zu bestehen und die auf historischen und kulturellen Gemeinsamkeiten beruht. Manchmal anstelle des Begrifffes „STAAT" gebraucht.

Nationalismus: Ideologie, die davon ausgeht, dass alle NATIONEN ihren eigenen STAAT, einen NATIONALSTAAT auf eigenem Territorium, eine nationale Heimstatt haben sollten.

Nationalstaat: Ein STAAT, in dem alle Einwohner zu einer NATION gehören. Die meisten Staaten behaupten, Nationalstaaten zu sein; tatsächlich gehören zu fast allen von ihnen Minderheiten.

natürliche Rohstoffe: Rohmaterialien, darunter mineralische Vorkommen, Böden, Wasser, Holz, Pflanzen und Tiere. Die meisten natürlichen Rohstoffe werden durch Landwirtschaft, Industrie und andere Wirtschaftstätigkeiten ausgebeutet.

Nazi: Mitglied der Nationalsozialistischen Deutschen Arbeiterpartei, die 1919 gegründet und von Adolf Hitler (1889-1945) als Machtbasis für die Übernahme der politischen Herrschaft in Deutschland 1933 genutzt wurde.

Nebelwald: Wald, der in kühlen, feuchten TROPISCHEN Hochländern wächst.

Niederschlag: Feuchtigkeit, die den Erdboden aus der Atmosphäre erreicht, einschließlich Nebel, Tau, Regen, Graupel, Schnee und Hagel.

Nomade: Mitglied eines (gewöhnlich HIRTEN-)Volkes, das zu verschiedenen Jahreszeiten auf der Suche nach Nahrung, Wasser oder Weiden für seine Tiere von Ort zu Ort zieht.

Oberhaus: derjenige Teil einer Zweikammer-LEGISLATIVE, der nicht unbedingt direkt gewählt wird. Es ist dem Rang nach die zweite Kammer.

offizielle Landessprache: Sprache, die in Ländern ohne einheitlicher Muttersprache, in Regierung, Schulen, Gerichten usw. gesprochen wird.

orthodoxe Kirche: CHRISTLICHE KIRCHEN, die den Patriarchen von Konstantinopel als ihr Oberhaupt betrachteten und sich 1054 von der römisch-katholischen Kirche abspalteten. Zu ihnen gehören u. a. die nationalen KIRCHEN von Griechenland, Russland, Armenien, Bulgarien, Rumänien und Äthiopien.

örtliche Regierung: Regierungsebene, die mit den örtlichen Angelegenheiten einzelner Städte oder Gemeinden befasst ist.

Osmanisches Reich: Ein IMPERIUM, das im 13. Jh. von den ISLAMISCHEN osmanischen Türken gegründet wurde. Es beherrschte ein Gebiet, das von Ungarn, Südrussland, dem östlichen Mittelmeer bis nach Nordafrika reichte und das von 1453-1918 bestand. Die Türkei ist sein heutiges Überbleibsel.

Pampas: Flache, baumlose Grasgebiete im südlichen Südamerika, in denen viele Federgrasarten wachsen. Große Teile des Gebietes werden heute für den Weizenanbau oder als Weideland genutzt.

Parlament: Versammlung von Abgeordneten, LEGISLATIVE.

parlamentarische Demokratie: politisches System, in dem die LEGISLATIVE (PARLAMENT) von allen erwachsenen Mitgliedern der Bevölkerung gewählt wird und die REGIERUNG von der PARTEI, die die Mehrheit im PARLAMENT innehat, gestellt wird.

Partei: Organisierte Gruppe, die nach politischer Macht strebt, um ihre Politik zu verwirklichen.

Per capita: pro Kopf.

phönikisches Imperium: HANDELS-IMPERIUM um 2000 v. Chr. an der östlichen Mittelmeerküste mit Kolonien rund um das Mittelmeer.

Pidgin-Englisch: vereinfachte Sprache, oft eine LINGUA FRANCA, die Personen mit einer gegenseitig unverständlichen Muttersprache die Möglichkeit elementarer Verständigung gibt; bildete sich in den Kolonien heraus.

Plateau: Großes Gebiet höher gelegenen Landes. Wenn es von steilen Abhängen begrenzt ist, wird es Tafelland genannt.

Polder: Gebiet von ebenem Land, in Höhe oder unterhalb des Meeresspiegels, das durch Landgewinnungsmaßnahmen gewonnen wurde. Es wird normalerweise landwirtschaftlich genutzt.

Prärie: flaches Grasland im Innern Nordamerikas zwischen 30N und 55N, von dem große Teile kultiviert wurden und für den Getreideanbau genutzt werden. Es wird durch geringe und sporadische Regenfälle und große Temperaturdifferenzen im Laufe des Jahres charakterisiert.

Präsident: STAATSOBERHAUPT; das in einigen Ländern direkt und in anderen von den Mitgliedern der LEGISLATIVE gewählt wird. In einigen politischen Systemen ist der Präsident das Staatsoberhaupt, oft hat seine Funktion nur protokollarischen Charakter.

Premierminister: Wichtigste Funktion in einem PARLAMENTARISCHEN Regierungssystem.

Produktivität: Verhältnis zwischen wirtschaftlichem Ergebnis und dem Aufwand (Arbeit, Maschinen, Land usw.), der für die Produktion erforderlich ist.

protestantisch: Begriff, der die CHRISTLICHEN BEKENNTNISSE charakterisiert, denen die Ablehnung der Autorität des Papstes als Oberhaupt der KIRCHE und RÖMISCH-KATHOLISCHER Praktiken gemeinsam ist. Er entstand mit der europäischen Reformation im 16. Jh.

Provinz: administrative Gliederung eines STAATES.

Punabuschwerk: spärliche Gräser und Büsche auf den hohen und kalten PLATEAUS in Südamerika.

Quote: Begrenzung der Menge eines Produktes, das innerhalb eines bestimmten Zeitraumes importiert werden darf.

Radioaktivität: Die Emission von Alpha-, Beta- und Gammateilchen aus dem Atomkern. Sie ist bei der Spaltung des Atomkerns am stärksten, z. B. in einem Atomreaktor. Längeres Einwirken radioaktiver Strahlung kann lebendes Gewebe schädigen, Krebs hervorrufen und in letzter Konsequenz zum Tode führen.

Rastafari: religiöse und politische Bewegung in der Karibik. Ihre Anhänger sehen in den Afrikanern den verlorenen Stamm Israels und Äthiopien als ihre spirituelle Heimat an. Der äthiopische Kaiser Haile Selassie (1930-1974) galt als ihr spiritueller Führer. Die Anhänger tragen Rastalocken und propagierten die Raggaemusik.

rechtsgerichtet: allgemeiner Begriff zur Bezeichnung von politischen Pro-Establishment-Ansichten. Wird gewöhnlich auf die wichtigste PARTEI eines Landes, entweder einer CHRISTDEMOKRATISCHEN oder KONSERVATIVEN Partei verwendet, die in Opposition zu einer SOZIALISTISCHEN Partei steht.

Regenwald: Wälder in Gebieten mit starken, über das Jahr verteilten Regenfällen. Der Begriff wird oft mit tropischem Regenwald assoziiert, der artenreich ist und üppig und schnell wächst.

Regierung: Die wichtigste politische Institution eines STAATES, verantwortlich für die Ausarbeitung und Umsetzung der Gesetze und der Politik.

Religion: System von Glaubenssätzen, Praktiken und damit zusammenhängenden Institutionen, die auf dem Glauben an einen oder mehrere GÖTTER oder Geister beruhen, die angebetet werden und denen sich die Gläubigen unterwerfen. Dazu können auch Verhaltensregeln in der Ethik, Herrschaft, persönlichem Verhalten sowie Darstellungen der Natur und des Ursprungs der Welt gehören.

Republik: Regierungsform mit einem nicht erblichen STAATSOBERHAUPT.

Reservat: Besonderes Gebiet, das von einer KOLONIALMACHT ausschließlich für die EINGEBORENEN VÖLKER vorgesehen ist. Betrifft besonders die URAMERIKANER Nordamerikas und war ein Mittel, sie aus ihren traditionellen Siedlungsgebieten zu vertreiben und zu unterjochen. In diesen Gebieten dürfen die Einwohner ihre kulturelle Identität und ihren traditionellen Lebensstil beibehalten.

Revolution: eine plötzliche und meist gewaltsame Umwandlung des Regimes.

Ritual: eine Zeremonie, gewöhnlich mit religiöser oder kultureller Bedeutung, die einem bestimmten Muster symbolischer Handlung und Worte folgt.

Rodung: Abholzen von Wäldern und Umwandlung des Bodens für andere Nutzungsarten.

romanische Sprache: Gruppe verwandter Sprachen in der indoeuropäischen Sprachfamilie, die vom Latein abgeleitet sind. Zu ihr gehören italienisch, portugiesisch und spanisch.

römisch-katholisch: größte CHRISTLICHE KIRCHE, die unter dem Papst in Rom steht, und ihren Ursprung und ihre Autorität von Petrus, einem der Jünger von Jesus Christus und erstem Bischof Roms ableitet. Sie hat Anhänger auf allen Kontinenten.

römisches Reich: Imperium, das 27 v. Chr. aus der römischen Republik hervorging, die etwa 500 v. Chr. im heutigen Italien entstand. Auf seinem Höhepunkt beherrschte es den Mittelmeerraum, große Teile Westeuropas und des Nahen und Mittleren Ostens. Im 5. Jh. wurde es geteilt, und die Osthälfte wurde zum BYZANTINISCHEN REICH.

Säugetier: Tier, das eine Wirbelsäule besitzt und zur Gruppe der Mammalia gehört, das ein Herz mit vier Kammern, Fell oder Haare hat und seine Jungen mit Milch aus den Mammae (Zitzen) ernährt. Mit Ausnahme der Monotreme legen Säugetiere keine Eier, sondern bringen lebende Junge zur Welt.

saurer Regen: Regen oder eine andere Form von NIEDERSCHLAG, deren Säuregehalt durch die Aufnahme von Abgasen, die in die Atmosphäre abgegeben wurden (z. B. Schwefeldioxid, Stickoxide), erhöht ist.

Savanne: offenes Grasland mit vereinzelten Bäumen in TROPISCHEN und SUBTROPISCHEN Gebieten. Auch als TROPISCHES Grasland bekannt, nimmt es das Gebiet zwischen TROPISCHEM REGENWALD und WÜSTEN ein. Sie wird durch eine auffallende Trockensaison und durch zu wenig Regen für größere Waldgebiete gekennzeichnet.

hammeds Schwiegersohn Ali und seine Nachfahren, die Imame, als dessen wahre Nachfolger und legitime Führer des ISLAM. Es gibt eine Anzahl schiitischer Sekten, darunter die Ismailiten, DRUSEN, und die so genannten Zwölfer Schiiten.

Seeklima: Allgemein feuchtes Klima, das hauptsächlich durch die Nähe des Meeres geprägt ist. Das Meer erwärmt sich und kühlt sich langsamer ab als das Land, und mindert dadurch die Temperaturschwankungen, so dass das Klima am Meer stärker ausgeglichen ist als weiter im Inland.

Selbstbestimmung: die Doktrin wonach Menschen innerhalb einer territorialen Einheit oder kulturellen Gruppe mit einer besonderen politischen Identität, gewöhnlich eine NATION, das Recht haben, ihren eigenen künftigen Status zu bestimmen.

Senat: Bezeichnung des OBERHAUSES in einigen LEGISLATIVEN.

Senkungsgraben: lange, talförmige Absenkung zwischen zwei parallelen VERWERFUNGEN.

Separatismus: politische Bewegung innerhalb eines STAATES, die für die SEZESSION einer Minderheit innerhalb eines bestimmten STAATSgebietes eintritt.

sephardisch: ein JUDE spanischer oder portugiesischer Abstammung, dessen religiöse Traditionen und Gebetsriten sich von denen der JUDEN Ost- und Mitteleuropas unterscheiden.

Sezession: Akt der Abspaltung eines Territoriums.

Sikhismus: eine RELIGION, die vom Guru Nanak im 15. Jh. im Pandschab, im Nordwesten des indischen Subkontinents gegründet wurde und in Opposition zum HINDUISMUS steht. Sie wird von einer weltweiten Gemeinschaft der Sikhs praktiziert, von denen viele für eine eigene autonome Heimstatt kämpfen.

Sozialismus: politische Ideologie und Wirtschaftssystem, die auf den Prinzipien der Gleichheit der Menschen, der Umverteilung von Reichtum und Eigentum und gleichem Zugang zu Leistungen, wie Gesundheitsfürsorge und Bildung, beruhen.

Staat: wichtigste politische Einheit, die durch ihre Souveränität über ein Territorium und dessen Bevölkerung gekennzeichnet ist.

Staatsoberhaupt: Höchste Funktion im STAAT, in der der Inhaber den STAAT in Hauptfragen repräsentiert, z. B. wie Kriegserklärungen oder Parlamentsauflösungen. Die Funktion kann weitgehend symbolischen Charakter haben, wie im Falle des britischen MONARCHEN, der Amtsinhaber kann auch der höchste Staatsdiener sein, wie der Präsident der USA.

Stadtstaat: unabhängiger STAAT, der aus einer einzelnen Stadt und ihrem Umland besteht, das er für seine Existenz benötigt. Singapur ist ein Beispiel für einen modernen Stadtstaat.

Stamm: Gruppe von Menschen, die eine gemeinsame Sprache, RELIGION, Bräuche und/oder Abstammung und Verwandtschaft verbindet; oft zur Beschreibung sozialer Gruppen von Völkern, die keinen entwickelten STAAT oder eine REGIERUNG haben und deren soziale Organisation auf Abstammung und umfangreichen Familiensystemen beruht.

Steppe: Offenes Graslandgebiet mit wenigen Bäumen oder Sträuchern. Die Steppen sind durch geringe und sporadische Niederschläge und große Temperaturunterschiede gekennzeichnet.

Subsistenzwirtschaft: Ein Systems, in dem die Produzenten ihre eigenen Bedürfnisse an Nahrung und Wohnraum decken, und nur geringe oder keine Überschüsse für den Handel erzeugen.

subtropisch: Klimazone zwischen den TROPEN und GEMÄSSIGTEN Zonen. Sie weisen deutliche jahreszeitliche Temperaturunterschiede auf.

Sunnit: Mitglied der größeren der beiden Hauptrichtungen des ISLAM. Ihre Mitglieder betrachten die Kalifen als Nachfolger Mohammeds und befolgen die *sunna*, oder „den Weg des Propheten" wie in dem *Hadith*, den Lehren Mohammeds festgelegt.

Tafelland: siehe PLATEAU.

Taiga: russischer Name für den NADELWALD- und

Tropen (tropisch): Das Gebiet zwischen dem Wendekreis des Krebses (23°30'N) und dem des Steinbocks (23°30'S). Sie bezeichnen die am weitesten vom Äquator entfernten Breiten, wo die Sonne mittags in der Sommermitte direkt senkrecht steht.

Tundra: flaches, baumloses Land in den nördlichen Teilen Europas, Asiens und Nordamerikas, in denen die Winter lang und kalt sind und der Boden unter der Oberfläche ständig gefroren ist. Siehe auch DAUERFROSTBODEN.

Umwelterhaltung: die Nutzung, Verwaltung und der Schutz natürlicher Reserven mit dem Ziel der Aufrechterhaltung ihrer Nutzungsmöglichkeit und ökologischen Vielfalt ohne ihre Verringerung, Raubbau oder Verschwendung.

Unabhängigkeitsbewegung: Organisation, die die politische Unabhängigkeit für eine KOLONIE anstrebt.

Unterhaus: Teil einer Zweikammer-LEGISLATIVE, der direkt gewählt wird.

Uramerikaner: Die EINGEBORENEN VÖLKER von Nordamerika.

Verfassung: Gesetzesgrundlage, die die Art und Weise bestimmt, in der ein Land regiert wird.

Vergletscherung/Gletscherwirkung: (1) Prozess der Gletscher- und Eisdeckenbildung. (2) Auswirkung auf die Oberfläche der Landschaft.

Versammlung: als LEGISLATIVE (Parlament); eine Abgeordnetenversammlung, die zur Diskussion von Vorschlägen der REGIERUNG und zur Verabschiedung von Gesetzen zusammentritt.

Vertrag: eine Vereinbarung zwischen zwei oder mehreren STAATEN zur Verfolgung einer gemeinsamen Politik, die militärische, politische oder wirtschaftliche Bereiche umfassen können.

Verwerfung: Lageänderung von Gesteinsschollen längs einer mehr oder weniger geneigten Bewegungsfläche.

Verwüstung: Entstehen wüstenartiger Bedingungen, gewöhnlich verursacht durch eine Kombination von Überweidung, BODENEROSION, lange Trockenperioden und Klimaveränderungen.

Voodoo: Eine RELIGION, die auf der Anbetung westafrikanischer GÖTTER beruht, mit RÖMISCH-KATHOLISCHEN Glaubenssätzen vermischt ist und hauptsächlich in Haiti praktiziert wird. Es ist ein ANIMISTISCHER Kult, und in seinem RITUAL spielen Trancezustände und Geisterbeschwörung eine zentrale Rolle.

Wahlen: Verfahren der Auswahl von Personen für Funktionen oder als Abgeordnete durch Abstimmung.

Wahlrecht: das Recht zu wählen.

Weichholz: Holz von Nadelbäumen.

Wikinger: Zur See fahrende Krieger aus Skandinavien, die zwischen dem 9. und 11. Jh. Überfälle auf große Teile von Nord- und Westeuropa durchführten, die sie später besiedelten.

Wohlfahrtsstaat: Soziales und ökonomisches System, das auf der staatlichen Gewährleistung von/und Verantwortung für Leistungen wie Gesundheitsfürsorge, Renten- und Arbeitslosenunterstützung beruht. Die Leistungen werden durch Beiträge der arbeitenden Bevölkerung finanziert und der Zugang zu ihnen soll für jedermann gleichermaßen kostenlos möglich sein. Der Wohlfahrtsstaat entstand zu Beginn des 20. Jh. in Großbritannien und verbreitete sich nach dem ZWEITEN WELTKRIEG vor allem in Westeuropa.

Wüste: ARIDES Gebiet mit weniger als 250 mm Regen im Jahr. In diesen Gebieten kann es sowohl heiß als auch kalt sein. In den heißen Wüsten ist die Verdunstung größer als die Niederschlagsmenge, und es gibt daher kaum Vegetationsformen.

Zahlungsbilanz: Status der Transaktionen eines Landes mit allen anderen Ländern in Bezug auf einen bestimmten Zeitabschnitt.

Zwei-Parteien-System: politisches System, bei dem sich zwei Parteien in der REGIERUNG abwechseln.

Zweiter Weltkrieg: Großer Krieg (1939-1945), in dem Großbritannien, Frankreich, die ehemalige Sowjetuni-

Bildnachweis

Bildagenturen

AA&A Ancient Art and Architecture Collection, Middlesex, GB; **AD** Art Directors Photo Library, London, GB; **BAL** Bridgeman Art Library, London, GB; **BCL** Bruce Coleman Limited, Middlesex, GB; **C** Colorific!, London, GB; **COP** Christine Osborne Pictures, London, GB; **E** Explorer, Paris, France; **EU** Eye Ubiquitous, Sussex, GB; **FSP** Frank Spooner Pictures, London, GB; **HDC** Hulton Deutsch Collection, London, GB; **HL** Hutchison Library, London, GB; **IP** Impact Photos, London, GB; **KP** Katz Pictures, London, GB; **M** Magnum Photos Limited, London, GB; **MEPL** Mary Evans Picture Library, London, GB; **MH** Michael Holford, Essex, GB; **NHPA** Natural History Photographic Agency, Sussex, GB; **OSF** Oxford Scientific Films Limited, Oxfordshire, GB; **PP** Panos Pictures, London, GB; **PEP** Planet Earth Pictures, London, GB; **RHPL** Robert Harding Picture Library, London, GB; **TIB** The Image Bank, London, GB; **TSW** Tony Stone Worldwide, London, GB; **WFA** Werner Forman Archive, London, GB; Z Zefa Picture Library, London, GB

o = oben, u = unten, l = links, r = rechts

1 RHPL/Kim Hart **2–3** M/Hiroji Kubota **10** Harald Mante **12–13** IP **13** RHPL **14–15** Karl-Heinz Raach **15 o** Fotomas Index **15** © MEPL **16–17** MEPL **18–19** TIB **19** © TIB **19 u** TIB **20** Z **21** E/P Gleizes **22–23** Z **22** RHPL **24** Z/R Beerenholtz **26–27** Z/Armstrong **27** RHPL/Walter Rawlings **28** TIB/John R Ramey **29 o** TIB/Lynn M Stone **29 u** Z/Armstrong **30** HDC **31** OSF/Stan Osolinksi **32 ol** OSF/Stan Osolinksi **32 r** TIB/John Lewis Stage **32 u** OSF/W Gregory Brown **33 l** Peter Newarks American Pictures **33 r** Peter Newarks Historical Pictures **34 o** BAL/Bristol Museum **34 ul** Peter Newarks Military Pictures **34 ur** Brady Collection/Library of Congress **35** Peter Newarks Western Americana **36** Peter Newarks Western Americana **36–37** Z/Kurt Scholz **37 o** Peter Newarks Western Americana **37 u** HDC **38** M/Marlow **39 ol** RHPL/Adrian Neville **39 or** RHPL/Walter Rawlings **39 u** TRIP/Helene Rogers **40 o** M/Steve McCurry **40 u** M/Bruce Davidson **41** TIB/Harald Sund **42 o** M/Burt Glinn **42 u** RHPL/Robert Francis **43** TIB/L D Gordon **44** TIB/Benn Mitchell **44–45** AGE Fotostock **45** TIB/Brett Froomer **46** TIB/Alvis Uptis **47 l** HDC **47 r** Z **48** RHPL/Michael J Howell **50–51** RHPL/John Gardey **51 o** TIB/Grant V Faint **51 u** Z **52 o** TIB/David W Hamilton **52 ul** Z/Kurt Goebel **52 ur** RHPL **53** RHPL/Robert Francis **54 o** Z/Damm **54–55** RHPL **56–57** Z **57 o** RHPL/Walter Rawlings **57 u** Z/Damm **58–59 o** BCL/Robert P Carr **58–59 u** Z **60–61** Z **61** TIB/Guido Alberto Rossi **62** Z **63** Z/Damm **64–65** Z **64** Z **65** Z **66** Z **66–67** E/Richard Nowitz **68** TIB/Robert Kristofik **68–69** M/Richard Kalvar **69 o** TIB/Janeart **69 u** HL **70** M/Fred Mayer **70–1** M/Fred Mayer **71** M/Erich Hartmann **72 l** TIB/Janeart **72 r** Z **73** SP/Sander/Liaison **75** TIB **76–77** Z/Damm **77** RHPL **78–79** Z/Klaus Benser **79** Z/H Grathwohl **80 ul** RHPL/Regior **80 ur** RHPL/Paul Van Riel **81** RHPL **82** TIB/Lou Jones **83 ul** TIB/Larry Dale Gordon **83 ur** Z/Karl Kummels **84–85** RHPL/David Lomax **85** RHPL **86** RHPL **87 l** Z/Damm **87 r** RHPL **88** RHPL/David Lomax **90** TIB/Guido Alberton Rossi **91** TIB/Mel Di Giamoco **92** Carol Kane **93** RHPL **94** Z/Damm **94–95** RHPL **96** TIB/Kay Chernush **97** TIB/Jeff Smith **98** TIB/Back from Abroad **98–99** RHPL **100 o** Z/K Kerth **100** © Z/S Chirol **100–101** Z/K Kerth **102** BCL/Gunter Zeisler **104–105** Z **105 o** TIB/Robert Phillips **105 u** TIB/Obremski **106** RHPL/Yoram Lehmann **106–107** PP/Adrian Evans **108** RHPL **109** Z/R Halin **110 l** TIB/Fred Ihrt **110 r** TIB/Larry Dale Gordon **111** TIB/Larry Dale Gordon **112–113** Z/R Bond **113** Z/Gunter Heil **114** Z/K Murray **114–115** HL/Bernard Regent **116** TIB/Fernanda Bergamaschi **116–117** M/Bruno Barbey **118–119** M/Michael K Nichols **120** M/James Nachtwey **121** RHPL/Francois Gohier **122–123** RHPL/Robert Francis **123** TIB/Peter Miller **124–125** TIB/Walter Bibikow **125 o** TIB/Cesar Lucas **125 u** TIB/Walter Bibikow **126 ol** HL/K Rodgers **126 or** M/Bruce Davidson **127** BCL/L C Marigo **128 o** Z/Kurt Goebel **128** © M/Sebastian Salgado **128–129** RHPL **130** HL/Sarah Errington **132–133** Z **133** Z **134** HL **135 o** HL **135 u** HL **136–137** Z **137** Z **138–139** HL **139** HL **140** Z **141 l** Z **141 r** Z **142** RHPL **143** E **144** HL **145** Z **146** HL **147** PP/Jeremy Hartley **148** E/Philippe Maille **149** TIB/Eric Wheater **150** HL **151** HL/Leslie Woodhead **152** E 153 HL **154** Z/R Bond **156 o** RHPL **156 u** RHPL **157** RHPL **158** E/J Brun **159** E/Maja Koene **160 ul** HL/Alan Hutchison **160 ur** FSP/Figaro/G De Laubier **161** PP/Jeremy Hartley **162** RHPL **162–163** RHPL/Hervy **163** RHPL/Hervy **164–165** RHPL **166** E/J Brun **166–167** RHPL/C Bryan **168–169** M/Abbas **169** RHPL/A Perrier **170–171** RHPL/Errath **171** RHPL/Ian Griffiths **172–173** E/J C Thoret **173** HL/Bernard Regent **174–175** RHPL **176** HL/Dr Nigel Smith **176–177** HL **178** RHPL **179** E/Y Arthus Bertrand **180** OSF/Richard Packwood **181** HL/P Goycolea **182–183** E/Y Gladu **184** RHPL **186–187** HL **187** HL **188–189** RHPL **189** RHPL/Sassoon **190–191** RHPL/Sassoon **191** RHPL 193l PP/Chris Johnson **193 r** TIB/Pete Turner **194** RHPL **195** OSF/Patridge Films Limited/Carol Parneti **196** HL/Robert Aberman **196–197** HL/Lesley McIntyre **198** RHPL/G M Wilkins **199** HL/Robert Aberman **200–201** RHPL/Rolf Richardson **201** HL/Nancy Durrell **202** RHPL **203 ul** HL **203 ur** HL/Simon McBride **204–205** RHPL/Sassoon **206–7** HL **207** E/Geopress **208–9** TIB/Guido Alberto Rossi **209** E/Krafft **210–211** RHPL **212–213** HL **213** M/David Hurn **214** Knudsens Fotosenter **214–215** Knudsens Fotosenter **215** RHPL/Julia Thorne **216–217** OSF/Philippe Henry **217** OSF/Konrad Wothe **218–219** Tiofoto/Nils Johan Norenlind **219** Tiofoto/Hans Andersson **220** WFA/Statens Historiska Museum, Stockholm **220–221** Tiofoto/Hans Wretling **222–223** OSF/Konrad Wothe **224** HL/Bernard Regent **225** RHPL **226–227** RHPL/Kim Hart **227** RHPL **228–229** RHPL **229** RHPL **230** RHPL/Kim Hart **231** RHPL **232–233** Z **234** Viewfinder **234–235** Z **235** Viewfinder **236** Matthew Kneale **236–237** RHPL **237** Z **238 l** Z/W F Davidson **238 r** BAL **239 o** BAL **239 u** MEPL **240–241** Z **242 l** Viewfinder/Nick Meers **242 r** Z **243 u** Z 243t Z **244–245** RHPL **245** HL/Nigel Sitwell **246** HDC **247 l** Z **247 r** Z **248–249** TIB/Romilly Lockyer **250–251** RHPL/David Hughes **250** Daniel Philippe **252** E/Jean Michel Labat **252–253** OSF/Martyn Colbeck **253** OSF/Ronald Toms **254** E/Jean Michel Labat **255** BAL/Chateau de Malmaison **256–257 o** Roger Viollet/L L Viollet **256–257 u** BAL **258** E/Pierre Gleizes **258–259** E/Sylvain Grandadam **259** E/Franck Chazot **260** Comstock/Tor Eigeland **261** HL/Tony Souter **262–263** RHPL **264** Silvestris/Klaus Brauner **265** RHPL/Geoff Renner **266** Picture Box/JWE **267** RHPL/RijksMuseum, Amsterdam **268** RHPL/Derrick Furlong **268–269** RHPL/Paul Van Riel **269** HL **270–271** Z/Starfoto **272–273** RHPL **273 o** RHPL/E/Loirat **273 u** RHPL **274–275** RHPL **276–277** RHPL **278** NHPA/V G Canselo **278–279** Z 279 Z/Rossenbach **280** RHPL/Vulcain **281** Z **282** AGE Fotostock **282–283** Z **284–285** Z **285** AGE Fotostock **286–287** HL/Robert Francis **287** Z/Sunak **289** AGE Fotostock **290** RHPL/Robert Francis **292–293** Matthew Kneale **293** RHPL **294** RHPL/Christopher Rennie **295** S **296–297** RHPL/Duncan Maxwell **297** RHPL **298** RHPL **299** TRIP/Sefton Photo Library **300** Matthew Kneale **301** TSW/Shaun Egan **302–303** Z/Starfoto **303** RHPL/James Green **304–305** HL/Juliet Hughet Briman **305 o** TRIP/Dave Saunders **305 u** RHPL **306** RHPL/Michael Jenner **307** RHPL/Michael Short **308** RHPL/Bildagentur Schuster/Rangnow **310–311** RHPL **311** Silvestris/Dr Christian Nowak **312 o** BAL/Prado, Madrid **312 u** BAL/Christie's, London **313** RHPL **314** RHPL/Richard G Elliott **314–315** RHPL/Rolf Richardson **315** RHPL **316–317** Z/Streichan **317** RHPL **318–319** RHPL **319** RHPL **320 l** FSP/Figaro **320 r** RHPL **321** Furstentum Liechtenstein **322–323** OSF/R J C Cannon **324–325** RHPL/Philip Craven **325** RHPL **326–327** Z/Tom **328–329 o** RHPL/Claye **328–329 u** IP/Peter Arkell **330** FSP/Francolon/Mingam/Hires **330–331** Z **331** Z **332–333** Select/Liba Taylor **333** Z **334** HDC **335** Z **336–337** RHPL/Michael Short **337** HL/John G Egan **338–339** RHPL **339** HL/Liba Taylor **340** HL/Melanie Friend **341** RHPL/Rolf Richardson **342–343** Z/K Goebel **343** FSP/Gamma **344–345** FSP/Keith Bernstein **346** Life File/F Ralston **347** Z/H Lutticke **348** Z **349** TRIP **350** FSP/Art Zamur **351** RHPL/Christopher Rennie **352** Matthew Kneale **354** TRIP/T Noorits **355** E/J P Courau **356** C/Lehtikuva

357 M/Bruno Barbey **358–359** Russia & Republics Photolibrary/Mark Wadlow **359** TRIP/Victor Kolpakov **360** TRIP/M O'Brien-Thumm **360–361** E/Rosi Baumgartner **362–363** E/Trapman **363** Vadim Gippenreiter **364 o** MH **364 u** British Library **365** HDC **366–367** Vadim Gippenreiter **367** FSP/Gamma/F Lengaigne **368 o** E/Sylvain Grandadam **368 u** M/Fred Mayer **368–369** M/Fred Mayer **370** M/Burt Glinn **371** C/Black Star/Peter Turnley **372–373** M/Dacat **373** M/Dacat **374 o** KP/REA/Dorigny **374 u** KP/Jeremy Nicholl **374–375** Russia & Republics Photolibrary **376** Vadim Gippenreiter **377** M/Abbas **378** M/Abbas **379** C/Maja Koene **380–381** TRIP **381** Dr Nick Middleton **382–383** HL/Bernard Gerard **384** EU/J Sergeant **384–385** COP **385** EU/Derek Redfern **386** COP **386–387** M/Abbas **388–389** COP **389** COP **390–391** EU/Norman **391** COP **392** Matthew Kneale **393** HL/Jenny Pate **394 o** E/G Thouvenin **394 u** TRIP/Chris Kutschera **395** M/Steve McCurry **396** KP/REA/Saba/Ron Haviv **397** HL/Liba Taylor **398** HL/Christina Dowdell **399** HL/Melanie Friend **400–401** HL/John Hatt **401** HL **402 o** C/Randa Bishop **402 u** HL/Bernard Gerard **403** HL **404 o** COP **404–405** C/Piergiorgio Sclarandis **406** Life File/Alan Marchant **407** TRIP/Thelma Sanders **408–409** Z/W & D McIntyre **410** Matthew Kneale **411** Z/Eich. Zinger **412 u** Z/Starfoto **412–413** Matthew Kneale **413** HL/Sarah Murray **414** M/Steve McCurry **415** RHPL **416** RHPL **417** RHPL **418–419** PP/Trygve Bolstad **419** PP/Cooper & Hammond **420** PP/Jeremy Hartley **421** PP/Dominic Sansoni **422–423** Z/Damm **424** AD **426–427** TRIP/K Sandwell **427** EU/Julia Waterlow **429** TIB/Harald Sund **430 o** TPS **430 u** ET Archive **432** TRIP/B Ashe **432–433 o** IP/Alain le Garsmeur **432–433 u** M/Michael K Nichols **434** EU/L Fordyce **435** PP/Chris Stowers **436–437** Telegraph Colour Library/VCL **437** M/Fred Mayer **438** HL/Jeremy Horner **440–441** HL/Liba Taylor **441 o** HL/Jeremy Horner **441 u** HL **442** COP **443** PP/D Hulcher **444–445** AD **445** AD **446** KP/David Stewart-Smith **446–447** HL/Rene Nicolas Giudicelli **448–449** Rob Judges **450** COP **451** PEP/Philip Chapman **452** Z **453** M/Abbas **454–455** Matthew Kneale **455** PEP/Keith Scholey **456 o** COP **456** © Matthew Kneale **456–457** IP/Dominic Sansoni **458** BCL/Brian Coates **460–461** Z **462–463** Matthew Kneale **463** AD **464 l** British Museum **464 r** ET Archive **464–465** Z/Orion Press **465** AA&A **466 r** Matthew Kneale **466 l** EU/Frank Leather **468 o** TIB/Toyofumi Mori **468 u** KP/REA/Gordon **469** M/Stuart Franklin **470–471** M/Hiroji Kubota **471** M/Hiroji Kubota **472** C/Heino Aga **473–474** Footprints **476–477** COP **476** COP **477** TRIP/Dave Saunders **478 u** NHPA/Otto Rogge **478 u** BAL **478–479** BAL/Royal Geographical Society, London **480 o** COP **480 u** TRIP **480–481** TRIP/Joan Wakelin **481** COP **482–483** M/Ian Berry **483** TRIP/EU/Matthew McKee **484–485** TRIP/Dave Saunders **485** © TRIP **485 u** TRIP/Joan Wakelin **486** NHPA/Bruce Beehler **486–487** TRIP/CC **487** James Davis Travel Photography **488** TRIP/EU/Matthew McKee **489** PEP/Pete Atkinson **490** COP **491** COP **492** HL **493** Footprints **494** M/P Zachmann **496–497** Matthew Kneale **497** NHPA/Peter Johnson

QUELLENVERZEICHNIS

Hauptquellen für die Tabellen: *Britannica World Data* (Encyclopedia Britannica Inc., Chicago, jährlich); *Statesman's Yearbook* (MacMillan, London, 1995/96); *Whitakers Almanach* (J. Whitaker & Sons Ltd); und *Keesings Record of World Events* (Keesings, Redhill, wird ständig aktualisiert). Weiterhin: *Webster's Geographical Dictionary* (Merriam-Webster, Springfield, Massachusetts, 1988); *The Times Atlas of the World* (Times Books, London, 1988); *The Economist Book of Vital World Statistics: A Complete*

Physiogeografische Daten

Landesfläche: *Britannica World Data und Statesman's Yearbook.*

Klima: *Statesman's Yearbook* (und *Webster's Geographical Dictionary* und *The Times Atlas of the World).*

Geografische Merkmale: *Webster's Geographical Dictionary; The Times Atlas of the World; Encyclopedia Britannica* (Encyclopedia Britannica Inc., Chicago).

Einwohnerzahl: *Britannica World Data* und *Statesman's Yearbook.*

Soziale und Angaben zur Wirtschaft

Staats- und Regierungsform: *Britannica World Data; Statesman's Yearbook; Keesings Record of World Events; Whitakers Almanach.*

Streitkräfte: *Britannica World Data; Statesman's Yearbook.*

Hauptstadt: *Britannica World Data; Statesman's Yearbook; Keesings Record of World Events.*

Offizielle Landessprachen: *Britannica World Data; Keesings Record of World Events.*

Bevölkerungsgruppen: *Britannica World Data; Statesman's Yearbook.*

Staatsreligionen: *Britannica World Data; Keesings Record of World Events.*

Religionen: *Britannica World Data; Statesman's Yearbook.*

Währung: *Britannica World Data; Keesings Record of World Events.*

Bruttosozialprodukt: *World Development Report.*

Pro-Kopf-Einkommen: *World Development Report.*

Lebenserwartung: *Britannica World Data.*

Ressourcen: *Britannica World Data; The Economist Book of Vital World Statistics: A Complete Guide to the World in Figures.*

Zeichner
Julian Baker (The Maltings Partnership)
Janos Marffy

Karthografie
Euromap, Pangbourne

Staatsflaggen
gezeichnet von Lovell Johns, Oxford, und beglaubigt von The Flag Research Center, Wincester, Mass 01890, USA

Register

Kursive Seitenzahlen verweisen auf Karten und Kapitel; **fett** gedruckte Seitenzahlen auf Hauptabschnitte.

A

B

C

D

I

J

K

L

M

N

Nordkarolina 27, 32, 34, 69, **72**

O

P

Q

R

S